전통 주거에서 배우는 웰빙 주생활

Well-being Housing life-style using the environment-friendly characteristics of Korean traditional residences

김 자 경

Spacetime

이 저서는 2011년 정부(교육부)의 재원으로 한국연구재단의 지원을 받아 수행된 연구임
(NRF-2011-812-G00016)

This work was supported by the National Research Foundation of Korea Grant funded by the korean Government(NRF-2011-812-G00016)

전통 주거에서 배우는 웰빙 주생활

Well-being Housing life-style using the environment-friendly characteristics of Korean traditional residences

글순서

머리말

최근 사회 전반 이슈로 떠오르는 웰빙(Well-being)은 육체적, 정신적 건강의 조화를 통해 행복하고 아름다운 삶을 추구하는 유형이나 문화를 통틀어 일컫습니다. 그만큼 현대인들은 현대 산업사회의 발전과 더불어 발생한 환경오염의 심각성을 인식한 계층이 늘어나고 있으며 물질적 가치를 추구하던 삶에서 행복하고 아름다운 삶을 영위하려는 웰빙적 삶의 방식을 추구하는 사람들이 늘어나고 있습니다. 특히 환경오염 문제와 함께 2004년 1월 새해 한 방송사가 기획한 다큐멘터리 '환경의 역습-집이 사람을 공격한다' 를 통해 많은 사람들이 '새집증후군'이라는 낯선 이름의 병명을 접하였고, 해마나 새롭게 등장하는 광우병, 사스, 신종플루, 메르스 등 다양한 환경 병이 이슈가 되면서 건강이 주요 키워드가 되고 있으며, 우리 주변과 집을 되돌아보고 다시 한 번 생각하는 계기를 마련하였습니다. 이에 이러한 사실에 근거하여 일반 사람들도 건강한 주생활을 위한 다양한 방법들을 집 안 곳곳에 적용하려는 노력들이 이어지고 있습니다. 그리고 건축이나 인테리어 업계서도 새로운 마케팅 전략으로 '웰빙(well-being)' 트렌드를 부각시켜 주택상품 가치를 높이는 전략으로 사용되면서 다양한 인테리어 건강 마감재들이 쏟아져 나오고 있으며, 주거 상품들이 속속들이 나타나고 있습니다. 그러나 이러한 친환경 트랜드 유행 시간에 비해 아직까지도 우리나라의 친환경 주택 시장은 그다지 시장이 크지도 않으며 단순한 홍보전략 차원에서 이루어지고 있습니다. 대부분 친환경 인테리어 상품이라고 과대광고를 하면서 몇 가지 친환경 자재로 마감하고 마치 전체 공간에 효과가 있는 듯 상술로 활용되고 있는 경우가 대부분이며 실제 구체적인 지침이나 매뉴얼이 다양하지 못합니다. 그리고 친환경 소재들은 고가라는 인식 때문에 선뜻 활용이 잘 안 되고 있는 것이 현재의 실정입니다. 그리고 친환경 주거 공간은 돈이 많이 든다는 생각이 지배적이고 일상생활 속에서 실천을 하기에는 번거롭고 그 효과가 의심스럽다는 의견이 지배적입니다. 그리고 막상 친환경적으로 공간 구성하거나 웰빙 주생활을 위한 주거 공간 구성을 할 때 무엇부터 어떻게 접근해야 할지 막막합니다. 특히 저렴한 비용으로 경제적이면서도 소박하고 단계적으로 웰빙 주생활이 가능한 주거공간을 구성하는 구체적 방법을 일반인들 입장에서는 쉽게 접근하기가 어려운 것이 현실입니다.

웰빙 생활이란? 과연 무엇일까요? 간단히 정의 해보자면 웰빙은 삶의 본질적 가치에 대해 회귀하면서 건강과 자연 등에 대한 가치를 중시하고 삶의 여유와 안정을 추구하는 데에서 출발한다고 볼 수 있습니다. 이에 서구에서 시작된 웰빙이라는 개념은 우리나라에서는 '참살이' 의미와 상통한다고 볼 수 있으며, 이러한 참살이의 진정한 의미는 우리의 옛 선조들이 살아온 방식과 전통 주거공간에서 그 의미를 찾아 볼 수 있습니다. 즉, 한국이라는 나라에서 사는 이상 진정한 웰빙 주생활은 국적 불명의 아파트나 콘크리트로 이루어진 주거 건축에서 찾기보다는 우리 옛 선조들이 살아온 전통 주거에서 그 해답을 찾는 것이 맞다고 여겨집니다. 우리가 현재 살고 있고 과거 우리 선조들이 살아온 이 지역에 수 천년 동안 적응해 오면서 우리 지역과 삶에 가장 적합하게 순응한 전통 주거 공간의 주생활에서 찾아보고 현대인의 삶에 맞게 재구성하는 것이 가장 이상적인 웰빙 주생활을 실천하는 방법이라 할 수 있습니다.

전통이란 오랜 시간 동안 지속적으로 영향을 미쳐온 것으로 과거의 일시적인 것이 아니라 현재까지 이어져 오고 있는 전통이 진정한 의미에서 전통이라 할 수 있으며 전통문화에 대한 올바른 인식은 오늘날의 서구화 된 생활양식과도 조화를 이루면서 주체적인 한국 문화를 이어가게 해주는 원동력이 될 수 있습니다. 그래서 저자는 전통 주거에서 진정한 우리의 웰빙 주생활을 배울 수 있다고 생각했으며, 이를 실제 공간에 적용해야한다고 여겼습니다.

이에 본서에는 웰빙 주생활에 대한 진정한 의미와 이를 실천하기 위한 구체적 방법들을 우리의 삶을 자연스럽게 반영하는 전통 주거공간에서 찾아보고자 하였습니다. 즉, 자연에 순응하고 합일을 이루며 생태의 경제미학을 반영한 전통주거에서 웰빙 주생활을 위한 기본 정신적인 마인드와 이를 둘러싼 공간 구성에 대한 아이디어와 이 공간에서의 삶의 방식에서 웰빙을 추구하는 참살이 방법을 찾아냄으로 한국적 웰빙 주생활에 대한 기본적인 방법을 제시하고자 하였습니다. 또한 전통 주거 공간을 이루는 다양한 요소 속에 현재와 미래의 건강한 삶을 위한 이상적인 아이디어가 숨어있음을 제시하고 전통이 과거가 아니라 현재와 미래를 이어주는 가장 훌륭한 웰빙 길잡임을 제시하고자 하였습니다. 즉 우리 주거 문화의 친환경적 재해석을 통해 '참살이'에 대한 개념 정립과 현대 공간에 적용하는 방법을 구체화함으로 전통의 계승을 통한 문화정체성 확립하고자 하였으며, 최종적으로 현재 살고 있는 우리의 주거 공간에 선조들의 삶의 지혜를 이어받아 합리적으로 반영하는 방법을 찾고자 하였습니다.

본서의 주요 내용은 웰빙 주생활에 대한 개념 정립과 전통 주거에서의 웰빙 요소 도출하고 이를 기준으로 현재의 거주 환경에 적용시키기 위한 실천 방법을 제시하는 방식으로 구성하였습니다. 전체적 구성은 1장에서는 웰빙과 전통의 의미와 웰빙 마인드, 웰빙 주거 공간 구성을 위한 기본 개념 설정하였으며, 2장에서 웰빙적 관점에서 전통 주거공간에서의 의식주 전반 전통 주생활 분석하였으며, 3장에서는 전통 주거의 형태와 구조 분석을 통한 웰빙적 특성을 제시하고자 입지·배치·평면·입면·공간 구성, 건축 구성 요소별 계획에서 웰빙적 요소 제시하고, 4장에서는 전통 주거의 공간별 구성에서 각 공간구성 방법과 방, 부엌, 마루, 화장실, 정자, 마당, 담장 등의 구성요소에서 웰빙 연출방법을 찾아보았으며, 5장에서는 전통 주거에서 환경조절을 통한 웰빙 연출법과 이를 현대적으로 적용하는 법 제안하였으며, 6장에서는 전통주거의 색채와 재료에서 웰빙 연출법과 현대적 적용방법 제안하였다. 7장에서는 전통주거의 가구와 실내 소품에서의 웰빙 요소 도출과 현대적 적용방법 제안하고 8장에서는 그동안 분석한 웰빙 연출법을 종합하여 현대의 주거에 연출하는 방법을 제시하고자 하였다. 특히 8장은 전통의 현대적 재해석 방법을 전통 주거를 똑같이 재현하는 것이 아니라 현대 우리의 주거에 약간의 변화와 적용을 통해 건강한 한국적 웰빙 공간 연출법을 현대 주거의 주요 공간을 이루는 현관과 복도, 거실, 침실, 욕실, 주방과 식당, 어린이방을 중심으로 간단하게나마 아이디어를 이미지와 함께 제시하였습니다.

본서는 전문적으로 전통 공간을 공부하거나 친환경 건축을 전공하는 전공자에게도 유익하겠지만 보다 우리 것에 대해 알고 싶어 하고 옛 조상들의 삶의 여유와 웰빙적 지혜를 현대 주생활에 반영하고 싶어 하는 일반 소비자들에게 매우 유익하며, 그래서 어렵지 않은 용어로 이해하기 쉽도록 기술하였습니다. 특히 친환경적으로 주거공간을 구성하고자 하는 소비자나 이를 수행하는 업체에서 좀 더 쉽고 정확한 기준을 마련제공 하고자 하였습니다.

본서를 집필하면서도 아직도 우리나라에서는 전통과 현대의 적절한 조화를 통한 참살이 공 간에 대한 구체적인 실천들이 많이 부족하고 전통과 현대의 거리가 좁혀지기 위해서는 지속적 으로 연구와 실천이 필요하다는 점을 느꼈습니다. 그리고 우리 것에 대한 충분한 고찰을 통해 환경적 조건과 문화적 요소, 가풍 등 여러 가지 요소들이 조화가 이루어져야 함을 알 수 있었 습니다. 그리고 우리 전통 주거를 살펴보는 동안 그동안 무심하게 보았던 우리 전통의 요소들 이 얼마나 소중하고 아름다운지 새삼 느낄 수 있었습니다. 이러한 아름다운 전통 주거의 주생 활을 현대적으로 표현하는 부분에 있어 저자의 실력 부족으로 책의 내용이나 전개가 매끄럽지 않은 부분과 실제로 적용 방법들을 더욱더 구체적으로 제시하고 싶었으나 디자인의 표현 방법 이 다양하고 사례별로 모든 방법을 보여주기에는 시간적으로 물리적으로 부족한 부분이 많은 점이 글을 마치면서 못내 아쉬운 부분이 있습니다. 그러나 전통 주거를 구석구석 웰빙적인 관 점에서 살펴보고 이를 다시 한 번 되짚어 봄으로 우리선조들의 웰빙 라이프 지혜 배우고, 현 대적으로 적용하는 방법을 구성 요소별로 아이디어를 제시하고, 공간별로 적용하는 방법을 제 안한 것에 의의를 두며, 다음 기회에 더 좋은 책을 집필할 것을 약속드립니다.

마지막으로 지면으로 나마 제가 이 글들을 쓸 수 있게 항상 옆에서 든든한 지원군으로 저의 옆을 지켜 주고, 자료 조사를 동행 해 준 남편과 잘 돌봐 주지도 못하는 바쁜 엄마도 항상 사랑한다고 하는 우리 이쁜 딸 지성이에게 고마움과 사랑의 마음을 전합니다. 무엇보다 먼 하늘 에서도 언제나 마음 속 든든한 지원군이 되는 지금의 저를 있게 한 저의 부모님에게 다시 한 번 마음깊이 사랑의 마음을 전합니다. 끝으로 무엇보다 부족한 저의 글을 언제나 흔쾌히 출판에 응해 주시고 도움을 주신 시공문화사의 김기현 사장님에게 항상 감사드리며, 어려운 편집과 진행 과정에서 노력해 주신 시공문화사의 식구들에게도 진심으로 감사드립니다.

2015. 12. 저자 김 자 경

一 章

웰빙! 전통! 그리고 주거

01. 웰빙(well-being)이란?

웰빙의 개념과 발전

우리가 착각하는 웰빙

웰빙 마인드

웰빙 라이프 스타일

02. 전통이란?

03. 웰빙 주거란?

04. 웰빙과 선통주거

'웰빙(well-being)'은'행복'의 또 다른 현대적 표현! 비싼 피트니스 클럽을 다니고 요가와 스파를 즐기는 당신! 다이어트에 열광하면서 비싼 유기농 음식을 먹으면서 아파트에 사는 당신! 행복하나요? 건강하고 풍요로운 삶 대한 사람들의 욕구가 급속도로 높아지면서 웰빙이 하나의 문화적 현상으로 확산되어 또 다른 이름으로 불리우며 다양한 트렌드를 만들고 이 시대에 우리는 살고 있다. 그러나 웰빙의 진정한 가치와 의미는 모르고 광고에 현혹되어 지금도 지갑을 열고 있는 것은 아닌지요? 이제 웰빙의 진정한 의미가 무엇이며 웰빙을 실천하는 방법은 무엇일까요? 우리에게 가장 알맞은 진정한 웰빙! 우리에게 맞는 참살이는 어떤 것일까요?

01 • 웰빙이란?

웰빙의 개념과 발전

웰빙(well-being)이라는 단어가 모든 소비시장에서 인플레 현상을 빚고 있지만, 정작 웰빙에 대한 통일된 개념 정의를 찾아보기는 쉽지 않다. 어떤 사람들은 값비 싼 유기농 제품을 먹고, 최고급 스파를 즐기는 고급화 소비로 웰빙을 정의하기도 한다. 다른 한편에서는 명상 음악, 요가 등 주로 정서적인 차원을 웰빙의 또 다른 대표 상품으로 내세우기도 한다. 혹은 돈을 지출하는 소비 행위는 아니더라도 지역 사회 봉사에 팔을 걷고 나서는 건전한 시민상을 웰빙의 한편에 포함시키기도 한다. 이렇듯 웰빙은 단어 자체가 갖는 특성으로 인해 다양한 개념들을 포괄적으로 끌어 안는다. 웰빙을 우리말로 풀이하면 '참살이' 다. 이러한 시점에서 서구에서 전해져 온 웰빙을 우리의 '참살이'로 끌어안기 위해서는 웰빙에 대한 명확한 이해와 신념을 바탕으로 우리의 환경과 라이프스타일에 맞는 삶의 행동과 방향성을 찾을 필요가 있다.

웰빙(well-being)의 사전적 의미는 'well(만족스럽게, 잘, 만족스런, 건강한, 안락한)'과 'being(~되고 있는 중이다. 존재, 실존, 현재, 실재, 생존, 생명, 인생)'의 합성어로 명사화되어 '행복, 안녕, 복리, 복지, 삶의 만족, 질병이 없는 상태'를 모두 포괄하는 개념으로 해석되고 있다.

세계보건기구(WHO)에서는 '육체적인 질병만이 아니고 정신과 사회적 질병이 없을 때 건강하고 행복한 삶이다'라고 규정하고 있다.

웰빙 문화에 대해 연구하는 연구자들도 웰빙에 대한 개념 정의를 내렸는데 정재철(2004)은 '좋은 생활상태, 건강하고 행복하며 번영하고 있는 상태' 좀 더 의미를 확대하면 '몸과 마음의 균형 있는 건강을 추구하여 자연과의 조화 속에서 평화로운 휴식과 생명에 대한 가치 존중을 지향하는 새로운 문화코드'라고 하였으며, 이지영(2005)은 '심리적, 신체적으로 조화롭고 안정된 상태와 이를 지향하는 의식과 행동으로 정의하고 이러한 개념은 개인적 건강의 개념을 포함하고 심리적 · 사회적 안녕감을 포괄하는 광범위한 정의로서 건강지향과 환경지향의 개념을 포함한다'고 하였다. 김민정과 김병숙(2005)은 '자신과 가족의 건전하고 건강한 삶을 위하여 물질적인 풍요뿐만 아니라 정신적인 평안을 이루고자 하는 것'이라고 정의 하였으며, 홍희숙과 고애란(2009)은 '다양한 생활방식을 통해 신체적 · 정서적 · 심리적 · 사회적 · 정신적 · 지적 건강 모두를 포괄하는 통합적 건강을 실현하여 자신의 잠재력 발휘 및 삶에 대한 질적 만족도가 최적화된 상태' 라고 정의하였다. 이와 같이 웰빙에 대한 정의는 연구자에 따라 다소 차이를 보이긴 하나 공통적인 개념은 '건강으로 삶의 질을 높일 수 있는 모든 활동'을 의미한다고 할 수 있다. 이에 통합하여 정의를 다시 내려 보면 웰빙은 '육체적 · 정신적 · 사회적 건강의 조화를 통하여 행복하고 아름다운 삶을 추구하는 삶의 유형이나 문화 '로 정의내릴 수 있다.

21세기 문화코드로 자리 잡은 웰빙은 최근 갑자기 등장한 개념은 아니며 그 기원을 따져 올라가 보면 19세기 산업혁명이후 산업사회에 대한 부작용으로 Karl Marx, Max Weber, Emile Durkheim, Thorstein Veblen 등 사회학 분야에서 복지에 관심을 가지면서 인간의 웰빙 문제를 간접적으로 다루면서 시작되었다고 할 수 있다. 이후 근대산업사회 들어오면서 몸과 건강에 대한 관심이 부각되면서 근대 소비문화의 물질주의에 대한 대안 운동으로 또는 자본주의적 소비문화의 연속선상에서 자본주의 상품생산 확장과 특정집단과 유대나 타인과의 차별성을 나타내려는 소비자의 욕구 등에 의한 대안운동으로 이어졌다고 파악되고 있다.

이어 20세기 소비문화가 발전되면서 포디즘(Fordism)[1)]의 출현과 함께 대중시장의 구분이 소멸되고, 20세기 중반 1960년대부터는 대중소비가 본격적으로 자리잡으면서 대량생산, 대량소비보다는 페미니즘 운동, 노령인구 증가로 인한 인구학적 변화 등으로 인한 자본주의 구조 변화와 연관된 새로운 소비문화가 강조되면서 웰빙이라는 단어가 보편화되어 사용되기 시작했다. 이 시기는 사회 · 경제력이 발전되면서 자연스럽게 삶의 질에 대한 관심과 기대가 높아지게 되면서 건강이 핵심적인 개인의 가치로 등장하였다. 건강을 최우선으로 하는 건강주의 가치가 확산되고 건강 증진을 위한 개인의 책임이 강조되는 사회적 분위기 속에서 건강 라이프스타일의 중요성과 실천을 위한 홍보가 강조되고 건강(health)과 웰빙(well-being)이 동일한 개념으로 사용되어 통합적인 건강 상태를 웰빙이라 하였다. 즉 20세기 웰빙은 건강에 대한 관심, 삶의 질, 인간 욕구의 실현 등으로 인식되었다.

이에 21세기 들어 부각되는 웰빙이라는 단어는 새로운 단어가 아니며 경제적 풍요와 건강의 문제, 환경을 추구하면서 하나의 통합된 트렌드로 발전되면서 사회적으로 공감대를 형성하여 크게 주목받고 있다고 볼 수 있다. 21세기는 현대 산업사회와 병폐와 환경문제에 대한 인식으로 생태주의에 근거한 사회대안 운동으로 채식주의(Vegetarian, 1908), 다운시프트(Downshifter)족, 슬로우 푸드 운동(Slow Food, 1986), 슬로비(Slobbie, 1990)족, 로하스(LOHAS, 2000)족, 보보스(Bobos, 2000)족, 웰루킹(Well Looking) 족, 네오 웰빙(Neo well-being) 등이 나

1) 포디즘은 포드주의라도 하며 자동차 생산 공장의 컨베이어벨트 시스템에서 유래한 것으로 조립라인 및 연속공정 기술을 이용한 표준화된 제품의 '대량 생산과 대량 소비의 축적체제'를 일컫는 말이다. 헨리 포드가 'T형 포드' 자동차 생산 공장을 지은 이래, 산업 사회는 컨베이어벨트 시스템이 도입된 공장을 채택했고 이러한 포드 모델과 같은 기계화 된 대량 생산 체제를 '포디즘'이라고 하였다.

타났고 이러한 족(族)의 행동들을 이해하는 공감대가 형성되고 이를 하나의 웰빙 트렌드로 보고 있다. 그러므로 21세기 현재의 웰빙은 '잘 먹고 잘 살자'라는 차원을 넘어 자연과의 상생을 바탕으로 평온과 안정을 추구하는 여유로운 라이프스타일로 의미한다. 즉 웰빙은 육체적 · 정신적 · 사회적 · 자연적으로 여유롭고 조화로운 상태와 이를 지향하는 의식과 행동으로 건강지향과 환경지향의 개념을 포괄한다고 할 수 있다. 그러므로 '행복' 이나 '삶의 만족'을 추구하는 사람들에게 웰빙은 인간이 어떻게 살아가야하는가에 대한 해답으로 제시되고 있다.

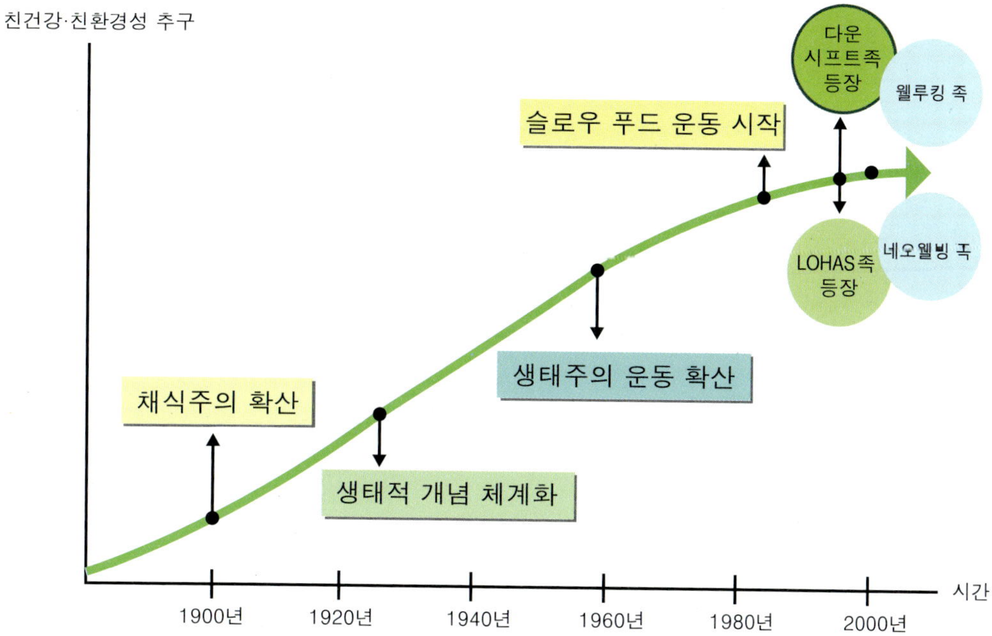

도표1.1 웰빙과 관련된 서구의 사회 대안운동 발전

〈전용옥, 웰빙문화의 등장과 향후 전망, 삼성경제 연구소 Issue Paper, 2005. 5.재구성〉

우리가 착각하는 웰빙

우리나라에서 현재 유행하는 웰빙 문화는 서구에서 시작된 웰빙과는 다소 차이가 있다. 미국이나 유럽에서 웰빙은 사회대안 운동으로 활발히 전개되면서 1990년이후 자연스럽게 생활속으로 파고들었으나 한국은 2000년대 이후 대중매체를 통해 웰빙 개념이 유입되었고, 기업

| 웰빙과 관련된 사회 대안 운동들 |

1. 채식주의(Vegetarian)

채식주의라는 용어는 1847년 채식주의자 연합회의가 영국에서 개최되면서 사용되기 시작하였으며 1908년 IVU(International Vegetarian Union) 를 결성하면서 확산되고 있다.

2. 슬로우 푸드(Slow Food) 운동

슬로우 푸드란 패스트 푸드(fast food)의 반대로 1986년 패스트 푸드의 대명사인 맥도날드가 이탈리아 로마에 진출하자 맛을 표준화하고 전통음식을 소멸시키는 패스트 푸드의 진출에 대항하여 식사, 미각의 즐거움, 전통음식의 보존 등의 기치를 내걸고 이 운동을 시작하였다. 이탈리아의 북부 피에몬테 루의 브라(bra) 지방에서 시작된 운동이 현재 100여 개 국에 8만 명의 유료 회원을 가진 세계적인 운동으로 발전되고 있다.

3. 로하스(LOHAS)족

로하스(LOHAS · Lifestyles Of Health And Sustainability)는 미국에서 생겨난 새로운 마케팅 용어로 자신의 건강뿐아니라 후대에 물려 줄 지속가능한 소비기반을 생각하는 소비 패턴으로 지구를 보전하기 위해 자원을 절약하면서 심신을 모두 풍부하게 하고 의식있는 삶의 방법을 목표로 하는 소비자를 의미한다.

4. 슬로비(Slobbie)족

슬로비란 '천천히, 그러나 더 훌륭하게 일하는 사람 (Slower But Better Working People)'을 뜻하는 말로 물질보다 정신적 안정을, 출세보다 가정 생활을 중시하며 어지럽게 빠르게 돌아가는 생활의 속도를 늦춰 느긋하게 살면서 삶을 여유롭게 즐기는 것을 큰 가치로 생각하는 이들을 지칭한다.

5. 보보스(Bobos)족

보보스는 부유층을 일컫는 부르주아(bourgeois)와 자유의 대명사인 보헤미안(bohemian)의 가치를 합성한 신조어로 미국 언론인 데이비드 브룩스가 그의 저서인 '보보스 인 파라다이스(BOBOS in Paradise)'에서 처음 사용하였으며'미국을 이끌어가는 새로운 엘리트 계층이며 정보화 시대의 도래와 함께 나타난 신흥귀족'이라 정의하였다. 물질적으로는 부르주아 계층에 속하지만 정신적으로는 낭만과 자유를 지향하는 사람들을 일컫는다.

6. 다운시프트(Downshifter)

일종의 '느림보족'. 경쟁과 속도에서 벗어나(직장이나 일에서의 이탈) 여유 있는 자기 만족적 삶을 추구하는 이들로 물질의 성장을 최상의 가치로 여겼던 삶을 탈피하고 정신과 느림의 가치를 인정하는 사람들로 웰빙의 중요한 요소인 조화와 균형을 몸소 실천하는 사람들을 일컫는다. 이들은 고소득 직장에서 저소득 직장으로 옮겨 시간적 여유와 삶의 여유를 즐긴다.

7. 웰 루킹(Well Looking) 족

웰빙족이 좋은 음식을 먹고 운동이나 여행을 통해 건강하고 행복한 삶을 추구한다면, 웰루킹은 그에 미(美)를 덧붙여 건강과 아름다움을 표출하는 만족감에 관심을 집중하는 사람들을 말한다.

8. 네오 웰빙(Neo well-being)

현대사회의 위험한 웰빙 열풍을 경계하고 삶의 진정한 행복을 누리자는 취지로 시작 되었으며 상업적 · 물질적 관심에서 벗어나 궁극적으로 삶의 질을 높이기 위해 마음의 평안과 정신적인 풍요로움 중시하는 라이프스타일 추구로 가정과 삶의 행복을 추구하자는 사회 대안 운동을 의미한다.

9. 코쿤족(Cocoon)

누에고치라는 의미라 코쿤족은 복잡한 현실에서 벗어나 편안함과 자신만의 공간을 추구 한다. 대표적인 특징은 쇼핑, 문화생활 등을 인터넷과 첨단장비를 통해 가정에서 모두 해결한다.

의 마케팅에 의해 확산되었다고 볼 수 있다.

한국은 1990년 후반 개인의 사회적 출세와 성공을 행복의 평가 기준으로 삼고 살았으나 IMF를 지나면서 정치, 경제, 사회에 대한 상실감이 크게 작용하였고, 여기에 황사와 광우병, AI, SARS 등의 환경 재해와 질병 등에 대한 공포가 크게 확산되면서 웰빙에 대한 관심이 높아지지 시작했다. 자아를 찾고 자신의 삶을 현재의 굴레에서 벗어나 심신의 건강과 여유로움을 누리고자 하는 개인적인 웰빙 추구가 한국의 웰빙 문화의 시작으로 볼 수 있다.

한국에서 웰빙이 기업의 마케팅 전략으로 적극적으로 활용되면서 웰빙 문화가 확산되어서인지 많은 사람들이 몸에 좋은 기능성 음료를 마시고 유기농 야채와 건강음식을 먹고, 아침에 일어나 조깅을 하거나 피트니스 클럽에서 운동을 하고 아로마 향을 맡으며 잠드는 것이 웰빙이라 생각한다. 그러면 이렇게 고급 소비를 해야만 과연 웰빙일까? 돈이 없는 사람은 웰빙 문화를 즐길 수 없는 것인가? 아직도 웰빙에 대한 잘못된 생각을 갖고 있는 사람들이 많다. 이렇듯 많은 사람들이 웰빙에 대한 편견과 선입견을 갖게 된 이유는 언론의 왜곡된 보도와 소비자를 부추기는 기업의 마케팅 전략으로서의 광고가 한몫을 했다. 한국사회에서는 웰빙은 돈 있는 사람만이 할 수 있는 것처럼 비춰진 것이다. 그러나 웰빙의 참 의미는 육체적인 건강 뿐 아니라 정신적, 경제적 건강과 함께 주어진 삶을 어떻게 사느냐를 추구하는 것이라 할 수 있다. 아무리 몸에 좋은 것을 먹고 입어도 정신적으로 고통 받는다면 건강한 삶을 영위할 수 없다. 결론적으로 웰빙은 행복한 상태 또는 그것을 추구하는 것이다. 그러나 행복은 주관적이므로 규격화된 웰빙은 없다고 할 수 있으며 웰빙의 근원은 행복하길 바라는 사람들의 기대와 소망이라고 할 수 있다. 그러므로 진정한 웰빙을 위해서는 웰빙 상품의 대량 구매가 아니라 자신의 형편에 만족하고 여유로움을 느끼는 삶이 되도록 육체적 · 정신적 · 사회적 웰빙[2)]을 추구해야 한다고 할 수 있다. 이에 웰빙은 누구나 추구할 수 있고 동양의 정신인 우리의 문화가 웰빙의 원조임을 생각해야한다.

단지 잘 먹고 잘 사는 것만이 웰빙의 전부는 아니다. 진정한 웰빙은 행복한 삶을 추구하는 것이며 이를 위해서는 3가지 조건 '잘 태어나고(Well born), 잘 살고(Well being), 잘 죽는 것(Well dying)'이 잘 갖춰야 한다. 첫 번째 조건인 잘 태어나야 하는 것은 아무리 웰빙적인 삶을 살고 싶어도 선천적으로 체질이나 정신적인 장애를 가지고 태어나면 살아가는데 평생 고난이 따르기 마련이다. 그러나 이 조건은 부모나 선조들의 환경적인 요건에 좌우된다. 건

2) 육체적 웰빙은 신체 활동이 원활하기 이뤄지고 건강 증진을 위한 생활 습관을 지속적으로 유지하는 상태이며, 정신적 웰빙은 자신에 대한 만족과 자부심이 충만한 상태, 사회적 웰빙은 직장 또는 공동체에서 소속감과 함께 성취감을 느끼는 상태를 의미한다.

강한 육체와 정신의 부모와 깨끗하고 건전한 지구환경이 중요한 요소가 된다. 둘째 잘 사는 것은 현재 살고 있는 우리가 쾌적하고 건강한 생활을 통해 행복감을 느끼는 것을 의미한다. 세 번째 잘 죽는 것은 참되게 삶을 마감하는 것을 의미한다. 그러므로 진정한 웰빙을 위해서는 이 3가지 조건을 갖추기 위해 남의 시선에 얽매이지 않으면서 자신의 모습에 관심을 갖고 나를 위해 무언가를 해 정신적 · 육체적 · 사회적 웰빙을 통해 여유로운 삶의 가치를 추구를 통해 행복을 느끼는 것이라 할 수 있다. 그리고 나아가 나만의 평안과 안식 추구뿐만 아니라 미래 우리 후손들의 건강과 행복도 함께 고려하여 함께 공존하면서 행복할 수 있는 가치를 추구하는 것이 진정한 웰빙이 아닐까 한다.

웰빙 마인드

'마인드(mind)'는 '마음'과는 다른 개념으로 데카르트가 자신의 인식론을 전개하는 과정에서 발명한 개념으로 '의지나 정신'을 의미한다. 그러므로 웰빙 마인드는 웰빙을 실천하기 위한 의지나 정신으로 단순한 소비지향에서 벗어나 장기적인 관점으로 긍정적이고 여유로우며 자연친화적인 삶을 위한 필요 욕구로 해석해 볼 수 있다. 웰빙 마인드는 단순히 남에게 보이기 위한 행동이나 단발성 소비를 추구하는 것이 아니라 자신이 직접 삶에 뛰어들어 그 가치를 높이고 생산적인 소비를 하기 위한 의식을 말한다.

웰빙 마인드는 웰빙 태도와 웰빙 행동, 웰빙 라이프스타일에 영향을 주게 된다. 일반적으로 웰빙 인식이 높은 집단이 웰빙 행동이 높게 나타나며 특히 정신지향의 웰빙 인식, 즉 웰

| 한국과 선진국의 웰빙 개념의 차이점 |

구분	구미	일본	한국
본격적 등장시기	· 1990년대 이후	· 1990년대 이후	· 2000년대 이후
등장 배경	· 사회대안 운동 확산과 생활 속에서 웰빙 개념 체득	· 건강 붐 조성	· 대중매체의 적극적 개입 – 새집증후군 · 황사, 광우병 등 환경재해 공포 확산
사회적 웰빙과의 관련성	· 여성 건강과 복지와 관련	· 고령자, 장애인등의 복지와 관련 · 자연환경 가꾸기	· 기업의 마케팅 전략 · 복지와 무관 개인적 웰빙 추구에 집중
웰빙시장	· 요가 관련 상품 · 유기농, 자연식품 · 여행 상품	· 건강식품	· 식품, 가전, 섬유, 건설 등 전문 분야에 영향

〈자료 : 전용옥, 웰빙문화의 등장과 향후 전망, 삼성경제 연구소 Issue Paper, 2005.5. 재구성〉

빙 마인드를 가지고 있는 사람들이 웰빙 행동이 더욱 높게 나타난다고 볼 수 있다. 정신 지향적 웰빙 마인드를 가진 사람들이라면 과소비와 과소비를 부추기는 사회분위기를 제어할 수 있으며, 상업화된 매스컴의 건전한 역할을 통해 서구의 사회대안 운동과 같은 사회적 운동으로 건전한 웰빙 문화를 발전시킬 수 있다고 본다.

웰빙 마인드를 가진 소비자들을 소위 웰빙족이라 부르는데 이들은 다음과 같은 특성을 가지고 있다.

첫째, 육체적 · 정신적 건강을 추구하고 물질적으로 덜 풍족하더라도 행복한 삶을 위해 시간을 투자한다.

둘째, 다양한 경로를 통해 좋은 것, 해로운 것을 구분하는 지식총량을 증가시키고, 적극적으로 웰빙 관련 정보를 탐색한다.

셋째, 인위적이고 도시적인 것 보다는 자연친화적인 생활양식을 추구하며 여행 및 레저 스포츠 등을 통해 삶의 여유를 지닌다.

넷째, 건전하고 건강한 삶을 위해 자신의 수준에 맞는 맞춤형 웰빙을 추구한다. 즉 건전하고 건강한 삶을 위해 자신의 소득 수준에 비례하여 소비 방안을 모색한다.

다섯째, 물질적인 가치나 강한 힘을 배격하고 먹고, 입고, 바르는 것, 생활 전반에서 자연, 건강, 마음의 평화 등 정신적인 가치를 추구한다. 즉 몸과 마음을 최대한 자연에 가깝게 함으로 여유 속 풍요와 건강을 누리려 하고, 신체의 건강과 마음의 안식을 동시에 추구한다. 이에 슬로우 푸드나 유기농을 주로 먹고 러닝머신 보다는 요가나 스파로 정신수련을 겸한 운동을 선호하게 된다.

그러므로 웰빙에 대한 사전적 · 사회적 의미가 있지만 이를 받아들이는 사람들은 각자가 처한 일상의 생활 세계를 반영하여 보다 다차원적이고 고맥락의 의미를 갖게 된다. 기본적인 웰빙의 의미에 개인적인 여건들이 웰빙에 대한 인식을 반영하여 각자의 웰빙 마인드를 형성하게 된다고 볼 수 있다.

웰빙 라이프스타일

'라이프스타일(Lifestyle)'은 인간의 인생관, 생활태도 등을 포함한 넓은 의미의 생활양식을 의미하여 '생활전반에 대한 활동, 관심, 태도, 의견, 가치관 등이 종합적으로 작용하여 나타나는 삶의 방식'으로 정의내리고 있다. 이러한 라이프스타일은 어떤 사람이 설정한 목표를 달성하기 위해서는 능동적으로 생활환경에 대처하게 하며 독자적인 해결 방법을 찾아서 미래의 목표를 향한 일관된 노력을 하게 만드는 특징을 갖고 있으므로 생활 전반 태도나 소비행동뿐만 아니라 인간이 추구하는 삶의 만족도와도 관련이 있다고 볼 수 있다.

라이프스타일에 웰빙이 추가된 웰빙 라이프스타일도 사회생활의 다양한 영역에서 선택적으로 살아가는 삶의 방식이지만 그 선택의 기준이 웰빙 지향으로 삶의 만족도와 향상에 있다. 이에 웰빙 라이프스타일에 대한 정의를 장승희 외(2006)는 '육체적이나 정신적 건강을 통해 스스로의 가치를 존중하고 그 가치를 높이기 위해서 끊임없이 노력하며 그 과정을 통해서 만족을 느끼기 위해서 끊임없이 노력하며 그 과정을 통해서 만족을 느끼는 사람들, 행복한 삶을 추구하는 삶의 유형이나 문화를 의미한다'고 하였다. 홍희숙과 류성민(2009)은 '삶의 질 수준을 최적으로 실현하기 위해 선택적으로 살아가는 방식으로 정의하고 다양한 생활영역들에서 나타나는 웰빙과 관련된 활동, 관심, 의견의 정도를 평가함'으로써 규명될 수 있다고 하였다. 오만호 외(2010)는 웰빙 라이프스타일을 '웰빙 상태를 성취하기 위해 선택적으로 살아가는 방식'이라고 정의하였다. 그리고 이러한 웰빙 라이프스타일을 구체적으로 실천하는 방법이나 유형이나 측정을 위한 연구가 다양하게 이루어졌는데 홍희숙과 고애란(2009)은 건강한 식생활, 적극적 스포츠 활동, 천연화장품 소비, 사회 지향적 소비, 건강 정책관심, 자아존중, 지역봉사활동 등 7개 요인으로 도출하였으며, 오만호 외(2010)는 건강 식생활, 스포츠 · 취미생활, 패션 외모관심, 재활용 실천, 노화 관심, 노후 복지 관심 등 6개 요인으로 분류하였다. 또한 정인희(2009) 웰빙 라이프스타일을 자신감과 긍정적 사고, 운동의 생활화, 환경지향적 사회의식, 환경 · 건강 정책관심, 건강 · 친환경 식생활, 자연친화적 의생활, 휴식과 스트레스 관리, 환경의식적 폐기, 자연친화적 주생활로 구분하여 제시하였으며, 이선우(2007)는 건강지향군, 환경지향군, 사회관계지향군으로 구분지어 인구통계학적 특성에 따라 웰빙 라이프스타일 유형에 차이가 있다고 분석하였다.

결국 웰빙 라이프스타일은 '삶의 만족도와 관련이 있으며 새로운 생활방식으로 자연 · 건강 · 안정 등 정신적 가치까지 추구하여 삶의 질을 높이기 위한 선택적 생활방식' 또는 '몸과 마음이 풍요롭고 아름다운 인생을 영위하고자 하는 라이프스타일'로 정의 내릴 수 있다. 그러므로 웰빙 라이프스타일은 자연 속에서 생명력과 즐거움, 편안함을 찾고 정신적 가치를 더 중요하게 여기고 생활한 우리 선조들의 삶의 지혜와 전통에 그 해답을 찾을 수 있음을 시사한다.

이러한 웰빙 라이프스타일은 현대인의 중요한 생활방식이 되며, 일생생활은 물론 사회 · 경제 전반 분야의 기초가 되며 끊임없이 진화할 것으로 예상된다. 앞으로 웰빙을 대체하는 새로운 용어가 계속 생겨나겠지만 웰빙이 내포하고 있는 친건강 · 친환경 · 친자연의 가치 개념은 지속되며 현대인의 새로운 라이프스타일 즉 생활양식을 대변하게 될 것이다.

02 • 전통이란?

'전통(傳統, tradition)'은 사전적 의미로는 '역사적으로 전승된 물질문화, 사고와 행위양식, 사람이나 사건에 대한 인상, 갖가지 상징군(象徵群)을 계통을 받아 전함' 또는 '이어받은 계통'이라고 되어 있다. 영어의 tradition은 라틴어의 'tradere'에서 온말로 'transit 또는 carry on'의 의미를 갖는다.

좁은 의미에서 전통은 '문자 이외의 수단으로 무엇인가를 전수하는 행위나 전수되는 문화 내용을 뜻하며, 그 문화 내용 중에도 특히 한 문화를 특색지우는 뚜렷한 요소, 또는 요소들이 긴 역사를 지니고 있을 때 그 요소들의 집합'을 말한다.

우리가 쉽게 오해 하는 것 중 하나가 전통에 대한 의미로 우리 민족에게 고유하고 우리 민족만이 특별히 가지고 있는 것, 또는 사람들로부터 완전히 잊어졌지만 옛것을 다시 되살려 재현해 놓았을 때 그것을 전통이라고 생각한다. 이는 전통이 아니라 문화의 재평가에 의한 복원된 옛 것, 박제된 전통에 불가하다. 전통은 언어에 내재된 의미를 보더라도 전승력이라는 역사적 지속성을 지니며 생성 · 발전 · 변화 · 소멸하는 유기적 생명력을 지닌다. 그러므로 전통은 과거의 문화를 이어받되 그대로 답습하여 고정 불변으로 남아 있는 것이 아니라, 현실에 맞게 가변적으로 수용되어 과거의 것이 현재 속에서 살아 움직이는 역동성을 지니게 된다. 이에 전통을 '한 민족이 역사 속에서 시대를 초월하여 가치를 갖는 문화', '과거와 현재 미래를 잇는 일괄된 흐름 즉 어떤 집단에 있어서의 뿌리, 정체성'을 의미한다고 할 수 있다. 그러므로 전통은 어떤 특색을 끊임없이 닦고 가꾸어 가면서 새로운 요소를 거듭 더해가는 특색의 총체이며, 당시의 사람들은 물론 후세 사람들에게도 어떤 공감을 줄 수 있는 고유 가치를 지녀야 하고 그것은 시대나 시간을 초월하여 새롭게 할 수 있는 가치를 지녀야 하는 것으로 파악된다.

한 민족의 전통은 먼 옛날부터 현재까지 이어져 오는 문화적 맥락으로 시간성 · 공간성 · 주체성이라는 세 요소를 포함하여 존재한다고 볼 수 있다. '시간성'은 과거에서부터 현재까지 지속적으로 존재한다는 것을 의미하며, 옛것을 계승하되 현재에 적합하게 끊임없이 창조해 나가는 과정이라 할 수 있다. '공간성'은 역사를 통하여 각 시대를 거쳐 전승되어 내려오면서 한 지역의 사회적 집단인 민족이 갖고 있는 문화적 특성을 말한다. 즉 오랜 기간 계속해서 반복되는 인간의 행동 · 관습 · 습성이 전통을 형성하는 기본이 되며, 이는 그 지역의 자연환경과 사회 · 인문적 여건에 따라 다르게 형성된다. '주체성'은 주체자의 의식이나 생활이 반영되므로 민족적 공감이 없이는 전통이 힘을 가질 수가 없다.

전통은 문화를 퇴보시키는 장애물이 아니며, 오히려 문화의 자주적 독자성을 확립시켜 주는 원동력의 구실을 할 수 있다. 그러므로 전통의 계승은 전통의 보존을 의미하는 것이 아니라 과거 속에서 현존의 맥을 찾아 그것의 가능성을 바탕으로 미래를 예측하여 새로운 창조를 하는 것이라 할 수 있다.

그렇다면 환경오염의 문제와 함께 건강하고 풍요로운 삶에 대한 욕구가 급속도록 높아지는 현 시대에 적합한 전통의 계승은 어떤 형태가 되어야 하는가? 전통과 현시대의 새로운 문화와의 조화와 균형이 적절히 이루어져야 건강한 사회와 문화를 창조 할 수 있다.

이에 본 저서에서는 이러한 방법의 하나로 우리의 전통 문화의 집결체인 주거에서 21세기 적합한 새로운 문화로서의 전통의 계승 방법을 찾아보고자 한다.

03 • 웰빙 주거란?

웰빙 주거란?

주거는 '가족 생활의 근거지로 가족들의 일상생활뿐 아니라 사회활동을 준비하는 에너지의 재충전 장소'라는 기본적인 의미를 가지며, 여기에 '육체적 · 정신적 · 사회적 건강의 조화를 통하여 행복하고 아름다운 삶을 추구하는 삶의 유형이나 문화'를 일컫는 웰빙이 결합되면 웰빙 주거에 대한 개념을 정의해 볼 수 있다. 이에 웰빙 주거는 '가족이나 개인의 육체적 · 정신적 · 사회적 건강의 조화를 증진할 수 있도록 주거의 전반이 구성되고 주변 환경, 자연과의 조화로 거주자의 삶의 질을 향상할 수 있도록 되어 있는 주거'라고 할 수 있다.

웰빙 주거는 '거주자의 육체적 · 정신적 · 사회적 건강의 조화된 삶을 담는 그릇'으로 본다면 웰빙의 근원적인 개념이 물질에 치우치지 않고 정신적인 면을 강조한다는 점에서 삶의 여유를 찾고 자연 속에서 질서를 찾아 공간에 반영한 우리 옛 주거가 우리만의 웰빙 주거라고 볼 수 있다. 또한 서구화된 주거 문화에 웰빙 주거를 실천하기 위한 물리적 환경 조성 방법을 찾아보면 친환경 주거나 건강 주거와 그 내용을 같이 한다고 볼 수 있다.

친환경 주거는 자연 환경과 조화를 이루며 건강한 삶을 영위할 수 있도록 친환경 소재를 중심으로 주거 공간 전반을 구성한 주거를 의미한다. 즉 '건축물의 계획 · 설계 · 생산 · 유지 관리 · 폐기에 이르는 전 과정에 걸쳐 총체적으로 에너지 및 자원을 절약하고 자연경관과의 유기적 연계를 도모하여 자연환경을 보전하며, 인간의 건강과 쾌적성을 향상을 가능하게 하는 주거를 말한다. 그러므로 웰빙 주거가 추구하는 육체적 건강과 쾌적성, 자연환경을 배려하는 구체적 공간조성을 위한 방법론에 대한 답을 제시해 줄 수 있다.

건강주거는 평균수명의 연장으로 건강한 노후에 대한 관심과 자연환경오염과 새집증후군 등 주거의 실내공기에 대한 문제가 대두되면서 쾌적하고 건강한 주거환경 조성에 대한 이슈가 강조되면서 등장하게 된 주거로 '거주자의 건강을 유지 증진할 수 있도록 주거의 공간구성이 거주자의 삶의 질을 향상시킬 수 있게 되어 있는 주거'를 의미하며 주거 자체가 건강한 집이 될 수도 있고 그 안에 사는 사람의 건강을 지원해 주는 기능을 가진 집이 될 수도 있다. 웰빙의 기본 조건이 건강이며 건강을 토대로 행복을 추구한다면 웰빙 주거는 결국 건강 주거와 유사하다고 볼 수 있다. 그러므로 21세기 웰빙 주거는 결국 친환경 주거와 건강 주거의 개념이 합쳐져 '친환경 건강 주거'가 곧 '웰빙 주거'라고 할 수 있다.

우리가 추구하는 웰빙 주거인 '친환경 건강 주거'는 '거주자가 건강을 유지 증진할 수 있도록 주거의 환경, 설비, 구조, 재료 및 공간구성이 거주자의 주생활에 적합한 상태로 구성되며 주변 환경과의 조합으로 거주자의 삶의 질을 향상시킬 수 있는 주거'를 말한다. 이러한 친환경 건강 주거는 친환경 주거와 건강 주거가 추구하는 개념과 계획요소들을 모두 포함하며, 배치 단계에서부터 건물 형태 구조, 자연환경과의 조화, 쾌적한 실내 환경을 위한 설비, 친환경 재료 선정과 함께 거주자의 심리적 · 정서적인 측면과 주거환경 내의 새로

| 친환경 주거, 독일 프라이부르그, 보봉(Vauban)단지 |

보봉 단지는 재생가능 에너지를 활용한 대표적 주거단지로 토지이용 및 교통, 에너지 자원 및 환경부하, 생태환경 조성, 실내환경 측면에서 친환경 계획기법이 철저하게 적용된 대표적인 친환경 주거단지다. 단지 내 자동차길이 없어 아이들이 마음껏 뛰어 놀 수 있고 자연과 함께 여유로움 삶을 즐기는 사람들이 모습을 쉽게 볼 수 있다.

운 첨단기술 도입과 더불어 주거의 융통성과 가변성을 높여 편리성과 안전성까지 고려하는 주택을 말한다. 그러므로 웰빙 주거는 친환경 · 친자연 · 친인간 · 친건강을 추구하는 주거라 할 수 있다.

웰빙 주거의 특징

웰빙 주거는 크게 '친환경 · 친자연 · 친인간 · 친건강'을 추구하며 이에 4가지 측면에서 그 특징을 찾아 볼 수 있다.

• 친환경적 특성 •

친환경이라는 의미가 매우 포괄적일 수 있지만 여기서 친환경의 의미는 생물과 무생물을 고려한 지구 범위로 확대된 환경을 대상으로 한 것으로 지구 환경에 해를 주지 않고 지구자원 보존을 위한 에너지 절약적인 측면을 말한다. 다양한 친환경 주거 건축 기법 중 지구환경의 보전과 관련된 계획 기법에 대한 고려를 들 수 있다. 웰빙 주거는 친환경 주거와 마찬가지로 현재 가족의 건강과 후손들의 건강과 행복을 고려하고 우리가 사는 지구환경의 건강을 고려하므로 주거 건축물의 생산에서 건설, 유지관리, 폐기 단계에 이르는 전 과정에서 지구환경 보전을 위한 적극적인 건축계획이 이루어진다. 웰빙 주거나 친환경 주거에서 나타나는 지구환경보전을 위한 친환경적 계획 특성은 다음과 같다.

| 에너지 절약과 에너지의 효율적 이용 |

· 건물의 일부나 북측부분 등을 지중화(地中化)하여 냉 · 난방용 에너지의 소비를 절감한다.

》반지하실화, 북측성토, 경사면 이용 반지중화 등

· 바닥 면적당 외피면적이 적은 건물형상을 채택한다.

· 지붕에 충분한 단열이 이루어지도록 한다.

》외단열, 이중지붕통기구법, 녹화지붕 등

· 개구부를 고단열, 고기밀화 적용한다.

》고성능 유리, 단열형 섀시, 기밀섀시, 이중섀시, 단열도어 등

· 창, 특히 동서측 창, 천장에 충분한 단열을 한다.

》열선반사유리, 활엽수 등

· 고효율형, 에너지절약형 냉난방기기, 급탕기기, 조리기기, 가전기기를 채용한다.

· 전체 계획이나 배치계획에서 부담을 감소시킨다.

》동절기의 방풍림, 주동배치에 의한 동절기의 방풍

· 고효율 에너지시스템을 채용하여 기기의 집중화와 공동화를 꾀한다.

》코제너레이션으로 에너지공급 집중화, 기타 중앙냉난방급탕시스템 등

| 자연에너지, 미이용 에너지의 적극적 이용 |

· 부지의 일조, 바람 등의 자연에너지를 적절히 이용

》동절기의 태양방위, 하절기의 계절풍 고려, 단지의 풍향 배려 등

· 지중의 냉열을 냉방 등에 이용한다.

》쿨링 튜브에 의한 냉방, 접지바닥에 의한 지중열의 이용 등

· 태양열을 패시브하게 이용한다.

》남측의 대형유리면, 축열벽, 축열바닥, 물이나 화학물질에 의한 축열의 조합

· 태양열을 하이브리드하게 이용

》지붕이나 외벽에서 공기 집열을 하고 팬으로 순환시켜 바닥하부 등에 축열하거나 실내로 토출하거나 외주 벽내의 통기 순환시스템 등

· 태양열을 액티브하게 이용한다.

》태양열 온수기, 지붕, 베란다, 외벽 등에 태양열 집열기 설치

· 풍력을 발전이나 배수 등에 이용하다.

》풍차를 옥상 등에 설치

· 지하수열을 냉방 등에 순환이용한다.

· 배수나 배기에서 열을 회수, 쓰레기 소각열, 하수 처리열 등을 이용한다.

》욕실 배수열, 조리배열, 냉난방 배열 등의 이용

· 흙, 물, 나무를 이용하여 미기후를 완화시킨다.

》단지 내 포장을 최소화하고 흙, 물, 나무를 늘인다

· 하천수, 해수 등의 에너지를 이용한다.

》단지나 지역의 냉난방에 이용

· 여름철에 통풍이 충분하도록 설계한다.

》집합주택의 통풍, 각 실의 통풍, 유입구와 유출구에 대한 연구 등

· 여름에 북측이나 바닥하부의 냉기를 끌어 들인다.

》북측, 바닥하부, 지하실의 냉기 이용

| 내구성 향상과 자원의 유효 이용 |

· 구조체에 충분히 내구성을 지닌 재료를 사용한다.

》중후한 콘크리트나 철재, 목재, 또는 고내구성 공구법과 재료를 채용

· 구조체를 장기간 사용할 수 있는 구법을 채용한다.

》구조체의 피복이나 보호구법, 통기구법에 의한 목재의 보호 등

· 지붕, 외벽, 바닥, 개구 등에 내구성이 높은 재료와 구법을 채용한다.

· 내외벽 재료로는 유지관리가 불필요한 재료나 유지관리가 손쉬운 재료나 구법, 부분적으로 교체가 용이한 구법 등을 채용한다.

· 설비부분이나 배관 배선은 유지관리가 용이하게 하고 장래의 수선에 대한 배려가 충분한 부품이나 설계를 채택한다.

· 절수형 설비기기의 채용 등에 의해 절수를 꾀한다.

》절수형 변기의 설치 등

· 배수를 정화하여 중수 등으로 재활용한다.

》욕실 배수, 부엌 배수, 오수 등

· 우수를 모아 다목적으로 재이용한다.

》방화용, 비상용, 청소용, 물뿌리기용, 중수용 등

| 환경부하의 절감과 폐기물 감소 |

· 채취로 인해 환경을 악화시키는 원료나 재료를 사용하지 않는다.

》열대 우림재, 재생에 장기간이 소요되는 목재, 희소재 등

· 제조와 생산에 에너지를 적게 사용하는 건축자재, 부품을 사용한다.

》목재, 풀, 흙, 돌 등 자연재, 가공시 화력이나 전력의 소비가 적은 재료

· 유통이나 운반에 에너지를 적게 소비하는 건축자재, 부품을 사용한다.

》주변에서 생산되는 건축자재가 바람직. 무게에 비해 용량이 큰 자재는 피함

· 사용 후 버리는 재료, 남는 재료, 잔토 등이 적게 발생하는 공법을 채용한다.

》거푸집의 재이용, 공장가공으로 현장 잔재를 제거하고 잔토는 부지 내에서 처리

· 재이용, 재생사용이 가능한 건축자재나 부품을 사용한다.

》유효자원 재활용을 위한 친환경 인증제품 사용 여부

· 장래 해체나 분해가 용이한 건축구조나 구법을 채택한다.

》라이프 사이클을 고려한 평면 적용, 공업화 공법, 환경관련 신기술 적용, 조립식 구조, 구법 등

· 각 부분에 리사이클 재료나 재생부품을 사용한다.

》리사이클 콘크리트, 폐지단열재 등

· 폐기물을 분리 수집할 수 있는 설비를 설치한다.

》호별, 또는 공동 분리 수거장 설치 등

· 생쓰레기를 회수하여 퇴비화하는 설비를 설치한다.

》쓰레기 압축기의 설치 등

· 대규모 기계의 힘이나 에너지 사용량이 많은 공사방법을 피한다.

| 웰빙 주거 친환경적 특징, 일본 후쿠오카, 마테르아노우 단지 |

마테르아노우 단지는 일본의 대표적인 친환경 주거 단지로 주호마다 발코니에 설치된 태양열 집열판과 태양광 가로등으로 자연에너지의 적극적인 이용을 볼 수 있다.

• 친자연적 특성 •

웰빙 주거에서 나타나는 친자연성은 건축을 구성하는 원리가 자연생태계의 현상에 맞추어 적용되고 또한 건축을 가능케 하는 물성들이 자연의 순환 원리와 하나되면서 자연 지세와 기후 풍토적 조건에 순응하여 자연과 합일을 이룰 때 나타나는 특성을 말한다. 주요 특징은 친환경 주거의 주변 환경과의 조화 기법과 유사하며 기후와 지역성의 조화, 생태적 풍부함과 순환성의 확보, 건물내외의 연관성 향상, 자연재 및 자연색의 이용, 자연 형태 이용 등의 특성이 나타난다.

| 기후와 지역성의 조화 |

· 지역의 기후나 부지의 미기후, 자연 지세와 조화를 이루는 공간 배치 및 구조를 채택 한다.

》온도, 습도, 강우량, 강설량, 일조, 풍향, 풍량 등에 대해 배려

· 거대 대지조성을 피하고 원래 지형을 살리고 지역의 수자원을 가능한 보전하는 계획으로 한다.

》경사면 등을 그대로 살리고 지표수, 복류수, 지하수에의 배려

· 원래 식생, 자생식물은 가능한 보전, 재생하고 부지내의 동물들의 생태를 가능한 보전하는 계획으로 한다.

· 지역의 자원이나 재료를 유효하게 이용한다.

》지역산 목재, 석재, 토사 등

· 지역의 역사와 문화, 커뮤니티 등과 조화를 이룬다.

》역사적 형태나 생활습관과의 조화

· 주변의 가로 경관과 조화를 이루는 아름다운 디자인을 채택한다.

| 생태적 풍부함과 순환성의 확보 |

· 실내외에 자연을 다양한 요소를 충분히 도입한다.

》유형적 자연요소인 녹지나 물, 바람, 빛, 소리, 향 등 무형적 자연요소를 적극적으로 공간으로 끌어들이는 설계기법 적용

· 마당이나 외부공간, 집 주변을 충분히 녹화하고 녹지 면적을 확대한다.

· 담장이나 울타리는 생울타리로 하고 가능한 완만한 경사의 자연 법면을 사용하고, 옥상이나 지붕, 벽면 녹화를 적용한다.

》가능한 자연에 가까운 형태의 연못이나 개울 등

· 생태계에 유효한 개방 수면을 조성한다.

· 건물 주변에 흙과 녹지를 남기고 포장은 투수성 포장으로 빗물을 침투시킨다.

》포장부분을 최소한으로 한정

· 단지 조성 공사 시에는 표토를 보존하고 재이용하여 비오톱을 조성한다.

》작은 동물이나 새가 집을 짓고 살 수 있는 부분이 있는 건축물 등

· 작은 동물이나 새, 곤충 등과의 공생할 수 있는 공간을 조성한다.

》옥상 녹화, 옥상 터밭 등

· 건재는 목재 등 교체가 쉬운 자연재료를 사용한다.

》목재, 풀 등을 이용한 건축자재 등

· 친자연형 주차장을 조성한다.

》주차장의 투수성 포장, 녹화 블럭, 파고라 설치, 지하화 등

| 건물 내외의 연관성 향상 |

· 주동의 배치나 울타리 등을 이용하여 내부와 연속성이 있는 옥외공간을 조성한다.

》집합주택의 ㅁ型 배치, 단독주택의 울타리설치 등 반옥외공간의 형성

· 건물의 형상을 연구하여 내외의 연속성을 높인다.

》외부와 접촉면이 많은 주택 형태, 집합 주택의 다면 채광형, 전면 폭이 넓은 형태 등

· 건물 내에 중정이나 광정 등을 두어 외부 자연을 끌어 들인다.

》단독 주택의 중정, 집합주택의 광정 등

· 외부 개구부를 키우거나 늘려 건물의 내외부에 연속성을 부여한다.

· 넓은 테라스, 발코니 등으로 외부와 연속시킨다.

· 욕실, 하장실, 부엌 등에도 창을 충분히 설치한다.

· 유리문이 부착된 테라스, 온실, 선룸 등 반옥외 생활공간을 검토한다.

》하절기 고온 시에 개방이 가능한 새시의 연구 등

· 옥상을 반옥외 공간으로 설계하고, 이용한다.

》옥상정원, 옥상테라스 등

· 필로티 등으로 외부공간의 연속성과 개방성을 추구한다.

· 편복도의 경우에도 프라이버시의 확보가 가능한 개구부를 연구를 한다.

》3층 1복도식, 돌출 복도식, 완충 공간설치 복도 등

| 자연재 및 자연색의 이용 |

· 주변 지역에서 구하기 쉬운 자연소재, 최대한 자연의 물성을 나타나도록 이용한다.

》나무, 흙, 돌 등을 인위적 조작을 최소화하여 사용

· 자연적으로 분해가 되고 재료의 교체가 쉬운 자연재를 사용한다.

· 자연재 본연의 색으로 담백하고 소박한 색채감을 주로 사용한다.

》인공적인 색의 사용은 절제

| 자연 형태 이용 |

· 자연소재의 사용 방법에서 인위적인 가공을 극도로 절제함으로 자연의 형태를 그대로 나타낸다.

》자연 형태의 노출된 서까래, 흰목재 기둥, 주출돌, 초석돌, 담장 등

| 웰빙 주거 친자연적 특성, 독일 하노버, 크론스베르크(Kronsberg) 주거 단지 |

생태적 풍부함과 순환성 확보를 한 웰빙 주거로 단지 전반의 외부공간의 풍부한 녹지와 더불어 주동과 주동 연결부를 실내 아트리움으로 조성하여 외부이면서 내부인 성격을 갖는 녹화 공간으로 건물내외의 속성을 동시에 추구하고 있다.

• 친인간적 특성 •

친인간적 공간 특성은 인간도 자연의 일부로 자연환경과 더불어 공간을 인간화하는 가운데 자연과 인간, 인간과 인간의 공존 관계를 건전하게, 자연 친화적이고 인간 친화적인 방법으로 지향하는 특성을 말한다. 웰빙 주거가 개인과 가족의 건강과 쾌적성의 증진이라 측면에서 친인간적 특성은 일반적인 친환경 주거나 생태건축에 비해 매우 중요한 특성으로 볼 수 있다.

친인간적 특성은 자연을 통한 인간성 회복, 또한 인간과 인간의 공생적인 활동을 지원함으로서 인간적인 디자인 특성을 갖게 된다. 그러므로 친인간적 주거 공간은 자연친화적이며 인간 친화적 공간을 의미하며 이를 실현함으로 보다나은 삶의 질과 만족감과 편의성, 안정감을 얻을 수 있다. 또한 사회 심리적 욕구로 대별되는 다양한 인간의 욕구와도 조화와 균형을 이룰 수 있어야 한다. 그러므로 친인간형 주거 공간은 모든 공간구성이나 재료가 거주자의 요구와 변화에 가장 쉽게 대응하고 변화하여 생활의 편익과 공생적 활동을 증진시킬 수 있어야 한다. 즉 거주공간의 용도가 고정되지 않고 라이프스타일에 따라 칸막이나 설비

의 변경이 용이하도록 가변적, 융통적, 개방적 구조를 의미하며 계속 안전하게 거주할 수 있는 주 환경 조성의 일환으로 공간의 장애물이 없는 베리어프리(Barrier Free) 한 공간을 구성하고, 경제적 · 사회적 생활수준 향상에 따라 새로운 첨단기술 도입에 의한 편리성 도모 등 변화된 주거의 요구를 수용하면서 자연과의 조화가 이루어진다면 가장 이상적 친인간적 공간이 될 것이다.

| 인간 중심의 공간 배치 및 구성 |

· 공동체적 삶 추구 할 수 있는 공간계획을 한다.

》가족 위주의 공간 구성, 공동 공간과 사적 공간의 균형 추구, 주택과 주택의 내 · 외부의 연계와 침투가 자연스럽게 이루어지도록 설계, 중용적 공간 구성(내부 중정 조성), 외부세계와 시각적 또는 사회적 접촉기회 증대

· 개방적 공유 공간 개념을 적용한다.

》주거 내부 공간 벽보다는 칸막이벽과 창호를 이용한 공간 분할하여 공간별 상호 호환성이 높도록 설계

· 베리어프리(Barrier Free) 공간을 구성한다.

》방과 방사이이 문을 자동문으로 하거나 턱이 없게 설계, 벽과 바닥 등은 미끄럽지 않은 소재 이용

| 내향적 구조 |

· 다기능을 가진 중심의 공동 영역을 배치한다.

》가족실을 중심으로 한 구심적 내향구조, 가족단위의 내향적 구조, ㅁ자형 평면 응용

· 외부 생활의 욕구를 충족할 수 있는 실내 취미 생활실이나 가족단위 활동 공간을 조성한다.

》잘 다듬어진 실내 정원, 아트리움을 활용한 취미실, 발코니를 활용한 휴식과 식사 공간

· 가족만 즐길 수 있는 마당, 뒤뜰 공간, 사적 휴식 공간 등을 조성한다.

| 인간적 척도 공간 |

· 전통적 인간적 스케일을 적용한다.

》안정감을 주는 친밀감 있는 공간 구성, 수직보다 수평을 강조한 가구 사용

· 방 크기가 용도에 알맞고 기가 고르게 순환 할 수 있는 공간을 설정한다.

· 공간에 용도 따른 천장, 창호 높낮이 달리한다.

》높낮이에 따른 낙차를 이용한 수장 공간 구성, 중첩의 미를 살린 아기자기한 공간구성

| 가변적 · 융통적 구조 |

· 기능과 이용자의 변화를 수용할 수 있는 구조나 거주자의 행태적 변화를 수용 적응할 수 있는 공간으로 계획한다.

》이동 가능한 건물 모듈 구성, sliding door를 이용한 공간 분화와 융합 등 유동적인 공간 조성

· 내부 구조를 자유롭고 낡은 부분을 손쉽게 교체할 수 있는 구조를 취한다.

》재사용이 가능한 외벽, 주택 건물 모듈 적용

· 건축의 탈재료화, 재료의 최소화를 통한 경량 건축을 추구한다.

· 실구성이나 설비 등을 최소화한다.

· 가변형 시스템 구조 방식을 채택한다.

》내구성이 강한 구조체, 배관을 벽체에 매입하지 않는 것 등

| 개방적 공간 |

· 개방된 투명 공간, 공간 기능의 통합과 공간배분을 통해 개방성을 준다.

》공간적, 기능적으로 열린 공간, 공간별 상호 호완성과 개방성이 높게 설계하며 고정 요소보다는 이동 가능한 요소 도입

· 두꺼운 벽보다 창호나 문을 이용 투명한 공간을 구성한다.

| 활발한 교류를 도모하는 커뮤니티 시설 |

· 접근성과 편리성을 높인 주동 내 커뮤니티 시설을 설치한다.

· 단지 주민이 사용할 수 있도록 집회소나 여가, 취미 등을 위한 공용 시설을 충실히 설치한다.

》규모가 큰 공용공간을 설치하여 헬스시설, 다목적실, 도서관, 놀이방 등으로 활용, 주변의 지역사회에 공개되는 공원이나 집회시설 등

· 외부의 놀이터, 광장 등의 공용공간을 충실히 제공한다.

· 계단실이나 공용복도 등을 넉넉하게 만들어 주민의 교류가 가능하도록 한다.

| 변화된 요구를 반영하는 최첨단 시설 |

· 새로운 첨단기술을 거주자의 라이프스타일에 맞게 효과적으로 조화롭게 적용한다.

》홈오토메이션과 네트워크 기술이 결합된 원격진료, 다양한 원격서비스 가능, 홈쇼핑, 교육, 소호사업 등

· 첨단기술을 통하여 실내 쾌적성을 높이고 가사노동을 줄이고 편리성을 향상시 킨다.

· 주택의 안전과 보안을 강화한다.

》긴급 사항 실시간 모니터링, 비상호출, 무인 경비 시스템 등

| 공용복도를 활용한 커뮤니티 공간, 일본 후카사와 환경공생주거 단지 |

공용복도를 넉넉하게 조성하고 광정과 녹화를 하고 벤치를 배치하여 주민의 자연스런 교류가 가능하게 하고 있다.

| 변화된 요구를 반영하는 최첨단 침실, 네덜란드 Living Tomorrow |

첨단기술을 통하여 거주자의 쾌적성을 높이고 작업실과 침실 기능을 동시에 해결하는 공간시스템을 보여 준다.

• 친건강적 특성 •

친건강적 공간은 주거공간이 거주자의 안전과 건강, 쾌적함을 보장하면서 생리적으로 심리적으로 만족감을 주고 자연과의 풍부한 커뮤니티를 유발할 수 있는 환경을 의미한다. 따라서 거주환경의 건강과 쾌적성은 웰빙 주거 건축이 가져야 할 가장 필수적인 기본요소이며 인간과 환경의 공생 및 조화 속에 양자 모두 건강하도록 구현해야 한다.

건강한 삶은 건강한 환경에서 가능하다. 현대인의 생활가운데 90%가 닫혀진 실내공간에서 이루어지고 있다는 점을 감안한다면 웰빙 주거가 건강한 환경으로 조성되어야 할 필연성을 갖게 된다. 친건강형 특성은 건축물의 내부와 외부에서 거주환경의 건강 및 쾌적성을 강조하는 기법으로 인간의 보다 높은 인간성 회복 및 권리를 위한 건축물의 기본 요건이며 라이프스타일 변화와 고령화 사회가 되면서 더욱 강조되는 요소라 할 수 있다. 이러한 친건강적 특성은 친환경 주거의 거주환경의 건

강과 쾌적함에 관련된 수법과 유사하며 건강한 주생활을 위한 가장 중요한 요소로 생리적, 심리적 정신적인 측면, 더불어 안전적인 측면이 중심이 된다.

| 생리적 측면 |

· 자연에너지를 이용하여 활용에 의해 물리적 쾌적한 환경을 조성 한다.

》단열, 열적 완충공간 등 자연 온열 효과, 맞통풍, 개방적 완충공간을 통한 자연 냉방 효과, 자연채광을 통한 일사 조절, 자연환기 및 통풍

· 최첨단 최신 기술을 이용한 물리적 · 육체적으로 쾌적한 환경을 조성한다.

》온습도 자동제어장치, 자동 공기 청정시스템, 자동 정수 시스템 등

· 설계 단계에서 거주자의 쾌적을 고려하여 일조, 통풍, 조망을 종합적으로 배려한다.

· 쾌적한 실내공기환경을 위해 자연 및 인공적인 공기 청정시스템을 도입한다.

· 오염물질 배출이 없는 친환경 자재, 친환경 건강 자재를 사용한다.

》나무, 돌, 흙, 종이, 볏짚 등 자연재의 활용, 천연벽지, 천연접착제, 천연 페인트 등 친환경 인증 건축자재 사용

| 심리 · 정신적 측면 |

· 감성적인 주거 공간을 계획한다.

》각 계절에 맞는 휴식, 휴양 공간 조성, 계절을 감지할 수 있는 공간 연출, 외부로의 개방감과 실내 공간내의 대청마루 같이 높고 넓은 개방적 공간의 활용

· 감각적으로 즐거움, 매력이나 활력, 환경과 사람의 상호작용에 의한 조화에서 오는 기분전환을 위한 공간을 구성한다.

· 자연과의 접촉공간을 최대화하여 자연을 통한 정서적 안정감을 조성한다.

》식재 공간 조성, 자연차양 공간, 오픈스페이스의 최대화, 실내 정원조성, 중정 공간에 정원 조성으로 사색 공간 조성

· 풍부한 커뮤니티를 실현하여 이웃 간의 유대감에 의한 행복감을 느끼는 공간을 조성한다.

· 자연의 은혜에 대한 향유를 느낄 수 있는 공간을 조성한다.

》주호 경계벽이나 담장 등을 조경으로 조성, 계절별 화초나 과일을 즐길 수 있도록 식재, 발코니, 창대, 벽 등에 화분 연출 등

· 가족 간 커뮤니티 활성화 공간과 프라이버시 공간을 적절히 조성한다.

》풍욕 등을 즐길 수 있는 공간, 가족간 운동을 할 수 있는 공간 조성(중정 마당 등)

· 소음 배제를 고려한 내부평면: 이중창, 이중외피

· 생리적 측면과 정신적 측면의 공간을 균등하게 배분하여 심리적 쾌적성을 유지 한다.

| 안전적 측면 |

· 라이프 사이클에 따라 칸막이나 설비의 변경이 용이하도록 설계한다.

· 건강한 생활을 고려한 안전설계를 한다.

》베리어프리 설계, 주호 내에서의 단차이의 해소, 난간의 설치 등으로 고령자와 장애자를 고려하여 설계

· 일상 재해가 발생하지 않도록 설계에서 충분히 배려한다.

》미끄러지기 쉬운 재료, 다치기 쉬운 재료, 부러지기 쉬운 재료 등의 사용에 주의 하고 경사나 계단의 안전성 배려

· 라이프 사이클에 맞게 일부 개조를 통해 생활이 가능하도록 배려한다.

》복도의 폭, 물 사용 공간에 대한 배려, 트랜스퍼 장치 부착에 대한 배려 등

· 고령자도 안심하고 사용가능한 설비를 제공한다.

》안전한 열원장치, 전기기구, 알기 쉽고 사용이 간편한 설비 등

| 웰빙 주거 친건강적 특징, 독일 함부르크, Fanny-lewald-Ring 단지 |

오염물질이 배출되지 않고 분해가 용이한 자연소재를 주로 사용하고 자연과의 접촉면을 최대한 늘리고 공동주택이지만 주호별로 가족간 커뮤니티를 자연과 함께 즐길 수 있도록 자연스런 천막, 테라스를 조성하여 자연을 통한 정서적 안정감을 주도록 구성하였다.

04 • 웰빙과 전통 주거

앞에서 살펴보았듯이 웰빙(well being)은 물질적 가치보다는 건강과 여유로운 삶을 행복의 척도로 삼는다. 그러므로 웰빙의 개념이 주거에 반영된 근원을 찾다보면 물질보다는 정신적인 면을 중요시 여겨 삶의 여유를 추구하며 자연속의 질서를 찾아 자연친화적인 삶을 추구한 우리의 옛 주거와 주생활에서 찾아볼 수 있다. 우리의 전통 주거는 자연 질서에 순응하면서 자연 친화와 기후디자인, 건강한 거주성을 반영하여 인간의 요구가 담긴 의도적인 질서 체계를 갖추고 친환경적 건축언어를 공간구성 속에 담고 있다.

우리 선조들은 건축뿐 아니라 주생활 자체도 자연의 질서에 순응하는 라이프스타일을 추구하였다. 예를 들면 그릇을 씻고 난 물은 물두멍에 따로 가라앉혔다가 윗물은 뒤안 텃밭에 뿌리고 아랫물은 따로 담아서 돼지먹이로 등으로 사용했는데 친환경 주거에서 추구하는 자원 순환과 수자원 절약을 그대로 실천하였다. 이외에도 집안에 군불을 지펴 연기를 통해 벌레들을 쫓고 그을음을 이용해 건물 내부의 재료의 부패를 방지하는 방식으로 자연의 질서와 원리를 생활 속에 그대로 반영하여 자연과 함께하는 삶을 추구하였다. 그러므로 우리의 전통주거는 최고의 웰빙 주거라 할 수 있다. 지역, 기후에 따라 역동적인 공간 원리를 내포하고 있어 자연과 하나 되는 다양한 공간체험의 장소와 자연기후 조절의 건축 원리와 더불어 사는 공동체적 인간 건축의 특징을 가지게 된다. 이에 전통주거는 현 시대에서 추구하는 웰빙 주거로서 갖추어야 할 친환경적 특성과 더불어 친자연, 친인간, 친건강적 공간의 특성을 모두 지니며 기본적인 특성들은 살펴보면 다음과 같다.

• 친환경적 특성 •

전통 주거에서 지구환경의 보전을 위한 친환경적 특성은 친환경 주거와 웰빙 주거에서 나타나는 주요 특성을 중심으로 살펴보면 인공적 설비의 도입은 없지만 최대한 자연이 가진 조건과 에너지를 패시브하게 적용하였음을 알 수 있다.

| 에너지 절약과 에너지의 효율적 이용 |

· 지붕에 충분한 단열이 이루어지도록 하였다.

》 서민주택에는 초가 지붕을 통해 차열효과를 높임

· 복사난방 축열 원리를 이용한 온돌을 통한 바닥 단열을 하였다.

· 마루의 도입으로 여름철 냉방부하 저감을 시도하였다.

· 전체 계획이나 배치계획에서 부담을 감소시켰다.

》평면계획에서 겨울이 긴 북쪽지방은 겹집구조, 여름이 긴 남쪽지방은 홑집 구조를 취함, 햇빛 유입을 위한 남향 배치, 건물 뒷면 북쪽은 방풍림 조성

| 자연에너지, 미이용 에너지의 적극적 이용 |

· 부지의 일조, 바람 등의 자연에너지를 적절히 이용하였다.

》동남쪽으로 트인 산기슭에 남향으로 배치, 물줄기를 고려한 배치, 대지의 미기후를 고려한 배치계획

· 흙, 물, 나무를 이용하여 미기후를 완화시킨다.

》백토로 조성된 앞마당과 후원의 배치로 자연대류 형성

· 여름철에 통풍이 충분하도록 설계하였다.

》맞통풍, 공기 대류현상 이용, 마루와 방의 천장고의 차별화

· 여름에 바닥 하부의 냉기를 끌어 들인다.

》대청마루 바닥의 시원한 공기 유입

| 내구성 향상과 자원의 유효 이용 |

· 배수를 정화하여 중수 등으로 재활용하였다.

》설거지물 물두멍을 이용한 재활용

| 초가 지붕, 낙안읍성 |

서민주택은 초가집이 대표적이며 지붕재로 초가는 기와지붕보다. 열적성능이 훨씬 높아 단열효과가 더 뛰어나다.

| 촘항, 제주 민속촌 |

잎이 넓은 활엽수 수목에 촘을 메고 그 밑에 항아리를 두어 흘러 내리는 물을 모아 식수로 사용하였다.

· 우수를 모아 다목적으로 재이용하였다.

》촘항(식수로), 지샛물 모아 이용(빨래, 생활용수)

| 환경부하의 절감과 폐기물 감소 |

· 제조와 생산에 에너지를 적게 사용하는 건축자재, 부품을 사용하였다.

》목재, 풀, 흙, 돌 등 완벽한 자연재 사용

· 장래 해체나 분해가 용이한 건축구조나 구법을 채택하였다.

》비움과 채움이 자유로운 공간 구조, 벽이 구조적 기능을 갖지 않고 가변적임

· 생쓰레기를 회수하여 퇴비화하는 설비를 설치하였다.

》화장실의 분비물을 비료로 사용, 아궁이로 자체 폐기물을 처리 함

• 친자연적 특성 •

전통 주거에서 친자연적 특성은 우리 민족의 자연관과 자연적 미감에 의해 자연스럽게 형성된 특성이라 할 수 있으며 자연에의 순응, 융합에 의한 건축 배치나 공간구조, 자연의 도입, 재료, 색감 등에서 가장 강하게 나타난다. 자연적 미감에 의한 전통 주거건축은 무계획의 계획, 무기교의 기교에 의하여 단순하면서도 소박하고 담백하며 간소한 미를 기본으로 자연적 자재미와 자연의 관조성에 의한 여백의 미를 느낄 수 있다. 이러한 특성에서 자연미는 자연 생태적 표현방법과도 일맥상통되는 우리고유의 기본조형미로서 인공과 자연의 일체성을 이루는 근간이 되었던 것이다.

| 공간 배치 및 구조 |

· 자연지세와 기후 풍토적 조건에 순응하여 자연과 합일을 이루는 배치를 취하였다.

》원지형에 손을 대지 않는 배치, 비대칭적인 자연스러운 건물배치

· 사이 미(관계적 미)를 間을 기본으로 추구하였다.

》間으로 분절되는 열린 개방적 목구조, 채와 채 사이에 자연스럽게 형성되는 크고 작은 공간으로의 틈, 그 공간을 이용한 빛, 자연의 조화 추구

· 재료와 기술의 한계성으로 좁고 한정된 내부공간을 외부로 확장시키고 외부 공간이 내부로 침투하여 상호관입 하에 병용 · 공존 관계를 이루고 있다.

》앞마당, 추녀, 툇마루, 마루는 내 · 외부 공간인 동시에 방과 방을 연결시키는 매개 공간

· 가역성 있는 내외 공간을 구성하였다.

》내부 공간적 외부공간(마루), 외부공간적 내부공간(마당), 누마루, 마루, 툇마루는 여름철 완전개방이 가능한 개구부 구조, 겨울철 문을 닫아 완충공간으로 이용

| 생태적 풍부함과 순환성의 확보 |

· 자연을 직접적으로 도입하여 자연과의 융화의 미를 추구하였다.

》지형과 지세에 조형적으로 적합하도록 건축하고 외부까지도 내부로 흡수하면서 자연 경관의 도입, 차경의 원리 적용

》내 · 외부공간의 상호관입 속에 자연경관의 도입 뿐 아니라 앞마당, 툇마루, 마루, 방, 후원 등이 하나로 연결되어 공기와 빛과 소리 등이 자연과 일체화하는 방법을 취함

· 자연을 간접적으로 도입하였다.

》창호지에 걸러져 실내로 확산되는 빛과 자연 요소 도입, 다듬어진 자연재료 간접적 사용

| 건물 내외의 연관성 향상 |

· 개방적 연속성을 가진 공간으로 구성하였다.

》투명성을 기본으로 중첩과 좁고 한정된 내부공간을 외부로 확장시키고 외부공간이 내부 공간에 침투할 수 있도록 상호관입 돼 있음

· 연속성 있는 공간 배치로 외부-반내외부-내부공간의 구성을 취하였다.

》각 건물의 내부영역은 건물에 딸린 외부공간의 영역적 성격까지 규정하여 내부와 외부의 공간 이 하나의 단위로 묶임

· 유연성 있는 내외 공간이 상호관입, 투과, 접촉 등을 통해 공간이 구성 되었다.

| 자연재 및 자연색의 이용 |

· 주변 지역에서 구하기 쉬운 자연소재, 최대한 자연의 물성을 나타나도록 이용하였다.

》나무, 흙, 돌 등을 인위적 조작을 최소화하여 사용

· 자연적으로 분해가 되고 재료의 교체가 쉬운 자연재를 사용하였다.

》자연에서 재료를 구해 이를 꾸미는 가운데 꾸미지 않은 듯이 자연과의 조화미 추구

· 자연재 본연의 색으로 담백하고 소박한 색채감을 주로 사용하였다.

》가공이 적은 자연재의 이용으로 자연재 본연의 색이 우러나옴, 인공적인 색 사용은 절제함

· 자연색의 미감을 띄는 백색이 주를 이루었다.

| 자연 형태 이용 |

· 자연소재의 사용 방법에서 인위적인 가공을 극도로 절제함으로 자연의 형태를 그대로 나타내었다.

》목재와 돌에서 두드러짐, 자연 형태의 서까래, 휜목재 기둥, 주춧돌, 초석돌, 담장 등

· 자연 재료의 사용에서 오는 자연스런 변화의 미인 소박미를 추구하였다.

》자연 형태와 질감을 그대로 사용하여 무기교의 기교로 나타나는 질박하고 담담한 아름다움 추구, 건축물 안에 있는 것이 곧 자연 속에 있는 것과 같은 의미를 줌

| 개방적 목구조, 남산한옥 마을 |

間으로 분절되는 열린 개방적 목구조로 가역성이 있는 내외부 공간이 형성된다.

| 자연형태 질감이용, 소쇄원 |

기둥으로 사용된 나무와 주춧돌로 이용된 돌, 기단으로 사용된 돌이 자연 형태 그대로 재현하여 담담한 소박미를 보여 주고 있다.

• 친인간적 특성 •

전통 주거건축에서 친인간적 공간 특성은 인간 중심 지향성이 강한 한국인의 근원적 사고에서 비롯된 것이며 이는 자연환경과 더불어 공간을 인간화하는 가운데 자연과 인간, 인간과 인간의 공존 관계를 건전하게, 자연 친화적이고 인간 친화적인 방법으로 지향했던 점에서 찾아 볼 수 있다. 우리 전통 주거건축은 나보다는 우리의 개념이 강한 가족중심의 구심적 내향구조로 되어 있어 더불어 살아나가는 공간형태를 갖고 있다. 특히 비워진 공간이 채워진 공간보다 많아 여백의 미가 강조되면서 공간 이용자의 개입에 의해 공간의 본질이 완성되는 친인간적 특성이 돋보이는 공간 성격을 가지고 있다. 한 우리의 척도 개념도 인간의 자연스러운 속성에 근거하여 심리적인 안정을 취할 수 있는 배려로 이루어진 것으로 우리 주거공간 만의 강한 특성을 나타낸다. 그러므로 친인간적 공간은 자연 친화적이며 인간 친화적 공간을 의미하며 이를 실현함으로

보다나은 삶의 질과 만족감과 편의성, 안정감을 얻을 수 있다. 그러므로 전통 주거건축은 나만의 삶이 아닌 공유하는 삶, 거주자의 심성 속에 근원적 의미의 인간성을 자연과 인간 가운데 함께 반추시켜주는 자연친화 생태적 주택인 것이며 공동체적 삶의 터전으로서 친인간적 특성을 살펴보면 다음과 같다.

| 인간 중심의 공간 배치 및 구성 |

· 가족 공동체적 삶 추구로 건강한 인간관계, 가족관계 위주의 공간계획을 하였다.

》공동체 의식에 의한 중용적 공간 구성, 즉 탄력성이 있는 공간구성, 내집 보다는 우리 방, 우리 집으로 공동체적 의미로 열린 구조, 거주자의 공생적 활동 지향

· 상호 개방성에 의한 개방적 공유 공간 개념을 적용하였다.

》주거 내부 공간 벽보다는 칸막이벽과 창호를 이용한 공간 분할하여 공간별 상호 호환성이 높도록 설계

| 내향적 구조 |

· 가족실을 중심으로 한 구심적 내향구조, 가족단위의 내향적 구조를 추구하였다.

》외적으로는 폐쇄적 내적으로는 마당을 중심으로 한 개방적 구조 ㅁ자형 평면 응용, 안방, 마루, 마당을 중심으로 하는 내향적인 공간 구성

| 인간적 척도 공간 |

· 자기 몸을 기준으로 안정감 고려한 인간적 스케일을 적용한다.

》안정감을 주는 친밀감 있는 공간 구성, 수직보다 수평을 강조한 가구 사용

· 칸 개념 적용하여 방 크기가 용도에 알맞고 기가 고르게 순환 할 수 있는 공간을 설정한다.

· 공간에 용도 따른 천장, 창호 높낮이 달리한다.

》마루와 방의 다른 천장고, 높낮이에 따른 낙차를 이용한 수장 공간 만듦, 중첩의 미를 살린 아기자기한 공간구성

· 창의 높이도 설치 기준을 인체에 맞추어 머름대 높이, 창, 인방, 불발기 창의 맹장지 높이 등 인체기준에 의하여 정하였다.

· 실내 가구사이즈도 좌식생활에서 발생하는 필연적 기준이 규격화되어 적용되었다.

| 가변적 · 융통적 구조 |

· 구조적 기능을 갖지 않고 가변적인 벽으로 내 · 외부 공간의 연결이 좋고 시각적. 체험적 일체감이 강한 특성을 지녔다.

》세대 및 세대주의 연령에 따라 공간의 이용이 달라지며 확장 가능성을 지님

· 내부 공간의 moudle과 가변벽에 의한 가변적 구조로 공간 수용 능력과 프라이버시를 임의적으로 조절, 공간의 확대가 용이한 구조를 지녔다.

》module에 따른 기본 질서가 있어 공간 호환이 좋음

· 비구조적 벽체나 칸막이 벽체 등으로 실내공간을 자유롭게 한정, 공간에서 이루어지는 행태를 다양하게 지원한다.

》미닫이문, 들어열개문, 들어열개벽

· 房이 구성요소이지 室이 구성요소가 아니므로 이용자가 방의 용도를 정한다.

· 비움과 채움이 자유로운 공간 구성으로 기능과 이용자의 변화를 수용, 사람의 생활을 담을 수 있는 수용적, 다기능, 다목적의 적응성이 높은 공간으로 구성된다.

》충만한 비움, 고정화되지 않은 자연, 자연-공간- 인간의 자유로운 흐름 유도

| 개방적 공간 |

· 창호에 의한 내적 상호개방성으로 열린구조를 취하였다.

》고정벽보다 여닫이 문, 각 방 사이에 들어열개문, 들어열개벽으로 상호개방이 용이

· 모든 문을 열면 하나의 연속적 공간으로 이어는 내적으로 개방적인 연속성을 지녔다.

| 가족단위의 내향적 구조, 양동마을 |

우리 전통 주거는 대부분 외적으로는 폐쇄적이나 내적으로는 마당을 중심으로 하여 개방적 구조를 취하였는데 ㅁ자형 평면 주거가 대표적이다.

| 가변적 · 융통적 구조, 남산한옥마을 |

들어열개문으로 이루어진 공간의 연속으로 유동적 공간의 연출로 기능과 이용자의 변화를 다양하게 수용할 수 있다.

• 친건강적 특성 •

전통 주거공간은 다른 어떤 건축보다도 친건강적 공간이라 할 수 있다. 전통주거는 생리적 측면과 정신적 측면에서 어메니티를 추구하였다. 생리적 측면에서 건강을 증진시키기 위해서는 쾌적한 실내환경을 유지시키는 것이 중요한데 전통주거는 유해한 오염원 없이 자연 조절방법을 통해 쾌적한 열 · 빛 · 공기환경을 조성하고 거주자의 건강을 지켰다. 그리고 자연 재료사용에 의한 실내 오염원의 경감과 습도조절, 재료에서 배출되는 성분들에 의해 오히려 인체 신진대사 향상과 항균 작용에 의하여 직 · 간접적으로 질병의 예방 및 치료 효과를 실내공간에서 거둘 수 있었다. 정신적 측면의 건강을 위해서는 '감각적으로 즐거움', '매력이나 활력', '욕구 충족', '환경과 사람의 상호작용에 의한 조화에서 오는 기분 전환'과 같은 것들을 제공해야 한다. 이러한 효과를 주기위해 전통 주거는 공간에 정서적 안정을 취할 수 있는 휴식과 휴양공간을 조성하는 등 인간성을 회복하고자 하였다.

| 생리적 측면 |

· **자연에너지를 이용하여 활용에 의해 물리적 쾌적한 환경을 조성하였다.**

》온열효과 : 겹집구조, 남향으로 햇빛 유입, 온돌, 열완충 공간, 이중 삼중창호, 이중 외피구조 등

》자연냉방효과 : 홑집구조, 마루, 맞통풍, 마루 밑 기류, 완전 개방이 가능한 개구부 구조 등

· **자연채광에 의해 쾌적한 빛 환경을 조성 및 실내 살균효과, 일사에 의한 난방 효과를 보았다.**

》직접채광과 간접채광의 조화, 신중히 계산된 깊은 처마, 서향 차양설치, 앞마당의 백토와 기단돌의 반사로 인한 빛의 유입, 창호지와 개구부 창살구조에 의한 부드럽게 확산되는 빛으로 다양한 공간 연출

· **자연환기 시스템에 의한 신선한 공기 보급으로 쾌적한 실내공기 환경을 유지하였다.**

》마루와 방의 천장고의 차별화, 마루 맞통풍 구조, 개폐식 창호 설치, 창호지에 의한 공기 유통, 까치구멍, 봉창 등

· **자연재에 의하여 효과적으로 습도 조절을 하였다.**

》주재료로 사용된 나무, 흙, 종이 모두 습도 조절 능력 있음

· **오염물질 배출이 없고 자연치료 효과가 있는 자연재를 사용하여 실내 쾌적성을 높였다.**

》축열, 조습, 항균, 원적외선을 방사하는 황토나 흙, 습도조절, 생리활성 물질이 많은 목재, 습도조절, 열적 성능, 통기성을 가진 종이 등을 사용

| 심리 · 정신적 측면 |

- 주택 내에서 자연과의 교류와 접촉을 최대화하여 자연과 교감을 통하여 정신 건강에 도움을 주어 정서적으로 안정을 취하였다.
- 거주자의 길흉과 관련한 풍수지리사상과 음양오행에 의한 공간 배치와 구조로 정신적, 육체적으로 건강한 생활의 유지를 위한 기준으로 삼았다.

  》기 흐름 변화 중시, 기 흐름을 도와주는 가구 배치와 장식물 등을 놓아 정신적 건강을 추구
- 풍부한 커뮤니티를 실현하여 이웃 간의 유대감에 의한 행복감을 느끼는 공간을 조성한다.
- 각 계절에 맞는 여가와 휴식공간으로 계절감을 느끼면서 감각적 즐거움을 꾀하였다.

  》여름에는 마루나 누마루, 정자, 겨울철에는 따뜻한 아랫목의 온돌구조

| 전후 좌우면 맞통풍 구조, 남산한옥 마을 |

전통 주거는 사방에 걸쳐 열린 구조를 취할 수 있어 집안의 전체의 환기나 통풍에 의한 쾌적함 환경조성은 물론 자연광에 의한 살균소독도 자연스럽게 이루어지므로 건강 주거라 할 수 밖에 없다.

| 정서적 안정 공간 누마루, 남산한옥마을 |

누마루는 여름을 나기 위한 특수용도의 공간으로 사방의 문을 열 수 있는 구조로 되어있고 자연과 하나 됨을 이루면서 정서적 안정을 취하는 공간이었다.

위에서 살펴본 것처럼 전통 주거는 자연에의 순응과 융합을 중심으로 인간과 환경의 공생 및 조화 속에 양자 모두 건강하도록 구현된 웰빙 주거라 할 수 있으며 어느 나라에도 없는 우리만의 특수성을 갖는 공간이라 할 수 있다.

이에 웰빙을 강조하는 이 시대에 우리의 지역과 라이프스타일에 가장 적절하게 표현된 전통 주거에 대한 재조명이 필요하다고 여겨진다. 그러나 이미 현대화된 우리 삶을 조선시대로 돌릴 수는 없다. 그러므로 우리의 현재 주거와 삶의 방식에 적합하게 전통적 웰빙을 현재 주거에 맞추어 적용한다면 우리에게 가장 적합한 생리적, 심리적, 정서적 공감대를

형성하기 가장 좋은 웰빙 주거 문화를 만들 수 있다고 여겨진다. 그러므로 21세기 한국형 웰빙 주거는 전통 주거의 복원이 아닌 새로운 전통의 재해석 공간으로서 진정한 웰빙을 위한 공간구성을 위해서는 먼저 과거의 전통 주거에서 이루어진 웰빙 특성을 정확히 체크하고 지속되어야 할 요소와 응용해야 할 요소를 찾아 할 필요성이 제기된다.

이에 2장에서는 전통주거에 살았던 선조들의 삶의 방식과 주거가 형성된 필연적인 이유를 찾아보고 이를 토대로 3장부터는 전통주거의 형태, 구조, 공간별 구성, 색채나 재료 등 전통주거의 전제적인 부분에서 어떻게 웰빙이 적용되었는지 살펴보고자 한다.

二 章

전통 주거와 주생활

01. 전통 주거의 형성과 생활의 변화

- 주거의 형성 요인
- 전통 주거의 발달과 생활

02. 전통 주거에 사는 사람들의 웰빙 마인드

03. 전통 주거에서의 웰빙 라이프

- 의생활
  - 전통 의복의 형성
  - 전통 주기에서 주로 입던 의복
  - 전통 의복에서 웰빙
- 식생활
  - 전통 식생활 형성
  - 전통 식생활 문화
  - 전통 식생활에서 웰빙
- 주생활
  - 전통 주생활의 기준
  - 전통 주거에서 일상생활
  - 전통 주거에서 비일상 생활

'주거(住居)'란 인간을 비나 바람이나 추위나 더위와 같은 자연적 피해와 도난 · 파괴와 같은 사회적 침해로부터 보호하기 위한 건물을 의미하기도 하고 인간의 생리적 욕구인 식사 · 배설 · 수면 등을 해결하고, 재창조를 위한 휴식과 문화생활, 즉 삶을 담기 위한 그릇을 의미하기도 한다. 그러나 보통 물리적인 객체로서 장소를 의미할 때는 주택이라 하고, 일종의 경험이나 정서적인 내면을 포함하여 독특한 우리의 삶의 모습을 드러내는 의미로는 '주거'라 한다. 그러므로 주거 문화는 의 · 식 · 주와 관련된 여러 문화의 복합적인 산물로 그 시대 사회구성원들의 지식체계를 의미하며, 그 시대 사회상을 반영한다고 볼 수 있다. 그렇게 때문에 우리가 전통 주거에서 웰빙 문화를 재구축하기 위해서는 우리 선조들의 주거를 형성하게 된 정신적인 측면과 더불어 생활문화 전반에 대한 기본적인 이해가 필요하다. 그러면 우리 선조들은 어떻게 주거를 형성하고 이를 발전시키면서 어떻게 웰빙 라이프를 실천했을까? 과연 우리 선조들의 웰빙 라이프를 이 시대 우리가 따라 해 볼 가치가 있을까?

01 • 전통 주거의 형성과 생활의 변화

주거의 형성 요인

주거 공간 그 자체는 물질로 이루어진 조형물이지만 그것이 형성되기까지는 그 사회의 물리적, 경제적, 사회문화적인 요소를 포함하는 총체적인 환경과 그것을 인식하는 사회구성원의 가치, 그들의 생활과 이념, 제도 모든 영역의 문화가 반영되어 형성된다. 그러므로 주거는 한 시대, 한 사회, 한 민족의 문화를 가늠하는 척도로 사용된다.

세계의 여러 민족이나 국가들은 제각기 고유한 모양과 기능, 의미를 갖는 주거 공간을 형성하게 된다. 이는 주거공간을 형성하는 방식이나 형태에 있어 민족이나 사회집단마다 차이가 있음에 기인한다. 이러한 차이를 발생시키는 요인은 일반적으로 기후나, 재료, 건축기술 등 물리적 요인, 산업구조 등의 경제적 요인, 가치체계, 가족구조, 프라이버시 등의 사회문화적 요인으로 볼 수 있다. 주거에서 문화개념을 처음으로 명시한 '라포포트'는 주택은 하나의 제도이며 집을 짓는 것은 하나의 문화적 현상이라 하였으며 주거 형태는 1차적으로는 사회문화적 요소가 작용하고 2차적으로 수정요소로서 기후, 재료, 공법 등 물리적 요소가 작용한다고 보았다. 이렇게 주거를 형성하는 주요 요인은 제시하면 다음과 같다.

| 자연환경 |

자연환경은 대기 · 물 · 일조 · 통풍 · 자연경관 등을 요소로 하는 자연 그대로의 생물과 무생물 일체를 말하는데 보통 주거가 위치하는 지역의 지형, 기후(온도, 습도, 바람, 복사, 대류, 강수 등)에 대응할 수 있는 주거 문화가 형성된다. 바람이 많이 부는 지역은 바람의 피해를 줄이기 위한 형태가 발달되고 비가 많은 지역은 습기에 대비하는 시설이 발달되고 무더운 기후에는 그늘이나 통풍장치가 발달되는 것을 알 수 있다.

| 생활양식 |

생활양식은 어떤 사회 또는 집단의 성원이 공유하고 있는 생활방법에 대한 인식이나 행동 양식을 말한다. 민족마다 사람들이 공유하고 있는 인식이나 관념, 행동 양식으로 먹고 사는 방식, 가족제도, 관습 등이 있다. 이러한 생활양식에 따라 가족 구성원과 개인의 역할과 기능, 그리고 의례적인 활동이 결정되고 이러한 생활이 가능하도록 주거 공간을 형성하게 된다.

| 가치관 |

주거공간은 사람들이 살고 싶어하는 이상적인 공간의 모습을 닮도록 만들어져 왔다. 그러므로 주거 공간 구성이나 형태는 각 민족이나 사회집단 마다 가지고 있는 '미(美)'나 '이상(理想)' 에 대한 고유 기준에 주거문화는 영향을 받아 형성되어 왔다.

| 사회 · 문화적 환경 – 사회제도 규범 |

기후나 풍토가 같고 같은 생산 조건을 갖더라도 사회적 규범과 제도가 다르면 사회마다 고유한 형태의 주거문화를 형성하며 사회적 조건변화에 의해 변화되어 왔다. 각 사회집단 마다 사회를 유지하고 발전시키기 위하여 가진 사회제도와 규범이 있으며 주거와 관련하여 택지의 위치나 규모, 건축의 형태나 방식을 규제하는 제도나 불문의 규범을 가지는 경우가 많다.

| 정치 · 경제 · 기술 환경–생산조건 |

각 민족이나 사회집단이 가지고 있는 건축을 위한 생산 조건으로 그 시대 정치상황이나 경제, 기술력에 의해 주거 문화가 영향을 받는다. 어떤 주거공간에 요구되는 역할과 기능이 같아도 그것을 짓는데 필요한 재료나 인력, 기술력 등 생산조건 즉 경제, 기술력이 다르면 동일한 주거 문화가 형성되기 힘들다.

이와 같은 주거를 형성하는 요인은 고정불변의 요소가 아니라 시간에 따라, 상황에 따라 변화되는 가변적인 요인으로 이러한 요인들의 변화에 따라 주거공간에서 요구되는 기대치와 형태는 다양해지고 변화를 거듭하게 된다. 그러므로 우리의 주거문화도 원시시대부터 다양한 발전상을 보이며 변화되어 왔으며 최종적으로 가장 오랫동안 정착되어 조선시대를 거치면서 '한옥'이라는 주거공간을 형성하게 되었다. 그러므로 보통 우리가 전통주거라 함은 한옥을 중심으로 설명을 하게 된다고 볼 수 있다.

전통 주거의 발달과 생활

우리 민족은 사계절이 뚜렷한 온대 계절풍 기후와 주변에 풍부한 나무와 흙, 돌 등을 주재료로 하여 수천년 동안 걸쳐 한반도 일대 나름대로 독특한 주거 문화를 이루며 주생활을 이룩해 왔다. 우리가 지금 전통 주거라 부르는 '한옥 문화'가 형성되기까지 한반도에서 주거가 어떻게 형성되고 변화되면서 발달되었는지 거기에 따른 주거 생활은 어떻게 이루어졌는지 살펴보고자 한다.

• 삼국시대 이전 주거와 생활 •

| 구석기 시대 |

· 주거 형태 : 자연동굴, 초막(막집)에서 움집 형태로 발전되어갔다.

초기 하천이나 강을 낀 주변의 자연동굴이 주를 이루고, 이후 자연조건을 개조 · 이용할 줄 알게 되면서 나뭇가지를 모아 원추형으로 골조를 만들고 그 위에 나뭇잎, 풀잎 등을 덮어서 만든 나무굴인 초막을 주거로 이용하였다. 초막은 벽체나 지붕, 서까래 등의 구별이 없고 골조결합도 없어 건축물로써의 평가하기 어려우나 처음으로 집을 지었다는 점에서 주거의 기원으로 보고 있다. 이후 초막이 발달되어 수혈주거인 움집 형태로 발전되어 갔다.

· 주거생활 : 식량을 찾아 계속 이동함으로 영구적인 거처보다는 자신을 보호하고 불을 보존할 수 있는 일시적인 피난처로서 주거 기능이 강조되었고, 수렵과 어로 활동을 통한 채집 생활을 하였으며 타제석기를 사용하고 토기는 아직 제작하지 못하였다.

| 신석기 시대 |

· 주거 형태 : 동굴주거와 함께 땅을 일정한 깊이로 판 움집 형식으로 지은 수혈 주거를 이용하였는데 최초의 주거 건축으로 평가 받고 있다.

전체가 한 칸으로 된 집으로 평면은 원형, 원형에 가까운 방형, 긴타원형 등이 있었으며 신석기 전 기간을 거쳐 많은 변화를 이루어 가면서 지상가옥으로 접근해 갔다. 지붕은 중앙에 기둥을 세우고 서까래를 방사형으로 걸친 원추형 형태이며 나뭇잎이나 풀로 지붕을 덮는 형태를 취하고, 햇빛을 많이 받는 남쪽으로 출입문을 내었으며, 출입을 위하여 수혈 안에 한 두단의 계단을 두었다. 규모는 직경 3.5m~6m, 깊이는 지표에서 0.6m~1.2m정도로 4~5명 정도가 살기에 적당한 크기였다. 바닥은 습기를 막기 위해 자갈이나 모래가 섞인 진흙을 깔고, 바닥 중앙에 취사를 위한 화덕을 설치하고, 화덕 부근에는 식량 저장과 작업 도구 보관을 위한 큰 질그릇을 거꾸로 묻은 저장공을 설치하기도 했다.

· 주거생활 : 정착생활을 시작하면서 가족 공동체 생활을 하였다. 불의 사용으로 화식이 발달하고, 구석기인들보다 발달된 도구를 사용하였는데 동물의 뼈나 뿔로 간단한 도구를 제작하여 사용하였다. 돌을 갈아 만든 마제도구와 진흙을 빚어 불에 구워 만든 토기를 사용했는데 이를 줄문토기라 하고 이 시기를 줄문토기 문화라고도 한다. 새로운 요리법과 저장 수단이 발달하고 후기에 이르면 원시석이나 농사를 지을 줄 알게 되고 점차 정착 생활이 이루어졌다.

| 부족국가 시대 |

· 주거 형태 : 얕은 움집(반움집), 지상가옥, 귀틀집이 나타났다.

얕은 움집은 규모가 커지고 평면 윤곽이 장방형이며 기둥의 배치가 좀 더 질서 있게 되어 있고, 주춧돌 위에 기둥을 세우고 기둥 위에 도리, 보, 용마루 등의 수평재를 올려 지붕을 이은 기둥보식 주택의 시작이였다. 바닥은 불로 태워 굳게 한 다음 삿자리나 판자를 깔고, 화덕은 난방과 취사용으로 분리하여 하나는 벽에 붙여 설치하고 천장에 구멍을 내어 연기를 밖으로 뽑아냈다. 저장공은 한쪽 벽을 밖으로 돌출시켜 설치하여 여러 가지 생활가재 도구들을 넣어 두었다.

· 생활상 : 이동성이 많은 생활에서 농경을 중심으로 한 정착 생활로 바뀌면서 취락이 비대해지고 공동 이익을 위한 집단이 형성되면서 계급 사회가 본격적으로 형성되기 시작하였다. 화덕에 단의 설치, 판석을 이용한 부뚜막 설치 등 조리시설의 발달하기 시작했고 간막이벽 설치로 주거 공간 내부에 벽을 만들어 공간을 분리가 이루어지기 시작하엿다.

| 고조선 시대 |

· 주거 형태 : 지상가옥 형태가 정착되어 발달하기 시작하였다.

지붕과 벽체가 땅위 완전히 드러난 기둥보식 주택으로 외부 자연 환경에 더 합리적으로 이용할 수 있는 구조형식과 설비를 갖추기 시작했으며, 온돌 난방 시설이 나타나기 시작하였다. 이 시대부터 주택에서 점차 계급의식이 나나타 차이가 나타나기 시작하였는데 서민은 반움집, 상류층은 웅장한 지상가옥에서 살았다.

· 주거생활 : 청동기 문화였으며 물막이 시설을 갖추고 벼농사를 지어 쌀을 먹고 소금과 술을 만들어 먹었다. 후에 철기 보급으로 농업 생산력의 엄청난 증대를 가져왔고 국가체제의 형성 등 시대적 변화는 주거의 변화를 유도했다. 난방형식의 변화는 화덕에서 부뚜막형식으로 구들 고래를 쓰고 온돌난방으로 변화를 주면서 화덕 대신에 아궁이, 굴뚝, 부엌세간이 급격히 늘어나고 병, 단지, 항아리, 독 같은 저장 용기가 많이 이용되었다.

| 선사시대 움집생활 재현모형, 암사동 선사유적지 |

정착생활을 하기 시작하여 수렵과 채집도 동시에 용이한 강가 주변에 움집을 짓고 생활하는 신석기 시대 주거 밖과 내부에서의 생활상을 보여주고 있다.

| 삼국시대 이전 주거 형태 및 주요 특징 |

토막(土幕)식	· 지면을 파서 수혈을 만들고 간단하게 목재로 구조체를 세워 그 위에 잔 나뭇가지나 풀, 흙으로 지붕을 덮어 만든 수혈식 주거 · 가구 방식이 점차 발달하여 기둥과 주춧돌을 사용 · 생활방식이 다양해짐에 따라 내부에 칸막이를 설치하여 공간을 분리하고 일부에서는 온돌도 설치 · 수혈의 깊이가 깊을수록 주인의 권력이나 재력이 많았던 것으로 추측
초옥토실식	· 수혈로 된 토막식 주거가 점차 발전하여 수혈의 깊이가 얕아짐에 따라서 기둥이 사용되고, 지면상에 벽체가 생기게 되어 초옥토실식으로 발전 · 벽면이 지상에 설치되는 지상주거로 고구려, 옥저, 마한시대에 많이 사용됨
귀틀식 누목(累木)식	· 통나무를 井자형으로 중첩해 쌓아올리고 통나무 사이는 진흙을 발라 마감하여 벽체를 형성 · 주로 나무가 많은 산악지대에 분포하며 흔히 귀틀집이라고도 함.
고상高床)식	· 원두막처럼 지면보다 높게 지은 집 · 4개 또는 9개의 기둥위에 마루를 설치하고 상부에 맞배지붕을 형성 · 지방(地枋)과 창방(昌枋) 모양, 지붕용마루를 받는 동자 기둥, 도리 및 서까래의 모양 등이 잘 나타남 · 주거뿐만 아니라 후대에는 창고로도 사용되었을 것으로 추정

• 삼국시대 주거와 생활 •

우리의 주거 건축은 삼국시대부터 커다란 변화를 가져오게 되는데 고구려 · 백제는 건국 초부터, 그리고 신라는 늦어도 5세기 초부터 발달된 기법과 자재로 궁궐이나 궁위(宮衛) 또는 귀족의 저택을 짓는 등, 화려한 건축 양식을 채용했을 것으로 짐작하고 있다. 그리고 삼국(三國)에 불교가 들어옴으로써 곳곳에 규모가 큰 사찰들이 창건되고, 불교문화의 전래로 주거 내에 다양한 공간이 요구되면서 건축의 형태도 발전된 것으로 보고 있다.

삼국시대 집의 유형과 형태는 완전하게 남아있는 실제 집이 거의 없어 정확한 유형과 형태를 제시할 수는 없지만 고분벽화나 출토품, 중국과 우리나라의 고문헌 등을 통해 과거 한반도 내에 전해져 내려오던 주거의 유형과 형태들을 시대별로 추정하고 있다.

일반적으로 삼국시대에는 남향집을 짓고 사는 풍습이 널리 보급되고, 상류층은 높은 담장을 두르고 여러 채로 구성되는 저택을 지었다. 그리고 온돌과 마루의 존재가 확실해지고, 온돌의 개선으로 아궁이와 온돌이 연결되고 굴뚝까지 갖춘 온돌 난방시설이 갖춰지고 아궁이에 불을 지펴 그 열로 음식을 만들고 온돌방 난방을 하는 우리 민족 고유의 주거생활의 기초를 갖춘 시기라 할 수 있다. 또한 주거공간에서 주방과 식사 공간이 분리되고 창고, 방앗간, 마구간, 외양간, 우물 등의 격리시설의 확충이 이루어지고 부엌세간도 단지, 병, 사발, 시루, 합, 접시 등으로 다양화된 것이 특징이라 할 수 있다. 각 국가별로 주거와 주거생활 주요 특징을 살펴보면 다음과 같다.

| 고구려 |

· 주거 형태 : 압록강 상류에 창건된 국가로 영토는 넓으나 큰 산과 깊은 계곡이 많아 산골짜기에 주거 입지하였다. 대옥, 소옥, 서옥이라 하여 크기나 용도에 따른 주택의 구조가 발전되었다. 일반 주택들은 초가로 아직 움집생활을 한 것으로 추정되며, 왕궁, 귀족주택, 사찰들만이 기와지붕이었다. 귀족주택은 조선시대의 상류주택과 근본적으로는 크게 다를 바 없는 형태로 목조가구식(木造架構式) 구조이며, 기와로 지붕을 이고 기둥 위에는 두공을 짜 올리고 보 또는 도리를 받치는 구조로, 집안에는 방앗간, 마구간, 창고 등 기능에 의해 분화가 된 부속 건물을 조성하였다.

서민주택의 대표적 특징은 쪽구들 사용이며 이는 온돌의 시초라 할 수 있다. 겨울철 난방을 위해 온돌을 주로 사용하였으나 건축기법은 아직 원시적 수준을 벗어나지 못한 것으로 추측하고 있다.

· 주거생활 : 수렵과 어로가 주요한 생활 수단이였으며, 말타기와 활쏘기를 좋아하고 일반서민은 대부분 자영농민이였다. 서민들이 온돌방에서 좌식 생활은 한 반면에 왕족과 상류계층은 침대, 탁자, 의자 등을 사용하고 집안에서 실내화를 신고 생활하고, 침대 옆에 벽난로 비슷하게 만들어져 있어 방을 훈훈하게 하고 실내에서는 방장, 위장, 앙장을 치고 생활하였다.

| 백제 |

· 주거 형태 : 백제는 습속이 고구려와 별다른 차이가 없고, 기후가 온난하고 대부분 산에 살았다는 기록이 있으며 말기에는 고구려의 영향으로 온돌을 사용했을 것으로 추측하고 있다. 벽돌과 기와가 발달하여 벽돌건축물의 발전에 크게 기여하였으며 기둥을 세우고 지붕에 기와를 얹은 주택이 등장하였다. 주택은 기와집과 벽돌집이 많았으며 굴뚝과 하수로도 있었다고 한다. 사비도성 내 귀족 주택은 도성일대의 기와 공장에서 대량으로 생산되는 기와로 지붕을 얹고, 하수 시설을 갖추어 집앞에 하수도를 설치하였다. 습기가 많은 여름을 지내기 위해서 바닥이 시원한 '마루'를 사용하고 또한 이층 누각을 많이 지었는데 문 위에 설치한 이층 누각은 여름철에 시원한 휴식공간으로 이용하였다. 그리고 정원을 꾸미는 것도 많이 발달하였다. 서민주택은 고상식 주택이었을 것으로 추정하고 있다. 부엌과 방의 공간 분화가 이루어지고 방은 짚을 촘촘히 천처럼 짜서 만든 바닥 깔개를 깔았으며, 부엌은 진흙으로 만든 바닥에 아궁이 옆에는 곡식이나 반찬, 그릇 등을 놓아두는 찬장을 두고 사용하였다.

· 주거생활 : 백제의 생활과 풍습은 고구려와 비슷하여 말타기와 활쏘기를 좋아하고, 형법의 적용이 엄격하고, 기술자들이나 예술가가 귀족가문에서 대우를 받아 문화가 발달 하였다. 쌀은 지배층이 먹는 귀한 곡식이었으며,

일반 백성들은 보리, 조, 콩, 수수 등을 주식으로 먹었고, 일찍부터 누에를 치고 모시도 생산했을 것이라고 추정하고 있으며, 신라보다 2세기 앞서 공복을 제정하는 등 생활수준이 매우 높았다고 한다.

| 신라 · 통일신라 |

· 주거 형태 : 신라와 통일신라의 주거건축은 상호유사하며 시대적 구분이 명확치 않으며 통일신라도 건축에 있어서는 삼국 시대와 크게 다르지 않았다 한다. 기후조건으로 보아 따뜻한 지방이므로 상류주택은 고구려와 같이 평상 위에 기거했을 것이나, 고상식 마루구조를 사용하였을 것으로 추측된다. 일반 서민 주택도 지상주거로 발전했고 대개 흙바닥이었을 것으로 추측되고, 풀로 이은 지붕과 움집도 여전히 있었으며 진흙담에 초가집에서 살았으며 온돌의 사용여부는 불분명 하다. 후기 신라에서는 신분계급에 따라 주택의 규모, 장식, 시설, 사용재료 등을 엄격하게 제한되었으며, 살림방으로 구성된 몸채와 각종 격리시설로 이루어진 딴채로 구성되었다. 최고 계급인 진골의 저택은 3중의 기단을 쌓고, 건물의 내부와 외부에는 화려한 문양과 각종 색으로 색칠을 하였으며, 주택의 주위에는 울타리나 담장으로 회랑을 돌리고 문을 사방에 설치하였다. 주거의 형태로 미루어 신라는 고구려나 백제와는 다른 식공간을 형성하였으리라 추측하고 있다.

· 주거생활 : 신라는 고구려와 백제와 달리 골품제가 있어 의식주 전반에 걸쳐 영향을 주었다. 신분에 따라 옷도 색깔, 천, 장식에 제한을 두었으며, 수리 관개시설의 확충과 철제 농기구 및 소갈이의 보급으로 벼도 키우나 쌀밥은 특권계층이나 먹었고 보통 평민은 여전히 보리, 조, 콩 등의 잡곡과 도토리 등을 먹었다.

| 고상식 건축 재현, 진주 평거동 유적지 |

주거지 배후에 설치되어 수확한 곡물을 저장하는 창고로 짐승의 피해를 막기 위해 쥐막이판을 하층기둥에 사용하고 있다.

| 고상식 주거, 김해, 장유 관동공원 삼국시대 유적 복원 |

• 고려시대 주거와 생활 •

고려시대 초기는 건축을 비롯한 모든 문화가 삼국시대, 특히 신라의 계승이었으며 그 뒤 송(宋)나라와 중기에 들어 남송과의 교류로 화남지방의 건축양식이 재래의 건축에 부분적으로 도입되어 새로운 건축양식인 주심포(柱心包) 양식을 창조 정착시켰다. 중기 이후에는 원(元)나라의 영향을 받고 화북 지방의 한 건축양식을 다포양식(多包樣式)으로 정착시켰다. 고려 시대의 주택 또한 이러한 건축양식의 영향을 받았으며, 음양오행설에 의한 풍수지리 사상이 주택의 입지와 규모, 형태에 크게 영향을 끼쳤다. 이에 전국토가 산지 지형이므로 음양의 조화를 위해 고층건물을 세우는 것은 지기(地氣)가 쇠퇴한다고 믿고 불사나 궁전 건축을 제외하고는 중층 이상의 높은 건물은 세우지 않았으며, 특히 주택에서는 거의 평옥(平屋)이었으며, 이러한 전통은 조선시대를 거처 근대까지 이어져 살림집은 단층으로 지어지게 되었다.

· 주거 형태 : 마루와 온돌의 바닥을 갖춘 주택의 형태인 초가집이나 기와집이 발달하였는데 귀족의 집은 중국의 영향을 받았으나 서민들은 삼국시대 이래의 주택 형태를 고수하고 있었다. 당시 귀족 주택과 서민 주택은 매우 큰 격차를 보인 것으로 짐작된다. 귀족 주택은 중국의 영향이 많이 반영되고, 서민 주택은 삼국시대와 통일 신라 시대와 크게 변화되지 않은 것으로 여겨지며 주로 온돌이 설치된 흙바닥에 자리를 깔아 생활하는 정도였으며, 부유한 민가는 기와를 이었으나 대부분 풀이나 짚으로 지붕을 이었다. 이에 고려 시대 집의 유형은 귀족 주택과 서민주택이 다르게 나타난다.

고려 시대 주거문화의 대표적인 변화이면서 특징은 온돌과 마루구조의 전국적 확산과 혼용이라고 볼 수 있다. 이는 고려 중기 이후 13~14세기 사이에 우리나라 고유의 난방시설인 온돌이 널리 확산되어 일반화되면서 방안 일부분에만 한정해서 설치되는 것이 아니라 4고래, 7고래 등으로 방 전체가 다 구들 고래로 된 전면 온돌을 놓게 되었다. 이는 주택 형태와 제반요소에 커다란 변화를 초래하게 되는데, 온돌이 설치된 방의 곁에는 마루가 깔린 방이나 부엌시설이 연이어 달라붙게 되었다. 그 결과 고대와 같이 각 실이 각기 독립해 있는 방식에서 서로 다른 기능을 가진 실들이 달라붙어 한 건물을 이루는 독특한 주거 공간이 생겨났다. 고려 시대 주택의 대표적 특징 가운데 하나는 집안에 벽이 없는 것인데, 때문에 집안에 부엌이 함께 있는 구조가 된다. 이는 겨울철에는 온돌의 효과뿐 아니라 부엌과 방 사이에 벽이 없어서 밥을 지을 때 나는 뜨거운 열기가 그대로 방으로 전달되어 따뜻해 질 수 있었다.

고려 후기는 전면 온돌의 보급으로 고려주택 건축이 중국의 영향에서 완전히 탈피하여 독자성을 확보하는 시기가 되며, 한반도의 독특한 주택양식과 형식의 새로운 기점을 만든 시기라고 할 수 있다.

· 주거생활 : 불교를 토대로 하고 상당히 진취적이며, 화려한 것을 좋아하였다. 고려시대에도 신분제도가 있었으며 귀족, 중류, 양민, 노비로 구분되었다. 북방 문화를 지닌 고려에서는 일찍부터 온돌이 등장했음에도 불구하고 귀족들은 좌식문화가 아닌, 입식문화를 채택하였다. 침대와 의자를 사용하였으며, 가구도 다양하고 고급품으로 호화로운 주거생활을 하였으며 추위가 오면 와탑과 청동화로로 난방의 문제점을 보완하였다. 이는 당시 송나라의 귀족문화에 영향을 받은 이유이며, 구석구석 미적 아름다움에 치중했다. 부엌의 갖춤새도 이전시기 보다 훨씬 풍부해서 '고려 도경'에는 34종의 식생활 도구들이 기록되어 있고, 정원의 꾸밈새도 기와나 돌로 담을 쌓고 화초무늬를 새기고, 담장은 기와로 장식하고 화단을 만들었다. 반면 서민은 온돌구조가 삼국시대와 같이 북부지역에만 한정되지 않고 서민주거에 전국적으로 널리 이용되고 온돌바닥에서 좌식생활내부 형태는 전체가 하나의 방이었고, 커튼으로 공간을 구분하였다. 그리고 질그릇 몇 개, 아궁이에 솥이 있어 귀족들과는 대비를 이루었으며 배틀을 두고 옷을 삼베로 직접 지어 입었다.

• 조선시대 주거와 생활 •

조선 시대의 주택은 한반도에서 수천년 동안 끊임없는 시행착오를 거듭한 결과 이루어진 주택의 결정체로 건축학적으로 일대 변화가 생긴다. 전면 온돌의 보급으로 가장 고유한 특징이 되는 온돌과 대청 마루, 온돌에 연속해 있는 부엌이 하나의 지붕 아래 연속된 공간으로 이어지는 독특한 주거 형식이 완전히 정착되었다. 온돌은 주거의 영역적 분리를 가능하게 해 주었는데 기존에 방안에서 해결해야 했던 것 들이 방 밖으로 이동하게 하는 계기를

| 고려시대 귀족주택의 와탑 |

침상으로 사용되는 와탑의 모습으로 입식 생활의 주요도구가 되었다.

| 고려시대 건축을 짐작하게 하는 충남 예산의 수덕사 대웅전 |

주심포양식이 사용되고 건물의 옆면장식이 매우아름다운 고려의 대표적 목조건축이다.

마련한 것이다. 방이 숙면과 쉼터의 공간이 되었고, 부수적 공간의 발전까지 가져오게 된 것이다.

조선시대의 주택은 삼국시대부터 내려 온 음양오행설과 풍수지리 사상의 영향과 사회, 정치, 경제의 기본 원리로 숭봉되던 유교사상의 영향이 그대로 주택에 반영되었으며, 이 과정 속에 귀족 문화로 대표되는 고려가 문을 닫고 조선의 시작과 함께 양반 문화로 대표되는 소박한 생활문화가 정착하게 된다.

· 주거 형태 : 조선시대는 유교사상, 가사제한(家舍制限)이 그대로 주택에 반영되어 신분이나 계층에 따라 주택의 규모나 구조양식 등에 많은 차이를 보이고, 또 같은 계층의 주택에서도 지역이나 기후에 따라 평면 배치 상에 많은 차이를 보이고 있다. 이에 조선 시대의 주택은 기본적으로 사회신분 제도에 의해 서민주택, 중류주택, 상류주택으로 구분할 수 있으며, 각 주택들의 다시 자연환경이나 지역적 특색이나 구조에 재료에 따라 다시 세부적인 종류로 그 유형을 나누어 볼 수 있다.

주택의 구성에서 일반적인 특징은 구조면에서 조선시대 주택을 보면 목조 가구식 구조로 기단, 가구(架構), 지붕, 천장, 바닥 및 벽체 등으로 구성되고, 주재료는 주위에서 쉽게 구할 수 있는 소나무가 주구조재이며, 벽체는 대개 토벽으로 구성되고, 지붕은 상류주택은 기와, 서민주택은 초가를 사용하였다. 15~17세기에는 온돌난방이 전국에 보급되고, 17~18세기에는 온돌바닥에 장판을 까는 풍습이 생겼다.

공간 구성으로 보면 내부 공간인 건물과 담장에 의해 구획되는 마당이라는 외부공간으로 구성된다. 내부공간인 건물은 신분 계급에 따라 그 규모나 범위가 다르지만 상류주택을 기준으로 공간을 살펴보면 부엌, 안방, 대청, 건넌방 등으로 구성되는 안채와 사랑방, 대청, 누마루, 침방, 서고 등으로 구성되는 사랑채와 행랑방, 외양간, 곳간으로 구성되는 행랑채 그리고 사당, 별당 등으로 구성된다. 그리고 외부공간인 마당은 각 건물들과 담장에 의해 구획된 위치에 따라 안마당, 뒷마당, 옆마당, 사랑마당, 행랑 마당 등으로 나누어진다.

· 주거생활 : 조선시대는 주택에 이용되는 여러 가지 갖춤새와 살림세간, 부엌세간들도 더욱 다양해지고 풍부해졌다. 세간은 무명요, 잠자리요, 돗자리, 목화병품, 등잔, 비, 놋요강, 솥, 밥상, 소반, 채칼 등 고려시대보다 훨씬 다양해졌으며 일상생활과 더불어 다양한 의례생활이 주거 내에 이루어짐으로 더 많은 세간과 갖춤새가 생겨났다. 양반주택 경우 남녀구분과 장유유서에 따라 규범에 의한 철저한 공간 사용과 의식주 생활이 이루어졌으며, 서민주택 경우 안방은 식구가 적을 때는 부부와 아이들이 사용하고 대가족일대 노인부부가 사용하였다. 그러다가 노인 중 할아버지가 돌아가시면 할머니는 어린손자, 손녀와 함께 그대로 기거하고, 홀로된 할아버지는 아들내외에게 방을 넘겨주고 아랫방으로 옮겨 갔다. 사

랑방은 주로 홀로된 할아버지나 장성한 아들들이 사용하였다.

| 조선시대 양반주택 한옥, 창덕궁 연경당 |

연경당은 민가의 사대부가를 모방하여 지은 전통주거의 고유 특성과 품격을 담은 대표적 한옥이다.

| 조선시대 서민주택 초가, 전남 순천 낙안읍성 |

서민주택의 대표적 양식인 초가집으로 ㅡ자형 홑집 형태를 취하고 있다.

조선시대 주거는 고려시대까지와는 달리 현존하는 건축이 많이 있고, 우리의 조상들이 오랜 세월 동안 생활하면서 공감하는 가운데 형성해온 모든 것이 나타나고 있어 한국 주택의 전통성을 지닌 '한국전통 주택'이라 할 수 있다.

이에 본서에는 조선시대 주거를 우리 전통 주거의 기본으로 하여 우리 선조들이 주거를 중심으로 어떠한 삶을 살았으며 자연과 함께 어떻게 웰빙 라이프를 실천했는지 알아보고 현대에 이를 어떻게 적용할 수 있는지 함께 고민해 보고자 한다.

02 • 전통 주거에 사는 사람들의 웰빙 마인드

웰빙 마인드는 앞의 1장에서 살펴보았듯이 '웰빙을 실천하기 위한 의지나 정신으로 단순한 소비지향에서 벗어나 장기적인 관점으로 긍정적이고 여유로우며 자연친화적인 삶을 위한 필요 욕구'이다. 이러한 웰빙 마인드는 의식적으로 노력해서 주입시킬 수도 있지만 수천년 동안 살아온 자연환경과 풍토에 의해 자연스럽게 내재되어 내려오면서 사상적 배경으로 형성될 수도 있다.

전통 주거에서 사는 우리선조들은 자연환경

과 주어진 자연에 대처하면서 생긴 자연에 대한 인식, 이러한 자연인식에서 나온 민간 신앙이나 신화, 종교를 바탕으로 자연관을 이루었고 이를 토대로 주변의 자연 조건을 반영하면서 주거공간을 만들고, 무엇보다 물질적인 가치보다는 정신적인 가치를 추구하였기 때문에 웰빙 마인드의 소유자이며 실천자라 할 수 있다. 왜냐하면 우리의 전통 주거는 주변 환경의 조건을 반영하여 각 지역의 특성과 자연환경에 적합하도록 시행착오와 변화과정을 거치면서 형성되었다. 이는 결국 전통 주거 건축의 형성이 생태학적 측면, 즉 웰빙의 차원이 고려되어지고 발전된 것으로 볼 수 있기 때문이다.

우리 선조들의 웰빙 마인드는 자연에 대한 인식태도인 자연관에서 더 잘 드러난다. 선조들은 '자연'을 세상과 우주의 모든 존재를 총괄적으로 가리키는 가장 포괄적인 개념으로 받아들이고, 인간은 단지 이들 자연 질서의 한 구석을 차지하는 조그만 구성원에 지나지 않는다고 보았다. 이는 자연은 인간의 형이상학적 차원에서 감히 구별할 수 있는 존재가 아니라 자연과 인간은 서로 뗄 수 없고 구별할 수도 없이 밀접하게 얽혀 있는 하나의 전체를 구성한다는 총체적 개념을 뜻한다. 이는 생태학에서 자연과 환경에 대한 개념과 일치하며 웰빙을 실천하기 위한 근원적인 인식, 마인드와 일치한다고 할 수 있다. 그러므로 전통 주거에서 생활한 우리 선조들의 웰빙 마인드를 알기 위해서는 우리 선조들이 가진 자연관을 살펴보면 된다. 한국인의 자연관은 서양과 다른 자연환경에서 비롯된 인지 및 미학적인 측면과 더불어 문화 및 사상적 측면에 영향을 준 신앙이나 사상체계, 종교 등에 의해 형성되었다. 이에 우리 주거 건축이나 공간 구성에 영향을 많이 자연관과 그에 따른 건축과 주거 생활에서 영향을 살펴보고자 한다.

인지 및 미학적 측면

우리 선조들의 미의식은 기본적으로 자연환경에 영향을 받았으며 한 마디로 '자연주의'. '자연스러움'이라 할 수 있다. 아니 '자연 그 자체'라 해도 무관할 것이다. 우리 선조들은 자연을 닮은 사람들로 자연에 동화된 삶을 살았으며 이러한 삶의 방식을 통해 삶의 주변의 모든 사물이나 둘러싸는 공간, 건축도 자연을 담고자 하였다. 자연환경 자체가 완만한 노년기성 지형으로 오랜 세월 속에 깎이고 다듬어진 과정을 통해 대개가 둥근 형태를 가지고 있다. 이러한 자연환경을 지속적으로 접해 오면서 자연스럽게 조형 원리도 자연의 형태들을 반영하게 되고 조형의식 자체가 긴장을 싫어하고 인위적인 형태보다는 자연의 원리에 순응한 자연스런 형태를 추구하도록 형성되었다.

이에 자연에서 영향을 받은 우리 선조들의 미의식은 서구의 미의식과는 사뭇 다르게 형성되어 건축이나 마을 조성에 영향을 미쳤다.

우리 주거건축에 특히 영향을 준 자연환경을 서구와 비교해 본다면 우선 지형 형태 전국이 70%가 산인 우리 지형은 완만한 능선으로 연결되어 자연스런 곡선으로 인식되는 반면 서구는 지평선이 넓게 펼쳐진 평야에 드문드문 산이 있어 몹시 두드러져 직선적으로 인식된다. 산 형태 자체도 우리의 산은 비교적 낮은 둥근 구릉지 형태를 띄고 있어 산을 바라보고 관조하면 조화를 추구하고자 한 반면 서구의 산들은 산의 정산이 분명히 드러나는 뾰족한 형태로 지각 성향으로 인해 산을 오르고 정복하고자 하는 대상으로 여기게 된다. 이에 우리의 마을형태는 산늘이 마치 울타리의 기능을 할 때 안정감을 느껴 산을 둘러싸고 마을이 형성되었고, 서구에서는 평야를 중심으로 마을이 성립되고 원심력과 구심력이 작용하여 심리적 긴장감이 유발되었다. 건물형태도 자연스럽게 산 아래 위치하면서 산과 조화를 이루는 둥근 형태를 취한 반면 서구는 산 정상에 건물을 짓고 자연환경과 비슷한 박공 형태를 취하고 자연을 내려다보고자 하였다. 이와 같이 우리의 자연은 선조들에게 인위적인 기교나 인공미보다는 자연에 순응하는 둥글고 부드러운 형태를 선호하게 하고, 눈에 띄는 것보다는 숨겨져 있는 것을 선호하며, 겉으로 드러나는 운동감보다는 속에 내제하는 생명력을 더 중요하게 생각하게 하는 자연미를 심어주었다. 이러한 자연에 순응하는 미의식은 '무기교의 기교', '무계획의 계획', '비정제성', '무관심성'으로 표현되며, 선조들의 의식주에 반영되어 독창적인 아름다

| 전통 주거의 재료사용에 따른 자연미, 강원도 왕곡마을 |

돌의 형태를 그대로 사용하여 담장과 기단, 초석, 굴뚝 마감으로 사용하고 흙과 목재의 가공을 최소화하여 자연재 느낌 그대로 사용하고 있다.

| 무기교의 기교를 보여 주는 대들보 , 경북 양동마을 |

자연 목재 형태 그대로 대들보로 사용하여 자연미를 최대한 보여주고 있다.

| 우리와 서구의 자연환경 의한 미의식 형성 비교 |

분류	우리나라	서구
지형 형태	 70%가 산, 산과 산의 능선이 연결되어 자유곡선으로 인식	 대부분 평야에 드문드문 산으로 산이 두드러짐 직선으로 인식
산의 형태	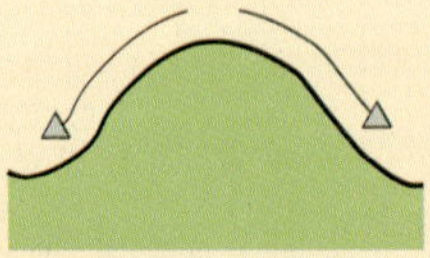 둥근 구릉지형태로 바라보고 관조하는 대상	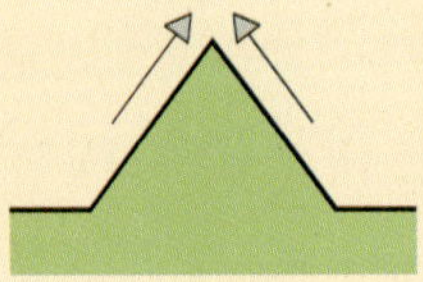 산의 정산이 분명히 드러나는 형태로 오르고 정복하는 대상
마을 형태	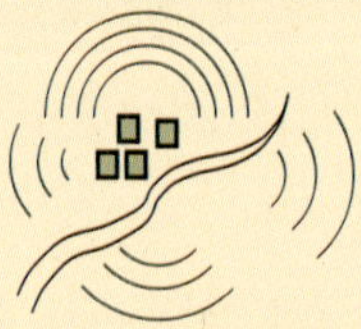 산들을 울타리처럼 인식 그 안에서 안정감을 가짐	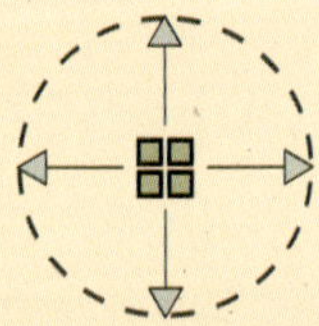 평야를 중심으로 마을 조성으로 원심력 · 구심력에 의한 심리적 긴장감
건물 형태	 산 아래 위치, 산과 조화를 이루는 둥근 형태	 산 정상에 위치, 자연과 비슷한 박공 형태

우리와 서구의 다른 자연환경에 자연을 바라보는 관점이 달랐는데 서구에서는 자연은 단순히 대상이며 기계론적으로 발전하여 그것을 이용하고 소비하는 객체로 파악되고 있다. 반면 우리 선조들이 인식하는 자연은 대상으로서 자연이되 인간과 상호관계에 놓여있는 대등한 존재로서의 자연을 말하고 있다.

움을 형성하였다. 특히 전통 주거에서는 재료의 사용에 있어 가장 많이 사용되는 주재료가 목재나 돌인데 이들 자연소재들은 자연적 형상 그대로 반영하는 무작위적 기법으로 '무기교의 기교'가 어떤 것인지를 보여 주고 있다. 이는 자연과 조화하려는 대표적인 표현 기법으로 볼 수 있으며 이러한 '무기교의 기교'는 인간적 의지와 기교가 크게 작용한 것이 아니어서 어느 면에서 보면 어리숙하게 보일 수도 있지만 소박하면서도 친근감이라는 한국적인 아름다움을 선사하게 된다.

이러한 우리 선조들의 대표적인 웰빙 마인드인 자연주의에 의하여 전통 주거 건축은 자연과 건축을 일체화하려는, 즉 건축이 자연의

한 구성인자로서의 자연 환경화를 추구함으로 자연과의 대립이 아닌 자연속의 집, 자연에 순응하는 집으로 표현되었다.

문화 및 사상적 측면

전통 주거를 비롯하여 건축공간을 형성하기까지는 우리 선조들의 정신세계가 담겨져 있다. 한민족의 정신세계는 자연 환경적 배경과 지역적 특수성 외에 수 천년 전부터 온 신앙, 종교 등에 기인한 고유문화와 사상적 배경에 기인한다. 그러므로 우리 전통 주거에 대한 특성과 고유성, 내재된 고유 의미를 알기 위해서는 우리 선조들의 사고방식과 생활양식 등의 문화적 전통성에 대한 이해가 필요하다. 그런데 우리 선조들의 정신세계는 기본적으로 자연을 빼고는 설명될 수가 없어 전체 사상을 묶어서 '전통적인 자연관'이라고 한다. 그 만큼 생태학적 특성, 즉 웰빙적 사고가 구현되어 사회 · 문화 전반에 반영되고 있다고 볼 수 있다. 이러한 전통적인 자연관은 다양한 사상 체계가 있지만 의미를 해석하다보면 결국 서로 개별적인 것이 아니라 내용들이 중첩되어 나타나고 있으며 생태학적, 웰빙적 사고 체계를 담고 있다. 그러므로 전통적 자연관을 살펴본다면 전통 주거 건축의 생태적 특성, 즉 웰빙적 삶을 위한 주거의 건축적공간적 특성을 알아낼 수 있다.

이에 우리 전통 주거를 짓고 살았던 우리 선조들의 웰빙 마인드의 기초가 되는 사상들을 살펴보고 주거 공간이 어떻게 반영되었는지 살펴보면 다음과 같다.

• 신화 •

신화는 신에 관한 이야기, 자연현상이나 사회현상의 기원과 질서를 설명하는 이야기, 신성시되는 이야기로 보통 규정되며 여러 가지 사회적 의식 형태들 중의 하나로 볼 수 있다. 우리 민족의 신화는 건국신화, 성씨시조신화, 마을신화, 무속신화로 보통 나누어진다. 이중 우리 민족의 사상 전반을 보여주는 신화는 나라를 세운 시조에 대한 건국신화이다. 고조선은 '단군신화', 고구려는 '동명왕신화', 신라는 '박혁거세신화', '석탈해신화', '김알지신화'가 있으며, 가야는 '김수로왕신화' 등이 있다. 이들 건국 신화는 인간의 인간에 대한 사회적 관계가 바탕이 되는 만큼 현실의 지배 예속 관계를 전제로 성립하였고 이를 반영하고 있다. 그리고 우리 민족이 이 땅에 삶을 시작할 때의 모습을 상징적으로 표현하고 있으며 우리 민족 고유의 사유방법을 유추해 볼 수 있다.

이들 건국 신화에서는 우리 민족의 신앙 대상이나 고유 삶의 가치관을 알 수 있다. 보통 건국 시조들은 하늘과 땅에서 인간 세계로 와서 건국 시조가 되고 시조의 신성함은 하늘을 상징하는 백마나 닭, 영험한 산, 물을 상징하는 용 등에 의해 보증이 되고 있다. 그러므로 시조는 대개 하늘이나 땅, 물, 산 등 자연과 관련이 있으며 산신, 천신, 지신 등을 신앙의 대상으로 여긴 것을 알 수 있다.

우리 민족의 건국 신화에서 유추되는 대표적인 사상은 '한얼 사상'이다. 한얼 사상은 유·불·도와 같은 외래 사상이 유입되기 이전에 이미 성립되어 실제 유입되었을 때 개화시키는 기반이 되었다. '한얼 사상'은 이미 3종교를 포함한 사상이라 할 수 있다. 건국이념인 '크게 사람을 유익하게 함'과 또 3신 사상에 따라 세 뿌리 사상이 생겨났는데 그것이 곧 한얼숭배와 조상공경과 사람사상이다. 또 이것으로부터 세 윤리가 생겨났는데 그것은 곧 사랑윤리와 예절윤리와 도리윤리이다. 사랑윤리는 어버이와 자식 사이의 윤리이며 예절윤리는 사람들 사이의 윤리, 도리 윤리는 사제 간의 윤리를 담고 있다. 그러므로 우리의 신화는 홍익인간에서 비롯되는 평화 사상과 더불어 인간적 삶의 가치관이 강하게 나타남을 볼 수 있다.

• 민간신앙과 사상 •

'민간신앙'이란 말은 아주 모호하게 쓰이는 경우가 많다. '속신' 또는 '미신'이라고 뜻으로 쓰이기도 하고, 점복(占卜)·금기(禁忌)·주술(呪術)의 현상이나 신흥종교의 특별한 점을 통칭하는 명칭으로 불리우기도 한다. 그리고 무속신앙을 지칭하는 경우도 있고, 원시신앙으로 한정지어 생각하는 경우도 있으나 가장 보편적으로는 민족적 특성이 강한 민속종교나 신앙으로 파악한다. 민간신앙은 특정한 창교자도 지도자도 없이 자연발생적으로 생겨 사람들 사이에 이어져 온 것으로 계시적(啓示的)이 아니며, 교조나 교리체계 등 신앙의 체계화가 이루어지지 않았고, 조직체가 형성되어 있지 않고, 언제 시작되었는지 알 수 없는 아득한 옛적부터 믿어온 민족의 계승적, 원시적인 종교현상이라 할 수 있다.

우리나라의 민간신앙은 자연에 대한 경외심과 절대적 믿음에서 출발하여 신앙의 대상이 매우 다양하고 다신론적인 종교적 복합체로 자연에 대한 절대적 믿음으로 귀결되었다. '자연'을 세상과 우주의 모든 존재를 총괄적으로 가리키는 가장 포괄적인 개념으로 받아들이고, 인간은 단지 이들 자연 질서의 한 구석을 차지하는 조그만 구성원에 지나지 않는다고 보는 것이다. 이러한 점에서 민간신앙은 '자연적 종교'라 할 수 있으며 사회 저변을 이루는 농민층과 서민층의 사상과 생활을 지배하고 기층문화를 형성하면서 주거 건축과 공간에 많은 영향을 주었다.

민간신앙의 종류는 매우 다양하며 관점에 따라 다양하게 분류되는데 종교적 신념(신화)과 실행(의례, 주술), 집단적인 것과 비집단적인 것, 사회적 차원에 의한 것(가신(가정)신앙, 동족신앙, 마을신앙), 시간에 의하여 반복되지만 일회적인 것(세시풍속과 통과의례), 전문적인 것과 비전문적인 것(무속신앙, 조상숭배), 혈연과 지연의 것(제사와 동제), 행위의 단순성과 복잡성에 의한 것(금기, 주술, 풍수, 제사, 굿), 조직성과 비조직성의 것(주술, 신흥종교) 등으로 구분된다. 이중 특히 우리 민족에 영향을 준 민간 신앙은 주로 가정이나 마을이라는 지역 생활 공동체를 바탕으로 형성되고 발전된 가신신앙과 마을 신앙이 중심을 이루었다. 여기에 무속신앙의 전문 사제자가 등장하여 가신신앙이나 마을 신앙을 흡수하고 발전시켜 구분하기 어려운 경우가 많으며, 이외에 점복신앙과 풍수신앙이 주를 이루었다.

본서에서는 이런 다양한 민간신앙의 구분을 사상적 측면에서 신앙의 대상이나 특성을 중심으로 민간신앙을 살펴보고 주거 건축에 어떠한 영향을 주었는지 살펴보고자 한다.

| 자연숭배 |

자연숭배는 자연을 자연 그대로 보지 않고 정령으로 가득 차 있는 신적 자연으로 보는 자연관에서 출발된 신앙이라 볼 수 있다. 자연숭배는 가장 원시적인 신앙현상으로 민간신앙의 출발점이라 할 수 있다. 천둥 번개와 같은 자연현상에 대한 두려움과, 자연 환경에 절대적으로 의지할 수밖에 없었던 삶의 조건들이 자연을 숭배하고 신성시하는 신앙으로 발전해 나갔다. 우리 민족의 자연숭배도 아름다운 자연환경에 둘러싸인 풍토 환경에서 자연스럽게 발생한 것으로 자연에 순응하면서 자연계의 섭리를 따라 하늘과 땅과 사람이 일체가 되어 질서 정연하게 공존하여 살아가는 기본 사상이 되었다.

자연숭배에는 모든 사물은 사람과 똑같은 생명, 감정, 능력 정령을 가지고 있다는 유생론(有生論)인 원시적 자연관을 가지며 대표적으로 애니미즘(Animism)과 정령 숭배 사상이 기본으로 깔려있다. 애니미즘에선 정령을 '애니마(anima)'라 부르는데, 만물은 모두 애니마의 힘을 입어 살아가는데 이 중 가장 위대한 애니마 즉 정령을 지닌 것을 기복의 대상으로 섬기는 것을 자연숭배라 한다. 그러므로 자연숭배는 자연 그 자체를 숭배한다기 보다는 그 속에 깃든 애니마를 섬기는 것이라 할 수 있다.

자연숭배사상은 주거 건축에서 자연풍경식 정원 양식을 낳게 하는 기본이 되었다.

| 한민족의 자연숭배 대상 |

1. 산악숭배 : 백두산, 태백산, 지리산, 계룡산, 묘향산 등의 명산이나 성산
2. 수목숭배 : 신목, 노목, 거목, 괴목, 신간, 목우, 당산목, 장승 등
3. 하천숭배 : 대천, 해변, 낙수, 온천, 정수 등
4. 암석숭배 : 거석, 선돌, 고인돌, 부암, 석불, 기암, 기자암 등
5. 천체숭배 : 일월 성진, 칠성 숭배 등
6. 동물숭배 : 뱀(약수), 범(산신), 곰(하신), 쪽제비(재신) 등

| 신명숭배 |

신명숭배는 본래적 신명과 비본래적 신령, 잡귀신앙이 있다. 본래적 신명은 천지신명으로서의 천신하느님, 지신, 사직신, 산옥신, 칠독신, 삼해신(동해, 남해, 서해), 산천신 등이 있고, 비본래적 신령은 인신신앙으로 사령숭배에 기초하는 신령 신앙으로 영웅신, 군신, 훈공신, 교화신, 보신 등이 있다. 잡귀신앙은 원귀, 여귀, 정귀, 유령, 생불 도깨비 등의 무수한 잡귀류에 대한 공포에 기인하는 신앙현상이다. 잡귀는 질병과 재화의 원인이 된다고 믿어 귀신을 쫓거나 막는 양귀법을 발달시켰다. 이에 전통 공간에는 부적이나 탱화, 칼이나 창, 복숭아 나뭇가지 장식 등을 종종 사용하는데 이는 일종의 양귀법에 해당된다.

| 조령숭배(조상숭배) |

조령숭배는 사령숭배에서 발전된 영혼신앙으로 인간에게 특별한 공포와 애착심으로 느끼게 하는 조상의 영혼을 숭배하는 것으로 조상숭배라 하기도 한다. 조령숭배는 옛 기록이 없는 민속 전승으로 발생요인이나 역사적인 전개과정을 밝히기 어려우나, 불교와 많은 상관관계를 갖고 유교가 도입되면서 사회적 제도로 승화하여 제례에 의해 돈독하게 지속되어 왔다. 우리의 조령숭배는 장남이 조령의 제사를 행하는 대가족주의와 함께 확립되어 있으며, 씨족신, 민족신, 전왕신, 국조숭배 등에 이에 해당된다.

조령 숭배는 주거 공간에서 신체(神體)로서의 시조 단지나 조상의 위패인 신주(神主)를 집안에 두는 데 양반집이나 규모가 있는 주거는 별채인 사당에 모시나 사당의 설치가 여의치 않을 경우 '벽감(壁龕)'이라는 약식을 만들어서 사랑채나 대청 마루에 모셔 놓거나, 이것도 제대로 안 되면 조상 당세기라는 조그만 고리짝에다 제사 지내는 조상 대수대로 표시를 해 놓고 조상 단지와 나란히 안방에 모셔 놓는 경우가 많다. 또한 신 단지 또는 항아리에 조상의 혼령이 담긴 것으로 여기고, 매년 추수 때마다 햅쌀을 정성스럽게 갈아 담아 안방이나 대청 마루 선반에 모셨다.

| 음양오행 사상 |

음양오행 사상은 도참신앙과 풍수신앙의 기초가 되는 사상으로 하늘과 땅, 남과 여, 해와 달, 밝음과 어둠 등 상대적 대비와 조화의 관념에 근거하여 생겨난 사상으로 상보적 조화원리를 기본으로 한다. 우주만물은 음(陰)과 양(陽)으로 이루어져 있으며 이들이 결합하여 다섯 개의 성질로 나타난다고 믿는 사상이다. 음(陰)과 양(陽)의 서로 순화 · 조화하여 소멸 · 성장 · 변화를 나타내는 음양 사상과 음양에서 파생된 오행(五行)인 수(水) · 화(火) · 목(木) · 금(金) · 토(土)의 움직임으로 우주와 인간생활의 모든 현상과 생성소멸을 해석하는 사상이다. 즉 음양론과 오행론이 결합된 사상이다. 음양사상의 본질에는 대립과 화합의 논리가 공존하며 음과 양은 서로 대립되는 요소이지만 상호보완을 통해 서로간의 균형을 이루면서 발전, 상승, 확산 등 끊임없는 변화의 과정을 통해 새로운 생명력을 창조한다고 한다.

오행론은 '상생상극(相生相剋)' 중심 사상이다. 상생은 상호 생성하는 순서로 '목, 화, 토, 금, 수'를 말하며, 상극은 상호전행을 극하는 순서 '목, 금, 화, 수, 토'를 말한다. 이렇게 오행은 서로 도와주기도 하고 서로 제압하기도 하면서 새로운 모습으로 바뀐다는 사상으로 두 사물이나 사람, 건물, 지형 등 모든 만물의 기운이 상생이냐 상극이냐에 의해 길흉을 가리게 된다.

음양오행 사상은 사연과 인간을 상호 동일한 생명체로서 우주만물과 인간의 조화를 중시하므로 사물의 상호관계 및 생성과 변화를 해석하기 위한 방법론적 수단으로 이용되었다. 그러므로 상호관계에 의한 길흉을 토대로 상생을 위한 지형을 이용하는 방법, 건물을 짓는 구법의 원리, 음과 양이 고루 섞인 조화를 이루는 공간의 구성 원리나 실내 공간 연출 원리와 의식주 생활 전반에 적용되었다.

| 도참신앙 |

도참신앙은 운명신앙으로 음양오행설에 기초하여 세운 앞날의 길흉에 대한 예언을 믿는 민간신앙이다. 도참도 점술과 마찬가지로 불확실한 미래의 길흉화복을 알고자 하는 염원에서 나온 것이지만, 점술과는 달리 도(圖)와 참(讖)을 합친 개념이다. '도'는 앞으로 일어날 사건의 상징 · 표징 · 신호 · 징후 · 전조 · 암시를 뜻하며 일정한 문자나 기호 또는 구체적 대상물이 앞으로 일어날 미래의 어떤 일과 깊이 연관되어 있다는 사고방식의 표현을 말한다. '참'은 참언(讖言) · 참기(讖記) · 참위(讖緯) 등 은어(隱語)와 밀어(密語)의 상징적 언어로 장래에 일어날 사상을 예언하는 것이다. 그러므로 도참이란 결국 미래의 길흉화복을 예언, 암시하거나 약속하는 신비적, 미신적 성격이 짙어 국가의 흥망과 왕가의 운수 예언에 이용되고 신흥종교의 기본 교리가 되었다. 도참신앙은 천문 · 지리 · 음양오행 · 주술뿐 아니라 도교나 불교까지 원용되고 있으며 토정비결과 정감록이 대표적으로 도참신앙을 보여준다. 조선시대 이르러 도참 신앙은 풍수지리설과 결합하여 정치, 사회 및 일상 생활까지 크게 영향을 미쳤다.

| 풍수신앙(풍수지리) |

풍수(風水)는 지리에 대한 하나의 이론적 모델에서부터 사상적 측면만아니라 신앙적 측면에 이르기까지 다양한 의미를 담고 있는 용어이다. 이에 연구자 나름대로 학문의 영역이나 관점과 태도에 따라 동일한 사상이지만 풍수, 풍수설, 풍수지리, 풍수신앙, 풍수사상, 풍수도참사상, 지술 등 다양하게 불려지고 있다. 풍수는 글자 그대로 해석하면 '바람'과 '물' 즉, 장풍득수(葬風得水) 수와 풍을 따서 풍수(風水)라 한다. 즉 '바람'과 '물'로 대표되는 자연과 땅의 이치라 할 수 있는 지리(地理)가 서로 연결됨으로써 땅과 공간의 해석과 활용에 대한 중국과 우리 민족의 고유 사상이다. 단, 중국의 풍수가 산보다 물을 중시하는 반면 우리나라는 산을 중시한다. 중국이 인공건조물의 영향력을 과대평가하는데 비해 우리는 자연의 형세를 더욱 중요시 여긴다.

풍수의 기원은 도참사상과 음양론과 오행설을 기반으로 주역(周易)의 체계를 논리 구조로 삼는 전통적인 경험적 지리과학으로 추길피흉(追吉避凶)을 목적으로 하는 상지기술학(相地技術學), 형이상학(形而上學), 경험과학(經驗科學)의 통계라 할 수 있다. 근래의 지리학과 다른 점은 지세의 형태를 통하여 인간의 길흉화복 관계를 판단하고, 그 지역을 형이상학적으로 해석하려는데 그 본질이 있다는 점이다. 즉, 땅이 지닌 생기를 찾아 그곳에 정주 공간을 정하고

| 풍수지리에 영향을 준 주역이란? |

사물의 본질, 실체 보다는 사물간의 관계를 중요시하고 상관적 통합체, 인간과 자연을 일체로 보는 것이 주역의 근본 사상이다. 자연계 생성의 근본 범주를 수(數)로 사고하여 수(數)에서 상(象)으로, 상(象)에서 물(物)로 우주를 인식하며 삼라만상, 만물, 우주의 근본 진리가 三才로 표현한다.

| 전통주거 축조에 영향을 준 양택풍수(陽宅風水) |

1. 간룡법(看龍法)

산의 흐름이 좋고 나쁨을 살피는 것을 말한다. 산은 풍수 용어로 용이며 용맥의 좋고 나쁨을 조산(祖山)으로부터 혈장(穴場)에 이르기까지 살피는 방법을 간룡법이라 한다. 집을 짓거나 살 때 간룡은 필수였다. 용 속에는 감추어진 산의 정기, 즉 지기가 유행하는 맥이 있으며 간룡할 때에는 그 형체를 보아 길흉을 판단하는 것이다.

2. 장풍법(藏風法)

명당 주위의 지세에 관한 풍수이론의 통칭이다. 장풍은 바람을 가둔다는 것으로 사방에 산이 둘러 있는 것이 좋다고 하여 이른바 도읍이나 묘지, 주택을 정함에 있어 기본이 되었다. 장풍은 명당은 '좌청룡 · 우백호 · 전주작 · 후현무(左靑龍 · 右白虎 · 前朱雀 · 後玄武)'라 하여 혈이 남향인 경우 동쪽의 청룡, 서쪽의 백호, 남쪽의 주작, 북쪽의 현무의 네 가지 산으로 둘러싸인 곳이 좋은 터가 된다.

3. 득수법(得水法)

물을 다루는 것으로 음양 화합에 필수 불가결한 요소이다. 크게 보아 물은 반드시 길한 방위로부터 흘러들어와 흉한 방위로 나가야 한다. 물에서 탁취가 나거나 흐리면 안 되고 혈전(穴前)에 공손히 절을 올리듯 유장하게 지나가야 한다. 직급류하여 혈을 향하여 쏘는 듯 내지르는 것은 좋지 않다고 되어 있다.

4. 정혈법(定血法)

혈이란 풍수지리에서 생기가 집중하는 지점이다. 혈은 거주자가 실제 삶을 영위하는 곳으로 생기가 넘치는 정확한 위치인 진혈을 찾는 방법을 말한다.

5. 좌향론(坐向論)

산 · 수 · 방위 · 사람의 풍수지리 기본요소 중에서 좌향론은 방위에 관계된 술법이다. 원래 좌향은 혈의 위치에서 본 방위, 혈의 뒤쪽 방위를 좌(坐)로, 혈의 정면을 향으로 한다는 의미이다. 하나의 건축이 특정한 좌향을 갖기까지 검토되는 향은 절대향과 상대향으로 구분되며, 절대향은 인간생활에 직접 영향을 주는 천체, 특히 태양의 운행에 의하여 결정지어지고 시간성을 내포하며, 상대향은 지세 · 시계(視界) · 실존성 · 사회성을 지닌 것으로, 좌향론은 두 가지의 복합적인 형태를 취한다.

6. 형국론(形局論)

지세를 전반적으로 개관하는 것으로써 인물금수(人物禽獸)의 형상과 유추하여 판단함으로써 비교적 쉽게 지세와 길흉을 판단한다. 오행설에 기초한 오성에 따라 동물형, 물질형, 인물형, 식물형, 문자형 등 여러 가지 형으로부터 원기(元氣)를 알아 볼 수 있다는 사고방식에서 발전된 것이다.

자연과 조화를 이룸으로써 현세계의 길흉을 따지고 화복을 바란다. 그러므로 풍수는 화복을 위해 땅이라는 대상적 측면과 그것을 찾는 방법적 측면, 그 결과를 전망하고 신앙하는 종교적 측면이 함의되면서 하나의 신앙체계라고 할 수 있다. 풍수신앙은 풍수, 풍수지리, 풍수설, 지술의 개념이 보다 더 포괄적이고, 그 층위가 확대된 것이라 할 수 있으며 '생기론(生氣論)'과 '감응론(感應論)'이 주요 원리가 된다. 풍수신앙에서 땅은 자연적 공간이 아닌 신화적 공간이며 죽어있는 공간이 아닌 살아 있는 공간이므로 그 위의 건축물은 생명체로 인식하므로 운명 신앙이라 할 수 있다.

유난히 한서차가 심하고 겨울철 혹독한 추위, 집중적 강우라는 기후적 특성 외에 평야가 적고 산지가 많은 복잡한 지형이라는 자연적 특성이 강한 자연환경에 우리 선조들은 이러한 풍토에 적응하기 위하여 인간과 자연이 조화를 이루는 균형적인 삶을 추구하려는 방식을 추구하면서 가장 근원적인 사상이 되었던 것이 풍수라 할수 있다. 풍수에서 추구하는 조화는 '천지인상관적(天地人相關的)'으로 천(하늘, 기후), 지(땅, 지형), 인(사람) 중 어느 한 가지에 중점을 두는 것이 아니라 세 가지가 어울려 조화를 이룬 상태를 추구하는 것이며, 산(山)과 수(水)와 방위와 사람이 서로 상생상보 관계에 놓여야함을 의미한다. 이러한 풍수지리의 조화로운 사고와 통합적인 세계관은 인간과 자연의 공동운명체적 관계, 유기체적 통합이라는 환경 인식을 가지고 있음으로 인해 오늘날 웰빙 디자인, 친환경 디자인을 확립하는 사상적 기초로서도 손색이 없다고 할 수 있다.

풍수는 자연에서 조화와 적응을 최대 목표로 하며 자연 내의 길지를 찾는 것이 최대 목표이며, 이는 크게 조상 부모의 유해를 통해 자손의 번성과 입신 출세를 바라는 '음택풍수(陰宅風水)'와 주거지에 위해 그 목적으로 달성하고자 하는 '양택풍수(陽宅風水)'로 구분된다. 양택풍수는 산(山) · 수(水) · 방위(方位) · 사람 등 네 가지의 조합으로 성립되며 간룡법(看龍法), 장풍법(藏風法), 득수법(得水法), 정혈법(定血法), 좌향론(坐向論), 형국론(形局論) 등의 주요 원리를 갖는다. 이는 국가의 도읍지 선정이나 개인의 주택 축조 때 자연의 피해를 줄이는 대신 자연적 혜택을 보다 많이 볼 수 있는 택지 선정 등 가장 영향을 많이 미쳤다. 풍수는 우리 선조들에게 신앙과도 같았으며 환경에 대한 토지관, 자연관, 장소관으로 작용하여 도읍지를 정하는 것에서부터 집터를 고르거나 이사할 때, 건물의 위치와 방향, 조경, 건물의 형태를 결정하는데 영향을 줄 뿐만 아니라 집을 짓는 시기와 과정, 건축의 방법에 이르기까지 건축계획과 건축 관련 전반에 걸쳐 적용되었다.

| 점괘신앙 |

점괘도 일종의 운명신앙으로 현재와 과거에서 화액의 원인을 찾고 미래의 운명을 찾아 소기의 목적을 달성하는 최상의 방법으로 삼는 수단이다. 점은 삶의 갈림길에서 방향을 결정해 주는 민간신앙으로 지난 일을 알아내고 앞으로 다가올 일을 예측하여 주는 예언의 구실을 하였다. 우리 민족의 점괘는 무수한 점괘술이 있으며 대표적으로는 일, 월, 성, 일기, 산, 암석, 지형 등으로 점을 치는 자연현상점, 동물점, 식물점, 몽점, 작괘, 관상, 수상, 작명, 사주, 궁합, 무당점, 사점, 오행점, 신탁점 등이 있다.

| 금기신앙 |

금기의 학술적 용어는 타부(taboo)로 특정한 사람, 사물, 언어 또는 행위가 신성하다고 믿어 보거나 만지거나 또는 말하기 조차 기피하는 금제를 의미한다. 만일 이를 범할 것 같으며 신령의 노함을 입어 화가 미치거나 신변에 참혹한 일이 일어난다고 믿는다. 이러한 점에서 '소극적 주술'이라 할 수 있다. 금기는 어떤 인물이나 사물에 부여된 신성한 힘이 외부세계와의 접촉으로 위해를 받거나 또는 위해를 주는 것을 방지하는데 있어서 절전체와 같은 역할을 하였다. 이러한 금기는 주거 생활에도 영향을 주었는데 몇 가지 금기를 살펴보면 '대문에 청송지나 동도지를 달아 두면 화액이 없다', '사(四)'자를 기피하여 공간 명칭이나 층수 표시에 사용하지 않거나, '복거백제'라 하여 집 한 채 짓는데 1백 가지의 제약을 받으며 지어야 했다. 그중 음양설에 의한 풍수적 금기도 많았는데 '집터를 잡을 때 서고동저면 돈은 생기되 사람이 죽으며, 전고후저면 후손이 없다' 하였고, '남북장 동서협은 길인데 동서장 남북협이면 흉'이라 철저히 지켜져 왔다. 또한 담장과 바깥 대문을 먼저 짓지 않는다거나 나무를 거꾸로 하여 기둥을 쓰지 않는다든지, 기둥이 쪼개져 있으면 나쁘다든지 하거나 집의 부재도 구부러진 것, 벌레 먹은 것, 죽은 나무, 마른 뽕나무, 벼락을 맞은 단풍나무나 대추나무 등은 꺼렸다. 이 밖에도 주거 생활과 관련하여 많은 금기들이 있었는데 민간 신앙으로서 놀라울 정도로 잘 지켜져 왔다.

| 무속신앙 |

무속신앙은 무교(巫敎)를 의미하며 무교를 타 종교와 대등한 종교현상으로 인식할 때 부르는 명칭이다. 무교는 샤머니즘(Shamanism)으로 무당(巫堂)을 중심으로 전개되는 가장 오래된 보편적 주술종교이다. 한국의 무교는 오랜 역사과정에서 유 · 불 · 도 사상과 습합되면서 서민층의 삶의 정신적 뿌리가 되는 민중종교로 역할해 오고 있어 민족종교라 부를 수 있다.

무교는 모든 물체, 삼라만상에 정령이 있다고 믿는 자연숭배 또는 정령숭배를 기본으로 하는 다령숭배(Polydemonisl)또는 다신론(Polytheism)적 원시종교이다. 또한 죽음을 계기로 육체에서 떠나간 영혼은 초인적 능력을 가지고 있다고 믿고, 천지 사이에는 이러한 정령들과 혼백들이 충만하며 이런 것들이 인간의 질병과 기근 등 모든 재액을 만들기도 하고 복을 가져오기도 한다고 믿는 것이다.

무속신앙은 가신신앙과 마을신앙을 흡수하여 민족종교로 정착시켰다. 특히 우리 우리의 주거공간은 인간과 신이 같이 공존하는 공간으로 인식되어 집안 구석구석에 신들이 살고 있는데 안방에는 삼신이라는 자손의 수호신이 있고, 대청마루, 대들보에는 집과 집안을 지켜주는 성주신이 있고, 뒤뜰에는 재산과 복을 더해 주는 터주신이 있고 마당에는 집의 부부를 보호해 주는 지신이 있고, 부엌에는 하인들을 지켜주는 조왕신이 있다고 여기고 이들 신들 덕분에 편안히 살수 있다고 여겨 절기가 되면 신들에게 제사를 지내고 별식이 생기면 신에게 먼저 바쳤다. 그리고 집인에 우환이 생기면 신들의 노여움을 산 것으로 여겨 신을 달래는 굿이나 고사를 지내기도 하였다. 그러므로 우리 전통 주거에는 집안에 살고 있는 가신의 '성격'에 투영되어 공간에 대한 인지적인 측면과 공간의 특성이 반영되었다.

• 종교 •

| 불교 |

불교는 삼국시대 중국에서 전파된 외래 종교이지만, 그대로 받아들이지 않고 우리나라의 고유 풍토와 습속에 알맞게 적응시켜 민간신앙의 바탕 위에 약 1천년에 걸쳐 한국 문화를 지배해 온 종교이다. 조선시대 들어와 배척을 받았지만 없어지지 않고 민족의 종교로, 사상으로, 문화로 승화되어 우리 선조들의 정신문화뿐만 아니라 물질 문화인 생활 환경의 변화에도 결정적인 역할을 하였다.

| 토속신앙에 의한 전통주거 입면구성의 상징성 |

우리 전통 주거는 天·地·人의 우주적 질서를 상으로 하여 三才에 의한 삼분적 건축 요소의 형을 취한다. 하분(下分)인 기단은 땅의 속성을 표현하고 중분(中分)은 인간을 형상화, 기둥의 주초는 인체의 발, 기둥 주두는 인체 머리, 기둥의 주체는 인체 몸체에 해당되며 벽체는 피부, 창은 눈으로 하고 상분(上分)이나 지붕은 하늘의 속성을 표현하는 방법이 사용된다.

| 무속신앙의 반영으로 부엌의 조왕신을 모신 모습, 낙안읍성 민가 부엌 |

조왕신의 신체는 부뚜막 뒷벽 한가운데 작은 턱에 하얀종지나 사발 안에 든 물이다. 부녀자들은 이른 새벽 깨끗한 물을 교환하면서 그날 하루 가족의 안녕과 건강을 기원했다.

불교의 가장 근본적인 사상은 공(空)사상으로 자성(自性, svabhava), 실체(實體, dravya), 본성(本性, prakti), 자아(自我, atman) 등과 같이 인간이 궁극적인 것으로 간주하는 본질적인 것들은 우리 인식 안에 있는 것이며 실제로는 없다고 하는 의미로 공간에 대한 인식을 제공하게 되는데 정신적, 무한적, 상대적 공간의 개념을 제공한다. 또한 인간 존재의 실상은 생로병사와 그 외의 괴로움으로 이루어진 고(苦)이며 이러한 고통의 원인은 욕망과 집착에 있으므로 이를 없애면 번뇌가 끊어지고 자유와 평화를 얻을 수 있다는 것과 우리가 직면하는 현실 세계는 모두 무상한 것이며 현상은 변해가는 것이므로 모든 존재는 무아(無我)라고 하였다. 이러한 사상체계는 부귀영화나 생로병사에 대한 집착이나 한 시절 살다 가는 자신을 영원히 세상에 남기려는 생각은 헛된 것이라는 사상이다.

무엇보다 주거 건축에 영향을 준 불교의 자연관은 첫째, 인간과 만물이 일체라는 만물일체론이다. 둘째, 삼라만상 모든 물질에 생명이 있다고 본다. 여기에는 우주 전체를 생명체로 보고 또한 유기적 관계의 생명체로 보는 순환적 우주관, 생명순환 사상을 담고 있다. 셋째, 인간과 자연이 동일하며 더불어 서로 감정을 가지고 감정이입이 가능하다. 넷째, 모든 사물에 대한 관조성이다. 관조성은 모든 사물에 대해 본디부터 지닌 아름다움에 대해 있는 그대로 솔직하게 받아들이는 마음을 말한다. 이로 인해 형태나 색채 등이 없는 듯 있음으로 해서 마음으로 관찰하거나 음미해야 인식되고 일단 인식되면 그 세련됨과 은근함에 끌리게 되는 미를 지향한다. 이러한 관조성은 주거 건축에서 소박성, 포용성, 탈기교성이라는 특성을 반영하게 한다. 그러므로 이러한 불교의 자연관은 우리 민족 전통의 자연관과 결합되면서 더욱더 자연에 대한 절대적인 순응으로 나타나기 시작했고 자연을 있는 그대로의 모습으로 유지하려는 성향을 강하게 하고 종교 건축과 왕가나 상류주택의 배치형태에 많은 영향을 주었다.

불교의 사상과 자연관은 주거 공간을 호화롭게 짓고 꾸미는 것은 헛된 일이므로 욕심 없이 조촐한 주택을 짓고 순박하게 자비를 실천하며 사는 것을 당연히 받아들이는 기본적인 한민족의 생활관을 형성하게 하였다. 또한 눈에 보이는 형태보다는 좌망(坐忘)하는 소공간을 소중히 여기는 가치관을 형성하게 하였으며, 관조성으로 인해 벽체의 치장보다는 면벽의 빈 공간, 흰색 벽의 단순한 선적 구성을 면적 구성의 의장 수법을 사용하는데 영향을 주었다. 또한 건축물 자체를 우주, 자연, 현실에 대한 각각의 축소판으로 보고 우주와 자연의 무궁 무변함과 현실의 복잡다단함을 공간 구성에 공간의 중복성과 차경, 자연과 통하는 경계성, 내·외부공간의 연속성 등으로 반영하였다. 자연과의 감정이입과 순환적 우주관으로 인해 내·외부공간의 치환(유기적 상대 공간)적 특징에 영향을 주고 무자성적(無自性的) 공간성에 의한 분할법적 공간 구성으로 사이공간성, 과정적 공간성, 다용도적 공간성을 형성하여 인간의 공간적 체험을 중시하였다. 또한 불교의 이념 등은 와당문양, 벽화장식 등 부분적, 수식적으로 사용되고 석조 기술 발달을 가져왔다.

| 도교 |

도교의 사상은 노장사상을 기본으로 하며 초기 노자의 자연사상으로 들어와 종교가 아닌 사상으로 발전하여 동화되어 우리 민족에게 이질적인 것으로 인식되지 않고 봉권 권력이나 지식인뿐아니라 민간신앙, 의학이나 민간 풍습에도 많은 영향을 주었다. 중국에서는 도교와 도가를 구분하여 도가는 철학, 도교는 종교로 인식하여 도교가 도가 속에 포함되는 것으로 하고 도교를 본래의 순수성을 잃은 타락한 것으로 보기도 하나 최근 들어 도가와 도교를 구분하지 않고 다오이즘(Taoism)의 한 단어로 호칭한다. 그러므로 도교의 기본 사상은 도가 사상이라 볼 수 있다.

도가 사상의 특징은 실용주의적이고 도덕과 정치세계에 관심이 많은 유교와는 달리 개인적이고 현실세계에 대한 신비주의적이고 형이상학적인 특징을 지닌다. 즉 유교가 덕의 실천면에서 인위적 수양과 노력을 강조한 반면 도가는 아무것도 하지않는 '무위자연(無爲自然)'을 강조하였다. 이러한 무위자연은 존재에 필요한 최소한의 물질만 갖추면 그 경계선을 넘지 않아야 마음의 평화를 유지할 수 있다고 하는데 이런 교훈의 스승으로 자연을 꼽아서 자연의 도의 원리를 닮고 따르도록 했다. 달리 보면 인간의 물욕의 주요 대상 역시 자연이므로 자연을 정복대상이 아닌 스승으로 삼는 태도는 물욕을 경계하는 주요 전략이기도 했다. 이러한 도가사상은 자연과 인간의 합일, 비움과 무위(無爲), 우주와 인간사회의 상호작용, 시간의 주기적 성격과 우주의 리듬, 도(道)에로의 복귀의 법칙 등을 중요시 하였다.

도가 사상에서 '도'는 우주의 만물을 존재하게 만드는 본질이며 근원, 절대적 실체를 의미하는데 결국 운동하고 변화하는 자연을 의미한다. 자연은 '저절로(스스로) 그러함'을 나타내는 도의 절대성을 의미한다. 즉, 타력에 의하지 않고 스스로 생성되고, 스스로 존재하고, 스스로 변하고, 스스로 움직이는 것으로, 있는 그대로 이치에 따르는 것을 강조한다. 도가에서의 자연의 본질은 도의 개념에서 나온 '스스로 그러함' 이나 '무위'라고도 표현한다. 무위는 '아무것도 하지 않음'을 의미한다. 이는 실제로 아무 것도 하지 않는 것을 의미하지는 않는다. 그것은 단지 과장하지 않음을 뜻하는 상대주의적 세계관을 반영하다. 무위는 무엇을 억지로 하지 않으며 인공의 힘을 가하지 않은 자연스런 행위, 스스로 그러한 대로 사는 모습을 의미한다. 자연 세계가 무위의 상태에서 운행하듯이, 인간도 자연의 질서를 본받아 무위의 삶을 사는 것이 바람직하다고 보았다. 즉, 모든 자연의 과정에서 인위적인 것이 끼어들게 되면 그것은 항상 의도했던 것과는 정반대로 되거나 실패로 끝날 것이기 때문에 무위 없이는 진정한 성공이란 있을 수 없다고 한다. 이는 우주에서의 삼라만상의 자연스러운 운행에서 인간의 욕망이 무리 하게 개입되지 않아야 함을 의미한다. 결국 도가 사상에서 '자연'은 더 이상의 상위 개념이 없는 궁극적인 개념으로 물질세계와 더불어 정신적인 것까지 포함됨을 알 수 있다. 또한 장자는 자연은 거대한 하나의 순환체계로 나타낸다. 자연계의 삼라만상은 음과 양으로 서로 대립해 있으면서 서로 의존하는 상대성과 상보성을 가지고 있다. 낮과 밤, 봄과 가을, 처음과 끝, 비움과 채움 등 만물은 대립전화의 순환을 거듭하면서 역동적 움직임을 통해 조화를 이루고 있다. 이 과정에서 도는 이들 변화를 조화와 균형을 향해 나가도록 하는 작용을 하게 된다. 이는 전체와 개체의 상대적 개념 속에 유기적 조화와 합일을 이룸을 강조한다고 볼 수 있다.

이와 같이 자연을 중시한 도교가 가진 자연과 환경 개념의 핵심은 천인합일(天人合一)으로 인간을 대자연의 일부로 파악하고 자연과 인간이 조화를 이루어 하나가 되는 경지를 추구하였다. 이러한 도가의 사상 중 자연과 인간의 합일, 유무(有無)의 대립성, 유기적, 무위, 무형, 무용, 불확정성 등의 개념은 우리 전통 주거 건축의 배치 및 공간 구성과 재료의 사용에 영향을 주고 있다.

도가의 사상이 전통 주거 건축에 미친 영향을 살펴보며 다음과 같다. 첫째. 건축도 하나의 생명적 합일체로 보아 생명적 유기체 공간으로 표현하였다. 이는 전체적 공간의 통일성, 공간의 유기적 배열, 공간의 낱개화, 외부 공간의 전이, 가변적 공간구성 등으로 표현되었다. 둘째, 비움의 미학에서 비롯된 3무 사상의 반영이다. 무위를 위해서는 외관의 형상에 집착하지 말라는 무형과 쓰임새 같은 이기적 목적에 집착하지 않는 무용을 건축에 실천하는 것이다. 이는 전통 주거 공간에서 눈에 보이지 않는 내부공간이 발달되며, 특히 공간의 본질을 벽이 짓는 형상에 두지 않고 벽과 벽사이의 진공 상태를 두게 함으로 전통 주거에 채움보다는 비움으로 오히려 채운다는 공간 원리를 실천하는데 영향을 주었다. 셋째, 유무의 대립성, 상대성과 상보성에 의한 공간의 개방성과 폐쇄성의 조합을 들 수 있다. 전통 주거 공간은 개방성과 폐쇄성, 소극적 공간과 적극적 공간의 순환반복 운동에 의한 조합으로 풍부한 공간감을 형성하고 있다. 넷째, 무위, 무형, 무용을 재료에 적용시키므로 탈물질 개념에 의한 재료사용을 들 수 있다. 물질에 대한 욕심과 집착에서 벗어나기 위해 건축재료 사용에서 자연재료를 가급적 손대지 않고 그대로 사용하는 것을 말하며 이는 비인위성과 자연의 변화무궁함을 느끼게 한다. 다섯째, 건축기술 사용에 있어 물아일체를 추구하였다. 건축의 재료와 기술에서 주인의 재력과 장인의 기술과 솜씨를 뽐내는 것이 아니라 재료의 본성에 충실하여 최대한 자연에 가깝도록 건축의 재료나 디테일을 표현하였다. 이를 통해 형태를 떠난 이형(離形)과 지식을 멈추었다는 거지(去知)의 지경을 실천함으로 물아 일체를 실천하였다.

이와 같이 도교는 우리 전통 주거 건축의 친자연적 특성에 가장 많은 영향을 준 사상이자 종교라 할 수 있다. 건물의 의미와 가치를 외부 형태나 이를 이루는 물질에 두지 말고 건물을 사용하고 감상할 때 지식이나 생각으로 판단하지 말고 마음과 감각으로 하나되라는 가르침을 주는 철학을 제공하였다.

| 유교 |

유교는 우리나라에 삼국시대부터 수용되었으나 조선시대 국가의 통치 이념으로 채택되면서 삼강오륜을 덕목으로 사회의 지배사상이 되었다. 유교는 중국의 공자 사상을 중심으로 한 사서(四書) · 오경(五經)을 경전으로 하여 정치 · 도덕을 실천하는 유학을 바탕으로 하는 이념으로 볼 수 있다. 그러나 천명을 근본으로 하여 인의예지(仁義禮智)의 덕을 강조하면서 자기 자신을 닦고, 인간을 다스리는 것을 기본이념으로 함으로써 종교의 경지에 이르렀다. 따라서 조선시대 유교는 정치 · 경제 · 문화 각 방면에 걸쳐서 지대한 영향을 미쳤고, 일상생활과 의식을 형성하는 기본 요소가 되었다.

유교는 성리학 체계를 다루는데 이는 인간과 자연, 우주의 삼라만상이 하나의 궁극적 체제 아래 연결되어 있음을 선택하는 원리를 설명한다. 이러한 원리는 인간생활에 적용하기 위해 '삼강오륜(三綱五倫)'을 삶의 기본 개념으로 삼았다. '삼강'은 유교에 있어 도덕적 이념으로 인간의 근본을 가르치는데 임금과 신하간의 도리(군위신강;君爲臣綱), 어버이와 자식 간의 도리(부위자강;父爲子綱), 부부간의 도리(부위부강;夫爲婦綱)를 말한다. 그리고 '오륜'이란, 사람이 지켜야 할 다섯 가지 윤리로서 임금과 신하간의 의리(군신유의; 君臣有義), 부부간의 구별(부부유별;夫婦有別), 윗사람과 아랫사람간의 서열(장유유서;長幼有序), 친구간의 신의(붕우유신;朋友有信), 부자간의 친의(부자유친;父子有親)를 말한다. 이러한 유교의 원리는 남계 중심의 가부장 제도를 발전시켰으며, 가부장제에 따른 대가족이 연장으로서 상부상조의 협동체로 동족촌이 형성되었다. 유교의 영향에 의해 민간신앙에서는 특히 조상 숭배가 핵심이 되고 사회의 기본단위는 개인이 아닌 가족으로서 가부장적인 대가족 형성이 기본이 되고, 부모와 자식, 남자와 여자, 주인과 하인 등의 사람간의 윤리와 위계에 의해 전통 주거 공간에 많은 영향을 주었다. 특히 공간을 채로 구별함으로 공간분화가 형성되게 하였다. 그러면 유교의 자연관과 함께 유교가 전통 주거 공간에 미친 영향을 살펴 보면 다음과 같다.

첫째, 현실적, 실질적 윤리와 규범을 형식을 중요시하여 감정의 발로를 억제하여 검소하고 자연적인 미를 표현하였다. 즉 주거 건축이나 공예품 등 예술이 소박하고 서민적 성격이 반영되고 정교함 보다는 자연적 성격을 강조하였다.

둘째, 유교적 이념의 실천 장소이자 권위를 지키기 위해 가족의 일상생활이 밖으로 노출되는 것을 꺼려 외적으로 강한 폐쇄성을 가지게 되었다. 솟을대문과 주거내의 건물과 공간들은 높은 담장으로, 집안 하인들의 거처를 대문근처에 두어 외부로부터 방어적인 형태를 취하고, 하인들은 생활영역과 안채, 사랑채와 같은 주인의 생활공간의 담장과 문으로 막아 격리시켰다.

셋째, 유교적 인간관에 의해 건축 공간의 위계성과 건물의 배치 및 주택구성에 영향을 준다. 유교는 평등한 인간관이라기보다는 종적 관계에서 본 불평등한 차별적 인간관계로 신분적 계급 관계, 상하 관계, 복종 관계 등 계층적 문화 의식로 계급, 신분, 연령, 품성 등에 의해 장소성을 부여하여 시설물의 격을 구분하였다. 우선 사회적으로 가사 규제를 두고 상류 주택과 서민 주택을 분류하고, 주택 내부에서는 공간은 남녀유별의 철저한 가부장적 위계주의는 남녀 공간의 수평적, 수직적 공간 분화가 이루어졌다. 동쪽과 남쪽이 남성의 공간, 서쪽과 북쪽이 여성의 공간이 되고 안채와 사랑채는 전후로 배치하면서 안채는 서쪽에, 사랑채는 동쪽에 배치되고 전체적으로 행랑→사랑→안마당→별당→사당 순서로 배치되어 기능적 · 형식적 요소를 갖추었다. 또한 장유유서의 관념에 의해 사랑방 사용이나 안방물림 등의 윗세대를 공경하는 생활 태도를 형성하였다.

넷째, 예(禮)를 중시하여 조상숭배, 효를 중시함으로 인해 주택 내에 가묘가 등장하고 이후 조상의 위패를 모시는 사당 공간이 일반화되었다. 사당은 조상을 모시는 신성한 장소로 입구에서 가장 안쪽에 배치하였으며, 서민들은 주택의 규모가 작아 사당을 만들지 못하여 제실을 설치하여 사당의 기능을 수행하였다.

다섯째, 유교의 자연관에 의해 부분과 전체의 유기적 조화를 추구하여 내외부공간의 통일, 이중적 공간 체계를 가지게 되었다. 유교의 자연관은 천일합일(天一合一)사상으로 자연을 존재 전체로 인식하고 인간과 자연이 유기적 전체로서 상보하는 조화로운 관계로 이해한다. 또한 자연은 인간이 생명을 유지하는데 필수적 존재이며 생명을 부여받기 위한 전제조건으로 이해하였다. 이에 주거공간에서 자연은 외적 대상물로서, 특수한 대상으로서의 자연이 아니라 인간의 활동과 관련되어 함께 고려해야하는 대상으로 적극적으로 공간에 자연을 도입하였다. 적극적인 자연의 도입은 밖의 경관을 집안으로 끌어들이는 차경(借景)과 인위적 가공이 없는 자연경관을 조성하는 사경(寫景)을 통해 표현되었다.

• 실학의 가거지관(可居地觀) •

조선 시대 후기에 들어서면서 후기에 성리학을 보완하여 경세치용(經世致用)과 이용후생

(利用厚生), 실사구시(實事求是)의 태도를 강조한 실학은 객관적 자연관으로 자연에 대한 실용적인 활용을 목적으로 주거지나 건축물에 대하여 체계를 잡았다. 이에 마을이나 주거지, 건축을 계획할 때 우리의 자연과 풍토에 적합한 땅의 흐름, 경제, 사회, 생활, 자연, 경관을 고려하도록 체계를 세워 저서로 남겼다. 대표적으로 이중환의 택리지(擇里志, 1751년) 중 '복거총론(卜居總論)', 홍만선의 '산림경제', 유중림의 '중보산림경제' 등이 있다. 이중 복거편에는 택지의 입지원리를 제시하고, 다른 편에는 주거지나 개별건축물의 조성단계에서 자연활용 기술들을 제시하였다. 1827년 서유구의 '임원경제지' 의섬용지 제1, 2권, 상택지에서는 19세기 주택건축을 종합적으로 다룬 건축기술서로 우리 건축의 불합리성을 기술하고 합리적인 개선방향을 모색하였다. 이들 실학자들이 주장한 가거지((可居地)에 관한 논의들은 사회 · 문화 · 역사를 반영한 자연운영 체계를 제시하므로 현대의 생태적 계획개념과 유사하며 한국 자생의 생태적 사고를 발견할 수 있으며 조선후기 건축의 전반적인 원리로 작용하면서 근대주의적이고 민족주의적인 변화를 유도하게 된다.

이중환의 복거총론에서는 주거지의 택지 선정에서 '살만한 곳을 택할 때는 먼저 지리(地理)가 좋아야 하고, 다음은 인심(人心), 그 다음은 산수(山水)가 좋아야 하는데 이 가운데 한 가지라도 빠지면 살기 좋은 땅이 아니다'라고 하였다. 다른 실학서에서 주거와 주거지에 관해서는 '집은 지나치게 화려하지 말며 검소하되 누추해서는 안 되며, 나무는 오랠수록 좋고 우물은 새로 자꾸 고쳐야 한다. 집주위에는 채마를 심을 수 있는 텃밭을 두루고 바깥에는 곡식을 심는 논밭을 배치한다. 가까이에는 냇물이 흘러서 고기잡고 관개할 수 있어야 하며, 이 밖으로 산마루가 둘리고 산봉이 있어 빼어나게 아름다워 바라볼만하면 좋다. 집에 마루만 있고 방이 없으면 가난함을 초래한다.'라고 기술되어 있다.

실학사상에 입각한 주거 건축은 실용적 측면에서 근대와 가장 가까우면서도 우리 전통적 사상이 근본적으로 깔려 있으며 다음과 같은 특성을 갖는다.

첫째, 유교와는 다른 인간관으로 인간성을 존중한다. 이에 가사제한이나 신분에 따른 건축규모, 장식 제한 등이 유명무실하게 되어 신분에 관계없이 건축 규모나 장식 표현이 자유로워졌다.

둘째 생재(生財)를 중시한다. 인간다운 생활의 근본이 재물이며 건축에서 재물을 얻는 방법은 생산력 확대로 모든 재료와 구조를 규격화하고 치밀한 계획을 세워 노력의 허비를 최소화하여 경제적인 건축을 하려고 한다.

셋째, 현실에 기초를 두어 기능주의를 추구한다.

넷째, 자신의 장점과 단점을 스스로 인식하는 자아의 발견 들 수 있다. 자아 발견을 통해 다른 나라의 장점과 동시에 우리 것의 장점을 취사 선택하여보다 기능적인 건축을 추구한다.

이와 같이 우리 선조들은 수 천년 동안 살아온 풍토, 즉 자연 환경적 배경을 기반으로 자연스럽게 웰빙 마인드가 형성되었다고 볼 수 있다. 즉 고유의 자연환경과 더불어 다양한 민간신앙과 종교, 음양오행, 풍수지리 등에 의해 주거 건축을 형성하는 사상적 배경이 되었다고 할 수 있다. 앞에서 살펴본 것처럼 우리 민족의 면면이 내려온 사상의 가장 큰 핵심은 자연이며, 즉 자연과의 일체화 추구이며 유 · 불 · 선(儒 · 佛 · 仙)이 통합된 천 · 지 · 인(天 · 地 · 人)과 인본사상으로 요약해 볼 수 있다. 그리고 이러한 사상은 현대적 용어로 웰빙 마인드라 할 수 있으며, 이는 순천적이며 생태적, 친자연적인 사상이라 할 수 있다. 이에 우리 전통 주거의 형성 자체가 생태학적 측면, 즉 웰빙적 측면이 고려되어지고 발전되어 온 것으로 볼 수 있으며 한국적 웰빙 주거의 가장 이상적 모습을 담았다고 볼 수 있다.

| 불교의 관조미, 도교의 탈재료, 유교의 자연미에 의한 소박미 표현, 경상북도 안동 병산서원, 만대루 |

재료의 사용에 재료가 가진 원형 그대로 사용하므로 마치 나무들이 서 있는 듯한 모습을 연상하며 선의 연속에 의해 주변 경관을 수직적으로 분절시켜 새로운 자연 경관을 선사한다.

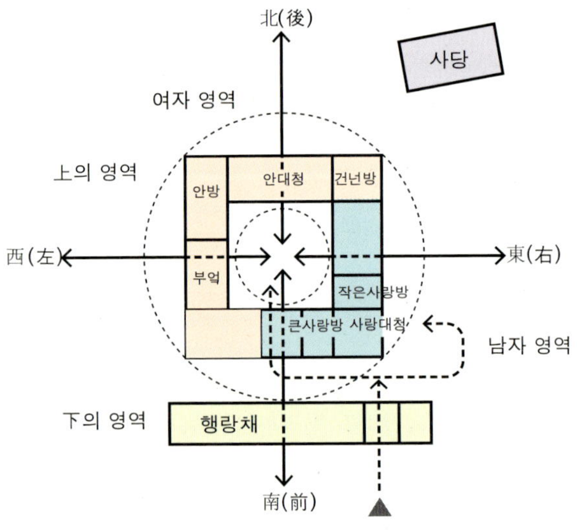

| 유교의 영향에 의한 전통 주거의 위계적 공간 배치, 양동마을 서백당을 기준으로 |

유교에 의한 공간적 위계를 보여주는 사례로 안채와 사랑채는 전후로 배치되고 상하관계에 의해 상의 영역이 위로 하의 영역이 아래로, 여성의 공간이 북쪽과 서쪽으로, 남성의 공간이 남쪽과 동쪽으로 배치되고 가장 신성되는 사당 공간은 남성 공간에서 가장 위쪽에 깊숙이 배치되어있다.

| 전통적 웰빙 마인드에 의한 건축 표현 방법 |

사상	자연관	건축학적 중심개념	건축 표현 방법
토속신앙(자연숭배, 무속신앙 등)	· 신적자연 · 자연보존사상 · 자연에 대한 겸손과 경외 · 자연을 닮으려는 경향 표현	· 다의성(多義性) -음과 양의 많은 속성들을 포함하고 상호연관 있음 · 위계성/전일성 -변하는 생활공간에서 스케일을 지니고 방-집-마을 -자연으로 이어지나 큰 스케일과 작은 스케일은 상대적인 전체의 관계가 됨 · 역동적 균형	· 자연풍경식 정원 양식 · 수리 체계에 의한 표현 : 天地人 三才에 의한 삼분적 건축 요소의 형을 취함(天의 경천사상과 태양숭배사상, 地의 지모신 사상과 자연과의 유기적 조화, 人의 민본 사상과 인간적 척도의 비례 등은 건축조영의 절대적 기준이 되어 옴) · 토속재료 선택의 요인 · 건축형태, 재료, 터, 각종 치장물, 각종 장식물 등 무늬나 문양 등에 상징적 의미 내포
음양오행	· 생명체로서 자연 · 운명신앙 : 건축물도 생명체로 이해 · 자연에 순응 · 상징주의 · 자연과의 조화와 적응	· 다의성(多義性) · 상대성, 음양의 상대성 : 음은 소극성, 양은 적극성으로 사물과 사물의 상호작용에 의해 정해짐 · 상보성 : 음양의 상보관계, 음과 양의 조화 · 역동적 균형 · 가변성 : 음양은 상대적 이항 관계로 상황에 따라 변화	· 지형의 이용 · 구법의 원리와 공간 구성의 원리
풍수지리			· 토지관, 자연관, 장소관으로 자연의 형이 상학적 의미 부여 · 건물 형태의 조형미 보다는 배치나 조경에 영향 : 양택 풍수로서 배산임수의 택지를 가장 좋은 집터로 제시 · 정원은 전정, 내정, 후정, 별정의 형태 · 수목도 상징성과 풍수지리사상에 의해 위치나 방향 정함
불교	· 만물일체론 · 생명순환사상 · 순환적 우주관 · 공사상 · 사물에의 관조성 · 현실 세계의 무상함, 무아존재론적 태도 · 자연과 인간의 합일	· 상보적 상대성 · 자연미 : 자생적 공간 구성 · 지속성과 연속성 : 내부와 외부는 무한히 교합하여 합일된 공간의 연속 · 자연의 상호관입 : 감정이입	· 벽체의 치장보다는 면벽의 빈공간, 흰색 벽의 단순한 선적 구성 · 면적 구성의 의장수법 · 공간성에 의한 분할법적 공간 구성 : 사잇공간성, 과정적 공간성, 다용도적 공간성 · 와당문양, 벽화장식 등 부분적, 수식적 사용되고 석조 기술 발달을 가져옴
도교	· 자연 순응사상 · 무위자연 · 비움사상 · 물아일체 · 만물의 본체와 근원은 道 · 자연과 인간의 합일 · 유무의 대립성 · Chaos 철학	· 상대성과 상보성 : 가변적 공간 구성, 형태의 축소 낱개화 · 비정형성 : 비대칭, 적대칭 · 자연미 : 자연과의 조화 · 조화와 균형 · 개체성과 통일성 · 비움에 의한 불확정성	· 건축배치 및 공간 : 상대성과 상보성에 의한 공간의 개방성과 폐쇄성(void, solid)이 조합, 소극적 · 적극적 공간으로 풍부한 공간감 형성 · 비움 공간 조성 · 형태와 공간은 유기적 합일체 : 외부공간의 전이, 공간의 낱개화, 전체의 통일성, 가변적 공간 구성, 공간의 유기적 배열 · 탈물질 재료, 탈기교 : 가공 없는 자연소재 그대로 사용, 재료의 본성을 살리는 건축 기술
유교	· 유기적 관계 · 천일합일: 자연과 인간의 합일 · 상보적 · 위계 구조의 자연	· 위계성 · 상보성 · 자연미/소박미 · 전체성 : 내외공간의 통일 · 유기적 특성 : 유기적 형태, 유기적 성장 원리, 유기적 연계	· 소박하고 서민적 성격이 반영, 정교함 보다는 자연적 성격 강조 · 외적으로 강한 폐쇄성 : 높은 담장, 솟을대문 · 차경(借景)과 사경(寫景)을 사용 · 공간의 위계적 구조: 남녀 공간의 수평적, 수직적 구분, 상하 관계, 복종관계, 가사 규제, 상류주택과 서민주택의 분류 · 禮를 중시 : 조상숭배, 효 중시로 사당 공간 조성

03 • 전통 주거에서의 웰빙 라이프

우리 선조들은 전통 주거에서 웰빙 마인드에 의해 자연과 함께 웰빙 라이프를 실천하면서 살았다. 주거에서 삶을 유지하고 행복을 느끼기 위해 기본적으로 충족되어야 하는 것은 의 · 식 · 주이다. 우리 선조들이 오랫동안 전통 주거에서 지내면서 늘 입어왔던 옷은 한복이라 하며 늘 먹던 음식을 한식이라 한다. 그리고 우리가 전통주거라 부르는 것은 한옥이라 부른다. 결국 우리 선조들은 웰빙 라이프를 위해서 한복, 한식, 한옥이라는 우리 고유의 우리만의 특색을 지닌 의식주를 기반으로 행복한 삶을 추구하며 살았다고 할 수 있다. 그러므로 전통 주거에서의 의 · 식 · 주를 살펴보면 우리 선조들이 추구한 웰빙 라이프가 무엇이며 어떤 식으로 웰빙을 실천했는지 체크해 볼 수 있다.

의생활

• 전통 의복의 형성 •

우리의 전통 의복은 북방계 기마 민족에서 그 기원을 찾아 볼 수 있다. 우리의 고대 의복은 북방 기마 민족의 문화에 중국의 영향, 아한대성 기후조건이 결합되어 이루어져 삼국시대, 고려시대, 조선시대를 거치면서 조선말기에 전통 의복의 대표성을 지닌 한복 형태가 완성되었다. 우리의 전통 의복도 자연환경적, 사회문화적, 민족적 환경요인에 의해 그 시대마다 적합한 양식을 형성시키면서 발전시켜왔다. 그러므로 우리의 전통 의복인 한복은 우리의 역사와 문화와 깃들여 있으며 풍토와 기후에 가장 알맞게 형성된 우리의 옷이라 할 수 있다. 그러면 우리의 전통 의복인 한복이 형성되는데 영향을 미친 요인들을 구체적으로 살펴보면 다음과 같다.

| 자연환경적 요인 |

자연환경 요인은 의복형성에 미치는 영향이 매우 크다. 의복의 색채나 기본형태에서 더운 지방인 남방계는 상하 연결식의 권의형(卷衣形)이나 통이 넓은 원피스 드레스 형태의 과두의형 의복이 많이 나타나며, 추운지방인 북방계는 상하 분리형의 착의형 양식이 많다.

우리나라는 옷의 기원이 북방계 기마민족으로 유목과 수렵생활양식에 적합한 북방계양식인 끼워 입는 착의형을 기본으로 하며 한민족이 한반도 정착 후에 지리적 여건에 맞추어 밀착형 의복형태에서 적당한 여유를 지닌 의복형태로 바뀌게 되었다. 한반도는 온대지방의 계절풍기후로 사계절을 갖춘 환경을 지닌다. 이에 추위와 더위에 대비한 의상문화가 발달되고 반도 특성상 외세의 침입으로 북방계 의복양식위에 남방계 의복양식이 적절하게 융화

· 혼합되는 양식으로 발달되었다. 그리고 온돌을 깐 목조 초옥과 기와집의 주거생활에 알맞은 의생활을 발달 시켰다.

| 사회 · 문화적 환경 요인 |

사회 · 문화적 요인은 정치 · 문화 · 사상을 비롯한 과학과 기술, 경제, 종교 등의 제요소가 관여되며 그 시대 의복의 변천에 직접적인 영향을 주는 주된 요인이 된다. 한복이 형성되기까지 주된 영향을 준 대표적인 사회 · 문화적 요인은 다음과 같다.

첫째, 유목생활의 영향이다. 북방 기마 민족으로서 기마와 수렵에 용이한 바지와 저고리를 기본으로 발달하고 방한과 실용을 겸하여 짐승의 털가죽으로 만든 피의류(皮衣類)와 갖옷 등을 전승시켰다.

둘째, 농경문화의 영향을 들 수 있다. 한반도 정착이후 농경사회의 의한 농경문화적 요소가 의복에 많이 나타났다. 농작에 의한 다양한 직물생산과 제직법의 발달로 사계절에 알맞은 직물을 생산하였고, 관모(冠帽)를 비롯한 신발 등의 재료를 짚과 대나무를 이용하게 되었다.

셋째, 계급사회의 영향을 들 수 있다. 계급사회가 형성되면서 의복은 계급문화의 수단이 되어 지배계급과 피지배계급간의 복식에 차별을 두어 구별하기 시작했다. 구분은 의복의 형태, 문양, 색, 소재 등으로 구별하였으며 지배계급의 의복은 주로 권위적인 요소를 중심으로 상징성을 주고 피지배계급은 실용적인 측면으로 발달되었다.

넷째, 중국 의복의 영향을 들 수 있다. 예로부터 유교를 숭상한 중국은 의례와 예식을 중시하여 주자가례를 중심으로 하는 의례복이 발달하였다. 중국으로부터는 정치외교상 목적으로 통일신라시대부터 조선시대까지 임금이 바뀔 때 마다 관복제도가 도입되어 우리나라 관복제도를 비롯한 양반 계급의 의복에 많은 영향을 주었다. 또한 여성의 의복에서는 가슴, 허리, 다리 등 신체의 곡선미를 나타낼 수 없는 형태였으며, 가부장제와 남녀의 지나친 격리는 조이고 여미는 폐쇄적인 형태로 변화 되는데 영향을 주었다.

다섯째, 무속신앙의 영향을 들 수 있다. 원시신앙에서 비롯된 무속신앙은 중국의 음양오행 사상과 융합되어 상징적인 의미의 문양과 색으로 의례복을 중심으로 영향을 주었다. 어린의 돌복이나 혼례복의 사용되는 오방색이나 관복의 영생불멸등을 염원하는 상징적 의미의 문양 등이 이에 해당된다.

| 민족적 환경요인 |

전통 의복 형성에 영향을 준 민족적 환경 요인은 생활양식과 민족성을 들 수 있다. 온돌에 의한 좌식생활은 넓고 광활한 형태로 발달되고, 츤의류(襯衣類) 즉 살갗에 직접 닿게 입는 옷이 발달하였다. 특히 여성의 밑바대 구성법은 아주 특이하여 밑을 트고 밑위 길이를 길게 하여 기능성을 부여하고 그 종류가 다양하였다.

경천(敬天)사상이나 자연의 이치에 순응하는 심성은 소박하고 청렴결백함을 숭상하여 의복도 은근하고 소박한 아름다움을 표현하는 것을 선호하였다.

이러한 형성 요인에 의해 우리의 전통 의복은 삼국시대부터 조선조 말까지는 왕실과 문무관의 관복은 중국의 영향을 많이 받았으나 여성의 의복은 삼국시대 이래 저고리와 치마 구조를 기본으로 전승되어왔다. 기본적으로 전통 의복은 저고리는 초기 상의로 남녀 구분 없이 소매가 길며, 하의로는 바지나 치마를 입고 허리에는 띠를 매고 위에는 앞을 여미는 형식의 두루마기를 입었다. 이러한 전통의복은 시대별로 사회문화적, 민족적 요인에 의해 변화되면서 조선시대 말기 지금의 한복의 형태가 완성되었다.

• 전통 주거에서 주로 입던 의복 •

우리 전통주거에서 있었던 한복은 언제 입느냐에 따라 평상복, 돌복, 혼례복, 상례복, 수의로 구분할 수도 있고, 착용하는 부위에 따라 두의(頭衣), 상의(上衣), 하의(下衣), 표의(表衣), 족의(足衣)로 분류하기도 한다. 그리고 성인남자, 성인여자, 남자아이, 여자 아이로 구분해 볼 수 있다. 또한 4계절이 뚜렷한 우리 기후에서는 의복도 4계절을 대비하여 의복도 여름철과 겨울철, 봄과 가을로 구분하여 볼 수 있다. 계절별 한복은 보통 소재와 바느질법으로 재질감을 살리고 무늬와 질감 효과를 이용하여 4계절을 대비하였다. 봄과 가을에는 비단과 목면류를 주로 이용하여 물겹으로 지어 입고, 여름에는 사(紗)나 모시, 삼베 등 통기성이 좋고 깔깔하고 시원한 소재를 이용하여 깨기 바느질로 재질감을 살렸다. 여름철에도 반팔이나 반바지가 아니라 소재의 변화로 담백하고 정결한 아름다움을 추구한 것이 우리 한복만이 갖는 우아한 특성이라 볼 수 있다. 겨울에는 명주와 목면 등에 솜을 두어 만든 핫옷과 누비옷으로 추위를 막았으며, 옷의 내측에 털로써 안을 댄 갖저고리, 갖두루마기 등을 즐겨 입었다. 갖옷에 사용된 동물 털은 주로 애양털이나 담비털이며 지방에 따라 개가죽을 이용하기도 하였다.

본서에서 평상시 전통주거에서 생활하면서 입었던 일상 옷을 중심으로, 특히 착용하는 부위를 중심으로 남녀의복으로 구분하여 살펴보고자 한다.

두의(頭衣)

두의는 머리에 쓰는 관모류를 비롯한 각종 쓰개류를 말하며 머리를 보호하고 장식하기 위해, 또는 신분이나 의례에 따라 격식을 갖추기 위해 사용한다.

두의는 남성과 여성에 따라 종류가 다른데 남성 경우 관모류와 내외용 쓰개류로 구분된다. 관모류는 크게 관복용과 일발 관모로 나뉘며, 용도 외 형태에 따라 형태상 머리를 감싸

| 전통의복의 시대별 변화과정 |

시대	기본 옷차림		기타장식	주요 특성
부족국가	남자	저고리, 바지, 겉옷, 덧옷, 어리쓰개, 허리띠, 신발	치레거리(옥구슬, 유리구슬 만든)	· 남자 성인 모두 상투 · 난자는 머리쓰개로 천으로 만든 관모 책(幘), 여자는 면의(面衣) · 일상옷차림베옷에 머리쓰개 · 바지는 남녀 차이가 없음 · 겉옷은 곧은깃형이 기본이나 둥근깃형도 있음 · 신발은 짚신, 나무신, 가죽신 등
	여자	저고리, 치마, 겉옷, 어리쓰개, 허리띠, 신발	치레거리(옥구슬, 유리구슬 만든)	
삼국시대	남자	저고리, 바지, 겉옷, 어리쓰개, 허리띠, 신발, 행전, 토수	치레거리(허리띠 장식, 귀걸이, 팔찌 등)	· 다른 민족과 다른 민족적 특성이 확연히 드러나기 시작 · 간편하고 활동적 복장, 옷차림에서 계층적 분화가 더욱 뚜렷하고 확실하게 나타남 · 저고리, 바지, 겉옷은 기본적으로 성별, 나이에 따른 차이가 없음 · 저고리는 허리아래 까지 길게, 바지는 오늘날 양복바지 모양 · 둥근깃 옷보다 곧은 깃옷 더 입음 · 신발은 짚신, 미투리, 천신, 나무신, 가죽신, 금속신 등
	여자	저고리, 바지, 치마, 겉옷, 어리쓰개, 신발 (긴저고리, 짧은 저고리, 주름치마, 폭치마, 무지개 치마, 달린 옷, 짧은 겉옷, 긴 겉옷 등 발달)	치레거리(금,은으로 만든 비녀, 귀걸이, 목걸이, 팔찌, 가락지 등)	
통일신라	남자	저고리, 바지, 겉옷(반비라는 겉옷 새롭게 등장), 어리쓰개(검은비단으로 만든 복두리 등장),허리띠, 신발	치레거리	· 미적인 측면 더 고려 세련되어지고 의복제도 공포로 옷에 대한 신분적 규제가 더 구체화 되고 엄격해짐 · 신라의 복식 구조에 문화교류를 통해 당나라의 복식제도가 합쳐져 독자적 발전 · 허리띠에서 남자용과 여자용 구별이 뚜렷 해짐 – 남자는 금 · 은 · 동 · 철 금속으로 장식한 기죽띠 / 여자는 옥, 새털을 비롯한 비금속 치레거리를 장식한 천띠
	여자	저고리, 바지, 치마, 겉옷, 어리쓰개, 허리띠, 신발 (고름이 달린 짧은 저고리가 널리 보급, 치마는 상대적으로 길어짐, 반비 배당 등의 겉옷과 목수건 등이 널리 보급됨)	치레거리	
고려시대	남자	저고리(저고리가 후반 짧은 저고리로 보편화, 긴저고리는 덧저고리로 전환), 바지, 겉옷, 어리쓰개, 허리띠(점차 사라지고 고름이 생겨나 그것으로 고정), 신발	치레거리	· 몽고풍이 상류층에 유행, 서민층은 기본 복식을 고수 하였으며, 화관과 족두리 시용 · 바지의 형태는 변하지 않았으나 가랑이가 더 넓어지고 겉옷이 저의(苧衣)와 포(袍)로 분화 · 머리쓰개가 다양해져 연령과 계층, 때와 장소에 따라 구분 · 신발은 이전 것을 계승하면서 종류가 늘어남, 오혁구리, 조구, 노혁령리, 말화, 사혜 등 · 아래 옷이 전반적으로 넓어지고 저고리가 짧아져 한복의 상하의 비례관계 형성 · 모시, 베, 비단종류가 늘어나고 목화와 무명이 생산되어 솜옷이 생겨나 겨울옷의 발전
	여자	저고리(짧은 저고리로 보편화), 바지(말을 탈 때 입는 말군이라는 바지가 새로 생김), 치마(폭치마가 널리 보급), 겉옷, 허리띠, 어리쓰개, 신발	치레거리, 얼굴가리개 몽수	
조선시대	남자	저고리, 바지, 겉옷(두루마기, 작은 창옷, 큰 창옷, 심의, 도포, 철릭, 쾌자 등 긴 겉옷과 마고자, 등거리, 덧저고리 등 짧은 겉옷), 어리쓰개(머리수건, 망건, 탕건, 유건, 굴건, 갓, 갓모,휘양, 전립, 패랭이, 사모, 복두, 관 등), 버선, 행전, 토수, 신발	치레거리(검소한 생활이 장려되면서 크게 발달 못함),	· 겉옷이 다양해지고 서민들은 두루마기, 작은 창옷, 등거리, 덧저고리를 입고 양반관료는 계절 관계없이 작은 창옷 두루마리를 속에 입고 큰 창옷을 입고 그 위에 심의, 도포, 철릭, 쾌자를 입었으나 조선 후기 두루마기만 입고 나니는 풍습이 생김 · 남자는 바지저고리에 두루마기, 여자는 치마저고리가 서민형의 기본형의 정착 · 무명옷의 비중이 급증하여 베옷과 함께 가장 널리 입는 옷이 되고 목화솜을 둔 가동 누비옷과 솜옷 등이 겨울옷으로 널리 보급 · 신분과 권력에 따른 복식이 특색있게 발전하는 등 복식 발전기 · 유교에 의해 계층적 제약이 심하고 관례등 비활동적이고 허식적이며 지나친 격식이 많아짐 · 후기에는 실학사상을 거치면서 복식도 변화하여 오늘날과 비슷한 형태로 정착
	여자	저고리, 치마(꼬리치마, 도랑치마, 앞치마 등), 겉옷(장옷, 활옷, 원삼, 당의, 큰저고리, 배자 등), 머리쓰개(머리수건, 갓, 아얌, 조바위, 남바위, 풍차, 족두리, 화관 등),버선, 신발, 토수	치레거리(은, 동, 호박, 밀화,옥,산호, 비단천등으로 만든 노리개, 비녀, 뒤꽂이, 귀걸이, 단추, 가락지, 장도, 주머니 등), 머리꾸밈	

는 간단한 형식에서 발생한 건(巾), 챙이 있는 입(笠, 갓), 실용적 목적의 모(帽), 신분을 나타내는 관(冠)으로 나눈다. 관모는 양반들은 예의와 격식을 위해, 서민층은 실용적인 목적으로 착용을 했다. 특히 조선시대는 신분에 다른 관제(官制)와 예제(禮制)가 잘 정비되어 다양한 의관(衣冠)이 발달하였다.

관복용 관모는 거의 중국 관모제에 준하여 사용하였으며, 일반 관모는 용도에 따라 외출용 평상용, 내외용, 방한용으로 구분된다. 외출용은 립자의 형태로 흑립이나 패랭이를 사용하고, 평상시 집에 있을 때는 탕건(宕巾), 정자관(程子冠), 유건(儒巾) 같은 연질의 관모를 사용하였다. 방한용으로 남바위, 풍차, 휘양, 만선두리 등이 있는데 안에 털을 댄 따뜻한 쓰개류로 주로 노인들이 사용하고 여자들이 외출시에 사용하였다. 이외 남성용으로 사용되는 머리 쓰개류는 머리 수건, 책(幘), 절풍, 사각형 쓰개, 갓모, 복두 등이 있다.

여성용은 남성용보다는 격식에 맞춤 유형이 적으며 조선시대에는 가체금지령을 내리면서 화관과 족두리가 관모로 정착되고 쪽머리에 비녀가 나오게 된다. 쪽머리 장식으로 떨잠 · 뒤꽂이가 나오고, 댕기도 다양하게 되었다. 1,800년 이후에는 머리를 뒷통수에 틀고 비녀를 꽂는 쪽진 머리가 보편화 되었으며 추울 때는 남바위나 풍차, 아얌, 조바위를 썼다. 이외 머리쓰개로는 머리 수건, 갓, 굴레 등이 있다.

| 흑립(갓), 담인복식미술관 소장 |

선비들의 풍모를 대표하는 하는 갓으로 반투명에 가깝고 검은빛으로 우아해 보이고 양반다운 기품을 돋보이게 한다.

| 탕건, 담인복식미술관 소장 |

조선시대 양반들은 맨상투머리를 보이는 것을 매우 상스럽게 생각하여 평상시에도 각종 건, 관을 착용했는데 탕건은 조선조 사대부들이 평상시 집안에서 사용하던 것이다.

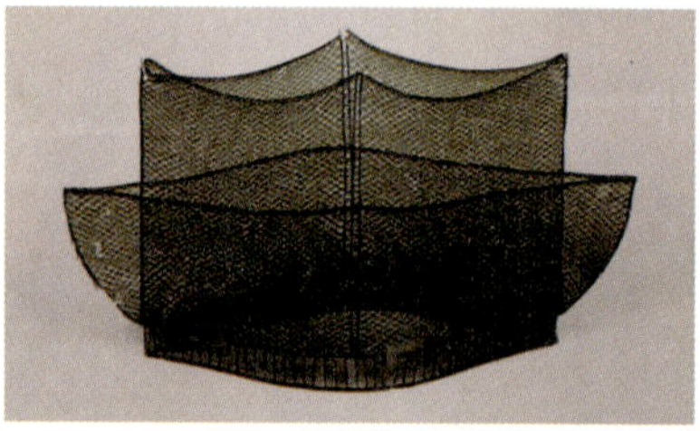

| 정자관, 이화여자대학교 박물관 소장 |

정자관의 말총으로 짠 편복용 관모의 하나로 뿔은 이층, 삼층으로 하며 전후 좌후 대칭이며, 층이 많을수록 사치스러운 것이다.

상의(上衣)

상의는 웃옷과 제일 바깥에 입는 포를 제외한 짧은 겉옷들을 말한다. 남성의 웃옷은 저고리, 등거리, 속적삼과 짧은 겉옷은 마고자(덧저고리), 등거리가 있고 여성용은 웃옷으로 저고리, 속적삼, 짧은 겉옷은 큰저고리, 갖저고리,

배자 등이 있다.

상의 대표적인 저고리는 남녀 차이는 크기와 깃의 형태, 옆트임의 크기, 색상, 소재 등으로 구분될 수 있다. 저고리는 시기에 따라 형태에 차이가 있으나 소매, 길, 깃, 동정과 섶, 끝동, 고름으로 구성된다. 한복의 대표적인 사선인 섶선과 함께 비대칭의 여밈으로 움직임의 효과를 주고, 여밈의 수단인 고름은 착용함에 따라 유동적인 선으로 표현되어 자연미를 표현해 주는 대표적인 요소이다.

남자 저고리는 포 안에 입는 내의(內衣)의 성격을 지니고 있어서 변화가 적고 소박한 형태를 지닌 것이 특징이며 형태가 계절과 연령, 신분의 차이 관계없이 다 같아 용도와 길이, 구성법에 따라 적삼(홑저고리) · 깨끼저고리 · 겹저고리 · 누비저고리 · 핫저고리(솜저고리) 등으로 나뉘며, 각 계절에 맞추어 적절한 재료와 바느질법을 이용하여 지어 입었다.

적삼은 홑저고리라도 하고 무명, 명주, 베 등으로 홑옷으로 지은 것이고, 깨끼저고리는 사, 모시 등으로 등솔기를 곱솔로하여 박은 홑저고리로 더운 여름철 입었다. 겹저고리는 무명, 베, 모시, 명주, 비단 등을 옷감을 겹으로 하여 지은 옷으로 봄과 가을에 입었다. 누비저고리는 비단이나 무명을 겹으로 하여 솜을 얇게 둔 다음 누빈 저고리로 차가운 이른 봄이나 늦가을에 주로 입었다. 핫저고리는 솜을 두어 지은 솜저고리로 추운 겨울용으로 이용되었다.

남자 저고리 색상은 흰색, 재색, 밤색, 푸른색 등이 있었으며 이중 흰색이 가장 많이 이용되었으며 양반 관료들은 흰저고리 외에 색깔이 있는 비단저고리를 입었다. 저고리 무늬는 비단으로 지은 옷에서만 볼 수 있으며, 저고리 바탕색과 같은 계열의 색상이나 그보다 좀 진하거나 연한색으로 무늬를 넣어 여자 저고리 보다 전반적으로 침착하고 은근한 감을 주었다.

남자의 웃옷 중 일상생활에서 입는 저고리 외에 등에 걸쳐 입는 옷이라 하여 등거리가 있다. 등거리는 노동복으로 입던 등거리와 겉옷으로 이용된 등거리가 있는데 겉옷으로 이용된 등거리는 소매를 달지 않고 앞자락이 뒷자락보다 짧아 조끼와 유사하여 배자라고도 불리웠다. 배자와 유사한 등거리는 명수나 비단으로 만들어 솜을 얇게 두어 누벼 만들고 색깔은 남색이 주를 이루고 중년남자들이 집에 있을 때 입었다. 반면 백성들이 노동을 할 때 입던 등거리는 즉 논밭에서 일하거나 수공업장에서 일할 때 입는 옷으로 대체로 굵은 베로 깃이 없고 소매는 팔굽을 넘지 않을 정도로 짧고 길이는 허리까지 오고, 일하기 편하게 양측면 아래 끝이 약간 터져 있고 천끈으로 된 작은 고름이 두 곳에 달린 것이 특징이다. 그리고 웃옷 중 속적삼은 가장 속에 입는 옷으로 형태는 저고리와 똑같으나 동정과 고름을 달지 않은 점이 저고리와 구별된다.

마고자는 조선시대 말기 이후에 특수계층의 집안에서 방한을 겸한 사치복으로 등장했었다. 마고자는 일명 덧저고리라고도 불리며 용도에 따라 재봉법이 다르고 방한용으로 남녀가 같이 널리 착용되고 있으며 남자에 있어서 저고리 위에 조끼 일병 배자를 입고 그 위에 덧입는 옷이므로 옷의 모양을 갖추기 위해서 입기도 하였다. 배자도 겨울철 저고리 위에 입는 조끼 모양의 옷으로 조선후기에 와서 서민 남녀노소 누구나 입는 옷으로 보편화 되었다.

치마와 한 짝을 이루는 여자 저고리는 외의(外衣)의 성격이 강하여 장식적인 경향이 있으며 길이와 구성상의 차이, 색상, 그리고 소재, 깃의 형태 등의 차이에 의해서 더 다양하게 나뉘었고 같은 옷이라도 신분에 따라 다른 명칭을 사용하였다. 이에 옷감의 재질과 색, 길이와 구성상의 차이 등으로 소저고리 · 단저고리 · 회장저고리 · 소오자(小襖子) · 견마기(裌隔音) · 액마기(腋亇只) · 장저고리 · 당저고리 · 고의(串衣) · 소고의 · 적삼(赤衫) 등 다양한 명칭으로 불리운다. 또한 장식의 정도, 구성법에 따라 개화기 이후에는 겹저고리 · 반회장저고리 · 삼회장저고리 · 회장저고리 · 박이 겹저고리 · 깨끼겹저고리 · 고두저고리 · 색동저고리 · 적삼 등으로 구분되기도 하였다.

여자저고리는 깃, 섶, 동정, 옷고름으로 구성되며 경우에 따라 소매 끝에 끝동이라 하여 다른 색의 천을 대주기도 한다. 저고리의 고름, 깃, 겯마기(겨드랑이 부분), 끝동 부분 대비되는 색을 배색한 것을 회장 저고리라 하는데, 이중 어느 한군데만 다른 색으로 배색한 것을 반회장 저고리, 겯마기, 끝동, 고름을 다른 색으로 배색한 것을 삼회장 저고리라 하며, 깃까지 다른 색으로 배색하기도 한다.

여성들은 저고리 외에 짧은 겉옷으로 봄과 가을철에 바깥출입을 할 때 저고리 위에 큰저고리를 덧 입었으며, 겨울철에는 조끼 모양의 배자와 짐승의 털가죽을 이용하여 만든 갖저고리 등을 입었다.

하의(下衣)

하의로는 남자는 바지와 잠뱅이, 여자는 바지와 치마가 있다. 바지는 원래 남녀 모두 착

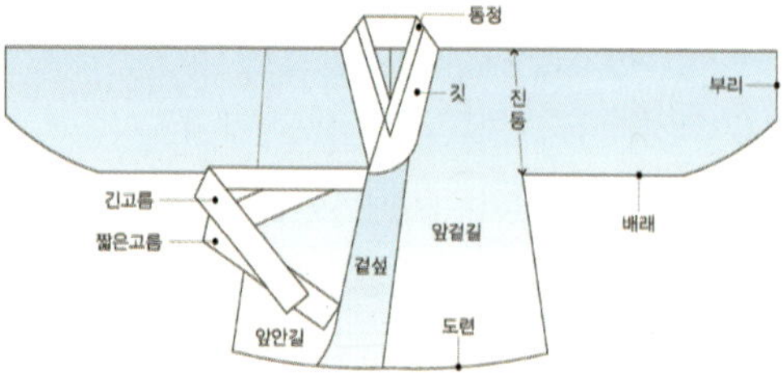

| 남자저고리 기본형태와 명칭 |

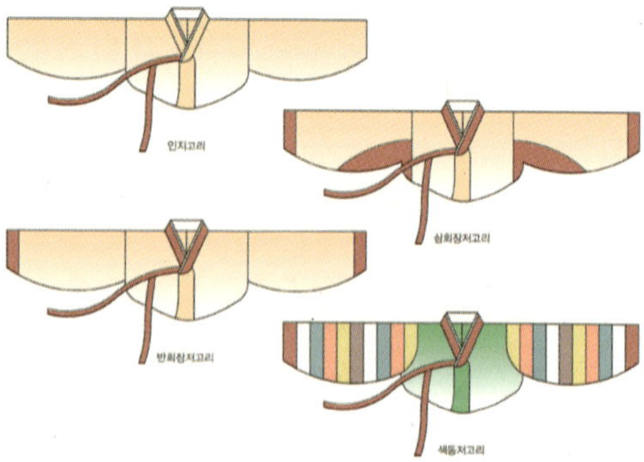

| 장식의 정도 구성법에 따른 여자 저고리 |

용하였으나 삼국시대 이르러 남자는 바지, 여자는 치마를 입게 되었다.

남자들이 이용한 바지는 홑바지, 겹바지, 누비바지, 솜바지 등 있었으며, 대체로 흰색이 주를 이루었으나 양반들과 어린이들은 색깔 바지를 입기도 하였다. 저고리와 마찬가지로 같은 천을 이용하여 홑바지는 여름철에 겹바지는 봄과 가을에, 누비바지는 초봄이나 늦가을에, 솜바지는 겨울철에 이용하였다.

조선시대 남자 바지는 가랑이가 상당히 넓어 가랑이 끝을 대님으로 매어 걷는데 지장이 없도록 하였다. 이렇게 가랑이가 넓은 이유는 온돌방에서 책상다리를 틀고 앉아 생활하는데 편리한데 기인한 것이다. 이러한 일상의 바지는 민첩한 활동에 불편하여 군사들과 행동을 많이 하는 사람들은 가랑이가 좁은 홀태바지를 입었다. 그리고 대소변을 잘 못가리는 어린이들은 밑을 터지게 한 풍차 바지(짜개 바지)를 입혔다. 반면 잠뱅이는 바짓가랑이의 길이를 짧게 하고 너비를 좁게 하여 농사일 등 일하기 편리하기 만든 바지로 특히 여름철 노동복으로 시원하고 간편한 하의다.

치마는 여성의 대표적인 옷으로 몸체와 허리띠, 끈으로 간단하게 구성돼 있으며, 단순한 평면의 직사각형의 형태를 허리에 둘러 입는 구조이다. 입을 때는 앞에서 둘러 입고 뒤에서 한 쪽으로 여며지게 하여 끈으로 묶는데 치마의 폭은 그대로 풍성하게 둥근 분위기를 나타낸다. 특히 치마의 형태는 잘게 잡혀진 주름이 아래로 수직적인 분위기를 주며 허리띠의 색을 흰 것으로 하여 치마색을 돋보이게 한다. 치마는 폭이 넓어 우리나라의 온돌생활에 적합한 기능성을 주고 뒷중심 여밈이 열리게 돼 있어 활동의 편리성을 주고 미적으로도 기품 있고 우아한 멋을 더해준다. 한복의 치마는 대청마루에 그대로 끌리게 입어 품위와 우아함, 여유로움을 나타냈고 길을 다닐 때는 한쪽 치맛자락을 저고리 위가지 잡아당겨 치마가 땅에 끌리지 않게 하였다.

치마의 종류는 만드는 방법에 따라 홑치마, 겹치마, 누비치마가 있고, 모양에 따라 뒤를 여미고 입는 풀치마와 뒤가 막힌 통치마가 있다 그밖에 예복용으로 금박무늬의 스란을 댄 스란치마와 스란을 두층을 댄 대란치마, 일할 때 입는 앞치마가 있으며, 겉치마 밑에 받쳐 입는 속치마와 무기치마가 있다.

여자들은 풍성한 치마를 위하여 다양한 종류의 내의가 발달하였다. 치마 밑에는 다리속곳, 속속곳, 바지, 너른바지, 단속곳, 무지기, 대슘치마 등을 입었다. 일반적으로 다리속곳, 속속곳, 바지, 단속곳을 순서대로 입었다. 가장 밑에 입던 다리속곳은 계절에 관계없이 흰 목면으로 만들어 허리띠를 달아 입었다. 다리속곳 위에는 속속곳도 부드러운 면이나 명주로 했고 여름에는 베가 굵은 모시로 했다. 그 다음 입는 바지는 속치마형 바지, 밑이 없고 양다리만 있는 남자 양복형 바지, 밑과 뒤가 트여 여미는 어린이 풍차바지형의 바지, 밑에 무가 두 개 있고 밑이 트인 여자 고쟁이형 바지, 가랭이가 상당히 넓고 밑이 막힌 단속곳형의 너른 바지, 밑이 막힌 개량바지, 밑이 트인 조끼 허리형 바지, 앞과 밑이 막히고 뒤의 엉덩이만 트인 바지, 허리 둘레로 돌아가면서 16개 정도의 창구멍이 난 안동 지방의 민속복, 등 종류가 다양했다. 또한 무릎 아래를 좁게 누벼 뻗치게 하거나 무릎 아래에 베나 모시를 대어 '페티코트' 역할을 하게 한 중동이 바지도 있다. 여성용 바지는 치마 속에 입는 속옷으로 아름다움과 기능과 실용성을 두루 갖춰 독특한 속옷 문화를 형성했다. 단속곳은 일반 속옷 중에 치마 바로 아래에 입던 속옷으로 겉 속곳이라고 불렀으며 치마사이로 보였다. 따라서 고급 옷감으로 바느질도 정교하게 해서 입었다.

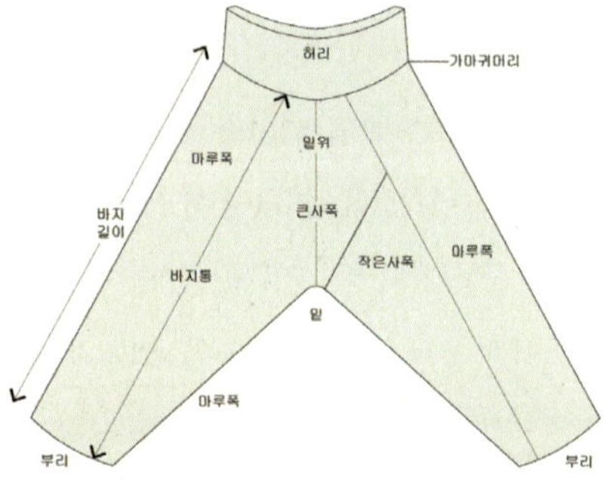

| 남자 바지 기본 형태와 명칭 |

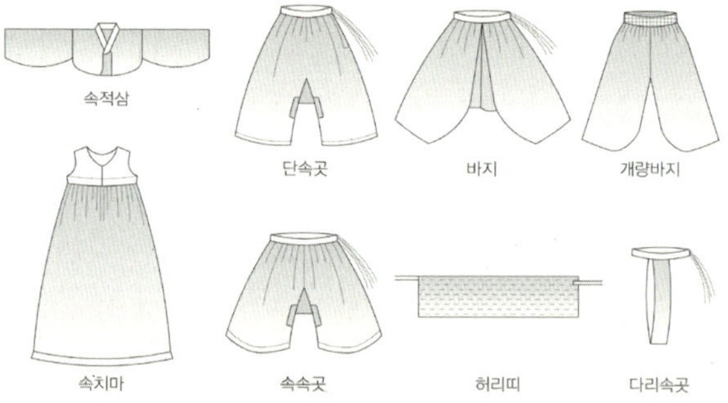

| 여자 하의를 중심으로 한 속옷 |

표의(表衣)

표의는 의복의 제일 바깥쪽에 입는 겉옷으로 긴 겉옷에 해당된다. 조선시대에 남자 의복은 '포(袍)'의 문화라고 할 수 있을 정도로 다양한 형태의 포제가 발달하였다. 외출할 때 입었던 포는 단순히 방한을 위해 착용했다기 보다는 착용자의 신분이나 예의를 갖추기 위한 목적이었다. 서민의 경우는 특별한 행사가 있을 때에만 포를 입었으며 양반들은 평상시에도 입고 포의 아래에는 두루마기를 입었다. 두루마기는 고종 21년에 도포제가 폐지되면서 양반과 서민 모두 두루마기를 가장 위에 입게 되었다.

포의 종류는 조선시대 관리들이 입던 공복으로 위아래가 붙고 소매가 넓으며 길이는 발꿈치까지 내려오는 홑옷인 단령, 곧은 깃을 가진 직령, 유학자의 법복인 심의, 소매가 없고 맞섶이며 겨드랑이 가까이 까지 옆선을 터지게 하여 간편하고 편리함을 주는 답호(반비, 전복, 쾌자라고도 불림), 허리 아래로 주름이 잡힌 액주름포, 사대부의 외출복인 도포, 양족 겨드랑이 밑에 무를 대지 않고 터지게 한 창옷으로 이는 소창옷, 중치막(큰창옷), 학창옷이 있다. 소창옷은 깃, 동정, 소매, 길이 등이 두루마기와 별로 차이가 없었으나 소매가 좁고 앞이 두 갈래로 되고 뒤가 한 갈래로 되어 있는데 서민들은 두루마기처럼 겉옷으로 입었으나 양반들은 중치막 밑에 입는 옷으로 이용하였다. 중치막은 소창옷보다 소매와 품이 넓고 앞과 뒤가 두갈래로 되어 네 폭으로 되어있으며 소창옷 위에 껴입었다. 학창옷은 중치막과 형태에서 차이가 없으나 깃과 앞섶, 밑단, 뒤의 터진 선 등에 검은 선을 댄 것을 달아 학과 비유하여 학창옷이라 불리웠는데 민간에서는 제사용으로만 이용되었다. 또한 옷과 소매의 길이가 같은 선비의 예복인 현단, 일반백성들이 가장 널리 입었던 두루마기 등이 있다. 이중 특히 두루마기는 나들이옷으로 집안에서 손님 접대 시, 세배할 때, 제사지낼 때 의례히 입는 평상 예복으로 가장 많이 이용된 겉옷이라 할 수 있다.

| 답호(전복)를 입은 모습 |

관리들의 통상 예복으로 두루마기 위에 답호를 껴입고 실띠를 맨 모습이다.

| 창옷 중 중치막 |

벼슬을 하지 않은 선비와 상민이 입던 웃옷으로 선비는 푸른 빛, 상민은 흰색으로 구별하였다.

| 장옷(장의) |

여자가 나들이 할 때 얼굴을 가리기 위해 머리에서부터 길게 내리쓰던 옷으로 소매 끝에 한삼을 대고 자주 고름을 단 두루마기다.

〈이미지 출처: 송광호칼럼, 조선시대 복장 중에서, http://www.culppy.org〉

여성들의 표의는 남성보다는 종류가 단순하여 두루마기, 장옷, 당의가 대표적이다. 여자들도 두루마기는 더운 여름을 제외하고는 모든 계절에 치마와 저고리 위에 덧입는 옷으로 방한과 예의의 목적을 겸하여 입었다. 두루마기의 형태는 저고리와 같으나 길이가 길고 양쪽겨드랑이 아래로 무를 대어 아래로 퍼지는 우아한 선으로 되어있다. 장옷은 두루마기와 같은 형태로 소매 끝동을 백색으로 대었고 깃, 고름, 겨드랑이의 삼각무를 다른 옷감으로 장식했다. 장옷의 앞 부분이 이마에 오도록 두른 뒤 양깃 끝에 달린 고름을 턱 밑에서 여며 주었다. 또 다른 겉옷인 당의는 당저고리 · 당적삼 · 당한삼이라고도 하며 활옷 · 원삼과 더불어 중국 당대의 복식에서 유래했다. 비, 빈, 상궁, 사대부 부인들이 입었는데 저고리 위에 덧입었다. 색에 따라 연두 · 자주 · 남색 · 백색 당의 등으로 나눌 수 있으며, 가장 많이 입은 것은 연두당의이다. 계절에 따라서 겹당의 · 홑당의가 있으며, 홑당의는 당적삼 · 당한삼이라고도 한다. 겨울에는 주로 겹 당의, 여름에는 홑당의를 입었다. 당의는 길이가 무릎까지 오고 소매가 고, 앞뒤 길이가 저고리 길이의 약 3배이며 겨드랑이 아래부터 양옆이 트이고, 아랫 도련이 아름다운 곡선을 이루는 것이 주요 특징이다. 궁중의 당의는 신분을 엄격히 표시하므로 일반인이 입었던 당의에는 일체 궁중 형식이 허용되지 않았다. 당의는 혼례복으로도 간편하고 산뜻하여 조선시대 일반인들 사이에서 많이 착용되었던 혼례복의 하나였다.

보통 여성들이 한복을 예를 갖춰 입고 온돌에 앉을 때는 한쪽 무릎을 세우고 세운 무릎위에 두 손을 가지런히 놓고 앉는 것이 기본자세라고 한다.

족의(足衣)

족의는 발에 신는 신발과 버선, 행전을 말하며 신체를 보호하는 실용적인 면과, 신체의 장식 및 신분의 표시 도구로도 사용되었다.

신발은 목이 짧은 혜(鞋)와 리(履), 목이 긴 형태의 화(靴)가 있다. 리에 해당되는 것은 미투리, 초리, 포백리, 가죽신이 있고, 남쪽 지방에서 주로 신었으며 주로 평상용으로 가장 많이 신은 것은 짚으로 만든 짚신이다.

화는 수렵이나 목축에 적합하여 북쪽 추운 지역에서 장화(長靴)를 많이 신고, 조선시대 관리들이 관복을 입을 때는 목화(木靴)를 신었다.

신발도 계급에 따라 재료나 모양에 제한이 있었는데 서민층에서는 신발 재료로 풀이나 가죽 · 옷감 · 나무 · 종이 등이 있고, 상류층에서는 금 · 은 · 동 등 금속류를 사용하였다. 이 중에 일반인들은 가죽신을 신기가 어려웠다. 일반인들은 짚신, 미투리, 눈쌓인 길에서 미끄러지지 않기 위해 동구니, 비오는 날 나막신을 신었으며, 사대부 남자들은 평상시 태사혜(太史鞋)를 비오는 날은 진신을 사대부 여자들은 온혜(溫鞋)나 당혜(唐鞋)를 신었다.

버선은 만드는 방법에 따라 솜버선, 겹버선,

홑버선, 누비 버선, 타래 버선 등으로 나뉘며, 모양에 따라 곧은 버선과 누인 버선, 볼받이 버선으로 나뉜다.

행전은 무릎아래에서 발목 사이에 차는 것으로 정강이를 보호하고 바지가랭이가 어지러워지거나 꿰어지는 것을 막으며 여러 가지 발동작을 거뜬하게 할 수 있도록 하기 위한 것이다. 종류는 누빈 것과 누비지 않은 것이 있다. 누빈 것은 추운겨울이나 사냥꾼과 군인들이 사용하였다. 보통 무명으로 만들었으며 일정한 너비의 천으로 아랫다리를 감쌀 수 있게 되었으며 아래위 끈이 달려 있어 바깥에서 많이 활동하는 남자들에게 매우 많이 사용되었다.

| 짚신 |

서민들이 볏짚으로 심은 신발이다.

| 동구니신 |

눈쌓인 길에서 미끄러지지 않기 위해 신는다.

| 태사혜 |

조선시대 사대부 남자들이 평상시에 신던 신발이다.

| 운혜 |

조선시대 양반가 여인들이 주로 신었다.

〈소장처 : 국립민속박물관〉

• 전통 의복에서 웰빙 •

우리 환경과 풍토에 가장 적합하게 갖추어진 한복은 우리 전통 주거와 마찬가지로 웰빙적 특성을 다분히 가지고 있다. 우리의 전통의복인 한복은 분명 자연의 원리를 담고 있으며 물리적인 신체의 편안함과 동시에 정신적인 편안함을 주고 그 속에 건강과 너와 나를 배려하는 웰빙적 특성을 가지고 있다. 이러한 웰빙적 특성에 대해 좀 더 살펴보면 다음과 같다.

| 한복은 인간중심적 가치로 제단되어 융통성과 가변성으로 넉넉함을 준다 |

한복은 제단 특성상 비대칭, 비정형, 가변성 등의 특징으로 융통성을 가져 넉넉함을 지닌다. 이는 인체에 대하여 구축적인 서양복과 달리 한복은 직선재단에 의한 평면구성으로 이를 입어야 입체감이 형성되어 자연스런 모습으로 연출된다. 이에 신체위에 재구성하는 방식으로 비구조적, 비구축적인 특성으로 인해 융통성을 지니게 되고 풍성한 형태미로 나타난다. 인체를 인위적으로 제약하는 서양식 제단 방법과 달라 넉넉한 품을 형성하여 가변성과 융통성을 지닌다. 이러한 인간중심적인 구조는 몸에 스트레스를 주지 않고 뚱뚱하거나 마른체형 모두 다 체형을 감춰주면서 입을 수 있다.

| 더불어 사는 옷으로 지속가능성을 지닌다 |

한복은 넉넉한 품과 허리로 키만 비슷하면 마르거나 뚱뚱한 체형 관계없이 내옷을 네가 입고, 네 옷을 내가 입을 수 있는 옷이다. 그리고 손질만 잘하면 양장보다 훨씬 오랫동안 입을 수 있으며 넓은 품으로 고쳐 입기 편하여 활용성이 높고 실용적이다. 이에 세대를 두고 변화를 주고 물려 입으므로 오랫동안 더불어 지내는 것이 가능하므로 지속가능한 옷이라 할 수 있다.

| 형태에서 자연의 미를 반영한다 |

한복은 뾰쪽하거나 직선보다는 자연의 직선인 사선과 곡선이 적절히 조화가 되어있다. 이에 둥그런 곡선과 사선 형태를 취하여 화려하면서도 품위 있는 자연스러운 아름다움을 주는 옷이다. 특히 한복에 보이는 곡선은 착용자의 윤곽선, 저고리의 각 부위, 흔들리는 요소가 주된 곡선으로 한복의 자연미를 극대화시켜준다. 이러한 곡선은 시대에 따라 다른 모습으로 나타났는데 조선초기에는 착용자의 윤곽선에서 자연스럽게 흔들리는 곡선으로, 중기에는 착용자의 윤곽선이 둥근 맛을 주는 곡선으로, 말기에는 저고리의 도련, 배래, 깃, 섶 등에서 구체적으로 표현된 곡선으로 나타났다. 동정, 버선코는 살짝 들어 올린 곡선으로 도련과 배래는 완만한 곡선으로 품위 있는 부드러움을 느끼게 한다. 여기에 유동적인 선을 미적요소로 활용한다. 두루마기나 바지, 치마 등은 착용자의 움직임에 따라 또는 외부의 바람이나 영향에 의해 흔들림에 의한 자연적인 유연한 미를 선사하여 자연과 함께 동화되는 옷이라 할 수 있다.

| 자연의 기가 솔솔 통하는 건강을 지켜주는 옷이다 |

남녀를 불문하고 몸에 꼭 끼는 옷은 건강에 좋지 않다. 이러한 점에서 우리 전통 의복은 바람과 기가 통하는 넉넉한 옷으로 기를 연구하는 학자들은 한복의 치맛자락에는 우주가 무한히 공급하는 에너지를 느낄 수 있다고 한다.

특히 바지 모양의 속옷인 고쟁이는 밑이 터져있고 허리끈이 달려 용변을 보기 편리하고 땅의 기운을 받아들이기에 적격인 옷, 아낙들은 밑이 터진 고쟁이 차림으로 아침저녁 부엌의 불을 때며 열기를 쬐면 부인병 예방 효과도 있다고 한다. 또한 한의학 관점에서 보면 가슴 위는 차고 배꼽 밑은 따뜻하게 해야 건강하다고 하는데 한복은 저고리는 목과 소매를 터주어 가슴 위를 차게하며, 바지 아래쪽에는 대님이 있어 차가운 겨울바람을 막아주어 이 한방의 이론에 부합되므로 신체의 기 흐름을 고려한 옷이라 할 수 있다.

| 한복의 소재는 천연섬유로 부드러운 착용감과 소재의 의한 자연미를 선사한다 |

한복은 서양 옷과는 달리 철저히 천염섬유로 만들어 진다. 이에 우리의 피부가 제대로 숨을 쉴 수 있게 하고 부드러운 착용감을 선사한다. 천연섬유에 의한 한복 소재의 질감은 '결'이라고 하여 '숨결, 나뭇결, 물결, 머릿결, 돌결, 바람결, 꿈결, 얼결, 비단결' 등으로 묘사되고 있다. 이는 그 정도로 자연적 느낌이 강하고 조직의 짜임새를 언급하거나 '삭힘'의 의미로서 오랜 세월 동안 깎이고 다음어지는 과정에서 도달한 그 어떤 것을 의미하는 것으로 한복의 미를 '결의 미'라고 할만 큼 천연 소재의 질감은 중요한 요소로 인식되고 있음을 의미한다.

천연소재 중에서도 삼베나 모시와 같은 마직물을 중요하게 여기고 있으며 많이 사용되었으며 명주나 공단, 양단 등의 실크류도 이용되었다. 그리고 한복은 여름과 겨울을 긴소매와 짧은 소매로 구분하는 것이 아니라 직물의 변화로 계절적인 변화를 대처한다. 여름에는 시원한 모시와 삼베로 시원함과 정취한 느낌을 주고, 봄과 가을에는 견섬유인 사를, 겨울에는 견섬유로 명주의 부드러움과 넉넉함이 전하는데 양단이나 공단은 명절이나 경사스러운 날의 분위기를 더욱 화려하게 강조할 때 사용되었다. 그러므로 한복의 소재에서 주는 특유한 아름다움은 형태의 변화가 적은 한복의 개성을 살려주는 중요한 요소라 볼 수 있다.

| 천연염색, 자연의 색으로 자연스러움을 나타낸다 |

한복은 백의라는 인상이 강한 의복으로 우리 선조들이 애호해 온 색이다. 이 백색은 소색(素色)으로 불리었으며, 가공하지 않은 소재 자체의 색을 의미한다. 소색은 자연스러움, 천연스러움, 인공이 배제된 자연스러움을 보인다. 이 색은 세모시 백색 도포에서 보이는 것과 같이 격이 있고 깊이 있는 색이다. 이러한 이유로 우리 선조들은 백색을 연상시키는 연한 옥색이나 옅은 회색과 토홍색 등 명도가 높은 색을 애용하였다. 그러나 이에 대비되는 강렬한 원색의 옷이 공존한다. 이는 음양오행설의 우주관에 근거를 둔 것으로 다섯 가지의 정색(政色)과 다섯 가지의 간색(間色)을 기본 색으로 오행의 원리에 따라 인식하고 사용하여 색채의 독특한 조화를 이룬다. 이들 옷은 명절복을 비롯한 의례복, 어린이복, 젊은 여성복, 가무복, 그리고 원색 조화의 극치를 이루고 있는 색동에서 볼 수 있다. 이렇게 옷에 색을 입힐 때는 천연 염색을 하였다.

천연염색은 재료적인 측면에서 화학염료와는 반대되는 자연에서 얻어지는 염료를 사용하는 것을 의미하며 대량생산에 반대된 수공예에 의한 것을 의미한다. 이러한 천연염색에 의한 한복은 자연을 닮아 은은하고 아름다운 여유를 주는 옷으로 평가받고 있다. 그리고 세월이 갈수록 바래는 색이 더욱 깊이를 준다. 또한 천염염색은 건강에도 효과가 있다고 알려지고 있다. 특히 황토 염색은 원적외선 효과, 한해살이 풀인 쪽으로 염색하면 병균의 침투를 막는 신비한 능력이 있으며, 재나 먹으로 염색한 옷은 해독과 냄새제거에 효과가 있고, 감물에 의해 염색한 옷은 방부작용이 있어 좀이나 벌레가 일지 않고 세제를 쓰지 않아도 때가 잘 빠진다고 한다.

우리의 전통 의복인 한복은 인간의 가치를 중심으로 융통성과 가변성을 지니고 자연의 미학의 반영하고 천연섬유에 천연염색을 하여 자연의 기가 통하는 더불어 주변을 배려하는 정신적, 신체적, 사회적 건강을 추구하는 진정한 웰빙 옷이라 할 수 있다.

| 음양오행에 의한 천연 염색의 의한 양반집 옷, 한국민속촌 |

의례복, 어린이복, 양반집 여성복은 자연원리를 기초로하는 음약오행에 기본을 둔 색채 사용으로 원색조화의 극치를 이루고, 이 또한 천연섬유와 천연염색을 통해 제작하였다.

| 넉넉함을 주고 지속가능한 옷 다듬기, 한국민속촌 |

한복은 넉넉한 품과 허리로 키만 비슷하면 체형관계없이 입을 수 있으며 손질만 잘하면 대를 물려수면서 오랫동안 입을 수 있는 지속가능한 옷이다.

| 자연의 기가 통하는 자연을 담은 여름철 옷, 한국민속촌 |

평상시 여름옷은 시원한 모시와 삼베를 사용하여 긴팔로 입었으며, 자연색 그대로 가공을 하지 않은 은은함이 묻어나는 자연미를 그대로 드러낸다.

식생활

• 전통 식생활 형성 •

우리의 전통 음식을 한식이라 한다. 우리 민족 고유의 음식인 한식 안에는 음식를 중심으로 전개되는 식생활 관습과 더불어 지리적 · 역사적 환경에 가정 적합하도록 우리 조상들이 창안 · 발전시켜 온 민족적 지혜가 담겨 있다고 할 수 있다. 따라서 한식은 이 땅에 사는 우리에게 가장 기호에 잘 맞고, 몸에도 좋고 무엇보다 합리적인 음식이라 할 수 있다.

우리 민족이 생활 여건에 가장 알맞게 창안하여, 우리의 전통 문화와 함께 발전시켜 온 음식이 한식이다. 오늘날 일반적으로 한식이라 하면 조선왕조 5백년 역사 속에서 왕실을 중심으로 내려온 궁중음식과 이를 근간으로 한 반가(班家)의 화려했던 반가 음식, 일반 서민의 서민 음식, 그리고 고장마다 특색 있게 지켜져 내려온 향토 음식를 통틀어 일컫는 말로 알려져 있다. 그러면 이러한 우리의 전통 음식인 한식이 형성된 배경은 무엇이며 어떠한 변화의 과정을 거쳐 전통의 식생활 문화가 형성되었는지 근본을 체크하면 우리의 식생활 문화를 이해하기기 쉬울 것이다. 식생활 문화도 의생활과 마찬가지로 인간의 생활양상을 결정하는 가장 기본적인 조건은 그들이 처해 있는 자연 환경이나 풍토 등의 자연적 배경과 인습, 종교 등 사회, 문화적 환경이 어우러져 각 지역, 민족의 독특한 생활문화를 형성하는 요인으로 작용하며 특히 식품의 생산과 조리 방법, 이용법 등 음식문화 형성에 직접적인 영향을 주어 독특한 식생활 문화가 정착되었다. 특히 우리 민족의 웰빙 마인드는 식생활 문화에도 영향을 주어 자연과 조화하여 발전해왔다고 볼 수 있다.

| 지리적 특성 |

중국과 인접된 지리적 위치로 인해 대륙의 앞선 문화의 영향을 받고 대륙의 문화를 일본에 전하는 교량역할도 하였으며 삼면의 바다를 통한 해양문화의 유입과 무역교류가 가능하였다. 이에 따라 문화교류의 다면성은 식생활에도 큰 영향을 미쳐 대륙의 농사짓는 방법, 식기 등과 북방과 남방의 새로운 재료나 조리 방법 등이 유입되었다.

| 기후 특성 |

사계절의 구분이 뚜렷하고 여름에는 북태평양의 아열대성 고기압의 영향으로 는 고온 다습하며, 강수량도 많아 연 강수량의 40~60%가 이 시기에 집중되고, 긴 일조시간은 쌀농사에 적합한 기후조건이 된다. 일조량이 많고 건조한 봄과 가을은 보리, 조, 콩, 밀 등 각종 잡곡류와 다양한 식품들이 생산될 수 있는 조건이 된다. 또한 겨울에는 대륙성 고기압의 영향으로 춥고 건조한 기후로 작물을 재배할 수가 없다. 이 같은 기후특징은 각 지역마다 독특한 향토음식이 발달하게 되었고 계절에 따른 시식과 절식의 발달을 가져오게 되었으며, 겨울철 3~4개월 동안의 엄동설한을 대비하기 위해 장, 김치, 젓갈, 식초, 술과 같은 저장음식이 발달하게 되었고 국이나 찌개 등의 조리법을 개발하였고 이에 알맞은 식기류가 사용되었다.

| 지형특성 |

한반도의 지형은 산지가 전체면적의 70%이며 그 중 40%이상이 낮은 산지로 산기슭에 화전을 일구어서 밭작물을 재배하였고, 구릉에 과수를 재배하여 황주의 사과, 나주의 배와 같은 명물과수를 산출하게 되었다. 또한 지형적으로도 남북으로 길고, 동서로 좁은 지형으로 인해 북부와 남부지방기후에 큰 차이가 나고, 동서남북의 지세와 기후여건이 다르므로 인해 그 고장의 산물이 각각 다르고 문화적인 특성과 사는 사람들의 성품 또한 달라 각각 특색 있는 향토음식이 생겨나게 되었다. 평야지대가 상대적으로 적은 북부와 동부에는 높은 산맥들이 많아 동북의 지대가 높고 남서쪽은 낮은 지형으로 되어 있다. 그러므로 주요 하천들은 두만강을 제외하고 대부분 서해나 남해 쪽으로 흐르고 이 지역주변에 넓은 평야가 형성되어 서부와 남부지방은 논농사의 중심지가 되었으며 북부와 동부에서는 밭작물이 주로 생산되었다. 이에 북쪽 지방은 잡곡밥으로 남쪽 지방은 쌀밥을 주로 먹는 문화가 형성되었다. 그리고 삼면이 바다이며 근해의 수온이 계절에 따라 변하며 서해와 동해 및 남해에 영향을 주는 해류가 달라 난류성 어족과 한류성 어족 모두 수역 및 계절에 따라 다양한 수산자원을 이용할 수 있었다.

이에 쌀밥을 주식으로 하고 이에 따른 부찬으로 밭에서 갖가지 곡류와 소채류를 재배하여 이용하게 되고 굴곡이 많은 해안에서 조개류를 비롯하여 갖가지 어물 · 해조류를 채취하여 여러 가지 찬을 만들어 부식으로 곁들여 먹을 수 있도록 했다. 우리나라의 기후와 지리적 특성이 한국음식의 가장 큰 특징인 주식과 부식 확연히 구분하게 하고 음식문화의 다양성을 이루도록 한 요인이라 할 수 있다. 즉 자연에 대한 적응과 대응에 의한 순리성과 토착성으로 향토음식이 발달하였다.

| 사회 · 문화적 특성 |

자연과의 융합과 조화를 매우 중요하게 생각하고 자연을 숭배하던 우리 민족은 자연에 제사를 드리는 것이 민간신앙의 중요한 부분이 되어 음식물을 자연에 먼저 바치는 풍습에 의해 제례음식이 형성되었다. 그리고 북방계의 전통에 따라 육식을 즐겨 예로부터 고기를 구워먹는 조리법이 발달하였다.

고려시대에는 불교를 호국신앙으로 선포하여 육식 절제와 근검절약을 선도하게 되므로 채소 음식이 발전하여 지형김치와 침채형 김치의 체계가 성립되어 한국 김치의 전통이 확립되었다.

조선시대에는 유교가 전통 식생활에 미친 영향은 매우 크다. 반상(班常)을 엄격히 구분하는 계급의식과 장유(長幼)와 남녀를 차별하는 서열의식으로 인해 식생활도 신분에 따라 심한 차별제도가 생기게 되었고, 독상(獨常)이라는 식생활 관습이 생겨나고, 상물림의 풍습이 생겼다. 효 사상에 의해 노인영양학이 발전하고 수저문화의 전통을 남겼다.

이와 같이 한국음식문화는 좁은 국토이지만 남북의 길이가 길고 삼면이 바다에 면해 있는 수륙양면의 지리적 위치에서 다양한 산물들을 이용하고 인접국과 문화를 교류하고 사회 · 문화적 요인에 의해 식생활 문화가 다양하게 형성될 수 있었다.

한반도에서는 B.C. 7-8세기경에 잡곡농을 시작하고 B.C. 4-5세기경에 벼농사, 콩농사, 보리농사 등을 병작한 이후 삼국시대 후기경

| 전통 식생활의 시대별 변화과정 |

시대	사회 · 문화적 배경	기본 음식	식생활도구	식생활 특성
부족 국가	· 농업이 주산업 · 보리농사의 전파(벼, 조, 콩, 수수, 기장, 피, 보리, 팥, 밀 등) · 가축사육시작 – 소,말,돼지,닭,개,양 등 · 어업과 어패류 채취	· 밥, 죽, 떡, 불고기, 국, 탕, 구이, 지짐, 볶음 등 · 어업에 의한 생선과 민물고기, 어패류 등 조리 · 채소와 과일류 · 조미료 :소금	· 나무와 청동을 주재료로 한 조리도구, 식기류, 저장 용기 · 옻칠 나무밥상, 청동주전자, 청동숟가락 등	· 곡물 생산 음식물 중심 · 식품조리가공 · 온돌방에 앉아서 음식을 상위에 차려놓고 수저로 식사하는 풍습 형성 · 주식물과 부식물을 두루 갖추어 식사하는 습관형성
삼국 시대 및 통일 신라	· 벼농사가 기본 · 가축사육 증대 · 음식가공 기술 발달 · 차, 다식, 유밀과 전래 · 인삼 해외 전파 · 통일신라 때 지역 고유식생활 내용이 정치 · 경제의 통합 환경에서 상호 교류되면서 한국 식생활 문화가 발전하는 큰 동기로 작용	· 곡물음식: 증숙한 찰밥 · 오곡밥, 떡, 과, 감주, 밥 · 발효식품: 술, 장과 시, 혜(어패류, 수 · 조육류, 채소의 절임) 젓갈, 생선 식해, 어육장, 장아찌, 백김치 등 · 조미료: 마늘, 소금, 기름, 굴, 간장, 된장, 젓갈 등	· 주방의 설비와 식기 갖춤 · 경질 토기와 도금 식기, 순금제식기 등 다양 · 주방, 푸주간, 냉동 저장실, 용두레우물실, 디딜방아 등이 있음	· 일상식의 기본 양식 등 식생활의 구조와 체계가 성립 – 민족음식의 기본 수립 · 독상을 차리는 풍습과 더불어 겸상, 술상, 다과상, 연회상 차림 있음 · 음식의 계층분화 시작 · 주 · 부식 일상식의 정착, 손님대접과 연회 · 이웃들과 나누어 먹는 미풍양속 형성 · 통일신라 때 쌀밥의 주식화가 일반화
고려 시대	· 숭불권농 정책 – 미곡생산 급증 · 어민천시 도살 제한으로 어업과 육류발전 저해 · 불교음식 발달 · 떡과 과정류 등 쌀로 만든 음식 고도 발달 · 원나라로부터 만두 전래 · 객관의 접객 풍습 · 양주업의 확대와 소주의 유입 · 중기이후 몽고지배에 의한 육식복원	· 반찬이 더욱 발달 김치와 채소 음식이 발전(지형김치와 침채형 김치의 체계가 성립되어 한국 김치 전통 확립) · 떡 : 밤설기, 쑥설기, 차수수 전병,동지팥죽, 정월 보름 약식 등 · 한과류와 국수 : 유밀과 다식, 상화, 국수 · 우유제품 등장 · 조미료: 기존 조미료에 생강, 후추, 설탕이 처음 선보임	· 식사용 도지기 발달 · 고려자기류 여러 가지 무늬와 형태의 차완 발달 · 유기, 자기,도기, 목기, 칠기, 철기 및 금 · 은 · 동기 등 다양함	· 우리나라 식생활 문화의 전반적인 구조가 확립 · 차가 발달하여 청자 다구와 다과상 차림의 규범이 성립 · 음식상 : 일상용 식탁, 연회용 식탁, 소반 등이 있음 · 시장, 점방, 객간, 주점, 음식점이발달 · 온돌방에 앉아 밥을 주식으로 찌개를 부식물로 하루 세끼 식사하는 방법이 그대로 계승됨
조선 시대	· 숭유억불정책으로 불교음식 쇠퇴 · 농경중시로 곡물채소생산 증가(재배법과 품종개선) · 차 문화 쇠퇴 · 온돌의 보급으로 생활 양식이 좌식으로 일원화 · 외래 식품유입(고추, 감자, 고구마,호박, 옥수수, 땅콩 등) · 주점, 음식점, 식료품상 등장 · 과학 신장 : 의 · 약 연구의 발달, 도량형의 고정과 식기 및 용구의 정량 기준 · 지방의 유림문화 신장 – 향토음식이 발전	· 어류소비 증가 · 육식 복원에 따른 견육식 · 외래식품의 동화 : 고추, 호박, 고구마, 감자 · 건조법, 염장법 발달 · 주식: 밥(40여종), 떡(60여종) · 부식 : 국, 찌개, 김치(30여종), 생선(25종), 고기 음식(18여종), 젓갈(10여종) 등 다양하게 발달 · 조미료 : 기존 조미료에 고추, 파, 마늘, 초, 기름, 꿀, 후추, 생강, 설탕 등 더 다양하게 사용	· 음식에 관한 다양한 서적 출현 · 음식 조리기구 발달 –이전에 없던 신선로, 전골판, 구절판, 찬합, 화기류등 만들어짐 · 분청사기, 청화백자, 옹기 · 유기 등의 보급으로 식기 문화의 격조와 편이성이 신장	· 음식의 계층분화가 더욱 심해짐 –궁중음식, 반가음식, 상민음식이 특색 있게 발전 –상차림도 주식과 부식을 분리하여 3첩에서 12첩(서민의 상차림은 3첩, 5첩, 반가에서는 7첩, 9첩, 왕의 수라상은 12첩) · 각종 식품의 저장법 및 조리법의 분화 발전 · 식사예절과 상차림법 발달 · 한방의학, 음양오행설을 음식문화 반영 · 한국전통 음식의 조리법과 식생활 틀 수립 · 의례음식의 조리기술과 상차림이 고도로 발달 · 절식(節食)과 시식(時食)풍속 · 구황식품 이용

에 이르면 특히 쌀이 증산되고 다양한 기후에 맞추어 각기 보리, 조밀, 메밀, 콩류 등을 병작하면서 벼농사국으로 정착한다. 이 무렵 장, 포, 절임 등을 기본 식품화하여 그 가공기술이 콩간장, 말장(미장)등 고유의 것으로 개발되고 특히 곡물조리법에 밥짓기 법이 개발되면서 밥과 반찬의 1조를 상용 기본양식으로 하였으며 오늘까지 이어온다.

신라, 고려에 이르면 차 문화가 크게 성행하여 고유의 차 마시는 예절이 정해졌으며 차 마시는 그릇으로 우리의 자랑인 고려청자가 생겨났다. 또한 병과류가 급진적으로 발달하고 숭불환경 아래 육식을 절제하여 채소음식이 확대되고 증류주법의 도입과 실시되었다. 그러나 후기에 이르면 고기음식이 복원되어 발달한다.

조선시대에 이르면 한국고유 건축양식이 정립되고 온돌 난방의 보편화되면서 상용 식사의 양식을 좌식으로 일원화하고 밥상차림의 균형배합을 원칙으로 기준화한다. 점차 상차림이 생활화됨에 따라 의례음식과 명절음식이 정립되었으며 사계절에 따른 시식, 절식 음식도 다양하게 되었다. 단 제례상 차림은 상고적 의미에서 고려의 입식 양식을 계승하고 잔치상도 고대의 차림양식을 이어 내려왔는데 고대사회의 두레정신, 공동체 양식의 풍토를 계승하였다. 그리고 우리의 식생활에 또 하나의 전기를 이룬 것이 고추의 전래다. 고추의 전래로 김치를 만들어 우리의 대표적 음식을 만들어 오늘날까지 이어져 온다. 이렇게 볼 때 우리의 전통 음식의 형성은 우리민족의 유구한 역사와 함께 이루어진 자랑스러운 우리의 민족문화라 할 수 있다.

• 전통 식생활 문화 •

전통 식생활 문화에는 식품의 산출, 조리가공, 상차림의 규범, 의례와 음식의 관행, 용구와 식기, 식사예절, 식품의 금기풍습 등 여러 요소가 포함되며 우리민족의 특성이 내재되어 있다. 이들 요소 중 자연환경과 사회문화는 식품의 산출과 조리가공의 요인이 됨을 앞에 식생활 형성에 살펴보았으며 전통음식 자체의 특성과 식사예절 등 식생활 운영상의 특징, 상차림 규범과 용구와 식기, 의례음식의 관행 등을 중심으로 선조들의 식생활문화를 살펴보면 다음과 같다.

전통 음식의 특징

| 주식과 부식이 확연하게 구분된다 |

서양음식이나 중국음식은 주식과 부식의 구분이 애매하다. 그러나 우리 전통음식은 쌀 · 보리 · 조 등으로 지은 밥을 주식으로 하고, 채소 · 해조 · 어패 · 수조육 · 콩류로 만든 갖가지 반찬을 부식으로 한다. 이에 따라 부식의 가짓수가 많다.

우리 전통 음식을 크게 나눌 때는 주식물, 부식물, 조미료, 음료수, 당과 등으로 구분된다. 주식물로는 밥 · 죽 · 떡 · 지짐 · 국수 · 만두 · 묵 등이 있고 부식물로는 국 · 김치 · 장 · 지게 · 지짐 · 나물 · 장아찌 · 구이 · 편육 · 족편 · 회 · 포 · 탕 · 곰 · 순대 · 전 · 산적 · 볶음 · 튀김 · 졸임 · 찜 · 전골 · 절임 · 젓갈 등이 있고, 조미료는 간장 · 소금 · 고추 · 마늘 · 파 · 생강 · 깨 · 겨자 · 후추 · 식초 · 기름 · 꿀 · 물엿 등이 있다. 그리고 음료수는 수정과 화채 · 식혜 · 감주 · 향설고 · 차 · 술 등이 있고 당과로는 엿 · 유밀과 · 다식 · 정과 · 숙실과 등이 있다.

| 곡물류의 가공 · 조리법이 다양하게 발달되어 있다 |

벼농사를 중심으로 보리 및 잡곡 등 곡물 생산이 많아 곡물로 만든 밥을 주식으로 하여 오늘날까지 이어져오고 있다. 조선시대 밥 종류가 40여종이 이를 만큼 곡물을 이용한 음식이 많다. 곡물 조리법도 밥 외에도 죽 끓이기, 술빚기, 찌기, 지지기, 굽기, 미숫가루 가공, 엿, 과정류, 식초와 국수, 만두 등으로 다양하게 조리되어 식생활을 풍요롭게 했다.

| 저장, 발효식품이 발달했다 |

4계절의 기후가 뚜렷이 차이가 나므로 각 계절에 많이 생산되는 음식을 중심으로 가공 및 저장하는 다양한 식중저장 방법이 전래되었다. 이에 장류, 침채류, 젓갈류 등 여러 발효음식이 발달되었다. 침채류의 대표적인 김치를 비롯하여 계절마다 먹을 수 있는 젓갈, 장아찌, 육포, 어포가 각 지역과 가정마다 저장식품으로 크게 발달되었다. 즉, 추운 겨울을 위해서는 김치를 장만하고, 이른 봄의 기온과 습도를 이용하여 1년 내내 사용할 수 있는 장류를 만들고, 봄, 여름, 가을에는 제철채소와 어패류를 말리거나 절여 비철을 대비하였다.

| 국물음식 발달로 인한 숟가락 문화이다 |

한국 전통음식은 국물음식이 많은 탕반문화로 일상적인 반상차림에 국이 꼭 올라오며 찌개, 전골 등의 종류도 아주 다양하다. 따라서 음식을 입까지 나르는 도구로 숟가락의 사용이 보편화되었다. 국을 좋아하기 때문에 밥숟가락을 들면 국을 가장 먼저 떠먹는 것이 관례이다. 물기가 많은 음식은 식기류의 형태에도 영향을 미쳐 우묵한 입체형의 용기를 주로 사용하게 되었다. 그리고 전 세계적으로 한 그릇에 여러 음식을 담아 먹는 일기다식(一器多食) 문화가 대부분인데 비해 한국은 한 그릇에 한 음식만 담아 먹는 일기일식(一器一食)문화를 이루게 되었다.

| 절후에 따라 시식(時食)을 즐긴다 |

사계절이 구분이 뚜렷하고 계절에 따른 산물이 다른데다가 농경인으로서의 신앙적 의례 행사가 이와 밀접하게 연관을 맺고 있어 절기마다 색다른 음식을 즐겼다. 절기마다 철마다 즐기는 음식을 절식 또는 시절식이라 한다. 대표적으로 봄에는 봄나물과 봄철 생선과 함께 화전 · 미나리무침 · 냉이국 등을 먹었으며 여름에는 더위를 이기기 위해 백숙이나 육개장국 · 수박화채 · 비빔밥 · 오이냉국을 먹고, 가을에는 떡 · 유과 · 전어 · 꿀, 겨울에는 동치미 · 사골국 · 동짓죽 · 도토리묵을 즐겨 먹었다.

| 조미료와 향신료에 의한 복합적이면서 강한 맛을 즐긴다 |

한국음식은 음식재료 자체의 맛보다 조미료와 향신료를 써서 복합적이며 강한 맛을 즐기는 경향이 있다. 즉 이는 맛이 담백하고 단순한 쌀밥 위주의 식생활에 있어 음식 섭취 간 맛의 조화 면에 있어서 부식은 강한 맛을 요구하게 된데 기인한다. 즉, 고춧가루 · 마늘 · 생강 · 겨자 · 파 등이 음식마다 거의 쓰이고 있는데 이들 양념은 식욕을 돋아 주는 한편 음식의 저장 보존성을 높여주는 역할을 하였다. 그러나 이러한 단맛, 기름진 맛, 매운맛은 은은한 맛으로 혀끝이 아닌 입안 전체로 느껴지는 맛을 내는 음식이다. 즉 간장, 파, 마늘, 깨소금, 참기름, 고추가루, 후추가루 등을 갖은 양념이라 하여 한 가지 음식에 적어도 5~6종류의 조미료를 복합하여 사용함으로써 복합적이면서도 강한 맛의 특징을 살리고 있다.

| 다양한 식물성 재료를 기본적으로 많이 이용한다 |

우리음식의 재료를 살펴보면 채소, 버섯, 종실류, 해조류 등 다양한 식물성 재료가 전체 음식 비중에서 80%를 차지할 정도 비중이 크다. 지형적 조건에 의해 상용하는 채소는 재배채소를 포함하여 산나물, 들나물 등 그 종류가 헤아릴 수 없이 많으며 밥, 죽, 떡, 국, 찌개, 나물, 쌈, 찜, 생채, 전 등 거의 모든 음식의 조리에 채소가 사용되고 있다. 이에 다양한 채소와 나물요리법이 발달하였다. 채소류의 전통적인 조리방법은 번거롭고 시간과 노력이 많이 들지만 채소는 주식에 곁들여 먹는 부식으로서 오늘날에도 우리의 식생활에서 중요한 자리를 차지하고 있다.

| 아미노산 식문화로 간을 중요시 여긴다 |

맛의 기본이 되는 소금과 장류(醬類)를 매우 중요시 여긴다. 특히 장류는 한 가정의 음식 맛을 좌우하며, 그 집안의 길흉을 가늠하는 잣대로도 여겨졌다. 이처럼 음식의 기조식품이 돼있는 간장 · 된장 · 고추장 맛이 아미노산 맛이다. 각종 젓갈이나, 김치도 아미노산 맛이다. 이러한 아미노산 맛은 식품자체에서 맛을 우려내서 나는 맛으로 우려내는 정도에 따라 맛의 변화폭도 크다. 그래서 집집마다 담그는 사람에 따라 맛이 다르고 간장도 되고 된장도 된다. 장류는 한 집안 식생활의 전모를 대변해 주는 것으로 여겨 장 담그기는 전통적인 비법으로 전해 오기까지 한다. 그리고 주부들이 가장 알뜰하게 정성을 기울이는 저장 식품이기도 하다.

| 양념에 의한 새로운 맛, 통합의 맛을 즐긴다 |

전통 음식은 나물요리에서부터 쇠고기 구이까지 갖은 양념을 이 모두 들어간다. 그러므로 음식 재료자체가 가지고 있는 맛보다는 여러 가지 양념에 의해 새롭게 생긴 새로운 맛을 즐긴다.

| 발효음식의 대표 김치 담그기, 한국민속촌 |

추운 겨울을 위해 만드는 침채류의 대표적 음식 김치는 각 지역마다 겨울철 저장 발효식품으로 다양하게 발달하였다.

| 한국전통의 맛의 기본인 장류, 한국민속촌 |

한국 전통의 장의 한 가정의 음식의 맛을 좌우하고 집집마다 담그는 사람에 따라 맛이 다르다.

전통 식생활 운영상의 특징

전통 음식은 밥을 주식으로 하고 국과 김치를 기본 부식물로 하여, 온돌방에 앉아서 밥상에 음식을 차려놓고 수저로 먹는다. 이를 중심으로 하는 전통 식생활 전반 특성과 예의, 예절 등에 살펴보면 다음과 같다.

| 대가족 중심의 가정에서 어른을 중심으로 모두가 독상(獨床)이었다 |

우리가 잘못 알고 있는 것 중 하나가 전통 음식이 한상에 모든 가족이 둘러 먹는 것으로 알고 있는데 사실 전통 한식은 모두가 1인 독상으로 구성된다. 이에 그릇과 1인용 밥상이니 소반이 다양하게 발달해왔다. 그러나 경우에 따라 2인용 겸상이나 큰상도 사용되었다.

| 전체적인 공간전개형(空間展開形), 공시적인 식사법이다 |

음식은 처음부터 상 위에 전부 차려져 나오는 것을 원칙으로 한다. 음식을 한 가지씩 차례로 먹는 중국이나 서구의 시간전개형 식사법과는 달리 모든 준비된 음식을 한 상에 차려놓고 제각기 식성대로 자유로 선택해서 먹는다. 이로 인해 5첩 · 7첩 · 9첩 반상이라는 독특한 형식을 낳게 했다. 이렇게 음식을 시간의 순서대로 분할하지 않고 마음 내키는 대로 선후 결정 없이 음식을 먹는다. 그리고 한상에 음식을 차려놓고 먹지 않아도, 먼저 먹거나 나중에 먹어도 한눈으로 바라보는 공시적인 특성을 갖는다.

| 식사의 분량이 그릇에 중심이었다 |

상을 받는 사람의 식사량에 기준을 두는 것이 아니라 그릇을 채우는 것이 기준이었으므로 음식을 남기는 일이 허다하였다. 이는 과거 궁중과 반가의 울림상이 발달된데 근거한다. 즉 조선시대에는 식생활문화에 있어서 유교 의례를 중요시하는 상차림이 발달하였다.

| 아침식사와 저녁식사를 중히 여겼다 |

하루 세 끼니라는 말이 의미하듯 1일 3식을 원칙으로 하고, 생일잔치와 그 밖의 잔치에서 아침에 축하연을 베풀었음은 아침밥을 든든히 먹어야 한다는 전통적 식생활의 풍습에서 연유한다. 이는 사회 산업 경제구조와 연관된 것으로 농업을 중심으로 하는 사회에서는 아침 시간의 시간적인 여유와 식사 후 노동 강도 등 배분을 고려할 때 아침식사에 대한 중점도가 높아진다. 그리고 점심보다는 저녁을 잘 차려 먹었다. 격한 노동을 할 때는 세 끼니 외에 새참을 곁들여 1일 5식의 식단도 짜지만 일상 식생활 전반을 보면 1일 3식이 원칙이고 점심보다는 아침과 저녁을 중요시했다.

| 상차림에 따른 식사예법이 발달되었다 |

가장 일반적인 식사예절은 어른이 먼저 수저를 든 후 식사를 시작한다. 음식을 먹기 전 국물이나 김칫국을 먼저 먹고 난 다음 밥이나 다른 음식을 먹는다. 반찬과 밥은 한 쪽으로부터 먹는다. 숟가락과 젓가락을 그릇에 걸치거나 얹어 놓지 말고 밥그릇이나 국그릇을 손으로 들고 먹지 않는다. 수저로 음식을 뒤적이지 않는다. 음식을 먹을 때는 소리를 내지 말고 수저가 그릇에 부딪혀서 소리가 나지 않도록 한다. 먹는 도중에 수저에 음식이 묻어 있지 않도록 하며 밥그릇은 제일나중에 숭늉을 부러 깨끗하게 비운다. 음식을 다 먹으면 어른이 먼저 수저를 내려 놓은 다음에 따라서 내려 놓는데 수저를 처음 위치에 가지런히 놓는다. 등의 식사예법이 있다.

| 공동체적 의식에 의해 함께 나누는 음식문화를 가졌다.

우리민족은 예로부터 공동체를 중요시하는데 이러한 특성은 의례에서 나타난다.

한 사람이 한평생 사는 동안 겪게 되는 통과의례 가운데 길한 일은 출생 · 돌 · 관례 · 혼례 · 회갑례 · 회혼례로 축의 음식을 차리게 되며 궂은 일은 상례와 제례로 제의 음식을 차리게 된다. 이러한 통과의례에는 거의 대부분 음식나누기가 행해진다. 우리의 전통 의식 속에는 음식을 같이 나눈다는 것은 동질성을 갖게 되었다는 의미이며 음식문화에서 베품은 곧 복을 받는다는 의미를 갖는다. 이러한 의식은 '음식을 나누어 먹지 않으며 머리에 소나무 난다', '음식 줄때 한 숟가락만 주지마라, 인정없다' 등의 속담에서도 나눔에 대한 우리 선조들의 인식을 알 수 있듯이 많이 베풀면 베풀수록 당대 또는 후대에 곱으로 복이 도래한다는 의식이 있어 이웃과 나누어 먹는 것이 일반화 되어있다. 이러한 나누기의 가장 대표적인 의례 음식은 떡이였다. 이에 우리의 떡은 나눔 문화의 정서를 내표하여 나눔의 매개체로의 의미를 가지고 있다.

전통 음식 상차림과 용구

상차림이란 주식류와 찬품을 상에 배열하는 방법을 말한다. 공간전개형의 상차림인 우리 전통 음식의 식사예절에서는 상차리기가 아주 중요시되고 있다. 상위에 음식이 놓이는 위치가 정해져 있는 등 그만큼 형식도 까다롭다. 일반적으로 밥은 왼편, 탕은 오른편, 장 종지는 가운데 두고 상의 뒷줄 가운데는 김치류, 오른쪽은 찌개, 육류는 오른쪽, 채소는 왼편에 놓는다.

상차림의 종류는 상에 차려내는 주식에 따라, 상을 차리는 목적에 따라 여러 상차림으로 나눌 수 있다. 일상식에는 밥을 중심으로 찬을 차리는 반상과 죽 중심의 죽상, 국수, 만두, 떡국을 차리는 면상 등이 있다. 그리고 손님을 대접할 때에는 목적에 따라 주안상, 다과상, 교자상이 있다. 또한 의례적인 상차림으로 돌상, 큰상, 젯상 등이 있는데 혼례, 제례 및 연례에서는 일상식과는 전혀 다른 상차림을 한다. 즉, 혼례, 회갑, 회혼 등의 경사스러운 의례 상차림은 큰상이라고 하여 여러 가지 과일, 다식 등을 괴어 담는데 이를 위해서는 특별한 솜씨가 필요하며 본서에는 일상생활을 중심으로 하는 상차림을 중심으로 살펴보고자 한다.

| 반상 |

반상은 밥을 주식으로 하여 여기에 어울리는 반찬을 부식으로 구성한 상차림이다반(밥)과 국, 김치를 기본으로 차리는 밥상을 반상이라고 한다. 반찬의 가짓수에 따라 3첩, 5첩, 7첩, 9첩, 12첩 반상이 있으며 밥, 국, 김치, 조치, 전골, 장을 제외한 쟁첩에 담는 반찬의 수를 첩이라 부른다.

| 죽상 |

이른 아침에 처음 간단히 먹는 상을 죽상이라 한다. 응이, 미음, 죽 등의 유동식을 중심으로 물김치, 나박김치, 맑은 조치, 마른 찬을 갖추고 덜어 먹을 그릇과 소금이나 청장을 놓는다. 죽상에는 짜고 매운 찬은 놓지 않는다.

| 면상(장국상) |

면상은 평상시 밥을 대신하여 국수나 만두, 떡국을 주로 올리는 상으로 점심이나 간단한 식사 때에 차리거나 혼례, 회갑례와 같은 경사 때에 손님접대용으로 차린다. 혼례나 회갑례에 차리는 상은 장국상이라 하며 주식으로 밥 대신 온면, 냉면, 떡국, 만둣국 등이 오르며 부식으로는 찜, 겨자채, 잡채, 편육, 전, 배추김치, 나박김치, 생채, 잡채 등이 오른다. 그리고 후식도 같이 올린다.

| 첩수에 다른 반상 |

구분	내용
3첩	· 기본:밥, 국 김치, 간장 · 반찬:구이 또는 적, 생채 또는 숙채, 장아찌나 젓갈, 마른찬 중 택1
5첩	· 기본:밥, 국, 김치 2종류, 찌개(조치), 간장, 초간장 · 반찬:구이 또는 적, 생채 또는 숙채, 장아찌나 젓갈, 조림, 전유어
7첩	· 기본:밥, 국, 김치 2종류, 찌개, 찜, 전골, 간장, 초간장, 초고추장 · 반찬:구이 또는 적, 생채, 숙채, 장아찌 또는 젓갈, 조림, 전유어, 편육 또는 회
9첩	· 기본:밥, 국, 김치 3종류, 찌개 2종류, 찜, 전골, 간장, 초간장, 초고추장 · 반찬:구이 또는 적, 생채, 숙채, 조림, 전유어, 장아찌, 젓갈, 마른찬, 편육 또는 회
12첩	· 기본:밥2종류, 국2종류, 김치3종류, 찌개2종류, 찜, 전골, 간장, 초간장, 초고추장 · 반찬:더운구이, 찬구이, 조림, 전유어, 숙채, 생채, 장아찌, 젓갈, 마른찬, 편육, 회, 수란

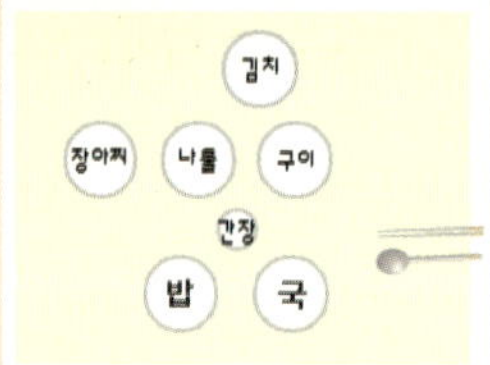

3첩 반상

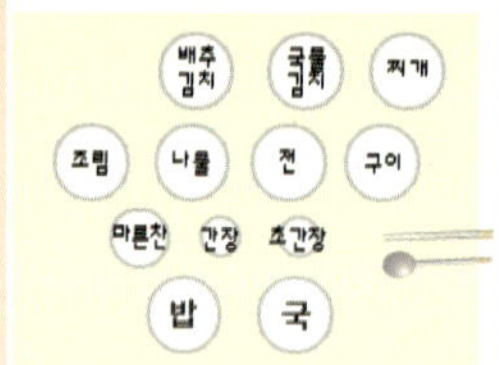

5첩 반상

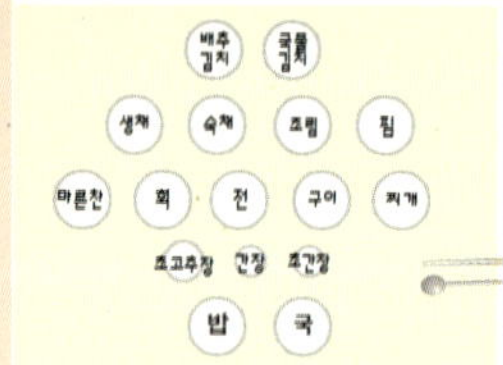

7첩 반상

| 죽상 배치도 |

| 면상 배치도 |

| 주안상 |

술을 대접하기 위해 차린 상으로 술의 종류, 손님의 기호를 고려해서 준비해야 한다. 청주, 소주, 탁주 같은 술과 함께 전, 편육류, 생채류 및 마른 안주, 전유어가 올라간다. 기호에 따라 전골이나 찌개 같은 국물이 있는 뜨거운 음식을 안주로 준비하기도 한다.

| 다과상 |

식사 시간외에 다과를 대접하거나 식사 후

에 후식으로 내놓은 다과 중심의 상차림이다. 음료로는 식혜, 수정과 등 차가운 음청류와 뜨거운 차를 내놓고 각 계절에 어울리는 떡류, 생과류, 다식, 강정, 정과, 유과, 유밀과, 숙실과 등을 낸다.

| 교자상 |

집안의 경사스러운 일이 있을 때 많은 사람이 모여 연회 할 수 있도록 큰 상에 여러 가지 음식을 차리는 상차림이다. 주식은 냉면이나, 온면, 떡국 등 계절에 맞게 선택하고 탕 · 찜 · 전유어 · 편육 · 적 · 회 · 겨자채 · 잡채 · 구절판과 같은 채류, 신선로 등을 낸 다. 후식은 각색편 · 숙실과 · 생과일 · 화채 · 차 등을 준비한다.

상차림을 위한 반상기로는 밥그릇(반기) · 국그릇 · 김치보시기 · 종지 · 반찬그릇 · 수저로 이루어지며, 겨울에는 놋그릇, 여름에는 자기그릇 · 사기그릇을 사용하고, 밥그릇 · 국그릇(대접) · 수저는 가족 전원이 개인용을 사용하며, 첫돌과 혼례 때에는 밥그릇 · 국그릇(대접) · 수저를 새로 마련한다. 그리고 김치보시기는 쟁첩수에 관계없이 한 개로 하며, 다른 쟁첩과 모양이 다르다. 종지 수는 반상의 규모에 따라 3첩에는 1개, 5첩에는 2개, 7첩에서는 3개로 규정되어 있다. 찌개그릇은 5첩에서 1개, 7첩에서 2개로 하고 쟁첩의 크기는 모두 같다.

세시음식과 의례음식

| 세시 음식 |

사계절이 뚜렷한 우리나라는 예로부터 기후 및 계절과 밀접한 관계가 있는 농경 위주의 생활로 풍작을 기원하고 감사하는 농경의례를 관습적으로 치르면서 세시풍속(歲時風俗)의 발달을 가져왔다. 이러한 세시풍속은 우리만의 고유한 식문화 형성을 가져왔는데 다달이 있는 명절에 차려먹는 음식을 절식(節食), 계절마다 제철에 나는 신선한 재료로 만들어 먹는 음

| 봄철 시절식, 한국민속촌 |

꽃전, 쑥덕, 미나리 나물, 송편, 나박김치, 수리취떡 등이 봄철 시절식으로 이용되었다.

| 여름철 시절식, 한국민속촌 |

수박, 참외, 호박전, 보리수단, 밀전병, 복숭아 화채, 오이 소박이 등이 여름철 시절식으로 이용되었다.

| 겨울철 시절식, 한국민속촌 |

냉면, 동치미, 연시 , 수정과, 팥죽, 식혜, 경단, 만두국, 다식 등이 겨울철 시절식으로 이용되었다.

| 세시풍속으로 보는 전통 음식문화 |

(*_ 대표음식임)

월	명절	의미 및 풍속	절식(節食)
1월	설날	· 음력 정월 초하룻날, 가장 큰 명절 · 차례상과 세찬 준비	떡국, 세주, 수정과, 만둣국, 식혜, 다식 등
	입춘	· 24절기 첫째 절기 시작 · 입춘절식(立春節食)을 먹는 풍습	탕평채, 달래나물, 달래장, 냉이나물, 승검초, 죽순나물, 산갓 김치 등
	정월 대보름	· 그해 첫 15일, 보름날, 풍년 기원에서 음식을 차림 · 대보름 전날(나물반찬),대보름 아침(부럼)	오곡밥, 9가지 나물반찬, 부럼, 귀밝이술, 복쌈, 약식, 유밀과, 원소병 등
2월	중화절	· 음력 이월 초하룻날, 농사일을 시작하는 날 · 노비들에게 송편을 나이 수대로 먹이고 하루 일을 쉬게 하여 노비일이라 함	노비송편 ,시래기 떡
	영둥 제사	· 이월 초하루는 영둥할매가 오는 날 · 첫 새벽에 장독대에 제사를 올리고 보름까지 매일 정화수를 떠 놓음, 풍년 기원	찰밥, 청어, 볶은 나물
	경칩	· 만물이 겨울잠에서 깨어나는 날 · 선농제(풍년 기원 제의), 농사의 풍흉을 예측하는 점치기(보리싹점, 개구리울음점)	고로쇠물
3월	삼짇날	· 음력 3월 초사흗날, 강남 갔던 제비가 돌아온다는 날로 화장한 봄을 맞아 해방된 기쁨을 만끽하는 날	꽃전(진달래 화전), 화면, 수면, 진달래화채, 청주, 삼색 견과, 육포, 어포, 절편, 조기면 등
	한식	· 동지로부터 105일 째 되는 날, 성묘하는 날	술, 과실, 포, 국수, 탕, 적
봄철 시식		약밥, 떡국, 나박김치, 미나리강회, 송편, 두견화 화채, 쑥떡, 조개탕, 탕평채, 수란, 화전	
4월	초파일	· 부처님 오신 날	설기떡(느티떡), 비빔밥, 볶은콩, 미나리나물
5월	단오	· 음력 5월 5일(수릿날, 중오절, 천중절로도 불리우며 3대 명절 중 하나 · 창포에 머리감기- 재액 물리치기 · 가장 양기가 많은날 ,단오차례 지냄	수리취떡, 앵두화채, 증편, 알탕, 준치만두,제호탕, 생실과
6월	유두	· 음력 6월 보름,동 으로 흐르는 냇물에 머리를 감고 모든 부정을 다 떠나보내는 명절 · 아침 일찍 제사 지냄, 농신제(논이나 밭에서 풍년을 기원하는 제)	밀국수, 햇과일, 떡수단, 보리수단, 상화병, 편수, 봉선화 화전, 감국화전, 색비름화전, 맨드라미화전, 밀쌈, 구절판, 깻국탕, 어채, 복분자화채, 참외 등
	삼복	· 초복, 중복, 말복 · 더운 절기 몸을 보하기 위한 음식을 먹는 풍습	개장국, 삼계탕, 육개장, 복죽(팥죽), 수박,참외
여름철 시식		느티떡, 어채, 어만두, 도미국, 앵두, 살구, 포도, 참외, 수박, 증편, 개피떡, 영계찜, 수리치떡, 제호탕, 보리수단, 수교의, 절편, 밀전병, 밀말이, 밀국수, 호박전	
7월	칠석	· 음력 7월 7일은 견우성과 직녀성이 만나는 날 · 시루떡을 우물에 두고 칠성제 지냄	밀국수, 밀전병, 오이소박이, 깻국탕, 증병, 육개장, 게전, 잉어구이, 잉어회, 취나물, 고비나물, 복숭아화채, 오이깍두기 등
	백중	· 음력 7월 15일, 백중절, 망혼일이라고도 함 · 망혼을 위하여 절에서 제를 올림	게장, 멸치젓, 게찜, 두부, 순두부, 햇과일, 떡, 어리굴젓 등
8월	추석	· 음력 8월 15일로 팔월 한가위, 중추절, 가위, 가배라고도 함, 설과 더불어 최대 명절 · 민속놀이 즐기고 조상께 차례와 성묘	햅쌀송편, 토란국, 토란단자, 율란, 조란, 송이산적, 화양적, 지짐누름적, 닭찜, 배숙, 밤초. 햇밤밥,송어찜, 햇과일 등
9월	중양절	· 음력 9월 9일로 중구절이라고도 하며 삼짇날에 온 제비가 다시 강남으로 떠나는 날 · 풍국(楓菊)놀이	국화전, 국화주, 감국전, 밤단자, 호박시루떡, 무시루떡, 인절미, 화채(유자 · 배), 생실과 등
가을철 시식		국화전, 화채, 강정, 엿, 팥경단, 밤경단, 인절미, 각색 실과, 붉은 팥떡, 토란국, 오려송편, 무시루떡, 호박시루떡	

10월	상달 고사	· 음력 시월은 상달(上月)이라 하여 일년 중 가장 좋은 달로 무오일에 재수굿을 함 · 5대조 이상의 조상께 時祭를 올리고 단군에게 신곡을 드리는 제사인 농공제 · 성주단지, 용단지 등 가신 단지 안의 쌀을 갈아주고 단지의 쌀로 밥을 지어 먹음	무시루떡, 무오병, 유자화채, 생실과
11월	동지	· 양력으로는 12월 22일, 23일 경으로 일년 중 밤이 가장 길고, 낮이 가장 짧은 날 · 팥죽을 쑤어 제를 지내고, 집 안팎에 뿌리고 이웃과 나누어 먹는 풍습	팥죽, 전약, 식혜, 동치미, 생실과, 경단, 수정과
12월	섣달	· 섣달을 납월(臘月)이라 하고 동지로부터 세 번째 미일 (未日)을 납일 · 천지만물의 덕에 감사의 예로 산짐승을 사냥하여 제물을 드림, 묵은 세배, 온집안 청소, 납일밤에 새잡기를 하여 아이들에게 먹이면 병에 걸리지 않는다고 함	참새, 골무병, 주악, 정과, 잡과, 식혜, 수정과, 떡국, 만두, 골동반, 완자탕, 갖은 전골, 장김치 등
겨울철시식		비빔국수, 냉면, 동치미, 연시, 수정과, 상치, 참새구이	

식을 시식(時食)이라 한다. 절식과 시식에는 각 계절의 식품을 사용하여 음식을 만들어 먹음으로써 재앙을 예방하고, 몸을 보양하며, 조상을 숭배하고자 하였다. 이러한 세시음식은 4계절 자연의 영향과 역사적 변천에 따라 자연스럽게 형성되어온 전통적인 식생활 문화의 한 단면으로 옛 우리 식생활의 풍요로움과 우리 선조들의 생활관과 철학관을 알 수 있다.

| 의례음식 |

우리 선조들은 한 사람의 개인적인 변화의 과정을 가족 · 친족 · 사회적인 것으로 받아들

| 돌상 재현, 낙압읍성 내 전시관 |

돌상에 놓는 물건들은 쌀은 식복, 면은 장수, 대추는 자손의 번영, 흰 실타래는 면과 같이 장수를 붓 · 먹 · 벼루 · 책은 앞으로의 무운을 비는 뜻이며 돈은 부귀와 영화를 기원하는 뜻이 담겨있다.

| 상례 중 전(奠)을 재현한 모습, 낙압읍성 내 전시관 |

고인을 생시와 똑같이 섬긴다는 의미에서 죽은 망인에게 술, 생실과, 삼색과일(대추, 곶감, 밤), 감주를 하루에 한 번씩 올리는 것을 전이라 하여 시상(屎床)앞에 올린다.

| 환갑상 재현, 한국민속촌 |

부모가 만 60세가 되면 회갑(환갑)이라하여 성대한 연회를 차리는데 혼례처럼 고배상을 차리고 자손들에게 절을 받는다. 유밀과, 강정, 다식, 당속, 생실과, 건과, 편, 어물, 편육, 초, 적 등을 괴어 상을 만들고, 나중에 음복한다하여 모두에게 나누어 싸준다.

| 폐백상 재현, 한국민속촌 |

혼례를 치른 후 산부가 시부모님과 시댁 어른들께 첫 인사를 드릴 때 차리는 상을 폐백이라 하는데 이때에 장만하는 음식은 지방이나 가정의 풍습이 다른데 서울 지방은 대개 육포나 산적, 대추, 청주로, 지방에 따라 육포나 산적대신 폐백닭으로 차리기도 한다.

여 한 사람이 태어나서 죽을 때까지 어떠한 인생의 고비를 넘을 때마다 전통에 따라 의식이나 의례를 마련하여 새로운 대우를 해주었다. 이처럼 사람이 태어나서 한평생 사는 동안 여러 가지 크고 작은 고비를 지날 때마다 행하는 의식이나 의례를 통과의례라 하며 출산의례, 생일, 관례, 혼례, 회갑례, 회혼례, 상례, 제례 등이 있으며 이중 동양문화권에서는 사례(관례, 혼례, 상례, 제례)를 치르는 일을 매우 중요하게 여겼다. 이러한 모든 통과의례에는 의식의 절차는 의례법으로 정해져 있고 모든 의식에는 빠짐없이 특별한 음식이 있으며 이러한 상차림에는 기원기복, 외경, 존대의 의미가 담겨있다.

• 전통 식생활에서 웰빙 •

우리의 전통 음식인 한식은 음식 맛이 좋고 향기로워 입맛을 당기에 하며, 색깔이 아름답고 모양이 곱고, 조리와 가공법에서 높은 과학성과 문화성이 반영되어 있다. 그리고 그 자체가 건강을 증진시키고 병을 예방하거나 낫게 하는 약리적 가치를 높은 수준에서 보유하고 있다는 보고들이 나오면서 최근 웰빙 식단의 대표적 대안으로 한식이 부각되고 있다. 특히 전통 음식은 최근 식품영양학적 관점에서 한방의학적으로, 건강 지향적 조리법으로, 다이어트 식품으로, 또한 음식을 담는 친환경 용구와 더불어 정신적 건강까지 배려한다는 평가를 받고 있다. 그러면 우리의 전통 음식이 서구의 음식들에 비해 어떠한 점에서 웰빙을 실천하고 있는지 제시하면 다음과 같다.

| 자연스럽게 영양상 균형을 이루고 있다 |

전통 음식은 곡류 중심의 주식문화, 즉 간이 없는 밥을 주식으로 채소류, 육류, 어패류 등

| 통과 의례에 따른 의례음식 |

통과의례			의미 및 풍속	음식
출산	산전		· 산실을 마련하여 산실 윗목을 정하고 소반에 백미를 소복이 담아 놓고 산곽과 정화수 한 사발을 떠올린 삼신상을 차림, 미역은 쌀 위에 걸쳐 놓음	보약
출산	출산		· 삼신상의 쌀과 미역으로 흰밥과 미역국을 끓여 삼신상에 차려 놓고 산모와 아기의 건강을 빔 · 아들의 경우 숯, 고추를 매달고 딸의 경우는 숯, 솔잎을 매단 금줄을 침	첫국밥(흰밥,미역국)
출산	산후	출생 전후	· 산후 7일에 산모가 밖으로 나올 수 있고, 두 이레면 산실의 문을 열고 아이의 배냇저고리를 갈아입힘	흰밥, 미역국
출산	산후	삼칠일	· 3 · 7일에는 금줄을 거두어 이웃출입 가능 모든 금기를 풀고 일가친척을 초대해서 새로 태어난 아기를 보게 함	백설기
출산	산후	백일	· 백일상 차림	흰밥, 고기를 넣고 끓인 미역국, 푸른색의 나물, 백설기, 붉은 팥고물을 묻힌 차수수경단과 작은 오색 송편
출산	산후	첫돌	· 태어난 지 만 1년 되는 날, 첫 생일을 축하하는 기념으로 돌상 차림 · 친척과 이웃에게 떡을 돌리며 답례로 실 돈, 수저 등을 선물	· 돌상(백설기, 오색송편, 인절미, 차수수 경단, 생과일, 쌀, 국수, 대추, 흰 타래실, 돈 등) · 손님상(흰밥과 미역국, 나물, 구이, 자반, 김치, 조치 등)
생일			· 매 해 태어난 날을 축하하는 의례, 잔칫상을 마련하여 축하해 줌	삼칠일 때처럼 흰밥과 미역국, 떡
관례			· 보통 결혼 전에 하는 예식으로 성인식을 의미 · 15~20세 때 행하는 것이 보통 원칙 · 남자: 어른의 복색을 입히고 관(冠)을 씌우고 술 마시는 예법을 가르치며 별호를 지어줌 · 여자: 계례라 하여 땋았던 머리를 올려 비녀를 꽂아주는 의식으로 15세에 계례를 치름	술을 비롯한 여러 가지 안주용 음식, 국수장국(특히 메밀국수), 떡, 조과, 생과, 식혜, 수정과 능
혼례			· 부부의 연을 맺는 의식 · 혼례시의 상차림은 봉치떡, 교배상, 큰상, 폐백 등	· 함을 보낼 때: 봉치떡(봉채떡) · 교배상 :쌀, 팥, 콩, 밤, 대추, 곶감, 삼색 과일과 떡이며 숭어 한 쌍 · 큰상:각색 과일과 과자, 어육,강정, 유밀과, 다식, 숙실과, 당속, 과실류, 전과, 편, 어물새김, 편육, 전유어, 적 등폐백:술, 밤, 대추, 엿, 육포, 정과 등이 첫날밤 후 아침: 깨죽, 잣죽, 떡국 등
회갑례			· 장수(長壽)를 기념하는 축하연, 고배상을 차리고, 차례차례 자손들이 잔을 올림 · 고배상은 가정의 형편에 따라 차리고 상 받는 사람 바로 앞에 입매상도 차림 · 국수장국을 중심으로 고배했던 음식을 고루 차려 대접	국수장국과 고배상(건과, 생과, 다식(송회다식, 쌀다식, 녹말다식, 흑임자다식), 유과, 당속(팔보당, 졸병, 옥춘당, 꿀병), 편(백편, 꿀편, 차편, 주악, 승검초떡, 팥시루떡), 포, 정과, 적(쇠고기적, 닭적, 화양적, 전, 초)
회혼례			· 혼인하여 만 60년을 해로한 해를 기념하는 예식 · 권주가와 춤도 마련하여 흥을 돋굼	혼례와 같은 상차림과 대접
상례			· 사람이 운명(殞命)하여 땅에 묻힌 다음 대상(大祥)을 지내고 담제, 길제(吉祭), 탈상(脫喪)하게 되는 3년 동안의 모든 의식 · 사자밥, 혼백상, 전(奠), 상식((上食), 삭망설찬(朔望設饌), 제사 의식을 지냄	주 · 과 · 포 · 탕 · 적 · 편 · 메 · 해 · 침채 · 채소 등(재료를 통째로 혹은 각을 떠서 간단하게 조리하고 고명이나 장식을 화려하게 하지 않음)
제례			· 돌아가신 조상을 기리며 지내는 의식절차로 매년 돌아가신 분의 기일에 지내는 기제와 설날과 추석 같은 명절에 조상의 덕을 기려서 올리는 절사 · 기일에 지내는 기제 때 차리는 상을 제상, 명절과 조상의 생신 날 지내는 차례 때 차리는 상은 차례상 제수를 조리할 때에는 재료를 통째 혹은 크게 각을 떠서 간단하게 조리하고 고명은 화려하게 하지 않으며 털 난 과실, 비늘 없는 생선, 고춧가루, 파, 마늘은 쓰지 않으며 쪽발 짐승 고기(쇠고기, 돼지고기 등)만 사용	· 제상과 차례상의 제수 같음 단. 제상 의 주인 인 메(밥) 대신 설날 차례상에는 떡국, 추석 차례상에는 송편 차림 · 제사상에는 제주(청주, 약주),과실(밤, 대추, 곶감은 필수, 복숭아는 피함), 조과, 포)육포, 어포, 건어물), 혜(식혜밥), 편(계피팥고물, 녹두팥고물, 흑임자고물을 묻힌 떡), 흰쌀밥, 탕, 나물, 간남(전류), 적 등

다양한 종류의 부식을 고루 섭취하게 하여 단백질, 지방, 탄수화물 등 3대 영양소를 골고루 자연스럽게 섭취하므로 영양상의 균형을 가져온다.

이렇게 밥과 반찬을 같이 먹는 식사 형태는 여러 가지 식품을 골고루 섭취함으로써 영양의 균형을 상호 보완시켜주는 합리적인 식사 형식으로 서양인에 비해 포화지방의 섭취와 동물성 단백질 섭취가 낮은 식단 구성을 갖게 된다.

| 육류와 채소의 비율은 2:8로 웰빙적 요소가 강하다 |

전통 음식의 재료를 살펴보면 전체적으로 채소, 버섯, 종실류, 해조류 등 다양한 식물성 재료가 풍부하다. 특히 우리나라에서 상용하는 채소는 재배채소를 포함하여 산나물, 들나물 등 그 종류가 헤아릴 수 없이 많으며 밥, 죽, 떡, 국, 찌개, 나물, 쌈, 찜, 생채, 전 등 거의 모든 음식의 조리에 채소가 사용되고 있다. 산이나 들에서 나는 나물들에는 비타민, 무기질 뿐 만 아니라 섬유질과 항산화 작용을 지닌 성분들이 풍부하며 간장 기능과 소화 기능을 도와 주어 비만을 방지하고 혈압까지도 낮추는 효과가 있다고 한다. 특히 중국의 채소요리와 달리 전통 음식은 기름과 설탕 등 맛과 열량이 농축된 식재료를 거의 사용하지 않고 채소를 이용하기 때문에 오늘날 가장 문제가 되고 있는 비만을 예방할 수 있는 웰빙 음식으로 평가 받고 있다.

| 영양의 보고이자 건강 및 장수 음식인 밥, 된장, 김치를 기본 식단을 구성한다 |

전통 음식의 가장 기본 구성은 밥, 국, 김치이다. 이 3가지는 서구화된 지금에 매끼니 식사마다 빠지지 않고 차려지는 기본 식단이다. 이렇게 매일 먹는 밥, 국, 김치만으로도 균형 있는 영양 공급이 이루어지며, 각 음식들이 각종 효능과 가치를 보유하고 인정받고 있다는 점이다.

우선 주식인 쌀(밥)은 빵보다는 칼로리가 적은 반면에 섬유소가 많고 무기질 및 비타민 B1이 풍부하여 먹고 난 후에는 포만감이 더 크게 되어 과식을 방지한다. 국은 보통 된장이나 간장 등을 이용한 국을 먹게 되는데 이들 장류는 콩을 발효시켜 만든다. 콩을 발효시켜 만든 장은 된장, 고추장, 간장, 청국장, 막장 등이 있으며 이들 장류는 단백질 급원 식품이기도 하며 칼슘, 칼륨, 철 등이 풍부하고, 필수 지방산이 리놀레산, 레시틴 성분 외에도 요즘 각광받고 있는 물질인 이소플라빈을 함유하여 항암 효과와 골다공증 예방, 미용과 노화방지, 술로 인한 간경화증 발병예방 등에도 효과가 있다고 보고되고 있다.

비타민과 무기질 급원의 상비식품인 김치는 배추, 무, 고추, 마늘, 생강, 파, 새우젓 등 다양한 재료가 들어가 발효된 식품이다. 김치의 독보적 가치는 식물성 식품과 동물성 식품을 가장 이상적인 상태로 화학변화를 시킨 유일한 혼성 식품이라는 점이다. 이러한 김치도 칼로리는 낮은 반면에 칼슘, 인, 비타민 A와 C, 무기질 등이 많고, 발효에 의한 유산균의 역할, 풍부한 식이 섬유 등이 인체에 좋은 영향을 미치는 것이 보고되고 있다. 김치는 김치 자체에 사용되는 마늘이나 생강, 고추 등 각 재료의 영양학적 우수성도 입증되었지만 김치 자체로도 유기산과 식이섬유소로 변비예방 효과와 더불어 비만을 예방하고 순환기질환의 주범인 콜레스트롤을 낮추는 효과와 더불어 항암 및 항노화 효과, 미용증진 등 기능성 효과도 보고되어 최근 서구인들에게 웰빙 음식으로 이미 각광을 받고 있다.

| 전통 음식 식단별 영양가 분석(저녁식사 한끼분 기준) |

반상의 종류	기본식단	3첩 반상	5첩 반상	7첩 반상
식단의 구성	밥, 국, 김치	밥, 국, 김치, 쇠고기구이, 시금치나물, 말린 명태무침	밥, 국, 찌개, 김치, 시금치나물, 쇠고기 구이, 말린 명태무침, 편육, 명란젓	밥, 국, 찌개, 김치, 시금치나물, 쇠고기구이, 말린 명 태 무침, 편육, 명란젓, 굴전, 깍뚜기
총열량(kcal)	995(40.0)	1181(47.2)	1320(52.8)	1672(66.8)
탄수화물(%)	77.0	64.4	60.1	53.4
단백질(%)	14.7	24.0	28.0	27.7
지방(%)	8.3	11.6	11.9	18.9
총단백질량(g)	36.5	70.7	92.5	115.5
동물성단백질(g)	28.7	59.5	69.0	72.3
Ca(mg)	161.1	216.3	255	596
Fe(mg)	12.1	23	26.8	40.3
Vt. A(I.U)	426.6	8761.6	9129	9965
Vt. B1(mg)	0.62	0.86	1.08	2.16
Vt. B2(mg)	1.92	3.03	3.44	4.35
Niacin(mg)	11.6	28.9	37.1	45.8
Vt. C(mg)	19.7	83.7	86.4	99.6

〈자료참조: 안명수, 한국음식의 조리과학성, 신광, 2000 재인용〉

| 약식동원(藥食同源), 의식동원(醫食同源)의 기본정신에 의한 음식이다 |

한국 음식은 전통적으로 음식은 약, 음식과 약의 근원이 동일하다는 약식동원의 개념에 뿌리 두고 있다. 따라서 음식재료에 있어서 뿐만 아니라 조리과정도 약을 짓는 것과 같은 정성으로 양념을 통해 음식에 조화와 정성을 깃들여왔다. 그리고 실제 로 음식에 한약재가 되는 재료들이 흔히 쓰여지는데 예를 들면 꿀 · 후추 · 계피 · 잣 · 인삼 · 생강 · 밤 · 대추 · 오미자

· 당귀 · 황귀 등을 사용한다. 또한 이들을 맛을 내 기위해 사용하는 고춧가루 · 마늘 · 생강 등 양념은 맛은 물론 약으로서 효능이 뛰어나다. 이렇게 만들어진 음식은 건강식이자 스테미나 음식으로서의 특징을 갖는다. 이는 평소에 건강 관리를 매일의 식생활에 의해서 유지하여 병이 나기 전에 약보다 는 적당한 음식을 섭취하여 몸을 보양하여 병을 예방하려는 선조들의 웰빙 마인드 가 반영되었다고 볼 수 있다.

| 건강지향적 조리방법을 사용한다 |

전통 음식의 조리법, 조리원리, 조리과정에는 기본적으로 기름과 설탕 등을 많이 쓰지 않는다. 그리고 동물성 대신 식물성 기름 주로 사용하고, 나물을 살짝 데침으로써 비타민의 파괴를 막는다든지 해서 조리방법이 영양학적으로 우수하다.

조리의 보편성 관점에서도 대부분 언제 어디서나 구할 수 있는 보편적 재료를 사용한다는 장점 보유한다. 이에 전통음식은 식품자체가 주는 건강적 요소도 있지만 최종 음식의 최고의 건강식이 되도록 음식 재료를 다루는 과정에서 조차도 웰빙 마인드가 반영되어 재료가 가진 영양 성분을 최대한 보존하는 조리법을 사용하고 있다.

| 창의적 식사법! 혼식(混食)에 의한 웰빙 건강식이다 |

현대에 들어 건강을 위하여 영양학자, 한의사들이 제안하는 것은 다양한 식품을 골고루 먹으라는 것이다. 이러한 점에서 젓가락과 숟가락을 사용하여 상위에 수많은 경우의 수를 찾아 음식들을 조합하여 혼식을 하는 우리의 식사법은 최고의 건강을 위한 식사법이라 할 수 있다. 왜냐하면 식탁에서 밥과 반찬, 국과 양념을 어떻게 조합을 할까 생각하면서 창의성을 발휘하여 혼식을 하게 된다. 이는 한의학의 기미론을 식품의 배합 및 영양의 조화라는 측면을 자연스럽게 수용함으로 다양한 영양소를 골고루 섭취하는 건강한 식사법이라 할 수 있다.

또한 반찬 자체로도 혼식 개념이 반영되어 있다. 우리 전통의 각각 음식들은 단독으로 조리하기 보다는 여러 가지 재료를 혼합하여 조리하는 것이 대부분이다. 심지어 주식인 밥도 백미로만 짓기보다는 오곡밥이나 보리나 콩, 무, 고구마, 돼지고기 등 다양한 재료를 넣어 밥을 짓기도 한다. 각종 양념에도 혼식을 채용한다. 불고기 등 양념을 보면 파, 마늘, 후추, 설탕, 간장, 꿀, 깨소금 등을 첨가하는데 이는 맛을 내기 위한 것도 있지만 부족한 영양소를 보충하거나 과도한 영양소를 제어하는 역할을 한다. 그러므로 우리의 전통 음식은 음식자체로 보나 음식을 먹는 방법에서나 진정한 웰빙 건강식이라 할 수 있다.

| 제철 식재료를 통해 생기를 얻는다 |

계절별로 산출식품이 달라 계절 기후에 맞

게 음식을 마련해야 했으므로 우리 음식에는 계절성이 확연하다. 우리 선조들은 예부터 제철 식재료를 통해 음식을 만들어 먹었다. 이는 각 계절마다 자연의 멋스러움을 음식에 담아 먹음으로써 자연과 하나가 되고자 했던 마음과 동시에 이를 통해 체력을 기르고 면역력을 높여 건강을 지켜나갔다. 이 때문에 우리 고유의 음식을 제철 식재료를 통해 만들어 먹는다면 바로 그것이 웰빙의 실천이 될 것이다.

제철 음식의 가장 큰 장점은 음식이 가지고 있는 뜨겁고 차가운 성질을 적절히 구성하여 부족한 기운을 보강해준다는 점에 있다. 우리 선조들은 한여름에는 보리밥을, 한겨울에는 쌀밥을 즐겨먹었는데 이는 단순히 여름엔 보리가 많고 겨울엔 쌀이 많아서가 아니라 찬 기운을 받고 자란 보리를 여름에 먹고, 더운 기운을 가진 쌀을 겨울에 먹음으로써 부족한 기운을 채우고 속을 편안케 하려는 배려에 의한 것이다. 이 이외에도 한 여름에 오이 냉국, 가을철의 밤송이 등은 계절에 지친 몸에 기운을 더해 주는 대표적 시식이라 할 수 있다.

| 전통 음식은 정성과 노력이 많이 드는 슬로우푸드(slow food)이다 |

우리의 전통음식은 단번에 빠르게 조리되는 음식은 없으며 많은 정성과 시간이 들어가므로 음식 만들 때의 마음가짐과 바른 태도가 중요하다고 할 수 있다. 전통음식의 기본 맛을 내는 장류나 다양한 발효식품은 오랜 기간의 저장, 보관, 숙성, 절임 과정을 거쳐 원재료의 본연의 맛에 보다 깊고 풍부한 맛을 더하는 수천 년의 우리선조의 지혜가 담긴 한국전통음식의 대표적인 비법이다. 발효를 통해 음식에 다양한 이로움을 만들어 내고 건강까지 생각한다. 그리고 일반 요리경우에도 조리법이 복잡하며 대부분 미리 썰어서 갖은 양념을 통해 조리한다. 그러므로 맛의 즐거움을 단순히 먹는데서만 찾는 것이 아니라 재료의 선택과 준비, 기다리는 과정, 조리 과정 등을 포함하여 음식을 먹는다고 할 수 있다. 그러므로 전통음식은 천연 자연재료를 이용하여 음식에 내재된 맛의 즐거움을 누리면서 참다운 음식을 가족에게 제공함으로 가족의 건강과 행복을 추구하는 진정한 슬로우 푸드라 할 수 있다.

| 내가 주인공인 식사로 정신적 충만감을 준다 |

과거 우리 조상들은 개인적으로 음식을 제공받을 뿐 아니라 먹는 사람을 중심에 둔 수준 높은 음식문화를 향유하였다. 즉 한상 차림은 먹는 사람을 중심으로 생각한 우수한 전통 식문화이다. 공간전개형에서는 먹는 사람의 선택권이 있다. 서구나 중국의 시간전개형에서는 셰프의 자부심이 심하게 나타날 경우 자신이 만든 음식이 완벽하다는 생각으로 소금이나 기타 향신료를 테이블에 놓지 않기도 한다. 이에 반해 공간 전개형인 한상차림에서는 모든 음식이 나열되어 먹는 사람 스스로 코스를 선택할 수 있어, 먹는 순서를 정하거나 원하는 음식을 선별하여 먹을 수 있어 자연스럽게 먹는 사람이 중심이 된다. 이에 자기 나름대로 창조를 즐기는 즐거움이 포함되면서 식사로 인해 정신적 충만감을 준다.

| 감각성의 총화로 오감으로 먹는다 |

일본의 음식이 '시각'으로 먹고, 인도는 '촉각', 프랑스는 '미각'으로 먹는다면 우리의 한식은 '오관' 온몸으로 먹는다는 평을 받는다. 즉 음식의 맛과 멋이 다채로와 시각, 청각, 후각, 촉각, 미각이 따로따로 해체되어 있는 것이 아니라 모든 것이 융합에 의해 조화를 이루고 있다. 이에 밥을 먹을 때도 온몸으로 오감을 자극하면서 먹으므로 식사를 통해 풍부한 인간적 감성을 느낄 수 있다.

| 나눔을 화해와 화목을 유도하는 음복문화로 정신적 만족감을 준다 |

우리 전통 음식은 음식자체로만 웰빙이 아니다. 우리 선조들은 1년을 놓고 볼 때 세시풍속에 의해 매달 절식이 있으며 또한 통과의례에 의한 의례음식이 있다. 이러한 세시 음식과 의례음식은 대부분 공동체적 나눔의 전통에 의해 이웃과 나누어 먹는다. 좋은 일에도 나누지만 제사음식도 음복문화에 의해 나눈다. 이렇게공식적인 나눔 외에서 우리 선조들은 일상적인 나눔도 즐비하였다. 이렇게 음식을 나눔으로 이를 통해 인정을 나누고 이웃 간의 마음 나누면서 화목을 유도하면서 정신적 만족감을 얻었다고 볼 수 있다. 그러므로 음식을 통해 나를 포함하여 가족과 더불어 이웃까지 함께 행복해지는 가치 추구 실천인 '음식 나눔'은 웰빙 라이프의 최고의 실천이라 할 수 있다.

| 건강한 음식과 천상 궁합인 친환경 용기들을 사용하고 있다 |

전통 음식은 음식 자체에서 신체적 건강과 정신적 만족을 주는 건강 음식이지만 이러한 음식을 만들어 내고 담아내는 그릇, 용기들도 최종 음식과의 어울림을 통해 맛과 음식의 속성을 한층 더 돋보이게 한다. 아무리 음식자체가 좋더라도 이를 담아내는 그릇이 음식의 속성과 맞지 않는다면 그 음식은 좋은 음식이라 할 수 없으며 식사의 즐거움도 사라질 것이다. 사람에게 옷이 날개인 것처럼 음식도 그릇이 날개라 할 수 있다. 그러한 의미에서 우리 전통음식을 담아내는 용기들도 웰빙 음식을 완성하는 큰 몫을 한다. 전통 용기 중 가장 대표적인 것은 소재를 중심으로 나무그릇, 옹기 그릇, 놋그릇 등이 있으며 이들 그릇은 우리 음식의 맛의 깊이와 효능을 높여 주는데 일조를 했다.

나무그릇은 소반, 바리때, 찬합, 구절판, 함지, 떡살, 다식판 등 각종 조리 도구로 활용되었으며 '구수한 맛'으로 서민들의 생활에 가장 많이 이용된 것으로 나무의 특성을 그대로 반영하여 자연스런 나뭇결이 돋보이면서도 소박한 자연미로 전통 음식의 자연미를 더욱 살려주었다. 또한 목재에 옷칠을 하여 습기나 세균, 곰팡이 침투를 막고 열이나 습기의 침투를 막아 그릇 자체 수명을 길게도 하지만 음식 자체도 잘 쉬지않게 하는 효능이 있다.

옹기 그릇은 동이 · 단지 · 알배기 · 바래기 · 항아리 · 독 · 탕관 등으로 이용되었는데 특히 옹기는 발효식품 용기로 사용하였다. 옹기가 없었다면 우리전통의 맛인 된장이나 간장 등을 만들 수 없을 것이다. 옹기는 흙의 기운을 사람들에게 전달하는 매개물로 훈훈하고 투박한 느낌을 주는 용기이다. 옹기는 숨을 쉬는 그릇으로 김치나 장, 장아찌 등을 담아 보관하는 장독으로 사용되고 기름기가 잘 배지 않아 설렁탕이나 곰탕 그릇으로 사용된다.

놋그릇은 최근 찾아보기 힘든 그릇중 하나이나 우리 선조들은 식기류나 생활용품으로 주로 사용하였다. 유교적 전통에 따른 제례나 사찰에서의 불교의식 도구로도 발전했다. 예로부터 놋그릇은 제례 용품을 사용되었는데 관리측면에서 집안의 부녀자들이 기왓장을 곱게 가루 내어 짚수세미로 한나절 이상을 매달려 광을 내고 손실을 해야 그릇의 본연의 모습이 나온다. 이는 그만큼 정성이 들어간 그릇을 사용함으로 조상들이 음식문화의 품격을 높이고 심지어 효행의 근본정신까지 담아냄으로써 그릇에 인간적인 도리까지 접목시켰기 때문이다. 이러한 놋그릇의 놀라운 효능은 무엇보다도 살균효과와 독성제거이다. 그리고 음식의 맛을 살려주는 기능으로 건강 그릇이라 할 수 있다. 채소도 놋그릇에 보관하면 냉장보관보다도 그 싱싱함이 더 오래간다고 한다. 그러므로 이러한 건강 그릇들의 사용은 우리 전통 음식을 더욱 더 건강하고 행복을 주는 웰빙 음식으로 만들어 주는데 일조했다고 할 수 있다.

이와 같이 우리의 전통 식생활은 웰빙 그 자체라 할 수 있으며 현대에 그대로 다 재현하기는 힘들지 몰라도 우리게 웰빙 식생활에 대한 아이디어는 충분히 제공해 준다고 볼 수 있다. 근래에 와서 소득수준의 향상, 식품산업의 발달, 서구문화의 유입 등의 영향으로 전통음식의 섭취가 감소하고 쌀과 같은 곡류소비의 감소, 육식중심의 서구식 식사증가와 더불어 다양한 음식을 섭취하는 등 우리의 식생활에도 큰 변화를 가져왔다. 식품의 소비 구조가 서구식으로 변화하면서 각종 성인병 발현율이 높아지고 있는 상황에서 한국의 전통적인 웰빙 식생활은 이를 해결 해 주는 좋은 방안이 될 수 있을 것이다.

주생활

우리 전통 주거에 살던 우리 선조들은 남녀를 불문하고 대부분의 시간을 집에서 보냈다. 특히 농업이 핵심 산업인 조선시대의 반가는 자급자족적인 생활을 영위하는 것이 보편적이었다. 그러므로 주거 활동은 경제, 교육, 문화, 활동 등의 제반 사회적 활동이 모두 이루어졌다. 그러므로 전통 주거는 단순한 피난처, 휴식의 장소로서 역할보다는 소규모의 사회활동이 이루어지는 장이었다. 하나의 작은 사회를 형성하는 주거에서 남자들은 기본적으로 학문을 연마하는 것을 중심으로, 여자들은 가사활동을 중심으로 규칙적으로 반복적으로 매일 일어나는 일상생활과 일시적이며 단절적인 비일상 생활을 영위해 왔다. 이에 전통 주거에서의 생활은 일상 생활과 비일상 생활로 구분해 볼 수 있으며 이러한 주생활은 주거에 대한 의식 등 사회적 · 문화적 · 관습적 기준에 의해 이루어졌으며, 이러한 기준은 공간 구성과 주거내의 공간의 특성을 결정하는 데에도 영향을 주었다. 그러면 전통 주생활을 함에 있어 어떠한 기준이 있었으며, 우리 선조들은 전통 주거에 어떻게 생활하였는지 일상생활과 비일상 생활로 구분하여 살펴보고자 한다.

• 전통 주생활의 기준 •

| 정주성(定住性) |

한국인의 주거의식 중 가장 두드러진 특징 중 하나는 옮겨 다니지 않는다는 정주성이다. 이는 여느 다른 나라보다 강하게 농사만을 지으면서 정주하기 시작한 우리 민족은 가족 공동체를 중심으로 한 장소에 터전을 잡으면 여러 세대를 이어서 정착해 살면서 옮겨가 사는 법이 없었다. 유배나 전쟁, 천재지변 등 극한 사항이 아니고는 집을 옮긴다는 것은 불행한 일이며 옮겨가 살지 않으며 안 되는 불행한 사람이나 예외적으로 하는 일이라는 인식이 강하게 자리 잡았다. 이에 우리 민족은 이동을 거부하고 정주하려는 욕구가 강하게 작용한다. 그러므로 전통 사회에서 집은 고향이며 강한 애착의 대상되면서 사회의 반영이므로, 집의 위치를 잡을 때부터 후대에 미칠 영향을 고려하여 신중을 기하고 다양한 법도와 기준이 존재할 수밖에 없었다.

| 주거의 기준 양택 3요, 5실5허(五實五虛) |

우리 옛 선조들이 집의 위치나 구조를 정할 때 기준 법규이자 헌장처럼 지켰던 것이 풍수사상에 비롯된 양택 3요와 5실5허이다. 이는 주생활에 나타나는 우리 선조들의 의식구조와 부합되어 나타나는 주거에 관한 전통적 가치관이라 할 수 있다.

양택 3요는 주택의 3요소를 말하며 주택에서 식구들이 가장 많이 이용하는 공간으로 대문(大門)과 안방 그리고 부엌을 말한다. 이 세 가지 조화를 이루어 배치되었을 때 좋은 집이라 하여 이 3공간의 배치를 중요하게 여겼다. 대문은 출입구로 모든 식구들이 아침, 저녁으로 출입하는 곳이며 외기와 처음 만나는 곳으로 외부의 좋은 기운을 받아드리고 나쁜 기운을 차단하여 집안에 생기가 응축되게 하는 구실을 하는 곳이다. 안방은 집안의 가장이 잠을 자거나 많은 시간 머물면서 중요한 일을 결정하거나 생각하게 하는 곳이며, 부엌은 집안의 모든 식구들의 건강을 유지할 수 있게 하는 음식을 만들거나 먹으며 보관하는 곳으로 주부들이 많이 머무는 곳이다. 이에 주택의 3요는 대문은 밖의 기운을 받아드리고 부엌에서 발생하는 더운 공기가 안방에 머무는 사람들이 건강하게 영향을 준다는 것이다. 이에 3장소의 배치의 기준은 동사택(東舍宅)과 서사택(西舍宅) 원리에 의한 공간배치가 좋은 집이라고 한다. 동사택은 팔괘 방위에서 동, 남동, 남, 북쪽에 위치한 집을 서사택은 팔괘 방위에서 북서, 남서, 북동, 서쪽에 위치한 집을 말하는데 동사택은 대문, 안방, 부엌이 동사택 방위에 배치되어야하고 서사택은 서사택 방위에 배치되어야 궁합이 잘 맞는 좋은 집이 된다는 것이 양택 3요의 주요 내용이다.

5실(五實)5허(五虛)는 집터의 위치나 구조의 길흉을 따지는 양택 풍수에서 비롯된 것으로 5실을 갖춘 집에 거주하는 사람은 경제적으로 윤택해지고 5허의 집에서 사는 사람은 점차 궁핍해진다고 하여 집의 규모와 공간의 활용, 집의 내부구조의 적절한 배치에 대한 기준이 되었으며 우리 선조들의 집에 대한 의식구조를 보여준다고 할 수 있다.

5실은 1.집이 작고 아담한데 사람이 많이 살 때, 2.집이 크고 대문은 작을 때, 3.담벽이 두텁고 높을 때, 4.집이 작고 화초가 잘 자라고 가축이 많을 때, 5.집주변의 물길이 동남쪽으로 흐를 때를 말한다.

5허는 1.집이 크고 사는 사람이 적을 때, 2.집은 작은데 대문만 높고 클 때, 3.담벽이 허술할 때, 즉 담장이나 울타리가 어느 한쪽이 부서지거나 무너져 있으며 똑바로 세워져 있지 않을 때, 4. 부엌의 위치가 제대로 자리 잡지 못하고 엉뚱한 곳에 있을 때, 5.집에 비해서 정원이나 마당이 넓은 경우를 말한다.

위의 5실5허의 내용의 요점을 살펴보면 가족에 비하여 과다한 공간 배분과 적절한 공간 배치가 안되고 환경과 조화가 이루어지지 않으면 집으로서 좋지 않다는 것이다. 즉, 집을 분에 넘게 크게 짓고 사는데 대한 저항이 내재되어 있으며 집안에 있어 한사람이 차지하는 고유 공간이 적을수록 이상적으로 생각하여 가급적 주택공간을 적게 잡는 것을 이상적 기준으로 삼았음을 알 수 있다.

| 적장자 중심의 부계친족 가족 제도 |

가족제도는 주생활의 특성과 주거 공간 구성에 커다란 영향을 주는 요소이다. 우리의 민족의 가족제도는 17세기에 성리학의 보급 및 예제에 대한 본격적인 보급 및 정착 과정이 이루어지면서 가부장적인 친족체계로 변화 정착되었다. 친족은 적장자 중심의 부계친족으로 특징 지워진다. 즉, 일체의 이성(異姓)의 편입을 거부하고 생물학적인 부계혈연에 연계되는 남자와 그 배우자만 족성원으로 인정한다. 부계친족 가족제도에서는 재산상속 및 재산분

배에서 장자를 우대하며 불균등 상속을 하며, 족보에서 친족의 수록범위가 축소되었으며, 입양 시 양자도 부계혈연의 동항렬 근친 양자를 원칙으로 하며, 형제간에 양자를 주고받는 것을 이상적으로 생각하였다. 양자나 데릴사위에 의한 가계계승을 금하고 있으며 씨족 성원 동성 불혼의 엄격한 족외혼제를 지켜야 한다. 이러한 부계친족 가족제도에 의해 적장자로 이어진 집은 종가(宗家)가 되고 그에 대응한 생활 요건을 기본으로 주거공간이 구성되었다. 특히 사대부 종가집은 제사권을 행사하므로 사당을 건립하였고, 다른 아들이 사는 공간보다는 집안의 계승을 위한 부모내외와 장남내외를 위한 사랑채와 안채를 기본으로 하는 공간 구성이 이루어졌다. 사랑채는 특히 가권유지와 가계계승의 권위를 상징하는 공간으로 보통 부(父)를 위한 큰사랑과 장자를 위한 작은 사랑으로 구성되어 부모와 동거하면서 집안의 계승을 나타내는 가장권, 제사권, 가산권 등을 일시 계승이 아니 점진적으로 계승하였다.

부계친족 가족제도에서는 주생활은 장남은 결혼을 하면 부모와 동거하나, 장남외의 아들은 결혼하고 일정기간이 지나면 분가를 한다. 분가 시 생산 수단인 토지를 분할 해 주는데 장남 몫으로 2분의 1이상 남기고 나머지 부분에 대해 자녀의 수를 기준으로 분할 해 준다. 분가를 한 가족은 대가족을 포용할 필요가 없으므로 집의 규모는 크지 않았다. 그러나 이후 새로운 가를 형성하게 되므로 본가와 같은 절차를 밟게 된다. 그러나 분가한 가족들은 장남가족인 본가 즉 종가를 중심으로 제사 및 길흉의 행사가 이루어졌고 농업생산에서도 집안일이라는 개념을 가지고 생활하였다. 그러므로 종가를 중심으로 주변으로 분가하여 새로운 가를 형성하면서 같은 지역에서의 지연과 혈연이 합쳐지고 이는 자연스럽게 동성부락을 형성하게 되었다.

이에 비해 서민층인 대부분의 농민은 한 채나 두 채로 된 소규모 주거에서 가족 중심의 생활을 하였다.

| 남녀유별에 따른 공간 |

조선시대는 전통 주생활에 강력하게 영향을 준 것은 유교의 영향에 의한 남녀유별의 철저한 실천이다. 이러한 사회 통념은 공간 구성과 공간이용은 물론 일상생활에서 엄격한 남녀구별에 의한 주생활의 큰 기준이 되었다. 이에 부녀자들 중심의 여성의 공간인 가족 내 활동공간인 안채와 안마당, 주인의 공간 즉, 남성의 공간인 거실·서재 및 접객공간으로 사용된 사랑채, 그리고 대문과 행랑채 및 바깥마당으로 형성되는 세 부분으로 공간이 구성되었다.

7세가 넘는 남자와 여자는 같은 자리에 앉지 말라는 '남녀칠세부동석'의 전형적인 남녀를 구분하는 주생활의 기본 규범을 보여준다. 이에 따라 남자, 여자가 생활하는 공간도 분리하고 일상생활도 남녀구분을 철저히 하였다.

사랑채는 남성의 공간으로 마루와 온돌방으

로 구성되며 누(樓)마루가 갖추어지는 경우가 많고, 여성의 공간인 안채는 건너방 · 대청 · 마루 · 윗방 · 부엌 · 찬방 등으로 구성되며, 사랑채와 안채는 각각 담으로 둘러싸인 마당이 있고 출입문도 다르게 구성하였다.

남성의 생활공간인 사랑채는 반사회적 공간으로 학문적 사회적 교류를 위한 접객 생활 장소로 이용되었으며, 큰 사랑방은 주인어른(시아버지), 작은 사랑방은 큰아들이 사용하였다. 아들은 사랑채에서 생활하면서 할아버지와 아버지로부터 남자로서 필요한 학문을 연마하고 예절을 습득하였다.

여성의 생활공간인 안채는 가정생활이 중추가 되는 공간으로서 가옥 내부에서 가장 안쪽에 위치하며 가장 폐쇄적인 성격을 갖는다. 안방은 집안의 여자 중 가장 어른인 주인마님(시어머니) 공간으로 직계비속을 제외한 남자의 출입이 제한되었다. 건넌방은 큰며느리가 사용하고, 딸은 안채에서 생활하면서 여자로서 익혀야 할 살림살이와 예절을 할머니와 어머니로부터 전수받았다.

이와 같이 조선시대에는 부부가 한방을 사용하는 것은 상상도 못하여, 평상시에는 남녀유별에 의한 공간에서 지내다가 부부가 동침할 때는 아버지 혹은 조부모가 길일을 택하여 안채의 '새 방' 혹은 '머릿방'이라 불리는 방에서 보내었다.

규모가 큰 상류 주택에서는 사랑채에 사랑 행랑채, 안채에 안 행랑채를 두어 하인들도 남녀유별 원칙을 지키게 하였다. 그러나 성별에 의한 공간 분리가 서민계층에서는 여러 채의 건물을 갖기 힘들어 엄격하게 지켜지지는 안았다. 그렇지만 방이 두 개만 되어도 부엌이 딸린 안방은 여자들의 방으로 마루건너 있는 방은 남자들의 방으로 하여 공간사용에 있어 남 · 녀간 분리를 최우선으로 적용하였다.

주생활 중 식사는 남녀유별에 의해 가장은 사랑방에서 독상으로 식사를 하기도하지만 장유유서의 윤리관으로 안방에서 식사를 같이하는데 이때는 식사의 순서를 남녀가 따로 하고 남자 다음 여자 순으로 하여 남녀유별을 해결하였다. 단, 서열이 높은 윗세대 여자는 자신의 아들이나 아들 손자와 함께 식사를 하지만 같은 서열의 남녀가 같이 식사를 할 수는 없었다.

이와 같이 남녀 유별에 의한 관념은 주거의 배치는 물론 취침, 식사 등의 일상적인 공간사용을 결정짓는 요소가 되었으며, 특히 제한된 공간에 대한 대가족의 수용이라는 모순점을 해결하는 유효한 방법이 되었다.

| 장유유서와 신분에 의한 공간사용 |

조선시대는 남녀유별과 함께 유교에 의해 공간에 반영된 주요한 기준은 장유유서이다. 가부장적 대가족 제도로 인해 삼대 혹은 사대가 동거하게 되어 남녀 유별에 의한 공간 구분과 생활도 있지만 장유유서에 따른 공간 구성과 생활 원칙도 중요한 주생활의 기준이 되었다.

조선시대의 가족은 부부중심이 아니라 가문

중심으로 가문에 기여하는 부자는 부자유친을 실현하기 위해 같은 채를 쓰면서도 장유유서에 따라 방의 격을 달리하여 서열을 표현하였다. 즉, 사랑채의 사용에서는 큰 사랑방은 아버지가, 작은 사랑방은 아들이 사용하는데 방의 크기, 천장의 높이, 향의 배치 등에 차이를 두어 큰사랑방의 품격을 작은 사랑방 보다 높게 하였다.

안채에서도 시어머니, 큰 며느리 순으로 방을 정하고, 방의 규모도 시어머니가 사용하는 방이 규모가 더 컸다. 이들보다 아랫사람들은 형편에 따라 공간을 사용하였다. 안채에서의 며느리에게 층층시하의 장유유서 원리는 무척 힘든 과정이었으며, 시집와서 시댁의 가풍을 익히고 살림을 배우고 자녀를 낳아 기르고 주부로서 손색없다고 인정받았을 때 집안의 열쇠꾸러미를 인계받았다.

장유유서의 원리 가장 강하게 적용된 것은 식사 공간의 사용으로 효의 관념과 같이 상통되어 안방에서 남자가족들도 식사를 하였는데 남녀가 따로 하고 부모와 연장자에 대한 행동지침에 의해 식사를 하였다. 이에 식사 예절이 엄격했는데 부친이나 연장자와 식사할 때는 함부로 움직이거나 말을 해서도 안 되며, 불필요한 소리를 내면 안 된다고 하여 심할 경우에는 젓가락조차도 사용하지 못하기도 하였다.

신분에 의해 공간의 배치도 하나의 상하 관계 의한 주생활의 기준이 되었다. 하인의 공간인 행랑채는 대문 근처에 배치하여 외부로부터 방어적인 기능을 담당하게 하고 주인들의 생활영역인 사랑채와 안채 사이에는 담장을 두어 신분에 따라 공간을 격리시키므로 유교적 원리를 주거공간에 적용시켰다.

| 가족주기에 의한 공간사용 |

부계친족에 의한 대가족 제도로 여러 세대가 살면서 시간이지나면서 가족의 수, 결혼여부, 분가 여부, 자녀 출생여부, 사망여부에 따라 가족의 확대와 축소에 따른 가족의 생활주기가 진행되었다. 그러므로 가족의 생활주기도 또 하나의 주생활의 기준이 된다.

전통주거에서는 가부장 부부와 장자 부부로서 지위가 있을 때는 확고한 주거위치가 정해지지만 그에 이르기까지 한 주택에서 여러 번 이동을 거치게 된다.

장자의 경우 처음 태어나서 젖 먹는 유아기에는 어머니와 같이 건넌방(웃방)에서 기거하다가 동생이 생기면서 이유가 시작되면 할머니방으로 옮긴다. 할머니와 자는 아이가 둘 이상 되면 할아버지 방으로 옮긴다. 결혼을 하면 작은 사랑방으로 기거의 위치가 정해지고, 가계 계승을 받고 난 후에는 큰 사랑방으로 옮기게 된다.

딸의 경우, 유아기는 어머니와 같이 건넌방(웃방)에서 기거하다가 동생이 생기면 할머니 방으로, 7세가 되면 아래채 방이나 별당으로 옮기거나, 내내 안방에서 할머니와 같이 지내다가 시집을 가는 경우도 있다. 잘 때는 할머니 방이나 어머니 방에서 자고 낮에는 안 사랑채에 건너가 있는 경우도 있다. 혼인을 하게 되면 시댁의 안채 건넌방에서 지내는 경우가 대부분이나 혼인 후 일 년간 모퉁이방(못방)에 있다가 차남이 결혼을 하게 되면 그 방을 내어 주고 안방 위쪽에 있는 윗방으로 옮기는 경우도 있다. 부모 사후나 일정 시기를 보낸 뒤 안방으로 기거위치를 바꾸게 된다. 이와 같이 장자 부부가 새방 또는 건넌방에서 시작하여 안방에 가기까지는 오랜 세월이 필요하였다.

서민주택에서는 안방은 식구가 적은 경우 부부와 아이들이 함께 사용하고, 대가족일 경우노인부부가 사용하는 것이 일반적이었다. 그러다 노인 중 할아버지가 돌아가시면 할머니는 어린손자, 손녀와 함께 그대로 기거하나 홀로된 할아버지의 경우는 방을 아들내외에게 넘겨주고 아랫방으로 옮겨 갔다. 사랑방은 주로 홀로된 할아버지나 장성한 아들들이 사용하였다.

• 전통 주거에서 일상생활 •

주거 생활에서 일상생활은 매일같이 반복되는 생활로서 반드시 특정한 공간에서 이루어지고, 하루를 주기로 하는 시간성을 가지며, 생활행위, 생활공간, 생활시간의 세 요소가 복합적으로 이루어지게 된다. 이렇게 매일 반복적이고 단순한 일상의 행위는 주생활에서 매우 중요한 부분이며 공간 구성이나 배치 등에도 영향을 주었을 것이다. 일상생활은 크게 보면 기본생활 활동 즉 취침, 식사, 생리적 해결을 위한 기본 의식주를 해결하기 위한 활동과 바느질, 빨래 등 다양한 가사노동으로 구분되어지며 이러한 생활들을 하는 공간은 어디이며 어떤 식으로 생활을 했는지 살펴보면 다음과 같다.

| 일상 거처 및 취침생활 |

일상 거처 및 취침 생활은 온돌방을 중심으로 이루어졌으며, 한여름 더위를 피하여 통풍이 잘되는 마루나 대청에서 지내거나 일시 수면을 취하기도 하지만 취침의 기본 장소는 온돌방이다. 방의 명칭은 위치에 따라 안방, 건넌방, 웃방, 아랫방, 사랑방 등으로 불리거나 사용자에 따라 청지기방, 복직이방 등으로 불린다.

취침 시 우리 선조들은 풍수사상에 의해 잠을 자는 방향도 중요시 여겼는데 동은 부귀, 서는 가난, 남은 장수, 북은 단명이라 하여 동쪽과 남쪽으로 머리를 향하도록 하고 잤다. 이에 민가는 일반적으로 남쪽과 동쪽으로 창을 내고 그 반대쪽에는 아궁이를 두어 머리를 앞마당 쪽으로 두고 자는 경우가 대부분이었다.

| 취사 및 식사생활 |

취사 공간은 불을 지피는 난방용 아궁이 시설 있는 부엌으로 아궁이 열로 취사작업을 하였다. 아궁이는 보통 물끓이기, 밥하기, 국끓이기를 위한 세 개의 솥을 걸고 사용하였다. 난방을 하지 않는 여름에는 부엌밖에 화덕을 놓고 취사를 하였다. 부엌문 안쪽에는 저장물통인 물두덕을 놓고 식수로 사용하고, 설거지는 자배기를 이용하고, 배수는 안마당에 설치된 하수구를 이용하였다. 그리고 음식을 조리하기위해 식자재를 씻고 다듬거나 준비하는 과정은 우물이 있는 곳에서 이루어졌다. 식품의 자장을 위해서는 채광과 통풍이 잘 되는 장독대를 두고, 광, 곳간, 고방, 찬간 등을 설치하여 보관하였다.

부엌에서 조리를 하여 밥상을 차려 안채의 토방에 얹어 놓으면 주인어른 밥상일 경우 사랑채에서 하인이 나와 밥상을 들고 사랑채로 옮겨다 놓으면 식사를 하였다. 그러나 식사방식이나 예절은 집안에 따라 조금씩 차이가 있었지만 가족들의 식사 공간 기본적으로 안채의 가장 큰방인 안방에서 이루어졌다. 그러나 장유유서와 남녀유별에 의해 가장 연장자인 어른이 식사를 먼저하고, 남녀가 따로 하고, 대부분 어른들은 독상을 받았으나 할아버지와 손주, 할머니와 장남이 겸상을 하고 그 외 가족들은 다른 방에서 식사를 하기도 하였다. 이렇게 한 가정에서 따로따로 식사를 하는 식사생활로 인해 작고 가벼운 좌식 식탁인 소반이 발달하게 되었다. 우리 선조들은 하루 중 아침식사를 가장 중요하게 여기고 저녁은 소찬이라 하여 가볍게 하였다. 그리고 손님이 오는 경우는 대개 남자손님으로 사랑채에서 별도로 식사를 하였다.

| 생리위생 생활 |

조선시대 주거 내에서 물을 사용하는 급배수는 주로 우물가에서 이루어졌으나 규모가 큰 상류주택을 제외하고는 집집마다 우물을 설비하기는 어려웠다. 그래서보통 부엌 안에 큰항아리에 물을 저장해 놓고 사용하고 세면이나 손 씻기 등의 행위는 대부분 마당에서 세숫대야를 이용하였다. 그러나 목욕의 일상적 행위는 여름철을 제외하고는 급배수시설을 실내에 갖추지 못한 당시의 여건으로는 어려움이 많았다. 서민들은 냇가 등의 장소에서 목욕을 하였으나 양반들은 별도로 '정방'이라는 목욕간을 실내에 설치하여 사용하기도 하였다. 그러나 여의치 못한 경우 목욕통을 준비하여 헛간 또는 부엌, 후미진 곳에서 통에 물을 담가 씻는 부분욕 정도로 목욕을 해결했다.

배설행위는 배설물의 재활용 가치에 대한 인식과 농사를 위한 현실적 필요에 의해 옥외의 측간(칙간, 뒷간, 정낭, 통싯간 등)과 밤에 사용하는 간이용 변기로 요강을 이용하였다. 측간의 위치는 사랑채 옆이나 대문에 가까운 마당의 한 쪽 구석에 위치해 있으며 일본의 관습과 달리 우리민족은 측간의 문이 있는 쪽을 향해 앉아서 일을 본다. 이에 대한 다양한 해석이 있는데 방위 본능에서 출입문 쪽에 어떤 침입자가 나타날 때 쉽게 대항할 수 있고, 막힌 벽을 향해 앉기보다는 열린 곳을 향해 앉는 것이 자연스럽다는 생각과 바람이 통하는 문을 향해 앉으므로 냄새를 줄이기 위해 서라고 한다. 그리고 종이가 흔하지 않던 시절 뒷처리는 볏짚이나 채소나 나뭇잎 같은 것으로 해결을 했는데 휴지를 사용하기 전 근래 까지도 이들 자연재료는 사용했다. 주로 등나무, 무화과나무, 감나무, 떡갈나무 등의 넓은 모양의 잎을 사용했는데 무화과 나뭇잎은 치질에도 특별한 효능이 있어서 자주 이용되었다고 한다. 볏짚이나 벼, 보리, 마, 조 등도 자주 사용되었던 우리 선조들의 화장지 대용품으로 변을 퇴비로 이용하던 시절 이러한 자연재료는 변과 함께 썩어 그대로 퇴비가 된다는 점에서 자연친화적이라 할 수 있다.

| 전통 주거에서의 일상생활과 공간 |

생활	기본행위	세부 행위에 따른 공간	
기본 의식주	기본 생활 활동 – 취침, 식사, 생리적 해결을 위한 활동	일상거처 및 취침생활	안방, 웃방, 건넌방, 아랫방, 사랑방, 청 / 청지기방, 복직이방.
		취사식사생활	부엌, 찬간, 찬방, 부엌마당, 방, 청
		생리위생생활	측간, 마당, 부엌, 방
가사 노동	바느질, 빨래, 김장, 음식손질, 청소, 타작, 상삭패기 등	바느질	안방, 건넌방
		다듬이질	안대청
		음식재료 손질	부엌, 마당, 청, 우물
		타작, 장작패기	마당

• 전통 주거에서 비일상 생활 •

주거 생활에서 비일상 생활은 일상생활과 다르게 매일매일 반복되지 않는 생활로 특정한 절기나 집안의 대사 때의 생활이며, 행위의 종류 측면에서 보면 고정된 생활 행위들이 아닌 상황에 따라 가변적일 수 있는 학습, 접객 등의 사회화, 휴식과 놀이, 여가, 의례와 같은 행위들을 말한다. 이중 양반이나 사대부가에서 가장 중요하게 생각했던 비일상 생활은 사회 생할인 접객생활과 의례생활이었다.

| 접객생활 |

조선시대 양반이나 사대부가에서 사회생활에서 가장 중요하게 여겼던 것이 접객 생활이었다. 이는 정치적 · 사회적 교류상 매우 중시되었고, 가장의 사회적 역량에 큰 관계를 가지는 일이기도하며, 당시 사회적 규범상 집에 찾아오는 손님을 잘 대접하는 것이 중요한 일로 손님 접대를 신성한 의무라라고 생각하였다. 남자 손님 접객은 주로 사랑채의 사랑방이나 대청에서 이루어지고 여름철에는 누마루가 이용되기도 하였다. 그리고 일가친척이나 가까운 친지는 안채나 별당을 이용하였다. 접객은 일시적 손님과 단기간 손님, 장기간 손님으로 구별하여 접대하였으며 유숙하는 손님이 많은 가옥은 항상 접객준비와 취침공간을 마련해 두었다. 반가의 접객의 유형은 일반적인 손님 외에도 음식을 나누어 먹기 위한 '곡회(曲會)'나

'난로회'도 있었으며, 시와 서화 등 그림을 그리는 '고회(高會)'와 시 짓기를 위한 모임인 '시회(詩會)'처럼 격조 높은 지적모임을 위한 손님도 있었다.

| 놀이 및 여가생활 |

조선시대는 신분이나 남녀에 따라 즐기는 여가 생활이 달랐다. 반가의 남자는 시 짓기, 사군자 그리기, 활쏘기, 바둑, 장기, 거문고 연주 등의 놀이를 즐겼으며 관리로 나가고 싶은 바람을 담은 승경도놀이도 하였다. 승경도놀이는 넓은 종이에 벼슬 이름을 써 놓고 알을 굴려서 나온 끗수에 따라 벼슬이 오르고 내림을 겨루는 양반가의 놀이로 놀이를 하는 동안 자연스럽게 조선시대의 벼슬 직제에 대해 학습할 수 있다. 반면 여자는 수를 놓거나 책을 읽으며 여가를 보냈다.

서민들의 여가 생활은 농사일과 관련된 것이 많았는데 남자는 집에서 짚 등으로 물건을 만들고 여자는 옷감으로 쓰기 위한 베를 짜며 시간을 보냈다. 바쁜 농사일이 끝난 뒤 마을 사람들이 함께 모여 씨름이나 윷놀이, 연날리기 ,제기차기, 고누 등의 놀이를 즐기기도 하였다. 고누 놀이는 땅이나 종이 위에 말판을 그려 놓고 두 편으로 나누어 말을 많이 따거나 말길을 막는 것을 다투는 놀이이다.

| 의례생활 |

주생활에서 통과의례라 하여 진행되는 비일상 생활은 출산의례, 생일, 관례, 혼례, 회갑례, 회혼례, 상례, 제례 등이 있으며 이중 사례인 관례(冠禮), 혼례(婚禮), 상례(喪禮), 제례(祭禮)를 치르는 일을 매우 중요하게 여겼다.

관례는 어린이가 성인되었다는 것을 상징하기 위한 것으로 남자는 상투를 틀고 갓을 쓰고 여자는 계례라하여 쪽을 찌고 비녀 꽂아 준다. 관례는 주로 상류층에서 행해졌는데 관례일을 정하는 택일(擇日), 상투를 틀고 갓을 쓰는 가례(加禮), 술로써 예를 나누는 초례(醮禮), 관례자에게 새로운 이름인 자를 주어 성인이 되었음을 상징하는 자관자례(字冠者禮)로 의식을 진행한다.

혼례는 인륜지대사(人倫之大事)로 다른 의례보다도 더 신중하게 여기고 의식절차도 매우 복잡하였다. 사례편람(四禮便覽)의 의혼(議婚), 납채(納采), 납폐(納幣), 친영(親迎)이라는 4개의 복잡한 의식순서에 의해 진행되었다. 혼인 의사가 합의 된 후 신랑 집에서는 사주단자(四柱單子)를 신부 집에 보내는 것으로, 혼인을 청하는 의식으로부터 시작된다. 전통적으로 혼례는 신부의 집이 식장으로 이용되었으며, 신랑이 신부의 집으로 혼례식을 하러 가는 것을 초행이라 하였다. 초행길에는 친구들이 함을 메고 가며, 예식 전 전안례(奠雁禮)를 마치고 혼례를 치루기 위한 초례청을 안대청에 마련하는데, 여기서 신랑과 신부는 혼례식을 한다. 초례청의 대례상(大禮床)을 사이에 두고 신랑은 좌측에, 신부는 우측에 서서 서로 절을 반복하는 교배례(交拜禮)를 하고 이후 술잔을 세 번 교환하는 합근례를 마치고, 축복의 의미로 닭을 날려 보내면 혼례가 끝나고, 초례청을 중심으로 안마당에서는 일가친척이 모여 잔치를 벌였다. 초야를 신부 집에서 치른 후 며칠, 또는 몇 달을 지낸 후 신랑 집으로 신행을 가고, 신랑 집에 도착하면 신랑과 신부는 먼저 조상의 위패 앞에 제사를 지내고, 집에서 마련한 음식을 먹고 시부모를 비롯하여 신랑측 어른들에게 폐백을 드린다. 폐백 후 신부는 평생 시가에서 보내야했다.

상례는 사람의 죽음을 맞고, 주검을 갈무리해 땅에 묻고 근친들이 근신하는 기간의 의식절차를 정한 예절로 가장 까다롭고 복잡하고 신중하게 치렀다. 부모의 상례를 잘 치르는 것이 자손의 도리이며 효의 표시라 생각하여 성대하게 치렀다. 전통 상례는 죽음을 알리는 부고를 보내는데 까지의 절차인 초종(初終)을 시작으로 습(襲) -소렴(小斂)-대렴(大斂)-성복(成服)-치장(治葬)-우제(虞祭)-졸곡(卒哭)-부제(祔祭)-소상(小祥)-대상(大祥)-담제(禫祭)-길제(吉祭)의 순서로 복잡하게 치러졌다. 상례 기간에는 조문객을 가장 많이 맞이하고 낮뿐만 아니라 밤까지도 불을 밝히고 낮과 같이 지내야만 했다. 상례 후에도 사당방에 빈소를 만들어 3년간 아침, 저녁으로 상식을 올리며 고인을 추모하는 공간을 지켜야만했다. 반가의 상례는 모든 일상 행위를 금하고 여기에만 몰두할 정도로 그 행위를 중요하게 여겼다.

제례는 조상의 제사를 지내는 절차이다. 조상 숭배의 도덕적 실천이자 윤리도 덕의 근본인 효를 부모의 사후까지 이어지는 것으로 공경의 지극함을 죽은 이를 마치 산 사람처럼 섬기는 것은 인애(仁愛)의 지극함을 보여 준다. 제례는 상례와 더불어 말도 많고 형식적인 절차도 가지가지고 그 의식 절차가 복잡하여 형식에 치우치게 하여 허례허식의 폐단을 낳기도 하였다. 제례는 지역 · 가문 · 색목에 따라 차이가 있는데 그 종류도 여러 가지이나 기본적으로 기제(忌祭) · 차례(口禮) · 시제(時祭)가 있다. 기제는 기일날 지내는 제사로 기제사(忌祭祀) · 기사(忌祀) · 기일제(忌日祭)라고도 한다. 매년 사망한 날 닭이 울기 전, 즉 전날 밤 12시에서 1시 사이에 제주의 집에서 지낸다. 차례는 명절에 치르는 제의로 1년에 4회 설날 · 한식 · 추석 · 동지 또는 단오에 지냈다. 시제는 시향(時享) · 묘제(墓祭) · 사시제(四時祭)라고도 하는데, 춘하추동 매 계절의 가운데 달에 날을 골라 모든 조상에게 지낸다. 시제의 특징은 낮에 지내는 것이며, 윗세대부터 차례로 지내는데 제사를 지내기 전에 먼저 산신제를 지낸다.

제사를 지낼 때 사당이 있는 집은 위패를 모셔놓기 때문에 조상을 맞이하는 참신(參神)을 먼저하고, 혼(魂)을 모시기 위해 향을 사르고, 백(魄)을 모시기 위해 술을 따라 모사기에 붓는 강신(降神)을 하지만, 사당이 없는 경우에는 안방이나 대청마루에서 지내며 먼저 강신을 하고 다음에 참신을 한다.

| 전통 주거에서의 비일상 생활과 공간 |

생활	기본행위	세부 행위에 따른 공간	
학습생활	강학, 독서	방, 대청	
접객생활	사회생활로 접객, 연회	사랑방, 대청, 누, 경우에 따라 안채, 별당	
놀이 및 여가생활	풍류, 여가, 취미 활동 축제, 명절놀이	풍류	정자, 누
		그림그리기, 악기연주	방, 청
		바둑	방, 청
		널뛰기, 윷놀이 등	마당
의례생활	관혼상제, 집안거사, 경사	마당, 사랑대청	

| 마당에서 이루어지는 다양한 일상들, 한국민속촌 |

우리의 전통 주거에서 마당은 서민주택이나 양반주택 모두 외부공간이자 내부공간으로 다양한 기능을 수행한다. 여름철에는 일상 생활 중 취사와 식사생활이 이루어지기도 하고 비일상생활 중 놀이와 여가생활이 이루어 지기도하고, 특히 의례생활이 마당에서 이루어지는 경우가 많아 비워져 있지만 채워지는 공간으로 중요한 공간이라 할 수 있다.

三 章

전통 주거의 형태와 구조에서 웰빙

주택은 인간의 기본적인 필요에 의해 이루어진 결과물이지만 그것을 만드는 과정 속에 사람들의 의식이나 가치관, 그리고 그 지역의 환경에 대한 이해를 토대로 만들어진다. 전통 주택도 물론 우리 선조들의 철저한 웰빙 마인드를 기초로 지역의 자연에 최대한 순응하여 지어졌다. 이에 보통 전통 주거 건축을 평가할 때 주변의 자연환경과 너무나 유기적으로 잘 융합되어 자연과 하나를 이루는 건축, 자연과 불가분의 관계를 유지하면서 조화되는 건축이라 한다. 그러면 무엇이 그렇게 자연과 유기적으로 잘 융합되는지? 어떻게 자연과 하나를 이루는지? 왜 자연과 불가분의 관계라고 하는지? 의문이 생긴다. 그럼 우리 전통주거 자연과 하나 되는 친환경 건축이면 웰빙 주생활이 가능한 웰빙 주거라고 하는데 우리의 전통주거건축이 지금의 형태가 될 수밖에 없는 이유는 무엇인지? 지역마다 특징적인 평면이나 공간구성은 왜 생겼는지? 어떻게 자연과 닮았는지? 전통 주거의 공간 구성과 구조에서는 어떻게 주변의 자연과의 조화를 시도하고 있는지? 주거건축의 형태와 이를 구성하는 구성요소에도 우리 선조들은 웰빙을 과연 얼마만큼 실천했을까?

01 • 지역과 자연환경에 따른 전통주거

전통 주거에 영향을 준 자연환경

우리의 전통주거는 다른 여느 건축보다도 한국의 자연환경의 조건인 지형과 기후를 떠나서는 생각할 수가 없으며, 이는 한국 전통 주거의 고유성을 형성하는 크게 영향을 미쳤다. 이에 우리 전통 주거의 근본적인 웰빙 특성을 찾아 내기 위해서는 자연환경에 어떻게 영향을 받았는지를 먼저 살펴봐야 한다.

| 지리적 환경 |

우리나라는 북반구의 북위 33~43°, 동경 124°~132°에 이르는 중위도 사이에 위치하고 있으며 이로 인해서 온난하고 4계절이 뚜렷한 기후를 나타낸다. 유라시아 대륙 동안의 반도에 위치하며 서쪽은 서해를 사이에 두고 중국 대륙과 마주보고 있으며, 북쪽은 만주와 몽골, 러시아와 접하며 동쪽과 남쪽은 바다를 넘어 일본이 위치해 있다. 이러한 지리적 위치로 인해 우리나라는 다음과 같은 특성을 지닌다.

첫째, 계절풍 기후에 속하며 위도 상 대륙 서안에 비해 한서의 차가 큰 대륙성 기후가 나타난다.

둘째, 반도 국가로서 북부 대륙과 남부 해양의 문화 교류와 전파의 통로가 되기도 하고 외압과 저항의 관계를 갖기도 한다. 이에 중국의 문화가 전파되었고, 대륙의 문화는 한국을 통해 일본으로 전달되었다. 또한 대륙의 북방 문화와 해양의 남방 문화의 영향으로 두 문화가 공존하는 특징을 지녀 중국과 일본의 중간적인 특성을 나타내고, 폐쇄적이면서 개방적인 이중적 성격을 갖는다.

셋째, 대륙과 해양으로 발전할 수 있는 장점으로 해외 무역, 어업에는 유리하지만 반면 국력이 약할 때는 주변국으로부터 침략의 대상이 되었다. 이에 주거의 구조와 마을의 형태 구성에 소극적 방어 장치를 강구하는 방법이 일부 나타나고 있다.

| 지형적 환경 |

우리나라는 동반구의 동쪽에 자리잡아 대륙에서 돌출한 반도로 3면이 바다이며 주변 여러 개의 작은 섬으로 이루어졌다. 대륙에 붙은 점에서는 대륙적이지만 산이 많고 큰 조소(潮沼)나 평야가 적은 점에서 산악적 대륙성 특성을 지니며, 대륙적이면서도 도서적인 이중적 성격을 갖는다. 이러한 지형적 환경은 지리적 환경과 함께 한국문화 전반에 걸쳐 특수한 이중적 특성에 영향을 준다. 즉, 원만하면서도 격정적이고, 낙천적이면서도 감상적이며, 적응성과 함께 보수성을 지닌 이중적 특성이 나타난다.

전 국토의 70%가 산지이지만 대부분 오랜 침식으로 노년기 지형으로 해발고 200~500m

인 저산성 산지가 40%로 장년기의 험준한 산은 적고 저산성 구륙서의 낮은 토지가 물결치는 저산국이라 할 수 있다. 이에 우리의 산은 '산'의 형태로 지각되기 보다는 산과 산이 연속적으로 이어지는 하나의 선으로 나타나게 되며, 우리 주변을 둘러싸고 있는 울타리처럼 지각된다. 이러한 지형적인 영향에 의한 부드러운 산의 스카이라인은 한국인의 조형의식에는 둥근 곡선을 추구하는 의식에 영향을 주었다고 할 수 있다. 이에 전통 건축이나 조형물에서 '부드러운 곡선미'를 형성하였으며, 마을이나 주거의 입지를 정할 때도 마을 뒤쪽이 산으로 둘러싸인 배산 지형을 가장 이상적인 위치로 여기게 되었다.

한반도 지형으로 전체적으로 봤을 때 1000m 이상의 높은 산지는 북동부지역인 개마고원과 한반도의 등줄에 비유되는 함경, 낭림, 태백산맥 등에 발달했으며 이로 인해 대부분의 하천은 서해와 남해로 흘러간다. 서남부 지역은 비교적 낮은 산지들로 형성되어 있는데, 동쪽이 높은 산지가 연속된다. 이러한 남북과 동서의 지형 차이는 우리의 생활에 영향을 주었다. 동서간의 지역 차, 문화의 차이, 기후의 차이를 가져왔으며 대부분의 교통로도 동서방향보다는 남북방향으로 발달하였다. 특히 낭림산맥과 태백산맥은 인문적 교류의 장애를 가져옴으로 지방문화권의 독자적인 발전을 가져왔는데 관서와 관북, 기호와 영동 지방의 독특한 지방색을 만들었고, 소백산맥을 중심으로 영남과 호남의 문화권이 형성되었다. 이에 전통 주거에서 평면과 구조에서 차이를 보이며 지역적 특수성이 나타난다.

토양 구조는 시생대 말의 변성퇴적암의 각종 편마암류와 편암류, 원생대 초에 이들 지층을 관입한 화강암이 변성된 화강편마암류 등 연대가 오래된 변성암이 국토의 40% 이상을 차지하고 있다. 이에 전통 건축이나 주거에는 양질의 편무암, 안산암, 석회암, 사암 등의 석재가 이용되었고, 특히 건축물의 초석과 기단, 담장에는 화강암이 널리 이용되었다.

삼림식생은 북부와 중부지방의 산악에는 침엽수가 많고, 남부지방에는 활엽수가 널리 분포되어 있다. 그러나 소나무는 전국각지에 널리 분포되어 전통 주거에서 가장 많이 사용되는 주목재로 이용되었다.

| 기후적 환경 |

기후는 인간의 정신적 활동력에 영향을 주며 의식형성에 있어 가장 중요한 환경적 요인의 하나라고 할 수 있다.

기후를 결정짓는 인자는 계절풍과 해류, 지형 등이 있는데 우리나라는 겨울에는 한랭 건조한 대륙성 고기압의 영향을 받아 춥고 건조하며, 여름에는 고온 다습한 북태평양 가장자리에 들어 무더운 날씨를 보이고, 봄과 가을에는 이동성 고기압의 영향으로 맑고 건조한 날이 많다.

우리나라의 전반적 기온을 보면 중부산간지방을 제외하고 대체로 연평균 기온은 10~16℃이며, 가장 무더운 달인 8월은 23~27℃, 5월은 16~19℃, 10월은 11~19℃, 가장 추운 달인 1월은 -6~7℃로 겨울에는 매우 춥고 여름에는 더워 한서차가 심하다. 겨울이 길기는 하지만 삼한사온(三寒四溫) 또는 이한오온(二寒五溫), 오한이온(五寒二溫) 등 기온의 주기적 변화로 쉽게 추위를 견딜 수 있다. 이것은 시베리아 고기압이 7일을 주기로 세력이 변하기 때문이다.

연강수량은 중부지방은 1,100~1,400㎜, 남부지방은 1,000~1,800㎜로 경북지역은 1,000~1,200㎜이며, 경남해안 일부지역은 1,800㎜ 정도, 제주도 지방은 1,500~1,900㎜이다. 계절적으로는 연강수량의 50~60%가 6~8월 여름에 내린다.

우리나라는 온대와 냉대에 걸친 계절풍 기후에 속하기 때문에 일반적으로 겨울에 북서풍, 여름에는 남서풍이 강하며, 계절에 따른 풍계가 뚜렷이 나타난다. 9~10월은 남서풍에서 북서풍으로 바뀌는 시기로 대체로 바람은 약해지지만 해륙풍의 영향이 강해진다. 12~2월 사이는 북서계절풍이 강하게 불어 춥고 건조하다. 습도는 7월 여름철이 전국적으로 80~90%, 1월과 4월이 30~50%이나 9~10월이 75% 내외로 쾌적하다.

| 지역별 기후 특징 |

지역	대표특성	세부 기후
북부 지방	춥고 비가 적은기후	· 시베리아 기단과 강한 북서풍의 영향을 받기 때문에 겨울이 몹시 춥고 길며, 연교차가 큼 · 지역에 따라 차이가 큰 강수량 : 개마고원 일대, 대동강하류는 비가 적고, 청천강 중상류와 원산 일대는 지형성 강우와 북동 기류의 영, 겨울철 강수로전체적인 강수량이 많은 편 · 지형과 풍향의 영향으로 대체로 강수량이 적음
중부 지방	동 · 서간 차이가 큰 기후	· 춥고 비가 적은 북부 지방과 따뜻하고 비가 많은 남부 지방의 중간적 기후 특성 · 동고서저 지형으로 지역에 따른 기온차가 심하고, 여름보다 겨울에 더욱 뚜렷함 · 태백산맥과, 수온이 높은 동해의 영향으로 겨울철 내륙 지방보다는 해안 지방이, 황해안 보다는 동해안이 따뜻함 · 강수량은 계절과 지역에 따라 차이가 큼 · 겨울은 북서 계절풍의 영향으로 차갑고 건조한 날씨 · 늦은 봄에서 초여름 사이에 고온 건조한 높새바람으로 인한 가뭄
남부 지방	따뜻하고 비가 많은 기후	· 북부나 중부 지방에 비하여 연평균 기온이 높고, 겨울이 따뜻(1월 평균 기온이 0℃ 이상이 될 정도) · 산지로 둘러싸인 분지 지형이 많은 영남 내륙 지방은 여름철이 매우 덥고, 연교차가 큼
제주도	난대성 해양성 기후	· 우리 나라에서 연평균 기온이 가장 높음, 온화한 기후(연평균 기온은 16℃, 강수량은 1,530㎜, 풍속은 4.8m/sec) · 연교차가 작고, 겨울이 따뜻한 해양성 기후임 · 지형적인 영향으로 여름에는 비가 많이 내리고, 겨울에는 눈이 많이 내림 · 해안지역에서 내륙의 산지 지역으로 갈수록 강수량이 많고, 서부지역이 동부지역보다 강수량이 적음

〈자료참조: 국토지리정보원, 우리 국토의 기후에서 재구성 〉

지형적으로 대륙에 붙어있으면서 삼면이 바다인 우리나라의 기후는 전체적으로 대륙의 영향을 받아 대륙성 기후이며, 남쪽에서 북으로 갈수록, 해안가에서 내륙지방으로 들어갈수록 더 대륙의 영향을 받는다. 그러므로 북부, 중부, 남부 지방이 대륙의 영향권의 차이로 기후에 차이가 나타난다. 북부지방은 춥고 비가 적으며, 중부지방은 동서 간 차이가 큰 기후이며, 남부지방은 따뜻하고 비가 많은 기후이며, 최남단에 위치한 4면이 바다인 제주도는 대륙과는 전혀 다른 기후 양상을 보인다.

이와 같이 우리나라는 대륙성 기후와 해양성 기후의 점이 지대에 속해 두 개의 기후요소를 가진 중간적 성격의 기후로 이로 인하여 추위와 더위를 다 수용하는 이중적 성격의 주택유형, 즉 온돌과 마루 구조가 발달하고, 좁은 국토임에도 불구하고 다양한 풍토성을 나타내기 때문에 각 지방마다 다양한 주택의 형태와 구조가 발달하고 계절에 따라 일상생활과 관련이 있는 여러 시설이나 생활풍습, 농업 등에서 변화가 매우 심하게 나타났다. 특히 북부 · 중부 · 남부 지역별로 서민주택의 구조와 평면배치 등의 방식에는 크게 영향을 주었다.

자연과 풍토에 따른 전통 주거

전통 주거는 오랜 세월동안 독특한 자연과 풍토 속에서 선조들의 지혜가 응축되어 나타난 결과물로 지역별로 지형과 기후가 다른 조건으로 인해 그만큼 다양한 주거양식을 보여주고 있다. 또한 앞에 2장에서 살펴보았듯이 자연 환경 만큼 신분제도나 경제적 조건, 가치관, 사회규범도 주거형태에 많은 영향을 주었다. 이에 전통 주거의 유형을 분류할 때 자연환경적인 조건인 지역별로 분류할 수도 있으며, 외관의 특징인 지붕재료에 따라 기와집 · 초가집 · 너와집 · 굴피집으로, 신분제도에 의해 양반주택, 중인주택, 서민주택으로 분류를 하고 있다. 이러한 분류 중 특히 서민주택은 방, 대청, 부엌을 기본으로 발전하였는데 지방별로 뚜렷한 차이를 보여 각 지방의 기후와 지형적 요인에 영향을 받음을 알 수 있다. 이에 자연환경과 풍토에 따른 전통주거의 경제적인 웰빙 대응법을 배울 수 있다. 그러나 현대에 와서 전통 주거의 원형으로 삼고 현대적으로 계승하려고 하는 표현이나 장식 등은 양반주택에서 많이 발견된다. 이에 본 서에는 서민주택과 양반주택을 중심으로 지역별로 어떠한 특성을 보이는지 살펴보고자 한다.

• 서민 주택 •

서민주택은 보통 좁은 의미에서 민가를 의미한다. 경제력이 없는 사대부나 양반의 경우도 서민주택에 기거했으며, 농민이어도 부농인 경우는 큰 중류주택에 살기도 하였다. 서민주택으로서 민가는 경제력이 미약한 서민들이 살던 집이므로 충분한 공간을 갖기 어려웠고, 최소한의 필요한 공간인 방, 대청, 부엌을 기본으로 하여 각 지역의 지형과 기후적 조건, 입지조건, 풍토, 생업, 그리고 주변에 구할 수 있는 재료에 의해 형태나 공간의 배치방식이 달라졌다. 서민들은 권위의 표현이나 유교적 생활방식보다는 농업생산성을 높일 수 있는 주택이 필요하였다. 그러므로 지역의 자연환경에 경제적으로 대응할 수 있는 주거 형태와 건설방법을 추구하였다. 이에 생활공간이 생활하기에 충분하지는 못해도 공간 사용상 구분이 있었으며 기능적, 합리적으로 생활공간을 지혜롭게 사용하였으며, 그 지역의 기후와 풍토에 가장 적합한 환경조절기법을 보여주고 있다.

서민주택의 건축적 특성은 생산 공간과 주거공간의 일체화로 신분적 권위 표현이 필요하지 않았기 때문에 한 동의 살림채 안에 모든 기능이 다 있고 4-5칸 정도의 소규모 주택이었다. 삼량 가구 정도의 단순한 구조재와 6치 이내의 두께를 갖는 구조부재를 사용하고 여닫이의 홑창과 사벽질로 마감된 벽체, 초가 지붕을 갖는 것이 서민주택의 일반적 특징이다.

서민주택, 즉 민가의 기본유형은 평면을 중심으로 홑집(외통)과 겹집(양통)으로 구분되며 이들 유형이 우리나라 지형을 기준으로 동부는 겹집이, 서부는 홑집이 주포 분포하며 같은 유형이라 북부와 중부, 남부에 따라 지역적인 차이가 나타난다.

방한과 방온을 위해 두 줄로 배열되는 겹집은 겨울철 추위가 긴 북부지방과 낮과 밤의 기온차가 심한 산간지역, 부지의 여유가 없는 곳에서 발달되었고, 홑집은 전국적으로 보편적으로 나타나나 남부지방이 여름이 길고 무더우므로 통풍이 유리한 홑집 구조가 좀 더 발달되었다.

홑집은 외통집이라도 하며 용마루 아래 부엌, 아랫방, 웃방 등의 생활공간을 외줄로 배치된 형태의 살림집으로 외채집(ㅡ자형)·쌍채집(二자형)·꺽음집(ㄱ,ㄴ,ㄷ자형)·똬리집(ㅁ자형)의 형태가 있다.

겹집은 양통집이라도 하며 용마루 아래 방들이 두 줄 또는 세 줄로 배치되어 있고, 기둥이 복판에 배열된 집을 말하며 정주간 양통집·봉당양통집·대청마루양통집·세겹집의 형태로 구분되기도 하며 평면형태에 따라 2칸 겹집·3칸 겹집·4칸 겹집, 그리고 삼남 지방의 전형적인 겹집과 그 변형인 남해안형으로 분류하기도 한다. 겹집은 방이 겹쳐 있어 채광과 환기가 홑집에 비해 좋지 못하고 증축이 어려워 대가족보다는 소가족 중심의 살림에 적합하다. 소가족이 사용하는 경우 큰방은 딸과 어머니가, 윗방은 아버지가, 아랫방은 아들이 이용하는 것이 보통이고 가사작업은 대청이 중심이 되었다.

홑집형과 겹집형이든 서민주택의 공통점은 모두 부엌과 살림방이 직접 연결되어 있으며, 살림방들은 아랫방, 윗방으로 연이어 배치되어 있다. 이는 우리 고유의 온돌난방 풍습에

| 홑집과 겹집 유형 및 지역적 분포 |

<table>
<tr><th>유형</th><th>세부유형</th><th colspan="2">특징</th><th>분포 지역</th></tr>
<tr><td rowspan="4">홑집
(외통집)</td><td>외채집
(一자형)</td><td colspan="2">· 부엌, 아랫방, 윗방 등으로 구성되는 가장 단출한 형태,'초가삼간 오막살이', 전형적 서민주택
· 대청마루가 있는 집, 부엌이 중심에 있는 집, 정주간이 있는 집, 반침이 있는 집 등으로 분화
· 북쪽 마루가 없는 一자형, 남쪽 마루가 있는 一자형, 서북 산간은 부엌 · 반침 · 아랫방 · 윗방으로 구성</td><td>· 서북부, 중남부, 동북부, 서부산간
– 평안도, 전라도, 경상도</td></tr>
<tr><td>쌍채집
(二자형)</td><td colspan="2">· 一자형으로 된 안채(몸채)와 또 한채의 一자형으로 된 바깥채(앞채)로 구성
· 대채로 안채는 외채집과 같은 형태
· 바깥채는 대문간 · 외양간 · 고방</td><td>· 서북부에서 중남부 넓게 분포 (평안도, 황해도)</td></tr>
<tr><td>꺾음집
(ㄱ,ㄴ,
ㄷ자형)</td><td colspan="2">· 一자형에 방과 경리시설을 붙여 ㄱ,ㄴ,ㄷ자형 등 여러가지 형태로 배치한 집
· ㄱ,ㄴ 자형이 기본 형태로 대청이 있는 ㄱ형(중남부 일대)과 대청이 없는 ㄱ형(서북부 일대) 유형
· 지역 넓게 분포하여 일반적이고 형태와 구조 형식이 가장 아름다워 후에 도시형주택으로 발전</td><td>· 서부해안 북부로부터 남부까지 넓게 분포
– 평안도, 강원도, 서울, 경기 등</td></tr>
<tr><td>똬리집
(ㅁ자형)</td><td colspan="2">· 쌍채집 꺾음집 형식이 결합되어 ㅁ자형을 이룬 주택
· 부농이나 지주들이 사는 경우가 많아 중류 주택으로 분류 되기도 함
· 남녀출입문 분리, 내외벽 설치 등 유교적 윤리 일부 도입
· 구조적인면에서 가장 발전된 형태
1. 네마구리집 : 네 귀 두 귀가 트인 ㅁ자형
2. 말굽집: 트인 곳이 없는 전형적인 똬리집
– 산골지주나 부농층이 사용, 안뜰을 봉당이라고 함
3. 트인 입구자집 : 집채의 어느 한족 모서리가 터지고 용마루 높이가 일정치 않음(몸채 용마루가 높음)
– 개성 이남 일대 대청마루 규모가 크고 거의 모든 방 앞에 툇마루 설치</td><td>· 동북부를 제외한 전국 각지 드물게 분포
· 서북부 일대(네마구리집), 황해도 강원도 일부(말굽집), 개성과 중남부 일대(트인 입구자집)</td></tr>
<tr><td rowspan="6">겹집
(양통집)</td><td rowspan="3">정주간
양통집</td><td colspan="2">· 정주간은 부엌과 트여 있는 온돌방으로 난방이 되므로 식사나 가족 단란이 이루어 짐</td><td></td></tr>
<tr><td>북부형</td><td>· 가장 폐쇄적인 구조로 추운지방
· 큰 정주간, 부엌을 중심으로 여러 개의 방들이 田자형 배치, 8칸집
· 경리시설이 한 집채 안에 있음
· 주택의 뒷면에 출입문을 극히 적게 냄(북부지방 풍습)</td><td>· 함경도 북부일대
· 강원도 북부 일부</td></tr>
<tr><td>남부형</td><td>· 경리시설이 한 집채 안에 있지 않고 바깥쪽에 있거나 분리되어 있음
· 방앗간이나 외양간 자리에 뒷고방 형성
· 뒷줄에 배치된 고방의 규모가 북부형 보다 작음</td><td>· 함경도 남부일대</td></tr>
<tr><td>봉당
양통집</td><td colspan="2">· 정주간이 없고 봉당을 중심으로 공간이 두 줄로 배치 되는 집, 8칸이나 10칸집
· 한 용마루 밑에 안방, 윗방, 사랑방, 부엌, 고방 및 외양간으로 구성
· 지역에 따라 봉당마루가 있는 것과 없는 것, 판자대문이 있는 것과 없는 것, 외양간이 집채 안에 있는 것과 밖에 있는 것 등으로 나타남</td><td>· 황해도 옹진, 강령
· 연안, 배천, 봉산</td></tr>
<tr><td>대청마루
양통집</td><td colspan="2">· 대청마루가 주택의 중심부에 배치
· 지역에 따라 다소 다르게 구성
· 3칸 겹집 형태가 많음</td><td>· 강원도 남부, 경상도, 경기도, 제주도 일부분포</td></tr>
<tr><td>세겹집</td><td colspan="2">· 한 용마루 안에 방을 세줄로 배치한 집
· 강수량이 많은 산간지대 분포
· 출입문이 집채 측면*지붕용마루의 좌측이나 우측 밑)에 나있는 것이 특징
· 9칸형 정방형, 12칸형 장방형이 있음</td><td>· 강원도 산간(삼척, 회양,창도,감화, 평강, 세포)</td></tr>
</table>

의한 것이다. 이와 같이 홑집과 겹집을 중심으로 서민주택은 오랜 시간을 통하여 그 지역 자연조건과 생산활동, 생활풍습 맞게 가장 합리적으로 적용하여 지역적 특색을 반영하고 있다.

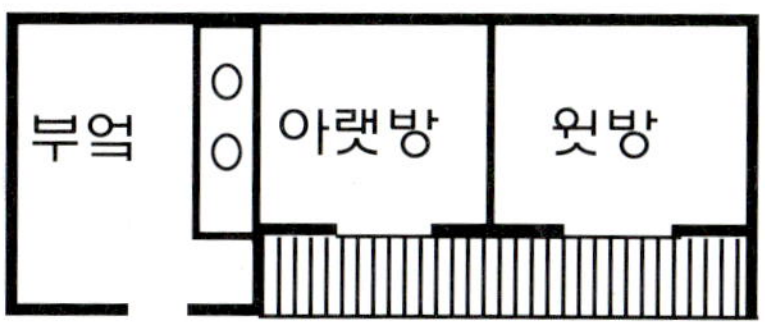

| 홑집, 마루가 없는 ㅡ자형 |

추운 지방인 평안도에서 사용되어 평안도형이라 불리운다.

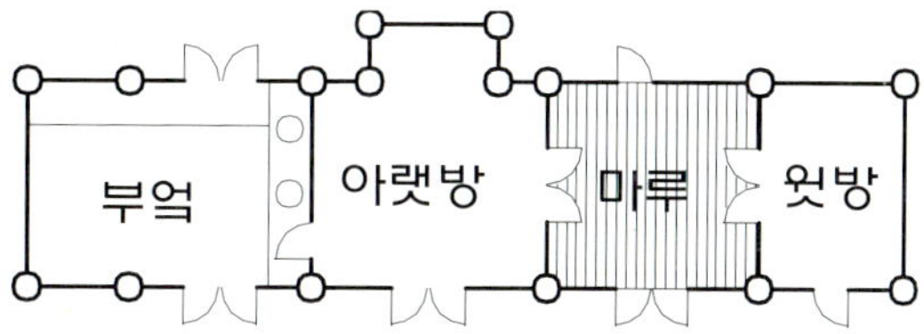

| 홑집, 마루가 있는 ㅡ자형 |

따뜻한 남부일대에서 흔히 볼수 있는 집으로 여름철 공간으로 마루를 사용한다.

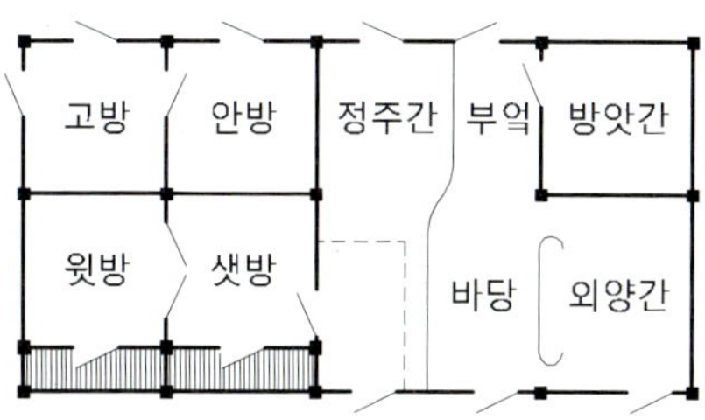

| 겹집, 정주간 양통집, 북부형 |

가장폐쇄적인 구조의 함경도 북부일대 田자형 배치의 8칸집 평면도이다.

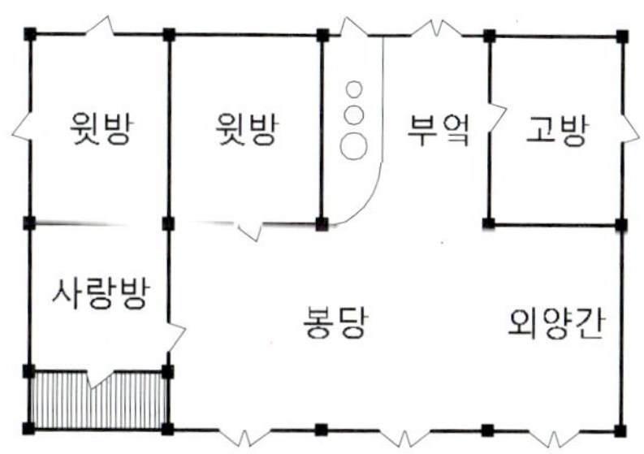

| 겹집, 봉당양통집 |

정주간이 없고 봉당을 중심으로 공간이 두 줄로 배치되는 집, 황해도 일대 8칸집이다.

| 함경도 지방형 |

함경도 지방은 우리나라의 가장 북쪽에 위치하고 험준한 산간지대와 혹한 지역이라는 자연환경으로 인해 추위를 대비한 집구조가 발달된다. 이에 외기와 접하는 면을 최소화 하도록 하여 열손실을 줄이기 위해 밭전(田)자 모양으로 방을 붙이고, 하나의 공간에 집중시켜 난방의 열효율을 높이기 위한 집구조인 겹집 구조가 형성되었다. 그리고 외기의 침입을 막기 위해 고상식 마루는 발달되지 못하고 쪽마루 정도에 그치고 있다.

함경도 지방형 가장 큰 특징은 온돌 구조의 '정주간'이 부엌, '마당'과 통합되어 큰 공간을 이루고 있으며, 정주간에 붙어서 田자형의 온돌방이 배열되고 반대쪽에 외양간이나 방앗간 또는 고방을 붙여 ㅡ자형을 보여주는 것이 일반적이다.

함경도 지방형은 田자형 배치를 기본으로

하고 북부형과 남부형으로 구분되는데 북부형은 집중식 집약형으로 모든 생활을 옥내에서 하도록 구성된 형태이며, 남부형은 부엌에서 외양간이나 경리시설을 외부로 돌출하여 곱은자 형태이다.

북부형은 관북지방인 함경북도와 강원북부에 나타나며 田자형의 방의 크기가 유사하고 온돌방의 앞줄에 주인과 손님을 위한 샛방과 윗방이 배열되고, 뒷줄에는 주부와 가족을 위한 안방과 고방이 배열된다.

남부형은 멸악산맥 이북 관서지방인 함경남도에서 나타나며 田자형의 방들 가운데 앞줄의 방이 뒷줄의 방보다 넓고, 방의 이름도 앞줄은 아랫방과 윗방으로, 뒷줄은 아랫고방과 윗고방으로 불린다. 부엌과 부엌바닥의 규모가 북부형보다 크다.

함경도 지방형은 북부형이나 남부형 모두 주거 생활은 옥외로 나가지 않아도 옥내에서 정주간을 중심으로 모든 생활이 가능하도록 짜여진 평면형이다. 정주간은 아궁이에서 때는 불의 열기와 온돌바닥의 난방열을 최대한 이용하려는 혹한 지방의 효과적인 공간 분할 방식이다. 정주간은 부엌의 부뚜막, 취사하는 설비를 포함한 바닥 공간을 넓게 확장하고 실내와 바로 동선 연결이 가능한 부분으로 온돌바닥으로 되어 있어 조리, 식사, 취침, 접객, 작업뿐 아니라 가족들의 친목공간이 되는 다목적 공간으로 활용된다. 이에 바닥 한쪽에는 바닥 보온을 위해서 이불을 깔아두므로 밖에서 들어온 가족이 몸을 녹일 때 안성맞춤이며, 조명과 보조 난방을 위해서 벽 모서리에 '코클'을 설치해 둔다. 보통 부엌과 정주간 바닥의 높이 차이는 50~70㎝ 가량이므로 한쪽 모서리에 2~3단의 계단을 둔다. 또한 정주간은 부엌에 연이어 시설하고 솥걸이는 다른 지방의 부뚜막이 확장된 형식이며 솥의 수는 보통 4개의 큰 솥과 그 사이에 작은 솥을 걸어 모두 4~8개가 된다. 부엌 바닥은 흙바닥이며 부엌

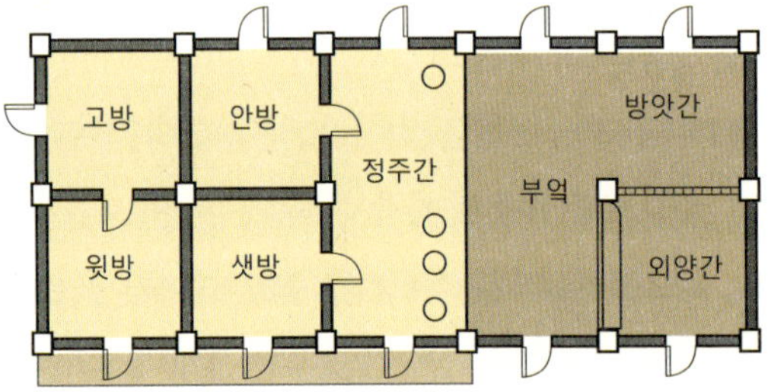

| 함경도 지방형 북부형 |

추위에 대한 열효율과 활동성을 최대한 고려한 전형적인 함경도 지방형 북부형으로 경리 시설이 한 집 채 안에 있는 것이 특징이다.

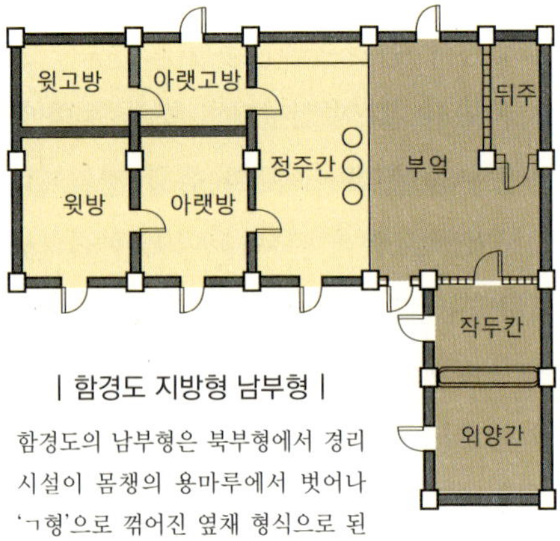

| 함경도 지방형 남부형 |

함경도의 남부형은 북부형에서 경리 시설이 몸채의 용마루에서 벗어나 'ㄱ형'으로 꺾어진 옆채 형식으로 된 점이 주요 특징이다.

과 외양간의 구분은 소여물을 주는 구유가 놓여 부엌 바닥과 외양간을 구분하였다.

| 평안도 지방형 |

평안도도 북쪽에 위치하면서 한랭한 기후지역으로 북서 계절풍의 영향을 받으나 함경도와는 달리 평야가 많은 농경지이므로 폐쇄적인 주거형식을 가지면서도 노동집약적인 집단취락이 발달하였다. 집단취락의 발달은 각 주거의 경계와 사유화된 마당을 필요로 한다는 점에서 주요 특징이 나타난다.

평안도 지방의 민가는 一자형 홑집 평면을 기본으로 一자형 살림채와 광, 외양간, 측간 등을 하나의 채로 구성한 一자형 부속채가 마주보는 二자형의 쌍채집이 이 기본을 이룬다. 二자형을 기본으로 부속채의 일부가 양옆에 결합되어 살림채와 연결되면 울타리를 기준으로 ㅁ자형 또는 ㄱ자형 같은 형태의 주택도 보이나 남부지방의 형태와는 형식면에서 상당히 다르다.

평안도 지방형의 큰 특징은 가장 기본적인 형은 방, 부엌, 방이 일자로 배치되고 마루가 없으며, 홑집이지만 뒷벽에 창호를 설치하지 않는 중앙집중형 주거 형식을 갖는다. 그리고 두 채 사이에 구성되는 마당과 채의 주변을 8척이상이나 되는 담으로 둘러싸여 경계와 사유화를 강조하면서 폐쇄적인 모습을 띄고 있다. 몸채와 앞채 사이 생긴 마당을 안뜰이라 하고 앞채 앞에 있는 뜰을 앞뜰이라 한다.

평안도 지방형 쌍채집은 기본 구조는 같으나 대동강 이북지대와 대동강 이남 일대가 출입문과 부엌과 아랫방 사이 샛문 위치가 다르게 나타났다. 대동강 이북지대는 출입문은 앞채에 있는 대문간이 유일하여 대문간으로만 출입을 하였으나, 대동강 이남 일대는 살림채인 몸채 뒷면에 출입문을 내는 풍습에 의해 문을 만들었다. 이는 대동강 이북이 기후적으로 서북풍이 강하게 불고 겨울철 몹시 춥고, 이 지대의 주택이 대부분 둑집으로 뒷문을 내기가 어려웠으나, 대동강 이남은 이북보다는 상대적으로 추위가 덜하고 여름철 통풍을 고려한데서 뒷문이 생겨났다고 볼 수 있다. 그리고 부엌과 아랫방 사이의 샛문의 위치가 대동강 이북은 샛문이 뒷면에 치우쳐 있지만 대동강 이남은 앞쪽에 치우쳐 있거나 없어지기도 하였다. 이는 샛문을 통해 음식을 나르는 방식에서 대동강 이남은 음식물을 부엌출입문을 통해 안뜰을 거쳐 안방으로 운반한데 기인한다. 이는 문의 위치하나도 기후 조건과 생활 관습에 영향을 받아 설치되었음을 보여주는 좋은 예라 할 수 있다.

기본 二자형 쌍채집에서 살림형편이 좀 넉넉하거나 식구가 많은 경우는 방을 더 늘려 ㄱ자형, ㅁ자형 같은 주택을 만드는 경우가 생기는데 이때는 보통 몸채의 윗방 다음에 맏윗방을 배치하고 앞채에는 사랑방을 부설하여 몸채의 방 수와 앞채의 방 수를 같게 하는 방식으로 증축을 하였다. 사랑방에는 대문간 곁에 사랑 부엌을 만들고 밖으로 출입하는 문과 안들로 통하는 안문을 내어 생활에 좀 더 편리하게 대응하였다.

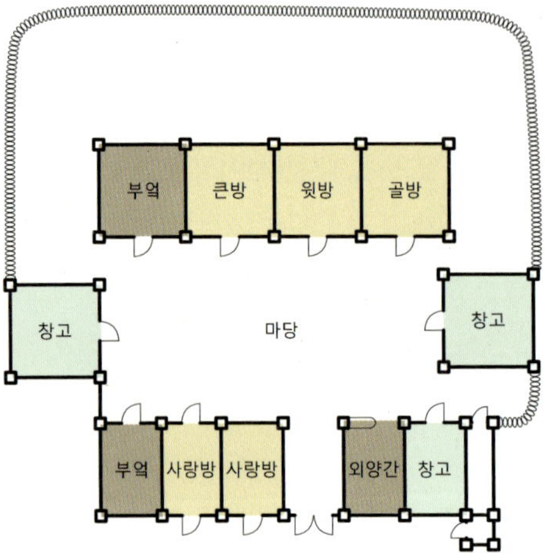

| 평안도 지방형 二자형(쌍채형) 홑집 예 |

방, 부엌, 방이 一자형으로 배치되고 마루가 없는 평안도 지방의 二자형 홑집이다.

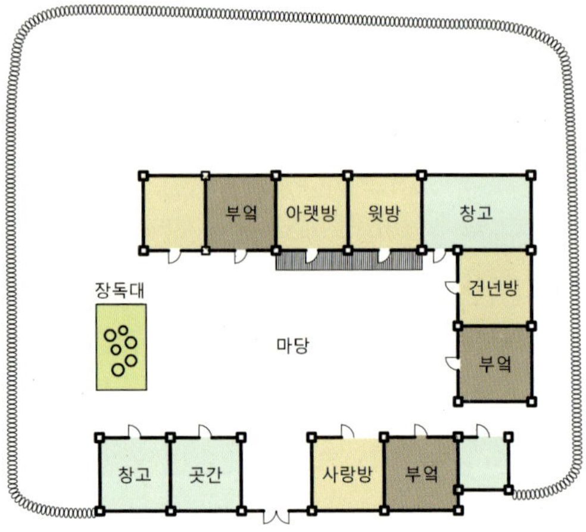

| 평안도 지방형 ㄱ자형 홑집 예 |

二자형집에서 증축에 의한 ㄱ자형 홑집으로 생활에 좀 더 편리하게 대응하였다.

| 황해도 지방형 |

항해도는 위치상 평안도와 함경도와 접하면서 남쪽으로는 경기 북부와 강원도와 접하는 중간지대로 황해도 지방의 홑집과 함경도 지방의 겹집의 형식이 동시에 분포하는 양상을 보인다. 이는 황해도 남부에서 경기 북부, 강원도 일대까지 유사하게 나타나 이를 동일 주거 문화권으로 보고 있다.

황해도의 홑집은 멸악산맥을 경계로 북부와 남부가 다른 주거형식을 나타낸다. 북부는 평안도 지역의 형태와 비슷한 '열린 ㅁ자형'이 주류를 이루고, 남부는 'ㅁ자형'이 일반화 되어 있는데 폐쇄적인 뜰과 대청을 가지고 있다는 점에서 열린 ㅁ자형과 차이를 보인다.

황해도의 겹집은 함경도의 영향으로 겹집이 발달하나 기후 영향으로 정주간 없이 봉당을 통해 바로 방으로 연결되는 봉당형 겹집 즉 봉당양통집이 나타난다. 봉당은 주택 내부에 있으면서 마루나 온돌이 아닌 흙이나 강회, 백토를 깔아 조성된 마당과 내부공간과의 중간 공간이다. 이에 1차적으로 출입 공간이며, 2차적으로는 각 방들의 연결통로이고, 3차적으로는 창고 같은 기능도 하는 다기능 공간이다. 주택 내부로 들어갈 때 출입문을 들어서면 바로 봉당이 되며, 이 봉당을 거쳐 좌우의 각 방과 내부 쪽으로 진입하도록 되어 있으며 그 규모는 주택의 건물 평면과 비례하여 커지는데 두 겹집일 때 2칸이던 봉당이 세 겹집이 될 때에는 3칸이 되는 경우가 많다.

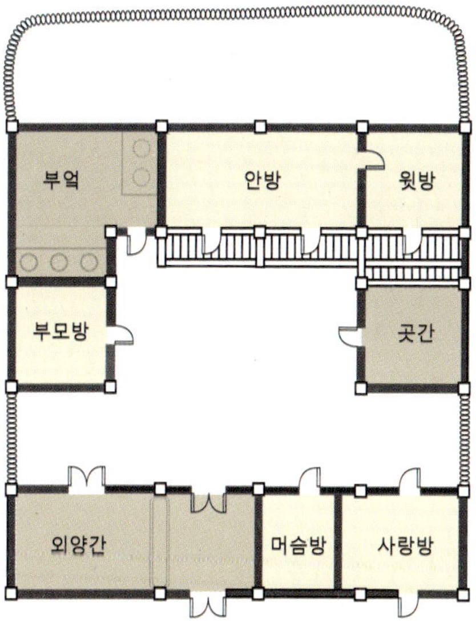

| 황해도 지방형, ㅁ자형 홑집 |

황해도 남부의 ㅁ자형집으로 폐쇄적인 뜰과 대칭을 가지고 있다.

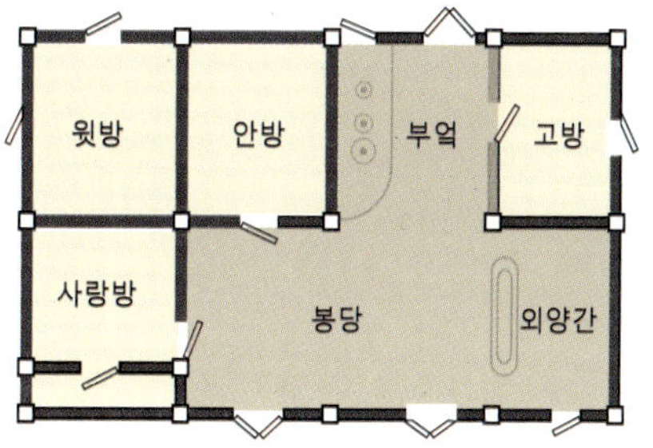

| 황해도 지방형 봉당양통집 |

정주간 없이 봉당을 통해 실내로 들어가는 봉당양통집이다.

| 강원도 지방형 |

강원도의 민가는 대부분 田자형의 겹집 평면을 지니고 있으나 영동과 영서, 삼척을 중심으로 북부지역과 남부지역이 조금씩 차이가 난다. 그리고 지형적으로 대부분이 산간지대로 이루어져 가옥도 산간 지대의 자연 환경 특유의 여러 가지 특성을 지니게 된다.

영동지방은 태백산맥 줄기와 동해안을 따라 함경도에서 경북까지 이어지는 문화적 연결고리가 영동 고유의 지역성과 만나 독특한 모습으로 자리 잡아 나타난 유형으로 볼 수 있다. 영동지방형의 주요 특징은 폐쇄형의 겹집구조로써 추운 함경도 지방의 영향을 받은 온돌 중심의 내한적 구조와 남부 따뜻한 지방의 영향을 받는 마루중심의 두 요소가 삼척을 중심으로 북부, 남부로 나눠 분포하고 있다.

영서지방은 홑집에 비교적 개방적인 구성을 보이는데 영동과 가까운 쪽은 영동지역의 주거형태도 보이나 서쪽으로 올수록 서울 경기방의 영향으로 'ㄱ' 자의 경기도 지방 민가 형식을 가지고 있으며, 자연 · 인문 환경의 영향을 받고 있다. 뚜렷이 구분되는 평면형식은 대관령을 중심으로 나누어지고 있으며 이 두 요소의 결합된 양식들은 정선 지방에서 혼재되어 나타나고 있다.

강원도는 산간 민가는 지형적 요인에 의해 주로 밭 작물을 재배하여 지붕을 이을 짚을 구하기 어렵기 때문에 새, 겨릅(껍질을 벗긴 삼대), 수수깡, 굴피 등으로 지붕을 잇거나 근처의 산림에서 쉽게 구할 수 있는 소나무, 전나무 등 주변에서 습득이 가능한 재료를 이용하여 건축하므로 일반 초가집과는 달리 너와집, 굴피집, 귀틀집이 나타나고 있다. 이들 산간 민가를 고유명칭으로 두렁집이라고 하며 삼척의 산간지방을 중심으로 넓게 분포하고 있다. 두렁집은 겨울의 추위와 산짐승들의 피해를 줄이기 위한 구조로 겹집의 집중형 구조로 지붕의 박공 쪽으로 출입구를 가지고 있다. 온돌방, 도장방(창고), 부엌, 마루, 봉당(마루와 통방), 외양간을 한 채 안에 두는 구성을 하고 있으며, 출입구, 봉당, 그리고 마루를 중심으로 각 방이 배치되는 기능적 평면형식을 가지는데 현재 우리나라 아파트의 출입구, 현관, 거실 중심의 방들로 구성되는 평면형식의 원류라는 평가를 받고 있다.

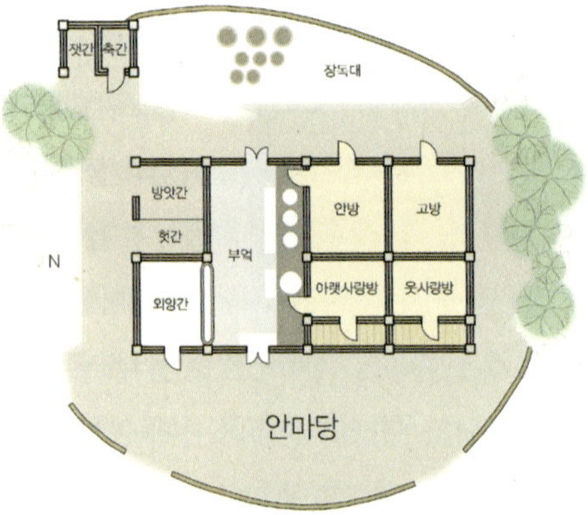

| 강원도 영동형 겹집 사례 |

함경도의 영향으로 폐쇄적으로 형성된 영동형으로 삼척의 권영태가의 평면이다.

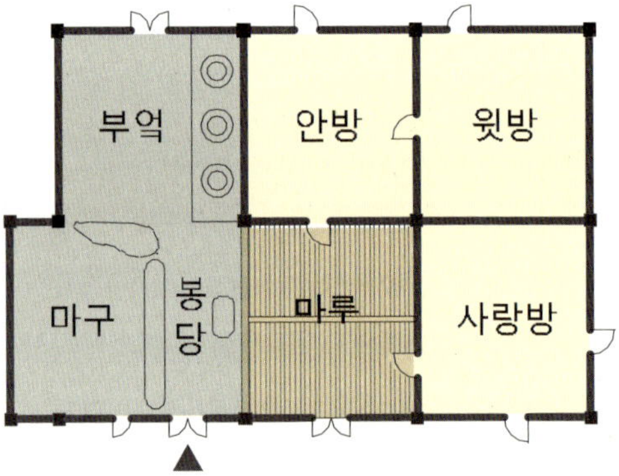

| 강원도 산간의 겹집 두렁집 |

강원도 영동지방의 산간에서 주로 분포하는 두렁집의 대표적 평면으로 현대 아파트 평면형식의 원류라는 평가를 받고 있다.

| 중부 · 서울 지방형 |

황해도 남부와 경기도, 충청도 일대의 중부 지방은 자연 환경적으로는 북부 지방에 비해 여름이 길고 고온다습하며 지형적으로 평야가 많아 주거의 형태는 농작업과 관련하여 넓은 외부공간을 필요로 했고, 겨울철에 대한 대비도 필요하지만 여름철 더위를 피하기 위한 통풍과 환기의 효율성에 대해서도 필요로 했다. 그리고 다른 지방에 비해 서울인 한양을 중심으로 인접하여 사회 · 문화적 환경의 영향을 많이 받아 서울의 집권양반층의 사대부 문화가 서민주택에도 영향을 미쳤다. 이러한 자연 환경적 요소와 사회 · 문화적 배경에 의해 중부 지방 및 서울 지방형은 농작업과 수장을 위한 공간으로 넓은 마당이 조성되고, 여름철을 더위에 대비하여 통풍과 환기를 위해 주거를 분산하여 각 공간에서 외부로 통하는 개구부를 가급적 많이 가지게 하고, 바닥을 띄우는 고상형 마루를 채택하게 된다. 이에 살림채와 부속채의 건물들이 분리되고 건물과 건물사이 넓은 마당을 두고, 온돌과 마루를 동시 적절히 채용하고, 가구가 밀집되어 취락을 이루어 이웃과의 경계를 위해 담장과 대문이 설치 되는 주거 형태로 발전하게 되었다.

서울을 포함한 중부지방의 서민주택 유형은 대부분 살림채 'ㄱ자형'을 기본으로 부속채를 덧붙여 'ㄷ자형', 'ㅁ자형'으로 전개되고 있으며 외형적으로 거의 유사한 형태를 보여 주면서 공간배치에서 다양한 절충형의 배치가 나타난다. 단, 서울지방형과 황해도 남부와 경기도 일대 지방에 차이가 나는 것은 부엌공간의 배치이다. 서울 지방에서는 부엌을 대부분 꺾인 곳으로 오게 되어 동서쪽에 배치하는데 반해 개성을 중심으로 하는 황해도 남부와 경기도 일대에서는 부엌과 안방을 남쪽에 배치하여 햇볕을 많이 받도록 하고 있는 점이 다르다.

중부지방을 지역적으로 구분하여 주거유형 특성을 살펴보면 우선 제일 위쪽에 위치한 황해도 남부와 경기도 일대는 살림채는 'ㄱ자형'이며, 부속 채를 '一자형', 'ㄱ자형'으로 마당을 중심으로 배치하므로 최종적으로 'ㅁ자형'과 유사하게 나오므로 '튼 ㅁ자형'으로 분류되는 형들이 많이 나타난다. 보통 살림채는 대청을 중심으로 양쪽 방을 배열하고 안방 옆에 부엌을 붙여 꺾어 'ㄱ자형'을 만들었다.

서울과 경기도 남부, 충청도 지방은 살림채가 'ㄱ자형', 대문간 · 외양간 · 방앗간 · 수장공간 · 사랑방 등으로 구성되는 부속채가 'ㄴ자형', 'ㄷ자형', '一자형'으로 분산되어 안마당이 더 넓어지는 형태를 이루고, 최종적으로 'ㄷ자형', 'ㅁ자형', '튼 ㅁ자형'으로 표현된다. 안마당을 향해 개방된 대청마루를 가진다. 채들이 분산됨으로 인해 안마당, 뒤안, 바깥마당으로 명확히 구분되는 외부공간을 갖게 되는데 특히 바깥마당은 중부지방에서만 볼 수 있는 특징적 공간이다. 부엌도 안으로 나뭇간을 구획하거나 각종 독이나 항아리를 정리하는 수장 공간이 분화되고 부뚜막과 부엌의 상부공간을 안방에서 이용하도록 다락과 누다락을 두었다.

충청남도 지방도 살림채는 'ㄱ자형'을 중심으로 형성되고, 타 지역의 민가보다 여유있는 배치로 규모가 크게 형성된 집이 많고, 구조적 소박한 조형성을 추구하며 'ㄷ자형', 'ㅁ자형' 주거가 많이 나타난다.

중부지방형에서도 경제적으로 어려운 서민계층은 '一자형'도 마낳이 나타나며 사랑채나 광채 등 각 채는 분산 배치되는 경향을 보인다.

| 중부 지방형, 경기도 북부 튼 ㅁ자형 사례 |

황해도 남부와 경기도북부 쪽에서 많이 발견되는 튼 ㅁ자형 평면으로 부엌이 안방과 함께 남향으로 배치되어 있다.

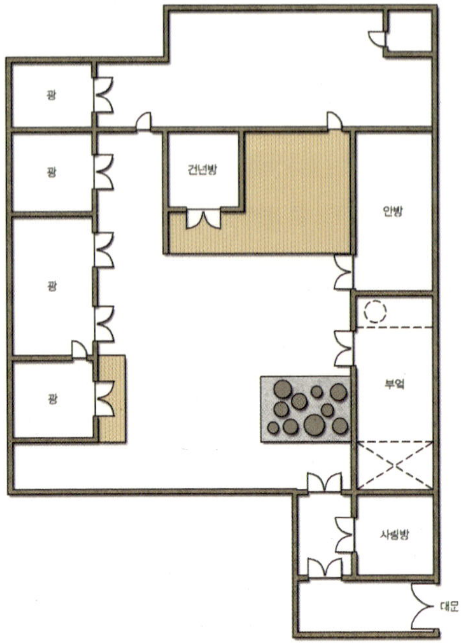

| 서울지방형 ㅁ자형 사례 |

황해도 남부와 경기도북부 쪽에서 많이 발견되는 튼 ㅁ자형 평면으로 부엌이 안방과 함께 남향으로 배치되어 있다.

| 경상도 지방형 |

경상도 지방의 민가는 경상북도와 경상남도가 확연하게 구분된다. 경상북도는 안동 문화권을 중심으로 'ㅁ자형' 주거 평면이 발달하였다. 'ㅁ자형' 평면이 전국적으로 분포를 보이나 유독 안동을 중심으로 경상북도에 90%이상이 치중되어있다. 이에 이곳에서는 ㅁ자형 집을 '뜰집'으로 부르며 이를 안동형으로 분류한다. 경북에서 이렇게 뜰집이 발생하여 일관적 형식을 갖게 된 이유는 명확하지는 않으나 학계에서 추정하기를 우선 지형적인 이유로 경북이 산간지대라 평야지대와 달리 집터가 협소하고 경사진 곳이 많아 ㅁ자형으로 집약 배치하는 것이 가장 적합한 이유이다. 두 번째는 경제적인 이유로 안동이 사대부나 양반들의 낙향지이자 은퇴처로서 안빈낙도와 후세교육을 중심으로 생활하다 보니 권력이나 재력과는 무관하여 최소한의 경비로 최대한의 효율을 높이는 주거 형태를 택하였다는 이유이다. 세 번째는 집안의 전통으로 관습화되었다는 점을 들고 있다. 동족 부락의 대종택이 ㅁ자형이면 소종택도 ㅁ자형으로 또 후손도 ㅁ자형으로 전승하여 집을 지었기 때문이라고 이유를 제시하고 있다. 이러한 뜰집의 특성은 모든 주거공간이 단일건물에 포함되어 있고, 안마당 즉 뜰이 좁고 외부적으로 폐쇄적이다. 그러나 살림채에 대청이 개방적으로 구성되어 내부로는 개방적인 특성을 갖는다.

경상북도 지방에 많이 나타나는 민가 중 뜰집의 형태이면서 초가 지붕을 가진 특색 있는 민가로 '까치구멍집'이 있다. 안동, 영주 및 강원도 남난부에 널리 분포되어 있으며, 아궁이와 외양간이 실내에 들어와 배연과 통풍, 환기가 잘 되도록 지붕 용마루 양 끝단 아래 합각 부분을 막지 않고 틔워 놓아 구멍을 만들어 놓은 지붕형태를 지닌 집을 말한다. 까치구멍집은 겹십 평면으로 정면 가운데 있는 판문을 들어서면 봉당이고 좌우로 부엌과 외양간이 함께 있어 내부 생활공간의 집약화가 이루어져 효율적인 가사작업이 가능하고 외부로부터 더 적이나 짐승의 침입을 막을 수 있는 폐쇄적인 외관으로 되어있다. 또한 바닥이 낮은 부엌과 외양간은 상부공간에 여유가 있어 고미다락을 만들어 추수한 곡식이나 생활용품의 보관소로 활용했다.

경상남도 지방은 크게는 내륙형과 해안형으로 구분되어 나타나는데 해안형 경우 전라남도 해안 지역 일부 혼합되어 다른 유형으로 나타나므로 따로 살펴보고 내륙형을 중심으로 살펴보고자 한다.

경상남도 주택은 고온다습한 여름기후에 대응하기 위해서 단순히 그늘을 제공하는 것 이외에 건물을 가급적 분산하고 외부로 통하는 개구부를 최대한 확보하여 통풍과 환기의 효율성을 높이는 방향으로 발전하게 된다. 경상남도, 특히 내륙지방의 서민주택은 정지, 큰방, 대청, 작은방이 '一자형'으로 배열되고 중앙에 개방된 마루를 갖는 중앙대청형의 '一자형' 홑집 주택이 일반적이다. 이에 대청이 중심이 되는 공간 구성으로 서울 중부지방과 더불어 '대청문화'의 중심축을 이룬다. 이러한 서민주택은 태백산맥과 소백산으로 구획된 지역을 기준으로 남동쪽과 남동해안에 일부 분포하고 있다.

'一자형' 홑집 주택이 규모가 커지게 되며 대문채, 사랑채, 살림채, 부속채 등이 분리되어 각기 독립적인 영역을 형성하여, 분산된 ㅁ자형, ㄷ자형 배치를 이루어 보다 넓고 개방적인 안마당을 갖는다. 그리고 경남 지방의 살림채에서는 툇마루의 폭이 넓고, 폐쇄적인 안청을 갖는다. 채가 독립적으로 발달한 경상남도의 주택들은 각 채를 중심으로 한 사랑채 영역, 살림채를 중심으로 한 안채 영역 등 각기 고유한 영역을 형성한다. 이에 독립적인 각 채들을 배치하기에 따라 다양한 조합에 의해 다양한 배치형식이 나오게 된다. 즉 대문채, 살림채, 사랑채를 병렬 또는 직렬, 직교 등의 배치에 의해 다양한 평면이 나타나게 된다. 이러한 조합에 의해 3칸 홑집형이 일반적으로 나타난다.

이외에 북쪽에서 전래된 겹집형도 나타나는데 툇간집에서 겹집으로 발전되어 안방이 田자형의 구성을 하고, 부엌 부분도 겹집화하여 면적이 늘어나 난방과 취사를 기능적으로 분리되고 정지방이 존재하는 형식으로 나타난다. 또한 남쪽지방에서 유입된 중앙부엌형도 나타나고 있어 다양한 공간문화 형태를 보이고 있다.

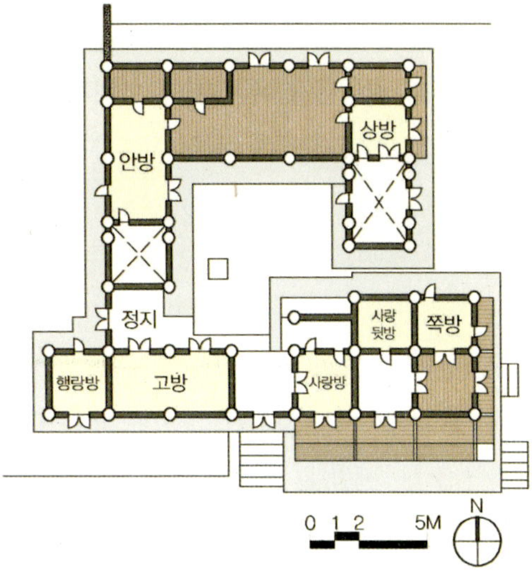

| 경상북도 지방형, ㅁ자형 뜰집 사례 |

규모가 있는 경상북도 봉화마을 뜰집 평면 구성 사례로 건물채의 규모에 비해 안마당이 작고, 넓은 대청마루가 있는 것이 특징적이다.

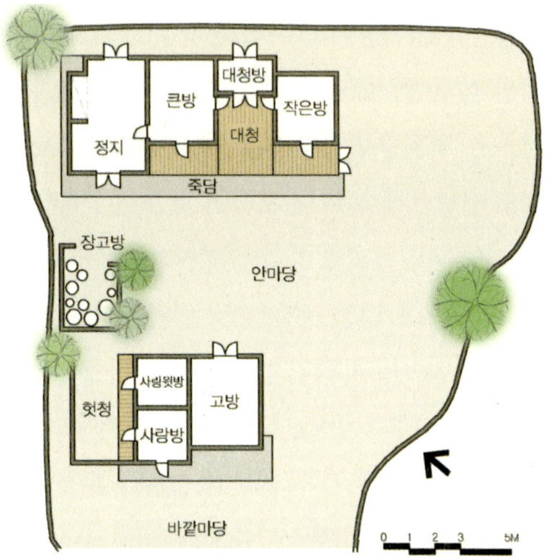

| 경상남도 지방형 분산된 ㄷ자형 홑집 사례 |

경상남도 산청군의 서민주택으로 一자형 홑집이 각각 분산되어 배치됨으로 넓고 개방적인 안마당과 넓은 툇마루 구성을 볼 수 있다.

| 전라도 지방형 |

전라도의 민가는 전라북도와 전라남도가 다른 모습으로 전개되나 기후가 건축에 지대한 영향을 미쳤는데 다른 지역에 비해 비가 더 많이 오고 날씨도 더우며 넓은 농경지가 있으므로 주거 건축도 상대적으로 넓은 대지에 가옥이 많은 채를 이루었으며, 간살이가 넓고 부재가 굵어 우람하고 수장 공간이 넓어야 하고 또한 지붕이 더 발달하고 더 높게 발달되었다. 전라도의 민가는 기본적으로 부엌과 방으로 이루 어진 2칸이나 부엌에 방이 둘 달린 3칸의 一자형 평면으로 구성되는 것이 보통이며 사랑채는 안채와 완전히 분리된 툇간집 복합형의 별동형으로 구성된다. 산간이나 해 안지역 같은 경우 자연환경의 특수성으로 다른 구성이 나타나고 있다.

전북 지역은 노령산맥의 산세를 이어 받아 동고서저의 단형지형을 이루므로 동부는 산간지방이며 서부는 평야 지방으로 구성되어 평야지방과 산간지방에 따르는 자연환경의 차이로 공간 구성이 다르게 나타나고 있다. 이에 일반적으로 3칸형의 一자형 홑집이나 산간지방 경우 ㄱ자형, ㄷ자형, 田자형의 겹집으로 다양한 유형이 나타나고 4칸형 구성에서는 산간지방에서 많이 나타나는 도장 공간이 조성되어 나타나 있다. 보통 호서형이라 하여 대표적인 형태로 삼는 것은 전북의 산간 지방에서 나타나는 반겹집 유형을 말한다. 전북 지방에서 보이는 겹집은 북부지방에서 보이는 2칸의 겹집이 아니라 방이 1.5칸으로 구성되거나 방과 도장이 충첩되는 반겹집 형태로 나타난다. 이는 곡식이 귀한 산간지방에서 이를 귀하게 여겨 내부 공간 보관하기 위해 안채에 다양한 수장 공간을 만들면서 도장 공간으로 분화되면서 반겹집 형태로 발전되었다. 도장의 출입은 경제권이 집주인에게 있으면 반드시 안방을 통해서만 이루어지나 분가한 자제가 있는 경우는 마루나 외부에서 출입하는 구성으로 되어있다. 산간지방 주택은 마루는 전면이나 후면에 툇마루를 조성하는데 평야지대보다는 폭이 좁게 나타나고 있다.

반면 평야지대는 호남형과 유사한 점이 많이 보이는 데 농업을 위주를 하는 생산 활동에 의해 외부 공간 활용이 많았으며 곡식을 저장하기 위한 도장기능 공간은 옥외나 별도의 건물을 건축하여 보관하고 있다. 산간지방 보다 마루가 발달하는 데 산간지방 보다 폭이 넓게 나타나며 외부에서 제작되어 토상에 끼워 넣거나 방의 전면에 위치하기도 하지만 건물의 전면 부엌과 방의 중심에 놓여 각각의 공간을 연결하는 공유기능과 휴식기능을 수행하고 있다. 이때는 도장은 대청 뒤에 위치하고 있다.

전남 지역은 대부분 평야 지대이며 해안지역으로 구성된다. 이에 호남형과 남서해안형으로 구분하여 살펴볼 수 있으나 거의 유사한 형태가 나타나는데 형식성이 상대적으로 약한 一자형 겹집, 一자형 홑집이 자연스럽게 배치되는 분산형 주거가 대표적이다. 이러한 분산형 배치는 얼핏 보면 원칙이 없어 보이나 친자연적인 배치기법으로 자연지세를 살리고 미세한 지세 차이를 적극적으로 이용하는 데 몇 가지 배치 원칙에 의해 배치되고 있다. 주요 배치 원칙은 전면에 사랑채를 두고 그와 나란하게 후면에 안채를 두는 것이다. 그러나 지형이나 주변여건에 의해 좋은 향을 차지하기 위해 지세의 경사를 이용하나 방향을 바꾸어 직각으로 배치하기도 하며, 사랑채와 안채를 나란히 놓기도 한다. 이는 도식적인 배치 원칙보다는 진입에서 방에 이르기까지 사람의 실제 움직임상의 전후관계를 고려한 의식적인 배치원칙을 따른다고 볼 수 있다.

전남 지방 민가의 살림채인 안채의 실구성은 작은집은 3-4실, 다소 규모가 큰집은 5-6실 정도로 이루어지며 정지(부엌), 큰방(안방), 정지방(모방), 작은방, 마래(도장방, 마루방) 등의 실을 가옥규모나 지역에 따라 유기적으로 조합하여 전체를 이룬다. 이러한 실의 조합에 의해 부엌 앞에 모방이 달린 '모방형 주거', 마루방인 마래를 갖춘 '마래형 주거', 부엌 건너편으로 방이 들어선 '중앙 부엌형 집' 등 전남 특유의 주거형식이 나타난다. 실의 기능은 다른 지방과 크게 다르지 않으나 타지방과 구별되는 요소는 안채의 '곡간문화'로 인해 마루나 부엌의 기능이 수장 공간의 기능이 더 강화되는 양상으로 변화되어 대청에 여닫이문으로 폐쇄되어 공간을 분화하여 '마래'를 만들고 정지 앞쪽에 추가되는 수장 공간인 '정지방(모방)'을 안채에 부속시키는 점이 가장 특징적이다. 이러한 곡간, 수장 공간의 설치는 서남해안 도서 및 그 연안 지역에서는 적극적으로 나타나고 위쪽으로 올라갈수록 소극적으로 표현되고 있다. 안채의 다양한 수장 공간으로 인해 경상도 지역의 민가 보다 평면이 복잡하며 각 실의 연결을 위해 넓은 툇마루가 발달한 것도 주요 특징으로 볼 수 있다.

서남부 도서해안지역에서 많이 나타나는 '모방형 주거'는 '까작집'이라고도 불리우며 전남 지방에서만 나타나는 형태로 모방이라는 작은 방이 평면의 끝, 부엌의 앞쪽에서 조그맣게 부엌과 병렬로 배치되어 본채의 전면보다 약간 튀어나온 형태를 말한다. 이 까작집은 서남부 도서해안지역 민가의 90%이상을 차지하고 있으며 이들은 대부분 4칸으로 되어 있다. 이러한 형태는 전남의 내륙지방인 영암의 월출산 주변에서도 일부 나타나고 있다.

| 전라도 민가의 특징적인 공간 마래와 모방 |

1.마래

전남 지방의 민가의 있어 마래는 안채 내부에 설치되어 주요 물품을 보관하는 매우 중요한 공간이다. 마래의 명칭은 지역에 따라 다른데'마루방','대청'이라고도 불리며 전남 구례와 장흥 산간 지역에서는 '도장방'이라고도 하며, 서남해 도서지역과 인근연안 내륙 지역에서는'마래','마리','말래' 등으로 불리운다. 마래는 바닥구조는 대부분 부분 마루를 깔았으나 규모가 작은 가옥에서는 흙바닥으로 마감하기도 했다. 실의 주요 용도는 수장기능으로 각종 항아리를 줄지어 놓고 독안에는 각종 곡물을 수장하고, 이외에 각종 살림도구인 바구니, 상, 돗자리 등도 보관한다. 수장 기능 외에도 한 가정의 정신적 지주공간으로 역할도 하는데 보통 3대조까지의 신위를 모셔두고 제례 장소로도 활용한다. 신위는 정면출입구 맞은편 벽 상부에 감실장을 만들어 설치하기도 하고 감실장 없이'독'이라는 조그만 나무 상자를 선반에 올려놓기도 한다. 살을 신체로 하여 성주독이 있어 통상 집안의 수호신으로 봉안되고 상부의 상량위에는 집의 수호신인 성주를 모신다. 작은 대나무 가지에 한지를 접어 꿰어 달고 거기에 마른 명태를 달아 놓기도 한다. 사당을 별도로 건립할 수 없어 제사공간으로 활용하였다. 이를 위해 전 · 후면에는 폐쇄적인 판장문을 설치하였다.

2. 모방

모방은 완도와 남해 도서 지방에서 '정지방'에 붙이는 고유명칭이다. 큰방과 대비되는 일종의 작은 방으로 보통 정지안쪽에 붙여 정지방이라 한다. 이방은 전남에서도 영상강 유역의 평야 지대와 남서해 도서(신안, 진도군 등) 및 그 연안 지역(영광, 함평, 강진, 해남 등)에서 많이 보이며 식구가 많거나 또는 아들이 결혼하여 살림을 따로 내지 못할 때 이방을 쓰게 하였다.

| 전북 지방형, 3칸형 ㅡ자형 반겹집 |

전북 정읍 송씨 가옥 평면으로 산간지방이 많이 나타나는 대표적 호서형 사례로 대청이 없고, 툇마루가 발달되고 안채를 분리하여 도장공간을 만들었다.

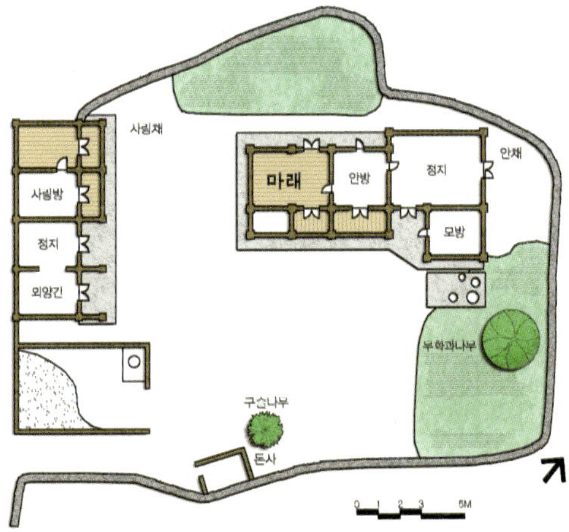

| 전남 지방형, 마래형 주거 |

전남 신안군 제갈시 가옥의 평면으로 전형적인 호남형의 주거 평면을 보여 주고 있다. 마래와 모방이 갖추어진 모습을 볼 수 있다.

| 남동해안 지방형 |

남동해안은 경상남도의 남해를 중심으로 다수 무인도로 구성된 지역으로 산이 많고 강이 짧아서 평야가 발달하지 못하였으며 해양성 기후의 영향을 받아 온난 다습하며, 년 중 평균 강수량이 2,240㎜가 되는 다우 지역이다. 이에 고온다습한 여름 기후에 대응하기 위해 건물을 최대한 분산시키고 통풍과 환기가 잘 되는 구조로 개구부를 많이 둔 ㅡ자형 홑집형을 채택하게 된다. 지리적 특성상 경남과 전남의 도서해안의 영향을 받아 절충되는 공간 구성이 많이 나타난다.

남동해안의 주택을 구성하는 요소는 원채(주건물;안채), 아래채(별채), 헛간, 문간채이며 원채와 부속채들의 배치에 의해 ㅡ자형, 二자형, ㄴ(ㄱ)자형, ㄷ자형으로 되며 모든 건물이 안마당에 면하여 개방되는 특징을 가지고 있다. 이는 다른 지역에 비해 남녀유별에 대한 관념이 희박하고 각 세대별로 부부중심의 생활이 영위되는 지역 특유의 윤리적 특성에 기인한다.

원채는 큰방, 작은방, 안청(마루), 정지로 구성되며 5칸집에서는 갓방이 추가 된다. 갓방은 작은방 옆에 붙이며 가족 거주용으로 사용되기도 하고 도장이라 하여 곡식보관창고로 사용되기도 한다. 아래채는 아랫방과 창고(고방)와 헛간으로 구성된다. 안청은 전남지방의 마래와 유사한 공간으로 성주의 봉안 및 제사 공간으로, 곡식을 담은 대형항아리나 가마니, 식품 및 가구류의 보관 장소로 이용한다. 보통 안청과 큰방사이에는 출입문이 있어 큰방의 거주자가 안청을 관리하지만 주택에 따라 큰방과 작은방 사이에도 같이 문을 두기기도 한다.

아래채는 아랫방과 창고 또는 도장이 구성되는데 두 공간에 대하여 1개소의 아궁이로 난방이 가능하도록 하여 경우에 따라 거주용 방으로 전환하여 사용하였다. 도장은 제3세대 가족의 생활공간을 확보하거나 곡물을 보관하는 장소로 이용되며, 창고는 각종 기구류, 가제도구를 보관하는 장소로 이용된다. 헛간은 문이 없이 외부에 개방되어 퇴비나 땔감, 농기구 등을 보관하는 장소이며, 아랫채에 연결되어 있기도 하지만 독립되게 조성하는 경우도 있다. 그리고 상이 발생하여 상방을 차릴때 헛간을 이용하기도 한다.

| 남동 해안형, 二자형 배치 |

경남 고성군 박씨 가옥으로 4칸형으로 구성된 전형적인 남동해안형 평구성을 가진 사례이다.

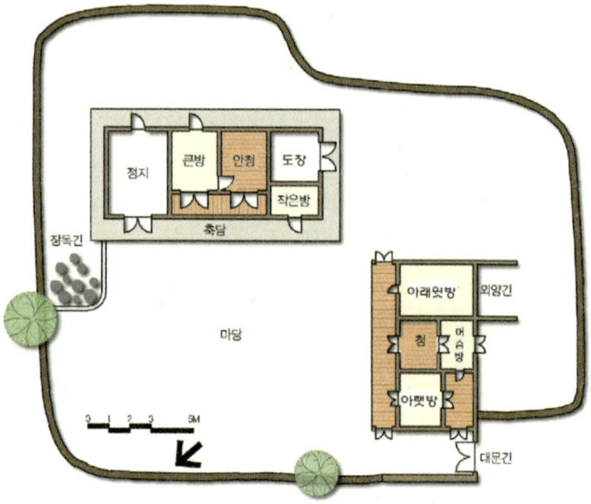

| 남동해안형, ㄱ자형 배치 |

경남 통영군 김 씨가옥 평면으로 4칸형으로 구성된 전북지방의 영양으로 안채에서 반겹집으로 분화된 모습이 보인다.

| 제주도 지방형 |

제주도는 자연환경과 문화의 특이성으로 해서 육지의 주택과는 전혀 다른 유형을 하고 있다. 한반도에서 가장 기후가 온난하면서 거센 바람과 눈, 비가 많이 내리므로 주택의 형태와 재료사용, 공간 구성과 배치 등이 차이가 난다. 우선 건물의 배치에서도 무조건 남향으로 배치하는 것이 아니라 한라산의 영향으로 남·북의 민가 배치가 다른데 남제주는 남향과 모로 앉은 형이 많고, 북제주는 바람의 영향으로 동향, 서향, 마주 앉는 형이 많다.

건물의 평면은 겹집형식의 一자형 평면으로 曲자가 없는 것이 특징이며, 一자형의 여러 채의 건물이 분산되어 구성되며 살림채는 폐쇄적인 돌담으로 둘러쌓아 집을 구성한다. 채는 안커리(안거리), 바커리(밖거리), 모커리(모채), 이문끄리(대문채)로 불리는데 며느리를 보게 되면 아들내외에게 안커리를 물려주고 부모는 바커리로 나가고 자식부부와 별도의 취사, 경제행위를 하며 생활한다. 채의 배치 유형에 따라 두거리집(안 · 밖거리형, 二자형배치), 세거리집(ㄷ자형 배치), 네거리집(ㅁ자형 배치) 배치가 있다.

주 공간 호칭도 내륙과는 달리 정지, 상방(대청), 구들(온돌방), 고팡(고방), 굴묵(아궁이)로 불리운다. 제주도 민가의 평면은 2칸형(구들, 정지), 3칸형(구들, 상방, 정지), 4칸형(전면4칸, 측면2칸 전, 좌, 우 툇간)의 크게 세 가지로 나눌 수 있으며 그 일반적인 특성은 첫째, 평면은 겹집으로 분할방식에 의하여 구성되며 중앙에 대청인상방을 두고 큰구들, 작은구들, 고팡을 겹으로 구성된다. 둘째, 아궁이는 취사와 난방을 분리함으로써 합리적인 평면 구성이 가능하도록 되었다. 셋째, 주침실과 수장 공간은 건축계획상 독립적 요소로 구성된다. 넷째, 주택평면은 정지+챗방+마루, 정지+마루로 연결되어 있어서 공간별 기능분화가 잘 되어 있다.

기후 및 환경 조건에 의해 집은 낮고, 가옥의 벽면을 돌벽으로 쌓았으며 지붕은 띠로 덮은 후 동아줄로 총총히 얽어 매는 독특한 형식으로 되어 있다. 또한 가옥의 재료는 골구는 가시나무, 참나무, 괴목을 사용하며, 벽은 대나무나 잔나무 가지를 새끼로 엮어 바르고 외부벽은 구조에는 관계없이 난간과 출입구를 제외하고는 모두 암회색 현무암 자연석을 난층쌓기로 쌓아 올린다. 지붕은 볏짚 대신 새를 이용해서 만든다. 그리고 대문이 없으나 입구에 정주석을 세워 주인이 있고 없음을 알리는 독특한 표시가 있는데 하나가 걸쳐 있을 때에

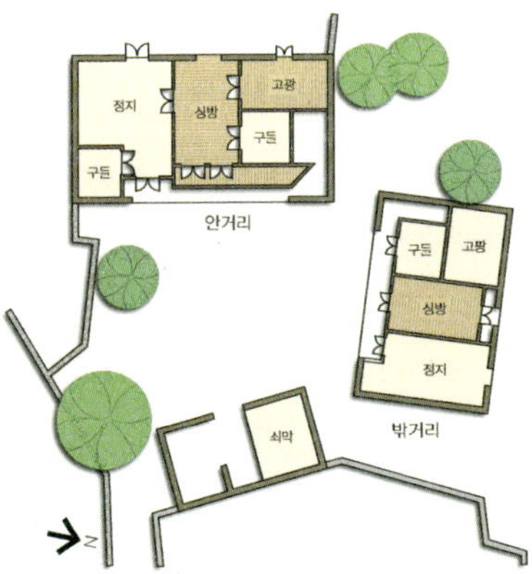

| 제주도 지방형, 마주앉은 세거리집 |

한울타리 안에 세 채의 건물이 배치된 집으로 제주도 특유의 가족제도에 의한 가장 많고 보편화된 주택의 형태이다.

| 제주도지방형, 2칸형 막살이집, 제주민속촌 |

2칸 막살이 집은 상방이 없는 것이 특징으로 제주도 주택 평면의 가장 원시적인 기본 형태이다.

는 가까운 곳에 있으며, 두 개가 걸쳐 있으면 한참 있다가 돌아오며, 세 개가 걸쳐 있으면 저녁 무렵에야 주인이 돌아온다는 표시이다.

| 울릉도 지방형 |

울릉도는 동해에 위치한 섬으로 독특한 자연환경을 가지며 연평균 12℃로서 쾌적하나 겨울철 강설량이 적설일수가 70일 내외이며 평균적설량이 약 1m내외이며 최고 적설량이 2m가 넘어 전국에서 눈이 가장 많이 내리는 지역이며, 년 평균 풍속이 4.5m/s로서 전국에서 가장 강한 바람과 폭풍일수를 보여 혹독한 자연환경 특성을 가지고 있다. 이에 다른 여느 지역보다도 기후와 지형의 영향을 받아 주거 형태에도 반영되어 었다. 특히 겨울철 폭설로 인한 피해와 교통 두절, 긴 결빙 기간에 대한 고립상황에 대한 대비책으로 가옥 내에서 모든 주생활이 이루어지는 구조의 주거를 짓게 되었다. 이에 모든 주생활이 몸채에 집중되도록 오랜 세월 꾸준히 변용시켜 정착된 것이 몸채 위주의 평면구성과 귀틀집과 우데기이다.

귀틀집은 둥근 통나무를 그대로 우물 틀처럼 쌓아 올려서 벽을 만든 집을 말하는데 투방집 또는 투막집이라고도 한다. 울릉도는 이러한 투방집을 一자형, 二자형, ㄱ자형, ㄷ자형 4종류의 배치 형태로 지었는데 모든 주생활이 몸채에 집중되어 몸채 위주의 홑집형 평면구성으로 부속채가 발달하지 못했다. 대부분 一자형 투방집을 짓고 우데기를 설치하였다. 이는 단단한 통나무를 사용하여 눈의 무게를 감당할 수 있게 집을 짓고, 눈보라와 비바람, 햇빛 등을 막기 위해 집채 주변에 특유의 외벽인 우데기를 설치하였다.우데기는 울릉도 민가에 딸린 독특한 방설, 방우, 방풍 설비로 지붕의 안쪽에 여러 개의 기둥을 둘러 세운 뒤, 새(茅)나 옥수숫대로 이엉을 엮어 출입구만 남겨둔 채 기둥에 잇대어 집 주위로 새로운 벽을 둘러치는데 집의 벽체(투방벽)에서 130~150㎝의 간

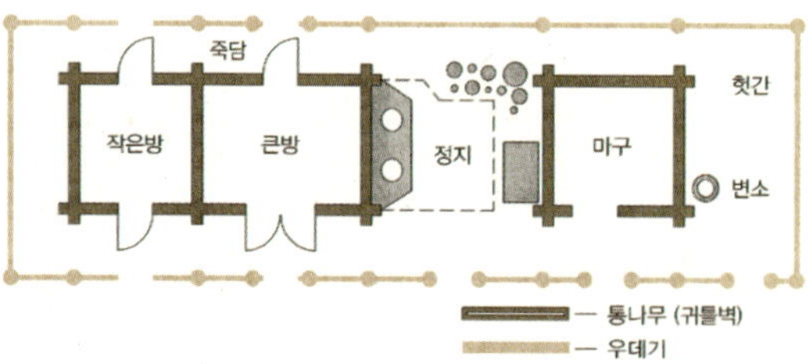

| 울릉도 투방집 一자형 홑집 |

3칸형 막살이계 소농층 민가로 겨울철 다양한 활동이 가능하도록 축담을 두고 몸채를 중심으로 집약적으로 구성하였다.

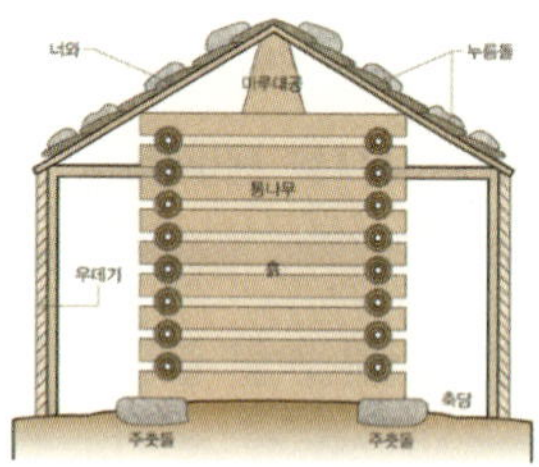

| 우데기 내부구조 |

〈자료참고: 두산백과doopedia.co.kr 재구성〉

| 울릉도 투방집 내부, 한국민속촌 |

투방집 내부 정리를 중심으로 바라본 모습으로 우데기에 의한 축담 공간으로 겨울철 다양한 활동이 가능하다.

격을 두고 설치한다. 벽체와 우데기 사이의 이 공간을 축담이라고 하며, 축담은 곡물의 저장 역할도 하고, 봉당이 있는 경우도 있고 겨울에 많은 눈이 내릴 때는 가족들의 옥내 활동 공간으로 이용된다. 그리고 부엌 · 화장실 · 장독대 등이 모두 우데기로 둘러싸여 있다. 그러므로 부엌에서 나온 연기가 봉당과 천장 위로 올라가면서 천장 위에 보관된 곡물을 훈증하는 역할도 한다.

울릉도 민가는 도서에 산간 지역이라는 자연환경에 대응하는 몸채 위주의 폐쇄적인 가옥 형태에 수장 공간까지 통합된 자족적인 민

| 자연환경과 지역에 따른 서민 주택 모채 평면 유형 분류 |

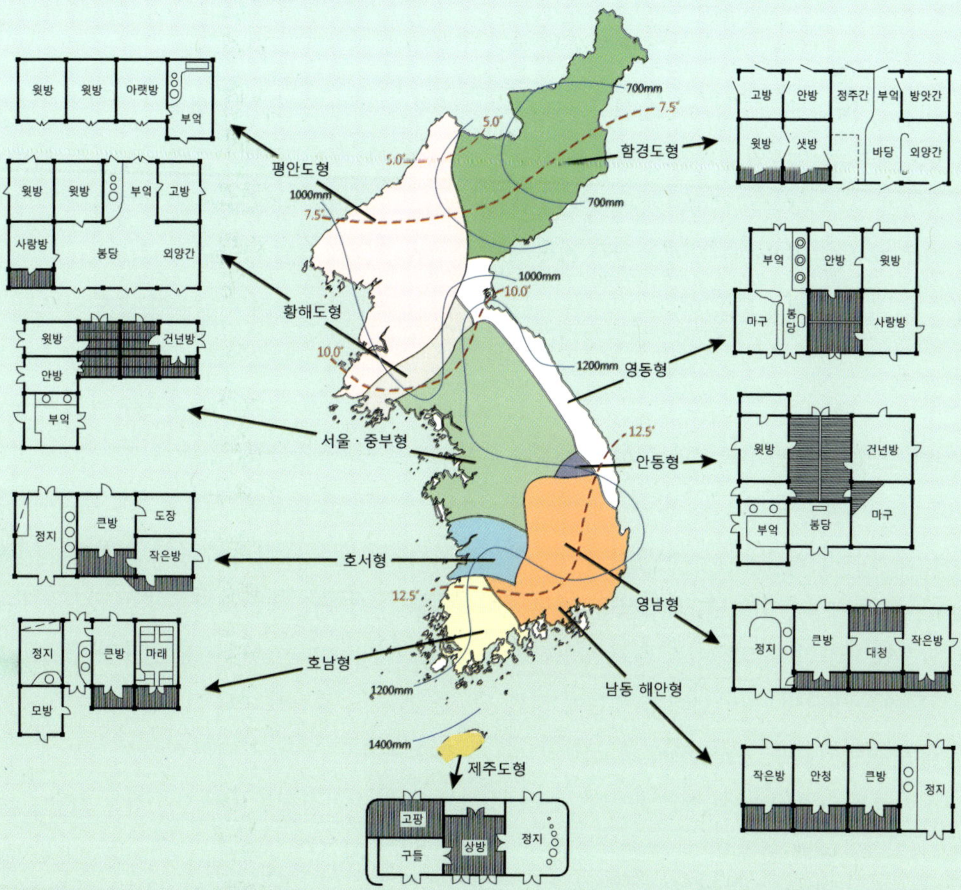

〈자료참조: 주남철, 한국의 전통민가, 복합 재구성〉

가로 평가되고 있다.

이와 같이 서민주택은 북부지방은 겨울철의 추위에 적응하도록 폐쇄형 가옥구조를, 남부 지방은 여름철의 더위에 적응하도록 개방형 가옥구조를 설계했으며, 다우 지역은 축대가 높고 급경사의 지붕에 추녀가 넓으며, 습기와 통풍 관계를 고려한 개방적 가옥구조를 설계하였다. 또한 다설 지역은 건축 재료가 굵고 튼튼하며, 방설과 방풍을 고려해 가옥을 지었으며, 강풍 지대는 방풍담이 높고, 가옥이 낮으며 지붕을 잘 고정시킬 수 있도록 주택을 설계 하였다. 이는 오랜 시간 자연 환경에 효과적으로 대처하는 가장 경제적인 방법을 실천한 것이라 할 수 있으며 다양한 기후 조절방식은 현대 건축에도 에너지 절약을 위한 다양한 아이디어를 제공해 주고 있다.

• 상류 주택 •

상류 주택은 양반이나 이에 준하는 신분을 가진 사람이 사는 주택으로, 현재 문화재로 지정된 큰 규모의 골기와로 이루어진 한옥인 전통주택들에 이에 해당된다. 조선시대 상류 주택은 자연 환경의 영향도 어느 정도 있었지만 사회문화적 영향이 주거 형태나 표현에 훨씬 더 많이 반영되었다. 조선시대는 유교적인 덕목이 반영된 표준적인 주거가 일차적 목표이므로 주거를 통해 사회적 · 경제적 · 정치적 · 문화적 지위를 나타내고 자아실현 존재 가치를 나타내려 하였다. 이에 조선시대 상류 주택은 공간의 물리적 특성과 사용에 의한 개념적 특성을 지니고 있으며 다음과 같은 공통적인 특징을 지니고 있다. 첫째, 안채, 사랑채, 행랑채, 곳간채, 방아실채, 사당채 등 여러 동의 채로 구성되고 각 채는 그 기능에 따라 여러 개의 공간으로 나뉜다. 둘째, 각 채는 안과 밖, 위와 아래라는 위계적 개념에 의해 배치된다. 셋째, 남녀유별에 의하여 철저하게 생활공간을 분리한다. 넷째, 조상숭배를 위한 의례공간인 사당을 건립하였다. 이러한 특징에 의해 상류주택은 지역적 특징이 적게 나타나 민가처럼 지역적으로 세분화해서 특성을 도출해서 구분하기가 어렵다. 그러나 전부터 내려오던 풍수지리와 양택(陽宅)의 개념이 공간구성에 매우 중요하게 취급되어 일반적으로 배치는 북쪽에 산을 등지고 남쪽이 넓게 터져 있으며 왼쪽으로부터 앞쪽을 강이나 내가 흐르는 곳을 택하여 주거의 중요 부분을 남향과 동남향으로 배치하는 것을 가장 좋게 여겼다. 그러나 기후적 요소나 지형적 요소에 대하여서는 서민주택과 마찬가지로 주거 형성에 영향을 주었다. 산세가 험하고 겨울이 춥고 긴 북부내륙은 방어와 보온에 유리한 집중형 주거 형태를 보이고, 북부에 비해 산세가 완만하고 여름철이 무더운 남부 지역은 여름철 더위에 대처하기 위한 분산형의 형태를 취하고 있다. 그리고 남부 지역으로 내려 갈수록 안채가 안마당에 면하는 칸수가 늘어나 외부와의 접촉면을 최대화 하여 통풍이나 환기를 유리하게 하고,

북쪽으로 갈수록 외부와의 접촉면을 최소화하고 있다. 또한 해안 지역은 강한 해풍에 대응하기 위해 폐쇄적인 안마당과 내부지향적 공간을 구성하는 ㅁ자형 주거형식 발달하였다. 그러므로 상류 주택을 통해서는 토속적인 지역성을 도출하기는 어려우나 주생활에 영향을 많이 미치는 기후나 자연환경 요소에 대하여 환경조절 전략을 사용하였음을 알 수 있다.

이에 상류주택은 지역적 구분보다는 채의 구성에 따른 배치 형태에 의해 구분해 볼 수 있는데 기본적인 채의 구성은 一자형, ㄱ(ㄴ)자형, ㄷ자형, ㅁ자형, 열린 ㅁ자형 등으로 구분해 볼 수 있다. 이러한 채의 조합에 의해 건축 배치는 전국적으로 口자형이 가장 많이 나타나며, 日자, 月자, 用자형 등 길상문자형이라 하여 상류층에서 선호한 배치가 나타난다. 그러나 전체 배치에서는 지역과 환경에 따라 약간씩의 차이가 있다. 상류주택의 경우 앞에서도 언급했듯이 서민주택처럼 각 지방별로 뚜렷한 차이를 보이지는 않지만 배치측면에서 서울과 지방이 약간 다르게 나타난다. 그것은 서울이 중앙 행정의 중심지로서 양 계급이 정치의 중심이 되었었고, 상류계급을 비롯한 사람들이 많이 모여 살게 되어 새로운 주택을 지을 때 가로에 면한 입지조건과 다른 조건과 인접하여 건축되기 때문에 심한 제약을 받았으며, 궁궐의 외전과 내전의 성격을 반영하여 사랑채와 안채를 독립된 별채로 배치하고 궁궐의 침전 건축에 영향을 받아 넓은 대청 마루를 갖는 것이 특징이다. 반면에 지방의 상류 주택은 별다른 규제없이 넓은 터에 자유롭게 택지를 선정하고, 사랑채와 안채가 하나의 부속채로서 서로 연속된 한 채로 건축한 점이 서울의 상류주택과 다르다고 할 수 있다.

박성훈(2011)의 연구에 의하면 서울 · 경기 · 강원도를 제외한 남쪽 지역을 중심으로 현존하는 상류주택을 지역별로 분석해 본 결과 수도인 서울과 가까워질수록 사회문화적 영향을 많이 받는 것으로 나타났으며, ㄱ자형+ㄴ자형, ㄷ자형+一자형, ㅁ자형, 열린 ㅁ자형의 4타입이 지역별로 상대적으로 많은 분포를 나타나고 있다고 분석하였다. 이에 이를 기준으로 상류주택의 지역별 우세 평면 유형을 살펴보면 다음과 같다.

| ㄱ자형+ㄴ자형, ㄱ자형+一자형, ㅁ자형 |

서울 · 경기 · 강원도는 안채가 ㄱ자형을 기본으로 사랑채와 부속채가 ㄴ자 형태를 갖거나 ㅁ자형 배치가 어느 정도 보이고 一자형, ㄱ자형, 工자형 등 의 형태가 결합되는 배치도 보여 여러 형태가 혼재되어 나타나는 것으로 조사되었다. 그러므로 서울 · 경기 · 강원도는 대표성을 가진 특정 유형이 나타나지 않음을 알 수 있다.

| ㄱ자형+ㄴ자형 |

안채의 형태가 ㄱ자형이고 사랑채의 형태가 ㄴ자 형태를 갖는 유형으로 충청도 북부 지역인 단양, 제천, 충주, 음성, 진천, 괴산, 청원, 보은, 영동, 천안, 아산 일대에 가장 많이 분포되어 있으며 영남 중부 지역인 상주, 대구, 영천, 경주 일대에도 일부 나타난다.

| ㄷ자형+ㅡ자형 |

안채가 ㄷ자 형태를 이루고 사랑채가 ㅡ자형으로 별동으로 배치된 형태로 개방적이면서도 폐쇄적인 안마당이 성격을 갖는다. 충청도 남부 지역인 보령, 청양, 서천, 부여, 논산, 대전 등에서 가장 많이 나타나며, 호남 동부 내륙인 화순, 담양, 구례, 남원, 임실, 장수, 진안 지역에서도 보이며, 영남 중부 지방에서도 나타나 상대적으로 넓게 분포하고 있음을 알 수 있다.

| ㅁ자형 |

안마당을 둘러싸고 안채, 사랑채, 부속 채들이 한 건물에 모여 있는 배치 형태로 영남 북부지역인 영주, 봉화, 예천, 안동, 영덕 등에 가장 많이 나타나며, 영남 중부인 상주, 대구, 영천, 경주 지방에서 꽤 많은 분포를 보인다.

| 열린 ㅁ자형 |

ㅡ자형형 안채, 사랑채, 부속 채들이 각각 분산되어 배치되는데 전체적으로 ㅁ자형으로 배치되는 유형을 말한다. 호남의 서부해안 지역인 군산, 익산, 부안, 김제, 정읍, 고창, 영광, 나주, 광주, 장성, 무안, 영암, 장흥, 해남, 보성 부근에서 가장 많이 나타나며, 영남 남부 지방인 청도, 거창, 합천, 함양, 함안, 창녕, 밀양 등에서도 나타난다. 이는 서민주택에서도 남쪽으로 갈수록 마당을 넓게 하고 채 간격을 넓게 하여 여름철 더위를 고려한 배치가 나오는 것처럼 상류주택도 여름철 더위를 고려하였음을 알 수 있다. 이에 지역적으로 많이 떨어져 있어도 바다를 끼고 있는 해안 지역이고 고온 다습한 여름철을 고려한 배치라 볼 수 있다.

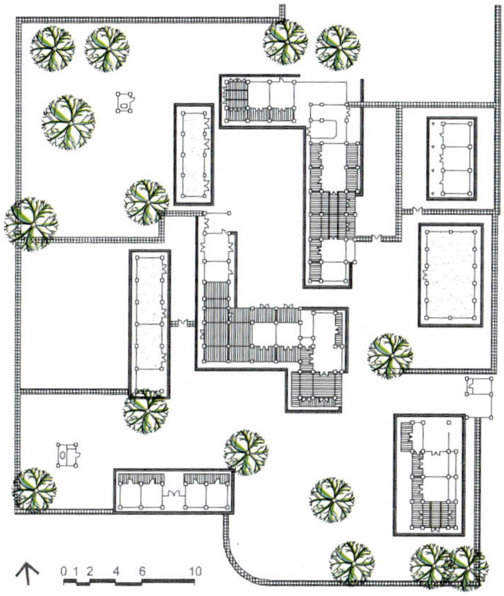

| 상류주택, ㄱ자형+ㄴ자형 |

경남 함양의 정병호씨 가옥으로 ㄱ자의 안채와 ㄴ자의 사랑채의 결합에 의해 전체적으로 ㅁ자형 구성처럼 배치하였다.

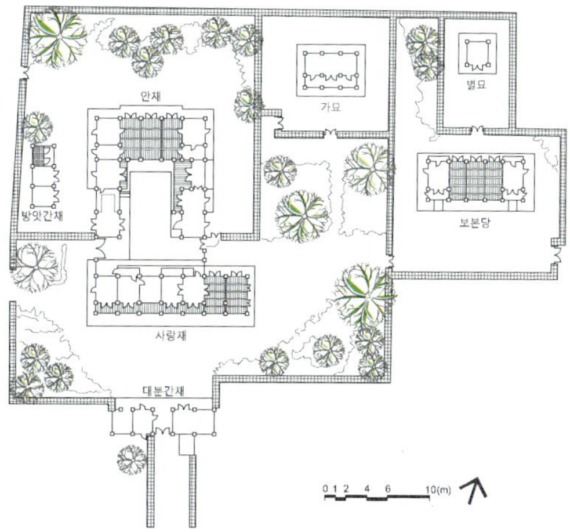

| 상류주택, ㄷ자형+ 一자형 |

경북 대구의 경주 최씨 종가로 ㄷ자형 안채와 一자형 사랑채를 조합하여 전체적으로 ㅁ자형 구성을 하였다.

| 상류주택, ㅁ자형 |

북 안동하회마을의 북촌댁 평면으로 전형적인 ㅁ자형 태로 전면에 사랑채, 좌우 행랑채,안채로 구성되어 있다.

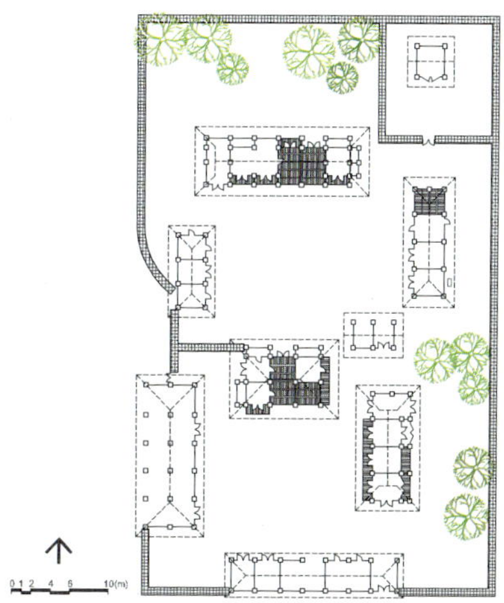

| 상류주택, 열린 ㅁ자형 |

경남 창녕의 교리 신씨 가옥으로 一자형 안채와 사랑채가 남향으로 배치되고 나머지 부속 채들이 좌우로 배치되어 넓은 마당을 갖는 열린 ㅁ자형을 이루고 있다.

| 상류 주택 지역별 우세 평면 유형 |

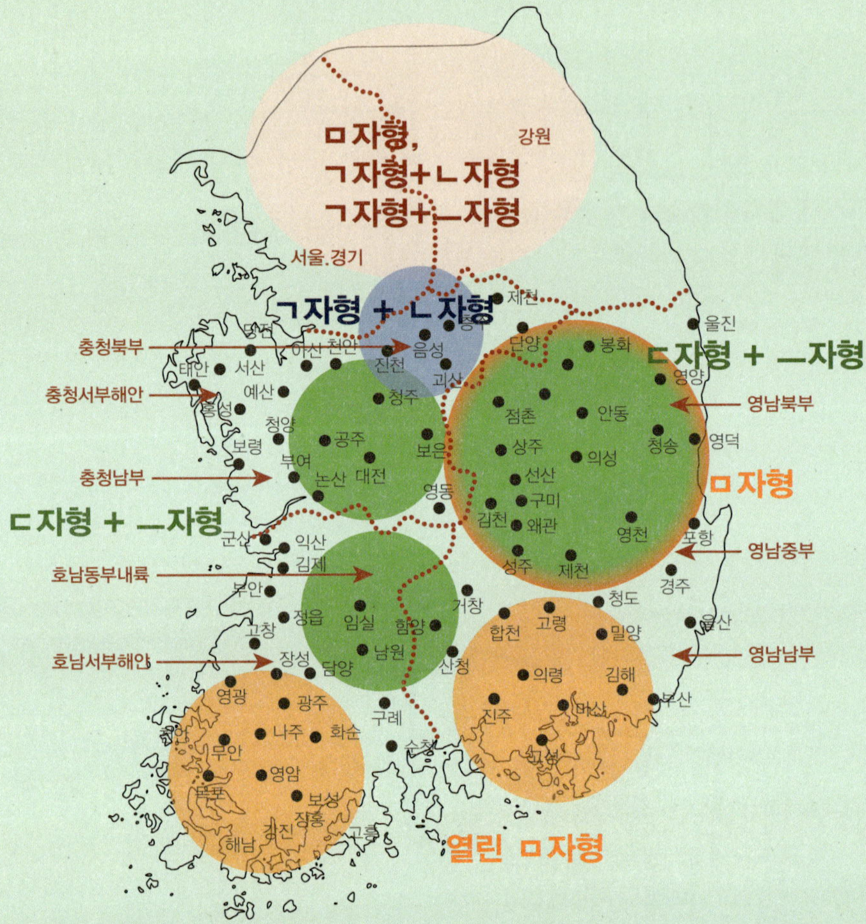

* 상류주택 분포 분석을 위한 지역 구분

· 충청 북부 : 단양, 제천, 충주, 음성, 진천, 괴산, 청원, 보은, 영동, 천안, 아산 일대
· 충청 서부해안 : 태안, 서산, 예산, 홍성
· 충청 남부 : 보령, 청양, 서천, 부여, 논산, 대전 등
· 호남 동부내륙 : 승주, 화순, 담양, 구례, 남원, 임실, 장수, 진안
· 호남 서부해안 : 군산, 익산, 부안, 김제, 정읍, 고창, 영광, 나주, 광주, 장성, 무안, 영암, 천안, 아산
· 영남 북부 : 영주, 봉화,예천, 안동, 영덕
· 영남 중부 : 상주, 대구, 영천, 경주
· 영남 남부 : 청도, 거창, 합천, 함양, 함안, 창녕, 밀양

〈자료참조: 박성훈, 한국 전통 주거에 나타난 환경 조절방식의 현대화 적용에 관한 연구, 고려대학교 석사학위논문, 2011. 6, 재구성 〉

02 • 외부 공간 조성 및 건물배치에서 웰빙

입지선정

우리의 전통 주택은 입지 선정에서부터 웰빙을 실천하고 있다. 자연 환경을 거스르지 않는 친환경적인 배치를 위해 자연을 배려하고 자연과 조화되는 입지를 신중하게 선택한다. 입지를 선정할 때 가장 우선시한 것은 기후 환경을 가장 먼저 고려하고 효율적으로 기후에 적절히 대처할 수 가장 쾌적한 터를 찾는 것에 중점을 두었다. 이에 우리 선조들이 입지 선정 시 기준을 삼았던 것은 풍수지리와 토속 건축의식에 의한 좋은 집터를 선정하였는데, 이중환의 택리지 중에서 복거총론(卜居總論)에 제시한 입지선정 기준을 중심으로 살펴보면 살터를 정할 때는 첫째, 지리(地理)가 좋아야 하고, 둘째, 생리(生利), 즉 경제적인 이익이나 경제활동이 편리한 곳이어야 하고, 셋째, 인심(人心)이 좋아야 하고, 넷째, 아름다운 산과 물(山水)이 있어야 한다. 이 네 가지에서 하나라도 모자라면 살기 좋은 땅이 아니다라고 제시하고 있다. 그리고 지리는 비록 좋아도 생리가 모자라면 오래 살 곳이 못 되고, 생리는 비록 좋더라도 지리가 나쁘면 이 또한 오래 살 곳이 못 된다. 지리와 생리가 함께 좋으나 인심이 착하지 않으면 반드시 후회할 일이 있게 되고, 가까운 곳에 소풍할 만한 산수(山水)가 없으면 정서를 화창하게 하지 못한다.'라고 제시하였다. 우리 선조들은 집이 터를 정할 때도 터 자체로서의 의미보다는 터를 포함하는 인간의 도리와 정서적인 안정감과 만족감을 더 고려하면서 입지를 선정하였음을 알 수 있다.

입지 선정에 구체적인 조건은 지리(地理)로 여기서는 6가지 요소를 중요하게 여겨 먼저 수구(水口)를 보고, 다음은 야세(野勢)를, 그 다음은 산형(山形)을 보고, 다음에는 토색(土色)을, 다음은 조산(祖山)과 조수(祖水)를 확인하여 입지를 선정하라고 되어 있다. 이를 자연의 요소로 다시 구분하면 바람과 일조, 물, 산, 흙 등 자연의 요소를 중심으로 이치를 파악하여 입지를 선정한 선조들의 지혜를 볼 수 있다. 이에 풍수의 기본 요소를 중심으로 전통 주거에서 입지선정을 위한 고려한 계획 요소들을 살펴보고자 한다.

| 대지와 바람 |

바람은 하늘과 땅의 숨결로 감칠 듯 훈훈한 바람이 부는 땅은 살기 좋은 땅으로 여겼다. 이에 쌩쌩하고 찬 바람이 몰아치는 땅은 숨이 거친 땅이므로 사람이 살기에 좋지 않은 땅으로 생각했다. 그러므로 매년 부는 겨울철 한랭한 북서풍이나 북풍을 막아주는 훈훈한 장소를 좋은 대지로 여겼다. 따라서 북풍을 막기 위한 대지에 대한 배려로 북쪽인 집의 뒤쪽과 서쪽의 지형이 높은 지형을 선택하는 것을 우선시 하였다. 이에 바람을 영향을 최소화 하기 위한 북서쪽이 높고 남동쪽이 낮게 경사진 땅을 좋은 땅이라 하였다. 예로부터 우리 선조들은 산을 등지는 배산 배치로 서고동저(西高東低)보다는 북고남저(北高南低)를, 북고남저 보다는 서북고 동남저(西北高 東南低)의 땅을 고르는 것이 겨울의 찬 북서풍을 차단하면서 양기를 받을 수 있으며, 여름철엔 태양 복사열를 차단하고 남면의 강에서 불어오는 남동계절풍을 적극 유입할 수 있어 자연통풍에 유리한 대지라 하였다.

| 대지와 일조 |

양택 풍수라고 부를 만큼 일조량, 즉 햇빛에 대한 지세의 판별을 매우 중요시 여겼다. 햇빛은 만물의 생장의 근원이자 양기를 제공하는 주체이므로 햇빛을 얼마큼 잘 받아들이는가가 입지선정에 중요한 요소가 되었다.

햇빛을 잘 받기 위한 대지는 전체적으로 평탄한 대지가 가장 좋으며 뒤가 높고 앞이 낮으면 좋은데 북을 등지고 남쪽을 면해야 가장 좋다. 그리고 대지의 중심이 솟아오르거나 분지처럼 들어가지 않아야 한다. 결국 바람이 잘 통하는 남향의 산록경사지에 남쪽이 넓게 트인 곳을 향하게 하는 대지, 즉 전저후고(前低後高) 지형이라야 최고의 입지가 됨을 알 수 있다. 이는 우리나라 기후 조건에 의한 것으로 온대 기후 특성상 남향의 경사지는 겨울철에는 많은 일사를 받을 수 있고 여름철은 가장 적은 일사량을 받게 된다.

| 대지와 물 |

풍수지리에서는 득수(得水)라 하여 물을 무척 중요하게 생각한다. 물은 우주 만물 중 살아있는 모든 것의 근원이 되며 생명체를 태동시키는 기운이며, 기를 멈추게 하므로 좋은 터는 반드시 물이 있어야 된다. 이에 물과 관련된 수구(水口)와 조수(朝水)을 중심으로 물과 대지의 관계에서 고려해야 할 요소를 제시함으로 적합한 대지를 선정하는 방법에 대해 제시하고 있다.

'수구'란 한 지역의 하부에 있는 강이나 개천 등의 물이 흘러가는 지점을 말하는데 이 수구를 통해 길흉이 결정되므로 대지 주변의 물의 흐름에 대해 철저히 고려하였다. 수구와 관련하여 좋은 대지 조건은 다음과 같다.

첫째, 수구가 꼭 닫힌 듯하고 그 안에 들이 펼쳐진 곳을 선택한다. 수구를 통해 물이 빠져 나가더라도 바람은 빠져 나가지 않아야 하므로 반드시 수구가 꼭 닫힌 듯하고, 그 안에 들이 펼쳐진 곳을 선택해야 한다. 물이 흘러 나가는 하류가 산으로 가로막혀 있는 곳을 좋은 터로 이러한 형태가 곧 막힌 수구를 의미한다. 만약 수구가 닫힌 곳이 없다면 다른 지형지물로라도 판국이 가로 막힌 곳이 좋다고 한다. 즉 물의 흐름이 대지를 감싸주듯이 돌아서 흘러가는 안쪽이 이상적이라 할 수 있다.

둘째, 산의 경사진 부분과 반대로 흐르는

물, 즉 역수(逆水)가 있어야 한다. 넓은 산과 물이 같은 방향으로 흐르는 물을 산수동거(山水同去)라 하는데 이러한 지세에서는 물의 기운과 산의 기운이 평행선을 이루어 두 기운이 서로 음양의 조화를 이루지 못하기 때문에 좋은 땅이 되지 못한다. 그러므로 집터 주변의 물이 큰 흐름의 수구와 다르게 역수를 한다면 좋은 터가 된다. 특히 산중에서는 수구가 닫힌 곳을 쉽게 구할 수 있지만, 들판이 지대인 경우는 수구가 굳게 닫힌 곳을 찾기 어려우므로 반드시 거슬러 흘러드는 물이 있어야 한다. 높은 산이나 그늘진 언덕이나, 역으로 흘러드는 물이 힘 있게 판국(版局)을 가로막으면 좋은 곳이 된다.

셋째, 시내와 간수물이 모이는 합수(合水) 지역도 좋은 대지이다. 두 개 이상의 강이나 개천 물이 하나로 합쳐지는 지세인 합수는 물이 합쳐지면서 기운이 합쳐지므로 기운이 더 강해지기 때문이다.

'조수'는 앞으로 흘러드는 냇물을 의미하는데 대지 주변의 흐르는 하천이나 작은 개울의 흐름도 대지를 선택할 때 고려해야하는 조건이 된다. 좋은 '조수'의 조건은 다음과 같다.

첫째, 흘러드는 물은 반드시 꾸불꾸불하게 길고 멀리서 유유히 흘러오는 것이 좋다. 산과 잘 어우러지며 생기를 만드는 이상적인 물 흐름의 형태를 S자 형태로 아홉 굽이처럼 굽이 굽이 흐른다고 하여 구곡수(九曲水), 또는 마치 활 모양 같다고 해 궁수(弓水)를 가장 좋다고 한다.

| 풍수에 근거한 물의 흐름에 따른 장소의 길흉 |

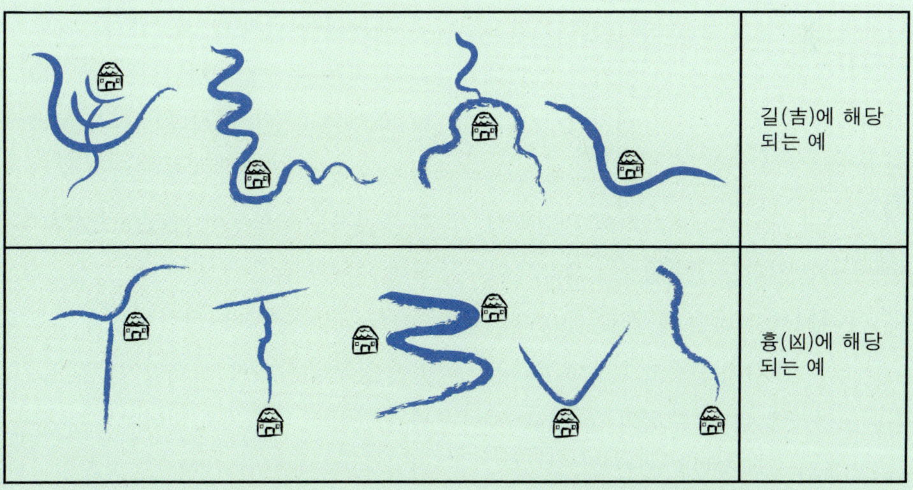

둘째, 작은 냇물이나 작은 시냇물은 역으로 흘러드는 것이 길하다. 그러나 큰 냇물이나 큰 강이 역으로 흘러드는 곳은 결코 좋지 못하다고 한다. 집터 중에서 아늑한 골짜기의 서편 쪽 능선 아래로 맑은 물이 알맞은 양으로 흐르면 가장 좋다 하였으며 이 물이 집의 앞면에 이르면 동쪽으로 곧게 흘러 남향을 향한 대문 앞을 지나 집의 동쪽에 만든 연못에 흘러들면 가장 좋다고 한다.

셋째, 맑은 냇물이 물은 유유히 흐르고 물소리는 청명하게 들려야 한다. 맑은 냇물이 흘러야 생태적인 순환이 잘되고 식수가 좋고 충분해진다. 그러므로 옥 같이 맑은 물이 쉼 없이 흐르는 땅이 건강한 땅이다. 특히 집터의 동남쪽이 동쪽으로 맑은 물이 완만하게 흐르면 좋은 터라 한다.

| 대지와 산 |

자연환경 특성상 산을 울타리처럼 두르고 사는 우리 선조들은 산은 한 지역의 기운을 대표해서 나타내고 있으므로 대지의 성질을 분석하기 위해서는 주변의 산의 기운부터 분석해야 한다고 했다. 그리고 산이 건강해야 그 품에서 사는 사람도 건강하다는 생각이 가지고 있어 대지를 선정할 때 바로 집 주변의 산의 형태와 주변 산의 근원이 되는 조산(祖山)을 같이 고려하게 된다. 주변의 산형(山形)을 볼 때 고려했던 사항은 다음과 같다.

첫째, 산 가운데 가장 으뜸이 되는 산인, 조종산(祖宗山)은 누각처럼 우뚝 치솟은 형세(形勢)라야 한다.

둘째, 주산(主山)이 수려하고 단정하며, 청명하고 아담한 것이 좋다. 주산은 집의 뒤의 산으로 가장 집의 기운에 직접 영향을 주므로 산의 형태를 더 살펴봐야 한다.

셋째, 뒤에서 내려온 산맥이 끊어지지 아니하며 들을 건너다가 갑자기 높고 큰 봉우리로 솟아나고, 지맥이 감싸 도는 곳이 좋다.

넷째, 사방에 산이 멀리 있어서 평탄하고 넓으며, 산맥이 평지에 펼쳐지는 형태를 갖는 곳이 좋다. 이 산이 평지로 뻗어내려 강물을 만나 그치면서 들판에 터를 만든 곳이면 더 좋다.

다섯째, 산의 앞과 뒤를 구분한다. 생기가 모이는 공간은 산의 앞면이므로 그곳을 대지로 선정한다.

그 다음 산에 대한 고려 요소는 조산(祖山)인데 이는 안산 너머에 있는 산, 즉 대지로부터 좀 멀고 높은 산을 말한다. 조산은 멀리 있으면 맑고 수려하여 빼어나 보여야 하며, 가까이 있으면 밝고 깨끗하게 보여야 한다. 이에 한번 보아도 사람들이 기쁨을 느끼게 되어야 하며, 우락부락함이 없는 즉, 밉살스런 모양이 없는 것이 길하다. 반면 조산에 돌로 된 추악한 봉우리가 있거나, 비뚤어진 외로운 봉우리가 있거나, 무너지고 떨어지는 듯한 형상이 있거나, 엿보고 넘겨보는 모양이 있거나, 혹 이상한 돌과 괴이한 바위가 산 위에나 산 밑에 보이는 것이 있으면 살 수 없는 곳으로 대지로 적절치 못하다고 하였다.

| 대지를 중심으로 한 풍수에서 산 명칭 |

① 조산(祖山)
② 소조산(小祖山)
③ 주산(主山)
④ 청룡(靑龍)
⑤ 백호(白虎)
⑥ 호종산(護從山)
⑦ 안산(案山)
⑧ 조산(朝山)
⑨ 수구산(水口山)
⑩ 용맥(龍脈)
⑪ 용혈(龍穴)

〈 자료참조 : 신영대,힐 링풍수④ 명당 주택의 풍수적 위치,제주경제신문http://www.jejuenews.com 〉

| 대지와 흙 |

토질에도 생기와 사기가 있는데 아무리 좋은 지리적으로 좋은 조건의 대지를 택하더라도 대지의 흙이 마르고 윤기가 없으면 생물이 살기 어려운 사기가 있는 땅이므로 택지로는 적당하지 못하다. 그러므로 생기가 있는 대지를 선택하기 위해서는 토색을 살펴야 한다. 토색은 윤기가 있어야 하며, 사토(砂土)로서 맑고 깨끗한 사백지(沙白地)가 배수가 잘 되고 좋다. 사토가 긴밀하면 우물이나 샘물도 맑고 차므로 좋은 택지가 된다. 반면 토색이 붉은 진흙과 노란 진흙, 혹은 검은 자갈이면 이것은 죽은 땅이므로 피해야 한다. 또한 집터는 윤택한 양기가 있어야 좋으므로 흙이 건조하고, 윤택하고, 단단하고, 윤기가 있어야 한다.

| 대지와 형태 |

주택의 향 만큼 중요한 것인 대지의 형태이다. 대지의 형태로 좋은 것은 네모 반듯한 사각형이되 정방형 보다는 장방형이 좋고, 장방형 중에서도 택지의 한 변의 길이가 2:3 정도 비율이 좋다고 한다.

대지의 형태와 함께 땅의 고저로 보아 택지를 선택하는 것도 중요한데 가장 좋은 것은 평탄한 땅이 양토(梁土)와 뒤가 높고 앞이 낮은 후고전하(後高前下)는 보토(普土)라 하여 좋은 택지가 되며, 그리고 서고동저(西高東底)도 노토(魯土)라 좋은 택지로 여겼다.

건물의 배치

집터가 정해지면 집터에 건물을 배치해야 하는데 신중하게 선택된 대지처럼 건물의 배치도 건물이 생기, 즉 자연의 기운을 가장 많이 받을 수 있는 배치를 취하였다. 우리 전통 주거의 배치형태, 자연과 일치하는 자연의 흐름을 따라가는 배치를 기본으로 하므로 건물 자체에 의해서만 배치되는 것이 아니라 반드시 건물 주변의 생태적 환경인 지형, 지표면, 기후, 통풍, 수목 등을 고려하여 배치하여 물리적 환경을 조절하고 심리적 안정감을 추구하였다. 그러므로 전통주거는 건물의 배치도 자연과 함께하는 웰빙 배치법이라 할 수 있다. 이에 우리 선조들이 건물을 배치할 때 자연의 기를 받고 정신적 만족감을 얻기 위해 고려했던 사항을 살펴보면 다음과 같다.

| 남향 배치 |

대지 선택에서도 바람과 일조에 의해 남향의 경사지면을 가장 선호한 것처럼 건물의 배치도 통상적으로 남향을 선호하였다. 특히 선정된 대지가 북쪽이 높고 남쪽이 낮고, 남과 북으로 길게 늘어진 경우에는 남향으로 배치하는 것이 가장 이상적이다. 남향집은 계절풍을 막아 주는 방풍과 사계절 내내 햇볕을 집안에 끌어 들일 수 있는 최적의 방위이자 좌향으로 남향 배치가 가능하다면 최대한 남향으로 건물을 배치하였다. 그러나 우리나라의 위도상에서 정남향에서 태양 일사각은 겨울철에 최대 일사 확보라는 면에서 우수하지만 차양을 충분히 하지 않으며 과열현상을 유발하여, 실제로 남동향이나 동향의 건축이 많이 나타나고 있다. 그리고 대지의 조건에 따라 남향배치가 안 맞는 경우도 있어 생기를 받을 수 있는 다른 배치를 적용시키기도 하였다.

| 배산임수(背山臨水) 배치 |

풍수지리에서는 남향배치 보다도 더 좋은 배치는 배산임수이다. 이는 산을 등지고 물이 있는 쪽을 향해 건물을 배치하는 방법으로 한국 전통 건축의 가장 대표적인 배치법으로 모든 건축에 적용되었으며 오늘날에도 이상적인 배치방법으로 이용되고 있다.

배산임수의 원리는 생기를 집안에 받아들이기 위한 배치법이다. 생기는 강물과 육지가 음과 양이 조화를 이루는 낮은 지역에서 생겨나 바람을 타고 지상으로 옮겨 가면서 산의 능선을 따라 위로 올라간다. 이러한 생기가 있는 바람을 받아들이기 위한 배치로 물이 내려가는 낮은 쪽을 향해, 즉 생기가 불어오는 쪽을 향해 배치하여 생기를 집안에 받아들이는 것이 배산임수의 원리이다.

배산임수에 의한 배치는 지면에서 약간이라도 높은 부분에 건물을 짓고, 지대가 낮은 쪽에 마당을 설치함으로써 내려다보도록 하는 배치, 즉 지형의 흐름을 따르는 등고선에 의한 배치를 말한다. 지면의 고저가 확실하게 구분되지 않거나 강이나 바다 등 수공간이 직접 보이지 않은 지세에서는 빗물이 흘러 내려가는 방향을 낮은 쪽으로 마당을 설치하고 건물에서 빗물이 내려가는 쪽을 바라보도록 배치한다. 또한 남쪽지면이 높고 북쪽 지면이 낮은 대지에서는 지면이 높은 남쪽이 건물의 후면이 되고 낮은 북쪽이 건물이 전면이 되는 북향 배치가 배산임수에 따른 배치법이 된다. 그러므로 우리 선조들은 남향 배치보다도 언제나 물을 바라보는 배산임수의 배치를 우선시 하였으며, 가장 이상적 배치는 남향과 배산임수가 동시에 이루어지는 경우로 남쪽에서 불어오는 바람과 햇빛을 모두 받는 경남향의 경사진 땅에 남향으로 배치하는 것을 최고의 배치로 여겼다.

| 자연지세에 따른 공간의 축 |

전통 주거의 건물의 배치는 직선적으로 획일적인 배치는 찾아보기가 힘들다. 이는 지형지세에 따라 자연스럽게 배치하여 공간의 축을 형성하여 흐름을 유도하고 있다. 지형에 따른 자유로운 배치는 자연과의 조화성을 더 돋보이게 하며 직선축의 건축보다 공간과 공간 사이의 자연스러운 유기적 관계를 유도해 준다.

| 도로를 고려한 건물 배치 |

풍수에서 도로는 사람도 다니지만 기운과 바람이 통과하는 길이다. 일반적으로 빠르게 부는 바람은 생기를 만들지 못하고 바람이 잔잔한 도로가 길한 장소가 된다. 그러므로 도로와 접하는 부분은 마당을 조성하고 건물은 뒷면에 배치한다. 그리고 넓은 도로 주변에는 명당이 생기기 어려우므로 너무 넓은 도로 옆에는 건물을 배치하지 않는다.

| 주변 건물과 산의 관계를 고려한 배치 |

집은 규모가 같은 것끼리 어울려 있는 것이 좋다. 집은 햇빛과 바람의 영향을 많이 받으므로 상대적으로 훨씬 큰 건물 옆에 집을 짓게 되면 큰 건물에서 발생하는 바람에 의해 집의 기운을 빼앗긴다. 또 길이가 긴 건물은 스스로 바람 길을 만들어 강한 바람을 불게 하므로 가급적 큰 물 사이나 큰 건물 모서리에는 집을 짓지 않는다.

주변의 산과의 조화도 중요한데 산의 좋은 기운을 받고 산 형태와 조화를 이루도록 배치하는데 이를 위해서는 산이 있는 지역의 주택의 배치는 산 정상으로부터 내려온 능선 중심과 주택의 중심축을 일치시키고, 배산임수 원칙을 따른다. 여러 개의 건물이 들어설 경우 건물 중 가장 크고 중심이 되는 건물이 산 중심과 일치되도록 하고, 그 좌우에 부속 건물을 배치한다. 그리고 부속건물은 중심건물과 마당을 중심에 두고 4면에서 마당을 향하도록 배치하여 井자 형태가 되도록 한다. 이는 중심건물을 기준으로 부속건물이 청룡, 백호, 주작의 역할을 하는 매우 좋은 형상이다.

| 마당의 위치를 고려한 배치 |

전통 주거에서 마당은 주택 내부에 생기를 공급하는 절대적으로 필요한 공간이다. 건물에서 발생하는 기운은 양(陽)의 기운으로 비상을 추구하는 정신적 기운이며, 마당에서 발생하는 기운은 하늘, 땅, 물 등 자연에 의해 발생되는 기운으로 음(陰)이다. 그러므로 음과 양의 조화를 위해 건물과 마당이 서로 마주 바라보는 위치에 있으면 마당의 기운이 주택내부에 흡수되어 생기를 이룬다. 그러므로 건물이 마당 보다 약간 높은 배산임수 배치가 이상적이다.

마당의 형태는 정방형이 이상적이다. 정사각형의 마당에서는 공기 회전이 자유로워 생기가 많이 발생하기 때문이다. 삼각형 마당은 재산이 모이지 않고 가난을 면치 못한다고 하며 건물과 마당이 둘 다 정방형이면 재물이 분산된다고 한다. 이에 건물과 마당이 형태적으로 조화를 이뤄야 한다.

마당의 면적은 주택 면적에 비례하는 넓이가 좋다. 주택의 전면에 위치하는 마당은 주택의 연면적에 비해 3배 정도가 가장 이상적인 것으로 본다. 5배 이상 되어 너무 넓은 경우는 생기가 분산되어 주택내부로 전달되는 생기가 감소된다고 한다. 이에 마당이 너무 넓으면 내부 울타리를 설치함으로 생기가 흩어지지 않도록 하는 것이 좋다고 한다.

| 대문과 담장 배치 |

건물의 배치에서 대문의 위치는 매우 중요하다. 풍수에서는 공간 계획의 중심이 대문, 안방, 부엌이다. 그만큼 대문이 중요하다는 것이다. 왜냐하면 대문은 주택으로 들어가는 첫 관문이며 외부의 신선한 생기가 들어오는 장소이며 많은 사람들이 출입하는 공간이기 때문이다. 이에 우리 선조들은 대문의 위치나 크기, 열림 방식 등 생기를 받아들이기 좋은 방법에 대해 제시하고 있다.

첫째, 대문의 위치는 지리적으로 평탄하고 심하게 경사진 지역은 피하여 안전한 장소에 설치되어야 한다. 생기가 들어오는 길목이므로 청소나 정리도 잘 되어 있어야 한다.

둘째, 대문은 건물이나 담장 중심부에 설치하여 좌우 균형을 유지하는 안정된 장소가 가장 이상적이다. 건물이나 담장 모서리 부분은 급한 바람이 불어 안정감이 없으므로 건물 한쪽 옆이나 처마 밑을 통과하게 설치하지 않고, 좌우가 밝고. 균형 잡힌 안정된 곳에 설치한다.

셋째, 대문은 지리적으로 생기가 많이 모여있는 장소에 설치한다. 그래야 사람에게 생기를 주고 동시에 외부의 생기가 집안으로 들어갈 수 있다. 보통 넓은 대지에서는 용의 맥이 통과하는 장소에 대문을 설치하는 것이 가장 이상적이다.

넷째, 대문의 크기는 건물 본체에 비례하여 어울리게 한다. 너무 크거나 너무 작은 것은 좋지 않다. 대문자체도 높고 좌우 균형을 이룸으로써 안정된 형태가 좋다. 그리고 대문은 담장보다 높아야 한다.

다섯째, 대문은 안으로 열리게 한다. 대문이 안쪽으로 열리면 건물 안쪽으로 바람이 따라 들어오므로 집에 기운이 모여 건강과 재물을 얻게 된다고 한다.

여섯째, 주택의 대문은 한 개가 이상적이다. 대문이 여러 개 있으면 바람 출입이 혼란스러워 좋지 않으므로, 한 개만 설치하여 바람의 방향을 일정하게 하는 것이 안정적이다.

일곱째, 건물의 방향 만큼 대문의 방향도 중요한데 일반적으로 8방향 중 동쪽, 남쪽, 동남쪽이 길한 방향으로 알려져 있다. 그러나 이 방향으로 무조건 대문을 만들면 안 되고 '동서사택론'에 제시된 방위론에 의해 위치를 정한다.

반면 담장은 풍수에서 봤을 때 바람을 막는 것이다. 담장이 없는 집은 기가 안정되지 못하여 좋지 않다. 아무리 좋은 기를 가진 곳이라 하여도 기가 분산된다면 안정된 천기와 지기를 받을 수 없기 때문에 담장을 설치한다. 만약 담장이 없을 시에는 화초를 심어 담장의 역할을 하게 한다. 담장을 설치하면 갑작스런 강한 바람을 피할 수 있어 집안이 아늑해진다. 이러한 담장이 너무 높으면 기의 유입이 용이하지 못하기 때문에 적절한 높이로 설정하되 대문보다 낮게 설치하며 보통 성인키의 정수리가 보일 듯 말 듯한 높이가 가장 좋다. 그리고 담장은 요철이 심하거나 구멍을 내는 것은 좋지 한다. 담장은 만들 때 땅모양대로 만들기보다는 가능하면 정사각형으로 담을 설치하고 남은 부분은 따른 용도로 쓰는 것이 좋다.

| 바람과 일조를 고려한 수목배치 |

전통 주거의 배치에 있어 수목의 배치도 중요한 역할을 한다. 물리적으로는 전통 주거에서 수목은 겨울철 북서풍을 막기 위래 바람막이로 대나무를 이용하며, 여름철 그늘을 제공하기 위해 바람의 방향을 방해 받지 않는 곳에 낙엽송을 식재하였다. 특히 남부지방에서는 응달나무라 하여 느티나무와 감나무를 식재하여 일조와 풍향을 조절하였다. 정원수로는 사계절 변화가 있는 낙엽송을 심어 여름에는 그늘을 제공받고 겨울에는 햇빛을 드리우게 하였다. 마당 한가운데는 나무를 심지 않았는데 이는 생기의 흐름과 미풍을 방해 받지 않기 위해서이다. 여름철 서쪽 빛이 강하므로 수목을 심어 차단재 역할을 하게 하였다. 일반적으로 나무의 식재는 동쪽과 서쪽에 식재를 하였다.

풍수에서 수목은 지기를 극대화시켜 건강을 도모하게끔 설계하는 것을 원칙으로 한다. 땅의 기운과 오행상 상생인 수종을 식재하여 지기를 북돋기 위해 수목을 식재 하였다. 전통 주거에서 수목배치와 관련하여 고려했던 사항은 다음과 같다.

첫째, 대문 앞쪽에 큰 나무를 심지 않는다. 문 앞에 큰 나무가 있으면 양기가 집 안으로 들어오는 것을 방해하고, 음기가 집 밖으로 빠져나가는 것을 막는다하여 '대문 앞에는 버드나무를 심지 않는다'라는 풍습이 전해진다.

둘째, 뜰 안에 큰 나무를 심지 않는다. 정원이 협소해져 활동 범위가 줄어들고, 마당의 습기를 빨아들여 땅이 가물어진다고 하여 앞마당에는 나무를 심지 않았다.

셋째, 정원은 뒷마당에 조성한다. 뒷마당, 즉 후원은 한국의 전통 주거의 독특한 특징이다. 후원은 뒷산에서 집으로 뻗어온 지맥을 온전히 보존하는 공간이자 식품을 저장하는 장독대와 우물이 설치되어 안마당에 비해 한적하고 외부와 접촉이 거의 없음으로 꽃과 나무를 심어 정서적인 생활을 하는 공간으로 활용하였다. 후원의 수목배치는 안채의 마루에서 바라볼 때, 정면에 초화가 보이도록 심는다.

03 • 자연을 닮은 전통 주거 형태

대지를 선정하고 건물의 배치가 이루어지면 건축을 하게 된다. 우리의 전통 주거 건축은 돌이나 흙, 나무 등 집 주변 공간에서 자연적으로 발생하는 재료를 사용하여 만들어졌다. 이에 우리 전통 주거는 자연과 어우러지는 겸손한 마음이 표현된, 자연을 닮은 건축으로 보통 평가된다. 뒷산의 형태를 닮은 완만한 지붕곡선과 자연의 소재를 그대로 사용하여 자연을 그대로 건축에 녹아들게 표현하고 있다. 그러면 이러한 자연미의 표현이 어떻게 건축에 표현되었으며, 대지 선정이나 배치에서의 기준이 있는 것처럼 외관을 형성하는 기준은 무엇인지 알아보고자 한다.

전통 주거 건축의 형태 기준

집과 자연과의 관계에 있어서 한국 건축의 중요한 속성 중의 하나는 풍수와 음양적 조화의 원리였다. 한국의 지형과 관련하여 음양적 조화를 이루도록 건축 형태를 제한하려는 노력은 상당히 오랜 역사를 가지고 있다. 이에 전통 주거의 형태를 표현하는 데도 자연환경 조건과 함께 많은 영향을 주었다.

| 건물의 외형 |

대지나 형태가 장방형을 좋은 형태로 여긴 것처럼 건물의 형태도 사각형의 형태를 기본으로 하였다. 풍수에서 사각형은 음, 원형은 양으로 해석되고 있는데, 이는 '천원지방(天圓地方)'에서 유래된 것이다. 천원지방에서 원(圓)은 오행상 '금(金)'이고 하늘을 뜻하며 아버지를, 그리고 땅을 상징하는 것은 방형(方形), 즉 사각형은 '토(土)'로서 어머니를 의미하기도 한다. 그러므로 하늘과 땅의 상생 관계를 위해서 땅의 풍요로운 기운과 생기가 위로 올라 하늘을 보완하기 위해서는 땅의 도상은 方形이기 때문에 건물의 형태가 사각형을 취해야 한다.

이에 직사각형의 一자형 건물을 기본으로 ㄱ자형, ㄴ자형, ㄷ자형, ㅁ자형 등으로 구분된다. 이들 건물 내부 기운의 분포 상황은 一자와 동일하다. 이러한 구조는 외관상 실제의 면적보다 크게 보이고, 태양 광선에 의한 채광이나 환기 등이 잘 되며 외부 마당과의 연결도 쉽다.

기본 사각형의 매스를 가진 주거건축의 입면은 음양사상에 의해 집을 소우주로서 우주적 형상을 표방하였다. 입면 구성에 우주를 구성하는 핵심적 요소로서 삼재(三才)인 천 · 지 · 인(天 · 地 · 人)을 반영하여 건축의 입면이 기단 부분의 하분과 기둥 부분의 중분, 그리고 지붕 부분의 상분으로서 셋으로 나누어진 수직 체계로 분류되어 표현되었다. 이는 건축 입면을 지(기단) · 인(기둥) · 천(지붕)의 우주적 질서를 상(象)으로 하고 이에 대응하는 삼분적 건축 요소의 형(形)을 통하여 표현한 것이다. 이러한 삼분법적 인식 체계에 의해 건물 입면의 비례와 규제를 만들거나 각 부분의 재료를 선택하고 형상화하였다.

기단 부분을 살펴보면 그 재료나 형상이 땅, 즉 음의 속성을 표현하고 있음을 알 수 있다. 집의 기단은 평면적으로나 입면적으로 방형(方形)의 모습을 취한다. 여기서도 천원지방 원리가 적용되어 방형으로 표현된 것이며 재료는 석재를 사용하여 당을 상징하였다.

중분(中分)은 인간을 형상화하며 중분의 핵심적인 요소는 기둥으로 이는 인간의 형상을 은유적으로 표현한 것이다. 기둥의 뿌리는 주초(柱礎)로서 인체의 발에 해당하고, 기둥의 머리는 주두(柱頭)로서 인체의 머리에 해당하며, 기둥의 몸은 주신(柱身)으로서 인체의 몸체에 해당하는 것으로 비유된다. 벽체와 창호는 인체

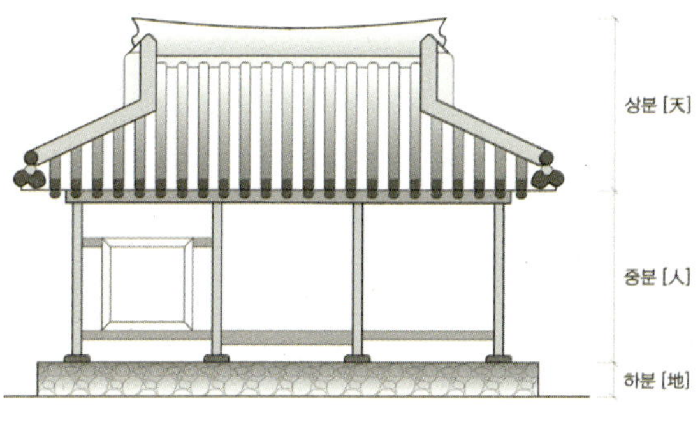

| 전통 주거 건축의 외관 형태 입면의 상징성 |

전통 주거 건축은 천지인 사상이 반영되어 하분은 지로 땅을, 중분은 인으로 사람을, 상분은 천으로 하늘을 상징하여 입면에서 그 의미를 재료와 형태로 표현한다.

| 전통 주거 건축의 외관 형태, ㄱ자형, 용인민속촌 |

전통 주거 건축은 천지인 사상이 반영되어 하분은 지로 땅을, 중분은 인으로 사람을, 상분은 천으로 하늘을 상징하여 입면에서 그 의미를 재료와 형태로 표현한다.

적 형상으로서 벽체는 살과 피부에 해당하며, 창호는 눈에 비유된다. 그러나 인체 또한 음양의 숫자로 보기 때문에 음양의 상보적 조화의 원리는 동일하게 적용된다. 이에 음양의 원리에 따라 막힌 곳과 트인 곳, 열린 곳과 닫힌 곳, 창호와 벽체 등의 상보적 조화에 의해 입면의 역동성을 표현하게 된다.

상분(上分)인 지붕에서는 하늘의 속성을 표현하는 방법이 사용된다. 기둥 위에 설치되는 포작(包作)에는 구름이나 용, 봉황 등 하늘 세계를 묘사하는 조각들이 직설적으로 표현되기도 한다. 지붕처마는 작은 원들의 조합이다. 서까래의 단면과 암수기와의 단면들은 천원(天圓)을 도상화시킨 것이다. 처마곡선은 무한한 대원을 상징하는 원호라고 볼 수 있으며 이를 통해 기단과 대비되는 역동성, 신장감, 돌출감 등 양의 속성을 표현하고 있다.

| 지붕의 형태 |

지붕은 건물의 기운을 모아 주는 공간으로 지붕의 형태는 명당과 흉가를 구분해주는 중요한 요인이 된다. 풍수에서는 지붕의 좌우 양쪽이 균형이 맞고 용마루 길이가 짧고 지붕의 중심 부분에 기운이 모이는 형태를 이루어야 한다고 한다. 이에 이러한 관점에서 보면 우리의 초가지붕과 모임지붕, 돔지붕은 명당지붕이 되고 한옥의 기와지붕, 처지는 곡선으로 이루어진 지붕, 一자형 평슬라브 지붕, 그리고 나비 날개와 같이 중심이 낮고 좌우가 높게 올라간 일명 버터플라이 지붕은 흉가지붕으로 간주된다. 이에 다른 건축 요소가 풍수의 영향을 많은 받은데 비해 한옥의 지붕 요소는 자연환경적 요소와 유교적인 요소가 더 지배적으로 반영되어 표현된 것으로 보인다.

한국은 지리적으로 산이 많아 자연스럽게 산의 형태에 영향을 받아 산은 생활 관념에서 떼어낼 수 없는 중요한 지각대상으로 산의 형태, 크기, 깊이 등의 표현에 영향을 주었는데 대표적인 조형표현이 건축의 지붕에서 볼 수 있다. 이에 주택을 비롯한 건축물 형태가 배경으로 삼는 산의 모습과 닮아 서로 유기적인 관계를 이루는 것이 좋다고 생각하여 지붕의 형태는 산의 형태와 조화를 이룬 초가집이나 기와집으로 표현되었다. 지붕이 튀는 요소가 아닌 산의 품속에 들어앉은 듯한 형태를 취한다. 초가지붕은 마치 바가지를 엎어 놓은 형태와 같고 송이버섯과 같이 둥글다. 이러한 초가는 둥글둥글한 능선을 배경으로 하면 더욱 평화스럽고 자연과 하나가 된 풍경을 이룬다. 그리고 풍수의 원리도 잘 반영하고 있다.

기와지붕의 형태는 풍수에서는 비록 흉가지붕으로 해석되나 조형적으로는 산의 모양과 잘 어울리며, 특히 치켜 올린 추녀의 곡선은 버선코와 비슷한 형태로 유연한 아름다운 곡선으로 한국의 대표적인 선으로 꼽힌다. 그리고 산봉우리와 봉우리 사이를 연결하는 능선은 기와지붕의 처지는 곡선과 조화를 이루고 있어 자연 경관의 운치를 더욱 높여 준다. 한국의 기와지붕 구조에서 처마가 길게 뻗어 나온 점은 일본이나 중국의 건축물과 비슷하다 또한 한국의 기와지붕은 전체적으로 곡선 형태를 이루고 있으나, 중국이나 일본의 기와지붕은 직선 형태로 구성되어 있다. 한국의 기와지붕은 곡선 형태를 만들기 위해 구조적으로 더 많은 목재와 흙이 사용되어 지붕의 전체적인 무게가 다른 나라의 지붕보다 훨씬 무겁다는 것이 하나의 특징이 된다.

| 건물의 높이 |

'도선비기에 이르기를 땅은 산이 많은 것을 양이라 하고, 산이 적은 것을 음이라 하며, 집은 높은 집을 양이라 하고, 낮은 집을 음이라 한다. 우리나라는 원래 산이 많은 지형이기에 높은 집을 지으면 국운이 쇠퇴하게 된다. 그런 까닭에 태조이래 궁궐로부터 민가에 이르기까지 높은 집을 못 짓게 하였다. 다산 지형에 높은 집을 지으면 양과 양이 불화를 이루므로, 다산의 양과 낮은 집의 음을 조화시키려 낮은 집을 짓게 하였다. 즉 주변의 건물형태와 높이가 서로 조화와 균형을 갖추어야 한다.

풍수에서 볼 때 이상적 건물의 높이는 정육면체가 기준이 되는데 건물평면 길이와 비슷한 높이를 이상적으로 보며 이러한 형태가 기운이 가장 잘 회전된다고 한다. 건물 높이가 너무 낮으면 기운이 위아래로 회전하기가 어려우며, 건물이 너무 높으면 위쪽으로 확산되는 기운이 많아서 역시 회전하기가 어렵다. 건물 평면의 가로와 세로 길이가 서로 다르면 가로와 세로 중간 정도 높이를 가장 이상적으로 본다.

| 개구부 형태 |

개구부의 형태는 수평적인 것 보다 수직적인 것이 좋다. 수평적인 형태는 안정감을 주는 맛을 있으나 처지는 기운인데 반해, 수직 창문은 서있는 형태를 이루어 기운이 위 · 아래로 회전하는 것을 쉽게 한다.

전통 주거 건축의 조형미

전통 주거는 앞에 제시된 여러 가지 기준에 의해 구축된 건축은 하나의 인공구축물이자 조형물로 다양한 조형미를 선사한다. 한국의 미를 연구하는 많은 학자들은 한국의 조형성에 대해 특출함이 없는 평이함의 미, 인위적인 꾸밈이 드러나지 않는 자연의 미, 대자연의 질서를 느끼게 하는 인공이전의 미라 정의한다. 이는 우리 선조들은 산이 많은 자연조건과 더불어 자연관에 의해 전통적인 조형 개념이 자리 잡았기 때문이다. 우리 민족은 시대를 초월하여 아주 오래전부터 자연의 질서체계에 순응하고 자연과 융합하려는 순수한 의도에 의해 '자연미'라는 대표적인 조형미를 형성하였다. 이를 바탕으로 전통 주거 건축에서도 자연미는 그대로 반영 된다.

우리 선조들은 자연을 움직이지 않는 상태에서 건물이 자연으로 들어가는, 즉 건물을 자연에 맞추는 건축물을 만들었다. 이에 부드럽고 단순한 형태로 전체적인 친근감을 형성하고, 화려하지 않은 색, 자연의 색을 사용하고, 간결한 선의 유기적인 통일에 의한 구성미, 인위를 거부하는 소박한 미, 무기교의 기교 등 친자연성의 표현으로 자연과 하나 됨을 표현하였다. 그러므로 전통 주거 건축의 조형미는 자연미이며 그 표현 방법은 친자연성으로 요약할 수 있다. 이에 전통 주거 건축의 친자연성을 표현하는 조형 원리는 크게 비움, 절제, 어울림, 자연과의 일체라고 정의할 수 있으며 그 속에 내재된 개념과 특징을 살펴보면 한국 전통 주거의 조형미의 특징을 알 수 있다.

• 비움 •

전통 주거, 특히 한옥의 미학은 비움이다. 한국화의 '여백의 미'와 같은 이치이기도 하지만 그 이상의 비움이다. 한옥에서 비움은 도교사상의 '무형성'에서 시작된 것으로 물질적인 형태에 집착하지 않고 보이지 않는 빈 상태가 물질의 본질을 의미한다. 이 무형성이 불교의 '가변성'과 합쳐져 한국 전통 공간만의 특징을 만들어냈다. 가변성이란 불교 공(空)사상의 핵심 공간관으로 물리적 형태의 고정된 상태(공간)에 집착하지 않는다는 뜻이다. 이러한 무형성과 가변성을 공간의 기본요소인 벽을 통해 표현되는데 물리적 조건으로서 벽 자체를 보지 않고 비움이라는 상반되는 상태와 적절히 조화를 이루면서 물질에 집착하지 않는 공간을 형성했다. 즉 '모순되는 두 개념의 공존'이라는 개념은 우리나라의 독특한 민족 정서이자 조형 감성이었으며 건축에서는 특히 한옥에서 주로 관찰된다. 이러한 비움의 미학에 의해 열림, 투명성, 관조성, 원통과 순환이라는 4가지 특성이 나타난다.

| 비움과 열림 |

한옥의 비움은 벽의 가변성과 투명성에 의한 공간의 열림에서 시작된다. 무형성과 가변성에서는 벽은 '물질'이고 비움은 '비물질'이라고 정의하고, 물질의 본질은 비물질이라고 했다. 이는 '존재에 필요한 최소한의 물질만 갖추면 그 경계선을 넘지 말아야 마음의 평화를 유지할 수 있다.' 라는 도가의 노장사상이 바탕이 되어 벽의 한정 기능을 최소한의 물리적인 조건만을 갖추게 하여 최소화하였다. 이에 한옥 특유의 투명한 공간, 즉 감각적이나 감성적으로 투명하게 느껴지는 공간이 구성되며 이러한 공간을 열린 공간이라 한다. 그리고 한옥 특유의 열리는 벽에 의해 비움을 극대화하고 있다. 한옥은 기둥을 제외한 나머지 벽이 모두 문이나 창문으로 이루어져 있으며 이들 문과 창호가 다 열고 닫히는 구조가 된다. 이들을 모두 열어버리면 외부의 자연이 그대로 투영되는 '투명한 공간'이 된다. 여기에서 문과 창문의 열고 닫히는 정도와 열고 닫는 방식, 그리고 위치와 크기에 따른 변화를 다르게 함으로써 다양한 공간 연출이 가능하다. 창호의 반만 열고 조금만 열리는 등의 방식을 형성하게 되면 공간의 열림 상태는 무한대로 다양해진다.

이에 우리 전통주거의 벽은 그 자체가 물질이지만 열림으로써 비움의 상태로 이른 모순의 이론을 실천하게 된다. 공간의 비움은 자연을 채우고 인간을 채우고, 다양하고 풍부한 자연 현상을 공간 내부에 관입하거나 체험할 수 있게 한다. 이러한 공간의 열림은 벽의 가변성 때문에 가능하며 이로 인해 자연과의 경계가 모호해진다. 이 공간의 모호함은 곧 공간의 투명성으로 이어지며 사연과 일체가 되는 통로로서 감성적 공간으로 이끌어 주며 인간 삶의 질을 향상하게 시켜준다.

| 투명성 |

한옥은 공간의 열림으로 인해 내 · 외부의 차별이 없는 공간의 투명성이 생긴다. 한옥의 투명성은 유리와 같은 물리적 투명이 아니라 방에서 방, 방에서 외부로 보이는, 또는 그로 인해 자연을 더욱 쉽고 가깝게 느낄 수 있는 심리적인 시각에 의한 투명이다. 즉, 다양하게 열려 있는 문과 창문, 자연 재료를 사용하여 세워둔 기둥에 의해서 생긴다.

한옥의 벽의 투명성은 벽의 재료와 개폐 상태에 의해 다양한 느낌으로 전달된다. 우선 창과 문으로 이루어진 벽의 재료로 사용되는 반투명한 소재인 창호지의 사용이다. 창호지의 반(半)투명성 재질로 실내 들어오는 빛을 일부뷰 분산시켜 공간의 투명성에 그 효과를 더 한다. 또한 필요해 의해 벽들을 모두 열어버린다면 벽의 투명성은 극대화된다. 이러한 공간의 투명성은 자연의 다양한 형태를 받아들여 변화하는 자연 속에서 인간의 몸이 자연의 변화에 반응하여 순환하는 체계로 형성된다. 또한

| 전통주거의 비움과 열림, 남산한옥마을 |

벽으로 이루어진 문과 창이 완벽하게 열림으로 비움의 상태를 자연을 그대로 투영하는 투명한 공간이 된다.

| 전통주거의 투명성, 명성왕후 생가 |

문과 문의 개폐로 방에서 방, 방에서 외부가 다 보이는 투명성을 확보한 전통 주거 공간 모습이다.

내부에서 외부를 체험할 수 있게 된다. 이러한 열린 공간에 의한 차경효과는 자연과의 접촉을 극대화함으로 관조의 경지를 느끼게 한다.

| 관조성 |

비움에 의한 공간은 비워진 공간이 채워진 공간보다 많아 여백의 미가 강조되고, 공간의 투명성은 공간 내부에서 자연을 체험할 수 있게 함으로 여유로움과 관조하는 자세를 갖게 함으로 자연미의 하나로 관조성을 갖게 한다.

관조성은 현란하게 눈에 띄는 그러한 미가 아니라 형태나 색채 등이 없는 듯 있음으로써 고요한 마음으로 관찰하거나 음미해야만 인식되고 일단 인식되면 그 세련됨과 은근함에 끌리게 되는 미, 즉 겉으로 나타난 아름다움보다 한 단계 더 성숙한 내면의 미를 의미한다. 불교 사상의 측면에서 보면 인위적으로 관여하기보다는 그저 있는 그대로 파악하고 관조하는 자세를 말하며 이러한 관조성은 여유로운 공간을 즐길 수 있는 상태로 욕심이 없고 겸허한 인격이 형성되어야 가능하다고 말한다.

비움에 의한 관조성은 비어 있는 그대로 즐길 수 있게 하며, 실내공간을 호화롭게 꾸미거나 필요 이상의 가구로 채워 넣기 보다는 실내공간 있는 그대로, 필요한 것만 채워 넣어 단아한 공간을 연출하게 된다. 그러므로 고요한 가운데 생명력을 겸허한 가운데 세련됨이 있는 분위기를 만든다.

투명성에 의한 관조성은 여름에 폐쇄되었던 벽, 즉 문을 들어 매달거나 열게 되면 공간이 개방화됨으로써 안에 앉아서도 시야가 환하게 트이고 안마당이 시원하게 내다보이는 효과를 가지고 있다. 이것은 비워진 공간이 채워진 공간보다 많아 보다 여유로운 공간을 이루고 있다는 것 때문이기도 하다. 이러한 효과는 우리 전통주거에 부족한 듯 채워진 공간 안에서 한 단계를 뛰어넘은 관조의 경지를 느끼게 한다.

| 원통과 순환 / 중첩과 관입 |

우리의 한옥은 열림으로써 비워지게 되고, 비워지게 됨으로써 이 공간에서 저 공간, 저 공간에서 마당이 막힘없이 통하는 순환작용이 일어나게 된다. 이것은 시작과 끝이 같은 '원(圓)'이라는 형태에 통한다는 '통(通)'을 결합하여 원통의 개념으로 설명할 수 있다. 공간이 서로 통한다는 것은 그 시작과 끝을 알 수 없고 오던 길을 되돌아올 수 있다는 순환의 뜻으로 한시도 한 가지 모습으로 고정되지 않고 수시로 변한다는 말이다. 순환 공간에 나타나는 원통은 특히 내부와 외부의 구별이 무의미한, 즉 겉과 속의 차별성 경계가 없다는 것이다. 한옥의 전체적인 공간이 소통한다는 것은 그만큼 공간의 열림이 다양하다는 것이며 때문에 다양한 동선의 결과를 얻을 수 있다. 공간의 순환이 활발하면 그만큼 외기와 통하는 시간이 많고 외부와 간접 의사소통이 잘 된다는 장점이 있다. 원통은 다양한 동선의 형태뿐만 아니라 자연 요소를 받아들이는 길이기도 하다. 바람이 불면 바람 길로 공간이 두루두루 통하게 된다.

이러한 원통과 순환의 개념을 건축적 용어로는 '중첩과 관입이 강하다.' 라고 표현한다. 이는 공간이 투명하다는 뜻이며 '공간이 투명하다'라는 말은 공간의 내부와 외부 사이의 구별이 애매하다는 뜻이다. 내 · 외부 공간 사이의 구별이 명확하지 않다는 원통과 순환 공간과 같은 의미를 갖게 된다. 내 · 외부의 경계를 모호하게 함으로 공간을 투명하게 만드는 중첩과 관입은 한옥을 한옥답게 만들어주는 가장 중요한 요소이다. 이렇게 중첩과 관입 등 다양한 변화를 유발하는 요인은 공간이 열림으로써 나타나는 현상들이며 구체적인 요인을 정리하면 다음과 같다.

첫째, 전체 구성이 가변적이며 외기와 접할 수 있는 면이 많다. 한옥의 방은 자연 요소와 쉽게 가까워질 수 있는 특징이 있다. 방에서 외부로 바로 나갈 수 있다는 것과 비나 눈이 오는 등의 날씨 속에서도 대청마루나 툇마루에서 외부 활동이 가능하다.

둘째, 내부와 외부사이에 차별이 없다. 전이공간이라고 불리는 대청, 툇마루와 같은 내부공간도 아니고 외부공간도 아닌 애매한 성격의 공간이 이에 해당된다.

셋째, 창과 문의 크기, 위치가 서로 다르다. 다양한 창의 위치로 이쪽 방을 열면 저쪽 방이 보이고 저쪽 방을 열면 그 옆방이 나오게 되는 한옥의 독특한 공간 구성은 공간 자체를 폐쇄적 단절로 보지 않고 연속적으로 본다.

넷째, 창과 문의 열리고 닫힘이 다양하다.

다섯째, 공간을 감싸는 매스감이 딱딱하지 않고 겹 공간 구도 형성으로 부드러운 공간을 형성한다. 한옥의 공간 구성에는 'ㄱ', 'ㄴ'자형

| 전통주거의 관조성, 남산한옥마을 |

단아한 실내공간에 비움에 의한 열린 공간으로 외부 풍경을 내부로 끌어들여 관조미에 의해 여유로움을 주고 있다.

| 전통 주거의 원통과 순환, 남산한옥마을 |

전체 구성이 가변적이며 모든 면이 외기와 접해있으며 연속적인 내부공간을 구성하여 중첩과 관입에 의한 원통과 순환을 표현하고 있다.

꺾임 구성이 많고, 'ㅁ'자형의 중정 마당을 중심으로 공간이 많이 형성되는데 이러한 공간들은 각 공간의 문을 모두 열게 되면 이쪽 공간과 마당, 저쪽 공간이 한눈에 보이는 겹 공간구도가 형성되며 공간과 공간 사이에 끼인 마당도 공간의 연속인 내부 공간인 것 같으면서 외부 공간으로 느껴지기도 한다. 이러한 공간 구성은 이동하는 사람의 목적이나 성격에 따라 돌아가거나 질러가는 등의 다른 형태의 동선이 선택될 수 있다. 각각의 다른 형태를 보인 동선들은 시간의 변화나 집 안의 변화, 계절의 변화 등으로 말미암은 다양한 체험을 줄 수 있다.

• 절제 •

절제는 자연과의 인위적인 조화를 최소로 줄임으로써 나타나는 한옥만의 미학으로 도가의 비움과 유교의 선비사상에서 나온 조형미이다. 유교에서 절제는 계급 질서라는 최종 목적을 유지하기 위한 중간 과정으로서 물욕을 경계하라는 기본 개념을 가르친다. 이를 토대로 물질적인 욕심을 경계함으로서 자연적 본질을 보존하라는 주장을 한다. 이 때문에 자연적인 수수함을 존중하게 되며 지나친 장식에 대한 경계를 보이게 된다. 최소한의 가공만으로 그 쓰임새를 최대화하며 궁극적으로는 인간에게 이로운 공간으로 형성된다. 이러한 절제는 한옥에서 '율동감 있는 온화한 공간'과 '위엄 있는 성숙한 공간'을 더한 세련된 공간으로 다양하게 표현된다.

'자연의 질서체계에 순응하고 자연과 융합하려는 의도'는 절제를 중심으로 자연을 최대한 이용함으로써 자연과 어울리는 공간으로 만들고자 하였고 이것은 인위적인 물질적 요소는 최대한으로 배제함으로써 인위 없는 자연의 미를 한옥에 표현했다. 이러한 개념으로서 절제의 세부적인 요소로는 소박미, 포용성, 탈 기교성이 있다.

| 소박미 |

한국 전통 주거 공간은 자연에 대한 순응이라는 기본적인 정신을 바탕으로 자신을 드러내거나 눈에 띄는 특출함을 배제한 실내공간을 추구한다. 물질적인 인간의 욕심을 버리고 자연의 순수함과 겸허함 속에 큰 감동을 담는 것, 즉 도에 넘치지 않고 평범하면서도 깊이를 간직한 자연주의의 솔직한 표현이 한국 특유의 조형성, 소박미이다. 소박미는 우리의 전통 공간에서 느낄 수 있는 특징으로 자연의 거친 요소들을 소박미로 하여금 소탈한 멋으로 승화시켰다.

소박미는 민가의 초가집에서 가장 잘 나타나는데 재료의 사용과 구조, 형태의 표현, 공간의 규모에서 자연스러움으로 소박함의 진수를 느끼게 한다. 이에 비하면 상류주택인 한옥에서는 비교적 정교하고 정갈한 느낌을 주지만 치장이나 규모에서 도를 넘지 않으므로 기품이 있는 소박함을 지닌다. 아주 과거로부터 자연에의 순응으로 자연을 그대로 받아들이고 솔질하게 건축에 표현함으로 거친듯하면서도 소박한 한국 특유의 소박미는 다음과 같이 표현되고 있다.

첫째, 재료의 본성을 충실히, 편안히 지켜 재료의 특성이 자연스럽게 드러난다. 이에 세밀한 기교보다는 자연 그대로의 부드러움과 소박함을 느낄 수 있도록 단순한 선적 요소들로 전통 주거 건축 특유의 율동감을 만들었다.

둘째, 인위적 표현이 드러나지 않는 건축 공법을 사용하고 한다. 구조의 법치이나 장인의 기교를 돋보이게 하기 보다는 재료가 가진 형태나 느낌을 최대한 살리는 방식의 공법을 적용한다. 이는 눈에 띄게 돌출되는 형태보다는 자연의 위대함에 도전하지 않겠다는 소박한 의지를 보여 주는 것이다.

셋째, 실내공간 표현에서는 장식을 최소화한다. 소박한 공간으로서 필요 이상 과장하거나 장식하지 않고 겸손한 모습으로 인간에게 친밀하고 편안한 느낌을 준다.

넷째, 공간의 표현에서는 인간적인 규모의 넓이와 높이를 가지고 있다. 공간의 규모가 그 도를 넘쳐 웅장하거나 압도당하는 느낌을 주는 일은 거의 없다. 실내 공간 크기에 있어서도 필요이상 과장되지 않아 겸손하면서도 소박한 특성을 가진다.

이러한 소박미로 인한 전통 주거의 형태는 간결하고, 아담하면서도, 친밀하고, 아늑한 안정감을 주며, 편안한 분위기와 함께 역동적, 활동적인 분위기 모두를 자아내는 풍부한 공간이 된다.

| 포용성 |

자연의 다양한 형태를 인위적으로 처리하지 않고 그대로 사용하거나, 조형물의 형성 과정에서 생기는 변형까지 그대로 수용하며 받아들이는 자연적인 변화의 미, 즉 살아있는 생명력의 힘을 포용성이라고 한다. 포용성은 자연이 만들어낸 형태 그대로 불규칙성과 비대칭적인 형태에서 공간의 살아 있는 생명력과 넉넉함을 느낄 수 있게 한다. 자연의 다양한 변화를 모두 담아내며 그것을 받아들이고 있는 그대로 사용한다는 것은 자연에 대한 순응 정신 때문이다. 전통 주거 건축은 이러한 포용성으로 자연과 있는 그대로의 자연재료가 만들어 내는 넉넉함으로 공간의 풍부함과 친근감을 준다.

전통 주거에서 포용성은 휜 나무를 그대로 사용한 기둥의 형태와 갈라진 나뭇결이나 옹이 그대로를 사용한 천장의 서까래 등에서 나타난다. 이러한 나무의 사용은 직선이면서 직선이 아니며, 곡선이면서 곡선이 아닌 자연의 생명력을 그대로 느끼게 해준다. 이렇게 인공적으로 다듬지 않고 자연 재료 그대로의 사용은 비완결성인 것처럼 보이지만 한걸음 더 나아가 보면 완결 이상의 풍부함을 주며, 자연 풍화에 더욱 잘 견디고 오래갈 뿐만 아니라 자연을 공간 내부로 유입함으로써 살아 숨을 쉬는 주거

공간의 넉넉함을 느낄 수 있도록 한다.

| 탈기교성 |

인위적인 기교나 손질을 최소한으로 절제한 재료 본래의 미를 탈 기교성이라고 한다. 원재료의 특성을 살려서 자연과 대립하지 않는 공간을 형성하고, 자연과의 부드러운 조화를 이루는 것을 말한다. 세부 장식에 무게를 두기보다는 전체적인 조화를 중시하므로 어수룩하지만 원만하며 친근감을 준다. 이러한 탈기교성은 소박미와 포용성을 더불어 격조와 단아함을 부여해 주고 오랫동안 보아도 싫증이 나지 않고 언제 보아도 편안함을 준다.

탈기교성으로 인해 전통 주거는 자연 원재료의 성질과 장점, 개성을 보존해냈으며, 건축 형태에서 부드러움과 고고함, 단아함 느낌을 준다. 이상적인 주거로서의 한옥은 살기 위한 집이라는 개념보다는 자연에서 솟아오른 듯한 모습으로 탈 기교적이며 친자연적인 이유 때문에 싫증이 나지 않는다. 휜 기둥의 대들보와 나뭇결이 살아 있는 대청과 옹이가 있는 서까래 등은 탈 기교성만이 지닌 '미완성의 아름다움'이다. 또한 실내공간도 친근감을 주는 소박한 규모와 더불어 꼭 필요한 기능과 장식만 갖추고, 마감재도 아무런 무늬가 없는 자연소재의 바닥재, 벽재, 천정재를 사용하여 겸손함과 자연스러움이 존재한다. 이처럼 탈 기교의 특징은 자연의 것을 무조건 가져다 놓음으로 '친자연성'이라고 하는 것이 아니라 자연의 것을 손질하되 그 본성과 개성을 해치지 않는 선에서 이루어지는 아름다움이라고 할 수 있다.

| 전통 주거의 포용성, 양동마을 |

휜 나무를 그대로 사용한 서까래와 기둥에서 직선이면서 직선이 아닌 자연그대로의 표현에 의한 포용성으로 생명력을 준다

| 전통주거의 탈기교성, 안동하회마을 |

인위적 기교와 가공을 거의 하지 않고 자연석을 그대로 구성하는 탈기교성로 친자연적인 아름다움을 주고 있다.

• 어울림 •

전통 주거의 형태에서 자연과의 조화, 즉 전경의 구성미와 장식미가 잘 어우러진 형태를 어울림이라고 한다. 어울림은 유교 사상에 나타난 건축적 개념으로 하나의 큰 건물이 갖는 위계성과 그 구성요소를 이루는 작은 공간 단위, 즉 개체성, 그 개체성을 포괄하는 의미로서의 집단성, 집단을 유지하는 규율과 자유 사이의 조화, 도덕적 가치 등을 내포하고 있다. 이렇게 여러 작은 단위들이 어울림이라는 형식을 통해 유교사상과 유교적 가치를 건축적으로 잘 표현한 것이 전통 주거다.

이러한 형식미는 어울림과 함께 유교 사상의 인위성과 인공성을 반영하는 대표적인 개념으로서 건축에 작은 공간 단위, 혹은 기능 단위들로 구성되는 특징으로 표현됐다.

전통 주거에서 어울림은 공간을 통해 유교 공간을 대표하는 건축물로서 서원과 향교보다는 직설적인 조형 형식으로 어울림의 집단적 위계성을 표현했다. 신분계급에 따른 공간 구성을 위해 각각의 계급에 따른 방의 이익을 최대화 할 수 있는 채의 개념을 형성함으로써 채들의 위계적 배치에 의해 특유의 율동감 넘치는 조형미를 만들어냈다.

유교 사상의 영향에도 건축을 담당했던 민간의 밑바닥, 즉 장인 계층에게 널리 퍼져 있던 도교 사상은 건축 조형에 더욱 많은 영향을 끼쳐 절제와 자유라는 도교 정신을 건축 조영에 반영하여 어울림의 개념을 더욱 풍부하게 하였다. 이 때문에 어울림은 건물 특유의 율동감과 넘치는 조형미를 만들어낼 수 있었고 동시에 위엄과 절제를 잃지 않은 세련된 조화의 미를 보여준다. 어울림의 율동감과 조형미는 공간의 범위를 위계로 하여금 적절하게 구분함으로써 흥겨운 리듬 속의 안정감을 보여준다. 이런 모순되는 특징이 동시에 나타나는 양면성은 한국 전통 건축 조형성의 중요한 특징이 된다.

• 자연과 일체 •

우리 선조들은 살아가기 위한 최소한의 공간만 얻어진다면 외부와 소통하려 했고 그것이 인간에게 즐거움과 이로움을 준다고 판단했다. 자연을 끌어들이고 이용하여 즐거움과 이로움을 찾는다는 것은 자연과 소통하고 자연과 하나 되려고 하였다. 열리고 비워진 벽으로부터 자연의 현상을 감지하며 새 소리, 물소리, 바람 소리, 시간의 흐름, 계절의 변화와 그에 따른 자연의 변화를 공간 내부에서 느낄 수 있는 것, 즉 자연과 일치되는 삶은 인간의 가장 이상적인 삶이라 하여 자연과 하나 되는 삶을 살았다.

이에 전통 주거는 자연과의 일체를 위해 집 내부에 자연을 끌어들였는데 그 방법은 다음과 같다. 첫째, 자연을 향해 열린 구조로 공간 자체가 자연을 받아들이고 자연과하나 됨을 느낄 수 있는 공간이다. 벽의 투명성에 의한 자연과의 소통을 추구한 것이다. 둘째, 안팎의 모호한 구별이다. 외부와 내부의 구별이 약하다. 내부에서 외부를 바라보는 차경을 도입하는가 하면, 외부이면서 내부인 공간이 수없이 공존한다. 셋째, 집안 깊숙이 자연을 끌어들인다. 반투과성 창호지로 창호로 구성된 벽면을 전체 마감하여 빛을 끌어들여 은은한 조명으로 사용하고, 여름철 개폐가 자유로운 창호와 비움의 공간 배치로 바람 길을 만들어 시원한 바람을 실내로 끌어들이거나 내부의 대류현상으로서 신선한 공기와의 소통은 자연 요소를 이용한 전통 주거의 대표적인 사례이다.

| 전통주거의 어울림, 양동마을 |

주변 환경과의 어울림으로 주변 자연 환경과 조화를 이루면 지형의 고저에 따라 계층에 따른 주거 배치를 볼 수 있다.

| 전통 주거의 자연과의 일체, 소쇄원 |

사면을 열리고 비워지는 벽 구성으로 자연과 완전하게 소통하려는 정자를 볼 수 있다.

이상 네 가지의 개념은 한국 전통 주거 건축의 친자연성을 대표하는 요소이자 조형미를 표현하는 개념이다. 이러한 친자연주의 사상에 의한 건축 결합체가 바로 전통 주거이며 그 결과 전통 주거는 조형적으로 아름다운 구성과 형식을 표현하고 있다.

04 • 공간구성에서 웰빙

일반적으로 한국의 전통 건축은 서로 유기적 관계를 갖는 끊임없이 흐르는 물과 같이 하나의 연속된 공간 체계를 구성하고 있으며 과정이 있는 공간으로 전개된다. 과정이 있는 공간은 '과정적 공간', '깊이를 갖는 공간' 또는 '공간의 전이와 켜를 갖는 공간' 등으로 해석되며 연속된 공간 속에 다양한 변화로 공간을 전개하면서 관측자의 지각 경험에 단계적인 체계를 이루면서 정서적인 감흥을 유도하는 특성을 지닌다. 이는 단일 건물에서 느낄 수 없는 여러 채의 건물을 배치 구성하면서 공간의 위계성, 건축 공간의 상대적 양면성인 내부 공간적 외부 공간, 대칭적 비대칭적 특성 등을 갖게 되고 무엇보다 정서적인 감동을 고려한다는 점에서 공간 구성에서의 웰빙적 특성을 찾아볼 수 있다. 그럼 전통 주거건축의 공간 구성의 주요 특징은 무엇이며 웰빙적 특성이 어떻게 나타나는지 찾아보면 다음과 같다.

전통 주거 건축의 공간 구성 특징

| 과징적 공간 · 주요 공간 · 부 공간 · 매개 공간으로 구분되는 공간 |

한국 전통 건축을 비롯한 전통 주거 건축은 특히 상류 주택은 과정적 공간 · 주요 공간 · 부 공간 · 매개 공간으로 구성된다.

과정적 공간은 연속된 공간에 의해 주요한 공간에 이르기까지 여러 공간을 통과하면서 시점의 이동과 체험적 기억을 축적시켜 공간의 심연성을 느끼게 하는 공간을 말한다. 즉 연속적으로 공간을 경험할 때 공간 전환을 암시, 혹은 유도하는 공간의 구성을 의미한다.

주요 공간은 가장 핵심이 되는 건물 앞에 크고 넓은 주요한 공간으로 의미하며, 연속된 공간 체계에서 가장 절정을 이루는 곳으로 공간의 중심이 되는 곳이다. 이에 주요 공간을 중심으로 크고 작은 공간들이 조화되도록 연결되어 전체적으로 통일된 공간체계를 구성하게 된다.

부공간은 주요 공간 주변에서 대조되는 작은 공간으로 주요 공간의 깊이를 느끼게 하며 크기는 작으나 보다 본질적이며 핵심적인 공간이다. 주요 공간과 근접하여 있거나, 어느 정도 거리를 두어 그 연결 방식에 따라 다양하게 변화하면서 각기 건축의 특이한 개성을 나타낸다.

매개 공간은 공간과 공간을 연결시키거나 건물과 건물, 건축공간과 주변의 자연 공간을 유기적으로 결합시키는 매체가 되는 공간을 말한다. 통로로서의 역할보다는 주요한 공간 속에 일부로서 융합되어 있으면서 주요 공간에 유연한 강력을 부여하여 단조로움을 해소해 주고 공간의 유기적 결합에 큰 역할을 한

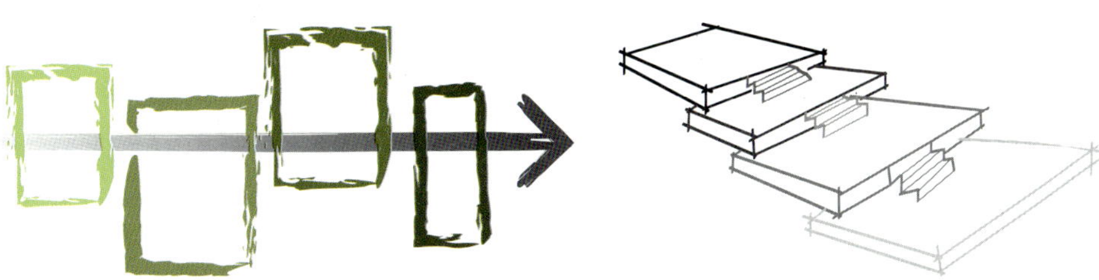

| 과정적 공간 개념 |

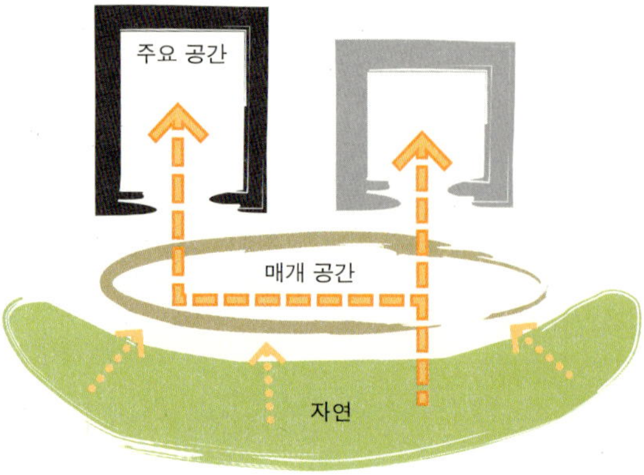

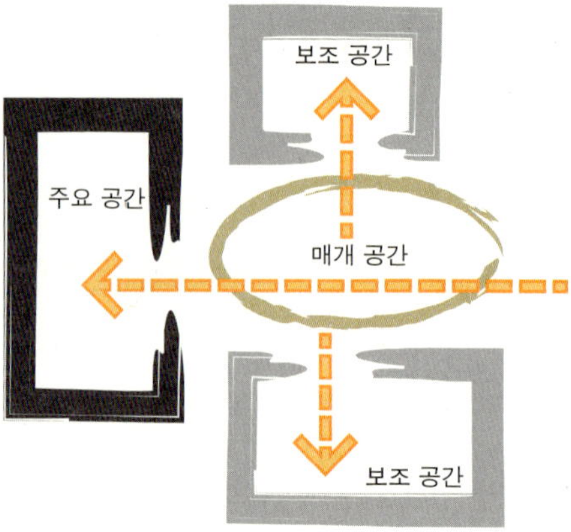

| 매개 공간 개념 |

다. 또한 사당공간과 같이 연속된 공간 체계 속에서 궁극적으로 자연 속으로 스며들어가는 곳을 의미하는 승화 공간도 구성된다.

전통주거의 공간 전개는 채로 구성된 공간들이 과정이 있는 공간으로 연속적인 공간으로 전개되며 외부에서 내부로 이르는 과정 중에 어떠한 체계적인 질서가 유지되고 있다는 사실을 알 수 있다.

| 자연과의 조화 및 도입 |

전통 주거 건축은 앞에서 살펴보았듯이 자연과 분리된 건축은 생각할 수 없으며 자연과 불과분의 관계로 자연의 일부로 공간 구성을 하였다. 자연을 일본처럼 축소하거나 중국처럼 일부러 과장되게 연출하지 않고 있는 그대로 받아들여 건축을 자연과 조화시켰다. 유달리 구릉 지대가 많고 주위 산으로 에워싸여진 자연지형에 따라 건축의 규모가 적절하게 조화되고 공간 형성도 자연 조건에 의해 조성되었다.

전통 주거 건축에서는 자연을 존중하고 자연과 조화를 이루면서 자연적 요소를 적절히 도입함으로 주변 자연환경과 시각적인 연속성을 유지하면서도 인공구조물의 딱딱함을 부드럽게 해줌으로써 시각적인 쾌감을 줌으로 공간의 위계성을 느끼게 한다. 공간 계획에 있어서 자연적 요소인 물, 식물, 자연광의 도입은 인공시설물의 딱딱하고 예리한 형태를 부드럽게 인식시켜 준다. 즉 수목의 계획적 도입은 열식으로 인한 공간의 분리, 폐쇄, 동선의 유도 기능을 하며, 정지된 물의 도입에 의해 인공조물의 신비로운 투영효과와 반사광으로 인한 실내 자연광 투입효과 등으로 공간의 부드러움과 여유를 선사하는데 이는 자연요소의 기능적 효과로 볼 수 있다.

| 공간의 연계성과 연속성 |

전통 주거 건축의 공간은 하나의 방향성을 이루어 그 축선을 달라 연속적으로 공간이 변화하는데 이를 공간의 연속성이라 한다. 연속성은 연결된 공간의 변화 속에서 지각되는 속성으로 건축의 심연성과 신비성을 높인다.

공간의 연속되는 특성은 크게 2가지로 나타난다. 시야가 열려 있어 연속적인 공간이 형성되는 시각적 연속성과 매개공간을 통해 연결된 공간의 변화 속에서 지각되는 특성인 공간적 연속성으로 나타난다. 우선 시각적 연속성은 개구부의 열리고 닫힘에 의한 시야가 열림으로 생기는 내부공간의 확장과 외부공간을 내부로 끌어 들임으로 내부공간과 외부 공간, 나아가 주변 환경까지 시선이 닿아 시각적으로 연계되는 것을 의미한다.

공간의 연속성은 각 공간들을 사람이 진행 방향을 바꿈에 따라 공간의 독립적인 성격은 줄어들고 다양한 변화를 느끼면서 공간과 공간의 연속성이 부각됨에서 나타나다. 전통 주거 공간에서 공간의 연속은 외부에서 내부로, 어두운 곳에서 밝은 곳으로, 좁은 곳에서 넓은 곳으로, 높은 곳에서 낮은 곳으로 나아갈 때나 그 반대의 경우에도 느낄 수 있다. 또한 동선의 흐름에서 진행 방향을 창이나 벽체를 통해 바꾸거나 단의 차이를 통해 오르거나 내려갈 때도 연속성의 다양한 공간 변화를 볼 수 있다. 이러한 공간의 연속성은 채를 중심으로 이루어지는 공간 배치에서도 이루어지지만 실내 공간에서 천장의 높이나 규모 변화로도 각 실의 연속성을 다양하게 느끼게 해준다. 전통 주거의 실내공간은 각 방은 천장의 높이가 낮은데 비해 대청이 높으므로 공간의 사용을 통해 낮은 곳에서 높은 곳으로, 또한 높은 곳에서 낮은 곳으로 연결되는 연속성에 의한 공간의 위계감을 느낄 수 있다.

| 공간의 위계성 |

전통 주거 건축은 유교의 영향으로 인한 남녀유별, 장유유서와 조상숭배에 의해 수평·수직적으로 공간에 대한 위계성을 형성하면서 전체적인 배치를 이루게 된다. 위계성은 단의 상승으로 인한 수직적 위계와 수평적 건물 배치에 의해 공간감을 유도하고 있다. 연속적인 공간체계 속에 가장 중요하고 기능적인 시설물서의 주요 공간은 축의 종단에 배치하여 그 우월성을 강조하고 주요 공간에 이르기까지 지각경험의 단계적인 체계를 이루면서 감흥의 절정을 유도하고 있다. 행랑채를 시작으로 길게 이어진 건물군은 사랑채를 지난 안채에 이르기까지 차츰 높아지면서 구조물간의 위계를 드러내면서 구성되며 조상을 모시는 사당은 외부인이 쉽게 접근하지 못하도록 대문 중심으로 가장 먼 쪽에 위치하게 된다. 또한 양반의 권위를 지키기 위해 높은 담장으로 가려지는 경우가 많고 하인들의 생활 영역과 안채, 사랑채와 같은 주인의 생활공간은 담장과 문으로 막아 격리함으로 위계를 갖추었다. 또한 마당과 건물사이는 마당→기단→툇마루→마루→방으로 높이를 달리하여 공간의 위계를 갖춘다.

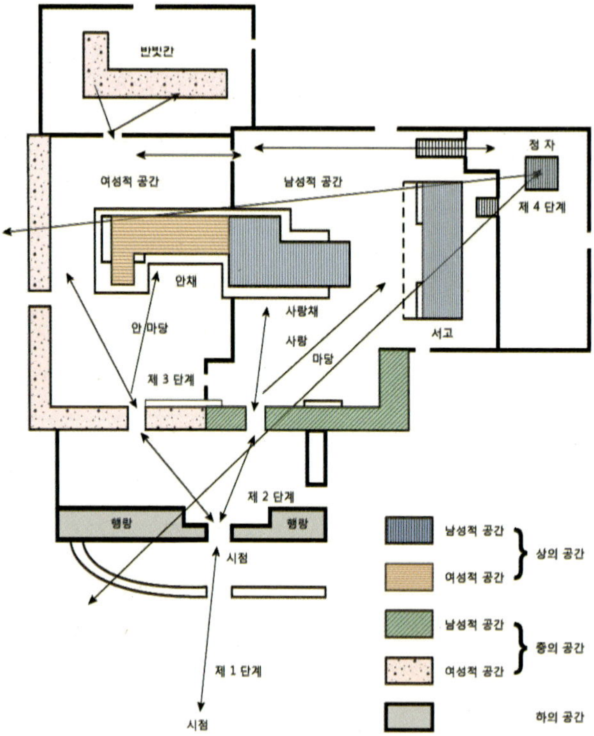

| 공간의 연속성과 수평적 위계성 연경당 공간 분석 |

시야가 입구부터 계속 열려 있으면서 공간이 연속되면서 상하관계와 남녀공간에 따른 공간의 위계를 극명하게 보여 주고 있다.

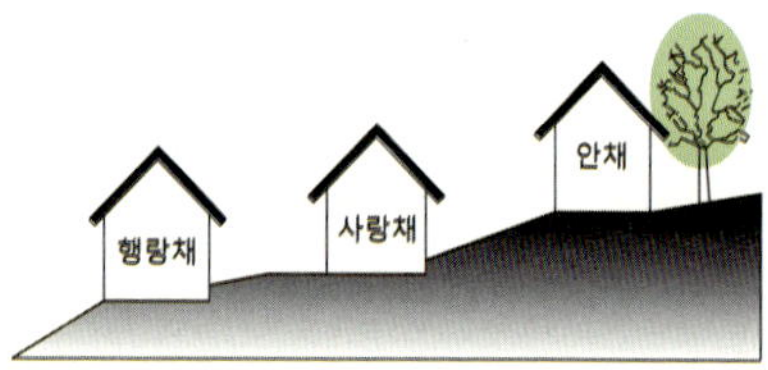

| 공간의 수직적 위계를 보여 주는 단면도, 충효당 단면 다이어그램 |

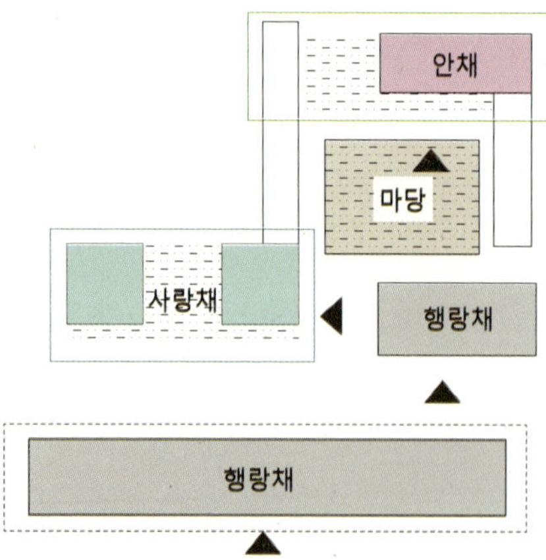

| 공간의 수평적 위계 보여주는 전통 주거 배치도, 충효당 배치 구성 |

| 수직적 위계에 따른 공간배치에 의한 전경, 양동 마을 |

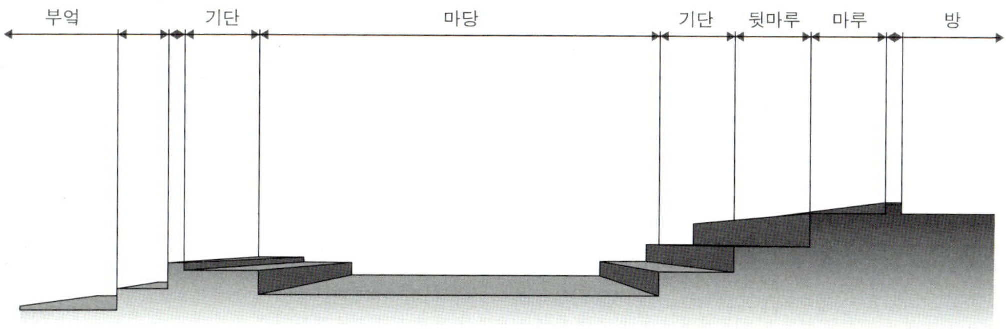

| 전통 주거 공간의 마당과 건물사이 위계에 따른 높이 변화 |

| 공간의 분할 |

전통 주거 건축은 채와 칸의 분화를 통해 공간이 뷴할된다. 주거 공간은 우선 채와 채를 따로따로 짓고, 다음 채 안에서 다시 여러 개의 칸으로 분화되어 공간을 구성한다. 즉 사랑채, 안채, 행랑채, 사당 등 여러 채가 모여 하나의 주택을 이루고, 다시 사랑채는 사랑방, 대청, 누마루 등으로 구성, 안채는 안방, 윗방, 건넌방, 대청 등으로 칸의 분화를 이룬다.

이러한 공간의 분화를 평면적으로 보면 공간 분할은 마당, 건물, 담을 통해 평면적 분할이 이루어진다. 대지 위에서 위치와 의미의 단위로 분할되고, 큰 것부터 정의하여 작은 것으로 분할된다. 이에 따라 공간의 전이, 깊이, 켜

| 칸(間) |

전통 주거에서 칸은 길이의 개념이면서 동시에 면적의 개념이기도 하다. 즉, 기둥과 기둥 사이의 길이를 나타내기도 하면서 네 개의 기둥이 이루는 사각공간을 의미하여 면적의 의미를 나타내기도 한다. 이 시각의 공간이 단위가 되어 여섯 칸짜리 집이라 하면 네 개의 사각기둥이 이룬 공간이 여섯 개가 된다는 뜻이다. 그 만큼 건물을 구성함에 있어 기둥이 중요하므로, 기둥이 몇 개 사용했느냐에 따라 집의 규모를 계산하였음을 알 수있다.

보통 1칸(間)은 기둥과 기둥 사이(柱間)를 말하며 칸 사이라고도 하며 보통 6자(180㎝)~12자(360㎝) 간격이다. 그러나 보통 7자(210㎝)나 8자(240㎝)가 한 칸을 이룬 경우가 가장 많다. 이는 칸을 크게 하기 위해서는 기둥의 간격을 넓히면 그 사이에 끼워질 보와 도리 등의 구조재의 길이도 길어져야 하기 때문이다.

결국 칸은 최소단위의 사각 공간을 건축적 모듈로 하여 이를 ㄱ, ㄴ, ㅁ자형 등으로 증식시켜 공간을 구성하는 독특한 구조이며, 주택의 규모를 표현하는 단위가 되기도 한다.

가 생겨나며 수평으로 공간이 전개되면서 구체적이고 명확한 구역과 장소들이 생기게 된다. 이런 과정에 채의 분화만큼 마당이 형성되는데 사람과 자연은 항상 1:1의 관계를 갖는다.

전통 주거 공간은 일차적으로 면적분할로 나타나는 공간은 마당으로 담과 마당을 둘러싼 채에 의해 물리적 공간으로 구성되고, 생활양식이나 문화적인 영향으로 각각의 목적을 띠면서 필요한 규모에 합당한 매스와 지붕을 갖고, 다시 방과 마루의 세부 기능으로 분할되는 형태를 가진다. 그리고 마지막으로 방이 분할되는데, 방은 가장 폐쇄적인 공간으로 기둥, 보, 도리 등의 구조체가 대부분 벽지나 천장지로 가려지고 개구는 안쪽으로 창호지를 발라 사면이 평면으로 이루어지고, 바닥도 장판지로 마감되어 단순한 면으로 구성되어 나타난다.

| 공간의 개방과 폐쇄의 조화 |

개방성과 폐쇄성은 서로 반대되는 성격이지만 전통 주거 공간에서는 한 공간 안에 공존하고 있다. 개방성은 공간에서 시선이나 동선의 흐름이 소통되어 열린 공간을 형성하는 것을 의미하며, 폐쇄성은 시선이나 동선의 흐름이 차단되어져 닫힌 공간을 형성하는 것을 의미한다. 이러한 측면에서 전통 주거 공간은 외부 공간에 대해서는 폐쇄적인 공간이지만 내부에서는 가변성을 지닌 개방적인 공간으로 구성된다. 상류주택을 중심으로 볼 때 전통 주거는 대지의 경계를 높은 담장과 행랑채로 둘러싸고 높은 솟을 대분으로 상당히 폐쇄적으로 구획된다. 그러나 담장 안으로 들어오면 각 채들은 대부분 창호로 구성된 벽체로 필요에 따라 열리고 닫히는 구조로 폐쇄성이 나타나다가도 필요에 의해 창호를 열거나 접어서 들어 올려놓으

| 전통 주거공간의 외부로의 폐쇄성, 민속촌 |

담장과 높은 솟을 대문으로 외부에서 볼때는 상당히 폐쇄적으로 보인다.

| 전통 주거공간의 내부공간의 개방성, 남산한옥마을 |

방과 방사이 문을 들어 올림으로 방과 대청 방이 하나의 커다란 개방공간이 형성되고 벽면의 창호를 개방함으로 외부와의 개방성으로 완벽하게 열린 공간이 구성된다.

면 지극히 개방적인 공간을 형성한다. 각 방의 구획도 서양 공간처럼 완벽한 폐쇄 구조가 아니라 거주 인구가 많고 적음에 따라 방의 가운데 장지문을 설치함으로써 구획을 대신하여 가변성 있게 공간을 사용한다. 또한 대청에서 마당을 내려다보면 시각적으로 차단되는 물리적 요소가 없어 시선을 자연스럽게 외부로 향하게 하여 열린 공간이 조성된다. 그리고 뒷벽에도 창호가 있어 앞마당의 자연 요소와 뒷마당의 자연 요소가 시각적으로 연결되어 하나의 커다란 개방된 공간을 이루게 한다.

| 내부 공간적 외부 공간 |

전통 주거 건축은 첫째, 목조가구식 구조로 재료와 기술의 한계성으로 협소한 내부공간을 조성할 수밖에 없었으며, 둘째, 자연주의 사상으로 인하여 적극적인 자연요소의 도입의 일환으로 외부공간을 더욱 중요시하게 되었다. 이러한 이유로 외부 공간이 건축 공간의 주 공간으로 인식되어 외부공간이 내부 공간의 기능을 하는 내부 공간적 외부공간이 중요한 공간으로 구성되었다.

외부 공간은 지붕이나 천정 등에 의해 밀폐되지 않은 허공(Void) 공간이며, 음의 특성을 지닌 Negative Space를 의미하며 공식적인 공간이 된다. 반면 내부 공간은 밀폐된 고형체(Solid)로 양의 특성을 지닌 Positive space를 의미하며 사적이 특성을 지닌다. 전통 주거공간에서는 이러한 음과 양의 공간이 서로 상대적이면서도 상보적인 공간이며, 반복과 교차로 연속된 공간을 구성하고 있다. 특히 마당이나 건물의 회랑, 툇마루, 추녀 공간, 중정 마당 등은 이러한 상보적 공간특성을 강하게 나타낸다.

전통 주거 공간은 한 개의 덩어리의 건물에

| 앞마당 공간, 남산한옥 마을 |

전통 주거의 앞마당에는 수목을 심지 않고 매끈하게 백토로 다져 정원으로서 기능보다는 내부공간에서 다하지 못하는 건축적 기능을 대신하는 공간으로 사용되는 대표적인 반외부 공간이다.

| 중정 마당, 민속촌 |

ㅁ자형 주거 자연스럽게 조성되는 중정 마당은 각 방을 이어주는 매개공간이면서 내부 공간인 대청마루와 함께 주택의 주요 공간되므로 단순한 외부공간이라고 하기보다는 오히려 내부 공간 기능이 강한 반내부 공간이다.

서 여러 기능을 수행하는 서양 건축과는 달리 여러 개의 건물 군으로 구성된다. 개별적인 기능과 독자성을 지닌 부분과 부분들의 합으로 공간이 구성되는데 독립된 건물들은 담장이나 마당 등에 의해 구획되어 지며 이들을 매개하는 공간이 있어 낱개화 되기도 하면서 동시에 총체적인 하나의 공간으로 구성된다. 이러한 매개공간은 외부와 내부를 연결하는 반내부 또는 반외부 공간으로 반 공식적 공간이면서 반 사적인 공간이 된다. 그러므로 전통 주거 공간은 내부공간, 외부공간, 매개공간이 서로 유기적 관계로 연속적인 공간체계를 이루는 대표적인 특성을 갖게 된다.

| 대칭적 비대칭 축 활용 |

전통 주거 건축은 공간을 구성함에 있어 대칭적 비대칭 축을 지향하는 주요 특성을 지닌다. 이는 건물이 대칭을 이룬듯하지만 주위 환경과 조화를 이루어 적절히 변형되어 비대칭 축을 형성하는 것을 말한다.

축은 건축 공간에서 두 점으로 이루어진 하나의 선이며, 형태와 공간은 그것을 중심으로 규칙적으로 혹은 불규칙적으로 배열될 수 있다. 보통 건물군중 가장 중심이 되는 중요한 건물의 위치를 먼저 정하는데 그 위치는 지형지세에 따라 가장 전망이 좋은 곳에 배치하고 기타 부속건물들 이 건물을 중심으로 형성된 어떤 축 선에 따라 변화 있게 배치된다. 전통 주거도 이러한 방식에 의해 건물이 배치되는데 우리나라는 지형의 변화가 심해 개념상으로는 직선 축을 지향하나 지형에 따라 적절히 변화되고 다양한 축의 변화로 비대칭적 축을 이루게 된다. 이렇게 조성된 전통 주거 공간에서는 축은 축 선상의 양 끝에 위치해 있는 문이나 창문은 내부와 외부를 연결함으로써 실외로까지 축을 연장시킴으로 외부 환경까지 포함하여 매우 강하게 강조되고 있다. 축 주위에 기둥이나 보, 개구부가 반복되어 있으면 이는 공간에 방향성을 주면서 축을 더 강조하게 된다. 이에 전통 주거공간에서 축은 공간의 분절과 더불어 다시 공간을 연결해주는 질서 개념으로 볼 수 있다.

| 정형성과 비정형성 |

공간의 형태에 있어서 정형적인 공간이 형성되며, 건물과 주변 자연과의 사이에는 비정형적인 공간이 형성된다.

| 관계성 |

공간에서 관계성은 건축이 놓여지는 장소와 주변 여러 환경과의 관계를 통해 전체적인 조화를 이룬 공간을 의미하는 전통 주거는 이러한 관계성을 특성으로 지닌다. 전통 주거 건축은 공간을 구성하는 기본단위가 '칸(間)'으로 이는 네 개의 기둥이 이루는 사각공간으로 이 사각공간이 기본이 되어 공간을 구성한다. 전통 주거공간은 채와 채로 이루어지는 공간구성 방식은 각 채들의 개체성을 유지하면서도 자연스럽게 전체를 이루는 특성을 지니는데 이는 성장과 확산의 의미를 지닌다. 그러므로 전통 공간의 관계는 부분적인 분석만으로는 공간특성 설명이 어려우며 전체를 구성하는 부분들의 고유한 역할이 하나라도 바지게 되면 전체의 의미가 성립이 되질 않는다. 그러므로 각 부분들은 각 각의 역할을 가지면서 전체의 관계성을 형성하고 있다. 이는 자연의 생태계의 원리와도 일백 상통하므로 전통 주거공간이 유기적 전체라는 단순한 개체의 더함에서 이루어지는 것이 아니라 개체의 총체적인 상호관계에 의해서 형성됨을 알 수 있다. 이에 전통 주거 건축에서 각각의 방이나 각 공간들은 구성단위의 부분 요소이며, 이러한 요소들은 서로 관계성을 맺음으로 전체를 구성하여야 주거 공간이 완성된다.

전통 주거 건축의 내부 공간 특징 ——

| 공간의 환원성 |

전통 주거공간은 실내 공간은 공간의 최대 활용을 위해 생활 속의 '환원'이라는 요소를 공간에 도입하고 있다. 생활 속 환원성이 가장 높은 대표적 물건은 보자기로 물건을 싸면 훌륭한 용기가 되지만 본 상태로 환원시키면 천 조각에 불가하다. 보자기를 대신하는 가방은 사용하고 나서도 공간을 점유하지만 보자기는 점유공간이 전혀 없다. 전통 주거 공간은 이와 같은 환원성을 극대화 하는데 우선 각각의 방이 필요하면 문을 내리고, 큰 공간이 필요하면 문을 접어 올려 최대한 넓게 사용한다. 또한 대청은 연회가 이루어지고 놀이판이 되기도 하고, 제사를 지내는 성스러운 공간이 되기도 한다. 방은 이부자리를 펴면 취침공간으로, 밥상을 갖다 놓으면 식당공간으로, 방석을 놓으면 접대 공간으로 환원된다. 이는 서양의 침대나 식탁, 의자와는 차이가 있다. 이와 같이 우리전통 주거에는 공간은 생활 문화의 주요 특성인 환원성에 기인하여 환원적인 특성을 지닌다.

| 공간의 중성성 |

전통 주거 공간의 중성성은 평상시에는 비어진 공간으로 존재하지만, 어떠한 행위가 일어났을 때에는 채워질 수 있는 가능성을 가진 공간으로서 비어짐과 채워짐의 중성적인 공간의 특성을 지닌다.

| 인간적 척도에 의한 공간 구성 |

전통 주거의 건물이 유난히 아담하고 편안하게 느껴지는 이유는 건물의 크기를 인체의 크기로 환원하여 가늠할 수 있기 때문이다. 보통 건물이 어느 규모 이상을 넘어가면 사람들은 건물로부터 위압감을 느끼게 되는데 전통주거공간은 건물의 크기가 인체의 크기로 다 환원되어 크기에서 오는 이질감이 없기 때문에 공간이 상당히 친숙하게 느껴진다. 이렇게 건물의 스케일이 인체 크기의 배수로 환원 될 수 있는 규모를 인간적 척도, 즉 휴먼 스케일(Human Scale)이라 부른다.

휴먼 스케일은 건물을 구성하는 여러 요소가 인체의 크기와 적절한 조화를 이루며 사용 과정에서 인체의 각 부위에 대해 끊임없는 연상 작용을 떠올릴 수 있을 때 체험적 휴먼스케일 느낌을 준다. 전통 주거 공간에서 휴먼스케일은 인체와 균형이 유지되는 공간의 적절한 크기, 생활 패턴에 따른 천장고, 신체의 스트레칭 효과를 주는 툇마루, 다양한 몸동작을 고려한 창호의 구조와 크기 등에서 잘 나타난다.

전통 주거의 천장 높이는 생활 스타일에 따라 달라져 주로 앉아서 생활하는 것을 기준으로 삼은 방은 낮고, 서서 생활하는 것을 기준으로 삼은 대청은 방보다 더 높았다. 이렇게 결정된 천장 높이는 실내공간의 쾌적성을 더 높이고 효율적으로 유지할 수 있으며, 작은방에서 낮은 천장은 아늑하고 포근한 매력을 주며 심리적으로 정서적 안정감을 준다. 또한 공간의 적절한 높이와 넓이는 기와 공기의 흐름을 원활하게 해준다.

신체에 대한 이중의 연상 작용 가장 많이 갖게 하는 툇마루는 인간의 인체 가운데 무릎을 가장 많이 사용하게 한다. 툇마루는 사람이 무릎을 굽히고 앉았을 때 알맞은 높이를 가지고 있으면서 서 있는 사람과 비슷한 눈높이를 유지해 준다. 또한 실제 공간상에 오르고 내림으로 무릎을 많이 구부리는 몸동작이 나타난다. 이러한 동작은 기단과 댓돌에서도 나타나는데 그러므로 전통공간은 마당에서 방으로 들어가기까지 바닥의 높이를 다르게 하는 이는 인체 관절 마디의 섬세한 치수에 맞춰 높이를 주고 있다. 즉 마당에서 대청에 오르는 이동은 대개 다섯 걸음 이내에 몸에 무리가 가지 않는 범위 내에서 이루어지는데 오르내림을 위해서는 신체 이동의 박자를 천천히 해야 하므로 심리적으로 여유를 가져다주게 된다. 그러므로 툇마루의 휴먼스케일의 주요 기능은 일상에서의 쉴 새 없는 몸동작을 유발하여 스트레칭효과를 가져옴으로 인간의 건강을 도와주는 이로움에 있다.

전통 주거 공간에서 휴먼 스케일은 문의 크기에서도 나타난다. 문의 크기의 다양화는 기후에 대응하고, 효율적인 동선을 유도하고, 차경을 즐기는 등의 여러 가지 이유도 있지만 문을 드나들 때마다 다양하게 온몸의 움직임을 유발하는 몸동작이 이에 해당된다. 즉 방을 들어가기 위해서는 댓돌과 기단을 오르고 다시 대청과 툇마루를 오르고 다시 문지방을 넘어 문의 크기에 맞추어 몸을 움츠리게 된다. 이러한 몸동작은 '머리-어깨-무릎-팔-다리'를 적절히 굽혔다 펴게 되는데 이는 일차적으로 스트레칭 효과와 인체의 혈액순환을 도와 인간의 건강을 도와주게 된다.

| 인간적 척도에 의한 적절한 크기의 공간 |

좌식생활에 적합하게 인체와 균형이 유지되는 적절한 규모의 사랑방으로 반드시 필요한 물건만 갖추고 생활에 필요한 공간만을 취하였다.

| 몸의 움직임을 유발하는 인간적 척도 공간 구조 |

댓돌-기단-툇마루-문지방을 거쳐 방으로 들어가는 구조로 방에 들어가거나 방과 방 사이를 이동할 때 기단과 툇마루를 수시로 거쳐야 하므로 적절한 인체 척도에 의한 높이와 구조로 몸에 무리가 가지 않은 범위 내에서 몸동작 유발로 스트레칭 효과를 주는 공간 구조는 전통 주거의 대표적인 특징이다.

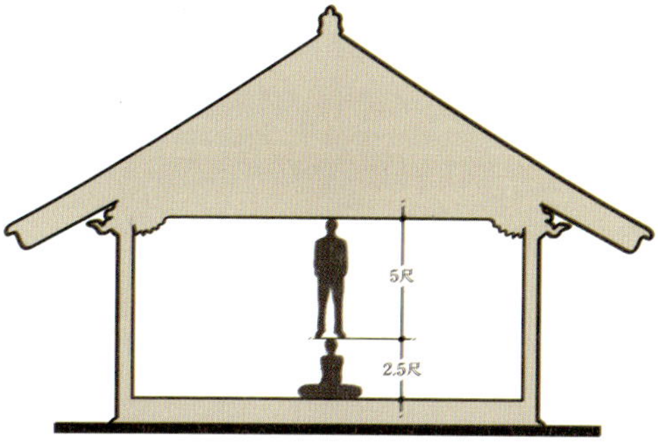

| 인간적 척도 방의 천정 높이 |

방의 천장높이 기준은 인체치수 5척을 기준으로 7.5척으로 하는데 이는 좌식생활을 기준으로 정한 높이가 된다

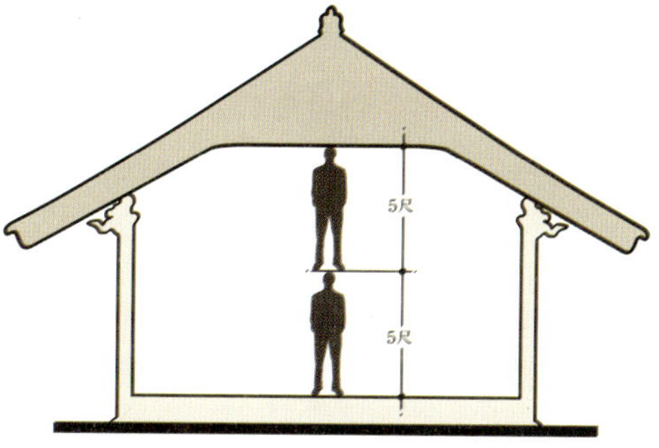

| 인간적 척도 대청의 천정 높이 |

대청의 천장 높이는 인체 치수 5척을 기준으로 10척으로 한다. 입식생활을 기준으로 한 것으로, 대청에서는 사람 한길의 높이가 확보되어야 기의 순환이 가장 원활하다.

〈이미지출처: 김병선, 생태 건축 관점에서 바라본 한옥의 특징, 설비, 한국실내기술협회지 v197.2, 2002. 2, 재구성〉

05 • 건물 구성 요소별 계획에서 웰빙

전통 주거의 건축은 내부공간을 구성하기 위한 요소들, 즉 건축물 자체를 형성하기 위한 구성요소들의 조합으로 외관 형태를 구성하게 된다. 이러한 건물의 주요 구성요소는 기단, 초석, 기둥, 벽체, 창호, 지붕, 바닥, 천장, 난간 등으로 구성된다. 이러한 외관 형태를 구성하기 위한 구성 요소들은 특히 외부기후 환경의 자극으로부터 내부 기후 환경을 쾌적하기 하기 위해 계획되어진다. 특히 외부의 기후요소인 열, 빛, 습기, 바람에 대한 통풍, 일조와 일사, 방수 계획을 중심으로 조성되었다. 그러므로 전통주거 건축은 건물배치와 구성과 더불어 건축물 구성에서도 거주자의 건강과 쾌적성을 위해 최대한 자연적 기법에 의해 조성되므로 웰빙 요소를 찾을 수 있다.

이에 이번 절에서는 바닥, 벽, 지붕을 중심으로 건물외피를 구성하는 창호, 기단과 기둥, 난간에서의 웰빙을 위한 계획요소를 찾아보고 전체 주거를 아우르는 외부요소중 담장과 대문, 채 사이를 분할하는 외벽을 중심으로도 웰빙적 계획요소를 찾아보고자 한다.

지붕과 천장

뒷산의 형태를 닮아 건물의 전체적인 형상이 자연 속에 묻힌 것과 같은 모습을 보여주는 것이 바로 우리 전통 주거의 지붕이다. 서민주택의 대표적 주거인 초가의 지붕은 완만한 우리의 동산과 같은 형태이면서 자연 소재인 짚을 사용하여 자연과의 합일을 이루는 정점을 찍으며, 한옥의 지붕은 처마와 함께 구성되어 유연한 곡선으로 자연 속의 공간을 완성시키고 있다. 옷소매와 치마폭의 매끄러운 곡선을 닮은 한옥의 처마는 한국다운 곡선미의 대표적인 예로 처마의 각도와 길이에 따라 건물의 전체적인 인상이 바뀌게 된다. 그러므로 지붕이 외관 이미지 형성에 영향을 주는 비중은 다른 어떤 부위보다도 크며 물리적으로 쾌적성을 만드는 데에도 크게 작용한다. 그리고 지붕은 비나 눈, 추위나 더위를 차단하는 물리적인 기능 외에도 다양한 의미를 담고 있다.

지붕은 구성적인 면에서 밖에서 보는 형상이 지붕, 지붕의 이면에 해당하되 그 이면 중에서도 벽체의 안쪽은 천장, 주도리 밖의 들연부분은 처마라 해서 구분하여 말한다. 이에 지붕의 구성요소는 지붕, 천장, 처마로 볼 수 있으며 이를 지붕부라 한다.

지붕은 벽체 보다 먼저 발생했으며 전통주거의 자연환경과 문화적 특성에 따라 그 형태와 기능에서도 차이를 보이는데 지붕의 종류와 함께 웰빙적 특성을 살펴보면 다음과 같다.

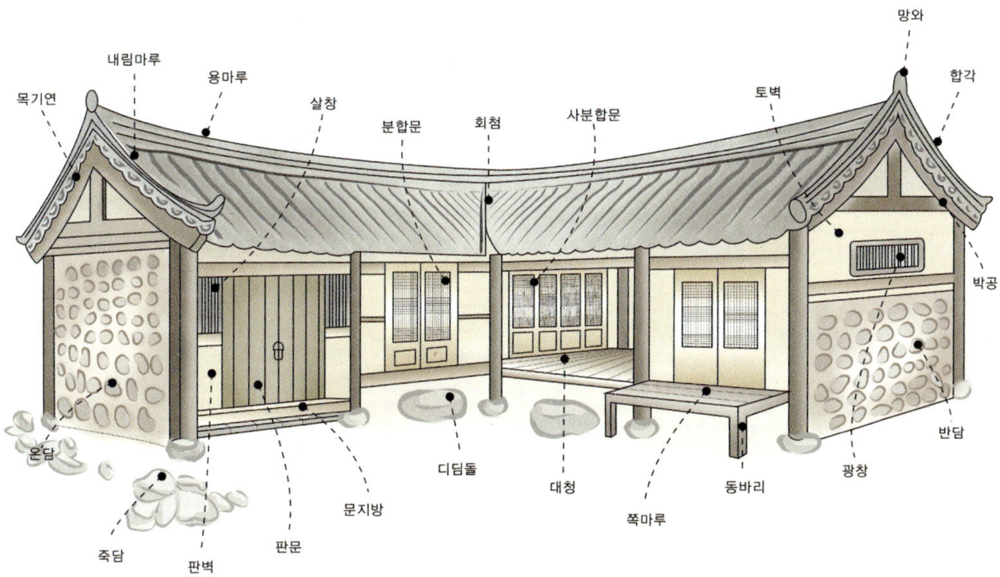

| 전통 주거 건축 외피 구성 요소 | 〈이미지 출처: 한국전통 건축 협회, 재구성〉

• 지붕의 종류 •

| 재료에 따른 종류 |

한국 전통 주거는 상류주택은 대부분 기와 지붕으로 된 기와집이며 민가는 기와 지붕도 있지만 대부분 초가지붕, 샛지붕이 많고 지역에 따라 너와지붕, 굴피지붕 등으로 구성되어 초가집, 샛집, 너와집, 굴피집 등으로 불린다.

| 형태에 따른 종류 |

전통주거의 지붕 형태는 가장 단순한 맞배지붕으로부터 우진각 지붕, 팔작지붕이 대표적이며 모임지붕으로 사모지붕, 육모지붕, 팔모지붕이 있고 그 밖에 다각지붕, 꺾인지붕, 가첨지붕, 충단지붕 등이 있다. 이중 주택은 우진각지붕의 초가집이나 맞배지붕이 많았다.

지붕의 외곽을 구성하고 있는 선을 지붕마루라 한다. 지붕마루는 용마루와 내림마루(합각마루) 추녀마루(귀마루)로 이루어진다. 용마루는 지붕에서 가장 높은 곳으로 중마루, 용마름이라고도 하며, 용마루의 양끝에서 수직으로 내려오는 마루를 내림마루, 지붕의 네 꼭지점으로 향하는 마루를 추녀마루라고 한다. 이러한 지붕의 구조 중 용마루와 내림마루는 독립적인 선을 갖는데 외관상을 얼핏 보면 직선으로 보이지만 이들 두 선은 자세히 살펴보면 모두 곡선으로 이루어져 있다. 특히 용마루는 一자 모양이지만 용마루의 양끝은 살짝 높고 중앙 부분은 낮게 현수곡선으로 이루어져 있다.

맞배지붕은 건물의 앞뒤에서만 지붕면이 보이고 용마루와 내림마루로만 구성되었으며, 암키와를 나란히 깔고 사이사이에 수키와를

| 지붕 재료에 따른 전통 주거 종류 |

기와집	· 기와는 양질의 점토를 재료로 모골(模骨) 및 와범(瓦范) 등의 제작틀을 사용하여 일정한 모양으로 만든 다음 가마 속에서 높은 온도로 구워낸 건축 부재 · 기원 전후한 시기에 궁궐이나 큰 건물에 기와를 사용한 것으로 추정 · 지붕에 기와를 올린 집으로 중류 상류 주택에서 많이 보임 · 초가 보다 빗물과 적설에 대한 누수 방지를 위한 방수성과 함께 방화성을 갖게 됨 · 지붕안의 진흙층은 축열체로서 주간에 태양 복사열을 지붕 구조체에 축열하였다가 야간에 천공으로 복사함으로 실내 기온상승을 억제함 · 온 · 습도의 기후 변화에 오래 견딜 수 있는 내구성과 건물 자체의 경관을 돋보이기 위한 미관성 등 확보 · 규모가 크고 구조적으로 튼튼한 집
초가집	· 볏짚으로 지붕으로 사용한 집으로 민가의 대표적 집 · 볏짚은 속이 비어 있어 공기층을 가진 단열재 역할을 하여 그 안의 공기가 여름철에는 내리 쬐는 햇볕을 감소시키고, 겨울철에 집안의 온기가 밖으로 빠져 나가는 것을 막아주므로 기와 지붕보다 방수성과 쾌적성은 더 좋음 · 짚 자체가 지닌 성질로 인해 따뜻하고 부드럽고 푸근한 느낌을 주며, 한 해에 한 번씩 덧덮어 주므로 집에 각별한 치장을 하지 않아도 언제나 밝고 깨끗한 느낌 · 짚으로 지붕을 잇는 방법 – 비늘 이엉법 : 짚의 수냉이를 한 뼘 정도 밖으로 내어서 엮는 방법으로 그 모양이 물고기의 비늘을 닮은 데에서 유래한 것으로 사슬이엉보다 수명이 김, 서북지방 – 사슬 이엉법 :수냉이가 밖으로 나오지 않도록 일정한 크기로 엮은 날개 수십 장을 둥글게 말아서 지붕 위로 올린 뒤에, 멍석을 펴듯이 펴 나가면서 지붕을 덮는 방법, 서북지방을 제외한 나머지 지방 대부분 · 이엉으로 지붕을 덮은 뒤에는 용마루에 용구새를 얹어서 마무리 함, 이것은 빗물이 잘 흘러내리게 좌우양쪽으로 비탈이 지도록 솜씨 있게 엮고 바람이 심한 데에서는 바람에 날리는 것을 막기 위 해 새끼를 그물처럼 엮어서 덮음
샛집	· 들이나 산에서 나는 야생풀을 베어서 이어 만든 집 · 지붕 수명이 20~30년 이나 되어 한세대 마다 덮어서 사용함 · 지붕이 초가 보다 무거우므로 튼튼하게 지은 집이라야 하고, 수명은 오래가지만 전문가만이 지붕을 덮을 수 있어 품삯이 많이 들기 때문에 경제적 여유가 없으면 덮기 힘든 단점이 있음 · 그늘져 습기찬 곳은 쉽게 썩기 때문에 부분적으로 갈아 끼워 사용하며 지붕을 새로 덮을 때도 헌 새의 1/4 또는 1/3가량은 다시 쓸 수 있음 · 샛집은 처음에는 흰빛이 나지만 4~5년이 지나면서부터 검은 빛을 띰 · 지붕이 워낙 높으므로 초가집과 달리 집 자체가 우뚝 솟아 보이고, 햇볕을 차단하거나 집안의 온기를 보존하는 데도 매우 유리함
굴피집	· 이십 년쯤 자란 참(굴피)나무 · 상수리나무 · 삼나무 등의 밑둥에서 떼어 낸 나무껍질로 지붕을 덮은 집 · 나무껍질이라 크기를 일정하게 벗겨 낼 수는 없어 이를 덮은 지붕을 보면 마치 누더기를 걸친 것처럼 심한 불균형을 이룸 · 굴피는 습기에 민감하여 대기가 건조해지면 바짝 오므라들어서 군데군데 하늘이 보일 정도가 되지만 비가 내리든지 하여 습도가 높아지면, 이내 늘어나서 틈을 메우는 성질로 여름엔 시원하고 겨울엔 훈훈함 · 굴피는 보통 두 겹으로 끝을 겹쳐 가면서 고기비늘 모양으로 지붕 아랫 부분부터 위쪽으로 깔아나가며, 그 위에 '너시래'라는 긴 나무막대기를 걸치고 지붕 끝에 묶든가, 돌을 얹든가 하여 바람에 날아가지 않도록 함 · 산간지방에는 널리 분포하는 집으로 태백산맥과 소백산맥 일대에서 특히 많이 볼 수 있음
너와집	· 널기와집, 너새집 등으로 불리고, 너와는 '느에', '능에' 또는 '너새'라고도 부름 · 너와는 참나무 껍질을 얇게 쪼개어 만들거나, 소나무를 크기는 일정하지 않으나 보통 가로 20~30㎝, 세로 40~60㎝, 두께 4~5㎝ 쪼개어 만듦 · 너와가 바람에 날리는 것을 방지하기 위해 무거운 돌을 얹어놓거나 '너시래'라고 부르는 통나무를 처마와 평행되게 눌러놓기도 함 · 너와는 70장을 한 동이라고 하며 한 간 넓이의 지붕에는 보통 한동 반에서 두동쯤 들어감 · 너와 한 장의 수명은 5년 내외이며 기와지붕을 수리할 때처럼 그때그때 필요에 따라 썩은 것을 갈아 내고 새것으로 바꾸어 끼움 · 개마고원을 중심으로 한 함경도지역, 낭림산맥 · 강남산맥 일대의 평안도 산간지역, 태백산맥 일대의 강원도 산간지역, 울릉도 등지에 분포 · 환기와 배연이 잘 되고, 단열 · 보온 효과가 뛰어나 한서의 차가 심한 산지기후에 적절함
돌 기와집	· 돌능에, 청석집이라 불렀던 납작한 돌, 얇은 판석으로 지붕을 얹은 집 · 석탄이 많이 나는 지역을 중심으로 점판암을 납작하게 판석 이용. 점판암은 퇴적암 또는 응회암 등이 잘 발달한 편리를 나타내고 있기 때문에 판상으로 아주 잘 쪼개지는 성질을 가진 암석 · 돌기와 지붕의 특징은 지붕에 경사 없이 거의 평면으로 완만하게 포개 올려 경사가 부드럽고 편안한 느낌을 주는 데 이는 돌기와가 미끄럽고, 돌의 무게로 집이 무너지는 것을 막기위해 무게 분산을 위해서 임 · 켜켜이 푸른빛이 감도는 돌들이 쌓여 있는 것을 보면 용 비늘을 닮은 형태를 띰 · 탄광이 많은 강원도 산간지역이나 경기도, 충북 일부 일원

| 기와집의 기와 |

기와는 보통 암키와(평기와)와 수키와(둥근기와)가 기본 이며, 이를 합쳐서 하나로 만든 형태도 있다. 일반적으로 지붕은 산자위에 진흙을 이겨 얇게 편 다음, 위아래로 암키와를 걸치고 좌우의 이으매에 수키와를 덮어 구성한다.

| 초가집의 볏집 |

볏짚은 겉이 매끄러워 빗물이 잘 흘러내리므로 두껍게 덮지 않아도 되며 한해 한 번씩 덧덮어 주므로 집에 각별한 치장을 하지 않아도 거의 언제나 밝고 깨끗한 모습을 보여준다.

| 샛집의 억새 |

우리나라 억새는 10종류가 되지만 거의 유사하며 방수성이 좋고 질겨서 한번 지붕을 이으면 10년정도 쓸 수 있을 만큼 강인한 재료이다. 억새를 이용하여 꼰새기 줄은 질기고 탄력이 좋고 매끄럽고 방수가 잘된다.

| 굴피집의 굴피 |

20년 된 참나무 · 상수리나무 · 삼나무 등의 밑둥에서 떼어 낸 나무껍질로 나무껍질을 처서(處暑) 전후에 벗겨 물에 담궈 녹녹하게 만든 후 팽팽하게 펴 여러 겹을 쌓아 무거운 돌을 올려 한동안 말려 너비가 3자 길이가 4자 정도로 하여 사용한다.

| 너와집의 너와 |

두꺼운 나무껍질이나 널조각으로 이은 지붕으로 사용하는데 너와의 가로 20~30㎝, 세로 40~60㎝, 두께 4~5㎝ 정도이다. 너와가 바람에 날리는 것을 막기 위해 돌이나 통나무를 지붕면에 눌러 놓기도 한다.

| 돌기와집의 청석(돌기와) |

석탄이 나오는 지역에 점판암이라는 납작하게 층을 이룬 돌을 적당한 크기로 잘라 만든 것으로 잘 미끄러지는 성질이 있어 물매를 아주 완만하게 처리한다. 청석을 얹는 방식은 기와와 크게 다르지 않는데 아래쪽에 청석을 얹고 그 위에 아주 비스듬하게 청석을 포개얹는 식으로 계속 쌓아 올려 지붕을 구성한다.

| 기와의 형태와 구성 |

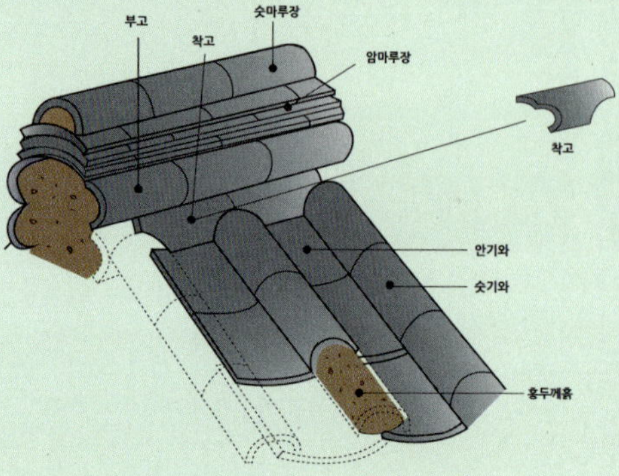

| 기와 지붕의 구성 |

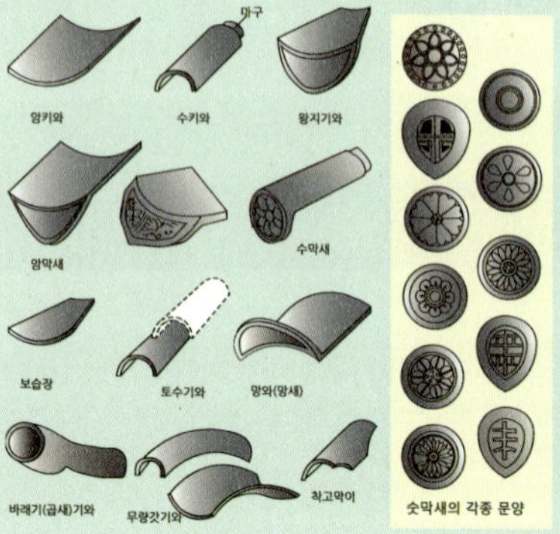

| 기와의 형태 |

없은 지붕이다. 측면에 측면에는 지붕이 없기 때문에 추녀라는 부재가 없으며 측면의 벽면이 노출되기 때문에 풍판을 사용하여 측면을 보호했다. 용마루의 경우 중앙이 내려가고 양끝이 올라가도록 하는데 이는 용마루의 양끝이 처져 보이는 것을 보정해주려는 의도로 해석되고 있다.

우진각지붕은 네 면에 모두 지붕면이 만들어진 형태이다. 전 · 후면에서 볼 때는 사다리꼴모양이고 양측면에서 볼 때는 삼각형의 지붕형태이다. 정면, 측면, 후면 쪽으로 모두 지붕면을 구성하고 처마와 용마루와 추녀마루가 있고 내림마루가 없는 지붕형태이다. 팔작지붕과 비슷하지만 팔작지붕보다 높게 되어 있다. 우진각 지붕 형태를 취한 집은 마루도리가 건물의 길이보다 짧아서 앞에서 보면 사다리꼴을 이루고 옆에서 보면 세모꼴의 지붕면이 보이는데 거의 모든 초가집은 우진각 지붕으로 되었다.

팔작(합각)지붕은 우진각지붕 위에 맞배지붕을 올려놓은 것과 같은 형태의 지붕이다. 팔작지붕의 측면에서 볼 때 올려놓은 듯한 맞배지붕의 측면 삼각형을 합각면이라 한다. 현존하는 지붕형태 중에서 가장 많은 형태의 지붕으로 용마루와 내림마루 추녀마루가 모두 갖추어진 가장 화려하고 장식적인 지붕이다. 아름다운 구성미를 지닌 지붕으로 곡면이 특이하여 중심 건축물에 즐겨 사용되었다. 팔작지붕의 합각면은 지붕 폭에 따라 넓어져 염원을 표현한 그림이나 추상적인 문양 등을 장식하는 경우가 많고, 다락이 놓인 경우는 통풍을 위해 구멍을 뚫기도 하였다.

모임지붕은 용마루 없이 하나의 꼭지점에서 지붕 골이 만나는 지붕형태이다. 모임지붕은 평면의 형태에 따라서 달라지는데 사모지붕, 육모지붕, 팔모지붕 등이 있으며, 별채나 특수 건물, 중소형 누각 등에서 주로 볼 수 있다. 초가지붕이 모임지붕 형태를 이룬 겹집인 경우에는 까치구멍이라고 하여 용마루를 짧게 하고 좌우 양끝의 짚을 안으로 우겨 넣어 까치가 드나들 만한 구멍을 내기도 하는데 이 구멍을 통해 집안에 햇볕이 들어오고 연기가 빠져나간다.

이러한 주거건축의 지붕은 그 기능이나 역할에 맞게 모양도 크기도 다양하게 구성되었다. 특히 한옥에서는 집 주인의 성품과 집안의 가풍을 보여 주며 건물의 전체 인상을 결정하며 유교사상의 영향으로 선비의 품격을 드러내며 위계를 나타내기도 한다. 기본 지붕 형태 중 맞배지붕이 제일 먼저 생겨났는데 상류 주택에서는 행랑채와 곳간채 등이 맞배지붕으로 구성되며, 안채나 사랑채는 팔작지붕으로 구성하여 위계를 나타낸다.

• 처마와 지붕의 부속시설 •

| 처마 |

전통 주거 건축의 지붕은 서까래가 길게 뻗어 있고 부연이 있으므로 해서 긴 처마를 갖는다. 은근한 곡선으로 다양한 표정을 말하는 한국 전통 건축의 지붕이 시각적인 영향으로 그 숨은 의미를 전달한다면 자연을 직접적으로

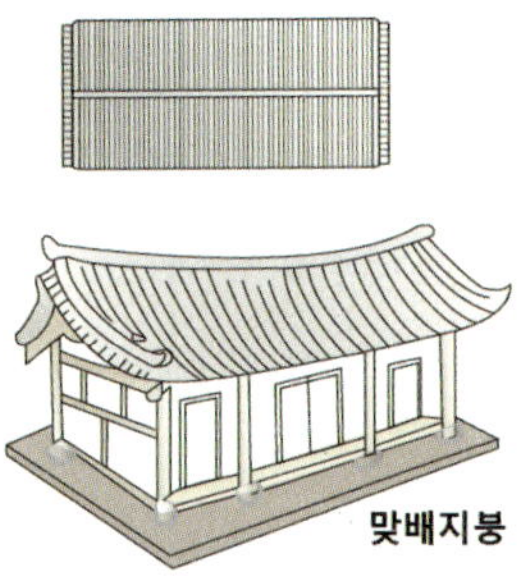

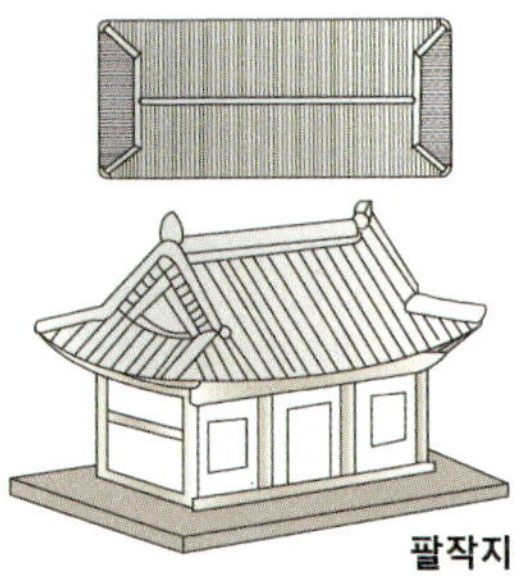

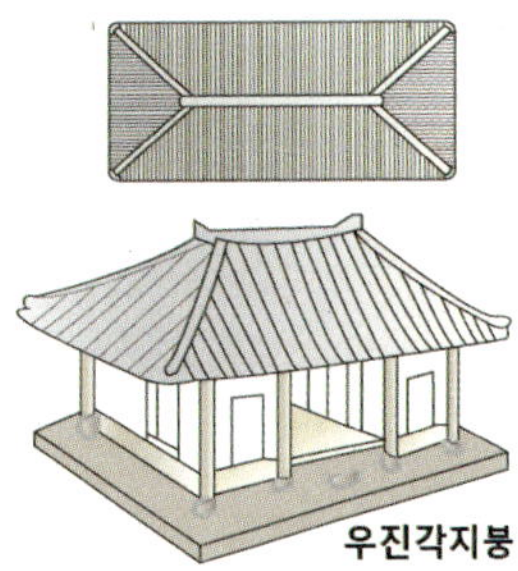

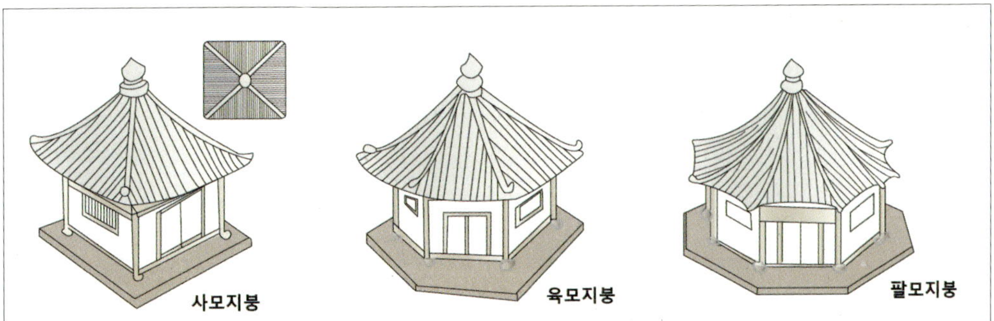

| 모임지붕 |

| 맞배지붕으로 구성된 행랑채 입구, 낙선재 |

| 팔작지붕으로 형성된 사랑채, 남산한옥마을 |

| 지붕마루 구성 |

| 팔작 지붕의 지붕마루 구성 |

| 우진각 지붕의 지붕마루 구성 |

도입하여 인간 생활을 더욱 윤택하게 해주는 것이 바로 처마다.

처마는 '지붕이 도리 밖으로 내민 부분' 이라는 뜻으로, 지붕의 연장선 끝자락에 위치한 것을 지칭한다. 처마는 서까래와 평고대로 이루어지며 기본적으로 지붕을 구성하는 주요 부재인 서까래의 길이에 의해 결정되며 이를 더욱 길게 하기 위해 부연이라는 부재를 사용하기도 하고, 차양을 별도로 덧달기도 한다.

처마의 형태는 홑처마와 겹처마가 있는데 서까래만으로 이루어진 처마를 홑처마라 하며, 부연이라 부르는 덧서까래를 잇대어 처마가 겹쳐진 처마를 겹처마라고 부른다. 보통 홑처마에 쓰이는 서까래의 단면은 둥글고, 겹처마는 덧댄 서까래를 단면이 네모 모양을 사용한다. 이는 원형은 '양' 이고, 방형은 '음'을 의미하는 음양설에 의한 것이다. 격이 높은 건물은 겹처마를 만들고 일반 서민의 주택은 홑처마를 사용하는데, 겹처마를 만드는 이유는 처마의 면을 더 길게 내고자 할 때 처마를 살짝 들어주는 효과를 내어 건물 안에서 밖을 보는 시야를 넓혀주기 위해서이다.

처마의 전체 선의 느낌은 처마와 처마가 만나는, 즉 서까래가 만나는 부분이 추녀를 들고 내미는 정도에 따라 그 모양이 결정된다.

처마의 기본 기능은 마루와 문, 창에 비가 들이치지 않도록 충분한 깊이를 갖는 구조를 취함으로 처마 끝의 빗방울은 정확히 댓돌 밖으로 떨어지게 하는데 있다. 그러나 실제 가장 큰 역할은 햇빛의 양을 조절해주어 여름은 시원하게 겨울은 따뜻하게 하는 쾌적한 실내 환경 조성에 있으며 이는 웰빙 공간연출의 주요 포인트라 할 수 있다. 그러므로 방수와 일조를 위해 긴 처마로 계획되었다. 처마는 태양의 고도가 낮은 겨울은 방안 깊숙이 햇빛을 들이지만, 고도가 높은 여름에는 태양빛이 마루 끝에서 차단된다. 또한 외벽 전면에 툇마루가 형성되어 자연스럽게 처마가 깊어지므로 빗물처리에 유리한 조건을 형성한다.

이외에도 처마 밑 공간은 그 활용도가 높아 출입을 준비하는 전이 공간이며, 반외부공간이면서 자연과 직접적으로 교류하게 하여 자연현상을 바로 앞에서 보면서 여유를 즐기며 감상할 수 있게 해 준다. 그리고 동물과도 공존하면서 위계를 조절하는 공간으로 해석되고 있다. 이에 기후를 조절하면서 이용하는 처마 밑 공간으로 툇간이나 툇마루가 발달되었다. 이들 공간은 비나 눈으로부터 사람을 보호하고 통행할 수 있게 하면서 관조의 관점이 내부에 있는 우리나라 전통 건축의 특징을 잘 살리면서 살림살이를 보관할 수 있는 저장고 등의 역할을 겸하였다. 그러므로 전통 주거 건축의 처마는 물질적, 심적으로도 여유가 생기는 공간이 형성되게 하는 중요한 구조가 된다고 볼 수 있다.

| 보첨(補簷) |

보첨은 비바람을 가리기 위하여 지붕처마 밑에 설치된 가림막을 의미한다. 제주도의 민가는 처마가 짧아 사람이 출입하는 곳에는 햇빛가리개 용도로 이엉으로 엮은 차양시설로 보첨을 많이 이용하였는데 비바람이 거칠게 불면 보첨을 받친 바지랑대를 치우고 밑으로 내려 비바람을 막는 시설로 활용하였다. 이는 거친 자연 환경을 이겨내기 위한 고육지책으로 볼 수 있다. 반면 기와집에서는 구리판으로 위엄과 풍모를 갖추고 위를 덮고 끼웠다 뺏다 할 수 있는 보첨을 사용하기도 하였다. 보통 보첨은 지붕의 경사면을 따라 기존 처마 밑으로 가설되면 지게발을 내리거나 엷은 보조기둥을 세워 툇간형식을 만든 구조로 형성된다. 그러나 보첨은 차양은 취약한 내구성과 툇간의 발달, 가사규제가 약해지고 함석차양이 보편화되면서 기와지붕에서는 점차 사라지게 되었다.

| 송첨(松簷) |

송첨은 송붕이라고도 하며 소나무 가지를 엮어서 처마에 덧대어 햇살을 막기 위한 가설적인 차양 장치를 말한다. 보통 솔가지를 주로 사용하나 띠풀이나 갈대 등의 식물성 재료를 엮어서 만들기도 하였다. 기능상 필요에 의한 것도 있지만 풍류와 운치를 위해 설치함으로 사대부 양반집의 품위 있는 처마의 연장 시설로 여겨진다. 송첨은 무더운 여름 소나무 그늘에 앉아 시원하게 보내는 느낌을 선사하며 밤이며 솔바람 소리가 시원하게 들려 풍류와 운치를 겸한 선인들의 차양시설이라 할 수 있다.

| 홑처마, 양동마을 |

물매가 있는 긴처마와 처마 아래 툇마루 공간은 습도가 높은 여름철 유용한 공간이 된다.

| 보첨, 제주 애월 민가 |

이엉으로 엮어 바지랑대를 받쳐 처마 밑에 설치한 보첨 시설로 제주도 민가에서는 흔히 볼 수 있는 시설로 기후 조건에 맞추어 가변적으로 이용할 수 있는 차양과 비바람 막이 시설이다.

| 가적지붕, 해남 윤선도 고택 녹우단 |

한 칸 정도로 크게 가적지붕을 덧달아 공간 확보로 넓은 봉당을 만들어 비도 피하고 여름철 차양과 함께 다양한 활동이 가능하도록 하였다.

| 눈썹지붕, 양동마을 |

맞배지붕 밑에 눈썹지붕 덧달아 빗물이 들이치는 것을 막았다.

| 눈썹지붕 |

상시로 실용적인 사용을 위한 보첨 시설의 일종으로 벽 또는 지붕 끝에 물린 좁은 지붕으로 눈썹을 붙인 것처럼 보여서 붙여진 이름이다. 처마 아래에 예쁘장한 눈썹지붕은 처마를 장식용으로 덧단 모양을 갖추며 비를 피하고 여름철 차양효과를 극대화한다.

| 가적지붕 |

가적지붕은 가첨지붕이라고도 하며 차양처럼 처마아래 그늘을 만들고 비를 피할 수 있는 공간을 더 크고 확실하게 추가적으로 설치한 한 것으로 눈썹지붕보다 큰 차양시설로 한옥의 한 칸 정도의 크기로 설치하므로 맨바닥에 지붕을 설치한 매개 공간을 제대로 확보하게 해준다.

• 지붕의 구성과 천장 •

전통 주거 건축은 천장과 지붕 사이는 공간이 없이 연결되어 밖에서 보는 형상이 지붕이고 내부에서 올려다 보는 구성이 천장이 된다. 즉 천장은 건물내부의 기둥 윗부분의 총칭으로 가구재가 노출되거나 은폐됨에 관계없이 천장이라 한다. 그러므로 천장은 지붕 밑, 위층의 바닥 밑 또는 그것을 가려 막아 수장한 반자를 말한다.

천장은 기본적으로 보, 도리, 서까래로 구성된다. 이는 목가구 구조에 기인한 구성 요소로, 보는 건물의 깊이 방향으로 기둥 사이를 연결하고 하중을 받는 수평부재이며 도리는 기둥 위에서 서까래를 받는 수평부재를 말한다.

이에 보, 도리, 서까래와 기둥의 가구 구성으로 삼량집, 오량집, 칠량집 등으로 구성된다. 이중 대부분의 서민주택인 살림집은 두 개의 주도리와 한 개의 종도리로 구성된 삼량집이 대부분이나 양반 주택들은 삼량집에 퇴공간이 부가된 오량집의 형식을 취한 구조가 많다. 오량집은 두 개의 주도리와 두 개의 중도리, 한 개의 종도리, 즉 다섯 개의 도리에 서까래가 걸리는 집으로 앞뒤의 평주로 구성된다. 그런데 규모가 큰 사대부의 상류주택은 오량집의 평주 안쪽으로 고주를 하나 더 세워 앞퇴를 구성한 고주 오량집도 많이 취하며, 규모가 더 큰 사대부가는 도리 두 개를 더 첨가하여 앞퇴와 뒤퇴가 함께 구성되는 칠량집을 구성하기도 하였다. 이러한 기본 구성에 도리와 기둥 구성에 변화를 주어 평4량, 1고주 4량, 2고주 4량, 2고주 5량, 1고주 7량, 2고주 7칠량 등 다양한 구성 방식이 나타나고 있다.

내부 공간에서 보이는 천장은 구조에 따라 서까래가 그대로 노출되어 천장을 구성하는 것과 구조와 서까래를 나무로 반자틀을 짜서 종이를 바르거나 널을 붙여 구성하는 경우로 나뉜다. 보통 전자는 대청에 후자는 방에 설치된다. 이에 천장은 구성에 따라 삿갓천장, 연등천장, 빗천장, 반자 천장으로 구분되고, 반자천장은 꾸밈에 따라 종이반자, 평반자, 고미반자, 우물반자, 빗반자로 구분된다.

| 전통 주거 오량집 천장 구성의 명칭 |

- 대들보 : 건물의 앞뒤 기둥을 연결하는 보
- 중보 : 대들보 위에서 동자주를 세우고 동자주를 연결하는 보
- 중도리 : 처마 도리와 지붕 마룻도리 사이에 건 도리
- 종도리 : 용마루 밑에 서까래를 걸쳐 놓는 도리
- 장연 : 중도리에서 처마 끝까지 내밀어 건 건 서까래
- 단연 : 오량 기둥에서 마룻대에 거는 짧은 서까래
- 마룻대공 : 대들보나 종보 위에서 그 위의 종보나 중종보 또는 도리를 받쳐주는 짧은 기둥
- 보아지 : 대들보와 기둥이 만나는 부분에 들보의 힘을 모아 주고 받쳐주는 기능을 하는 기둥머리에 사통가지로 홈을 판 곳에 올리고, 보 아래 받치는 끼우는 작은 부재

| 삿갓천장 |

삿갓천장은 가운데가 높고 가장자리가 낮아지는 경사진 천장이다. 이는 기둥 높이가 낮은 서민 주택에서 반자를 사용할 경우 천장 높이가 너무 낮아지기 때문에 서까래 면을 따라 천장을 구성한 것으로 초가집에서 많이 나타난다. 주로 천장의 구조체에 버드나무 가지로 곱게 발을 짜듯이 만들어 붙이고 흙을 바르지 않은 채 두기도 한다.

| 연등천장 |

연등천장은 서까래가 그대로 노출되어 대들보, 도리, 마루대공 등 모든 가구재가 그대로 보이는 천장으로 마무나 부엌, 광등에 사용되는 천장 구조이다. 천장 구조 형식 중 가장 긴 역사를 가지며 또한 가장 많이 사용되어 온 천장 구조이다.

가난한 서민주택의 연등천장에는 결구 모양이 그대로 드러나 흙과 지푸라기 등이 노출된

| 전통 주거 건축의 기본 가구 구성에 따른 다양한 지붕의 구성 |

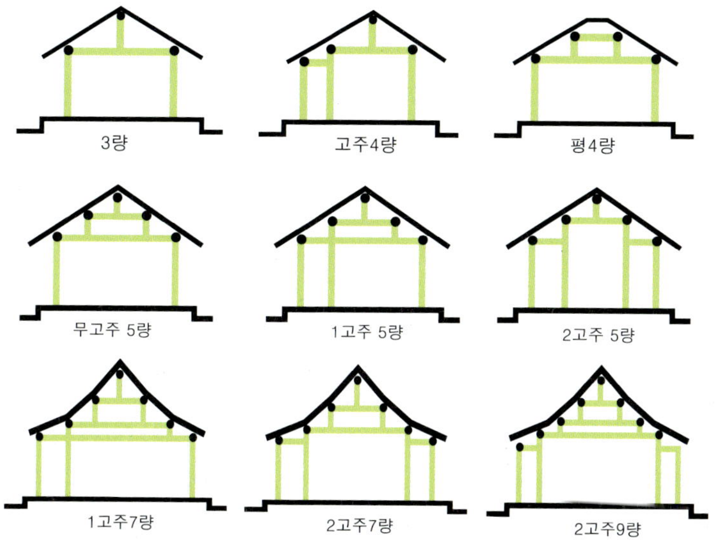

상태로 마감되는 경우도 있지만 보통 구조재인 목재와 대비되는 흰색의 회벽을 치게 되므로 단아한 아름다움을 준다.

| 빗천장 |

빗천장은 오량이거나 오량이상일 때 주도리와 중도리 사이의 천장을 서까래와 평행되는 경사로로 널빤지를 써서 구성한 것이다. 즉 양쪽 옆벽 위에서 안쪽으로 비스듬히 올려 꼭대기에서 맞붙은 삿갓 모양의 천장으로 천장 면을 두 장의 경사진 판석으로 처리하는 단순한 구성이지만 채색이나 시문을 함으로 아름답게 치장하는 경우가 많다. 전통 주거에서는 초정(草亭)이나 누사(樓榭)의 구조에서 볼 수 있다.

| 귀접이천장 |

일반 건물에 나타나지 않는 특수한 천장으로 넓은 방형의 천장을 한 번에 덮을 수 없어 모서리를 점점 줄여나가는 방법으로 만든 천장을 말한다. 삼모정, 육모정, 팔모정과 같은 모임지붕의 천장과 고구려 고분에서 발견된다.

| 반자천장 |

반자 천장은 천장의 구조를 가리고 높이를

낮추어 공간을 아늑하게 하고 보온효과를 높일 목적으로 일정한 높이로 수평으로 가로 세로의 틀을 설치하여 지붕구조아래 매달고 종이나 목재 널을 붙여 마감한 천장을 말한다. 마감하는 꾸밈방식에 따라 종이 반자, 평반자, 우물반자, 고미반자, 장반자 등이 있다.

종이반자

주로 전통 주거의 온돌방에 설치되는 것으로 가장 많이 이용되었다. 일정한 높이에 수평으로 반자틀(울거미)을 만든 후 초배지를 바르고 그 위에 중배지와 정배지를 발라 구성하는 천장이다. 초기에는 거의 백색에 가까운 종이가 사용되었으나 차츰 밝고 연한색의 청색, 녹색, 오색의 천장지나 황칠한 황지도 사용되고, 조선 후기에는 분홍 바탕에 연한 녹색무늬, 맑은 파랑에 금분이나 은분무늬가 있는 반자지도 사용하였다. 은은한 무늬가 있는 화문지가 벽에는 사용되지 않고 천장에만 발라진 이유는 실내구성의 단조로움과 지루함을 피하고 의도된 대안으로 추정된다. 아늑하고 부드러우며 벽지와 함께 취향에 따라 늘 바꾸어 도배할 수 있으므로 생활공간의 변화와 분위기 쇄신에 적합한 천장 구조라 할 수 있다.

평반자

반자틀 사이에 울거미를 짜 수평으로 설치하고, 장마루를 짜듯이 널빤지나 둥근나무를 반으로 쪼갠 나무를 건너지른 것으로, 마감은 나무가 그대로 드러나는 것과 앙토를 싸 바르는 것이 있으며, 더러 종이를 발라 도배하기도 한다. 평반자는 추운 지방에서 외풍을 막기 위해 설치되었으며, 부엌 위에 다락이 있을 경우 다락의 바닥을 만들기 위해 부엌 천장을 평반자로 구성한다.

우물반자

반자 중에 제일 고급에 속하는 것으로 바둑판 같이 정(井)자형을 연속시켜 반자틀을 짜고 그 반자 우물에 온돌방인 경우에는 일반적으로 종이를 바르고, 대청인 경우에는 반자틀 우물에 네모반듯한 청판을 끼워 막음한다. 반자틀 이음새에 금구를 써서 장식하기도 하고, 틀과 청판에 채색단청을 하기도 하였다. 그러나 일반 주택에서는 보통 백골로 두거나 연훈법으로 색을 입혔다. 연훈법은 윤기가 나도록 채색을 하는 방법인데 이로 인해 부차적인 효과도 가져온다. 이때 사용되는 송진으로 인해 나무결은 부드러워지고 또한 표피가 밀폐되어 방습 · 방풍 · 방부 효과와 더불어 트거나 휘는 일도 어느 정도 방지한다.

상류주택에서는 사랑채 대청의 위치가 한쪽으로 치우쳐 합각이나 선자서까래가 모이는 곳에 있게 되면 그대로의 구조재나 끝마무리가 보기에 좋지 못함으로 구조재를 가리기 위해 우물천장을 설치하기도 하는데 이러한 경우는 눈썹 천장이라고 한다.

고미반자

인거(引鉅)로 켜서 만든 각재를 고미혀라 하는데 이를 일정한 간격을 두고, 설치하여 멍에에 걸고 고미혀 사이에 공간을 가로 지른 널빤지나 나무에 산자를 얹고 흙을 바른 것을 고미천장 또는 고미 반자라 한다. 이는 멍에를 중앙에서 약간 높게 설치하고 고미혀들을 조금씩 경사지도록 걸어서 평반자가 중앙부분이 처져 보이는 착시를 교정하기 위한 것이다.

사랑방이나 비교적 깨끗이 정리하여야 할 부분에서는 굵고 반듯하게 다듬은 나무로 종도리를 걸듯이 방을 건너지르게 하고는 거기에 의지하여 각을 서까래 걸듯이 사이를 두면서 걸어 구성하였다.

장반자

반자틀을 짜지 아니하고 기다란 널조각을 그대로 대서 만든 반자로 부엌의 상부를 다락으로 꾸몄을 경우에 부엌천장이 마루 밑바닥이 되므로 다락이 장마루로 꾸며졌을 경우에는 장반자가 된다. 장반자는 현대 주택에서는 연등천장 보다 오히려 많이 사용된다.

| 삿갓천장 |

| 연등천장 |

| 종이반자 |

| 우물반자, 종이 마감 |

| 우물반자, 청판 마감 |

• 지붕부 구성에서 웰빙 •

전통 주거의 지붕부는 비나 눈, 추위나 더위를 차단하는 물리적 역할로서 웰빙요소를 취하기도 하였으나 실용적으로나 심리적, 윤리적, 철학적 측면에서도 웰빙적 요소가 나타난다.

| 기온 조절 |

전통 주택의 지붕은 여름철 태양 복사열로부터 실내를 보호하기 위해 다음과 같은 웰빙요소를 취하였다.

첫째, 벽체보다 일사열을 많이 받는 지붕에 대한 단열을 강화하기 위해 박공형의 두터운 지붕 구조체와 단열성능이 우수한 재료를 사용하였다. 지붕의 주재료인 볏짚이나 기와, 흙은 전도율이 낮은 재료로 낮 동안 지붕을 통해 태양 복사열이 실내로 전달되는 시간을 지연시킴으로 낮 동안의 태양복사열에 의한 실내 기온 상승을 막아준다. 또한 단열과 지붕골을 위해 보토라는 일정 두께의 흙을 깔아준다.

둘째, 여름철 주로 사용하는 대청이나 누마루 공간은 천장을 높게 한 연등천장 구조를 취하여 태양 복사열의 영향을 최소화 하였다.

셋째, 태양의 높이를 고려하여 그 깊이와 길이를 결정한 처마를 통해 마당과 처마 밑 공기의 대류 현상으로 더위와 추위를 완화해주는 역할을 한다. 겨울에는 햇볕으로 따뜻해진 처마 밑의 공기가 처마 덕분에 밖으로 흩어지지 않게 되는데 처마의 곡선이 따뜻해진 공기가 조금은 더 긴 시간 동안 처마 아래에 머물 수 있게 하여 겨울날 따뜻함을 보다 오랫동안 느끼게 해준다.

| 일조와 일사 조절 |

전통 주거는 인공적 장치가 아닌 처마에 의해 햇빛의 양을 조절함으로써 주거 공간 내부에 여유를 만들어 주고 있다. 처마는 계절변화에 의한 태양 고도에 따른 일사량 조절을 통해 쾌적하고 다양하게 변화하는 빛의 도입을 가능하게 해준다. 전통 주거의 깊은 처마는 태양열을 기후 조건에 따라 적절히 이용하기 위해 고안된 형태로 방과 마루에 햇빛을 들이기도 하고 막을 수 있도록 태양 각도에 따라 계산된 길이로 만들어져 빛을 조절하고 있다. 처마는 태양고도가 40도 이하인 10월 중순에서 2월 하순까지 겨울에는 일사를 실내 깊은 곳까지 유도하여 쾌적한 열 환경을 조성한다. 반면 태양 고도가 63.5도 이상인 4월 중순부터 8월 하순까지 여름철에는 툇마루까지 일사를 차단하여 직사광선이 실내에 유입되는 것을 막아준다. 이 때문에 여름을 시원하게 겨울을 따뜻하게 지낼 수 있고 더욱 쾌적한 실내 환경을 만들 수 있다. 여름과 겨울의 태양의 높이를 고려하여 빛의 양을 조절하고 자연의 요소를 자유자재로 사용할 수 있다는 전통 주거의 이러한 특징은 현대 시각에서 보아도 매우 과학적이라 할 수 있다.

처마의 깊이는 태양의 남중고도와 연관이 있기 때문에 위도에 따라 처마의 깊이는 약간 차이가 있지만 길이는 보통 100~120㎝이며, 퇴간이 있는 처마는 처마의 길이를 220~240㎝로 길게 하는 효과를 가져 오는데 이는 여름철 강한 일사를 차단하는데 효과적이다. 단, 강한 일사를 차단하기 위해 너무 긴 처마로 인해 채광이 나빠져 실내가 어두워 질 수 있는데 이를 보완하기 위해 마당에 반사율이 높은 마사토를 깔아 반사된 빛이 간접적으로 방안으로 들어오게 하여 실내에 일정한 조도가 유지되도록 하였다. 처마의 각도는 25~32도로 기단의 높이와 집의 높이에 따라 적당히 조정하는데 눈이 많이 내리는 산간지방은 각도를 가파르게, 비가 많이 오는 지역은 각도를 완만하게 하고 처마 길이를 좀 더 길게 한다.

햇빛이라는 자연조건을 여름과 겨울에 각기 다른 의미로서 사용한다는 것은 그만큼 햇빛이 주는 영향력이 크다는 것을 안 우리 선조들의 지혜이다. 이에 햇빛의 적절한 도입과 차단은 신체와 정신적 건강에 매우 중요한 웰빙 요소라 볼 수 있다. 특히 겨울철 햇빛은 온도와 소독면에서 매우 중요하다. 전통 주거의 방들은 그 크기가 대부분 깊지 않아서 겨울철 햇빛은 방 깊숙이 들어오게 되며 골고루 비춰주고 오래 머물게 된다. 이렇게 햇빛이 많이 드는 공간은 겨울에 추위를 잠시 잊게 해주는 물리적 기능과 함께 인간의 피부와 신경, 핏줄과 세포 조직 깊숙이에도 그 영향을 주어 신진대사를 활발하게 해준다. 그러므로 처마로 들어오는 빛은 생활환경에 적합하게 조절된 빛으로 가장 고급스러운 빛이다.

이에 처마의 구조는 자연환경에 순응하여 에너지 효율을 극대화한 과학적 설계의 결과물로 이를 통해 더욱 웰빙 주거로서의 특성을 지니게 된다고 할 수 있다.

| 방수 및 습도 조절 |

우리나라는 여름철에는 고온다습하고, 강수는 집중성 · 호우성 · 불규칙성을 나타내므로 이러한 기후에 의해 지붕에 물매를 두게 되었다. 지붕 낙수면의 물매는 비가 많이 오는 곳은 급하고 비가 적은 곳은 물매가 급하지 않고, 바람이 강한 지역은 강우량 관계없이 물매가 적은 특성을 보인다. 우리나라는 사계절이 분명하고 장마철 이외에는 대부분 건조하므로 지붕 물매는 다우다설 지역보다는 덜 급하며 건조지역보다는 급한 형태를 보여준다. 그리고 방수를 위해 지붕의 보토에 생석회를 섞어 강회다짐을 하기도 한다.

장마철 우기 시에는 습도가 더욱 올라가므로 비가 와도 창문을 열고 환기할 수 있어야 쾌적한 실내공간이 유지되는데 이는 전통주거는 긴 처마에 의해 이를 가능하게 한다. 또한 흙이 주재료인 전통 주거는 물에 약한 구조로 외벽과 목재로 구성된 창호도 침수에 의해 썩지 않도록 해야 하는데 이를 위해서도 전통 주거의 처마는 깊고 낮게 구성되었다. 또한 외벽 전면에 툇마루가 형성되어 처마가 자연스럽게 깊어져 빗물 처리에 유리한 조건을 형성하였다.

우기 시 처마 밑은 다목적 공간으로 비를 피하면서 이동하는 통로이며, 호롱불을 걸기도 하고 곶감이나 무청, 시래기를 걸어 말리는 공간이기도 하다.

지붕재로써 내구성에서는 초가지붕이 기와지붕보다 못하나 방수성과 쾌적성에서는 기와지붕보다 더 성능이 우수하다. 초가지붕의 짚은 수분이 침투하기 어려운 각피로 싸여 있으며, 각피는 유성이라 물이 흡수되지 않고 흘러내리게 된다. 또한 풍압에 비례해서 각피 표면의 수분증발이 빨라지고 겹쳐진 틈틈이 통풍도 잘되어 실내 쾌적성 유지에 도움이 된다.

| 바람의 조절 |

전통 주거의 지붕 구조는 한랭한 북서풍을 완만한 지붕곡선으로 바람을 넘기고 맞배지붕일 때는 측면에 풍판을 달아 벽체와 지붕사이로 들어오는 외풍을 막았다.

그리고 팔작지붕에서는 다락이 놓일 경우 다락의 통풍을 위해 구멍을 내어 상시 통풍이 가능하게 하였다.

처마가 한옥에 주는 또 다른 긍정적 영향으로 계절에 따른 기온 조절과 함께 자동으로 얻게 되는 이로움은 대류 현상이다. 여름철 뙤약볕에 달구어진 마당의 공기는 상승기류를 형성하면서 위로 올라가고, 그 빈자리를 처마 아래의 시원해진 공기가 대청을 통하여 앞마당으로 나오게 되는데 이렇게 자연스럽게 대류 현상이 생김으로써 무더운 여름날 바람기를 느끼게 해주므로 시원한 기류를 형성해 준다.

| 처마와 툇마루, 강릉 선교장 |

처마와 툇마루에 의해 확보된 공간은 비가 벽과 창호로 들이치는 것을 막아 외벽의 손상과 목재가 썩는 것을 방지한다.

| 겹처마, 한국민속촌 |

겹처마로 깊은 처마 밑 공간을 조성한 사랑채로 격을 높여주며 여름과 겨울의 햇빛을 자연스럽게 조절해준다.

| 홑처마, 낙선재 |

처마 밑 툇마루 공간으로 그늘을 형성하여 시원한 여름을 나게하며 비오는 날도 자연과의 교류를 가능하게 한다.

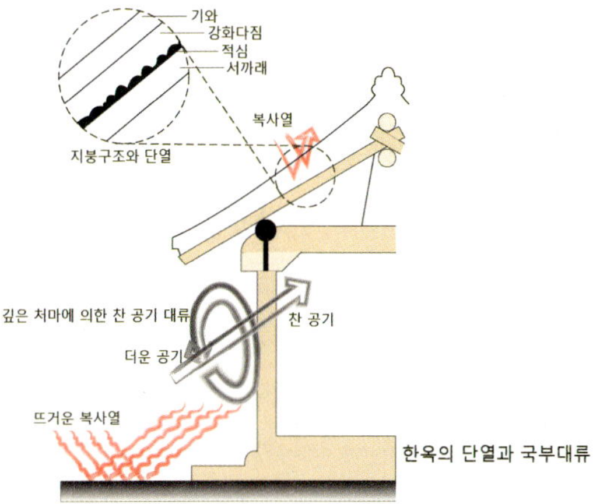

| 지붕에 의한 기온조절 |

전통주거의 지붕의 단열구조와 처마에 의한 국부대류에 의한 따뜻한 기류 형성에 의한 겨울철 열환경 조성 개념도 이다.

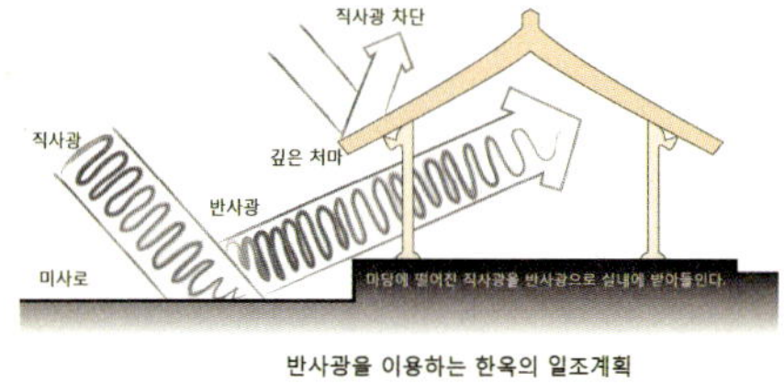

| 처마에 의한 일조 및 일사 조절 개념도 |

백토 마당에 떨어진 직사광을 반사광으로 실내로 받아들여 조도를 유지한다.

| 팔작지붕의 통풍 조절 |

팔작지붕의 합각면에 통풍을 위해 구멍을 뚫어 다락공간의 상시 환기가 가능하도록 하였다.

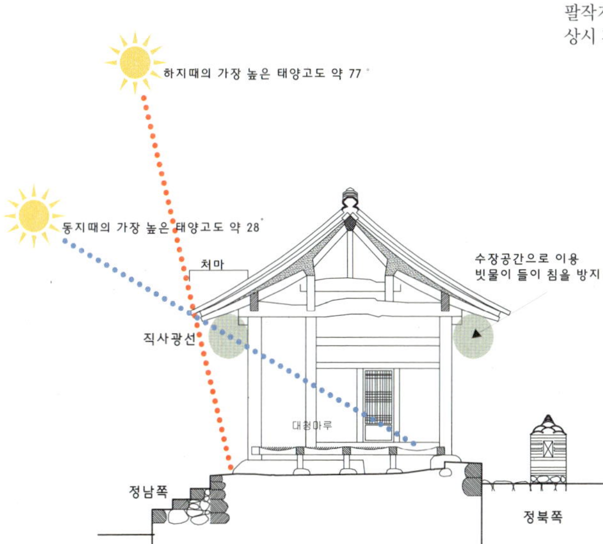

| 처마의 기능과 일조 개념도 |

| 맞배지붕의 풍판 |

맞배지붕 측면의 박공 밑에 대어 비바람을 막기 위해 설치한 판이다.

| 실용적 측면 |

우리 전통 주거 중 서민주택의 대표적인 초가집의 초가지붕은 박넝쿨이 연상되는 것처럼 생산 공간으로서의 실용적 가치를 지녔다. 지붕에다 박넝쿨을 올린 이유는 우리 선조들이 지붕이라는 작은 인공물마저도 자연에 환원시키려는 자연에 대한 겸허함에서 비롯된 것이라 볼 수 있다. 또한 지붕이 건조장으로도 이용되었는데 고추나 애호박, 무 등 우리 전통의 보존 식품인 각종 말랭이를 지붕공간에서 말렸다. 이는 짚이 과열이나 과습으로 식품을 익히거나 썩히지 않고 통풍성이 좋아 식품을 말리는데 아주 적합한 장소로 지붕에 말린 고추나 말랭이들이 빛깔도 맛도 좋다. 그러므로 초가지붕은 일상생활에서 생산 장소이자 식품 건조장이자 자연의 환원장소로 다목적 기능을 지닌 실용적 장소로서 오묘하면서 정겨운 물리적 메커니즘을 지니므로 웰빙적 특성을 나타낸다.

| 심리적 · 윤리적 · 철학적 측면 |

전통 주거의 지붕은 실용적 측면에서 다목적으로 지붕을 이용하기 위한 점도 있지만 필요 이상으로 자연공간을 점유하지 않으려는 점에서 지붕을 낮게 조성한다. 낮게 조성된 지붕은 다양한 전통을 만들어 냈는데 박천 지방에서는 아내가 아이를 낳으려고 진통을 시작하면 남편이 아내가 있는 지붕 위에 올라가 거짓 진통을 함으로 진통을 공감하고 나뒹구는데 이를 '지붕지랄'이라고 한다. 이는 부부간에 고통을 공감하는 것으로 그 공감을 지붕위에서 함으로 지붕은 고통을 공감하는 심리적 공감을 이끄는 인간적 장소가 된다고 볼 수 있다.

| 초가지붕, 제주 민속촌 |

생산 공간으로 이용되는 실용적 공간으로 지붕으로 박넝쿨과 함께 정겨운 자연미를 선사한다.

| 낮은 초가지붕, 낙안읍성 |

사람의 키보다 약간 높게 조성된 지붕은 접근이 쉬고 친밀감을 주는 인간적인 공간으로 생산 공간, 식품의 건조장, 심리적, 윤리적, 철학적 공간으로 다목적으로 이용이 가능하다.

지붕은 한국인에게는 이승과 저승의 경계이기도 하다. 사람이 죽으면 우리 선조들은 임종과 더불어 죽은 사람의 웃저고리를 들고 지붕위에 올라간다. 이는 멀리 떠나가고 있을 고인의 혼을 불러들이기 위해 웃저고리를 흔들어 대는데 이는 체온과 체취가 스며있는 저고리에 정을 못 버리고 혼이 되돌아오는 것으로 믿었던 것이다. 이러한 장례의 절차를 초혼이라 했다. 이는 지붕이 상징하는 바가 지붕이 유명(幽明)의 경계이며 이승과 저승의 국경으로 여겼다. 그러므로 지붕은 윤리적 · 인간적 · 철학적 복합적인 목적을 지닌 공간이라 볼 수 있다. 이에 지붕은 절대 높을 수가 없으며 낮게 조성하여 접근이 편리하도록 할 수 밖에 없었다.

벽

• 벽의 분류 •

전통 주거 건축은 입면은 벽체에 창과 문을 달아 내부 공간을 만든다. 벽체는 건물의 구조 방식에 따라 내력식 구조와 가구식 구조로 나누어지며 다시 벽체의 재료나 구조, 위치에 따라 내벽과 외벽을 중심으로 하여 구분된다.

내력식 구조벽

내력식 구조벽은 벽체가 상부 하중을 받아 기단 또는 지반에 전달하는 구조로, 흙벽돌만으로 쌓거나 목재를 눕혀 쌓아 벽체를 마감하는데 중간에 창문틀을 끼워 창문을 단다. 목재를 눕혀 쌓은 내력식 구조의 건물을 귀틀구조의 통나무집 또는 귀틀집이라고 한다. 귀틀집은 통나무들을 차곡차곡 뉘어쌓고 그 사이사이에는 흙을 채어 놓은 형태의 벽을 취한다. 지역에 따라 투방집, 투막집, 도투마리집, 목채집이라고도 하며, 귀틀집 벽에 흙을 채워 넣었을 경우에는 화통집이라고 부른다. 이러한 내력식 벽체인 귀틀집은 주로 나무가 많은 산악지대에 분포하며, 부속건물이나 서민들의 살림집에서 흔히 볼 수 있다.

가구식 구조벽

가구식 구조의 벽체는 기둥이 상부의 하중을 받아 주초에 전달하는데, 일부 하중을 벽체가 받아 기단과 지면에 전달한다. 그러므로 가구식 구조의 목조건물은 벽체를 제거해도 구조적으로 문제가 되지 않는다. 가구식 구조의 벽체는 기둥을 세운 후 기둥과 기둥 사이에 수직으로 벽선을, 수평으로 인방재(상·중·하인방)를 걸고, 인방재에 창문틀과 창문을 단다. 벽체는 실내외를 구분하는 칸막이 벽 역할을 하며, 재료에 따라 토벽(土壁), 전벽(塼壁), 석벽(石壁), 판벽으로 구분되고 두 가지 재료를 혼합하여 축조하는 반담, 온담, 하방벽, 방화장벽 등이 있다. 이러한 가구식 벽체는 주로 궁궐이나 사대부 살림집에서 흔히 볼 수 있다.

| 토벽과 심벽 |

토벽은 흙을 주재료로 쌓은 내력식 벽체인데, 흙속에는 짚이나 기타 식물 또는 섬유를 넣어 갈라지는 것을 막도록 한다. 토벽은 내외에 판재를 대고 흙을 다져 축조하거나 둥글게 만든 흙덩어리를 쌓는다. 토벽은 외기의 빗물과 같은 습기에 취약하므로 흙 속에 돌을 넣어 쌓거나 강회를 섞어 쌓아 내구성을 높인다. 토벽은 마감방법에 따라 초벽, 사벽, 재사벽으로 구분되며 이는 마감 처리에 따라 질감이 다르

| 토벽의 마감 방법에 따른 분류 |

- 초벽(初壁) : 진흙(찰흙)은 점력(粘力)이 강하기 때문에 마르면 갈라지고 트기 때문에 이것을 방지하고 쉽게 뭉치도록 하기 위하여 진흙에 여물로 썰어 넣는데 보통 5㎝ 정도로 볏짚을 썰어 진흙과 짚을 골고루 이겨서 그 흙을 가래로 흙받이에 퍼 담아 흙손으로 중깃에 바르는데 이를 초벽치기를 한다고 하며 새벽이라 부르기도 한다.
- 사벽(砂壁) : 초벽은 진흙으로 건조 과정에 여물이나 가공물을 혼합 하였다 하더라도 마르는 과정에서 틈새가 많이 벌어지므로 이 틈새를 매우기 위하여 흙을 덧바르는 작업을 새벽질 이라고도 하고 사벽(沙壁) 이라고도 한다. 이때는 볏짚을 넣지 않는다.
- 재사벽(再砂壁) : 재벽치기를 끝낸 사벽에 고은 흙 반죽을 발라 새벽치기를 하는 것을 재사벽(再沙壁) 또는 면벽(面壁)이라고도 한다. 여기에는 모래, 강회 등을 섞기도 한다.

이러한 토벽의 3가지 마감방식은 심벽 구성에 이용되며, 이렇게 세 번의 흙을 치는 과정을 심벽치기라고 하며 심벽으로 구성된 집을 심벽집이라고 한다.

| 심벽의 실내 마감 방법 |

- 종이마감 : 종이마감은 벽을 종이로 도배하는 것으로 보통 초배, 재배, 정배로 세 겹을 바른다. 처음에는 토벽에 진한 풀을 먹여 초배지를 바른 후, 그 위에 처움 초배지 보다 약간 두꺼운 종이를 발라 정리하고, 이것이 마른 후에 벽지를 발라 마무리 한다. 벽지는 차분한 일반적으로 닥지를 주로 사용하였는데 사대부의 안채는 날염하거나 목판으로 찍은 색조 있는 무늬를 쓰고, 사랑채는 담백힌 한지 색을 그대로 사용하고, 규수방은 화사한 색의 벽지를 사용하기도 했다.
- 천마감 : 벽을 천으로 마감한 것은 고려시대 기록이 있으며, 사례는 드물지만 비단으로 도배하기도 하였다.
- 회마감 : 토벽 위에 강회(생석회)를 덧바른 것으로, 강회, 백토, 모래를 같은 비율로 섞어 벽에 고르게 발라 마감하는데 완성되면 하얀 분이 오르게 되어 분벽이라고도 한다.

| 종이마감, 한국 민속촌 |

서민 주택 방으로 토벽 위에 세겹의 종이를 바르지 못하고 재배만하여 마무리한 벽이다.

| 종이마감, 낙선재 |

세 겹으로 마무리하고 차분한 닥지로 정배함으로 차분하고 단아한 실내분위기를 연출한다.

| 회마감, 낙선재 |

연등천장과 심벽 구조로 목재 골격의 선이 회마감으로 더 덧보인다.

게 나타난다. 그러나 토벽은 흙만으로 견디기 어려우므로 전통 주거의 토벽은 모두 심벽 구조를 취하게 된다.

심벽은 토벽 중간에 목재로 골조를 만든 후, 내외 벽면에 흙을 발라 마감한 벽체로 기둥이 벽면보다 두드러져 보인다. 심벽은 기둥을 세우고 상 · 하인 방재와 좌우 벽선이 만든 사각의 벽면에 가로세로 방향으로 대를 끼워 울거미를 만든 후 흙을 발라 마감한다. 심벽을 이루는 기둥은 건물의 하중을 받는 주요 구조재이며 벽을 이루는 중요한 구조재가 된다. 심벽의 구조는 인방과 인방 사이에 세로로 일정 간격을 두어 중깃을 세우고 중깃 사이에 가지새를 가로로 지르고 여기에 다시 가는 나무나 댓가지, 싸리나무, 수수깡 등을 가로로 엮은 눌외와 세로로 엮은 설외를 좁은 간격으로 엮어 골격을 완성한 후에 거칠게 흙을 발라 초벌하고, 진흙이나 백토로 재벌하여 일차 마감을 한다. 재벌 한 위에 다시 회를 바르거나 진흙과 백토, 회를 섞어 회사벽으로 마감하거나 종이나 천으로 도배를 한다. 회벽이나 회사벽은 대부분 궁궐이나 관아, 사대부 살림집에서 사용하고 있다.

전통 주거의 실내를 구성하는 벽은 대부분 심벽구조로 방의 벽은 벽지로 도배하여 수장재가 보이지 않으나 대청이나 마루의 벽은 회칠로 마감하여 기둥, 인방, 벽선, 문선 등의 수장재가 노출되는 형태를 취하였다.

| 죽담벽 |

죽담벽은 전면에 2~3개 정도의 기둥을 세우고 돌과 흙을 번갈아 쌓아 벽 전체를 구성하는 구조를 가진 벽이다. 민가에서 아주 열악한 살림집이나 측간채, 담장 등에서 사용된다.

| 판벽 |

판벽은 수직으로 벽선과 수평으로 인방재를 걸고 상 · 하인방재 사이에 나무판을 끼워 마감하는 벽으로 단열보다는 환기를 전제로 하는 벽이다. 즉 중인방 아래를 판재로 마감하는 경우가 많다. 주로 사람이 거처하지 않는 헛간이나 창고, 부엌, 외양간과 같이 단열이 필요없고 환기가 잘 되어 냄새 등이 질 빠져나가야 하는 장소에 적합하다. 가축우리의 벽에서는 흔히 볼 수 있다.

| 전벽 |

전벽은 전돌을 이용한 벽체를 말한다. 전돌은 점토로 성형되어 가마 속에서 높은 온도로 구워 만든 건축 용재로 건조물의 축조에 많이 사용되었는데 기와와 함께 주요한 건축 부재의 하나이다. 전돌은 주요한 건축 재료인 목재와 석재가 갖고 있는 여러 가지 단점과 미비점을 보완할 수 있고, 가공이 용이하고 모양을 쉽게 바꿀 수 있는 가변성을 지니고 있어서 아치나 궁릉 천장과 같은 특정한 장소에도 사용할 수 있어 독특한 조형적 특성을 발휘한다. 전돌은 흙을 재료로 하여 높은 온도로 구워 만들어 내구력(耐久力)이 강하고 방화성(防火性)이나 방한성(防寒性)이 뛰어나 전통 주거 건축에서는 방화장벽과 굴뚝 조성에 많이 이용되었다.

전벽을 쌓는 기법은 두 가지가 있는데, 첫째, 전돌을 반듯하게 갈고 다듬어서 사춤 없이 쌓는 방법, 둘째, 사춤에 삼화토를 넣어 가며 쌓는 방식이 있다. 조선시대 전벽 담벼락이 있었고, 사괴석을 함께 사용하는 반담 · 온담 · 하방벽(下枋壁)과 방화장벽에 이용되었다. 이들 벽은 일종의 보호벽으로 토담 벼락 밖에 용지판을 세우고 덧쌓는 것이 보통이다.

| 화방벽 · 방화장벽 |

화방벽은 방화장벽이라고도 많이 불리우며 토벽 바깥 벽면에 돌을 쌓아서 화재를 방지하는 구조로 된 벽으로 화방장(火放墻)이라고도 불리며 지방에 따라 '종구담', '종부담'이라고도 불린다. 벽 높이의 중간 부분에서 밑에만 쌓는 것을 '반방화벽' 또는 '반담'이라 하고 지붕 처마 밑까지 쌓는 것은 '장화방벽' 또는 '온담' 이라고 한다. 화방벽은 중방 이하부터는 기둥보다 튀어 나오도록 두껍게 벽을 쌓아 방화나 빗물로부터 건물을 보호하는 역할을 하도록 만든 벽이다.

화방벽은 벽의 중방 아래에 장대석, 사괴석, 기와, 전돌 등을 이용해 두껍게 만드는데 외관을 좌우하는 중요한 요소이므로 아름답게 치장을 한다. 보통 막돌을 이용하여 허튼층 쌓기도 하지만 격식을 갖춘 사대부가에서는 15~25㎝의 입방체형 돌인 사괴석을 먼저 쌓고 그 위에 검은 회색의 전돌을 이용하여 석회석의 줄눈을 사용하여 바른 층 쌓기를 하였다. 사대부가의 행랑채, 문간채 외벽에 많이 이용되었으며, 반방화벽 즉 반방화장은 부엌 등에 이용되었다.

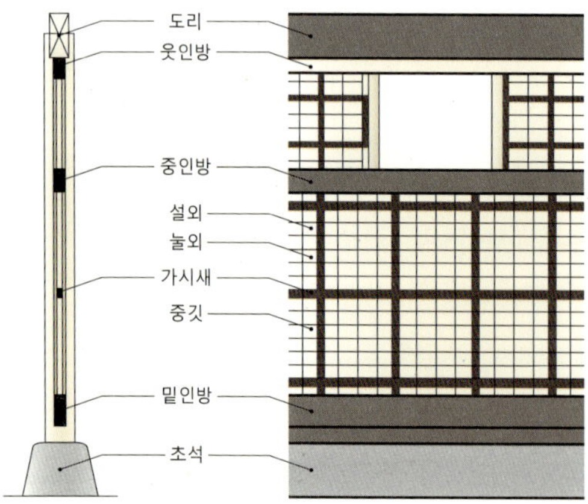

| 심벽의 구조 |

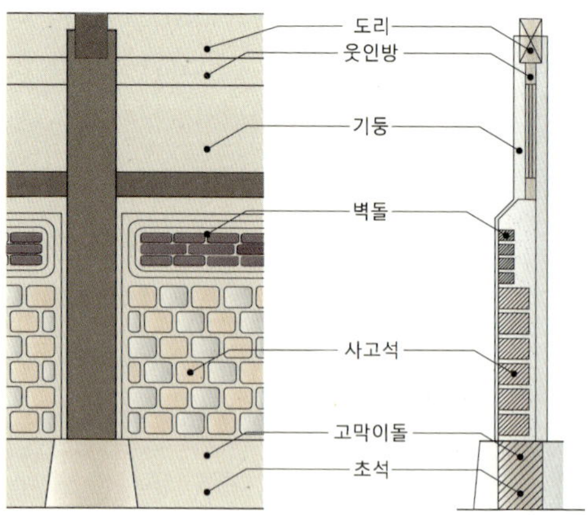

| 방화장벽 구조 |

이미지 출처 : 주남철, 한국주택건축, 1983 재구성

화방벽은 기둥을 보호하면서 화방벽의 마감선을 설정하는 판자를 기둥에 설치하는데 이를 용지판이라 하며 기둥에서 바깥쪽으로 더 튀어 나온다.

화방벽은 전통 주거 건축의 화재에 대한 취약성과 흙벽의 낙수와 습기에 대한 취약성을 보강하는 기능과 함께 보온 · 보냉은 물론 석축 벽체로서 구조강화의 기능을 가지며, 무엇

| 심벽, 양동마을 |

대청마루의 심벽에 회벽으로 마감하여 기둥선과 대비를 이루는 벽면의 모습이다.

| 화방벽, 낙선재 |

화방벽으로 아름다운 비례와 조화미를 보여주는 담장의 모습이다.

| 판벽, 양동마을 |

양동마을 관가정 사랑채의 누마로 측면을 판벽으로 구성한 것은 여름철 휴식보다도 독서를 하는 서재의 기능을 갖고 있어 강한 빛이나 바람 외부의 시선으로부터 보호하여 보다 개인적인 공간을 갖추고자 하였다.

| 전벽, 선교장 |

선교장 동별당의 하방벽을 검은색 전돌을 이용하여 구성함으로 사춤의 삼화토의 백색과 미적인 조화를 이루고 있다.

| 화방벽, 낙선재 |

낙선재 누마루의 화방벽 무늬가 이색적으로 현대적 느낌을 주며세련미를 더해 준다.

| 죽담벽, 왕곡마을 |

흙과 돌을 번갈아가며 쌓은 왕공마을 민가 벽체로 굴뚝도 죽담벽 방식으로 쌓아 조성하였다.

| 온담, 연경당 선향재 |

사고석과 붉은 벽돌을 사용해 만든 온담으로 지붕 박공밑에 팔각곡두모양과 파련화 문양은 화방벽의 운치와 격조를 더해 주고 있다.

보다 여러 가지 재료를 사용함으로 방화장벽과 함께 단조롭기 쉬운 전통 주거의 아름다움을 한결 돋보이게 하는 장식 요소의 하나가 되고 있다.

• 벽의 유형 •

전통 주거 건축의 입면은 얼핏 보아서는 문과 창의 구분이 어렵고, 벽을 기능적으로 구별하기가 힘들다. 이는 많은 부분이 창호로 구성된 전통 건축의 공간 구성에서 창호지나 널판으로 된 창호는 주위의 벽과 같은 재료를 사용함으로 창호를 닫았을 때 벽체와 동일한 형태와 기능을 가져 벽체와 같이 취급된다. 이에 창호를 포괄적으로 포함하여 벽의 유형을 구분하면 개방적인 벽, 폐쇄적인 벽, 개방의 정도를 조정할 수 있는 가변적인 벽으로 분류된다.

| 개방적인 벽 |

개방적인 벽은 벽 자체가 가지고 있는 재료적, 구조적 특성에 의해 빛, 바람, 소리, 시선이 투과되며 통행이 가능한 벽을 의미한다. 개방적인 벽은 발이나 창호지로 된 살창이나 창호벽과 같이 투과성을 갖거나 벽체는 없으나 기둥이 연속적으로 있어 공간이 영역성을 갖고 빛, 소리, 바람, 시선 등이 투과되는 열주가 이에 해당된다.

전통 주택의 입면을 구성하는 창호는 방과 실외를 구분해 주는 벽의 역할을 하며 대부분 살창으로 되어 있어 빛의 투과성과 자연 통풍성이 좋다.

개방성이 가장 높은 열주는 벽체가 없이 기둥으로만 공간을 한정하므로 가장 개방적인 공간에 사용되며 주로 여름철에 사용하는 공간인 대청, 툇마루, 누마루에 사용된다.

| 폐쇄적인 벽 |

폐쇄적인 벽은 외부 기후환경인 빛이나 열, 습기, 바람과 시선, 소리, 통행이 차단되는 벽으로 단열성이 좋은 토벽, 나무 널로 만든 판벽, 판문 등을 말한다. 벽체의 재료적, 구조적 특성에 따라 폐쇄의 정도가 달라지며 기후로부터 건물 내부를 보호하기 위한 기능이 강하다. 전통 주거 건축의 폐쇄적인 벽은 기본적으로 토벽으로 되어 있으며 대부분 심벽구조이다. 판벽은 널판으로 벽체를 구성하는 것으로 창고나 부엌에 주로 사용하였다. 경우에 따라 여름철 누마루나, 대청마루라도 강한 빛이나 바람의 차단과 더불어 외부인의 시선을 차단하고 보다 개인적인 공간을 갖고자 할 때 판벽이나 판문을 설치한다.

| 가변적인 벽 |

가변적인 벽은 벽체와 창호의 역할을 하면서 필요에 따라 개방의 정도를 조절할 수 있는 벽을 말한다. 그러므로 소리나 빛, 열, 바람, 시선 등을 차단하여 폐쇄할 수도 있고 투과시킬 수 있다. 방과 방 사이, 방과 대청 사이 미닫이 창호와 방과 대청, 대청과 누마루 사이 들어열개, 방과 대청 사이 들어열개 벽이 이에 해당된다. 이들 가변적인 벽은 기후 변화에 즉각적으로 대처가 가능하게 하여 계절의 변화를 실내에서 최대한 누리고 공간의 활용을 극대화하는 역할을 한다.

툇마루가 있는 전면에 미닫이를 설치함으로 겨울철 외부기후 조건의 영향을 받지 않는 적극 적인 실내공간을 갖게 되며 여름철에는 문을 열어 시원하게 이용한다. 또한 방과 방 사이 미닫이를 달 경우 문의 역할도 하지만 벽의 기능도 갖는다.

들어열개는 개방과 폐쇄를 동시에 요구되는 벽에 사용되며 벽체의 기능과 동시에 문의 역할도 하므로 출입이 많은 곳에 사용된다. 들어열개 벽은 방과 대청사이에 사용되며 기둥

| 개방적인 벽, 선교장 활래정 |

살창호로 구성되어 자연의 빛, 바람, 시선이 자연스럽게 통과됨으로 개방성을 주는 공간이다.

| 폐쇄적인 벽, 한국민속촌 |

기후로부터 보호하기 위해 방으로 구성된 외부 측면은 완전 폐쇄된 토벽을 심벽구조로 하여 만든 벽이다.

| 가변적인 벽, 소쇄원 |

사방이 들어열개로 구성되어 여름철에 완전 개방으로 자연과 합일공간을 이루고 있다.

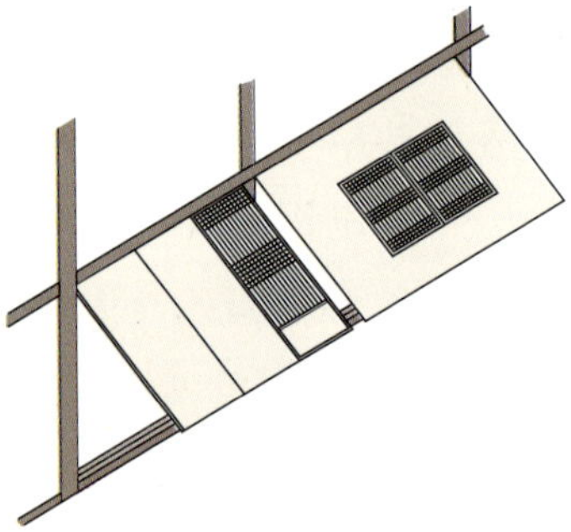

| 가변적인 벽 들어열개벽 개념도, 탁청정 |

기둥과 기둥사이의 벽 전체가 들어 올려지는 가변성으로 여름과 겨울에 대응하여 적절하게 공간을 개방적으로 폐쇄적으로 이용한다.

유 형	종 류	사 용 장 소	기 능	행 동 + 형
개방적인 벽	발 열주 창호벽, 살창호	개구부, 대청, 누마루 대청, 툇마루, 누마루 방 + 실외	기후조건을 이용 통풍, 일사 열 바람 빛 시선 통행	
폐쇄적 벽	토벽 판벽 판문	방 대청, 사랑대청 대청	기후로부터 보호 한냉한 북서풍 차단 한냉 - 보온 고온 강한일사 - 차단 방수, 방습 열 바람 빛 시선 통행	
가변적 벽	미닫이 들어열개 (분합문) 들어열개벽	방 + 방, 방 + 대청 방 + 대청, 대청, 누마루 방 + 대청	필요에 따라 개방시킴 기후의 변화에 대처 열 바람 빛 시선 통행	

← 가능 ⊂⊃ 불가능 ⁓ 인간 행동의 흐름 ○ 인간의 위치

| 공간에서 벽의 유형과 종류에 따른 기능 |

과 기둥사이 전체 벽면이 평소에는 출입문으로 사용하다가 필요하면 벽면 전체를 한꺼번에 들어 올려 들쇠에 매달 수 있는 벽이다. 들어열개 문보다는 사례가 많지 않으나 개방과 폐쇄의 형태를 대비적으로 보여주는 가변성의 좋은 예이다.

• 벽의 구성 •

전통 주택의 벽은 계층 관계없이 대부분 토벽의 심벽구조이며 회반죽으로 마감하거나 반하방으로 구성하거나 방화장으로 구성하였다. 벽의 회칠을 마감하는 것을 면회한다고 하며 이 경우 기둥, 인방, 벽선, 문선 등의 수장재가 노출되는 입면형태를 갖게 된다. 다만 화방벽인 방화장으로 마감할 때는 기둥의 일부가 벽체 속으로 들어가기도 하였다.

보통 벽면의 구성은 기둥 아래쪽에는 하인방을 보내고, 기둥허리와 기둥머리사이에는 상인방을 보내고, 하인방과 상인방 사이에 중인방을 보내기도 한다. 이들 인방 사이는 여물을 섞은 진흙으로 마감하고 회반죽으로 마감하는데 벽의 안면이 방일 경우 내부 벽면은 다시 벽지로 마감을 한다.

건물의 앞면과 뒷벽은 필요에 따라 창과 문을 달아 사용하는데 기둥과 기둥 사이 창을 내기 위해 인방과 벽선으로 구성된 부분을 문얼굴이라 한다. 창과 문은 보통 머름대로 구분하는데, 형태가 같더라도 머름대 위에 설치되면 창이며 머름대가 없으면 문이 된다.

건물의 측면은 맞배지붕인 경우 박공부분의 벽을 박공벽이라 하며, 팔작지붕일 경우 합각

| 문과 살창으로 이루어진 벽면 구성 |

| 창으로 이루어진 벽면 구성 |

| 온벽 |

창문이나 트인 곳이 모두 막힌 온벽으로 회벽으로 마감처리하여 매끈한 벽체로 구성하였다.

| 온벽, 반담 |

중인방 이하를 막돌로 쌓아주고 상인방과 박공벽은 회벽으로 마감처리 하였다.

| 합각벽 |

자연스런 줄 패턴으로 벽면을 꾸며주어 세련된 느낌을 준다.

삼각형 부분의 면을 합각벽이라 한다. 합각벽은 꽃담처럼 문양을 넣어 예쁘게 꾸미기도 하고 지붕이나 다락의 환기를 위해 구멍을 내기도 한다. 또한 측면벽은 환기를 위한 살창이 구성되기도 하지만 경우에 따라 창문이나 트인 곳이 없이 모두 막인 벽으로 구성되는 경우가 많은데 이러한 벽은 온벽이라 불리며, 벽면 전체가 같은 재료일 때는 온담, 중인방 이하로 담을 쌓듯이 치는 벽인 반담(반하방)으로 구성하였다. 이때 부유한 집은 사고석으로 쌓고, 없는 집에서는 막돌로 구성하였다.

• 벽 구성에서 웰빙 •

전통 주거 건축의 벽은 지붕부와는 달리 공간의 출입과 함께 연간 기온차가 최저 30℃에서 최고 59℃나 되는 계절의 변화에 대처해야 하므로 여름과 겨울을 다 포용하기 위해 웰빙적 구조와 시스템을 취하였다. 그러면 전통주거의 벽의 계획에서는 어떠한 웰빙적 특성이 있는지 살펴보면 다음과 같다.

| 흙의 효능을 최대한 이용한 벽 |

전통 주거건축의 벽은 서민주택인 민가나 상류주택이나 모두 흙을 주재료로 두껍게 구성함으로 흙이 지닌 장점을 최대한 활용하고 있다. 최근 들어 황토의 효능이 입증되면서 전통 주거가 유해물질 없는 건강 주택으로서 주목을 받는다고 할 수 있다. 전통 주거의 상당부분을 차지하는 흙벽이 지닌 장점은 웰빙 주거를 만드는 주요 특성이기도 하며 다음과 같다.

첫째, 흙이 지니는 축열성과 열적 지연효과로 겨울철 한기와 여름철 열기를 차단한다. 겨울철에는 햇빛을 머금고 있다가 방안으로 서서히 열을 전달해고 여름철에는 습기를 머금고 있다고 햇빛이 들면 내뿜는 성질로 안정적인 실내 환경을 형성한다.

둘째, 습도조절 기능으로 실내 습도를 적절하게 유지해주고 결로 현상이 생기질 않는다. 흙벽은 흡 · 방습성이 좋아 물을 직접 받지 않는 이상 습한 공기에 잘 젖지 않고 습기를 빨아 들였다 햇빛이 들면 내뿜는 성질로 쾌적한 실내 습도를 유지해주는 에어컨디셔너 구실을 한다. 또한 안쪽 벽면에 결로 현상이 절대 나타나지 않아 곰팡이로 인한 건강상의 피해를 막아준다.

셋째, 흙벽은 숨을 쉬는 재료로 자연스럽게 상시 환기가 가능하다. 흙벽은 미립자 틈으로 공기가 더디게 유통됨으로 창호를 열지 않더라도 환기가 진행되어 쾌적한 실내 공기환경을 유지시켜준다.

넷째, 황토는 해독과 정화 작용이 뛰어나고 원적외선을 방출시켜 마음을 안정시키고 건강을 회복하는 역할을 한다.

| 면회 처리로 인한 방충 기능 |

바깥벽에 회를 발라 놓으면 미관상 깨끗한 이미지로도 좋지만 지네나 독사 같은 해충이 쉽게 접근하지 못하게 하는 방충기능이 있다.

| 겨울철 기온 및 바람 조절 |

겨울철 추위를 대비하기 위해 다음과 같은 방법을 취하였다.

첫째, 단열성능이 우수한 흙벽을 두껍게 구성한다.

둘째, 한랭한 북서풍을 막기 위해 바람의 영향을 받는 후면이나 측면은 토벽이나 판벽으로 벽체를 조성한다. 단 여름철 통풍을 위해 꼭 필요한 후면도 개구부가 필요하기 때문에 꼭 필요한 부분에만 사용한다.

셋째, 대청은 여름 공간으로 맞통풍을 위해 개구부를 설치하는데 겨울철 찬바람을 막기 위해 판문으로 설치하여 개폐가 가능하게 하여 사용하였다.

넷째, 남쪽에 위치한 창호에는 덧문을 설치하여 겨울철 낮에는 창호지를 통한 일사와 복사열을 받고 동시에 자연환기를 하고 밤에는 덧문을 닫아 바람의 피해와 열 손실을 막는다.

다섯째, 겨울철 보온을 위해 창호는 맹장지로 마감하고 채광은 불발기로 한다.

여섯째, 문턱 구조를 높혀 아래로부터 흘러 들어오는 한기를 차단하고, 실외에 접한 창은 머름대 위에 설치하여 방안의 온기가 밖으로 방출되는 것을 막고 외부 차가운 외기를 차단하였다.

| 판벽 |

북서풍의 영향을 최소화하기 위해 개구부 주변에 판벽을 설치하였다.

| 판문 |

대청 마루의 벽을 겨울철 한파를 최소화하면서 여름철 통풍을 위해 판문을 설치하였다.

| 덧문 |

남형을 향한 벽면의 창호에 미닫이 덧문을 추가로 설치하여 이중창호 효과로 겨울 한기를 막고 창호지를 통해 일사와 복사열을 최대화한다.

| 여름철 통풍과 습도 조절 |

여름철 고온다습한 기후를 조절하기 위해서는 원활한 통풍과 습도조절이 필수 사항이다. 이를 위해 벽체는 다음과 같은 방법을 적용하였다.

첫째, 벽체 대부분이 개폐가 가능하거나 가변성 있는 창호로 구성되었다. 여름철 미닫이 창호를 열어 직접 바람을 실내로 유입하여 환기나 통풍을 원활하게 하였다. 창호 계획에서 들어열개나 벽자체가 들어열개 벽 구조를 취하여 완전 개방을 통하여 통풍에 의해 시원한 여름을 보내고 실내 습도를 조절하였다.

둘째, 여름철 공간인 마루공간인 대청, 툇마루, 누마루는 벽체가 없는 기둥만 있는 개방적 공간을 조성하고 외부인으로 부터 시각적 차단을 위해 발을 사용하여 통풍의 원활함을 유지시켰다.

셋째, 원활한 통풍을 위해 개구부의 크기와 위치를 고려하여 계획하였다. 흡입구와 배출구의 크기가 거의 동일하고 맞통풍이 되도록 마주 보게 배치시켜 개방이 가능하도록 하였다. 또한 방과 대청사이 문을 열거나 들어 올림으로 실내 전체에 쾌적한 기류의 흐름을 유발시켰다.

| 개폐가능한 벽과 가변성 벽 |

대청마루를 중심으로 개폐가 가능한 앞뒤 벽면 창호와 방과 대청사이 들어열개로 벽을 전체 올려 공간이 완전하게 개방이 가능하여 여름철 공간으로 적극 이용가능하다.

| 맞통풍을 위한 개구부 |

맞통풍 효과를 최대화하기 위해 전면 흡입구와 후면 배출구의 크기와 위치가 동일하게 구성 되었다.

| 인간적 신체와 심리적 안정을 고려한 머름대 |

창 아래 설치되는 높은 문지방인 머름은 방풍을 위한 수단도 되지만 밖에서 안이 잘 보이지 않도록 하는 시각적 차단의 역할을 하면서 방안에서 밖을 내다보면서도 아늑함을 느끼게 한다. 머름의 높이는 방바닥에서 30~45㎝ 정도로 앉아서 머름대에 팔을 걸치고 내다 볼 때 편안함을 느낄 수 있는 높이다. 머름은 방안에 사람이 누우면 밖에서 보이지 않고, 앉으면 몸의 상부만 보이는 적당한 높이다. 창을 열고 머름대에 팔을 걸치고 방에 앉아서 비가 오나 눈이 오나 조망하는 바깥 풍경에서 우리 선조들은 마음의 평화와 안정을 느끼며 자연과의 합일을 이루었을 것이다. 이는 우리 전통 주거에서만 느낄 수 있는 특유의 정신적 평안을 주는 웰빙 요소라 볼 수 있다.

바닥

• 바닥의 유형 •

바닥의 유형은 높이의 변화 정도에 따라 높은 높이 바닥과 낮은 높이 바닥으로 구분된다. 바닥의 높이 변화는 외부공간과 내부공간을 적극적으로 연결하거나 반대로 단절하게 된다.

| 낮은 높이 바닥 |

실내와 실외의 관계에서 통행이 가능한 높이 변화인 기단, 툇마루, 안대청은 낮은 높이 바닥에 해당되며 보통 습기나 침수로부터 보호하기 위해 높여지며, 열이나 바람, 빛, 시선은 모두 통과되며 사람의 통행도 자유롭다.

기단은 건물과 외부의 경계를 위해 단을 올리기도 하지만 집중호우형 강우에 대한 배수시설이 현대와 같은 배수 시스템을 갖추지 못함으로 건물 전체를 지면으로부터 높일 필요가 있었다. 그러나 마당과 내부공간이 밀접한 관계를 갖고 있기 때문에 기단은 낮게 형성되었다. 단을 쌓는 재료에 따라 토단(土壇), 석축(장대석)기단, 와적 기단, 가구식 · 전축 기단이 있고, 단의 수에 의해 단층기단, 다층기단이 있다. 또한 마감 석재의 형태와 층에 따라 막돌 허튼층 쌓기, 막돌 바른층 쌓기, 다듬돌 허튼층 쌓기, 다듬돌 바른층 쌓기가 있다. 툇마루는 방의 연장 공간으로 걸터앉을 정도의 높이의 바닥을 가지며 방과 외부를 구분해주는 역할과 동시에 처마 밑 여유 공간으로 활용된다. 안대청은 평지에 입지할 때 석축을 통해

| 낮은 높이 바닥 기단, 석축기단 |

석축기단으로 막돌 허튼층 쌓기를 한 기단이다.

| 낮은 높이 바닥 기단, 석축기단 |

석축기단으로 다듬돌 바른층 쌓기를 한 기단이다

| 낮은 높이 바닥 툇마루, 윤선도 고택 |

퇴간을 형성하여 퇴에 방과 연결된 낮은 툇마루를 설치하여 여유로운 처마밑 공간을 확보하였다.

높게 지반을 조성하기도 하지만 일반 서민주택의 안마당과 대청은 40㎝정도 바닥차이 나도록 낮게 구성하여 외부와 상호 밀접한 관계를 보이게 구성된 사례가 많이 보인다.

| 높은 높이 바닥 |

열과 바람, 빛은 통과되고 습기와 침수는 차단하고 시선이나 통행이 단절되는 높은 높이의 바닥은 인공지반에 해당되는 석축과 안채와 외부 마당의 고저차, 고상식 마루 바닥을 취하는 누마루 등이 이에 해당된다.

석축은 고저 기복이 적은 노년기 지형으로 형성된 우리나라 지형에서는 지대를 평평하게 하기 위해서 또는 평지에 택지가 입지하는 경우 침수 방지와 통풍을 위하여 인공지반을 필연적으로 사용하고 그 위에 기단을 두고 건물을 세우게 되는데 주로 안대청과 사랑대청에 사용된다. 보통 막돌 허튼층 쌓기나 큰 장대석으로 바른층 쌓기를 하며 드물지만 수직재인 기둥돌과 수평재인 가구를 구성하고 그 사이에 대충 다듬은 돌을 끼워 넣어 가구식으로 구성하기도 한다. 그리고 통풍과 침수 차단을 적극적으로 해결하기 위해 안채 자체의 바닥을 전체적으로 높이 쌓고 가장 안쪽에 위치하여 높게 배치하여 일조와 조망을 동시에 해결하기도 한다.

누마루는 전통 주거에서 가장 높은 공간으로 넓은 마당의 중심을 차지하고 있으며 전체를 관망하고 볼 수 있는 공간으로 안채와 사랑채 중간에 위치함으로 권위가 느껴지는 위치와 높이로 중심적인 역할을 한다.

이들 높은 높이 바닥은 습기로부터 보호는 물론 통풍에 유리하고 건물의 중첩으로 생기는 조망, 일조문제를 해결하면서 무엇보다 외

| 높은 높이 바닥 석축, 양동마을 서백당 |

서백당은 가장 오래된 주거 건축으로 사랑채 부분으로 건물 전체가 석축 위에 기단과 툇마루 바닥을 형성하고 있다.

| 높은 높이 바닥 누마루, 낙선재 한정당 |

서백당은 가장 오래된 주거 건축으로 사랑채 부분으로 건물 전체가 석축 위에 기단과 툇마루 바닥을 형성하고 있다.

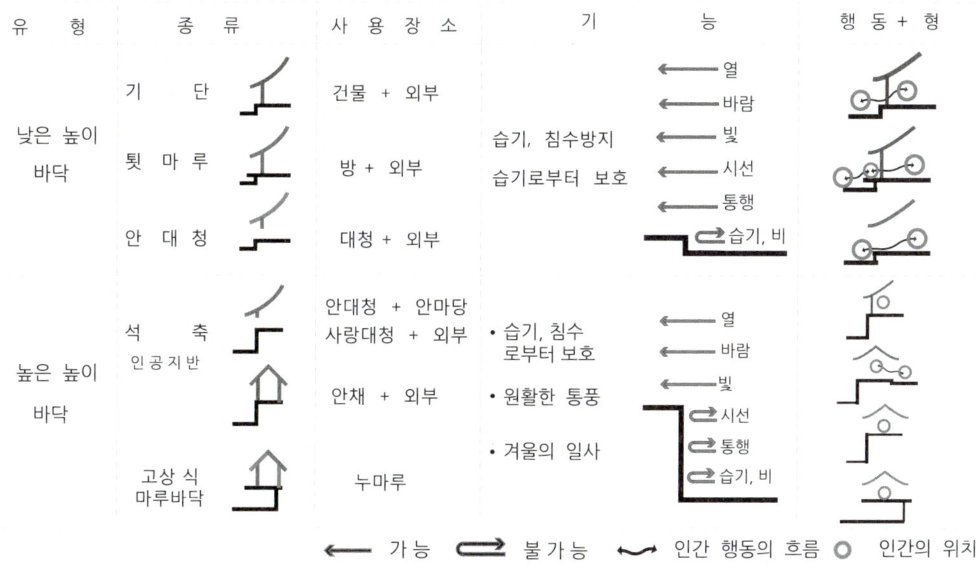

| 바닥의 유형과 기능 |

부로부터 시선을 차단한다. 특히 사랑대청은 안채보다 외부에 노출되어 외부시선으로부터 내부공간을 보호하기 위해 진입동선의 축을 틀거나 기단을 높게 형성한다.

• 바닥의 분류와 구성 •

바닥을 구성하는 방법은 흙바닥, 온돌바닥, 마루바닥, 전(塼)바닥으로 크게 분류된다. 특히 온돌과 마루는 각기 상반된 특성임에도 불구하고 융통성을 가진 공간으로 전체적인 균형과 조화를 유지하고 있다.

| 흙바닥 |

흙바닥은 토방이라도 하며 주로 부엌이나

| 흙바닥, 부엌 바닥 |

| 흙바닥, 외양간 바닥 |

함실처럼 취사와 난방 공간, 방아실 같은 농작업 공간, 일반적 수장 공간인 광, 축사 공간인 외양간, 측간 등의 바닥구조로 다양하게 이용되었다. 또한 비천한 하류층의 방에도 흙바닥 적용되었는데 이때는 대자리나 삿자리를 깔고 지내었다. 전통 주택의 공간 중 부엌의 바닥은 선사시대부터 조선시대 상류 주택까지 흙바닥으로 일관되게 적용되어온 공간 중 하나이다.

| 온돌바닥 |

온돌은 아궁이에 불을 때서 방바닥 밑의 구들장을 데워 그 열이 인체에 직접 전달되도록 실내공기를 데우는 장치로 열의 전도, 대류, 복사를 이용한 한국 고유의 난방 방식이다. 이는 고구려의 가난한 사람들로부터 보급되어 고려에 들어와 일반적인 바닥구조가 되었다. 온돌 바닥은 겨울을 보내기 위한 난방구조로 흙과 돌로 몇 줄의 갱도를 방의 넓이에 따라 구축하고, 갱도 위에는 평평한 내구성이 높은 판석 즉 구들장을 틈 없이 깐다. 이렇게 만든 구들골 위에 세사와 짚여물을 혼합한 점토를 고르게, 두껍게 발랐다. 이러한 온돌바닥을 특별하게 마감할 능력이 없는 서민주택은 흙바닥에 대자리나 삿자리를 깔고 생활하였으나 상류주택은 초배지를 바른 후, 일정한 크기의 장판지로 마감하거나 천, 솔방울 마감이나 솔가루 마감, 은행잎 마감 등을 하여 온돌 바닥을 살기에도 편하고 안전하면서도 보기에 아름답도록 하였다. 이중 장판지 마감이 가장 일반적이며 장판지를 길들이기 위해 바르는 기름 콩댐에 의해 장판지에 윤이 나고, 콩댐에 치자물을 섞어 장판지에 골고루 문지르면 아름다운 특유의 황색조를 띄게 된다.

| 마룻바닥 |

바닥면에 널을 깐 것을 마루 또는 마룻바닥이라고 한다. 마루는 신라시대 남쪽 지방에서부터 발달하여 고려시대 때 전국적으로 보급되었다. 사계절이 뚜렷한 우리나라는 여름을 시원하게 나기 위한 방편으로 마루를 필요로 하게 되었으며 북쪽에서부터 내려온 구들과

| 온돌바닥, 일반 콩댐 바닥 |

| 온돌바닥, 치자물을 혼합한 콩댐 바닥 |

| 온돌 바닥 마감 |

① 장판지 마감

· 구들 위에 점토를 발라 방바닥 면을 고르게 한 다음 창호지중 가장 저급품인 초배지를 한 겹 바른다. 이는 장판지 면을 고르고 반반하게 마무리하기 위한 것이다. 그 다음에는 품질이 좋은 두꺼운 장판지로 도배하는데 이때 장판지 끝을 4.5㎝정도 겹쳐 발라 겹친 부분이 약간씩 도드라져 일정한 간격으로 정방형의 띠를 형성하게 된다. 보통 장판지는 종이와 종이를 겹쳐 만든 겹배지로 풀칠한 붓자국이 독특한 패턴을 형성한다.

· 도배가 끝나면 길들이기를 하는데 보편적으로 콩댐을 한다. 콩댐은 불린 콩을 갈아 들기름을 섞고 이를 무명 주머니에 넣어 여러 번 문지르면 장판지에 윤이 난다. 이때 색조를 일정하게 내기위해 치자물을 콩댐에 섞으면 아름다운 황색조를 띠게 된다. 간혹 감을 이용한 시칠(柿漆)이나 송연칠(松烟漆)을 한 후에 길들이기도 한다. 이러한 치장은 장판지에 내수성을 갖게 한다.

② 천마감

· 상류층의 방은 초배지 위에 여러가지 무늬와 색조의 비단을 바르는 천마감을 하기도 했다. 천마감은 아름다운 색조와 부드러운 감촉이 있어 방 안의 분위기를 더욱 아늑하게 한다. 천마감에도 기름을 먹여 투명한 피막을 만들어 표면을 보호하며 광택이 나도록 하였다. 또한 비단 대신 무명천으로 도배하고 그 위에 다시 콩댐과 들기름으로 피막을 조성하여 사용하기도 하였는데 종이보다 질긴 천의 내구성을 이용하는 마감방법이다.

③ 은행잎 마감

· 은행잎이 무성할 때 미리 많이 따서 큰 절구에 넣고 찧은 후 줄기를 가려내고 잡것이 없게 매끄럽게 하여 반죽처럼 만든 다음 흙을 고르게 하여 말린 방바닥에 약 3㎝ 정도의 두께로 깔고 고르게 편 다음, 불을 때서 말리면 푸르고 누런 빛의 매끄러우면서도 단단한 표면이 만들어진다. 이는 오래 사용하여도 닳거나 상하지 않는 장점이 있지만 손이 많이 가는 방법이다.

④ 솔방울 마감

· 구들장 위에 흙을 메우고 고른 후에 바닥을 은근히 말리면서, 굴림백토를 깔고 그 위에 아직 푸른빛이 가시지 않은 자잘한 솔방울들을 끝을 자른 후 빽빽하게 박아 놓고 면을 고른 후에 불을 지핀다. 그러면 솔방울에서 송진이 우러나와 온 방바닥이 송진으로 두껍게 덮혀 피막을 형성하게 되는데 투명하면서도 노르스름한 색이 나오게 된다. 그 뒤 생활하면서 계속 닦고 문지르면 길이 들게 되어 매끈해지고 오래 쓸수록 붉은 기가 더해 호박색으로 변하며 솔방울 특유의 향기와 함께 피막을 통해 보이는 솔방울 무늬가 더욱 아름답게 보이는 마감 방법이다.

⑤ 솔가루 마감

· 소나무 껍질을 가루로 만들어 곱게 친 후, 수수가루로 쑨 풀을 솔가루에 섞어 방바닥에 두껍게 바르는 방법이다. 다 마르고 나면 들기름을 흠뻑 바르고 아궁이에 불을 때어 말리면 불그스레한 호박색이 되고 단단해진다.

만나면서 전통 주거 건축의 정형을 이루게 되었다.

마루를 구성하는 가장 중요한 널은 마루널 또는 마루판, 당판, 청판이라고 하며, 마루널을 받는 구조체는 마루틀 또는 마루 귀틀이라 한다. 마룻바닥은 마루창이라고도 하며, 널을 깐 방을 마루방 또는 마루청이라 하고 넓은 마루청을 대청이라고 한다. 대청은 안방과 건넌방 사이, 사랑방 옆 등에 긴널을 깐 것을 장마루, 마루널이 짧게 된 것을 동마루, 널의 너비가 넓고 두꺼운 것을 널판 마루, 널의 너비가 일정하지 않은 것을 막너비널 마루라 한다. 마루널을 모아서 넓게 이어 까는 것을 쪽매라 하는데 마루널의 종류에 따라 여러 가지 쪽매법을 쓴다.

마루를 까는 방법과 구조에 따라 전통 주택에서 주로 사용되었던 구성 방식은 우물마루와 장마루이다. 이러한 마룻바닥도 아교물에 주사를 풀어서 칠하거나 콩댐에 치자물을 타서 마루색을 일정하게 골라 주고 길들여 노랗고 반질거리는 효과를 내었다.

우물마루

우물마루는 전통 주거 건축에서만 나타나는 고유한 마루형식으로 서민주택에서 상류주택에 이르기까지 가장 보편적으로 사용되었으며 주로 대청과 곳간방에 이용되었다. 우물마루는 장귀틀, 중귀틀, 동귀틀로 구성되는 귀틀과 청판으로 만들어진다. 우선 대들보와 같은 세로방형으로 기둥과 기둥 사이에 장귀틀을 건너지르고 장귀틀 사이에는 동귀틀을 일정한 간격으로 건너지른 다음 동귀틀 사이를 마루청판을 제혀쪽매로 끼워 마감하는 마루형식이다. 이때 마루청판은 막장에서 초장에 이르기까지 조금씩 그 몸을 짧게 만들고, 동귀틀에 파놓은 홈에 끼우고 막장은 문열이를 두고 못을 쳐서 고정시킨다. 이러한 구조는 상한 마루널을 갈 때 편리하기 위함이다. 우물마루는 사계절이 뚜렷하여 건조 수축이 심한 한국적인 기후에 적합한 마루유형으로 나무가 건조되어 마루청판 사이가 벌어지면 마루를 다 뜯지 않아도 한 장 한 장 촘촘히 밀어 넣고 마지막장을 한 장 더 보강해 넣으면 되는 효율적인 마루 형식이다.

장마루

장마루는 누마루, 툇마루, 광이나 다락에 주로 깔았던 마루구조이다. 장마루는 한 방향으로 걸린 귀틀 위에 폭이 좁고 긴 마루 널을 촘촘히 이어 붙여 깐 마루형식이다. 장마루의 구조는 장선과 멍에를 만든 후에 좁고 긴 널판을 연결한 직각의 이음선들이 나타난다. 현대에 와서는 우물마루보다 더 많이 사용된다.

| 우물마루 |

| 장마루 |

| 우물마루의 구조와 구성방법 |

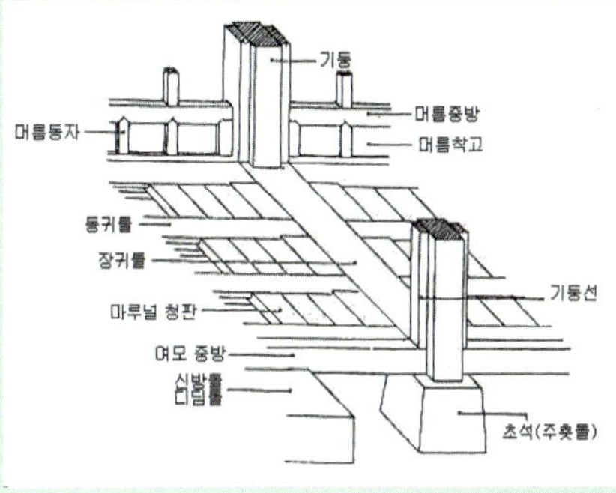

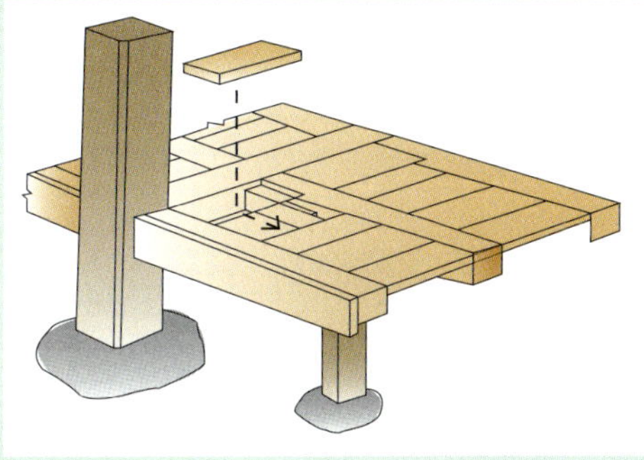

우물마루 조립과정

- 마루짜임은 장귀틀과 동귀틀은 폭이 큰 부재를 내구성을 위해 네 모서리로만 보낸다.
- 귀틀맞춤은 장귀틀에 통장부를 만들어 동귀틀에 내다지로 맞추며 이 부분에 마루 동바리 장부 혹은 촉꽂이로 꿰맞춰 귀틀이 꽉 물려있도록 한다.
- 마루널은 장귀틀에 턱솔로 맞춰지는데 한쪽 끝의 홈턱을 변탕 대패질 없이 마루널을 그냥 옆으로 밀어넣고 마지막 동귀틀을 맞춰 마감한다.
- 장귀틀 장부는 내다지 빼목으로 빼내고 메뚜기 산지를 끼워 고정시키거나 벌림쐐기로 고정시켜서 빼목을 잘라내기도 하는데 동바리는 장귀틀에 맞추어 세우게 된다.
- 장귀틀과 동귀틀이 짜이면 그 사이에 두툼한 널판(청판)을 끼우게 되는데 대개 청판은 마주한 두 장귀틀의 파인 홈을 따라 청판은 양팔을 벌리고 쭉쭉 밀려 끼어 들어가는데 언제나 맨 마지막 청판은 한팔이 장귀틀 표면에 걸쳐진 채로 마감된다. 이는 청판 보수를 손쉽도록 해준다. 못에 의해 부재들이 고정이 되는 것이 아니라 목구조의 짜임에 의해 설치와 보수 시에도 간편히 할 수 있도록 배려한 것이다.
- 마루의 전면 기둥을 잇는 장귀틀 앞에 때로 덧대어지는 얇은 널판이 있는데 이를 여모판 또는 여모중방이라 한다. 이는 마루의 속보임을 줄이고 디딤돌에 놓여진 신발들이 마루 밑으로 떨어짐을 방지함에 있다.
- 우물마루라면 장귀틀과 동귀틀 사이에 청판이 깔려 형성되는 것이고, 장마루라면 이 사이를 긴널판이 장마루 방향으로 놓이는 것을 말한다.

| 전(塼)바닥 |

전은 점토를 반죽하여 정방형이나 장방형으로 형성한 후 가마에서 구워낸 것으로 흑갈색이나 적갈색을 띈다. 전바닥은 삼국시대 일부 지배계급의 주거 공간에 사용되었을 것이라 짐작되고 있으며 조선시대 양반 주택에서는 기단 상부면에 사용되기도 하였으나 실내 마감재로는 사용되지 않았다. 전은 주로 사찰의 금당이나 법당 등에 축조되거나 궁궐의 정전에 사용되어 경복궁 근정전, 창덕궁 명정전, 덕수궁 중화전 등에 사용 되었다.

| 전바닥, 낙선재 |

기단 상부면에 전으로 마감된 전바닥으로 양반주택에서 사용되었다.

• 바닥 구성에서 웰빙 •

| 더운 여름과 추운 겨울을 동시에 해결하는 바닥 |

전통 주거의 바닥은 한랭한 겨울철 열을 집중적으로 가함으로써 필요한 양의 충분한 열을 얻는 온돌과, 고온다습한 여름철에는 차가운 방바닥을 이용가능하며, 시원한 마루 바닥으로 한서의 심한 기온차를 동시에 만족시켜 준다.

| 습기 및 방수 계획 |

전통 주거 건축의 바닥은 침수와 습기를 방지하기 위하여 다음과 같은 방법을 사용한다. 첫째, 건물의 지반을 높인다. 이 방법으로는 온돌구조와 방을 보호하기위해 바닥을 높인 기단을 사용하였다. 기단은 강우의 특성에 대한 배려에서 비롯된 주택의 대표적인 구성요소이다. 기단은 지면의 습기로부터 주택의 바닥과 온돌을 보호하고 빗물의 침입을 막기 위하여 처마의 끝선보다 안쪽으로 쌓는다. 보통 기단의 높이는 90㎝ 내외이고 45~90㎝ 범위 내에서 설치되었다. 또한 평지에 입지하는 경우 건물의 지반을 인위적으로 높인 석축을 통해 습기와 침수를 방지할 수 있다. 둘째, 건물 실내의 바닥을 높인다. 여름철 주로 사용하는 대청의 바닥을 지면보다 높인다. 특히 누마루 공간은 바닥으로부터 대청보다도 더 높여 통풍을 원활하게 하고 습기를 차단하다. 셋째, 택지를 경사지에 입지함으로 건물의 지반이 자연히 높아져 빗물이 잘 빠져 나가도록 하여 습기와 침수를 방지하고, 원활한 통풍과 쾌적한 일조를 얻을 수 있다.

| 자연을 담은 온돌 바닥 마감 |

온돌 바닥의 마감은 자연물의 특성을 이용한 천연재료인 콩댐, 솔방울, 솔가루, 은행잎 마감과 치자물을 이용한 색 조절을 하고 있다. 이는 단지 기능 충족만이 아니라 보기에 아름답고 촉감이 매끄러우며, 향긋한 내음까지 고려하여 인간의 오감까지 만족시키는 마감방법이다. 또한 콩댐은 방의 바닥의 방수와 방습을 기능을 높여준다.

| 통풍 위한 바닥 계획 |

여름철 고온다습한 기후에 시원한 통풍을 위해 열전도성이 낮은 나무로 만든 마루를 지면에서 들어 올려 마루 밑으로 바람이 잘 통하게 되고 땅에서 올라오는 습기를 막아 주기 때문에 여름을 쾌적하고 건강하게 나도록 해주고, 곡식이나 물건을 상하지 않게 잘 갈무리할 수 있게 해준다. 보통 안대청은 40~70㎝ 정도이며 사랑대청이나 누마루는 90~200㎝로 바닥이 높다. 그리고 벽체가 없이 기둥만으로 구성하거나 들어열개로 되어 충분한 통풍이 가능하다.

| 자연 조건에 스스로 조절되는 마루 |

마루 중 우물마루는 사계절이 뚜렷한 우리나라 상황에 잘 맞는 마루라 할 수 있다. 나무도 추운 겨울에는 수축하기 마련이고 여름에는 팽창할 수밖에 없는데 청판과 청판 사이에 있는 틈이 이를 보완해준다. 우물마루는 전체적으로 약간 사다리꼴 형태로 되어 있어 좁은 청판부터 차례로 끼워 넣으면 매우 견고한 구조가 가능하다. 또한 짧은 목재를 많이 사용하기 때문에 교실바닥처럼 긴 장마루를 까는 것보다 비용을 줄일 수 있을 뿐 아니라 일부분이 깨지거나 썩더라도 그 부분만 손쉽게 교체할 수 있기 때문에 경제적이다.

창호

서양 건축은 외부로부터 내부를 보호하는 벽이 구조체 역할을 하여 필요한 부분만 뚫어 채광과 조망을 위한 창과 출입을 위한 문을 만들었다. 반면에 한옥은 보와 기둥 맞춤으로 이루어진 목조가구식으로 벽체가 구조체 역할을 하지 않기 때문에 자유로운 개구부 구성이 가능하여 창호(窓戶)의 다양한 형태와 규모, 용도의 발달을 가져왔다. 한옥의 입면을 대부분을 차지하는 창호는 엇비슷해 보이는 한옥의 분위기를 서로 다르게 만드는 요소이며, 외부공간과 내부공간을 구분하는 요소이며, 통풍과 채광을 통해 실내의 온도와 습도를 소절해주며 출입의 기능을 담당한다. 이러한 창호도 실내공간의 쾌적성을 높이고 다양한 물리적 기능으로 건강한 주생활이 가능하도록 구성 방식과 재료의 사용에서, 또한 다양한 유형의 창호의 형태에서 웰빙적 특성을 나타내고 있다.

• 창호의 구성과 재료 •

창호에서 창(窓)은 빛과 바람이 들어오는 통로를 말하며, 호(戶)는 방과 방을 이어주는 통로를 말한다. 이 두 가지 기능을 합한 창호는 사람이 드나들 때는 문이 되고 가만있을 때는 통풍과 채광을 하는 창이 된다. 그리고 창호는 건축의 장식이라는 측면에서도 중요한 부분을 차지한다. 이러한 창호는 한 건물 내에서 각 향에 따라 크기와 구성 방식을 달리 갖고, 마감 재료와 창살에 따라서도 다른 기능을 갖는다.

| 창호의 구성 방식 |

창은 북측보다는 남측의 창을 더 많이 이용한다. 또한 북측과 남측의 창호구성이 다른데 우선 높이차가 있다. 이는 남측으로부터 충분한 일조와 채광을 받고 북측으로 환기와 통풍의 역할을 하면서 여름에는 크게 겨울에는 작게 유입하려는 계획을 담아 남쪽 창은 낮고 북측 창은 높게 위치한다. 또한 서측과 북측에 면한 창호는 남측의 창호의 보조적인 통풍과 환기를 위한 창호로 남측창과 같이 크지 않아도 되고 북측면 창호는 가능한 작은 것이 난방에 유리하다. 이에 북측과 서측 창호는 한 짝일 경우가 있고 서측은 개구부 자체를 거의 만들지 않았다. 임원경제지의 '조옥잡기(造屋雜志)'에서는 방의 양쪽에는 창을 내지 말고 창을 낼 때 한쪽은 홀수, 반대쪽은 짝수로 해야 한다고 기록되어 있는데 이는 통풍을 고려한 창의 배치와 관련된 구성 방식을 기술한 것이다.

창호는 개폐방식에 따라 여닫이, 미닫이, 미서기, 붙박이, 들어열개, 벼락닫이 등으로 분류 되어 종류가 다양하지만 여닫이가 가장 많은 비중을 차지하며 미닫이, 미서기가 있고, 들어열개는 사랑채에 치중되어 구성되고 있다. 방에서 바깥을 향한 창호는 대부분 겨울철 단열효과를 높이기 위해 겹창을 하게 되는데 여닫이와 미서기 두 가지 형식이 쓰인다. 이 중 전통 주거 건축에 가장 독창적인 기발한 개폐방식은 들어열개 방식으로 이는 들어걸개라 불리기도 하는데, 이름처럼 들어서 거는 문이다. 이는 보통 대청 앞문이나 대청과 방 사이에 설치된 공간을 넓게 쓰기 위한 용도로 쓰이

| 창호의 개폐방식에 따른 분류 |

- 여닫이 – 문설주를 회전축으로 돌쩌귀(경첩)를 달아 밀거나 당기어 열고 닫는 방식으로 밖으로 밀어 여는 것은 밖여닫이, 안으로 당기어 여는 덧은 안여닫이라 함
- 쌍여닫이 – 여닫이2개를 대칭으로 배치하여 좌우 안팎으로 열고 닫는 방식
- 미닫이 – 문지방과 문웃인방에 문짝이 드나들 수 있는 홈과 공간(두꺼비집 또는 벽)을 내어 이홈에 문짝을 끼워 밀거나 잡아당겨 열고 닫는 방식
- 미서기(미세기) – 미닫이처럼 홈에 문짝을 끼우지만 문짝이 2짝 이상으로 홈도 2줄 이상으로 여닫을 때 한쪽으로 겹치도록 하는 방식
- 들어열개(분합문) – 말 그대로 들어서 걸면 되는 문으로 보통 2짝씩 문짝을 접어 이를 들어 들쇠(비녀장)에 매달아 두는 방식
- 안고지기 – 여닫이와 미닫이의 복합 형태
- 벼락닫이(들창) – 가로로 눕혀진 형태로 구성태 창호로 윗창틀에 돌쩌귀를 달아 방안에서 밖으로 밀어내 버팀쇠나 막대로 받쳐 여는 형태로 구성된 창호로 주로 창으로 사용됨

거나 막인 공간을 제거하여 확 트인 공간을 만들기 위한 용도로 사용되며 여름철 물리적으로 시원한 통풍공간과 시각적 시원함을 만들어 주는 창호라 할 수 있다.

창호는 용도 및 장소에 따라서는 분합문, 장지문, 영창, 중창, 대문, 중문, 후문, 삼문, 바라지, 꾀창 등이 있으며, 구조 및 기능에 따라 덧문, 빈지, 갑창, 두껍문, 맹장지, 불발기 등으로 구분된다. 또한 살의 모양과 생김새에 따라서도 구분하기도 한다.

여닫이는 창호를 밀어 열고 당겨서 닫는 것을 말하며, 미닫이는 홈을 하나만 두고 양옆으로 밀어서 열수 있는 창호로 문지방에 홈이 하나만 있어 두껍닫이라는 붙박이 안으로 밀어 넣는 창호이며, 미서기는 문홈을 두 줄로 하여 문이 엇갈려서 열수 있는 창호이다.

| 창호의 마감재 |

창호는 주로 목재로 틀과 살대를 만들고 대부분 종이인 창호지를 발라 마감하나 간혹 덧창에 천 마감을 하거나, 외부로 향한 문이나 중문, 북측면에는 판재로 마감하기도 한다. 목재의 특성으로 건조되거나 뒤들리거나 하여 틈이 생기는 경우가 있어 이를 방지하기 위해 틈새에 문풍지를 달아 문틈이나 창틈으로 들어오는 바깥의 찬 기운을 중화시키고 환기를 조절하기도 하였다. 창호에 주로 사용된 마감재료를 살펴보면 다음과 같다.

목재

창호를 구성하는 창틀의 재료는 목재를 사용하는데 보통 변형이 적고 잘 마르고 옹이가 없이 곧은결의 무절목재를 사용한다. 수종은 잣나무와 육송 외에 고급 활엽수로 느티나무, 살구나무, 대추나무, 오동나무, 엄나무 등이 이용되었으며 대개 100년에서 300년 가량 된 나무를 이용하여 그 향이 방안 전체에 풍겼다고 한다. 창호를 제작할 때는 나이테가 가는 부분은 주로 테두리에 쓰고, 나이테가 굵은 부분은 살로 사용하였다. 반면 문 전체가 목재로 이루어지는 판장문이 골판문은 결이 고운 나무를 켜낸 널판지를 붙여 만드는데, 보통 좌우 문짝으로 구성되며 무늬가 대칭되도록 만들어 자연스런 나뭇결에서 나오는 패턴을 통해 자연미를 표현하였다.

종이

거의 모든 창호는 창호지를 이용한 종이 마감을 하였다. 창호의 마감재로 창호지가 많이 이용된 이유는 입면의 전반을 차지하는 창호가 거의 바닥까지 내려가고 넓은 면적이 창호로 구성되므로 프라이버시 침해를 막기 위해서도 반투명의 창호가 필요하고 동시에 부드러운 자연 채광과 단열의 기능을 만족시켜 주는 재료로 창호지가 가장 적절한 마감재였을 것이다. 그러므로 우리 전통 주거의 실내는 창호지를 통해 개인 사생활을 보호받으면서도 부드러운 확산광 유입으로 실내 조도를 유지시켜주고, 숨 쉬는 성질로 인한 자연통풍과 더불어 단열이 되어 쾌적한 실내공간을 유지했다고 할 수 있다. 즉 창호지는 빛, 소리와 바람이 조절되는 자연과 소통되는 마감재라 할 수 있다. 또한 창호지를 마감하기 위해 풀을 전체적으로 발라 마감하는데 문살이 닿지 않는 부분에 풀이 남게 되는데 이것이 마르게 되면 풀자국이 생기고, 시간이 지나면 누렇게 변색이 되는데 이는 흙벽과 나무와 조화를 이루게 된다. 그리고 외부에 바로 접하는 덧문의 종이는 때가 덜타고 더 튼튼하면서도 방수를 위해 유지를 바르거나 엷게 탄 아교물과 백반물을 가볍게 뿌려 주기도 하였다. 이러한 추가 가공을 통해 창호기가 더 팽팽해지고 투명해지며 치밀성이 높아져 방수 기능도 갖추어 창호로서의 기능이 더 강화되었다.

천

천 마감은 창호에 많이 이용되지는 않았지만 상류 주택의 미닫이와 갑장지문 사이에 사용되었다. 이를 사창이라 하며 올이 성근 비단이나 모시를 발라 마감하여 바람이 잘 통하고 벌레 가 들어오는 것을 막기 위해 설치되는 것으로 여름을 시원하게 보내기 위한 방법이라 할 수 있다.

| 창호 마감 외부, 남산한옥마을 |

목재와 창살의 이미지가 강조된 창호의 외부모습이다.

| 창호 마감 내부, 남산한옥마을 |

우리 전통 창호는 창호지를 내부에 살을 밖으로 붙여 내부에서는 종이 면이 마치하얀 벽처럼 인지된다.

| 창살 · 문살 |

전통 주거건축에서 창호의 특성중 하나로 중국과 일본이 창호지를 바깥으로 붙이는 것이 일반적인데 비하여 한국은 안으로 붙인다. 따라서 한국건축의 입면 구성은 전체적으로 선적 요소를 강조하는 구성이 된다. 즉, 주구조체인 기둥, 도리, 서까래들이 굵직한 선적인 구성과 창호의 살 짜임새가 갖는 가는 선적 구성이 조화된다. 기둥과 서까래의 목부(木部)가 드러내는 섬세한 나뭇결과 아기자기하고 정교

| 대표적인 창살 문양 |

| 띠살 |

세살이라고도 하며 전통주거에서 가장 많이 사용됨

| 용자살 |

용(用)자를 무늬화하여 소박한 느낌으로 사랑방에 주로 사용

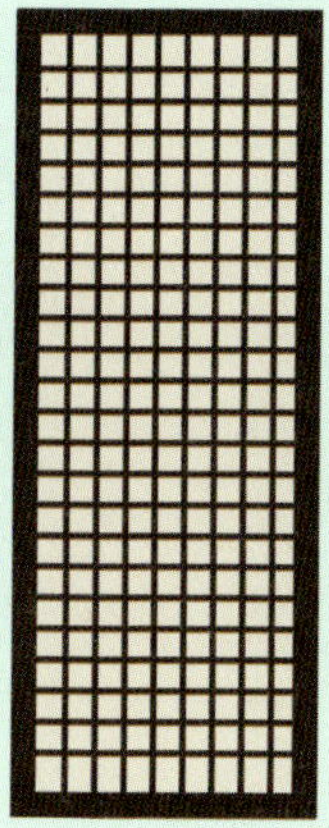

| 정자살 |

정(井)자를 무늬화하여 만든 창으로 교창이나 불발기로 많이 사용됨

| 아자살 |

아(亞)자를 무늬화하여 살 자임한 것으로 아기자한 느낌으로 안방에 사용됨

| 숫대살 |

셈을 할 때 쓰던 산가지 를 늘어 놓은 모양으로 사랑채나 별당, 안고지기 같은 특수 창호에 사용됨

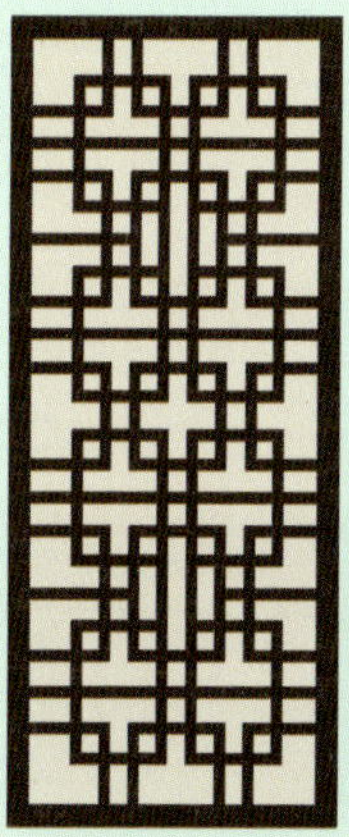

| 완자살 |

만(卍)자를 무늬화한 것으로 주거의 주요한 방의 창호에 주로 사용됨

| 귀갑살 |

십장생 중 하나인 거북이 등과 같은 연속적 육각형 무늬를 짜 넣은 살 문양으로 장수를 비는 뜻으로 사용됨

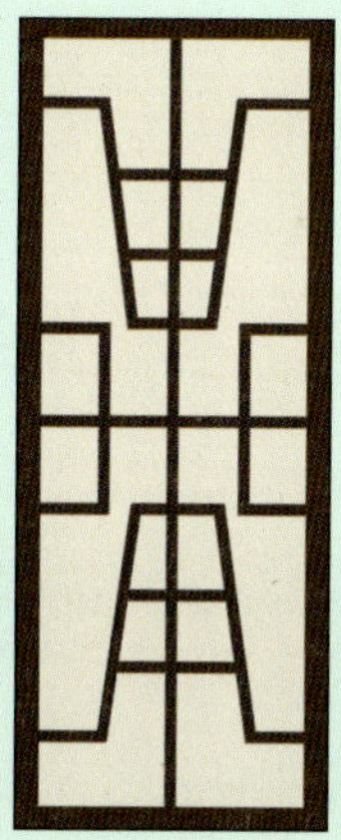

| 귀자살 |

귀(貴)자를 무늬화한 것으로 복을 비는 기복의 뜻으로 불발기나 교창으로 사용

| 빗살(교살) |

살대를 45도와 135도로 서로 교차되게 짠 것으로 주거 내 교창이나 불발기로 많이 사용됨

한 살 짜임새가 조화되어 입면을 더욱 아름답게 보이게 한다. 또한 방안에서 창살과 문살을 바라보면 아무런 장식이 없어 단순한 벽과 바닥, 천장의 장식적인 부족함을 메꾸어 줌과 동시에 열어젖힌 창호로 인해 시각적으로 공간적 연장이 이루어져 공간의 협소함을 해소 시켜주는 역할도 수행한다. 그리고 밝은 햇빛 비추는 날은 살에 의해 실내로 은은한 그림자 패턴을 내부 공간에 투영시켜 공간을 더욱 풍부하게 해준다. 이러한 살 짜임에 따라 수집종의 다양한 살 무늬를 형성하면 창호의 명칭이 달라진다. 주로 많이 이용되는 살 짜임 문양은 띠살, 용(용)자살, 정(정)자살, 빗살, 귀갑살, 귀자살, 아자살, 숫대살, 완자살 등이 있다. 이들 살 짜임이 사용되면 띠살문, 용자살문, 완자살문 창에 사용되면 띠살창, 용자창, 완자창 등으로 불리게 된다.

• 창호의 유형 •

전통 주거 건축에서 창호는 창과 문이 기능적으로 완전히 분류되어 있지 않고 그 한계가 모호할 때가 많다. 보통 창(窓)은 머름대 위에 설치되거나 크기가 일반문보다 작은 경우는 창이라 한다. 창은 채광과 통풍이 주 기능으로 이를 위해 홑창호지를 바르는 경우가 대부분이며 창살 문양은 다양하였다. 호(戶)는 출입을 위한 것으로 문에 해당되며 동시에 환기와 통풍 기능도 수행하면서 외짝 문으로 되어있다. 그러나 입면 상에서 창과 문을 엄격히 구분하기는 힘들다. 형태 분류상 다음 네 가지 경우로 분류할 수 있다. 첫째, 창으로만 사용되는 것으로는 보통 환기와 채광만을 위한 것으로 봉창, 살창, 교창, 화창, 광창, 눈곱재기창, 갑창 등으로 분류된다. 둘째, 호, 즉 문으로만 사용되는 것으로 판장문, 골판문, 맹장지문, 도듬문, 불발기, 두껍닫이문 등이 이에 해당된다. 세째, 창과 호로 혼용되는 것으로는 이는 물홈대에 따라 물홈대가 없는 것, 물홈대가 외골인 것, 물홈대가 두골인 것, 물홈대가 세골인 것으로 크게 구분되고 다시 사용되는 창호는 살 문양에 따라 띠살창호, 용자창호, 아자창호, 만자창호, 정자창호, 숫대살창호, 빗살창호, 소슬빗살창호, 귀자창호, 귀갑창호, 꽃살창호 등으로 분류된다. 넷째, 하나의 창호 속에 여러 종류의 창호가 복합적으로 나타나는 것도 있다.

창으로만 사용되는 것

일반적으로 이 경우는 환기와 채광을 위해 벽의 상단에 설치되는 경우가 많고, 열고 닫힘이 안 되는 고정된 창이 많다.

| 봉창 |

벽을 뚫고 창틀 없이 막대를 얽어 놓은 봉창은 전통 주거 건축에 있어 창의 원형이라 할 수 있다. 여닫이가 안 되는 붙박이창으로 채광과 환기를 위한 배기 구멍이라 할 수 있다. 부엌과 같이 환기가 수시로 필요한 경우는 봉창을 가로로 좁다랗게 내어 살을 촘촘히 박기도 하였다.

| 광창 |

봉창이 발달하여 가공되고 창틀이 생긴 것을 광창이라 한다. 방의 벽 위쪽이나 출입문 위쪽에 설치된 창으로 주로 채광을 위해 설치되고, 살대를 꽂아 만든 창과 살대를 무늬로 엮어 만든 창이 있다. 빛을 좀 더 끌어 들이기 위해 설치된 창이라 하여 '광창' 이라 부른다. 보통 고정되어 여닫지 못하는 창이 기본이나 여닫게 구성된 것도 있다. 간혹 출입문 곁에 창을 내어 방안에 앉아서 밖을 내다보기도 하고 작은 물건을 출입시키기도 하였다.

| 화창(火窓) |

화창은 부엌의 부뚜막 측면의 윗벽을 뚫어 만든 배기 구멍으로 땔감에서 나는 연기와 솥에서 올라오는 수증기를 마당으로 뽑아내기 위한 창이다. 보통 부엌과 안마당 사이의 벽에 만들어지는데 구멍을 비교적 크게 뚫어 창틀 아래쪽에 납작한 돌이나 암키와 같은 넓적한 것을 놓아 받침대를 만들었다. 이곳에 관솔불을 지펴서 조명을 위한 용도로도 사용하기도 하고 불씨를 보존하기 위한 용도로 사용되어 화창이라 불린다.

| 교창 |

부엌 벽이나 광의 벽에 높이 설치하거나, 정면 분합문 상부나 창호 상부에 가로로 설치되어 고정되거나 개폐가 가능하도록 설치된 창을 교창이라 한다. 기본 형태는 장방형의 울거미를 짜고 여기에 교살, 아자살, 완자살, 정자살 등의 문양으로 살을 짜 넣는다.

| 살창 |

살창은 부엌이나 광의 벽에 창 울거미를 짠 후 창호지를 바르지 않고 여러 개의 살들을 일정한 간격으로 수직 방향으로 꽂아 만든 창이다. 일종의 고정창이라 할 수 있으며, 부엌의 부뚜막위에 설치하여 연기를 빼내는 환기창으로, 곳간이나 광, 저장공간 벽면에 설치하여 공기를 환기시켜 적당한 온습도를 유지하기 위해 사용되었다. 살의 단면 모양은 삼각형, 사각형, 육각형, 팔각형 등이 있으며 살대의 모양, 간격, 길이에 따라 채광과 환기의 성능이 달라진다.

| 눈곱재기창 |

밖을 내다보기 위한 아주 작은 창으로 출입문 곁에 아주 작게 난 봉창을 눈곱재기창이라 한다. 눈곱재기창은 아주 작은 창으로 봉창이나 광창의 형태로 여기에 유리나 한지로 마감하여 밖을 내다 볼 수 있도록 하여 창속의 창이라 할 수 있다. 부엌의 판장문에 갖가지 무늬의 구멍을 뚫어 밖을 내다보게 한 것도 이에 해당된다. 이는 추운 겨울철 문을 자주 여닫지 않고도 밖의 상황을 살필 수 있고, 무엇보다 프라이버시를 유지하면서 바깥동정을 살필 필요가 있을 때 밖을 내다 볼 수 있는 기능을 가짐으로 대화가 아닌 통찰로 행동을 해야 하는 행동 구조로 발달된 창이라 할 수 있다.

| 벼락닫이창 |

벼락닫이창은 벼락 같이 닫힌다하여 붙여진 이름으로 분합문처럼 밑에서 열어 문고리에 끈을 매고 고정시키거나 나무 작대기를 받쳐 고정하는 창을 벼락닫이창이라 한다.

| 갑창 |

갑창은 방한과 빛을 차단하기 위해 이중으로 두껍게 만든 창이다. 보통 방의 창문 안에 내부 덧문으로 쓰거나 다락이나 벽장문에도 사용된다. 형태를 보면 문틀은 내보이게 하고

| 봉창, 영주 선비촌 |

원형으로 구멍을 내고 좁다랗게 교차하여 살을 설치한 고정 창호로 환기와 채광 목적으로 부엌에 사용된 모습이다.

| 광창, 창덕궁 낙선재 |

실내 채광을 위해 방의 벽 위쪽에 띠살로 설치된 창호로 내부에서 본 모습이다.

| 벼락닫이창, 용인 민속촌 |

띠살로 이루어진 밖으로 밀어 여는 형식의 벼락닫이 창으로 채광과 환기를 목적으로 한다.

| 갑창, 창덕궁 낙선재 |

이중으로 두껍게 만들어 내부가 보이지 않도록 벽장문으로 사용된 갑창이다.

| 눈꼽재기창, 용인 민속촌 |

밖을 내다보기 위한 작은 창으로 출입문 옆 왼편의 작은 여닫이 창이 눈꼽재기 창이다.

| 살창, 용인 민속촌 |

부엌에 두 줄로 크게 설치된 살창으로 적극적인 환기를 위해 설치된 사례라 볼 수 있다.

창면에는 종이를 두껍게 바르는데 고정된 것은 두껍이집이라고 부른다. 장식을 위해 표면에 서화를 붙이고 갓 둘레에 선을 둘러 한 폭의 액자로 보이게도 한다.

호(戶)로만 사용되는 것

호(戶)로만 사용되는 것은 사람이 드나드는 외짝 문을 지칭한다. 호는 소목이 전담하여 자는 것으로 대목이 만든 문과는 대비되며 환기나 채광을 위한 창의 역할을 하지 않으며 위치나 용도에 따라 그 구성 및 모양이 다르다.

| 판장문(板長門) |

몇 장의 널판에 띠를 대어 한 장처럼 붙여 만든 것으로 일반주택의 부엌의 앞 · 뒤 출입문과 광문으로 사용된다. 그리고 대청 뒷면의 덧문과 방의 덧문으로 사용된다.

| 골판문(骨板門) |

문울거미를 짠 후 그 사이에 청판을 끼운 것으로, 주택의 각방 덧문으로 쓰이고 또는 고방문으로도 사용된다.

| 맹장지문 |

차광이 필요한 부분의 문의 빛을 차단하기 위해서 문 울거미에 두꺼운 종이로 안팎을 여러 겹으로 바른 문을 맹장지문이라 한다. 맹자지문은 두껍게 종이를 발라 벽체와 같은 질감이 나며 투광이 안 되는 문이다. 일반 주택의 방과 마루 사이의 불발기나 안방과 웃방과의 사이 네짝 미닫이문과 두껍닫이 창호에 맹장지 기법을 사용한다.

| 도듬문 |

맹장지와 같은 종류의 문으로 울거미, 즉 문틀 부분만 돋보이게 한 문이다. 주택의 다락문과 방의 안쪽에 설치하는 두껍닫이문, 또는 두껍닫이 속에 설치하는 덧문으로 방 가장 안쪽에 다는 문이 되어 갑창(甲窓)으로 사용한다. 갑창은 닫으면 빛이나 바깥공기의 찬 기운, 소리들을 차단해 준다. 상류 주택에서는 일반 목재로 뼈대를 짠 후 외부에 드러나는 테두리 부분에 화류목 등 고급목재를 얇게 켜서 붙여 치장하고, 문의 맹장지 부분은 서화 등을 그려 붙여 장식하여 액자 같은 느낌이 나는 문이다.

| 두껍닫이 문 |

두껍닫이는 출입문 자체는 아니지만 전통주택의 창호 구조에서는 독특한 구조로 두꺼비집, 두껍비집, 거푸집, 두껍반이 등으로 부려진다. 골을 파낸 물홈대의 좌우 끝 안쪽에 설치되며, 미닫이문이 숨어들어 가기 위한 공간으로 머름이 있는 창에 한에 설치된다. 용(用) 자형으로 틀을 짜고 거기에 두꺼운 종이인 맹장지로 마감하고 그 위에 그림이나 시문을 써 붙여 꾸민 고정식문이다. 물홈대가 셋일 경우에는 맨 안쪽은 두껍닫이로 바로 안통에 맹장지문을 두껍닫이와 같은 색의 종이를 바르면 문이 닫힐 때 벽과 동일하게 되어 외부와는 완전히 차단하게 된다. 이는 낮에는 완전한 차광을 하며, 겨울철에는 찬 공기를 막아주고 내부공간의 독립성을 유지시켜주면서 아늑한 분위기를 만든다.

| 불발기 문 |

맹장지와 같은 문의 중앙부에 직사각형, 팔각형 등의 울거미를 만들고 이 속에 교살, 정자살, 완자살 모양을 짜 넣은 문이다. 중 · 상류주택의 대청과 안방, 대청과 건너방 등 방과 마루 사이에 많이 설치된다. 불발기 문은 기하학적 도형을 이루는 부분만 빛을 통과 시키므로 방안에는 기하학적 도형이 율동적으로 패턴을 그리게 된다. 그리고 불발기문 들어 올릴 수 있는 분합문으로 두 짝씩 문짝을 접어 들쇠에 매달게 되어 있다.

| 장지문 |

종이와 띠살로 연약하게 만들어 외부에서 내부로 유입되는 강한 빛을 완충시키며, 방과 방 사이를 시각적으로 차단하는 칸막이용 문

| 판장문, 강원도 왕곡마을 |

띠장에 두꺼운 널을 붙여서 만든 문으로 잠금장치를 달아 부엌 출입문으로 사용하였다.

| 골판문, 창덕궁 연경당 |

문울거미를 먼저 짜고 그 사이에 널을 끼워서 만든 문으로 덧문이나 고방문으로 사용된다.

| 맹장지문, 안동 하회마을 |

두꺼운 종이로 발라 벽채와 같은 질감이 나도록 마감하였다.

| 도듬문, 용인민속촌 |

문울거미에 살을 성기게 짜고 이를 싸 바른 후에 테를 다로 대어 서화를 붙여서 액자 같이 연출한 도듬문으로 방안 분위기를 화사하게 만든다.

| 두껍닫이문, 민비 생가 |

양쪽에 고정된 두껍닫이 문에 용자 미닫이문이 숨어 들어갈 수 있다.

| 불발기문, 창덕궁 연경당 |

맹장지 한 가운데 팔각으로 된 부분만 빛이 투과되는 명장지를 사용하여 빛이 유입된다.

| 장지문, 용인민속촌 |

완자살로 구성된 장지문으로 시각적 차단을 하면서도 벽면 장식 요소로서도 기능한다.

| 장지문, 남산한옥마을 |

칸막이용문으로 장지문을 열어놓으면 건넌방에서부터 대청을 통과하여 안방까지 시야가 통한다.

이다. 중류 이상의 집에서는 주로 창살의 살대 문양을 완자문, 아자문 등으로 하여 사용하였다.

창과 호로 혼용되는 것

대개 전통 주거 건축의 입면에서는 앞에서 제시한 창과 호를 제외하고는 창과 호과 명확히 구분이 안 되는 경우가 대부분이다. 보통 머름대 위에 위치하면 창이며, 없으면 호가 되며, 창으로는 출입을 하지 않는 것이 통례이며 일반적으로 크기가 작은 것이 창이다. 보통 전통 주거 공간에서는 문이 출입과 통풍, 채광 등 창의 기능도 동시에 수행하므로 창과 호를 엄격히 구분하지 않기도 한다. 이에 창과 호로 혼용되는 창호는 물홈대에 따라 물홈대가 없는 것, 물홈대가 외골인 것, 물홈대가 두골인 것, 물홈대가 세골인 것으로 구성되는데 문살에 따라 창호 명칭이 구분된다.

| 물홈대가 없는 것 |

여닫이만 설치되는 경우로 외짝 홑문과 두짝 홑문으로 구성되며 대개 빗살무늬 살로 구성되는 경우가 많고 바깥공기를 일차적으로 막기 위해 마포나 종이를 바르게 된다.

| 물홈대가 외골인 것 |

물홈대가 외골인 것은 이중문으로 구성되는데 분합문인 덧문이 달리게 된다. 대부분 바깥은 안에서 밖으로 내밀어 열게 된 분합문이고 안쪽은 미닫이가 설치된다. 외짝 덧문과 두짝 덧문 분합문 창살은 띠살 무늬가 보편적이다. 이러한 구조는 안방이나 건넌방에서 마당 쪽으로 난 창호에 보통 설치되며, 안방의 미닫이 살은 완(卍)자살과 아(亞)자살이 사랑방에는 용(用)자살이 일반적이다.

| 물홈대가 두골인 것 |

물홈대가 외골인 것에 사창(紗窓)을 덧달아

덧문과 더불어 삼중문이 되도록 구성한 창호이다.

| 물홈대가 세골인 것 |

분합문인 갑장지문이 달리고, 미닫이가 있으며, 다음에 사창이 있고 다시 맹장지를 더 달아 사중문으로 발전된 구조이다. 이는 상류주택에서나 찾아 볼 수 있는 구조이며 살의 단면도 여러 모양으로 구성되는 다양성을 보여준다. 미닫이나 장지로 사용되는 살은 용자와 아자, 완자살, 숫대살, 귀갑문살 등이며, 또한 각기 변형을 일으켜 다양한 살 짜임을 보여주고 있다.

| 물홈대가 없는 창호, 한국 민속촌 |

외짝 홑문으로 여닫이로 구성된 문으로 서민주택에서 많이 사용된다.

| 물홈대가 외골인 것, 남산한옥마을 |

두짝 덧문으로 된 이중문으로 구성된 창호로 안쪽 미닫이 문은 아자살, 바깥 분합문은 띠살로 구성되었다.

| 물홈대가 두골인 것, 강릉 선교장 |

삼중문 구성으로 이루어진 창호의 단면을 보여주고 있다.

• 창호의 구성에서 웰빙 •

창호는 외부 공간과 내부 공간을 구분하는 필수적인 구성요소이면서도 사람이 드나들고 또한 빛과 바람을 소통하게 하며, 온도와 습도를 조절함으로 인간 생활에서 쾌적한 환경을 유지해준다. 그러므로 전통 주거에서 창호는 자연과 공간이 일체가 되려는 의도로 직접 · 간접적으로 표현하는 주요 매개체로 자연을 공간 내부로 끌어들이는 역할로 웰빙적 특성을 더욱 강조시켜 주고 있다. 그러면 창호에서 나타나는 웰빙적 특성을 좀 더 세부적으로 살펴보면 다음과 같다.

| 자연요소로 생명의 근원인 햇빛 조절 기능 |

햇빛은 우수한 에너지원인 동시에 높은 살균력을 지니는 등 열 환경적으로 보았을 때 뛰

어난 물리적 기능을 가진다. 또한, 햇빛으로 말미암은 편안한 느낌 등의 심리적 기능까지 포함되어 인간 생활에서 풍요롭고 윤택하게 해주는 중요한 요소이다. 이러한 햇빛을 적절하게 받아들이고 조절하는데 효율적인 역할을 하는 것이 창호이다.

창호지에 의한 일조 조절

서양 건축에서 창은 투명채를 창을 씀으로 가급적 많은 빛을 받아들이도록 하나 전통주거의 창은 빛을 억제, 중화시켜 부드러운 빛을 사용한다. 부드러운 빛에 가장 큰 역할을 한 것이 바로 창호지이다. 전통 주거 건축에서 유리가 아닌 창호지를 사용한 이유는 창호가 바닥까지 내려가고 창호가 대부분 입면을 차지함으로 그만큼 방안에 들어오는 햇빛의 양이 많아짐을 의미한다. 이때 창이 크기 때문에 공간 외부에서 내부가 보일 수 있는 프라이버시를 침해당할 염려가 있게 되는데 이것을 막기 위해서 반투명 재질을 사용하게 된다. 이에 창호지의 반투명 재질은 햇빛을 통과시키면서 겨울철에는 보다 따뜻한 실내온도를 유지해주고 빛의 유입을 조절하는 목적과 함께 사람의 시선을 차단하는 일종의 '조절 기능' 역할을 했다.

창호지는 특히 겨울에 햇빛을 받아들이는데 효율을 높여주는 기능을 가진다. 유리에 없는 반투명이라는 중간 톤 때문에 방안에 들어오는 햇빛의 양을 극대화할 수 있고, 미닫이문과 여닫이문의 두 가지 형식을 겹치기 때문에 명암의 농도 조절에 유리하다. 또한 여름철에는 직사일광이 아닌 외부의 햇빛을 분산시켜 공간 내부로 은은한 빛을 끌어들인다.

창호의 면적과 살의 밀도에 의한 일조 조절

전통 창호에서 살은 한지의 구조적 취약점을 보호하고 문양을 통하여 장식성을 부여하는 것이 가장 큰 역할이지만 살의 배열로 차양과 채광 조절의 역할도 한다. 일반적으로 지역의 특성에 따라 살의 밀도를 달리하는데 북쪽으로 갈수록 밀도가 적은 정(井)자형으로, 남쪽으로 갈수록 밀도가 높은 주(州)자형을 사용하였다.

빛이 잘 드는 남향집 창호는 문살을 길게 해서 빛을 꺾어줘야 하고 집 주위에 나무가 많은 집은 문살을 짧게 해서 볕이 잘 들게 하였다. 또한 햇빛의 양과 바람의 흐름에 따라 창호의 크기도 다르게 구성하였다.

| 자연 환기와 통풍에 의한 쾌적한 실내 공기 환경 조성 |

전통 주거의 창호는 쾌적한 실내공기 환경을 위해 현재 우리의 주거공간은 높은 기밀성으로 환기를 위해서는 창을 열거나 인위적인 환기 장치를 사용해야 한다. 그러나 전통 주거의 창호는 실내공기 환경을 위해 다음과 같은 배려를 하고 있다.

첫째, 환기를 위해 창호를 열거나 번거로운

부수장치가 필요 없다. 일단 제작과정에서 일부러 정밀하게 맞추지 않고 적당한 틈을 주므로 그 사이로 상시로 환기가 이루어지며, 창호를 마감한 창호지 자체가 바람을 여과해 통과시켜 통풍효과가 높아 방안의 공기를 상시로 환기시켜준다.

둘째, 창호의 위치에 의한 실내열 균형 유지와 교차 통풍이 가능하게 하고 있다. 전통 주거에서는 양쪽에 창을 내지 않는데 특히 서쪽 방향은 창호를 내지 않으며, 남북 방향으로 외짝 홑문과 두 짝 홑문, 외짝 덧문과 두 짝 덧문으로 설치되어 맞통풍을 유도하고 있다. 특히 여름철 공간으로 환기와 통풍을 위한 대청과 마루방은 들어열개문과 분합문이 설치된다. 창호의 개방으로 인한 바람 유입은 직접적으로 쾌적한 실내 기류를 일으켜 인체 표면의 냉각효과를 느낄 수 있게 해준다.

| 습도 조절 기능 |

창호에 사용되는 창호지는 수분을 보유하고 재발산하는 습도를 조절하는 능력이 뛰어나다. 흙벽이 지닌 습도 조절기능을 창호지에 의해 한층 더 강화시킨다. 즉, 습기가 찰 때는 빨아 들였다가 공기가 건조할 때는 내뿜어 스스로 신축하는 성질을 지니므로 습기가 많은 여름철에는 외부에서 들어오는 습기와 내부에서 뿜어내는 습기를 다 빨아들여 실내 공기가 습기가 차는 일이 없게 된다. 이에 따라 결로 현상도 차단하는 역할을 한다. 또한 화학적으로 완전한 중성인 pH7을 띠게 되어 건강한 실내 공간을 조성하게 된다.

| 더운 기운과 찬 기운을 조절하는 기능 |

창호를 통한 방풍과 단열은 크게 4가지 차원에서 이루어진다.

첫째, 판문이나 덧문을 통해 이루어진다. 겨울철 주로 지내는 온돌방은 열기가 밖으로 나가는 것을 최소화하기 위해 덧문을 설치하여 창호에 의한 열손실을 최소화 한다.

둘째, 더운 기운과 찬 기운을 차단하는 높은 능력을 가진 한지를 창호에 사용함으로 방한효과를 보고 있다.

셋째, 문틈으로 새어드는 바람이나 찬기를 막기 위해서는 틈새에 문풍지를 발라 놓으면 효과가 크다.

넷째, 특유의 문턱 구조는 실내와 실외사이는 35㎝ 정도로, 실내와 실내 사이는 26~30㎝ 정도 높임으로 아래부터 흘러 들어오는 한기를 차단해 주는 역할을 한다. 특히 옥외에 접한 문턱은 실내 문턱보다 높게 구성하여 외기에 대한 배려를 하고 있다.

| 자연의 직접적 · 간접적 도입에 의한 신체적 건강 및 심리적 · 정서적 안정감 증대 |

전통 주거의 건축의 창호는 자연의 소리, 자연의 변화로 하여금 시간의 흐름 등을 느낄 수 있게 해준다. 완벽한 폐쇄 구조와 재료가 아닌 목재와 한지로 구성된 창호는 반투명 재질로 은은하게 햇빛을 통과하면서도 사람의 시선을 차단하여 프라이 버시를 지켜 심리적 안정감을 주면서도 주변 환경에 대한 태도에서부터 햇빛, 바람과 같은 자연환경에 대한 태도를 결정하는 중요한 요소로 작용한다. 즉 외부와의 반차단으로 은은하게 비쳐오는 햇빛, 자연의 소리, 달빛 등 자연의 변화로 인한 시간의 흐름을 느끼게 해주므로 자연과의 지속적인 교감이 가능하게 함으로 정서적인 안정감을 수게 된다.

무엇보다 창호는 전통 주거공간에서 자연과 일체가 되려는 의도를 첫 번째 조건인 개방성을 구체적으로 가능하게 하므로 열린 공간을 만든다. 특히 벽이 천정으로 올려지는 분합문인 들어열개는 개방성을 최대화하면서 직접적으로 바람과 빛인 자연요소를 실내로 유입한다. 평상시와 겨울철에는 벽의 역할도 가능하므로 계절의 변화에 따른 자연요소의 유입과 차단에 내 · 외부 온도 역시 변화하고, 변화하는 자연 속에서 인간의 몸도 자연과 통하여 육체가 건강할 수 있도록 해준다. 이에 들어열개는 전통 주거 건축만의 가장 독특한 창호 구성으로 물리적으로 통풍을 위한 가변성과 기능상의 개방성을 동시에 형성하면서 쾌적함의 유지는 물론공간의 활용도 면에서 매우 유용한 구조로 사용되었다. 즉, 자연의 순환 기능을 반영하여 자연을 최대한 공간에 담으면서 쾌적하고 건강한 공간을 형성하는데 도움을 주었다 할 수 있다.

전통 주거 건축에서 창호를 통한 자연의 도입은 편안하고 안정감으로 주는 심리적 기능이 포함되어 인간생활을 보다 풍요롭고 윤택하게 해주므로 공간 내부에 있는 사람의 정신적, 심리적 정서적 건강과 직결되는 중요성을 지니고 있다고 볼 수 있으므로 웰빙적 특성이 강하게 나타난다고 볼 수 있다.

| 내용미와 외형미의 조화 |

전통 주거건축에서 창호는 다 닫아도 바람소리, 풀벌레 소리, 빗소리가 들린다. 즉 서양 건축에서 문이나 창은 닫기만 하면 모든 자연요소가 차단되지만 우리의 창호는 물리적 차단이라기 보다는 정신적인 자난이라 할 수 있다. 특히 장지문은 종이와 띠살로 만들어 외계로부터 내방을, 또한 방과 방 사이를 정신적으로만 차단하고 있다. 즉 완벽한 차단이 아니라 그것을 차단으로 존중하는 사람에게만 차단으로 효력을 갖는 차단이므로 고도의 정신력을 필요로 하는 정신적 문이라 할 수 있다. 이러한 창호의 정신적 기능이 내용미라면 섬세하고 아름다운 문살은 외형미라 할 수 있다. 그러므로 웰빙에서 추구하는 아름다움을 추구하여 즐거움을 느끼고, 인간적 배려와 정신적 배려에 의해 존중을 표현하는 것에서 웰빙적 특성을 찾아 볼 수 있다.

| 다양한 창호에 의한 내용미와 외형미의 조화, 강릉 선교장 |

목재와 다양한 창살에 의한 외형미가 돋보이는 창호 구성으로 섬세하고 은은한 공간을 연출하고 있다.

| 햇빛조절과 쾌적한 공기환경 조성, 강릉 선교장 |

창호지를 통해 은은한 빛 유입으로 아늑한 실내공간을 형성하고 앞뒤 창호로 맞통풍이 가능하므로 여름철을 시원하게 보낼 수 있으며 쾌적한 실내공간을 만들고 있다.

기단

전통 주거 건축은 기단은 댓돌이라고 불리우며 상당히 발달하였다. 기단은 건물을 세우기 위해 지면에 흙이나 돌을 쌓아 단단하게 만들어 놓은 것으로 지하수나 빗물 등 습기가 집으로 올라오는 것을 막기 위해 기본적으로 구축된다. 보통 주거 건축에서는 기단의 넓이는 건물의 바닥면 보다는 넓지만 지붕 처마선보다는 안쪽에 놓이도록 배치된다.

기단은 구조적으로 온돌이 별도의 기초를 하지 않아도 온돌의 구들이 내려앉는 것을 기단에 의해 막고, 기둥을 거쳐 주춧돌을 통해 기단에 전달되는 지붕의 하중을 골고루 분산시켜 집이 기울거나 침하되는 것을 막아주는 역할을 하므로 필수적인 요소로 민가나 상류주택 모두 설치된다. 기단은 이렇게 집을 보호하기 위한 실용적인 목적으로도 설치되지만 미적요소로서 지붕면이 정면인 건축 의장 요소로서 매우 중요하였으며, 건물을 집터 보다 높게 보이게 하여 건물의 장중함과 위엄성 표출하는 상징적 기능을 수행하기도 한다. 또한 경계 인식요소로서 공간의 위계성을 표현하는 매개공간으로 사용되었다. 그리고 습기차단에 따른 쾌적한 실내를 조성하는데 간접적으로 영향을 주고 다양한 신체활동을 유발하여 거주자의 건강 활동을 도와주고 공간의 물리적 쾌적감을 높여 주므로 웰빙적 특성이 기단에서도 나타난다.

• 기단의 유형과 분류 •

기단은 집의 기본을 이루는 것으로 튼튼하고 안정감 있게 쌓아야 하며, 쌓는 방법과 재료에 따라, 단의 수에 따라, 층의 형태에 따라 여러 형태로 발전되어 여러 가지 표정 연출이 가능하다.

| 단을 쌓는 재료에 따라 |

토단(土壇), 전축(塼築)기단, 석축(石築)기단, 와적(瓦積)기단으로 분류된다.

토단은 기단의 원시적 형태로 일반 서민주택에서 많이 사용한다. 진흙을 다져 쌓아올리며 견고성을 위하여 작은 돌을 섞어 쌓거나 목심을 박아 쌓기도 한다.

전축기단은 벽돌로 만든 기단으로 흔하게 볼 수 있는 기단은 아니다.

석축기단은 장대석(長臺石)이나 판석(板石), 각석, 막돌 등의 석재를 사용하여 쌓은 기단으로, 기단 중 가장 많은 유형으로 다양하다. 이 중 장대석 기단은 높이가 30~40㎝ 정도 되는 긴 돌을 쌓아 만드는데, 기초에는 적심석을 다져 넣거나 하박석을 깐 뒤에 장대석을 쌓는다. 면은 정다듬이나 잔다듬을 하는 경우가 많고 모서리 부위는 단면을 노출시키기도 하지만, 고급스러운 방식으로 ㄱ자형 모서리 돌을 넣어서 마무리하기도 한다. 판석기단은 한옥에서 보다는 삼국시대 유적에서 많이 볼 수 있는데 지대석을 놓고 그 위에 판석을 세워 댄 뒤 그 위에 갑석을 둘러댄 것으로 판석의 두께가 두툼하고 뒤채움 잡석을 잘 넣어서 무너지지 않게 한다. 판석에 문양을 넣어 화려하고 장엄하게 한 것은 사찰건축에서 많이 사용된다. 각석 기단은 이괴석, 사고석, 견치석 등 비교적 면이 정사각형인 돌은 바른층 쌓기를 하는 것이 보통이다. 변이 거친 경우에는 쌓기가 용이한 마름모 쌓기를 하는 경우도 있지만 일반적이지 않다. 자연석을 이용한 막놀 기단은 24~25㎝정도의 돌을 그대로 쌓거나 일정 정도 면을 잡아서 쌓는다. 큰 덩어리 돌을 그렝이질해가면서 쌓기도 하지만, 주어진 자연석을 생긴 모양 그대로 서로 아귀가 잘 맞도록 쌓는데 폭넓게 사용되었으며 장대석 기단만큼 세련된 맛은 없지만 전통 주거건축의 자연스러움을 드러내는 중요한 기술로 볼 수 있다.

와적기단은 기와를 세우거나 또는 눕혀 쌓아서 마무리 한 기단을 말한다.

| 토단 |

| 장대석 기단 |

| 사고석 기단 |

| 단의 수에 따라 |

집을 지을 때 제일 먼저 터를 잡고 지경다지기나 회다짐을 하여 두둑하게 올리고 그 주변에 돌을 돌려 흙의 유실을 막는다. 이때 이 돌의 층을 단층으로 하여 한층이면 외벌대, 두층이면 두벌대, 세 층이면 세벌대라고 한다.

단층기단에서 외벌대는 높이와는 상관없이 단일 층으로 형성된 것으로 일반 서민 주택에서 대부분 사용되었다. 두벌대는 양반집에서 사용했고, 세벌대 이상은 왕족이나 권위 있는 건물에 사용되었다. 이를 죽담이라고도 하는데 높이와 사용하는 돌의 수준에 따라 집의 권위를 표현하였으며 한 집안에서도 위계에 따라 사용하는 돌과 구사하는 기술을 다르게 하였다.

반면 다층기단은 단수가 둘 이상이 되는 것으로 기단의 넓이가 넓어지며 한국 전통 건축에서는 드문 형식이다.

| 단층기단, 외벌대 |

| 단층기단, 두벌대 |

| 단층기단, 세벌대 |

| 마감 석재의 형태와 층의 형태에 따라 |

막돌허튼층쌓기, 막돌바른층쌓기, 다듬돌허튼층쌓기, 다듬돌바른층쌓기를 기본으로 하여 구분되는데 막돌허튼층쌓기는 크고 작은 막돌들을 수평줄눈을 맞추지 않고 쌓는 방법으로 주거 건축과 사찰건축에서 가장 많이 사용

| 막돌허튼층쌓기, 막돌 막쌓기 |

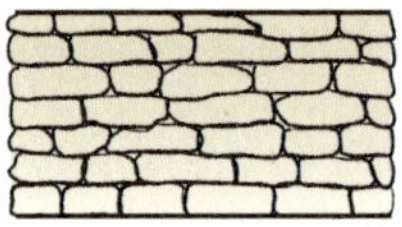

| 막돌바른층쌓기, 납작돌 수평줄눈쌓기 |

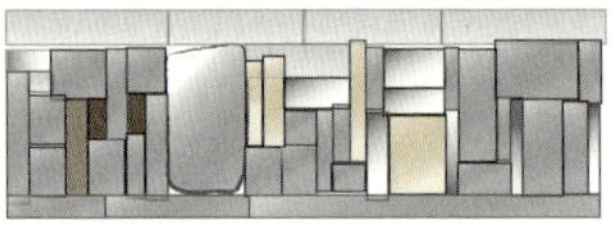

| 다듬돌 허튼층쌓기 |

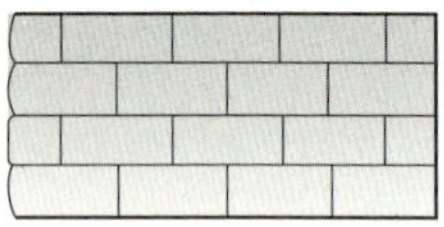

| 다듬돌 바른층쌓기, 마고석 쌓기 |

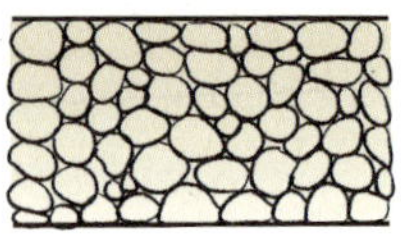

| 호박돌막쌓기 |

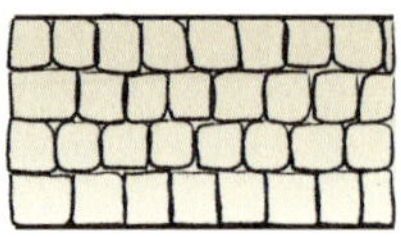

| 사고석 쌓기 |

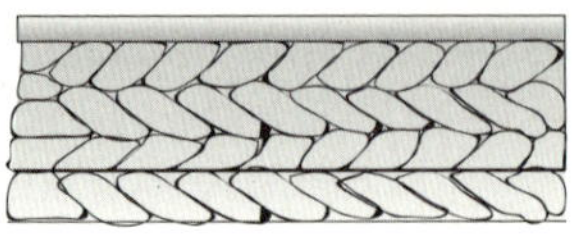

| 빗쌓기 |

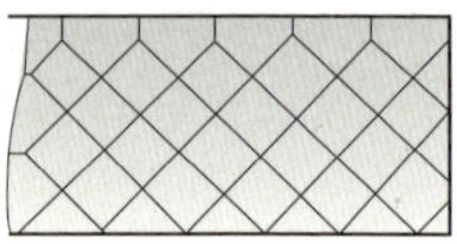

| 견치돌 빗쌓기 |

되었다. 막돌바른층쌓기는 막돌들을 층을 맞추어 쌓는 방법이다. 다듬돌허튼층쌓기는 다듬은 돌을 수평줄눈을 맞추지 않고 불규칙적으로 쌓는 방법이다. 다듬돌바른층쌓기는 다듬은 돌을 층을 맞추어 쌓는 방법이다. 이외에 개울돌인 호박돌을 이용하여 구성한 호박돌 막쌓기, 사고석 쌓기, 견치돌을 마른모 형태로 쌓는 견치돌 빗쌓기, 막돌을 이용하여 사선을 쌓는 빗쌓기, 장대석과 막돌을 혼합하여 쌓는 상하장대석막돌면석 쌓기 등이 있다.

| 쌓는 방법에 따라 |

기단돌을 차곡차곡 쌓는 적석식 기단과 기단에 석주(石柱)를 세우고, 이 석주 사이에 면석을 끼워 넣고 다시 갑석(甲石)을 덮어 마감하는 가구식 기단으로 구분된다. 특히 가구식 기단은 매우 고급스러운 기단으로 목조 가구를 짜듯이 구성한다는 점이 장대석 기단과는 다르다. 주로 고려 이전의 중요건물에서 볼 수 있다. 전통 주거 건축에서는 대부분의 적석식 기단을 사용하였다.

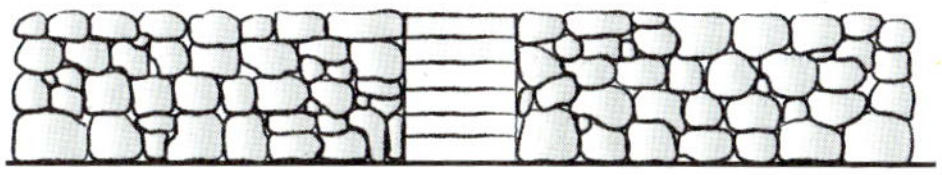

| 적석식 기단 |

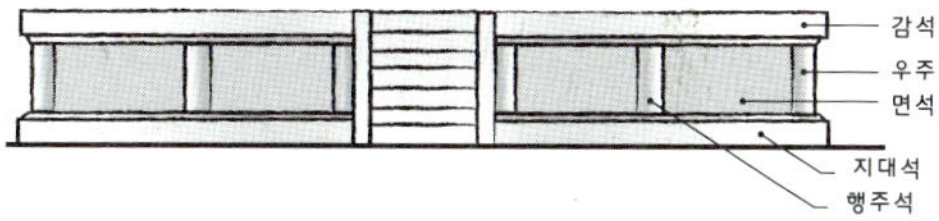

| 가구식 기단 |

• 기단 구성에서 웰빙 •

전통 주거 건축에서 기단은 초석으로 전달되는 건물의 하중을 받아 지반에 골고루 전달하기 위해 구조적, 기능적으로 필수적인 요소로 낮게는 30㎝부터 높게는 1.5m까지 다양하게 나타난다. 이러한 기능적 목적 외에도 기단이 가진 웰빙적 특성을 제시하면 다음과 같다.

| 습기와 온도로부터 건물 보호 |

기단의 가장 중요한 기능으로 땅으로부터 올라오는 습기와 지중을 통과하는 지하수 등으로부터 건물을 보호함으로 습기가 차지 않은 쾌적한 실내 공간을 조성한다.

| 외벽체 보호 |

집중호우가 특성인 우리나라에서 과거 특별한 배수 시설이 고려되지 않았던 당시로는 흙과 나무가 주재료이며 한지 등 물에 약한 재료가 외벽 재료가 되는 전통 주거의 특성상 지면으로부터 건물을 높여야 했다. 이에 기단을 조성하여 흙벽과 한지 창호가 튀는 빗물이나 지표면의 고인물로부터 피해를 최소화하는데 기단이 중요한 역할을 했다. 이에 기단에 의해 외벽체를 보호하므로 실질적으로 쾌적하고 안전한 실내를 제공하는데 일조한다고 볼 수 있다.

| 외부와 내부의 매개 공간 |

기단은 전통 주거 건축의 경계인식으로 외부공간과 내부공간의 경계에 있고 건물을 그 위에 앉혀 외부공간을 내부로 끌어들이면서 외부와 내부의 매개공간이 된다. 기단에 의한 고저 차는 건물의 외부와 내부의 영역을 구분해 주면서 한편으로는 두 공간을 자연스럽게 연결해 준다. 또한 돌을 사용하여 건물의 미적 효과를 높이면서 건물의 장중함과 위엄성을 표출해 준다.

| 공간의 위계성 |

전통 주거 건축은 각 공간에 다른 비중을 두어 그 차이를 바닥의 위계로서 배열했다. 이것은 남녀 또는 신분 계급이라는 구분도 있지만, 사용 공간의 중요도에 따라 그 위계를 표현하기도 했다. 보통 이러한 위계는 기본적으로는 자연지형에 따라 바닥 레벨에 변화를 주려고 했으며 평탄한 대지일 때는 기단의 높이로서 그 위계성을 표현했다. 보통 중요 건물은 기단을 높게 하여 안쪽에 있게 하는데 사랑채와 안채가 여기에 해당한다. 또한, 부속건물로서 비중이 낮은 공간은 기단 역시 낮게 하여 바깥쪽에 있게 하는데 하인들이 주로 사용하는 행랑채가 해당한다. 보통 기단의 높이와 건물의 권위가 비례하는데 기단으로 나타난 공간의 위계성은 다른 요소와 함께 그 효과를 극대화할 수 있다.

| 거주자의 신체적 건강 활동 유도 |

기단은 공간을 사용하기 위하여 오르내림하게 함으로 무릎을 굽히는 신체활동을 유도한다. 이는 생활 속에서 자연스럽게 운동 효과를 나타나게 함으로 건강한 신체 활동을 유도

| 외부와 배부의 매개공간으로서 기단, 영주 선비촌 |

막돌 바른 층 쌓기를 한 기단으로 자연석에 의한 자연미를 보여주면서 외부와 내부공간의 경계를 나타내면서도 앞의 행랑채보다 높게 함으로써 공간의 위계도 나타낸다.

| 공간의 위계를 나타내는 기단, 창덕궁 낙선재 |

높은 기단위에 올라선 건물일수록 위계가 높음을 뜻하는데 창덕궁의 낙선재의 안채 석복헌은'ㅁ자형' 중정형 구조의 안채로 큰 대청마루를 중심으로 양쪽에 행랑채가 연결되어 있는데 그 위계를 장대석 기단으로 보여 주면서 정갈한 미를 보여 주고 있다.

한다고 할 수 있다. 보통 기단은 사람 무릎 정도의 높이를 가지며. 마당에서 기단, 기단에서 툇마루, 툇마루에서 방으로 오르는 과정에서 그 높이가 모두 비슷하게 나타난다. 실내로 들어가기 위해서는 무릎을 여러 번 굽힘으로 다양한 몸동작이 일어나게 되는데 이러한 과정에서 운동 효과를 보게 된다. 반복되는 일상생활 속에서 자신도 모르게 움직이는 몸동작은 인체에 섬세한 반응능력으로 나타난다. 일차적으로 오르내림이 많은 기단에서는 관절을 많이 사용하게 되는데 관절 마디를 많이 쓰면 뇌에 적절한 자극을 주게 되고 더 나아가 스트레칭 효과와 혈액순환 등 물리적으로 인간 생활에 건강을 돕는다. 이러한 기단의 영향은 툇마루 등 전통 주거 건축의 다른 요소와 함께 함으로 그 효과가 배로 나타나게 된다.

주춧돌과 디딤돌

주춧돌은 기둥 밑에 기초로 받쳐 놓은 돌을 말하며 초석 또는 주초석이라고도 한다. 주춧돌은 건축물을 구축하기 위해 지하와 지상을 연결시켜 주는 매개 부재로 주요 역할은 기본적으로 기둥 밑에 놓여 기둥에 전달되는 지면의 습기가 기둥까지 올라가는 것을 차단해주고 기둥에 내려오는 하중을 지면에 효율적으로 전달해 주는 역할을 한다. 즉, 기둥이 물에 의해 썩는 것을 방지하고, 지붕의 무게를 받는 기둥이 지반에 내려앉지 않도록 하는 역할을 한다. 또한 건물의 세부적인 의장 요소서도 기능을 한다.

추춧돌을 기단 위에 놓을 때에는 그 놓는 자리에 적심(積心)을 만들고, 드물게 적심 위에 다소 두꺼운 석재를 놓은 다음 주춧돌을 놓기도 하는데, 이와 같이 적심 위에 주춧돌을 놓음으로써 보다 안정되게 한다. 적심은 지반에 작은 막돌을 깔고 다져 만든다. 그러므로 주춧돌이 다른 곳으로 이동되었다 하더라도, 적심의 중심 위치를 찾아 다른 주춧돌, 또는 적심들과의 관계에서 본래 건물 모습을 추정할 수도 있다.즉, 주춧돌은 돌로 된 만큼 그 위에 건립된 목조건축이 재화로 없어졌다 하더라도 토석만은 그 자리에 남게 된다. 따라서 주춧돌의 배열상태, 주춧돌간의 거리 등으로 당시의 건물모양을 추정할 수 있는 자료로서 의의를 지닌다.

• 주춧돌의 유형과 분류 •

주춧돌은 크게 세 가지로 나누어 볼 수 있다. 첫째 석재의 가공여부에 따라, 둘째 형태에 따라, 셋째 위치에 따라 세부 유형을 구분해 볼 수 있다.

석재의 가공여부에 따라

| 덤벙 주춧돌 (덤벙주초, 막돌초석) |

덤벙 주춧돌은 자연석을 가공하지 않고 생

긴 그대로 이용하여 초석으로 사용한 자연석 주춧돌이다. 막돌 초석, 덤벙 주초라고도 하는데 이는 들뜬 행동으로 일을 제대로 하지 못하고 덤벙거리는 형상에 온 이름이지만 인간적인 푸근함을 준다.

보통 산이나 개천에서 난 평평한 돌을 골라 쓰는데 요철이 심하지 않고 적당한 크기의 돌을 사용하는데, 모양이 둥글넓적하거나 원형이고 상면의 중간이 도드라지고 움푹한 곳이 없고, 밑면도 고임돌로 간단히 설치하여 안정될 수 있도록 편평한 것이 주로 사용되었다. 자연석 주춧돌은 기둥바깥으로 5~9㎝ 크게 되는 것을 사용하고, 지정다진 땅위에 바로 놓기도 하지만 판축, 입사 지정 또는 적심석을 넣고 다진 위에 설치한다. 주춧돌은 반듯하게 놓고 밑에 고임돌을 사용하고, 밑에는 모래나 잔돌을 빈틈없이 채워 넣어 확실하게 안정시킨다. 그리고 기둥 밑동을 초석에 맞도록 파내는 '그랭이질'을 하여 자연스럽게 기둥을 올려놓으며, 일반 서민주택이나 사찰 등의 건축에 가장 널리 이용되었다.

| 다듬 주춧돌(가공초석, 정평주초) |

자연에서 채취한 막돌을 가공하여 지상에 노출되는 부분을 정교하게 잘 다듬은 것을 말한다. 주로 전통 주거에서는 방형과 원형이 주로 사용되고 있으며 6각형, 8각형, 특수하게 연화문 등이 사용되고 있다. 가공법이나 모양도 거칠게 대강 다듬은 것과 정교하게 다듬은 것, 고막이 부분까지 돋친 것도 있다. 다듬 주춧돌의 모양새는 건물의 시대 · 종류 · 규모 · 지역에 따라 큰 차이를 보여 형태나 그 위치에 따라 시대의 추정이나 건물의 건립 연대를 어느 정도 가늠하는 것이 가능하다. 보통 삼국시대의 초석이 고려나 조선시대의 것보다 더욱 정교하게 가공되어 사용되었다.

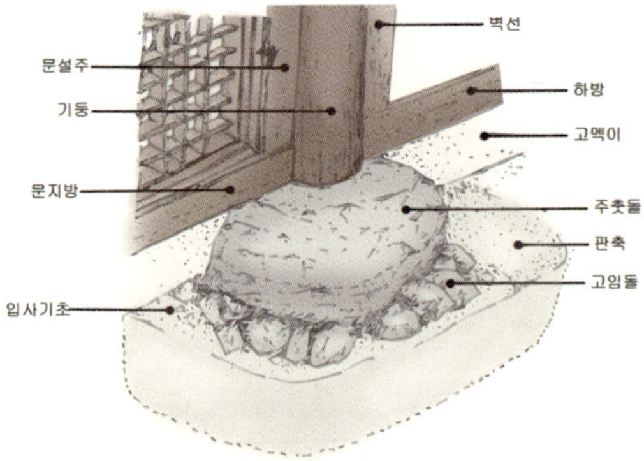

| 자연석 주춧돌 구성과 명칭 |

〈이미지 출처: 신영훈, 한국의 살림집, 열화당, 1989, 재구성 〉

| 자연석 주춧돌, 영주 선비촌 |

| 다듬 주춧돌, 원형 주춧돌 |

| 다듬 주춧돌, 방형 주춧돌 |

주춧돌 형태에 따라

| 일반 다듬 주춧돌 |

다듬 주춧돌은 형태에 따라 자세히 구분해 보면 원형, 사각(방형), 6각형, 8각형, 사발을 엎어놓은 모양의 복발형(覆鉢形), 북모양의 고복형(鼓腹形), 연화문양(蓮花紋樣) 초석 등이 있다. 이 중에 원형과 방형은 가장 일반적으로 전통주거에서 흔히 볼 수있으나 나머지 다각형과 이형의 주춧돌은 아주 드물다.

보통 원기둥에는 둥근 주춧돌을 각기둥은 사각(방형) 주춧돌을 사용하지만 간혹 원기둥에 방형 주춧돌을 사용하기도 한다. 가장 상부면인 주좌는 기둥보다 30~60㎝ 크게 만들고, 사각기둥을 사각 주춧돌에 세울 경우에는 기둥이 돌아 갈 것을 대비하여 크게 만든다.

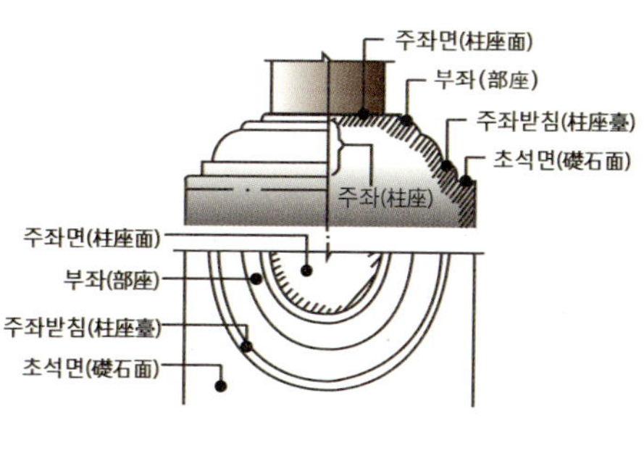

| 형태에 따른 주춧돌 |

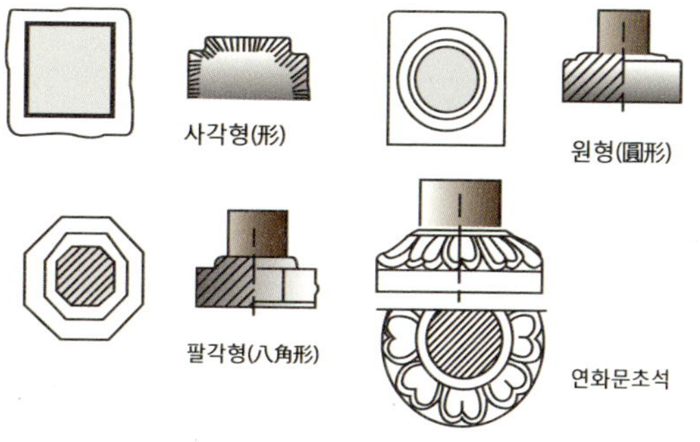

| 원형 주춧돌의 구조 상세 |

〈이미지 출처: 전통역사 의장 연구실 http://uriculture.com, 한옥의 구성요소, 재구성 〉

| 높은 주춧돌(긴주출돌) |

높은 주춧돌 또는 긴 주춧돌이라 불리는 추춧돌은 활주 추춧돌이 높아진 것으로 누마루나 다락마루에 사용되는 누하주에 사용되는 주춧돌을 말한다. 이는 주춧돌을 높게 써서 안정감을 보이게 하고, 지붕낙수로 인한 습기의 피해, 즉 마루 밑이 습기가 차는 것을 막기 위해 보통 주춧돌보다 높게 만든 주춧돌이다. 대개 단면은 각형, 팔각형, 원형 등으로 하고 높이는 2- 4자, 보통 3자 정도로 한다.

주춧돌의 형태에 따라 원주형과 방주형 주춧돌로 나누어진다. 원주형은 둥근 돌기둥으로 누(樓)건축에 가장 많이 사용되었으며, 초석 자체를 민흘림기둥으로 하고 밑동을 넓적하게 하여 안정감을 준다. 방주형은 네모진 돌기둥으로 다시 단주형(短柱形)과 장주형(長柱形) 주춧돌로 구분되는데 단주형은 나지막하게 네모진 돌을 세운 것으로 궁궐이나 일반 상류 주택에 사용되고, 장주형은 높게 만든 네모진 주춧돌로 사랑채의 누마루나 정자 등에 주로 사용되었다.

| 팔각형 주춧돌 |

| 누하주 장주형 주춧돌, 사각형 장주초석 |

| 누하주 장주형 주춧돌, 팔각형 장주초석 |

주춧돌 위치에 따라

주춧돌 위치에 따른 분류는 건축구조상의 평면형태에 의해 결정되는 기둥의 위치와 관련되며 크게 세 가지로 나누어 볼 수 있다. 건물 외곽을 둘러싸고 있는 외진주 주춧돌과 건물 내부의 내진주 주춧돌 및 이에 속하지 않는 기타 주춧돌로 분류된다.

| 외진주 주춧돌 |

외진부에 위치한 주출돌로 외주평주, 외진우주, 외진퇴주 주춧돌로 세분되고 평주는 건물의 정면과 측면, 배면의 주춧돌로 나눌 수 있다. 외진우주 주춧돌도 정면과 배면의 우주 주춧돌로 나뉜다. 외진퇴주 주춧돌은 퇴칸이 달린 건물에서만 볼 수 있으며 퇴평주, 퇴우주 주출돌로 분류된다.

| 내진주 주춧돌 |

내진부에 위치한 주춧돌이다. 소규모 건물에는 보이지 않으며 건물 평면이 넓은 경우에 주로 사용된다.

| 동자주 주춧돌 |

활주(活柱) 주춧돌이라고도 하며 추녀가 길면 처짐을 방지하기 위해 세우게 된다. 기단의 모서리에 설치하는데 가공하여 사용하는 경우가 많고 규모가 큰 건물에서 흔히 볼 수 있으며, 기본 주춧돌과 달리 모양이나 높이가 다양한데 팔각, 연화문, 원형 등 모양을 내어 사용한 것이 많다.

| 기타 주춧돌 |

외진주와 내진주, 동자주 주춧돌 이외의 주춧돌이다.

동자석(童子石)

건물 내부에 청판을 깔 경우 사용되는 동바리나 동귀틀, 장귀틀, 멍에 등 짧은 기둥을 받치는 작은 주춧돌로 동바리돌이라고도 한다. 마루 바닥의 하중을 받는 석재로 호박돌이라고 부르는 자연석이 주로 이용된다. 건물 외부에 난간을 부설할 때에도 난간 동자주 밑둥을 받치는 데에 이용되는데 청판 밑을 고일 때와 같이 자연석을 사용하지 않고 가공하여 사용하는 경우도 있다.

활주(活柱) 주춧돌

지붕의 추녀 부분의 하중을 받는 기둥인 활주를 받치는 추춧돌로 기단부에 설치되는 석재를 말한다. 주로 가공하여 사용하는 경우가 많고 규모가 큰 건물에서 볼 수 있다.

수중(水中) 주춧돌

수중에 주춧돌을 설치하는 경우로 누각이나 정자 건물에서 볼 수 있는 주춧돌로 창덕궁 후원의 부용정, 관람정, 존덕정, 애련정 등에서 그 예를 찾을 수 있다.

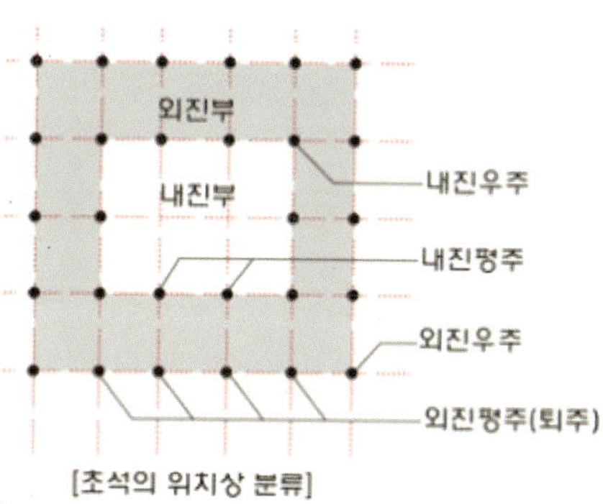

| 주춧돌의 위치상 분류 |

| 원주형 주춧돌과 활주 주춧돌 |

| 수중 주춧돌, 창덕궁 관람정 |

쇠시리 주춧돌

모서리 또는 면을 오목하게나 불룩하게 쇠시리하여 깎아 만든 주춧돌이다. 연화판이나 초새김하여 돌린 것이 있다.

지대석

기둥 주춧돌과 같이 상부의 하중을 직접 받지는 않으나 기둥 주춧돌의 수평이동을 방지하고 주벽선의 하중과 기둥과 기둥 사이를 연결시키고 있는 하방을 보강하는 역할을 한다.

신방석(信枋石)

지대석과 같은 역할을 하는데 문선주와 일각문 등의 기둥 하단을 받치고 있는 기초석이다.

• 디딤돌의 구성 •

기단 위에 조금 높은 기단이나 마루에 오르내리기 편리하도록 한두 단 높이로 놓은 돌을 디딤돌(步石)이라 하고 긴 돌로 만든 것을 장보석(長步石)이라 한다. 또한 기단에 오르내리는 것은 섬돌이라 한다.

디딤돌은 마루 아래, 뒷마루 아래, 뜰에서 마루로 오르내리기 편리함을 목적으로 기단에서 한단을 높인 받침목인 셈이다. 또한 전통 사례에서 많지는 않지만 간혹 비오는 날 질퍽해진 흙에 발이 빠지지 않도록 마당을 가로지르는 디딤판으로 놓기도 한다. 주로 자연석을 그대로 많이 사용하나, 기단이 다듬돌일 경우 같이 다듬돌을 사용하고, 나무를 사용하여 디딤목이 놓이기도 한다. 간혹 흙과 돌을 사용하여 만들고 나무를 올려놓는 경우도 있다.

| 자연석 디딤돌, 영주 선비촌 |

| 다듬돌 디딤돌, 한국 민속촌 |

| 디딤판 디딤돌, 북촌 청원산방 |

• 주춧돌과 디딤돌 구성에서 웰빙 •

| 건물의 구조와 보호를 통해 쾌적함을 주는 요소 |

주춧돌과 디딤돌은 얼핏 보면 굳이 없어도 되는 요소로 보이나 세밀히 살펴보면 우리 전통주거에서는 없어서는 안 되는 중요한 요소이다. 특히 주춧돌은 건축물의 구조를 더욱 단단하게 해주는 주요 요소로 지하와 지상을 연결시켜 주는 매개 부재로 기둥을 통해 전달된 상부 하중을 지반으로 전달해 주면서 지면의 습기로부터 기둥뿌리를 보호해준다. 기둥을 보호함으로 건물의 수명을 연장시켜주면서 거주자에게는 쾌적함을 준다.

디딤돌은 구조 보다는 인간적 측면에서 사용상 편리함을 주는 요소로 집안으로 들어가기 전 외부와의 내부와의 매개적 공간이면서 비오는 날은 특히 쾌적감을 높여 주는 요소로 작용한다.

| 자연을 담아 넉넉함을 살리는 요소 |

주춧돌과 디딤돌은 대부분 돌과 흙으로 대부분 만든다. 특히 가공하지 않아 크기와 모양이 다른 자연석을 사용한 덤벙 주초는 자연을 그대로 건물로 끌어들인 자연성의 극치를 보여 준다. 그리고 정제되고 잘 다듬어진 목재 기둥과 마루, 창호와 조화를 이루면서 여유와 넉넉함을 주는 요소로 작용한다. 간혹 흙과 돌로 만들고 통나무를 잘라 올려놓은 디딤돌에서는 세월을 느끼게 함으로 고즈넉한 자연미를 선사한다. 이에 자연을 담아 넉넉함과 여유를 주는 주춧돌과 디딤돌에서는 정신적 여유를 선사 한다고 볼 수 있다.

| 주춧돌과 디딤돌, 영주 선비촌 |

각기 다른 모양과 크기의 자연석으로 이루어진 주춧돌과 디딤돌은 삶의 여유와 넉넉함을 살리는 대표적 요소이다.

| 디딤돌, 영주 선비촌 |

ㅁ자형 주택 마당 가운데 커다란 자연석 주춧돌로 자연미를 선사하면서도 비오는 날 디딤판 역할로 쾌적함을 주고 있다.

기둥

기둥은 주춧돌위에 세워지는 나무로 지붕의 하중을 받아서 주춧돌에 전달하는 수직 구조물이며, 건축 공간을 형성하는 기본뼈대가 되므로 내부공간을 만들기 위해서는 반드시 있어야 한다. 귀틀집이나 토담집을 제외한 모든 전통집에는 기둥이 사용되었는데 그 만큼 기둥은 대들보와 함께 목조 건축에서 가장 중요한 구조재라 할 수 있다. 기둥과 기둥 사이에 문을 달거나 창호를 달아 외부공간과 내부공간을 구분하기도 하고, 내부공간에서는 기둥 사이를 막아 벽이나 문을 달아 각각 기능을 구분하는 역할도 한다. 대들보가 수평력을 받는 부재라면 기둥은 수직력을 받는 부재라 할 수 있다. 이러한 기둥을 견고하게 세우기 위해서는 주춧돌과의 접합이 빈틈없이 이루어져야 하고, 수직이 되도록 반듯하게 세워야하며, 원래 목재가 자라던 방향과 일치하도록 기둥을 세워야 기둥의 비틀림이나 갈라짐을 줄일 수 있다. 기둥에 사용된 목재는 초가집은 밤나무가 많이 사용되고 한옥에서는 침엽수의 통나무를 사용하였다. 이는 침엽수는 시간이 지나면 폭은 주나 세로로는 수축하질 않는 특성 때문이다.

• 기둥의 유형과 분류 •

기둥은 단면이나 입면의 모양, 그리고 위치나 높이와 같이 쓰임에 따라 불리는 이름이 다양하다.

단면 형태에 따라

| 원기둥(두리기둥) |

원기둥은 원주(圓柱) 또는 두리기둥으로 불리며 전통건축에서 가장 많이 사용된다. 주로 궁이나 절 등 큰 건물에서 사용되는 경우가 많았고 조선시대 주택에서는 원형기둥을 사용하지 못하도록 법적으로 금했다. 그러나 조선후기에는 주택에서도 상당수 원형기둥을 사용하게 되었다. 음양이론에 근거해 원형을 양인 남성으로 생각하여 주로 사랑채에서 사용하였다. 원기둥의 입면 형태는 대부분 직립주, 큰 건물에서는 주로 배흘림기둥이 사용되었다.

| 사각기둥(방주기둥, 사모기둥) |

각기둥의 하나로 사각기둥은 네모기둥으로 단면이 직사각형이나 정방형으로 된 기둥으로 원기둥보가 격이 낮은 것으로 생각되어 작은 건물이나 일반 주택에서 주로 사용되었으며 궁궐건축에서는 정전이나 중요 내전을 제외한 부속 전각에 많이 사용되었다.

| 다각형 기둥 |

각기둥 중 다각기둥은 단면이 정6각형으로 된 육모기둥과 단면이 정팔각형으로 된 팔모기둥이 제일 많이 사용되었는데 이들은 정자와 같은 비일상적 특수건물에 많이 사용되었다.

| 도랑주 |

자연목의 껍질만 벗기고 거칠게 다듬어 만든 기둥으로 자연목에 가까운 나무 기둥으로 자연을 그대로 담아 원형에 가까운 원목을 세운 듯한 기둥을 말한다. 조선시대 후기 자연주의 사상에 힘입어 살림집이나 사찰에서 사용되었다.

| 원기둥, 영주 선비촌 |

| 사각기둥, 민씨 생가 |

| 도랑주, 화엄사 구층암 |

입면 형태에 따라

기둥의 입면에 따른 세부 명칭은 상중하로 나누어 윗부분을 기둥머리, 중간을 몸통(기둥몸) 혹은 기둥허리, 밑 부분을 밑동 혹은 기둥뿌리라고 부른다. 기둥 머리와 몸통, 밑동의 크기가 모두 같은 형태를 직립주라 하고, 각 부분의 크기가 다른 기둥을 흘림기둥이라 하는데 흘림기둥에는 민흘림 기둥과 배흘림 기둥이 있다.

| 직립주(원통형 기둥) |

기둥머리와 기둥뿌리의 직경이 같은 기둥을 말한다. 주로 착시 현상을 일으키지 않는 벽체가 형성되는 기둥에 사용되는데 궁궐과 사찰의 부속채, 살림집 등 크지 않은 건물에서 많이 사용되었다.

| 민흘림 기둥 |

기둥머리 지름보다 기둥뿌리의 지름이 큰

| 직립주 |

| 민흘림 기둥 |

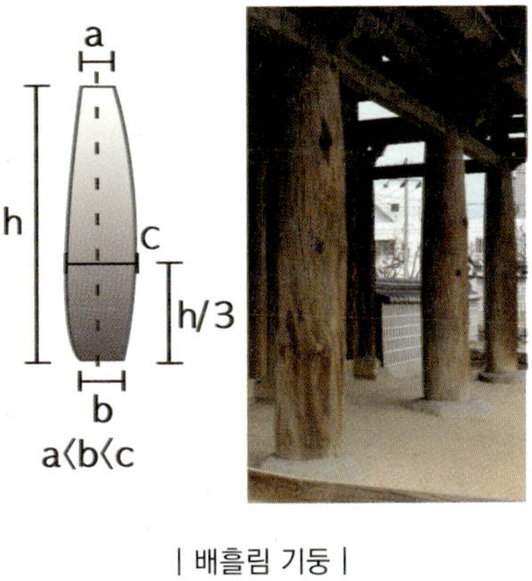

| 배흘림 기둥 |

기둥을 말한다. 착시 교정과 안정감을 주기 위한 방편으로 지름이 줄어드는 비율은 길이에 따라 일정하지 않다.

| 배흘림 기둥 |

기둥부리부터 1/3지점에서 직경이 가장 크고 위와 아래로 갈수록 직경이 줄어들면서 만들어진 기둥을 말한다. 배흘림 기둥은 고려시대를 거쳐 조선시대 초기까지 이어졌으며, 동서양을 막론하고 공통적으로 사용되어 온 기둥 형식이다. 서양에서는 그리스와 로마 신전 건물에서도 사용된 기둥으로 엔타시스라고 한다. 이는 가운데 기둥이 얇아 보이는 착시에 대한 교정과 시각적인 안정감을 주기 위해 사용되는 기둥이다.

위치에 따라

기둥은 위치에 따라 모서리에 있는 기둥을 귓기둥(모서리 기둥)이라 하고 이 부분을 우주라고 부른다. 공간 위치에서 바깥쪽의 기둥 중 우주를 제외한 기둥을 외진기둥(외진주) 또는 변두리기둥이라 하고 안쪽의 기둥을 내진기둥(내진주) 또는 안두리 기둥이라 한다. 그 외에 처마기둥, 회첨기둥, 툇기둥(퇴주), 수장기둥 등이 있다.

| 귓기둥(모서리 기둥) |

건물의 모서리나 구석에 세운 기둥으로 통상적으로 우주라 불린다. 귓기둥은 건물의 모서리 추녀 쪽에 놓여 많은 하중을 받으므로 평주 보다 굵게 만들고 기둥도 높다. 보통 평주가 7척 정도라면 귓기둥은 8척 반 정도 길게 한다. 이는 한옥의 특징인 처마선을 쳐서 보이지 않도록 하기 위한 기법으로 이를 '귀솟음'이라 한다.

| 외진기둥(外陣柱, 변두리 기둥) |

외진기둥은 외진 칸에 위치한 기둥으로 건축공간을 형성하는 기본 축부(軸部)로 건축물 구축의 근간이 된다. 건물의 외벽 변두리에 돌리어 세운 기둥을 말한다. 외진기둥은 다시 평주와 우주(귓기둥), 퇴주로 세분되고 평주는 건물의 정면과 측면, 배면의 기둥으로 나눌 수 있다. 툇간이 부설될 때는 퇴주도 외진기둥에 속한다. 즉 툇칸이 달린 건물에서만 볼 수 있는 기둥이다. 퇴주는 물림간의 바깥쪽에 서는 기둥으로 평주보다 낮게 구성된다.

| 내진기둥(內陣柱, 인두리 기둥) |

내진기둥은 한 건물에 기둥 열이 내외 2중으로 둘리어 내진 칸에 위치한 기둥으로 소규모 건물에는 보이지 않으며 건물 평면이 넓고 건물이 높을 경우에 주로 사용된다. 내진기둥은 바깥벽 또는 외진기둥 내부에 있는 기둥으로 고주와 짧은 기둥 · 옥심기둥(屋心柱)으로 분류된다. 여기서 옥심기둥은 탑 · 정자 · 누각 등 한복판에 세운 기둥을 말한다.

| 회첨기둥 |

회첨기둥은 ㄱ자 평면의 안귀를 회첨이라 하는데 여기에 세우는 기둥을 회첨기둥이라 한다. 회첨 구석에 있는 기둥인 회첨기둥은 이웃하는 양면에 도리와 도리, 다른 양면에는 보가 오는 것이 보통이다.

| 처마기둥 |

처마를 받치는 기둥으로 변두리 기둥 바깥에 마루를 놓거나 차일을 치고자 임시적으로 세운 기둥을 말한다.

| 수장기둥 |

목구조의 기둥이 노출되어 치장으로 된 것으로 표면에 드러내어 치장하는 기둥을 말한다.

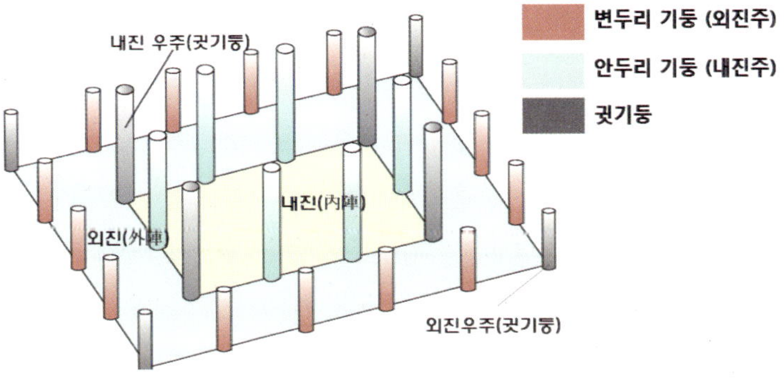

| 위치에 따른 기둥 명칭 개념도 |

| 처마기둥과 외진기둥, 용인 민속촌 |

높이에 따라

| 평주(평기둥) |

기둥이 한 층 높이로 된 기둥을 말한다.

| 고주 |

한 층에서 일반 높이의 평주(평기둥)보다 높아 솟을지붕이나 동자주를 겸하는 기둥으로 평고주, 귀고주, 심고주가 있다. 평고주(平高柱)는 건물의 내부 주열면에 세운 일반 고주로 중도리 고주라고도 한다. 귀고주(隅高柱)는 중층 건물의 하중을 내진주의 모서리에 세운 기둥으로 상층 귓기둥으로 연장되거나, 상층 기둥을 받게 된다. 심고주(心高柱)는 건물의 간 사이의 중앙에 세운 높은 기둥을 말한다.

| 활주 |

추녀뿌리를 받친 기둥으로 추녀가 쳐지지 않게 추녀의 하중을 받아내기 위한 보조기둥이다. 지붕의 네 모서리에 세워져 지붕의 무게

를 받치는 기능을 하며 단면은 원형 또는 팔각형이 많다.

• 기둥 구성에서 웰빙 •

| 자연의 원리를 담고 있는 기둥 |

기둥은 예로부터 '용솟음', '통일', '집중'으로 표현되는데 '용솟음'은 봄을 나타내며 남자를 상징하여 오행으로는 목(木), 음양으로는 양(陽)에 해당되어 건축에서 중요한 상징성을 지니고 있다. 또한 예로 우리 옛집은 새를 상징적으로 담아내고 있는데 지붕 용마루는 새의 머리와 꼬리를, 지붕 끝은 새의 날개를 의미하며, 기둥은 새의 다리를 의미하며 초석은 새의 발로 표현되고 있다. 이러한 상징 속에도 기둥은 전체를 지탱하는 다리에 해당되어 건축 구조에서 중요함을 나타내고 있다.

| 자연의 섭리에 순종하는 섭리를 담고 있는 기둥 |

기둥을 세울 때 기둥은 그 나무가 자란 방위와 방향을 그대로 써야 한다. 나무가 자라는 방위는 나이테로 체크하는데 남쪽이 간격이 넓고 북쪽이 좁으므로 이에 따른 방향을 맞추고, 뿌리 쪽은 아래로 가지 쪽은 위로가게 세워야한다. 자라는 방향은 나무의 옹이 방향으로 알 수 있는데 옹이가 위로가게 세워야 한다. 이를 어길 경우에는 기둥이 틀어지고 변형이 생기므로 기둥을 세울 때도 자연의 섭리에 순종하여 세워야한다. 그러므로 나무가 자라던 모습과 자랄 때의 특성을 파악하여 자연의 섭리에 순응하도로 기둥을 세워야 자연과의 일체를 통하여 기둥이 오래가고 튼튼해지므로 건축물의 수명도 길어진다. 이와 같이 우리의 옛집과 건축에서 기둥은 자연의 섭리를 철저하게 지키는 중요한 구조재이다.

| 자연의 멋스러움을 담아내는 기둥 |

기둥 중에서도 자연을 그대로 담은 도랑주는 어느 나라에서도 볼 수 없는 건축 기법이다. 원목의 껍질만 벗겨 거칠게 다듬어 자연목을 그대로 옮겨 놓은 기둥으로 우리 선조들의 자연주의 사상 즉 전통 웰빙 사상을 그대로 표현하는 대표적인 사례라 할 수 있다. 이는 보는 사람으로 하여금 자연스러운 멋에 의한 새로운 즐거움과 미를 선사하고 자연에 대한 겸허함을 느끼게 해주며 천연덕스러운 여유를 선사함으로 마음의 평안함을 준다.

| 착시의 교정을 통하여 시각적 안정감으로 조형적 아름다움을 주는 기둥 |

우리의 옛집과 건축에서는 기둥에서 착시를 교정하기 위한 3가지 기법이 사용됨으로 착시에 의한 건축의 불안하고 보기에 불편한 요소를 교정해 줌으로 전체적인 건축의 안정감을 주고 나아가 자연스러운 의장적 아름다움을 선사한다.

첫 번째는 안쏠림 기법으로 오금법이라고도

하는데 기둥머리를 건물안쪽으로 약간씩 기울여 주는 것을 의미한다. 이는 사람이 건물을 바라 볼 때 투시에 의하여 모서리 기둥이 건물 바깥쪽으로 기울어져 보이는 착시 현상을 교정하기 위한 기법이다. 또한 상부의 하중이 밖으로 퍼져나가 건물이 파괴되는 것을 방지하는 구실을 하며, 건물이 오랫동안 단단하게 유지되는 효과가 있다.

두 번째는 귀솟음 기법으로 건물 입면 상에서 기둥의 높이가 가운데 기둥이 제일 낮고 양쪽 추녀 쪽으로 갈수록 약간씩 높게 함으로써 지붕 양쪽 모서리 추녀 부분을 중앙보다 치솟게 하여 처마 곡선과 용마루를 연출하는 기법이다. 이와 같이 만드는 이유는 건물을 앞에서 바라볼 때 원근의 차이에 의하여 일어나는 시각의 오차를 없애고 건물이 수평으로 보이게 하는 의장적인 효과가 있다. 이 기법을 쓰지 않을 때는 착시현상으로 인해 기둥이 양쪽 끝으로 갈수록 차차 얕아 보이게 되며 결국 집 전체가 양쪽으로 쳐져 보이게 된다.

세 번째는 배흘림 기법으로 모든 기둥에 사용된 것은 아니지만 규모가 있는 건축에는 사용된 기법으로 평행한 수지 기둥의 중앙부가 가늘어 보이는 착시현상을 교정하기 위해 기둥 중앙부의 지름을 약간 두껍게 하는 기법이다.

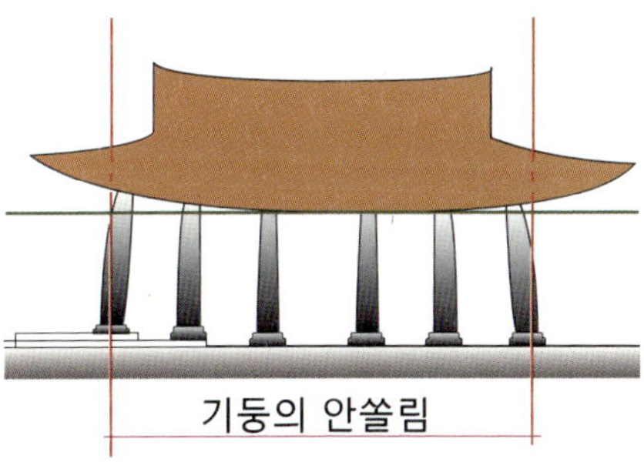

| 안쏠림 기법 개념도 |

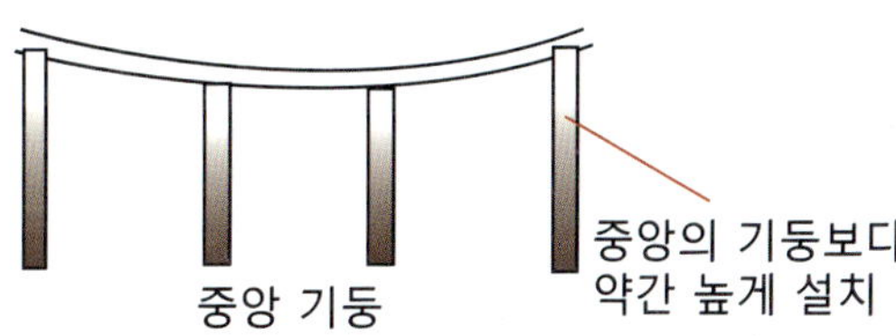

| 귀솟음 기법 개념도 |

이와 같이 우리 선조들은 건축의 기둥에서도 자연을 담고 자연의 원리를 이용하여 구조적인 안정성을 높이고 여기에 사람을 신체적 특성인 시각적 착시효과를 배려함으로 시각적 안정감을 추구하고, 나아가 자연미와 비례미로 미를 추구함으로 시각적 즐거움과 동시에 정신적 풍요로움과 안정감을 선사함으로 웰빙을 추구하고 있다고 볼 수 있다.

난간

난간은 전통 주거 건축에서 지면보다 높은 누마루, 툇마루, 계단, 회랑의 가장 자리나 정자나 누각의 가장 자리를 막아주기 위해 덧댄 구조물로 바닥으로 떨어지는 것을 막아 주면서 내부와 외부를 연결시켜 준다. 난간은 떨어지는 위험을 방지도 하지만 다양한 살과 형태로 건물의 격을 높이고 입면을 더욱 멋지게 만든다. 난간에서 집의 격이 나타나며 우리 조상들의 멋과 풍류, 웰빙 마인드가 숨어 있다.

• 난간의 유형과 분류 •

난간은 재료에 따라, 두른 장소에 따라, 모양이나 형태에 따라 구분을 하고 있다. 우선 재료에 따라서는 목조 난간과 석조 난간으로 크게 구분되는데 대부분 전통 주거 건축에서는 목조 난간으로 누(樓), 정자(亭子), 툇마루 등에 보편적으로 설치되었다. 석조 난간은 석계 난간과 석교 난간 있으며 주거 건축보다는 궁궐 정전(政殿)의 기단이나 돌다리에서 사용되고 있다. 이에 목조 난간을 중심으로 난간의 유형과 종류를 살펴보고자 한다.

목조 난간의 구조는 기본적으로 엄지기둥, 난간동자, 띠장, 두겁대 등으로 구성된다.

두른 장소에 따라

누마루에 두른 난간은 누란(樓欄)이라 하며, 기둥 바깥쪽 툇마루에 두른 것은 헌함(軒檻), 회랑(回廊)에 두른 것을 회랑난간, 계단 옆에 있는 것을 계단난간이라 한다. 이외에 보좌, 불단의 주위에 두른 난간을 보란(寶欄)이라 한다. 전통 주거에서는 누나 정자를 제외하고는 사랑채, 안채, 별채 등에 사용되는데, 안채보다는 사랑채에 설치되는 경우가 더 많고 사랑채의 난간 모양이 더 화려한 장식적 구성을 하고 있다.

모양이나 형태에 따라

목조난간은 난간두겁대의 모양에 따라 평난간과 곡난간으로 의장적 수법에 의하면 평난간과 계자난간으로 구분된다.

| 평난간(平欄干) |

평난간은 난간을 설치하고자 하는 부위에 중방에 수직으로 엄지기둥, 난간동자를 세우고 난간동자 위에 띠장과 하엽을 둔 후 두겁대를 수평으로 설치한 난간을 말한다. 평난간은 거의 사각 단면이며, 두겁대만이 사각과 원형의 단면을 이루고, 궁창부를 단일 층으로 하고 살 짜임과 안상형(眼象形) 가운데 어느 하나만을 넣은 것이 특징이다. 평난간은 궁창부의 의장 수법에 따라 머름형, 교란, 안상형, 기타로 구분된다. 그리고 두겁대 받침부의 의장에서 변화를 주는데 받침 없는 것과 기둥형, 호로병형, 하엽형 등이 있다.

머름형

난간의 궁창부 형태를 머름판(遠音板)을 짜고 머름중방(遠音中枋) 위에 동자기둥으로 받친 난간을 의미한다. 즉 머름대를 난간으로 활용하는 난간으로 머름궁창 난간이라고도 한다.

교란(交欄)

교란은 궁창부에 궁찬판 없이 살을 짜서 끼워 장식한 난간을 교란이라 하는데 창호의 창살 무늬인 '亞' 자살, '卍' 자살을 넣어 아자교란, 완자교란, 빗살교란 등이 있다. 교란은 아래쪽에 궁창판을 두고 위에 살을 짜서 넣은 것과 살로만 짜서 넣은 것이 있고 위쪽에는 하엽, 동물상, 호로병, 소로 등을 받쳐서 난간의 두겁대를 대고 이에 따라 장식성이 달라진다.

안상(眼象)형

평난간의 궁창부를 운기문이나 여의두문의 안상의 형태로 뚫은 판으로 메운 것을 안상형 난간이라 한다.

기타

궁창부를 비워두거나 장식이 없는 궁판 널을 끼워 넣거나 안상을 새긴 판을 끼워 넣는 형이나 난간을 중층으로 하여 윗 층은 교란으로 아래 층은 궁창판에 조각을 하거나 윗 층을 비워두고 아래층은 궁판으로 막아 놓는 등 구조의 변화를 준 형태들이 있다.

| 계자난간(鷄子欄干) |

계자난간은 조선시대 가장 널리 쓰이던 난간으로 난간대를 계자각, 또는 계자 다리라고 하는 부재가 지지하고 있는 난간을 말한다. 즉 난간 동자주를 두꺼운 판재를 이용하여 휘어지게 깎고 초각을 첨가한 것으로 닭의 다리 모

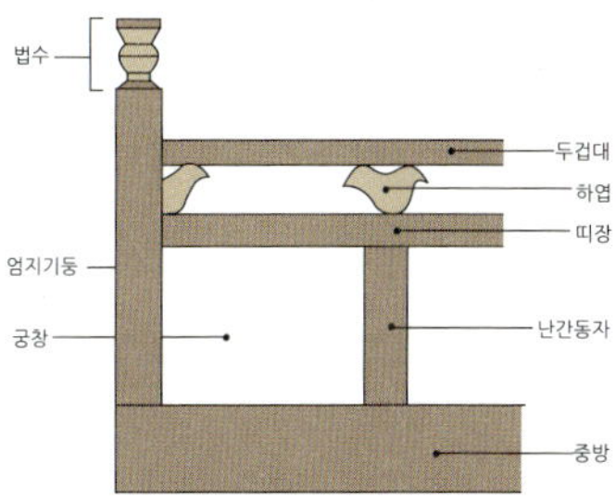

| 평난간의 구조 개념도 |

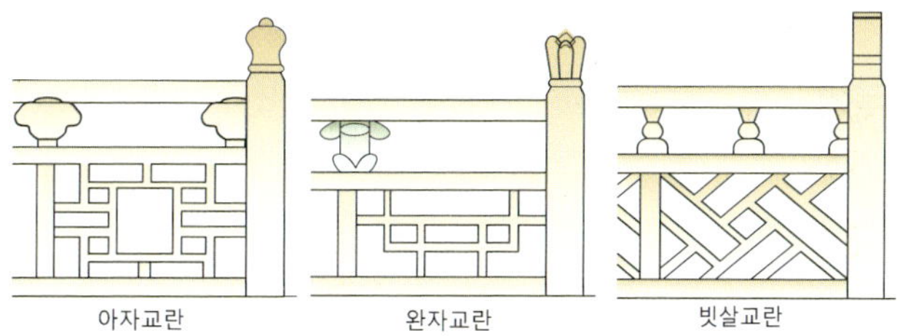

| 교란의 종류 |

| 머름형 난간 |

| 아자 교란 |

| 완자 교란 |

양을 닮아서 계자각이라 한다. 기본 구조는 귀틀 위에 하인방을 대고 계자각을 세우고 이 계자각 끝에 하엽을 직접 붙인 후 다시 하엽 위에 난간두겁대를 수평으로 보낸 난간이다. 이에 계자다리는 측면에서 보면 선반의 까치발처럼 위로 갈수록 밖으로 튀어 나왔기 때문에 난간두겁대가 난간 밖으로 약간 튀어나와 마루의 끝보다 돌출되게 된다.

주거에 사용된 난간에서는 엄지기둥의 장식은 거의 없고, 궁창부의 안상이 여러 가지 다양한 구름모양과 여의 문양으로 표현되고, 두겁대를 받치고 있는 받침부는 하엽이나 호리병 모양, 삼각형 문양을 목재 자체에 직접 조각하여 사용하였다. 하엽의 형태도 난간의 크기나 계자각의 분위기에 맞추어 조각된 모양이 다양하다.

계자난간은 궁창부의 문양에 따라 안상형과 문양이 없이 궁판만 끼워 넣는 궁판널형으로 구분된다.

안상(眼象)형

계자난간의 궁창부를 운기문이나 여의두문의 안상의 형태로 뚫은 판으로 메운 것을 말한다.

궁판널형

계자난간의 궁창부에 아무런 문양 없이 판재로만 구성되어 있는 형태를 말한다.

| 곡난간 |

곡난간은 곡란(曲欄)이라고도 하며 난간두겁대의 끝머리가 꺾여 들거나 휘어 오른쪽이 구부러진 난간이나 난간의 끝부분에서 난간두겁대의 끝머리가 휘어 오른 것을 뜻하기도 한다. 교란을 구란(勾欄)이라고도 하며, 높게 만든 난간을 고란(高欄), 낮은 것을 평란(平欄)이라 한다. 이는 난간두겁대를 활같이 휘거나 굽도록 하여 평난간에서 느낄 수 없는 날렵하고 우아한 멋을 더한다.

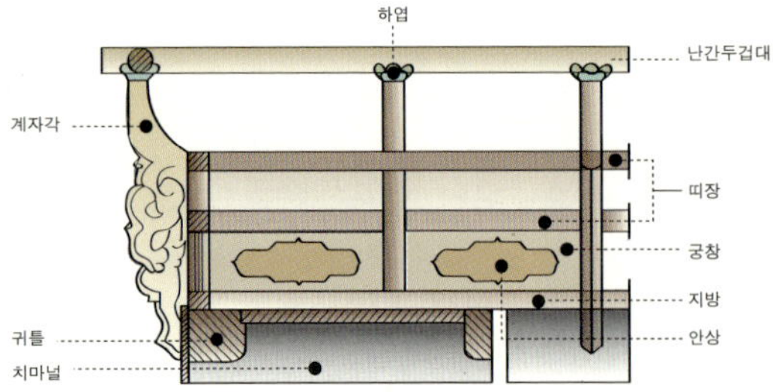

| 계자난간의 구조 개념도 |

| 안상형 계자난간 |

| 궁판널형 계자난간 |

• 난간 구성에서 웰빙 •

| 풍류와 멋을 담은 완충 공간 |

내부 거주자를 외부로 이끄는 완충공간이면서 팔을 기대어 올려놓기 좋은 높이로 설치되어 밖의 내다보며 주위 경관을 감상하기 좋게 만들어 주는 중요한 요소이다. 누마루나 툇마루의 멋스러운 문양의 난간이 설치됨으로 건축의 입면의 멋스러움을 높이기도 하지만 거주자에게 풍류를 즐기기 좋은 공간을 제공하고 품위를 지키는 자세로 몸을 편하게 받쳐주어 여유로운 마음을 갖게 해준다. 이에 난간은 풍류와 멋을 선사하는 웰빙 공간을 제공해준다.

| 안전과 동시에 자연스런 동선 유도를 해주는 난간 |

툇마루에 설치되는 난간은 동선을 유도하기 위해 난간을 두른다. 인간의 안전을 위한 장치이기도 하지만 거주자의 생활 흐름을 유도해주는 멋스러운 보조 장치로서의 역할도 한다고 볼 수 있다.

| 가족의 안녕과 번영, 풍요를 기원하는 난간 |

전통 주거의 난간은 단순하게 안전을 위한 기능만을 수행하지 않는다. 장식의 요소를 담아 건축의 입면을 풍부하게 만드는 데 이때 가족의 안녕과 가세의 번영, 풍요 등을 기원하는 마음을 담아 문양을 장식함으로 상징성을 내포한 의장성을 지니고 있다. 난간의 장식은 궁창부와 두겁대 받침부에 다양하게 나타나는 데 주로 궁창부에는 안상문으로 운기문, 여의두문이 많이 사용되었는 데 이는 구름문양의 운기문은 다복(多福), 다수(多壽), 다손(多

| 동선을 유도해주는 난간, 창덕궁 낙선재 |

툇마루의 난간은 안전을 위한 장치도 되면서 건물의 입면을 더욱 아름답게 하면서 옆채로 비나 눈으로부터 보호해주면서도 자연스럽게 동선을 유도한다.

| 가족의 안녕과 번영 풍요를 기원하는 난간, 창덕궁 낙선재 |

난간의 두겁대 받침부는 하엽 문양으로 궁창부는 '亞' 자문을 중간에 호리병형 장식을 난간과 난간을 연결하는 연결부분은 안상문이 사용되고 있다.

孫)을 상징하고 여의두문은 모든 것이 뜻과 같이 된다는 의미를 지닌다. 두겁대 받침부는 하엽, 호리병형, 기둥형의 문양을 조각하여 사용하였는데, 하엽은 화재의 위험으로 건물을 보호하고자 하는 간절한 염원, 호로병형은 제마(制魔), 신약(神藥)을 상징하므로 다손과 부귀 등의 의미를 담고 있다. 교란의 궁창부에 사용된 '亞' 자문은 부귀와 장수, '卍' 자문은 무시무종(無始無終)의 의미를 지닌다. 그러므로 난간은 단순한 물리적 기능만을 위한 구조가 아니라 거주자의 생활 철학과 복잡하고 미묘한 정신적 의미를 내포함으로 사람들의 생각과 감정을 전달하는 의사표현 수단이자 정신적 위안과 미적인 요소로 시각적 만족감을 주는 웰빙 요소라 할 수 있다.

대문

광의의 의미에서 대문은 마당에 출입하기 위하여 설치한 큰 문, 집의 정문 또는 하나의 공간적 영역을 이루는 경계와 그 영역에 이르기 위한 통로가 만나는 지점에 설치되어 드나들 수 있는 것으로 정의된다. 전통 건축에서 대문은 '양택삼요(陽宅三要)' 중 하나로 주인의 방과 부엌과 함께 풍수에 따라 신중하게 위치와 방향을 결정하는 중요한 구성 요소이다. 대문을 보통 마당에 출입하기 위한 외부 요소로 주로 인지하고 있지만, 전통 주거 건축에서는 경계와 그 영역의 통로가 만나는 지점에 형성되는 대문이 다양하게 존재한다. 즉 담과 문이 공간화 되어 이루어지기도 하고, 곳간이나 행랑채에 연이어 대문채 공간이 형성되기도 한다. 또한 외부와의 경계로서 대문도 있지만, 행랑채와 사랑채, 안채 등의 영역 구분을 하기 위한 중문, 마당과 마당 경계, 건물과 건물의 경계 등 크기에 따라 협문과 샛문(쪽문)으로 구분되어 설치되었다.

• 대문의 유형과 분류 •

전통 주거 건축에서는 문을 크게 달면 대문, 대문 안쪽에 다시 내면 중문, 쉽게 다닐 수 있게 문을 내면 편문, 대문 옆에 조그만 문을 내면 협문, 대문 높이가 행랑채와 같으면 평문, 행랑채보다 높으면 솟을대문, 솟을대문 셋이 연속돼 있으면 평삼문, 솟을대문의 기둥이 넷이면 사주문이라 하는 등 그 종류와 유형이 다양하다. 이에 전통 주거 건축에 사용된 대문을 기능과 생김새와 소재에 따라 유형을 살펴보면 다음과 같다.

기능과 위치에 따라

| 대문과 정문 |

집의 시작으로 정문으로서 대문은 외부세계와 내부세계를 구분 짓는 경계이자 가족들이 수시로 드나드는 요소로 외부의 기가 주택 내부로 들어 입구로 인식되는 중요한 장소이며,

신분이나 경제력을 나타내며 유교사상이나 민간신앙, 사회적 관습을 담아 상징적으로 나타내는 주거 건축의 구성요소라 할 수 있다. 풍수에 의하면 《임원경제지》상택지(相宅志)에서는 북 · 남 · 동 · 동남쪽에 주 실을 둔 집은 북서 · 남서 · 북동 · 서쪽에 대문을 두면 좋지 않다고 하여 이 방향의 대문을 배치하지 않았다.

전통 주거 건축에서는 대문과 정문은 거의 같은 의미로 사용되고 있으나, 엄밀히 구분하면 대문은 출입에 가장 많이 이용되고 있는 제일 큰 외문을 의미하고, 정문은 그 건물의 정면, 즉 앞면에 위치한 문을 의미한다. 그러므로 궁궐과 같이 앞면에 문이 여러 개 있어 출입한다면 정문이라고 할 수는 있지만 대문이라고 부를 수는 없다. 주택의 대문에만 이용되는 문의 형식은 솟을 대문과 바자문, 제주도의 정낭이 이에 해당된다.

| 중문(中門) |

중문은 내부에 건물이 많아서 담으로 나뉘어 있을 때 담에 설치되는 출입문의 총칭이다. 전통 주거 건축에서 중문은 일반적으로 행랑채와 사랑채, 안채 등의 영역을 확연하게 구분하기 위해 마당과 마당이 연결되는 지점에 위치한다. 어느 정도의 규모가 있는 양반 집에 설치되는 경우가 많고 남녀 내외 구분과 계급의 상하를 담장이나 사잇문인 중문을 통해 경계를 짓는다. 중문은 각 영역을 에워싸는 담장이나 부속건물의 일부에 세워지고, 집의 공간 배치에 따라 평문, 일각문 등 다양한 형태로 나타나고 있다. 보통 대문을 들어서면 사랑채가 보이고 안채는 따로 내외담이나 벽으로 가려 은폐 · 보호 역할을 강화하고 중문을 두어 출입을 하게 하였다.

| 협문 |

대문의 성격을 띠지 않고 집안의 영역을 구분하는 담장에 설치된 작은 문을 말한다. 보통 사람의 키보다 낮은 담장에 세워지는 경우가 많아 머리를 숙이고 지나야하는 높이가 대부분이다. 협문은 규모나 양식이 다양한데, 마당과 마당을 잇는 경계에 가장 많이 쓰이는 것은 일각협문이다. 서까래를 이중으로 하거나 소로를 얹고 첨차로 도리를 받치는 고급양식도 있다.

| 샛문 |

샛문은 건물과 건물 사이, 건물과 담장 사이에 둔 조그만 문을 말한다. 주로 안채와 사랑채 사이 오가는 작은 문이 샛문이다. 보통 판장문이 많이 쓰이고 살문도 쓰이는데, 보통 처마 아래 설치되는 문의 상부는 살대나 벽으로 막는다.

| 평문 |

평문은 평대문과 형식은 같으나 대문을 들어서서 다른 영역으로 들어갈 때 거쳐야 하는 문이다. 주로 평문은 안채에 달린 행랑방이나 헛간과 광과 높이가 같으며 이와 연결되는 경우가 많다.

| 삼문 |

궁궐이나 사당처럼 중요한 건물의 출입문은 3칸으로 만드는 것이 일반적인데 이를 3칸문이라는 의미로 三門이라고 한다. 솟을삼문과 평삼문이 있다. 지붕의 형태에 따라 중간 칸의 지붕을 양측 칸의 것보다 높게 하여 꾸민 3칸 문을 '솟을삼문'이라 하고, 지붕이 다 같이

| 중문, 창덕궁 낙선재 |

낙선재 안채 건물로 들어가는 중문으로 안채 행랑채에 붙어 행랑채 지붕 속에 위치하는 평문 형식 취하고 있다.

| 중문, 한국민속촌 |

사랑채와 안채 사이의 일각 대문 형식의 중문으로 사대부 면모를 보여준다.

| 일각협문, 한국민속촌 |

낮은 담장에 설치한 일각협문으로 서까래를 이중으로 하여 고급스러움을 주고 있다.

| 샛문, 연경당 |

안채에서 사랑채의 동정을 살필 수 있는 샛문이다.

평평하게 된 3칸문을 '평삼문'이라 한다. 평삼문이나 솟을삼문의 지붕은 보통 맞배지붕으로 처리하는 것이 보통이며, 솟을삼문은 측면으로 보면 박공널이 2단으로 보이게 된다. 또 솟을삼문의 경우 문짝의 크기도 중앙 칸의 것과 측 칸의 것이 차이가 뚜렷하지만 평삼문의 경우는 그리 큰 차이가 없다. 평삼문이나 솟을삼문은 종묘나 재실 · 사당 등에 많이 사용되어 중앙 칸은 신도(神道)로, 협 칸은 제주(祭主)들의 출입구로 이용된다.

생김새와 소재에 따라

| 솟을대문 |

솟을대문은 대문이 딸린 한 칸만 한 층을 불쑥 높인 대문이다. 조선시대에는 관료직이 정(正)과 종(從) 각 9품계(品階)로 총 18품계로 나뉘었는데 종 2품 이상의 관료는 초헌이라 부르는 외바퀴 수레를 타고 대궐을 드나들었는데, 초헌을 탄 채로 대문을 드나들 때 머리가 닿지 않게 출입하려면 대문의 지붕을 주변 행랑채보다 한 층 높일 수밖에 없어 솟을대문 구조를 취하게 되었다. 이에 솟을대문은 권위의 상징이 되었으나 점차 종 2품 아래의 양반집에서도 사용되고, 조선후기에는 중인의 집에서도 사용하였다. 사대부 주택에서는 양옆의 행랑보다 지붕을 높게 올려서 만들고, 양옆에 행랑이 없는 경우에는 솟을삼문 형식으로 만들기도 하는데 보통 판벽으로 처리하고 담으로 이어지는 형태가 많다. 솟을대문은 초헌이나 말이 드나드는데 장애가 없도록 문턱을 없애거나 凹형의 문턱을 두기도 하였으며, 판자문은 중간에 세운 샛기둥이나 바깥기둥에 설치되고 홍살을 인방 위에 올리는 경우가 많다.

| 평대문(平大門) |

평대문은 기와지붕을 한 일반 서민주택이나 중상류 주택에서 몸채 또는 행랑채의 지붕과 같은 높이, 같은 지붕 속에 설치한 문이다. 즉 행랑이나 본채의 한 칸에 문을 달아 대문으로 사용하는 것을 말한다. 보통 외부 기둥에 문을 달고 문하방은 흰 월방을 두어 주초의 높이에 따른 문지방 높이를 낮춰 출입을 편하게 구성한다. 상류주택에서 주로 여성들만 출입하는 안채의 중문도 평대문 형식이다.

| 사주문(四柱門) |

기둥을 4개 세워 만든 문으로, 평문과 같은 형식으로, 솟을대문의 기둥이 넷이면 사주문이라 한다. 규모 있는 건물의 중문이나 민가에서는 정문으로 이용되지만 후문 또는 측문 등으로도 사용된다. 문짝은 외부 기둥에 달며, 지붕은 맞배지붕 또는 팔작지붕으로 기와를 얹은 것이 많지만, 민가에서는 짚을 올리기도 하며 담장으로 이어진다.

| 사립문 |

사립문은 '삽작문'으로 불리며, 보통 한 칸으로 구성되며 싸리로 엮어 만든 대문으로 민가의 대문을 총칭하는 명칭으로 통용되어 나뭇가지, 대나무, 수숫대, 갈대, 수수깡 등으로 만든 문도 사립문으로 통용된다. 이런 사립문 중에는 대나무 등으로 가로세로 문양을 넣어 가면서 잘 짠 대문이 있는데 이를 '바자문'이라 한다. 사립문은 보통 바자울 울타리나 흙담에 달린 문으로 주로 농가나 초가에 많이 사용된다.

| 일각대문(一脚大門) |

기둥을 2개를 세운 뒤 평 서까래를 걸고 기

| 솟을대문, 한국민속촌 |

문간채 형식으로 구성된 솟을대문으로 문간채 양옆은 문지기가 거주한다.

| 평대문, 영주 선비촌 |

행랑채의 지붕과 연결되어 한 칸을 대문으로 구성한 평대문이다.

| 사립문, 낙안읍성 |

대나무를 가로 세로로 잘 짜 넣은 바자문으로 돌담과 잘 어울려 자연스런 소박한 자연미를 보여준다.

| 정낭, 제주 민속촌 |

심리적인 경계와 개방으로 담과 대문 역할을 하는 정낭으로 현재 집에 주인이 있으니 들어오라는 표시이다.

와 등을 쌓아 지붕모양을 만든 것으로 간단한 출입문으로 사용하거나, 궁궐이나 양반집에서는 협문으로 사용하는 작은 문이다. 구조가 불안정해서 신방목이나 신방석으로 두어 판재와 샛기둥으로 보강하는 경우가 많다. 그 규모가 작아서 대문이나 정문으로 쓰이지 않고, 담장 가운데 문을 두는 경우에 많이 쓰여 이 마당과 저 마당을 구분할 때, 즉 집 뜰의 공간을 구분해줄 때 담장에 연결하여 협문으로 사용하는 것이 일반적이다.

| 정낭 |

제주도만의 독특한 대문 형식으로 현무암으로 만들어진 2개의 정주석에 구멍을 세 개 뚫어 양옆에 세우고 정낭인 나무를 가로로 끼우는 대문이다. 정낭은 방목하여 키우는 소와 말이 집안에 함부로 들어오는 것을 막아주고, 주인의 출타 여부를 이웃에게 알리는 신호로 쓰이기도 했다. 정낭이 걸쳐 있는 숫자에 따라 의미가 다른데 하나도 안 꽂혀 있으며 집에 주인이 있음, 한 개는 잠시 외출 중으로 주인이 근처에 있음, 두 개는 주인이 이웃마을에 외출 중으로 한참 후에나 돌아옴, 세 개는 멀리 외출 중으로 저녁 늦게 돌아오거나 며칠 있다 돌아온다는 뜻이 내포되어 있다.

• 대문의 구성 요소 •

대문을 구성하는 기본 요소는 기둥과 지붕, 대문짝, 문지방인 상 · 하인방과 문짝을 부착시키는 둔테, 나무 돌저귀와 문을 여닫고 잠그는 수장으로 구성된다. 이들 구성요소에서 문짝의 설치 방법, 대문 부착 방법, 수장 방법에 따라 대문의 형태와 상징성이 달라진다.

| 대문의 설치방법 |

대문을 구성하는 가장 중요한 요소인 대문짝의 설치 위치에 따라 바깥달기와 중간달기(중턱대문)로 구분된다. 설치방법에 따라 대문의 크기가 약간 다른데 폭 x 높이를 기준으로 보았을 때 보편적으로 평대문 바깥 달기는 0.9:1, 솟을대문 바깥달기 일 때는 0.7~0.8:1, 솟을대문 중간달기 일 때는 1:1의 크기 비를 갖는다.

| 대문의 부착방법 |

대문짝을 부착하는 방법은 크게 5가지로 상 · 하인방 둔테, 선둔테, 동개벽선, 나무 돌저귀, 신방목 둔테의 조합으로 나타난다. 이중 인방 둔테 즉 상 · 하인방 둔테가 많이 사용되었다.

| 대문 수장 방법 |

대문의 수장 방법에 따라 홍살 수장 대문, 소로 수장 대문, 화반수장 대문, 살대 수장 대문, 벽판수장 대문, 기타 수장 대문으로 구분한다.

| 문지방 구성 |

문지방은 용도에 따라 평인방과 월(月)인방으로 나타나며 문지방이 없거나 돌인방을 사

용하기도 하였다.

| 대문짝 구성 |

대문짝은 대문널과 띠장, 선대와 장부, 빗장둔테로 구성된다. 문장부는 대문널과 한몸인 대문널 선대와 딴 몸인 울거미 선대로 구분되며 울거미 선대로 구성될 경우는 보통 띠장과 장부맞춤을 한다. 띠장은 보통 상 · 중 · 하 3개

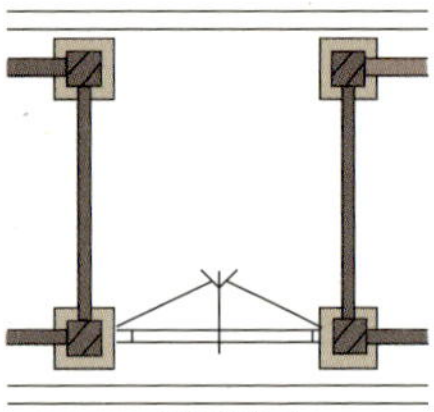
바깥달기

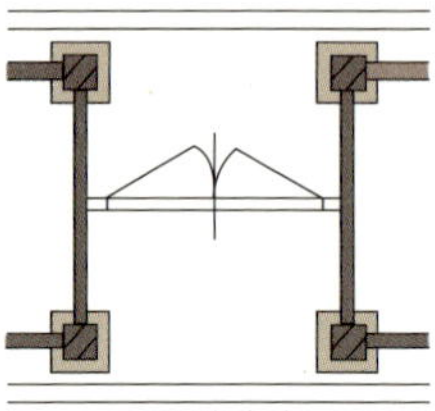
중간달기

| 대문의 설치 방법 개념도 |

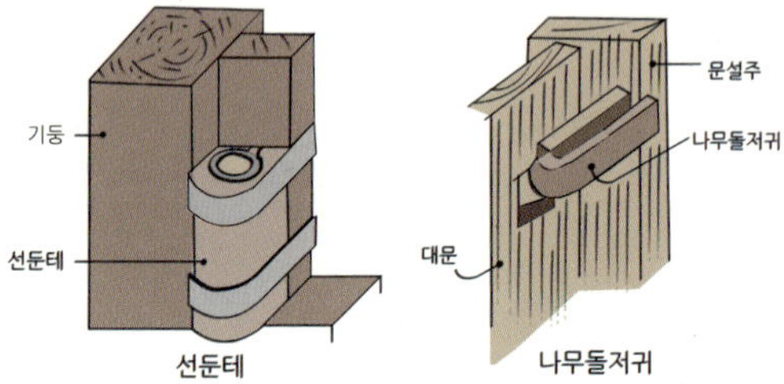

| 대문 부착방법 선둔테와 나무돌쩌귀 |

| 바깥 달기로 설치한 중문 |

| 중간달기로 대문을 설치한 홍살 수장 대문 |

| 빗장둔테, 윤선도 고택 |

| 빗장둔테, 안동하회마을 |

| 문고리 |

문짝을 열고 닫을 때 잡아당기거나 닫은 문짝들을 서로 잠구기 위해 필요한 철물로 여러 종류가 있다.

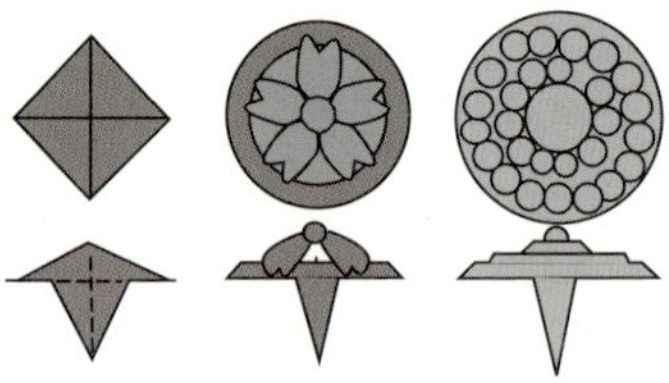
| 광두정과 국화쇠 |

판장문 등의 문짝을 만들 때 널판을 띳장에 붙이기 위해 못을 박는데 이 못머리를 장식적인 느낌을 내서 만든 것으로 문의 장식성을 한결 살린다.

| 감잡이쇠와 나무 돌쩌귀 |

감잡이쇠는 수직문 선과 수평의 막이가 서로 벌어지는 것을 막기 위해 부착한 철물이다.

가 일반적이며 두께는 통산 내문널의 2~3배로 하고 너비는 이와 같거나 1.5~3㎝정도 크게 하였다. 빗장 둔테는 보통 지반에서 90~157㎝ 상단에 설치되고 빗장둔테는 32~73㎝, 빗장걸이는 41~87㎝정도로 제작되었다. 빗장둔테의 형태는 베틀에 달린 기구모양이나 북이나 박쥐 형상, 거북이를 조각하여 달기도 하였다. 이들 형상은 집안에 복을 부르고, 가족의 무병장수를 염원하는 마음을 대문에서부터 담아 표현했다고 볼 수 있다. 그리도 대개 정교하게 다듬어 장식요소로 사용되었으며 빗장에 凹형의 홈을 파서 빗장둔테 상부의 동곳이나 중앙의 구멍에 산지를 끼워 고정하였다.

| 대문 장식 철물 |

대문의 장식 철물은 장석이라 불리우며 대문의 요소에 규칙적으로 부착되어 비례 · 균형 · 공간미의 조화를 이루면서 대문 외관형성에 중요한 위치를 차지한다. 전통 주거 건축에서 대문 철물은 단순하고 소박하며 간결한 형태로 이루어지며 대문의 구조나 기능, 의장에 중요한 역할을 한다. 많이 사용된 대문 철물은 감잡이쇠, 대접쇠, 찰쇠, 문고리, 배목, 국화쇠, 재래못, 도내 두정, 광두정, 장식못 등이 있다.

• 대문 구성에서 웰빙 •

| 자연에 순응하는 대문 |

집의 시작을 알리는 대문에서는 우리 선조들은 자연과의 조화를 기본으로 형태와 재료를 정하고, 향과 위치를 정함으로 이를 기반으로 주변 환경과 개인의 기호에 부합되는 공간을 만들었다. 우선 각 지역에서 생산되는 목재를 그대로 사용함으로 담장의 토양과 돌과 조화를 이루고 또한 표면 마감 처리에서 인공적인 채색보다는 시간에 따른 자연의 변화로 자연미를 강조했으며 대문을 만드는 기법에서도 인위적인 가공법 보다는 자연적인 결구법과 자연목재를 그대로 사용함으로 자연에 순응하는 방식을 적용하였다. 특히 상 · 하인방 구성과 대문널의 표면처리에서 가공을 최소화하여 나무의 자연스러움을 그대로 나타내고 있다.

| 지위와 신분, 다양한 상징을 담고 있는 대문 |

대문에는 신분과 유교사상, 사회적 관습, 음양, 신선 사상과 조영의식, 민간신앙, 풍습 등이 복합적으로 이루어져 표현되고 있다. 하층계급은 사립문이 상층계급은 평대문이나 솟을대문을 사용하고, 상류 주택에서도 솟을대문을 주인인 남성이 이용한다면 샛문이나 편문은 하녀와 아녀자들이 주로 이용하였다. 유교사상에 의해 조상숭배에 의한 삼문 형식이 사용되고, 사랑채 중문은 솟을 대문, 안채는 평대문이 사용되어 남녀 차이를 나타내고 가문존엄의식이나 거북이나 박쥐 등 장식요소를 통해 염원을 담고 있다. 그러므로 우리 선조들이 대문 하나를 만들 때도 단순한 기능만을 고려한 것이 아니라 현재의 처지와 상태를 반영하면서도 과거에 대한 존중, 미래의 염원과 희망을 담고 있음으로 인해 정신적 위안과 안녕을 추구한다고 볼 수 있다.

| 자연의 원리와 이치를 담는 대문 |

대문은 가족들이 수시로 드나드는 요소로 외부의 기가 주택 내부로 들어오는 입구로 위치 선정에 신중을 기하였다. 이에 풍수에 의한 집의 방향과 대문의 위치 선정은 무척 중요하여 대문채의 향은 안채의 향과 밀접한 관계를 갖는데 안채는 양, 대문은 음의 위치에 배치하여 양택의 원리에 맞춰 배치하였다. 보통 웰빙 풍수라 불리는 대문의 위치는 남향 주택에서는 남동쪽, 남서향 주택은 서쪽, 서향 주택은 남쪽, 북서향은 북쪽, 북향 주택은 동쪽, 북동향 주택은 북서쪽, 동향 주택은 북동쪽, 남동향 주택은 남서쪽으로 대문을 배치하여 가족의 장수와 자녀들의 출세, 가족 간의 화목, 건강과 재산이 풍족하게 되는 기운을 받아들이기 위해 노력하였다. 또한 향만 고려한 것이 아니라 물길과 바람 길등 자연의 기의 흐름을 다 고려하여 대문의 위치를 정하였다.

| 복을 부르고 안녕을 기원하는 대문 |

대문이 기가 통하고 복이 들어오는 입구인 만큼 액운이나 잡귀도 들어온다고 믿었기 때문에 가족의 수복강녕과 부귀다남을 얻기 위

| 자연에 순응하는 대문, 낙안읍성 |

나뭇가지 엮어 만든 사립문으로 나뭇가지의 길이나 간격을 자연스럽게 하여 구성하여 틈사이로 바람과 빛이 통하게 하므로 자연의 그대로 옮겨놓은 듯한 서민 주택의 대문이다.

| 복을 부르고 안녕을 기원하는 대문, 인속촌 |

입춘 축문을 대문에 써붙여 복을 부르고 호랑이 그림을 붙여 잡귀를 물리치고, 잡귀의 출입을 막기 위해 금줄을 대문앞에 붙임으로 가족의 수복강녕을 비는 서민주택의 대문이다.

| 복을 부르고 자연을 담은 대문, 안동 소산마을 |

虎자와 龍자를 써 붙어 잡귀를 물리치고 자연스럽게 휜 나무를 하인방으로 사용하여 자연미가 돋보인다.

해 지방관습이나 집안 대대로 내려오는 다양한 민간풍습에 의한 조치가 취해졌다. 이에 잡귀를 물리치기 위해 대문신을 모시거나 상량문을 부치거나, 엄나무를 묶어 놓거나, 호랑이 뼈를 달아 놓거나, 王자를 거꾸로 붙여 놓거나, 호랑이나 닭의 그림, 虎자와 龍자를 써 붙여 잡귀를 물리치고 입춘 축문을 대문널에 붙여 복을 부르고 나쁜 액은 막으려 하였다. 또한 아이를 낳으면 잡귀의 출입을 막기 위해 대문에 금줄을 걸었다. 그러므로 우리 전통 주거의 대문은 단순히 집으로 들어가기 위한 여닫는 기능의 문이 아니라 거주자의 자존심이자 가치관, 행태 등이 녹아 있으며 이웃과의 관계들 정신적 웰빙을 책임지는 첫 관문과 같은 중요한 요소로 작용하였음을 알 수 있다.

四 章

전통 주거의 공간별 구성에서 웰빙

전통 주거는 자연을 닮고, 자연을 담았으며, 자연과 함께하는 주거라고 한다. 그럼 과연 이렇게 자연을 그대로 재현한 주거의 실내 공간도 자연을 그대로 재현했을까? 이렇게 자연을 완벽하게 표현한 건축의 실내공간은 과연 어떻게 자연을 표현하고 웰빙을 실천하고 있을까? 전통 주거의 각 실내 공간별로 과연 우리 선조들은 어떤 마음으로 실내공간을 연출하고 생활했을까? 그리고 전통 주거를 구성하는 내 · 외부 공간과 외부공간 등 각 공간들은 과연 우리가 살고 있는 현재의 우리 주거와는 얼마나 많이 다를까? 각 공간의 주요기능은 무엇이며 과연 무엇을 웰빙이라 평가할 수 있을까? 전통 주거에서 실천한 공간별 웰빙 표현법을 현재 우리가 살고 있는 집에 적용할 수 있을까? 적용한다면 어떠한 요소를 어디까지 적용해 볼 수 있을까?

01 • 전통 주거의 공간 구성과 구분

우리의 전통 주거가 한 건물 안에 모든 공간이 집약되는 서양의 주거와는 달리 여러 종류의 공간들이 모여 하나의 큰 공간을 구성하는 방식으로 주거를 형성하게 된다. 각 공간들은 주거 기능 즉 취침 공간, 취사 공간, 접객 공간, 의례 공간이 형성되고 이들 공간은 마당을 중심으로 영역으로 분할되어 구성된다.

공간을 구성하는 구성단위는 네 개의 기둥으로 이루어지는 최소 단위인 '칸(間)'과 칸으로 구성된 방과 건물사이의 중간 단계와 방들의 조합으로 구성된 '채'가 기본이 된다. 이러한 채의 조합이 건물을 이루어 비로소 한옥이라는 건물을 구성한다. 채는 기능, 구성, 축조 등 순수한 건축적 관점에서 보면 그 자체로도 하나의 독립적인 건물 형식을 갖추었으나 한 번 더 분화 단계를 거쳐 한옥이라는 최종 건물로 완성된다. 즉 우리 전통 주거인 한옥은 마당을 중심으로 의미에 맞춰 대지를 분할하고 필요한 규모에 합당한 매스와 지붕을 갖는 채를 구성하며, 다시 채는 방과 마루 등 세부 기능으로 분할되는 분할법적 구성을 취하고 있다. 각 공간들을 배치함에 있어 신분제도에 의한 상하구분과 유교사상 영향에 의한 위계적 규범과 가부장권의 강화와 내외사상의 영향이 반영되고 각 공간들이 이어지면서 공간의 열리고 닫힘의 변화가 다양하게 구성된다.

이에 전통 주거는 채의 분화가 발달한 형태로 여러 채와 다양한 성격의 실이 조합되어 특색 있는 주거를 형성하게 되었다. 일반적으로 안채와 사랑채, 별당채, 행랑채, 부속채, 사당 등 6가지 채로 구분되며, 보통 안채를 중심으로 하는 여성의 영역과 사랑채를 중심으로 하는 남성의 영역으로 분할되어 구성된다. 전통 주거의 채를 중심으로 이루어지는 공간구성은 유교적 위계 표현으로부터 시작된 부모와 자녀, 남편과 아내, 주인과 하인이라는 유교적 가치가 가족과 사회를 구성했던 위계 질서의 모습이 잘 반영되고 있다. 특히 위계질서는 채 단위의 크기나 지붕의 높이와 형상, 처마의 곡선과 서까래의 배열, 툇마루의 위치와 난간의 솜씨, 문의 크기와 창의 문양 등 건물에 표현되는 다양한 조형처리로 표현되고 있다. 전통 주거 공간에서 물리적 중심은 사랑채이지만 정신적인 중심은 안채이다. 왜냐하면 사랑채는 바깥주인이 낮에 머무는 공간으로 해가 지면 사랑채는 비워지고 안채에서 지내는 경우가 많기 때문이다.

전통 주거 공간을 구성하는 6개의 채를 중심으로 각 채에서 이루어지는 공간의 기능과 내용을 살펴보면 다음과 같다.

| 사랑채 |

사랑채는 남성들이 기거하는 개방적이며 동적인 공간으로 가문의 권위를 상징하며 가문의 계승자가 주로 생활하는 장소로 가계계승을 위한 수련장이자 학문과 교양을 교육하는 장소이며, 장자를 위한 생활공간, 서재, 손님 접대, 사대부 간의 친목 도모, 문화생활 등 많은 행위가 이루어졌던 중요한 공간이다. 이에 사랑채의 위치는 대문과 가깝게 하여 나무와 아름다운 돌 등으로 정원을 조성하고, 산과 자연과의 풍경을 감상할 수 있도록 전망 좋은 곳에 배치하였다. 그리고 사랑채 기단의 높이는 사회적 계급에 따라 높아지는 경향이 있으며 두리기둥에 누마루가 붙은 장식적이고 무게 있는 구조를 하기도 한다. 그리고 사랑채는 안채가 앉은 방향에서 보아 왼쪽에 놓이게 되는데 이는 왼쪽이 오른쪽 보다 높임을 받는 자리이기 때문이다.

사랑채 구성 공간은 가부장을 위한 큰 사랑방, 장자를 위한 작은 사랑방, 사랑 대청과 누마루, 침방, 책방, 서고 혹은 독서실이 부속되어 있고, 사랑 마당 그리고 경치가 좋은 곳에는 풍류를 즐기던 정자도 설치되어 구성되었다.

규모가 작은 서민 주택에서는 외부에 면한 온돌방 한 칸을 사랑채로 정하고 거기에 서재를 꾸미는데 안채와는 별동으로 사랑채를 갖추는 것이 일반적이다. 그러나 가난한 민가는 사랑채가 안채의 연장으로 부엌이나 아궁이가 더 중요하게 여기므로 양반가의 사랑채와 달리 안채의 부속채의 형태가 된다. 반면 규모가 큰 사대부 주택은 방과 마루가 반복으로 구성되어 안사랑과 바깥사랑을 두는데 바깥사랑은의 울타리 안이나 담장 밖에 재사(齋舍)라고 부르는 별동의 서고나 서재를 두기도 하였다. 안사랑은 은퇴한 노부부의 거실로 쓰고 안채와 연결되고, 바깥사랑은 가부장의 처소로 침방, 방, 대청, 누마루로 구성되는데 방과 누

| 사랑채 전경, 낙선재 |

단을 높여 위계를 나타내고 돌출된 누마루가 있는 'ㄱ'자형 사랑채로 앞면이 6간에 사랑방, 사랑대청, 침방, 누마루로 이루어졌다.

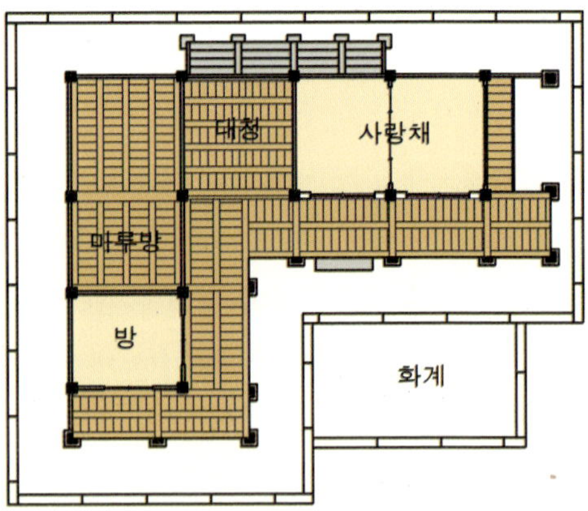

| 사랑채 평면, 김정희 선생 고택 |

ㄱ자형 평면의 사랑채로 사랑방, 작은 사랑방, 사랑대청, 마루방으로 구성되어 있다.

마루가 서재로 꾸며지면 이를 '문방'이라 불렀다. 문방은 고려시대부터 조선 초기 선비와 사대부에서는 필수적으로 갖춘 방으로 조선시대 사랑방 가구 양식 형성에 커다란 영향을 준 방이다. 문방의 치장은 방의 주인 선비의 취향에 맞게 꾸며지는데 유교 윤리의 영향으로 청빈하고 검소한 느낌을 주기 위해 자연목을 이용한 가구를 중심으로 꾸며졌다. 사랑방 옆에 붙어 있는 침방은 주인의 일상 취침공간이며, 별도의 침방이 없는 경우는 사랑방이 모든 기능을 하였다.

| 안채 |

사랑채에서 중문을 통과 하면 안채에 이르는데 사랑채에서 직접 시선이 닿지 않도록 내외담을 돌아서 들어가게 되어 외부와의 연결을 어렵게 하여 폐쇄적이면서 내밀한 공간구성이 특징이다. 안채는 가정생활의 가장 핵심

| 안채 구성 공간 및 주요 기능 |

안방	집안의 가장 웃어른인 안방마님이 기거하는 방으로 주택 내에서 가장 은밀한 공간으로 직계 존속 이외의 남자들의 출입이 금시 되어 있다. 남도지방에서는 큰방으로 불리기도 한다.
건넌방	건넌방은 주로 며느리의 방으로 사용되거나 장성한 아들의 공간으로 사용되는데 아랫목은 잠자리로서 웃목에는 책상을 놓아 학습공간으로 사용되고 아들이 장성하여 장가를 가게 되면 아들 내외의 방으로 사용되기도 하는데, 사용할 식구가 없을 경우에는 곡식을 말리거나 저장하는 도장의 기능과 유사하게 사용된다.
윗방	규모가 큰 주택에서만 볼 수 있는 방으로 안방의 윗목, 입구와 반대쪽 위쪽에 위치한다. 윗방과 안방사이는 네 짝 미닫이 창호로 되어있는데 장과 농, 반닫이 등을 배치하고 평상시에는 열어 놓고 사용한다.
안대청	안채의 중앙부에 위치하여 주거생활의 중심이 되는 곳으로서 가족의 만남, 휴식, 식사, 주부의 작업, 손님접대 등의 사회적 생활공간으로 사용되며, 여러 가지 생활 집기의 수장 공간이 되기도 한다. 또한 안방과 건넌방 사이에 위치해 두 공간사이의 완충공간과 매개공간으로서의 역할도 한다. 중부지방의 대청은 전면이 개방되어 주로 거실로 사용되고, 남부지방에서는 전면이 막혀있어 주로 수장 공간으로 쓰이는 경우가 많다.
부엌	부엌은 밥을 짓기 위한 공간으로서 주거에 중요한 기능을 담당하는 곳이라 할 수 있다. 부엌설비는 일반적으로 안방 쪽 벽에 설치되고 부뚜막에는 솥을 걸어 밥을 짓고 조리와 음식 준비를 하는 공간으로 사용된다. 부뚜막의 맞은변인 측벽과 뒷벽에는 연료, 식기를 놓는 가구, 곡물을 담는 항아리 등을 두어 수납공간으로 사용한다. 집안의 대소 일을 치르기 위해 마당과 광, 장독대 등으로 확대되는 성격을 띠기도 한다.
웃방	안방에 대한 예비 공간 혹은 보조공간으로서 잠자리, 아이들의 학습 공간, 접객 공간, 수장 공간 등으로 이용된다. 그러나 열기가 안방을 거친 후 방을 데우므로 추위로 인해 잠자리보다는 수장 공간으로 많이 이용된다. 또한 안방에 대한 보조공간의 성격을 가지므로 쓰지 않는 이불 등을 수납하기도 하며, 옷장이나 궤, 책상 등을 뒷벽에 붙여두기도 하는 공간이다.
끝방 (머리방)	끝방은 아궁이를 기준으로 안방을 거쳐 웃방의 다음에 배치되는 구들방으로 규모가 약간 큰집에서나 볼 수 있다. 대개는 수장 공간으로 사용되며, 여름철에나 가끔 잠자리로 이용되기도 한다
골방	골방은 경제적으로 부유한 집에서 볼 수 있는 공간으로서 방의 뒷곁에 설치되는데, 가구 등의 살림살이를 놓아두며 수장과 갱의의 공간으로 사용되어진다.
다락	살림살이에 필요한 물건을 보관하는 일종의 수납공간으로 안방의 다락의 크기는 부엌의 크기에 비례한다. 부엌 천장의 윗면이 다락의 바닥면이 되기 때문이다.
챗방	제주도에서만 볼 수 있는 특이한 공간으로서 식사를 하는 공간으로 사용되는데 사회적 생활공간과 보건 위생적 공간의 완충공간이라 할 수 있다.
정지방 (모방)	정지방은 남해안 지대의 겹집에서 나타나는 공간으로서 주로 딸의 방이나 할머니의 잠자리공간으로 사용되어 왔다. 그러나 식구가 없을 경우에는 음식의 장만, 식기의 수납, 곡식 말리기 등에 사용되기도 한다.

이 되는 몸채로 대문에서 가장 깊숙한 곳에 위치하며 여인들의 일상생활을 고려한 모든 시설이 집중되어 있다. 안살림을 총괄하는 여성의 공간으로 안방마님의 일상 거처와 여성들의 출산, 임종 등 집안의 중요한 일이 이뤄지던 여성들의 주된 생활공간으로 안방(큰방)과 안대청, 건넌방이나 작은방, 윗방을 기본 조합으로 하고 부엌과 곳간으로 이루어진다.

| 안채 전경, 운현궁 노락당 |

정면 10칸이나 되는 상당한 규모의 안채로 가족 모임과 행사를 하는 까닭에 넓은 백토 안마당이 조성되어 있다.

| 안채 구성 개념 평면도 |

상류주택의 규모가 있는 집의 안채 구성 개념 평면으로 내외담을 돌면 안마당이 있고 안방은 북동쪽 가장 안쪽에 위치하고 있다.

| 별당채 |

규모가 있는 주택에는 집의 뒤, 안채의 뒷쪽에 주요 몸채에서 따로 떨어져 지은 집채를 별당채라 한다. 별당채는 이용하는 사람에 따라 그 이름이 다르게 불리우는데 결혼 전의 딸들이 기거하는 별당은 '초당'으로, 결혼 전의 남자 아이들의 글공부를 위한 별당은 '서당'으로 불리었다. 또한 노부모나 별당 사랑방으로 이용되거나 특별한 손님을 접대하거나 모임, 풍류를 즐길 때 사용하거나 가족 수의 증가시 거처할 수 있는 공간으로 사용되었다. 별당채 구성은 외부공간인 별당 마당과 마루방 · 온돌방 · 누마루 · 서당 등의 내부공간으로 구성된다.

| 행랑채 |

행랑이란 대문 양쪽 또는 문간채에 연이어 있는 방을 말한다. 개방적이며 외부와 접촉 활동이 활발하게 이루어지는 하인들이 거주했으며, 행랑에 거주하는 하인들을 '행랑아범', '행랑어멈'이라고 부르기도 했다. 그러므로 행랑채는 민가보다 상류주택에서 일반적이라 할 수 있다. 행랑채 구성은 보통 대문을 중심으로 마구간, 하인들이 기거하는 방, 광 등으로 되어 있고 주택의 경계선에 따라 세워지는 경우가 많다. 행랑방은 상류주택에서는 주로 심부름하는 하인이 일부 기거하고 각종 창고로 쓰이고, 민가에서는 하나의 작은방으로서 아이들의 공부방으로 사용하거나 곡식의 말림, 보리의 저장, 기구와 도구의 저장에 사용되었다. 행랑채는 그 주택의 규모에 따라 '바깥 행랑채'나 '중문간 행랑채'가 있는데 바깥행랑채는 대문간에서 가장 가까운 곳에 위치하여 집안에서 가장 신분이 낮은 머슴들이 기거하였으며, 중문간 행랑채는 중간 계층인 청지기가 거처하였다.

행랑채의 구조는 3량 집으로 된 목조가구식으로 가장 간단하며, 한 방의 크기는 1칸 또는 2칸 정도가 보통이다. 바닥은 사람들이 기거하는 곳은 온돌 구조로, 광은 마루 구조로 된 것도 있으며, 나머지는 흙바닥으로 되어 있다. 그리고 노비 한 가족에게 대개 방 하나에 군불을 때는 부엌하나가 할당되었다. 벽체는 길가나 외부에 면하는 곳은 흙벽을 쌓기도 하나 상류주택에서는 돌로 벽체를 쌓고 상부에 작은 창을 내기도 한다.

| 외별당채, 한국 민속촌 |

남성들의 공간으로 구성된 외별당으로 사랑채 담장 밖에 위치하고 특별한 손님을 접대하거나 풍류를 즐기던 곳으로 주인의 사회문화 활동이 이루어진 공간인 만큼 정원이 잘 갖춰져 있다.

| 행랑채, 연경당 |

연경당 안채의 행랑채로 주거의 규모만큼 안채 행랑채도 크며 북쪽은 모두 창고로 사용되고 서족은 방과 측간을 갖추고 있다.

| 부속채 |

부속채는 주된 건물에 부속되는 건물로서 따로 지은 집채, 한 대지 내에 위치해야 하거나 주 건물의 운영에 필요한 적절한 규모의 건축물로 대문채, 곳간채, 헛간채, 화장실, 고방채, 방앗간 등이 이에 해당된다. 이중 대문채는 문간채로 불리기도 하고 대문으로 만든 건물에 속하는 건물로 대문 양쪽에 한쪽은 바깥행랑방을 두고 나머지는 마굿간을 설치하기도 한다. 보통 집을 드나드는 대문채는 청지기가 머무는 공간이었다. 대문간 옆에 배치된 건넌방을 입구(ㅁ)자집에서 문간방이라고도 불리기도 한다. 그리고 곳간채나 고방채는 곳간, 광 등으로 구성되며 음식을 저장하거나 생활용품, 도구를 저장 보관하는 장소로 이용된다.

| 곳간채, 한국 민속촌 | | 곳간채 내부 | | 대문채, 양주 선비촌 |

오래 저장해 두어야 할 음식이나 여러 가지 생활용품을 저장 보관하던 창고로 부유한 집안일수록 수 여러 칸의 곳간채를 별도로 마련하였다.

3칸 형식의 대문채로 문간과 행랑방과 마굿간이 설치되어 있다.

| 사당채 |

조선시대에는 조상숭배 사상에 의해 중상류의 주택에는 대문으로부터 가장 안쪽, 안채의 안대청 뒤쪽이나 사랑채 뒤쪽 제일 높은 곳에 '사당'이라는 의례 공간을 마련하기도 하였다. 그 기원은 고려 말 정몽주가 주자가례에 따라서 가묘를 설치하면서 시작되었는데 조선 중기부터 절대적인 영향을 주어 집을 지을 때 정침의 동쪽에 사당을 세우도록 되어 있다. 이에 현존하는 사당채는 대부분 안채의 왼쪽 뒤편에 있고 다른 채보다 높은 곳에 세우고 담을 둘러서 출입문을 만들고 매일 문안을 하는 남자 주인이 머무는 사랑채에서 접근이 쉽게 동선을 만들었다.

사당채는 3칸 정도 크기를 가지며 죽은 자와 산자가 공존하는 공간으로 조상의 신주(위패)를 모시므로 주거 공간의 중심성 및 정신적 의미로서의 위계성과 영역성을 가지고 있다. 일반적으로 사당에는 4개의 신위를 모시는데 서쪽부터 고조, 증조, 할아버지 순으로 신위를 모시며 마지막에 부모의 신위를 모신다. 각 위마다 탁자를 놓고 향탁은 최존위 앞에 놓았다. 사당의 위치는 정침의 동쪽으로 배치되며 출입문에서 가장 멀리 배치함으로써 독립성을 유지하는 공간이다. 그리고 사당 건물은 화려한 단청을 칠하고 그 주위를 아름다운 꽃과 풀로써 장식하여 중요성을 강조하기도 하였다.

| 사당채, 영주 선비촌 |

3칸 정도 크기를 가지며 맞배지붕으로 구성되고 풍혈판으로 구성되고 담장을 구성하고 출입문 따로 조성된 사당이다.

| 사당 내부 |

사당 안에는 4감을 설치하고 위마다 탁자를 놓고 위패마다 제사상을 놓고 제사를 지낸다.

이와 같이 우리 전통주거는 유교 사상의 영향으로 위계적 규범을 건물이 전체적인 조화로서 나타냈다. 공동체의 테두리로서 일상생활이 일어나는 살림 공간이자 가족들의 보금자리로 그 조합의 뒤에는 채가 있었다. 이러한 채의 특징에 의해 전통 주거의 근본적인 웰빙적 특성이 나타나게 된다. 채는 구성단위로써 각 기능에 따른 독립적인 건물로 존재하기 때문에 각 방은 외부와 접하는 면적이 많다. 각 채의 여러 방은 두 면을 외부와 접하는 것이 보통이며 세 면이 외부와 접하는 경우도 있다. 이러한 공간구성의 특성으로 방문을 열면 바로 외부와 접하기 때문에 방에서 외부로 직접 나갈 수 있다는 독특한 구조로 되어 있다. 이것은 그만큼 외부로 나가기가 수월하며 비나 눈이 오는 날씨에도 대청이나 툇마루로 하여금 외부 활동을 가능하게 해주며, 채에서 채를 이동하면서 외기를 자주 느낄 수 있어 자연과의 소통이 수시로 이루어진다. 밀폐된 실내에서 냉방시설과 난방시설에 의존하는 현대 공동 주택과 비교할 때 자연과의 소통이라는 면에서 공간구조에서 근본적으로 차이점이 있음을 알 수 있다. 이러한 채의 구분 때문에 이동 시 신선한 외기로서 인간 몸의 순환체계를 원활하게 하여 외부의 기후요소에 의한 변화 등에 반응력 저하를 막아주는 역할을 한다. 또한, 항상 외기와 접하면서 지내면 바깥바람과 피부와의 마찰은 자연과 더욱 친밀한 관계로 이끌어주어 개방적이고 원만하며 이타적인 인격을 갖게 되며 이를 통해 육체적, 정신적으로 건강에 도움이 된다.

이와 같이 전통공간에 숨겨져 있는 웰빙적 특성은 단순하게 형성된 것이라기보다는 우리의 지역적 기후 특성과 자연환경에 적합하도록 시행착오와 변화 과정을 거치고 풍수지리설 등의 사상적 영향을 기초로 자연이 보여주는 시각적 특성을 반영하고 기후를 적절히 조절하는 자연친화적인 공간을 구성하였다고 볼 수 있다.

전통 주거의 공간 조형은 건물도 생태계의 일부로서 자연의 원리를 거스르지 않는, 자연에 가장 적합한 형태와 특성을 갖추고 있으므로 자연과 인간이 상호공존할 수 있도록 조화를 이룬 생태 건축, 즉 웰빙 건축의 이상적 구현체라 할 수 있으며 공간구성도 생태적으로 이루어짐에 따라 내부 표현에서도 자연스럽게 생태적 특성 즉 웰빙적 특성이 나타난다.

이에 전통 주거 건축의 원형이 갖는 생태적 특성, 웰빙적 특성을 각 채를 중심으로 기능에 따라 방, 부엌, 마루, 화장실, 정자 등 공간별로 전통적 실내 표현 방법과 마당과 정원, 외부공간과의 경계인 담장이나 울타리 등 채를 감싸는 외부구성에서의 표현 방법을 중심으로 웰빙적 특성을 찾아보고 현대적 적용 가능성을 모색해 보려고 한다.

02 • 방

전통 주거의 실내 공간 구성은 크게 방과 마루로 구성되며 이 중 마루는 개방적 공간으로 방은 폐쇄적인 공간으로 잠을 자고 식사를 하고, 여러 가지 생활이 이루어지는 다용도 공간이다. 이에 사랑채에서 대표적으로 사랑방, 안채에서 안방을 중심으로 크고 작은 방 다양한 방들이 갖춰져 있으며 행랑채에서는 하인들이 거주하는 행랑방 등이 갖춰져 있다. 대부분 방의 내부는 기둥, 보, 도리 등의 모든 구조체가 벽지나 천장지로 마감되어 있고, 창호의 안쪽도 창호지를 발라 사면이 평면으로 이루어지며, 바닥도 장판지로 마감되어 단순한 면으로 구성되어 있다. 이 중 사랑방과 안방은 주택의 주요 공간으로 크기는 15척(4.5m)~27척(8.1m) 정도이며 중간에 샛장지문을 달아 분리하기도 하였으며 4계절을 보내는 실내공간으로 계절을 보내는 물리적 요소와 정신적 건강을 위한 다양한 웰빙 기법들이 담겨져 있다. 이에 전통 주거의 방에 사용된 웰빙 기법을 사랑방과 안방을 중심으로 살펴보고자 한다.

사랑방

사랑방은 사랑채를 이루는 주요 공간이며 집안의 가장 어른이 되는 남자 주인의 일상거처이자 사회적 응접공간으로 보통 주택의 외부와 가까운 곳에 위치하며 남향을 향하고 있다. 규모가 작은 서민주택에서는 외부에 면한 온돌방을 사랑방으로 정하여 문방을 꾸미기도 하였다. 상류주택의 사랑방은 기거와 침식 이외에 독서, 사색, 접객, 휴식, 예술 등 많은 행위가 이루어졌다. 이러한 사랑방은 주인의 정신세계와 교양, 지식, 가풍을 느낄 수 있는 공간으로, 유교의 영향으로 문필문학을 존중하고 경전을 연구하는 풍조로 조선시대 특유의 단순하며 기품이 있는 독창적인 사랑방이 형성되었다. 이에 사랑방 장식은 권위를 과시하기 위해 오히려 장식과 색체를 절제하며, 화려함보다는 맑고 단순한 미적 감각을 표현하고 가구도 독서에 필요한 것들로만 한정되었다. 내부공간은 바닥은 황갈색 장판지로, 벽과 천정은 백색 벽지,아랫목을 잠자리로 사용하며, 웃목에는 이불 등의 물건 등을 놓아두고 수장공간으로 사용하는데 책상도 웃목에 두는 것이 일반적이다.

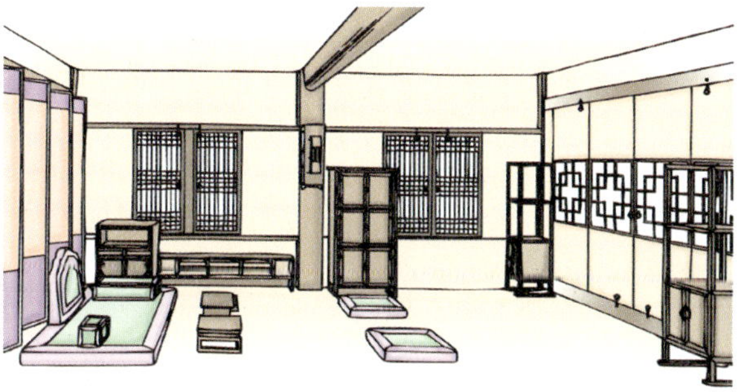

| 사랑방 구성 개념도 |

상류주택의 사랑방 공간 구성 개념도로 장식과 색채를 절제하며 화려함보다는 단순한 가구로 아랫목에는 병풍과 보료를 놓고 서안과 연상을 배치하고 웃묵에 수장가구 들이 배치되었다.

| 사랑방, 남산 한옥마을 |

콩기름을 먹인 장판지와 하얀 벽지로 마감된 상류주택의 사랑방 모습이다.

안방

안방은 안채를 이루는 주요 공간이면서 가장 폐쇄적인 공간으로 안주인이 거처하는 장소로 남편과 직계비속을 제외한 남자는 출입이 통제되는 공간이다. 안방은 사교나 학문 탐구 공간인 사랑방과는 달리 가족의 의식주를 전담하는 가정의 중심지로 출산과 임종, 결혼때 신부를 맞이하는 공간으로 그 만큼 은밀한 공간으로 가장 안쪽에 배치되는데 대문으로부터 멀리 떨어진 뒤편 구석진 북쪽에 두는 것이 일반적이었다.

상류 주택의 안방은 대개 2칸으로 넓게 활용하지만 때로는 중간에 장지문을 두어 여닫게 구성하기도 한다. 규모가 큰 주택은 안방 안쪽에 한 칸 넓이의 윗방을 두어 삼층장, 이층장 등 수장용 가구 등을 배치하기도 하고, 좀 더 격을 갖춘 집은 방 측면에 방의 길이와 같은 2칸 길이의 측방을 두어 가구를 배치하고 침실로 이용하기도 하였다. 그리고 부엌 옆 벽은 다락 공간이 형성되는데 이 공간은 살림살이에 필요한 물건을 보관하는 수납공간으로 활용되었다. 부엌의 천장 면이 다락의 바닥면이 되므로 다락의 크기는 부엌 크기에 비례하였다.

민가에서의 안방은 대개 아궁이가 있는 아래 목은 평상시에 앉아 머무는 자리나 잠자리로 이용되며, 아랫목 상부 벽에는 붙박이로 벽장이 설치되어 수장 공간으로 사용된다. 등은 뒷벽 아랫목 쪽의 앞 벽이나 벽장이 없는 경우에 아랫목 벽에는 횃대를 설치하거나 못을 박아 옷을 걸어둔다. 안방의 앞문 안은 밝기 때문에 바느질 공간으로 이용되고, 웃목은 물건을 놓거나 가구를 놓아두는 수장 공간으로 사용된다.

| 안방 구성 개념도 |

상류주택 안방 구성 개념도로 중간에 장지문을 두고 공간을 다용도 이용할 수 있는데 아랫목에는 보료와 사방침을 놓고, 벽면을 따라 머릿장과 문갑을 배치하고 윗방에 삼층장을 비롯하여 수납가구를 배치하였다.

| 안방, 남산 한옥마을 |

병풍과 보료 연상을 놓고 벽면에 문갑을 배치하여 단아하게 연출한 안방이다.

사랑방과 안방에서의 웰빙

| 인체를 기준으로 안정감을 주고 기(氣)가 가장 잘 호흡되는 공간 규모 설정 |

전통 주거의 방은 자기 몸을 기준으로 크기를 정했는데 안정감을 주는 크기를 중심으로 정했다. 대체로 방의 크기는 한 변이 9척으로 가로, 세로 9척이 최소한의 평면으로 하여 크기를 정하였는데 형편에 따라 방의 크기는 3배수로 커져 형편이 좋아지면 18척으로 늘리기도 했고 신분에 따라 21척의 방에서 살 수도 있었다. 방의 높이는 보통 7.5척으로 한국인의 평균 키의 1.5배에 해당하는 수치이다. 7.5척은 사람 앉은키에 사람 한 명이 올라설 수 있는 높이로 기(氣)가 가장 잘 호흡될 수 있는 공간설정이다. 창의 기본구조도 인체에 맞추어져 만들어졌는데 머름대 높이를 앉은 사람의 겨드랑이 아래, 가슴팍이 닿을 높이에 두었다. 1.8척 즉, 54㎝ 가량인데, 이는 사람이 누웠을 때 두께의 두 배에 해당하는 높이로 사람에게 가장 안정감을 줄 수 있는 설정이라고 한다. 또한 가구를 포함한 방구성은 앉은키에서 사용하기 편리하고 시각적으로 어울리도록 하여 아담하면서도 정리된 선과 면으로 짜인 형태로 구성되어 안정감을 주었다. 이에 전통 주거의 방은 무엇보다 잠을 자고 주로 생활하는 공간으로 화려함을 중심으로 하는 장식보다는 인체의 안정감과 기의 흐름을 중심으로 건강을 고려하여 방의 규모를 정하고 방을 연출하였다고 할 수 있다.

| 공간의 가변성과 상징성을 동시에 만족하는 방 |

사랑방과 안방은 주택의 가장 주요한 공간으로 중간에 장지문을 달아 사랑방은 침방과 안방은 윗방으로 방을 분리하는데 이는 방을 여러 개로 사용하려는 목적도 있으나 문지방으로 주인의 영역을 확고히 하려는 상징적 의미를 담고 있다. 그러나 기능적으로 하나의 방을 다양하게 활용하는데 밤에는 장지문을 닫아 방을 분리하여 여러 식구들의 침실로 사용하고, 낮에는 친지나 친분이 두터운 사람이외에 장지문을 안쪽으로 근접 제한하여 문지방으로 거리감 상하 의식을 상징하는 것으로 사용하였다. 또한 가변성으로 인해 여러 가지 생활이 이루어지는 다용도 공간으로 기능이 더 강화되었다. 그리고 이중 공간으로 인한 공기층 형성으로 난방의 효율을 높이는 데도 일조하였다.

| 좌식생활에 적합한 공간 구조로 기능성을 높인 공간 |

안방과 사랑방의 구조적으로 아랫목 쪽에 다락으로 통하는 다락과 벽장이 설치되어 일상생활에 필요한 물건을 넣어 두는 요긴한 수납공간으로 사용되었다. 이는 아랫목에 앉은 채 몸만 돌리면 사용가능한 높이인 45㎝ 정도에 설치되어 좌식생활에서 수납을 위해 자세를 바꾸는 등의 번거로움을 해소하는 효과와 벽장과 다락의 문을 닫아 놓으면 일반 벽과 같이 평면 형태가 되어 공간 내에서 별노로 돌출되는 수납가구가 필요 없는 깔끔한 공간을 이루었다. 그리고 다락의 바닥은 마루로 마감되나 그 위를 장판지로 덧대어 마감하기도 하였다. 다락에는 교창을 설치하여 자연광이 들어오게 하고 천장은 서까래가 그대로 노출된 연등천장으로 되어 환기를 고려한 공간을 조성하였다.

| 온돌과 자연 소재 바닥 마감재를 통한 건강 추구 |

방의 바닥공간에서 대표적 웰빙 요소는 온돌과 자연소재 마감을 들 수 있다. 바닥을 마감하는 장판지는 유해물질 배출이 전혀 없는 두껍고 질긴 종이에 콩기름을 먹인 유지 장판지로 마감하게 된다. 일부 장판지 대신 비단을 발라 화려하게 연출하기도 하고, 광목에 기름을 먹여 사용하거나 솔방울, 은행잎 등을 짓찧어 얇게 펴 발라 내구성과 내수성을 고려한 마감법을 사용하기도 하였다. 온돌 바닥의 마감 방식은 모두 천연 소재가 기본이 되고 콩기름을 먹은 매끈한 장판지를 주로 사용하였기 때문에 유해물질 자체는 나올 수가 없으며 먼지가 적고 정전기 발생이 줄어들어 진드기가 자라날 틈이 없다. 그렇기 때문에 알레르기 등이 발생율이 줄어든다.

온돌 구조는 우리 민족의 독창적인 전통난방 방식으로 웰빙 철학이 바탕이 된 문화유산이다. 바닥에 구들돌을 깔고 그 밑에 연도를 두어 아궁이에 땔감을 떼워 얻어진 열기가 바닥 밑을 지나가면서 구들을 덥히고 바닥을 따뜻하게 하는 간접 복사열 난방법으로 구들돌이 오랫동안 열을 간직함으로 적은 연료로 오랜 시간을 난방 할 수 있는 매우 경제적인 난방법이다. 그리고 온돌에는 웰빙 건강 비법이 숨어 있다. 온돌을 이루는 돌과 흙이 가열되면 원적외선이 방사되는데, 원적외선은 체내에 흡수되어 체내 온도를 상승시키고, 땀과 각종 노폐물을 몸 밖으로 배출하게 하는 온열요법(溫熱療法)이 가능하여 여러 가지 병을 치료하는데 도움을 준다. 특히 온열에 의해서는 말초혈액순환의 개선, 신진대사의 촉진, 진통, 근긴장의 저하 등의 작용이 있어, 관절류머티즘, 신경통, 근육통 등 각종 만성염증과 피로회복에 매우 효과적이라고 한다. 또한 아랫목이 생기는 구조로 인해 공기가 아래서 위로 퍼져 방안을 골고루 따뜻하게 해주면서 생활 속에서 머리는 늘차고 발은 늘 따뜻한 사람이 건강하다는 '두한족열(頭寒足熱)'을 실천할 수 있게 해주므로 건강 증진에 도움을 준다. 그리고 온돌바닥에서 잠을 청하므로 인해 허리를 보호하고 자세를 교정시킨다. 온돌은 척추의 기능적 단위와 척추만곡을 정상적으로 유지하면서 주변 근육의 긴장 해소에 효과적이다. 단, 두꺼운 이불이 아닌 접촉면이 눌려서 아프지 않을 정도의 요를 깔고 자는 것이 척추 건강에 좋다고 한다. 허리디스크 환자에게 가급적 따끈한 온돌방에 잘 것을 권하는 것도, 서양 침대 대신 돌침대가 인기를 끌고 있는 것도 이 때문이다. 그리고 추운 겨울밤의 뜨끈한 온돌방은 옛 조상들의 노곤한 심신을 정성스럽게 풀어주고, 가족 간의 정을 돈독하게 하는 만병통치약과도 같은 것으로 몸과 마음의 피로를 풀어주는 가장 안락하고 포근한 공간이라고 할 수 있다.

| 자연재로 구성된 단아한 벽면 |

전통 주거의 벽은 구조체가 기둥이 되고 많은 부분이 창호로 구성된 방의 공간 구조 특성상 벽은 그리 많지가 않다. 실내를 구성하는 벽은 대부분이 심벽 구조로 벽에 벽지를 바르지 않은 면은 기둥, 인방, 벽선, 문선 등의 수장재가 노출되어 보이는 입면형태를 취하고 종이벽지 마감, 회 마감, 천마감 등 인공적인 색채나 마감재 보다는 소재가 가진 자연 칼라에 자연재를 사용하므로 자연미를 그대로 나타내 단아한 벽면을 구성하였다. 그리고 창호로 구성된 입면도 방의 내부로는 살을 가리는 방식으로 한지를 발라 벽면과 창호를 닫으면 벽면과 동일한 효과를 나타내어 하얀 벽면을 형성하였다.

| 보온과 소음차단 효과를 고려한 아늑한 천장 |

전통 주거의 대부분 방의 천장 면은 종이벽지, 반자지로 마감된 종이반자 천장이다. 천장을 마감한 종이는 휴지로 초배(初褙)를 하고 중배지(中褙紙)로 두꺼운 종이를 바른 다음 정배지(正褙紙)로 청색, 녹색, 오색 등의 여러 색 중

| 인간적 스케일을 고려한 방, 낙선재 |

한 변이 9척의 규모를 갖는 최소 규모의 행랑방으로 바닥은 장판지, 벽과 천정을 한지로 마감하여 단아함을 주고 작은 크기에 맞춰 높이를 인체 크기에 맞추어 안정감을 주고 있다.

| 벽장문과 다락문, 장지문으로 구성된 안방, 한국민속촌 |

아랫목에 앉은 채로 사용가능한 높이에 설치된 벽장문과 다락문을 설치하고 벽지로 마감하고 서화를 그려 방의 장식성을 높이고 장지문으로 공간의 가변성을 높이고 있다.

| 간접조명에 의한 방, 추사고택 |

자연소재로 마감한 방에 한지 창호에 의한 자연 빛 도입은 아늑하면서도 은은하고 부드러운 공간을 제공한다.

| 앞퇴의 수세공간, 남산한옥마을 |

안방 앞에 앞퇴에 문을 달아 씻을 때 프라이버시를 지키고 완충 공간으로 활용하였다.

| 뒷툇마루, 운현궁 |

뒷퇴에 쪽마루를 깔고 난간을 설치하여 떨어짐을 방지하고 신을 신지 않고도 이동이 편리하도록 하고 장식 효과도 높였다

에서 골라 사용하였는데 일반적인 방은 한지 고유의 흰색을 그대로 사용하였다.

반자 천장은 인간적 스케일을 고려하고 기의 흐름을 고려하여 설정된 일정 높이에 수평의 반자틀을 만들고 그 안에 널판을 끼워 넣는 천장으로 지붕 밑의 구조재를 가리는데 단열에 의한 보온효과와 소음차단 효과가 있다.

| 간접조명에 의한 은은하고 부드러운 빛을 도입하는 창호 |

창호 마감으로 한지를 한 겹으로 발라 빛이 투과되는 창호지인 명장지와 양면을 두껍게 싸 발라 빛이 통과하지 않는 맹장지가 있다. 우리 선조들은 삶 속에서 빛은 순화된 빛, 간접조명을 선호하였는데 처마를 통해 한번 걸러진 빛이 창호의 한지를 통하면 더욱더 부드러운 빛으로 바뀌어 실내공간을 더욱 훈훈하고 넉넉하게 만들고 있다. 이런 빛은 사람의 마음을 편안하게 해주고 인성의 발달에 많은 영향을 준다. 그리고 더운 여름이면 발을 걸어 내부의 사생활을 보호하면서 외기를 도입하고 겨울에는 무렴자를 쳐 외풍을 막음으로 창호의 격을 높였다.

| 앞퇴와 뒷퇴 공간을 통한 외기차단과 편이성을 높인 공간 |

방의 앞쪽에는 앞퇴 공간을 조성하고 사분합문을 달고 대청 쪽으로는 여닫이 장지문을 달아 폐쇄된 공간을 만들어 여기에서 세수를 하기도 하였다. 그리고 뒤쪽에도 뒷퇴를 설치하여 이중외피 효과를 주어 겨울에 외기를 차단하여 방의 아늑함을 더해 주었다. 뒷퇴가 없는 경우에는 폭이 좁은 쪽마루를 설치하기도 하였다. 이러한 쪽마루는 장마루 구조로 하여 마루 둘레에 난간을 설치하여 장식적 효과를 주고 신을 신지 않고도 이동을 하는 편리함을 주어 공간의 여유를 주면서도 공간의 편리함을 더해 주었다.

03 • 부엌

부엌의 기능 및 공간 구성

전통 주거에서 부엌은 정재, 정지라고도 불리며 한 집안에서 매우 큰 비중을 차지하는 공간이면서 다목적으로 사용되는 공간이다. 부엌은 오늘날과 같이 단순히 음식을 만들고 식품을 조리하는 공간이 아니라 복합적인 기능을 지닌 특수한 공간이었다. 첫째, 음식을 만들고 식품을 조리하는 취사기능으로서의 공간이며, 둘째, 방의 온도를 조절해 주는 난방을 담당하는 곳이고, 셋째, 음식물을 비롯하여 식품, 연료, 식기 및 부엌 용기 등을 저장 기능을 겸하고 있는 공간이며, 넷째, 조왕신, 조왕각시, 부뚜막신, 수명과 재운의 신을 모시는 종교적 공간이 되기도 하고, 다섯째, 부녀자들이 몸을 씻는 목욕간으로서 기능도 이루어졌다.

이와 같이 우리의 부엌은 취사와 난방, 저장 기능을 중심으로 종교적 정신적 기능과 여성들의 휴식과 위안의 공간으로서 다목적 기능을 겸한 중요한 생활공간으로 자리잡아 왔다 이에 위치 선정이 매우 중요하였다. 풍수지리에서도 대문과 안방과 함께 양택의 3대 요소 중 하나로 음양오행과 팔괘 오행을 기본으로 하는 '동사택서사택' 이론에 의해 배치되었다. 보통 여성들의 공간인 안채에 위치하면서 안채의 동쪽이나 동남쪽에 위치하는데, 대문과 안방의 배치 관계에 의해 부엌의 향이 정해졌다. 풍수지리에 따르면 남향집에 대문이 남동쪽이며 안방과 부엌은 북쪽, 서향집에 대문이 남쪽이며 동쪽, 남동향집에 남서 대문이며 북서쪽, 남서향집에 대문이 서쪽이며 북동쪽이 좋다고 하여 이에 따라 배치되었다. 그리고 부엌은 물과 불을 쓰는 공간으로 음양오행에 내재된 공간으로 공간 구성에서도 집안에 복을 기원하기 위해 다음과 같은 점을 주의해서 공간 배치를 하였다. 첫째, 집의 향을 등지면 안 되며, 둘째, 주방문과 부뚜막과 화장실문, 안방문이 마주보지 않게 배치한다. 셋째, 부엌 밑으로 하수가 지나가면 좋지 않으며, 넷째, 서쪽의 해가 부엌을 비추면 불길하므로 피해 배치해야 하며, 다섯째, 바람 타는 것을 꺼리며, 여섯째, 물과 불을 이웃해서 배치하면 안 되며 청결해야 함을 강조하고 있다. 그러므로 우리 전통 주거의 부엌은 단순하게 기능만을 고려하여 조성된 공간이 아니라 자연적 요인과 사회 문화적 요인, 미학적 요인에 의해 형성됨으로 물리적 공간이 인간공학적인 측면에서 편리한 점도 있지만 작업에 부적합한 물리적 구조를 보이는 요소가 많으며, 공간 배치도 안방과 바로 인접되어 있는 부엌은 안주인이 가사를 관리하기 위해서는 편리한 배치이지만 작업자의 동선을 보면 우물, 장독대, 광 등의 보조시설이 여러 곳으로 분산되어 있어 동선과 기능적 측면에서 불편하며, 부뚜막이 45㎝ 안팎의 높이로 구성되어 작업자에 대한 배려 또한 미흡한 부분이 많이 있다.

상류 주택에서는 부엌이 대소로 구분되어 있는 경우가 많은데 하나는 안방에 붙어 있는 것으로 조리를 하는 주된 부엌이고, 다른 하나는 건넌방에 붙어 있는 것으로 아궁이가 있어 평상시 솥을 걸고 물을 끓이거나 때로는 요리를 하는 보조적인 조리공간으로 이용되었다.

일부 규모가 큰 상류 주택이나 궁궐과 같은 특수 주거에서는 부엌을 반빗간이라 하여 별채로 독립시키고 부엌과 찬간 등에서 사용하는 모든 가구와 집기들을 비치하고 반빗아치와 차집들이 집안의 모든 음식을 장만하고 물품을 관리하였다. 이럴 경우 안방의 다락아래 부엌을 두었던 자리는 누다락을 만들어 여름철 시원하게 보내는 공간으로 활용하고 누다락 아래에는 안방에 불을 때기 위한 함실아궁이를 만들었다.

지역적으로 특색 있게 구성되는 부엌도 있는데 기후가 대륙과 다른 제주도 지방과 함경도 지방의 부엌이다. 제주도 지방의 부엌은 방의 반대편에 부뚜막 없이 화덕 형태로 구성된다. 즉 방의 건너편인 마루에 옆에 두어 단순히 조리만 담당하고 화로의 역할만 하는 부섭이 설치되는 구조를 취한다. 며느리와 시어머니의 부엌이 따로 존재하거나 살림이 따로 나뉘어져 있으며 부뚜막이 아궁이가 있지만 방과 떨어져 있다. 반면 날씨가 추운 함경도 겹집에는 정주간이 있어 부엌도 아니고 방도 아닌 반 실내외 공간에서 집의 대소사가 이루어지고 외양간이 들어와 가축이 함께 있는 공간구성을 취하기도 하였다.

| 부엌과 아궁이, 남산한옥마을 |

흙바닥으로 조성되고 판장문을 조성된 아궁이가 있는 부뚜막으로 조성된 부엌으로 부뚜막 위에 크고 작은 솥이 올려져 있고 다락 공간이 조성된 전형적인 부엌이다.

| 제주도 부엌 공간, 제주 민속촌 |

부뚜막이 없는 제주도 부엌으로 화덕 형태로 조리 공간이 구성된 부엌 공간으로 부뚜막이 설치된 부엌과는 다른 형태를 취하고 있다.

• 부엌의 부대 공간 •

전통적으로 난방과 취사를 위해 불을 지피는 아궁이와 솥을 걸치는 부뚜막, 살강이 설치되어 있는 곳이 우리의 부엌 공간이다. 그러나 지역에 따라 구조와 기능의 차이는 있지만, 상류 주택은 일상 식생활공간을 부엌에만 한정시키지 않고 식품저장이나 갈무리를 위한 다양한 공간들을 갖추었으며, 이들 공간의 구성이나 형태는 집집마다 조금씩 다르게 구성되었으나 다음과 같은 공간들이 구성되었다.

| 찬방(撰房) |

찬방은 찬간(饌間), 찬마루라고 불리는 곳으로 반가나 중·상류 주택에서 볼 수 있는 부엌의 보조 공간으로 현태 주택의 부엌방이나 다용도실에 해당되는 공간이다. 부엌이 넓은 경우 그 한부분의 바닥을 높게 하여 만든 일종의 배선공간이면서, 일꾼이 와서 음식 만드는 것을 거둘기도 하고 온돌을 설치하여 유과를 말리거나 청국장을 띄우기도 한다. 부엌과는 문으로 연결되어 있어 부엌에서 조리된 음식을 이곳에서 상에 올려 안방, 사랑방 등으로 내가는 공간이며, 간단한 음식은 이곳에서 조리하였다. 부엌의 바닥은 흙으로 되어 있지만 찬방은 마루로 된 것과 온돌로 된 것이 있다. 찬방에는 상을 차리는데 필요한 그릇, 식기, 식기를 보관하는 식탁, 찬장, 찬탁, 소반 등이 비치되어 있고 음식물을 보관하기 위한 창고로 사용되기도 하여 뒤주 등이 놓이기도 하였다.

| 과방(果房) |

잔치나 큰일을 치룰 때 장만한 음식을 그릇에 담아 보내는 곳으로 대개 부엌의 다락 위에 임시로 두고, 다락 넌출창으로 음식을 내보낸다.

| 찬광 |

반찬거리를 넣어 두는 광으로 주로 밑반찬이 보관되어 있다. 곳간채의 제일 끝에 찬광이 마련되는 경우가 많다.

| 장독대 |

예로부터 장독대는 우리 전통음식의 대표적인 김치, 고추장, 된장, 젓갈, 장아찌 등을 보관하는 장소로 외부공간에 있지만 부엌의 중요한 부대시설로 소중하게 생각하여 쓸고 닦고 주변을 치장하여 정갈하고 아름답게 지켜왔다. 예로부터 장독대의 자리가 좋고 가지런하면 집안이 크게 일어날 것이라고 하고 이사할 때도 장독대부터 옮겨 놓았다고 한다. 그리고 식구들의 건강을 지켜 온 근원지로 여겨 정월에 농악대들이 액막이 굿을 할 때는 집집마다 독 뚜껑을 열어 놓아 독 속에 복이 담뿍 담기도록 기원하기도 하였다.

보통 장독대는 부엌과 가까운 뒤뜰 높쏙에 높이 돈대를 돋구어 만들거나 높직한 곳에 있지만, 뒤뜰이 마땅치 않은 곳에선 물가와 가까우면서 높고 깨끗하고 바람이 잘 통하는 양지바른 곳에 놓기도 하였다. 그리고 벌레가 접근하지 못하도록 돌로 단을 높게 쌓고, 다시 굄돌로 사방을 받치거나 네모반듯한 벽돌로 장독 받침을 따로 만들었다. 장독대 구성은 3줄 정도로 구성되는데 맨 뒷줄이 큰 항아리로 배치되고 앞으로 점점 작은 항아리를 배치하는데 맨 뒷줄이 간장, 된장 그 다음 고추장이나 장아찌, 맨 앞줄은 계절별 김치들이 자리를 차지하였다.

| 한뎃부엌 |

한뎃부엌은 '헛부엌' 또는 '판솥'이라고 하고

방에 불을 들일 필요가 없는 여름철이나 큰일을 치룰 때에는 안마당이나 뒷마당 등에 임시 부뚜막인 화덕을 걸고 음식을 만들 수 있는 보조 부엌을 말한다.

| 곳간 |

쌀이나 곡물을 담아두는 항아리나 뒤주를 두거나 오래 저장해야 할 음식이나 여러 가지 생활용품들을 저장 보관한 장소이다.

| 고방 |

광이라는 의미로도 사용되며 곡식이나 부식재나 조리 기구를 두는 곳으로 고방은 겉곡을 도장은 알곡을 보관하는 장소로 구분하기도 한다.

| 도장 |

도장은 안방에 있는 곡식 창고로 호서와 영동지방에서 사용하는 언어로 알곡을 보관하는 장소이다. 남동해안 지방에서 도장을 안청, 제주도에서는 고팡이라고 부른다.

| 곳간, 한국 민속촌 |

마루 바닥으로 조성된 곳간으로 쌀과 곡물을 담는 항아리와 생활용품들이 놓여 있으며 창호가 조성되어 환기와 채광이 되도록 하였다.

| 장독대와 우물, 영주 선비촌 |

부엌과 가까운 뒤뜰 바람이 잘 통하는 시원한 위치에 단을 높여 만든 장독대로 우물을 바로 옆에 설치하여 외부 부엌활동의 편리성을 도모하였다.

| 한뎃부엌, 한국 민속촌 |

뒷마당 장독대 옆에 조성된 한뎃부엌으로 부뚜막인 화덕을 걸고 음식을 만들 수 있도록 조성했다.

• 부엌의 공간 구성과 기능 •

기본 공간 구성

일반 부엌은 흙바닥에 부뚜막이 만들어지고 여기에 솥이 대 · 중 · 소로 설치되어 밥과 국이 조리되고, 부엌문 안쪽에는 저장 물통인 물두덕을 놓고 식수로 사용하였고, 설거지는 자배기를 이용하고, 배수는 안마당에 설치된 하수구를 이용하였다. 부뚜막은 안방 쪽으로 붙여 만드는 가열 공간으로, 진흙과 같은 고운 흙과 벽돌로 만들어졌다.

부엌의 구조를 살펴보면 일반적으로 방바닥보다 바닥을 2.5(75㎝)~3.0척(90㎝) 정도 낮춘다. 이는 부뚜막과 아궁이가 온돌난방 겸 음식조리를 위한 부엌 필수 시설때문이다. 왜냐하면 부엌에는 2~4개의 아궁이가 있으며 아궁이에 땐 불길을 방고래로 빨아들이도록 되어 있는 온돌 구조 때문이다.

공간 구성에서는 평면 모듈이나 천정고는 인체 모듈에 적합하나 문턱 높이나 문고리 높이, 창문높이는 다소 높은 경향을 보인다. 문턱 높이가 넘나들기에 불편한 이유는 부엌 바닥이 낮아져 외부의 바닥 지면과 레벨이 다른데 기인하는데 이런 불편함을 해소하기 위해 부엌 문턱에 주춧돌을 안팎으로 덧대 계단처럼 구성해 주기도 한다. 문고리가 높이가 손잡이로서 높게 나타나는데 이는 문고리의 기능적 측면보다는 미학적 측면에서 비례를 우선시 한데 기인하며 여닫이 문이므로 그다지 기능에 구애받지 않기 때문이다. 창도 채광과 통풍을 위해 대류현상으로 최대한 효과를 보기 위해 높게 설치되었다.

부뚜막 위쪽의 상인방에는 못을 치고 부엌기물을 걸었으며, 나머지 기물은 선반과 같은 시렁으로 달아 구성된 붙박이 벽장이나 다락에 수납하였다. 부엌 상부의 다락이나 벽장의 출입구는 안방 쪽으로 나 있어 안방에서 자주 사용되는 부엌용품이나 부식재 등을 넣고 꺼내기 편리하도록 하였다.

민간신앙에 의해 부엌의 부뚜막 위는 대를 만들어 조왕신을 모시기 위해 조왕보시기를 올려놓았다. 명절 때는 조왕신에게도 상을 차려 부뚜막에 올려놓았다.

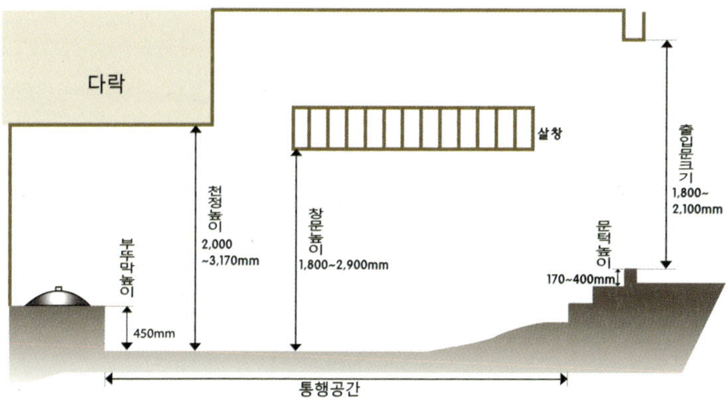

| 부엌 공간 구조 및 전체 높낮이 구성 |

* 이미지 참조 이영미 외 1인, 한국전통부엌 공간과 인간의 생태학적 관계에 대한 연구, 한국주거학회논문집 제17권 제1호 2006. 2, 재구성

| 부엌 전경, 한국민속촌 |

부뚜막에 의해 바닥의 고저가 형성된 부엌으로 부뚜막 위에는 부엌기물을 걸고 선반을 조성하여 자주 사용하는 그릇 등을 올려놓았다.

기능에 따른 공간 구성

부엌의 기능에 따른 공간 구성은 크게 부뚜막을 중심으로 하는 가열 및 난방 공간, 조리 공간, 개수 공간으로 이루어지는 작업 영역과 배선공간인 수납 영역으로 구성되었다. 기본적으로 우리 전통 부엌은 현대의 부엌보다 공간이 상대적으로 크고, 가족수가 많고, 부엌과 관련된 부대 공간인 우물, 장독대 등이 멀리 떨어져 작업동선이 길게 나타나고 있다. 이는 기능적 측면에서는 불편한 동선이나 부뚜막이 작업대로 부적합 이유는 작업대 기능보다 난방기능이 우선시 되고, 장독대는 바람이 잘 통하는 서늘한 장소에 마련되어 음식물 보관이라는 기능을 우선시 한데 그 원인이 있다.

| 가열 및 난방 공간 |

부뚜막과 아궁이는 일체화한 부엌시설로서 하나의 열원이 온돌난방과 음식조리를 위한 열원으로 동시에 사용되며 가장 중요한 부엌시설이다. 부뚜막은 안방 쪽으로 붙여 진흙과 같은 고운 흙과 벽돌로 만들어지고 부엌 바닥에서 약 1.5척(45㎝) 안팎의 높이로 설치하고 가마솥을 거는데, 솥은 크고 작은 것을 두세 개 걸어 용도와 용량에 따라서 취사에 사용하였으며, 밥솥, 국솥, 물 끓이는 솥으로 이용되었다.

| 조리 공간 |

부뚜막에서 솥과 솥이 걸려 있는 사이의 공간은 음식을 준비하고 조리하는 행위가 이루어지는 작업 공간으로 볼 수 있다.

| 개수 공간 |

전통 부엌에는 수도나 하수 시설이 없다. 그리고 음양오행 사상에 의해 우물은 부엌과 멀리 떨어져 있어, 물 사용이 많이 필요한 부엌공간에서 이에 대한 보완책으로 큰 물독을 두고 물을 길어다 담아 놓고 필요할 때 마다 퍼서 썼다. 물이 가장 많이 필요한 설거지는 부엌 내에 설거지대나 부엌과 연결된 찬마루에 놓고 하고, 식료를 다듬고 씻는 행위는 우물가에서 행하였다. 설거지물의 하수는 하수 시설이 없어 개수통에 모아서 처리하였으며 우물가나 집 뒤에 만들어 놓은 도랑에 버린다. 이에 물 사용을 위해 부엌에는 물지게, 물항아리, 물동이 등이 놓이고 부뚜막 위쪽 벽에는 머리 받침대, 물바가지 등을 걸어 사용하였다.

| 배선 공간 |

상류 주택은 집안 행사가 많은 관계로 필요한 음식물과 부엌기물을 별도로 수납할 공간이 필요하여 부엌 이외에도 쌀을 담아두는 항아리나 뒤주를 두는 곳간, 부식재나 조리 기구를 두는 고방, 나무를 저장하는 나뭇광, 찬방, 과방 등의 부속공간을 두어 수납공간으로 사용하였다.

| 가열 및 난방, 조리 공간, 한국민속촌 |

부뚜막에서 가열 및 난방을 해결하고 솥과 솥 사이는 조리가 이루어지는 작업 공간으로 이용되었다.

| 개수 공간, 한국민속촌 |

하수 시설이 없는 부엌 한편에는 큰 물독과 하수를 버리는 개수통이 준비되어 개수공간으로 이용하였다.

| 배선 공간, 한국민속촌 |

마루 바닥으로 조성된 찬방으로 상을 차리는데 필요한 그릇 식기, 소반, 음식물 보관 바구니 등이 보관되어 있다.

부엌에서 웰빙

| 물리적 기능과 정신적 위안을 주는 다목적 공간 |

부엌은 취사와 난방, 저장 기능을 중심으로 겨울철 추운 시절은 외부 작업 활동을 하는 공간으로, 종교적 정신적 기능과 여성들의 피로를 풀고, 위안을 삼는 공간으로서 기능을 하였다. 여성들에게 부엌은 단순하게 잠시 들려 밥을 하는 공간이 아니라 하루 중 대부분을 보내는 일상의 장소로 목욕을 하기도 하고, 아랫사람들은 밥을 먹기도 하고, 며느리는 시집살이의 고달픔을 달래고, 글을 모르는 이는 부지깽이를 붓 삼아 글을 배우는 공간이기도 하였다. 또한 신을 모시는 신성한 공간으로 부정을 씻어주는 정화의 공간이라는 상징적 의미를 가진 공간이기 때문에 부엌을 만들 때 사용하는 흙도 깨끗한 흙을 취하여 조성하였다. 그러므로 그 오랜 시간 부녀자들이 부엌에서 지내더라도 한편으로는 정신적 위안을 받으며 시간을 보내지 않았나 싶다.

| 인간과 자연에 순응한 웰빙 공간 |

우리의 전통 부엌은 인간의 합리적이고 기능적인 생활의 편의를 우선시 한 공간이 아니라 인간과 자연에 순응하여 조화로움을 추구한 공간이다. 부엌공간은 자연과 풍토와 같은 자연적 · 미학적 요인과 사회적 · 문학적 요인에 의해 형태와 구성, 위치, 물리적 구조에 영향을 받아 가장 최적의 조화를 찾아낸 결과이다. 음양오행에 의해 가장 복을 주는 위치에 공간이 배치되고, 겨울철 따뜻한 실내공간을 제공하기 위하여 효과적인 난방을 위해 부엌 바닥이 낮아지고, 유교사상에 의해 폐쇄된 공간의 성격을 지니면서 신분별, 남녀별, 세대별로 상을 차리므로 여러 식기를 수납하기 위한 도장방, 고방, 다락 등 부속공간을 만들었다.

| 상시 자연 환기와 통풍을 고려한 공간 |

곡식이나 음식물을 보관하고 취사와 난방을 하는 부엌 공간과 부대 공간인 찬방 등은 통풍과 환기, 채광, 방충이 가장 중요한 공간이다. 이에 우리의 부엌은 이를 해결하기 위해 회벽이나 널로 벽을 잇고 창호는 상시 온습도 조절에 뛰어나 살창과 판문으로 구성되었다. 즉 부뚜막 위 앞마당 쪽으로 살창을 내고, 뒷마당 쪽으로는 상인방 위에 교창을 달아 환기를 하였다. 그리고 창이 다소 높게 설치되었는데 이는 창이 조망의 목적이 아니라 채광과 통풍을 위해 대류현상을 이용하기 위한 자연적 환경에 적응한 결과이다. 또한 부엌의 앞뒤 출입문은 대개 널빤지로 된 판장문으로 구성하였다. 이에 굳이 신경 써서 창이나 문을 열지 않아도 창과 문으로 수시로 자연 환기가 되어 보관한 음식이나 곡물이 빨리 상하지 않도록 하고 부엌에 베인 냄새 등도 빠져나가도록 유도하였다고 볼 수 있다.

| 미학적 요인과 화재 예방의 기능이 조화를 이룬 벽 |

부엌의 벽면은 토벽, 진흙, 고운 흙, 벽돌이 사용되었는데 수장재에 의해 수직적 · 수평적으로 면 분할된 기하학적 미를 추구함으로써 창 위치에 영향을 주었다. 그리고 아궁이

| 정신적 위안을 주는 다목적 부엌, 한국민속촌 |

바닥의 고저차를 이용하여 공간을 다용도로 활용하게 구성하고 정갈하게 흙바닥으로 조성, 구석구석에 식재 식물을 심고 연출함으로 심리적 안정감을 주고 많은 시간을 보내는 공간으로서 최대한 아늑하게 연출하였다.

| 상시 자연환기와 채광이 되는 부엌, 한국 민속촌 |

벽의 상부에 살창을 두어 상시 환기와 채광이 되도록 하고, 흙벽과 회벽으로 면 분할을 고려하여 벽면을 구성하였다.

나 부뚜막이 있어 화재의 가능성이 있는 장소임을 고려하여 내부 입면은 상, 중, 하의 인방이 노출된 회벽이 대부분이고 하부 벽, 즉 벽면의 중인방 높이까지만 돌을 쌓아서 만든 반방화장벽으로 된 경우가 많다. 이는 면 분할된 기하학적 미를 추구하면서도 화재가 발생했을 경우 불이 옮겨 붙지 않도록 배려한 마감 처리법이다.

04 • 마루

마루는 한자로는 '청(廳)'이라 하며, 습기가 많고 더운 지역에서 흔하게 볼 수 있는 남방지역의 바닥구조로 온돌구조와는 대별된다. 이러한 남방특성인 마루의 사용이 일반화된 것은 고려 시대 때부터이며 조선시대에는 마루의 크기를 신분에 따라 제한할 만큼 고귀성, 권위성, 상징성에 따라 분류되었다. 전통주거의 마루는 온돌구조의 방과 외부공간을 연결하면서 개방적 내부공간을 형성함으로 다양한 용도로 사용되고 있다. 그만큼 마루는 우리 선조들에 있어서는 생활공간인 동시에 가문의 상징으로서 의미가 있었으며, 공간에 있어서도 모든 생활 영역에서 중심이 될 만큼 중요한 공간 영역이다. 왜냐하면 마루는 공간 전체 중에서 가장 개방 공간으로서 모든 공간을 연결하는 교차적인 위치에 있어 모든 생활영역의 시발점으로 내부와 외부와의 완충공간으로 사용되어 가정의 중요 행사나 대사는 마루에서 이루어지기 때문이다. 그러므로 오늘날의 테라스나 발코니처럼 내부에서 외부공간을 연결하는 매개공간으로 기능만 있다고 보기 어려우며 사회적인 생활개념이 반영된 복합적인 기능을 수행하는 공간으로 볼 수 있다.

마루는 보통 온돌을 꾸민 후 시공하는데 바닥이 지면에 닿지 않고 공중에 떠 있어 지습과 지온을 피하게 해주고 목재를 사용함으로 접촉면이 부드러워 친밀감을 주고, 탄성으로 인하여 충격을 덜어 준다. 그리고 틈 사이에서 시원한 바람이 들어오는 특징으로 여름을 쾌적하고 건강하게 나도록 해주고, 곡식이나 물건을 상하지 않게 잘 갈무리할 수 있게 해준다.

마루의 종류와 특성

• 마루의 종류와 구조 •

마루의 구조는 기본적으로 틀과 마루널로 되어 있는데, 마루널을 '마누널', '마루판', '당판', '청판'이라 부르기도 하고, 마룻널을 받는 구조재를 '말구틀' 또는 '마룻귀틀'이라고 하고 구조법은 다양하다. 마루바닥은 '마루창' 이라고도 하며 널을 깐 간을 '마루방', '마루청'이라 하고 넓은 마루청을 '대청' 이라 한다. 이때 긴 널을 깔면 '장마루', 마루널이 짧게 된 것은 '동마루', 두꺼운 널을 쓴 것을 '널판마루', 널의 나비가 일정치 않은 것을 '막나비 널 마루'라 부르는데 이와 같이 마루는 마루 널의 크기로 구분하기도 하지만 보통 마루틀을 짜는 방법에 따라, 마루널을 까는 방식에 따라, 사용 장소에 따라 분류해 볼 수가 있다.

마루틀을 짜는 방법에 따라

마루는 지면가까이 설치하는 1층 마루와 바닥으로부터 높이 떨어진 곳에 설치하는 2층 마루로 구분되는데, 전자는 동바리 마루, 납작 마루, 귀틀마루이며 후자는 홑마루, 짠마루, 장마루가 이에 해당된다.

| 동바리 마루 |

동바리 마루는 마루 밑 땅바닥에 동바릿돌을 놓고 그 위에 마루 밑의 멍에, 장선 받이 따위를 받치는 짧은 기둥인 동바리를 세워 멍에를 건너지르고 그 위에 직각 방향으로 장선을 걸치고 마루널을 깐 것을 말한다. 보통 최하층 바닥에 쓰인다.

| 납작마루 |

납작마루는 호박돌이나 단단히 다진 바닥에 직접 장선을 대어 놓은 마루를 말한다. 다른 마루에 비해 최하층 바닥에서 습기를 막기 어려운 단점이 있다.

| 우물 마루 |

전통 주거건축에 보편적으로 사용된 우리 고유의 형식으로 귀틀마루라고도 하며 마루의 모양이 우물 정(井)자 모양으로 생겼다고 해서 우물마루라 한다. 우물마루는 좌, 우 보 방향으로 긴 장귀틀을 건너지르고 장귀틀 사이에 간간이 짧은 동귀틀을 결속한 뒤 나머지 부분을 마루청판으로 채워 넣는 방식이다. 즉, 마루 귀틀을 짜서 짧고 넓은 널을 끼워 놓은 마루를 말한다. 이는 사계절이 뚜렷한 우리나라 상황에 잘 맞는 마루로 추운 겨울에는 수축되고 여름에는 팽창되는 목재 특성상 청판과 청판 사이에 있는 틈이 이를 보완해준다.

| 홑마루 |

홑마루는 간막이 도리에 보나 멍에를 사용하지 않고 장선만을 바닥으로 받치는 구조이다. 즉 층도리와 간 막이 도리에 단순히 장선만 약 45㎝ 간격으로 걸쳐대고 그 위에 마루널을 까는 방식의 마루이며 간 사이가 적은 경우에 이용된다.

| 짠마루 |

납작마루와 달리 방습을 위해 기둥을 세운 마루를 짠마루라 한다. 보통 버팀기둥은 45㎝ 이상의 높이로 하는데 마루의 높이를 유지하기 위하여 기초와 멍에 사이에 마루 지지재를 세우는 구조를 취한다. 즉 큰 보 위에 작은 보를 걸고 그 위에 장선을 대고 마루널을 깐 마루를 말한다.

| 장마루 |

이층 마루, 누마루, 툇마루 등에서 기둥이나 층도리에 큰 보를 걸고 장선을 일정한 간격으로 걸고 그 위에 폭이 좁고 긴 마루널을 깔아 만든 마루를 말한다. 장마루 구조는 귀틀을 사용하지 않고 긴 판자로 바닥을 마감하는 방식으로 우물마루 기법보다 이전 기법이다.

마루널을 까는 방식에 따라

마루 널을 까는 방식으로 구분하면 긴 널을 쓰는 장마루, 귀틀을 짜고 그 사이에 짧은 널을 끼워 넣는 우물마루, 장선만 걸쳐 구미는 부엌다락 마루, 밑창널을 깔고 위에 치장판을 덧깔아대는 이중 마루, 정방형을 모아 댄 널판을 까는 쪽매판 마루 등이 있다.

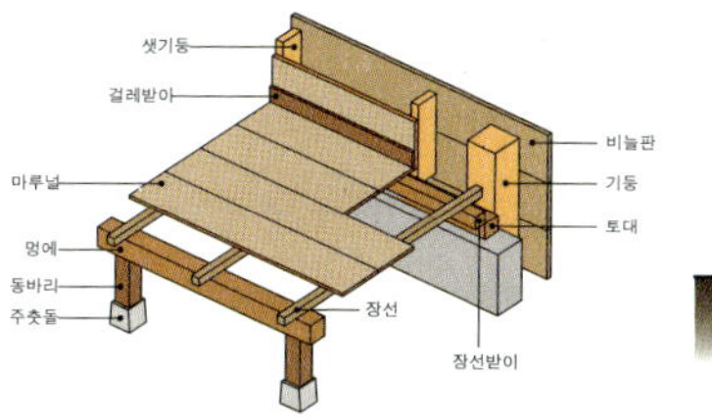

| 동바리 마루 구조와 명칭 |

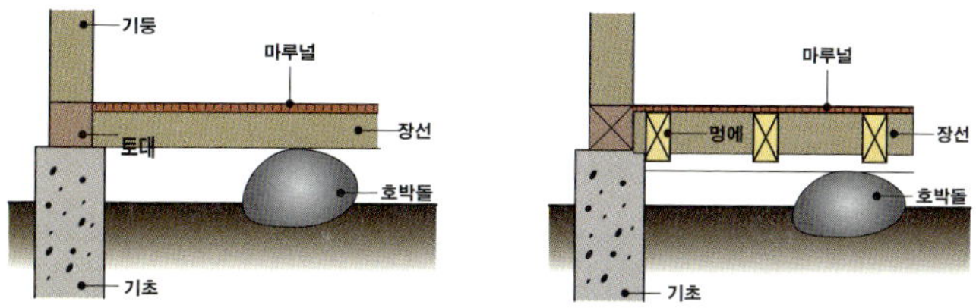

| 납작 마루 구조와 명칭 |

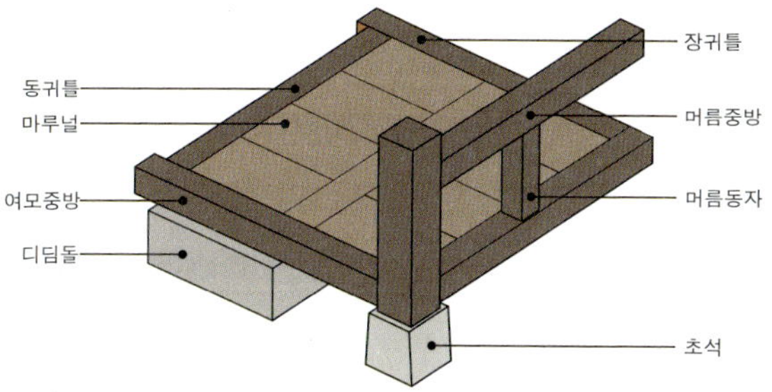

| 우물 마루 구조와 명칭 |

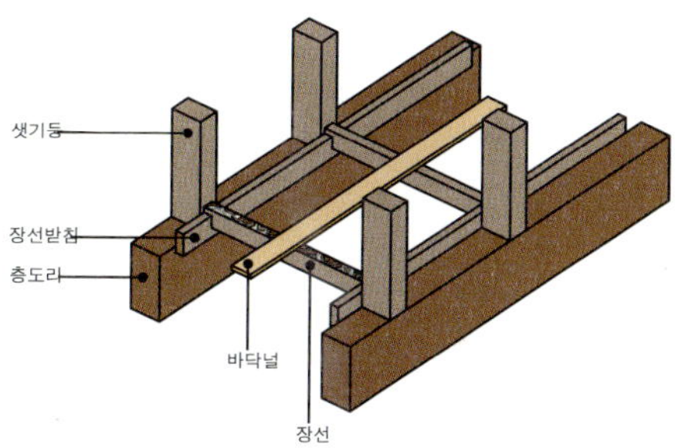

| 홑마루 구조와 명칭 |

사용 장소에 따라

| 대청마루 |

대청마루는 안채의 안방과 건넌방 사이의 넓은 마루나, 사랑채의 큰 사랑방 앞의 넓은 마루로 집의 중심이면서 모든 동선의 중심이기도 하다. 즉 집의 중앙부에 위치한 넓은 마루공간을 의미하며 손님접대, 관혼상제 등의 행사, 가사노동이나 작업의 역할 더불어 동선을 연결하는 수단등 다양한 용도로 사용되는 공간이다. 보통 대청마루는 향의 기준이 되며 보통 작게는 2칸에서 큰 집에는 8칸까지 큰 마루로 되어 있고 적어도 두 면이 열려 있어서 바람이 잘 통하고 집 안 전후의 경치를 감상할 수 있게 구성되었다. 대청마루는 일반적으로 우물마루로 되어 있으며 대들보와 같은 세로 방향으로 기둥뿌리에 두 세 개의 장귀틀을 건너지르고 거기에 직각으로 동귀틀을 건 후 짧고 넓적한 마루널인 청판(廳板)을 동귀틀에 파 놓은 홈에 끼워 넣은 방법으로 구성되었다.

| 툇마루 |

방이나 대청, 마루방 앞 등 건물의 사면 어디나 처마 밑에 덧댄 마루로 좁고 길게 달아낸 마루구조로 툇기둥이 나와 있어야 형성된다. 툇기둥과 안 기둥 사이에 놓여 구조 안에 포함되고, 폭이 좁은 마루로 처마 안쪽에 위치하여 실내에 속하게 된다. 즉, 툇마루에는 마당 쪽으로 벽체나 창호가 달리지 않고 툇칸에 세운 기둥만 있는 구조이고, 건물의 툇간에 놓은 마루, 변두리기둥 바깥에 놓은 마루를 의미한다.

툇마루는 보통 규모가 있는 건물에 설치되는 것이 보통이며 대청으로 들어가기 위한 전이공간으로 대청보다 위계가 낮은 공간으로 대청마루와 단 차이를 주기도 하였다. 툇마루는 방과 방을 잇는 복도 역할을 하고, 안 기둥에 문을 설치하여 대청을 막을 때는 툇마루를 통해 신발을 신지 않고도 안방과 건넌방을 오갔으며, 대청 뒤나 안방, 건넌방 뒤에 툇마루를 구성하여 집 주변이나 방간의 이동을 쉽게 할 수 있는 통로의 역할을 하기도 하며 오늘날의 발코니와 같은 역할을 한다.

| 쪽마루 |

마루 중에서 가장 간단한 형태가 쪽마루이다. 쪽마루는 방이나 대청마루, 마루방 앞에 바깥에 붙여 달아 낸 좁은 마루로 툇기둥이 없이 마루나 좌판 밑을 받치는 짧은 기둥인 동바리로 아래를 받친 좁은 평상처럼 생긴 마루를 일컫는다. 이에 구조와 상관없이 부가적으로 붙는 마루로 건물의 옆이나 뒷부분의 드나드는 문에 쉽게 올라서게 계단의 역할하거나 사람이 통과하도록 연결 부위 역할을 하는 것이며 동자주에 의해 지지되어 있는 공간이다.

쪽마루와 뜰마루는 놓이는 위치는 같으나 단지 구조적으로 마루가 기둥에 끼게 되어 고정된 것을 쪽마루라 하고 기둥에 고정됨 없이 이동이 자유로운 것이 뜰마루라 부른다.

쪽마루는 툇마루와 함께 방과 뒷마당, 옆마당의 출입을 원활하게 하는 동시에 물건들을 올려놓는 수장 공간으로 활용되기도 하고, 신발을 신은 채로 잠시 앉아서 쉬거나 담화를 나누는 공간으로 이용되었다.

| 누마루 |

누마루란 누각(樓閣)처럼 높게 만든 마루로 본래 단독 건물이던 것이 조선 후기에 와서 양반집의 사랑채 바깥에 붙어 누각과 마루를 겸한 형식이 되었다. 여름에 풍취를 더해 주는 누마루는 주로 사랑채에 설치하였는데, 안채에도 부엌이 별도로 있을 때는 누마루를 두는 경우도 있었는데 누마루는 방의 가장자리 칸에 다른 바닥보다 좀 높게 다락처럼 만들었다. 보통 사랑방 또는 문방(文房) 옆으로 낸 누마루는 방보다 1척(30㎝)정도 높게 설치하며 바닥은 장마루로 구성하고 천장은 연등천장 또는 우물반자로 구성한다. 누마루는 전면이 개방되어 있거나 일부만 개방함으로 분합문을 설치하여 개방과 폐쇄가 가능한 공간으로 다른 마루 구조 보다 지면으로부터 높이 떨어져 있고 개방성과 전경성이 다른 어떤 공간보다도 뛰어나다. 누마루는 삼면에 벽 없이 기둥만 노출되어 아늑함과 안정감을 주기 위해 머름 높이의 난간을 설치한다. 누마루에 두른 난간에는 다양한 모양의 난간살 장식을 하고 때로는 난간 대신 머름대를 사용하기도 했는데 이때는 머름대 위에 사분합문을 설치하였다. 사분합문에 의해 누마루도 여름에는 들쇠에 문을

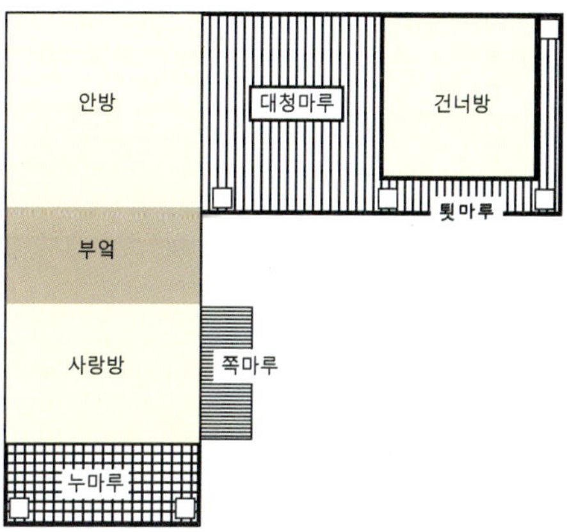

| 사용 장소에 따른 마루의 종류 개념도 |

| 툇마루, 남산한옥 마을 |

| 쪽마루, 한국민속촌 |

| 누마루, 한국민속촌 |

들어 올려 얹어 두고 개방공간으로 사용하며, 겨울에는 문을 닫아 폐쇄공간으로 만들었다.

| 난간마루 |

건물 기둥 바깥으로 두른 마루로 대부분 높게 두른 마루를 말한다.

| 마루방 |

마루방은 호남이나 남동해안 지방의 민가에 분포하는 마루로 마리, 말래, 마래방, 광, 고방 등으로 불리운다. 이방에서는 조상의 지방을 모시고 제사를 지내는 공간으로 여기고 취침이나 일상생활을 하지는 않았으나 제주도 지방의 마루방인 상방에서는 제사, 가족의 집회, 하절기 침소, 접객, 식사, 물품 보관 등 다양하게 이용되었다. 또한 벽장이나 반친, 광 등에는 주로 마루를 깔았는데 이는 마루의 특성상 통풍이 잘되어 언제나 일정한 습도가 유지되고 판벽이나 살창을 추가하면 적정한 습도와 온도가 유지되며 도장한 쌀이나 귀중품을 보관하기 훌륭한 저장 공간이 되기 때문이다.

• 대청의 공간 구성과 기능 •

대청은 다양한 마루들 중에서도 가장 크고 중요한 공간으로 조선시대 상류주택의 의식과 권위를 표현하는 상징적인 공간이며 외부와 각 방을 연결하는 전이공간으로서 주로 남쪽을 향해 있으며 공간에서 그 중요성이 크므로 좀 더 세부적으로 살펴 보고자 한다.

대청은 안채에 딸린 안대청과 사랑채에 딸린 사랑대청이 있으며 공간 구성상 안채와 사랑채의 중심을 이룬다. 대청의 크기를 보면, 조선조 중반까지는 남성중심인 사랑대청이 안대청 보다 다소 높고 컸으나, 후기에 이르러 안대청이 가정의 중심이 되면서 그 용도와 크기가 확대되었다. 대청의 앞마당 쪽은 기둥과 기둥 사이를 차단시키지 않아 내부에서 외부를 내다보는 형태로 되어 있다. 이러한 대청의 다양한 기능과 구성요소들을 살펴보면 다음과 같다.

대청의 다목적 기능

대청마루는 한 집의 중심공간으로 가장 넓은 면적을 차지하며 방과 방 사이, 방과 마당 사이 공간인 매개 공간으로 화합, 소통, 교류, 친화, 교육, 종교의 역할을 골고루 하는 우리 조상들의 삶의 중심 공간이었다. 대청이 현대의 거실과 비교되기도 하지만 거실의 기본 기능은 물론 더 다양한 기능을 수행함으로 가장 쓸모가 많은 공간으로서 다음과 같은 기능을 수행하였다.

첫째, 융통적 · 가변적 공간으로 다목적 사용 용도로서 완충역할을 한다. 대청은 생활공간 속에서는 물론 내부 공간 사이의 완충 역할을 한다. 이를 가능하게 하는 요소는 분합문과 가벽이 이를 가능하게 한다. 분합문은 여름이나 잔치 때에는 들어 올려 대청과 방이 한 공간을 이루게 하여 최대한 넓게 사용하기도하고 중간에 칸막이를 들여 방을 이등분하기도 한다. 가벽은 사계절의 기후 특성에 맞는 더위와 추위에 맞추어 설치하기도 하고 치우기도 하여 개방성과 폐쇄성을 모두 갖추어 융통적인 공간으로 사용 가능하게 한다.

둘째, 자연과 인위적인 공간과의 매개공간이자 완충역할을 한다. 전면이나 사방이 트여 있어 엄밀히 말하면 실내 공간속의 실외라고 할 수 있는 곳으로 자연스럽게 외부와의 유기적 연결이 이루어지는 공간이다. 즉, 닫힌 내부에서 열린 자연으로 향하는 자연 친화 공간이다.

셋째, 계절에 따른 변화에 적응할 수 있는 완충 역할을 한다. 겨울철에는 분합문을 닫아 한기를 막고 여름철은 분합문을 서까래 밑에 내려진 돌쇠에 걸어 올려 열린 공간으로 생활의 중심이 되는 공간이 되었다.

넷째, 외부 손님들을 맞이할 수 있는 공간으로서 완충 역할을 한다. 대청은 특히 더운 계절에는 각종 손님을 위한 접빈객의 응접실로서의 역할을 주로 하였다.

다섯째, 가옥의 중심으로서 완충역할을 한다. 대청은 집의 중심이자 모든 생활 동선의 중심인 공간이 되어 가족들의 크고 작은 모임의 장소로, 집안이나 문중 회의를 하는 회의장으로 가족들의 식사공간으로 이용되었다.

여섯째, 가족의 다양한 행사장소로서 완충 역할을 한다. 대청은 정월 초하루 차례를 지내는 것부터 시작해서 조상숭배의 제사를 드리는 신성한 곳이며, 혼례를 치르는 예식장이 되기도 하는 등 각종 관혼상제와 같은 의례를 행하는 장소로 이용되었다.

일곱째, 생활 속에서 완충 역할을 한다. 더러는 훈장을 모시고 천자문을 가르치는 교실이 되기도 하고, 가을에 추수를 해서 창고가 따로 없는 집은 곡식을 쌓아 놓기도 하고 이웃을 만나는 사교의 공간이었다.

대청의 공간 구성

| 기본 구조 |

대청은 2칸에서 8칸 정도로 구성되며 평균 4칸 대청이 많이 보이나 6칸 이상의 대청은 부의 상징이었다. 일반적으로 마당에서 대청으로 오르기 위한 기단이 있고, 그 위에 댓돌이 있다. 댓돌에서 바로 올라서면 대청 앞쪽으로는 앞툇마루가 있고 그 다음 대청공간이 전개된다. 대청의 크기에 따라 기둥의 수가 다른데 보통 대청의 크기는 2칸에서 8칸까지 다양하다.

대청은 실내 디자인 측면에서 우물마루와 연등천장, 불발기 창호의 살짜임새 등에 의해 선적 구성을 이루므로 온돌방의 면적 구성과는 대비를 이루어 전체적으로는 조화 있는 율동감을 자아내고 있다.

| 바닥과 벽 |

대청의 바닥은 대부분 우물마루로 구성되며

벽은 회반죽 마감이 일반적이나 벽지 마감을 하기도 한다.

| 천정 |

대청마루의 천장은 방의 천정고 2.3m에 비해 상당히 높으며 상량(上樑) 글씨가 훤히 보이고 보통 사람이라면 키의 두 배는 넉넉히 된다. 대청의 천장은 서까래가 그대로 노출되고 대들보, 도리, 서까래 등의 모든 구조재가 실내에서 한눈에 보이는 노출 천장구조인 연등천장으로 구성되고 일부 사랑대청에서 눈썹천장을 설치하기도 한다. 일부 사랑대청에 구성되는 눈썹천장은 합각(合閣) 및 선자서까래가 모이는 곳에 중도리 안쪽에 좁게 우물반자를 꾸민 천장을 말한다. 서까래와 서까래 사이는 하얀 회반죽으로 마감하여 자연스럽게 가공한 나무와 하얀색의 단아한 조화를 이루고 있다.

| 창호 |

대청의 입면을 구성하는 중요 요소는 창호로 대청에서 방으로 들어가는 경계에도 인방과 설주를 설치하고 인방 위에는 교창이 설치되고 인방 아래에는 띠살로 된 규모에 따라 4쪽~8쪽짜리 분합문을 설치하고 빛의 유입을 위하여 사람의 눈높이에 불발기 창을 설치한

| 대청의 공간 구성 및 명칭, 연경당 |

| 대청 바닥과 창호, 연경당 |

우물마루와 6칸 분합문으로 구성된 대청공간이다.

| 대청의 천장, 한국민속촌 |

서까래가 그대로 노출되고 그 사이에 나무의 색과 회반죽이 조화되는 연등천장이다.

다. 분합문은 보통 네 짝으로 구성된 사분합문이 많이 설치되는데 이는 겨울에는 닫아 창호가 실내 입면을 구성하게 되나, 여름에는 대청 천장에 내린 들쇠에 걸어 들어 올려서 방과 대청을 개방시켜 주며 공기의 소통을 원활하게 하여 시원하게 한다. 상류주택에서는 사분합문 안으로 명장지 미세기문을 덧달기도 한다. 여름에는 분합문을 접어 들쇠에 매달더라도 바람은 들어오게 하되 발을 늘어뜨려 안이 안 보이게 하여 사용하였다.

대청으로 면해 있는 방문들은 낮은 문지방에 설치되고 뒤뜰을 향한 문들은 머름대 위에 설치 개구부를 좁혀 겨울 한풍을 막아주도록 구성된다.

마루 구성에서 웰빙

| 다목적 가변적 공간 마루 |

마루는 상황에 따라 다양한 역할을 담당해 공간 활용의 효율을 높여준다. 여름철에는 시원한 대청에서 일상생활을 처리하며, 집안에 큰일이 있을 때에는 음식을 준비하거나 행사장으로 쓰이기도 하고, 때에 따라서는 손님을 맞는 접대의 공간으로 사용하기도 한다. 평소에는 거실이나 응접실이었다가 때에 따라서는 주방으로도, 제례의 공간이 동시에 선대를 향한 효심의 공간으로, 여름엔 침실로도 사용되는 것이다.

남부지역보다 상대적으로 추운 겨울을 나야 하는 중부지역의 대청에는 접어 들어울릴 수 있는 분합문이 달려있는 경우가 많다. 여름철에 분합문을 서까래 밑에 내려진 들쇠에 걸어 올려놓아 시원한 열린 공간으로 만들었고 겨울철에는 분합문을 닫아 한기를 막고 아늑한 실내공간으로 활용했다.

누마루의 경우는 문을 사방으로 달아 겨울철에는 문을 닫고, 별도의 공간으로 활용할 수 있도록 만들었다. 이렇게 문이 달린 마루는 겨울의 차가운 공기를 막는 1차 단열장치로도 사용할 수 있었다.

| 여름철 대표적 자연냉방 시설 마루 |

무더운 여름에 특별한 냉방장치가 없던 우리 조상들에게 마루는 훌륭한 냉방시스템 공간이 된다. 보통 마루는 지면으로부터 떨어져 있고 마루 밑 공간에는 아무것도 없이 텅 비워 놓는데, 이 때문에 바람이 깊숙이 들어가 통풍이 잘 된다. 마루는 구조상 바람이 잘 들어오고 나가게 만들었기 때문에 서늘하고 통풍이 잘 되어 습기가 차지 않게 된다. 이에 땅에서 올라오는 습기를 막아 주기 때문에 여름을 쾌적하고 건강하게 지내도록 해주고, 곡식이나 물건을 상하지 않게 잘 갈무리할 수 있게 해주기 때문에 음식을 보관하는 간채나 광의 자연 냉방 시스템으로도 활용됐다.

| 기가 승하여 의기양양한 인격을 함양하는 장소 대청마루 |

대청마루의 천장높이는 서서 생활할 때 편안한 높이인 3.1m 정도 한국인 평균 신장의 두 배다. 가능한 대청은 넓게 잡고 천장도 높게 하여 인간이 내뿜는 기가 승하여 뻗칠 수 있도록 배려하였다. 이는 통풍이나 환기도 고려한 것에서 출발하지만 우리 조상들은 마루를 기가 승하는 아이들이 공부하던 공간이기도 한 대청은 당당하게 세상을 살 수 있는 인격을 함양할 수 있는 공간이 되도록 공간을 조성하였다. 세간이 가난해도 서민 주택에서도 대청은 생활 터전이자 아이들의 성장공간이었던 것이다.

| 매우 경제적인 우물마루 |

다양한 마루들 중에서도 전통 주거건축에서는 대청과 툇마루 등이 대부분 우물마루이다. 이 우물마루는 전체적으로 약간 사다리꼴 형태로 되어 있어 좁은 청판부터 차례로 끼워 넣으면 매우 견고한 구조가 가능하다. 또한 짧은 목재를 많이 사용하기 때문에 교실바닥처럼 긴 장마루를 까는 것보다 비용을 줄일 수 있을 뿐 아니라 일부분이 깨지거나 썩더라도 그 부분만 손쉽게 교체할 수 있는 융통적 구조를 가졌기 때문에 매우 경제적인 재료이자 가구법이라 할 수 있다.

| 자연과 일체화를 추구한 공간 |

마루는 기둥만 남기고 벽이 사라져 완전 개방이 가능함으로 안과 밖의 구별을 모호하게 하여 내부공간적 외부공간의 특징이 있다. 그리고 대청은 상부를 가구맞춤으로 지어 목재의 모습이 그대로 노출되어 건물이 어떻게 지어졌는지 한눈에 알 수 있으며 최소한의 가공만 거치고 나무의 재질, 형태를 적용함으로 자연의 향이 묻어나도록 조성하였으며 바람과 햇빛도 함께 들여 여름과 겨울의 각각의 기후 조건에 대해 모두 잘 대처했다고 할 수 있다. 이에 인위적인 공간이지만 사람과 자연이 만나 여유로움과 자연을 보다 적극적으로 즐길 수 있는 공간이다. 그리고 많은 것은 채우지 않고 비워 둠으로써 그 자리에 무위적인 요소들이 채워짐으로 자연과 소통하고 자연과 어울릴 수 있고 자연과 하나 되려는 의지를 반영하게 되는 최상의 웰빙 공간이라고 할 수 있다.

| 자연 간 이웃 간 경계를 없애는 마루 |

전통 주거의 다양한 마루들은 이웃을 만나는 사교 공간으로, 자연과 함께 여유를 즐기는 정신적 · 신체적 휴식공간으로 정서적 웰빙을 강조한 공간이라 할 수 있다. 마루는 문이 없고 난간이 없기에 누구나 자연스레 다가올 수 있다. 일마치고 지나던 이웃들이 스스럼없이 들어와 툇마루에 걸터앉아 환담을 나누기도 하고, 동네 어르신들 마실 나왔다가 사랑마루에 모여 장기나 바둑을 두기도 하며, 집안에 큰 행사가 있을 때는 동네 사람들이 모두 모여 음식을 준비하기도 한다. 아낙들은 머위대나 고구마순 한 바구니 껍질을 벗기는 데도 이웃이라는 이웃은 모조리 불러 모으고, 명주실을 뽑거나 모시를 꼬아 베를 짜고 목화를 타다가 물레를 돌리는 일도 대청에서 품앗이로 하던 일이다. 더불어 한여름 누마루에 죽부인을 안고 누워서 낮잠을 즐기거나 비오는 날 쪽마루에 앉아 처마 낙숫물을 바라보는 즐거움을 누리는 것도 마루의 커다란 혜택이라 할 수 있다. 안과 밖의 완충장치인 마루가 있음으로 해서 사람과 자연 간에, 또 이웃 간의 경계가 그만큼 누그러질 수 있는 것이다.

| 자연의 통로, 매개공간으로서 상징적 커뮤니케이션 공간 마루 |

대청 앞의 마당이 '자연으로 채워지는 빈 공간'이라고 한다면 마루는 '자연의 통로' 로 공간과 공간 사이의 통로, 공간과 자연을 유기적으로 융합시키는 공간, 내 · 외부의 시선과 동선, 바람이 흐르는 외부적 내부공간으로 중간 영역적 특징을 지니며 내부공간이 다하지 못하는 건축적 기능과 상징성을 지닌다.

대청마루는 마루에서도 가장 중심이 되는 공간으로 개방성과 폐쇄성이라는 이중적인 성격을 지니며 마당과 안방 · 사랑방으로 매개공간, 마당과 각 방 사이의 중간 공간으로 중성적인 역할도 하고 있다. 또한 누마루와 툇마루는 마당과 대청마루로 연결시켜 주는 중개 역할을 하면서 상징적 기능을 갖는다. 누마루는 최고의 권위성, 위엄성, 존엄성의 상징의 공간으로 체통과 권세를 대변하면서도 노비 등의 하층계급을 접촉하는 공간이 되기도 하였다. 툇마루는 마당에서 기단을 거쳐 대청마루에 이르는 중간 공간이면서 각 방과 기단과의 중간 공간이 된다. 쪽마루 역시 마당과 방을 연결해 주는 중간공간이면서 노출된 수장 공간이자 간단한 작업 공간, 대화 공간이 된다.

이와 같이 전통 주거에 많은 부분을 차지하는 마루는 공간과 공간의 중간영역으로 주인과 노비를 이어주는 공간으로 음과 양의 조화를 이루기 위한 쉬어가는 공간, 매개 공간으로 다양한 상징적 커뮤니케이션 공간이라고 할 수 있다.

| 시각적 · 물리적 · 심리적 변화를 완화시켜 주는 전이 공간 |

전통 주거에서 마루 공간은 공간을 이동할 때 체험하게 되는 시각적 · 물리적 · 심리적인 변화를 완화시켜주고, 전체 공간의 구성상에서 각 공간의 마디 공간으로서 리듬과 질서를 형성하는 특성이 있다. 이들 공간은 넓은 공간에서 좁은 공간으로, 개방공간에서 폐쇄공간으로의 변화를 시각적 차원에서 점진적인 변화를 주면서 물리적으로 개방과 폐쇄가 공존하게 구성하고, 심리적으로 이동에 따른 공간 변화에 대한 심리적 준비과정을 주면서 공간의 연속성을 부여해 주는 공간이다.

| 거주자의 행동과 편리함을 제공하는 공간 |

마루의 구성 중 특히 툇마루는 사람의 행동을 고려해 만든 것이다. 방과 연결된 툇마루는 보다 쉽게 신발을 신지 않고도 옆방으로 이동할 수 있으며, 방문을 닫은 채 이야기 할 수도 있다. 또한 신을 신을 때도 방문보다 마루가 좀 더 낮기 때문에 신을 신기 편리함을 제공한다. 이와 같이 마루는 인간에 대한 배려도 놓치지 않고 있다. 만약 툇마루가 없다면 다른 방으로 가기 불편하고 밖의 사람과 이야기 하려면 방문을 열어야 하고 전통 주택 구조상 사생활 보호도 어렵게 된다.

| 여름철 대청마루, 남산한옥마을 |

대청 앞쪽 분합물을 들쇠에 걸어 올리고 뒷문을 열고 방과 대청사이 들어걸개로 다 열어 사방이 뚫린 개방공간을 만들고 바람이 통과되고 자연과 교감되는 공간을 만들었다.

| 겨울철 대청마루, 한국민속촌 |

겨울철 대청공간은 분합문을 다 닫아 창호의 한지 사이로 햇빛이 들어와 아늑한 실내공간이 된다.

| 다용도의 안대청 마루, 한국민속촌 |

대청은 집안의 다양한 관혼상제와 관련된 행사를 치루는 장소로 사용되었는데 결혼식 폐백을 위한 장소로 사용되는 것을 재현한 상류주택의 안대청이다.

| 교육과 친화. 회합 등의 공간으로 이용된 사랑대청 , 한국민속촌 |

사랑대청은 주인 남성이 사용하는 공간으로 좀 더 사회적인 공간으로 아이들의 교육이나 손님 접대 등이 주가 되고 다양한 학문적 활동이 이루어지는 대청의 모습이다.

| 자연과의 일체를 추구한 마루, 한국민속촌 |

공간 중 가장 높은 곳으로 조성하고 사방이 개방이 가능하여 자연과의 교감을 극대화 한 누마루이다.

| 동선의 편리함을 주는 툇마루, 한국민속촌 |

누마루부터 방-대청-방 앞으로 툇마루를 설치하여 공간 간에 이동이 편리하게 조성하여 비가오거나 눈이 올 때 특히 편하게 이동할 수 있다.

05 • 화장실

화장실을 뒷간, 측간(廁間, 칙간), 변소(便所), 해우소(解憂所), 정낭(精囊), 통시, 통숫간, 통싯간, 서각, 북수간, 똥구당, 급한데, 작은집 등 다양한 명칭으로 불리다가 오늘날 화장실로 굳어졌다. 다른 채에 비해 유난히 화장실을 부르는 명칭은 다양하며 명칭에서 우리 선조들의 화장실에 대한 생각을 읽어 볼 수가 있다. 뒷간은 '뒤쪽에 있는 공간', 측간은 '옆에 있는 정방, 몸속을 깨끗이 해주는 공간'으로 칙간으로 부르기도 하고, 변소는 '배설물을 처리하는 곳', 해우소는 '근심을 푸는 방', 북수간은 ' 뒷물을 하는 공간' 등 의미에서 불려졌다. 그리고 지방마다 부르는 명칭도 다양하여 함경도에서는 정낭, 강원도와 전라도에서는 칙간, 경상도에서는 뒷간, 칙간, 통수간 등의 용어가 고루 사용되었다고 한다. 그 용어가 다양한 것만큼 우리 선조들에게 화장실은 기피의 대상이면서 신성성을 동시에 지니고 있으므로 주거 내 화장실의 입지와 배치도 매우 중요하게 다루어졌으며, 냄새가 나는 요소이며 처리가 필요한 시설이다. 이에 우리 선조들은 화장실 처리를 위한 친환경적인 시스템을 오랫동안 적용해 왔으며 냄새를 처리하기 위해 자연의 요소를 다양하게 활용하였다. 현대 우리 주거에서 화장실에 대한 처리에 다른 환경오염과 처리 비용을 감안할 때 자연환경에 부하를 주지 않으면서 자연적으로 처리한 전통 화장실에서 다양한 웰빙의 요소를 찾아 볼 수가 있다.

화장실 형태와 구성

• 화장실 입지와 배치 •

화장실의 입지와 배치에 영향을 준 요소

화장실 배치에 영향을 준 것은 민간신앙과 풍수지리, 유교사상, 사용상 편의 등 여러 가지 요소에 영향을 받았다.

| 민간신앙 |

부엌신과 화장실신과의 불화관계이다. 이는 위생상 이 두 공간을 멀리 떨어뜨려 놓아야 하는 당위적 사실이 민속적으로 표현되어 나타난 설화이다. 이에 조왕신과 측신은 사이가 좋지 않아 화장실과 부엌을 마주 세우거나 부엌의 것을 화장실로 가져가지 않는 금기가 생겨났다. 이에 주거 내 부엌과 화장실은 가급적 멀리 배치되었다.

측신은 다른 가택신과는 다르게 길복의 영력 기능이 분명치 않으면서 흉화의 신벌 기능만 잘 행사해서 사람들이 멀리하고 경계하고 싫어하는 가택신이다. 측신은 긴 머리카락을 매일 한올 한올 헤아리고 있다가 갑자기 사람이 들어오면 놀라서 지금까지 세었던 머리카락 숫자를 잊어버려 화가 나서 머리카락으로 목을 조르는데 그 사람은 결국 죽고 만다는 이야기가 전해져온다. 그래서 화장실에 갈 때에는 헛기침을 세 번해야 하고, 볼일 보고 나올 때는 바닥에 침을 세 번 뱉음으로서 나가는 것을 알리는 화장실 이용 방법이 내려오고 있다. 또한 측신은 6, 16, 26 일 등 6자가 든 날에만 화장실에 머문다고 하여 특히 이날 조심해서 사용하면 별탈이 없다고 전해져 온다. 화장실을 지으면 날을 받아 제를 지내고, 화장실을 짓거나 옮길 때에도 날을 잡고 부춧돌도 함부로 옮기지 않으며 시월상달 고사 때 떡을 바치는 간단한 의례와 음력 섣달 그믐날 화장실에 영복의 등불을 밝혀준다. 이는 새해의 복이 가득하기를 기원하는 우리 조상들의 마음의 표현임을 알 수 있다.

| 양택풍수 |

화장실은 전통적인 양택론에서 크게 중요하게 다루어지지 않아 양택 3요에는 없으나 일각에서는 문, 주, 조, 측이라고 하여 집의 사주(四柱)로 보는 이도 있는데 이러한 영향은 시대가 지날수록 그 경향이 강해지고 있다. 조선시대 들어 '산림경제'와 '증보삼림경세', '임원경제지'에 화장실의 입지와 좌향에 관련된 기록을 볼 수 있다.

'산림경제'에는 뒷간의 방향은 자방(子方:북), 축방(丑方:동북)이 모두 나쁘고 인방(寅方:동북), 묘방(卯方:동), 미방(未方:서남)은 매우 좋다. 진방(辰方:동남)은 전잠(田蠶.밭농사와 양잠)에 길하고 사방(巳方:동남)은 자손이 잘 되며, 오방(午方:남)은 귀인이 나오고, 신방(辛方:서)은 구설수가 끊이지 않는다. 유방(酉方:서)은 자손이 불효하고, 술방(戌方:서북)은 처음은 가난하지만 뒤에 부자가 되며 해방(亥方:서북)은 크게 나쁘다라고 기술되었다. 이에 화장실의 입지는 동남, 동, 서남, 동남, 남향을 선호하여 배치하는 경향을 보이게 된다.

'증보삼림경제'에는 뒷간 방향은 자축방(子丑方:북과 동북)이 모두 나쁘고, 인묘미방(寅卯未方:동, 동북, 서남)은 매우 좋다. 진방(辰方:동남)은 밭농사와 양잠에, 사방(巳方:동남)은 자손에 좋으며, 오방(午方:남)은 귀인이 태어난다. 신방(申方:서)은 구설수가 끊이지 않고 유방(酉方:서)에서는 불효자가 나온다. 술방(戌方:서북)은 처음은 가난하지만 뒤에 부자가 되며 해방(亥方:서북)은 크게 흉하다. 그리고 뒷간은 안채와 사랑채에 각기 두며, 반드시 높고 밝아야 하고 어둡고 침침한 곳은 나쁘다. 또 날마다 똥을 쳐내고 깨끗이 하라. 여름에 순채 한줌을 넣으면 구더기가 없다. 잿간을 유방(酉方.서)에 두면 곡식이 잘 여문다. 이는 반드시 뒷간 곁에 두어야 한다. 삼면에 담을 쌓은 다음 서까래를 걸고 벽에 흙을 바르며, 지붕에 새를 덮는다. 매일 오줌을 받아 재위에 뿌리면 불씨가 죽을 뿐 아니라 화재도 막는다. 이 때문에 잿간을 바람이 부는 곳에 지으면 안된다라고 적혀 있다. 여기서는 삼림경제와 입지는 거의 같고 안채와 사랑채로 분리하고 잿간과의 연관성을 언급한 점이 다르다.

'임원경제지'에는 화장실의 입지와 배치부터 시공방법까지 구체적으로 제시하고 있는데 입지는 증보삼림경제와 거의 같고 기본적으로 화장실은 널리 트이고 밝아야 하며, 집에 화장실은 안채와 사랑채, 외부 등 세 칸을 지을 것, 다락 형태로 지을 것과 안채와 사랑채의 지붕은 회(灰) 즉 기와로 덮을 것을 요구하고 있다. 또 외부의 화장실은 세 칸으로 하고 지붕은 돌기와(석판)로 덮는다고 했다.

| 분전법(糞田法) |

분전법은 조선시대 경작지에 거름을 주는 시비법으로 이의 발달은 조선시대 화장실이 건축물 주위에 있는 텃밭과 인접하여 배치되는 중요한 요인이 되었다.

화장실의 입지와 배치

| 입지 |

상류주택에서 화장실의 입지는 구체적으로 남서방향과 남동방향이 선호되었으며, 주 건물의 측면에 있는 경우는 드물지 않게 정서나 정동이 있었으며 주 건물 뒤쪽에 위치한 경우는 매우 드물었다. 대부분의 화장실의 입지가 주로 남쪽, 남동, 남서쪽이 많지만 매우 다양한 방향에 화장실을 입지시켰다.

화장실의 배치는 초기에는 풍수지리의 양택론, 유교사상에 의해 주 공간에서 벗어나 담장 밖이나 부속공간에 위치하는데 점차 사용의 편리성이 배치에 영향을 주어 문간 주위에 화장실을 입지시켜 사용상의 편의를 고려 하였다. 이는 거름을 농경지로 쉽게 옮기기 위해서이다. 특히 외부 화장실의 경우엔 문 주위에 근접시킨 것은 이를 뒷받침한다.

| 배치 |

먼 과거에는 화장실이 주거공간에서 비중이 크지 않았으나 조선시대 들어서 그 존재감이 드러나기 시작하여 시대가 흐를수록 그 건축적 비중이 커졌다. 화장실에 관한 전문적 문헌이 전무한 상태에서 조선후기로 들어서면서 집안에 화장실이 두 개 필요하다는『산림경제』문헌에 이어서, 그 뒤에 나온『임원경제지』에서는 집안에 화장실이 세 개임이 원칙이라는 내용을 제시하고 있다. 이는 문명이 발달하고, 시대가 진행되면서, 그리고 경제적 수준이 향상되면서 화장실의 중요성이 더불어 커졌음을 알 수 있다.

상류주택의 대부분은 1개나 2개의 화장실을 두는데 간혹 3개의 화장실을 갖춘 주택도 있다. 이는『임원경제지』지에서 제시하는 3개의 화장실 갖추는 것을 준수한 것으로 바깥주인용 1개, 안채용 1개, 행랑채 하인용 1개를 배치하였다.

19세기말과 20세기를 거쳐 일제 강점기 개량 한옥으로 주택의 전형이 이행해가면서 공간 내부로 점차 가까이 들어오고 그 거리는 의식주 공간과 더욱 밀접해지고 근대를 지나 현대로 들어오면서 강한 방향성을 가지고 진행되고 있다. 화장실이 의식주공간과 밀접해지는 경향은 일제 강점기에 들어서면서 도시주택에서도 부엌과 화장실이 매우 근접해 배치되고 있다.

전통 풍수지리 양택론에서 화장실의 배치는 흉방에 배치되었는데 이는 길방에 배치하는 다른 건축물들과는 다른 독특한 성격을 가진다. 우리 선조들은 부엌과 화장실의 사이는 멀리 떨어질수록 좋다고 여겼으며, 화장실 자

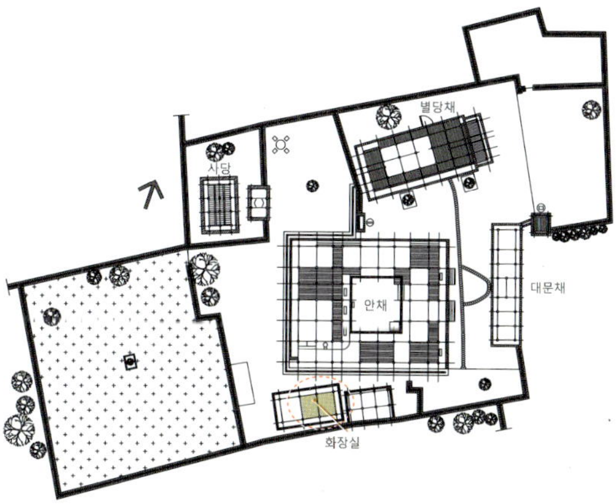

| 경북 안동 북촌댁 화장실 배치 |

남서쪽에 2칸으로 구성된 화장실이 배치 되어있다.

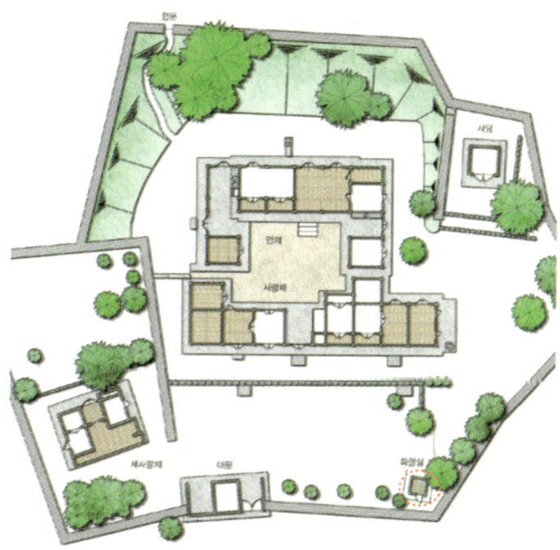

| 경북 안동 북촌댁 화장실 배치 |

남동쪽에 안채와 사랑채와는 멀리 배치 되어있다.

| 충북 제천 최씨 가옥 화장실 배치 |

대문간 밖 남동쪽에 거주공간과는 멀찌 화장실을 배치하였다.

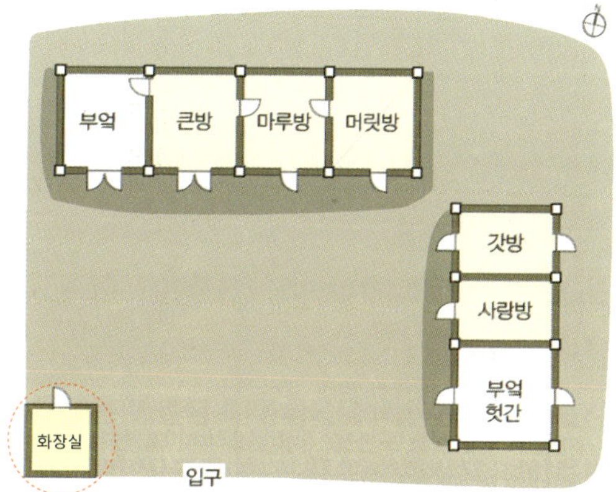

| 경북 민가 화장실 배치 |

일반 민가에서도 와장실은 남서쪽 입구쪽에 배치되어 있다.

체로 주 건물과 멀면 멀수록 좋다고 여겨 담밖에 세우거나 사당 아래쪽에 두었다. 그러나 점차 화장실 배치에도 변화가 생겼으며 보통 가장 일반적인 배치는 문간 주위의 마당구석에 입지하는 것이다. 문간의 좌우는 밖에 있더라도 문 주위에 있는 경우가 많았고, 그 다음은 주 건물인 사랑채나 안채의 측면에 위치하는 경우가 많았다.

화장실의 다양한 유형을 막론하고 화장실의 배치와 입지는 1.부속건물에 삽입된 형태, 2.독립 건물로 울타리 안 가옥 내에 입지한 형태, 3.독립 건물로 울타리 밖의 외부에 입지한 형태로 구분된다.

• 화장실 형태와 유형 •

화장실 유형은 일단 한 채의 독립된 유형의 화장실이냐 건물에 부속되어 있는 화장실이냐에 의해 구분되며 『한국 민족 문화 백과사전』에 기록된 한국 측간의 유형을 보면 혼자 사용하는 것과 여럿이 동시에 사용하는 것, 남녀가 따로 사용하는 것 또는 다른 시설과 함께 있는 것 등 그 용도에 따라 내칙(內厠), 외칙(外厠), 중칙(重厠), 북수(北水), 목방(沐房), 세답방(洗踏房) 등으로 달리 이름을 지어 부른다고 되어 있다.

전통 주거에서 화장실은 보통 생활공간과 분리된 곳에 위치하고 재질은 주거 건축물과 마찬가지로 자연재료인 나무가 많이 사용되고, 네 면이 외기와 쉽게 접한다는 특징이 있다.

공간 내부는 서민들이나 아랫사람들이 사용하는 화장실은 흙바닥에 나무판 두 쪽만 걸쳐 놓았으며, 상전이 사용하는 화장실은 전체가 나무로 구성되고 변기 구멍도 단순한 사각형태를 비롯하여 다양한 모양들이 나타나고 있다. 잿간에 화장실이 구성되는 경우는 부춧돌 두 개를 놓고 한쪽 벽에는 주걱처럼 생긴 부삽이나 고무레를 놓고, 뒤쪽에는 재를 갖다놓고 배변 후 주걱을 이용하여 재를 말아 한쪽에 치워두는 구조를 취한다.

그리고 화장실중 특이한 유형은 제주도 지방의 '통시'인데 이는 돼지우리 위에 마련된 화장실로 일을 보면 돼지가 달려들어 깨끗이 치워주는 화장실이다. 인간과 자연과의 공존을 보여주는 가장 이상적인 화장실이 아닐까 싶다. 전통 주거에서 나타나는 화장실의 유형은 다양하나 전체적으로 나누어 보면 다음과 같이 구분해 볼 수 있다.

칸 구성에 따라

| 한 채의 독립된 유형으로 한 칸 구성 / 건물채에 부속되어 한 칸으로 구성 |

독립채로 구성되어 한 칸으로 구성되어 있으며 화장실의 위치와 지붕재와 벽재에 의해 격을 나타낸다. 그리고 서민주택에서는 건물의 문간채나 곳간채, 외양간등 별도 건물채에 부속되어 한 칸으로 구성된 경우도 많이 나타나고 있다.

| 한 채의 독립된 유형으로 두 칸 구성 / 건물 채에 부속되어 두 칸으로 구성 |

한 채 화장실을 두 칸으로 나누어 구성하는 경우로 두 개의 문을 서로 반대쪽으로 내어 두 개의 별개의 공간을 이루고 있어 한쪽은 주인이 한쪽은 아랫사람이 사용하도록 하였다. 이는 공간적으로 또는 신분상의 차별성을 두는 이러한 유형은 궁궐에서부터 상류주택까지 폭넓게 이용되는 유형이라고 할 수 있다. 또한 매우 특이한 형태로 전후 두 칸으로 되어 있으면서 전 칸은 용변 보는 칸이고 후 칸은 오물을 퍼내는 칸으로 문도 양쪽으로 달려 있어 매우 호사스러운 화장실로 구성된 경우도 있다.

건물에 부속되어 두 칸 화장실이 된 경우는 공간 분할을 확실하게 하기 위해 두 칸 화장실 사이를 담장으로 분할하여 서로 다른 공간에 속해 있는 화장실로 표현하여 전혀 다른 공간에 있는 것처럼 구성하는 것이다. 그러나 이 경우 분뇨 구덩이는 한 구덩이로 구성하였다. 이는 한 구덩이에 서로 다른 공간에 속하는 두 개의 화장실을 조성하는 수법은 공간의 효율성과 환경적인 이용 측면에서 매우 유리한 구성 방법이다.

지붕 유형에 따라

지붕유형은 재료를 기준으로 기와지붕과 초가지붕으로 크게 나뉘며, 지붕형태는 한 칸인 경우 사모지붕이 대부분이고 두칸, 세칸이 되면 우진각과 맞배가 혼용되어 나타나고 있다.

| 기와지붕 |

보통 상류주택의 안채나 사랑채 화장실 등 주택 내 부지에 위치한 화장실의 경우 대부분 본채의 재료와 유사한 기와지붕으로 구성된다.

| 초가지붕 |

상류주택에서는 아랫사람들이 사용하는 외부 화장실에 초가지붕이 사용되고 서민주택 경우 대부분 초가지붕이나 지붕이 없는 경우도 있다.

벽체 재료에 따라

주택 내 화장실이나 외측 화장실 관계없이 벽체 재료는 특별히 구분되지는 않았으나 화장실과 인접한 건축물의 형태나 재료와 비슷한 모양새를 이루는 경우가 많았고 독립된 화장실일수록 그 형태나 재료 등에서 다양한 양상을 띠고 있으며 크게 3가지 재료로 구분된다. 첫째, 목재와 회벽을 혼용한 벽, 둘째, 목판재 만으로 구성된 판장벽, 셋째, 흙돌담으로 구성된 벽으로 구분된다. 이중 목재와 회벽은 상류 주택에서 흙돌담은 서민주택과 아랫사람들이 사용하는 외측 화장실에 주로 사용되었다.

화장실에서 웰빙

| 환경부하가 전혀 없는 친자연형 시스템 |

우리의 옛 화장실은 단지 더럽고 냄새 나는 공간이 아닌 자연의 일부인 배설물을 다시 자

| 사모지붕 화장실, 한국민속촌 |

한 채의 독립된 유형으로 사모지붕 형태로 구성되고 판장문으로 조성된 화장실이다.

| 우진각 지붕 화장실, 한국민속촌 |

곳간과 외부 출입구, 화장실을 겸하고 우진각 초가 지붕으로 구성된 서민주택의 화장실 유형이다. 목재와 흙벽으로 구성된 화장실이다.

| 기와지붕 화장실, 안동김씨 종택 |

기와지붕과 목재와 회벽으로 구성된 상류주택의 화장실로 주거동과 멀리 계단아래 배치한 점이 특이하다.

연으로 돌려보내는 공간으로 만들었다. 화장실은 배변을 받는 그릇으로 일정양이 채워지면 퍼내어 외양간에 깔아 놓았던 짚이나 나뭇잎 두엄에 묻고 쌓아 퇴비화 과정을 거치는데 이때 쌀겨, 톱밥, 부식토 등을 매질로 덮어주면 이후 질 좋은 퇴비인 흑갈색의 영양물질로 변화하여 밭에 골고루 뿌려 주는 시스템을 갖추었다. 밭에 뿌려진 거름은 바람과 물과 태양과 흙의 큰 에너지를 모아 다시 다양한 먹거리의 원천이 되어 입으로 들어오는 순환을 반복한다. 이렇게 옛 화장실에는 환경에 부하가 전혀 없는 자연의 순환시스템이 완벽하게 갖추어져 있었다. 특히 화장실을 잿간 위에 설치할 때는 높게 설치하는 경우가 많은데 이는 떨어지는 가속력에 의해 자연스럽게 먼저 뿌려놓은 재에 감싸지게 되면서 자연스럽게 탈취가 되도록 하기 위함이다. 이와 같이 퇴비화 과정을 거치는 이유는 사람의 인분이 불완전하게 소화된 인분이기 때문이다. 그러나 제주도의 흙돼지가 있는 화장실에서는 이러한 퇴비화과정이 필요가 없다. 사실 돼지우리 화장실은 제주에만 있는 것이 아니라 다른 지역에서도 많이 이용되었다. 흙돼지는 사람의 인분을 먹고 이를 완전히 소화하여 다시 배설하는데 이 돼지의 똥은 퇴비화 과정 없이 그냥 밭에 뿌려서 이용하였다. 그러므로 우리의 옛 화장실은 자연의 일부가 되어 자연의 흐름에 동참하는 시스템으로 자연 그 자체였으므로 환경에 부하가 전혀 없는 웰빙 공간이라 할 수 있다.

| 소박한 자연미 |

우리의 화장실은 주재료가 짚이나 흙인 자연소재를 사용하고 화려한 장식도 배재하고 스케일도 최소한의 크기를 취하므로 작았다. 그리고 화장실 주변에 헛간이나 광이 위치하기도 하지만 화장실을 창고 삼아 농기구 등을 걸어 놓기도 하여 작은 스케일과 함께 소박한 자연미를 선사한다.

| 개방과 폐쇄의 조화를 이룬 공간 |

우리 전통 화장실은 개인의 프라이버시를 지킬 수 있는 최소한의 담을 통해 지극히 폐쇄적이고 개인적인 공간이지만 개방적인 형태를 취하고 있다.

| 자연과의 단절이 없는 연속적인 공간 |

화장실을 구성하는 바닥, 벽, 천장 등 모든 재료들이 자연으로부터 얻은 것이며 화장실 지붕을 텃밭으로 이용하거나 자연과의 유기적 연결을 꾀하면서도 조화를 추구하고 있다. 또한 사용된 목재도 굽은 나무를 그대로 사용하여 자연의 곡선을 사용하여 정적인 공간에 자연적인 율동감을 부여한다. 게다가 화장실 내부도 틈사이로 자연 채광과 환기가 가능하여 외부와의 내부의 단절 없이 자연과의 연속성을 보여주고 있다.

| 위생과 환경을 배려한 공간 |

화장실을 기본적은 사면이 외기와 쉽게 접하는 구조이며, 환기와 통풍을 위해서 살창을 주로 사용하여 상시 환기를 통해 냄새가 나지 않도록 구성하였다. 그리고 배변 후 가랑잎이나 무화과 나뭇잎이나 쌀겨나 톱밥, 부식토를 덮거나 재를 뿌렸다. 이 중 무화과 나뭇잎은 살충효과가 있고 쌀겨와 재는 탈취 효과에 탁월한 자연 소재들로 이를 통해 화장실 냄새를 최소화 하였다. 이에 상시 환기와 탈취 소재

| 제주도 통시, 제주민속촌 |

자연과 하나 되는 가장 친환경적인 제주도 특유의 화장실 통시로 환경부하가 없는 시스템을 갖추고 있다.

| 화장실 내부, 한국민속촌 |

목재로 판을 구성해서 만든 화장실로 목재와 흙벽과 흙바닥으로 구성된 서민 주택 화장실이다. 사방에 환기와 통풍이 되도록 외벽을 구성하고 벽면을 살짝 띄어 수시환기가 되도록 한다.

덕에 옛 화장실은 냄새가 나지 않고 무화과 잎을 통해 살충효과를 주어 자연 속에서 위생과 환경을 배려한 공간이었다.

| 정신적 · 심리적 일탈을 꾀한 공간 |

우리 선조들은 화장실에서도 자연의 운치를 관망할 수 있도록 문 가운데 구멍을 내거나 천장을 일부 뚫어 채광과 환기도 도모하지만 자연을 즐기며 일을 보았다.

06 • 정자

우리의 전통 산수화에는 항상 집이 등장하듯이 우리 선조들은 자연을 바라보기 좋은 곳에 집을 지었는데 이들은 주로 정자나 누라 불렀다. 이 중 정자는 주거를 중심하는 자연 속 개인적 수양 공간이라면 누(樓)는 집단 수양 공간으로 공공 시설물이 된다. 또한 정자는 산수의 경치가 좋은 곳에 세운 작은 집이고 누는 높게 놓은 마루, 즉 구조적으로 이층으로 된 집으로 누마루 밑으로 사람이 다닐 수 있거나 마루가 지면으로부터 높이 솟아있는 구조로 정자와는 구분하였다. 어찌하였든 정자나 누는 자연경관이 수려하고 터진 장소에 지어졌으며 단순한 건물로써의 의미가 아니라 더 큰 가치를 두어 자연 환경과 함께 함을 중요하게 생각하는 우리 선조들의 철학을 대변하는 공간이라 할 수 있다. 우리 선조들은 서민문화나 상류 문화가 다 자연에 의지하고 있다. 특히 상류 주택에서는 경관이 아기자기하고 사계절 변화가 뚜렷하여 철 따라 변하는 산과 들, 강의 풍경을 즐기고 자연과 더불어 생활하기 위한 정자는 극히 자연스러운 공간이었다.

조선시대 양반들은 학문을 통한 자기 수양을 위한 인격 함양을 자연의 원리인 천(天)을 경지에 두어 자연의 적극적인 수양 공간으로 누마루나 정자를 주거 내에도 만들었다. 이 중에서도 정자는 집안에서 가장 경관이 좋은 곳에 배치시켜 독립된 건물로 자연을 더 가까이 두고 보고, 즐기면서 휴식도 취하고, 사색을 통해 깨닫기도 하고 풍류와 놀이를 즐기는 예술문화의 공간으로, 학문의 철학적 탐구인 장으로써 또는 종교적인 조상을 숭배하는 기능을 하기도 하였다. 그러므로 정자는 다목적 공간으로 자연과의 교류를 통하여 인간생활의 정신적 여유를 제공하는 쉼터로 인공적이지만 가장 인공적이지 않은 자연과 동화되어 덕을 함양하기 위한 학문과 예술을 위한 진정한 웰빙 공간이었다고 할 수 있다.

정자의 유형과 형태

• 정자의 유형과 분류 •

정자는 우리 민족의 정서와 자연환경에 부합되는 가장 한국적인 건축물로 시대나 지역에 관계없이 일반화되어 자유로이 건립되어 시대나 지역에 따라 일반화된 건축물이다. 정자는 일반 주택에서 부속된 시설로 극히 개인적인 공간으로 지어지기도 하지만 궁궐이나 사찰, 향교, 사원 등의 부속시설로서 독립된 단일건물로써 지어졌다. 정자는 일상생활 속 휴식의 의미가 강하게 내재되어 주로 산천이 수려하고 아름다운 곳, 바닷가나 강가의 절경, 농촌 경자지 한가운데 휴식이 필요한 공간에 보통 위치하므로 시대나 지역에 따른 구분보다는 정자가 독립적인가 부수적인가에 따라 구분하기도 하고 다시 정자의 배치구성과 연관되는 요소에 따라 유형을 분류한다. 우선 독립형은 독자적인 목적으로만 구성된 것이며 부속형은 주 공간에 직접 연결되어 상호 긴밀한 연결성을 지니도록 입지한 유형으로 전통 주거내 입지한 유형이 이에 해당된다. 이외에 정자는 건립 목적 즉 주요 기능에 따라, 입지에 따라, 평면의 형태에 따라, 지붕의 형태에 따라 구분해 볼 수 있다.

기능에 따라 (건립 목적에 따라)

| 개인적 수양을 위한 풍류 · 관망 · 휴식을 위한 공간 |

전통 주거 내 정자는 풍류와 관망, 휴식을 위한 기능이 대부분으로 모든 정자가 가지고 있는 기본 기능이라 할 수 있다. 개인적 수양을 위한 정자는 이러한 풍류의 기능과 더불어 혼자서 학문을 익히고 정신 수련을 위한 공간이었다.

| 강학(講學)을 위한 교육 공간 |

강학을 위한 교육의 기능은 강학소의 역할을 하는 정자는 모든 정자의 공통된 기능은 아니었으나 자신들의 자제들로만 강학을 하는 경우도 있고 향리의 자제들에게도 강학을 베푼 경우도 있다.

| 조상숭배를 위한 종교 의식 공간 |

재실의 기능을 수행하기 위해 지어지는 정자로 강학소의 기능을 동시에 수행하기도 하지만 이러한 경우 재실을 별도로 구성해 주는 경우가 많다.

| 지역과 혈연의 계모임을 위한 회의 공간 |

종회소(宗會所) 기능을 중심으로 지어진 정자는 그 수가 그리 많지 않으나 전주 최씨 일문이 세운 화수정(花樹亭) 등이 이에 해당되며, 처음에는 종회소가 아니었으나 시간이 지남에 따라 지역과 혈연의 계모임을 위한 공간으로 사용되는 경우가 많다.

| 은둔과 수학을 위한 주거의 공간 |

별서의 기능으로 은둔이나 농사일을 지도하

고 보살피는 감농소(監農所)로 사용하기 위해 지어졌다. 정자의 은둔 기능은 보편적이나 감농소로서의 기능은 그리 흔한 것은 아니었다. 인가에서 멀리 떨어진 조용한 곳의 정자는 대부분 은둔처로 활용되었다.

| 단순한 휴식을 위한 공간 |

주거 공간 보다는 들에서 휴식을 위한 공공장소로 서민들의 생활터전에 많이 나타난다.

입지에 따라

정자는 다른 건축물에 비해 배치에 있어 방위에 구애받지 않고 어느 쪽에 위치되어야 한다는 법칙이 없다. 정자는 정자 자체가 풍류의 장이고 정서적 휴식을 강조하는 공간이므로 자연의 공간을 고려하거나 주위 경관과의 조화를 이룰 수 있는 입지 조건에 따라 배치된다. 소규모 건축물인 정자는 일반적으로 전망이 좋은 강가나 언덕 또는 산골짜기의 냇가에 세우는 경우가 많고 정원 시설의 일부로 배치되는 것도 있다. 입지에 따른 정원의 종류는 크게 5가지로 다음과 같이 분류 해 볼 수 있다.

| 강이나 계곡에 있는 정자 ; 강계연변형(江溪沿邊形) |

강이나 계곡 등에 가까이 위치한 정자로 강과 계곡 등의 경치를 한 눈에 볼 수 있고, 물에 비췬 달 그림자를 감상하는 서정적인 공간을 이룰 수 있는 지점에 배치한다.

| 못에 세운 정자 ; 지변형(池邊形) |

자연적인 못이나 인공적인 연못에 설치되는 정자로 못의 한쪽가나 중앙에 세워 물과 주변의 공간과 조화를 이룰 수 있도록 배치한다.

| 산마루나 언덕 위에 세운 정자 ; 산정형(山頂形) |

산의 정상이나 중턱 또는 높은 언덕 위에 위치하여 주위의 숲과 멀고 가까운 경관을 바라보기 좋은 위치에 배치된다. 간혹 망루의 역할을 하는 경우도 있다.

| 집 안에 세우는 정자 ; 가내형(家內形) |

집안에 세우는 정자는 규모가 있는 상류주택에서 정원의 일부로 설치되기도 하나 일반적인 주택보다는 별서의 성격을 띤 주택에 나타나는 경우가 많다. 주변 전원의 풍요로움을 바라보면서 풍류를 즐기기도 하지만 집회 장소로서 기능을 하기도 한다.

집안에 세우는 정자로 부속형에 해당되며 주거 공간과 직접 연결되어 상호 긴밀한 연결성을 지니도록 입지한 종합형과 동일 영역 내에서 주거 공간과 떨어져 반 독립적으로 입지한 별당형으로 나눌 수 있다. 이러한 가내형 정자는 경우는 자연경관을 중심으로 지어진 정자보다는 인공성이 강조된 공간 처리를 하는 것이 특징이다.

| 마을 어귀에 세우는 정자 ; 모정형(茅亭形) |

마을 어귀에 세우는 정자로 농민들의 휴식, 회의, 감사의 목적을 위해 만들어졌으며, 마을 주민들이 공동으로 건립하고 이용하고 관리하는 개방형 정자이다.

| 못에 세운 정자, 창덕궁 부용정 |

인공적으로 조성된 부용지의 네모난 연못의 남쪽에 자리잡은 부용정으로 열십자(+) 모양의 팔짝지붕의 정자이다.

| 가내형 정자, 소쇄원 광풍각 |

별서이 형식으로 지어진 후원 형식의 정원에 계류를 중심으로 배치된 정자로 측면 3칸, 팔짝지붕으로 구성된 정자이다.

평면 형태에 따라

평면의 유형은 주변 환경과의 조화, 기능, 수용 등의 여건에 따라 다양한 변화를 줄 수 있으며 단일 건물인 정자의 특성상 평면 구성을 비교적 자유롭게 구성할 수 있다.

| 평면 형태에 따른 유형 분류 |

정자의 평면을 형태에 따라 분류하면 방형과 장방형, 긴장방형, 다각형, 기타 형태로 분류된다. 방형은 정면과 측면 비율이 약 1:1인 유형이고, 장방형은 정면과 측면이 약 3:2의 비율로 보이는 유형, 긴장방형은 정면과 측면이 약 4:2의 비율로 보이는 유형이다. 흔하지는 않지만 6각형, 8각형 등 다각형 평면과 아울러 기타 정(丁)자형이나 아(亞)자형의 평면 구성도 있다.

| 평면 구성에 따른 유형 분류 |

평면구성은 방과 마루의 구성방법에 따른 분류로서, 장방형 평면의 방과 마루의 위치 관계를 기준으로 분류한 방법이다. 크게 무실형과 유실형, 특수형으로 분류할 수 있으며, 이중 무실형은 방이 없어 마루로만 구성된 정자를 말하며, 유실형 방과 마루를 갖춘 정자로 4가지 유형으로 분류된다.

첫째, 배면형으로 정자의 배면에 방이 길게 위치하고 정면으로 마루가 위치한 정자를 말한다.

둘째, 측면형으로 방의 한쪽 측면으로 방이 위치하고 마루가 반대쪽 측면으로 위치한 정자이다. 좌측실형과 우측실형으로 구분된다.

셋째, 중앙형으로 정자의 중앙에 방이 위치하고 마루가 방을 두른 형태의 정자이다. 이는 정 가운데 위치한 중앙좌우실형과 방이 중앙 뒷면에 위치한 중앙후실형으로 구분된다.

넷째, 분리형으로 정자의 중앙에 마루가 위치하고, 좌우로 방을 둔 정자의 유형이다.

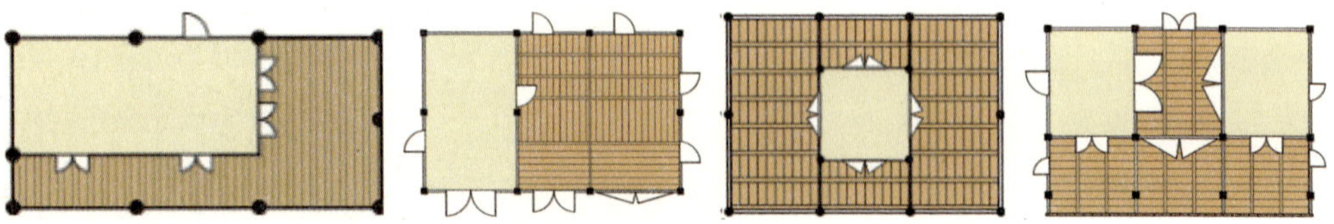

| 정자의 다양한 평면 구성 유형 |

지붕 형태에 따라

정자는 지붕형태에 따라 초가지붕인 초정과 기와지붕으로 나뉘고 기와지붕은 가시 형태에 따라 팔작지붕과 다각형 지붕이 사용되는데 다각형 지붕은 사모지붕, 팔모지붕 등이 있다. 이에 지붕의 각의 수에 따라 오각정, 육각정, 칠각정, 팔각정으로도 부른다.

초정은 보통 1×1칸의 단순한 형식이 대부분이며, 기와지붕 정자도 1칸 자리도 있지만 2칸, 3칸 등 비교적 큰 형태에서는 초가보다는 기와를 주로 사용하였다.

| 초정, 영주선비촌 |

초가로 구성된 초정으로 사모지붕 형태를 이루고 있다.

| 기와지붕 정자, 창덕궁 후원 관람정 |

부채꼴 선형의 기와지붕의 홑처마를 한 독특한 형태의 정자이다.

• 정자의 형태와 구성 •

| 평면 구성 |

정자의 가장 일반적인 형식은 정면 1칸×측면 1칸으로 구성되는 정사각형 구성이 기본으로 정면 2칸×측면 2칸 규모의 정사각형 구성도 많이 보인다. 그리고 직사각형의 평면으로 변화를 주면서 중도리 부분에서 외목도리 사이에 툇간이라는 형식으로 사면을 장식하는 특징을 갖는다. 비교적 규모가 작은 편이나 크게는 정면 7칸×측면 3칸에 이르기까지 다양한 규모의 직사각형 구성을 하게 된다. 그리고 툇간이 끝나는 외부에 난간을 두어 평면의 끝임을 상징적으로 표현하고 있다.

| 기본 구조 |

초석은 가공된 초석보다는 자연 암반이나 자연초석 위에 보통 세워진다. 단, 누마루를 달아 대는 상층 구조에서는 가공된 장초석을 모양 있게 사각이나 원형, 6각형 등으로 사용한다. 초석의 위치는 평면형태와 건축 목적에 따른 기둥배치와 연관이 있다. 기둥은 각기둥이나 원형기둥으로 지붕구조를 받치고 있으며 기둥하부는 마루 구조를 형성하고 그 위에 난간을 두른다. 기둥머리 부분은 일반적으로 민도리 형식으로 처리했으며 규모가 큰 정자에서는 기둥머리를 익공계 양식으로 구성하기도 하였다. 정자의 가구 구조는 3량 집의 작은 건물로부터 시작되는데 보통 5량집 구조의 정자가 가장 많다. 입면 구조는 대개 문이나 창이 없는 것이 대부분이나 정자의 용도와 성격에 따라 유실형일 경우 기둥과 기둥사이는 들어열개창이나 미서기문으로 조성되었다. 들어열개창은 모두 열고 들어 올렸을 때는 정자가 지니는 사면개방공간을 구성하고 겨울철에는 오붓한 실내공간을 만들어 겨울철 공간으로 이용할 수 있도록 구성하였다.

| 바닥 |

정자의 바닥 구성은 두 가지 형태로 구분되는데, 첫 번째는 동바리, 멍에, 장선 등으로 구성되는 표상 바닥, 두 번째는 한층 또는 반 층 높이의 기둥을 달아 마루를 구성하는 누마루 형식이다. 정자의 바닥은 외부공간과 내부공간을 연결하는 개방된 매개공간으로 연결되어 차단된 내부공간이기 보다는 열려있는 실의 단일 공간 바닥으로 의미가 더 크다. 이러한 단일 공간이 바닥은 보통 마루로 구성되는데 주로 우물마루로 구성되었다.

| 천장 |

정자의 천장은 연등천장과 빗천장으로 구성되었다. 연등천장은 자연스러운 서까래의 노출과 부드러운 점토의 재질이 대조를 이루므로 자연과 조화되는 개방공간이라는 정자의 성격과 잘 어울리는 천장 마감법이다. 빗천장 초가지붕의 형태인 초정에 사용된 천장 구조로 서까래와 평행되는 경사로 쪽널판지를 사용하여 구성하는 단순한 형태의 천장 처리 방법이다.

| 난간 |

정자는 사면에 개방된 공간으로 안정과 보호를 위해 난간을 두르게 된다. 이 난간은 정자건축의 구조의 조형성을 높여 주고 건축 전체의 조형미를 높여 주게 된다. 난간은 보통 평난간과 계자난간으로 구성하게 된다. 이 난간의 설치는 주공간의 성격에 따라 형태와 구조를 다르게 취하는데, 평난간은 걷거나 움직이는 동선위주의 공간에 사용되며, 계자난간은 공간의 연속, 시각의 연속을 요구하는 정적 공간에서의 안정과 보호를 위한 시설로 사용된다. 이에 정자에서는 계자난간이 훨씬 많이 사용되었는데, 이 난간은 정지된 상태에서 걸터앉거나 기대어 주위 공간을 포용하고 조망하기 위한 개방중립적 기능이 이루어졌다.

| 장식 |

정자는 소규모 건축물로 많은 의장적 요소를 지니지 않으며 별다른 치장 없이 소박한 구성을 중심으로 창호와 벽체의 조화에 따라 변화를 주는 구성을 취한다. 이러한 소박한 미적 구성을 중심으로 장식요소로 포인트를 주는 것은 현판이나 주련, 난간의 무늬, 단청 등으로 치장을 하고 있다. 정자에 적합한 시구(詩句)를 새긴 주련을 정자 기둥에 달거나 정자의 성격을 단적으로 표현하는 현판을 걸기도 하는데, 이 현판의 둘레를 당초문이나 초각 등으로 초새김하여 장식하기도 한다. 곡선을 연속적으로 초새김한 낙양이나 하엽 문양을 기둥이나 난간에 연출하여 단조로움을 덜고 시각적인 단순함을 보완해준다. 정자는 단청이라

| 정자의 난간과 장식, 선교장 활래정 |

연못 위에 조성된 활래정은 사면에 평난간으로 구성된 완자형 난간을 두르고 처마나 기둥에 빈 공간을 찾기 어려울 정도로 편액과 주련이 가득 걸려있다.

| 정자의 천장면, 원지정사의 연좌루 |

연등천장으로 구성된 정자의 천장으로 부분적으로 우물천장으로 구성된 천장으로 자연미가 돋보인다.

| 정자의 바닥면, 원지정사의 연좌루 |

우물마루로 구성된 정자의 바닥면이다.

는 화려한 색의 치장으로 정자를 더욱 아름답게 꾸미기도 하였다.

정자에서 웰빙

| 탈공간화를 통한 자연과의 합일을 이룬 공간 |

정자는 바닥, 벽, 천장으로 구성된 공간이나 공간의 열림과 닫힘으로 공간의 확장과 연결이 자연스러운 공간으로 자유로운 이탈을 통해 자연과 속 공간이 된다. 이는 정자를 구성하는 벽은 기둥만 조성되어 있거나 실이 있는 경우 미서기문과 들어열개 문으로 사면이 구성되어 새로운 환경으로부터 이동과 자유로운 접속이 가능하다. 이들 문은 완전개방이 가능하므로 내부와 외부의 구분을 손쉽게 제거 가능한 구조로 공간의 용도 변환이 손쉽게 된다. 이에 정자는 칸(間)을 통한 공간의 연결은 폐쇄적이나 개방되어지고 개방성으로부터 다시 폐쇄되어지는 개폐와 폐쇄의 자유로운 조절에 의한 공간의 탈공간화로 자연과의 합일된 공간을 제공한다. 또한 정자는 사방이 완전 개방되어 사방에서 전망이 가능하므로 화면의 단일 시점이 아닌 다시점에 의해 전망을 바라보게 된다. 이에 각기 다른 장면의 경치를 바라보므로 신체의 이동에 의해 다양한 시점을 통해 비연속적인 풍경들은 연속적인 장면으로 완성된다. 이를 통해 정자는 인간과 공간 그리고 자연의 통합을 뛰어 넘어 건축적 영역이 자연으로 확장되면서 다시 자연의 일부로 객체화 되고 이를 넘어 자연에 무화(無化)되는 위상 변화의 공간이 된다.

| 정신적 기능이 강조된 공간 |

정자는 단순히 시를 읊거나 술을 마기며 즐기는 장소가 아니라 선비들의 높은 이상과 투철한 학문정신을 실천하고 덕을 함양하기 위한 공간으로서 기능이 강조된 공간으로 자연과 더불어 휴식과 풍류와 학문과 예술을 논하고 덕치의 공간으로 정신적인 만족을 얻기 위한 웰빙 공간이었다. 이에 공간 구성도 소박한 자연미를 중심으로 별다른 치장을 하지 않고 창호와 벽체 조화로 변화를 주는데 이는 기능적인 요구사항과 벽과 개부부의 면적 비례를 조화시켜 심리적으로 안정된 실내공간을 구성하여 최대한 자연과 동화되는 편안한 공간이 되도록 구성하였기 때문이다.

| 공간의 확대 · 축소를 통한 다양성을 지닌 공간 |

정자는 용도가 정해진 주거공간과는 달리 정자만의 다양한 용도를 수용하는 평면구성을 가진다. 특히 마루라는 새로운 공간 생성을 통해 더 풍요로운 공간이 된다. 마루공간은 인접하고 있는 방과 일체화를 이루어 새로운 것과 결합하는 공간이며, 외부와 접한 자연과 결합하여 또 다른 새로움을 주는 공간이기도 하다.

공간의 확대와 축소를 통해 휴식이나 풍류 공간으로 마음의 수양이나 병을 치료하기 위한 안락한 공간으로 활용하기도 하고 학문을 연구거나 제자를 양성하거나 강학을 위한 공간으로 다양한 기능을 수행하게 된다. 또한 정자에 조성된 툇마루는 또 하나의 매개적 역할과 완충공간으로서의 역할을 수행하는데 이 또한 문의 개폐를 통해 복도 공간이 되었다가 자연과 통합되는 공간이 되었다 변화가 생기게 된다. 이에 정자는 마루공간의 확대와 축소를 통해 자연과의 적극적인 동화를 이루게 됨으로 공간을 더욱 다양하고 풍부하게 만들고 있다.

| 생활과 정서, 인간과 자연을 매개하는 전이 공간 |

정자는 인간과 자연을 중개하는 공간이다. 또한 일상의 생활공간과는 다른 또 다른 생활의 전이 공간이다. 이를 통해 정자에서는 자연-인간-공간의 상호관계를 매개하는 공간이라 할 수 있다. 또한 일상생활 공간과는 한 차원 더 높은 자연과의 교류를 가능하도록 사람들의 행위나 행동의 전이를 이끌어 낸다. 정자에 들어서면서 이전 상황과는 다른 상황의 전환을 요구받는 감정의 전이가 일어나게 된다. 이에 정자는 자연과 인간의 매개공간이자 일상의 탈출공간이자 생활과 정서의 완충 매개공간으로 최고의 웰빙 공간이라 할 수 있다.

| 시공간을 초월한 무한성을 주는 공간 |

정자는 과거-현재-미래의 감각들이 통합되고 감각의 주체와 시시각각 변하는 자연 현상의 단편을 감상하고, 시간성의 체험을 극대화 해주는 공간이다. 즉 자연과 일체되는 소우주 공간이다. 정자는 빛에 의한 밝기의 변화, 그림자의 움직임, 아침과 낮, 계절의 변화를 느끼면서 시간성의 체험이 극대화 되면서 새로운 감각과 다양한 지각의 가능성을 깨닫게 해준다. 자연과의 합일을 중요시하는 정자에서 체험되는 공간은 시간과 공간을 벗어나 무릉도원과 같은 초월적 공간으로 자연 속에서 자아의 실존 의미를 깨닫고 자연의 무한함을 느끼면서 시공간을 초월하는 우주적 차원의 자연을 느끼게 된다.

이에 시공간을 초월하는 정자의 공간에서 선비들은 변화에 대한 두려움과 새로움과 조화로움에 대한 심상의 변화를 경험하였다. 그러므로 정자는 조화롭고 무한한 자연을 보면서 선비의 기개를 다지는 감성적 웰빙 공간이라고 할 수 있다.

| 감각적 요소들이 결합되는 현상학적 감성적 공간 |

정자는 인간의 신체 '감각'의 자극을 통해 인간과 자연을 중재하는 공간이라 할 수 있다. 정자는 물리적 자유로운 개폐 공간 구성과 더불어 우리의 감각인 시각, 후각, 청각 등의 신체적 감각을 통해 빛과 바람의 감촉, 소리, 향기 등의 비가시적 요소와 그림자, 자연풍경 등의 가시적 요소들에 의한 감각적 요소들이 결합되는 현상학적 감성적 공간이다. 그러므로 이러한 감성적 공간에서는 인간의 마음의 위안과 평안을 얻고 심리적 행복감을 주는 공간이 되므로 진정한 웰빙 공간이라 할 수 있다.

| 시공간을 초월하여 무한성을 주는 정자 |

| 외부와 내부에서 외부를 바라본 전경 |

봉화 닭실마을 권벌 선생 종가집의 청암정으로 넓적한 바위 위에 정자를 세운 일반적인 정자와는 다른 형태의 정자이지만 오감을 자극하기 위한 빛과 바람과 물, 자연의 소리, 향기가 어우러지고 마치 섬 위에 올라와 다른 세상에 와 있는 듯한 느낌, 시공간을 초월하는 느낌을 주는 정자이다.

| 탈공간화를 통한 자연과 합일을 이룬 정자, 소쇄원 광풍각 |

자연 계곡의 자연지형을 적절히 활용하여 정자를 구성하였는데 중앙 유실형으로 구성된 광풍각으로 전후좌우가 완전 개방되어 공간의 가변성으로 공간의 확대와 축소를 통한 다양성과 더불어 자연과의 합일을 추구하고 있다.

07 • 마당

전통 주택에서 마당은 양택삼요(陽宅三要)인 대문, 안방, 부엌을 결정할 때 패철(佩鐵)을 두는 곳으로 주거의 중심 공간이라 할 수 있으며, 가장 넓은 공간을 차지한다. 이에 주택의 주인과도 같은 공간이 마당이다. 집의 방문이 모두 밖으로 열리고 대문도 안으로 열리는 것도 마당이 중심 공간으로 하고 이를 향하기 때문이다. 전통 주택의 주요 특징이 여러 채의 집이 모여서 하나의 완성된 집을 이루는데, 이때 채와 채가 떨어져 서로 바라보거나 거리를 두어 배치함으로 사이의 공간이 생기게 됨으로써 다양한 공간의 마당이 형성된다. 그러므로 집의 완성은 마당을 통해 이루어진다고 볼 수 있다. 왜냐하면 이러한 사이공간이 만드는 다양한 마당들은 그저 비어 의미가 없는 공간이 아니라 서로 소통하고 여유를 찾아 주는 공간으로 존재하면서 각 마당마다 의미와 특성을 지니게 된다. 비어있는 마당은 인위적인 건축물을 보듬고 끌어안는 역할을 하므로 전통 주거 공간을 더욱 풍부하게 만든다. 단순하고 소박한 전통 주택의 건축 공간과 어울려 복합적인 관계로 발전하게 해주며 자연과 공간을 묶어주기도 하고 나눠주기도 한다.

전통 주택의 마당은 채(棟)로 분화되는 공간의 수와 비례하여 구성되는데 그 역할 또한 다양한 형태로 나타난다. 채의 이름이 마당의 이름이 되어 사랑채 앞은 사랑마당이 안채 앞은 안채 마당, 행랑채 앞에는 행랑마당 등으로 구성되는데 개별 건물의 성격에 따라 그 기능이 다르게 나타난다. 마당은 집안에 있으면서도 실내가 아닌 외부 공간으로서 생활을 담은 기능의 장소적 개념이자 대청과 툇마루의 연속적 기능을 가진 내부공간의 연장으로 안과 밖의 중간지대로서 다양한 기능을 수행하는 장소이기도 하다. 이에 전통 주거에서 마당은 중요한 공간 요소로 자연-인간-공간이 서로 소통하고 여유를 찾는 웰빙 공간으로 존재한다.

마당의 분류와 기능

전통주택은 참으로 많은 마당이 존재한다. 마당을 통해야만 각 공간을 이동할 수 있으므로 집의 규모를 말할 때 마당의 개수를 이야기 하는 경우가 많다. 그만큼 마당도 집의 한 요소임을 알 수 있다. 전통 주택의 마당은 채와 짝을 이룬다. 이에 마당의 분류도 채에 따라 안마당, 바깥마당, 사랑마당, 뒷마당, 행랑마당, 사당마당, 별당마당 등으로 불리고 또는 위치에 따라 바깥마당, 뒷마당 등으로 구분된다. 이러한 마당들은 그것이 놓인 위치와 성격에 따라 여러 가지 모양으로 구성되며 건축적 처리도 달라진다. 주로 채의 성격에 따라 마당의 기능과 구성요소, 정원 연출 요소를 달리하여 마당의 다양한 풍경을 연출하였다. 전통 주택의 마당 구성은 ㅁ자형으로 나타나는데 이는 채가 분화의 과정을 거치는 과정에서 ㅡ자, ㄱ자, ㄷ자, ㅁ자의 채와 담장이 만나는 부분이 'ㅁ자형'으로 구성되므로 나타나는 형상이기 때문이다. 이에 전통 주택의 마당의 구성에도 일정한 원리가 숨어있는데 이러한 구성원리를 중심으로 어떠한 마당이 형성되는지 알아보고 다양한 마당의 유형과 성격, 기능 등 주요 특성을 살펴보고자 한다.

• 마당의 구성 원리 •

우리 전통 주택에 구성되는 마당의 기본 구성형태는 모두 여섯 가지 채를 중심으로 주마당이 형성되고 다시 세분하여 부속마당 등이 구성되는 특성을 가지고 있다. 채를 기준으로 여섯 마당으로 분류되는데 마당 구성의 중심은 안마당으로 서민주택이나 상류주택의 ㅡ자, ㄱ자, ㄷ자, ㅁ자의 평면 구성에 관계없이 대지의 가운데 형성되는 마당의 중심점이 되고 있다. 이에 안채를 중심으로 시작하여 하나의 마당으로 이루어지는 것을 한 마당, 둘로 나누어지면 두 마당, 셋으로 구성되면 세 마당, 넷으로 구성되면 네 마당, 그 다음 다섯 마당, 여섯 마당으로 구성된다. 그러므로 마당은 채의 분화로 형성되는 것으로 주요 3채인 안채, 사랑채, 행랑채에 속한 각 마당과 고방채, 별당채, 사당채로 분화되는 마당이 주요 여섯 마당을 구성하는 기본으로 형성된다. 그리고 그 외에 옆마당, 샛마당, 뒷마당(후원) 등이 각 채에 포함되는 부속마당으로 추가적으로 형성되기도 한다. 그리고 기본마당은 자연스럽게 채와 동시에 형성되지만 담장에 의해 사잇담과 사잇담 사이의 공간에도 작은 마당이 생기므로 다양한 마당이 생겨나기도 한다. 그러므로 전통 주택에서 채와 마당의 구성은 유기적인 구성으로 주변 여건, 거주자 취향, 집의 규모과 구성에 따라 대단히 복잡한 구성을 하고 있으며 각 마당들은 다양한 기능을 수행하고 있다.

전통 주택에서 마당의 기본 구성 원리는 채에 의한 마당의 분화에 따라서 개수가 발생된다. 한마당은 한 몸채인 안채와 하나의 마당으로 되거나 사랑채가 분화되기 전인 안채와 사랑채가 결합된 상태로서 채와 하나의 마당으로 이루어진 경우이다. 두 마당은 사랑채가 분화되어 안채와 사랑채가 별도로 나누어져 2개의 마당이 있는 것으로 민가에서는 안채와 헛간채가 분화되어 안채와 헛간채에 형성되는 2개의 마당을 의미하기도 한다. 세마당은 안채, 사랑채, 행랑채로 분화된 곳에 생기는 마당으로 안채와 사랑채, 사당채로 구성되어 세마당을 형성하기도 한다. 네마당은 안채, 사랑채, 행랑채, 고방채가 기본으로 형성되는데 경우에 따라 안채, 사랑채, 행랑채, 별당으로 구성되거나 안채, 사랑채, 행랑채, 정자로 구성되기도 하고 안채, 사랑채, 행랑채, 사당으로 구성되는 주거도 있어 채에 맞추어 해당되는 마당이 형성된다. 다섯마당은 안채, 사랑채, 행랑채, 고방채, 별당이 기본 구성이나 경우에 따라 안채, 사랑채, 행랑채, 고방채, 사당으로 구성되거나 안채, 사랑채, 행랑채, 별당, 사당으로 구성되기도 한다. 여섯 마당은 안채, 사랑채, 행랑채, 고방채, 별당채, 사당으로 구성

| 채에 의한 여섯 마당의 구성원리와 기본 형태와 영역성 |

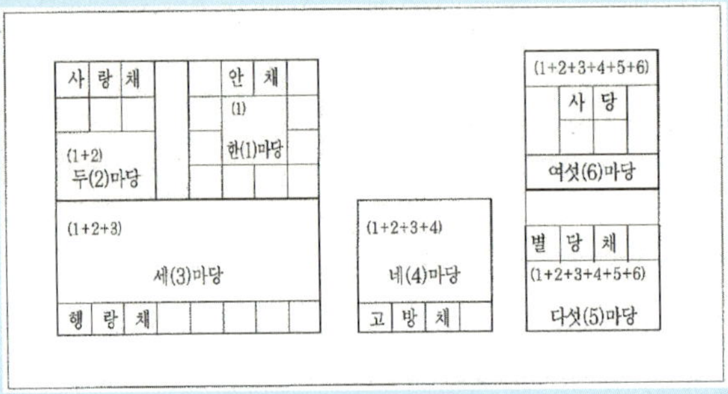

| 채에 의한 여섯 마당 구성원리 |

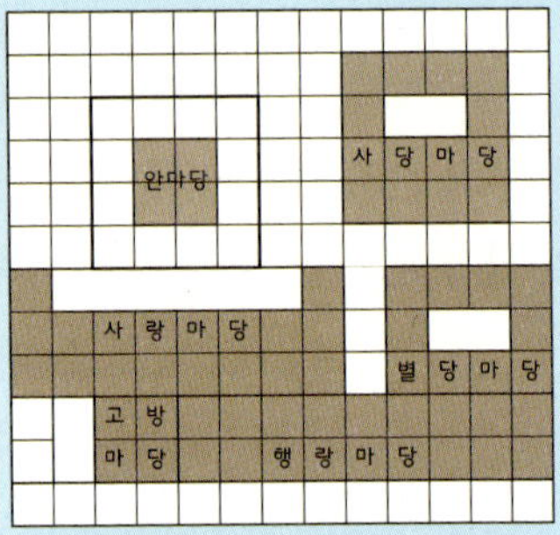

| 여섯 마당의 기본형태와 영역성 |

여서마당 유형		마당 구성	채의 구성
한마당	기본형	안마당	안채
	1형	안마당	안채(+ 사랑채or 헛간채)
	2형	안마당	안채+헛간채
	3형	안마당	안채+사랑채
두마당	기본형	안마당+사랑마당	안채+사랑채
	1형	안마당+행랑마당	안채+헛간채(행랑채)
세마당	기본형	안마당+사랑마당+행랑마당	안채+사랑채+행랑채
	1형	안마당+사랑마당+사당마당	안채+사랑채+사당채
네마당	기본형	안마당+사랑마당+행랑마당+고방마당	안채+사랑채+행랑채+고방채
	1형	안마당+사랑마당+행랑마당+별당마당	안채+사랑채+행랑채+별당
	2형	안마당+사랑마당+행랑마당+정자마당	안채+사랑채+행랑채+정자
	3형	안마당+사랑마당+행랑마당+사당마당	안채+사랑채+행랑채+사당
다섯 마당	기본형	안마당+사랑마당+행랑마당+고방마당+별당마당	안채+사랑채+행랑채+고방채+별당
	1형	안마당+사랑마당+행랑마당+고방마당+사당마당	안채+사랑채+행랑채+고방채+사당
	2형	안마당+사랑마당+행랑마당+별당마당+사당마당	안채+사랑채+행랑채+별당+사당
여섯 마당	기본형	안마당+사랑마당+행랑마당+고방마당+별당마당+사당마당	안채+사랑채+행랑채+고방채+별당+사당

〈출처: 최동호, 한국전통 주거공간의 마당 구성원리, 建築士 1997, 재구성〉

되어 안마당, 사랑마당, 행랑마당, 고방마당, 별당마당, 사당마당으로 구성되는 것이다. 그리고 각 채의 앞마당이 주마당이라면 좌우 측면과 뒤를 포함하면 6개 이상의 마당이 생기게 된다. 보통 안마당이 3개로 옆마당, 뒷마당, 후정으로 부속마당이 조성되고 사랑마당은 4개로 사랑 옆마당, 사랑뒷마당, 샛마당, 정원이 조성되고, 행랑마당은 2개로 곳간마당, 중문마당으로 구성되는 부속마당이 함께 조성되는 경우가 많다. 그러므로 전통 주거의 마당은 채와 마당을 중심으로 볼 때 마당의 분류는 여섯 마당을 기준으로 채와 관련성을 가지면서 주마당을 형성하고 다시 채의 좌우와 뒷면을 고려하면 10개의 부속마당이 조성되는데 곳간 마당, 중문마당, 사랑 옆마당, 사랑 뒷마당, 샛마당, 옆마당, 뒷마당, 후원, 정원, 정자로 구성된 부속마당을 갖게 된다.

이와 같이 우리의 마당은 채의 분화에 의해 안마당을 중심으로 하여 여섯 마당이 형성되는데 이에 주택 전체 마당은 안마당을 중심으로 강한 축을 형성하는 특성을 지닌다. 안마당을 중심으로 위계질서를 형성하며 각 마당마다 영역성과 공간성을 가지며 구성된다. 이렇게 축에 의해 형성된 마당은 완벽한 질서를 이루게 되는데 마당들은 차분하게 흐름을 진행하면서 전체의 틀을 계속적으로 이어지는 연속적인 질서를 갖는 독특한 흐름의 공간을 갖게 된다. 즉 마당 공간의 연속적인 이어짐으로 공간의 내향성과 외향성을 갖는 이중적인 특성을 나타나게 된다. 예를 들어 안채는 앞마당과 뒷마당이라는 두 개의 켜를 갖는다. 켜를 소유한 안채의 내부 공간 또한 안마당과 뒷마당 사이의 공간성을 소유하면서 서로 밀접한 관계를 갖는다. 또한 안채의 대청은 툇마루와 대청은 열린 공간으로 반내부, 반외부 공간적 성격을 가지며 앞 뒤의 마당을 내부로 끌어들여, 켜 사이에서 안채는 두마당과 일체가 된다. 이러한 켜의 공간은 공간 내에서 반복되면서 전체 마당의 구성을 이끈다. 그러므로 한 공간 안에 또 다른 공간을 소유하므로 공간의 이중적 코드를 가지게 되며 이에 따라 탄력적이고 매력적인 마당 공간이 형성되며, 마당은 다양한 활동이 이루어지고 기능을 수행하는 공간이 되고 있다.

• 마당의 기능 •

| 안마당 |

안마당은 안채의 앞마당으로 남녀유별의 유교적 영향에 따라 주택의 가장 안쪽에 자리하여 건물과 담장에 둘러싸여 옥외실 같이 안락하고 위요감을 느낄 수 있는 공간으로 조성되며 중심성과 폐쇄성을 동시에 지닌다. 이에 위요감이 높은 ㅁ자형 평면이 대부분이며 채의 구성이 ㅡ자, ㄱ자, ㄷ자, ㅁ자형으로 점차 분화되어도 마당의 형태는 거의 ㅁ자형이다.

마당 중에서 가장 많은 기능을 수행하는 장소로 안마당의 크기가 어느 정도인가를 보면 집의 규모를 가늠할 수 가 있다. 모든 계층을 불문하고 안마당은 가족생활의 일상생활뿐만 아니라 집안의 풍요와 가족의 건강을 위해서 행하는 단오명절, 세시풍속, 관혼상제와 같은 통과의례를 행하는 장소로 이용되었다. 중정형 평면으로 단정한 네모꼴이고 평평하여 실내를 연결하는 유기적 공간이며, 각종 집안의 대소사와 일상의 취사와 빨래, 식사를 보조하는 공간으로 곡물을 건조하는 장소가 된다. 이에 안마당에는 시선을 방해하는 차단물이 없어야 하고, 동시에 방안에서 마당의 상황이 쉽게 인지되고 식별할 수 있게 조성되었다. 이에 안마당은 기능적 사용을 중심으로 조성되는 공간으로 백토로 마감하고 큰 나무를 심지 않아 일조와 통풍을 고려하고 다양한 활동이 가능하도록 시원스럽게 비워 놓는 방식으로 조성하였다. 이는 네모난(口) 마당에 나무(木)가 들어서면 困(괴로울 곤)자가 되어 안마당에는 큰 나무를 절대 심지 않고, 큰 나무가 자라면 사람에게 올 생기를 빼앗고 햇빛을 막아 집 내부를 음침하게 하기 때문에 안마당은 비워놓은 방식으로 마당을 연출하였다.

| 사랑마당 |

사랑마당은 사랑채의 앞마당으로 남자주인의 거처 및 접객을 위한 정서적 공간으로 이용되었으며 외향성을 갖는 공간으로 밖의 조망을 위해 사랑채가 어떤 방향으로 향하는가가 마당구성에 영향을 주며 개방감과 더불어 비교적 넓게 잘 꾸며진다. 이에 3면 개방형의 마당 형태가 가장 많이 나타나며 ㅁ자형이 안마당과는 다르게 채의 유형에 따라 장방형, ㄴ자형, ㅁ자형 등 다양한 형태가 나타난다.

조선시대 유교는 마당 공간 조성에도 영향을 주었는데 유학자들이 가장 이상향으로 삼은 '무이구곡(武夷九曲)'을 실현해 보자 하는 염원이 사랑마당에서는 강하게 표현되고 있다. 이에 사랑마당은 바깥마당 또는 행랑마당과 연결되어 안마당처럼 비어 있는 경우도 있지만, 일반적으로 몇 그루의 나무를 심고 괴석이나 석함을 담장 밑에 몇 개 배치한다. 또한 정서적 조망을 위해 다른 앞마당에는 없는 정원과 연못을 조성하거나 화단을 사랑마당 한쪽이나 담 밑에 꾸미기도 한다. 정원에는 낮은 둔덕의 꽃밭, 장대석이자 자연석으로 쌓아 흙을 채우고 화단을 조성하는 화오(花塢)를 일구어 석류, 모란, 괴석 등을 도입하거나 식물의 품격과 주인의 취향에 따라 매화, 국화, 난초, 대나무, 소나무 등이 한 두 그루 심어 원경을 감상하거나, 뜰에 가꾸어진 품격 있는 경물을 배치하려는데, 뜰이 넓을 때에는 가산(假山)을 만들거나 네모난 연못이 꾸며졌으며, 괴석을 도입하기도 하였다. 또한 연못이 없을 경우 석지에 물을 담아 연을 띄우거나 물확이라고 하여 돌을 절구처럼 판 것에 물을 담아 소규모의 수경(水景)을 꾸미기도 하였다.

| 안마당, 한국민속촌 |

주택의 가장 안쪽에 자리하고 마사토로 마감하여 비워진 공간으로 다양한 활동으로 채울 수 있도록 조성된 안마당이다.

| 사랑마당, 운현궁 |

정서적 조망을 위해 담장 주변으로 화단을 조성한 사랑마당이다.

| 행랑마당 |

행랑마당은 하인들이 기거하거나 창고로 활용되는 행랑채의 전면이나 후면에 조성되는 마당으로 주로 후면에 조성되는 경우가 많으며 장방형의 형태를 이룬다. 신분적으로는 하위의 공간이며 공간의 흐름은 전면에 담장에 의하여 막혀 있으며, 출입을 주목적으로 하는 공간이다. 행랑 마당은 대개 수로가 있으며, 수로의 다리를 건너 대문에 이르게 된다. 행랑마당은 연결동선이자 완충역할과 동시에 하인들의 옥외 다목적 작업 공간으로 활용되었는데 주로 장작 패기, 나무더미 추리기, 농기구 손질, 타작, 소먹일 풀 말리기, 쇠죽 끓이기 등의 다양한 활동이 이루어졌다.

| 고방마당 |

고방마당은 수장 공간인 고방채 앞의 마당으로 다른 마당에 비해 별다른 기능은 없고 채의 분리와 수장물건들을 싫고 나르기 위한 공간 확보를 위해 생긴 마당이다. 고방마당은 현재 독립적으로 형성되어 원형이 남아있는 곳은 많지 않다. 안채의 몸채에 속하여 일부 고방마당을 두거나 행랑마당의 영역에 위치하기도 하며 마당의 형태도 결정하기가 어려워 채의 형태에 따라 다양한 형태로 구성되었다.

| 별당마당 |

별당마당은 사방에 마당을 두는 방식으로 구성되는데 형태를 결정짓기는 어려우며 전면에는 대부분 연못을 많이 만든다. 내별당(자녀나 노모의 거처)마당과 외별당(가장의 노년기 거처)마당으로 대별되는데, 내별당 마당은 너른 마당으로 조성되는 반면, 외별당 마당은 연못, 정자 등을 두어 학문을 즐기고 자연을 감상하고 휴양을 도모하는 수심양성의 문화공간으로 조성하였다.

| 행랑마당, 한국민속촌 |

하인들이 기거하고 창고로 활용되는 행랑채 앞의 행랑마당이다.

| 별당마당, 한국민속촌 |

누마루를 둔 외별당으로 사방에 마당을 조성하고 정원을 연출하여 휴양과 자연을 감상하는 마당으로 조성하였다.

| 사당마당 |

사당마당은 조상의 위패를 모시고 제사를 지내는 사당채를 중심으로 하여 사방으로 마당을 구성하는 형식이 대부분이며 안마당과 같은 정방형의 비례를 가진 형태를 취한다. 사당은 보통 동북쪽에 위치하며 담장으로 둘러 독립된 영역이 되며 집의 가장 높은 곳에 위치하고, 상징성과 엄숙함을 가지므로 폐쇄적인 성격을 가진다. 사당마당은 특별히 꾸미지 않았으며, 화려한 수식을 피하였고 분향 목적의 향나무와 절의를 상징하는 송, 죽, 매, 국 등 제한된 식재를 활용하여 청결한 느낌을 주었다.

| 바깥마당 |

대문 밖의 바깥마당은 내부와 외부의 매개가 되는 공간으로 넓게 트인 공지에 영역에 대한 인지성을 주는 역할을 하며 작은 텃밭과 수로, 연못 등이 도입되었다. 농산물의 타작과 야적장, 널뛰기, 윷판, 무당굿, 마당 밟기, 농악, 탈춤, 줄타기 등을 하는 공간이다. 이에 조경시설은 하지 않는다. 풍수적으로 주작의 오지(汚地)에 해당하는 연못을 배치하기도 하는데 이는 우수나 오수를 처리하는 배수 기능과 화재 예방 또는 양어, 농업용수 등으로 이용되는 실용적인 기능, 관상으로서의 기능, 미기후 조절 기능 등을 겸하는 다용도 수경시설이 된다.

| 뒷마당 |

안채 뒤에 위치한 뒷마당은 뒷동산과 연결되기도 하고, 축대를 쌓아 단을 만들기도 하고, 남부지방에서는 죽림을 구성한다. 후원을 조성하고 채원, 과원(果園), 약포(藥圃) 등 실용적인 뜰로 가꾸었고, 화계 등의 조경시설을 도입하여 화목류와 초화류를 아름답게 가꾸어 후원을 조성하여 안방이나 건넌방에서 문을 열면 차경요소로 완상의 공간으로 활용하였다. 축대는 비교적 경사가 심할 때는 화계를 만들어 화목류(앵두, 살구, 철쭉, 진달래 등)를 심었다. 또는 괴석과 세심석(洗心石)을 배치하거나 채광과 통풍이 잘 되기 때문에 장독대, 우물, 굴뚝 등을 두어 부엌에서 못하는 나머지 가사 노동이 집약되도록 하였다. 이 중 굴뚝은 뒷마당 담장과 조화를 이루며 건축의 중요한 미적 요소로 작용한다. 그리고 안사람들이 사용하는 화장실인 뒷간이 배치되는 경우도 있다. 특히 살림집 후원은 뒷동산이 숲이 이어짐으로서 자연의 원생 분위기를 계절에 따라 다양하게 만날 수 있는 매개공간이 되었다.

| 사당마당, 한국민속촌 |

사당채를 중심으로 사방을 마당으로 구성하는 폐쇄적인 형태의 마당으로 식재는 하지 않았다.

| 뒷마당, 영주 선비촌 |

장독대와 우물을 두고 채원으로 조성한 뒷마당으로 가사노동이 집약되도록 조성하고 실용성을 높이면서 자연과 함께하고자 하는 마당으로 조성되었다.

| 곳간마당 |

곳간채 앞에 조성된 마당으로 정원이나 식재를 조성하지 않았으며, 곡식을 저장하는 곳이므로 마당에서는 주로 곡식말리기, 고추다듬기, 떡판치기, 허드렛일 등의 작업이 이루어지는 공간이었다.

| 중문마당 |

안채로 들어가는 중문이 있는 공간의 앞마당으로 안채를 보호하고, 외부로부터 시선을 차단하기 위한 매개공간 기능을 하면서 중문과 행랑이 연결되어 여자 하인들이 살고 있어 행랑마당의 역할을 일부 수용하였다. 가용 공간 확보를 위해 특별히 수목을 심거나 점경물을 배치하지는 않았으나, 다만 풍수설에서 중문 앞에 괴목이 있으면 3대에 걸쳐 부귀를 누릴 수 있다하여 중문가에 회화나무나 느티나무, 팽나무, 은행나무 등을 제한적으로 심는 경우가 많았다.

| 샛마당 |

샛마당은 안채와 사랑채 사이에 조성되는 작은 마당 공간으로 특별한 기능이 있기보다는 완충공간이자 통로로서의 역할이 주가 되는 공간이다.

| 옆마당 |

안채 옆마당은 집의 규모에 따라 다르지만 넓게 조성될 경우 뒷마당과 유사한 기능이 이루어지는데 담장으로 둘러싸이고 우물과 장독대가 있는 경우가 많고, 이곳에서는 부엌에서 하기 어려운 가사 노동과 빨래 등의 작업이 이루어진다. 담 밑에는 과실수를 심거나 채소밭을 만들기도 하고 나뭇단을 쌓아 놓기도 하고, 장작을 패기도 하며, 명절 때면 떡을 치는 반석이나, 절구를 놓고 작업을 하는 공간으로 활용하였다.

| 후원 |

안채와 사랑채 주변에 사색이나 휴식, 감상을 위해 별도로 조성되는 정원을 후원이라 하는데 안채 경우 뒤편에 조성되는 경우가 많아 뒤뜰이라 하기도 한다. 후원은 주택의 건물의 뒤쪽에만 위치하는 것이 아니며 비공식적인 사적인, 은밀함이 깃든 공간과 장소, 정원 생활 자체를 목적으로 조성된 곳도 후원이라고 불리운다. 그러나 주택에서 후원은 독자적인 공간으로서 그 영역이 사랑채와 별채에 더 연관성이 있는 장소로 후원이 지칭되고 있으나, 규모가 작은 일반 양반 주택에서는 완전히 차단된 형태로 안채 뒤편을 가리키는 경우가 많다.

| 곳간마당, 한국민속촌 |

곳간채 앞에 조성된 마당으로 곡식말리기, 고추다듬기 등 곡식과 관련된 다양한 허드렛일이 이루어졌다.

| 옆마당, 영주 선비촌 |

넓지 않은 옆마당으로 담 주변을 과실수와 수목으로 연출하고 장독대를 조성하여 아늑함을 주고 있다.

마당의 구성 요소

| 바닥 |

전통 주택의 마당은 물이 잘 빠지는 마사토를 깔아 마감하고 일반적으로 대부분 반대편으로 물매를 주어 배수를 하는 방식으로 조성한다. 일부 돌로 마감하기도 하고 대부분 바닥은 거의 자연 상태인 흙바닥으로 처리하고 비워두는 방식으로 조성된다. 사랑마당이나 뒷마당 등에는 일부분에 화단을 조성하고 나무를 심기도 하지만 사람이 움직임을 따라 돌을 깔아 돌길을 만들거나 전돌을 깔아 길을 꾸미기도 한다.

마사토인 흙으로 마감하는 이유는 첫째는 흙바닥의 유용성 때문이며 둘째는 자연에 인공을 가하지 않으려는 자연관 때문이다. 마당의 바닥 처리에서는 우리 선조들은 자연 있는 상태로 그대로 두고 인간의 행위나 의식을 자연에 맞추려는 태도가 반영되었다고 할 수 있다.

우리 선조들은 마사토로 마감된 마당을 아침마다 대나무 빗자루로 가지런히 쓰는 것으로 아침을 맞이했는데, 본시 마당이 밝으면 그 집이 잘된다고 하였다. 그만큼 마당은 기를 모으는 공간인 것이다. 마당에 비춰진 빛은 반사되어 집안에 골고루 비춰 부드러운 자연 조명을 형성하여 밝고 건강한 실내 공간을 만들어 준다.

| 자연 공간 도입 |

우리의 마당과 정원의 특징 중 가장 대표적인 것은 주변의 자연경관을 인위적으로 손을 대지 않고 그대로 활용했다는 점이다. 이에 집을 짓거나 정원을 조성할 때 지세가 빼어나고 산수가 좋은 곳을 골라 택하고 주위 경관을 그대로 감상할 수 있도록 담을 낮게 하거나 주위를 조망할 수 있도록 정자를 설치하거나 하여 자연 속에 정원이 끼워지는 식으로 정원을 구성하였다. 그리고 자연을 영적 존재로 생각하여 산세를 허물고 지형을 변경시키는 것을 금기시하고 토질도 그대로 사용하였다.

| 식재 |

식재가 이루어지는 마당은 사랑마당과 안채의 뒷마당을 중심으로 조성되는 정원이나 후원이다. 기본적으로 식재는 그 지방의 풍토와 기후에 맞는 것을 위주로 배식하였으며 인공적으로 식재를 담거나 모양을 내지 않고 자연스럽게 자라도록 하였다. 또한 사계절이 분명하기 때문에 인공적인 식재에 있어서 상록수보다는 활엽수에 의하여 절기에 따라 변하는 초봄의 신록으로부터 개화, 결실에 이르는 계절감을 화목에서 얻도록 하는 것을 기본으로 식재를 하였다.

식재 배식에 있어 대문 앞에는 회화나무 3그루를 심으로 길하다 하여 회화나무를 심고, 동쪽에는 복숭아와 버드나무를, 남쪽에는 매화나무와 대추나무를, 서쪽에는 치자나무와 느릅나무를, 북쪽에는 살구나무와 벚나무를 심으면 청룡 · 백호 · 주작 · 현무를 대신할 수 있다 하여 선조들은 이를 주로 지키려한 경형을 볼 수 있다.

사랑 마당은 뜰은 석류나 파초를 주로 심고 너무 잘 자라거나 너무 크게 자라지 않는 식물을 식재하여 햇볕을 차단하지 않도록 하였다. 선비의 수양과 덕을 함양하는 상징적 소재로써 매화 · 난 · 국화 · 대나무 · 소나무 · 연을 좋아하여 사랑마당에는 이들을 주로 식재하였다.

후원에는 주로 여러 종류의 화초와 과실수, 채소와 약초를 많이 심었다. 화초는 개나리, 봉선화, 국화, 목련, 무궁화 등을 심는다. 단, 우리나라에 자생하는 진달래는 별로 심지 않았는데 이는 산천에 널려있어 굳이 집안에 가둘 필요가 없기 때문이다. 나무는 소나무, 참나무, 밤나무는 제외한다. 이는 소나무와 참나무는 몇 십년 후 자라면 집안을 덮어 집을 그늘지게 하기 때문이며 밤나무는 벌레가 많이 생기기도 하지만 가시가 돋힌 밤송이가 집안에 널려 있는 것을 막기 위해서이다. 주로 많이 심은 과일나무는 앵두, 살구, 복숭아, 대추, 감나무이다. 감나무가 기후가 따뜻한 남쪽에서 많이 심었다면 감나무가 잘 안자라는 북쪽은 배나무를 심었다. 그리고 후원의 울타리로 대나무를 심었다. 이는 절개를 상징하기도 하지만 실질적으로 호랑이나 늑대 같은 맹수가 집에 침입하지 못하도록 하고 바람을 막아주는 방풍림의 역할을 위해 심어졌다. 또한 실용적인 측면에서도 대나무를 식재하였는데, 대나무는 생활용품에 다양하게 사용되던 소재로 각종 그릇이나 삿갓, 부채, 건축 자재 등으로도 활용되었기 때문이다.

| 수공간 |

우리의 마당에 이용된 물의 요소는 흐르는 물과 고이는 물, 떨어지는 물을 활용하였다. 물의 이용에 있어서도 위에서 아래로 흐르는 자연의 법칙을 이용할 뿐, 인공적인 힘을 가하여 하늘에 쏘는 분수를 만들지 않았다. 흐르는 물은 계류, 고이는 물은 연못, 떨어지는 물은 폭포인데 주거공간에서는 계류와 연못을 많이 이용하였다. 계류는 인위적으로 조성하기보다는 흐르는 계류를 그대로 두고 순차적으로 공간을 형성하여 수공간의 기능을 하게 만든 것으로 자연감상과 풍류를 위한 공간에 이용되었다.

연못은 인위적으로 조성하는 것으로 조선시대 와서는 정사각형이나 사각형의 형태를 띄는 방지(方池)가 기본을 이루고 연못 안에는 원도(圓島)를 만들어 천원지방(天圓地方)을 상징하는 방지원도형(方池圓島型)을 이루는 것이 대부분이다. 이는 방형은 음으로서 땅을 상징하여 네모난 연못 속에 둥근섬을 쌓아 올린 것은 음양이 결합하여 만물이 생성한다는 의미를 담고 있다. 연못에는 수면에 비치는 달빛 경관을 보기 위해 수경식물 심지 않기도 하였지만 보통 연꽃을 심었는데 이는 불교에서 신선의 꽃으로 유학자에겐 군자의 꽃을 상징하기 때문에 이용되었으며 원도나 방도에는 주로 소나무나 배롱나무를 심었다. 연못은 주로 집 근처에 조성하여 사랑채에서 잘 보이는 곳에 배롱나무를 한그루 심어 놓는 형태로 구성하거나 안채 뒤쪽 뒷마당이나 후원에 작은 연못을 만들고 초당이나 정자를 지어 이를 바라보며 즐겼다. 집 근처 조성되는 연못은 보기에도 좋고 풍수지리상에서도 좋지만 집으로 들어오는 습기를 낮은 곳에 모으는 역할을 하므로 집안에 습기가 차는 것을 막아 주므로 환경적 차원에서 유리한 수공간 조성법임을 알 수 있다.

| 괴석 및 석조물 |

괴석이나 석조물 또한 사랑마당에 배치하여 선비의 고고한 지조와 이상을 표현하였다. 정원석 중 개체미가 뛰어나 돌은 정원의 중요한 위치에 심어 점경을 감상하도록 하는데 이를 경석(景石)이라고 한다. 좋은 괴석은 돌결이 구멍을 이루고 구멍속에 가는 모래가 붙어 있어서 물이 한번 돌밑구멍으로 들어가면 가는 모래에 스며들어 저절로 이끼가 돋아나 돌에 생명력이 깃들어 자연의 신비로움을 느끼게 한다. 사랑마당에는 괴석 외에 정원의 점경물로 이용된 석조물들이 있는데 석등, 석지, 석조, 석수, 석함, 석대(물확) 등의 조형물이 있는데 이들 조각물을 적절히 배치함으로 정원의 아름다움과 운치를 더하였다.

| 화계(花階) |

전통 주택은 보통 집을 지을 때 배산임수 원칙에 의해 북쪽이 높고 남쪽이 낮게 트인 장소로, 즉 산을 등지고 앞에 물이 흐르는 장소를 선호하여 남동향으로 건물을 짓다보면 건물 뒤쪽이 경사면이 생기게 된다. 이에 이러한 경사면의 침식을 예방하고 뒷마당이다 후원을

| 사랑마당의 식재, 한국민속촌 |

넓은 사랑마당 한편에 회화나무와 난초와 화초들로 조성된 화단으로 사계절을 방안에서 느끼도록 조성하였다.

| 사랑마당과 괴석, 연경당 |

마사토로 마감된 사랑마당에 정원대신 안채와 경계담 주변에 연출된 괴석이 절제된 아름다움을 전해준다.

꾸미기 위해 장대석으로 계단을 만들어 여러 층의 화단을 만들어 괴석을 설치하고 초화류와 관목류를 심어 장식하는데 이를 화계라고 한다. 이러한 화계를 통해 지형의 경사를 미적으로 해결하고 식물 식재로 미기후를 조절하는 녹지공간으로 이용된다.

| 굴뚝 |

전통 주택의 굴뚝은 온돌이라는 독특한 난방방법으로 인하여 연소에 필요한 공기를 받아들이고, 아궁이에 바람이 들지 못하도록 막거나, 연소 물질을 외부로 보내는 배연설비이다. 이러한 굴뚝은 일반 서민주택에서는 잘 보이지 않는 뒤뜰이나 처마 위로 삐죽이 솟아 기본 기능에 충실했지만 다양한 규모의 마당을 갖는 상류주택에서는 일반적인 기능이외에 수직적인 조경요소로서의 마당의 장식적인 기능을 갖는 요소로 여겨졌다. 이에 상류주택에서는 전돌이나 기와를 켜켜이 쌓아서 굴뚝이 처마 위까지 솟았고 이를 통해 담장 밖에서도 집의 위세를 알 수 있어 권위의 상징으로 이용되기도 하였다. 또한 뒷마당에 조성된 후원의 화단에 까지 연장되어 중요한 조경 요소가 되기도 하였는데 집주인의 취향을 드러내는 조형물로 사면에 아름다운 문양으로 장식하여 마당 공간을 멋스럽게 연출하였는데, 이러한 문양에도 수복강령 등 복을 기원하는 각종 문양을 넣어 집안의 화목과 발복을 기원하였다. 이렇게 굴뚝에 이용된 장식무늬는 주변 담장이나 건물의 합각부 등에 다시 반복됨으로써 통일성을 주어 마당 공간을 한층 풍요롭고 아름답게 구성하였다.

굴뚝의 높이는 바람의 흐름에 따르는데, 산간 지대에서는 지붕마루 보다 높이 세우고, 평야 지대에서는 처마와 같거나 조금 높이 세운다. 이는 처마보다 높아 하늘로 연기가 빠지는 것이 자연스러우며, 산이 높으며 굴뚝도 높아야 바람을 적게 타서 불이 잘 들기 때문이다.

굴뚝의 종류는 형태상 간이형, 독립형, 복합형으로 나누어지고, 시공방식에 의해 분류하면 흙+막돌쌓기, 검은벽돌+기와+연가(煙家), 붉은벽돌+기와+연가, 흙+기와편+돌+기와지붕 등으로 분류할 수 있다.

굴뚝의 재료는 그 지역에서 많이 나는 자연소재의 옹기, 통나무, 기와, 흙, 판자, 벽돌, 막돌 등이 사용되어 다양한 형태를 나타냈는데, 주로 주 건축의 구성 재료를 재사용함으로써 경제성과 통일성을 주고 있다. 이에 재료에 따라서 통나무 굴뚝, 와편 굴뚝, 오지 굴뚝, 널굴뚝, 전축 굴뚝, 토축 굴뚝 등으로 부르기도 한다. 이중 전통 주거의 전형적인 굴뚝은 오지굴뚝이다. 이는 흙으로 빚어 구운 20㎝, 길이 1m 내외의 오지 토관 여러 개를 이어서 처마나 지붕높이 만큼 쌓아 올린다음 바람이 불어도 쓰러지지 않게 긴 작대기 서너개를 주위에 세우고 새끼나 철사 따위로 묶는 굴뚝이다. 반면 나무가 흔한 산간지방에서는 통나무 속을 뚫어서 세운 통구새라는 굴뚝을 세웠고, 통나무가 귀한 곳에서는 나무를 길이로 쪼개고 안쪽을 파낸 다음 다시 맞붙인 널구새에 널쪽을 네모로 붙이고 띠로 서너 곳을 고정시키는 굴뚝을 사용했다. 이렇듯 우리의 선조들은 건축이 자연에 어울리게 구성한 것처럼 굴뚝도 주변 여건과 환경에 맞추어 자연을 따르고 자연 속에서 살아가고자 하는 마음을 담아 소박하고 아담하게 조성하였다.

| 흙굴뚝 |

흙으로만 다져 만든 흙 굴뚝이다.

| 토축굴뚝 |

흙과 막돌로 구성된 소박한 굴뚝이다.

| 전축굴뚝 |

벽돌로 구성된 굴뚝으로 권세를 상류 주택에 사용되어 대변한다.

| 와편굴뚝 |

흙과 기와를 켜켜이 쌓아서 만든 와편 굴뚝이다.

| 오지굴뚝 |

오지 토관을 여러개 이어서 만든 서민적이면서도 해학이 느껴지는 굴뚝이다.

| 지역별 지역성을 반영한 굴뚝 조성법 |

- 강화도 : 벽돌로 높게 쌓아 웅장한 포대를 연상시키는 형태이다.
- 영남지방 : 아무런 꾸밈이 없는 오지 굴뚝으로 검소하고 질박한 느낌을 준다. 개자리 바깥쪽에 낸 구멍에 단지 기왓장을 엇비슷 덮어놓거나 마주 부는 바람에 대비해 축대나 툇마루 아래나 아궁이 옆에 구멍을 뚫어놓기도 한다.
- 호남지방 : 굴뚝을 처마에서 얼마큼 떨어진 자리에 세우고 굴뚝 아가리의 가운데에 긴 깃봉 비슷한 손잡이를 붙이고 좌우 양쪽에 연기 구멍을 내고 투구 모양의 덮개를 씌우기도 하여 화사한 멋을 더한다.
- 남해안 섬 지방 : 거센 바람이 많이 부는 지역 특성상 불길이 고래를 따라 잘 들어가도록 부엌 부뚜막 한쪽 귀퉁이에 세운 집이 많다.
- 제주도 : 제주도는 구들이 시설된 것은 100년 정도밖에 되지 않아 그 이전에는 굴뚝대신 부엌 뒷벽에 몇 군데 구멍을 내었을 뿐 굴뚝이나 아궁이 부뚜막 시설이 없다.
- 경기 서해 도서 지방 : 흙과 냇돌로 둥글게 쌓는데 바닥 지름이 1m 가 넘게 두텁게 조성하여 풍우에 오래 견디게 한다.
- 함경도 : 굴뚝을 '구새'라고 부르는데 이는 속이 저절로 썩어서 구멍이 뚫린 나무를 지칭하는 것에서 따온 것으로 50년 이상 자란 피나무를 뿌리 쪽이 썩기 시작할 때 베어서 가운데를 파고 기름을 붓고 태워서 가운데를 뚫어 만든 굴뚝으로 반영구적이다.

마당에서 웰빙

| 주택의 중심이자 다용도 공간 |

우리의 마당은 서구식 주택의 마당인 가꾸고 바라보는 정원과는 다르다. 주택의 규모에 따라 마당의 기능도 달라지긴 하였지만 마당은 생활공간으로서 생산 기능, 작업 기능, 의식 기능, 놀이 기능, 정서적 기능, 통로 기능, 공간의 분리 기능, 채광과 통풍을 위한 기능 등 다용도로 사용되었다. 단, 이러한 기능은 주택의 규모가 작을수록 더욱 다양한 행위의 장소로 이용되었고 규모가 크고 다양한 마당이 존재할 경우 각 마당 마다 기능이 세분화되고 행위의 장소보다는 사이, 중심 공간으로서 의미가 부각되어 빈 공간으로서 기능이 더 컸다.

| 허(虛)와 실(實)이 조화를 이룬 반내부 · 반외부 공간 마당 |

전통 주택의 마당에서 비움에서 오는 '허(虛)'의 의미는 단순히 텅 비어 아무것도 없는 상태를 뜻하는 것이 아니라 오히려 비움으로 채워진 느낌을 갖게 하는 의미를 갖는다. 비워진 마당에는 수목을 심지는 않지만 담 너머 지붕 너머로 수목은 잘 보이게 구성한다. 즉 마당은 자연의 빛과 바람을 모으는 장소로 나무나 화초 대신 담너머 보이는 풍경을 끌어오는 차경을 이용하였다. 이는 내부공간에서 다 못한 건축적 기능을 대신하는 공간으로 채워야 하기 때문이다. 우리의 마당은 외부공간으로서 내부공간의 기능을 겸하는 공간의 이원성을 갖는다. 결국 마당은 내부도 외부도 아닌 반내부 · 반외부 공간으로서의 성격을 지니며 매개적 역할을 하고 있다. 그러므로 마당은 허한듯하면서도 실하고, 빈듯하지만 가득하여 허와 실이 자리를 바꾸면서 끊임없는 반복을 통해 균형을 유지하고 있는 음과 양의 조화 공간, 자연과 인간이 조화와 균형을 이루는 웰빙 공간이라 할 수 있다.

| 여유와 소통, 생활공간과의 융합에 의한 어울림의 공간인 마당 |

마당은 자연과 만나는 공간으로 전통 주거에서 가장 열린 공간이다. 빈 마당은 보통 햇빛과 바람, 자연의 소리로 공간을 채우며 그 다음은 사람과 문화로 채우게 된다. 사용하려는 사람의 목적에 따라 그 기능이 변화되는데 놀이의 공간, 대화의 장소, 광장, 일터 등 다양한 기능을 수행한다. 또한 일상주거 생활공간과 엄격하게 분리되지 않고 융합되어 있으며, 각 마당들이 완전하게 폐쇄되거나 분리되는 것은 아니고 닫힘과 열림이 매우 교묘하게 배합되어 있다. 이렇듯 마당은 늘 비어있어 여유를 주는 공간이자 때로는 사람들이 채워짐으로 소통과 교류의 장으로 어울림을 주는 공간으로 생활공간과 밀접하게 융합되어 비워짐과 채워짐에 의해 옥내와 옥외, 문화와 자연이 어울리는 공간으로 항상 다양하게 활용되는 주거의 요소이다.

| 시각적 · 심리적 확장 공간인 동시에 자연의 공간 마당 |

전통 주거에서 마당은 주거의 가장 중심에 위치하고 있어 자연의 주체인 하늘과 땅을 간직하고 자연을 담아내는 역할이 가장 큰 공간이다. 이에 빈 마당은 사계절에 따른 자연의 변화를 그대로 보여주는 자연의 공간으로 인간과 자연과의 만남에서 더욱 친밀한 간격을 유지하도록 도와주며 다양하게 존재하는 마당은 유기적으로 연결되어 시각적 · 심리적 확장 공간으로 역할을 하였다. 비워진 앞마당은 공기와 에너지의 보관 및 분배 장소로 이를 위해 마루나 방을 거쳐 뒷마당으로 그리고 담너머 뒷동산으로 이어지는 공간의 흐름은 일련의 마당으로 이어지는 자연의 흐름을 갖게 되는데 이를 통해 시각적 · 물리적 시원함과 더불어 심리적 확장감을 주는 공간이 된다.

| 형태와 기능에 따른 환경 조절을 통한 에너지 절약형 마당 |

우리 전통건축의 앞마당은 어떤 조경시설도 갖추지 않는다. 이는 마당을 통한 자연에너지를 이용하기 위한 역할이 있기 때문이다. 빈 마당은 복사열을 이용한 대기 순환에 유리하며 여름의 남동풍의 바람을 가득 채움으로 시원하나 여름을 제공한다. 무더운 여름날 햇볕을 많이 받아 한참 뜨거워진 텅 빈 마당의 대기는 상승하게 되고, 상대적으로 기온이 낮은 뒤뜰의 산과 숲의 차가운 공기에 의해 공기의 대류현상이 일어나게 된다. 이때 집이 가로막고 있어 찬바람은 집 내부를 통과할 수밖에 없게 된다. 이것이 한여름 전통 주택의 내부가 시원할 수밖에 없는 이유이다. 따라서 한옥의 대청마루에는 큼지막한 뒷문이 달려있고 뒷문은 반드시 뒤뜰과 연결되어 있다. 산으로 연결된 뒤뜰은 여름철 찬바람이 모여 있어 오늘날의 에어컨의 역할을 한다고 할 수 있다. 또한 처마에 부딪힌 햇빛은 마당에 그림자를 형성함으로 시원한 그늘을 만들어 주고, 하루의 시간대와 날씨에 따라 수시로 변하는 그림자가 마당을 채움으로 마당을 채우는 연출 요소로서도 기능한다. 이에 마당은 햇빛과 바람이라는 자연요소를 지혜롭게 활용함으로 현대에도 활용 가능한 에너지 절약형 공간기법을 제공하고 있다.

| 소생물권 확보와 생태계 보존이 이루어지는 공간 |

대부분 마당이 비워진 마당이었으나 사랑마당의 정원, 연못, 안채의 뒷마당 채원이나 후원 등을 통해서 생태계 보존이 이루어졌다. 마당 연출을 위한 조경은 자연을 그래도 반영하는 생태녹화 시스템으로 주택의 뒤편의 산과 연계되는 조경과 연못 조성 방식을 취하므로 녹화 시스템을 통해 기후조절과 녹지공간을 집안으로 끌어 왔음을 알 수 있다. 이에 식재되는 수종도 자생 수종을 위주로 식재하여 주변 자연 시스템을 그대로 반영한 정원에서는 소생물권이 확보되어 주택 내에 자연과의 공생이 이루어져 새나 곤충이 함께하는 공생 공간이 조성되었다.

| 자연의 질서를 그대로 반영하여 오감을 만족시키는 정원 |

사랑마당과 안채 뒷마당을 중심으로 정원이 펼쳐지는데 우리의 정원은 인위적으로 연출하거나 가공을 하지 않으며 자연지형을 그대로 이용한 모습을 보인다. 우리 정원의 아름다움은 '생태적인 질서' 속에서 서서히 나타나는 가변적인 것으로부터 오감을 통해 마음속으로 감상하는 감성적인 아름다움을 추구한다. 계절의 변화와 더불어 햇빛과 달빛, 비와 눈, 바람소리, 작은 동물, 나비, 곤충 등의 다양한 이용, 즉 시각적인 조형원리와 함께 청각 · 후각 · 미각 등의 요소가 가미됨으로써 인간의 오감을 활용하는 정원을 구성하였다. 이에 우리정원은 시간에 따라 변하는 유기적인 아름다움을 담기위한 배치와 식재를 하게 된다. 보통 배산임수에 의한 건물 배치로 적당히 비탈진 곳에 건축물을 세우고 흐르는 물줄기도 그대로 골이져 흐르게 하여 정원을 꾸민다. 그리고 인공물을 최소화하여 연출한다. 바위를 깎아내지 않고 있는 그대로 살리고 나무도 자생을 존중하여 자생식물 위주로 식재한다. 토질이 습지이면 습지에 알맞은 나무를 심고, 습지에 배수시설이나 객토를 해서 토질을 변경시켜 자연을 거역하는 일을 하지 않았다. 또 화목을 심어도 인공적으로 모양을 내는 관상수를 심지 않았다. 이처럼 자연물을 있는 그대로 이용하고 시간과 공간에 따른 변화를 담아 시각적인 아름다움뿐만 아니라 무형적인 향과 소리, 우주의 섭리와 같은 깊은 뜻을 연출하여 자연과 건축, 인간의 조화를 추구하고 있다.

| 실용과 감성을 고려한 정원 |

우리의 마당에서 정원 연출은 보통 사랑마당과 안채 뒷마당, 후원에서 이루어지는데 여기에 이루어지는 정원은 단순히 감상을 위한 공간이 아니었다. 실용적이면서도 자연조건을 최대한 이용하여 정원을 조성했다. 연못을 파고 연꽃을 심고 물고기를 기르는 것이 감상과 정서적 위안을 위한 것이라면 과일나무 식재와 대나무 울타리는 실용을 감안한 것이다. 이들 식물들은 사계절에 따라 다양한 경관을 제공하면서도 시간이 지나면 제사상에 올라갈 대추와 곶감을 제공하고, 제철 과일을 제공하기도 하고, 일부는 겨울철 간식을 제공하기도 한다. 그리고 과일나무가 너무 커버리면 베어다가 농이나 뒤주를 만드는데 사용한다. 대나무도 또한 방풍과 방패 역할 외에 다양한 생활집기와 생활용품의 소재로 가구와 건축자재로 이용됨으로 일석이조의 효과를 위한 식재라 볼 수 있다. 또한 서민주택에서는 이들을 내다팔아 가계에 보탬을 주는 수단으로 활용하기도 하였다. 또한 가사를 처리하는 생활공간으로서 또한 채소와 약초를 심는 생육환경으로서 이용되었다.

이에 우리의 정원은 자연의 순리에 따라 자연과의 조화를 추구하면서 시간성 반영에 의해 감성을 자극하고 실질적으로 거주자의 삶에 깊게 투영되어 실용적인 측면에서 활용된 삶의 터전이이라 할 수 있다.

| 주택의 중심이자 다용도 마당, 안동 소산마을 |

ㅁ자형 주택의 안마당은 하늘이 열린 마당으로 집안의 중심이자 자연의 기운을 받아들이는 반외부이자 반내부공간이다.

| 시각적 심리적 확장 공간 마당, 한국민속촌 |

마당과 대청마루, 뒷마당으로 이어지는 마당공간으로 이어지는 자연의 흐름은 시각적 · 물리적 시원함과 더불어 심리적 확장감을 주는 공간이 된다.

| 빛과 바람으로 채운 다용도 마당, 영주 선비촌 |

마사토로 마감된 마당에 빛과 바람으로 실내 밝고 은은한 빛을 제공하고 다양한 활동이 가능한 다용도 공간이다.

| 자연을 담은 마당, 영주 선비촌 |

비워두운 마당을 중심으로 주변 자연을 배경으로 연출한 마당으로 마당 한편 조경은 자생식물 위주로 자연그대로를 반영하여 자연의 시간과 흐름을 반영하고 있다.

08 • 담장

담이란 한국건축학 사전에 의하면 '어떤 건축물 또는 어떤 지역을 둘러막아서 보호하는 구축물' 그리고 주남철은 '건물대지의 경계 또는 시설물 주위를 둘러막는 낮은 구축물' 이라고 정의하고 있다. 이에 담은 둘러싼다, 막는다는 의미에서 담장, 墻(둘러쌓을 장), 垣(낮을담 원), 籬(울타리 리), 울 등으로 불리는데 주로 집가나 뜰을 막는다는 의미가 강하므로 담장으로 많이 불리웠다. 담장은 과거 정착생활을 시작하면서 외부세력 및 짐승으로부터 보호하여 인간의 평화로운 삶과 안식을 가지기 위하여 나타나기 시작하여 차츰 소유와 경계구분의 기능으로 확대되면 담이 되었으며 그 설치의 의미도 다양화되었다. 이에 전통 주거에서도 주거의 영역을 표시해주고 공간의 규모를 한정짓는 요소로 설치하였다. 전통 주거에서 담은 외부공간과의 경계의 표시와 불리한 외부환경에 대하여 방어적인 기능을 갖는 것을 기본으로 내부공간에서도 이용되어 외부의 경치를 차경하는 역할도 수행하고, 장식적인 문양을 새겨 넣으므로 권세를 과시하기도 하고 중요한 조경요소가 되기도 하고 공간의 질적인 차이를 형성하기 위해서도 세워지고, 하인과 주인, 남자와 여자의 생활공간을 구별하기 위해서도 사용되었다. 그러므로 우리의 담장은 건축물의 용도나 위치, 공간의 성격, 각 지역의 지리 및 지형, 생산 재료, 기후 등 물리적 조건과 풍수지리 사상, 신분제도, 종교의 영향에 의해 다양한 형태와 규모로 축조되면서 여러 가지 의미와 기능이 담겨지고 높은 조형미로 웰빙 요소를 포함하고 있다.

담장의 종류와 기능

• 담장의 기능 •

| 대지 경계기능 |

사물에 대한 소유욕과 자기 것을 지키려는 보호 본능으로 접근 대지 경계선에 담을 설치하므로 대지 경계선을 확연하게 구획하고 영역을 확보한다.

| 폐쇄기능 |

담장은 가족이 사는 집과 사회와의 차단물이다. 우리 전통 주거는 외부와는 폐쇄적이며 내부 공간끼리는 개방적인 특징을 지닌다. 외부공간과 내부공간을 엄하게 차단하고 외부와 내부의 통로도 엄하게 폐쇄한다. 특이한 점은 우리 전통 주거의 담은 서양 주거의 개실 역할을 한다. 서양 사람들은 일단 집에 들어와도 개실 밖이면 집밖에 있는 것과 똑같이 옷차림이나 매너를 취하나 한국인은 담 안으로 들어오면 잠옷 바람으로 다니기도 하고 매너를 지키는 사회적 인간에서 응석과 관용으로 맺어지는 가족적 인간으로 바뀐다.

| 진입차단 및 방어 기능 |

담장의 가장 기본적 기능으로 외부세계로부터 내부공간을 보호해주는 기능을 가진다. 건물과 건물 사이 혹은 건물과 축대 사이에 트여있는 공간이 산이나 계곡으로 연속되어져 있을 때 담으로 막아서 위험요소로부터 진입을 차단한다. 이처럼 담장의 진입차단과 방어기능으로 재산과 인명을 보호함으로 평화 속에서 삶을 가능하게 하고 내적으로 인간이 즐겁게 머무를 수 있는 하나의 공간을 형성해준다.

| 시선의 차폐 및 은폐 기능 |

외부로부터 집안을 은폐함으로써 가족들의 본능 행위를 가리는 기능을 한다. 즉 외부공간과 시각적인 차폐를 하여 담 안의 공간에서 자유롭게 활동한다. 이에 따라 담이 높아질 수밖에 없다. 또한 개인적인 프라이버시를 확보하기 위해 내부를 담으로 구획하여 각 생활공간에 따른 영역을 확보한다. 특히 사랑채와 안채는 장벽으로 구성하고 좌우로 통로를 내는 것도 은폐 의식을 충족시키는 보조담으로써 기능을 한다. 또한 보기 흉한 것을 시각적으로 봉쇄하고 필요 없는 것을 제한하거나 은폐시키고자 할 때 담을 두르게 된다.

| 공간 분할 및 동선 유도 기능 |

전통 주거 공간은 공간의 용도와 목적에 따라 담장을 설치함으로써 구조적, 시각적으로 상호 분할된다. 특히 신분에 따른 계급성과 유교의 영향에 의해 남 · 녀, 상 · 하공간으로 구분하기 위해 담장이 설치되며 특별히 아늑한 공간형성이 요구되는 곳이나 접근 과정에서 노출됨을 보호하거나 서로 다른 성격의 공간을 분리시키는 곳에 담이 설치된다. 대지주위를 둘러서 담을 쌓아 외부공간과 다른 성격의 공간을 형성하고 다시 그 속에서 공담(空墻)을 쌓아 구분된 두 공간을 서로 다른 성격의 공간으로 전환시킨다. 특히 사랑채와 안채 영역이 길게 이어져 공존할 때나 각 채의 영역을 구분지어 주고 안채의 모습이 바로 보이지 않도록 내외담을 설치하였다. 이렇게 세워진 담장은 시각적으로 동선을 유도함과 동시에 공간을 연결하고 적극적인 공간과 소극적인 공간의 교차 반복으로 공간을 구성되게 한다.

| 공간의 크기를 한정하는 기능 |

주거공간에서 담장은 공간을 수직적으로 나눔으로써 일차적으로 공간의 한계를 이루어 규모를 한정한다. 담장을 둘러싸고 있는 건물 규모의 영향을 많이 받게 되므로 건물의 규모가 크면 상대적으로 한정된 공간의 크기도 커지며, 건물의 규모가 작으면 상대적으로 한정된 공간의 크기도 작아진다. 그리고 담장 재료의 밀도가 높아지고 높이가 높아질수록 공간의 위요감은 커지게 된다.

| 시각적 조경 요소로서의 기능 |

담장은 마당의 스케일을 한정함으로 경관 내에서 시각적 용도를 충족시켜 준다. 수목이나 석물, 화초들의 배경으로서 화폭 역할을 하며, 이들을 외계와 격리시켜 보호하는 역할도 한다. 배경으로서의 기능이 강조될 경우에는 담 자체의 장식적 기능보다는 전경의 다른 요소가 돋보이도록 시각적으로 경쟁이 되지 않도록 해야 한다.

| 장식적 기능 |

담장은 경관의 배경이 되기도 하지만 수목이나 정원 등 다른 장식이 없을 경우 벽돌이나 돌을 이용하여 아름답게 문양을 넣거나 기와 등으로 연출을 하고 무늬와 색채를 써서 꾸며 장식적인 기능을 갖추기도 한다. 이는 마당이 실내 공간 같은 역할을 하며 담을 벽으로 해석하여 늘 바라보는 자연의 일부로 벽에 대한 치장을 통하여 높은 조형성을 발휘하였다.

| 상징으로서 기능 |

전통 주거의 담의 형식적 표현에서 신분 계급의 사회 구성에 따라 형태와 규모를 다르게 표현함으로 상징성을 나타내었다. 서민들은 돌담이나 울담으로 중 · 상류 주택에서는 사괴석담, 벽돌담, 화문담 등 의장적인 담을 설치였다. 그리고 담장의 지붕도 서민주택은 초가지붕을 중 · 상류 주택은 기와지붕을 사용하여 신분을 표현한다. 또한 담장의 의장 및 높이도 신분에 따라 상류계급은 서민층에 비해 격식을 갖추어 방어적인 높은 담장을 축조하였고 서민층은 단지 경계를 가르는 선적인 담장을 축조하였다. 이에 서민주택에서는 담장이 단순히 대지의 경계선을 상징하는 성격이 강하고 상류주택에서는 외부에 대한 방어적인 기능과 장식의 기능이 강하다.

• 담장의 종류 •

담장은 보통 쌓는 재료와 축조방법, 쓰임에 따라 분류가 된다. 담장은 그 자체로 각 공간의 성격을 규정짓기도 하며, 재료를 어떻게 사용하느냐에 따라 구조가 달라지는데 재료를 중심으로 담장의 종류를 알아보면 다음과 같다.

| 생울타리 |

생울이라고도 하며 담장 중 가장 간단한 형태로 살아있는 소교목이나 관목류를 대지의 경계선을 따라 심어 나무 자체가 하나의 울타리 역할을 하게 한 것이다. 주로 가시나무, 개나리, 탱자나무 등이 흔히 사용되며 이외 쥐똥나무, 노간주나무, 회양목, 싸리나무 등이 사용되며 주변의 자연요소와 가장 자연스럽게 동화된다.

| 바자울 |

울(울타리), 리낙(籬落), 읍리(邑籬), 파자리(芭子籬) 등으로도 불리기도 하며 식물을 이용한 간단한 담장으로 방어 수단보다는 대지 경계, 공간형성의 의미로 조성되었다. 보통 나뭇가지, 싸리나무, 수수깡, 대나무, 갈대, 왕골, 억새 등을 발처럼 엮어서 일정한 모양을 내어 만든 담장으로 엮는 방법에 따라 변화를 줄 수 있다. 이 중 싸리나무로만 여럿 이어서 만든 담장은 싸리울이라고 부른다.

| 책(柵) |

식물성 재료를 이용하는 담장 가운데 굵은 통나무나 판대, 대나무를 이용하여 만든 담장은 책이라 한다. 책은 모두 3가지 종류로 구분되는데 첫째, 판책이다. 이는 나무기둥을 세우고 이 사이에 가로로 상 · 중 · 하 세 곳에 인방을 가로로 보낸 후 판자를 붙여서 만든 담장을 말한다. 둘째, 목책으로 이는 굵은 통나무를 박아서 만든 울타리로 담의 가장 원초적인 형태이며 일반 주거의 담장보다는 성곽에서 많이 사용되었다. 셋째, 죽책으로 대나무를 엮어서 만든 울타리로 농가 주택에 많이 사용되었다.

| 바자울, 한국민속촌 |

| 죽책, 낙안읍성 |

| 목책, 대조영 촬영지 |

| 토담 |

흙으로 만든 담으로 일반적으로 가장 쉽게 구할 수 있고 특별한 시공법이 필요 없어 민가에서 가장 널리 사용된다. 보통 거푸집을 짜고 물, 볏집과 석회를 함께 이긴 흙을 공이로 다져가며 쌓는 방식, 즉 판축법에 의해 만드는데 주변에 흔한 푸석돌이 많이 섞인 석비레나 돌을 넣어 섞어 쌓거나, 백토 등으로 만들거나 순수하게 흙만으로 축조하기도 한다. 또한 판축법이 아니라 벽돌 모양으로 건조시킨 토벽돌을 사용하여 거푸집 없이 담의 안팎으로 돌의 머리를 두게 하여 면을 맞추면서 쌓는 맞담 형식으로 쌓는 방식도 사용된다. 이러한 토담은 빗물에 특히 약하므로 빗물이 담의 흙을 녹여 흘려버리는 것을 방지하기 위해 상부에 지붕을 설치하는데 초가지붕이나 기와지붕을 설치한다.

| 토담, 영주 선비촌 |

몸체와 기초부를 백토로 구성하고 머리부인 상부는 지붕을 설치한 토담이다.

| 토담, 영주 선비촌 |

돌과 흙을 섞어 만들고 초가지붕으로 구성한 소박한 형태의 토담이다.

| 돌담 |

돌로 쌓은 담으로 형태와 축조기법에 따라 크게 3가지로 돌각담(강담), 막돌담(자연석담), 사괴석 담으로 구분된다.

• 돌각담(강담) : 지붕 없이 경계를 따라 흙을 사용하지 않고 돌만으로 이를 맞추어 가면서 쌓는 마른 돌쌓기로 올린 담으로 허술한듯하지만 이는 높이 쌓아도 무너지지 않는 돌쌓기 기술이 숨어있다. 지방의 농가나 바람이 많이 부는 해안가, 제주도 민가에서 널리 쓰였다.

• 막돌담(자연석담) : 산에서 오랜 세월 풍화된 30㎝ 정도의 막돌이나 개울에서 둥글게 된 호박돌을 아무런 가공 없이 막쌓기를 하고 회사벽으로 치장줄눈을 한 것이다. 이에 토석담이라고 불리기도 한다. 막돌담은 층을 맞추어 쌓는 막돌 바른층 쌓기와 막돌층의 구별 없이

| 돌각담, 제주 조규창 가옥 |

| 막돌담, 강원도 왕곡마을 |

| 사괴석담, 한국민속촌 |

쌓는 막돌 허튼층쌓기가 있으며, 막돌의 크기에 따라 변화감이 생긴다.

• 사괴석담 : 15~25㎝내외 방형 육면체의 화강석을 사괴석이라 하는데 , 이 사괴석을 막힌줄눈으로 바른층 쌓기를 하여 만든 담장으로 궁궐이나 중 · 상류 주택, 지방 관아 건축에 널리 쓰였다. 사괴석담은 아래 부분에 장대석으로 한 두단 쌓은 후 그 윗부분을 사괴석으로 쌓고 마지막으로 기와를 얹는데 담장 중 가장 장엄한 느낌을 주며 고급스러운 담장이다.

| 벽돌담 |

벽돌을 쌓아 만든 담장으로 검은 벽돌 쌓기와 붉은 벽돌 쌓기 2가지 방법이 있다. 벽돌담은 사용 장소에 제한이 있었는데 중 · 상류 주택에서는 검은 벽돌을 궁궐에서는 붉은 벽돌을 사용하고 상부에는 기와지붕을 얹는다.

| 와편담 |

진흙과 기와편을 이용하여 토석담과 유사하게 쌓되 좀 더 고급으로 할 경우에는 꽃무늬, 문자 무늬 등을 넣기도 하며, 담 위는 기와를 이어 마감한다. 담장을 치장하기에 좋은 재료가 기와이다. 수키와와 암키와를 가로 세로로 자르면 만들지 못할 문양이 없어 다양하게 담장 문양을 만들 수 있다.

| 벽돌담, 전주한옥마을 |

| 와편담, 전주한옥마을 |

| 복합담 |

돌, 기와, 벽돌, 흙, 짚 등으로 혼합 구성되어진 경우를 말한다.

• 사괴석+벽돌: 아랫부분은 막돌, 윗부분은 사괴석으로 쌓고 그 윗부분은 벽돌로 쌓으며 상부는 기와지붕으로 한다.

• 돌+기와 : 아랫부분은 막돌로, 윗부분은 와편을 흙과 섞어 쌓는데 주택이나 사찰의 담에서 볼 수 있다.

• 돌+짚+흙 : 돌과 짚을 구성요소로 하여

흙을 섞어 쌓는데 지방 주택에서 많이 나타난다.

- 사괴석+벽돌+환석: 아랫부분에는 사괴석을 쌓고, 윗부분은 벽돌을 쌓은 후 이벽돌 부분에 일정한 간격으로 둥근 모양의 환석을 배열한 것으로 사찰이나 상류 주택에 사용되었다.
- 맞담 : 흙과 기와 또는 돌을 써서 쌓은 담장으로 돌 한 켜 놓은 다음 흙 한 켜놓고 그 위에 다시 기와나 돌을 놓으면서 차례로 쌓아 올린 후 상부에는 기와나 짚으로 지붕을 한다. 맞담은 진흙과 돌이나 기와가 서로 맞물려 웬만한 충격에는 끄떡도 하지 않을 정도로 튼튼해진다.

| 돌+기와로 이루어진 복합담, 전주 한옥마을 |

| 사괴석+벽돌로 이루어진 복합담, 한국민속촌 |

| 맞담 형식으로 이루어진 토석담, 한국민속촌 |

| 화초담 |

돌, 벽돌, 기와로 쌓으면서 여러 무늬를 구성, 색채를 써서 아름답게 미장 바름하여 꾸민 담장으로 꽃담, 화문담, 조장(彫牆)이라고도 불리우며 재료와 쌓는 방법, 문양에 따라 분류되는데 문양은 장수, 초복, 길상, 벽사를 상징하는 주로 길상문자, 상서로운 동물로 사슴·학 등을 새겨 넣는다. 식물 무늬로는 소나

| 기와로 연출한 화초담, 전주한옥마을 |

| 다양한 길상문양에 의한 화초담, 운현궁 |

무 · 대나무 · 난초 · 국화 등을, 자연물로는 해 · 달 · 산 · 바위 · 폭포 등을, 기하학적인 무늬로 구갑(龜甲)무늬 · 완자무늬 · 번개무의 · 바자무늬 등을 새겨 넣었으며, 십장생무늬 전체를 넣기도 하였다.

이 중 어리 화초담은 여러 가지 무늬와 빛깔이 나게 장식하여 아름답게 꾸민 담을 말한다. 장식된 문양에 따라 분장(粉墻), 영롱담, 취벽(翠壁)이라 부르기도 한다. 이중 영롱담은 담장의 벽돌을 십자형으로 빼어 쌓는 경우가 있는데 상류 주택에서 간혹 볼 수 있는 담장 연출법이다.

담장의 구조

| 담의 구성 |

우리의 전통 담장은 기초부, 몸통부, 머리부로 구성된다.

기초부는 담의 형태에 따라 여러 재료들을 사용하나 돌과 사괴석, 장대석 등으로 담 전체를 지지할 수 있도록 튼튼하게 쌓는다.

몸통부는 담의 형태를 좌우하는 부분으로 재료에 따라 담의 독특한 성질을 갖는데 보통 주변 환경과 건물의 외벽재료와 동일한 계통의 재료를 사용하여 통일감을 부여한다.

머리부는 주택의 지붕과 같은 재료인 기와, 짚으로 구성되며 그 폭이 하단 부분 보다 조금 더 넓어 눈과 비의 피해로부터 담의 몸체를 보호하는데 담의 형태에 따라 지붕을 얹지 않는 경우도 있다.

| 담의 높이 |

담의 높이는 신분에 따라, 배경효과나 폐쇄성의 정도에 따라 영향을 받는데 우리 전통 담장은 보통 90㎝부터 높게는 210㎝정도 높이로 설치되었는데 서민주택을 대체로 낮게, 상류주택은 높게 설치되었으며 높이에 따라 다음과 같이 담장이 이용되었다.

- 90㎝(3尺) 미만 : 경계의 구분과 조망이 목적이며 개폐성은 없다.
- 120㎝(4尺) 정도 : 눈의 높이 보다는 낮아 외부공간과의 연속성 가지며, 몸은 보이질 않아 안정감이 생기고, 공간의 분리성

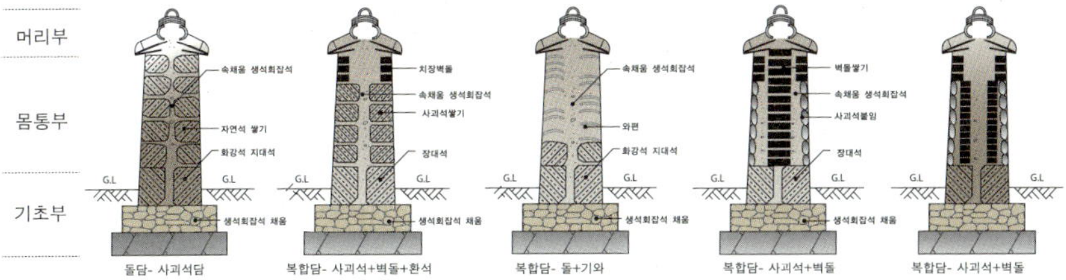

| 담장의 구조 |

| 토담 단면 |

격으로 생활공간 내의 칸막이 담으로 이용된다.

- 150㎝ (5尺)정도 : 몸이 감춰져 개폐성이 생기며 차폐의 성격이 생기고 그로 인하여 내외 공간의 서로 다른 질서 유지가 가능함. 보통 서민주택 외곽 담장에 주로 사용된다.
- 180㎝ (6尺)정도 : 안팎의 사람이 보이지 않게 시야를 막아 폐쇄성이 생기므로 내외공간이 완전히 분리되고 안락한 생활공간이 형성된다.
- 210㎝ (7尺) 이상 : 공간의 완전분리는 되지만 압박감을 느껴 웅장함 감을 갖게 한다.

| 낮은 토담 담장, 한국민속촌 |

120㎝ 정도의 낮은 토담으로 경계의 구분과 더불어 외부공간과의 연속성을 가지며 몸은 보이질 않아 안정감이 생긴다.

| 사괴석과 벽돌로 구성된 높은 복합담장, 북촌 한옥마을 |

180㎝이상의 높은 담장으로 내외공간이 완전히 분리되고 안락한 생활감을 주는 담장이다.

담장에서 웰빙

| 자연의 일부로서 담장 |

우리 전통 주거의 담장은 지형적인 영향을 받고 그러한 환경을 자신들에게 유리하게 이용하였는데, 자연의 섭리를 담장 구성에도 반영하여 담 높이나 재료구성에 주변의 지형과 조화를 이루어 지형적 환경에 동일한 실루엣을 갖는다. 등고선에 맞추어 단을 만들기도 하고 물을 만나면 물길을 내주고, 사람들이 통행하는 곳은 문을 만드는 등 자연에 순응하는 모습을 취한다. 담장의 지붕 구성도 담의 몸체 보다 앞쪽으로 돌출되게 하여 빗물이나 눈에 의한 재해로부터 담장을 보호하도록 구성하고 있다. 또한 재료도 건축에 사용된 지역적 재료가 그대로 반영되어 건축과 통일감을 주고 자연환경과도 조화를 이루고 있다. 담장 중에도 가장 자연과의 합일을 이룬 담장은 생울타리로 이는 나뭇가지나 잡목을 잡아 엮어 세우는 것과 탱자나무, 대나무, 대추나무, 무궁화나무, 개나리 등 각종 꽃나무, 찔레, 장미 등 가시 덩굴 등으로 담장을 만든다. 이러한 생울타리는 가장 원시적인 담장으로 농촌이나 산간지역 살림집에서 사용되나 오히려 자연을 사랑하는 정신적 여유가 있는 선비 집에서 설치하여 자연애를 나타내는 수단으로 사용하기도 하였다고 하는데 경계에 대한 거부감이 가장 적고 자연 그 자체로 시각적으로 형태적으로 가장 친환경적이며 웰빙 담장이라 할 수 있다.

| 주변의 자연을 향유하고 즐기는 담장 |

우리의 담은 단순히 대지의 경계나 방어만을 목적으로 쌓아올린 것이 아니다. 오히려 방어적인 기능은 거의 희박하며 심리적인 공간 형성의 기능이 우선적으로 담 밖으로 보이는 주변의 자연까지도 향유하고 즐기려는 조형의 목적이 더 컸다. 담장은 인공적인 건축공간이 자연공간으로 확대되게 한다. 대개 전통 주거의 담장은 지나가는 행인들이 까치발로 보면 볼 수 있거나 이보다 낮게 축조하고 아담하고 아름답게 장식하여 단아한 조형성을 풀어내었다. 특히 서민주택의 담장은 구릉지에 지어진 집의 담은 나지막하고, 담 안의 대지가 담 밖의 대지보다 높으므로 담 밖의 자연풍경을 잘 관찰할 수 있고, 구릉지가 아니더라도 나지막하거나 있는 듯 마는 듯 축조하여 외부의 자연을 쉽게 품도록 하였기 때문에 자연 공간과 인공 공간이 쉽게 융합된다. 반면 상류층의 담장은 외부에서 담장 내부를 볼 수 없도록 높게 축조한다. 그러나 담 안의 대지가 담 밖보다 높고, 건물의 기단을 높게 쌓아 담 밖의 자연적인 공간을 바라보고 동화되도록 조성하였다. 이는 외부 자연환경을 담장 안으로 끌어들이는 차경수법을 담장 구성에서도 적용하여 담장 내부만을 정원으로 국한시키지 않고 외부경관 모두를 정원으로 확대시키고 인간이 자연 속에 한 부분임을 표현하고 있다고 볼 수 있다.

| 미기후 조절 및 방음과 방화 기능을 해주는 담장|

담장을 얼핏 보면 경계 구분과 폐쇄, 보호 기능이 중심으로 보이지만 이와 더불어 온도 조절, 풍류의 조절 등 주거 환경의 쾌적성에 영향을 주는 미기후 조절기능과 소음을 조절하는 방음 기능과 화재를 막는 방화 기능이 있다. 이는 담장 형성시 각 지역의 지형과 기후 등이 반영되기 때문이다. 담장은 계절별, 시간별로 일정한 그늘을 제공하고 높이에 따라 바람을 막아내고 기류를 조절한다. 특히 높은 담은 그늘을 만들고 바람을 막는데 이용되었으며 여름철은 바람을 일정한 공간으로 유도함으로써 공간을 서늘하게 만드는데 이용되었다.

| 나눔과 소통의 담장 |

우리의 담장은 단순히 외부와의 차단과 경계만을 위한 담이라기보다는 하나의 결성을 위한 보호적인 차원의 상징이라 할 수 있다. 담장은 이웃 간에는 다양한 것들이 오가는 통로가 되고, 의사소통을 하는 매개체였다. 두 마당 사이의 담장은 벽면의 소통 창을 통해 단절이 아닌 두 공간이 상호 융합하도록 하여 이웃과 나눔과 소통의 매개 역할을 하였다.

| 심리적 안정을 주는 담장 |

한국인의 기질 중 무한히 복판으로 파고들어 파묻혀야만 안도감을 갖는 내향의식이 강한데 이러한 내향의식이 전통 주거에서는 가장 중심을 안방으로 하고 안방을 핵으로 웃방, 건넌방, 그리고 그 다음으로 위성적 변방 위치인 사랑채, 아래채가 자리잡는 내향성 환상형 구조를 하고 여기에 대문, 중문, 내문 등 3문을 설치하여 안도성향을 충족시킨다. 이때 문 설치와 함께 담장을 설치하게 되며 담장은 내향적 안도 성향을 가장 충족시키는 기능을 가진다. 또한 풍수지리에서도 마을이 주변의 산으로 둘러싸인 원형 공간 안에 위치하는 것처럼 집 또한 담장으로 에워싸서 자연 지세에서 느끼는 온화한 심리적 안정감을 갖도록 하고 있다. 이에 전통주거는 담장을 둘러 심리적 안정감을 찾았는데 담이 크고 높을수록 안정감은 더 높아진다고 볼 수 있다.

| 시각적 만족감과 정신적 쾌감을 주는 담장 |

전통 주거 공간은 마당이 실내 공간과 같다면 담장은 벽에 해당하여 늘 바라보는 자연의 일부였기에 벽을 하나의 실내 벽처럼 치장을 통하여 높은 조형의식을 나타냈다. 그러나 단순한 벽의 기능만을 하는 담장이 아니라 늘 바라보는 자연의 일부로 해석되어 담에도 기원을 담아 형이상학적 조형을 담장에 표출하였다. 매일 바라보는 벽을 통해 인간의 기본적인 기원이나 소망을 상징적으로 표현하여 시각적으로 만족감을 주고 나아가 정신적인 쾌감을 추구하고 있다. 보통 문자 무늬인 길상 문자를 통해 만수무강, 부귀, 다남, 강령 등을 기원하고, 상서로운 동물무늬나 식물문 등 삼라만상을 담장에 새겨 넣고, 절개와 다산을 기원하였다. 이러한 장식이 들어간 담장은 건축공간과 마당 공간을 꾸미고 있는 요소들의 배경이 되어 건물의 품격을 만들고 주거공간을 시각적으로 풍부하게 만들면서 한편으로는 또 다른 자연 요소를 포용함으로 정신적인 만족감과 쾌감을 주는 웰빙 요소가 되었다.

| 자원을 재활용한 담장 |

우리의 담장은 자원의 재활용 측면에서도 웰빙의 특성이 보인다. 담의 재료로 사용된 돌은 주변에 구르는 돌을 주워다 사용했으며, 들밭에 버려진 지푸라기나 새끼줄을 잘라 사용하고, 담장의 독특한 조형성을 만들어 주는 기와편은 이미 사용되거나 깨진 것을 이용하여 자연과 조화되는 아름다운 담장을 만들었다. 이는 자원의 재활용, 재순환 측면에서 진정한 웰빙 아이디어를 제공하고 있다.

| 자연 일부로서 담장, 영주선비촌 |

생울타리는 담장 중에서도 가장 자연과 일치하는 담장으로 담장의 기능을 수행하면서도 사계절 변화하는 자연미를 선사한다.

| 자연과 동화된 주변의 자연을 향유하고 즐기는 담장, 양동마을 |

주변의 산과 자연경관과 실루엣을 같이 하면서 외부의 자연을 내부로 끌어오는 담장을 연출하고 있다.

| 자연일부로서 담장, 영주 선비촌 |

경사지에 설치된 막돌담으로 지형의 고저를 담장에도 반영하여 자연미 넘치는 율동감을 주고 있다.

| 자원의 재활용 토석담, 한국민속촌 |

깨진 기와와 주변의 막돌을 이용하여 만든 토석담으로 자원을 재활용한 아이디어와 더불어 아름다운 자연미를 주고 있다.

五章

전통 주거에서 환경 조절을 통한 웰빙

01. 경제적으로 따뜻하게 겨울나기

겨울철을 위한 전통 환경 조절기법
현대적으로 응용 웰빙 연출하기

02. 경제적으로 시원하게 여름나기

여름철을 위한 전통 환경 조절기법
현대적으로 응용 웰빙 연출하기

03. 우기에 쾌적하게 지내기

우기에 쾌적하게 지내는 전통 환경 조절기법
현대적으로 응용 웰빙 연출하기

04. 맑고 쾌적한 실내공기 유지하기

쾌적한 실내공기 환경을 위한 전통 환경 조절기법
현대적으로 응용 웰빙 연출하기

05. 건강한 빛 환경 만들기

건강한 빛 환경을 위한 전통 환경 조절기법
현대적으로 응용 웰빙 연출하기

전통 주거를 요약하여 설명한다면 자연과의 대립이 아닌 자연 속의 집, 자연에 순응 한 집, 자연을 최대한 수용한 집, 자연과의 융합을 꾀한 집, 자연에 완전히 합일되는 집이라 할 수 있다. 즉 집도 자연의 한 구성인자로서의 자연친화를 추구하여 완벽한 웰빙 주거를 실천했음을 알 수 있다. 그러면 과거의 전통 주거가 있던 시절이나 지금 현 시대 같은 장소에 살고 있는 우리의 집은 왜 웰빙 주거가 아닐까? 같은 지역, 자연환경에 살면서도 하루라도 각 종 에너지를 공급하지 않으면 유지가 되지 않는 현재 우리의 집과는 우리 선조들의 집은 사뭇 다르다. 우리 선조들은 어떻게 에어컨 없이 시원한 여름을, 히터 없이 추운 겨울을, 공기 청정기 없이 습한 장마철을, 전기 없이 밝은 실내를 연출하고 살았을까? 그럼 선조들이 사용했던 방법들을 지금 우리가 살고 있는 집에서는 적용이 전혀 불가능할까?

01 • 경제적으로 따뜻하게 겨울나기

전통 주거 건축은 시대를 초월하여 삶의 경험과 지혜에 의한 추위와 더위에 대한 자연환경 조절시스템에 대하여 풍부한 기술적 원천을 확보하고 있다. 연교차가 큰 기후와 사계절에 적응하고 쾌적한 실내공간을 유지하기 위해 우리 선조들은 구조에 의한 방식, 자연에너지에 의한 환경 조절방식, 재료에 의한 환경조절 방식을 적절히 활용하고 있다.

현대 우리의 생활은 기계적인 환경 조절시스템으로 이루어지는 겨울철 난방과 여름철 냉방을 위한 비용은 계속 상승하여 경제적 부담이 되고 있다. 이러한 시점에 우리 선조들이 활용한 자연적인 환경조절기법을 건축계획 단계에서부터 올바르게 고려 될 수 있다면 설비시스템에 의한 환경부담은 줄어들고 화석연료 사용에 대한 에너지 사용을 최소화 할 수 있을 것이다.

겨울철을 위한 전통 환경 조절 기법 —

전통주거 건축의 겨울철을 위한 환경 조절 기법 중 가장 대표적인 것은 배치 및 평면을 통한 태양열 활용과 온돌시스템을 통한 실내 난방과 흙벽을 통한 단열과 실내 습도조절을 중심으로 이루어지며 부가적으로 창호의 형태나 이중 외피, 완충 공간, 외부 공간의 식재에 의해 낮아진 기온과 차가운 바람에 대한 영향을 최소화하기 위한 방법으로 건축설계가 이루어졌다.

• 배치 및 평면 계획 •

전통 건축의 여름과 겨울나기는 기본적인 배치에서부터 시작된다. 풍수지리에 의한 배산임수의 원칙에 따라 자연 지세에 순응하는 건물의 위치와 배치를 갖고 평면이 형성되며 이 단계에서 겨울철 추위에 대한 배려가 들어가 있다.

| 일사량 취득과 통풍을 위한 남향 배치 |

방위는 겨울철 일사량 취득과 여름철 통풍에 의한 냉방 효과 측면에 있어서 중요한 환경계획요소 중의 하나이다. 전통 주거는 대부분 좌향을 갖는데 이는 북쪽을 산에 두고 건축물은 남향에 두는 배치를 하게 된다. 실제 남아있는 전통 주거를 살펴보면 정남향 보다는 동남향의 배치가 가장 많고 그 다음은 서남향이 많이 나타나고 있다. 이러한 방향 배치는 현대에 와서 기후대별로 에너지 조절측면에서 가장 좋은 향을 조사한 결과 온난 기후권인 우리나라에서는 동남향으로 17.5도로 조사된 결과와 일맥사통 한다. 이러한 배치는 겨울철 태양열을 최대한 취득하고 북서풍의 차가운 바람을 차단함으로써 물리적 환경 조절과 동시

- 굴뚝개자리 : 굴뚝 밑에는 다시 움푹 파여 있는 곳을 말한다. 굴뚝개자리도 연기가 거꾸로 흐르는 것을 방지하는 기능을 하며, 굴뚝을 따라 올라가는 연기 중에 아직 다 타지 못한 찌꺼기가 떨어져 모이는 곳이다.
- 굴뚝 : 열과 연기가 빠져나가는 구멍으로 굴뚝 시설이 좋아야 아궁이에 불이 잘 들고 방이 따뜻하다. 굴뚝은 지방에 따라 큰 차이가 있는데 추운 지방일수록 굴뚝을 높게 만든다. 굴뚝이 높을수록 열이 최대한 오래 머물게 하고 바람이 고래 안으로 들어오지 못하게 막아주기도 한다. 반면에 따뜻한 남쪽지방은 고래 끝에 구멍을 내기도 하고 아예 굴뚝을 없애기도 한다.

| 온돌의 종류 |

온돌의 종류는 아궁이, 고래의 형식, 축조재료, 연료, 굴뚝 및 구들 고래의 형식, 평면유형 등에 따라 나눌 수 있지만, 가장 중요한 분류의 기준이 되는 것은 고래의 형식에 의한 분류이다. 이를 중심으로 고래의 구조 즉 형태에 따른 분류로 온돌의 종류를 구분한다.

아궁이에 따라

아궁이에 따라 방 하나를 덥히는 '당고래'와 여러 방을 위한 '내고래'로 나뉘며 방의 구성과 아궁이 수에 따라 다음과 같은 방식이 나타나고 있다.

- 한 아궁이에 한방구들 : 한 아궁이에 한방의 구들방이 있는 경우로 외방구들이라고도 한다.
- 여러 아궁이에 한방구들 : 한 방에 아궁이가 2~3개인 구들로 취사가 필요할 때 주로 사용된다.
- 한 아궁이에 여러 방구들 : 한 아궁이에 여러 개의 구들방이 있는 경우로 통고래구들, 겹방구들이라고 하며 방이 서로 맞대어 있다.
- 여러 아궁이에 여러 방구들 : 겹집구들, 쌍통집 · 양통집 구들이라고도 하며, 여러 아궁이에 여러 개의 구들방이 있는 것을 말한다.

한 방 한 아궁이
고래구들(외방구들)

한 방 두 아궁이
고래구들

| 당고래 |

범고래 구들(양겹고래)

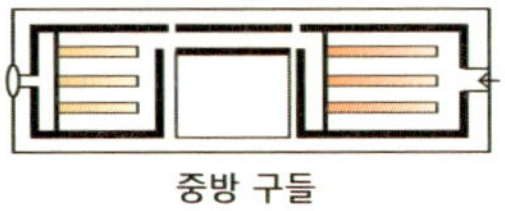
중방 구들

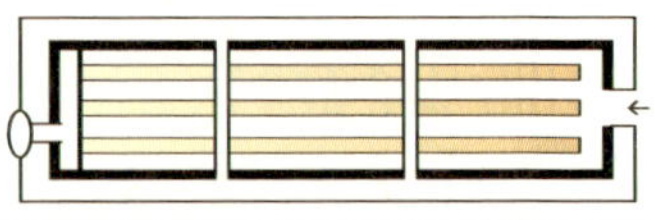
겹방구들(통고래구들 : 한 아궁이에 여러 방 고래 구들)

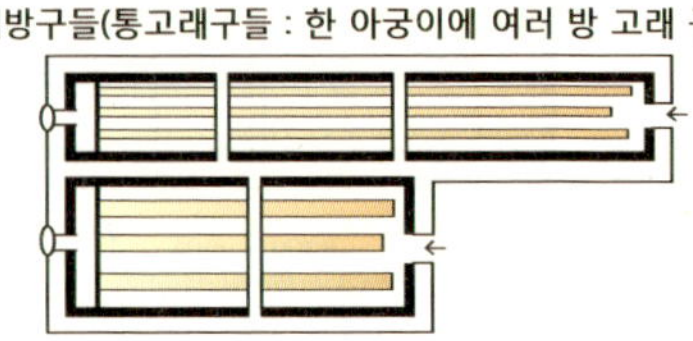
겹집구들(쌍통집 구들, 양통집구들)

| 내고래 |

고래의 형식에 따라

- 나란히 고래 : 고래와 두둑의 너비를 거의 일정하게 평행으로 만든 것이다.
- 허튼고래: 불목에서 개자리 쪽으로 연기가 흘러들기 좋도록 땅바닥에 경사면을 만들어 다진 다음, 두둑을 쌓지 않고 구들장의 네 귀가 올라앉을 동바리돌 또는 벽돌을 쌓아 만든 것을 말한다.
- 선자고래 : 부챗살처럼 된 것으로 불목에서는 좁고 개자리 쪽에서는 넓어진 형태이다.

고래의 평면에 따라

- 허튼 고래(막구들) : 고래가 없는 구들로 벌구들, 흩은 고래라고도 한다. 일정한 규칙을 갖지 않고 두둑이 없이 막돌이나 벽돌을 동바리처럼 군데군데 쌓아서 구들장을 올려놓은 형식을 갖는다. 구들개자리와 고래개자리 사이로 흐르는 열기를 고임돌의 방향과 크기, 물매로 조절한다.
- 고래구들 : 골구들이라도 하며 고래를 내는 형태, 즉 평면 형태에 따라 곧은 고래구들, 부채 고래구들, 굽은 고래구들, 맞선 고래구들, 되돈 고래구들, 원형 고래구들 등 다양한 평면의 구들이 있다.
- 혼용고래 : 허튼 고래과 줄고래, 허튼고래와 원형고래 등 두 가지 이상의 고래가 혼합된 구들을 말한다.

고래의 평면 유형에 따라

- 곧은 고래구들 : 줄고래라고도 하며 아궁이와 고래 및 굴뚝이 직선 방향의 구들로 외구들에서 발전된 구들이다.
- 부채 고래구들 : 선자고래라고도 하며 개자리에서 고래가 부채꼴로 퍼져 있는 구들이다.
- 맞선 고래구들 : 대각고래라고도 하며 아궁이에서 굴뚝의 방향에 따라 중아 줄고래를 넣고 양쪽 대각으로 불길을 나누어 주기 위한 구들이다.
- 굽은 고래구들 : 아궁이와 굴뚝 방향이 직각으로 굽은 구들로 굴뚝의 방향에 따라 방구석까지 불길을 나누어 주기 위한 구들이다.

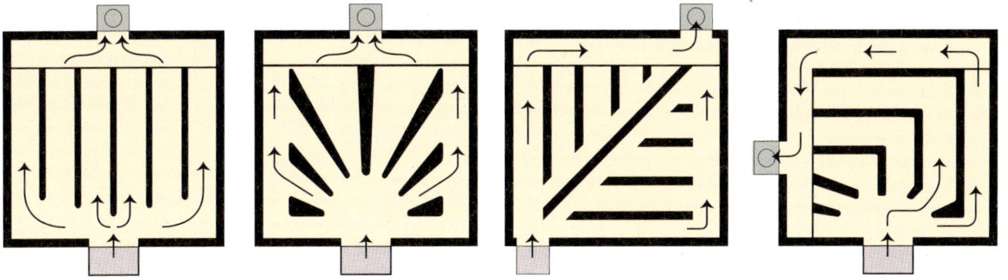

줄고래　　부채고래　　맞선고래　　굽은고래

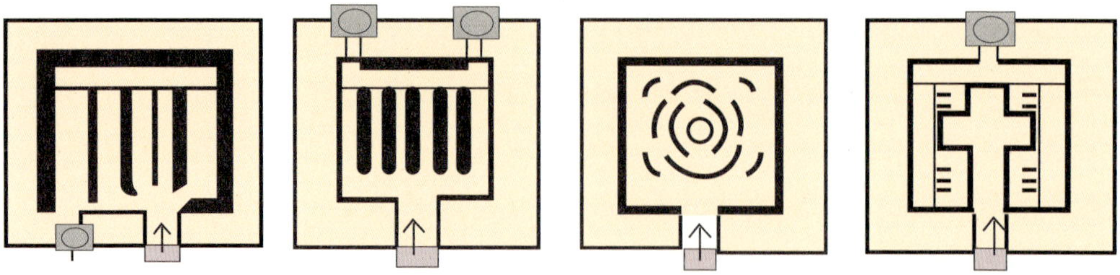

되튼고래 쇠고래 원형고래 십자고래

| 전통 주거 온돌 고래의 종류 |

- 되돈 고래구들 : 아궁이에서 고래가 방을 한 바퀴 돌고 다시 아궁이로 나온 구들로 굴뚝의 위치를 어디든지 지정할 수 있다.
- 쇠고래 : 한 아궁이에 둘 이상의 굴뚝을 가지고 있는 구들로 불의 방향은 굴뚝의 방향으로 향하게 하여 방구석까지 나누어 보낼 수 있는 형태이다.
- 원형 고래구들 : 원형 흙집에 많이 쓰이는 고래로 줄고래와 허튼고래의 형태를 이용하고 있다.

| 온돌 난방 특징 |

전통 구들은 막대한 양의 열기를 가두어 두는 열기를 가두어 주는 방식이며, 서양의 난방 방식이 복사열이나 대류열로 따뜻하게 하지만 전통 구들은 방바닥이 따뜻해 직접 접촉하

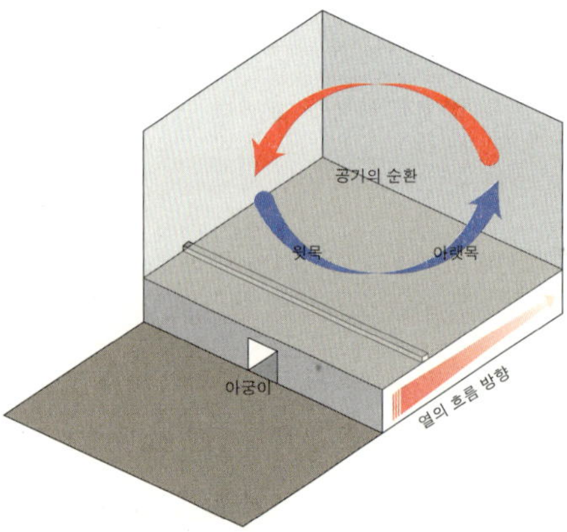

| 온돌난방 복사 및 대류현상 개념도 |

아랫목에서 더워진 공기가 위로 올라가면서 윗목의 차가운 공기를 데워 순환이 되게 하므로 복사난방과 대류난방에 의해 방 전체가 훈훈해 지고 공간배분에서 공기의 흐름을 느껴 쾌적감을 더 느낄 수 있다.

| 아궁이와 부뚜막 |

취사와 난방이 가능한 아궁이와 부뚜막으로 부뚜막이 점차 넓어지면서 오늘의 부엌으로 발전하였다.

여 따뜻하게 하는 직접 가열식이다. 또한 이렇게 직접 접촉되는 열이 우리 몸의 온도와 비슷한 낮은 온도로 방바닥을 데워서 하루 종일 거주자를 따뜻하게 한다. 또한 실내 온도 분포가 균등하고 실 높이에 의한 공기 온도 편차가 적어 위풍이 발생하지 않아 실내 온열 환경에 대한 쾌감도가 크다.

무엇보다 웰빙적 특성을 나타내는데 아랫목, 윗목의 덥고 차가움에서 오는 자연적인 공기의 순환이 이루어지며 인체가 쾌적함을 느끼는 두한족온(頭寒足溫)이라는 건강 지침에 부합되는 난방방식이다. 바닥 쪽이 따뜻하기 때문에 머리는 차갑고 발은 따뜻한 구조로 혈액순환을 원활하게 하고, 원적외선 효과로 노폐물, 악취제거에 효과가 있고, 신진대사 피로회복에 효과를 준다. 게다가 실내에서 재나 먼지 등이 발생되지 않아 폐 기관의 건강에 문제를 불러일으키지 않는 웰빙 특성을 갖는다. 또한 연기를 이용한 바닥 난방으로 온 집안을 소독시키고 여름 장마철에는 군불을 넣어 습기를 옥외로 방출하는 역할을 하여 실내습도 조절로 쾌적한 실내공간을 만드는 역할을 한다.

• 단열구조 •

| 열용량이 높은 재료 사용 |

전통 주거는 따뜻한 겨울을 보내기 위해 기본적으로 사용되는 구조 재료에서 단열 및 보온 성능을 확보하고 있다. 축열량이 크고 적당한 기포가 있을 경우 단열효과가 큰데 흙벽은 수수깡이나 싸리나무 가지, 볏집을 섞어 사용함으로 공기층이 생기고 황토의 결정 구조도 벌집모양으로 되어 있다. 이에 이 공간에 에너지와 수분이 저장되어 습도조절과 더불어 통풍이 가능하고 단열효과를 볼 수 있다. 또한 지붕재로 이용되는 볏집과 기와와 자연 단열재인 흙을 이용한 회벽, 화방벽, 토벽 등으로 처리하여 축열량이 높은 건물 외피를 형성함으로 단열과 보온성능을 확보하고 있다. 열용량이 큰 볏집과 흙벽은 시간 지연 효과에 의해 실온 변동 폭을 적게 한다. 흙은 여름철 낮 동안의 과다한 태양에너지를 흡수하고 밤 동안 에너지를 천천히 방사하여 겨울철 온돌에서 발생한 열을 실내에 오랫동안 잡아둔다. 초가지붕의 볏짚도 역시 유사한 기능을 가진 단열 및 축열성이 우수한 자연소재이다. 또한 창호재, 가구재, 바닥재로 쓰이는 나무는 열전도율이 낮아 열교현상에 의한 건물 열손실을 적게하였다.

| 이중외피구조 |

단열을 위한 구조 중 가장 효율적인 구조는 울릉도의 우데기이다. 이는 겨울이 길고 비바람과 눈, 습기가 많은 이 지역 기후 조건에 알맞게 고안된 구조로 외벽과 내벽 사이에 생활공간을 확보하기 위해 봉당이 배치된 이중 외벽으로 축담이라고도 한다. 울릉도의 우데기는 집 전체를 우데기를 설치하여 겨울철 열손실을 최소화하고 가장 합리적으로 주생활이 가능하도록 하였다. 내륙지방으로 우데기는 아니지만 툇마루에 창호를 설치하여 이중외피 구조를 취함으로 겨울철 외기로부터 보호하는 열적 완충공간을 만들고 실내 생활을 연장시키기도 하였다.

| 이중, 삼중 창호 |

전통 주거의 입면은 창호가 많으나 대부분이 이중, 삼중창호로 처리하여 열손실을 최소화하고 있다. 일반적으로 외기와 접하는 부분은 창호지문을 설치하고 내부에 겹창으로 미서기창을 설치하거나 내부에 앞뒤로 두꺼운 창호지를 붙여 바람과 빛을 차단시키는 갑창을 설치하여 이중, 삼중 구조의 창을 만들었다. 창호에서 격자 창살은 현대건축의 Sun Screen과 같은 역할을 하므로 여름에는 그늘을 제공하기도 하지만 겨울에는 창문 바깥 쪽에 공기층을 형성하여 열손실을 적게하는 역할을 한다.

| 덧문이나 널문 사용 |

겨울철에는 배출구 역할을 하는 개구부를 덧문이나 널문으로 폐쇄하여 후면부의 툇간과 함께 실내 차가운 기류의 통과를 차단시키고 있다.

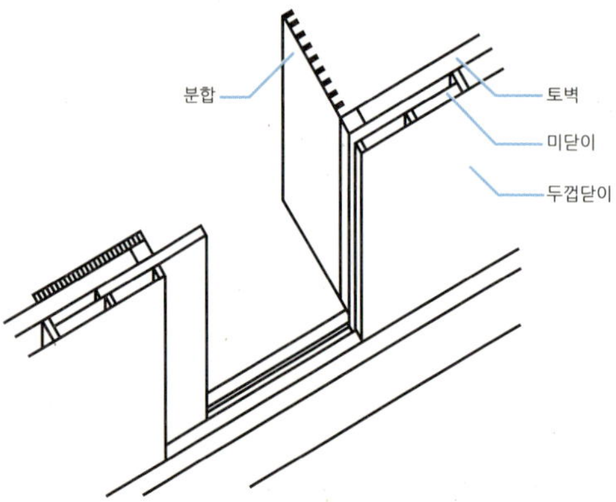

| 전통 주거의 이중 창호 구조 |

• 열 완충 공간 •

| 외여닫이로 구성된 이중문 |

| 겹창으로 미서기문을 이용한 이중 창호 |

| 툇마루, 대청마루 |

대문채와 연결되는 안마당, 안마당에서 툇마루로, 툇마루에서 모든 방과 대청에 연결되는 대청에 연결되는 열적 완충공간은 여름철과 겨울철에 모두 유용한 공간이 된다. 특히 툇마루는 반 외부 · 내부적 공간으로 외부기온을 여과하고 고미 반자를 설치함으로 천공복사에 의한 열 손실 감소해주는 공간이 된다. 또한 겨울철 외부 활동 공간을 확보하여 다용도로 사용된다. 그리고 여름철 대표 공간으로 알고 있는 대청마루도 겨울철 열손실을 최소화하는 완충공간으로 역할을 하는데 겨울에는 개방된 남쪽으로부터 직사광선을 받아 복사열을 유입하여 인접한 방에 자연난방을 공급하는 역할을 한다. 해가 진 저녁 무렵에도 남은 온기를 머금고 있어 일종의 자연 난로 역할을 하므로 남향의 대청마루는 겨울철 훌륭한 열 완충 공간이 된다.

| 처마 밑 공간 |

처마는 여름철 그늘을 제공해주기도 하지만 겨울에는 안쪽까지 들어오는 햇빛으로 따뜻해진 공기가 위로 올라가다가 경사진 처마에 걸려 한동안 머물게 되므로 추위를 완화시키는 역할도 하게 된다.

• 창 처리 •

| 향과 위치에 따른 창호의 형태 조정 |

외부로의 열손실이 많은 서쪽이나 북쪽에 면한 창은 외여닫이를 하거나 판문을 사용하여 내부의 열이 빠져나가지 않도록 구성하였다.

대청과 방은 벽면 전체를 분합문으로 구성되는데 창호지로만 바르면 겨울철 문을 다 닫아도 춥고 방안이 너무 밝거나 허하고 안정감이 없다. 이에 대부분 불발기창이나 문을 둔다. 불발기 창은 문의 중간 눈높이 정도에 사각, 팔각 형태에만 창호지를 발라 자연광이 들어오도록 하고 나머지는 벽지를 발라 벽과 같은 역할을 하게 하여 찬바람이 들어오는 것을 막고 심리적으로도 안정되게 구성한다.

| 머름대 |

창호 구성에서 외부로 면한 창은 머름대를 설치하여 문과 구분이 되게 하는 역할도 하지만 겨울철 방바닥의 온기가 창의 하부 틈새에서 바로 외부로 유출됨을 막아주는 역할을 한다.

| 창호의 창살 |

창호의 창살은 건축 입면의 미적효과를 높이기도 하지만 현대 건축의 썬스크린과 동일한 역할로 여름철에는 그늘을 제공하고 겨울에는 창문 바깥쪽에 공간막을 형성하여 열손실을 적게하는 역할을 한다.

• 마당과 식재 •

전통 주거는 대체적으로 북쪽 후면은 자연 식목과 더불어 생울타리를 조성하고 남쪽 전면의 마당은 비워두는 형태로 구성하는데 이도 여름과 겨울을 수용하는 대안으로 볼 수 있다. 완만한 경사면과 식재는 일차적으로 계절풍의 속도를 완화시켜 주고 후원의 담장과 방풍림에 의해 다시 바람의 속도를 감소시켜주는 역할을 한다.

| 열완충 공간 툇마루, 한국민속촌 |

툇마루 공간은 열적 완충 공간으로 여름철과 겨울철 모두 유용한 열적으로 유용한 공간이 된다. 툇마루에 문을 달아 겨울철 외기에 더 효율적으로 대응하고 있다.

| 북쪽에 면한 창호 판문, 영주 선비촌 |

외부로부터 열손실이 많은 북쪽의 창호에는 판문을 추가로 덧대어 겨울철 내부의 열이 빠져 나가지 않고 외기의 침입을 최소화하고 있다.

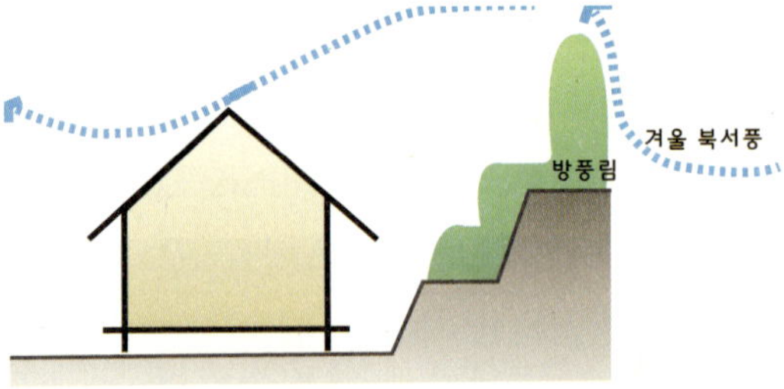

| 방풍림을 이용한 열완충 공간 조성 |

배산 임수에 의해 많은 주거들이 뒤에 산을 등을 지고 집터가 조성되어 북쪽 후면이 경사지 경우가 많은데 이를 완만하게 경사지에 화단을 조성하고 생울타리를 조성하는데 이는 겨울철 바람을 차단해 주는 역할을 하게 된다.

현대적으로 응용 웰빙 연출하기

• 전통 온돌의 특성을 재현 •

현대 생활에 가장 많이 적용되는 전통 시스템은 우리의 온돌일 것이다. 그러나 현대의 온돌시스템은 주택의 단열 및 기밀성능이 향상되어 바닥표면 온도와 실내온도가 점차 근접해가는 경향을 보이고 있다. 우리 집에는 주부, 남편, 어린이, 노인 등 다양한 가족 구성원이 사는데 이들은 각각 온열감에 대한 요구가 다르게 나타난다. 특히 현대 주택의 기밀성으로 인해 실내 공기 환기에도 어려움이 있어 거주자의 불쾌감을 높여준다. 이에 구들 원리가 적용된 아랫목과 윗목이 존재하는 전통적인 온돌시스템의 적용을 통해 온돌의 다양한 효과를 적용해 볼 수 있다. 전통 온돌의 대표적인 효과는 원적외선 방사효과로 인체의 세포운동을 촉진시켜 신진 대사 피로회복에 좋다. 또한 복사열 전달과정에서 먼지와 진드기가 공기를 타고 순환하는 것을 줄여 호흡기 질환 예방에도 효과적이며, 아랫목 윗목 온도차에 의한 환기에 의해 악취제거에 효과적으로 쾌적한 실내 공간을 제공한다. 이러한 전통 온돌시스템의 장점을 최대한 도입하기 위한 온돌시스템들이 개발되고 있는데 대표적으로 열 손실이 많은 창 주변에는 상대적으로 좁게 설치하는 식으로 배관의 간격을 조절해서 윗목, 아랫목을 구성하는 방법과 하나의 공간을 두 개의 난방 구역으로 나눠 두 개의 배관망을 구성하는 방식으로 윗목과 아랫목에 공급되는 온수의 온도를 다르게 하는 방법이다. 이는 아파트의 경우 발코니에 아랫목을 적용하고 거실에는 윗목을 적용하면 한층 효과적인 난방이 가능하게 된다. 또한 전통 온돌시스템의 우풍으로 발생하는 구들 온돌시스템의 단점을 보완하기 위한 시스템으로 온돌에서의 온수가 흐르는 배관을 윗목에서 조밀하게 많이 지나가게 하여 윗목과 아랫목의 바닥차이를 나타나게 하여 평균적인 바닥표면 온도를 낮추고 또한 외부의 공기가 온돌 바닥 아래로 자연대류로 지나가게 하여 따뜻한 외부공기가 온돌바닥이나 실내 벽에서 나오게 하여 방안에서 순환한 후 외부로 내 보냄으로써 따뜻하고 쾌적한 실내공기를 유지할 수 있게 하는 시스템 등을 도입하는 것이다.

온돌시스템 도입시 '양파 원리'를 이용하여 따뜻한 온돌방 주위에 열적 위계에 따른 공간배치를 통해 '집속의 집'의 구성으로 많이 사용하는 실내를 가장 안쪽에 배치함으로 열 손실 최소화하는 방법을 동시에 적용한다면 상당한 에너지 절약효과를 볼 수 있다.

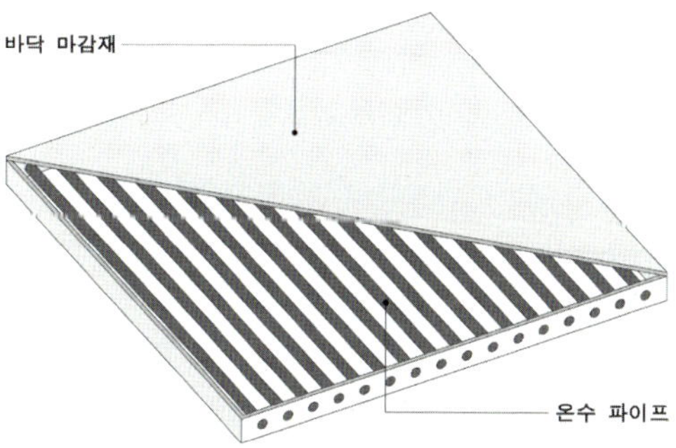

| 현대의 공동 주택 일반 온돌 시스템 |

온수 파이프가 일정한 간격으로 되어 있어 모든 바닥의 온도가 같아 전체적으로 균등하게 따뜻하지만 전통 온돌시스템에 나타나는 대류순환에 의한 공기정화, 두한족온 등의 건강 효과를 보기가 힘들다.

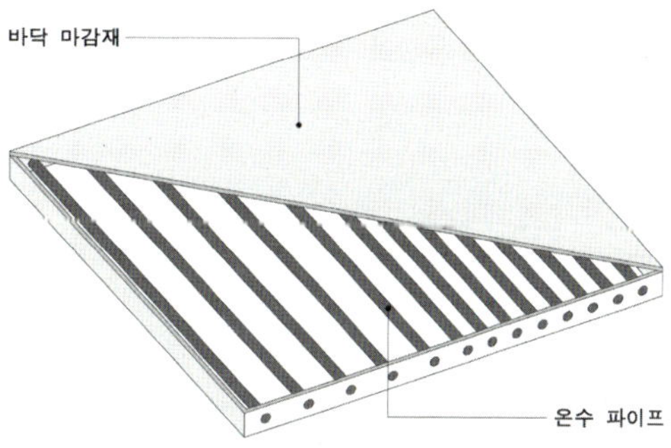

| 전통 온돌의 응용 시스템 |

윗목과 아랫목의 개념을 적용하기 위해 온수 파이프의 간격을 다르게 한다.

• 단열구조인 이중외피, 이중파사드 적용 •

| 다중적 피막구조를 형성 |

테라스, 통로, 계단과 같은 매개공간을 이용하여 공간막을 형성한다.

| 넓은 이중창, 이중벽, 툇마루와 같은 매개공간을 이용하여 공간막 형성 |

이중창과 벽, 툇마루 등의 도입을 통해 공간의 깊이감을 주고 여름철에는 냉방부하를 줄여주고 겨울철에는 외기에 대한 완충효과로 난방부하 감소효과를 준다. 또한 서로 다른 외기의 영향 하에서는 온도, 습도, 열기, 바람 등의 조절이 가능하다.

| 이중창 · 삼중창 설치 |

현대 주택의 특성상 외부는 유리창으로 사용하나 내부는 목재창호지문과 갑장지문으로 된 이중창이나 3가지를 단계적으로 유리-목재창호-갑장지문으로 삼중창을 도입한다. 이는 하나의 훌륭한 단열구조 창으로 외기를 충분히 차단해 주기도 하지만 빛 조절이 가능하여 별도의 커텐이 필요 없는 창호시스템으로 은은하고 담백한 자연광 도입이 되는 창의 형태로 권장할 만하다.

• 평면계획: 겹집 구조 응용 •

겹집형 구조는 단열 및 보온을 위한 평면형태로 기후적 완충 영역의 개념을 현대적으로 변용하여 적용할 수 있다. 겹집 구조의 평면 응용은 전 · 후면에 툇마루 같은 매개공간인 열적완충 공간 배치를 통해 공간막을 형성하여 보온 효과를 본다. 그리고 전 · 후면 설치시 맞통풍 구조의 개구부를 만들면 여름철에도 유용한 공간이 된다.

• 단열공간구조 : 열적 완충 공간 •

내부공간과 외부공간 사이에 다양한 완충공간을 형성하여 반 외부 · 내부 공간으로서 하나의 두꺼운 공기층을 형성한다. 다음과 같은 공간에 설치하면 효과적이다. 첫째, 비난방 공간을 외벽과 난방 공간 사이에 배치한다. 둘째, 남측의 매개공간을 sun-room화하여 에너지 절약 공간을 형태화한다. 셋째, 전실을 두어 겨울과 여름에 공기를 가두어 두는 역할을 하게 한다. 넷째, 북측면은 열적완충공간을 두어 반 외부 · 내부공간으로 두꺼운 공기층 형성, 에너지 절약 효과를 본다.

• 흙 외피 활용 •

| 겨울철 주광이 입사되는 벽과 바닥을 열용량이 큰 재료를 사용 |

낮에 축열된 열을 밤에 방출하여 사용이 가능하도록 열용량이 큰 재료로 벽과 바닥을 구성한다. 열 보존 요소로서의 벽은 매우 중요하므로 전통 주거건축에 사용된 흙을 활용한다. 흙은 열용량이 큰 재료이므로 현대적 기술로 개발하여 다른 재료와 혼합된 두꺼운 벽을 설치한다면 매우 유리하다. 또한 마루나 벽은 두껍고 단단할수록 열 보존력이 좋다.

| 벽에 의한 축열 기법 |

열을 흡수하는 단열재로 채워진 빈 벽을 적용하여 단열 및 보온 효과를 볼 수 있다.

'양파원리'를 이용하여 따뜻한 온돌방 주위에 열적 위계에 따른 공간 배치를 통해 '집속의 집'의 구성으로 많이 사용하는 실내를 가장 안쪽에 배치함으로 열 손실 최소화하는 방법을 동시에 적용한다면 상당한 에너지 절약효과를 볼 수 있다.

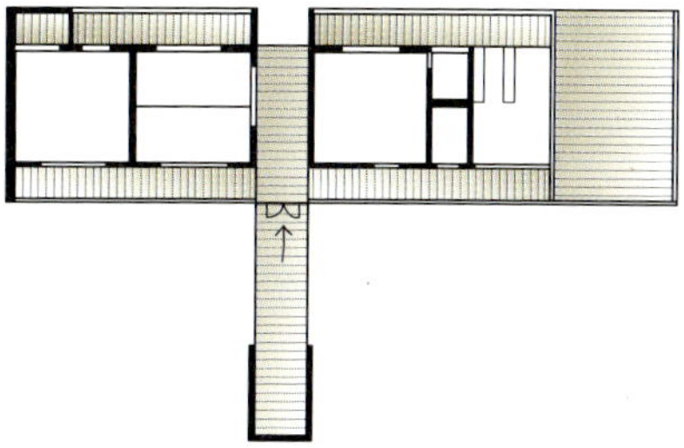

| 툇마루 응용 이중외피 구조 평면 |

3면을 툇마루를 적용하여 이중 외피 공간을 구성하여 열적완충공간으로 외기를 최소화하고 여름과 겨울에 다양한 활동을 할 수 있는 평면이다.

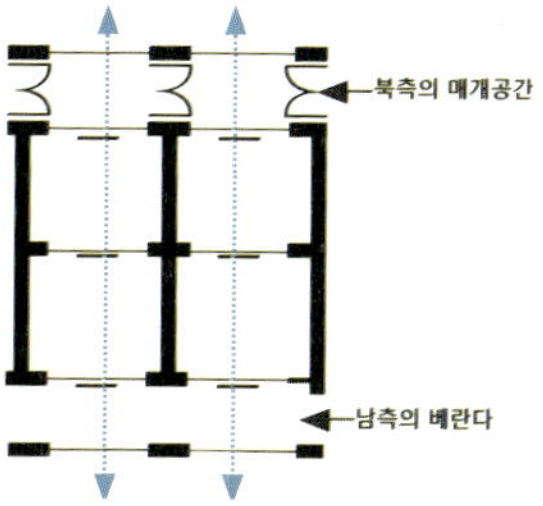

| 열적 완충공간을 배치한 공간 구조 |

겹집구조 이용하여 전 · 후면에 매개공간을 배치하여 열적 완충공간으로 겨울철 열손실을 최소화한다.

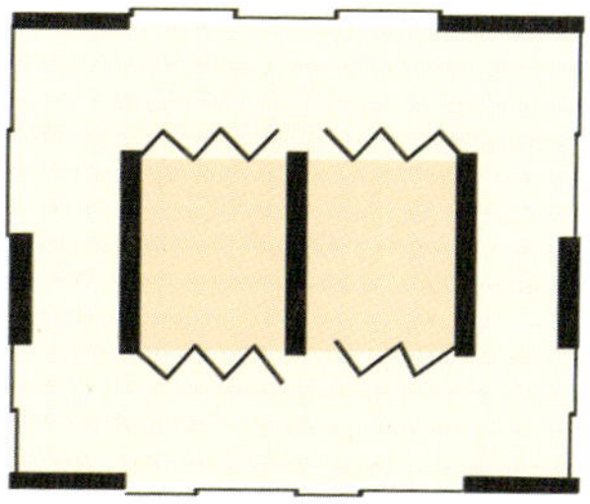

| 집속의 집 개념 평면|

온돌방 주위에 열적 위계에 따라 공간을 배치하고 공기의 흐름과 공간 활동을 고려한 구조 개념 평면이다.

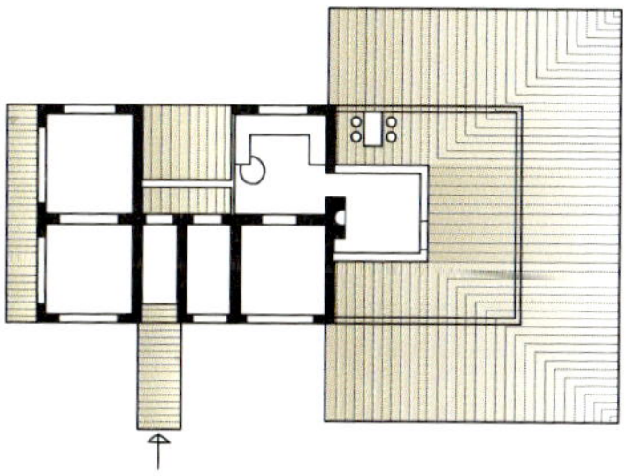

| 겹집구조 응용 평면 |

이중 외피, 파사드 구조, 열적 완충공간으로 매개공간을 활용한 평면구성 예로 겨울공간과 여름공간의 조화 수용이 가능하다.

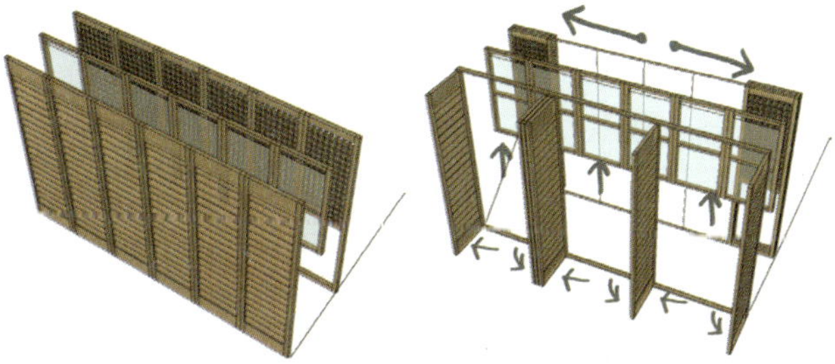

| 삼중 창호 응용 아이디어 |

유리와 목재 창호지문을 삼중창에 적용하여 계절별로 다양한 빛공간을 연출하고 완전개폐가 가능하여 여름철과 겨울철 모두 수용가능한 창호 구조로 목재 창호(쌍여닫이)- 유리창(오르내리기창)- 목재창(미닫이창)으로 구성된 창호이다.

02 • 경제적으로 시원하게 여름나기

우리 전통주거는 겨울과 여름을 동시에 수용하는 구조를 취해야 함으로 폐쇄와 개방성을 동시에 지니기 위해 방에는 온돌을 두고 대청에는 마루를 도입하는 것을 기본으로 하여, 축열성이 큰 재료를 사용하고, 가변성 있는 벽체와 창호를 사용함으로 상호간의 장점을 잘 사용하여 각 계절별로 기후조건에 적절히 대응하여 겨울에는 따뜻하게 여름철에는 시원하게 보내는 공간으로 사용하였다.

여름철을 위한 전통 환경 조절기법

우리의 전통 주거 건축에서는 여름철을 시

원하게 보내기 위한 다양한 자연형 환경 조절 기법들이 깃들여 있다. 시원한 여름을 위해서는 뜨거운 햇빛을 차단하고 무엇보다 시원한 바람을 최대한 실내로 끌어들여 통풍과 환기로 재실자의 피부가 시원함을 느끼게 하는 것이 중요하다. 이에 우리 선조들은 이러한 자연 냉방 효과를 얻기 위해 마루를 적극 활용하고 평면계획에서부터 완전개방과 가변성이 높은 개구부 계획과 일사차단을 위한 지붕과 처마, 실내 내부의 공기순환이 잘 되게 하기 위한 천장구조, 마당과 황토, 식재가 조화를 이루어 큰 공기의 흐름을 유도하는 방법을 중심으로 시원한 여름을 보냈다.

• 배치 및 평면 계획 •

| 곱은자집 밀집 배치로 그늘 형성 |

곱은자집은 근세 서울 지방의 주택 밀집지역에서 지어진 전형적인 서민 주택으로 ㄱ자형을 이루는 안채와 _자형을 이루는 사랑채가 대문간을 중심으로 ㄷ자형을 이루는 평면형태로 이러한 ㄷ자형을 가진 주택들을 밀집시켜 배치시킴으로 여름철에는 근처 건물에 의해 그림자를 만들어 햇빛을 차단시켜 주고 겨울철에는 열손실을 최소화하고 있다.

| 홑집형 평면 |

상대적으로 기온이 높은 남부지역은 겹집구조보다는 바람이 잘 통하도록 방을 한 줄로 배열하는 홑집 구조를 취하고 이와 더불어 마루구조가 발달했다. 즉 여름이 겨울철 보다 긴 지역은 홑집형을 많이 취하므로 통풍과 환기에 유리하도록 하였다.

| 남향 배치에 의한 남북축 형성 |

다른 공간에 비해 여름철 대표적 공간인 안대청과 사랑대청은 평면 유형이 상이함에도 불구하고 여름철 쾌적한 공간을 형성하기 위해 남향을 향하고 남북축을 형성한다. 이는 마당과 대청, 뒤뜰 축선을 남북축으로 배치하여 자연 상태에서 여름을 가장 쾌적하게 보내기 위한 자연대류 현상을 이용한 통풍 메커니즘

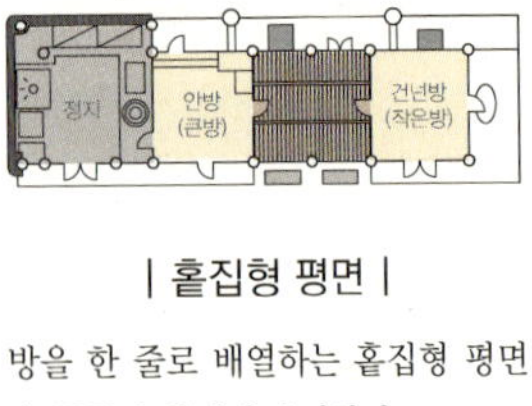

| 홑집형 평면 |

방을 한 줄로 배열하는 홑집형 평면은 통풍과 환기에 유리하다.

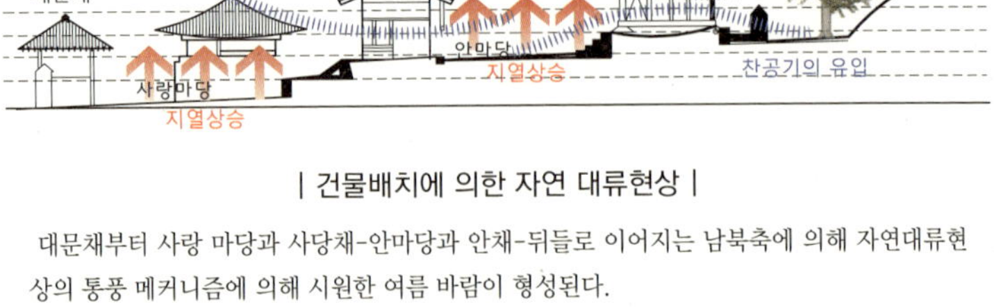

| 건물배치에 의한 자연 대류현상 |

대문채부터 사랑 마당과 사당채-안마당과 안채-뒤들로 이어지는 남북축에 의해 자연대류현상의 통풍 메커니즘에 의해 시원한 여름 바람이 형성된다.

을 위해서이다.

여름철 주로 부는 남동풍은 안채 및 사랑채 전면에 위치한 중문과 행랑채의 담도 기류의 속도를 빠르게 함으로써 대청에 기거하는 사람에게 쾌적함을 느끼도록 한다.

• 개방적 완충 공간 마루 •

여름 공간으로 대표적인 개방적 완충 공간은 대청, 누마루, 툇마루 등이 있으며 이중 중앙에 가장 크게 위치하는 대청마루는 온실 혹은 에코큐브 역할을 하는데 여름철 자연 냉방을 위한 생활 중심 공간이 되며 다음과 같은 특성으로 여름철을 시원하게 보내게 해 준다.

| 완전 개방형 구조에 의한 자연 통풍 |

대청마루는 전 · 후면이 완전 개방되는 분합문으로 구조로 서까래 밑에 내려진 들쇠에 걸어놓으면 앞뒤 열린 공간이 되어 맞통풍이 원활하게 일어난다. 그러므로 여름철 대청마루는 세간을 가급적 놓지 않고 비워둠으로 텅빈 여백 공간에 바람의 감촉을 느끼는 공간이 된다. 이에 대청은 시각적 · 감각적으로 시원함을 유도하였다.

| 높은 연등천장에 의한 대류현상 |

대청은 온돌방에 비해 높은 연등천장 구조로 되어 있어 상부로 뜨거운 공기가 상승하고 사람의 키보다 아래로는 시원한 바람의 순환이 이루어진다. 즉 삿갓모양으로 생긴 연등천장은 기와가 받은 열기로 뜨거워진 지붕이 찬 공기를 빨아들이므로 기류가 형성되어 바닥에서 시원한 공기가 위로 상승되면서 공간의 하부에서 시원함을 느끼게 된다. 이에 생활공간의 높이에서는 쾌적한 온도 조건을 갖추게 된다.

| 마루 틈새로 나오는 마루 밑 기류로 더위를 식힘 |

대청마루는 바닥구조도 지면에서 띄워 마루를 깔기 때문에 그늘진 지표면의 찬 냉기가 마루 틈사이로 위로 올라오므로 동시에 대청의 자연 대류 현상과 함께 실내로 유입되어 더욱 시원한 실내공간이 형성된다. 또한 누마루나 툇마루 등도 바닥으로부터 띄우는 구조로 하부 시원한 기류 형성으로 여름철 앉아 있으면 시원함이 전달되는 공간이 된다.

• 완전 개방이 가능한 개구부 •

전통 주거의 창호는 대부분 전후면이 서로 완전개방이 가능한 구조를 취하고 있다. 그리고 대청마루와 방 사이에는 분합문, 방의 전후면에는 미닫이문과 여닫이문을 설치하는데 평상시에 닫혀있을 때에는 가변벽의 역할을 하나 이들은 들어열개구조로 열고 들쇠에 매달면 벽이 없어지고 바닥과 천장만 남아 관통하는 공간이 되면서 내 · 외부 공간의 상호 침투가 이루어지는 공간이 된다. 이에 여름철 사통팔달 완전 개방이 되는 구조가 되어 자연을 최대한 수용하면서 자연 통풍 효과를 최대로 할 수 있다. 또한 대청마루를 포함하여 각 실의 자연 통풍 효과를 높이기 위해 전후면 창호의 공기 유입과 배출의 크기를 동일하게 함으로 쾌적한 실내기류를 일으켜 인체 표면의 수분 증발에 의한 냉각효과 증대시키고 있다.

| 연등천장 대청마루, 한국 민속촌 |

3칸형 막살이계 소농층 민가로 겨울철 다양한 활동이 가능하도록 축담을 두고 몸채를 중심으로 집약적으로 구성하였다.

| 연등천장에 의한 대청의 대류현상 |

열기로 뜨거워진 지붕이 바닥의 시원한 공기를 빨아들이므로 기류가 형성되어 재실자에게 시원함을 준다.

| 완전개방형 구조의 대청마루, 남산한옥마을 |

분합문으로 구성된 전면부 창호와 대청과 방사이 문을 들어열개로 올리고 후면 미닫이문과 여닫이문을 열면 전체가 개방이 되는 시원한 공간이 된다.

| 띄워진 마루, 한국 민속촌 |

바닥으로 상당이 높이 띄워진 누마루를 비롯하여 무릎높이로 띄워진 툇마루는 그늘진 하부 차가운 기류 형성으로 마루 틈새로 시원한 바람이 나와 여름을 보내는 좋은 공간이 된다.

• 지붕 구조와 깊은 처마 •

| 축열성 높은 지붕 재료 |

전통 주거의 지붕 구조 또한 여름철 실내 온도를 유지하는데 일조하고 있다. 우선 서까래를 걸고 산자를 엮은 후 그 위에 잘 이긴 진흙인 '보토'를 덮고 그 위에 새나 이엉의 마름을 잇거나 나무나 돌로 만든 너와를 늘어놓거나 기와를 이어 지붕의 표피를 구성한다. 이에 지붕은 상당한 두께를 가지며 진흙층이 축열체로서 주간의 태양복사열을 축열하고 있다가 야간에 천공으로 복사함으로써 실내온도를 유지하는 효과를 가지고 있다. 이에 한낮의 뜨거운 태양열을 받지만 지붕 구조체에 사용된 진흙과 나무의 단열효과로 인해 높은 일사차폐 효과와 보온 효과로 실내 온도에는 영향을 주지 않는다. 지붕 위에 박넝쿨을 올려 여름철 강한 일사를 피하는데 효과를 높이기도 하였다.

| 깊은 처마 |

처마를 길게 빼기 때문에 여름철 실내로 들어오는 태양광을 차단하여 그늘이 형성되고 이로 인해 나무그늘에 들어온 것처럼 시원함을 느낄 수 있다. 처마의 길이는 기둥 높이에 따라서 다르나 1.2m, 1.5m, 1.8m가 가장 흔하고 큰 건물의 경우에는 2.4m 정도로 길게 뺀 것도 있다. 이러한 처마 밑에서도 소기류가 형성되어 마당의 뜨거운 공기를 차단하는 역할을 하며 겨울철에는 따뜻한 공기가 머물러 오히려 추위를 완화시킨다.

| 축열성이 높은 지붕재료 |

열용량이 높은 흙과 초가로 구성된 초가지붕으로 두께가 상당한 볼륨을 갖는 것을 볼 수 있다.

| 깊은 처마와 개방적 완충 공간 툇마루, 연경당 |

깊은 처마 밑에 툇마루를 조성하여 직사일광이 바로 들어오지 않고 그늘을 형성함으로 시원함을 느끼는 공간을 제공하고 있다.

• 앞마당과 뒤뜰의 온도차에 의한 자연 대류와 통풍 •

전통 주거의 앞마당과 뒤뜰, 대청마루의 완전 개방형 구조는 복사 냉방효과와 자연대류를 이용한 최대의 자연통풍 효과를 만들어낸다.

한여름 달궈진 앞마당의 온도가 올라가고 방풍림이 식재되어 있는 뒤뜰은 주위보다 낮은 온도로 그늘져 온도의 차이를 크게 만든다. 뒷산과 연결된 뒤뜰의 찬 공기는 앞마당의 더워진 공기로 인해 흐름을 만든다. 여기에 앞마당과 뒤뜰의 고저차이가 흐름을 쉽게 하고 대청의 개방된 문과 안방의 뒤뜰에 면한 작은 창은 베르누이 효과에 의해 빠른 유속흐름을 만들어준다. 바람이 한 점 불지 않는 날도 앞마당과 뒤뜰의 온도차에 의해 기류의 움직임이 발생하여 대청마루에서는 시원함을 느낄 수 있게 해주면 냉방 부하를 절감하는 중요한 자연환경 조절기법이 된다. 제주도 지방에서는 이러한 뒤뜰을 '안뒤'라 부르는데 이는 다른 지방의 뒤뜰보다도 특히 더 외부에 폐쇄적이고 극히 개인적인 음적 공간으로 안채와 담으로 둘러싸여져 있고 집안을 통하지 않고 들어갈 수 없는 공간으로 구성되어 있다. 안뒤 공간은 상록수를 식재하여 앞마당과 뒤뜰의 대류현상과 같은 효과를 보고 있다.

• 어스름 통풍 공간 •

전통 주거의 실내공간은 직사광선이 절대 직접 들어오지 않는다. 깊은 처마에 의해 그늘이 만들어져 직사광선보다는 마사토로 마감된 마당에 반사된 은은한 빛이 들어오게 하고 창호의 바깥은 띠살 무늬나 다양한 문양의 창호를 사용함으로 어스름 통풍 공간을 만든다. 또한 격조가 있는 집은 갑사천을 바른 사창을 하나 더 달기도 하는데 이는 현대의 방충망처럼 얇고 투명하여 벌레 등의 침입을 막고 내부의 프라이버시를 보호해 주면서 통풍이 가능하여 여름을 지내는데 유용하다. 이러한 창호의 다

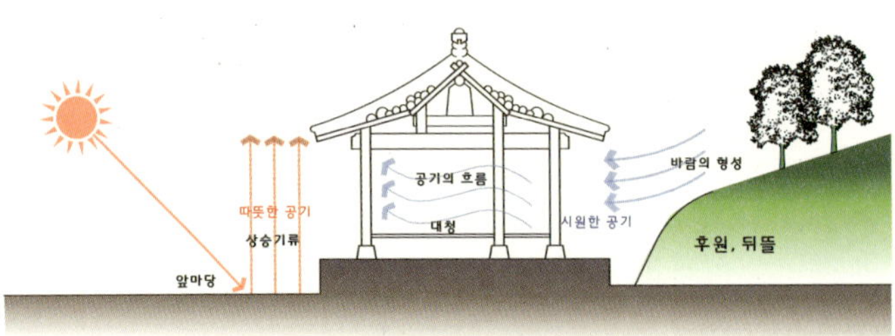

| 앞마당과 뒤뜰에 의한 공기흐름에 의한 통풍 효과 |

비워진 마사토로 마감된 앞마당과 상록수로 식재된 뒤뜰의 온도차로 인해 차가운 뒤뜰에서 뜨거운 앞마당으로 기류의 움직임이 발생하여 시원한 실내공간을 만들어 준다.

| 어스름 실내 공간, 운현궁 |

사창대신 갑사천으로 발을 만들어 창호에 걸어둠으로 프라이버시가 보호되면서 시각적으로 시원한 느낌을 준다.

양한 띠살 무늬나 갑사천 등으로 시각적으로 시원한 느낌의 실내공간을 연출한다.

• 주변 개울 이용 •

곡간이나 광 등 집안에 반드시 냉기가 필요한 부분은 집 뒤를 흐르는 개울을 집안으로 끌어들여 시원함을 유지하여 곡식이나 음식물이 빨리 상하는 것을 막았다.

현대적으로 응용 웰빙 연출하기

• 진통주택의 마루 응용 •

| 맞통풍이 가능한 개방적 마루 공간 재현 |

현대 주거공간에서는 거실을 맞통풍이 가능한 전후면 개구부를 설치하여 대청 마루 공간과 같이 조성하여 바람과 햇빛을 담은 공간을 조성한다. 전후면 개구부에는 일조일사의 양을 조절할 수 있는 차양 시설을 설치한다.

| 들어열개 구조의 창호 응용 |

현대 주거공간에도 창호의 들어열개 구조는 집 안팎으로 사용이 가능하나 바깥쪽으로의 들어열개 구조는 덧문과 차양구조 역할을 겸하면 이상적이다. 다양한 종류의 차양 장치를 설치하는데 전통 창호의 들어열개 구조나 창호 패턴을 응용한 내부차양 구조를 설치하면 실내공간 연출에도 이상적이다.

• 개방적 완충 공간 툇마루, 누마루 응용 •

준 외부 공간 성격으로 개방적 완충공간인 툇마루와 누마루 등을 공간 일부에 조성한다. 이를 통해 외기와 자연을 내부 공간에 전해 줄 뿐 아니라 필요시 문을 닫으면 뜨거운 태양열을 막을 수 있는 공기층을 형성한다.

• 연등천장의 삼각상대 구조 응용 •

거실공간이나 시원함을 필요로 하는 공간에 삿갓모양으로 생긴 연등천장 구조를 응용하여 내부 상승기류가 생기도록 하여 쾌적한 실내 온도 조건을 갖추게 한다.

• 의도적으로 시각적으로 시원함 유도한 실내디자인 •

의도적으로 자연을 도입을 유도하고 자연요소를 배치함으로 시각적으로 시원한 여름공간인 거실로 표현하거나 전통 창호나 갑사창 등을 응용 연출하여 어스름 통풍 공간을 조성함으로 여름철 뜨거운 일사를 부드러운 빛으로 바꾸고 시각적으로 시원함을 주는 공간을 조성한다.

• 찬 공기와 더운 공기의 성질로 인한 기류현상 이용 •

밤 동안 내려간 기온과 바람을 내부에 끌어들여 순환시키는 야간복사 및 자연냉방 방식을 도입 물리적인 시원함을 줄뿐 아니라 자연과의 공감대를 이룰 수 있는 개방적인 거실 공간을 만든다.

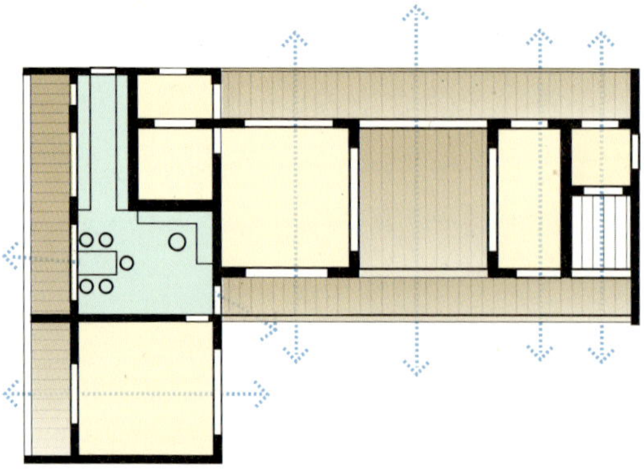

| 맞통풍이 가능한 개방적 마루 공간 구성 |

각 실별로 맞통풍이 가능하고 대청마루와 전후면 툇마루를 도입하여 열적완충공간형성과 맞통풍으로 시원한 여름을 보낼 수 있다.

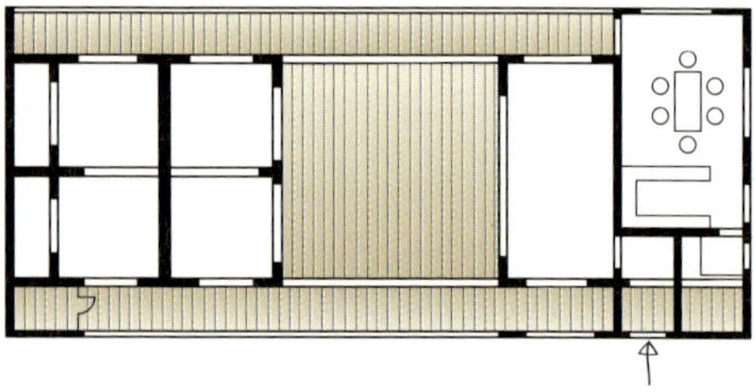

| 겹집구조 및 개방적 마루공간 구성 |

마루배치로 맞통풍이 가능하고 이중외피 파사드로 겨울공간과 여름 공간의 조화가 가능하다.

| 들어열개 창 응용 |

거실과 방공간의 중간벽을 들어열개를 적용하여 완전개방이 가능한 평면을 구성하고 전후면 개방이 가능하게 하여 열린공간으로 구성하였다.

| 목구조로 된 천정 삼각상대 구조 응용 |

대청 공간의 삼각상대 구조를 적용하여 높은 천장을 구성하여 천장 중간에 천창을 내어 자연광이 골고루 분포되고 개폐시 환기와 통풍 효과를 극대화 하도록 구성하였다.

| 시각적으로 시원함을 유도 어스름 실내 공간 |

전통 창호의 창살을 적용하여 어스름 실내공간을 만들어 시각적인 시원함을 주고 있다.

03 • 우기에 쾌적하게 지내기

우리나라는 다른 계절과는 다르게 여름철 고온다습하고 장마철까지 있어 오랜 시간 습한 기간을 갖는다. 이에 겨울철과는 다르게 난방을 하지 않는 시기이므로 실내가 상당히 습해질 수 있다. 그러나 우리 선조들은 고온다습한 여름철과 더불어 비가 오랫동안 내리는 장마철이나 기타 우기 동안 방수와 습도를 조절하기 위해 다양한 환경 기법을 적용하여 기계

장치 도움 없이도 쾌적한 실내공간을 유지하였다.

우기에 쾌적하게 지내는 전통 환경 조절기법

기본적으로 우리 전통 주거 건축에 사용된 나무, 흙, 종이 등의 자연재료들은 기본적으로 효과적인 습도조절 능력을 가짐으로 습도가 높을 때는 습기를 머금고 건조할 때는 습기를 뿜어내 적절한 습도를 유지하려는 능력을 가지고 있는데 이들 새료를 지붕이나 벽체, 창호에 사용하고 있다. 그리고 건물의 구조를 이용하여 직접적으로 습기를 차단하는 방법을 사용하는데 기단을 높이거나 실내 바닥을 높여 지반으로부터 습기를 차단하고 비를 피하는 방법을 사용한다. 또한 빗물이 집안으로 들어오는 것을 방지하기 위해 죽담과 같은 구조물을 설치하기도 한다. 이러한 방법을 중심으로 세부적으로 방수와 방습을 조절하기 위한 방법들을 살펴 보면 다음과 같다.

• 자연재에 의한 습도 조절 •

| 지붕의 보토와 기와 |

전통 주거건축인 한옥의 지붕구조는 먼저 서까래를 얹고 서까래 사이는 개판이라는 판재 또는 싸리나무를 엮어 깐다. 이중 서민들은 대개 싸리나무를 엮어 까는데 이를 산자엮기라고 한다. 개판이나 산자엮기를 한 다음에는 통나무 등으로 서까래 뒤쪽을 눌러주는데 이를 적심이라고 한다. 적심 위에는 흙을 올리는데 이를 보토라고 한다. 보토의 두께는 지붕마다 차이가 있지만 30~60㎝ 두께로 덮는데 아주 두꺼운 곳은 1m에 이르기도 한다. 이는 지붕의 열을 차단하여 실내를 시원하게 하고 겨울철 단열 효과도 있지만 방수의 목적도 있다. 또한 습기가 많을 때는 머금고 있다가 건조하면 배출하는 습도 조절능력도 있다.

지붕의 최종 마감재인 기와는 빗물은 막아주고 통기성은 뛰어난 첨단소재이다. 빗물이 약간 누수된다고 해도 보토가 머금고 있다가 건조하면 배출하므로 실내로 누수가 되거나 습기가 차는 일은 없다. 그러므로 지붕을 가볍게 한다고 무조건 보토를 걷어내면 문제가 발생하게 된다. 보토를 얇게 하면 누수된 빗물을 머금고 있지 못해 서까래를 썩게 하고 단열효과도 반감된다고 한다.

| 흙을 기본으로 하는 벽체와 한지 마감재 창호 |

흙을 기본으로 하는 벽체와 벽의 대부분을 차지하는 한지가 마감재인 창호는 열용량이 커서 축열 기능이 있고 습도를 조절하는 조습능력이 뛰어나다. 전통 주거의 하절기와 동절기의 온습도 평가에서 각 실의 습도는 주간에 낮아지다 야간에 높아지는데 사랑방, 부엌, 안방은 오히려 야간에는 습도가 일정한 상태로 유지되었다고 한다. 이는 흙벽의 보습능력에 의한 것이다. 그리고 전통 한지 창호 또한 유리창에 비해 습기를 잘 투과하고 외기 습도에 민감하게 반응하므로 실험에 의하면 한지 창호 면적이 넓어질수록 투습량이 증가되어 실내 습도에 영향을 미치는데 실내의 습도가 높아지면 밖으로 습도를 배출시키는 기능이 있다. 이와 같이 한지는 통풍성과 흡습성을 지녀 실내 습도를 조절하고 냄새 제거에도 효과가 탁월하다. 그리고 실내 유해물질을 차단하는 효과도 있으며 바퀴벌레, 개미 등 해충 접근을 막는 기능도 있다고 보고되고 있다. 그러므로 흙벽과 한지창호로 마감된 실내는 비오는 날에도 쾌적함을 느낄 수 있다.

| 온돌의 구들장을 통한 습도 조절 |

온돌의 구들장 및 구들도 습도를 조절하는데, 구들의 진흙은 겨울에는 습기를 방출하고 여름에는 습기를 취한다. 또한 구들은 겨울에는 지열을, 여름에는 지중의 냉기를 얻게 되어 좌식 생활에 쾌적한 환경을 만든다. 특히 여름 장마철에는 군불을 넣어 지나친 습기를 옥외로 방출시킨다. 그러므로 온돌은 겨울철 난방 효율은 물론 구조의 지반에 습기가 차는 것을 막아주는 효과도 있다.

| 바닥의 지정과 고미 반자 |

방의 반자에는 지붕에 올리는 알매흙 말고 고미 반자라고 해서 고미를 올린다 즉, 굵은 각목을 걸고 서까래인 나무 개비를 건너지르고, 그 위에 산자를 엮어 진흙을 두껍게 바른 천장을 고미 반자라 한다. 이러한 고미 반자는 벌레의 침입도 막지만 단열과 습기를 적절하게 조정하는 역할을 한다.

| 자연재에 의한 실내 마감, 한국민속촌 |

온돌바닥에 콩기름을 먹인 장판지, 흙벽에 한지벽지, 천정면의 한지 마감, 한지 창호 등 전체가 조습능력이 있는 자연재로 마감하여 습도 조절이 자연스럽게 된다.

| 마루와 돗자리 활용, 운현궁 |

마루바닥으로 마감된 대청에 살평상을 놓고 돗자리를 깔아 여름철 우기시 습기로부터 쾌적함을 주고 있다.

| 마루와 돗자리 활용 |

습기가 많은 우기에 실내 바닥이 습하면 굉장히 불쾌한데 우리 선조들은 이때 마루와 돗자리 등을 활용하여 다습한 여름철에도 끈적이는 불쾌감을 감소시켰다. 제습을 위해 많은 습기를 함유할 수 있는 돗자리를 방이나 대청에 깔아 사용하고, 마루나 평상을 활용하였다. 마루나 평상은 빛의 차단으로 인해 상온보다 낮은 온도를 유지하는 마루 밑의 기류가 마루 틈새나 평상의 살새로 나와 습기를 제거해 주고 더위를 식혀주는 역할을 하였다. 평상은 섬세한 살로 짠 살평상과 단순한 네다리에 널판을 붙여서 짠 널평상이 있는데 대청공간에서는 살평상이 많이 이용되었다.

• 빈 앞마당에 의한 습도 조절 •

나무를 심지 않고 비워두는 빈 마당은 최대한 햇볕을 받고 반사하여 집안을 밝혀주고 여름철 온도차를 이용한 자연 대류현상을 일으키기도 하지만 장마철에 비가 내리면 잠시 비가 그칠 때 마다 빈 마당은 습기를 빨리 증발시켜 집안을 건조하게 유지시켜준다.

• 빗물 침투 방지 •

| 기단과 댓돌 |

집터를 높여 형성된 기단은 주위보다 약간 높여서 물길을 돌리고 지지미돌로 다져서 고무처럼 단단하게 한다. 기단은 땅으로부터 모세관 현상에 따라 올라오는 습기를 적절히 차단하여 땅의 습기를 피하도록 하고 비오는 날 집안으로 빗물이 튀어들지 않고 벌레나 습기를 막는 역할을 한다. 기단이 높을수록 습기 침투나 침수 방지 효과는 좋아진다. 이때 흙으로 된 기단의 유실을 막고 오래도록 형태를 보존하는 데에는 댓돌이 중요한 역할을 한다.

| 죽담 |

처마 밑을 따라 돌과 흙을 다져 쌓은 것을 죽담이라 한다. 죽담은 가옥 주변의 일종의 담으로 처마에 떨어지는 낙수물이 안으로 튀어 드는 것을 막고 마당에 고인물이 실내로 스며들 수 없게 한다. 죽담은 작은 돌과 흙을 섞어 쌓은 돌죽담, 진흙으로 굴림백토를 만들어 토담집에 구조한 흙죽담, 쓰고 남은 기와를 흙에 박아 만든 디새죽담, 말뚝을 받아 무너지지 않도록 쌓은 것들이 있다.

| 누마루 |

다락 같이 한층 높게 만든 마루로 다락방, 정가라고도 하며 땅의 습기를 피하기 위해 만들어 마루 밑 공기로 쾌적한 공간을 유지하였다. 누마루 공간을 습기를 피하면서 여름을 보내는 대표적인 공간으로 차경을 통한 자연감상과 더불어 완전 개방형 구조로 시원한 여름을 보내는 공간이다.

| 지붕 기울기와 달개 |

지붕은 기울기에 의해 빗물 처리 기능을 갖는다. 지역에 따라 지붕 물매 각도가 달라지는데 이는 강수량과 밀접한 관계가 있다. 물매가 급하게 잡히는 집들은 강우량이 많은 지역으로 이는 기울기를 급하게 해서 빗물을 신속히 흘러내리도록 만들었으며 강우량이 적은 지역은 물매가 완만하다. 낙수 처리가 어려운 지역에서는 빗물을 처리하는 시설로 '달개'라는 것을 처마에 잇대어 달았는데 '보첨지붕'이라고도 하며 지붕의 높이를 고려하여 물이 흘러내리는 층위를 잘 받아 내도록 고안하여 설치한다.

| 기단과 댓돌, 보첨지붕, 운현궁 |

높은 기단위에 형성된 건물과 지붕의 처마와 함께 보첨을 설치하여 우수에 대한 철저한 대비를 한 공간구성을 볼 수 있다.

| 달개, 운현궁 |

지붕의 높이를 고려하여 물이 흘러내리는 층위를 잘 받아 내도록 고안된 달개로 기와지붕과 조화도 고려하여 운치있게 설치하였다.

| 기와지붕의 죽담, 창녕 하병수씨 가옥 |

기와지붕 선을 따라 설치된 나즈막한 돌죽담으로 몸채 건물의 기와지붕과 어울리도록 담장 상부도 기와로 처리하여 조화를 꾀하였다.

| 초가 지붕의 죽담, 한국민속촌 |

초가집의 지붕을 따라 설치된 돌죽담이다. 상부를 초가지붕과 어울리게 초가로 마감하고 처마에서 떨어지는 낙수물이 안으로 튀는 것을 막아준다.

현대적으로 응용 웰빙 연출하기

• 자연재에 의한 습도조절 응용 •

| 조습기능이 있는 나무와 흙, 볏집을 구조재로 응용 |

습할 때는 습기를 머금고 건조할 때는 습기를 내뿜는 조습기능이 있는 나무와 진흙, 볏집 등을 재료를 사용하여 벽체와 천장재 등으로 사용한다. 최근 흙을 이용한 다양한 마감재가 개발되고 있으므로 이들을 이용한 수직벽, 수평벽 구조로 구성하거나 통나무나 자연석을 이용하여 벽체와 천장재를 구성한다. 즉 목구조의 흙집을 개발하여 적용한다면 재료 자체의 조습기능으로 인해 쾌적한 실내공간이 형성된다.

| 투습성이 있는 얇을 재료로 표면 마감재로 활용 |

실내 표면재는 투습성이 있는 한지나 창호지, 닥지를 이용한 벽지나 천연 직물벽지로 마감하고 창호에서는 이중 창호일 경우 내부에 면한 창은 한지 창호 적용하여 실내 표면은 안락하고 편안한 분위기를 제공함과 동시에 습도조절기능을 통해 쾌적한 실내공간을 유지한다.

• 건물과 실내 바닥을 높임 •

습기나 침투 방지를 위해 가장 기본적으로 적용되는 방법으로 바닥면에 바로 면한 건물보다는 일부 띄워서 구성하는 건물이 침수나 습기로부터 피해를 최소화한다.

• 마루와 돗자리를 통한 공간 연출 •

| 누마루, 툇마루, 쪽마루 응용 |

정원이 있는 단독 주택이라면 더할 나위 없이 누마루와 툇마루, 쪽마루를 건물 주변에 조성하여 여름철 시원하게 보내는 공간으로도 활용하고 습기를 피하는 쾌적한 공간으로 활용하면 좋다. 마당이 없다면 옥상공간을 활용하여 그늘을 조성해 주고 그 밑에 마루 구조를 응용한 띄우는 마루공간을 형성하여 습기를 피하고 여름을 보내는 공간을 마련하는 것도 좋다. 마당이나 옥상이 없는 공동 주택의 경우에는 테라스나 베란다 공간에 바닥을 띄운 마루를 만들고 바닥과 마루위에 돗자리 등으로 연출한다.

| 평상을 이용한 공간 연출 |

거실공간이나 방에 평상을 응용한 목재 침상을 만들어 활용한다. 현대 실내공간에 누마루나 툇마루를 통한 연출이 어려울 때 평상을 연출하여 습한 여름철 시원하게 보낼 수 있는데 거실공간에 소파 대신 바닥 밑 기류를 형성하게 하는 평상을 이용하여 연출하고 그 위 돗자리를 깔고 죽침이나 죽부인으로 연출하여 시각적으로 시원함을 제공하고 실제로도 청량감과 시원함으로 끈끈한 습기로부터 벗어날 수 있다.

| 다양한 천연소재 활용 돗자리 활용 |

습기가 높은 여름철 실내공간에 러그카펫 대신 대나무나 왕골, 연꽃줄기 등으로 만든 돗자리를 바닥 연출 포인트로 사용한다면 산뜻하고 시원한 공간 연출이 되고 실제 피부에 닿았을 때 끈적임이 없어 쾌적함을 제공한다. 특히 대나무 돗자리를 이용할 경우에는 대나무의 겉대로 만들어진 제품을 선택하는 것이 좋은데 이는 겉대로 만들어진 제품은 결이 곱고 내구성이 뛰어나 뒤틀림이나 휘어짐 현상을 방지할 수 있어 오랜 시간 사용할 수 있기 때문이다. 또한 가장자리의 이음줄이 단단하고 테두리의 마무리까지 잘 돼있는 것을 택하는 것이 좋다. 대나무나 왕골 소재 돗자리는 바닥의 매트 대신 활용도 하지만 침대나 이부자리 위에 놓고 삼베 이불과 함께 사용한다면 여름철 습기로부터 쾌적함을 주고 시원함을 주는 여름용 매트가 된다. 또한 소파에서 방석 대신 사용하기도 하고 베란다나 욕실의 바닥 매트로도 활용한다면 끈적한 여름철 시원함을 선사한다.

• 인공적인 물을 공간에 도입 •

현대공간은 전통공간과 달리 인공적인 소재로 구성되어 스스로 습도조절이 안되는 공간이 대부분이므로 여름철 습기를 제거한다 해도 겨울철은 난방으로 너무 건조해져 오히려 신체 건강의 쾌적도를 떨어뜨릴 수 있으므로 일정한 습도 유지가 필요하다. 이를 위해 주거 내부에 수족관이나 중정 공간 한곳에 연못이나 흐르는 분수대, 새새라기와 같은 흐르는 물 공간을 연출하여 건조하기 쉬운 계절에 일정한 습도를 유지하도록 조성한다.

| 투습성이 있는 자연재로 마감한 실내 |

한지 벽지와 두꺼운 창호지인 장판지로 마감한 실내공간으로 자연적인 습도조절에 의해 쾌적한 실내공간을 조성한다.

| 마루 공간 구성, 무주구름샘 마을 |

툇마루를 응용한 처마밑 공간으로 바닥을 띄워 지면으로부터 올라오는 습기를 피하고 비오는 날도 외부공간을 접하면서 쾌적하게 여름을 보내는 공간으로 활용한다.

| 쪽마루를 응용한 베란다 공간 구성 |

베란다에 바닥을 띄운 쪽마루를 구성하여 습기로부터 보호되는 공간으로 조성한다.

| 마루바닥과 천연 돗자리 매트 활용 |

마루로 구성된 바닥에 대나무와 왕골 등 천연소재 매트를 만들어 사용함으로 끈끈함이 없는 산뜻하고 쾌적한 실내공간을 연출한다.

| 왕골 소재 매트 활용 |

습기가 차기 쉬운 베란다를 식물을 도입하고 왕골돗자리 매트를 깔아 쾌적한 공간으로 연출한다.

04 • 맑고 쾌적한 실내공기 유지하기

쾌적한 실내공기 환경을 위한 전통 환경 조절기법

실내 맑고 깨끗한 공기를 유지하는 것은 신선한 공기의 유입과 실내 살균효과에 의한 쾌적함 유지에 있다. 이러한 점에서 우리 선조들은 실내 맑은 공기를 최대한 도입하고 공기를 자연정화하는 방법을 다양하게 시도하였다. 이에 맑은 공기의 유입은 여름철 실내 시원한 공기를 도입하기 위한 방법과 일부 유사하나 이외에 사계절 맑은 공기 도입을 통해 쾌적한 실내를 유지하기 위한 방법을 살펴보면 다음과 같다.

• 바람에 의한 자연통풍 유도 •

자연통풍은 자연환기 시스템에 의한 신선한 공기를 보급하는 것을 의미하며, 기본 원리는 공기의 온도가 상승함에 따라 팽창하며 기압이 낮아질수록 팽창하고 차가운 공기는 하강하고 더운 공기는 상승하며 고압부에서 저압부로 공기가 옮겨가는 기류 현상을 효과적으로 이용하는 것이다. 전통 주거에는 바람이 집을 통과하게 하는 자연환기 시스템을 다음과 같은 방법으로 하고 있다.

| 완벽한 맞통풍 구조 |

자연통풍과 환기를 유도한 최적의 평면 구

성은 맞통풍이 가능한 평면 구성이다.

전통 주거는 이점에서 완벽한 맞통풍 구조의 평면을 가지므로 자연환기에 의해 공기가 들어가고 나가므로 항상 신선한 공기가 실내로 유입된다.

| 개폐식 창호 설치 |

대청을 중심으로 배치된 모든 창호가 모두 다 개방이 가능하다. 특히 전면부 들어열개 창호는 맞통풍에 의한 완벽한 자연 환기의 효율을 높이고 있다.

| 개구부의 크기나 위치 조절 |

맞통풍 구조에서는 대부분 입구와 배출구의 크기가 동일하게 구성되어 있다. 그러나 상류 주택에서는 흡입구의 역할을 하는 개구부는 들어열개로 되어 있어 흡입구의 크기가 배출구 보다 커지게 됨으로 인체표면의 수분 증발에 의한 냉각효과를 증대시키는 효과를 보고 있으며 이를 통해 최대 환기 효과를 높이고 있다.

| 긴 처마 |

긴 처마는 우기 시에도 문을 열고 환기가 가능하도록 하여 방안의 습기나 냄새를 제거하는데 도움을 준다.

• 공기의 대류 현상 이용 •

| 주변 구조와 수목에 의한 온도 압력차 기류 현상 |

햇빛을 담아 온도가 상승되어 있는 앞마당과 나무 그늘로 시원한 뒷마당 사이에 5-6℃ 이상의 온도와 기압차가 생기므로 건물의 전

| 완벽한 맞통풍 구조, 남산한옥마을 |

전통 주거는 대청 마루 외에 누마루 공간과 다른 방들도 모두 맞통풍이 되는 구조를 취하고 있다.

| 모두 다 개방 가능한 창호, 남산한옥마을 |

대청을 중심으로 배치된 모든 방과 창호가 개방가능한 구조로 앞마당과 뒷마당의 기류에 의한 시원한 바람과 여름 남동풍을 완벽하게 받아 들여 통풍과 환기, 냉방을 해결한다.

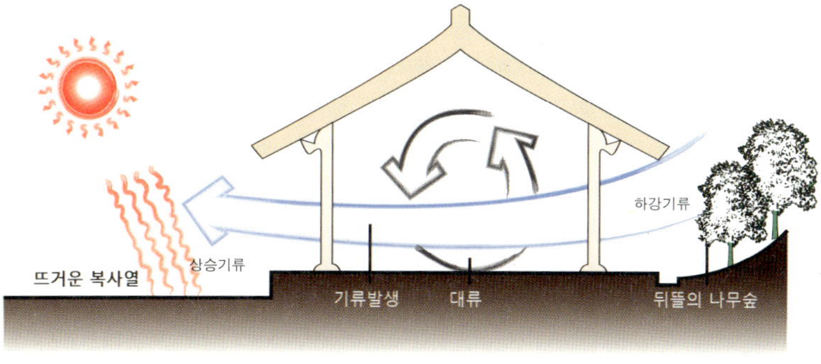

| 온도압력차를 이용한 기류현상 |

전통 주거의 통풍과 환기는 바람의 유무 관계없이 일어난다. 비워 둔 앞마당의 열기와 나무를 식재하여 온도차에 의한 대류현상과 대청마루의 지붕의 뜨거운 온도와 바닥의 온도차에 의한 대류현상으로 상시 통풍과 환기가 일어난다.

| 대청마루와 방의 천장 차별화, 연경당 |

대청의 천정을 방보다 높게 함으로 공기와 기의 원활한 순환을 유도하고 있다.

후면 앞뒤를 개방하면 앞뒤 개구부를 통해 시원한 바람을 유도하여 통풍과 동시에 환기가 이루어진다. 이는 전통 주거에서 시원한 여름을 보내는 주요 방법이 된다.

| 대청마루와 방의 천장고의 차별화 |

대청마루와 방은 천장고의 차이를 두는데 대청마루의 높이를 높게 하여 공기와 氣(기)의 원활한 순환을 유도하고 있다.

| 대청 연등천창의 삼각상대 온도차 대류 현상 |

뜨거워진 지붕이 찬 공기를 흡수하여 생기는 환류 현상으로 천장의 뜨거운 공기를 식히는 효과 함께 대청 내부에서 공기 대류현상에 의한 공기 순환이 이루어진다.

• 상시 환기 시스템 •

| 봉창 |

봉창은 부엌, 창고 등 환기가 필요한 부분에 토벽을 뚫고 막대를 얽어 놓음으로 창틀이 없는 채광과 배기 구멍의 기능을 하는 창을 말한다. 봉창은 부엌이나 창고와 같이 환기를 원활하게 할 필요가 있는 공간에 가로로 좁다랗게 창을 내고 살을 촘촘히 박아 설치되었다.

| 까치구멍 |

까치구멍은 팔작지붕의 합각면에 작은 구멍을 낸 것으로 부엌의 더워진 공기를 배출하는 기능을 수행하며 상시 환기와 채광에도 이용된다.

| 열린 창살 |

봉창이나 까치구멍이 없더라도 부엌이나 곳간 등의 상부는 열린 창살과 개방된 구조로 상시 환기와 통풍이 되도록 구성되어 있다.

• 창호에 의한 상시 환기 및 오염 최소화 •

벽면을 대부분 구성하고 있는 창호의 마감으로 사용된 한지나 창호지는 채광뿐 아니라 통풍에도 아주 유리한 소재이다. 한지 창호는 조금씩이지만 문이 닫혀있을 때에도 숨 쉬는 재료의 성질로 인해 방안의 탁한 공기가 빠져나가고 밖의 신선한 공기가 들어와 상시 공기순환을 시켜준다. 한지는 일종의 여과지 역할을 하여 이를 통한 환기 제어로 건물 재료에 의한 오염을 최소화하는 특성을 나타낸다.

• 살균효과 •

| 자연광에 의한 살균효과 |

남향창은 겨울 빛을 실내 깊이 받아들여 자연광에 의한 쾌적감으로 주면서 실내 살균 효과를 주어 쾌적한 실내 공기를 만드는데 효과적이다.

| 온돌을 통한 살균 및 대류 순환 효과 |

온돌은 기본적으로 바닥을 데워서 더워진 공기가 주로 대류현상으로 상승하여 방안을 따뜻하게 함으로써 자연히 방 전체의 온도가 고르게 조절되는 복사 난방 방식이다. 이러한 온돌은 다양한 기능이 있으나 윗목과 아랫목의 덥고 차가움에서 오는 자연적인 공기순환을 가져오며 연기를 이용한 바닥 난방은 집을 소독하고 습기를 옥외로 방출하는 효과를 가져 온다. 또한 복사된 열의 전달과정에서 먼지와 진드기가 공기를 타고 순환하는 것을 줄여주고 재나 먼지 등이 발생되지 않으므로 쾌적

| 봉창 외부와 내부, 영주선비촌 |

봉창은 창의 원형 형태로 부엌이나 창고에 뚫려 상시 환기와 채광이 가능하도록 한 창이다.

| 까치구멍, 영주선비촌 |

초가 지붕의 합각면에 작은 구멍을 낸 까치구멍으로 부엌의 더워진 공기를 배출하고 환기하는 역할을 한다.

| 부엌의 열린창살, 한국민속촌 |

봉창이 진화된 형태로 살구조로 좀 더 넓게 상시 환기와 채광을 위해 열린 창살로 구성하였다.

| 곳간, 광 공간의 열린창살, 한국민속촌 |

곡식이나 음식 등을 보관하는 곳간이나 광도 상시 환기와 통풍이 가능하도록 열린 창살로 상부를 구성한다.

| 한지 창호에 의한 상시 환기, 민씨 생가 |

2중문으로 구성된 창호이지만 모두 한지 창호로 되어 있어 문을 닫아놓아도 채광과 동시에 상시 환기가 이루어진다.

한 실내공기 환경을 만드는데 크게 일조한다고 볼 수 있다.

현대적으로 응용 웰빙 연출하기

• 개구부의 크기와 위치에 의해 조절 •

맞통풍 구조를 이용한다. 대체로 입구와 배출구의 크기가 동일하게 하는데 환기가 목적이라면 유출 개구부를 유입 개구부 보다 크게 하고, 자연냉방이 목적이라면 전통 주거처럼 유입구를 더 크게 계획한다.

• 실내의 온도차를 이용 •

| 찬 공기와 더운 공기의 성질로 인한 기류현상 이용 |

실내의 온도차가 있으면 자연적으로 대류현상이 생긴다. 특히 여름철 야간에는 외부 기온이 낮아도 실온은 쉽게 떨어지지 않아 충분히 환기를 시켜 온도가 낮은 외기를 이용하는 것이 좋다. 야간에 모든 창문을 개방하면 열복사에 의해 실내공기의 방출, 증발, 냉각이 발생하여 낮에 더워진 벽체가 식어지는 효과와 함께 환기 효과를 볼 수 있다.

| 벽면 상부와 하부에 환기공을 설치 |

외부의 공기가 하부에 유입되고 온도의 격차가 심할수록 기류의 속도가 가속되므로 기밀성이 좋은 현대주택에서는 벽면의 상부와 하부에 환기공을 설치하면 실내 환기 효과가 좋아진다.

| 환기가 많이 필요한 공간 연등천장 적용 |

실내 공간 중 실내 내부 기류로 시원함과 더불어 사람들이 움직임이 많거나 활동이 많아 환기가 수시로 필요한 공간은 연등천장을 형태를 응용하여 높은 천장으로 조성한다.

• 주변 구조와 수목 이용 •

비어있는 앞마당과 뒷마당의 수목에 의한 차양을 이용한다. 이때는 건물의 평면은 맞통풍 구조를 취하여 실내 자연통풍과 환기를 기본으로 한다. 나무나 울타리, 담 등의 울타리가 주택에서 떨어져 있을수록 흡입 기류가 크게 형성된다.

| 맞통풍과 개구부조절에 의한 자연통풍 유도 |

맞통풍 구조를 적용하고 통풍 효과를 높이기 위해 개구부의 개방성을 높이기 위해 들어열개 문을 적용하고 장애물을 제거하여 공기의 흐름을 원활하게 만든다.

| 연등 천장 적용, 전주한옥마을 |

사람의 움직임이 많고 가족들이 모두 모여 생활하는 거실공간은 대청마루에 적용된 연등천장을 적용하여 실내 내부 기류가 형성되도록 조성하여 창호를 통한 맞통풍과 더불어 환기효과를 본다.

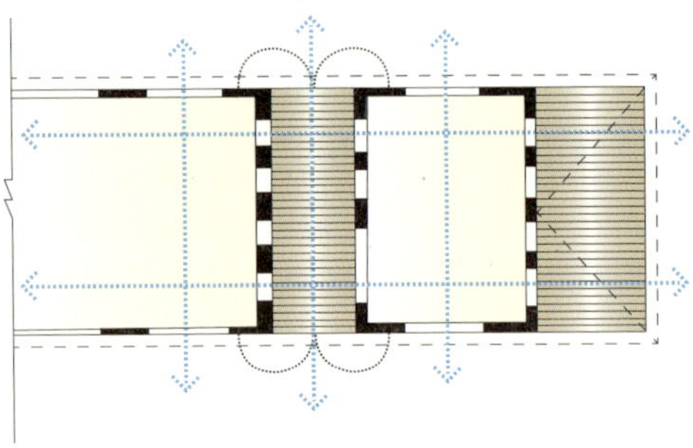

| 맞통풍과 매개공간의 개구부에 의한 자연통풍 및 환기 유도 평면구성 예 |

맞통풍 구조를 고려하고 전후좌우면에 여닫이문을 구성하여 다양한 방향에서 자연 통풍과 환기가 가능하도록 평면을 구성한 예이다.

| 벽면 상부와 하부의 환기구를 통한 자연통풍 |

맞통풍 개념 적용과 동시에 지붕과 면한 상부벽면이나 지붕면에 환기공을 설치할 경우 집안 전체에 기류를 통과하게 함으로 환기 효과를 높일 수 있다.

• 여과를 통한 환기제어로 건물재료에 의한 오염 최소화 •

창호 마감에 있어 한지 창호를 활용해 본다. 이중창호 구성에서 내부 창호는 한지로 구성하여 유리로 된 외부 창을 열어 두고 한지로 마감한 내부 창을 닫을 경우 내부 탁한 공기도 빠져나고 외부 공기 유입 시 먼지나 기타 부유 물질을 걸러주고 신선한 공기만 유입되는 효과를 볼 수 있다.

05 • 건강한 빛 환경 만들기

실내공간에서 빛은 단순히 어둠을 밝히는 단순한 건축 요소가 아니라 공간, 구조,형태, 재료와의 연계를 통해 건축의 이미지를 부여하는 본질적인 요소가 된다. 자연광의 실내 도입은 반사, 투과, 굴절, 회절 등의 다양한 성질로 투명감, 확장감, 부유감을 지각하게 하는 동시에 시간의 경과에 따라 발생하는 일련의 변화로 재실자에게 생활자체에 리듬감을 부여한다. 즉 태양빛을 통한 자연광의 유입은 생활에 있어 매우 유효하며 풍부한 실내의 시환경을 조성함으로 재질자에게 심리적 안정감과 건강성과 쾌적성을 주게 된다.

건강한 빛 환경을 위한 전통 환경 조절 기법

전통 주거에서 빛 환경 조성은 태양빛의 충분한 유입을 통해 이루어졌다. 과거 전기 조명이 없던 시절에는 햇빛을 통한 직접채광이 기본적인 빛 환경 조성법이므로 건물의 향과 밀접한 관계를 갖는다. 특히 전통 주거는 남측창으로부터 유입되는 자연광은 겨울철인 경우 바람직하나 여름철인 경우 지나치면 실내에 과열현상으로 이어지므로 불필요한 일사로부터 차양에 대한 고려와 함께 자연광을 조절함으로 실내 빛 환경을 조성함으로 건강한 실내 빛 환경을 조성하였다.

• 직접채광을 위한 입지와 배치 •

| 남향을 기준으로 하는 동남향, 서남향 배치 |

전통 주거는 배치를 통해 일조와 통풍, 열환경에 유리한 조건을 기본적으로 갖추는데 최대 일조가 가능한 남향창을 선호하였다. 그만큼 방위는 자연형 환경 설계에 있어 주요한 요소이다. 실제 전통 주거들의 배치를 조사해 보면 정남향 보다는 동남향 배치가 많고 그 다음 서남향이 더 많이 나타난다. 이는 정남향이 겨울철 일사량 취득이라는 점에서 우수하지만 차양이 충분치 않을 경우 과열현상을 유발하는 단점이 있어 이를 보완하기 위한 배치로 보인다. 이에 동향으로 약간 기운 배치는 오전중 일사열 취득으로 실내온도 변화폭이 작고, 서향으로 약간 기운 배치는 자연광의 최대 일사량 취득시간 확보라는 면에서 유리했기 때문이다. 남향을 기준으로 하는 채광 계획은 여름철 빛은 피하고 겨울 빛을 실내 깊이 받아들이기에 적절한 처마 설계와 함께 고려되었다. 자연광에 의한 쾌적함을 조성하고 더불어 일사에 의한 난방효과와 실내 살균효과도 동시에 보았다.

| 입지 경사도를 이용한 채광 |

상류주택의 경우는 남향의 배치를 기본으로 경사가 있는 구릉지에 건물을 위계에 따라 남향으로 배치함으로 각 건물마다 빛이 차단되는 부분이 적어 각 실이 골고루 빛을 받을 수 있게 조성하였다. 또한 구릉지가 아니더라도 인위적으로 기단의 높이를 위계에 따라 다르게 조성하여 각 건물의 창호를 통해 일사량 효과를 최대한 발휘하도록 하였다.

• 창호에 의한 직접채광 •

| 신중히 계산된 깊은 처마 |

전통 주거의 자연채광의 효율성을 높여 주는 것은 처마다. 처마는 기본적으로 전통 주거 건축의 입면의 인상을 결정하는 역할과 동시에 우기시 낙수 처리와 일사 조절의 기능을 담당한다. 남향을 기본으로 하는 건축에서 처마는 여름철 태양의 고도가 높을 때는 63.5°이상인 4월 중순에서 8월 하순까지(최대 76° 정도)는 처마에 의해 직사광선의 실내 유입 막고 툇마루까지 일사를 차단해 주며, 겨울철을 비롯하여 태양고도가 40°이하인 10월 중순에서 2월 하순(최소 27° 정도) 때는 일사를 실내 깊은 속까지 유도한다.

쾌적한 열 환경과 빛 환경 조성을 위한 기둥과 처마의 비율은 10:8 정도이며, 처마의 깊이는 남중고도와 연관이 있기 때문에 위도에 따라 차이가 있으며 중부지방은 120㎝ 정도이다. 처마를 통해 들어온 빛은 햇빛으로 겨울을 지내고, 사계절 햇빛을 적극적으로 즐기고 교감하는데 큰 역할을 한다.

| 차양 설치 |

동남향과 서남향은 자연채광에서는 처마를 통해 어느 정도 조절이 되나 정남향일 경우 여름철 과열 현상을 막기 위한 차양 장치가 필요하다. 특히 서향일 때는 차양 장치를 설치하였다. 전통 차양 장치는 구조물 자체에 의한 것과 외부의 차단물 즉 식수에 의하여 이루어짐으로 여름과 겨울의 적절한 빛 환경을 적절히 조절하는 것을 기본으로 한다. 구조물에 의한 것은 처마에 추가로 가적지붕을 덧대어 그늘을 더 깊게 형성하거나 처마 밑으로 발이나 차양 구조물을 추가로 설치하는 방식으로 이루어진다. 식재는 건물 주변에 고목, 저목, 관목 등을 적절히 배치하여 건물에 유효한 그늘을 제공하여 차양으로 활용한다. 건물 자체로 그늘을 만들어 차양에 이용하기도 하는데 주택 밀집지역에서는 ㄷ자형 평면 건물 밀집 배치에 의한 여름철 건물에 의한 그림자로 차양효과를 극대화하고 있다.

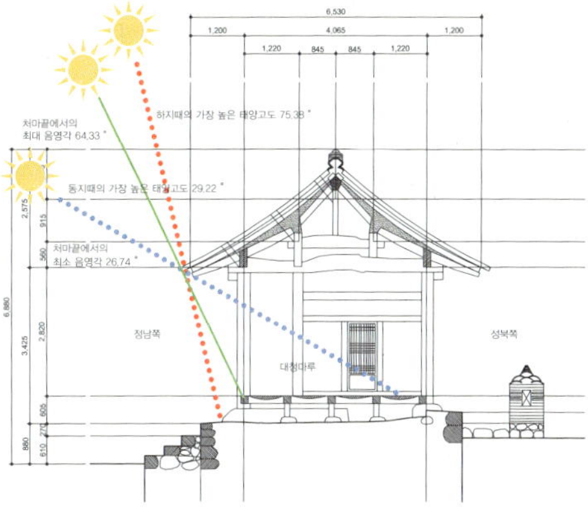

| 신중히 계산된 깊은 처마 |

여름철 햇빛은 처마 끝에 걸려 차단되고 겨울철 햇빛은 깊게 낮추어 실내 내부까지 들어와 밝고 따뜻한 공간을 만든다.

| 차양시설로 가적지붕, 연경당 |

연경당의 서고인 선향재는 뜨거운 서향의 햇빛을 차단하기 위해 동판을 씌운 도르래식 차양을 설치하였다.

| 차양시설 발, 안동 북촌댁 |

햇빛을 차단하고 프라이버시를 보호하기 위한 차양시설로 처마 밑에 발을 설치하였다.

| 건물의 배치에 의한 그늘에 의한 차양효과, 안동하회마을 |

지형의 고저차와 건물의 배치로 그늘을 형성하여 시원한 그늘과 차양효과를 보고 있다.

• 간접 채광을 통한 실내 간접 조명 효과 •

| 앞마당의 백토와 기단돌의 반사 |

처마를 너무 길게 빼거나 할 경우 빛의 유입이 차단되어 실내가 어두워 질 수 있는데 이를 보완하기 위해 앞마당에는 조경을 하지 않고 반사율이 높은 백토인 마사토와 기단돌의 반사로 인한 빛이 간접적으로 방안에 들어오게 함으로 실내 전체가 일정한 조도를 갖도록 하였다.

| 창호지를 통한 간접 조명 효과 |

창호의 주된 마감재인 창호지는 반투명성, 통기성, 열전도성이 좋은 소재이며 무엇보다 일반 유리는 자외선을 통과하지 못하나 빛 투과율이 좋고, 직사광의 50-70%만을 투과시키므로 부드러운 확산 자연광으로 눈부심이 없고 균제도가 좋아 밝기가 일정하여 은은한 빛으로 쾌적한 빛 환경을 연출한다. 우리 전통 주거의 빛 환경은 한지로 인해 으스름 공간을 제공하여 은은하고 그윽한 빛 공간을 만든다. 이는 간접조명은 아니지만 선명하고 강렬한 햇빛을 완충시켜 으스름한 간접조명 효과를 주어 심리적 편안하고 안정된 빛 환경으로 매우 우수한 조명 계획이라 할 수 있다.

| 강한 빛을 조절하는 창살의 밀도와 창호지 면적 |

창호의 창살은 여름철에는 썬스크린과 같이 그늘을 제공하는 역할을 한다. 이러한 창살은 지역의 특성 즉 일조량에 따라 살의 밀도와 종이의 면적을 조절하여 다르게 나타나는데 북쪽

| 창호지문과 개폐에 의한 자연채광, 선교장 |

창호의 개폐와 창호지로 마감된 창호를 통한 태양빛이 환하면서도 부드럽게 들어와 실내 내부를 풍부하게 비춰주고 있다.

| 창살의 밀도와 패턴에 의한 일조 조절, 낙선재 |

이중창호로 구성된 창호의 살을 다른 패턴으로 구성하는데 외부에 면한 창은 촘촘한 완자살 패턴으로 내부는 간격이 큰 아자살로 구성하여 미적인 조형미와 함께 창살을 통한 일조 조절을 동시에 하고 있다.

으로 갈수록 창살의 밀도가 적은 정(井)자형, 남쪽으로 갈수록 밀도가 높은 주(州)자형으로 나타난다. 이는 일조량이 적은 북쪽에서는 보다 많은 빛을 방안으로 들이기 위한 것이고, 남쪽에서는 보다 적은 빛을 방안에 들이기 위해 창호지의 면적과 살의 비율을 다르게 하였다.

살의 비율 외에도 세 살의 돌출 크기로도 차양의 정도를 조절하는데 보통 15㎜가 많지만 차양효과를 높이기 위해서 남부 지방으로 갈수록 20㎜이상으로 돌출된 경우도 많다.

현대적으로 응용 웰빙 연출하기

• 남향에 의한 일사 확보 •

남향 배치에 의한 남향창의 최대 확보는 자연채광을 하는 가장 대표적인 방법이 된다. 남향창은 난방부하 손실 열량이 적고 일조에 매우 유리하다. 내부공간에 밝고 친밀한 분위기 연출하고 거주자에게 쾌적성을 더해주고 일사에 의한 살균 효과도 있어 현대 주거에서도 남향창을 배치하는 것이 효율적이다. 이때 남측을 향한 벽체는 일사 흡수율이 큰 재료나 개구부를 형성할수록 더욱 유리하다.

• 처마와 창을 통한 일사 조절 •

남향을 향한 창에 신중히 계산된 처마를 적용하여 그늘을 형성하여 준다. 처마와 벽체 높이의 비율이 4:5면 가장 이상적인 빛 환경이 조성되어 직사일광이 아닌 걸러진 빛이 내부로 들어오게 된다.

• 목재 전통 창살문과 창호지문 응용한 간접조명 적용 •

| 목재 덧문 활용 |

창문이나 거실문 외부에 빛의 유입을 막을 수 있는 여닫이식 목재 덧문을 설치한다. 덧문을 전통 창살 구조를 응용하여 적용한다면 입면의 장식적 효과와 더불어 직사일광을 차단하면서 실내에 그늘을 주는 동시에 바람을 통과하게 한다. 이때 일사량에 따라 살 구조의 깊이와 창살의 밀도를 조절을 통해 빛의 유입을 조절할 수 있는 일조가 강한 곳은 살의 깊이와 밀도를 높인다.

| 창호지 창호 적용 |

현대 창호를 전체 창호지창으로 적용하기에는 보안이나 안전의 문제에서 선듯 적용이 어렵다. 이에 이중이나 삼중 창호로 구성된 경우 외부는 유리창 내부에 면한 창은 창호지문으로 구성하는 방법을 사용한다. 내부의 창호지문은 미닫이식과 병풍식 여닫이로도 설치하여 옛 분위기의 정취를 살린다. 이를 통해 개폐에 의한 빛의 유입조절을 하고 공기막 형성으로 이중효과를 본다. 이중창은 태양에너지를 흡수, 저장하여 그 열기로 건물을 따뜻하게 하고 외부의 뜨거운 열기의 차단효과가 있다.

• 전통 목구조와 현대적 유리와 조화를 통한 천창의 도입 •

현대 도시의 주거 공간은 과밀화로 인해 일사가 어려운 실내 공간이 많이 생긴다. 이때 단독 주택일 경우 전통 목구조를 이용하여 현대적 유리소재로 마감한 창호를 고창이나 부분 천창으로 도입할 경우 빛의 대비에 의한 연출효과를 볼 수 있다. 이는 전통 목구조를 통해 전통의 향수를 자아내고 천창의 특성으로 실내 구석구석 자연채광이 골고루 됨으로 쾌적한 빛 환경 연출 공간이 된다.

• 차양 장치 •

| 조절 가능한 차양 장치 |

수평이나 수직루버에 조절가능한 장치를 설치하여 필요에 따라 개폐할 수 있는 차양장치를 창호나 창호 부근에 설치하도록 한다. 루버가 skylit(단열재를 넣은 루버형 천장용 채광조절장치)형이거나 열의 출입 조절이 자동으로 조절되면 하루 동안의 태양 움직임을 따라 일사를 조절할 수 있다. 이는 조망과 차양을 동시에 만족시키는 잇점이 있다.

| 차양 구조에 개폐 가능한 창문을 설치 |

차양 구조에 개폐 가능한 창문 설치한다. 이러한 차양구조를 설치한 창문은 조망과 차양을 동시에 해결한다.

| 전통 창살문을 이용한 차양벽 설치 |

일조가 강한 창의 밖 앞이나 내부에 전통 창살문을 이용한 격자, 대나무 등 자연소재를 이용한 스크린 벽을 설치함으로 차양효과와 동시에 부드럽게 걸러진 빛이 들어오게 한다. 이러한 연출은 스크린 벽의 패턴에 의해 실내 빛 패턴이 연출되기도 하여 공간을 더욱 풍부하고 재미있게 만든다.

• 식재를 이용한 쾌적한 빛 환경 조성 •

건물주변의 고목(高木), 저목(低木), 관목 등의 적절한 배치를 통해 건물에 유효한 그늘을 제공하고 수종에 따라 태양에너지의 유입이 조절 가능하다. 수형별 그늘 효과는 나무의 종류에 따라 다르므로 일사면과 주택 배치에 따라 효과적인 식재 계획을 한다.

| 낙엽활엽수 |

계절에 의한 그늘효과가 유리하다. 겨울에 필요한 일사가 나뭇가지 사이로 주어지며 여름에는 나뭇잎에 의해 빛이 차단된다.

| 상록수 |

옥외 기후에 대한 완충물로 작용한다. 겨울의 대우나 풍설도 방지, 증발 냉각 장치의 역할, 여름철 나뭇잎 사이를 지나는 공기 온도를 낮춤, 그늘을 형성 및 복사열 상승 방지, 미기후 완화 효과가 있다.

| 수직형 독립나무 |

태양의 고도가 낮을 때 유리하다.

| 등나무류 |

등나무는 캐노피 등에 올릴 수 있는 식재이므로 캐노피 구조와 함께 이용되며 태양이 중앙에 있을 때 큰 효과가 있다.

| 벽면 피복형 |

담쟁이 넝쿨과 같은 식재로 이는 일사가 강한 서향 등에 식재하면 좋고 벽면의 열전도율 막는데 효과가 있다.

| 잔디 및 지표식물 |

지면으로부터 복사열 막는데 효과가 있으므로 일사가 강한 지역의 창호 앞에 식재하면 효과적이다.

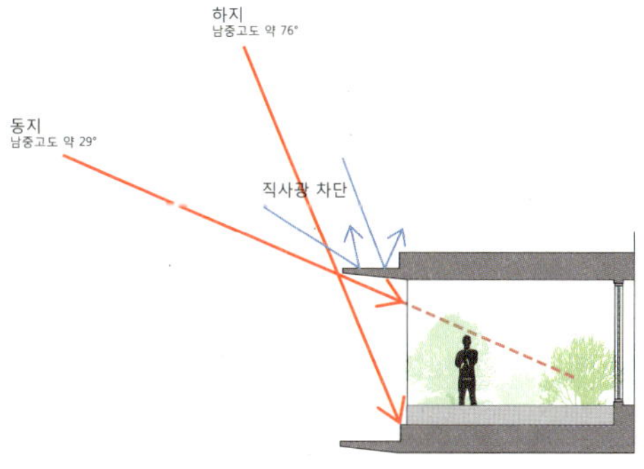

| 처마를 통한 일사 조절 |

남향을 향한 테라스에 실내조경을 하고 전통 주거의 처마의 비율을 적용하여 처마를 설치하면 여름 빛은 차단하고 겨울빛은 받아들인다.

| 전통 창호 응용 외부는 유리창 내부는 창호지문 |

이중창호 구성시 외부는 유리창, 내부의 창호지 문을 적용하고 미닫이식과 병풍식 여닫이 개념을 적용하여 방풍과 일조를 만족시킨다.

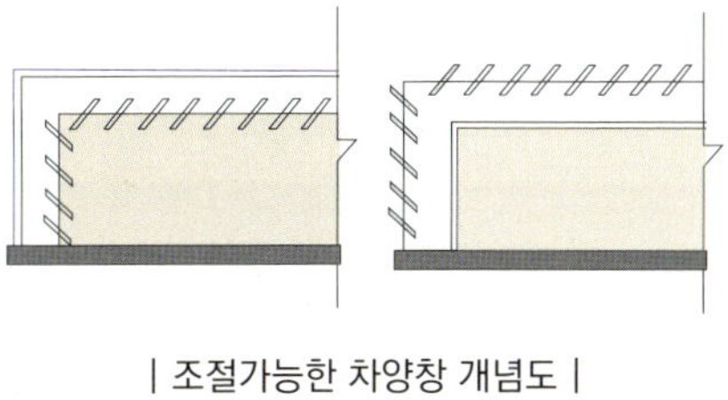

| 조절가능한 차양창 개념도 |

조절가능한 차양창으로 바깥쪽이나 안쪽에 설치할 수 있다. 실내 연출요소가 되며 창의 소재에 따라 위치는 설정하여 설치할 수 있다.

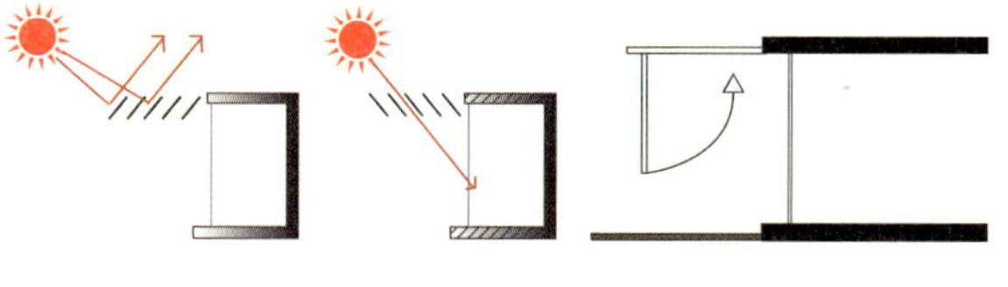

| 조절가능한 차양 구조 개념도 |

수평이나 수직루버를 처마대신 설치하여 빛의 양에 따라 조절하여 일조를 조절하여 최적의 빛환경을 유도한다.

| 전통목구조와 유리 창호의 조화 |

전통 아자살 창호 패턴에 반투명 유리를 적용하여 한지 느낌을 내고 모시천으로 발을 사용하여 은은한 빛연출로 전통 공간에서의 빛연출과 유사한 느낌을 전달한다.

| 조절가능한 차양과 창, 차양벽을 적용한 개념도 |

창문의 분합문 형식으로 열고 닫을 수 있고 처마는 조절가능한 차양으로 차양 밑은 전통 소재를 응용한 차양벽을 설치하여 최대의 일조환경을 만들고 있다.

六章

전통 주거의 색채와 재료를 통한 웰빙

01. 자연을 닮은 전통 주거의 색채

전통의 색채의식

전통의 주거의 색, 자연색

전통 주거 색채로 연출하기

02. 자연을 담은 전통주거

전통 주거의 자연재 사용 원리

나무로 연출하기

흙으로 연출히기

돌로 연출하기

종이로 연출하기

천연 섬유로 연출하기

우리의 전통주거가 더 자연과 가깝게 느껴지는 것은 철저한 자연 재료의 사용때문일 것이다. 주재료로 나무를 흙, 돌, 짚, 기와, 종이 등을 부재료로 사용하였고 대부분 지역 고유의 취득이 용이한 재료로 사용했다. 이에 색채도 인공적인 색채가 아닌 자연재에서 우러나오는 색이 그대로 반영되기 때문이다. 자연재 이용으로 자연의 생명력을 표현하고, 가공을 최소화하거나 그대로 사용하여 자연미를 최대한 살려 주변 자연과의 조화를 극대화함으로 더 완벽한 웰빙 주거가 되었다. 그러면 이러한 자연재들을 건축재로 이용하기 위해서는 그래도 무언가 인간의 손길이 필요했을 텐데.... 어떤 방식으로 건축에 어떻게 이용해서 그렇게 자연스러울까? 다양한 자연소재들을 건축재 외에도 어떻게 활용하고 연출했을까? 그러면 자연소재를 이용한 연출법은 현대 우리의 주거에는 적용이 불가능할까? 현대적으로 자연스럽게 전통 주거에서 사용한 색채와 재료를 사용해서 현대적으로 활용해볼 수 있는 방법은 없을까?

01 • 자연을 닮은 전통 주거의 색채

우리 전통 주거는 주위에서 손쉽게 얻을 수 있는 흙과 나무, 돌을 주로 사용하여 집을 지었다. 이들 재료는 외관만 결정짓지 않고 내부로까지 이 세 가지 재료를 기본으로 닥나무를 통해 만든 한지나 회칠을 하여 마감한다. 이러한 과정에서 분명 화려한 색을 넣어도 되는데 우리 선조들은 집에는 굳이 강하고 다양한 칼라로 채색하지 않았다. 단 궁궐이나 사찰, 관아 등 주거 외의 건물들에는 색채를 사용하였다. 이는 선조들 나름대로의 색을 사용하는 어떠한 기준이나 의식에 의해 색을 사용했음을 의미한다. 그러므로 우리 선조들의 색채의식을 알아보고 이를 기준으로 이러한 색채의식이 주거 공간에 어떻게 반영되었는지 알아보고 현대적으로 연출할 때 우리의 색을 표현하기 위해서는 무엇을 해야 하는지를 살펴보고자 한다.

전통의 색채의식

• 전통 색채의식의 형성 배경 •

색채의식이란 연령, 성별, 직업, 교양, 습관, 생리 등에 따라 개인적인 편차를 보이며, 또 생활습성, 지역환경, 기호 등 인간을 둘러싸고 있는 환경의 제 요건들에 의해 각기 다른 상태로 특징지어 표출된다. 거기에 시대의 변천이라는 또 하나의 커다란 요소가 덧붙여짐으로 다양한 색채의식이 나타나게 된다. 이러한 색채의식에 대한 일반적 원리는 전통 색채관에 공통된 반응을 보이게 되는데 이를 통해 색채문화가 형성된다. 이러한 색채 문화는 개인적 감정이나 감각 지각과는 무관하게 그 시대 사상적 배경에 의한 사람들의 의식에 영향을 받게 된다. 그러므로 선사시대부터 조선시대 이르기까지 우리 선조들의 색채의식은 변화를 보여왔다.

선사시대에는 자연에 대한 공경심에서 샤머니즘적인 색채관이 지배적이었으며, 삼국시대부터 고려시대에 이르기까지는 중국의 사상체계에 뿌리를 두고 있는 음양오행설이 모든 생활에 침투되면서 그 영향으로 인한 색채관이 정립되었다. 그러던 것이 조선시대에 이르러서는 공자의 철학사상에 바탕을 둔 유교적 세계관이 사회의 중심에 자리를 잡음으로서 이전 시대와는 변모된 양상을 보여주는데 음양오행 사상 외에 금채색(禁彩色) 상상, 자연주의 사상 등에 영향을 받아 특유한 색채 의식을 가지게 되었다.

| 음양오행 사상 |

음양 오행사상에서는 우주의 본원을 음과 양 두 기(氣)로 이루어지고 만물은 금 · 목 · 수 · 화 · 토의 다섯 요소로 구성된다고 하고 천지의 변이, 재앙, 길흉 등 모든 우주의 여러 현상을 다섯 가지 요소로 체계화한 사상이다. 오행사상에서 동방은 목(木) · 청(靑) · 좌(左), 서방은 금(金) · 백(白) · 우(右), 남방은 화(火) · 적(赤) · 상(上), 북방은 수(水) · 묵(默) · 하(下), 중앙은 토(土) · 황(黃) · 중(中)으로 나타낸다. 오행사상은 우주와 인간 세계의 정신적이고 물질적인 모든 존재를 다섯 가지의 요소로 정리하고 색채까지도 다섯으로 규정짓고 우주의 모든 개념을 다섯 가지 기본색과 연결지으려 하였다. 오행사상에서는 색을 정색(正色)과 간색(間色)으로 나누는데 이중 청 · 적 · 황 · 백 · 흑색을 5가지를 '오방 정색' 이라 하고, 정색과 청색의 혼합색을 '간색'이라고 한다. 간색은 녹색(綠色) · 벽색(碧色) · 홍색(紅色) · 유황(硫黃)색 · 자색(紫色)이 이에 해당되는 녹색은 천황색으로 '동방 간색', 벽색은 청백색으로 '서방 간색', 홍색은 적백색으로 '남방 간색', 유황색은 황흑색으로 '중앙 간색', 자색은 적흑색으로 '북방 간색' 이라 한다. 이러한 색 개념은 방위나 계절에도 적용되어 옷의 색깔, 건축의 색깔 등을 제한하기도 권장하기도 하였다.

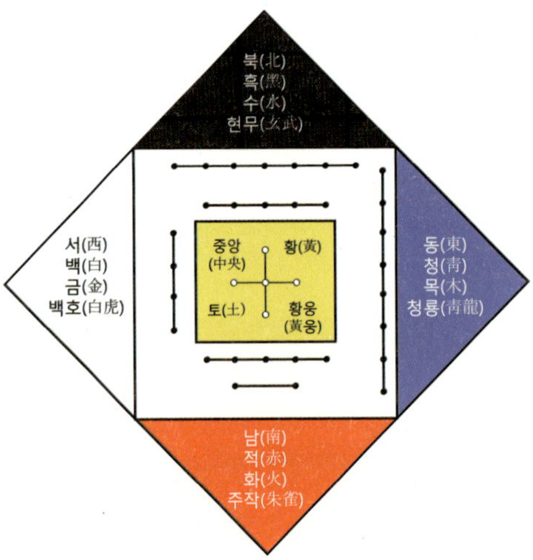

오방정색

=

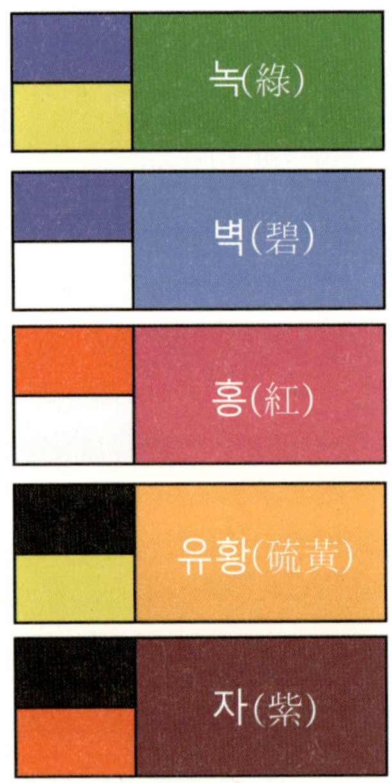

오방간색

| 오방정색과 오방간색 |

| 금채색 사상 |

조선시대 정신세계와 생활양식을 지배한 유교의 영향으로 색의 사용에 대해 많은 금기 사항을 적용하여 적극적인 색채 문화의 발전을 방해하는 요소로 작용하였다. 대표적 금기로는 계급이 낮은 사람 즉, 농민이나 서민 등은 백색 옷을 입게 하고 채색 옷을 금한 것을 말한다. 상층 계급은 화려한 진채, 화식 등을 사용할 수 있으나 하층계급은 사용할 수 없고 혼례나 명절 때에만 색동옷이나 화려한 유채색을 사용할 수 있었다.

| 자연주의 사상 |

자연 속 인간이라는 관념이 주축이 되는 사상으로 자연과의 합일, 동화를 추구하는 사상이다. 색은 언젠가 바래고 없어져 버리는 것으로 무채색이 색의 근원이며 유채색은 색을 잃어가는 최종의 모습으로 자연의 청 · 록과 동화 되는 유사조화를 이룬다는 사고를 가지게 된다. 따라서 무채색은 우리나라의 의 · 식 · 주의 주조색을 이루고 무색 중화 의식을 가져왔으며 주거 건축에서 자연소재를 사용하고 채색을 거의 하지 않은 것도 자연주의 사상에서 비롯된다고 볼 수 있다.

• 생활 속 색채의식 오방정색과 오방간색 •

우리 선조들의 생활 속 색채는 시각적 체험의 결과라기보다는 음양오행과 유교의 영향, 자연주의 사상이 혼합되어 나타나는 관념적인 문화를 가진다. 이러한 사상적 배경에 의해 크게 3가지 색채의식과 문화적 경향을 보인다.

첫째, 단청이나 화문에서 나타나는 독창적이고 함축적인 색채의식이다. 이는 우리 4계절에서 오는 선명한 자연적 청초한 색감과 음양오행 사상에 따른 상징적 색채의 결합으로 소박하고 온화하게 표현되었다. 즉 단청과 같이 화려하고 원색에 가까운 색을 사용할 때에도 간색으로 낮은 채도의 색과 적절히 조화시켜 사용하였다.

둘째, 흑백의 무채색 또는 차분히 가라앉은 색을 주로 사용하는 문화이다. 이는 금채색 사상과 사회적, 경제적, 자연적인 면의 여러 조건으로 색채생활의 제약을 받아 무채색, 차분히 가라앉은 색을 즐겨 사용하게 되었다. 이에 높은 채도보다는 낮은 채도, 복잡한 배색보다는 단순한 배색, 강한 대비 보다는 약한 대비나 조화, 유사 조화를 선호한다.

셋째, 백색에 대한 숭상 문화이다. 예로부터 백색을 숭상하여 백의민족이라고 불려왔던 것처럼 백색을 선호하는 색문화를 볼 수 있다. 이는 유교적 사고방식의 영향으로 색이 있는 것은 곧 육신의 욕망이라고 생각하여 천하고 품위 없으며, 인격적이 못된다고 여겼다. 반면 백색은 감정, 감각적인 것에서 초월하여 고매한 인격에 이른다는 한국인 특유의 금욕주의적 인생관과 자연에 귀착하는 것으로 원색에서 탈색하여 백색에 이르는 사고방식이 발전되어 한국인의 전형적인 인간상으로 표현되고 있다. 우리 선조들은 백색은 소색(素色)의 이미지이며 사심 없는 선비의 마음을 옮긴 청렴결백의 색채, 공수래공수거의 사상과 일치하는 자연에의 동화이며 그 자체라고 여겼다.

넷째, 한국의 색은 자연 친화적인 색, 자연의 색이다. 자연에 순응하는 조화로운 삶을 지향해온 우리 선조들은 색의 표현은 자연을 그대로 반영하였다. 색채를 표현하는 색은 치자, 소목, 홍화, 쪽물 등 자연 그대로의 염료와 친환경적 친자연적 과정으로 염색한 자연스럽고 아름다운 색을 의류와 생활소품에 적용하였으며 가구나 건축자재는 자연재 그대로 표현하였다. 우리 전통의 색이 자연스러우며 아름다운 이유 중의 하나는 색을 만들고, 염색하는 과정이 친자연적이며, 자연 그대로의 염료와 자연재를 사용했기 때문이다.

이러한 색채 문화적 경향으로 인해 일상생활에서 색채를 사용에서는 색채가 있는 경우와 없는 경우로 나뉘고 유채색을 사용할 때는 일상적이 아닌 특별한 일이거나 범상치 않은 일이 생겼을 때 사용하게 된다. 이렇게 색채를 사용할 때는 개인의 색채 취향에 의한 것이 아니라 주술적인 의미를 부여하고 음양오행에 의한 색채 사용이 중심이 되었다. 그만큼 전통색채의식 속에는 자연의 생성, 소멸하는 순환의 원리와 오방색을 통한 풍부한 색 감정을 지니고 있는 종합적인 색채감각을 갖고 있다. 이에 단순한 색상의 표피적인 느낌만으로 만족하지 않고 색상이 갖는 의미는 물론 내면의 색질까지도 파악하려 하며 나아가서 색채에 인격성을 부여함으로써 색채를 신앙의 대상으로 신격화하기까지 하였다. 이에 일상생활 속에서는 음양오행 의한 정색과 간색을 중심으로 각각의 함축된 의미를 고려하여 자연과 우주의 원리에 조화되는 색을 사용하였다 오행의 우주의 순환에 의하면 이들이 상생하면 금(쇠)-수(물)-목(나무)-화(불)-토(흙)의 순으로 순환하게 되는데 이 순환을 색채로 보면 백-흑-청-적-황 다섯 가지 색이 된다. 이는 자연염색의 순서와도 같은데 자연 염색 시 백-흑-청-적-황의 순서로 물드는데 이것이 상생의 순서가 된다. 적으로 염색된 것을 황으로 염색할 수는 있어도 청으로 염색할 수는 없다. 그래서 이치에 맞는 색을 써야 개인이 상서로우며 길하고 국가로서는 번창한다는 신념을 가지고 용도와 신분에 맞게 구분하여 색을 사용하였다.

이렇게 우리 조상들이 색채 사용에 있어 기준이 되었던 오행에 의한 오방정색과 오방간색이 내재된 의미는 무엇이고 주로 언제, 어디에 사용되었는지를 살펴보면 다음과 같다.

오방정색

정색은 순수한 색이라는 뜻과 같으며 아주 짙다, 매우 짙다, 더 할 수 없을 정도로 산뜻함을 나타내기 위해서 '새 · 샛 · 싯 · 시'자를 앞에 덧붙여서 새까맣다, 샛노랑다, 새파랗다, 새하얗다, 시뻘겋다, 시퍼렇다, 시뻘겋다, 시커멓다, 싯누렇다, 시퍼렇다 등 접두사로 강조하고 있다. 이러한 접두사는 정색에 한하여 사용함으로 수수함과 정색됨을 나타내며 간색이나 잡색에는 붙여 쓰지 않는다.

오방정색은 우리의 문화, 생활 등 가까운 곳에 녹아 있다. 하나의 색으로서 의미를 나타내기도 하지만 5가지 색을 조화롭게 사용하여 의미를 우주의 질서와 조화를 표현하기도 한다. 작게는 잔치국수의 고명에서부터 베게 옆 무늬, 복주머니, 색동저고리, 단청 등 일상생활에 오방정색이 배어있다.

| 청(靑)색 |

청색은 우리말로 파랑으로 오행으로는 목(木)에 해당하고 동방을 뜻하며, 만물이 생성하는 봄의 색으로 창조, 생명 ,하늘, 물, 동쪽, 탄생, 젊음을 상징하며, 사회적 위상이 낮음을 의미하여 신분이 낮은 사람이 청색 옷을 입었다. 또한 해가 뜨는 동방의 색이라 하여 양에 속하여 주술적인 악귀나 병마인 음을 쫓고 복을 비는 색으로 사용하였다. 청색을 얻기 위해서는 쪽을 이용한다.

| 백(白)색 |

백색은 우리말로는 흰색으로 오행으로는 금(金)에 해당하고 서쪽을 뜻하며, 계절은 가을을 뜻하며, 빛, 신성, 결백, 진실, 삶, 순결, 길한 조짐 등을 상징을 내포한다. 백색은 양의 에너지를 의미하며 햇빛, 자연 에너지의 근원이자 만물의 시작이 되는 바탕의 색을 의미한다. 이에 우리 선조들은 백색을 다른 어떤 색보다도 선호하여 백색 무명의 옷을 즐겨 입게 되어 백색은 한민족에게 가장 친근하며 대중적인 색이 되었다. 한국미는 '담백의 미학(淡白의 美學)'으로 일컬어지는데 그 이유는 흰색의 아름다움을 보고 다양하게 표현한 것에 있다. 투명하고 절제된 순수하고 깨끗한 흰 빛은 모든 빛을 반사하여 다른 색의 접근을 허용하지 않는 듯하면서도 모든 것을 포용한다. 결국 백색은 자연과 더불어 사는 한국인 삶의 지혜와 힘의 의미를 지니고 있다고 볼 수 있다.

| 적(赤)색 |

적색은 붉은색으로 오행으로는 화(火)에 해당되고 만물이 무성한 남쪽이며 여름을 의미하는 색으로 태양, 불, 피 등과 같이 생성과 창조, 정열과 애정, 적극성을 뜻하며 신분이나 사회적 위상이 높은 색이며, 청색과 함께 대표적인 양기의 색이며, 잡귀를 몰아내기 위한 가장 강력한 벽사의 색으로 사용되었다. 입춘이나 단오 때 붉은색 부적을 벽이나 문에 붙이거나 붉은 팥죽을 문에 뿌려 액운을 없애거나 음귀를 몰아내기 위해 혼례 때 신부가 연지곤지를 바르거나 신년에 붉은 부적을 그려 붙이거나 아들을 낳았을 때 붉은 고추를 꽂은 금줄을 대문 앞에 거는 풍습 등이 이를 나타낸다고 할 수 있다. 또한 흰색이나 청색보다 상위의 개념의 색으로 조선시대에는 궁궐의 문중에서 솟을 대문에 붉은색을 사용하고 왕비 외에는 주칠가구 사용을 금하고, 문무과에 합격했을 경우 합격증(생원이나 진사 합격은 흰색), 정삼품 의상을 붉은색(종삼품은 푸른색)으로 하여 상위의 개념을 가진 색으로 사용되었다. 적색을 얻기 위해서는 꼭두서니의 뿌리, 잇꽃을 이용하여 색을 얻는다.

| 흑(黑)색 |

흑색은 검은색으로 오행으로는 수(水)에 해당되고, 북쪽이며 추운 기운을 연상하여 하여 겨울을 의미하는 색으로 어둠, 정체 등 음의 의미를 지는 색이며 봄을 생동케 하는 숨겨진 힘으로 고요한 가운데서 느껴지는 숨겨진 에너지로 우주만물을 생겨나게 하는 음의 에너지를 의미한다. 전통적 의미로는 신격, 물을 의미하고 인간의 지혜를 관장하는 의미를 가지고 있다. 흑색에는 현색(玄色 ; 어두운 공간으로 느껴지는 검은색), 오색(烏色 ; 불투명의 검은색), 현청색(玄靑色 ; 새벽의 어슴프레한 검은색), 묵색(墨色 ; 투명기미가 느껴지는 검은색) 등이 있다. 이들은 모두 칠흑 같은 검정이 아니라 거무스레한 기운이다. 일반적으로는 흑색을 어두움과 죽음 등의 부정적인 상징으로 인식되어 있지만, 우리 선조들은 흑색은 에너지의 색으로서 가치를 가지고 있다. 이러한 흑색은 흉례(凶禮)에 많이 사용되었는데 제실이나 제각에 검은색 선을 장식으로 이용하고, 화재예방을 위한 부적에 물을 상징하는 색으로 사용되었다. 흑색을 얻기 위해서는 떡갈나무, 오배자, 층층나무 등을 이용하여 색을 얻는다.

| 황(黃)색 |

황색은 노랑색으로 오방색에서 네 방향의 중심에 위치하는 색으로 땅, 중앙, 황제, 권위,

| 흑색과 적색의 부적 |

흑색과 적색은 강한 에너지를 가진 색으로 음의 에너지와 양의 에너지로 잡귀를 몰아내고 길한 기운을 부르기 위해 문앞에 붙여놓았다.

| 청색과 적색의 조화 |

일반 서민들은 일상생활에서는 유채색 사용이 제한되었으나 혼례와 같은 특별한 날은 유채색의 사용이 가능하였다. 우리 조상들은 축복받는 길하고 좋은날은 생명, 생기를 의미하는 양의 색인 청색과 적색을 주로 사용하였다.

| 오방정색의 조화 단청, 창덕궁 존덕정|

오방정색을 기본으로 한 단청은 5색 조화를 이룬 대표적인 한국적 유채색조화로 부와 영화를 상징적으로 보여 준다.

천하를 통치하는 천자(天子)를 상징하는 색으로 의미를 갖는다. 황색(黃色)은 일반적으로 생각하는 노랑과는 다르다. 금색의 기운을 띤 황색, 즉 흙의 색, 황토의 비옥함을 나타내는 색이며 생명의 원천이며, 풍요와 생산을 의미한다. 이에 황색과 금색이 함께 보여져 Golden Yellow 색과 유사하다고 볼 수 있다. 황색은 태양의 빛깔로서 가장 눈에 잘 띄는 색으로 권위와 풍요, 다산, 생명원천을 의미하는 오방색중 가장 고귀한 색으로 여겨 황제나 왕만을 상징하는 색으로 사용되었다. 황색은 세상의 중심에서 만물을 움직이는 에너지를 느끼게 하는 색이라 할 수 있다. 황색을 얻기 위해서는 억새와 황벽나무를 이용했다.

오방간색

간색에는 색을 조화시켜 상생으로 이끈다는 의미가 담겨 있으며 오방간색은 말 그대로 '상생과 조화'의 철학이 담겨 있으며 오방간색들이 다시 혼합되면 70색의 잡색을 만들게 된다.

| 벽(碧)색 |

벽색은 청색과 백색의 간색으로 청백(담청)색으로 서방 간색이며 이상과 희망을 상징한다. 파랑과 초록의 빛이 나는 벽색은 고급스러운 색감에 산뜻한 느낌을 주는 안정적인 색으로 흥분된 마음을 가라앉히는 효과가 있다. 벽색은 장신구나 공예품, 여성 의복에 즐겨 사용하였다.

| 녹(祿)색 |

청색과 황색의 간색으로 청황색으로 동방의 간색이고, 식물의 색이며 엽록소의 색이다. 빛이 닿아 물과 공기의 혜택으로 성장하는 생기가 녹색이다. 이에 녹색은 평화, 생장, 풍요로움, 젊음, 신선함, 희망, 안전, 이상 안락 등을 상징한다. 녹색은 몸에 지니는 색이라기보다는 자연 속에서 보아야 할 색으로 의식되는 경우가 많았다.

| 홍(紅)색 |

홍색은 적색과 백색의 간색으로 적백색으로 남방 간색으로 적색 계통의 옅은색인 핑크색으로 비유된다. 의미는 기쁨과 즐거움, 온화함을 상징한다.

| 유황(磂黃) 색 |

유황색은 황흑색으로 검정과 중앙의 노랑 사이에 있는 상중앙 간색으로 탁한 노란색이다. 짚이 적당히 퇴색된 자연의 색이 유황색으로 비옥함과 풍요를 상징한다.

| 자(紫)색 |

자색은 적과 청의 간색인 적흑색으로 북방 간색으로 자주 또는 보라색이라 하며 고귀, 고상, 위엄, 아름다움을 상징하고 태평성대를 상징하고 형이상학적 세계의 사상적 표현을 상징하기도 한다. 이에 삼국시대부터 조선 후기에 이르기까지 상위의 색으로 고귀한 색으로 가장 높은 자리, 위치를 표시하는 색으로 사용되었다. 조선후기에는 당상관의 관복으로 자색연출을 하고 여성들은 치마나 화장에 자색을 사용하였는데 젊은 사람은 꽃자주색, 중년은 짙은 자주색, 노년은 검은 자주색을 선호하였다.

| 벽색과 무색책의 조화, 한국민속촌 |

안채에 위치한 건넌방으로 흰색한지 벽체와 장판지로 바닥 마감한 무채색 공간에 도듬문에 벽색의 천으로 마감하고 홍색조의 꽃 그림으로 연출함으로 고급스러우면서도 여성스러움을 강조한 실내공간을 연출하고 있다.

| 자색과 벽색, 무채색의 조화 |

사랑채 사랑방으로 자연재 소재의 무채색 마감에 자색 방석과 보료, 벽색의 테두리 병풍으로 고상하고 차분한 절제된 고급스러움으로 실내공간을 연출하고 있다. 여기에 공간을 채운 사람의 일상의복이 백색 의복으로 공간을 더욱 차분하고 고상하게 보이게 한다.

| 생활 속 색채 사용을 위한 색채별 천연염색 재료들 |

색채	
청색	쪽, 누리장나무, 닭의 장풀
적색	꼭두서니, 소목, 홍화, 홍목, 락
흑색	떡갈나무, 층층나무, 오배자, 사방올나무, 오이풀, 침나무
황색	치자, 울금, 황벽, 대황, 회화, 억새, 양파, 등나무, 뽕나무, 자귀나무
녹색	소귀나무, 칡, 참억새, 똥딴지, 쑥
자색	자초, 로그우드, 코치닐, 포도
유황색	감나무, 정향, 부용
적갈색	살구나무, 빈랑, 주목, 호두나무, 앵두나무, 느티나무
갈색	해당화, 상수리나무, 차, 석류, 밤나무, 떡갈나무, 으름덩굴, 팽나무
살색	매화나무, 산사나무, 계수나무, 녹나무, 월계수
회색	가시나무, 오리나무, 들장미, 싸리나무

-강인숙 외 4인, 염색의 이해. 교문사. 2001, pp.175~176, 재구성

전통의 주거의 색, 자연색

전통 주거의 색은 가공이 거의 안 된 자연재의 이용으로 자연재 본연의 색이 우러 나오므로 자연색을 사용하였다고 볼 수 있으며 담백하고 소박한 색채로 표현된다. 그러므로 건축 재료 본연의 색들이 이루어 내는 자연적 무채색 위주의 색채조화를 이루었으며 자연에서 나오는 백색이 주를 이루는 차분하고 정적인 공간이었며, 부분적으로 천장, 벽지 등의 색채 변화를 가미하여 일부 변화를 주었다. 그러나 이러한 대비도 강한 대비조화 보다는 약한 대비조화나 유사조화를 더 좋아하는 가운데 자연색 위주의 색채 감각으로 표현되었다.

전통 주거 건축은 크지 않고 화려하지 않으며 마치 숨어 있는 듯 그 놓인 곳의 자연과 닮아 있어 아름다우며 뒷산을 배경으로 한 높지 않은 처마선이 아름다우며, 초가집은 시골사람의 모습인 양 소박하다. 구석구석 모든 모양과 색이 자연을 옮겨 놓은 듯하다. 자연물 그대로의 모습을 잃지 않을 정도로만 손질하여 집을 만들었기 때문에 그 자체가 그대로 자연의 색을 지니게 된다. 즉, 자연재인 진흙과 돌, 자갈과 목재를 주로 사용하고 목재 마감도 못을 사용하지 않고 조립만으로 건축되어 더 없이 자연적이다. 이에 건물 자체의 자연색은 주변의 푸른 녹 · 청의 자연과 동화되어 자연에 잘 어울리고 안정되고 조화로운 풍경을 이루고 약한 대비의 평면적 구성 효과로 공간 속에 시각적으로 평형을 유지하는 취락 풍경을 이룬다.

전통 주거는 건물뿐만 아니라 마당을 구성하는 담장과 장독대도 자연을 담은 풍경을 연출한다. 흙과 돌, 기와 등을 이용한 투박한 담장과 뜰의 장독대의 다양한 진흙 빛깔의 옹기는 빛깔 또한 서로 조금씩 다르지만 자연을 배경으로 본 옹기들은 마치 자연의 일부인 것처럼 조화롭다. 이와 같이 전통 주거의 마당은 자연과 어색함이 없다.

주거의 실내공간에 사용되는 색채 또한 자연재로 인해 문틀의 나무색과 흰벽, 창호의 한지의 흰색, 온돌바닥을 덮은 연한 황색 장판지 등은 매일 주변에서 접하는 자연의 색으로 색을 거의 느끼지 못할 정도 중성화된 자연적인 색들로 이루어져 있다.

전통 주거에 사용된 자연색의 특성은 다음과 같다.

첫째, 재료 자체 색이 우러나오도록 가공을 적게 한 자연재 사용에 의한 색채를 사용으로 무채색을 띄게 된다. 석재, 구조재 목재, 자연재 목재 가구, 흙벽, 회벽, 창호지, 한지도배 등 채색을 전혀 하지 않고 자연 소재 그대로 이용하여 무채색을 나타낸다.

둘째, 자연재에 의한 백색, 무채색, 목재의 자연색을 이용했다. 내부창호나 가구 장식 소품 등에서 전통 문양을 사용하여 단조로움에 패턴을 통해 변화를 주었다.

셋째, 전체적으로 유사조화, 무채색조화, 소

품이나 가구를 이용한 색채대비로 포인트를 주면서 조화를 추구하였다. 포인트로 사용 유채색은 오방정색 중 청색, 적색, 황색 계열을 사용하였다. 유채색의 색 또한 자연재를 원료로 천연염색을 통한 자연색 연출로 내부의 자연 마감재와 외부의 자연 경관과 자연스럽게 동화되는 색 연출을 하였다.

전통 주거 색채의 아름다움은 자연색의 조화 즉, 자연과 조화를 이루는 멋이다. 사계절의 뚜렷한 변화와 조화를 이루는 색채는 소박하고 아담한 자연미를 그대로 담고 있다. 이와 같이 전통 주거의 색채에서 자연미를 느낄 수 있는 것은 자연에 동화되어 살아온 생활과 풍습의 영향으로 볼 수 있다.

| 자연재에 의한 유사 조화, 영주 선비촌 |

마당의 흙과 흙벽, 나무목재 기둥선, 초가지붕, 돌기단, 장독대의 다양한 진흙 빛깔 등 전체적으로 자연재에 의한 자연색의 배경을 이루는 중명도의 자연의 색과 거의 유사하여 동화되어 담백한 중명도 무채색의 유사조화를 보여주고 있다.

| 실내 색채조화, 한국민속촌 |

콩기름을 먹인 바닥 연한 유황색의 바닥과 나무문틀에 흰 창호지문의 배경으로 유황색 병풍과 황색과 자색의 보료로 포인트를 주는 색채 대비로 연출된 실내 공간으로 작지만 자연과의 통합되는 아늑함으로 답답하지가 않다.

전통 주거 색채로 연출하기

전통 주거건축의 실내공간에 사용된 색채는 구조재의 색채, 마감재의 색채, 가구의 색채에 의해 공간이 연출된다고 볼 수 있다. 우리 민족은 앞에서도 살펴본 것처럼 대체로 무채색과 같은 저채도, 중명도를 선호하고 복잡한 배색보다는 단순한 배색을, 강한 대비조화 보다는 약한 대비조화나 유사조화를 더 좋아하므로 각 공간에서 나타나는 색채연출 또한 정적이고 가라앉은 중성적인 공간을 연출하였다. 즉 대부분 구조재는 벽과 대비조화를 이루는 명암의 차이를 두나 나무의 색을 그대로 사용하여 중명도의 저채도 갈색이며, 벽으로 구성하는 벽체나 창은 한지, 창호지, 닥지, 회벽 등 회백색조이며, 장롱, 문갑, 연상 등의 가구는 흑갈색의 무채색이 주를 이루며, 벽에 걸린 문인화나 산수화는 무채색이나 은은한 간색과 잡색 연출되는 중명도의 저채도 색상이며, 장식물인 백자는 백색의 무채색이다. 이에 이를 조합한 실내 풍경도 한결 같이 단색조나 무색조로 연출됨을 알 수 있다. 그러면 대표적 실내공간인 방과 대청, 부엌을 중심으로 공간별로 실내 색채 계획의 특징을 살펴보고 현대적 공간에 적용가능성을 체크해해보고자 한다.

• 전통 주거 실내 공간 색채 연출 •

| 방 |

전통 주거공간의 방은 순수한 자연색의 조화로 볼 수 있다. 기본 실내공간은 장판지, 벽지, 창호지, 천장지까지 한지 사용으로 백색 자연재가 중심이 되는 유사조화, 무채색조화를 이룬다. 여기에 실내공간을 채우는 진한 갈색의 가구와 방석, 병풍의 테두리, 사방침에서 파랑, 남색, 보라, 적색계열이 사용됨으로 연출된 실내공간은 약한 대비조화를 이룬다.

바닥

온돌바닥에 담황색 장판지로 마감하였다. 치장 시 치자물을 섞어 장판지에 바르므로 자연스런 황갈색 색조를 띄게 된다.

벽

백색의 회벽으로 마감하거나 닥지를 이용한 벽지 마감으로 색상은 백자와 같은 색상인 대황색이나 상아색, 대회색의 색감으로 청초하고 단아한 느낌의 색이다. 상류주택에서는 질이 좋은 상아색 한지가 이용되었으며 주로 백색이었으나 차츰 청색, 옥색, 녹색이 이용되었다. 서민주택에서는 먹물을 이용하여 만든 회색 벽지, 황칠한 황색의 거친 황지, 청자주지, 초록저주지 등을 사용했으나 약한 채도의 모두 자연적 색감을 가지고 있다. 색조 있는 무늬벽지는 여성공간인 안방에 주로 사용되었고, 남성공간인 사랑방은 색지보다는 담백한 한지 색 그대로 사용하였다.

천장

천장은 초기 벽과 같은 백색 회벽이나 반자지로 마감했으나 후에 약채도 고명도의 화문지나 청색, 녹색, 오색, 황칠한 황지도 사용되었다. 특히 조선조 후기에는 반자지의 색이 분홍 바탕에 연한 녹색무늬, 맑은 파랑에 금분, 은분무늬, 분홍 농도차로 무늬, 녹색 농도차로 무늬를 넣어 사용하였다.

벽과 천장의 경계인 반자틀은 푸른색 청지나 노르스름한 색의 유지를 발라 산뜻한 느낌이 들게 하였다.

창호

창호는 창호지를 바르게 되는데 창호지를 바르는 면이 실내에 접한 면이므로 실내에서 보면 벽과 같은 백색의 창호지면이 나타난다. 그러나 반투명한 창호지를 통해 거무스름한 창살이 부드럽게 비춰 은은한 입면을 연출한다.

가구

목가구로 자연 나무색이 주를 이루고 화각, 나전칠기, 주칠을 이용한 화려한 가구를 놓기도 하였다. 이에 소나무 가구는 적갈색. 잣나무는 다홍색, 은행나무는 연황갈색, 오동나무는 옅은 홍백색으로 모두 갈색 계열의 중명도의 저채도 색채이다.

| 대청 |

대청은 방과는 달리 강한 색채대비로 아름답고 독특한 분위기를 만들어낸다. 벽이나 창은 한지, 닥지, 창호지, 회벽 등 백색 색조이며 우물마루와 목재 기둥과 연등천장의 서까

| 자연재에 의한 유사 조화된 방, 운현궁 |

황갈색의 은은한 장판지와 흰색 닥지로 벽과 천장을 마감하고 다락문 또한 창호지를 마감하여 전체적으로 자연재에서 오는 부드러운 유사조화 보여준다.

| 사랑방의 약한 대비조화, 한국민속촌 |

유사조화를 구성된 실내 내부에 적갈색 연상과 목재 소품 외에 벽색의 사방침과 홍색의 보료로 연출되어 약한 대비 조화를 이룬다.

래와 서까래 사이 회벽은 백색과 어두운 색조의 갈색으로 강한 대조 이룬다. 이에 유사조화와 강한 대비조화가 이루어져 자연적인 아름다움을 주는 공간이다. 또한 대청을 면한 방은 불발기 문으로 한지와 목재 창살의 조화로 작은 대비조화로 전체적인 색채 조화에 통일감과 더불어 율동감을 준다.

| 부엌 |

바닥은 흙바닥으로 흙색, 벽은 회벽의 무채색, 천장은 회벽과 목재의 갈색조, 문은 판장문으로 갈색조, 기타 부엌 기물인 솥이나 석쇠 등은 검정색으로 구성되므로 전체적으로는 유사조화이며 부분적으로 서까래와 회벽, 회벽과 부엌 기물에서 대비조화를 볼 수 있다.

| 대청공간의 대비조화 한국민속촌 |

마루바닥과 기둥, 서까래와 굵은 나무보의 진한 갈색과 회벽과 분합문의 창호지 흰색이 대비조화를 이루고 있다.

| 부엌공간의 자연재에 의한 색재조화, 남산한옥마을 |

흙바닥과 회벽의 밝은 황토와 흰색, 구조재와 서까개의 목재의 진한갈색, 부엌기물 까만 솥의 대비조화를 보여 주고 있다.

• 현대적으로 응용 웰빙 연출하기 •

주거공간에서 색채 계획은 거주자의 감성을 자극하고 감성의 자극은 심리적인 휴식과 만족을 가져오므로 생활의 휴식과 정신적 건강을 위해 웰빙 색채연출이 필요하다. 이러한 관점에서 전통 주거의 실내공간에서 사용된 색채인 자연색과 색채조화 방법을 현대 주거에 도입한다면 건강한 웰빙 색채 계획이 될 것이다.

전통 주거공간의 색채를 현대적으로 적용하는 방법은 기본적으로 자연재의 도입을 통한 자연색 적용과 중명도의 유사색의 저채도 조화를 중심으로 하는 유사조화와 오방정색과 오방간색을 이용한 색상대비, 무채색 조화 등을 고려해 볼 수 있다.

주거 공간은 사는 사람들의 성격이나 감정, 취향에 따라 색채를 적용할 수도 있지만 누구에게나 좋은 기분과 기운을 주는 전통 주거의 색채인 웰빙 색채를 적용해 보는 것도 좋을 것이다. 전통 주거에 도입된 자연색을 중심으로 많은 색을 사용하지 않는다. 이에 우리 주거공간의 색채 계획을 위한 도입 방법에 대한 기준을 제시하면 다음과 같다.

| 자연재 사용에 의한 자연색 도입 |

실내 마감재 사용에 있어 인공색보다는 재료 자체 색이 우러나오는 가공이 적은 자연재를 사용한다. 전통의 재료이지만 현대 주거에 도입에 크게 어렵지 않은 소재인 전통 문양 창호문, 한지 도배, 회벽, 전통가구에 사용된 목재로 만든 목재가구 등을 적용한다. 구조적으로 흙벽을 적용하거나 흙벽 느낌이 나도록 황토모르타르, 황토 패널 등 전통 벽체의 색채와 유사한 황토제품들을 적용하여 자연색을 도입한다.

| 주조색은 백색과 무채색, 보조색은 목재나 석재의 자연색 |

벽체와 천창에 사용된 백색과 회벽에 의한 무채색의 색감을 적용하고 목재 구조나 기둥, 서까래 등을 적용하여 자연적인 보조색으로 공간을 연출하여 약한 대비효과로 공간을 연출한다.

| 전체적 유사조화, 무채색 조화, 포인트로 전통 문양이나 창호 패턴 적용 |

벽체와 천장은 밝은 색감의 백색과 엷은 회색 소재로 바닥은 누르스름한 장판지 색채인 은은한 유황색을 적용하여 유사조화를 이룬 공간으로 조성하고 바닥을 마루 바닥의 색채를 적용하여 무채색 조화를 통한 약한 대비효과를 준다. 가급적 자연재를 통한 연출이 좋지만 여의치 않을 경우 전체적으로 색채 톤을 중심으로 전통주거에 사용된 바닥, 벽, 천정의 색채 느낌을 기본적으로 재현해본다. 그리고 기본 배색을 맞춘 가운데 내부 창호나 가구, 장식소품 등에서 전통 문양과 전통 가구를 부분적으로 응용하여 색감을 맞춰 유사조화로 색채에 따라 약한 대비효과를 주어 편안한 자연적 느낌의 공간이 되도록 한다.

| 소품이나 가구 등의 오방정색, 오방간색을 도입한 대비효과로 공간 연출 |

실내 소품이나 가구 등에서 오방정색과 오방간색을 활용하기 위해서는 기본적으로 자연색의 도입을 통한 유사조화와 무채색 조화를 기본으로 하는 전체 배색을 기본으로 병풍, 보료, 방석, 테이블보, 쿠션, 침장류, 커튼, 쇼파, 수납장, 액자 등 실내연출 요소에서 오방정색과 오방간색을 도입하여 생기 있는 공간으로 연출한다. 보통 청색은 쪽빛으로 포인트 벽지나 실크소재, 마 소재의 침창과 커튼에 적용하는 것이 좋고 적색은 붉은색으로 침장류나 팥죽색 느낌으로 마루 패턴이나 전통 문양 패턴을 넣어 파티션 등으로 활용할 수 있다. 황색은 포인트 벽지나 실크소재 침장, 커튼과 금장식 등으로 포인트를 줄 수 있다. 흑색은 천연기와나 대리석를 통해 포인트 월이나 바닥재로 적용하여 포인트를 줄 있다.

| 음양 오행과 공간 기능을 고려한 공간별 색채 적용 |

현관

현대 주거의 현관은 전통 주거와 같은 넓은 마당과 채로 구성되는 대문의 개념이 아니므로 거실과의 조화가 중요하다. 이에 가급적 전통 문양을 응용한 중문을 설치하고 거실과 거의 동일 색상으로 연출하는 것이 좋다. 아파트 공간일 경우 현관의 바닥은 전통주거에서 붉은 기운을 지닌 마루바닥의 색채나 적색을 적용하는데 이는 회색의 콘크리트 건물에서 받는 피로도를 풀어주는 역할을 한다고 한다.

거실

거실은 짙은 색 보다는 옅은 색을 사용하는 것이 보편적인 색의 적용으로 누구에게나 좋은 색채계획이 된다. 이에 전통 주거에 사용된 백색과 회벽, 한지의 색채를 적용하는 것이 좋다. 현대 음양오행에 의하면 거실을 가족의 기가 모이는 중심으로 오행에서 토를 상징하는 공간으로 황색 즉 황토색, 갈색, 아이보리색 중심으로 색채계획을 하는 것이 좋다고 한다.

침실

가장 사적인 공간으로 개인적인 휴식과 수면을 위한 공간이며 여성을 위한 경대를 두고 화장을 하거나 화장대를 두게 된다. 이에 방 전체를 편하고 부드러운 분위기가 되도록 하며 강렬한 원색은 피하고 옅은 색채를 사용한다. 전통 주거의 안방에 적용된 화문지나 분홍 바탕에 녹색 무늬, 맑은 파랑에 금분, 운분 무늬, 분홍 농도차에 의한 무늬, 녹색 농도차에 의한 무늬 등을 일부 한 벽면이나 천장에 도입하는 것도 좋다.

주방과 식당

주방은 크기와 관계없이 흰색계통이 좋다. 특히 좁은 주방에서 짙은 색상은 주부를 짜증나게 하고 쉽게 피로하게 한다고 한다. 전통 주거공간의 부엌에 해당되는 주방은 오행 중 금(金)에 해당되는 공간으로 청결과 소독의 의미를 지닌 백색, 즉 흰색을 주조색으로 하여 깔끔하게 연출하는 것이 좋다. 전통 부엌 공간에서 판장문과 연등천장의 나무와 회벽 벽면과 검은 솥으로 대비효과를 준 것을 반영하여 흰색 공간으로 연출하고 목재를 통한 수납장과 전등이나 식기류로 포인트를 대비조화를 추구하는 것도 좋다.

식당은 주방 옆 부분 식욕을 돋구어 주고 활기를 주고 즐거운 분위기를 연출하는 난색계통이 좋으며 특히 연분홍색으로 색채 조절을 하고 목재가구와 조명기구의 적절한 조화를 통해 연출한다.

욕실

욕실은 집안에서 가장 좁은 공간으로 화장실을 겸하며 넓어 보이게 하고 청결감을 주는 것이 중요하다. 물을 사용하는 공간으로 한색보다는 난색계통으로 사용하는 것이 바람직하다. 이에 바닥은 회색계통을 쓰고, 벽은 엷은 핑크색이나 크림색, 아래쪽은 청색 계통의 타일을 이용하면 유사조화를 통한 안정되고 쾌적한 욕실 공간이 된다.

서재

서재는 정신적 활동을 하는 공간으로 안정되고 안락한 분위기가 되도록 색채로 계획한다. 보통 공간이 좁은 경우가 많으므로 공간이 넓어 보이고 정신적 피로를 덜어줄 수 있는 한색계통, 녹색계통으로 계획하는 것이 좋다. 대신 책상이나 책장은 나무색을 그대로 활용하는 목재 가구를 사용하고 책상위에 놓는 악세사리는 머리에 자극을 주는 적색 계통의 소품을 배치한다. 전통 주거에서도 책상으로 사용된 궤안은 유난히 적색을 띄고 있다.

| 자연재에 의한 유사 조화 응용, 전주한옥마을 |

한옥의 온돌바닥, 한지, 창호 창살을 응용하여 유사조화로 방을 구성한 사례이다.

| 대청마루 연등천장 대비조화 응용 |

대청마루의 연등천장과 서까래의 목재 구조와 회벽을 응용하여 대비를 이루어 공간을 연출하였다.

| 자연색 적용에 의한 유사조화로 연출한 침실 |

온돌바닥과의 장판지, 전통 창호, 목재문, 한지벽지로 마감한 유사조화로 연출한 침실 공간이다.

| 자연색을 적용한 욕실 공간 |

바닥은 진한 회색으로 벽은 흰색으로 마감하여 조명에 의해 크림색효과를 주고 벽돌과 스톤을 사용하여 자연색 느낌으로 연출한 욕실공간이다.

02 • 자연을 담은 전통 주거

우리 전통 주거는 앞에 색채 구성에서 살펴보았듯이 현대 주거건축처럼 색채계획하에 재료를 선정하여 색을 맞추어 나가는 것이 아니라 이미 주변에서 구하기 쉬운 나무, 흙, 돌, 짚, 종이 등 모두 흔한 자연재를 이용하여 구성함으로 자연스럽게 자연색이 나오는 공간이 구성된 것을 알 수 있다. 그리고 이러한 자연재들을 사용할 때 인위적으로 과하게 다듬거나 형태나 물성, 색채에 변화를 주지 않고 자연 형태, 자연 질감 그대로 사용함으로 자연을 그대로 내부공간까지 담아 표현하고 있다. 그리고 자연재를 그대로 사용함으로 자연재가 가진 생명력을 그대로 전달하고 재료가 가진 자연적 물성을 이용하여 순환적 생태원리를 반영함으로 친자연적인 건축, 에너지 절약적인 건축, 웰빙 건축을 실천하고 있다. 그러면 우리 선조들이 주거건축을 할 때 자연재료를 사용할 때 어떻게 자연의 원리를 반영하고 자연과의 일체화를 완벽하게 추구했는지 알아보고 주로 사용한 자연재의 특성과 활용 방법, 현대적으로 적용가능성에 대해 살펴보고자 한다.

전통 주거의 자연재 사용 원리

자연미를 표현하기 위해서 건축에서의 재료 선택과 재료의 가공에서 오는 재질감은 중요하다. 주변지역에서 구하기 쉬운 자연소재의 이용은 여러 나라의 전통건축에서 나타나는 공통적인 특성으로 그 나라의 풍토성과 자연관, 재료를 다루는 태도에 따라 최종적으로 표현되는 재료의 색채 느낌은 같지만 질감이 전혀 달라진다. 질감은 재료를 얼마만큼 다듬고 가공해서 쓰느냐에 따라 같은 재료라도 거칠고, 부드러운 정도, 광택의 여부 등이 결정되고 실내공간의 전체적인 느낌과 조형성을 결정하는 중요한 요소가 된다. 서구에서 질감은 사물의 표현에 대한 촉각적이고 시각적인 감각이라는 의미로 인식되지만 우리는 질감을 '결'로 이해한다. 우리의 '결'은 세월의 의미를 내포하고 있다. 그래서 나무결에서는 나무의 성장의 리듬과 연륜의 흔적을, 물결은 물의 흐름과 유연성을, 비단결에서는 실이 짜여진 과정의 섬세함과 섬세한 촉감을 함께 느낄 수 있다. 그러므로 우리 민족에게 질감이란 단순한 표면적 효과 뿐 아니라 시간의 흐름을 담아 어떤 특정의 의미까지 포함하는 폭넓은 의미를 지니는 것이다. 나무, 돌, 천 등에서 느낄 수 있는 질감은 살아있는 존재로서 가지 고 있는 깊은 숨결을 의미하는 것으로 예술이나 건축의 소재로 사용될 때도 이러한 재료의 결, 즉 질감의 개념을 반영하였다.

이러한 질감에 대한 개념은 도교사상에 의한 자연관에 의한 결과로 자연재를 사용할 경우 가공 없이 재료를 있는 그대로 받아들이게 된다. 그 특성으로는 우선 인위적 기교를 멀리하여 필요 이상의 손질을 하지 않고, 장인의 기교가 확연히 드러나는 것을 피하고, 사람의 손맛과 함께 재료의 본질이 드러나게 하고, 정형성의 같은 반복은 피하는 방식으로 나타난데서 찾을 수 있다. 이러한 자연재 사용 결과 우리의 전통 주거는 질박함, 은근함, 오묘함 등의 감성적인 측면과 함께 섬세함과 포근함을 주고 있다. 그러므로 전통 주거를 만들기 위해 사용되는 자연재들은 규칙이 없어 보이나 자연주의 근거하여 자연재를 사용함에 있어 철학과 원리가 내재되어 있음을 알 수 있다. 이러한 원리는 도교사상을 중심으로 유교와 불교의 영향 하에 형성된 자연주의를 중심으로 형성되었으며 다음과 같은 원리로 요약해 볼 수 있다.

| 무위(無爲) |

도교 사상의 대표가 되는 핵심 개념으로써 자연이 작동하는 기본 원리를 무위라고 한다. 무위는 아무것도 하지 않음으로써 스스로 다운 상태에 있다는 '무위자연(無爲自然)' 줄임말인 동시에 불필요한 욕심을 버리고 각각의 본성에 맞는 한계를 잘 지키는 자연스러운 공간이라는 뜻이다. 무위에 이르는 구체적 전략은 외관의 형태에 집착하지 말라는 '무형(無形)'과 쓰임새가 같은 이기적 목적에 집착하지 말라는 '무용(無用)'이 있다. 이는 형태를 버려야 진정한 형태에 도달할 수 있다와 쓰임새를 버려야 진정한 쓰임새를 얻을 수 있다는 뜻으로 해석할 수 있으며 비움에 미학에 해당된다. 인간은 자연 속에서 다양한 이익을 받을 수 있다고 믿었기 때문에 무위는 지나친 장식을 피하고 자연에 맞게 자연의 안에서 자연스러운 멋을 부리는 건축이야말로 인간의 본성과 자연이 일체가 되는 공간이라고 보았다. 결국 무위의 개념에서 자연재를 사용함에 있어 불필요한 행위인 인공성, 즉 인위적인 기교, 규칙성, 폐쇄성, 장식 등은 인간의 욕심이라고 보고 가하지 않고 있는 그대로 사용하게 된다.

| 미연(美然) |

미연은 '자연스러운 아름다움, 또는 불필요한 장식을 피함으로써 미의 상태에 이른다'는 의미이다. 그러므로 자연재 사용에 있어 자연 그대로의 자연스러움은 제격에 맞는 상태로 유지해주기 때문에 전통 주거의 본성을 유지한다고 볼 수 있다. 미연은 불필요한 것을 하지 않음으로써 아름다움의 상태에 이른다는 무위미연의 의미로 사용된다. 미연을 위해서는 재료의 본질을 잘 지키면서 인공적 훼손을 최소화하며 적절한 선 안에서 장식을 사용하는 것이 진정한 공간다움이라고 한다. 이에 구조법칙을 좇아 꼭 필요한 골격만 축조하고, 외관 · 동선 · 기능 · 프로그램 등은 실내의 생활살이를 잘 반영하는 구성으로 짜고, 공간은 바깥외기와 자연스럽게 소통하는 하도록 구성하는 등의 방법으로 건물의 본성을 맞는 공간의 미를 찾는 방법이 이용된다.

| 물아일체(物我一體) |

물아일체는 말 그대로 물(物)과 내(我)가 하나가 된다는 뜻으로 물은 자연, 즉 자연과 내가 하나가 된다는 뜻으로 자연의 교훈인 자연스러움을 좇는다는 뜻으로 해석할 수 있다. 물아일체로 인간이 자연의 모습을 닮아가고 공간의 형태가 자연을 담는다는 것을 인간과 자연, 공간의 조화로 보고 이러한 조화가 전체적인 사회의 조화라고 보았다. 물아일체의 조형적 목적인 하나 됨은 이러한 '자연과 인간', '공간과 인간', '인간과 인간'의 관계를 모두 일체와 통일이라고 보면서 하나의 조형 환경, 즉 공간을 구성하는 요소들 사이의 일체감을 중시했다. 물아일체는 지나친 재주나 기교를 버리고 재료의 본성에 충실한 건축은 인간과 공간 사이의 일체감을 가져온다고 본다. 따라서 물아일체는 자연 재료와 나를 일체시키는 것이 자연과 인간을 위한 건축이라는 개념이 된다. 즉 건축과 실내, 실내와 가구, 구구와 공예가 모티브가 통일적으로 적용되고 함께 어우러질 때 최고의 공간이 된다고 보며 자연재료와 나를 일체시키는 것이 자연과 인간을 위한 건축이 된다는 개념이다.

| 무위이치(無爲而治) |

무위이치란 '아무것도 하지 않음으로써 다스린다.'라는 의미로 불필요한 것을 하지 않으면 오히려 더 잘 다스릴 수 있다는 뜻이다. 무위이치가 건축에 적용되면 재료사용에 있어 불필요한 것은 하지 않거나 혹은 최소한의 손질만으로 건물이 자연스럽게 형성되는 과정에서 더 좋은 건축답게 만들어 준다는 의미가 된다. 무위이치는 자연미의 조형성을 가르치는 정의로 공간을 구성하는 요소 중에서 어느 것 하나 필요 이상으로 넘치거나 부족하지 않은 상태를 말한다. 자연이 주는 재료를 있는 그대로 사용하거나 최소한의 인공성만을 사용하겠다는 의지가 바로 무위이치인 것이다. 무위이치의 이러한 자연 재료의 사용은 소박미의 개념으로 해석되기도 한다. 소박미는 인간을 자연속의 일부로서 겸허하게 받아들이려는 자세를 말한다. 자연재를 통해 자료의 특징이 자연스럽게 드러나게 한다. 셋째, 적합한 건축적 쓰임새가 차용된다. 넷째, 최종적으로 건축의 다른 요소들과 잘 어울려 건물의 전반적 가치와 의미를 향상시킨다. 이 네 단계를 거쳐 얻어지는 공간은 중심을 잃지 않은 균형감과 조화미의 공간으로써 자연과 인간의 본성에 충실한 진정한 공간이 된다.

| 무위, 영주선비촌 |

비움으로 자연의 다른 혜택을 채우는 공간이 된다.

| 미연, 안동 소산마을 |

재료의 형태와 본질을 그대로 유지하면서 구조법에 맞추어 자리에 위치함으로 기능을 다하면서 자연미를 전달하고 있다.

| 무위이치, 영주선비촌 |

재료의 본성을 그대로 표현하기 그렝이질을 통해 배치한 주춧돌이다.

나무로 연출하기

• 전통 주거와 목재 •

나무가 우리에게 주는 혜택은 목재를 주고 과실을 주고, 풍치를 제공하고, 시원한 그늘을 주고, 삶의 울타리를 제공한다. 이외에도 나무가 주는 혜택은 다양하다. 과거시절 집을 지을 때 가장 많이 이용된 것은 아무래도 주변에 제일 많은 나무에서 그 해답을 찾았을 것이다. 이에 우리 전통주거는 나무가 주는 목재가 가장 기본이 되는 목구조 주택을 짓게 된다. 집을 짓기 위해 돌이나 흙 등을 사용하기도 하지만 주요 구조부는 목구조이므로 목재가 가장 많이 사용된다. 목재는 주거 건축의 구조재로 마감재로 장식재로 가구재로 다양하게 사용되었다.

집의 대부분이 목조로 구성된 전통 주거는 목구조의 고유특성을 발휘하여 건물 요소의 분절과 이들 요소들의 접합을 통하여 건축 공간을 자유자재로 부가하고 연결시키는 융통성을 나타낸다. 규격화된 건물 부품 요소는 조립되어 다양한 공간을 만들어 내며, 구조적 요소와 장식적 요소가 복합적으로 조화되고 있다. 즉 구조 자체가 장식적인 요소와 결합되어 건축의 시각적 체험을 깊게 한다. 다양한 성격을 가진 공간 구성을 가지며 이들 공간들이 순차적으로 전개해 나가면서 위계를 형성하게 된다. 그러나 큰 나무 공급의 어려움으로 인해 작은 부재의 사용이 많아 큰집의 신축이 억제되었으며 자연스럽게 인간적 척도에 의한 공간이 형성되었다.

전통 주거에서 목재는 시각적 요소로서 재료 자체가 가진 감각 전달의 기능과 환경조절 기능을 갖는다. 우선 목재는 어느 부위에 사용되던 최소한의 가공만으로 자연재로서의 질감과 결을 최대한 표현하고 있다. 목재의 부드러운 재질감과 목재가 가지고 있는 성질에 충실하여 나무의 결을 그대로 살려 사용하고 표현함으로 자연스럽고 순화된 깊은 맛을 표현하고 있다. 그리고 오랜 세월의 깊이를 나타냄으로 유구한 세월 속에 겸허해지는 감각을 전달한다.

이러한 목재가 전통 주거 건축에서 어디에, 어떻게 사용되었는지 찾아보면 다음과 같다.

| 구조재 |

목구조의 가장 기본은 기둥과 보이며 이를 중심으로 도리와 서까래 걸어 구성하는 것이 기본 목구조법이다. 모든 지붕의 하중을 도리가 받아 보에 전달시키며 이것은 기둥으로 이어진다. 기둥은 건물의 모든 무게를 받으며 벽을 지지하는 절대적인 기능을 가진다. 부재와 부재를 연결하는 방법은 지어야 할 집의 규모와 격에 따라 결정되는데, 목재의 휨과 하중의 진행 방향을 고려하여 오랜 착오 끝에 완성된 구조법으로 결구와 포의 방식에 따라 민도리집, 소로치장집, 익공집, 주심포집, 다포집, 하앙식 등으로 나뉘며, 지붕 가구형식 즉 도리의 개수와 칸의 숫자에 따라 3량, 5량, 7량, 9량, 11량집 등으로 구분된다. 이에 집을 짓는 목수의 가장 중요한 일 중의 하나는 기둥이나 보가 되는 나무를 고르는 일이다. 전통 주거의 기둥과 보는 정교함과 자연스러움, 화려함과 수수함을 동시에 가지고 있다. 이는 나무의 특성을 그대로 사용하고 가공 작업을 최소화하여 나타나는 자연미 때문이다. 이러한 목구조는 대칭을 중심으로 구조재로 사용된 목재를 시각적으로 명확하게 확인할 수 있다.

구조재로 사용되는 목재는 건조 및 수축으로 인한 변형이 적고 잘 썩지 않고 충해의 저항이 큰 부재가 적합하며, 강도에 지장을 줄 수 있는 결점이 없는 부재를 사용하여야 하므로 옹이, 석음, 엇결, 기타 흠이 없는 목재를 사용해야 한다. 이에 가장 많이 쓰였던 나무는 소나무로 육송이라 불리는 적송이 주로 이용되었다. 적송은 변형이 심한 나무로 이를 막기 위해 2년 이상 건조된 나무를 사용하고 지붕의 하중으로 변형을 막게 된다. 이에 큰 단면의 목재가 필요하게 되어 기둥은 가장 큰 목재를 사용한다. 기둥이 세워지면 창방이나 장여를 돌리고 들보를 올린다. 들보는 지붕의 하중을 기둥에 전달하는 구조재로 목구조에서 가장 힘을 많이 받는 부재이다. 보는 직선으로 할 경우 착시현상에 의해 가운데가 처져 보이므로 궁한을 두어 휘어 올리게 가공을 하는데 가급적 휜 재목인 홍예보로 사용한다. 이는 구조와 자연미를 동시에 만족시키게 된다.

| 마루 바닥재 |

전통 주거에서 목재를 피부로 가장 많이 느끼고 접하는 곳은 공간 구석구석에 배치된 마루공간이다. 장소별로 대청마루, 쪽마루, 툇마루 등이 있으며 마루 형태에 따라 우물마루, 쪽마루, 장마루 등이 있으며 극히 드물긴 하지만 아(亞)자형, 만(卍)자형으로 깔린 형태도 있다. 여러 형태의 마루바닥은 널조각을 의도하는 형태에 맞추어 꾸미게 되므로 나무결의 무늬가 다양하게 나타나므로 실내 장식 요소로도 효과적이라 할 수 있다.

마루 형태 중 우물마루는 대청과 곳간에 사용되었으며 계층 관계없이 널리 사용되어 대청 마감재로 일반화되었다. 장마루는 좁고 긴 널판을 나란히 붙여 깐 것으로 툇마루, 광, 다락바닥 등에 사용되었다. 장마루는 우물마루보다 열등한 것으로 생각하였으나 오늘날에는 일반 마루구조가 되어 널리 사용되고 있다. 쪽마루는 짧고 좁은 마루널을 네 개를 모아 정방형의 한 장 마루판이 되게 하고, 이들을 서로 엇갈리게 깔아 바닥전체에 쪽무늬를 형성하는 마루이다. 이러한 마루바닥은 마루 놓기가 끝나면 아교물에 주사를 풀어서 칠하거나 콩댐을 하여 길을 들인다. 나무 색깔이 일정하지 않을 때는 콩댐에 치자물을 타서 색깔을 일정하게 골라 주면 장판과 같은 효과를 얻을 있다. 손이 많이 가는 일이지만 오랜 세월 콩댐을 계속들이면 거울처럼 환한 마루가 되어 전통 주거의 가치를 높여준다.

마루 바닥에 사용된 나무는 소나무, 가래나무, 상수리 떡갈나무로 대부분 어두운 색조의 갈색으로 하얀 벽과 대조를 이룬다.

| 천장재 |

천장 내부 마감의 처리에 있어서도 목재로 전체적으로 마감한 천장과 서까래의 목재구조선을 노출하면서 마감한 천장이 있다. 목재로 전체적으로 마감한 천장은 장반자 천장(長천장)

으로 평천장에 반자틀 없이 좁고 긴 널조각을 그대로 마감한 천장으로 부엌의 상부를 다락으로 만든 하부면을 처리할 때 사용되었다. 천장 마감 중 제일 고급 마감법으로 청판으로 마감한 우물반자 천장을 들 수 있으며 대청마루에서 사용되었다. 서까래를 그대로 노출시켜 나무의 형태를 그대로 강조한 천장은 연등천장과 삿갓천장이 있다.

| 창호재 |

창호는 전체가 나무인 널빤지를 사용한 판장문, 골판문과 창호의 문틀과 창살이 목재가 이용되었다. 특히 판장문이나 골판문은 무기교의 기교를 통한 자연미를 보여주는데 나무널이 치밀하지 않게 널 구성을 하는데 전체로서 구수한 멋을 나타낸다. 이들 문은 나무의 자연스런 나무결이 고운 나무를 구하여 인거로 켜낸 널빤지를 좌우 문짝에 각각 사용하는데 나무결 무늬가 대칭이 되도록 만든다. 나무결의 핵의 무늬를 알맞은 눈높이에 오게 하고 적절한 자리에 문고리를 박는데 서로가 미묘하게 조화를 이루어 자연스런 조화미를 보여준다.

| 지붕재 |

전통 주거의 지붕재로 목재가 사용되는 경우는 너와집과 굴피집이 이에 해당된다. 너와집은 수령 200년, 지름 500㎜ 이상의 아름드리 소나무, 전나무, 참나무 등의 통나무를 길이 400~600㎜ 정도로 토막으로 잘라 세워놓고 도끼와 쐐기를 사용하여 두께 40~50㎜, 폭 200~300㎜ 정도로 갈라 널을 만들어 지붕을 덮고 바람에 날리지 않도록 돌과 너시래라는 통나무를 서까래에 평행하게 눌러 지붕을 구성한 집이다. 너와는 반드시 도끼로 통나무를 가르는데 이는 너와 표면에 자연스럽게 나무결에 의한 가는 골이 생기도록 하여 빗물이 실내로 유입되지 않고 물매를 따라 밑으로 흐르게 하기 위해서다. 너와는 날씨가 쾌청할 때는 수축하여 통풍이 잘 이루어지고 비가 오는 날에는 팽윤하여 비가 새는 것을 막아준다. 따라서 너와는 계절의 차가 심한 곳에 적당한 지붕재료라 할 수 있다.

굴피집은 수령 20년 이상 된 참나무, 굴피나무, 떡깔나무의 껍질로 지붕을 덮은 집이다. 굴피는 물이 한참 올라 껍질을 벗기기 쉬운 음력 7월경에 마련하여 건조되면서 돌돌 말리지 않도록 잘 펴서 차곡차곡 쌓아 돌을 올려놓고 응달에서 4~5일 정도 말려 구시월에 껍질 쪽을 밑으로 하여 처마로부터 마룻대 쪽으로 포개어 쌓는다. 굴피의 수명은 '기와 만년에 굴피 천년'이라는 말이 전해질 정도로 길다. 보통 2~3년 마다 떨어잇기 즉 노출되었던 굴피 부분을 안쪽으로 놓고 안쪽의 부분을 바깥쪽으로 바꾸어 놓는 일을 하거나 새로운 굴피로 갈아 끼워 보수하는 방식으로 관리한다. 굴피도 습기에 민감하여 대기가 건조해지면 바짝 오므라들고 비가 내려 습도가 높아지면, 이내 늘어나서 틈을 메우는 성질로 여름엔 시원하고 겨울엔 훈훈한 특징을 갖는다.

| 벽재 |

전통 주거 건축은 벽체를 만들 때 기본적으로 나무를 구조 틀로 하여 만들지만 시각적으로 나무가 많이 노출되는 벽은 귀틀집과 나무토막을 이용한 목심흙집이 이에 해당된다. 귀틀집은 나무가 풍부한 산간 지방에서 주로 지어진 집으로 큰 통나무를 '井' 자 모양으로 층층이 맞추어 얹고 그 사이사이의 공간을 흙으로 마무리 하는 방법으로 쌓아 올려 벽을 구성

| 구조재 |

| 마루바닥재 |

| 천장재 |

| 지붕재, 굴피지붕 |

| 벽재, 귀틀집 벽체 |

| 창호재 |

| 수장재, 판장문 |

| 수장재, 교란식 난간 |

| 생활용재 |

한다. 이에 서양의 통나무집과 같은 입면을 보이나 흙과 함께 사용하는 점이 다르다.

| 가구재 |

가구의 소재로 사용된 나무는 건축의 구조재와는 달리 다양한 수종의 목재가 사용되었다. 가구에 사용되는 가구구조와 형태를 이루는 목재도 자연색이 그대로 드러나도록 소박한 질감의 소나무가 가장 많이 이용되고 오동나무, 잣나무, 은행 나무, 느티나무, 호도나무, 참죽나무, 느릅나무, 오동나무, 버드나무, 대나무 등 다양한 목재들이 사용되었다. 이렇게 자연목으로 만들어진 가구는 목재가 온도에 민감하므로 윗목에 배치하여 사용하였다. 나무토막을 이용한 목심흙집은 나무와 흙을 차례로 놓아 벽을 구성하는 방법인데 나무가 수축하면서 흙과 나무 사이에 틈이 생기는 경우가 많으므로 나무의 껍질을 벗겨서 충분히 건조시킨 후 사용해야 한다.

| 기타 수장재 |

건축물을 내부나 외부에 노출되어 아름답게 꾸미는 재료를 수장재라 하며 문선, 인방(상방, 중방, 하방), 머름, 대문이나 난간 등 다양한 건축의 부위에 목재가 사용되었다. 대문은 손잡이와 연결철물을 제외한 대문널과 띠장, 빗장둔테를 다 목재로 만든다. 그리고 난간은 건축 입면에서 가장 눈에 띄는 곳이므로 문양 연출을 통해 화려하게 장식해준다. 수장재로 사용되는 목재는 흠이 없고 건조가 잘되고 변형이 없고 외관이 수려한 부재를 사용한다.

| 생활용재 |

전통 주거에서 목재를 이용한 생활 용품은 무척 다양하게 제작 사용되었다. 일단 공간요소와 함께 사용된 생활재는 여름철 많이 이용한 돗자리와 발, 죽부인을 비롯하여 붓, 벼루집, 문서통, 고비 등 문방 소품들과 식생활과 연관된 수저, 그릇, 함지박, 소쿠리, 절구 등 각종 생활집기들이 목재로 만들어졌다.

• 전통 주거에 사용된 목재와 웰빙 특성 •

목재의 종류

전통 주거를 구성하는 목재는 선사시대부터 삼국시대는 참나무가 많이 사용되고 고려시대는 느티나무와 소나무, 참나무가 조선시대에는 건축물 대부분이 소나무가 사용되었다. 이에 고건축 목재로 널리 알려진 것은 소나무이나 역사는 활엽수인 참나무나 느티나무에 비해 짧다. 그러나 조선시대 오면서 구조재는 소나무를 상품으로, 전나무는 중등으로 기록하여 특수한 경우를 제외하고는 대부분 건축용재는 소나무를 활용하였다. 이에 우리나라의 목조건축은 소나무의 성질에 순응하여 지어진 건축이라 할 수 있다. 그러나 점차 목재 자원의 부족으로 효율적인 목재 사용을 위해 가변적인 형태와 가구방법이 요구되었고, 이에 따라 소나무 외에도 잡목들이 부분적으로 사용되었고 인공을 가하지 않은 자연 그대로의 목재 형태를 구조에 적용하여 목재 특유의 특성을 살린 건축물을 완성하였으며 많이 이용된 목재들을 살펴보면 다음과 같다.

| 소나무 |

소나무는 우리나라 전역에 자생하는 침엽수로 변재는 흰색이며, 나이를 먹을 수록 심재는 갈색을 띠는 나무이다. 소나무는 실제 일본의 회목이나 삼목 등과 비교한다면 좋은 수질의 목재는 아니다. 장대한 부재를 얻기도 어렵고 직재도 귀하고, 송진이 많아 정밀한 치목을 해도 비틀어지고 터지기 쉬운 단점을 갖고 있다. 그러나 우리 선조들은 소나무가 갖고 있는 장점인 탄력이 풍부하고 송진에 의해 습기로 보호하고 썩지 않는 특수성분으로 내습성과 내구력이 강하고 가공이 쉬운 점을 살려 특질에 맞춰 구조재와 가구재로 가장 많이 이용하였다.

소나무의 종류는 육송이라 불리는 적송, 해송이라 불리는 흑송, 춘향목이라 불리는 강송(금강송), 잣나무인 홍송, 중국이 원산지인 백송 등이 있는데 이들은 나무의 특성에 맞추어 구조재, 가구재, 각종 수장용재 등 다양하게 사용하였다. 건축용으로는 육송 즉 적송을 가장 많이 사용하였는데 육송은 강도가 강하지만 구부러지므로 보 등 구조재로 이용하고, 해송은 강도가 약해 수장재로 사용되고 홍송은 곧은 특성으로 도리 등의 부재와 면이 부드러워 나전칠기 백골의 판재나 뼈대목으로, 강송은 나무결이 아름다워 조각재나 건물의 얼굴이 되는 부분에 이용되었다. 적송은 잘라낸 면이 붉은 색을 띠고 나이테의 간격이 좁고 치밀하여 변형이 적고 결속력이 강하여 구조재로 적합하다. 적송은 열전도성이 낮아 열교 현상에

| 한국의 소나무 |

동북형	금강형	중부남부평지형	위봉형	안강형
함경남도와 강원도 일부에 분포하며 줄기가 곧음	금강산과 태백산을 중심으로 분포, 금강송이라고도함	서해안 일대에서 많이 볼 수 있으며 줄기가 굽음	전북 완주 지역에 주로 분포. 전나무 모양이며 생장 저조	울산을 중심으로 분포하는 난쟁이형. 관상수로 좋음

중앙일보, 숭례문 복원 목재 왜 소나무만 쓸까, 2009.3.6.일 기사 http://article.joins.com 재구성

의한 건물의 열손실을 막아주기 때문에 건물의 구조재나 창호재, 마루 바닥재로 주로 사용되었다.

| 전나무 |

전나무는 침엽수로 젓나무라고도 하는데 나무의 수액이 하얀 젓 같다고 해서 붙여진 이름이다. 우리나라에서 자생하는 전나무들은 주로 오대산, 설악산, 백두산, 금강산, 한라산 등 북부 지방과 높은 산에서 주로 자라며 50m이상 자란다. 줄기가 굽는 일이 없이 높이 자라서 큰 집을 지을 때 기둥이나 대들보 등 구조재로 사용된다.

| 참나무 |

참나무는 활엽수로 어느 한 종을 지칭하는 것이 아니라 참나무과에 속하는 여러 수종을 가리키는 명칭으로 낙엽활엽수로 상수리나무, 굴참나무, 떡갈나무, 신갈나무, 갈참나무, 졸참나무 등이 있으며, 상록활엽수로는 가시나무, 종가시나무, 붉가시나무, 졸가시나무 등이 있다.

목재는 나이테가 뚜렷하고 변재는 회백색, 또는 황갈색. 재면은 참나무 특유의 아름다운 호랑이 무늬를 가지고 있으며 비틀림은 크나 강도가 높다. 몰딩재와 단판재로 많이 사용되는 목재이며 목재는 무겁고 단단하며 외력에 의해 변형이 거의 없으며 높은 충격 저항성을 가지고 있다. 착색처리가 용이하고 건조중에는 수축이 많이 발생한다. 이에 건축재, 가구재, 마루재 등 다양하게 이용된다. 특히 떡갈나무는 깊은 산속에서 오랫동안 자라야 용재로 사용되는 나무로 대자귀로 깎아 청판이나 귀틀을 만들면 심향목 같고 내구성이 강하여 마루재로 사용되었다.

| 느티나무 |

심재와 변재의 구분이 명확하다. 심재는 황갈색의 아름다운 색조가 보이며 윤이 나고 내부후성과 강도가 탁월하여 오랜 기간 동안 보

| 소나무, 육송 |

| 소나무, 홍송(잣나무) |

| 느티나무 |

존될 수 있다. 목질이 단단하여 무거운 물건을 다루는 수납가구에 사용되었으며 나뭇결이 아름다워 상품(上品) 가구로서의 미장(美裝)효과도 커서 가구의 표면장식 재료로도 많이 사용된다. 우리나라 전통가구재로서 최우량재에 속하며 단단한 목질을 지녔음에도 불구하고 뒤틀리거나 터지는 등 나무 성질은 좋지 않다.

| 오동나무 |

나무가 약하여 골재로는 쓰지 못하고 판재로 이용되며 해충과 벌레의 피해가 없는 장점이 있다. 옅은 홍백색을 나타내며 나무가 약하여 골재로는 쓰지 못하고 판재로 차양 장치나 수장재로 이용되고 대표적인 가구재로 사용되었다. 온도에 민감하여 장이나 궤 내의 온도를 일정하게 유지할 수 있다.

| 버드나무 |

버드나무는 집과 마을에 친근한 나무로 아무리 세찬 비바람에도 꺾이지 않는 유연성을 지니고 있다. 재질이 가볍고 무르며 뒤틀리지 않으며, 옹이도 적은 것이 장점이다. 건조 중에 많은 수축이 발생하며 내구성이 적은 것이 단점으로 구조재 보다는 정교한 목세공품에 많이 사용되었다. 특히 나주반의 상다리와 가재 도구인 버들고리에 사용되었다.

| 가래나무 |

가래나무는 호두나무과에 속하며 목질이 호두나무보다 단단하고 치밀하며 신축성이 없는 잇점이 있다. 툇마루나 무루재로 사용하면 저절로 기름기가 우러나와 황색이 되면서 반짝거린다. 가래나무 껍질은 벌레를 죽이는 해충제 역할을 하므로 마루에 개미나 벌레가 덤비지 못하게 하는 웰빙 나무이다.

| 오동나무 |

| 버드나무 |

| 가래나무 |

| 은행나무 |

심, 변재의 구분이 불분명하며, 변재는 황갈색으로 춘추재의 구분도 불분명하며 목리는 치밀하고 내수성이 양호하며 향기가 강하고 절삭가공, 건조, 도장이 용이하다. 반면 접착성과 광택은 보통이며 내후 보존성은 낮은 편이다. 나무의 지름이 커서 넓은 판재로 이용할 수 있으며 얇게 켜도 잘 갈라지지 않는 장점이 있다. 가볍고 깨끗한 목질로 탄력이 있어 섬세한 조각 장식재와 바둑판 재료, 고급가구에 많이 쓰인다.

| 감나무 |

양지바르고 해풍이 있는 곳에서 잘 자라는 유실수이다. 재질이 연하고 치밀하나 건조가 어렵다. 감나무 중에서도 심재 속에 검은 무늬가 있는 것을 먹감나무라 하여 가구재로서 귀히 여겨 장이나 농, 문갑, 사방탁자, 연상 등의 판재로 이용하였다.

| 박달나무 |

우리나라에서 생산되는 나무 가운데 가장 무겁고 단단한 나무다. 압축강도 휨강도 전단강도는 강하고, 인장강도는 보통이며, 충격휨 흡수에너지가 크고 잘 부러지지 않고 질기기 때문에 강도를 필요로 하는 곳에 많이 사용되었다. 건축재는 물론 가구나 공예재로, 목활자, 얼레빗과 같은 세공품이나 조각재로, 목탁 · 방망이 · 다듬이판 · 두깨 등의 생활용품을 만드는데 쓰였다.

| 느릅나무 |

낙엽활엽교목으로 정자목으로 이용되는 거목으로 껍질은 꼬아서 끈으로 이용한다. 잘 휘어지는 반면 잘 갈라지지 않는 장점이 있다. 나뭇결이 복잡하여 어둡고 검푸른 느낌도 준다. 수장재와 서안, 문갑 만드는 가구재로 제기 · 바리대 · 쟁반 등 생활용재에 많이 이용된 수종이다.

| 은행나무 |

| 박달나무 |

| 느릅나무 |

| 대나무 |

참대나무

왕죽(王竹), 진죽(眞竹), 장죽(長竹)이라고도 한다. 산지는 중남부 지방이며, 대나무 줄기의 높이는 10-30㎝, 마디 크기는 30-40㎝, 지름 5-12㎝이며, 참대나무의 죽피는 항상 윤이 나고 암갈색의 반점이 있는 것이 특색이다. 표면에 흰가루가 묻어있고 단단하면서 질기고 탄력성이 크다. 잘 쪼개지는 성질을 지닌 참대는 열이나 습기에 강해 대나무 중에서 가장 우수한 것으로 간주된다. 농, 바구니, 활등 사용범위가 넓어 제일 많이 사용된 대나무라 할 수 있다.

솜대

청대죽(靑大竹), 분죽(粉竹)이라고도 하는데, 전라남도 지방이 주산지이며 제주지방에서도 산출된다. 높이는 15㎝, 지름은 3-10㎝ 정도이며, 엷은 황색이고 깨끗하다. 비교적 잘 구부러지는 탄력성을 가지고 있어 낚시대로 많이 쓰인다. 윤기가 많지 않아 장식문양을 넣어 비교적 큰 가구 표면에 붙이기도 한다.

오죽

검정대나무(黑竹)라고도 부른다. 중남부지방이 산지이며, 높이는 30㎝, 지름이 20㎝ 정도이다. 처음 자랄 때는 녹색이지만 점점 흑자색으로 변하는 데 완전히 제 빛이 돌아오면 윤이 흐르고 아름답다. 탄력성이 좋아 공예품에 많이 이용되며 가구의 부속 재료로도 애용된다.

목재의 웰빙 특성

목재는 나이테에 의해 생기는 나뭇결에 의해 의장적 역할을 하며 재활용이 가능한 재료이며 수명이 다되면 적절히 잘라내고 잇대어 쓸 수 있는 장점이 있으며 이외에 다양한 웰빙 특성을 지닌 건강 재료이다.

| 뛰어난 가공성에 의한 경제성 |

가공성이 매우 뛰어나 부재의 크기와 형태의 다양한 사용과 패턴화가 가능하고, 목재 부재의 반복적 나열을 통해 면적 구성이 가능하여 다양한 공간표현을 할 수 있다. 또한 다루기가 편하고 동절기에도 시공이 가능하고, 규격화된 부재사용과 효율적인 벽체시공 등으로 공사기간이 짧아져 상당히 경제적인 건축이 가능하다.

| 구조적 안정성 |

목재는 무게에 비해서 인장강도와 압축강도가 현대건축의 주재료인 콘크리트나 철재보다 훨씬 강하며, 정하중의 2배정도 까지 충격하중에 견딜 수 있다. 갑작스러운 충격에 철재보다 9배정도 충격에너지를 흡수할 수 있고 진동을 감소시키는 성질로 접합방법에 따라 지진이나 풍력 등에도 콘크리트 구조에 비해 강한 저항력을 가지고 있다.

| 높은 강도와 내구성 |

목재는 벽돌이나 콘크리트보다 상대적 강한 내구성을 가지고 있다. 철근콘크리트 건물의 경우 일반적으로 30년 정도의 내구성을 가지고 있는 것으로 알려져 있지만 목조주택의 경우 관리만 잘하면 몇 백년 이상도 유지할 수 있다.

| 뛰어난 단열성능 |

목재는 다공질의 성질과 낮은 열전도율로 실내에 차가운 냉기가 스며들지 못하게 하여 열교 현상에 의한 건물의 열손실을 최소화시키는 역할을 한다. 시공 후에도 콘크리트나 벽돌건물에 비해 단열성능이 뛰어나기 때문에 난방비등 유지관리적인 측면에서도 경제적인 이점이 있다. 또한 통풍효과도 좋으므로 고온다습한 기후에 적합한 재료이다.

| 방음 및 방수 효과 |

목재 자체로서 흡음 및 수분 조절기능을 가지고 있다. 실내습도를 자동으로 조절하는 능력을 가지고 있어 항시 실내를 쾌적하게 유지시켜준다.

| 자연 삼림욕 효과 |

목재 자체의 자연의 느낌과 함께 목재 자체 향기성분에는 여러 생리활성 물질과 억균물질들이 포함되어 사람의 스트레스를 해소시키고 몸과 마음을 편안한 휴식을 취할 수 있도록 한다.

| 질병예방 및 치료효과 |

목재의 추출성분은 신진대사를 촉진하고 혈액순환을 좋게 하며 맥박과 혈압을 진정시키는 효능, 항상 숙면이 가능하고 빠른 피로회복이 가능하다.

• 현대적으로 응용 웰빙 연출하기 •

웰빙 주거에서 재료는 매우 중요한 의미를 갖는다. 웰빙 주거에서 재료는 가족의 건강, 환경을 배려한 재료라야 하며 생태적 순환 체계를 유지하는데 부담을 주지 않는 재료로 생산과 소비와 해체의 전 과정에서 생태적으로 고려해야 한다.

전통 주거에서 사용되었던 자연재는 경제성과 지역고유성을 겸비하고 우리나라 기후조건에 적응 발전해 온 웰빙 건축 재료이다. 그러나 현대 주택 건물에 과거 재료의 사용법을 그대로 도입하기에는 어려움이 있기 때문에 새로운 기술로의 개발을 통해 현대적으로 응용 적용해야 할 필요성이 제기된다.

전통 주거 재료 중 목재는 현대 주거 건축에 전통성을 시각적으로 표현함과 동시에 활용성에서 가장 좋은 재료라 할 수 있다.

| 내 · 외부 모두 포괄하는 구조 겸 내 · 외장 재료로 나무 활용 |

나무를 이용한 2×4기법, 볼륨구조, 전통식 가구구조, 귀틀집의 통나무 기법 등을 현대적 건축 공간 맞추어 적용하는 방법이다. 전통 목재인 소나무 외에 다양한 낙엽수종, 집성재를 활용하여 적용할 수 있다. 전체적으로 한옥을 재현할경우는 전통기법에 충실하여 제작하는 것이 좋지만 현대적 공간에 적용할 경우에는 연등천장 구조나 서까래와 보 구조 등을 부분적으로 도입하여 분위기를 연출할 수 있다.

| 마루 바닥 적용 |

실내바닥 마감재로 마루바닥을 적용한다. 과거에는 우물마루가 많이 적용되었나 마루나 큰 공간에 간편하게 수직의 선이 강조되어 미니멀한 현대 공간과 어울리는 장마루를 적용하거나 쪽마루나 우물마루를 적용하여 바닥 공간을 풍부하게 연출할 수 있다. 또한 실내공간에 공간을 띄운 마루 바닥을 구성하거나 툇마루나 쪽마루 공간을 구성하여 여유롭고 기류가 통하는 시원한 공간을 적용할 수도 있다.

| 목재 천장 마감 |

평천장일 경우 장반자 천장, 우물반자 천장을 도입하여 공간을 한층 자연 속에 들어온 느낌으로 연출할 수 있다.

| 목재 벽면 응용을 통한 공간 연출 |

통나무의 단면과 황토나 회벽이 조화되는 목심흙집의 벽 구조를 적용하거나 목재 널을 중간 중간 넣어 연출하는 방법으로 전통 벽면 목재와 흙과의 조화를 통한 새로운 자연미를 주는 벽면 연출법이 된다.

또한 전통의 기법을 그대로 적용하는 것이 아니라 재해석으로 통한 적용방법으로 우물마루와 우물반자 천장과 바닥에 사용된 면적수직, 수평적 패턴을 입면으로 전체적으로 적용하여 목재로 입면을 마감한다. 이는 자연재로서의 목재의 자연스러운 색상과 질감을 통해 전통적인 이미지를 현대적 재해석으로 전달해주는 새로운 벽면 구성으로 목재에 의한 자연성과 전통성, 시간의 흐름을 느끼게 해주는 공간 연출이 가능해진다.

| 전통 모티브의 목재 창호 적용 |

전통 목재를 현대적으로 차용함에 가장 다양하게 적용할 수 있는 목재 창호일 것이다. 전통 창호의 다양한 패턴은 실제 현재 주거의 창호 패턴으로 집안 내부의 칸막이 벽이나 파티션으로 거실과 식당, 현관 중문으로 각 방의 문, 수납장의 문으로 적용할 경우 바닥, 벽, 천장에서 전통적인 요소가 많이 도입되지 않더라도 시각적으로 전체의 통일성과 포인트를 주어 전통적이며 자연적인 느낌으로 연출하는데 굉장히 효과적인 요소라 할 수 있다.

| 목재로 만든 수장재와 가구, 생활용재를 소품으로 활용 |

전통 건축의 목재 난간도 테라스 공간이나 실내 툇마루나 쪽마루를 연출할 경우 도입하여 멋스러운 연출이 가능하다. 그리고 목재 가구나 문방소품, 함지박이나 절구통 등을 각 공간별로 기능과 연출 포인트에 맞추어 배치하면 전통적이면서도 목재를 통한 포근하고 옛스러운 정취를 느끼는 공간이 된다.

| 바닥, 벽, 천창을 목재로 일체 마감 |

피톤치드가 나오는 삼나무를 이용하여 공간 일체를 마감하였다.

| 마루바닥 마감 |

장마루를 마감방식으로 적용하여 마감한 바닥공간이다.

| 목재 천장 마감 |

장반자 천장개념을 적용하여 마감하였다.

| 천장 목재 구조 응용 |

전통 주거의 연등천장 구조를 복도공간적용하고 보도 홍예보의 느김을 살려 자연미를 차용하여 표현하고 있다.

| 목심흙벽 적용 |

나무의 나이테가 보이게 구성되므로 자연의 시간의 흐름을 느끼는 정겨운 공간이 된다.

| 귀틀집 벽 적용 |

통나무와 흙을 적용하여 자연미를 극대화 한다.

흙으로 연출하기

• 전통 주거와 흙 •

과거 우리 조상들은 '흙'은 나무만큼 주생활에 있어 없어서는 안 되는 매우 중요한 소재이자 삶의 일부로 여겨왔다. 가난한 서민들에게는 목재보다도 흙을 더 많이 사용한 토담집을 짓고 살았으며 조상들의 삶과 지혜의 산물인 가마, 옹기, 기와, 황토벽 등 셀 수 없이 많은 것들이 흙을 이용했다. 그만큼 우리 선조들은 '흙'을 자주 사용해왔고, '흙'과 동고동락하는 삶을 살았다. 우리 선조들은 흙이 가진 가소성이라는 성질을 이용하여 집을 지을 때 바닥과 벽체에 주로 이용하고 지붕에도 사용했으며 일상 생활용품에서도 다양하게 이용 다음과 같이 이용하였다.

특히 점토로 가마 속에서 높은 온도로 구워 만든 전돌은 목재와 석재가 갖고 있는 여러 가지 단점과 미비점을 보완할 수 있고, 독특한 조형적 특성을 발휘하는데도 큰 몫을 했다. 전돌은 흙을 재료로 하여 높은 온도로 구워 만들었기 때문에 내구력이 강하고 방화성이나 방한성이 뛰어나 여러 가지 경제적인 이점과 편리함을 잘 갖추고 있다. 전벽돌이라 부르기도 하며 기단이나 담장, 벽체구성에 사용되었다. 가공이 용이하고 모양을 쉽게 바꿀 수 있는 가변성을 지니고 있어서 아치나 궁륭 천장과 같은 특정한 장소에도 사용되었다. 또한 다채로운 무늬가 새겨진 무늬 전돌을 통하여 담장이나 벽, 굴뚝을 연출하기도 하였다.

바닥 구성에서 흙의 이용

주거건축에서 바닥에서 흙의 사용은 흙바닥 자체로 마감되는 경우와 온돌 바닥 마감에서 흙과 구들, 점토를 혼합하여 마감하는 방식에서 흙이 사용되었다.

흙으로만 구성된 흙바닥은 선사시대부터 지반을 잘 다져서 공고히 하는 방법으로 별다른 변화없이 조선 초까지 축조되어 왔으며, 축조되는 공간만 변천하였다. 선사시대에는 1실 구조로 방과 부엌이 같이 구성되는 구조였으나 점차 주거 건축이 발전되고 공간이 분화됨에 따라 부엌, 광, 외양간, 일부 방만 흙바닥으로 축조하였다. 방을 흙으로 마감한 경우는 계급이 낮은 빈천한 계층은 사람이 거처하는 온돌방이어도 흙바닥 위에 대자리, 삿자리, 갈자리를 깔고 사용하였다.

온돌바닥은 기본적으로 흙과 돌을 혼합하여 기초를 다지고 그 위에 판석인 구들장을 놓고 그 위를 짚여물을 섞은 점토로 초벌 바른 후 다시 중벌 바르기를 하고, 다시 진흙을 물에 타서 진흙앙금을 만들거나 진흙을 채로 쳐서 세사를 써서 반죽하여 수평한 진흙 피막이 형성되도록 바른다. 그리고 다시 종이 장판을 마감하여 온돌바닥을 만들게 된다. 그러므로 온돌바닥을 흙을 여러 번 정성스럽게 성질을 바꿔가면서 마감한 바닥재라 할 수 있다.

흙을 소성하여 성형한 전돌을 이용하여 바닥마감을 하기도 하는데 실내공간 보다는 기단의 바닥면에 주로 이용되었다.

벽 구성에서 흙의 이용

계절특성상 여름과 겨울의 온도차가 크고 연중 온도와 습도의 차이가 극단적으로 변하므로 이를 차단하고 조절하는 건축자재로 흙 이상 좋은 것이 없다. 왜냐하면 건축자재 가운데 열전도율이 가장 낮은 것이 흙이다. 그러므로 흙은 냉기나 열기를 고루 차단하고 열 차단 효율이 큰 자재로 여름에 아무리 뜨거워도 그 열기가 내벽까지 전도되지 않고, 겨울에 아무리 차가운 냉기가 외벽을 냉각시켜도 냉기가 내벽까지 전도되지 않아 우리 전통 주거 건축의 벽은 내벽과 외벽 모두 그 지역에서 구하기 쉬운 흙을 주재료 구성하고 있다. 다른 자연재가 사용되어도 흙을 기본적으로 혼합하여 사용하는 방식으로 구축되었다. 또한 흙벽은 흙 자체의 습도조절 효과와 더불어 공기가 유통되어 통풍 · 환기가 가능한 재료이다. 그리고 벽 자체의 질감 느낌이 자연스럽고 내외를 하나의 생태계에 담아내는 역할을 하며 자연미를 준다.

보통 내벽은 외벽재료와 같은 토벽을 그대로 하거나 분벽으로 마감하는데 회벽과 굴림백토로 마감된다. 보통 부엌은 내 · 외벽이 같은 토벽이며, 대청은 보통 회벽으로 마감을 하고, 방일 경우 그 위에 벽지나 천 마감을 하였다.

토벽은 가장 보편적으로 이용한 흙축조 방식인 심벽구조를 이용했는데 집 전체의 구조를 목구조로 하고 목구조 벽체에 대나무나 수수깡 등으로 적심을 만들고 짚을 썰어 넣어 반죽한 흙으로 채워 벽을 만드는 방법이 가장 많이 이용되었다.

전통적으로 토벽을 치는 방법은 3가지 방법이 이용되었다.

널판지로 내외틀 구성하여 축조하는 방식

널빤지로 내외 틀을 대어 그 틈에 흙을 집어넣고 회방아를 찧어가며 높여 가는 방법이다. 흙벽돌 구조처럼 조적식이 아니라 콘크리트처럼 일체식에 가까운 구조이다. 토담집이라 불리는 벽체의 시공방식이기도 하다.

잔나뭇 가지로 목심을 만들어 흙을 발라 축조하는 방식

수수깡, 장작개비, 물푸레 나뭇가지, 싸리가지 등을 칡덩굴이나 새끼로 엮어 기둥사이에 세워 목심을 만든다. 목심 안팎으로 흙을 발라 벽을 만들어가는 방법이다. 이때 사용되는 진흙은 점착력이 강해서 마르면 겉이 트고 갈라지므로 이를 막기 위해 짚이나 지릅대의 껍질을 여물처럼 썰어 진흙에 섞어 칠한다.

흙벽돌로 축조하는 방식

흙벽돌을 만들어 이를 바짝 말린 다음 쌓아 올리고 그 안팎을 사벽질해서 만드는 토벽이다.

이렇게 토벽이 외엮기를 시작으로 구성되고 나면 축조한 후 최종적으로 벽면을 마감하는 방법에 의해 다음과 같이 구분한다.

| 초벽(初壁) |

심벽구조에서 목심을 만든 후, 외엮기를 한 후 안 · 밖으로 흙을 발라 마감한 벽을 초벽이라 한다. 이때 차진 진흙을 바르면 좋다. 진흙의 갈라지고 트기 쉬운 성질을 방지하기 위해 짚, 지릅대 껍질, 마 등을 사용하는데 상류주택은 닥나무를 넣기도 한다. 초벽으로 벽 치장을 끝낼 경우에는 진흙에 여물을 섞을 때 석비례를 약한 비율로 섞어 준다. 그러면 토벽이 트는 것도 덜하고, 마른 뒤 담벼락 색깔도 화사해 지고, 벽면이 해맑아지고, 외벽은 방수효과로 빗물에 씻기기도 덜하다.

| 사벽(砂壁) |

초벽위에 다시 흙을 덧바르는 작업을 새벽칠한다고 하거나 사벽한다고 한다. 경우에 따라 사벽대신에 맥질을 하기도 하는데 이는 초벽의 틈새를 메우기 위해 초벽 위에 진흙을 이겨 몽당빗자루나 맨손으로 덧바르는 것이다.

사벽에 사용되는 흙은 진흙보다는 점력이 약한 잔흙, 넝개흙, 석비례, 화강암이 풍부한 백토 등에 고운 모래를 섞어 이긴 것을 쓰는데 말똥을 섞어 쓰기도 한다. 이에 사벽은 진흙 위에 백토만을 덧바른 것을 지칭한다. 사벽은 초벽보다 재질이 매우 곱고 부드러우며 감촉이 좋은 특징을 가지고 있어 초벽보다 훨씬 고급스런 의장 방식이 되며 보통 민가집에서 이용된다.

| 재사벽 |

새벽질을 두 번 거듭하는 것을 말하며 이를 면벽이라 한다. 이때 벽체에 토육색이 필요하면 황토물을 혼합하여 새벽질을 한다.

| 회벽 |

회반죽벽이라고도 하며 재벌마름 후 진흙위에 석고와 석회를 혼합한 회를 발라 벽을 희게 만든다. 회반죽은 생석회 덩어리인 강회를 분회(粉灰)로 만들고 이것을 다시 분회: 백토: 고운모래=1:1:1로 배합하여 만들어 벽체에 치장하면 백자빛의 하얀벽이 된다. 주로 상류 주택과 궁궐에서 사용되며, 주거공간에서는 대청의 벽체와 연등천장에 사용되어 색체 대비와 구조미를 보여준다.

| 회사벽 |

석회와 백토, 잔모래 따위를 섞어 반죽하여 벽에 바른 벽을 말한다. 석회죽에 모래와 백토를 섞어 초벌 바름을 하고, 초벌바름 후 고름질을 하고 갈라진 틈이나 틈서리 등을 석회죽으로 덧 먹인 후 재벌마름, 정벌마름을 통해 마무리한다. 초벽이나 사벽 보다 고급벽체로 상류 주택에 사용된다.

담장에서 흙의 이용

흙으로 만든 담은 토담이라 하며 특별한 시공법이 필요가 없어 민가에서 가장 널리 사용된다. 토벽 구성과 유사하게 첫째, 판축법에 의해 만들며 푸석돌이 많이 섞인 석비례나 돌을 넣어 섞어 쌓거나, 백토 등으로 만들거나 순수하게 흙만으로 축조하기도 한다. 둘째, 토벽돌을 이용하여 만들기도 한다. 토벽돌 방식을 빗물에 쓸리는 것을 대비하여 반드시 상부에 지붕을 설치하였다. 셋째, 가마에 구워 내구성이 강화된 전돌을 이용하여 담장을 구성하는 방식으로 가장 고급스럽고 다양한 패턴 연출이 가능하여 십장생이나 기하학문양 등을 연출하였다. 넷째, 기와와 흙을 이용한 와편담을 들 수 있다.

지붕에서 흙의 이용

지붕에서 흙의 이용은 크게 두 가지로 지붕 구조체 자체에 흙을 이용하는 측면과 지붕외관에 흙을 구워 만든 기와를 이용하는 측면에서 이루어진다. 지붕 구조에는 상당 부분이 다양한 흙이 사용된다. 흙을 통해 단열과 습도 조절과 환기 등 환경조절효과를 고려하면서 사용되었다. 그러면 지붕에 사용된 흙들을 살펴보면 다음과 같다.

| 보토 |

보토는 강회다짐을 하기 위해서 적심목 위에 까는 재료이며, 적심의 빈자리를 채워 완만한 지붕바탕을 만들기 위해 사용한다. 진흙, 생석회, 마사토를 물과 혼합하여 사용 한다.

| 강회다짐 |

강회다짐은 주로 누수를 방지하기 위한 목적으로 보토 위를 밀실하게 덮는 흙으로 생석회, 마사 혼합하는데 생석회 비율을 상당히 높게 하여 물과 혼합하여 사용한다.

| 알매흙 |

알매흙은 새우흙이라고도 하며 강회다짐 위에 암기와를 고정시키기 위해 까는 흙으로 2㎝ 이상 두께로 편편하게 펴 바른다. 보통 진흙에 생석회, 마사와 짚여물을 짓이겨 섞고 물을 혼합하여 사용한다. 알매흙은 차진 진흙을 쓰되, 충분히 짓이겨 뭉쳐서 던질 수 있는 묽기로 하고, 건조되지 않도록 보양하고, 건조되었을 경우에는 적당량의 물을 붓고 다시 이겨 사용한다.

| 홍두깨흙 |

홍두깨흙은 수키와를 고정시키기 위해 밑에 채워 넣는 흙이다. 암기와를 맞댄 사이에 물리도록 올려놓는다. 홍두께 흙도 알매흙과 같이 차진 진흙을 쓰고 여기에 생석회, 마사를 물과 함께 혼합하여 사용한다.

| 와구토 |

와구토는 막새기와 대신 기와골 끝의 수키와에 회(灰)물림을 하여 마구리를 장식하는 흙을 말한다. 모든 기와 마감에 사용되는 것은 아니며 막새를 사용하지 않을 경우에 하며 생석회, 마사를 물을 혼합하여 사용한다.

| 기와 |

우리 전통 주거인 한옥을 멋스럽게 만들어주는 요소 중 하나가 지붕을 구성하는 기와이다. 기와는 모래가 섞인 점토로 점토판을 만든 뒤 암, 수키와 물레를 사용하여 일정한 모양으로 만든 다음 햇볕에 잘 말린 후 구워내서 만든다. 우리 선조들은 기와를 만들 때, 큰 틀 안에 모래와 흙 그리고 물을 붓고 나서 소로 하여금 이리저리 밟고 다니도록 해서 잘 이긴 뒤에, 이 흙을 기틀에 넣어 꼴을 잡아 말리고 잿물을 발라 가마에 넣어 구웠다고 한다. 기와를 만드는 점토는 강도가 높아야 하므로 오기를 만드는 점토에 비해 모래의 주원료인 이산화규소(SiO_2)가 상대적으로 많은 점토를 사용한다.

기와는 목조건물의 지붕에 사용되어 눈과 빗물의 누수를 차단하고 목재의 부식을 방지함과 동시에 온 · 습도의 기후변화에 오래 견딜 수 있는 내구성을 가지고 있다. 이러한 기와는 암기와와 수키와를 기본기와로 하여 막새, 서까래 기와, 마루기와, 특수 기와 등 다양한 기와가 만들어져 20여종이 넘고 있다. 기와의 구성에서도 음양의 기본원리를 담고 있다. 그리고 기와의 마지막에 설치되는 막새기와에는 여러 가지 문양을 새겨 놓는다. 막새에 새겨놓은 문양에도 인간의 길흉화복을 주관하고 재난으로부터 건물과 인간이 보호받으려고 하는 소망이 담겨져 있다.

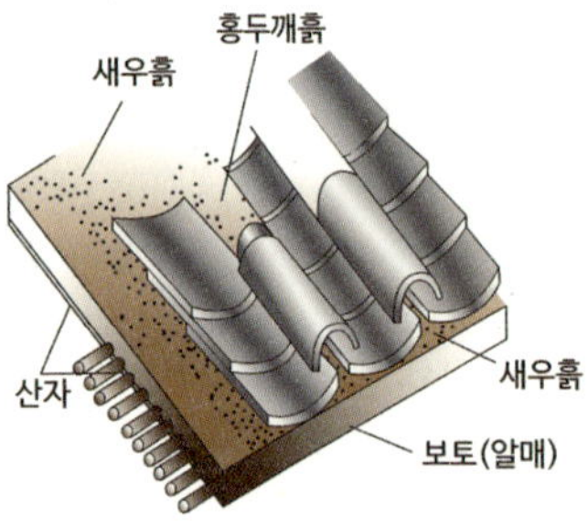

| 지붕에 사용되는 흙 |

| 알매흙 |

| 홍두께흙 |

〈자료출처 : 도담한옥http://dodamhanok.dothome.co.kr〉

생활용품에서 흙의 이용

흙을 이용한 생활용품의 대표적인 것은 옹기와 도기류이다. 이들도 모두 흙을 다지고 구워서 만든 것으로 그릇이나 술병, 주전자, 항아리, 문방 소품인 연적 등 다양한 생활용품 및 소품으로 사용되었다. 이들 용품들도 흙의 특유의 빛깔과 숨쉬는 흙의 특성으로 자연을 담고 있다. 이외에 불을 떼는 아궁이나 가마도 흙을 다져서 만든다.

| 장독대의 다양한 옹기들 |

| 부엌의 각종 도기, 옹기 그릇들 |

| 옹기를 이용한 굴뚝 |

• 전통 주거에 사용된 흙의 종류와 웰빙 특성 •

전통 주거 건축에 사용된 흙의 종류

일반적인 흙의 입자와 지름, 점토의 함유량에 의하여 이토, 부식토, 점토, 사토(모래), 자갈, 암석 등으로 구분된다. 이중 전통 주거 건축에 많이 이용된 흙은 열용량이 큰 점토와 규사 함유량이 높은 사토이다. 이러한 일반적인 분류보다는 우리 전통 건축에 사용된 흙은 우리 주변에 있는 흙과 기능을 좋게 하기 위해 석비레나 모래, 생석회, 마사 등을 섞어 사용했으므로 이를 기준으로 흙의 종류를 살펴보고자 한다. 특히 멍게, 모래, 진흙과 찰흙, 굴림백토 등이 많이 이용되었다.

| 멍게 |

멍게는 매우 고운 흙으로 벽체 마감에 사용된다. 매흙질 하는데 사용되는 흙탕물이 지난 간 자리에 앙금 앉은 부드럽고 고은 흙이다.

| 모래 |

모래 자체로는 건축 부재로 사용되기 어려우나 입사 기초나 흙담, 삼화토를 만드는데 사용된다. 모래는 응집력이 약하고 입자가 다소 커서 무거우며 내구성과 침투성이 높고 열용량이 높다.

| 진흙과 찰흙 |

진흙과 찰흙은 비슷한 흙으로 붉은 기운이 짙은 황토를 말한다. 토담을 치거나 초벽 할 때, 기와를 이거나 맞담을 쌓을 때 구들을 놓거나 부뚜막을 거는데 사용 된다.

| 굴림백토 |

굴림백토는 모래 섞인 흙이 점력이 강하므로 굵은 모래와 함께 섞어가면서 다부지게 떡메쳐 이긴 뒤에 백토에 자주 굴려서 흙이 하얗게 만들어진 흙이다. 흙의 흰기가 마치 회벽의 흰색과 거의 유사할 정도 아름다운 흰색을 띄며, 회벽과 달리 서민주택에도 사용되었다.

| 석비례 |

석비례는 '편마암'이 풍화된 모래 같은 것을 말한다.

| 삼화토 |

삼화토는 석비례와 모래와 강회를 똑 같은 비율로 섞은 흙을 말하며 내구성이 뛰어나 주춧돌이나 탑의 기초를 다지는 흙으로 이용된다.

흙의 웰빙 특성

흙집에 살던 계층이 가난했었던 만큼 흙은 예전이나 지금이나 가장 쉽게 구할 수 있는 재료이며 원재료를 건축부재로 변화하는 과정에서 비용이 적게 들고, 다양한 생산조건에 적응하기가 쉬워 가장 많이 이용하였다. 하지만, 흙집에 살았던 이들이 가난했다고 해서 흙이 가난한 재료는 절대 아니다. 흙은 웰빙 주거의 계획 요소 중 에너지 자원의 절약 기술 차원에서 우리에게 큰 의미로 다가온다. 흙이 가지는 특성인 '숨을 쉬는' 성질은 열을 완충시켜주며, 고효율, 고성능의 공기 조화기와 같은 역할을 한다. 공조기 없이도 어느 정도의 인간이 쾌적하게 살만한 환경을 적절하게 제공해주므로 active 설비에 사용되는 에너지를 절감할 수 있다. 흙이라는 자연재료는 폐기 시에도 그저 자연으로 되돌아가기에 완벽한 자연 순환 시스템에도 완벽하다. 바닥 난방이 주요 난방수단인 우리나라의 온돌시스템에도 흙은 큰 역할을 한다. 또한 화재에도 강하고 인체건강에도 좋은 경제적인 재료로 현대 주거공간에 적용해도 손색이 없는 다양한 웰빙 특성을 지니고 있다.

| 습도조절 기능 |

흙은 습도가 높을 때 습기흡수를, 건조시 습기 발산을 하는 자동습도 조절력으로 실내습도를 항시 일정하게 유지시켜 실내를 쾌적하게 한다. 이러한 특성으로 건기(겨울 등)에는 습기를 내뿜어주고, 우기(여름 등)에는 제습을 하는 기능을 별다른 공기조화 설비 없이 가능케 한다.

| 높은 단열성 및 온도 조절력 |

축열성이 좋아 단열효과가 뛰어나고 바깥의 더운 열기를 막아주며, 날씨가 추울 때는 반대로 온기를 발산시킨다. 난방을 끝내도 바닥온도가 급격하게 떨어지지 않으며 실내온도를 유지한다. 겨울철에는 계속적인 난방을 하지 않아도 따뜻한 기운이 오래가 에너지가 절감되고, 제습효과와 더불어 쉽게 집이 달아오르지 않아 에어컨디셔너 없이도 시원하며, 열대야 현상도 없다. 이에 냉 · 난방 용도로 사용하는 유지관리비를 절약할 수 있다.

| 생명력이 있는 살아있는 자연재 |

황토 1g에는 2억 마리의 인체에 유익한 미생물이 있는 바, 이것은 황토가 살아 숨쉬는 물질임을 말한다. 생물이 숨을 쉬듯 황토도 생물처럼 숨을 쉰다.

| 원적외선 방출 및 건강성 |

항균 성능으로 실내의 음식냄새, 담배냄새 등 기타 유해한 냄새를 신속히 흡수하며, 전자파를 흡수하고 원적외선을 방출한다. 황토에서 발생되는 원적외선 등의 황토의 자연기운은 생명의 기로서 인체에 매우 유익하다. 특히 노화방지, 혈액순환 촉진, 스트레스 해소, 피부미용, 신경통, 요통, 만성피로 회복 등에 아주 좋다고 하며, 최근 이슈가 되고 있는 새집증후군이나 아토피질환 등을 예방할 수 있는 대안으로 흙 건축이 세시되고 있다.

| 뛰어난 향균 성능과 해독력 |

곰팡이 및 인체에 유해한 각종 균류의 서식을 방지하고, 인체 내의 나쁜 독인 과산화지질을 중화시켜주는 역할을 하고, 강알칼리성의 시멘트 독을 없애준다.

| 내화성 |

흙은 무기질 불연 재료로 화재에 안전하며, 화재 시에도 유독가스를 배출하지 않기 때문에 인명 피해를 예방할 수 있다.

| 통기성을 공기 정화 효과 |

황토 미립자 속의 작은 기공으로 인하여 통기성이 좋아 공기를 순환시키는 환풍기 역할은 물론 공기정화기 역할을 한다. 시멘트로 된 실내는 통풍이 되지 않아 장마철에 축축해지면 곰팡이가 서식한다.

| 실내 쾌적성 유지 효과 |

유해한 냄새를 신속히 흡수, 정화 및 중화시키고, 향균, 탈취, 습기 조절력으로 인해 건물 내부를 쾌적하게 유지해준다.

| 결로 방지 |

흙은 다공질의 구조를 가지고 있어 공기가 통하여 흡 · 보습성이 뛰어나므로 실내 결로를 방지해준다.

| 개 · 보수력 |

시멘트와는 달리 개 · 보수력이 좋아 건축물의 사후관리에 아주 좋다.

• 현대적으로 응용 웰빙 연출하기 •

| 흙을 소재로 한 강도와 시공성을 높인 벽 구조 개발 응용 |

전통 흙벽 구조는 건물의 규모가 한정되고 흙의 경우 시공성이 떨어지는 한계가 있으므로 흙의 축열, 습도 기능을 유지시키면서 강도와 시공성을 높일 수 있는 흙벽 구조에 대한 연구가 필요하다. 전통적으로 사용된 치기 기법, 흙벽돌 구조, 심벽 구조 등에 철골 구조를 접목 응용하여 적용한다. 철골 구조와 흙벽을 접목시킬 경우 기본 뼈대를 경량 철골로 구성해놓고 심벽을 나무 또는 철망으로 만들어 심벽집처럼 벽체를 만들든지 심벽치는 대신에 흙벽돌로 채우는 방식으로 구축한다.

이에 튼튼하고 공기가 빠른 반면 자연미를 선사한다. 그리고 흙의 유효한 장점을 살리면서 튼튼한 흙시멘트, 흙모르타르 등도 흙의 단점을 빗물에 약한 점을 보완하면서 흙 소재 느낌을 전달한다.

| 현대적인 압축 사출 공법으로 목조진흙 주택 시도 |

전통 주거에 적용되었던 나무와 흙을 이용하여 과거의 벽의 강도 보다 더 높은 벽체를 얻을 수 있다. 나무와 흙을 차례로 놓아 벽을 구성하는 나무토막을 이용한 흙집, 기와와 흙을 번갈아 놓고 쌓아 올리는 방식인 기와를 이용한 흙집, 흙벽돌의 혁명이라고 하는 압축 흙벽돌을 이용한 흙집 등이 이에 해당된다. 압축흙벽돌은 흙을 틀 속에 넣어 강력한 압력을 가하여 강도를 높인 것으로 미적이나 기능적으로 기존의 흙벽돌보다 월등히 뛰어나다.

| 내 · 외부 모두 포괄하는 구조겸 내 · 외장 재료로 흙벽 활용 |

같은 재료의 수평벽, 수직벽을 활용하여 집을 짓는다. 즉 토담집, 담틀집, 귀틀집 흙벽돌집, 목심흙집 등은 그 자체로서 구조재가 내장재로서 역할을 겸하므로 자연미를 연출한다.

| 흙을 응용한 자연적 재료의 활용 도모 |

흙 성분을 중심으로 한 흙 소재 벽지, 바닥재 등 실내 마감재를 적용하여 연출한다. 예를 들면 황토퍼티, 황토페인트, 테라코타, 황토도료, 회벽돌, 진흙벽돌, 기공벽돌 등을 적용한다. 이들 재료를 마감할 때 전통 담장 패턴이나 문양, 창호 패턴을 접목하여 포인트 월로 연출하거나 마감재 마감에서 재료의 적층이나 표면거친 마감, 손이나 도구를 이용한 패턴을 연출을 통해 그림이나 장식 없이도 재료자체의 자연적 재질감에 의해 전통적이 자연미가 풍기는 미적 구성을 할 수 있다.

| 회반죽을 이용한 자연스런 미감 연출 |

흙에 생석회분을 섞으면 흙의 찰진 점토성에 시멘트와 같은 견고성을 부가할 수가 있다. 생석회는 물을 흡수하는 시멘트와는 달리 발수효과가 뛰어나 흙집의 외벽에 생석회를 섞어 마감을 하면 풍우에 견디는 정도를 더욱 높일 수 있다. 또한, 회벽이나 회사벽으로 마감하여 골조나 다른 요소와 색채대비를 주어 전통적 자연감각 속에 현대적 자연미를 연출할 수 있다. 그리고 최근은 혼합비에 따라 여러가지 아름다운 색상을 만들어 낼 수 있어 아이들방 연출시 응용하면 좋다. 그 방법은 황토색의 명암을 조정하는 것 이외에 색상 자체를 천연 안료나 쑥 등의 천연재료의 가루를 회반죽에 직접 혼합하면, 작업자의 상상력에 따라 다양한 방법으로 흙집을 채색, 연출할 수 있다.

| 전벽돌을 내·외부에 활용하여 공간의 합일과 전통미를 주는 공간으로 연출 |

바닥이나 벽면에 사용된 전벽돌을 이용하거나 현대적 재료 중 파벽돌을 사용하여 내부와 외부공간에 적절하게 연결하여 거실이나 마당의 벽면, 현관 입구의 벽면 등을 전통 문양을 벽돌을 이용하여 공간의 통일성과 함께 전통미와 함께 자연미를 주는 공간으로 연출한다.

| 전통 흙 가마, 고콜 등을 벽난로 대신 적용 |

현대 거실공간이나 마당을 접한 테라스나 반외부 공간에 전통 흙가마나 고콜과 같은 불을 떼는 아궁이 개념을 적용하여 운치 있고 따뜻한 공간을 조성한다.

| 전통 옹기나 도자 소품을 이용한 공간 연출 |

전통 옹기는 장독대를 중심으로 배치되지만 현대적으로 다양한 형태의 옹기가 제작되고 있다. 이에 이러한 옹기류를 실내공간의 장식요소로 활용하면 전통과 시골의 향수, 마당이 없는 아파트 공간에서는 마당의 정취도 선사한다. 실내 배치시에는 테라스나 베란다에 실

| 구운 흙벽돌과 건조 흙벽돌 교차 패턴 연출 |

| 문양을 넣은 압축 흙벽돌 |

| 토담집 응용 연출 |

| 흙 패턴 연출 |

| 압축 흙벽돌 응용 |

| 옹기항아리와 기와 연출 |

내 미니 정원을 연출한 후 옹기나 도자로 만든 소품을 배치하면 좋다. 또는 대문이 있는 집은 대문에서 현관으로 오는 길목, 현관 입구에 연출해도 좋다. 마당 정원이나 거실공간에서 화병이나 식물을 연출하는 화분으로 활용하는 것도 좋다.

돌로 연출하기

돌은 목재나 흙만큼 자연의 풍부한 재료로 전통 주거 건축에서 여러 가지 용도로 사용되었다. 다른 자연재에 비해 풍화나 마멸에 잘 견디고 내화성과 내구성이 뛰어나다. 비중이 크고 가공이 어려운 점도 있지만 외관이 장중하고 다양한 색채와 질감의 연출이 가능하여 주거 건축에 곳곳에 사용되고 일상생활 용품으로도 이용되었다. 주로 이용된 석재는 화강암, 편마암, 석회암 등이 이용되었으며 돌을 통한 조적식 건축수법이 발달하기도 하였다. 이중에서도 가장 많이 이용된 석재는 주변에 풍부한 자연석인 막돌과 화강암을 많이 사용했다. 돌은 전통 주거에서는 덩어리를 다듬어 담장, 기단, 초석 등에 주로 사용되었으며 내부에 사용되는 경우는 거의 없으나 부엌에서 방화장벽으로 화재 예방 등의 목적으로 사용되었다.

전통 주거 건축에서 재료특성상 조적하여 사용하는 경우가 많고 건물의 하부구조를 이루는 주요 재료로 많이 사용되었는데, 주로 주

| 사괴석 이용 기단과 계단 |

| 자연석 이용 기단과 계단 |

| 기단과 계단 및 물확과 탑 |

| 이괴석 이용 담장 |

| 자연석 주춧돌과 기단 |

| 아궁이 위 석재마감 벽면 |

춧돌과 댓돌, 담장, 기단, 계단, 벽면 구성, 지붕재로 사용되었다. 이러한 돌들도 세밀하게 다듬지 않은 자연 그대로 사용한 것이 대부분이다. 규모가 있는 상류주택에서는 돌을 다듬어 사각 형태나 일정한 기하형태로 다듬어 기단이나 초석, 담장에 사용하였다.

자연형태 그대로를 사용한 주춧돌은 목수의 정교한 그렝이질 속에 탄생한 목조기둥은 인공과 자연의 절묘한 결합을 보여 주고 있다. 또한 외관에 언뜻 언뜻 보이는 돌담은 단조로운 흙담에 변화를 주고 보완하는 역할을 한다. 그리고 지붕재로도 돌이 사용되었는데 판형의 돌을 쪼개어 돌너와를 만들어 지붕재로도 사용하였다. 겉으로는 보이지 않으나 돌이 사용된 곳이 바로 구들이다. 넓적한 구들장은 아궁이를 통해 들어오는 열기를 한껏 머금었다가 방을 데운다. 이렇게 전통 주거에서 돌은 건축의 주요한 부위에 사용되어 주재료인 목재와 흙과 자연스럽게 조화를 이루면서 자연미를 극대화하는데 일조하였다.

돌은 건축재 외에도 정원을 연출하는 다양한 장식재로 사용되어 석물, 석단, 탑, 수석, 물확 등으로 맷돌이나 절구 등 생활 속 다양한 곳에 돌이 사용되었다.

• 전통 주거에 사용된 돌과 웰빙 특성 •

전통 주거 건축에 사용된 돌의 종류

전통 건축에 사용되는 석재는 절리가 심하거나 떨어짐이나 흠집 등의 결함이 없고, 가공 마무리 치수에 부족함이 없는 것을 사용한다. 돌은 종류는 형상에 따라, 경도에 따라, 생성원인인 성인에 따라, 용도에 따라 구분할 수 있다. 이중 전통 주거 건축에 사용된 돌을 중심으로 살펴보면 다음과 같다.

| 형상에 따라 |

자연석

자연적으로 암반이 갈라지고 깨어져 굴러내리거나 흙에 묻혀서 풍화 마모되거나 개울물에 씻기어 둥글고 매끈하게 된 돌의 총칭한다. 이에 종류는 산석과 강석으로 구분되는데 산석은 산의 능선이나 계곡부에 묻혀 있는, 풍우에 마모되어 둥근 형상의 돌로 이끼가 끼고 약간 검은 색을 띄며, 강석은 강물에 표면이 마모되어 돌의 무늬가 뚜렷하고 둥근 형상의 돌로 희거나 옅은 황토색을 띈다.

자갈

암석이 풍화, 침식 등의 자연 작용에 의해 작은 알 모양으로 된 것으로서, 최대 지름 150㎜ 이하인 것으로 잔자갈 15㎜ 이하, 중자갈 25㎜ 이하, 큰자갈 35㎜ 이하이다.

막돌

잡석이라고도 하며 야산이나 계곡 등에 산재해 있는 돌로서 형태 등이 일정하지 않은 막생긴 돌로 한 면이 150~300㎜ 정도의 네모진

막 생긴 돌을 말하며 기초 및 잡석다짐으로 사용한다.

호박돌

야산석이나 개울돌 등 비교적 모가지지 않고 둥글고 넓적하고 두루뭉실한 돌로 지름이 200~300㎜ 내외의 것을 말하며 주로 기둥 밑 부분에 받침돌이나 외벽장식이나 포장용으로 사용하였다. 부드러운 면의 강호박돌과 다소 거친면의 산호박돌로 구분하며, 강호박돌은 면이 부드럽고 온화한 색상으로 여성적인 분위기를 낼 수 있고, 산호박돌은 면이 거칠어 남성적인 분위기를 낼 수 있다.

간지석

한 면이 200~300㎜ 정도의 네모진 막생긴 돌로 구조가 단순한 조적용에 사용된다.

견치석

이빨처럼 생긴 네모형 뿔의 돌로서, 길이는 4면을 쪼개어 면에 직각으로 잰 길이는 면의 최소변의 1.5배 이상인 것으로 흙막이나 석축에 사용되었다.

이괴석

면이 거의 사각형에 가까운 것으로, 면의 크기는 300~400㎜ 각이고 길이는 표면 한 변의 1.5~2배 이상인 것을 말한다.

각석

장석 또는 장대석이라고도 하며 직육면체의 돌로, 한 변이 보통 300~600㎜ 길이는 600~1,500㎜ 정도이다. 옹벽이나 계단, 화계, 석탑 등에 사용되었다.

사괴석

4면이 거의 같은 크기를 가진 방형의 각석으로 전통 건축의 궁궐이나 격식을 갖춘 살림집의 벽체, 돌담을 쌓는데 많이 이용되었다. 면의 크기는 150~250㎜의 방형이며 사괴석 보다 2배 큰 것을 이괴석이라 한다.

판석

석재를 절단기에 의해 일정한 두께로 가공한 석판재를 말하며 두께가 100㎜ 미만, 두께는 25~30㎜이며 주로 현무암 판석이 이용되고 바닥이나 벽체 붙임돌에 사용되었다.

판돌

보통 구들장이라 불리며 두께 150~200㎜, 너비 300~600㎜ 정도이며, 바닥깔기 또는 붙임돌로 사용되며 실제 구들장은 두께 60㎜ 내외, 크기 400×600㎜로 온돌 바닥으로 사용된다.

박석

바닥에 까는 넓고 얇은 표면을 다듬지 않은 돌로서 두께는 150~250㎜ 내외인 것을 말한다.

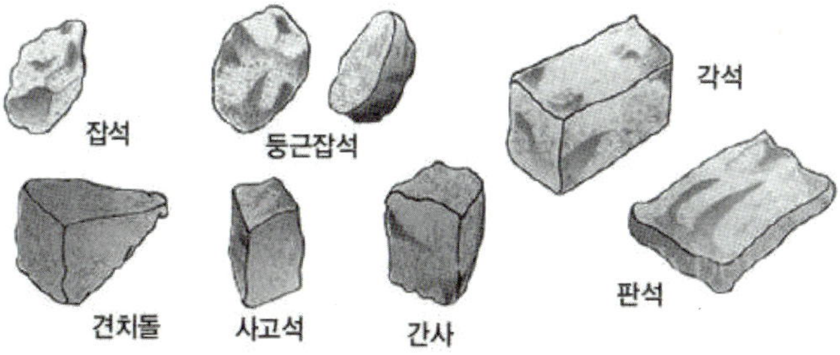

| 자갈 |

| 막돌 |

| 호박돌 |

| 사괴석 |

| 박석 |

| 성인에 따라 |

전통 주거건축에 많이 사용된 석재를 중심으로 살펴보면 다음과 같다.

화강암

우리나라에 가장 많이 분포하여 전통 주거건축에도 가장 많이 이용되었다. 주성분은 석영 · 장석 · 운모로 석영이 30%, 장석이 65%로 구성된다. 주성분의 색상에 따라 백색 · 흑색 · 분홍색의 반점무늬 색으로 색조가 결정되는데 흑운모, 각섬석, 휘석을 함유하면 흑색, 산화철을 함유하면 홍색을 띈다. 주요 특성은 석질이 견고하여 강도 및 내구성이 크다. 또한 큰 판재가공이 가능하여 대형구조재로 사용이 가능하고, 외관이 아름다워 장식재로 사용된다. 내화도가 낮아서 고열을 받는 곳에는 부적합하며, 너무 견고하여 세밀한 조각에도 불가능하다. 주로 건물 내외장재, 조경시설물, 기둥, 아치, 경관석, 조각 등 다양하게 이용되었다.

편마암

편마암은 일종으로 가장 많이 알려진 변성암이다. 검은색과 흰색의 무늬가 발달하여 장식용 암석, 정원석으로 많이 활용된다. 암석을 이루는 알갱이는 매우 작은 것부터 큰 것까지 다양하며 오랜 변성 과정에 의해 눌리고 결정이 재결정되어 광물의 결정이 크고 대조적인 줄무늬가 나타난다. 암석을 이루는 광물의 종류에 따라 다양한 편마암이 있는데, 흑운모편마암, 각섬석편마암, 석류석편마암, 전기석

편마암은 암석에 가장 많이 들어 있는 광물에 따라 붙여진 이름이다. 편마암에는 석영, 장석 등 알갱이 광물이 많기 때문에 편리 구조는 뚜렷하지 않지만 어두운 색 광물이 많은 검은색 줄무늬와 석영과 장석이 많은 흰색 줄무늬가 나타난다. 우리나라에서는 경기도와 충청남도 일대의 경기 변성대와 지리산을 중심으로 북북동 방향으로 발달한 영남 변성대에서 편마암이 산출되고 있다.

석회암

유기질 또는 무기물질 중에서 석회질이 용

| 성인에 따른 석재 분류 |

생성원인 분류			암 종류	주요석재
화성암	심성암		화강암, 섬록암, 반려암	화강석
	화산암		안산암(휘석, 각섬, 운모, 석영)	안산암
			석영조면암	
			현무암	현무암
수성암(퇴적암)	쇄설암		이판암, 점판암, 나판암	점판암
			사암, 역암	사암
			응회암	
	유기암		석회암	석회석
	침적암		석고	석고, 석회암
변성암	수성암계	석회암과 사암 변성	대리암, 규암 등	대리석
		세일과 이암 변성	점판암, 천매암, 편암, 편마암 등	편마암
	화성암계	현무암 변성	녹색편암, 각섬암, 백립암 등	
		기타	사문암	사문석

· 화성암 : 지구 내부의 마그마가 굳어서 만들어진 암석, 굳어진 위치에 따라 구분

· 수성암 : 퇴적암, 침전암이라고도 하며 무기광물이나 암석 부스러기, 동식물의 퇴적물이 퇴적되거나 고체화되어 형성되는데 풍화와 침식에 의해 퇴적물이 만들어지고, 중력에 의해 낮은 곳으로 이동되어 쌓이고 겹쳐져서 고화되어 층상으로 된 암석

· 변성암 : 화성암과 수성암에 큰 압력이나 열에 의해 광물의 조성과 조직이 변화된 암석

| 화강암 |

| 편마암 |

| 석회암 |

해 침전된 암석으로 대리석과 같은 화학적 성분을 갖고 있으나 석회질 성분을 많이 함유하고 있어, 광택효과가 크지 않다. 치밀하고 견고하나 내산 · 내화성이 부족하다. 주로 건물 내부의 석회의 원료로 사용되었다.

| 용도에 따라 |

구조용, 마감장식용, 내장용으로 구분되며 구조용은 화강석, 안산암이 주로 이용되고 마감장식용으로는 화강석, 점판암이 이용되고 내장용으로는 대리석, 사문석이 많이 이용되었다.

돌의 웰빙 특성

돌을 실제 현대 건축에 이용하려면 치수가 부정확하고 구부러지거나 균열, 얼룩, 깨지거나 오목한 부분이 생기는 결점 등으로 이용하기 어려운 단점을 가지고 있다. 특히 치장용으로 사용할 때는 색조나 조직의 불균일이 생길 수 있고 비중이 커서 운반이나 시공이 불편하다는 단점이 있으나 주변에서 구하기 쉽고 단단하고 견고하고 변함이 없고 리사이클링이 가능한 장점을 갖는 재료로 전통 주거건축 곳곳에 사용되었다.

전통 주거에 사용된 돌은 현대 건축에서 이용하는 돌과 같이 인공적인 가공보다는 최소한의 가공으로 있는 그대로 사용하는 경우가 많다. 이에 여러 가지 측면에서 자연재가 가지고 있은 자연미와 함께 영속성, 중량감, 생명성, 지역성을 나타내는 재료이며 다음과 같은 측면에서 웰빙적 특성을 갖는다.

| 매장량이 풍부하여 구하기가 쉽고 자연미가 뛰어나다 |

우리 주변에서 쉽게 구할 수 있고 많은 가공 없이도 쌓아 올리는 조적식 구조로 이용하거나 댓돌과 같이 자연형의 돌을 갖다 놓는 방식으로 간단하게 건축의 다양한 곳에 이용이 가능하다. 자연 형태 그대로 사용하거나 돌이 지닌 질감과 문양으로 자연과 조화가 잘된다.

| 압축강도와 내마모성이 좋다 |

압축강도는 돌의 종류에 따라 상이하나 인장강도나 휨강도에 비해 압축강도가 10~40배 정도로 크다.

| 풍화가 적고 내수성 · 내구성 · 내화학성이 크다 |

내수성, 내구성, 내화학성이 풍부하고 내마모성이 커서 건물의 하부구조에 많이 사용된다. 보통 석회암 40년, 대리석 100년, 화강석 200년 정도의 내구연한을 갖는다.

| 불연성 재료이다. |

전통 건축에 사용된 대부분 석재는 불연성 재료로 불을 많이 사용하는 부엌에서 사용되었다.

| 열저장력이 뛰어나다 |

열저장력이 뛰어나 온돌 바닥의 마감재로 사용되며 외관이 장중하고 치밀하며, 갈면 광택이 난다.

| 해충 등의 피해가 없고 리사이클링 가능하다 |

세월이 지나도 해충 등의 피해가 없고 썩거나 내마모성으로 손상이 거의 없으므로 별다른 가공 없이 재사용과 재활용이 가장 잘 되는 재료의 하나이다.

• 현대적으로 응용 웰빙 연출하기 •

| 자연적 소재 및 그랭이질 공법을 적용한 주춧돌, 댓돌 적용 |

전통 주거에 사용한 자연석을 이용한 주춧돌이나 댓돌을 현관입구나 툇마루를 적용시킨 테라스 공간이나 바닥 높이차를 준 실내공간의 기능적 디딤돌이나 공간 연출 포인트로 이용한다.

| 내 · 외부 모두 포괄하는 구조겸 내 · 외장 재료로 돌 활용 |

전통 담장이나 전돌을 실내와 실외에 연속적으로 마감하여 내 · 외부의 유기적 공간 구조를 강조하거나 담장에 사용된 석재 패턴을 연출하여 전통 주거건축에서 표현된 자연미를 연출한다.

| 전통 돌담을 이용한 자연 미감 활용 |

돌담 적용, 돌을 이용한 포인트 월 연출을 하여 돌이 주는 안전한 감각과 자연 미감을 연출한다. 마당이 있는 주거는 담장이나 정원에 조경요소로 낮은 내외담을 조성하여 연출한다. 그리고 마당이 없는 주거는 현관홀을 여유 있게 조성하여 미니정원을 조성하여 담장을 연출하거나 테라스나 베란다 사이드 벽면과 실내조경과 더불어 담장 공간을 연출한다. 거실공간이나 부엌공간의 돌담을 이용한 벽면 공간연출로 포인트를 주고 자연적 미감을 풍부하게 연출할 수도 있다.

| 자갈이나 호박돌, 잡석을 이용한 바닥재로 활용 |

자갈이나 호박돌, 잡석 등을 이용하여 바닥재로 이용하거나 복도나 마당에서 디딤돌로 또는 코너 일부 벽면이나 벽난로 주변 벽을 연출하거나 테라스나 베란다의 바닥 마감재로 활용한다.

| 돌을 이용한 전통 소품으로 공간 연출하기 |

전통 주거공간에 사용된 석물, 물확, 맷돌, 수석, 절구 등을 공간 연출 포인트로 사용한다. 물확이나 절구 등은 자체로도 연출 포인트가 되지만 실제 물을 담아 수경식물을 재배하거나 흙을 담아 식물을 식재하여 연출할 수 있다. 석물이나 수석 등은 베란다나 테라스 조경 공간이나 마당 연출 공간 요소로 사용하며, 실내공간에서도 거실공간이나 거실과 주방의 칸막이 월, 복도 공간 장식 포인트로 이용한다. 화장실 공간에서는 물확을 응용한 세면대를 만들어 전통스러운 자연미를 연출할 수 있다.

| 자연석을 이용한 소품 응용 연출 |

돌을 이용한 타일을 통해 벽면 거울장식이나 돌 매트 방석이나 자연석을 이용한 소품 가구를 통해 자연미를 연출한다.

| 자연적 디딤돌 적용 |

자연적 디딤돌을 적용하여자 연감을 높인다.

| 내외마감재로 돌담 벽 응용 |

내부와 외부에 전통 담장과 벽에 사용된 같은 돌 마감재를 사용하여 연장감을 주면서 자연감을 높인다.

| 전통 돌담, 바닥 응용 |

마당이나 테라스 경계를 전통 담장을 적용하고 바닥을 석재를 사용하용 전통 느낌과 자연감을 높인다.

| 실내 포인트 월 돌담 벽 응 |

거실 한 벽면을 자연석이나 전통 담장 벽 구성으로 포인트 월을 적용한다.

| 자연석과 석재 조경물 응용 |

자연석과 석물로 중정 마당을 연출한 사례이다.

| 돌을 이용한 전통 소품 연출 |

전통 공간에 사용된 물확이나 맷돌, 절구 등으로 조경공간을 연출한 사례이다.

종이로 연출하기

• 전통 주거와 종이 •

전통 주거건축에서 종이는 내부 마감에서 매우 많은 부분을 차지한다. 특히 온돌방 대부분은 모두 종이 도배가 이용되었다. 입면구성에 많은 부분을 차지하는 창호의 마감과 방 공간에서 바닥과 벽, 천장의 마감이 다 종이인 한지로 이루어졌다. 이에 한지가 지닌 색채인 백색이나 상아색이 주조색으로 표현되고 부드러움과 따뜻함의 특성이 실내공간에서도 그대로 전달되어 공간의 특성이 나타나고 있다. 이는 한지가 실내마감재로 사용될 만큼 매우 질기고 수명이 길고, 이 외에도 보온성과 통풍성이 매우 뛰어나기 때문이다. 한지 중에서는 창호지는 주거공간에서 가장 많이 사용되어 방안의 온도와 습도를 조절해 주고, 온돌바닥에 상용된 장판도 한지가 사용됨으로 습도 조절을 도와 쾌적한 실내를 유지하는데도 일조하였다. 이는 전통 주거 건축에 사용된 종이인 한지는 닥나무와 뽕나무의 섬유질 등 천연재료로 만들어지는데 자연이 가지는 질감과 특성을 그대로 갖는 제작기법으로 우리의 4계절 자연 현상에 순응하는 성질을 그대로 지녔기 때문이다.

전통 주거 생활에서 한지는 공간의 기본 마감을 비롯하여 일상적인 삶 깊숙한 곳에 하나의 문화적 형태로 자리 잡아 생활 속에서 다양하게 활용되었다. 조선 초기 종이는 귀하였으나 18세기 이후 종이 생산에 활기를 띠면서 더욱 다양한 용도로 사용되었다. 종이는 대표적으로 그림과 글씨를 쓰기 위한 용도로 가장 많이 사용되어 책이나 서신, 서화, 각종 문서용으로 사용되고 종이돈을 비롯하여 질긴 특성으로 부채나 우산, 옷, 갓, 신 등을 만들거나 생활용품이나 장식품으로 가구, 소반, 바구니, 물병, 가방, 지갑, 상자 등 다양하게 이용되었다. 이에 우리 전통 종이의 종류는 시대에 따라 사용 용도나 크기, 색채, 제조 방법에 따라 대략 200여종 이상으로 닥나무를 주원료로 하여 '닥종이'라고도 불리며 한지라는 명칭으로 오늘날에도 다양하게 사용되고 있다. 전통 주거 공간에서 주로 사용된 한지를 살펴보면 다음과 같다.

| 벽지 |

장판지 마감이 이루어진 전통 주거 공간은 반드시 사방 벽이 한지벽지로 마감되었다. 대청의 경우도 보통 회벽으로 마무리되지만 벽지로 마감되는 경우도 있었다. 벽지로 사용된 한지는 전주산 간장지(簡壯紙), 남원산 선지(扇紙), 영변산 백로지(白露紙), 평강산 설화지(雪花紙) 등이 있으며, 고급벽지로는 분지(紛紙)나 무리풀을 먹이고 다듬어서 만든 빛이 희고 단아한 두루마리인 분주지가 있다.

벽지의 색은 조선조 초기에는 백색의 벽지를 발랐으나 차츰 약한 채도의 색지를 정배지로 바르게 되었다. 벽지에 사용된 색지로는 아청초주지(鴉青草注紙) · 청저주지(青楮注紙) · 옥색초주지(玉色草注紙) · 초록저주지(草綠楮注紙) 등과 먹물로 물들이는 흑류법으로 물들여 회색이 돌도록 한 벽지나 황칠을 한 황지 등이 발라졌다. 영 · 정조 시대 들어서면서 능화지를 벽지에 사용하기에 이른다. 이러한 색조가 있거나 무늬가 있는 무늬 벽지는 여성공간에 많이 사용되고 남성공간인 사랑방은 대부분 담백하고 수수한 한지 색 그대로 마감하였다.

벽체의 도배는 보통 세 겹을 바르는데 먼저

초배지를 바르고, 마른 후 마지막 공정에 바르는 벽지가 매끈하게 보이기 위해 사전지를 중배지로 바르게 된다. 그리고 마지막으로 중배지가 마른 후 공간성격에 부합되는 한지를 바르게 된다.

| 창호지 |

전통 주거 건축의 입면을 차지하는 거의 모든 창호는 종이 마감인 창호지를 바르게 된다. 전통 창호에 사용된 창호지는 명장지나 맹장지를 우리 전통 창호는 일본과 중국이 창호지를 창호 바깥으로 종이를 붙이는데 반해 반드시 종이를 안쪽으로 창호지를 붙인다. 이에 창호도 벽면과 같은 면을 이루어 벽면의 면적 구성을 더욱 강조하게 된다. 풀을 바르는 방법에서도 문살에 풀을 바르지 않고 창호지에 풀을 전체적으로 발라 붙이므로 문살이 닿지 않는 부분도 풀이 남게 되어 풀자국이 그대로 생기고 시간이 지나면 누렇게 된다. 그리고 종이를 바른 뒤 남는 부분을 잘라내지 않고 그대로 방치해 둔다. 이는 굉장히 꼼꼼하지 않고 무조작한 방법으로 보이나 이를 통해 자연스런 자연미와 더불어 풀을 한 번 더 전체적으로 먹이므로 튼튼해지고 남은 종이가 문틈을 막아주므로 방풍 역할을 하는 효과를 보게 된다. 또한 창호지를 덧문에 바를 때 때가 덜타고 튼튼하게 하기 위해 간혹 유지를 바르거나 아교물과 백반물을 엷게 탄 것을 가볍게 뿌려 준다. 이는 창호지가 팽팽하게 댕겨져 더 투명해지고 치밀해져서 맑음과 방수효과를 갖춘 가공이 되게 한다.

창호에 사용된 창호지의 최대 효과는 투명성과 통기성, 열적 성능으로 인한 자연채광 효과로 부드러운 빛의 촉감과 은은함으로 실내공간을 연출하는데 있다. 창호지창은 유리창에 비해 시야가 시원하게 확보되지 못하여 투명도는 상당히 떨어지나 외기나 직사광선에 의해 피해를 줄일 수 있고 항상 일정한 빛이 투과하여 은은하고 안정된 분위기로 고요한 분위기를 연출하는 최고의 창호 마감재라 할 수 있다. 또한 내부공간에 앉아 볼 수 있는 빛과 그림자의 미묘한 선 연출은 좀 더 적극적으로 공간에 율동감을 주고 내부공간에 활력을 불어넣어주게 된다. 그리고 에너지 절약 측면에서도 보온성이 뛰어나고 실내 반사음을 흡수하면서 울림현상을 갖게 하고 습도조절 기능으로 실내를 쾌적하게 한다.

| 장판지 |

전통 주거공간에서 안방, 사랑방, 건넌방 등 사람들이 기거하는 방은 온돌바닥으로 구성되며 보통 최종적으로 장판지로 마감하게 된다. 온돌바닥은 구들위에 점토를 바르고 고르게 한 다음 초배지로 초배를 하여 장판지 면이 고르고 산뜻하게 마무리 되도록 한다. 초배지는 저급품을 이용하고, 그 위에 품질이 좋은 두꺼운 장판지로 도배하여 마감하게 된다. 도배가 끝나면 길들이기를 하는데 보통 콩댐을 한 위에 콩기름이나 들기름을 먹여 장판지에 윤이 흐르게 하고, 색조를 일정하게 내기 위해 치자물을 콩댐에 섞어 장판지에 골고루 문질러 아름다운 황갈색의 색조를 띠게 된다. 이러한 치장은 장판지에 내수성을 갖게 하는 이중 효과도 지니게 된다. 장판지 마감은 특별한 의장은 없으나 일정한 크기의 장판지를 바르기 때문에 마감 후에 장판지가 겹쳐 들어가는 부분이 약간 도드라지고 이들이 일정한 간격으로 정방형의 단을 형성하게 되어 겹배지가 만들어지고 장판지 자체에 어렴풋한 붓자국이 나타난다.

| 천장 마감 |

온돌방을 구성하는 천장도 벽지와 같이 마감하였다. 초기에는 담백한 한지색을 붙였으나 그 후 전체적인 공간의 지루함을 피하기 위해 화문지나 단색의 색지를 바르기도 하였다.

| 한지로 마감된 실내 공간 |

콩댐한 장판지로 마감한 바닥의 은은한 황색과 벽과 천장, 창호까지 소색의 한지로 마감하여 소박한 자연을 담은 실내공간을 연출한다. 특히 남성의 공간은 자연색그대로의 한지를 사용하여 선비의 기품을 담는다.

| 한지로 마감한 창호 |

우리 전통 공간의 창호 마감은 한지전체에 풀을 바르고 방의 안쪽에서 붙여 은은한 빛의 반사에 의한 으스름한 실내공간을 연출한다.

| 지장 (紙欌) |

나무로 틀을 짜고 그 위에 종이를 붙여 만든 가구로 처음부터 지장을 만들기 위해 나무틀을 짜는 경우도 있지만, 쓰던 장이 낡거나 오염이 될 때 겉면에 종이를 붙여 보수하여 사용하는 경우도 있다. 그러므로 처음부터 지장을 만들 때는 나무결을 드러낼 필요가 없으므로 평범한 나무를 사용하고, 그 위에 한번 쓴 종이를 겹겹이 바르고 겉면에는 백지를 바른 후 식물성 기름을 칠하여 마감을 하는 경우가 많다. 종이만 발라 마감하기도 하고 그 위에 글을 쓰거나 그림을 그려 마무리하기도 하였다.

지장은 내구력이 약하므로 낡고 해지면 보수해서 사용하며 값비싼 가구를 마련하기 어려운 서민들의 가구라고 할 수 있다.

| 지함 · 지상 (紙函 · 紙箱) |

싸리나무 · 대나무 · 버들 · 나무판재 · 종이를 여러 겹으로 두껍게 붙여 상자와 함을 만든 후 겉 면에 종이를 붙여 마감한 것이다. 수장가구의 일종으로 사용되었는데, 상자와 함은 의복, 서책, 작은 물건 등을 넣어 보관하는데 비교적 크기가 작고 여러 개를 포개어 놓고 사용하기도 한다. 특히 지함은 주로 의류를 넣어 보관하는 여성용 수장기구로 겉면은 색지를 오려붙여 화려한 면모를 보인다.

| 지의 (紙衣) |

종이옷으로 순수하게 종이로만 제작한 것은 아니며, 방풍(防風)과 방한(防寒)이 뛰어나 방한용 옷으로 제작되었다. 그러나 그 재료가 종이인 이상 내구성에는 어느 정도 한계가 있었을 것이기에 겉옷보다는 방한용 속옷으로 사용되었는데, 일반 백성들도 사용했지만 특히 군인들에게 지급되는 방한용 군복으로 사용된 경우가 많다고 전해진다. 지의에 사용된 종이는 과시에서 떨어진 시지인 낙폭지를 여러 겹 겹쳐 두껍게 만들어 사용하였다.

| 지롱 (紙籠) |

일반적으로는 종이로 만든 가구를 의미하지만, 지롱은 종이로 만든 촉롱(燭籠)을 지칭하기도 한다. 촉롱은 촛불을 켜드는 긴 네모꼴의 등롱으로 사롱(紗籠)과 지롱이 있다. 매달거나 들고 다닐 수 있는 청사초롱의 일종이라고 보면 되고, 지롱은 두꺼운 종이로 만드는데 두껍고 좋은 종이가 없을 때는 소호지를 사용했다.

| 지석 (紙席) |

종이로 노끈을 꼬아 만든 자리이다. 일반 대중들의 생활용품은 아니었고 왕실의 일부 중앙관사에 공물로 공급되었으며 각 관서에서 행하는 제사와 같은 의례 시에 사용하였을 것으로 보고 있다.

| 지혜 (紙鞋) |

종이로 노끈을 꼬아 만든 운두가 낮은 신으로 흔히 미투리라 불린다. 일반인들이 신던 짚신에 비해 좀 더 고급 소재라고 할 수 있다. 짚신이 보편적인 일상용품이었으나 지혜를 만드는 파는 일을 업으로 하는 사람이 있을 정도로 지혜의 수요도 적지는 않은 것으로 보고 있다. 그러나 종이의 수요가 일반에 미치지 못하였기 때문에 지혜를 만들기 위한 종이는 서책과 문서가 대상이 되어 관문서가 유출되거나 문서 도난이나 유출하는 등이 적지 않게 발생하였다고 한다.

| 지립(紙笠) |

종이를 노끈으로 꼬아 만든 갓을 지립이라

한다. 종이로 노끈을 꼬아 총 모자의 정수리에서 시작하여 양태의 가장자리에서 끝을 맺는다. 갓의 형태를 하고 있으나 전립의 용도로 군인들이 많이 사용하였다. 전립은 구분복과 함께 갖추어 입는 복색으로 대게 짐승의 털로 만든다. 일반 백성들도 우모(牛毛)를 구할 수 없을 때 지승 으로 대신하였다.

| 지화(紙花) |

지화는 종이로 만든 조화를 말하며 한지를 여러 겹 겹쳐서 일정하게 잘라 꽃을 만드는 것으로 그 쓰임새가 다양한데 보통 차(茶)와 과(果)와 함께 과상에 많이 사용되었다. 과상의 꽃을 대개 상화(床花)라고 하며 음식에 꽂는 꽃을 의미한다. 이외에도 조화는 잠화(簪花:머리에 꽂는 꽃), 준화(樽花:꽃병용 꽃), 어사화, 꽃상여, 민속놀이, 궁내의 행사 때나 불교문화, 무속 등 그 용도가 다양하며 만드는 재료도 종이 외에도 견(絹), 금(金), 은(銀), 포(布)등이다. 이중 지화가 아닌 다른 재질의 조화(造花)는 적시에 마련하기가 어렵고 제작비용이 많이 소요되어 비용 절감을 위해서 지화가 주로 사용되었으며 18세기 후반 지화의 사용이 보편화된 것으로 추측하고 있다.

| 지장 |

지장 삼층 책장으로 목재 가구와는 또 다른 은은한 소박미를 선사한다.

| 지함 |

여성용 수장가구로 의류를 넣어 보관하는 상자로 겉면은 색지를 오려붙여 화려한 면모를 보인다.

| 지화 |

종이로 만든 꽃으로 연출된 과상이 차려진 실내공간으로 오색칼라를 이용하여 소박한 화려함을 선사한다.

• 전통 주거에 사용된 종이와 웰빙 특성 •

전통 종이의 종류

일반적으로 닥나무로 만든 전통 종이를 통칭해서 한지라고 부르지만 만드는 방법이나 원료, 염색, 색상, 용도, 크기 및 두께, 만든 지역에 따라 명칭이 다르게 불려 그 종류가 200가지가 넘는다. 그 중에서 가장 많이 사용된 것은 백지, 창호지, 화선지, 화지 등이며 그 종류는 대략적으로 살펴보면 다음과 같다.

| 원료에 따라 |

• 농선지(籠扇紙) : 저피와 펄프를 원료로 만

든 것으로 '창호지'라고도 하며 두텁고 강도가 높은 것이 특징이며 문종이, 부채 등에 사용되었다.

- 장자지(將者紙) : 저피지에 실을 삽입해서 만들어진 종이로 질기며 통기성이 양호해서 창문 종이로도 많이 사용되었다.
- 태지(苔紙) : 저피와 모조지 가루를 배합한 원료에 태를 가하여 태의 형태를 살렸거나 길다란 물이끼를 섞어 물이끼의 형태를 살린 종이로서 미려함이 뛰어나며 표구제작, 고급편지지 및 봉투, 벽지, 명가지 등으로 사용되었다.
- 호적지(戶籍紙) : 저지와 모조지 가루를 주원료로 하여 제작되고, 비교적 중량이 있고 불투명하며 잉크가 번지지 않는다는 특징이 있고, 주로 창호지나 호적지, 영구

| 한지의 원료와 주요 특성 |

- 한지의 주원료 : 닥나무, 꾸지나무, 산닥나무(안피, 雁皮), 삼지닥나무 등
- 한지의 부원료 : 닥풀(황촉규, 黃蜀葵), 현대 제조과정에서는 PAM(폴리아크릴산나트륨) 또는 PEO(폴리에텔렌옥사이드) 같은 화하점제를 사용하는데 닥풀보다 분사 능력이 좋으나 빠른 산화를 보여 다른 전통 한지에서 나타나는 효과는 떨어진다.

· 닥나무

한지의 주원료로는 닥나무의 인피섬유가 사용되어왔다. 닥나무는 뽕나무과에 속하는 낙엽관목으로 참닥나무라고도 하며 높이는 3m에 달한다. 작은 가지는 갈색이나 자주빛이 돌며 짧은 털이 발생하지만 곧 떨어지고 잎의 길이는 5~20m로 달걀형이며 끝이 뾰족하고 둘레는 날카로운 톱니가 있다. 열매는 9월에 익는데 둥글고 붉게 익는다. 한국의 전 지역에 분포하나 특히 경상도와 전라도에 가장 많이 분포하며, 닥나무 인피의 품질이 제일 좋은 곳은 강원도와 충청도로 알려져 있다. 닥나무의 껍질은 질기면서도 아주 부드러운 것이 특색이다. 이러한 특질 때문인지 닥나무가 주원료인 한지는 일반 종이 원료인 목재 펄프보다 섬유의 길이가 훨씬 길고 거미줄처럼 얽혀 있어 종이가 질기고 기공을 만들어 부패를 막아 장기간 보존이 가능한 성질을 지니게 된다. 한지 원료로 쓰이는 나무는 1년생의 어린 나무로 한지에 쓸 닥나무는 보통 11월에서 다음 해 2월까지 베어내고 거두어들인 닥나무를 쪄서 껍질을 벗긴 후 흑피를 제거한 후 피닥(나무껍질이 붙어있는 닥나무) 흑피(껍질)를 제거한 후 백닥을 만든 후 잿물을 내리고, 씻고, 잡티를 고른 후 종이를 만들게 된다.

· 닥풀

아욱과에 속하는 일년생 초본식물로 닥섬유가 엉기는 것을 방지하며 물의 속도를 조절하며 초지를 용이하게 하여 지질을 고르게 하는 작용을 하며 중성을 띠고 있다. 닥풀은 특히 뿌리에 점액이 많아 종이를 뜰 때 섬유 접착이 잘 되게 하여 섬유가 빨리 가라앉지 않고 물 속에서 골고루 퍼지게 하는 역할을 한다. 그러므로 종이의 질을 고르게 하는 작용을 하는데 닥풀의 농도가 낮으면 종이를 뜰 때 물 빠짐이 빨라 두꺼운 종이가 되고, 농도가 높으면 반대로 얇은 종이가 된다.

| 닥나무 |

| 닥나무 백닥 |

| 닥풀 |

보존용 서류 용지로 사용되었다.

- 운용지(雲龍紙) : 닥나무 무늬가 나타나고 거친 한지로 쌍게지라고도 하며 주로 포장지로 사용되었다.
- 고정지(藁精紙) : 귀리 짚을 원료로 만든 종이를 말한다.
- 상지(桑紙) : 뽕나무 껍질을 원료로 만든 종이를 말한다.
- 등지(藤紙) : 등나무를 원료로 만든 종이를 말한다.
- 송피지(松皮紙) : 소나무의 속껍질을 혼합하여 만든 종이를 말한다.
- 유엽지(柳葉紙) : 버드나무 잎을 섞어서 만든 종이를 말한다.
- 유목지(柳木紙) : 버드나무를 잘게 부수어 혼합하여 만든 종이를 말한다.
- 송엽지(松葉紙) : 솔잎을 잘게 부수어 혼합하여 만든 종이를 말한다.
- 의이지(薏苡紙) : 율무의 잎 및 줄기를 섞어서 만든 종이를 말한다.
- 마골지(麻骨紙) : 마의 속대를 부수어 섞어서 만든 종이를 말한다.
- 마포지(麻布紙) : 대마 섬유를 원료로 해서 만든 종이로서 옻을 여과하거나 장판지 밑에 바르는 종이로 사용된다.
- 마분지(馬糞紙) : 짚을 잘게 부수어 혼합하여 만든 종이를 말한다.
- 황마지(黃麻紙) : 황마를 섞어서 만든 종이를 말한다.
- 태장지(苔壯紙) : 털과 같이 가는 해초를 혼합하여 만든 종이를 말한다.
- 분백지(粉白紙) : 분을 먹인 흰 종이를 말한다.

| 염색에 따라 |

- 도화지(桃花紙): 잇꽃(紅花)으로 염색한 종이를 말한다.
- 황국지(黃菊紙): 치자로 염색한 종이를 말한다.
- 초록지(草綠紙): 회화나무 꽃으로 염색한 종이를 말한다.
- 단목지(丹木紙): 단목(丹木)의 붉은 부분으로 염색한 종이를 말한다.
- 황염초주지(黃染草注紙): 매자열매로 황색 물들인 얇은 종이를 말한다.
- 아청초주지(鴉青草注紙): 검푸른 물감을 들인 얇은 종이를 말한다.
- 옥색저주지(玉色楮注紙): 옥색 물감을 들인 종이를 말한다.
- 홍저주지(紅楮注紙): 붉은색 물감을 들인 종이를 말한다.
- 취지(翠紙): 하늘색 물감을 들인 종이를 말한다.
- 은면지(銀面紙): 은색 빛깔로 반들반들하게 만든 종이를 말한다.
- 청색지(青色紙): 쪽으로 물들여 푸른색이 나는 종이를 말한다.
- 묵지(墨紙): 검은 물감을 들인 종이를 말한다.
- 상지(橡紙): 도토리 물을 들인 종이를 말한다.

| 황국지 |

| 홍저주지 |

| 쪽지 |

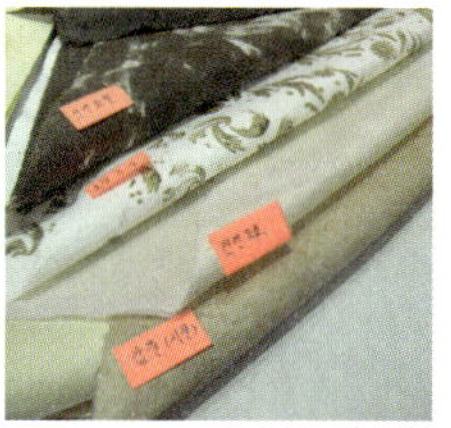
| 다양한 물을 들인 한지들 |

| 색채에 따라 |

- 운화지(雲花紙): 강원도 평강(平康)에서 나는 백색의 닥종이로, 구름과 같이 희다는 데서 나온 명칭이다.
- 죽청지(竹靑紙): 대나무 속껍질처럼 희고 얇은데서 나온 명칭으로 얇으나 질기고 단단한 특징을 지닌다.
- 황지(黃紙): 고정지 또는 그와 같이 누런 빛깔의 종이를 가리킨다.

| 크기와 두께에 따라 |

- 각지(角紙): 가장 두꺼운 종이를 말한다.
- 장지(壯紙): 두껍고 단단한 종이로 길이가 3자 8치, 넓이가 2자 9치인 종이
- 대호지(大好紙): 품질이 그리 좋지 않은 넓고 길며 약간 거친 종이를 말한다.
- 소호지(小好紙): 대호지 보다 약간 작고 좁고 얇은 종이로 품질도 떨어진다.
- 사괴지(四傀紙) : 본(本)이 크고 두꺼운 백지를 말한다.
- 백지(白紙): 색깔이 희고 큰 종이로 책을 만드는 종이를 말한다.
- 삼첩지(三疊紙): 백지보다 굵고 장광(長廣)이 큰 누런 종이를 말한다.
- 선익지(蟬翼紙): 두께가 잠자리 날개처럼 아주 얇은 종이를 말한다.
- 후지(厚紙) : 두꺼운 종이로 '시지'에 많이 사용되었다.
- 강갱지: 넓고 두꺼운 종이를 말한다.
- 심해지: 양산지보다 작고 얇은 종이를 말한다.
- 대발지: 2자×3.7자의 대발로 뜬 종이를 말한다.
- 중발지: 1.9자×3.3자의 중발로 뜬 종이를 말한다.
- 소발지: 1.7자×3자의 소발로 뜬 종이를 말한다.
- 일배지~육배지: 발로 떠서 포갠 횟수 따라 육배지(六倍紙)까지 있다.
- 중발지: 1자9치×3자3치의 중발로 뜬 종이를 말한다.
- 소발지: 1자7치×3자의 소발로 뜬 종이를 말한다.

| 용도에 따라 |

주거 공간에 사용된 한지의 용도와 일상생

활에 많이 이용되는 용도를 중심으로 살펴보면 다음과 같다.

- 도배지: 도배용으로 쓰는 종이를 말한다.
- 초도지: 도배할 때 먼저 바르는 종이를 말한다.
- 창호지(窓戶紙) : 문과 창을 바르는 종이를 말한다.
- 장판지(張板紙) : 온돌 바닥을 바르는 두꺼운 기름종이를 말한다. 보통 저피지 또는 유피지를 여러 겹 합지해서 두껍게 하여 들기름을 먹여 건조시킨 것으로서 두껍고 질기며 윤기가 있고 방수성이 좋다.
- 화선지(畵仙紙) : 그림이나 글씨에 사용된 종이로 저피에 볏짚, 모조지 설, 펄프 등을 첨가해서 만들어진 수록지로서 먹물을 잘 받고 오래 되어도 변색하지 않는 특징으로 종류가 다양하여서 동양화 및 서예지로 사용되었다.
- 유둔지 : 비가 올 때 쓰기 위해 닥종이를 이어 붙여 두껍게 만든 기름종이/주유지
- 지등지(紙燈紙) : 등을 발랐던 종이로 등롱지라고도 함
- 관교지 : 각 관청의 사령용지로 쓰는 두껍고 흰 종이를 말한다.
- 간지(簡紙): 장지(將紙)로 만든 두껍고 품질 좋은 편지지로 정중한 편지에 사용되며 봉투에도 사용되었다.
- 화지(火紙) : 담뱃불을 붙이는데 쓰는 종이로 얇은 종이를 길게 말아서 만든다.
- 저주지(著注紙) : 저화를 만들 때 썼던 종이를 말한다.
- 면지(面紙) : 죽은 이의 이름을 가리는 오색지이다.
- 축문지(祝文紙) : 제사를 지낼 때 일근 축문을 쓰던 종이다.
- 선지(扇紙) : 선자지라고도 하며, 부채의 원료와 종이 연의 원료가 되는 강인하고 두꺼운 종이다.
- 입모지(笠帽紙) : 갓 위에 쓰던 우장용의 기름종이를 말한다.
- 저주지(著注紙) : 저화(楮貨) 즉 돈을 만든 종이로 닥나무 껍질이 원료이다.

| 도배지 |

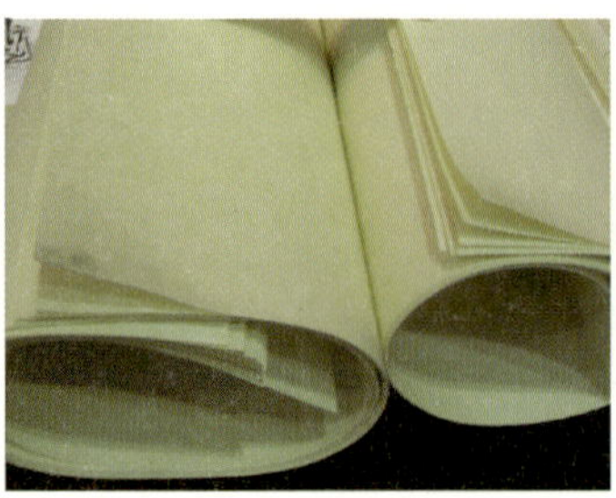

| 장판지 |

| 교지 |

| 생산지에 따라 |

• 조지서 : 지문지(咨文紙), 표전지(表箋紙)
• 경기도 가평 : 가평한지
• 강원도 평강 : 설화지(雪花紙)
• 전북 전주, 남원 : 선자지(扇子紙), 간장지(簡壯紙), 유둔지(油芚), 태지(苔紙), 죽청지(竹青紙), 화선(畵宣)
• 전북 용담 : 농선지(籠扇紙)
• 전북 순창 : 상화지(霜花紙)
• 전남 : 태장지(苔壯紙)
• 평북 영변 : 백로지(白露紙)
• 함북 : 고정지(藁精紙)
• 경북 경주 : 경지(慶紙)
• 전북 완주 : 완지(完紙)

| 종이의 질에 따라 |

• 백면지(白綿紙) : 품질이 희고 좋은 백지로 이는 공물지로 이용되었다.
• 별백지(別白紙) : 품질이 아주 좋은 벽지로 외국에서 한지를 부르는 이름이다.
• 상지(常紙) : 품질이 좋지 못한 보통 수준의 종이를 말한다.
• 열품백지(劣品白紙) : 품질이 나쁜 백지를 말한다.
• 은면지(銀面紙) : 은색 빛깔로 반들반들하게 만든 매끈한 종이를 말한다.
• 죽청지(竹青紙) : 아주 얇고 질기며 단단한 닥종이를 말한다.

전통종이 한지의 웰빙 특성

전통 주거공간에 많이 사용된 한지는 그냥 보면 자연물이 아닌 것 같지만 제작 방법이나 소재에서 자연그대로를 반영한다. 우리의 전통 한지는 순천적인 자연관이 묻어나 인간적이며 담백한 느낌을 주며, 원료의 물성을 최대한 살려 자연스러운 섬유 구조로 조직들이 배열되어 통기성이 뛰어나 숨 쉬는 소재가 된다. 전통 한지의 색은 그 자체가 자연이며 자연의 기본색을 나타내는 소색이다. 흰색이 아니라 자연에서 만들어진 순수한 바탕색이며 물체마다 지니고 있는 아무것도 가공되지 않은 자연색을 소색이라 한다. 한지의 소색은 자연자체의 산물이며 햇빛, 물, 바람, 불, 시간이라는 자연의 힘이 만들어내 또 다른 자연의 색이며, 자연이라고 할 수 있다. 한지의 모든 것은 자연 속에서 자연을 이용하여 만들어져 다시 자연으로 돌아가는 소재로 다양한 웰빙적 특징을 갖는다.

| 바람과 빛을 그대로 담은 종이 |

한지도 유리와는 달리 통기성을 가져 바람을 통과시키고, 반투명 성질로 빛을 통과하면서도 단열성도 높다. 한지는 눈에 안 보이는 무수한 구멍이 있어 즉 섬유질 사이 공극으로 인해 통기가 가능하고 숨 쉬는 공간을 만들고 습도까지 자연적으로 조절되는 특징을 지닌다. 이에 한지로 마감된 창을 통해 상시 환기가 이루어진다. 또한 한지는 자외선 투과율이 좋고 빛을 완충시키는데 능률적이며, 확산성이 뛰어나 입사된 빛이 한지 전체에 골고루 확산되는 특성에 의해 눈부심 발생이 없이 부드러운 빛을 전체적으로 확산시켜준다. 이에 으스름한 빛 연출로 시각적 촉감을 극대화하여 은은하면서도 그윽하고 부드러운 느낌을 연출한다. 이처럼 자연현상에 순응하는 성질을 나타내는 이유는 모두 자연에서 얻는 재료와 제조과정에 의해 한지가 만들어졌기 때문이다. 일반 종이가 목재나 기타 식물섬유를 잘게 분해한 펄프를 화학 처리하여 만들지만 한지는 닥나무와 닥풀을 이용하고 목재의 섬유질을 최대한 보존한 상태에서 종이를 뜨는 방식으로 만들어지지 때문이다.

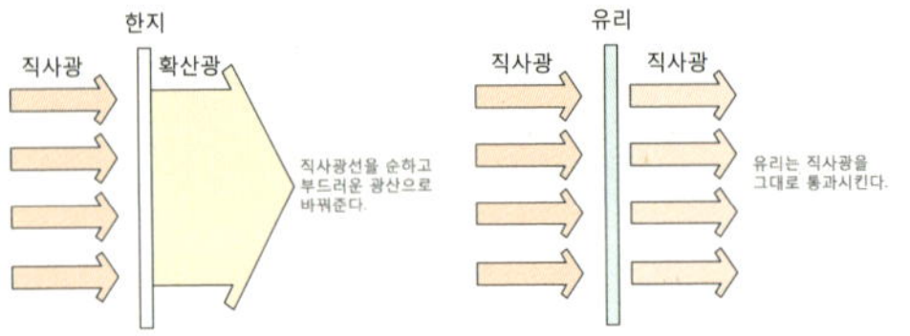

〈유리와 한지의 채광효과 비교〉

〈유리와 한지의 통풍효과 비교〉

| 창호지와 유리의 특성 비교 |

| 중성의 성질을 지녀 내구성이 뛰어난 종이 |

오늘날 사용되고 있는 펄프로 만든 종이들은 산성을 띠고 있어 열화되기 쉬워 쉽게 부식하는 특성을 지닌다. 그러나 우리의 전통 한지는 중성을 띠게 된다. 제조 과정에서 쓰이는 메밀대 · 볏짚 · 목화대 등을 섞어 만든 식물성 잿물은 알칼리성이 강하다. 이 강알칼리성의 식물성 잿물에 닥을 삶게 되면 점차적으로 산화도가 떨어져 중성을 띠게 된다. 이에 최종적으로 중성인 닥풀을 넣어 완성된 한지는 중성인 pH7.89를 띠게 된다. 이런 중성지는 50-100년도 못가는 산화지보다 그 보존성이 훨씬 높고 세월이 가면 갈수록 오히려 결이 고와져 천년 이상이 되도록 장수하는 뛰어난 내구성을 가지게 있다.

| 먼지 여과 및 실내 오염물질 배출에 탁월한 종이 |

한지는 통기성과 더불어 먼지 여과 기능과 실내오염 물질을 배출하여 건강한 실내공간을 만든다. 한지의 공기 필터 역할은 외기에 포함된 입경 5㎛ 이상 먼지 중 47.5% 정도 여과할 수 있다. 또한 전통 한지는 차압이 발생하지 않아도 실내외 오염물질 농도차로 인해 실내공간오염물질을 자연 배출한다. 체적 0.396㎡ 모형실에 0.25㎡ 크기의 한지 창호가 있는 경우에 실내에서 발생한 이산화탄소, 일산화탄소, 포름알데히드, 돌루엔 등 오염물질의 농도를 절반 수준으로 낮추는데 각각 20~30여분이 소요된 것으로 실험 결과가 보고되고 있다. 다른 기계적 장치 없이 오염물질을 배출시키는 한지의 탁월한 성능을 알 수 있다.

| 습도조절 기능이 뛰어나 쾌적한 공간을 만드는 종이 |

전통한지는 투습 · 흡습 · 방습 성능이 뛰어나 실내 환경을 쾌적하게 한다. 유리창호와 비닐벽지가 부착된 경우 보다 한지 창호와 벽지로 마감한 경우 실내습도 변화를 완만하게 조절한다. 한지는 일반적으로 유리면에 결로가 발생하는 상태와 동일한 조건에서도 수증기를 투과하고 흡습하여 표면에 결로가 나타나지 않는 것으로 관찰되었다.

| 단열 및 방음성이 뛰어난 종이 |

한지는 실험에 의하면 유리보다 1.8배의 열적 효과를 가지고 있어 실내에서 발생된 음을 흡수하여 방음효과가 있어 양호한 음 환경을 조성해 준다. 한지는 그 지질이 닥나무 껍질의 섬유질로 되어 있어서 측면에서 보면 마치 사람 피부의 털처럼 촘촘하게 올실이 나와 있으며 또, 공기구멍이 많은 다공질로 되어 있어 두께를 두껍게 하는 효과가 있으며 그 속에 포함된 공기층은 마치 스티로폼의 내부 공극처럼 데워진 공기가 그 속에서 갇혀지기 때문에 단열 효과가 매우 높아 오늘날 유리문에 비해 전혀 손색이 없다. 추운 겨울, 창과 문에 쓰여 찬바람을 오직 한 겹으로만 막아 우리를 따뜻하게 해 준 우리의 한지 창호지에서 알 수 있듯이 단열성능이 뛰어나다. 또, 거기다가 문살의 격자 사이에 갇히는 공기층을 합치면 그 방한성과 보온성은 양지 보다 뛰어나고 유리문에 비해 훨씬 좋다고 볼 수 있다.

| 리사이클이 가능한 종이 |

내구성이 뛰어나 한지는 재료의 성질상 한번 사용했던 종이도 얼마든지 다시 재생하여 사용할 수 있다. 한번 사용된 한지는 맑은 물에 먹물을 불렸다가 빨래 하듯 매질을 가하면 먹물이 말끔히 빠진다. 먹물이 빠진 종이를 다시 매질을 하여 떡처럼 이겼다가 처음 제작할 때처럼 다시 재생하여 새로운 종이로 만들어 사용한다. 이렇게 재생된 종이도 처음 만들어진 새 종이와 별로 효과면에서 차이가 나지 않는다. 이렇게 재생이 가능한 이유는 종이의 재료가 섬유질로 되어있기 때문에 약물 처리를 하지 않아도 재생이 가능하다. 또한 재생에 사용되지 않은 책이나 파지는 벽지나 장판지, 신발 등을 만드는데 활용하였다.

| 다양성과 가변성을 지닌 종이 |

양지는 일률적이고 획일화되어 있는데 반해 한지는 제조 과정에서 알 수 있듯이 대부분의 공정이 사람의 손에 의해 이루어져 동일한 장소에서 동일한 방법으로 제작되어도 획일적으로 동일한 품질과 크기의 제품을 만들기가 힘들다. 그만큼 한지는 재료 자체의 다양성을 지니고 있다고 볼 수 있다. 또한 한지를 표현하는 부분에서 부드럽고도 질긴 성질을 갖고 있어 엮고, 구기고, 비틀어서 다양한 효과를 낼 수 있으며, 회화에서부터 종이 공예, 서예, 조소의 영역에 활용될 뿐만 아니라 다른 매체와 혼합하여 다양한 형태로 변화시킬 수 있는 가변성을 가지고 있다. 이러한 성질을 이용하여 옛날부터 한지는 거의 모든 재료를 대신하는 다양한 용도로 사용되어 왔다. 유리 대용으로 창문에 바르고, 조명 등을 만드는데 사용하며, 장판이나 벽지를 바르기도 하고, 부채를 만들기도 하고, 지화, 지폐, 부적 등의 여러 용도로 사용되었다.

| 한지를 이용한 다양한 소품공예품들 |

| 한지를 이용한 의복 및 관련 소품들 |

| 한지를 활용한 회화와 식탁 테이블 소품들 |

• 현대적으로 응용 웰빙 연출하기 •

| 기능성 천연성분을 결합한 한지 이용하기 |

최근 웰빙 붐을 타고 기존 한지에 건강에 좋은 천연성분인 맥반석, 게르마늄, 쑥, 편백, 황토, 숯, 솔잎, 율피, 등을 첨가한 한지 상품들이 개발되고 있어 이를 벽지나 천장지에 활용한다. 이들 제품은 한지자체의 통기성과 투과성, 오염물질 제거, 습도 조절 등의 장점과 더불어 첨가제로 들어가 자연소재의 장점이 결합되어 건강기능과 공기 정화 기능, 방충, 방취 효과와 더불어 소재에 따라 항균력, 원적외선 방사, 산소 촉매 등의 기능이 추가 되어 건강한 웰빙 공간 연출을 위한 제품들이다. 단, 이러한 제품들을 선정할 때는 제품 광고에만 의존하지 말고 실제 친환경 인증 제품인지 기능 테스트 한 성적표지, 천연소재의 함유량 등을 꼼꼼하게 체크하여 사용한다.

| 전통 창호 창살과 창호지창 사용 |

현대 주택에 있어서 전통 창호의 창살 패턴 사용은 전통성을 강조하여 시대에 뒤떨어지는 공간구성을 표현한다기 보다는 오히려 현대를 앞선 디자인으로 정적이면서 동적인 생동감을 부여한다. 전통 창호는 실제 창호지로 마감하여 창호에 적용하기도 하지만 실내 칸막이 벽이나 붙박이장 문으로 사용한다.

| 창호지창과 유리창을 혼용하여 2중 3중창으로 구성하기 |

유리창만으로 이중창을 사용한 것보다 유리창 한 장과 창호지창을 복합해서 2중창을 설치 할 때 9%의 열적 상승효과가 있었고, 유리로 2중창을 만들고 다시 창호지를 한 겹 추가한 3중창일 때는 유리창만 2중창인 경우 보다 1.8배의 열적 상승효과가 있다. 그러므로 유리단창에 창호지로 2중창을 더해 3중창 일 때는 유리만 2중인 경우 보다 거의 2배의 열적 상승효과가 있다. 그러므로 물리적인 효과와 함께 전통 창호와 한지의 느낌으로 전통적인 미적 효과도 높일 수 있다.

| 바닥마감재로 전통 장판지를 이용하기 |

온돌방의 바닥마감재로 편리한 신재료들이 있지만 시공 면에서 조금 불편하고 번거롭지만 전통 방식의 장판지를 사용하여 내수성과 내마모성, 표면의 매끄러움과 광택이 좋은 점을 살린다. 천연자연 재료에서 오는 미의식과 공간감으로 편안함과 풍부함을 준다. 현대 들어 전통방식의 장판지에 숯이나 황토, 옻칠, 맥반석 등의 기능성 성분을 추가하여 건강을 고려한 제품이 많이 나오고 있다.

| 자연적 패턴이나 전통 문양, 자연 요소를 결합한 한지 이용하기 |

한지에 다양한 자연적 패턴을 넣어 인쇄하거나, 실제 꽃잎이나 잎을 압착시켜 연출하므로 자연미를 높일 수 있다. 전통 문양이나 한글 등의 패턴을 넣어 한국적 느낌을 강조하여 연출할 수도 있다. 이러한 한지를 통한 연출은 공간에 별다른 소품 없이도 밋밋한 실내 공간에 아기자기한 자연미를 연출하게 해주며 한지에서 오는 은은함으로 따스한 실내공간을 만들어 준다.

| 종이를 뛰어넘은 한지사, 한지천 활용하기 |

종이로서의 한지가 지닌 찢어지지 쉽고 잘 구겨지며, 수분에 약하다는 단점까지 보완하여 개발한 한지사를 이용한 한지천을 활용하여 다양한 인테리어 소품에 활용한다. 한지사는 종이를 실처럼 만들어 천으로 만들어지는 의류부터 시작하여 인테리어 소품 전반에 활용할 수 있다. 한지사로 만들어진 한지천은 천연 닥나무로부터 만들어서 닥나무가 지닌 항균, 소취, 흡한속건 등의 특성을 기본으로 통기성과 보온성이 탁월하고, 색상 또한 아름답고, 연약한 피부를 질병으로부터 보호하고 쾌적함을 주는 인체에 무해한 소재이다. 그러므로 그동안 섬유로 이용되었던 침장류나 테이블웨어, 쿠션과 같은 인테리어 소품에 다양하게 이용하여 건강한 웰빙 실내공간을 연출할 수 있다.

| 한지이용 가구 및 인테리어 소품 활용하기 |

한지가 지닌 다양성과 가변성을 활용하여 한지 가구인 장이나 농, 반닫이를 연출요소로 이용하거나 소반이나 함, 상자, 반짇고리 등 실내 소품가구를 대체하여 실내공간을 연출한다. 한지 자체가 주는 자연스러움과 부드러움으로 한국적인 자연미를 연출이 가능하다.

| 한지 조명등을 통해 공간 연출하기 |

조명 프레임에 다양한 자연 문양이나 전통 문양을 새겨 넣은 한지를 입히고 빛으로 밝힌 한지조명등을 활용하여 공간을 연출한다. 한지를 통해 퍼지는 은은하고 잔잔한 빛의 파장과 그 빛을 통해 선명하게 드러나는 문양의 아

| 황토를 결합한 기능성 한지 벽지 |

| 전통 창살과 창호지창 마감 |

| 전통 창호와 한지가구, 한지등으로 연출한 실내공간 |

| 자연 패턴 한지 |

| 한지사와 한지직물 |

| 한지가구 소품, 조명을 이용한 실내 연출 |

| 한지이용 접시받침으로 벽면을 연출 |

| 한지 응용 아트 소반과 한지 조명등으로 공간연출 |

름다움이 다른 조명과는 비교할 수 없는 멋과 기품을 발산한다. 한지 조명등은 단순미와 기능성, 경제성, 독창성을 지니며, 현대인의 감성과 주거 형태와 어울리는 생활용품이면서 실내 인테리어 소품으로 손색이 없는 오브제이며 인간적인 따스함과 편안한 주거공간을 연출한다.

| 한지 응용 예술 작품으로 공간 연출하기 |

한지에 그린 동양화를 족자나 액자 형태로 걸어서 연출할 수도 있지만 적극적인 표현법으로 한지 벽지에 벽화처럼 그려진 한지 벽지를 사용하여 포인트 월로 마감하여 효과를 줄 수도 있다. 또한 한지를 반입체적으로 표현하여 좀 더 양감이 있는 예술작품으로 공간 포인트 장식요소로 사용하거나 완전 입체의 종이 공예품으로 제작하여 연출요소로 활용할 수 있다.

천연 섬유로 연출하기

• 전통 주거와 천연 섬유 •

전통 주거 공간에 사용된 마감재로 자연소재이면 가장 고급스러워 상류계층에만 사용된 마감 기법은 천마감이다. 바닥과 벽에 천을 이용하여 마감하였는데 이때 사용된 천은 명주, 즉 비단을 이용하여 마감하여 다양한 무늬와 색조로 종이마감과 다른 화려하고 따듯한 공간을 조성하기도 하였다. 또한 창호 마감에도 천이 사용되었는데 종이마감을 기본으로 문을 덧달아 사창(紗窓)을 달아 오늘날 망사창처럼 사용하였다. 이외에도 마감재는 아니지만 적절한 차폐와 차양을 위해 여름철에 모시나 삼베, 비단을 이용하여 창 앞 가리개로도 사용되어 공간 연출에 사용되었다. 우리의 전통 주거에서 이루어 의식주 전반 생활 영역에서 천연섬유는 다양한 곳에 사용되었다. 우리 선조들이 사용한 섬유는 모두 천연 섬유로 의복을 비롯하여 병풍, 족자, 보료, 방석, 주머니, 보자기, 골무, 바늘쌈지, 조각보로 다양한 생활 소품으로, 부엌에서 행주나 밥상보, 수저집 등으로 다양하게 활용되었다.

우리 선조들의 주생활에서 사용된 천연섬유는 화학섬유로는 도저히 흉내낼 수 없는 천연색과 기품이 느껴지며 인체에 해가 전혀 없고 건강한 소재의 특성으로 웰빙 생활에 일조하였다고 할 수 있다. 천연섬유의 사용에 있어서도 4계절을 변화를 수용하면서 자연과의 조화를 토대로 천연 섬유가 지닌 웰빙 특성을 최대한 살려 의식주 생활에 적절하게 사용되었다. 전통 주거 공간에서 천연섬유가 사용된 곳을 살펴보면 다음과 같다.

| 바닥 마감 |

전통 주거공간의 방의 바닥 마감은 대부분 장판지로 마감하였지만 상류 계층에서 화려한 것을 좋아하는 사람인 경우에는 장판지 대신 비단을 바르기도 했다. 초배지 위에 은은 색조의 갖가지 무늬를 수놓은 우아한 비단, 즉 명주를 선택하여 바르는데 직물에서 오는 독특한 재질감으로 방안의 분위기를 한결 부드럽고 따뜻하게 조성해 준다. 이러한 천마감시에도 투명한 기름으로 피막을 만들어 표면을 보호하고 광택이 나도록하는 마감을 하였다. 실용적인 면에서는 종이장판지 보다 떨어지나 독특한 재질감과 화려함에서 오는 호사스러움과 사치품으로 호평을 받고 부를 상징하는 수단으로 사용되었을 것이다.

| 벽 마감 |

전통 주거의 상류 주택에서는 한지 벽지 대신 명주를 사용하는 경우가 있는데, 이 또한 실용적인 측면에서 고려보다는 천 자체의 재질감과 특유의 광택에 의한 화려한 치장을 위해 사용되었다. 마감의 용이성에서 천장 보다는 벽체에 천 벽지가 좀 더 많이 사용되었다.

| 창호 마감 |

미닫이와 갑장지문 사이에 발이 성근 얇은 비단이나 모시를 발라 만든 사창을 설치하기도 하였다. 이는 벌레를 막는 역할을 하면서 바람이 통하고 외부조망이 가능하므로 오늘날의 방충창과 같다고 할 수 있는데 주로 상류층의 주택에서만 이용되었다.

| 가리개 천 |

삼베나 모시 천을 이용하여 창문이나 대청에 휘장을 걸어 현대 공간의 커튼처럼 시선이나 햇볕을 차단하고 바람을 통하게 하기 위해 설치하기도 한다. 대나무 발과는 또 다른 자연미를 선사하는데 일단 천이 주는 부드러움과 화사함으로 공간의 연출 포인트가 되기도 한다. 바람에 하늘거리는 자연 염색된 부드러운 모시나 삼베천에서 오는 자연미는 여름철 상류 주택에서 또 다른 연출 요소라 할 수 있다.

| 병풍과 족자 |

병풍이나 족자를 마감하는데 비단천이 사용되었다. 그리고 그림을 그리는 화폭도 종이가 주로 이용되었지만 궁중회화에서는 비단을 화지로 사용하여 병풍이나 족자를 만들었다. 이는 종이보다 보관하기 쉽고 수명이 오래 가기 때문이다. 종이는 물기에 약하기 때문에 여름날 습기가 많아지면 곰팡이가 피고 잦은 이완과 수축으로 변형이 일어날 가능성이 높으나 비단은 종이보다 값이 비싸긴 하지만 습기에 의한 변형이나 좀벌레나 곰팡이로부터 비교적 안정적이다.

| 보료와 방석, 안석, 사방침, 장침 |

보료와 방석, 안석 등은 전통 응접 용구이면서 장식소품으로 실내 공간의 가장 포인트가 되는 연출요소이면서 긴밀한 촉각적 접촉이 이루어지는 실내 공간 요소이다. 그리고 다양한 색채와 문양으로 공간의 포인트 역할을 한다. 상류 주택 일수로 비단에 자수로 장수나 복을 상징하는 글씨나 문양을 수놓아 주인의 취향을 반영하고 화려함을 극대화하였다.

| 조각보 |

전통 주거 생활에서 천과 관련하여 배놓을 수 없는 것이 짜투리 천을 모아 만든 조각보이다. 이에 천의 사용에서 가장 웰빙적인 활용법으로 볼 수 있다.

조각보는 서양의 퀼트와 유사하지만 홈질로 천을 잇는 퀼트와 달리 조각보는 감침질을 이용한다. 조각보는 홈질로 접어 넘긴 곳을 삼친 뒤 다시 접어 감쳐 안과 밖이 같도록 한 기법인 쌈솔과 감침질 뒤 솔기를 좌우로 벌려 단단히 고정하는 기법인 좌우 발림솔, 삼발상침 등 우리 전통 기법을 주로 하여 땀이 촘촘하고 견고한데다가 깔끔하다. 거기에 우리 고유의 다섯가지 색을 기본으로 음양오행을 바탕으로 전체적인 균형과 조화를 이뤄내 동양적인 정서를 담아낸 것이 조각보이다. 이러한 조각보는 크기와 천의 종류에 따라 다양한 용도로 제작되어 사용되었는데 이불을 싸는 이불보, 음식상을 덮고 상보, 혼례품을 담는 예물보, 찻상받침, 봉투보 등으로 사용되기도 하고, 창앞가리개 천이나 벽 장식으로도 이용되었다.

| 삼베와 모시천을 이용한 가리개천 |

| 삼베천으로 연출한 창가리개 |

| 모시천으로 연출한 휘장 |

| 견섬유를 활용한 안방 전경 |

| 모시천을 이용한 찻상덮개와 견섬유를 활용한 방석 |

| 견섬유를 활용한 병풍과 방석 |

• 전통 주거에 사용된 천연섬유와 웰빙 특성 •

전통 주거 공간에서 이용된 천은 모두 천연섬유이다. 이중 특히 공간마감재로 사용된 천은 비단인 견, 모시, 삼베인 마가 많이 사용되고 의복의 용도로 목면과 겨울철 옷에 모가 이용되었다. 이러한 천연섬유는 천연에서 채취하여 인체 착용시 부작용이 없고, 사용 후 폐기 시에도 분해가 용이하여 환경오염물질을 발생시키지 않고 흡습성이 좋은 장점을 지닌다. 이에 천연섬유의 종류와 이들 섬유의 활용과 특성을 살펴보면 다음과 같다.

| 면 |

면은 목화씨에 붙어 있는 솜이 원료가 되며 일상생활 속에 가장 많이 사용되는 섬유로서 포플린, 광목, 옥양목, 융, 데님, 코듀로이, 타월, 소창, 우단 등이 있다.오염을 잘 흡수하여 위생적이며, 세탁하기가 편리하여 속옷을 비롯하여 기저귀, 손수건, 겉옷, 행주감, 이불깃 등의 모든 옷의 재료로 사용 된다.

면의 장점은 습윤 강도가 커서 내세탁성이 좋고, 열에 비교적 강한 편이라 삶아 빨 수 있다. 또한 흡습성이 좋으므로 염색성도 우수하다. 취급이 쉽고 보온성이 우수하다. 또한 부드럽기 때문에 피부에 닿는 느낌이 무척 쾌적하고 다량의 수분을 함유하기 때문에 정전기가 거의 발생하지 않는 편이다. 흡수된 수분의 증발 역시 비교적 빠르다던가, 오염에 대한 흡수성이 높아 무척 위생적이다.

단점은 내마모성이 부족하고 탄성과 탄력이 부족하고 가소성이 좋지 않고 내충성(耐蟲性), 내균성(耐菌性)에 저항이 떨어진다.

| 마 |

마섬유는 1년생 마식물의 줄기나 엽맥, 과실섬유 등에서 얻는 섬유로 아마(Linen), 저마(Ramie : 모시), 대마(Hemp : 삼베), 황마(Jute) 등이 있다. 강도와 내열성은 천연섬유 가운데 가장 우수하고, 열전도성이 크고 통풍성이 뛰어나고 수분의 흡수, 발산성이 뛰어나 가장 시원한 섬유로 차가운 느낌을 주고 쉽게 오염되지 않아 여름용 의복으로 많이 사용되고 있다. 이중 전통적으로 많이 사용해온 마는 모시로 불리는 저마와 삼베인 대마가 일상생활에서 많이 사용되었다.

모시는 마류 섬유 중에서 가장 무겁고 습윤상태에서 강력이 50% 가까이 증대되고, 면과 같이 젖으면 강해지는 성질이 있고, 내열성은 대마보다 약하고 건열상태에서 43%, 흡열상태에서 약 87%의 강력저하되는 측성이 있으며 구김이 잘 생기나 표백이 가능하고 천연염색이 매우 잘 되고 까칠까칠한 시원함과 희고 청아한 멋으로 전통 한복, 이불, 방석, 수의 등에 사용되고 남은 조각천으로 조각보를 만들어 식탁보, 발 등으로 사용되었다.

삼베는 섬유가 길고 수분 흡수력이 뛰어나고, 수분 증발력이 좋고 연소, 잘 늘어나지 않고 내구성이 강하다. 또한 항균 · 항독성 · 방충성으로 잡균의 서식과 벌레의 근접을 막아 수의로 사용되고, 부엌에서는 행주로 사용된다. 또한 생선을 건조할 때 덮거나 된장을 담은 후에 숯을 넣고 삼베로 덮개를 하여 항균과 항독성을 이용하고, 여름의 홑이불이나 모기장, 모깃불을 피우는 것도 방충성 때문이다. 그리고 중의 적삼으로도 많이 이용되었다.

| 모 |

모 섬유의 원료는 모는 한자로 毛라고 하는데 말 그대로 '털'이다. 그래서 털섬유라고도 하며 동상적으로는 양모(羊毛, 양의 털)를 말하며 울(wool)이라고도 한다.

양모에서 채취한 털 뿐만 아니라 양 이외의 짐승에서 채취한 것도 모섬유에 해당되는데 앙골라, 낙타털, 캐시미어, 알파카 등도 이에 해당된다.

모섬유는 공기 중의 습기를 흡수하여 겨울철 옷에 적당한 수분이 유지 되면서 정전기 방지에 좋고, 구김이 덜 생기고 형태 안정성이 좋다. 흡습성이 커서 젖은 느낌을 주지 않으면 염색성이 우수하다. 반면 스케일 때문에 엉키고 축융하기 쉽다. 햇빛에 의해 쉽게 손상되어 황변한다. 또 해충의 피해를 입기 쉬운 단점을 지니고 있다.

전통적으로 사용된 모 섬유는 전(氈)이라 하는 동물 털의 축융성을 이용하여 만든 부직포인 펠트로 단색으로 만들어지는 색전이 있고, 무늬를 넣은 채전이 있다. 무늬를 만드는 방법은 선염한 모 섬유를 문양에 따라서 상감하고 압축하여 무늬를 나타내기도 하고, 펠트 위에 문양 염색을 하거나 자수를 하여 문양 천을 만들기도 한다. 전은 궁중에서 깔개, 의류 등으로 사용되었으나 후에 옷감, 모자, 전립(氈笠), 신발, 갑옷 등 다양한 용도로 사용되었다. 그리고 동물의 털을 사용하여 보온성을 높이기 위한 갓저고리, 갓두루마기, 조끼 등을 만들어 사용하였다.

| 견 |

견 섬유는 뽕을 먹고 자라는 누에고치로부터 뽑아낸 실로 만든 섬유로 명주, 양단, 공단, 시폰, 조젯 등이 있다. 얇고 가벼우며 촉감이 부드럽다. 우아한 광택이 있고, 흡습성이 좋아 쾌적하며 보온성이 매우 좋다. 반면에 평소에는 가볍고 질기나 젖으면 강도가 크게 떨어지며 뜨거운 물 자외선에 약하며 황변하기 쉽고 손질이 까다롭고 해충의 피해를 입기 쉽다.

전통적으로 사용 제직한 견직물에는 주(紬), 사, 라, 능(綾), 금(錦), 단, 곡, 겸, 시, 초 등과 각종 천연 염료로 침염된 직물, 그림이 그려진 회 등이 일반적이었으며 백, 견, 수, 금니 등 견직물과 관계된 종류도 다양하였다. 이들 견직물 가운데 오늘날까지 제직되어 사용되고 있는 것은 주, 사, 라, 능, 단, 금 등이다. 이들 가운데 주만이 명주로 명명되어 재래의 베틀로 극소량이 제직되고 있고 나머지는 현대화된 직기로 대량 생산되고 있다.

은은한 광택을 지닌 얇고 부드러운 견직물로 옷감과 스카프, 고급 침구류 등 다양한 생활용품 재료로 사용되었다.

| 섬유의 분류 |

대분류	중분류	소분류	예
천연섬유	식물성섬유	종자모섬유	면
		인피섬유	아마 · 대마 · 황마 등
		잎맥섬유	마닐라 · 삼 · 사이잘삼 등
		기타	짚 · 골풀 · 야자 등
	동물성섬유	동물의 털 섬유(모)	양모 · 모헤 · 캐시미어 · 낙타 · 알파카 등
		견	양잠견 · 야잠견
	광물성섬유		석면(아스베스토스)
인조섬유 (화학섬유)	무기섬유	유리섬유, 암석섬유(록파이버)	
		광재섬유	
		금속섬유	금사 · 은사 · 합성섬유
	재생섬유	셀룰로오스계	비스코스레이욘 · 레이온
		단백질계	우유단백(카세인)섬유
		기타	고무 등
	반합성섬유		아세테이트
	합성섬유	폴리아미드계	나일론 · 아밀란
		폴리에스테르계	데이크론 · 레릴렌 · 테트론
		폴리비닐알코올계	비닐론
		폴리염화비닐계	로빌 · 데이크론
		폴리염화비닐리덴계	사란
		폴리아크릴계	울론 · 아크릴란 · 엑슬란 · 캐시밀론 등
		폴리올레핀계	폴리에틸렌 · 폴리프로필렌
		폴리우레탄계	스판덱스

| 면과 견으로 만든 침구류 |

| 모시천으로 만든 가리개 |

| 견 조작천을 이하여 만든 소품들 |

• 현대적으로 응용 웰빙 연출하기 •

| 벽지로 활용하기 |

아트 월(art wall)로 도배지 대신에 천연 섬유에 다양한 칼라 염색을 하거나 패턴을 넣거나 자수를 넣어 활용한다. 전통공간에서도 비단을 활용하여 벽면을 장식하기도 한 것처럼 현관이나 침실, 거실에 적용한다. 아트월은 장식 목적이외에도 홈씨어터 보편화 후엔 복잡한 전기시설을 정리해주고 외관을 정리하는 목적으로 사용된다.

| 쉬어지, 커튼 속지, 커튼 대용으로 활용 |

옛부터 전통 주거에서 사용한 휘장이나 발 · 병풍 등이 커튼의 구실을 한 것이라 볼 수 있는데 이를 현대 주거 공간에 응용할 수가 있는데 삼베나 모시 천을 활용하여 커튼속지로 부드럽게 연출하거나 2겹으로 하거나 색을 진하게 염색하거나, 조각보 패턴을 응용하거나 견을 이용하여 커튼 대용으로 창앞에 연출할 수 있다. 특히 현대 주거공간에서 커튼은 광선의 조절, 시선의 차단, 방음, 방서, 방한 등의 목적으로 사용되고 실용성 외에 벽이나 유리의 딱딱한 감을 부드럽게 하고 색채의 배합에 따라 실내장식의 중요한 요소가 된다. 주거양식이 서구화됨에 따라 중요한 생활용구의 하나가 되므로 이 연출요소를 전통공간에서 사용되었던 패브릭패턴과 천을 이용한다면 공간분위가 친자연적이면서 전통적 느낌의 웰빙 주거공간으로 연출이 될 것이다.

| 공간 칸막이 월로 활용 |

공간의 분할을 위해 이용되는 병풍이나 파티션을 패브릭을 이용하여 제작하여 활용한다. 이때 전통 소재에 많이 사용된 견이나 면에 전통적인 패턴을 넣거나 염색을 하여 사용하여 공간의 전통적이면서 자연적인 느낌을 강조하는 요소로 이용한다.

| 침대 커버, 쿠션, 침구류 커버 등으로 활용 |

전통 이불이나 보료, 방석에 이용된 패브릭의 패턴이나 색삼, 소새를 활용하여 현대 주거공간에 배치되어 있는 침대 커버나, 쿠션, 침규류에 적용한다. 천연 섬유를 실제 활용한다면 실제 피부 건강에 매우 도움이 되므로 웰빙 공간연출에 특히 필수적인 요소가 된다.

| 조명기구의 셰이드나 갓으로 활용 |

전통 공간에 많이 사용된 삼베나 모시천을 활용하여 천장등이나 스탠드, 플로어 스탠드, 팬던트의 셰이드나 갓으로 활용할 수 있다.

| 가구 커버링으로 활용 |

소파나 매트리스 좌식의자 등의 커버나 가구덮개로 전통 소재의 천연섬유를 활용하여 전통적이면서도 자연적인 느낌을 연출할 수 있다. 그리고 장이나 문갑 등의 가구를 목재로 마감하는 방법 외에 프레임을 제외한 나머지면 마감을 천을 이용하여 부드러우면서 천의 패턴을 나타나게 하거나, 자수를 통해 화려한 패턴으로 고급스러운 느낌으로 가구를 연출할 수 도 있다.

| 식탁 연출 소품으로 활용 |

식탁 연출소품으로 식탁보, 러너, 티슈커버, 수저받침, 방석 등이 있는데 이를 패턴이나 연출요소를 계획하여 전통적인 문양이나 조각보 패턴이나 색동 패턴을 이용하여 천연섬유를 활용하여 연출할 수 있다.

| 전통 패턴 패브릭 액자나 월 장식 요소로 활용 |

패브릭을 활용하여 공간을 연출하는 방법은 다양한데 이중에서 전통 문양이나 패턴을 조각보나 자수, 염색 등을 통해 전통적 천연섬유에 연출하여 만든 액자나 족자형태로 제작하

| 조각보패턴을 응용하여 벽장식과 가리개 천으로 활용한 사례 |

| 조각보패턴의 모시천으로 커튼대신으로 연출하고 식탁의 매틀로 연출한 식당공간 |

| 침대 매트대신 전통 보료와 전통 세이드 갓으르 연출한 침실공간 |

| 조각보 패턴을 벽면 장식으로 연출한 거실공간 |

| 전통 조각보패턴으로 쿠션과 소품, 모시천으로 블라인드로 제작하여 연출한 응접 겸 거실공간 |

여 벽면을 연출할 수 있다. 아트 월에 비해 고정된 요소가 아니므로 계절에 따라 공간 분위기에 따라 수시로 바꿔 가면서 연출에 변화를 줄 수 있다는 장점이 있다.

七 章

전통 주거의 가구 및 소품을 통한 웰빙 연출

우리 선조들의 주생활에서 웰빙은 배치나 건축 구조, 마감재를 통해서만 실천되었을까? 4계절을 지내면서 먹고, 자고, 입고하는 일상생활을 위해서는 주거 공간 안에는 다양한 가구와 집기, 주인의 취향에 따른 장식품, 기타 소품들로 공간을 채웠을 것이다. 이러한 공간을 채우는 가구나 실내 장식물, 소품과 같은 생활예술품은 실생활에 반드시 필요한 실용 공예품이면서도 거주자의 미적욕구를 충족시켜주는 도구이므로 웰빙 주생활을 위해서는 반드시 고려 되어야하는 물품임이 틀림없다. 겉이 아무리 화려하고 멋진 집이라도 실내공간에 텅 비어 있거나 거주자의 라이프스타일이나 취향을 무시한 소품들로 잔뜩 채워져 있다면 집에 대한 애정이 생기지 않을 것이다. 그러면 우리 전통주거에는 웰빙 라이프를 위해 어떠한 가구와 장식물들로 채워져 있으며 어떠한 생활 집기들을 사용했을까? 이러한 용품들은 오늘날에도 우리가 유용하게 또는 심미적, 정신적 만족을 위해 충분이 사용가능할까? 한국적 웰빙 주생활을 추구하는 이 시점 다시 한 번 되짚어 한번 생각해 볼 문제이다.

01 • 전통 가구와 웰빙

전통 가구의 종류

우리의 전통 가구에 대한 유형 분류는 공간별로 명확히 나누기도 어렵고 형태나 쓰임에 의해 명확하게 나누기는 어렵다. 그러나 대체적으로 공간별로 분류에서 많이 연구가 진행되고 있다. 가구들 중 반닫이나 함, 궤 등 공통으로 쓰이는 것도 있으나 대체적으로 공간에 따라 쓰이는 가구 종류가 구별되며, 배치에 있어서도 공간 구조에 따라 일정한 형식을 가지고 있다.

우리 전통가구는 주거공간으로 중심으로 생활하는 공간에 따라 안방가구, 사랑방가구, 부엌가구로 크게 나뉘며, 그 외 사당에 놓이는 제례를 위한 제례용 가구가 있다. 그리고 장소에 따라 주거용 외에 궁궐에서만 사용되는 궁궐용, 군용, 관용, 약제 관리를 위한 가구 등으로 구분된다.

주거 공간을 중심으로 안방가구는 수납용으로 장, 농, 반닫이가 있고, 귀중품보관용으로 함과 각게수리가 있고, 몸치장을 위한 좌경, 경대, 빗접이 있으며, 장식용 가구로 문갑과 탁자가 있으며, 그 밖에 물건 보관을 위한 함, 궤, 상자 등이 있다. 사랑방 가구는 수납용 가구는 의걸이장, 책장, 경축장, 서가, 약장, 문서함 등이 있고, 문방가구로 문갑, 탁자, 서안, 경상, 연상 등이 있으며, 문방소품으로 필통, 필가, 연갑 등이 있고, 문방소품과 함께 사용하는 기물로는 고비, 책갑, 서견대 등이 있고, 벽장이나 다락에 놓고 물건을 수납하는 것으로 함, 통, 궤 등이 있으며 그밖에 휴식을 위한 퇴침, 평상과 협식 등이 있다. 부엌가구는 수납용 가구로 찬장, 찬탁, 뒤주가 있고 이동이 가능한 목기류 가구로 소반과 각종 함지류 등이 있다. 의례공간인 사당에는 제례용구인 제상, 교의, 향상, 신주대 등이 있다. 이러한 가구들은 기본형태를 이에 각 공간을 중심으로 주로 사용되는 가구를 기본 기능에 의해 분류하여 세부 종류를 살펴보면 다음과 같이 나눠 볼 수 있다. (다음 페이지 표)

공간별 가구 연출

조선시대 상류주택에서 실내공간의 가구배치는 생활방법에 따라 차이가 있었다. 현대의 생활에서도 사용자의 안목과 취향대로 집을 가꾸듯이 그들의 성품과 선호, 공간의 주용도, 소장가구의 양에 따라 가구 배치 방법이 다양할 수밖에 없다. 따라서 정형화된 틀 속에서 일정한 방법으로 가구를 배치하지는 않았으나 주택의 기본 구조와 규모, 그리고 조선시대의 생활방식과 인체 치수에 맞는 가구를 선택하여 고유한 가구배치의 특성이 형성되었다. 한

| 공간과 기능을 중심으로 분류한 전통 가구 종류 |

<table>
<tr><th>공간</th><th>기능</th><th>가 구 종 류</th></tr>
<tr><td rowspan="6">안방</td><td colspan="2">· 여성전용의 밀실이자 가족들의 의식주를 담당하는 곳
· 의류와 침구류 보관을 위한 수납용 가구로 구성</td></tr>
<tr><td>수납용 가구</td><td>· 장: 아래위 개판과 마대가 있는 월자형 의류장
1.용도별 : 버선장(화각버선장), 이불장, 경축장, 금침장, 옷장, 의걸이장 (화류의걸이장)
2.형태별 : 탁자장, 머릿장(단층장), 이층장(나전이층장, 먹감나무이층장, 주칠나전이층장), 삼층장(주칠삼층장, 흑칠나전삼층장), 사층장, 문갑장(이층문갑장), 반닫이장
3. 재료별 : 사층채화장, 화각장, 원앙장
· 농 : 분리된 두 개의 궤를 포개놓고 쓰는 옷상자 개판과 마대가 없으나 후기에는 부착 된 것도 있음, 장방형의 단층 옷궤로서 문판을 아래위로 열게 되어있음
1.용도별 : 의농, 버섯농, 실농, 수장농
2.재료별 : 먹검나무농, 오동농, 삿자리농, 주칠농, 자개농, 중장농 ,지장목농, 채롱
3.형태별 : 이층농, 삼층농, 반닫이농, 함농
· 반닫이
1. 지역별
· 박천반닫이(평안도) - 구멍이 많은 무쇠장식을 사용
· 강화반닫이(경기) - 왕실용으로 우아함
· 충청반닫이 - 거멀쇠를 쓰지 않고 장식이 없음
· 경상반닫이 - 높이가 중보다 얕다
· 제주반닫이 - 무쇠로 된 불로초경첩장식 사용
· 강원 반닫이
· 전라도 반닫이
2.장식에 따라 : 개구멍반닫이, 무쇠장식반닫이, 원앙반닫이
3.용도별 : 밀타회반닫이, 말반닫이, 윗닫이, 이층반닫이, 소형반닫이, 족부반닫이, 책반닫이, 책탁반닫이</td></tr>
<tr><td>귀중품보관용</td><td>· 함 : 귀중품 넣는 용도, 자물쇠로 채우게 되어있음
· 각게수리(가께수리)</td></tr>
<tr><td>몸치장용</td><td>· 좌경 : 경사지게 만든 거울
· 경대 : 소형함으로 된 것으로 뚜껑을 열면 거울을 세워 쓰게 되어 있고, 남성상투용의 더 작은 것도 있음
· 빗접: 경대와 비슷하나 거울이 없고 빗 등의 도구를 넣기 위한 서랍이 있음.</td></tr>
<tr><td>장식용 가구</td><td>· 문갑 : 사랑방용과 크기와 용도는 같으나 나전칠기와 금 속장식 등으로 화려함
- 단문갑, 장문갑, 죽장문갑, 쌍문갑, 주칠나전문갑
· 탁자: 서책을 쌓아 두거나 소품 올려놓는 장식용도</td></tr>
<tr><td>기타 물건 보관</td><td>· 함 : ① 바느질함, ② 실함, ③ 혼함
· 궤 : ① 의궤, ② 죽제품으로 채상, ③ 유상
· 상자, 합, 갑</td></tr>
<tr><td rowspan="3">사랑방</td><td colspan="2">· 남자 주인의 거처이자 접객공간으로 유교사상으로 인한 사회적, 문화적 특징을 잘 나타내는 공간</td></tr>
<tr><td>수납용 가구</td><td>· 의걸이장 : 두루막, 도포를 보관하는 장
① 평의걸이 ② 살의걸이
· 책장(서장) : 책을 보관하는 장
- 반닫이 책장, 이층책장, 삼층책장, 사층책장, 지장책장, 죽장책장
· 경축장 : 서책, 문서를 보관하는 단층장
· 서가, 약장, 문서함</td></tr>
<tr><td>문방가구</td><td>· 문갑 : 일용품 수납, 장식하는 넓고 얕은 장
· 탁자 : 사방탁자, 이층탁자, 삼층탁자, 사층탁자, 장탁자
· 탁자장</td></tr>
</table>

공간	구분	내용
사랑방	문방가구	· 서안(서상, 서탁, 궤안) : 서랍 하나 달린 소형 책상 – 형태별 : ① 책상형 : 일반적인 모양 ② 경상 : 천판의 양끝이 위로 올라간 것 ③ 책상문갑형 : 2층농 형식에 문갑 기능까지 하는 것 · 경상 : 원래 사찰에서 불경 읽을 때 쓰는 것이나, 사대부집 서안으로 사용 · 연상 : 문방사우 및 종이 소품 보관상자 ① 호연상 : 뚜껑 없는 것 ② 소석상: 뚜껑 1개 ③ 대석상: 뚜껑 2개
	문방소품	· 필통 : 붓 보관통 · 필가 : 붓 걸쳐두는 도구 · 연갑 : 벼루를 보관하기 위한 용도 · 합 · 갑
	기물	· 고비 : 두루마리 문서를 끼워 보관하는 도구로 문갑 위 벽면에 걸어놓음 · 책갑 : 한질의 책을 넣기 위한 상자 · 서견대 : 책을 올려놓고 읽는 용도 · 좌경 · 연관대 : 담배 받침대 · 담배대걸이
	벽장이나 다락에 놓고 물건 수납	· 함 1. 용도별: 도장함, 문서함(중요문서, 서류보관) ,관모함, 관대함, 다래함, 도장함 2. 형태별: 사각함, 팔각함 · 통 ① 당건통 ② 망건통 ③ 화살통 · 궤 : 돈궤(전궤), 문서궤, 의궤, 소궤, 병부궤, 윗닫이궤, 인궤, 유상, 책궤, 의류궤 (대표적으로 종이제가 많음) · 갓집
	기타	· 협식(궤상) : 팔 받침 도구 · 목침(퇴침) : 휴식할 때 사용하는 베개 · 평상 : 앉거나 눕는데 사용된 목재 침상
부엌	· 음식을 만드는 곳	
	수납용 가구	· 찬장 : 음식 및 식기를 보관하는 장 · 찬탁 : 식기를 얹기 위하여 2,3층의 선반이 있음 · 뒤주 : 쌀, 곡물을 보관하는 궤. 위에 뚜껑이 있고 경첩 없이 개폐하도록 되어있음. · 찬합
	목기류	· 소반 ① 해주반 : 장방형의 천판과 좌우면 끝에 판각이 있음 ② 나주반 : 평판에 변죽을 깎아 붙이고 반 아래 중대가 있으며 죽절형, 구족형, 호족형의 각이 있음 ③ 통영반 : 장방형 통판 천판과 그 밑에 문양장식의 초엽이 있고 이를 받치는 상중대와 다리를 고정시키는 하중대가 있음 ④ 호족반 ⑤ 공고상 : 점심을 이고 나를 때 쓰는 소반 ⑥ 대궐반 : 왕실전용 · 함지박 : 전함지, 이남박
대청	· 여러 사람이 이용하는 곳, 개방적이며 번잡한 공간	
	휴식용 가구	· 평상
사당	· 조상을 모시는 의례 공간	
	제례용 가구	· 제례용: 제상, 교의, 향상, 신주대 등
기타	기타 공간	· 불교용 · 궁궐가구 · 관용 · 군용 : 화약통 · 약제관리: 약연, 약틀

국전통가구는 생활하는 공간에 따라 크게 안방가구, 사랑방가구, 부엌가구를 중심으로 살펴보고 그 외 대청과 사당공간을 포함하여 어떻게 연출하였는지 살펴보고자 한다.

• 안방가구 •

안방은 가족의 의식주를 담당하는 공간으로 주로 의류나 침구류의 보관을 위한 수납용 가구를 중심으로 구성된다. 보통 안방가구는 여성 취향이 반영된 아담하고, 밝고 ,따뜻하며, 화사한 아름다움을 강조한 가구가 일반적이다. 따라서 목재 외에도 나전이나 화각(華角) · 화초장(花草欌) 등도 즐겨 사용되었다. 안방의 주된 가구는 장과 농으로 이들은 사계절에 따른 의복과 솜 · 천 · 버선 등을 보관하는데 사용되었으며, 다양한 형태들로 발달되었다. 물품의 보관을 위해 이외에도 각종 함 · 상자들이 사용되었고 측벽면에는 낮고 긴 문갑이 놓여졌다. 그리고 몸단장을 위한 좌경과 빗접은 안방의 필수용품이었다.

안방의 가구는 부피가 작은 것으로부터 큰 것의 순으로 시선의 흐름이 자연스럽게 이동될 수 있도록 배치하는데, 안마당으로 향한 쌍창 아래에는 문갑을 놓고 맞은편 벽에는 반닫이, 의걸이, 농 등을 놓으나 양반가에서는 안방 위쪽에 윗방이 있어 이곳에 부피가 큰 가구를 보통 두고 사잇장지를 열어 아랫목에서 윗방의 벽에 있는 가구들을 즐길 수 있도록 하였

| 안방의 일반적 가구 배치, 의성김씨 종택 및 무교동 신씨 안채 재구성 |

1. 장 2. 함 3. 이층농 4. 반닫이 5. 사방탁자 6. 문갑 7. 머릿장 8. 경대 9. 반짇고리 10. 촛대

| 주요 안방 가구와 특징 (안방 배치도 가구순) |

1. 장

· 장(欌)은 안방가구 중 크기가 가장 크고, 비중을 많이 차지함
· 조선시대 주택 전반에 걸쳐 가장 많이 사용된 대표적 가구, 양반과 부유층 전유물
· 그릇이나 의류, 침구 등을 넣어 두는 수납가구
· 농(籠)과 비슷하나 다른 점은 아래, 위층의 분리 없이 한 덩어리로 되어 있고, 기둥이 있고 개판을 가지되 몸체보다 좌우로 3~4㎝ 더 큼
· 두 짝의 문판을 달아 여러 층의 칸을 만들어 의류 보관
· 대형장은 방 윗목에, 애기장이라고도 부르는 소형장은 아랫목에 놓고 사용
· 장의 종류
  1. 형태에 따라 : 단층장(머릿장) · 이층장 · 삼층장, 반당이장, 탁자장, 앞닫이장, 문갑장
  2. 용도에 따라 : 버선장, 이불장, 의거리장
  3. 재료에 따라 : 화류장, 화각장, 죽장, 자개(나전)장, 비단장, 화초장, 주칠장, 삿자리장, 지장, 먹감나무장, 오동나무장

| 먹감나무이층장, 온양민속박물관 |

기본적인 이층장의 형태를 갖추었으며 먹감나무의 목리문을 살리고 좌우대칭의 백동 장식을 사용하였다.

2. 함

· 물건을 넣어 보관하는 기능을 가진 상자류로 경첩의 유무에 따라 궤와 구별
· 상부의 전체 면이 뚜껑으로 되어 있어 경첩이 없고 전면에만 고리나 장금 장치가 있음
· 용도에 의한 실용적인 속성을 지니면서 적절한 곳이나 큰 가구 위에 올려놓아 장식을 겸한 수장구로 쓰임, 색채, 문양, 질감표현 등에 많은 기교를 나타 냄
· 몸체가 상 · 하 둘로 나뉘어져 아래짝은 깊고 윗짝은 얕은 구조
· 앞쪽에는 자물 쇠 장치를 부착, 여닫고 잠글 수 있도록 하여 귀중품을 보관
· 안방용에는 나전칠기 제품이 많고 장이나 농 위에 얹어 보관
· 사랑방용은 나무로 만든 검소한 형태
· 함의 종류는 필요한 물품을 담는 데에 따라 다양하게 만들어져 형태와 종류가 무척 다양
· 함의 종류
  1. 용도에 따라 : 서류함, 문서함, 혼수함, 패물함, 의복함, 인장함, 장신구 보관함, 제례용함, 바느질함, 교지함, 편지함 등
  2. 재료에 따라 :목제함, 죽함, 화각함, 나전함, 흑칠함, 주칠함, 피혁함, 비단함, 지함 등
  3. 형태에 따라 사각함, 팔각함, 십각함, 쌍함 등

| 문서함, 건국대학교 박물관 |

간소하고 기본적인 문서함으로 국수형거멀 장식이 세련되며 간결한미를 보여준다.

| 패물함, 한양대박물관 |

괴목으로 만든 소형함으로 보석 이나 패물을 담아두는 함이다.

3. 농

· 농은 장과 더불어 내실가구의 대표적인 가구
· 장보다 규모가 작으며 한 층씩 따로 된 같은 크기의 몸체를 두 층 혹은 세 층으로 포개어 놓은 가구
· 농은 아래 위가 분리되므로 분리되지 않는 장과는 구별
· 포개어 놓으면 장처럼 보이나 농에는 대개 개판이 없음
· 내용물을 그대로 둔 채 계절에 따라 윗짝, 아래짝을 바꾸어 편리하게 사용
· 농의 유형은 전체적으로 골재를 사용하지 않고 판재로만 짜여진 통판농과 장 형식을 빌어 골재를 사용하고 면분할을 이룬 장형농(欌形籠))
· 농의 종류
  1. 형태에 따라 : 개판농, 이층농, 삼층농, 삼층농, 사층농, 반닫이 농, 함농
  2. 재료에 따라 : 먹감나무농, 자개농, 죽장농. 나전농, 주칠농, 등

| 개판이층농, 광주민속박물관 |

단풍나무를 주재로로 만든 전라도 광양 지방의 개판농이다.

4. 반닫이

· 반닫이는 '반쪽을 여닫는다'는 말에서 유래되었으며 전, 후, 좌, 우, 상, 하의 육면을 막고, 전면 상반부에 문짝을 달아 상하로 여닫는 궤의 한 종류
· 서민 가정에서는 장, 농을 대신하여 안방의 의복 수납가구로 중류 이상 가정에서는 잡물 수장구로 사용되고 양반집의 조촐한 사랑방에서는 문방가구로 사용되어 용도의 차이가 있음
· 가정의 필수품으로 안방에서 광에 이르기까지 가장 요긴하게 사용된 다목적 가구로 한 가정에 하나 이상 씩 구비하여 다양한 계층에서 가장 많이 사용 된 가구
· 반닫이의 종류
  1. 지역에 따라 : 강원도 반닫이, 경기도 반닫이(강화 · 개성 반닫이), 경상도 반닫이, 전라도 반닫이, 평안도 반닫이(박천 · 평양 반닫이), 제주 반닫이, 충청 반닫이
  2. 장식에 따라 : 무쇠장식반닫이, 원앙반닫이, 봉황반닫이, 밀타회반닫이 등
  3. 용도에 따라 : 알반닫이, 문서반닫이, 책반닫이, 책탁반닫이, 농반닫이 등
  4. 형태에 따라 : 개구멍반닫이, 소형반닫이, 이층반닫이, 족부반닫이, 윗닫이 등

| 평양 반닫이, 건국대학교박물관 |

박천반닫이와 문양은 비슷하나 전면의 절반 이상 금속 장식으로 덮혀 있고 배가 불룩한 약과 광두 정이 박천반닫이 보다 숫적으로 많은 쓰인 것이 특징이다.

다. 그리고 아랫목에는 보료를 깔고 아랫벽에는 안석을 놓아 안주인이 편안히 앉도록 한다. 보통 안방은 부엌과 붙어 있어 방의 아랫목 벽에 낮은 두 짝의 작은 여닫이문을 단 작은 벽장을 두고 그 옆으로 한 개의 여닫이문을 달아 부엌의 천정 위를 다락으로 활용하거나 네 짝 미닫이문을 단 벽장을 두고 그 벽장 안에 턱을 두어 다락에 오르도록 하여 벽장과 다락을 겸하게 하였다. 측방이 없는 안방은 윗목 또는 옆벽을 따라 머릿장 또는 반닫이를 놓고 그 옆으로 2층 또는 3층장 등을 나란히 붙여두고 머릿장이나 반닫이 위에는 접은 이불을, 장위에는 함을 얹는다.

반짇고리를 비롯한 자 · 실패 · 전반(인두판) · 인두 · 가위 등의 바느질용구들도 안방살림에서는 필수적인 것으로서 중요시되었다. 반짇고리와 불씨를 보관하는 화로와 불을 밝히는 촛대, 좌등은 안방의 필수품으로 활용되었다.

• 사랑방 가구 •

사랑방은 주인이 거처하는 방이면서 손님을 맞는 응접실 역할을 한다. 주인의 대부분이 학문을 중요시하는 선비로 깊은 사색에 잠기거나 그림과 시를 즐기며 후학을 기르는 학문의 중심인 동시에 손님을 맞아 인생과 정치를 논하는 사교의 장소였다. 그러므로 내부 공간은 화려하고 복잡한 것보다 소박하고 안정된 분위기를 우선시 하여 공간이 구성되었다.

보통 크지 않은 공간에 아랫목에는 보료를 깔고 좌우로 장침과 사방침을 놓고, 다락문 아래에 안석을 놓아 편안히 기대게 하고 그 앞에는 방석들을 늘어놓아 손님들이 앉게 하고 주변은 단순한 구조, 쾌적한 비례, 간결한 선을 지닌 문방가구와 소품들이 놓이고 장식과 색채를 절제하여 사용하였다.

사랑방 가구는 수납가구, 문방가구, 문방소품, 취미용구로 분류되고, 단순하고 간결한 선과 면을 지닌 것이 일반적이며 가구 제작에 사용된 나무도 광택이 없고 시각적으로 부드럽고 소박한 질감의 오동나무와 소나무가 주로 사용되었다. 간혹 느티나무와 먹감나무 등 목리(木理)가 좋은 나무를 이용하여 자연미를 살리기도 하였다. 이러한 사랑방 가구는 가풍과 사회생활 및 주인의 교양과 안목, 그리고 재력을 보여주는 척도라 할 수 있다.

사랑방이나 서재는 대개 두 칸의 긴 방이므로 윗방에 서탁, 책장을 배치한다. 경우에 따라 책방이나 서고를 따로 마련하여 그 안에 탁장들을 넣어두기도 하며 궤나 함 등은 벽장이나 다락에 두기도 한다.

보통 사랑방의 가구배치는 방 윗목에는 사방탁자가 한 쌍 좌우로 놓이고 서책들과 목기를 배치하고 남쪽 창 아래로는 문갑을 쌍으로 놓고 그 위에 필가나 필통을 얹어 둔다. 그리고 다락문에는 서화를 붙이고 벽에는 족자를 걸며, 고비를 걸어 서필 두루마기를 보관한다.

5. 사방탁자

- 네 기둥의 평면 위치가 정방형이나 장방형을 이루는 것으로서 문방구 등을 진열하며 장식하는 가구
- 쌍으로 사용하여 매우 다정하게 보이는 배치를 많이 하는 가구
- 수납장 없이 골주(骨柱)와 3~4층의 층널로만 구성되는 것이 기본형태
- 수납장 없이 층널과 기둥으로만 이루어진 쾌적한 비례의 사방탁자는 한국에만 있는 형태이며, 3,4층이 일반적
- 사면이 개방으로 융통성과 자유로운 연출가능
- 현대적 감각으로도 매우 높이 평가받고 있음
- 하단부에 일용품을 수장할 수 있도록 수납장을 하나 혹은 두개 만들어 사용하기도 함
- 골재로 오동나무 판재 많이 사용함

| 목제 사방탁자, 국립 중앙박물관 |

재는 배나무를 사용하였고, 층널은 오동나무로 짜여진 사방탁자로 간결하게 뻗은 네 기둥에 얄팍한 쇠목을 가로 대서 네 개의 층(層)을 만들었다.

6. 머릿장

- 단층장을 말함
- 주공간이 하나이며 옆널이 단층으로 된 것
- 기거하는 방의 머리맡에 놓고 손쉽게 사용할 수 있게 만든 장
- 꽃과 새의 그림이 그려져 있는 화초장도 있음

| 머릿장, 건국대학교 박물관 |

이불 · 요 · 베개 · 반짇고리 따위를 얹어 두는 단층장으로 단순하고 간 소한 형태를 지닌 장이다

7. 경대

- 좌경이라고도 하며 빗접에 윗면 내부에 거울을 부착한 것으로 빗접이 발달한 양식
- 하단에 여닫이문이 있고 내부 서랍에는 여러 가지 화장용구와 머릿보, 실, 수건, 불두잠 등
- 여성용 경대는 혼인 시 가장 중요한 혼수품으로 여성의 필수품
  - 색채가 풍부하고 화려한 장식을 많이함, 주로 원앙, 십장생, 쌍학, 길상문 등으로 장식
- 남성용은 상투머리를 만질 때 사용하는 서랍이 하나 정도 달린 소형
- 주재료는 느티나무와 먹감나무
- 경대의 종류
  1. 구조에 따라 : 간이형, 일반형, 특수형
  2. 형태에 따라 :사모새끼 경대, 제비추리 경대, 각게수리 경대, 목침 겸용 좌경
  3. 문의 개폐방식에 따라 : 미서기식, 여닫이식,수납여닫이식,서랍식,단순경대
  4 .재료에 따라 화각 경대, 화류 경대, 나전(자개) 경대 ,주칠 경대, 목 경대 등

| 제비추리 경대, 한양대 박물관 |

경첩은 실패형과 제비추리형을 이용하고 그 외 화형 귀장식, 망두형 감잡이와 거멀장식 등이 사용되었다.

8. 반짇고리

- 반짇고리는 바느질 용구를 담아 두는 상자로 침선용구를 보관하거나 바느질감을 잠시 담아 두는 그릇, 바느질 고리라고도 함
- 대개 원형, 4각, 8각으로 만들고, 칸막이를 하여 부자재를 넣을 수 있게 구성, 뚜겅을 덮도록 만든 것도 있음
- 여성들의 생활용품으로 화각 칠, 자개, 오색 종이를 붙여 화려하게 만든 것이 많음, 화려한 장식 때문에 안방이나 문갑 위에 올려 두는 장식용으로도 사용
- 반짇고리 종류
  1. 형태에 따라 : 사각 반짇고리 ,팔각 반짇고리, 원형 반짇고리, 타원 반짇고리, 다각 반짇고리
  2. 재료에 따라 : 나전 반짇고리, 채죽 반짇고리, 화각 반짇고리, 유상(柳箱) 반짇고리, 목재 반짇고리, 종이 반짇고리

| 목재사각반짇고리, 숙명여대박물관 |

정방형의 목재상자로 투각 장식을 4면에 모두 넣었다.

조선시대에 유교의 숭상으로 문방생활에 대한 관심이 매우 높아 문방용구 가구인 서안·문갑·탁자·책장·필통·연적·지통·필격 등이 급격히 발전하여 배치되고, 소품이나 서류 등을 담아 두는 각종 함이 사용되었으며, 서안 옆에는 낮고 넓은 재판이 있어 담뱃대, 연초함, 타구, 재떨이 등을 한데 모아 놓았다. 이밖에 무쇠촛대나 목제등경과 같은 등촉구, 등가 등의 조명기구와 향을 피우기 위한 향꽂이와 향상 및 끽연구 등이 놓여진다. 이외 의걸이장, 각게수리, 연상, 경상 등을 배치하였다. 낮은 가구의 배치로 생기는 벽면의 활용에 유용했는데 이에 고비 등을 벽에 걸었는데 문갑, 탁자, 연상 등과 잘 조화되고 그 방주인의 취향이나 안목에 맞게 마련되었다. 그리고 지체 높은 양반가의 사랑채에는 큰사랑, 작은 사랑, 누마루, 서재, 대청 등이 있어 널찍한 평상(平床)이 대청이나 누마루에 놓여진다. 이외에도 사랑방에는 주인이 일상생활에 사용하는 소품들이 많이 있다. 망건을 담아 두는 망건통을 비롯하여, 나무로 만든 베개인 목침(木枕), 앉았을 때 팔을 기대기 위한 안침(安枕), 작은 나무상자인 목갑(木匣), 상투를 틀 때에 사용된 좌경 등이 놓인다.

• 부엌 •

전통 주거의 구조상, 부엌은 거실인 대청과 떨어져 있고 바닥이 지표면보다 낮아 음식을

| 사랑방의 일반적 가구 배치, 의성 김씨 종택 배치 재구성 |

1. 사층탁자 2. 문갑 3. 각게수리 4. 좌등 5. 고비 6. 경상 7. 의걸이장

| 주요 사랑방 가구와 특징 |

1. 탁자

· 탁자는 전통가구 중에서 가장 뛰어난 구조와 적절한 비례미와 간결한 구성 미로 우리나라의 독특한 공예미를 보여주는 가구
· 사랑방의 주요 문방가구로 18~19세기경부터 발전하여 조선 후기부터 불려진 명칭
· 장식의 기능과 함께 애완품이나 책, 화병, 향로, 다완 등을 올려 놓음
· 안방에서는 장식가구 역할
· 크기는 40~80㎝정도의 방형사주(方形四柱)기둥에 높이 150 ~180㎝ 정도
· 하부에는 대부분 장으로 되어 있고 위에는 2~3단의 층널, 층널은 수평으로 배치하는 것이 기본이지만 높낮이를 달리하여 자유로운 선반구성으로 변화를 주기도 함
· 탁자의 종류
1. 형태에 따라 : 사방탁자, 장탁자
2. 용도에 따라 : 책탁자. 찬탁자

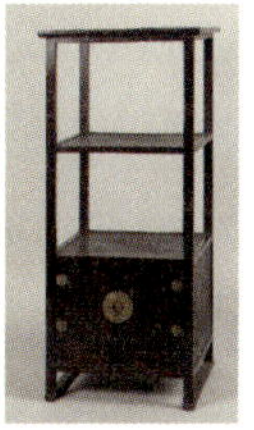
| 삼층탁자, 경희대학교박물관 |
오동나무로 만든 사방탁자로 일층에 수납장을 만들어 여닫이문이 달린 구조의 소박한 형태의 탁자이다.

2. 문갑

· 각종 문방용품과 문서 등을 총괄하여 보관하기 위한 가구
· 천장이 낮은 한옥 구조와 좌식 생활에 알맞은 높이나 문지방 높이로 제작
· 문방 생활에 유용한 기물들 또는 필통 · 연적 · 수석 · 난분 등을 진열하는 진열대 역할을 겸한 가구
· 18세기 말경에는 좌식 생활에 알맞은 책상높이로 제작된 쌍문갑이 유행하기 시작하여 벽면을 따라 길게 한 쌍을 놓고 사용
· 사랑방에도 주로 놓였지만 안방에서도 같은 용도로 사용, 안방에서 사용된 여성용 문갑은 표면 의장꾸밈이 화려하고 재료 자체도 화려한 목재로 제작
· 서랍 위주로 변화가 심해지면서 벙어리 문갑 또는 두껍닫이 문갑 유행
· 문갑의 종류
1. 일반적 분류 : 단문갑, 쌍문갑, 장문갑
2. 형태에 따라 : 책(冊)문갑, 난(亂)문갑 ,당(唐)문갑
3. 재료에 따라 : 자개(나전)문갑, 화류문갑, 먹감나무문갑, 송재문갑, 죽장문갑 등

| 장문갑, 광주민속박물관 |
서안을 겸해 사용할 수 있는 장문갑이다.

3. 각게수리

· 안방과 사랑방에서 함께 쓰였던 단층장 양식의 금고역할을 하는 견고한 가구
· 갑비수리, 갓계수리, 각끼스리, 각비슈리 등 다양한 명칭
· 크기는 가로, 세로 보통 40-50㎝ 정도로 귀금속 내지는 중요 문서를 보관하기 위한 궤
· 일본에서 전래된 가구이나 19세기 후반에 이르러 한국식으로 토착화
· 실내장식품으로 정착하면서 부터 나전칠기로 치장된 호화로운 것도 등장하고 문갑이나 책상 모양으로 변형된 것도 있음

| 각게수리, 경희대학교 박물관 |
양 여닫이 문판에 무늬가 전혀 없고 대신 옻칠을 하여 광을 내고, 양 옆 좌우 측면에 활형 들쇠를 달고 모서리에 무쇠장식을 부착하여 견고함을 더하였다.

4. 고비

· 문서나 편지, 시전(詩箋)같은 것을 꽂아두기 위해 주로 사랑방 문갑이 놓인 벽면 위 공간에 설치한 개방형 가구
· 벽면을 장식하는 유일한 가구로 장식을 위한 조형적 측면도 비중 있게 고려
· 우리나라의 평좌식 생활에 따른 주택 구조가 만든 넓은 벽면의 여백을 장식하기에 적합한 가구
· 안방용 고비는 채색한 무늬를 넣거나 색지를 붙여 장식하거나 정교한 조각, 화려한 칠 등 장식효과로 화사함
· 사랑방에서는 단순하고 무게 있는 고비를 선호하여 선비의 기개 표현
· 고비의 종류
1. 수장물을 꽂는 형식에 따라 : 가로꽂이식, 세로꽂이식, 절충식
2. 형태에 따라 : 기하(幾何)형, 의물(擬物)형
3. 재료에 따라 : 목제 고비, 죽제 고비, 종이 고비 등
4. 수장물 종류에 따라 : 문서용 고비, 빗접 고비 등

| 만자투각문 고비, 안동민속 박물관 |
가로꽂이식 고비로 서한이나 문서 등을 돌돌 말아 가로로 꽂아 보관하는 것으로서 벽면의 장식에도 유용하게 사용되었다.

5. 서안

· 서안은 책을 보거나 글씨를 쓰는데 필요한 평좌용의 낮은 책상으로 서상(書狀), 서탁(書卓), 궤안(几案), 기서상(書牀)이라고도 함

· 상판의 길이가 짧은 것과 긴 것이 있으며 장소와 용도에 맞춰 사용되고 독서용으로는 길이가 짧은 것, 글을 쓸 때는 긴 것을 사용함

· 글을 읽고 쓰거나 간단한 편지를 작성하는데 사용하며, 손님을 맞을 때 주인의 위치를 지켜주는 역할을 함

· 선비들이 늘 곁에 두고 쓰는 가구로 단순한 모양에 담백한 멋을 풍기며, 소박한 가운데 격조가 넘치는 것이 많으며 주인의 취향에 따라 재질이나 형태가 다양함

·서안의 종류

1. 형태에 따라 : 책상(冊床 ;서안 전용과 문갑 전용), 경상
2. 장소와 용도에 따라 : 일반서안, 휴대용 서안

| 서안, 국립대구박물관 |

책상 형태의 서안이며 위에 하나의 서랍을 두고 하단에 책이나 문서를 넣을 수 있게 공간을 마련하고 양옆에 만(卍)자문으로 투각을 하여 단아한 세련됨을 보여준다.

6. 경상

· 서안의 하나로 원래 절에서 불경을 읽을 때 사용하던 것을 일반 가정에서도 받아들인 것

· 좌우양쪽 귀퉁이가 두루마리형으로 올라가고 책상보다 다소 장식적

· 천판 양쪽 변죽의 두루마리형으로 올라간 이유는 책이나 병풍처럼 접혀진 책으로 꾸민 경전 등이 떨어지지 않도록 고안된 것

· 다리가 책상처럼 곧게 뻗지 않고 호족형(虎足形)이 많고, 아래에 큰 공간이 생기며 운각 등의 장식을 다리와 서랍에 조각 장식

| 경상, 오죽헌시립박물관 |

천판 아래 양쪽으로 서랍이 한 개씩 있고, 다리는 호족형이며 다리에 당초와 죽절을 투조 장식하였다.

7. 연상

· 문방사우인 벼루, 먹, 붓, 종이와 연적들의 소품을 한데 모아 정리하는 문방가구

· 보통 높이 16~30cm, 앞폭 32~42cm, 옆폭 20~30cm 정도이며 장방형으로 두 단의 형태를 취하는데 하단은 사각 평면 널을 끼우고 사방이 트인 시원한 공간 구성을 하고 상단은 뚜껑을 한 개 혹은 두 개를 덮게하고 그 내부에 벼루와 먹, 붓과 연적을 보관함

· 경우에 따라 서랍을 만들어 서류와 서한을 보관할 수 있도록 함

· 연상의 종류

1. 형태에 따라 : 뚜껑이 있는 상자형, 서랍형, 올려놓은 연대형
2. 재료에 따라 : 나전연상, 주칠연상, 죽제연상, 화류목을 사용한 화류연상, 목제연상 등
3. 뚜껑에 따라: 호연상(뚜껑이 없는 것), 소석상(뚜껑이 1개), 대석상(뚜껑 이 2개)

| 연상, 오죽헌 시립박물관 |

가장 기본적이며 많은 유형의 연 상으로 천판이 두개로 나뉘어져 한쪽에 벼루를 놓을 수 있는 공 간이 있으며, 다른 한쪽은 연적등을 놓을 수 있는 공간으로 구성되어 있다.

8. 의걸이장

· 조선 말기에 나타난 사랑방의 유일한 의류 수납 가구로서 주로 침방에 놓임

· 내부에 횃대가 있어 관모나 옷을 걸도록 설계된 장으로 현대의 양복장과 비슷

· 전면에 공간으로 구성된 의거리와 하단에는 장이나 반닫이가 부착된 의거리장이 있음

· 문짝의 형태에 따라

1. 평의거리 : 목리문(木理紋)을 살려 만들거나 싯구나 사군자를 문판이나 옆널판에 음각하여 간소한 의장을 한 것
2. 살의거리 : 문판에 아자(亞字)나 만자(卍字)형의 살창, 살창에 꽃그림을 그린 의거리장을 화초장이라 부름, 대부분을 내실용으로 사용

| 평의거리장, 경희대학교 박물관 |

하층을 낮게 하고 상층을 높게 한 전형적인 이층 의거리장 형태로 나뭇결을 잘 살아있다. 문걸이 장식과 경첩들은 소박하지만 단아한 멋을 자아낸다. 장식적인 면을 최소화하였고 앞면에 글자를 조각한 것으로 보아 주로 사랑방에서 사용하였던 것으로보인다.

9. 평상

· 평상은 일명 외상 또는 장탑이라고도 불리며 궁중과 사찰, 양반집에서 즐겨 이용됨

· 바닥에 공기가 잘 통하게 고른 간격으로 대쪽 또는 띠 살을 붙이고, 다리와 난간이 모두 낮아 아늑함과 안정감을 주고 있으며, 이동이 편하도록 두 개를 맞붙여 사용한 짝평상이 특징임

· 실내용 평상은 다리와 난간이 낮고 바닥의 목재 띠살 또는 대쪽을 대어 두개를 맞붙여 사용하도록 하여 짝평상이 된 것이 특징임

· 여름에는 띠살 사이로 통풍이 되어 시원하고 겨울에는 온기가 올라와 따뜻하며, 여름에는 평상 위에 등자리를 겨울에는 보료나 담요를 깔아 사용됨

· 평상은 주로 상류층의 침상으로 사용되며, 여름에 평상 위에 돗자리를 깔고 죽침을 베고 죽부인을 안고 시원하게 여름을 보냄

· 평상의 종류

1. 살평상 : 거의 정방형에 가깝게 사면을 널빤지 두텁게 상자를 짜고 그 윗면은 좁은 나무 사이를 일정한 간격으로 띄워서 쪽 박아 만든 평상으로 누마루에 놓아두고 의자의 용도로 사용하기도 하고 두 개를 맞붙여 침상으로 사용되기도 함

2. 널평상 : 우리나라 전래의 평상으로 네 다리 위에 널을 깐 일종의 이동식 마루로 삼면을 살창같이 얇은 난간을 두르고 평판을 댄 평상을 말함

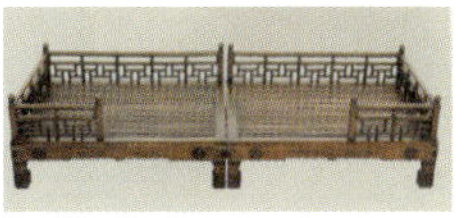

| 널평상, 고려대 박물관 |

마루방이나 누마루 등에 놓고 앉거나 눕는데 쓰는 침상이다.

| 살평상, 광주민속박물관 |

분리 가능한 3개의 평상으로 사용할 때는 서로 붙여 사용한다. 골재는 규목이며 평상의 각윗면은 가로목을 중신으로 살을 직선으로만 연결하였다. 다리는 오동나무로 만들고 각3면 을 안상문과 풍혈을 투각하여 운치를 더하였다.

| 문방소품 |

1. 필통

· 붓을 보관하는 문방용구로 문갑 윗벽에 설치하여 붓을 걸어두거나 문갑 위에 놓고 쓰는 용구

· 글을 쓸 때 필요한 굵고 가는 여러 가지의 붓을 필통에 꽂아두고 사용

· 일반적으로 목재를 조각하거나 자연목의 밑둥치를 그대로 살려 만든 것이 많고, 대나무의 동공이나 쪽을 붙여 낙죽(烙竹)하여 만든 것, 돌이나 자기 등으로 만든 것도 있음

· 필통의 종류

– 죽제필통, 목제필통, 나전필통, 화각필통

| 죽제필통, 한양대박물관 |

일명 3형제 필통이라고 하며, 표면 을 양각기법으로 메화, 박쥐, 국화문 등을 민화기법으로 소박하게 표현하였다.

2. 필가

· 일종의 붓걸이로 붓을 가지런히 걸 수 있고 붓대를 위로 걸어 털을 가지런히 할 수 있음

· 필가는 적당한 위치에 배치하여 정리된 아름다움을 구성하는데 특히 면보다는 선의 구성을 중시하여 쾌적하고 시원한 느낌을 줌

· 벽에 거는 형태와 세워 두는 형태가 있는데, 벽에 거는 형태는 가로 폭이 넓고 세로 폭을 좁혀 붓을 걸어 놓았을 때 시각적인 길이를 고려하여 붓걸이 촉을 전면으로 튀어나오게 박지 않고 목재 아랫단의 깊이를 넓게 하여 촉을 안쪽에서 세워 박음

· 재료는 대부분 나무, 대나무, 유기로 만들어 판재를 박쥐나 나비의 형태로 깎거나 판재에 卍자나 기하학적인 무늬를 이용하여 장식을 겸한 것과 단순한 형태의 골재로 짜 맞춘 것 등이 있음

| 필가, 광주민속박물관 |

세워두는 형태의 필가로 크기가 다른 여러 개의 붓을 걸어 놓고 용도에 맞게 선택하여 쓴다.

3. 필격

· 붓을 잠시 쉬기 위해 뉘어 놓는 받침대

· 먹물이 묻어도 잘 씻겨지고 청결하게 사용할 수 있는 도자기나 옥, 돌로 만들어 필산 또는 산형필기라 불리기도 함

| 필격, 한양대 박물관 |

두 점 모두 나무로 만들었는데 아래 의 것은 나무판에 '山'자 모양을 뒤 집어 놓은 형태의 굽을 달았고, 위쪽 의 것은 먹물이 흐르지 않게 홈을 파고 붓을 얹게 하였다.

4. 합

· 합은 위쪽에 뚜껑을 덮어 보관하는 형식으로 네모난 것, 둥근 것, 그리고 팔각진 형태가 있고 돌 · 백동 · 놋쇠 · 철에 은입사 한 것 등이 제작됨

· 보관 물품에 따라 여러 형태가 있는데, 아래짝이 깊고 윗 뚜껑이 얇게 판자로 짜서 상자로 만든 것이 있으며, 20C초 성행하던 목재를 회전시켜 깎아내는 갈이방이 기계식으로 발전되어 빠른 회전속도에 의해 정교하게 만드는 방법도 있음

· 합의 종류

1. 재료에 따라 : 나전합, 죽장합, 주칠합, 유문칠합

2.보관물품에 따라 : 연초합(담배합), 향합, 화장용기합

| 담배합, 국립전주박물관 |

담배를 보관하는 둥근형태의 합으로 문양을 새겨 고급스럽게 표현하였다.

5. 갑

· 갑은 장방형으로 아래짝과 위짝을 따로 만들어 위에 것을 덮어 씌워서 뚜껑 구실을 하는 경우로 사각육면체로 만들어진 작은 상자

· 주로 보관하는 물건에 따라 종류가 나눠지며 형태가 달라진다. 그에 따라 사용된 목재나 표면장식도 달라짐

· 갑의 종류 (용도에 따라)

– 목답, 문방갑, 산갑, 서류갑, 연갑, 연초갑, 인삼갑, 책갑, 표주박갑, 필갑, 향갑 등

| 필갑, 한양대 박물관 |

붓, 먹, 벼루 등 문방용품을 넣어 휴대하는데 편하게 만든 상자로 밖에서 글을 지을 일이 있을 때 넣어가 지고 다니던 것으로, 나무로 틀을 만들고 새발 장석으로 짜 맞 춘 후 전체에 옻칠을 하였다.

6. 서견대

· 앉아서 책을 읽기에 편리하도록 제작된 받침판으로 경사지게 제작한 문방기구로 서상(書床)이라고도 함

· 순수하게 책을 읽는 데만 사용하도록 책을 올려 놓고 보기 쉽도록 하기 위해 상판을 경사지게 만듦

· 서책의 크기에 따라 편리하도록 여러 가지 형태의 모양들이 있음

| 서견대, 고려대박물관 |

편안한 자세로 책을 볼 수 있도록 책판이 비스듬하게 설계되었다. 일명 '와독서가'라고 부르며 서안의 일종이다.

7. 연갑

· 벼루를 담아두는 상자류로 연상이 벼루 외에 종이, 붓, 먹, 연적 등 벼루와 연관된 소품을 다 담을 수 있는 반면 연갑은 벼루만 담는 작은 상자임

· 재료는 일반적으로 먹감나무 · 오동나무 · 소나무 등의 목재를 사용함. 이는 연갑의 재질이 벼루의 재질보다 단단하여 벼루를 상하게 하는 경우를 방지하기 위한 것

· 자단이나 흑단 · 두판남 등에 퇴광칠(退光漆)을 한 것을 우수품으로 여김

· 뚜껑에 해당되는 덮개는 2개로 되어 있는 것이 일반적이며 외짝 또는 뚜껑이 없는 것도 있음

| 연갑, 고려대 박물관 |

뚜껑이 있는 연갑으로 목상감하여 壽, 福, 康, 寧, 富,貴 등 문자 무늬 를 넣으며. 측면은 회장을 둘렀고, 밑 부분은 풍혈이 있어 바닥에서 띄어 졌다.

장만해서 나르도록 되어있다. 그래서 부엌가구는 크게 주방에서 사용된 장 종류와 음식을 나르는데 사용된 소반 종류로 나눌 수 있다.

부엌에는 일상적으로 뒤주나 찬장, 찬탁 같은 부엌용 수납가구, 음식을 담는 각종 그릇류, 곡식을 고르고 빻고 계량하는 도구, 나무로 만들어진 가종 함지류 등이 놓여 있으며, 음식 이동을 위한 상과 소반류 등이 배치되었다.

부엌의 고정된 기본 가구는 찬방(撰房)이 있는 경우에는 찬장, 찬탁, 뒤주와 같은 가구와 취사용품들을 배치하였다. 찬장이나 찬탁은 찬을 보관하고, 식탁은 식기를 보관하는데 유기

(鍮器)나 자기 등의 무거운 그릇을 겹겹이 쌓아 두는 가구이므로 우선적으로 튼튼해야 했다. 뒤주는 쌀 등의 곡물을 담아 두는 것으로, 이들은 통풍과 해충 방지를 고려하면서 힘을 충분히 받기 위해 소나무 등으로 제작되었다.

부뚜막의 반대쪽으로는 우물마루 바닥으로 된 찬간을 두는 경우가 많았으며, 부엌의 벽에는 대못을 박아 소반, 소쿠리, 채 등을 걸어두었다. 그리고 부뚜막에는 밥솥, 물솥, 국솥으로 구별되는 크고 작은 솥을 앉히고, 부뚜막 위의 인방(引枋)에는 조리, 솔, 석쇠 등을 걸었다.

이동용 가구인 소반은 사람마다 일일이 한 상씩 차지하는 독상의 풍습 때문에 그 종류도 많고 지방에 따라 다양하게 발전하였다. 손에 들고 옮기기 쉽게 작고 가벼워야 하므로 재질이 질기면서 가벼운 은행나무가 많이 사용되었다.

찬방이 없는 서민주택에서는 부엌가구는 안방 옆에 붙은 안대청에 찬장과 뒤주를 두었으며, 벽면에 맨 시렁에는 소반을 얹고, 들보 사이에 맨 시렁에는 젯상을 올려놓았다. 뒤주 위의 뒤쪽 천판에는 용을 그린 용준 항아리와 장아찌, 젓갈, 굴 등의 밑반찬과 기호식품을 담은 작은 백자항아리를 두세 층으로 포개 놓는 경우가 많았다.

• 대청 •

대청은 본래 여러 사람이 함께 사용하는 공간이기 때문에 비교적 개방적이고 번잡한 공간이며, 사랑 대청에서 손님 접대나 사교 등의

| 부엌의 일반적 가구 배치, 서산 가영헌 가옥 및 화성 박희석 참고 재구성 |

1. 뒤주 2. 소반 3. 찬탁 4. 찬장

| 주요 부엌 가구와 특징 |

1. 뒤주

· 두주(斗廚), 도궤(度櫃), 두도(斗度) 등으로도 불림
· 쌀이나 곡물을 보관하는 수장궤(收藏櫃)
· 보관하는 곡물에 따라 크기가 다름, 쌀을 보관하는 것은 대형이고 잡곡을보관 하는 것은 중형, 깨나 팥을 보관하는 것은 소형
· 쌀과 잡곡을 구분해 보관하고 큰 것을 쌀 뒤주(한 변이 1m이상 되고 쌀 한가마에서 2가마까지 담을 수 있는 크기), 작은 것은 팥 뒤주(3~4말 들이 크기임)
· 개구부가 상부에 있어 윗판의 반 내지 2/3정도가 뚜껑

| 뒤주, 숙명여대 박물관 |

천판의 반 이상은 뚜껑으로 되어있고, 하단의 다리가 높게 제작된 박달나무로 널을 짜서 만든 쌀뒤주이다.

2. 소반

· 음식을 담은 그릇을 올려놓을 수 있고 운반 기능을 겸한 작은 상을 소반이라 함
· 상처가 나지 않고 가벼운 재질의 은행나무로 만든 행장목반을 최상품으로 여김
· 발(다리)이 달려 있고, 그 위에 판자나 살등을 대어 만들며 얕은 전이나 난간이 둘러져 있음
· 각 지역에서 제작되어 지방적 특색이 강함– 경남의 나주반, 경남의 통영반, 황해도의 해주반이 유명
· 소반의 종류
  1. 사용자와 용도에 따라
    – 일상생활시 : 겸상, 곁상, 공고상, 수라상, 궁중반, 두레반, 약반, 잔상, 차상, 춘반 등
    – 특별한 행사, 제례 시 : 걸립상, 교자상, 전안상, 돌상, 삼신상, 어상, 엄족반 등
  2. 다리 형태에 따라 :구족반, 마족반, 호족반, 일주반(단각반), 죽절반, 아자반, 풍혈반, 회전반 등
  3. 반면(盤面)에 따라: 각반, 다각반 ,막소반, 반월반, 별반, 연엽반, 팔우반, 원반, 화형반
  4. 생산지에 따라 : 강원반, 나주반, 안주반, 충주반, 통영반, 해주반 등
  5. 칠에 따라 : 백반, 생칠반, 주칠반 등
  6. 재료에 따라 : 가래나무반, 괴목반, 행자반, 자개반, 지승칠반 등

| 팔우반(팔각반), 국립춘천박물관 |

다리 모양으로 보면 호족반이며 천판으로 보면 팔우반이다. 팔각형의 천판의 둘레에 운주 를 달아 안의 내용물이 옆으로 떨어지지 않도록 한 기본형태에서 변형을 준 소반이다.

| 일주반, 국립진주박물관 |

은행나무로 만든 16각 반으로 되어 거의 원형에 가까운 반면을 가진 일주반이다.

3. 찬탁

· 식기나 작은 단지, 음식물 등을 얹거나 보관하는 찬장과 함께 사용된 부엌용 가구로 책탁자나 서가(書架)의 형태
· 찬탁은 준비 된 제물을 제상에 올리기 전에 잠시 올려놓는 용도
· 보통 2, 3층으로 구성된 탁자장 형태로 사방탁자와 유사한 구조
· 식기나 음식물을 얹어 두거나 보관하므로 기둥과 튼튼한 받침 등 비교적 간결한 구조가 특징
· 찬탁의 종류는 개방형 찬탁으로 층널로만 구성된 진설 탁자형, 수납장을 가진 수납용 탁자형이 있음

| 이층찬탁, 숙명여대 박물관 |

수납용 탁자형 이층찬탁으로 윗층에 수납장을 두고 여닫이 문을 달아 주었다.

4. 찬장

· 일상적으로 사용하는 식사용 식기를 비롯한 수저와 반찬, 조미료가 담 긴 그릇, 음식물등을 보관하는 주방가구
· 장, 농과 같은 폐쇄형 가구라는 점에서 빈 그릇을 얹어 놓은 층널 위주의 개방형 가구인 찬탁과 는 구별
· 찬장의 형식이 갖추어지기 시작한 조선 중기 이후부터 발전된 것으로 추정
· 형태는 장의 구조와 비슷하나 골재와 판재를 두껍게 써서 투박하고 둔탁한 외관을 가지고 있으며 튼튼하고 안정적인 구조를 가짐
· 2~3층의 수장 공간을 갖춘 형식이 대부분
· 다리는 대개 10~ 15cm 정도 높이, 바닥의 습기를 차단과 원활한 통풍 확보, 다리 끝에는 앞뒤로 양쪽에 족대를 댐
· 찬장의 종류
  1. 형태에 따라 : 2층 찬장, 3층 찬장 , 뒤주찬장
  2. 문의 개폐 방식에 따라 : 앞닫이문 찬장, 윗닫이문 찬장, 빼닫이문 찬장, 여닫이문 찬장, 미닫이문 찬장

| 이층찬장, 안동민속박물관 |

장식을 전혀 사용하지 않고 단순하고 소박한 형태로 가능위주로 제작된 찬장이다. 문을 미닫이문으로 제작하여 음식물을 보관하고 꺼내기에 편리하도록 제작되었는데 강원찬장의 형태를 취하고 있다.

사회적인 행위가 이루어질 때에는 소반이나 서안 등의 가구와 기물이 일시적으로 놓이기는 하였으나 고정적으로 배치되었던 것은 아니며 대청을 사용하지 않을 때에는 텅빈 공간으로 두는 것이 일반적이었다. 사랑대청의 양측 면에는 자기나 골동품을 놓은 사방탁자를 놓기도 했으며 중앙에는 탁자 등을 놓아 예를 갖추어 손님을 맞았다. 여름철에는 평상을 놓고 그위 돗자리를 깔고 시원하게 여름을 나는 공간으로 이용되었다.

이에 비해 안대청은 유교적인 제례와 민속적인 혼례 및 집안 대소사가 이루어지는 공간이었고 식사준비의 기능까지도 가지고 있었기 때문에 최소한의 부엌가구와기물이 놓였다. 규모가 큰 상류 주택의 안대청에는 가구를 놓지 않는 경우도 많으나 일상적으로 안대청에는 뒤주, 찬장과 같은 부엌용 수장가구와 소반과 같은 목기류, 그리고 각종 그릇류가 놓였으며, 제례 때에는 제상, 향상, 교의, 촉대, 모사기 등이 놓여 있다. 그러나 일반적으로 대청의 후면 쪽으로 뒤주를 놓았으며 그 옆에는 찬장이나 찬탁자를 놓고 주방기물을 보관하였다. 대청의 천장 밑에는 시렁을 설치하여 수장 공간으로 이용하였고 그 위에는 크고 작은 상이나 소반, 항아리, 기물 등을 얹어 놓았다.

• 사당 •

사당은 조상 숭배 공간으로 3년상 마친 신주를 모신다. 보통 사당 안에는 4감(龕 : 신주를 모셔 놓는 장)을 설치하여 4대조를 봉안하며, 감밖에는 장(帳)을 드리우며 각 위패마다 제상을 놓고 그 위에 촛대 한 쌍씩을 놓으며 최존위(崔

| 사랑대청 전경 |

손님접대나 사교등 사회적 행위가 이루어지는 사랑대청으로 가구배치가 거의 되어 있지 않은 공간이다.

| 안대청 전경 |

안대청으로 뒤주와 찬장 등 부엌용 수장 가구가 놓여 있다.

尊位)는 향상(香床)을 놓는데 그 위에 향로는 서쪽, 향합은 동쪽에 놓는다. 부유한 가정에서는 벽장과 같은 주고(廚庫)를 설치하여 고인의 서적, 유품, 제구 등을 보관하기도 하였다. 주고를 설치하지 못하는 가정에서는 큰 궤를 두 개 마련하여 사당의 동쪽과 서쪽 벽에 한구 씩 배치하였는데, 서쪽에는 서적과 의복류를, 동쪽에는 제기를 넣어 보관하였다.

사당이 없는 서민 주택에서는 제구를 대청의 들보에 설치한 시렁 위에 제기는 궤에 담아 다락 등에 보관하였다.

전통 가구에서 웰빙

한국 전통가구는 오랜 세월 한국의 자연환경과 생활공간, 생활양식, 생활규범의 테두리 안에서 형성된 우리의 살림이었기에 어느 미

| 사당 내부, 한국 민속촌 |

4개의 감실이 설치된 사당내부로 감 밖에는 제상과 향상이 놓여 있다.

| 사당 내부, 영주 선비촌 |

4감이 없는 대신 좌우에 제상과 교의, 향상을 배치한 사당내부 모습이다.

| 주요 사당 가구와 특징 |

| 향상, 온양민속박물관 |

1. 향상

· 죽은 사람의 영혼을 모셔두는 영좌 앞에 놓이는 상으로 제사상 앞에 낮게 놓여 지는데 그 위에 향로와 향합을 올려놓으며 향탁이라고도 함
· 향을 피우기 위해 향을 넣어 두는 향합과 향을 피우기 위한 용구를 넣어 두는 서랍이 있는 것도 있음
· 향상은 죽은 이의 혼을 모시기 위해 다른 제사 도구와 같이 검소하고 묵직한 깊이와 분위기가 있음

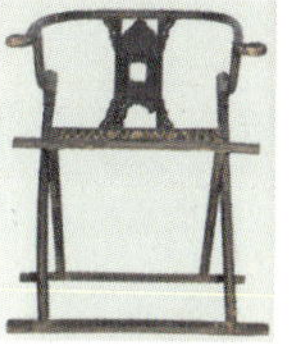

| 교의, 국립민속박물관 |

2. 교의

· 북쪽에 설치한 제상 앞에 놓이며 제례 때 조상의 위패를 모시는 단
· 신주를 봉안하기 위한 목적에서 좌판이 좁으며 또 신좌의 위치가 제상 보다 높아야 하므로 다리가 긴 형태임
· 표면처리는 제구의 통례상 교의의 종류에 따라 영좌교의(궁중용)는 당강칠, 영좌교의(민간용)는 칠하지 안은 백색, 신좌교의(관 · 민용)는 흑칠을 함
· 일반적으로 제사나 사당에서는 신좌교의가 주로 사용되며 영좌교의는 탈상전 궤연을 모실 때 사용됨

| 감실, 진주대박물관 |

문짝이 2개인 것으로 보아 2대 까지 조상만을 모신 감실이다.

3. 감실

· 신주를 단독으로 모시는 것과 같이 여러 신위를 모시는 장으로 된 독
· 사당안에서 조상의 신주를 모시는 장으로 신주장이라 부르기도 함
· 제상보다 조금 높게 긴 널판지로 선반을 설치한 후 그 위에 감실을 올려놓은 것이 일반적이며 감실 내에 주독을 넣고 그 속에 신주를 모심
· 조상의 넋을 모시는 장소로서, 가옥의 형태를 본뜨고 주독을 넣어 두는 장의 기능도 겸하므로 가구의 형식으로 절충 해 제작되었고 어떤 가구보다 정교하고 정성껏 제작됨
· 4대 봉사가 보편화 되면서 네 쌍의 문이 달리고 내부도 네 칸으로 구성된 감실이 일반화되고 감실의 크기가 일정해짐
· 재료는 주로 소나무, 은행나무가 쓰이며, 흑칠과 주칠을 한 것도 있음

4. 신주대

· 제사를 지낼 때 신주를 모시는 대로 지붕 모양의 덮개가 있고 신주를 단독으로 하는 것과 여러 신을 모시게 된 것도 있음
· 신주대에 경첩을 달아 양쪽 문이 열리게 만든 것도 있음

| 신주대, 목아박물관 |

5. 제상

· 제례 때 제물을 올려 놓는 상으로서 궤상이라고도 불리며 일상적으로 사용하는 소반류의 상과는 다른 탁자의 한 형태를 취함
· 우리 고유의 상(床)이 아닌, 높고 큰 중국식 탁자(卓子) 또는 상(床)의 형태를 취하므로 다른 상보다는 남성적이고 딱딱한 느낌을 주는데 재료를 다루는 솜씨나 목구조법에 있어서는 우리나라 특유의 기법을 쓰고 있음
· 제상의 도장법은 진흙이나 흙칠을 하는 것이 통례로 되어 있음

| 제상, 건국대 박물관 |

6. 주독

· 신주를 봉안하는 상자로 신주상 또는 독이라고 함
· 신주는 밤나무로 위는 둥글고 아래는 모나게 비석처럼 만들었는데 가장을 기준으로 아버지는 현로, 어머니는 현비라 해 모심

| 주독, 숙명여대 박물관 |

7. 지방함

· 위패를 모시기가 여유롭지 못할 때에 지방이라해서 종이에 신위를 써서 대신하는데 신이 앉는 자리를 의미하며 제사가 끝난 후 태워 없앰.
· 지방함은 두께가 얇아 세워 놓을 수 없으므로 제사상을 벽 쪽에 붙이고 그 사이에 끼워 사용하도록 긴 다리를 만듦.

| 지방함, 개인소장,박영규 저,한국의 목공예, p228 |

술공예품보다도 토착성이 강한 한국적 아름다움을 지니고 있다. 특히 조선시대 목가구는 사랑방에서, 안방에서 그리고 주방에서, 조선시대 사람들의 미의식과 사상에 따라 그들의 생활공간을 편리하고 윤택하게 하였으며 생활양식과도 짜임새 있게 조화를 이루었다. 특히 좌식생활이라는 조건에 맞추어 사용하는데 편리하고, 불필요한 겉치레를 피하면서 과장되지 않고 간결하게, 인위적인 아름다움을 앞세우지 않고 자연미를 표출하면서 실용성에 중심을 두어 제작하여 친자연과 친인간 측면이 녹아들어 웰빙 주생활이 가능하도록 하였다. 그러므로 한국전통 가구의 가장 큰 특성은 소박한 자연미, 오랜 세월 가다듬어져 기능상 보편성을 갖는 규제미라고 볼 수 있다. 이러한 특성으로 인해 시간과 공간을 초월한 생명력을 지녀 많은 시간이 지나 생활공간과 양식이 변화된 현대에 와서도 능히 조화를 이루며 사용되고 있다. 그러면 시공간을 초월하는 디자인적 우수성을 지니는 전통가구가 어떠한 디자인적 특징이 있으며 현대 주생활에도 충분이 이용될 수 있음을 주요 특성을 중심으로 살펴보고자 한다.

| 실용성이 돋보이는 소박하고 담백한 가구 |

한국 전통가구는 좌식생활의 영향으로 낮은 천장과 아담한 실내공간으로 인해 실내공간을 차지하는 가구들로 인한 시각적인 부담을 줄이고 보다 넓은 공간을 확보하기 위해 작고, 낮고, 간결하면서 실용성이 돋보이게 제작되었다. 이와 같이 전통가구는 여러 가지 면에서 실용적인 디자인 특성을 나타낸다.

첫째, 외형적 규격에서 인체사이즈의 고려와 좌식생활, 넓은 생활공간 확보를 위해 키가 낮고, 폭이 얕고, 유동성을 고려하여 간결한 형태를 취하고 있다. 조선시대 사람들의 평균 신장은 164㎝정도였다. 그러므로 160㎝이상의 3층장은 맨 위층이 눈으로 들여다보이지 않아 사용이 불편한 까닭에 그런 대형의 장농을 쓰는 예가 극히 드물었다. 장농에 있어 버선장 같은 축소형이면 몰라도 대형으로 3층은 희귀한 편이었으며 통상 2층이 대부분이었다. 장에 붙는 서랍은 흔히 개관밑에 설치하지만 만약 장의 높이가 160㎝정도의 대형이라면 서랍의 기능을 위해 장의 하단부에 설치했음을 볼 수 있다. 또한 좁은 실내 공간에서 가구들은 시각적인 부담을 줄이고 보다 넓은 생활 공간을 확보하기 위해 작고 낮으며 간결하게 제작되었다. 서안, 연상 등 방의 중심에 놓여지는 가구들은 공간 활용에 효과적으로 유동성을 고려하여 제작되었고 문갑, 머리장 등이 모두 키가 낮고 폭이 얕은 것은 좌식생활에서의 실용성을 고려한 것이다.

둘째, 생활습관에 따른 인체공학적 측면 고려에 의한 규격화 된 형태를 취하고 있다. 평좌식의 가구로서의 단층장, 반닫이, 문갑, 책상 등은 한국인의 앉은 키의 평균인 75㎝를 합리적으로 감안된 규격이다. 책상은 높이 30~

36㎝, 소반은 30㎝, 연상이나 경대가 그 이하인 것은 앉아서 일할 때 팔꿈치의 편안한 자세를 고려한 것이다. 문갑의 높이가 큰 것이라 해도 44㎝ 이내인 것은 수평가구 일 때 창호의 하단과 대등한 선을 유지하려는 데 있다. 또한 단층장이나 경축장은 앉아서 문을 열고 내부를 들여다 볼 수 있어야 했다.

| 단순함과 여백의 미로 사용상의 융통성이 뛰어난 가구 |

낮은 키와 간결함에 따라 생기는 벽면의 여백과의 조화를 이루고, 실내에 놓이는 다른 기구나 가구들과도 유기적으로 관련을 맺어 어느 장소에서나 다양한 기능으로 용도가 변경되면서 사용된다. 예로 사방탁자는 방의 어디에 놓아도 조화가 잘 되며 다른 가구들과 유기적으로 관련을 맺도록 제작되었다. 사랑방에 두면 문방가구가 되고, 안방에서는 도자기 등 즐겨 감상하는 애완물을 올려놓는 장식가구의 역할을 하였다. 또한 각 단위 높이가 생활습관에 따른 인체공학적 측면이 고려되어 있고 상하좌우 어디서나 사용이 가능한 형태이다.

| 간결한 균제미 속 내실을 기한 정성스런 가구 |

우리의 전통 가구는 외모상 성글고, 대범한 듯 거칠게 보이지만 실제로는 월등하게 내실을 기하였다. 애초에 재질을 고려하여 부족함이 없게 하고 사용상의 기능을 계산하여 불편함이 없도록 최소한으로 구성하여 자연히 외모가 간결하며 대범하게 꾸며졌다. 이런 균제미와 대범성은 한국인이 높이 사는 품격과 관련하여 군더더기의 장식성을 일체 거부하는 유교의 자연주의와도 일치한다.

이러한 대범한 조형미를 완벽하게 표현하면서 기능을 수행하기 위해 눈에 보이지 않는 부분까지 아주 견실한 결구 구조로 짜여져 아주 견고하다. 가구의 결구 구조에서 못이나 접착제를 불가피한 부위에 한하여 사용할 뿐 되도록 이음새, 짜임새 등 제 몸끼리의 합리적인 결구를 더 소중하게 여겼다. 이러한 것은 제목끼리의 소박한 결구일수록 복잡한 일손을 요하나 그에 따른 기술이 들어간 만큼은 물건이 더욱 견실해진다.

전통가구는 대개 판재로 된 전면을 쇠목이나 동자 등의 골재로 분할하여 재구성하는 짜임과 이음의 방법을 사용하는데 이는 나무의 수축팽창을 방지하고, 나뭇결이 살아 있는 작은 크기의 판재로도 제작하기 쉽고, 얇은 판재로도 골재에 의지하여 하중을 받을 수 있으므로 하중을 줄이는 데 효과적이다. 이러한 짜임과 이음은 구조와 역학적 문제를 해결하면서 간결한 선과 면 분할로 시각적인 효과를 높이는 기법으로 발전되었다.

| 기능과 장식의 완벽한 조화를 이루는 가구 |

전통 가구의 주요 특징 중 하나는 기능과 장식의 교묘한 합일이다. 전통가구는 외모상 소박하면서 거칠게 보이지만 실제로는 사용상의 기능을 고려하여 불편함이 없도록 최소한으로 구성하여 외형이 간결하면서도 대범하게 구성되었다. 일체 군더더기 장식을 억제하면서도 자연적인 멋을 표현하면서 한국적인 조형미를 나타내고 있다.

전통가구의 장식에서 간소미와 쾌적한 비례 등의 아름다움과 세련됨을 주는 주요 장식은 백동 약과 장식을 많이 사용했는데 이 또한 단순한 장식 외에 구조 보강과 함께 1년에 한 두 번만 손질해도 은은한 광택으로 가구를 한층 아름답게 해주었다.

| 면구성에 일정한 척도를 유지하는 의장의 독창성을 가진 가구 |

우리 가구의 조화성과 아름다움에 대하여는 구조와 기능에서 오는 간결하고 대범한 면 분할의 쾌적성과 자연의 목재와 나무 결을 그대로 드러나게 처리한 의장의 특징을 손꼽는다. 의장의 독창성은 우리의 옛 가구가 정해진 치수와 의도에 의한 규격 품이 아니지만 선대로부터 내려오는 생활에 배인 재목을 다루는 기술과 우수한 조형 감각으로 다른 나라의 전통 가구에서 볼 수 없는 면구성에 일정한 척도를 유지 하고 있는 점이다. 연구에 의하면 장롱, 반닫이, 책장, 문갑, 사방탁자 등의 가구들을 실측하여 면 구성비를 실측 집계한 결과 일정한 비율(황금비(黃金比)와 자승근비 (自乘根比) 내지 정방형(正方形)의 비(比))의 척도를 유지하고 있다.

| 간결한 선, 명확한 면의 쾌적한 현대적 비례미와 구조미를 나타내는 가구 |

몇 개의 직선으로 구성된 간결한 선과 그 간결한 선에 의해 구성된 방형, 장방형의 명확한 평면에 장식이 없는 간결한 면으로 정돈된 느낌을 준다. 거기에 이러한 선과 면의 구성이 마치 몬드리안 그림을 보는 듯 자승근비와 황금비 등 일정한 비례를 적 용하여 간결한 현대적인 구성의 아름다움을 느끼게 해준다. 이런 측면에서 한국 전통 가구는 가식 없는 단순한 외장과 건실한 구조미로 축약하여 표현할 수 있을 것 같다.

| 건강한 자연미가 돋보이는 웰빙 가구 |

전통가구는 자연소재와 자연 가공법 사용에 의한 웰빙 가구이다. 전통가구는 한국적인 미를 살리는 가장 최선의 방법은 나뭇결이 뚜렷한 나무를 사용하여 결을 최대한 살려 나무가 지닌 자연미를 그대로 살리고 지나친 광택이나 색채를 사용하지 않아 재질에서 오는 건강한 자연미를 나타낸다. 또한 견고함과 장식효과를 동시에 해결하기 위해 전통가구는 옆널이나 뒷판에 오동판을 대어 좀 벌레를 방지하고 칠(주칠, 흑칠, 옻칠 등)을 통해 습기와 오염을 방지하고, 결구의 이음새가 드러나지 않게 감싸고 목재 파손을 방지하면서 미적인 효과를 주었다.

보통 가구의 칠은 붉은 주색과 검은색 두 가지가 있으며, 목기의 소지에 기름을 올려 목기를 보호하고 곱고 반지르르하게 빛을 내기도 한다. 기름에는 들깨기름, 피마자, 콩기름, 오동나무 기름을 사용한다. 이와 반대로 안방의 가구에는 옻칠을 한 것이 많다. 옻칠은 공력이 많이 들지만 수명이 길고 광택이 부드럽기 때문에 칠 중에선 가장 높이 평가된다. 즉 우리 전통 가구는 원 자재도 자연소재, 가구의 수명을 늘리기 위해 사용되는 가구가공재도 자연소재를 사용하여 오염물질은 전혀 찾아 볼 수 없고 오히려 건강에 도움을 주는 건강가구로 가구 자체가 친환경 · 친자연으로 완벽한 웰빙 가구라 할 수 있다.

| 시간이 지날수록 멋이 우러나는 지속가능한 가구 |

우리의 전통가구는 오래 사용할 수록 기물에 윤택함이 생기고, 오랜 세월 동안 닦고 문질러 손때가 묻을 수록 아름다움이 우러나와 가치가 더 빛나는 특징이 있다. 전통가구는 오랜 세월이 지날수록 애정이 서리면서 아름다움이 우러나오는 지속가능한 가구이다. 몇 년 사용하고 교체하는 현대의 가구와는 그 멋의 가치가 다르다. 그리고 가까이에서 보다 멀리서 관조하듯이 보는 것이 더 아름다워 보이고 여기에 시간성을 더해 깊이가 우러나올 때 더 아름다워 보이는 관조성을 지녔다. 이는 우리 전통 조형미 특징으로 한국인만이 가지고 있는 관조적 측면에서 보는 아름다움의 가치이다.

우리의 전통가구 보여주는 한국적인 아름다움은 완벽한 것보다는 성근 맛에 있고 장식적인 것보나는 순수함에, 인위직인 깃보디는 지연적인 멋에 있다. 중국의 가구가 엄숙하고 웅장한 반면 한국 전통가구는 정리가 잘된 선과 면분할, 극히 단순하고 소박한 자연적인 아름다움, 그리고 재질에서 오는 건강한 자연미, 건강한 자연 소재를 사용한 최고의 건강가구

| 반닫이의 현대적 적용 |

화장실에 반닫이를 수납공간으로 활용하고 상부는 세면대로 활용하여 전통적이면서도 자연미 넘치는 화장실 공간을 연출하였다.

| 사방탁자, 궤, 농의 현대적 적용 |

입식 거실공간에 궤를 테이블로 사방탁자와 농을 거실 수납가구로 배치하여 전통미를 연출하였다.

| 반닫이, 목제 소품의 현대적 적용 |

툇마루 공간에 반닫이와 목제 좌식 티테이블로 가구 연출 포인트를 삼고 전통 방석, 도자기, 족자 등의 전통 소품으로 자연스러운 연출로 자연미를 높인 공간이다.

로 현재 우리의 생활에 적용해도 전혀 손색이 없는 웰빙 가구라 볼 수 있다.

이에 현대 주생활공간에 우리 전통 가구는 다양한 공간에 본래의 기능을 살려 사용하거나 실제 기능에 변화를 주어 장식요소로서 다양하게 연출요소로 사용하여 전통적이면서 웰빙적인 느낌을 전달하는 감각적인 소품으로 사용 할 수 있다.

02 • 실내 장식품과 웰빙

조명기구

우리의 전통 조명기구는 보통 불을 붙여 어두운 곳을 밝게 하는 등촉기구(燈燭器具)로 일반적으로 '등잔'으로도 불리어지는데 등잔은 좁게는 등불을 켜는 그릇만을 가리키지만, 넓게는 등화기구 전체를 나타내기도 한다.

등기는 사계절이 뚜렷한 우리나라의 기후 풍토에 맞게 폭우와 추위를 막아 내기 위해 생긴 두꺼운 벽과 폐쇄적인 생활공간을 밝히는 기능을 했기 때문에 의식이자 곧 신앙이었고 영혼에 비유되기도 하였다. 조선시대 말인 19세기 경 석유가 보급되기 전에 사용된 등기는 초나 식물성 기름에 불을 밝히던 기구들은 촛대, 등잔걸이, 좌등이 있다.

등잔은 삼국시대부터 동물성 기름을 사용한 것으로 보고 있으며 초는 고려시대부터 부유한 집이나 궁궐에서 밀랍이나 쇠기름 등으로 만들어 썼다. 우리나라는 주로 등잔대와 촛대를 중심으로 발달했으며, 주로 실내등으로 사용해서 재료가 고급스럽고 정교한 것이 많다.

등화기구의 종류는 크게 실내용과 실외용으로 분류할 수 있으며 세부 종류들을 살펴보면 다음과 같다.

• 실내용 등기 •

실내를 밝게 하는 조명기구로는 등가, 등경, 촛대, 좌등 등이 있으며 이들 중 촛대나 등가, 등경은 글을 읽거나 바느질을 하는 동안 집중적으로 비추거나 일상공간을 밝게 하는 용도에 비해 좌등은 한쪽에 놓여서 전체를 은은하게 밝히는데 사용한다.

| 등가(燈架) |

등가는 걸이용 단없이 상반부에 등잔을 얹도록 만든 것을 등가라고 하는데 다양한 형태가 나타난다.

등가의 구조는 잔을 받쳐주는 기둥과 상부를 지탱해주는 부싯돌이나 기타 소도구를 올려놓게 든 받침대로 구성된다. 그리고 받침대에 대매듭, 죽구슬, 꼰노새김, 기하학적 돋을새김 등으로 다양하게 나타나며 밑받침은 재떨이를 겸해서 사용하게 만드는 등 실용성이 돋보이는 제품이 많고, 간혹 연꽃모양의 새김을 해서 한껏 멋을 낸 경우도 있다. 굽에는 별다른 장식 없으며 등잔 기름이 튀더라도 흘러내리지 않도록 턱을 대어 마무리 했다. 등가 위에 올리는 등잔은 자기나 돌로 만든 잔에 일반적으로 식물성 기름을 사용하고 어촌에서는 어유를, 산간에서는 산초기름을 사용한다. 등심은 솜을 비빈 것이나 종이나 천조각, 물에서 나는 골풀 대속을 사용해 기름이 적셔 올라오게 했다. 등가는 석유 등잔이 쓰이면서 더욱 보편화되었고 종자형 등잔 보다는 호형 등잔을 더 많이 사용하였다.

| 등경 |

등잔을 적당한 높이에 얹도록 한 등대로서 등잔걸이라고도 부른다. 등경은 신분 구별없이 가장 많이 애용된 실내용 등기양식이라 주로 청동, 철, 놋쇠, 나무를 주재료로 하고 나무로 만든 등경이 가장 많고 다양하다. 목제 등경과 비교하여 유기 등경은 주로 상류층에서 애용된 양식이다. 목제 등경은 필요에 따라 자체적으로 제작하여 다양하고 재미있는 형태가 많다.

등경의 일반적 형태는 넓적한 밑받침에 3-4개의 걸이용 단이 있는 기둥이 세워져 필요한 높이의 단에 등잔걸이를 걸치고 등잔을 얹어 사용하도록 한다.

등잔 밑의 형태는 우각형(牛角形), 유방형(乳房形), 타구형(唾具形)의 기름 받이를 달아 심지에서 떨어지는 불순물을 받도록 만들었다.

| 촛대 |

초는 고사 · 축원 · 제사 · 불공 등 종교적이고 의례적인 목적으로 사용되며 가격이 비싸 주로 상류층에서 사용되었다. 그래서 촛대의 의장이 매우 세련되고 형태가 다양하다.

촛대의 형태는 의 · 예식용은 복발형(覆鉢形)의 받침대 위에 죽절형(竹節形), 염주형(念珠形), 상구형의 기둥이 서고 그 위에 짧은 초꽂이 촉이 달린 받침접시가 있어 초를 안전하게 꽂도록 되어있다. 일상생활용 촛대는 불후리가 있어 박쥐, 나비, 원형, 팔각등으로 장식하고, 편리하고 보관에 용이하도록 분해와 조립식으로 된 것도 있다. 그리고 이동용으로 집안에서 간단한 용무를 보기 위해 이동시에 편리하도록 만든 촛대인 수초도 있다.

| 좌등 |

실내 분위기를 은은하게 밝혀 주는 기능을 하며, 사(紗)나 한지를 발라 간접 조명의 분위기를 살리고 한 면은 여닫이 문을 만들어 내부에 촛대나 기름등잔을 넣어 사용한다.

좌등은 좀 더 넓고 멀리 비추기 위해 창을 넓히고 높이는데 이에 따라 견고한 기둥과 천판 그리고 머름 칸이 필요하게 되었고 부피가 큰 실내가구로서 구색을 갖추게 되었다. 좌등은 보통 높이 73-108㎝, 너비 30-40㎝ 방형의 등기구의 형태를 가지며 사면 기둥과 천판으로 되어 있다. 맨 위 천판에는 환기 구멍과 옮기기 위한 주석 손잡이가 있고 하단에는 서랍을 설치해 불을 켜는데 필요한 소도구를 넣는다. 그리고 내부에는 초나 호롱을 넣어 사용함으로 이를 받치기 위한 기둥과 불판이 내부에 있다. 장식 문양은 안상문 외에 당초문, 보상화문, 십장생, 쌍학문 등도 보이며 하단 끝에는 장롱에서 볼 수 있는 마대형(馬臺形) 풍혈 장식의 얕은 다리를 만들었다.

| 등가, 강원대박물관 |

걸이용 단없이 호롱을 받쳐주는 등가의 일반적 형태이다.

| 등경, 국립 중앙 박물관 |

등경의 기본형으로 기둥의 뒤쪽에 닭벼슬 모양의 층을 만들어 등잔걸이를 용도에 따라 높낮이를 조절 할 수 있도록 했다.

| 연화조각촛대, 일본, 고려 미술관 |

19세기 것으로 연화무늬가 아름다운 촛대이다.

| 좌등, 건국대 박물관 |

네 면은 한지로 바르고 한 면은 문으로 열게 되어있다.

• 실외용 등기 •

| 제등(提燈) |

제등은 밤에 다닐 때나 의 · 예식에 사용하는 휴대용 조명기구로 종류와 형태가 다양하다. 주재료는 주로 철사, 놋쇠, 대나무, 나무 등으로 골격을 짜 맞추고 표면에 한지나 사(紗)를 바른다. 그리고 휴대용이므로 등 위에는 손잡이를 만들어 이동하기에 편리하도록 하였는데 내부에 초를 넣은 것은 초롱, 등잔을 넣은 것은 등롱, 청사 · 홍사를 씌운 것은 청사초롱, 홍사초롱이라 부른다.

초롱

초롱은 내부에 촛불을 밝혀 길을 비추거나 들고 있는 사람의 위치를 알려 주는 일종의 휴대용 등이다. 청사초롱과 홍사초롱, 지초롱, 접이식초롱이 있다. 청사 · 홍사 초롱은 신분에 따라 구분을 하기도 하였으며 주로 의 · 예식용으로 사용하며 지초롱은 나무로 골격을 만든 초롱으로 조선 중기 이후 밤길 나들이에 필수품으로 사용한다. 반면 접이식 초롱 비상시를 대비한 초롱으로 정재(呈才, 대궐 안의 잔치 때 연행되던 춤과 노래) 때 풍악 진행의 신호로 사용하던 붉은 비단으로 만든 초롱의 일종이다. 용머리가 장식된 긴 대 끝에 초롱을 달아 세우거나 뉘어 풍악의 진행과 멈춤을 알린다.

등롱(燈籠)

걸게 된 등기로 내부에 등잔을 넣은 등을 말한다. 현대의 외등 양식과 비슷하며 처마 및 기둥 외부에 걸어 사용한다.

조족등

궁중의 빈전(殯殿)이나 순라꾼이 밤에 순찰을 돌 때 사용했던 것으로 그 형태가 박과 같다 하여 박등, 도적을 잡을 때 사용한다 하여 도적등, 또는 조족등이라고도 부른다. 등의 형태를 보면 뼈대는 대가지나 쇠로 만들고 표면에는 기름종이를 두껍게 발랐는데 밑은 잘라 틔웠다. 위쪽에는 손잡이를 붙이고 등의 내부에는 초를 꽂는 철제의 회전용 돌쩌귀가 있어 등을 상하좌우 어느 방향으로 돌려도 촛불이 꺼지지 않는다.

괘등(掛燈)

주로 벽이나 들보에 거는 외등 양식으로 제등과 비슷한 형태와 구조를 지녔으나 제등에 비하여 크기가 다소 크다.

사방등(유리등)

사방등은 육면체의 나무틀에 유리를 끼워 내부에 등을 놓도록 만든 형태로 달아 매기 때문에 현등(懸燈)이라고도 한다. 대청 앞에 달아 놓아 집안 왕래하기 편하고 사방등을 끄는 것으로 취침시간을 알려 주어 요긴하게 사용된다. 매달기도 하지만 손으로 들고 다니기도 하여 수촉등(手燭燈)이라고도 부른다.

요시등(料絲燈)

오색의 초자옥(유리구슬)을 꿰어 육각의 형태로 만들어진 매우 화려한 등으로서 주로 궁중에서 사용한다.

발등거리

상가(喪家)에 다는 등으로 상가의 대문에 달아 상중임을 표시하는 상례용으로 대나무나 싸리나무로 골격을 만들어 사용한다.

부엌등(廚燈)

부엌에서 주로 사용하는 등으로 부뚜막의 뒤쪽에 놓고 쓰는 바닥등과 주로 벽이나 들보에 거는 외등 양식인 벽걸이 등잔이 있다. 대부분이 목재 토막으로 깎아 제작되었는데 마루나 방의 등처럼 외형에 치우치지 않아 오히려 소박하고 건강한 미를 갖고 있다. 부엌에서는 등잔 전체가 장작이나 조리의 연기로 인해 전체가 그을음과 때로 절어 피막을 형성하게 되고 검게 거칠어지므로 표면이 더욱 순박하게 느껴진다.

| 초롱, 일본 고려 미술관 |

| 조족등, 건국대 박물관 |

| 사각등, 한양대박물관 |

| 부엌등, 단국대학교 석주선 기념박물관 |

장식품

전통 주거의 실내 공간 구조는 좌식생활을 하는 구조로 되어있어 낮은 가구를 사용하게 되고 이에 따라 넓은 벽면이 여백으로 남게 된다. 이에 기본적인 가구배치를 통해 기본 공간을 구성한 후 빈 벽에 산수나 화조의 그림 족자, 붓걸이, 고비, 횃대 등으로 여백을 살리면서 장식을 한다. 그리고 낮은 가구 위에 도자기나 상자, 통 등으로 연출을 한다. 이와 같이 가구 외에 좌식생활을 하면서 실내공간에서 연출되는 소품들은 실제 기능적으로 필요한 기능적 장식품과 거주자의 취향이나 기호를 담은 상징적인 장식품으로 구분해 볼 수 있다.

• 기능적인 장식품 •

| 통 |

통은 함이나 상자처럼 물건을 담아두는 것인데 함이나 상자와 달리 모양이 길게 세워두는 형식이 주를 이루고 정방형이나 사각형태보다는 둥근 형태로 세우는 형식이 주로 많다. 그리고 함이나 상자보다는 장식이 적게 들어가고 간소한 형태가 많다. 통은 주로 망건통, 상투관통, 탕건통 등 남성들의 머리장식과 관련되는 물건을 넣어두거나 지통, 유서통, 서간통, 교지통 등 문서들을 넣어두는 용도로 사용되고 때로는 이동용으로 사용되고 다양한 종류가 있다.

대부분 형태는 원통, 긴사각형, 육각형, 팔각형 등이 주를 이루며, 10각이나 주로 담는 물건의 형태에 따라 이형 형태도 간혹 보인다. 재료는 목제나 대나무, 나전 등이 주로 사용된다. 통의 종류는 담아지는 물건에 따라 불려지며 살펴보면 다음과 같다.

남성 머리장식 보관용

망건통

망건통은 상투를 틀어 끌어올린 머리카락이 흩어지지 않도록 동여매는 띠인 망건을 보관하는 통으로 망건갑 또는 망건집이라고도 한다.

대부분 오동나무로 가장 많이 만들며 배나무, 가래나무도 사용한다. 형태는 원통, 사각형, 육각형, 팔각형 등이 있으며, 뚜껑과 함, 상부나 옆에 매다는 끈으로 구성된다. 고급스러운 것은 기하학적무늬 등을 넣어 풍류를 나타내고 있으며, 뚜껑 부분에 작은 경첩이나 고리가 달려 작은 상자 형태를 나타내는 것도 있다. 잘 때나 세수할 때 망건통 안에 망건을 넣고 벽에 걸어두거나 문갑이나 사방탁자 등에 가볍게 올려놓는데 장식용으로도 역할을 하였다.

상투관통

상투관통은 왕과 사대부가 사람들이 상투 위에 썼던 상투관을 보관하는 통이다. 보통 구조는 뚜껑, 함 부분으로 이루어지고 뚜껑이 열리는 부분에 경첩과 전면에 잠금 장치가 되어 있다.

탕건통

탕건통은 벼슬아치가 갓 아래 받쳐 쓰던 관인 탕건(宕巾)을 넣어 보관하는 통을 말한다. 원형이나 팔각 형태가 대부분이며 재료는 오동나무나 종이가 사용되고 뚜껑에 경첩을 달아 자물쇠로 채우게 되어있다.

문서나 종이 보관용

지통

전통적으로 사용된 종이는 종류가 여러 가지로 보통은 백지, 큼직한 것은 장지(壯紙), 아주 큰 것은 대호지(大好紙), 눈같이 흰 것은 설화지(雪花紙)이다. 용도에 따라서 봉투지, 도배지, 장판지, 혼서지, 창호지, 책지 등으로 부른다. 종이는 눕혀서 보관하면 자리를 넓게 차지하는 까닭에 두루마리로 말아서 두었다. 지통은 이 축(軸)으로 된 색간지나 종이 두루마리를 보관하는 문방도구로 4각, 8각, 10각, 12각, 원형, 거북형이 있으며 주로 목제나 대나무를 이용한다. 작은 두루마리 종이는 문갑, 머릿장, 책장 위에 올려 보관하며, 큰 두루마리 종이는 크고 좀 더 깊은 지통에 꽂아 방바닥에 보관한다.

- 재료에 따라 : 죽각 지통, 목제 지통, 나전 지통
- 형태에 따라 : 팔각 지통, 10각 지통, 원형 지통, 거북형 지통

교지통

교지는 가문의 명예를 나타내는 것으로 소중히 보관하였는데 이를 보관하는 통을 교지통이라 한다.

서간통

서간통은 편지통을 말하며 인편에 편지를 전달할 때나 중요 서찰이나 시 구절을 넣어 보관하는 통으로 집에서는 벽에 매달아 장식 용도로도 쓰였다.

유서통

유서통은 관찰사, 절도사, 방어사들이 부임할 때 어전에서 내리는 명령서를 담는 통이다. 또는 국왕이 내린 유서(국왕이 각 지방에 부임하는 관원에게 내리는 명령서)를 보관하는 통을 말한다.

| 교지통, 광주민속박물관 |

| 목제 지통, 이화여대 박물관 |

| 편지통, 건국대 박물관 |

주방용품 보관용

수저통

수저통은 숟가락과 젓가락을 담는 통으로 저통(箸筒)으로도 불리는데 보통 지름은 10~15㎝ 내외이며 길이는13~18㎝ 내외이다. 형태는 원형, 반원형, 두 개의 통을 붙인 것, 뚜껑이 있어 잠김 장식이 있는 것 등이 있다.

쌀통

쌀통은 쌀이나 곡물을 담아두는 통으로 대개 원통형에 상판을 반으로 갈라 경첩을 대어 뚜껑으로 쓴다.

밥통

밥을 담아 두는 통으로 나무로 제작되었다.

주통

술을 담가 담아 두는 통이다.

기타

붓통

붓통을 붓을 보관하는 통으로 휴대용이나 여행용으로 쓰이고 주로 대나무로 만든다.

경서통(죽간통)

경서(經書)통은 각종 경구를 적은 죽간을 넣는 통을 말한다. 즉 경서 가지를 넣어 두고 한 개씩 암송하기 위해 뽑아서 쓰는 통으로 들고 다닐 때 가지고 다니며 수시로 학습할 수 있도록 제작된 것으로 천 삼백여 개의 경서(죽간)이 들어 있다.

신주통

신주(神主), 즉 죽은 사람의 위패를 모셔두기 위해 만든 통을 말한다.

산통

산통은 붓으로 점괘를 쓴 긴 대나무 살인 산가지가 통에 들어있는 것으로 뒤집어 흔들면 구멍으로 한 개가 빠져나와 밖으로 나온 것을 풀이 해 길흉을 예견하는 점구(占具)이다.

화약통

화약통은 군에서 쓰던 것으로 화약을 넣어 두는 통을 말한다. 보통 구조는 뚜껑역할을 하는 머리와 통으로 구성되고 통 안쪽에는 관을 끼워서 총에 화약을 쏟아 붓는 깔때기 역할을 한다. 고리가 양 옆에 달려 어깨에 매달 수 있도록 한다. 가장 많은 형태는 위용과 장수를 의미하는 거북 모양이 주류를 이루며 재료는 배나무, 가래나무, 오동나무 등이 쓰인다.

| 차폐용구 |

우리 전통 주거는 4계절을 보내면서 계절에 따라 병풍, 침장, 휘장, 모기장, 발(주렴), 방장 등의 차폐용구를 사용하여 실내 기후와 프라이버시를 조절하였다.

병풍

병풍(屛風)은 주로 장식을 겸하여 무엇을 가리거나 바람을 막거나, 경우에 따라 주술적인 목적으로 사용하기 위하여 둘러치는 가리개로 여러 쪽으로 접어지게 만든 것이다. 직사각형 나무틀에 종이를 여러 겹 바른 후 그림이나 서예. 자수 등을 붙여 장식하였다. 한 폭의 너비는 36-45㎝, 높이는 60-180㎝정도로 다양한데 장소와 용도에 따라 높낮이가 다르게 구성되고, 두 폭에서부터 네 폭, 여섯 폭, 여덟 폭, 열 폭, 열두 폭 등 짝수로 구성된다. 두 폭으로 된 것은 곡병, 머리맡에 치는 얕은 병풍은 머리 병풍 또는 침병이라 한다. 그리고 남녀나 사용 목적에 따라 적절한 그림이나 글로 장식하는데 사랑방에는 유명한 한자나 좌우명 글이나 금강산이나 관동팔경 등의 그림이 많고 노부모 방은 장수를 기리는 그림이나 십장생, 화조, 안방이나 여성들의 방은 채색인물화, 사군자 등이 혼례에는 백자도(白子圖), 행락도(行樂圖), 요지연도(搖池宴圖) 등의 그림이 있는 병풍을 사용하였다.

병풍은 바람이나 공간을 막아주는 역할 외에도 장식의 역할을 한다. 그리고 다른 차폐용구와 다르게 병풍은 한 장 또는 여러 개의 판을 이어붙인 형태로 벽과 분리되어 바닥에 독립적으로 설 수 있도록 되어 있어 하나의 공간 구조물로서의 공간을 분할하는 기능을 한다. 공간에 병풍을 세워두면 하나의 불특정한 공간은 두 개의 이웃하는 영역, 병풍 앞의 영역과 병풍 뒤의 영역으로 나누어지므로 임시 벽으로서 기능하는 것이다. 그리고 이동이 편리한 장식용품으로 어떤 공간에 옮겨 펼쳐 혼례나 장례, 주술 행위 등 특별한 의례장소로 만들어 사용한다.

침장과 휘장

비단이나 여러 가지 재료를 사용하여 한겨울 바람이나 공간 가리개용으로 침실에 두르는 휘장을 침장이라 하고 창에 치는 천을 휘장이라 한다.

발

발은 흔히 한자로 '주렴(珠簾)'이라고 하는데, 주렴은 구슬이나 대나무로 엮은 발을 통칭하지만 우리나라는 전통적으로 대나무를 사용하여 '대발'이 주를 이룬다. 그러나 갈대로 짠 갈대발, 삼 줄기로 짠 겨릅발, 달풀로 짠 달발도 있었다. 발은 가마의 문을 가리는 발에서부터 집의 문을 가리는 발, 장식용 발까지 다양한 크기로 제작됐다. 또 아주 섬세한 것부터 갈대를 얼기설기 엮은 성근 발까지 종류도 다양했다. 발은 공간을 나누거나 보통 창문이나 대청에 쳐서 시선이나 햇볕을 막고 바람을 통하게 하기 위한 생활용품인 동시에 아름다움을 지닌 장식품의 역할을 했고, 왕이나 귀한 사람을 나타내는 상징적인 도구이기도 했다. 한여름 뙤약볕을 가리는 발은 방 안 분위기를 시원스럽고 아늑하게 만들고 외부로부터의 시선을 막아 준다. 발의 문양과 금속발걸이와 매듭이 이루는 조화 때문에 발은 벽면 장식용으로도 쓰인다. 또한 왕이나 귀인, 여인 등의 얼굴을 함부로 쳐다볼 수 없도록 하는 차면용(遮面用)으로 많이 사용되었는데 가마에 발을 쳐서 안을 들여다볼 수 없도록 하는 역할을 했고, 사당의 감실에도 발을 쳐서 외부인이 사당 안을 함부로 들여다볼 수 없도록 했다.

발은 반드시 문 안쪽에 치고 또 안에서 걷어 올리도록 되어 있는데, 이는 발을 친 방 안에서는 바깥이 환히 보이지만, 밖에서는 광선의 흐름에 의한 그늘 때문에 방 안이 잘 보이지 않게 하기 위한 것이다. 발은 대의 마디에 채색하거나 수를 놓아 엮는데, 한가운데는 쌍희자(雙喜字) 무늬나 수(壽), 복(福)자를 수놓고 주위에 완(卍)자를 놓으며, 완(卍)자 바깥쪽에는 남색 모단(毛緞)으로 선을 두르는 것이 일반적이다.

방장

한국 전통주택의 실내는 사방으로 창과 문이 창호지로 되어 있어 겨울철에는 웃풍이 세다. 방장(房帳)은 한겨울에 이러한 한기를 막기 위해 문 안쪽으로 쳐서 실내로 들어오는 바람을 막는, 직물로 된 막을 말하며, 때로는 솜을 얇게 누벼서 만들거나 자수로 장식한 것도 있다. 방장은 이와 같은 기능적 목적으로 사용되었지만 실내장식으로 벽걸이 장식과 같은 역할을 하였다.

방장은 청색이나 검정색 갈포(褐布)를 사용하여 만든 것이 많으며, 한 두 개의 꽃가지나 나뭇가지만을 그려 아름다움을 표현한 절지화(折枝花)나, 나비의 아름다움을 표현한 호접 등을 그려 우아한 정취를 풍기도록 하였다. 갈포가 없는 경우에는 목면포(木綿布)를 염색하여 네 귀에는 완자무늬를 넣었으며, 걷어 올리기 위한 갈고리는 동(銅)으로 만들어 썼다. 그리고 청흑자록(青黑紫綠)의 배색을 자주 사용하였는데, 이와 같은 색은 쉽게 더러움을 타지 않고 따뜻하게 보이는 특징이 있기 때문이다.

| 횃대 |

옷을 걸 수 있게 만든 막대로 의항 (衣桁) 또는 항간 (桁竿)이라 하기도 하고 줄여서 홰라고도 한다. 벽면에 가로로 길게 설치하여 의복을 걸어두는 기물로 자주 입는 옷이나 도포, 두루마기, 장옷 등 긴 옷을 걸어 옷이 구겨지지 않게 두는 유용한 옷 관리 도구이다. 대개 길고 가느다란 막대의 형태이며, 옷을 거는 부분에는 장식이 없고, 양 끝에 끈을 매어 달 수 있게 만들어 방 아랫목 한구석에 달아매어 사용하였다. 횃대의 장식은 지지하는 끈을 매듭으로 곱게 엮거나, 여러 모로 깎아 칠을 하거나 마구리에 금속장식을 더하고 술을 달아 멋을 내기도 하였다. 재료로는 단단하면서도 겉이 매끄러운 물푸레나무를 가장 많이 이용되고, 남부지역에서는 대나무를 사용하기도 하였다. 주변에 구하기 쉬운 나무를 적당한 길이로 잘라 가지를 쳐내어 사용하였다. 횃대에 옷가지를 걸어둔 후 옷을 보호하고 가려두기 위해 고운 수를 놓은 횃대보를 씌워서 먼지를 막기도 하였다.

| 보료 · 방석 · 안석 · 사방침 · 장침 |

보료 · 방석 · 안석 · 사방침 · 장침 등은 한국전통의 응접용구 침구 세트라 할 수 있는 장식소품으로 실내공간분위기를 화사하게 또는 격조 있게 바꾸는 역할을 하며 주로 진사 벼슬이상의 가문에서만 사용되었다. 보통 이들 응접용구 침구세트는 아랫목은 안주인의 자리로서 보료를 깔고 장침과 사방침을 놓고, 안석을 다락문 쪽 벽에 기대어 놓아 안주인의 등과 허리를 받쳐주도록 했다. 보료 밑에 가끔 둘레가 낮은 살평상을 놓고 그 위에 보료를 깔기도 하는데, 이는 온돌의 뜨거운 열기로 인하여 보료가 눋는 것을 막기 위해서이다. 보료 앞쪽 윗목에는 쌍으로 방석을 놓아 손님들이 방문했을 경우에 앉도록 했으며, 겨울에는 화로를 보료 앞에 놓았다.

보료

요의 한 종류로 안방과 사랑방 아랫목에 방

치레로 늘 깔아 두었다. 낮에 그 위에 앉거나 눕지만, 밤에 잠을 잘 때는 사용하지 않는 것이 일반적이다. 솜이나 짐승의 털로 두껍게 속을 넣고 헝겊으로 싸서 가운데 면과 둘레의 헝겊 색을 다르게 배색하고 그 연결된 가장자리를 누벼서 단단하게 만든 아랫목 깔개이다. 이부자리의 요보다는 훨씬 탄력 있게 만든다. 장방형의 인모보료다. 머리털을 꼬아 만든 끈을 중간 중간 떠서 보료의 머리카락을 고정시켰다.

방석

바닥에 깔고 앉는 작은 자리이다. 온돌방의 맨바닥에 그대로 앉기가 불편했기 때문에 편안한 앉을 자리를 마련하게 되었다. 보료와 같은 방식으로 만들었으나 크기가 작고 정방형으로 되어 있어 한 사람이 깔고 앉기 위한 것이다. 방석은 추울 때는 몸을 보온해 주는 구실도 해야 하고 더울 때는 시원해야 하므로 피륙이나 왕골 등으로 재료를 달리하였다. 피륙으로 만들 때는 두툼하게 하기 위해서 솜을 넣고, 왕골로 엮어서 만들 때는 네모진 것뿐 아니라 둥근 모양의 것도 만들었으며, 사이사이에 물을 들인 올로 문양을 집어넣어 아름답게 만들기도 하였다.

안석(案席)

앉을 때 벽에 세워놓고 등을 기대고 편하게 앉을 수 있게 한 등받이이다. 윗부분은 대개 높고 낮은 산의 모양으로 되어 있다. 원래 우모(牛毛)나 돈모(豚毛)를 넣어 만들었으나 근래에는 솜을 넣고 누벼서 만든다. 한가운데에는 장수를 상징하는 글씨를 수놓거나 거북 · 학 · 봉황 등을 수놓기도 하였다.

사방침(四方枕)

팔꿈치를 괴고 비스듬히 기대어 앉는 네모진 베개로 보료, 장침, 안석과 한 틀을 이룬다. 머리를 받치는 것이 아니라 비스듬히 누워서 팔꿈치를 괴는데 사용하는데, 장침이 직육면체인 반면 사방침은 정육면체를 이룬다.

| 차폐용구 휘장, 운현궁 |

| 보료 · 방석 · 안석 · 사방침 · 장침, 추사고택 |

| 횃대, 한국민속촌 |

장침

비스듬히 앉아 팔꿈치를 받치는데 쓰이는 용구로 사방침과 용도는 같으나 사방침보다 가로가 긴 형태를 말한다. 안방이나 사랑방 등의 아랫목에 병풍을 치고 보료를 깔고서 안석에 등을 기대고 장침이나 사방침에 팔을 괴었다. 푹신하게 하기 위해 속에는 솜을 두었다. 양 옆에는'수(壽)',' 복(福)'등 소망을 간직한 글자나 길상문을 수 놓았다.

| 자리 |

사람이 앉거나 누울 때 바닥에 까는 물건이다. 농작물 따위를 널어 말리는 거친 것에서부터 여러 가지 무늬를 놓아 꾸민 고급품에 이르기까지 각양각색이며 그 재료 또한 다양하다. 좌식(坐食) 생활에서 맨바닥에 그대로 앉는 불편함을 없애기 위해 주변에서 쉽게 구할 수 있는 짚이나 풀 등을 이용해 다양한 형태의 깔개를 만들어 냈다. 참골로 만든 등메를 비롯하여 잔치처럼 많은 사람이 모일 때에 쓰이는 멍석에 이르기까지 종류가 다양하였다.

자리 종류

- 대자리: 얇은 대오리로 엮은 자리로서 주로 여름철에 대청에 깔았다.
- 화문석: 물들인 왕골을 엮어 짠 화문석은 여름철에 널리 애용되며 무늬가 다양하고 아름다워 장식적 효과도 커서 의례용으로 많이 사용되어 관례나 혼례 등 의례를 지낼 때 의식을 격조 있게 하는 역할을 하였다. 화문석은 특히 매끄럽고 물이 잘 스미지 않는 왕골 껍질의 특성으로 인해, 서늘한 여름을 보내기 위해 사용되었다.
- 지승자리: 장방형으로 지승을 촘촘히 꼬아 엮었고 표면에 기름을 먹였다.
- 돗자리: 골풀을 재료로 해서 매듭실이 드러나지 않게 촘촘히 짠 바닥깔개로 여름철이 대청마루에서 주로 사용된다. 돗자리는 문양에 따라 용문양을 새긴 것을 용문석이라 하며 별문석(別紋席) · 호문석(虎紋席) · 난초석(蘭草席) 등 많은 종류가 있다. 같은 왕골로 만늘더라도 제소방법에 따라 돗자리와 자리로 구분하는데, 돗자리는 날이 속으로 감춰지고 자리는 날이 밖으로 노출되는 것이 특징이다.

| 상자 |

상자는 고리, 설기라고도 하며 함이라고 지칭하기도 한다. 상자는 다양한 소품들을 보관하기 위해 크기와 재료가 다양하게 나타나며 일반적인 구조는 천판, 앞판, 옆판, 밑판으로 구성되며, 수납을 하는 보관 물품에 따라 다양한 크기가 나타난다. 사용계층에 따라 장식적인 면이 많이 달라지고, 보관물품에 따라 단단한 나무와 무른 나무를 결정하게 되며, 종이나 자개 화각재도 널리 이용되었다. 상자의 종류는 크게 재료와 보관 물품에 따라 구분해서 부른다.

상자의 종류

- 재료에 따라 : 나전 상자, 피죽 채상(대나무를 쪼개서 만든 상자), 교피 상자(상자 표면에 물고기나 동물의 껍질로 붙여 장식을 한 상자), 화각 상자, 오합상자 (색지를 이용하여 색을 대비시켜 여러 문양의 화려함을 나타낸 상자), 목상자

- 보관물품에 따라 : 각상자(색실을 넣어 두고 사용), 나전침선 상자(침선 도구를 보관), 약상자(습기와 벌레를 방지하기 위해 오동나무로 만든 약을 보관하는 상자), 육각상자(여인들이 머리털에 덧 드리는 꼭지를 댄 딴머리를 넣어 두는 상자), 예물상자(예물이나 패물을 보관), 인상자(도장 보관), 서류상자

| 목침 |

목침은 '퇴침(退枕)', 수침(繡枕) 이라고도 불렸고 온돌방에서 머리에 열을 받지 않기 위해 다양한 베개가 개발되면서 나무로 만들어진 베개를 말한다. 아무런 장식 없이 나무둥치를 잘라 만든 것이 기본이며, 아래와 윗판이 있고 그 중간을 지탱하는 부분이 있는 것도 있다. 목침은 주로 남성용으로 발달되었고, 머리 뒤 통수가 편히 닿도록 그 부분을 양 가죽이나 토끼 가죽으로 씌운 것도 있다. 휴식할 때 사용하는 베개로 여름에는 무더위를 이기는 방법으로 낮잠을 잘 때 이용하였으며, 서랍이 달려 문방구 같은 작은 소품이나 기물을 넣을 수 있도록 만든 것도 있다.

목침은 소나무 이외의 목재를 길이 6치, 폭 4치 정도의 장방형으로 만든 간단한 것은 여름철에 하류층 또는 농가에서 많이 쓰였으며, 상류층에서는 목세공이나 투각 등을 통한 뛰어난 예술 작품이 많다. 또한, 목침에서는 사랑방의 정취를 느낄 수 있으며, 단단한 목질로 지압의 효과를 가져온다 하여 노인들이 많이 사용하였다.

재료는 머리가 닿는 부분은 오동나무 같은 부드러운 재료가 쓰였으며, 각 모서리는 괴목이나 참죽과 같은 목재를 사용하였다. 주로 대나무로 만들어진 것이 많으며 등나무, 골풀로 만들어진 것도 있으며, 나전 칠기로 만들어진 것은 나전침이라 하여 고급품에 속한다.

목침의 종류

- 용도와 형태에 따라 : 수침(繡枕), 경대 목침(경대를 겸한 목침), 퇴침(退枕; 갸름한 작은 궤 모양으로 짠 것), 풍침(風枕; 판재로 짜서 복판에 풍혈이 뚫린 것), 도침(陶枕), 곡침(穀枕), 면침(綿枕), 나전침(螺鈿枕; 통영의 나전침으로는 양귀가 도독한 이른바 침각이 유명)

- 베개 마구리의 문양에 따라 : 구봉침(九鳳枕), 학침(鶴枕), 호침(虎枕), 목단침(牧丹枕), 연화침(蓮花枕), 수복침(壽福枕)으로 구분.

| 도자기 |

한국의 옛 조상들은 석기시대부터 토기를

구워 생활에 이용하기 시작하였으며, 점차로 예술적이며 감상하기 위한 목적으로 사용하였다. 도자기의 종류는 청자, 백자, 천목, 진사, 청화, 적화, 화청자, 고요지 등이 있으며 유명한 청자와 백자 등 수준 높은 것이 많으며, 신라, 백제의 토기 가운데도 매우 우수한 예술품들이 많이 있다. 고려시대 청자가 유행했지만, 조선시대의 백자를 주로 선호하였는데, 백자는 창호지를 통해 들어오는 햇빛을 받을 때 은은한 흰 살결이 한결 더 부드럽게 나타난다. 조선시대 주거공간에서는 백자를 지나치게 돋보이게 하지 않으면서 은은한 장식요소로서 실내공간을 아늑하게 꾸몄다. 조선시대에는 도자기의 외형이 단순화되면서 대중화되었는데 각 가정에서는 장식을 위한 목적과 함께 저장의 기능 등을 위해 여러 개의 도자기를 구비하였다.

실내기능적인 소품으로 활용된 도자기는 항아리를 비롯하여 단지, 화로, 접시, 향로, 주전자, 술잔, 베개, 연적, 대접, 벼루, 도장, 타구 등 매우 다양한데, 이것들은 기능성과 함께 실내공간을 장식해 주는 목적으로 사용되었다.

| 돗자리, 한국미속촌 |

| 목상자, 한국민속촌 |

| 목침, 한양대 박물관 |

• 상징적인 장식품 •

| 족자 |

족자란 벽면에 거는 내리닫이 그림을 말한다. 전통주택의 실내에는 창호가 많아 전지 한 장 크기의 그림이나 서예를 옆으로 걸 만큼의 벽면이 드물었기 때문에 족자가 흔히 사용되었다. 한국의 옛 그림을 보면, 큰 폭의 그림이 드물고 작은 화첩이 흔했는데, 이것은 큰 그림을 걸어놓을 만한 벽면이 없었기 때문이었을 것으로 보인다. 특히 서화로 된 족자는 실내장식을 위한 목적으로 이용되기보다는 좋은 뜻이 담긴 내용을 중시하여 각 가정마다 한 두 개씩 걸어 놓는 것을 생활의 일부분으로 여겼다.

| 주련 |

주련(柱聯)은 시구(詩句)를 조각하거나 꽃이나 새를 새겨 넣은 목판자를 말하는데, 주택 앞면의 기둥이나 실내의 기둥에 세로로 걸어 두는 장식물로 쓰였다.

상징적인 의미가 주된 목적이며, 실용적인 요소가 포함되어 있지 않는 순수한 장식물이다.

| 편액 |

편액(扁額)은 비단이나 종이 또는 목판에 그림을 그리거나 글씨를 써서 방 안이나 문 위에 걸어 놓는 액자를 말한다. 편액은 방의 성격에 알맞은 내용을 걸었는데, 거처하는 사람의 신념을 나타내거나 정신적 위안을 얻는 재료로 이용되었다. 주련과 마찬가지로 상징적인 의미가 주된 목적이며, 실용적 기능이 없는 순수한 장식물이다.

| 족자, 영주 선비촌 |

| 주련, 한국 민속촌 |

| 편액, 강릉 선교장 |

• 기호생활 장식품 •

| 담배함과 담배대 |

담배대는 작게 썰은 담배잎을 담아 불태우는 담배통과 입으로 빠는 물부리 그리고 이를 연결하는 설대로 구성된다. 담배대걸이는 긴 담배대를 기대어 세우는 데로 장죽걸이라 부르기도 한다.

형식은 담배대의 담배를 담는 대꼬바리를 내려놓는 재떨이처럼 생긴 낮은 단이 하단에 있고, 그 중심에 기둥을 세워 담배대를 걸처 세우는 장치를 상부에 설치했다. 상부에는 박쥐형 화형판이나 연봉형에 둥그렇게 휘어진 가지형식의 선 등으로 되어있다. 장죽걸이에는 짧은 담배대를 걸쳐 세우지 못하며 긴 것은 여러 개 걸쳐 놓는 것으로 지체가 높은 이들이 주로 사용하며 그 수가 많지 않다.

| 재떨이 |

옛날 담배재인 장죽은 담배를 피우고 나면 단단해져 대꼬바리에 남아 있는데 이것을 재떨이에서는 쳐서 떨어내기 때문에 중앙에 약간 올라온 배꼽을 만들었다. 재떨이는 재료는 보통 놋쇠, 백동, 목재가 사용되며 형태는 8각, 4각, 원형 등 여러 가지 형태가 나타난다.

| 연관대 |

담배대를 받치기 위한 목기를 말한다.

| 바둑판 |

옛 선비들은 일명 조선 바둑이라는 순장(殉葬)바둑을 두었는데, 바둑판의 꽃무늬 위에 두는 바둑이라 하여 화점(花點)바둑 이라고도 한다. 변에 흑백이 똑같은 형태로 열여섯 개의 돌을 서로 끼워 배치하고 한복판의 천원점에는 흑돌을 놓은 후 백의 선수로 바둑을 시작한다.

| 서민 사랑방 소품, 한국민속촌 |
서안과 필통, 재떨이 등이 갖춰져 있다.

| 담뱃대걸이 |

| 연관대, 서울대 박물관 |

| 나전장생문바둑판, 일본 고려미술관 |

생활기물

• 침구류 •

| 이불과 요 |

이불은 잠잘 때 몸을 덮기 위해 넓게 지은 대표적인 침구로 피륙이나 옷감 등을 사용하여 만들며 솜을 두어 만든 핫이불, 겹이불, 홑이불 등이 있다. 이불잇이 거죽으로 넘어오지 않게 시쳐 만들었고 계절에 따라 원단의 차이가 있고, 빛깔 또한 성별에 따라 남자용 이불은 차분한 색상을, 여자용은 화려하고 아름다운 색상을 사용했다. 그러나 이불 동정은 남녀 모두 백색을 둘렀고, 이불솜으로는 목화솜을 사용하였다.

요는 사람이 눕거나 앉을 때 바닥에 까는 침구이다. 요를 깔고 이불을 덮으면 베개에 머리를 누이게 된다. 요는 밑에 깔리는 바닥이 겉으로 드러나는 부분보다 더 화려하다. 그 이유는 사용할 때와 사용하지 않을 때에 따라 그 겉과 안이 뒤바뀌기 때문이다. 전통 주거에서는 이불이나 요를 농이나 반닫이 등 위에 개어 놓는데 이때 요는 밑에 깔렸던 자리가 거죽이 되어 숨겨졌던 아름다운 무늬와 색채를 드러내므로 줄과 올을 맞추어 예쁘게 개켜 올린 이불은 그 자체가 아름다운 장식 효과를 갖게 된다.

| 베개 |

잠을 자거나 쉬기 위해서 누울 때 머리를 괴는 침구로 재료나 용도에 따라 다양하다. 보통 각종 천으로 베갯잇을 만들고 그 속을 솜이나 털, 곡물 등으로 채웠다. 베개는 통나무나 판재를 가공하여 만든 목침(木枕), 대나무로 만든 죽침(竹枕), 흙을 구워 만든 도자침(陶瓷枕) 등도 있다. 천으로 된 베개는 베갯잇에 속을 넣고 봉한 다음, 흰색의 무명으로 호청을 만들어 겉을 싸고 원형 또는 사각형의 베갯모를 다는데 이에 따라 형태가 정해졌다. 목침은 나무로 만든 베개로 나무의 감촉이 좋고 시원하여 여름철에 주로 사용하며, 단단한 목질(木質)은 뒷머리 부분에 지압효과를 주었다. 목침은 두꺼운 통목을 가공한 것, 네 귀를 판재로 짜서 맞추고 복판에 풍혈을 장식한 것, 접었다 폈다 할 수 있는 접이식 목침, 측면에 서랍을 부착하여 작은 기물을 넣도록 한 퇴침(退枕) 등이 있다.

| 베겟모 |

베개의 형태를 잡아주거나 장식하는 용도로 양쪽 끝에 대는 꾸밈새로 마구리, 모라고도 한다. 재료에 따라 자수 베갯모, 나전 베갯모, 화각 베갯모, 목각 베갯모, 옥석베갯모, 대모(玳瑁) 베갯모, 상아 베갯모 등 다양하다. 형태에 따라서는 원형과 방형이 있다. 베갯모에는 사군자, 모란, 연꽃, 포도 등의 식물과 박쥐, 봉황, 용, 나비, 원앙, 호랑이, 다람쥐 등의 동물을 장식하였고, 십장생이나 문자(囍, 壽, 福)를 넣어 자손 번성이나 부귀장수의 소망을 표현하였다.

| 죽부인 |

더위를 식히기 위해서 잠잘 때 끼고 자는 용구로, 대나무로 길고 둥글게 엮어 만들었다. 사용하는 사람의 키만큼 길어, 누워서 안고 자기에 알맞은 정도이다. 속이 비어 있어 공기가 잘 통하고, 대나무의 표면에서 느끼는 차가운 감촉 등을 이용하여 만든 것인데, 여름에 홑이불 속에 넣고 자면 더위를 한결 덜 수 있었다. 죽궤(竹机)라고도 하며 대(代)물림을 하지 않는다고 해서 유물이 없다.

일년생 대나무를 12날로 잡아 연통모양으로 안을 비게하여 통풍이 잘 되게 만드는데, 성글게 짜서 원통형이 되게 하고, 마구리는 잘 접

| 이불과 요, 배개, 전주한옥마을 |

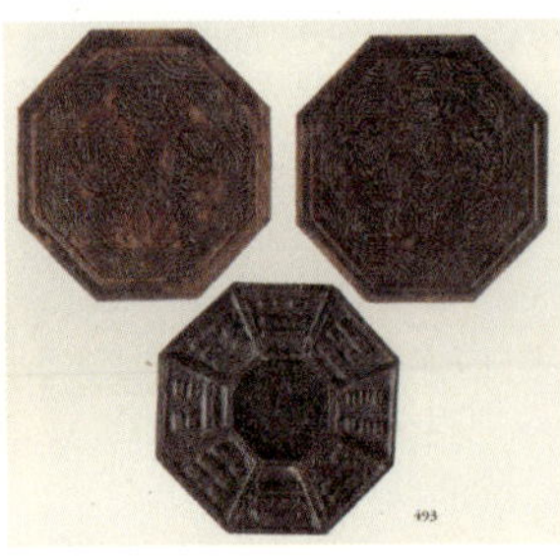

| 베겟모, 한양대 박물관 |

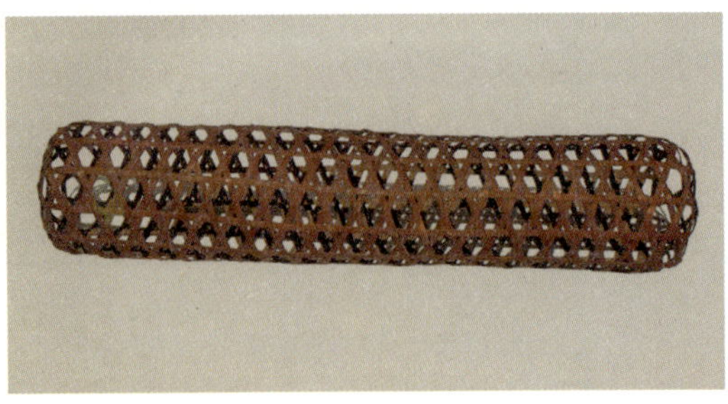

| 죽부인, 고려대 박물관 |

어서 궁글리어 모나지 않게 한다. 말끔하게 손질하여 잔털이 돋거나 가시가 서지 않도록 한다. 숯불에 지져 색을 내는 외에는 가공을 하지 않는데, 이는 여름철 땀에 씻기거나 묻어나지 않게 하기 위해서이다.

• 의생활 기물 •

| 실패 |

실을 감아두는 작은 소품으로 화각 · 자게 · 나전 등을 사용하여 화려하게 만들기도 하고, 투박하고 소박한 형태로 별다른 장식이 없이 나무 결을 그대로 살린 것 들이 있다. 주로 여성들이 사용하던 침선도구로 반짇고리나 책상에 넣어 보관하였다.

| 빗 |

빗은 용도에 따라 빗살이 성근 얼레빗, 촘촘한 면빗, 참빗 등 여러 가지가 있으며, 재료로는 배나무, 참죽나무, 밀감나무, 회양목, 대나무, 쇠뿔 등 다양하다.

| 다듬잇돌과 방망이 |

다듬잇돌은 푸새한 옷이나 이불호청이나 옷감의 구김을 펼 때 사용하는 받침대로 소박한 자연미를 지닌 실용적이고 견고한 생활도구이다. 재료는 나무와 돌 두 가지가 있는데, 돌은 화강암 납석 대리석 등을 사용하고, 나무는 재질이 단단한 박달나무나 느티나무, 감나무, 대추나무 같은 것으로 만들었다. 모양은 직사각형이며 크기는 일반적으로 길이 60㎝, 높이 20㎝, 너비 30㎝가량이다. 윗면은 매끄럽게 잘 다듬고 밑변보다는 약간 넓고, 밑변의 양쪽에는 손을 넣어서 움직일 수 있도록 홈을 파 놓았다. 다늠이 도구에는 다듬이와 방방이가 한 틀이 되며, 방망이는 두 개가 한 틀이다.

| 빨래판과 빨랫 방망이 |

빨래판은 넓적한 나무판에 골을 파서 만들어 빨래를 비벼 빨 때 사용하며, 빨랫 방망이는 넓적하고 긴 나무로 만들며, 빨랫감을 두드려 빨 때 사용한다.

| 실패, 한양대 박물관 |

| 빗, 전주대학교 박물관 |

| 다듬이돌과 방방이 |

• 식생활 기물 •

| 목판 |

목판(木板)은 쟁반과 같이 생긴 그릇으로, 그릇이란 의미에서 목반이라고도 한다. 목판은 떡이나 과일 등 여러 가지 음식을 담아 두거나 운반하기 위한 것으로, 흔히 잔치를 벌이게 되면 목판을 즐비하게 늘어놓고 마련한 많은 음식들을 목판에 차곡차곡 담아 놓고 필요에 따라 꺼내서 썼다. 형태는 얇은 널판의 가장자리에 물건이 떨어지는 것을 막기 위해 낮은 전을 대고, 전형적인 사각 목판 외에 고급스럽게 만든 목판으로는 팔각(八角) 목판, 12각(十二角) 목판 등이 있다. 재료는 소나무 판자를 재질로 하여 만들었는데, 외형 보다는 실용성을 중요시하여 화려하지는 않으나, 목판의 안팎으로 두 세 번의 칠을 하여 나무의 결과 문양을 살린 것이 특색이다. 들기름칠 외에 주칠(朱漆)이나 흑칠(黑漆)을 한 것도 있다. 견고성을 살리기 위하여 각 모서리마다에는 백동으로 박쥐문양 등 화려한 장식을 물리고 위쪽이 바지라지게 만들었다. 더러 목판은 합으로 된 것이 있어 여러 개를 포개어 쓰기도 한다.

목판의 종류는 떡이나 과일 등 여러 가지 음식을 담아 두거나 운반하기 위한 것으로 목반/쟁반/원반과 구절판, 재판 등이 있다. 구절판은 아홉으로 나누어 진 그릇을 뜻하는데, 그릇 이름을 따서 음식도 구절판 이라고 부른다. 구절판은 작은 8각 목판을 중심으로 여덟 면에 사다리꼴의 작은 목판이 사방으로 둘러져 있는 형태로서 여러 가지 음식물을 구색에 맞추어 담는 찬합의 일종이다. 재판은 담배를 피우는 끽연구(喫煙具)에는 담뱃대 · 연초함 · 재떨이 · 타구 등 여러 소도구가 있는데 이런 것들을 한 곳에 모아 정돈하여 사용하도록 만든 넓은 목판(木板)이 재판이다.

| 적틀 |

적대라고도 불리며 육직, 어적, 치적 등 적을 놓기에 편리하도록 천판 둘레에 낮은 전이 있으며 형태는 적에 맞도록 만들어 졌다. 적은 삼적이 필요한데 적틀 또한 각각 나누어 올려야 한다. 펜틀은 기제사에만 사용되는 반면 적틀은 모든 제사와 명절에 사용되는 제구로 유기도 있다.

| 김치독 |

보통 김치독은 옹기로 되어있는데 산이 깊은 강원도 · 함경도 등지에는 옹기를 구하기가 어려워 주변에서 쉽게 구할 수 있는 나무로 저장 용기를 만들어 사용하였다. 나무김치독을 함경도에서는 '갓김치독'이라 하는데 갓으로 만든 김치를 즐겨 먹어 김치는 곧 갓김치를 의미하게 되었으며, 갓김치를 저장하는 독이라는 의미에서 그렇게 부르게 되었다.

보통 수령이 많은 피나무를 이용, 몸체로 삼고 밑바닥은 소나무로 통판을 켜서 받침을 삼아 만들어졌다. 오래된 피나무는 자연스레 속이 비워져 이것을 몸통으로 삼고 소나무로 밑받침을 만들어 쓰는데 김칫국이 새어 나오지 않도록 느릅나무 잎을 채워 틈새를 막는다. 산간지방은 겨울이 더 길어서 김치독이 대개 높이가 1m를 훨씬 넘는다.

| 쌀 바가지 |

쌀 바가지는 나무로 깎아 만든 것으로 쌀을 푸는 그릇을 말한다.

| 다식판 |

다식판은 다식 표면에 도장처럼 눌러서 찍는 도구로 위,아래 2층으로 나누어져 밑판의 요철된 부분에 꽃무늬나 글자, 여러 가지 기하학문자 등을 새겨 넣어 다식이나 약과의 반죽을 넣고 무늬를 찍어내는 데 쓰인다. 재료는 감나무, 밤나무, 창나무, 박달나무 등이 사용되고 크기는 대개 길이 30~60㎝정도이며, 지름 3㎝정도의 원형 모양이 5~10개 가량 솟아있고, 표면에 수복강녕 등의 글씨와 꽃등을 새긴다. 상류층에서 많이 사용한 다식판은 장방형 각재에 원형, 화형, 물고기 형태 등을 음각으로 파낸 하나의 판으로 된 것과 다식모를 돌출시킨 양각판과 투공시킨 판 즉, 자웅으로 구성된 두 종류가 있다.

| 동이 |

동이는 물을 길어 나르는데 사용되는 부엌 살림살이이다. 동이는 지역에 따라 크게 두 종류로 중부 지방과 남부지방 동이로 구분된다. 중부지방은 복부(배)가 넓고 둥글며 밑 부분은 좁고 윗부분의 구부(口部)는 넓다. 손잡이는 둥글고 양쪽 중간부분에 붙어 있다. 남부지방의 동이는 주둥이에서 복부까지는 거의 일직선을 이루자가 바닥부분이 약간 좁아져 전체 모양이 길며, 손잡이가 넓고 우묵하고 양쪽 중간부분에 붙는다.

| 되 |

되는 도량형 용구로 곡식이나 액체, 가루 등 물질의 분량을 재는 단위, 용기의 기준으로 승(升)이라고도 한다. 형태는 입방체 또는 직육면체로 되어있다.

| 떡살 |

떡살은 곡물로 만든 흰떡에 어떤 의미를 지닌 무늬를 놓아 그 골격을 형성한다는 의미에서 떡살이라고 불렀다. 떡살은 떡이나 절편의 표면에 도장처럼 눌러 찍어 떡의 모양을 내는 도구이다. 떡살은 신께 기원할 때나 조상에게 제사 지낼 때, 잔치상 및 명절 때 사용되는 흰떡과 쑥떡 위에 방형이나 원형의 무늬를 눌러 새기는 일종의 도장이다. 떡살의 문양은 기원적 의미가 내포되어 있는데 다양하고 여러 가지의 문양들이 있으며 꽃, 기하학문, 길상문자, 동물문 등이 많이 있다. 이는 선인들이 다복과 장수 다산을 기원하는 바램과 미의식을 보여 주는 민예품이라 할 수 있다. 재료는 박달나무, 대추나무, 감나무, 참나무, 은행나무가 주로 사용되고 종류는 반달 모양을 내게 하고 무늬가 없는 속편 떡살과 원형의 떡 위에 무늬를 내게 하고 재미있는 무늬가 새겨져 있는 절편떡살이 있다. 떡살은 형태나 크기에 있어서 변용이 심하고 다양하며 서민층에게까지 널리 사용되어 졌다.

| 다식판과 약과판 |

다식판과 약과판은 조선시대 각 가정의 상비용구로 제례 · 혼례 · 회갑연 등의 행사가 있을 때면 다식이나 약과를 만들었으므로 이들 용구는 대를 물리면서 보관 및 사용하였다.

다식판은 유밀과를 만드는 용구로 직사각형의 가래나무 널조각을 깎아서 만들었다. 종류는 장방형 각재에 원형, 화형, 물고기 형태 등을 음각으로 파낸 하나로 된 것과, 다식모를 돌출시킨 양각판과 투공시킨판, 즉 자웅으로 구성된 두 종류가 있다. 보통 길이 30~60㎝, 너비 5~6㎝, 두께 2~3㎝의 크기로 상하 두 쪽으로 나누어지는데, 윗판은 아랫판에 꼭 맞게 둥근 구멍이 뚫려 있고 상하의 판 사이에 끼는 받침대가 있다. 다식을 박을 때 윗판을 올려 괴고 구멍에 반죽을 넣어 눌러 찍으면 된다. 다식판과 같은 구조로 약과판이 있는데, 이것은 두 쪽 또는 한 쪽 판만으로 모양과 문양이 패어 있다.

| 술거르개 |

술을 거를 때 쓰는 목판으로 나무판을 움푹 파이게 깎아 솥뚜껑처럼 만들고 중앙에 구멍을 뚫은 형태가 일반적이다.

| 누룩틀 |

술의 원료인 누룩을 발효시켜 일정한 크기로 만들어내기 위한 틀로 '누룩 고리'라고도 한다. 흔히 얇게 켠 송판을 이용, '체'를 만들 때와 같이 하여 칡넝쿨이나 삼끈으로 묶고 새끼줄을 감아 만들거나 괴목 등의 통나무에 한 두 개의 구멍을 파서 만든 것도 있는데 송판을 짜 맞춘 정방형의 누룩들이 가장 기본적인 형태이다. 틀 위에 얇은 천을 놓고 반죽한 밀을 다져넣은 후 뽑아내면 원통형의 누룩이 된 다. 크기는 한 변이 25㎝가량, 높이는 15㎝내외이다.

| 나무칼 |

나무칼은 편 칼 또는 시루 칼 이라고도 하는데, 인절미와 같은 떡을 썰거나 이를 이용하여 떡의 형태 그대로 그릇에 담기 위해 특별히 제작된 조리용 칼의 하나이다. 주로 서민층에서 직접 나무를 깎아 만들고, 두께가 4~2㎜로 일정하고 칼날은 무디게 만들었다. 크기는 최소 50㎝에서 1m까지 다양한 편이다.

| 복자 |

주전자(注子)와 유사한 형태로 용도도 유사하

나 통나무로 파내어 만들어 자기나 옹기에 비해 제작이 용이하고 가볍고 깨지지 않아 사용에도 편리하며 또 부드러운 질감을 갖고 있다. 자귀와 후배기 칼로 통나무를 파내는 것인데 비교적 작은 크기에다 깊이 파내야 하므로 제작 공정이 힘들어 흔치는 않다.

| 함지박 |

음식을 만들 때 씻거나 버무리거나 담을 때 반죽하거나 씻을 때 사용하며, 보관이나 운반 시 사용한 대표적인 주방목기이다. 소나무, 단풍나무, 괴목, 피나무가 주로 이용되는데 큰 통나무를 흐르는 물에 담궈 놓았다가 건조시켜 만들어 갈라지지 않는다. 대부분 집에서 직접 자귀나 끌을 이용하여 깎고 파서 만드는데 새로 만든 함지박은 콩 땜을 먹여 반들거리고 견고하여 투박하게 그대로 사용하는 반면, 용도에 따라 옻칠, 생칠, 주칠을 하여 쓰기도 했다. 함지박은 빈부를 가리지 않고 부엌에 꼭 갖추어 썼던 그릇이기는 하지만 재질, 수량, 크기에 따라 빈부차를 가늠하는 척도가 되기도 하였다. 함지박의 종류는 형태에 따라 전함지(구연부가 나팔모양으로 벌어지는 전(典)이 달린 것), 민함지(구연부를 둥글게 판 것), 이남박(안쪽에 턱이 여러 줄로 생겨 '줄함지', '주름함지'로도 불림) 등이 있다.

| 절구 |

곡식의 껍질을 벗기거나 가루를 낼 때 쓰는 통으로, 보통 통나무나 돌의 속을 파내어 만들고 무쇠로 만들기도 한다. 옛말로는 '절고'로 표기되었고, 지역에 따라 '도구통', '도구', '절기방아'라 부르기도 한다. 절구의 종류는 만드는 재료에 따라서 나무절구 · 쇠절구 · 돌절구로 구분한다. 형태는 위아래의 굵기가 같은 것이 대부분이나 남부지방에서는 허리를 잘록하게 좁힌 것을 많이 사용한다. 그러나 돌절구는 상부에 비하여 하부를 좁게 깎고, 특히 아랫부분을 정교하게 다듬고 이에 독특한 조각을 새겨 넣기도 한다. 절구에는 곡식을 부수기 위한 절구 공이가 딸리고, 절구의 재료도 나무, 쇠, 돌로 만들어지고 절구 공이의 크기도 달라진다.

| 맷돌 |

맷돌은 주로 곡식을 빻아 부수거나 갈아서 가루로 만들 때, 또는 물에 불린 곡식 등을 갈 때에 쓰는 생활용구이다. 구성은 둥글넓적한 2개의 돌을 아래위로 겹쳐놓는데, 위짝에 곡식을 집어넣는 구멍이 있으며, 아래짝 위에는 곡물이 잘 갈리도록 하기 위하여 판 홈이나 구멍이 있다. 아랫돌의 중심에 박은 숫쇠에 윗돌 중심부의 구멍을 맞추어 윗돌에 짜인 구멍에 갈 것을 넣고, 윗돌 옆에 수직으로 달려 있는 맷손(어처구니)을 잡고 시계 반대 방향으로 돌리면서 사용한다. 맷돌은 거친 맷돌, 고운맷돌 등 여러 종류가 있는데 지방마다 차이나 나는 특색이 있다. 특히 중부와 남부 지방의 것에 큰 차이가 있다. 중부의 것은 위 아래쪽의 크기가 같고 매함지(둥글고 넓적하여 맷돌을 앉히기가 좋은 큰 그릇)나 매판(Y자 형의 맷돌 받침대)을 깔고 쓰도록 되어 있으나, 남부의 것은 밑짝이 위짝보다 넓고 크며 한 옆에 주둥이까지 길게 달려 있어 흔히 매함지나 매판이 사용되지 않는다. 또한 강원도 산간에서는 통나무로 만든 나무 맷돌을 쓰기도 하고, 제주도에서는 네 사람이 함께 돌리는 대형맷돌을 사용하기도 했다.

| 솥 |

전통적으로 사용된 솥은 두멍솥, 가마솥, 중솥, 옹솥 등으로 나눈다. 아가리가 벌어진 두멍솥은 용가마라고도 하며 많은 손님을 치를 때 음식을 한꺼번에 많이 삶거나 끓일 때 사용하였다. 가마솥은 밥도 짓지만 사랑채 부뚜막에서 걸어두고 마소의 여물을 삶기도 한다. 중솥은 보통 때 밥을 짓고 옹솥은 국을 끓이는 용도로 사용된다.

| 김칫독, 강원시 오죽헌 시립박물관 |

| 쌀바가지, 한국 등잔박물관 |

| 다식판, 건국대박물관 |

| 되, 건국대박물관 |

| 떡살, 국립민속박물관 |

| 누룩틀, 광주민속박물관 |

| 나무칼, 고려대 박물관 |

| 가마솥과 중솥, 한국 민속촌 |

| 함지박, 한옥션 경매사이트 |

| 절구, 한국민속촌 |

| 남부지방형맷돌, 영주 선비촌 |

| 다양한 식생활 기물로 연출된 부엌 전경, 한국민속촌 |

• 기타 생활기물 •

| 화로 |

화로는 겨울에 불을 담아 몸 가까이에 따뜻한 온도를 유지하고 불씨를 간직하는데 사용된 기물로, 서민들의 생활에서 무엇보다도 요긴하게 사용되었던 난방기구이다. 화로는 부엌에서부터 마루, 안방, 건넌방, 사랑방 혹은 대문간, 마당 등 다양한 곳에서 사용되었다. 화로는 주로 무쇠나 도기로 만들어졌는데, 특히 질화로는 비교적 여유있는 집안에서 사용되었다. 돌화로는 장시간 보온에 유리한 특성이 있고 또 그 형대가 주는 공예적 아름다움이 우수하여 상류가정에서 사용되었다.

화로에는 불을 헤쳐 놓는 부젓가락과 함께 불을 잘 보전하고 재를 꼭꼭 묻어 두며 다독거리는 부손이 갖추어져 있었다. 화로의 크기는 100㎝가 넘는 것이 있는가 하면, 20㎝도 채 못되는 작은 것도 있었다. 크기가 작은 화로는 이동이 쉬워 여인들이 바느질할 때 인두를 꽂아 데우거나 찻물을 달일 때 사용하였다.

화로는 상하 신분이나 빈부를 가리지 않고 사용하였던 살림살이인데, 화로 옆에선 예절도 따뜻하게 지켜졌다. 예를 들면 아랫목에서 손님을 맞은 주인은 밖에서 떨다 온 손님 가까이 화로를 놓아 주었고, 여럿이 불을 쬘 때에는 나이 많은 이가 화로 곁을 차지하는 것을 당연하게 여겼다.

| 머릿박 |

여성들의 큰 머리를 보관하던 통으로 주로 물레를 회전시켜 원형으로 깎아내어 만들었다.

| 배롱 |

화로 위에 덮어 씌어 놓고 그 위에 기저기나 옷 같은 것을 얹어 말리는 제구로 배로(焙爐)라 불려 지기도 한다. 대오리를 휘어서 만들어 바깥쪽으로 종이를 바르고 빙 둘러 색지를 전지(剪紙)하여 사슴, 학, 구름, 나비, 새, 불로초 등을 만들어 붙여 장식하기도 하였다.

| 분판 |

분판은 아이들이 붓글씨 연습을 하던 판인데 글을 쓴 후에는 물로 씻어 지워 내거나 물걸레로 지우고 다시 사용하도록 만든 것이다. 보통 나무로 양면을 매끈하게 만들고 나무위에 황칠이나 분칠을 하여 만든 문방구이다.

| 목제 제기 |

제기는 일상생활과 관계없이 별도로 사용되는 식기라 할 수 있으며, 제기 가운데 접시, 병, 항아리 등은 일반에서 쓰는 식기와 그 형태가 비슷하나 혼용해서는 쓰지 않는다. 나무로 만든 제기는 운반하기가 쉽고 가벼워서 묘제에 많이 사용되었으며 집에서는 사기와 놋쇠를 이용했다. 그러나 후에 목제 제기의 편의성에 의해 집에서도 사용되었다.

특히 목제기들은 자연 조건과 재료의 용이

성 때문에 지리산을 중심으로 호남지방에서 널리 사용하였으며, 현재에도 보성이나 나주 지방에서 대량 생산되고 있으며 갈이방으로 제작되고 있다.

| 좌장 |

앉았다가 일어날 때 짚는 낮은 지팡이로 양반층에서 사용하던 한국식 좌식 생활의 산물이다. 앉아 있을 때는 옆구리에 끼고 의지할 수도 있다.

| 화로와 서민 안반 풍경, 한국미속촌 |

| 머릿박, 궁중유물 박물관 |

| 배롱, 고려대 박물관 |

| 분판, 광주민속박물관 |

| 좌장, 이대 박물관|

실내 장식품과 생활기물에서 웰빙 특성

| 자연의 원리를 담은 생활 도구들 |

우리 선조들이 일상생활 속에서 사용된 소품들도 자연의 원리와 이치를 잘 파악하여 순응하는 형태로 의식주 생활의 편의를 제공하고있다. 이들 생활 도구는 자연환경에 적응 극복해 가는 과정 속에서 의식주 생활에 편의를 제공하기 위한 도구이므로 자연의 원리를 최대한 이해하고 이를 이용하는 도구들이 대부분이다. 예를 들면 장이나 김치를 담는 옹기는 공기가 스스로 통하고 스스로 습도를 조절함으로 음식을 신선하게 오래 보존할 수 있다. 또한 위아래가 좁고 가운데가 볼록하기 때문에 장독대에 놓으면 옹기 사이에 공간이 생겨 바람이 잘 통하고 온도가 고르게 되어 음식물이 쉽게 상하지 않는 특성을 지닌다. 그리고 절구나 맷돌도 돌이 마찰을 일으켜 곡식을 갈아 주기 때문에 영양소 파괴도 줄이고 음식 맛도 좋은 특성을 지닌다.

| 자연 소재를 적극 활용하여 자연을 담은 소품들 |

선조들의 생활 장식품이나 소품, 생활 도구들은 모두 최소한의 가공을 한 자연소재가 주를 이룬다. 목재나 돌, 흙 소재가 주를 이루고 금속류가 사용되었는데 이들 재료는 인위적으로 채색을 하거나 인공적인 형태를 취한 것은 거의 찾아보기가 힘들다. 채색도 인공안료가 아니라 목재를 사용한 제품은 천연 옷칠을 하여 본래의 소재의 자연적 성질보다 촉감이나 내구력 · 내염 · 내열 · 방수 · 방부 · 방충 · 절연성의 기능을 향상시켜 사용하였다.

| 버리는 것 없이 알뜰하게 활용하는 생활 소품들 |

우리 선조들이 사용한 다양한 생활 소품이나 기물들은 거의 자연 소재를 활용하여 만든 것이며 특히 버리는 것 없이 알뜰하게 사용하여 웰빙 생활을 실천하였다. 특히 밀 · 귀리 · 호밀 · 보리 · 메밀과 같은 곡물을 건조 · 타작한 후 얻어지는 줄기인 짚을 이용한 다양한 소품이나 쓰다 남은 자투리 하나라도 아껴서 만든 조각보 등이 이에 해당된다. 짚은 자연색 그대로 또는 아름다운 색조로 물을 들여서, 지방에 따라 마루의 깔개나, 가구의 덮개를 만들기도 하며 짚신 · 낫꽂이 · 종다래끼 · 망태기 · 쌀가마니 · 멱서리 · 씨오쟁이 · 벌멍덕 · 메주끈 · 멍석 · 삼태기 등 참으로 다양하게 알뜰하게 사용하였다. 이들 소품은 사용하면서도 자연을 느끼며, 다 사용하고 난후에도 자연으로 돌아가는 자연 그대로의 생활 소품들이라 할 수 있다.

| 과학의 원리가 숨어 지금까지 이어지는 생활도구 |

우리 선조들이 사용한 생활도구들은 전기에너지 없이도 빨래를 하거나 밥을 하고, 신선하게 음식을 유지하는 등의 기능을 수행하였다. 이들 생활도구는 현대 생활에서 편의를 제공하는 기본적인 아이디어를 제공하여 편리함을 더해 주고 있다. 대표적으로 빨래를 두들기면 작은 공기방울이 생겨 때를 잘 빠지게 하는 빨랫방망이는 오늘날 세탁기의 원리에 이용되고 있으며, 오랫동안 열을 유지하는 가마솥은 전기 밥솥의 원리로, 습기 조절 능력이 있어 음식을 신선하게 보관하는 옹기는 김치냉장고의 원리로, 돌들의 마찰을 이용해 음식을 가는 맷돌은 믹서의 원리로 이용되고 있다. 그러므로 우리 선조들이 사용한 생활도구는 에너지 소비없이 웰빙 생활이 가능하도록 해주는 생활도구들이 의식주 생활 전반에 숨어 있다.

| 옹기항아리, 영주 선비촌 |

| 짚으로 만든 다양한 소품둘, 외암 민속마을 |

| 맷돌과 절구 외 다양한 주방 생활 도구들, 민씨 생가 |

03 • 문양을 통한 웰빙 연출

우리의 전통 주거 공간과 가구, 실내 장식품, 의복 등 생활 주변 구석구석 정겨운 문양을 감상할 수 있다. 이러한 문양들은 현대의 우리 일상생활에서도 심심찮게 마주치며 살고 있다. 우리의 전통 문양은 입고 먹고 생활하는 모든 공간에 다양한 문양을 새기거나 표현이 되고 있다. 이러한 우리의 전통문양에는 시각적인 외형미, 장식미 이상의 것 즉, 그 이면에는 상당한 의미와 상징이 담겨져 있다. 그 속에는 구체적으로 조상들의 소망과 행복관, 윤리관, 자연관, 우주관 등이 용해되어 표현되고 있다. 그러므로 문양을 통해 우리 조상들은 의식을 반영하고 정신활동을 추구했으며 동시에 창조적 미화활동을 하였다고 볼 수 있다.

문양이 개인적으로는 각자의 삶을 통해 발현되는 창조적 산물이며, 언어나 문자와 마찬가지로 사용 주체인 민족과 그 민족이 처한 역사적 배경에 따라 고유한 형태로 나타난다. 그러므로 문양은 소박한 생활 욕구에 따라 전해내려오는 그것을 향유하는 집단 사이에서 약속된 부호와 같은 성격을 지닌다. 즉 전통 문양은 특정 사물의 연상 작용에 의한 주술적 사고 원리로 이해할 수 있는 우리 민족의 집단적 가치 감정이 통념에 의해 고정되고 표상된 상징적 기호로 표현된 예술 분야라 할 수 있다. 또한 감상의 대상으로만 존재하는 것이 아니라 인간의 욕망과 기원을 담은 주술적 대상으로 또는 그런 정서를 표현하고 전달하는 매체 역할을 하는 상징적 조형물이라고 볼 수 있다. 그러므로 어떤 집을 방문했을 때 어떤 문양을 사용하느냐에 따라 그 집안의 분위기와 중요한 가치를 읽을 수 있으므로 문양을 통해서도 정서적 안정과 가치를 표현하는 정신적 웰빙을 추구하고 심미적인 가치를 높여 미적인 요구를 충족해 주므로 웰빙 생활을 가능하게 하였다고 볼 수 있다.

전통 문양의 종류

우리의 전통문양은 대부분이 중국을 통해 전래된 것이기는 하나 한민족의 미적 감각에 의해 다듬어지고 우리의 생활문화에 자연스럽게 동화되면서 재창조되어왔다. 따라서 한국 전통문양은 한국인의 멋과 정서, 해학과 우아함, 그리고 질박함이 고유한 조형감각으로 여과되어 형성된 것이므로 각각의 문양은 독자적인 조형성을 표현하고 있다. 특히 소박한 우리민족의 특징과 풍토적인 자연 조건에 의해 우리의 문양도 순박하면서도 순진한 생활감성에 의해 그 문양의 표현에 있어서 기교나 표현 기술의 세련미나 실제와 흡사한 정교성 보다는 표현하고자 하는 주제가 무엇인가 하는 것이 더 중요시되어 나타났다. 그리고 문양은 생활 미술의 한 부분으로 자리하고 있지만 단순히 감상의 대상만으로 존재하는 것이 아니라 인간의 욕망과 기원을 담은 주술적 대상으로 또는 그런 정서를 표현하고 전달하는 매개체 구실을 하고 있는 상징적 조형물로 사용되어 문양에 사용에 있어 단순히 아름다움만을 위해서 사용되지 않았다.

전통문양에는 다양한 의미로는 불교적 의식과 기원이 담겨있는 것을 비롯하여, 도교적 의미, 효행사상을 비롯하여 생활 규범에 관련된 유교적 의미 등이 담겨있다. 이외에도 관념적인 표현방식들이 있는데, 이는 한국의 문양은 악귀를 쫓고 수복을 염원하는 표의적(表象的) 부적 관념이 주술적으로 표현되고 도식화되어 생활문양으로 사용되었다. 즉 자연현상에서 장수를 염원하는 기(氣)를 찾고 동식물의 영상(影像)에서 오복을 갖춘 서상(瑞像)을 찾았으며, 길상어문에서 수복강령과 부귀다남을 염원하는 서몽(瑞夢)을 가졌다. 이러한 염원과 관념이 생활주변에 문양화되어 나타나 있음을 볼 수 있다. 그러므로 사용된 문양에 따라 물건의 용도가 다르며 문양이 새겨진 자리가 지정되어 있다고 볼 수 있으며, 당시의 사회적 배경, 개인적인 염원, 신앙 등을 짐작해 볼 수 있다.

문양의 종류는 그 소재와 의미하는 바에 따라 표현기법에 따라 분류할 수 있는데, 표현기법에 의해서는 단독문양, 연속문양, 기하학 문양, 복합문양 형식으로 구분되며, 형태별로는 인물문, 동물문, 식물문, 자연산수문, 인공물문, 문자문, 기하문, 복합문으로 구분되며, 용도별 문양으로는 도자기, 떡살, 복식, 와전, 장신구, 궁중, 자수, 길상, 벽사, 조명, 건축, 기타 문양 등으로 구분하고, 의미하는 바에 따라 장수를 기원하는 것, 입신 출세를 기원하는 것, 오복을 기원하는 것, 악귀를 쫓는 것 등 의미별로도 분류할 수 있다. 이러한 분류 중 일반적으로 가장 구분하기 쉬운 형태별로 어떠한 문양들이 있는지 살펴보면 다음과 같다.

• 인물문 •

인물문은 사람의 얼굴 또는 형태를 나타내거나, 신선 · 부처 · 사천왕 · 도깨비 등을 표현한 무늬를 말한다. 이에 구체적인 종류는 귀신문 · 동자문 · 불보살문 · 비천문 · 사천왕문 · 사람

| 불보살문 |

| 신선문 |

| 귀신문 |

| 도깨비문 |

문 · 신선문 · 신장문 · 도깨비문 등이 있다. 주로 불보살문 · 사천왕상 · 비천문 등이 불 교미술에 빈번하게 나타나고 있으며, 생활 문양으로는 도깨비 문양이 삼국시대의 기와에서부터 조선시대의 은장도, 관청에서 발급하는 문서의 바탕에 가장 많이 사용되고 있다. 도깨비 무늬는 중국의 도철 문양에서 그 시원을 찾을 수 있는데 도철은 시각이 예민하여 어떤 사악한 마귀도 찾아낼 수 있는 능력이 있다고 한다. 중국의 도철이 매우 험상궂고 용맹한 형상을 띠고 있는 것에 반해서, 우리나라 도깨비는 매우 인간적이고 해학적인 모습으로 그려지고 있다. 이런 도깨비 문양은 지붕이나 다리, 창호 등에 새겨져 사악한 것을 물리치는 벽사와 수호의 역할을 담당하였다.

• 동물문 •

동물문은 살아 움직이는 모든 생물을 포괄하여 실존하는 다양한 곤충과 동물을 문양으로 사용되었는데 이들 동물은 인간에게 이로움과 두려움의 존재로 실재(實在)하는 동물도 있지만 용이나 해태처럼 상상의 동물도 있다.

상상의 동물문은 용문 · 봉황문 · 사신문(청룡 · 백호 · 주작 · 현무) · 해태문 등이 있으며 곤충문은 나비문 · 매미문 · 벌문 · 사마귀문 · 어린벌레문 등이 나타나며, 포유류와 관련된 동물문양은 십이지와 관련되 동물이 주를 이루는데 함께 표현한 십이지문을 비롯하여 개별로 개문 · 돼지문 · 호랑이문 · 범문 · 말문 · 소문 · 양문 · 원숭이문 · 쥐문 · 토끼문 · 사슴문 · 코끼리문 · 사자문 · 기린문 등이 나타난다. 조류와 관련된 문양으로 박쥐문 · 공작문 · 부엉이문 · 꾀꼬리문 · 기러기문 · 까마귀문 · 닭문 · 새문 · 앵무새문 · 원앙문 · 참새문 · 학문 등이 있으며, 양서류와 파충류에서는 개구리문 · 거북문 · 뱀문 등이 있으며, 어류에서는 물고기문 · 잉어문 · 새우문 등이 있다. 이들 문양 중 가장 많이 나타난 문양은 용이나 봉황, 물고기, 새가 빈번하게 나타났으며, 이외에도 십이지 동물들(쥐 · 소 · 호랑이 · 토끼) 등이 많이 사용되었으며, 생활도구에서 가장 많은 사랑을 받은 문양은 곤충인 나비문을 수 있다. 이들 동물이나 곤충들은 각각의 상징성을 갖는데 나비는 자유 연애와 아름다움, 부부 금실을 상징하는 동물로서 여인들의 장신구, 가구 장식 등 매우 폭넓게 나타난 문양이다. 이들 곤충 및 동물 문양은 대체로 회화적이거나 대칭형 단독문양으로서 생동하는 의미를 상징하는 형태로 많이 구성되어 사용되었다.

• 식물문 •

식물은 인간에게 많은 것을 베풀어 주고 또한 아름다운 형상으로 인해서 문양의 좋은 소재가 되었다. 식물 문양은 형태적 추상성과 공통성으로 복합되어 추상적 식물 문양을 낳게 하였으며, 여러 가지 요소가 포함된 순수 창의적 식물 문양까지도 만들어 사용하여 다양한 문양이 나타난다. 이 중에서 주류를 이루는 문

| 생활 문양으로 주로 사용된 동물문의 상징적 의미 |

1. 용문

· 상상의 동물로 힘과 선(善)의 수호신을 상징

· 삼국시대부터 사해(四海)의 왕으로 수족(水族)들을 다스리고 운우(雲雨)를 주재하는 신비한 동물로 신격화되어, 구름과 함께 등장하는 경우가 많음

· 무속에서는 수신으로 섬겨 풍요와 안전을 빌고, 민각에서는 용의 능력을 빌어 잡귀신을 물리치고자 했으며, 궁중에서는 국왕의 위엄과 권위를 상징함

2. 봉황문

· 봉황이란 수컷인 봉(鳳)과 암컷인 황(凰)을 함께 이르는 말로 상상 속의 새로 남성적인 용에 대비되는 여성적인 동물로 표현

· 덕(德) · 인(仁) · 신(信) · 의(義) · 정(正)을 갖춘 가장 아름다운 새로 천하가 태평하면 출현한다는 서조(瑞鳥)

· 궁궐에서는 제2의 권력으로 왕비 문장(紋章)으로 활용하여 왕비의 기물이나 가구에 사용되고, 일반인들은 자손들이 집안에 가득하기를 바라는 마음을 나타냄

· 고분벽화, 도자기, 단청, 공예, 장신구등에 사용되고, 조선시대에는 목가구에서 는 장농, 고비 등에, 조각 조선후기에는 활옷이나 수저집, 염낭, 베개모와 같은 자수 유물에서 많이 애용됨

3. 학문

· 십장생의 하나로 청초함과 장수를 상징하며, 속세를 벗어난 풍류의 의미를 가짐

· 봉황이 궁중의 권위와 위엄을 상징하는 귀족적인 무늬인 반면, 학은 부드럽고 온화한 무늬로 인식

· 백로는 청백한 선비를 상징하며 백로와 연밥을 함께 그린 경우 과거에 급세한다는 뜻을 지님

· 학은 단독으로 표현되기보다는 구름, 소나무, 인물 등과 같이 표현되며 학만으로 문양을 구성하는 경우에는 두 마리로 이루어진 쌍학 구조로 표현됨

4. 호랑이문

· 권위, 위엄, 신무(神武)의 상징과 벽사(辟邪)의 표상으로 즐겨 문양화 함

· 우리 민족과 매우 친근한 동물로서 서쪽을 지켜주는 상징적인 동물이며 인간의 도움을 받으면 은혜를 갚은 보은의 동물로 묘사됨

· 조선조 목 가구에 필통, 팔걸이, 의거리장 등에 즐겨 사용됨

5. 박쥐문

· 박쥐는 한자 표기로 편복(蝙蝠)이라 하여 복(福)과 같은 음(音)으로 행복의 상징으로 여기며 대표적인 장수문 중의 하나로 오복을 상징하는 상서로운 미물로 장수의 동물이며, 밤눈이 밝아 집을 지켜 주는 수호, 번식력이 왕성하여 다남(多男)을의 상징

· 복(福)과 수(壽)자를 가운데 두고 박쥐 네 마리가 둘러싼 모습은 오복(五福)을 뜻하여 박쥐와 여러 가지 문양을 합성하여 100여종의 문양을 만들어 사용함

· 길상적 성격을 지닌 서물(瑞物)로서 오복을 갖춘 편복(遍福)의 뜻을 가졌다 하여 특히 여성의 소유물에 많이 사용되었는데 건축물이나 의복, 장신구 안방가구 등의 들쇠나 금구 장식, 그릇, 떡살, 능화판에 많이 응용

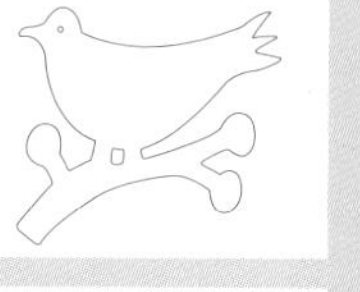

6. 새문

· 새는 새의 종류에 따라 세부적인 의미가 다른데 영적인 동물로 인식되어 재생, 영예 등을 상징

· 길상화 및 공예품에서는 평안, 출세, 장수 등의 현실적 염원을 새의 명칭이나 속성에 빙자하여 조형물에 표현함

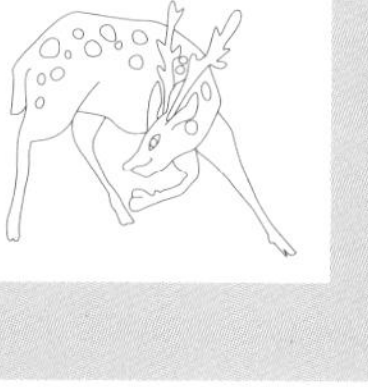

7. 사슴문

· 사슴은 불멸의 신성한 순간을 포착해낼 수 있는 유일한 동물로 여겨왔으며 미려한 외형과 온순한 성격의 동물로 우애와 장수의 상징

· 사슴 녹(鹿)자와 벼슬 녹(祿)자는 같은 음으로 종종 관리들의 벼슬을 상징하기도 하고 불행과 질병을 막아주는 주력을 가진 동물로 여김

· 도교의 성립과 함께 도자, 회화를 비롯하여 가구류나 공예품 등의 문양으로 많이 사용됨

8. 기러기문

· 기러기는 가을을 알리는 새인 동시에 새로운 소식을 전해주는 새로 인식

· 항상 짝을 지어 날고 결코 두 번 짝을 맺지 않아 신금이라 불려 혼례식 때 나무로 깎은 목기러기가 사용됨

9. 물고기문

· 한자 어(漁)가 여유롭다는 한자 여(餘)와 중국어 발음이 유사하여 풍요를 상징하는 길상으로 부귀의 상징이며 또 다손(多孫)을 의미하고 모든 일마다 여의롭게 되는 것을 상징

· 한 쌍의 물고기 무늬는 대길(大吉), 부귀, 환희, 부부 화합을 상징

· 물고기 아홉 마리는 '구어(九魚)'이니 '모든 일이 여의롭게 되라'는 '구여(九如)'라는 축송의 의미

· 도자기 등 공예품에 나타난 물고기문은 쌍을 이루고 있는 것이 많으며 귀중한 것을 간직하는 다락에 물고기 그림을 붙이거나 물고기 모양을 자물쇠 또는 손잡이에 사용

10. 거북문

· 거북은 구석기시대부터 단군신화에 이르기까지 신앙의 대상으로 장수, 무병, 벽사(辟邪)를 상징

· 거북은 십장생 중의 하나로, 사령(四靈), 수호신의 의미가 담겨있음

· 거북 문양은 십장생도를 비롯하여 해구도, 신구도, 서구도, 쌍구도 등의 형식으로 문방구, 인장, 가구 등에 많이 시문됨

11. 나비문

· 나비는 즐거움과 행복을 상징하며, 남녀의 화합, 자유연애, 미호(美好)를 상징

· 암수가 함께 표현되어 부부금슬을 상징하기도 하고 봄에 나타나기 때문에 소원성취와 입춘대길을 상징하기도 함

· 생활도구에 사용된 문양 중 가장 많이 사용된 동물문양으로 여인들의 장신구, 가구 장식, 안방에 놓는 병풍그림에 흔하게 장식되었고 도자기, 혼례의상, 대례복 등에도 사용됨

12. 닭문

· 닭은 십이지의 하나로 울음으로 새벽을 알려 어두운 것에서부터 밝은 기운을 불러들이며 닭이 울면 모든 잡귀들이 사라진다고 믿었기 때문에 벽사의 의미로 닭을 그리기도 함

· 문, 무, 용, 인, 신의 오덕을 가춘 덕금(德禽)으로 수탉이 우는 모습은 공명을 의미하며 용맹한 기상을 상징함

· 닭문은 베갯모, 각종 문방구, 의상, 장식소품 등에 사용됨

양은 꽃과 연꽃과 덩굴, 매(梅) · 난(蘭) · 국(鞠) · 죽(竹)이 많이 사용되었다. 이들 문양은 사실적 혹은 추상적으로 표현하였는데, 연꽃은 여러 사상이나 종교에서 중요한 식물로 인식되었으며, 덩굴문은 장수와 좋은 일이 계속되기를 바라는 연면(連綿)의 의미뿐만이 아니라, 다른 무늬를 돋보이게 하는 역할로 인해서 자주 사용되고 있다. 선비들이 사용하는 생활도구에서 사군자가 차지하는 비중은 큰데 군자의 네 가지 특질, 즉 용기, 우정, 청춘을 나타내는 문양으로 항상 사군자를 통하여 변함없는 뜻과 마음을 나타내고자 하였으며, 고아하고 탈속한 경지를 추구하고자 하였던 것이다.

• 자연산수문 •

동물이나 식물을 제외한 자연을 소재로 한 무늬로 하늘의 해나 달, 구름, 별이나 산수화와 같은 산수문, 산악문이나 바위를 그린 괴석문 등이 이에 해당된다.

이들 문양은 대개 장수를 의미하는 경우가

| 생활 문양으로 주로 사용된 식물문의 상징적 의미 |

| 사군자, 매화문 |

1. 사군자문
- 매(梅) · 난(蘭) · 국(菊) · 죽(竹)을 의미하는데 이는 사계를 대표하는 식물로 범속하지 않으며 그윽한 향기와 절개가 있음을 군자에 비겨 말하고 있음
- 왕실에서는 물론 사대부의 의상부터 애용되어져 생활주변에서 사랑 독차지한 문양임
- 매화는 가지에 만개한 꽃봉오리는 굳은 절기와 용기와 미덕을 상징
- 난초는 깊고 그윽함이 높은 인격을 갖춘 선비에 비유됨
- 국화는 늦은 서리를 견딘다 하여 길상 또는 절조의 상징
- 대나무는 사철 푸르르며 구부러지지 않고 곧게 자란다는 점에서 충효를 상징하며 형식적이며 기교적인 표현보다는 무심의 경지, 무기교적인 형태로 자유롭게 시문된 것이 특징

2. 연화문
- 연꽃의 고귀한 생태로서 부귀를 상징하는 길상적 의미와 더러움에 물들이지 않고 정결한 연꽃의 상태에서 군자의 청빈과 고고한 기풍을 상징
- 연꽃을 쪼고 있는 물새가 같이 표현할 때는 생명의 씨앗을 획득한다는 것으로 잉태를 의미하고 또한 득남(得男)을 뜻하고 선비들이 사용하는 물건 사용할 때는 과거 급제를 기원
- 연꽃과 물고기가 같이 나타나는 문양은 생활의 여유로움을 의미
- 많은 예술품과 생활도구에 표현

3. 모란문
- 꽃 중의 왕이라 할 만큼 탐스럽고 아름다운 모란은 부귀가 집에 가득한 복록을 의미하는 상징
- 모란의 도안화는 많은 종류가 있는데, 부귀장춘(富貴長春), 장명부귀(長命富貴), 공명부귀(功名富貴), 부귀수고(富貴壽考), 백두부귀(白頭富貴), 정오모란(正午牧丹), 부귀만대(富貴萬代), 신선부귀(神仙富貴) 등
- 다른 문양과 복합되어 회화적 느낌을 주는 표현이 많으며 내당의 벽이나 벽장문에 그려 붙인 풍습이 옛날부터 성행
- 의복과 가구 자기에 많이 이용되었는데, 특히 조선조 목가구에 조각되어진 모란문은 책장, 경대, 경축장 등에 즐겨 사용됨

4. 덩굴문
- 덩굴은 겨울을 견뎌낼 뿐만 아니라 덩굴을 이루면서 끊임없이 뻗어나가기 때문에 장수를 상징
- 다른 꽃무늬와 결합하여 연꽃덩굴문, 모란덩굴문 등으로 많이 표현 됨
- 도자기를 비롯하여 회화 등 다양한 유물에 장식문양으로 사용

5. 보상화문
- 보상화는 어떤 특정 꽃을 도안하기보다는 종교적 의미인 천상의 꽃을 도안한 상상 속의 꽃
- 주로 단순한 장식무늬나 전이나 기와 등 건축물의 장식문양으로 사용

6. 포도문
- 탐스럽게 달린 포도송이가 장수, 다남, 다복을 희구하는 염원과 복합되면서 사용되었으며 풍요를 상징하기도 함
- 포도와 같은 덩굴식물의 경우 덩굴이 끊임없이 뻗어나가는 것처럼 자손이 끊이지 않기를 바라는 의미가 강함
- 고려청자의 술병과 주전자 등에 사용되었으며 여성용품에 주로 사용되었는데 대부분 사실적이고 회화적으로 표현

7. 소나무문
- 추운 겨울에도 푸르름을 잃지 않으며 사시사철 모습이 변하지 않는 특성으로 인해선비의 절개, 영원히 변치 않는 우정을 상징하, 십장생의 하나로 장수를 뜻하기도 함
- 유교에서는 절의와 지조의 상징으로, 탈속과 풍류를 대표하는 식물
- 생활도구에 나타나는 소나무무늬는 대부분이 장수의 상징물
- 단독으로 그려지거나 학이나 사슴 등과 함께 소나무 · 학문, 소나무 · 사슴문 형식을 갖추거나 바위와 함께 묘사되는 경우도 있음

8. 천도문

· 천도문은 복숭아의 모양을 본 딴 것으로 늙지 않음을 상징 장수를 의미
· 십장생도 종류의 그림에서 중요한 위치를 차지하며 불로장생과 이상향을 상징
· 가구 서랍의 들쇠에 주로 사용

9. 당초문

· 불교의 연화장 극락세계를 상징
· 당초문 단독으로 표현되는 경우와 중앙에 문자를 넣거나 네 귀퉁이에 문자를 넣고 사이사이에 당초문을 장식하는 방식으로 사용
· 가구 등에 사용이 많이 되었는데 장식된 당초는 대개 도안적이고 연속문양으로 나타나는 것이 특징, 족통이나 풍혈 및 쇠목, 기둥 등에 양각, 음각, 투각으로 시문되며, 넝쿨보다 잎이 주제가 된 장식이 많음

10. 석류문

· 붉은 주머니 속에 씨앗들이 빈틈없이 들어있는 모양으로 자손의 번성을 기원하는 상징
· 혼례복을 비롯하여 혼수, 침구, 가구 장식, 도자기 등에 많이 사용됨

11. 버들문

· 청정함과 유순함 때문에 관음보살의 자비로 상징되는 불교적 소재로 흔히 쓰였으며 여성미, 소원, 고향, 부적, 이별, 송별 등의 의미를 상징

12. 파초문

· 겨울이 되면 말라죽는 것같이 보이다가도 이듬해 봄이 되면 새순이 다시 나오고, 불에 탄 후에라도 속심이 죽지 않고 다시 살아 나온다하여 장구(長久)와 기사회생의 상징
· 도자기나 회화 등에 문양으로 사용

많은데, 하늘에 존재하고 그 생명이 인간보다 월등히 길기 때문이다.

• 인공물문 •

동물이나 식물이 아닌 인공물을 이용한 것으로 동전, 물소 뿔, 방승, 책, 약쑥, 거울, 특경 등 일곱 가지 보물을 그린 칠보문, 여의두문, 구슬이음문 등이 이에 해당된다. 이러한 인공물을 문양에 소재로 사용할 때는 형태를 취했다기보다는 의미를 채택한 것이라고 할 수 있다.

• 문자문 •

문자문이란 글자를 무늬로 넣어서 특정한 글자를 연속해서 배열한 문양을 의미하며, 어떤 물건에 좋은 뜻의 문자들을 새김으로써 글자 뜻대로 이루어지기를 바라는 의미에서 새긴다.

가장 많이 쓰이는 문자는 수(壽)와 복(福)과 수복강령(壽福康寧)이며, 이외에도 수와 복자가 함께 나타낸 수복자문, 건강함을 뜻하는 강령(康寧), 자손이 번성하기를 기원하는 다남자(多男子)문 등이 사용되었다. 이들은 문자는 한자를 그대로 취한 문양이 이용된다. 오래 살면서

| 생활 문양으로 주로 사용된 자연산수문의 상징적 의미 |

1. 괴석문

· 바위는 오랜 세월을 두고 변치 않기 때문에 영원불멸, 장수의 상징

· 바위나 돌은 영원불멸의 상징이며, 또한 비바람을 가지지 않고 말없이 의연한 자태는 군자의 풍모를 엿볼 수 있는 상징물이기도 함

· 괴석도(怪石圖)는 여러 가지 길상을 나타내는 동물이나 식물을 곁들여 그리는데 기암(奇巖)이나 괴석, 수석(壽石) 옆에 불로초나 복숭아꽃, 혹은 수선화 등을 함께 표현함

2. 구름문

· 만물을 소생시키는 비를 내리고 거두거나 자유자재로 움직이는 모습 때문에 길흉을 점칠 수 있는 신령스러운 존재로 인식되어 신성시 됨

· 왕권을 상징하는 용 대신 그보다 한 단계 낮은 구름문을 사용하여 최고의 자리에 오르고 싶은 열망을 표출로 사용되어 높은 신분의 권위와 위엄을 상징

· 장수를 상징하는 십장생 중의 하나로 불로장생, 천신이나 신령들이 타는 것일 뿐 아니라 만물을 자라게 하는 비의 근원을 상징

· 구름의 형태는 크기와 색깔이 모두 달라서 정형화된 형태가 없으며 머리와 꼬리로 구성되며 이 둘의 조합과 비례에 따라 다양한 모습으로 나타남

3. 달문

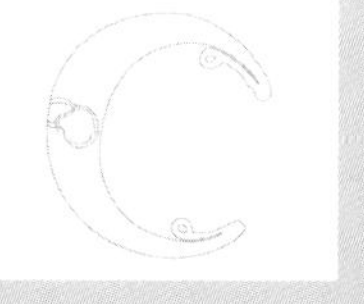

· 달은 양을 상징하는 해와 함께 음(陰)을 상징하는 오행의 기본적인 요소로서 인식

· 화상석과 고분벽화, 고분에서 출토되는 각종 공예품에 나타나게 되고 불교미술과 십장생(十長生)의 한 요소로서 사용됨

4. 해문

· 지상 최고, 권위, 남성을 상징

· 달문과 함께 표현한 경우가 많았으며 광범위한 범위에 유물에 사용

5. 별자리문

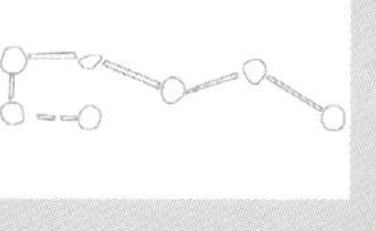

· 길조와 장수 그리고 권위를 상징

· 별은 지상을 다스리는 왕권 상징으로 깃발의 문양에 많이 사용

· 음양을 다스리는 해와 달과 함께 천(天) · 인(人) · 지(地)를 연결하는 신성한 민간신앙의 대상이 됨

6. 산악문

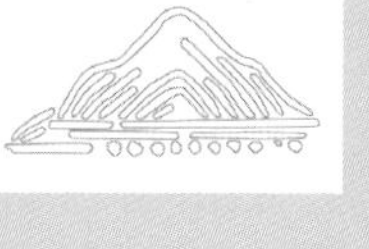

· 산은 생명의 근원이며 절개와 확고 부동함, 장수를 상징함

7. 뇌문

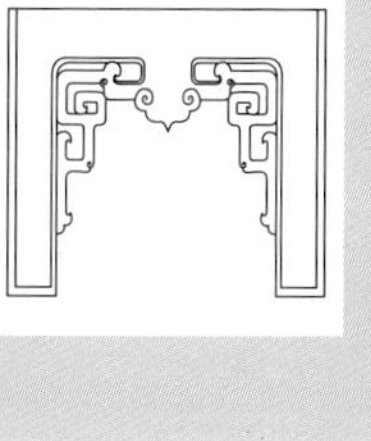

· 뇌문은 번개를 양식화 한 것으로, 위엄, 신비성, 속세를 벗어난 풍류성의 의미를 가짐

| 생활 문양으로 주로 사용된 인공물문의 상징적 의미 |

1. 칠보문

- 칠보문(七寶紋)은 동양 고대로부터 신가적 길상문양의 대표적인 무늬로서 상서로운 기물에는 물론 궁중 사대부들의 생활기물에 상징적으로 쓰여졌던 무늬
- 칠보란 불가에서 칠진(七珍)이라고 하여 극락정토(極樂淨土)에 있는 일곱가지 보배를 뜻하는데 동전, 물소 뿔, 방승, 책, 약쑥, 거울, 특경(악기의 일종)을 일컫음.
- 일곱 가지 보물로 생활에 이롭거나 길상 의미
- 동전은 복을, 물소 뿔은 다복을, 방승보는 마름모꼴 형태로 좋은 일이 생기기를 바라는 의미, 화보는 화첩과 책의 모양을 도안화시킨 것으로 복록(福祿)과 순탄한 관직생활을 의미, 약쑥의 잎사귀는 장수 등 길상을, 거울은 임금이나 권력층의 상징으로 여기고, 다복을, 특경은 고대 악기의 하나로 옥이나 돌로 만든 것으로 그 소리를 귀하게 여김

2. 여의두문

- 불교의식구의 하나인 여의(如意)의 머리 부분을 말하는데, 만사가 마음먹은 대로 이루어지기를 바라는 뜻이 담겨 있음
- 여의두는 모양이 영지나 상서로운 구름모양을 닮아있어 축하하고 기릴 때 쓰는 용품의 무늬로 널리 사용됨

3. 보상화문

- 보상이란 본래 보주(寶珠)를 말하는 것으로 보주는 여의주(如意珠)의 형태를 말하는 것으로 실재가 아닌 공상적인 문양
- 불교의 직리관(直理觀)에서 연상된 부귀영화를 상징하는 문양
- 완(卍)자의 뜻과 함께 모든 일에 기쁨을 주는 의미
- 보상문은 인동당초(忍冬唐草), 연화, 모란 등의 복합된 구성으로서 특히 금구장식에 많이 사용됨

4. 고리이음문

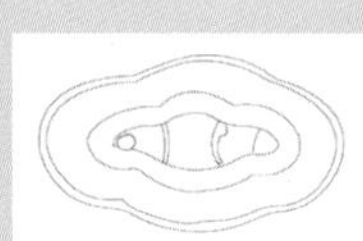

- 둥근 형태를 고리처럼 이어서 표현한 문양
- 도자기나 회화, 단청 등 다양한 유물에 사용됨

5. 구슬이음문

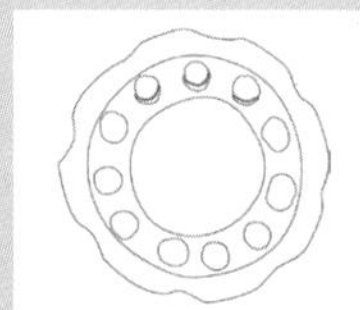

- 일종의 테두리 문양으로 크고 작은 구슬형태의 원을 연속한 모양으로 나타내는 것으로 연주문이라도 함
- 우주의 원환(圓環)을 나타내는 것으로 태양, 달, 별들이 순환하는 천공(天空)과 결부하여 장식문양으로 이용
- 불로불사(不老不死)를 원하고 광명을 나타내는 길상문으로 의미가 확대됨

6. 문살문

- 문살문은 가로세로가 일정한 간격으로 직각이 되게 짠 문양으로 간격을 일정하게 또는 45도 각도로 비스듬히 한 빗살 문양 등이 있음
- 창호에 문살에서 다양한 문양으로 나타남

7. 사슬문

- 동그라미가 서로 연결되어 있는 문양으로 주문양을 장식하는 무늬로 활용 됨

8. 삿자리문

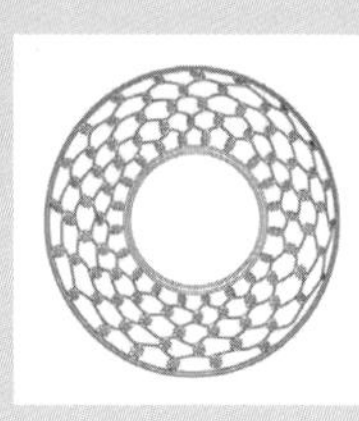

- 비스듬히 줄을 이어 짧은 점선이 연결 집합된 형태로 나타나는 문양
- 신석시대부터 삼국시대, 통일신라시대, 고려시대 청자에서도 나타나며, 분청사기에서는 인화문 기법으로 발전 됨

| 생활 문양으로 주로 사용된 문자문의 상징적 의미 |

1. 완자문(卍子紋)

· 완(卍)자는 불교에서 시작된 문자로서 +자 모양에서 사방으로 뻗어 회전하는 형태로서 우주 또는 태양의 운행을 의미

· 완자문은 만자문이라고도 하며 공덕원만(功德圓滿), 길상만덕(吉祥萬德)의 진리를 상징하기도 하며, 만사여의, 만년여의의 의미를 지녀 행복한 미래를 염원하는 길상어

· 완(卍)자와 당초문과 편복을 같이 표현하거나 완(卍)자와 인동문 표현하기도 하며, 완(卍)자를 연결하여 이중으로 표현하는 경우도 있음

2. 쌍희문(雙囍紋)

· 즐거움을 나타내는 희(喜)자가 두 개 나타나 있는 것

· 쌍희자 무늬는 원래 부부가 서로 즐거움을 나눈다는 의미인데, 이것이 광의로 해석되어 천지 음양 화합의 뜻을 가지게 됨

· 문무(문신과 무신)간의 쌍희, 군신(임금과 신하)의 쌍희, 부자간 쌍희의 의미를 가짐

· 가구를 비롯한 목기물 뿐 아니라 건물 장식, 자수에까지 많이 애용

3.수(壽), 복(福), 강(康), 령(寧)자 문

· 장수와 건강을 기원하는 의미를 가지고 있음

· 자수와 건축, 생활가구, 공예품 등 다양한 곳에 표현함

4. 다남(多男) 다자(多子)문

· 다남(多男)은 많은 자손을 기원하는 의미, 다자(多子)도 많은 자손을 기원하는 길상어

· 생활가구, 공예품, 자수 등 다양한 곳에 사용

5. 만수무강(萬壽無疆)문

· 장수와 건강을 기원하는 길상적인 의미

· 생활가구, 자수, 공예 등 다양한 곳에 사용

6. 복자문(福子紋)

· 길상문자중 하나인 복(福)자문은 복을 상징

· 건축을 비롯해 생활가구, 공예품 등 다양한 곳에 사용

7. 부귀문(富貴紋)

· 재산이 많고 지위가 높아지기를 바라는 마음으로 상징

· 자수에 많이 사용하였으며 단청 등에도 사용됨

8. 아자문

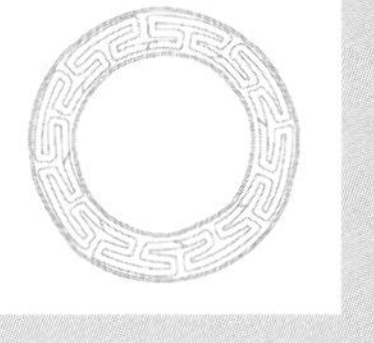

· 회문(回文)의 일종으로 연속무늬로 이루어졌을 때 영원히 뻗어나가는 모양으로 장수를 의미

· 원시사회에서는 의례의 집행자 또는 사제자의 직능을 상형화한 신성한 문자

9. 범자문

· 산스크리트, 즉 범문에서 나온 문양으로 옴(제천), 마(아수라), 니(인간), 반(축성), 메(아귀), 훔(지옥)의 육자대명왕의 진언(眞言)에서 유래

· 고려시대에는 임금옥좌 위 천장에, 범종이나 금동향에, 탑이나 부도의 석조 유물에 사용

복을 누리기를 바라는 뜻이 담겨 있으며, 수, 복자 문양의 전통은 조선시대부터 생겨났다. 수복문은 장수의 복록(福祿)을 뜻하는 문자로서 여러 형태로 도식화하여 항상 가까이하는 도구에서도 가족의 건강을 기원하기 위해서 사용되었다. 주로 옷에 수를 놓거나, 떡살이나 다식판에 특히 많이 나타나며 가구뿐 아니라 내실에서 사용되는 여인들의 전반 생활용구에까지 조각, 회화, 자수 등의 기법으로 사용되었다.

• 기하문 •

기하문은 어떠한 물체의 형태를 문양화한 것이 아니고, 직선과 곡선이 자유롭게 서로 연속되거나 교체되어 질서있는 아름다운 구성을 이루는 문양을 말한다. 기하문은 가장 단순한 형태이지만 원시사회에 있어서 주술적인 사고에서 비롯된 것으로 인류가 창안한 가장 오랜 장식 의장의 하나라 할 수 있으며 약간의 형태적인 차이는 있을지라도 세계 각처의 문화 유적에서의 공통적으로 쓰여졌다. 보통 가로줄이나 세로줄, 사선 또는 동그라미 등을 사용하여 기본형인 둥근형, 세모형, 네모형, 육모형 등과 이들의 변형이 주요 형태가 되며, 곡선으로만 이루어진 문양도 있지만 직선으로만 구성된 것이 일반적이며, 다른 문양의 테두리나 윤곽선을 만드는 대문(帶紋)의 역할을 하는 것도 있다.

이 외에 그 수직, 수평, 교차문(交叉紋)을 기본으로 변형된 각 문양의 명칭이 있다. 즉, 평행문, 석쇠문, 파상문(波狀汶), 방형문(方形紋), 삼각형문, 능형문(菱形紋), 운기문(雲氣紋), 격자문(格子紋), 정자문(井子紋), 귀갑문 등이다.

• 복합문 •

하나의 소재만을 선택해서 문양으로 나타낸 것이 아니라 여러 소재를 복합적으로 나타낸 문양을 복합문이라 한다. 십장생문과 같이 비슷한 의미의 무늬들을 배열하는 것과, 물고기 · 갈대문, 소나무 · 호랑이문 같이 각각 다른 의미의 소재를 합쳐 새로운 상징을 나타내

| 생활 문양으로 주로 사용된 기하문의 상징적 의미 |

1. 동근문

· 둥근모양은 해와 달, 우주를 형상화한 것으로서 가장 보편적으로 이용

· 둥근 형태는 동양인들의 고대 우주관인 천원지방(天圓地方: 하늘은 둥글고 땅은 평평하다)사상에서 하늘(天)을 상징

· 하늘, 태양, 달뿐만 아니라 산, 고개, 강, 길, 알 등 자연의 원과 우물, 구슬, 그릇, 거울 등 인위적인 원을 형상화하여 사용

· 둥근문은 들쇠와 고리에서는 환형, 들쇠 받침과 고리 앞바탕에 사용되며 둥근형은 각구 손잡이, 문고리에 조로 이용되었는데 모나지 않아 잡았을 때, 손가락에 부담이 적고, 잡기 편리하며, 화려하지 않고, 모나지 않으며, 소박한 그 시대의 정서가 잘 반영되어 고루 나타나는 문양

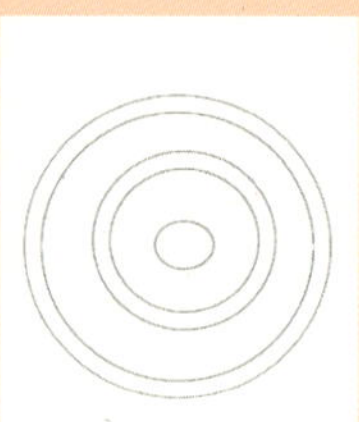

2. 네모문

· 사각형은 땅을 상징하는 도형으로 오랜 시간동안 폭넓게 활용된 문양
· 정방형, 장방형에서 길이가 확대되고 축소되는 유사형이 주류를 이룸
· 가구에서 고리와 고리 앞바탕이 있는 가구에 사용되고 베갯모, 건축 등에 사용

3. 마름모문, 팔모문

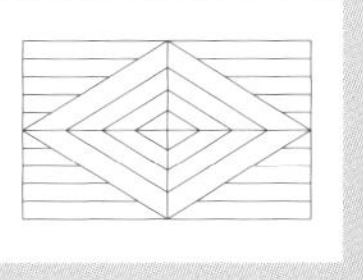

· 네모문에서 발전한 것으로 마름모문은 네모형에서 위치가 변경된 것인데 반복적으로 문양을 표현함으로써 정제된 미를 표현
· 대광주리, 가구의 들쇠 받침에 사용됨
· 팔모문은 네모형의 변형이면서 둥근형에 가까워진 형으로 서로 대칭을 이루고 있음

4. 삼각형문

· 삼각형문은 여근(女根) 또는 재생을 의미하여 다산, 삼각형은 모가 세 개인데 불(佛), 법(法), 승(僧)의 삼보(三寶)를 상징하기도 함
· 정삼각형은 영적인 세계, 삼각형은 인간을 상징하며 천지인(天地人) 삼재(三才)의 조화를 의미 함
· 떡살에서 사용되는 선문양은 대부분 장수와 해로(偕老)의 의미

5. 가로줄문 · 세로줄문

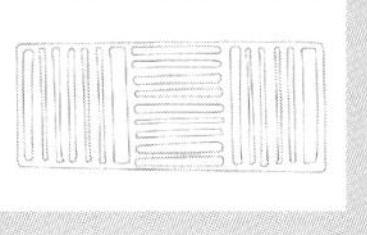

· 신석기 시대의 토기에서도 나타나며 오랜 시간동안 폭넓게 활용된 문양
· 장수(長壽), 해로(偕老), 길상(吉祥)을 상징
· 다른 문양과 잘 어울려 변형되어 사용되기도 하고, 떡살이나 다식판에 많이 이용됨

6. 그물문

· 가로와 세로의 여러 선이 얽혀 있는 모양
· 토기, 노리개, 떡살 등 생활용구에 사용됨

7. 가는선문

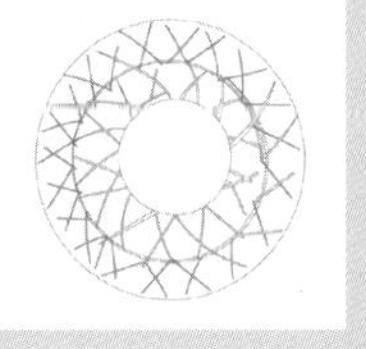

· 가는 선을 그어 장식한 무늬로 다른 무늬와 복합적으로 표현
· 토기 등 고대 미술에서 나타나고 있는 고식무늬로서 청동기를 비롯해 토기, 석기, 골각기 등에 장식된 문양

8. 톱니문

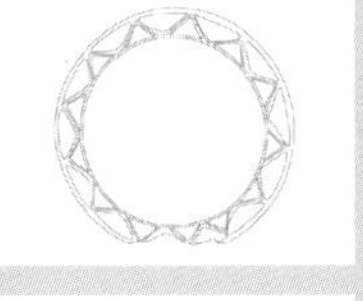

· 톱니문은 삼각형과 사선으로 이루어진 문양으로 주술적 재생의 뜻을 가지므로 톱니문양도 다산과 풍요의 여성적 상징물로 의미를 지님

9. 소용돌이문

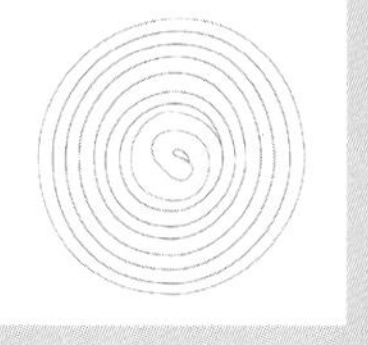

· 합리적이고 정연한 구성으로 정확한 의미는 알려지지 않음

10. 태극문

· 태극은 우주생성의 과정을 상징한 직관적인 문양으로, 하늘, 땅, 사람의 삼재(三才)를 의미
· 신성과 신비의 부호로 사용해 왔으나 차츰 쓰이는 범위가 넓어져 신성보다도 길상(吉祥)과 축복의 의미로 사용
· 모든 생면의 시원으로 여겨 가구의 금구장식으로 많이 이용

11. 팔괘문

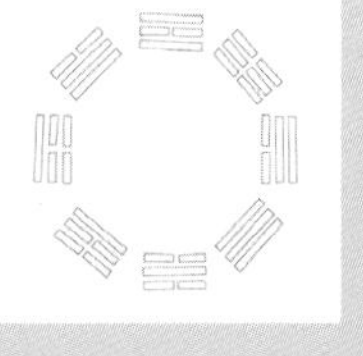

· 팔괘는 온갖 천지 만물의 현상과 형태의 기본이 되는 여덟 가지를 나타낸 일종의 기하학적 상징 부호
· 각각의 괘에는 음양의 상징, 자연, 동물, 인체, 가족 사항 등을 상징
· 행복의 상징과 복록을 추구

12. 십자문

· '+' 자와 같은 모양으로 가로선과 세로선을 교차하여 표현한 무늬
· 토기, 다식판, 떡살 등 생활용구에 사용됨

13. 빗금문, 빗금띠문

· 빗금문은 이미 신석기시대의 토기에서 나타나며 오랫동안 폭넓게 활용된 무늬
· 빗금문은 장수(長壽), 해로(偕老), 길상(吉祥)의 의미를 지님
· 토기, 석기, 골각기,떡살이나 다식판에 사용

14. 회천문

· 회천문은 우주삼라 만상을 표현하는 문양
· 둥근 원형 위에 우주가 회천하는 의미로 표현

15. 안상문

· 코끼리 눈과 같이 생겼다는 뜻에서 생긴 명칭의 문양
· 검소를 표출하는 사랑방 가구 등에서 흔히 나타남

는 것으로 구분한다. 복합문중 대표적인 십장생은 해, 산, 돌, 물, 구름 또는 달, 소나무, 불로초, 거북, 학, 사슴을 말하는데 이들 각각의 소재들을 모두 독립적으로 쓰이더라도 장수를 의미하는데 열 가지를 묶음으로서 좀 더 깊은 의미를 갖게 된다. 십장생 문양은 민화, 나전칠기, 도자기, 벼루 등 여러 공예품에서 다양하게 찾아 볼 수 있다.

| 십장생문 |

| 소나무 · 호랑이문 |

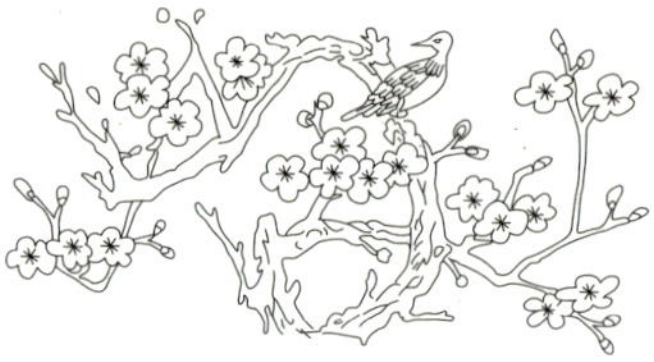

| 매화 · 새문 |

| 꽃 · 새문 |

전통 공간에서 문양의 활용

문양은 우리 전통 주거공간에서 담장과 기와, 벽체를 비롯하여 실내 공간과 가구, 의복 떡살, 창호, 노리개, 이불, 베개, 의류 등 거의 모든 생활용품과 기물에 상서롭고 기쁜 일을 상징하는 문양을 즐겨 사용하였다. 문양을 통한 상징만으로도 부적의 효험이 있다고 생각하며 정신적인 웰빙을 추구하였다. 이러한 문양의 표현은 상징적인 의미가 많이 사용되었으며 표현은 정교하면서 화려하기 보다는 단순하고 간결하게 나타내어 소박하게 표현하는 것이 주를 이룬다.

• 꽃담에서 문양 •

흔히 담장 벽면을 무늬로 아름답게 구며 장식한 것을 '꽃담' 또는 '화초장', '화초담'이라 하나 여러 무늬를 놓아 독특한 치장을 한 벽체나 굴뚝, 합각, 담장 등을 모두 통상적으로 꽃담이라 부른다. 우리 전통 주거의 담은 풍부한 일상을 담고 잇는데 담의 꾸며진 공간이나 역할, 모양에서 삶의 일상적인 관습과 의식을 나타낸다. 임금이 거처하는 궁궐의 담은 나라의 평안과 만세, 무궁을 기원하는 뜻에서 정교하며 운치있게 꾸며지며 장엄하면서도 화려하다. 특히 여인들이 거처하는 곳은 더욱 다채롭고 화사하게 문양을 통해 꾸며졌다. 주거공간에서 담은 단순히 대지의 경계 혹은 방어를 목적으로 쌓아 올려지지 않았으며 마당은 실내 공간과 같은 역할을 하며, 담은 벽에 해당하여 늘 바라보는 자연의 일부였기 때문에 벽에 문양을 통한 치장을 통하여 소망이나 바램, 기원을 담아 표현하였다. 서민 주택의 담에서도 기와 깨진 조각이나 여러 형상의 돌로 치장하여 자유분방하지만 천연스러운 무늬로 소박함을 나타내고, 상류층의 주택에서는 추상적인 무늬들을 소박하면서도 해학적으로 표현하거나 벽돌이나 돌, 기와를 고급스럽게 쌓아 여러 문채를 구성하여 표현하여 장식적인 화초담(花草墻)으로 표현하기도 한다. 이러한 꽃담은 마치 조각보를 펼쳐놓은 듯한 민예적인 멋을 풍긴다. 다양하게 표현된 꽃담을 의장적 특징으로 분류해 보면 5가지 유형으로 구분된다.

| 돌쌓기를 통한 문양 |

돌쌓기를 통한 문양 만들기는 막돌의 반복과 사고석의 반복에 의한 자연스런 패턴에 의한 꽃담을 들 수 있다. 막돌의 반복은 막생긴 돌 그 자체를 아무런 가공없이 쌓아 그 자체를 시각적 요소로 하여 획일적으로 반복시킨 것으로, 막돌의 크기로 변화를 주게 되는데 층을 맞추어 쌓는 바른층 쌓기와 층을 맞추지 않는 허튼층 쌓기가 있다. 사고석에 의한 담장은 동일 크기의 사고석을 반복시키기 때문에 강한 통일성을 가진다. 정사각형 돌들을 막힌 줄눈으로 바른층 쌓기를 하게 되는데 궁궐과 중 · 상류주택에서 널리 쓰였다. 토대(土臺) 부분에 사고석 대신 다듬은 돌인 장대석을 쌓고, 그 위에 사고석을 쌓아 변화를 주기도 하였다.

| 벽돌쌓기를 통한 문양 |

벽돌쌓기는 동일 크기의 벽돌을 획일적으로 쌓는 방법으로 강한 통일성은 있으나 변화는 없다. 이에 무늬를 맞추어 벽돌의 일부를 十자형으로 빼냄으로써 변화 있는 꽃담을 연출하기도 하는데 이 수법을 영롱담(玲瓏墻)이라 하며 상류 주택에서 사용하였다. 그리고 벽돌의 방향을 돌리거나 색을 달리하여 문양을 연출하여 장식하기도 하였다.

| 돌과 기와편 쌓기를 통한 문양 |

돌과 기와편을 활용한 담은 보통 담 아래 부분에는 돌로, 윗 부분은 흙 한 켜, 기와 한 켜를 세우거나 눕혀서 흙을 섞어 쌓는 방법으로 표현되며 재질과 크기의 변화로 다양하게 나타나고 있다. 주로 지방의 주택이나 사찰의 담에 많이 사용되었다.

| 벽돌, 돌, 짚 · 새끼줄 쌓기를 통한 문양 |

지푸라기나 새끼줄을 잘라 돌과 함께 쌓는 방법으로 크기나 재질의 변화로 소박하면서도 한국적인 정서로 흥미를 일으킨다. 지방의 주택에 많이 사용되었는데 벽돌, 돌, 둥근 돌의 반복하여 표현하는데 담 아래 부분을 사고석으로 윗부분을 벽돌로 쌓고 벽돌 중간 중간에 둥근 돌(원형으로 가공한 돌)을 끼워 놓는 방법으로 표현된다. 재질의 변화와 둥근 돌의 배치가 흥미를 불러일으키며, 궁궐 건축의 담에 많이 이용하였다.

| 돌, 벽돌, 기와편 쌓기를 통한 문양 |

돌, 벽돌, 기와편 쌓기를 통한 담은 가장 화려한 꽃담으로 화초담(花草墻), 화문담(花紋墻)이라 불리우며 주로 상류주택, 궁궐건축, 관아건축 등의 담에 사용되었다. 돌, 벽돌, 기와편을 다양한 패턴과 문양으로 쌓으면서 여러 문채를 구성하고 장식한다.

| 돌쌓기를 통한 담, 한국민속촌 |

바른층 쌓기를 통한 자연스러우면서 소박한 패턴을 연출하고 있다.

| 돌과 기와 쌓기를 통한 담, 인사동 |

아랫부분은 돌을 윗부분은 기와를 이용하여 다양한 패턴으로 연출한 꽃담이다.

| 벽돌쌓기를 통한 꽃담, 창덕궁 |

중간 중간 화강암을 박아 별무늬를 나타낸 담장이다.

| 벽돌쌓기를 통한 꽃담, 북촌 |

벽돌의 방향과 색을 조절하여 아자문과 기하문으로 연출하였다.

| 화초담, 한국민속촌 |

건물 벽면을 꽃담으로 연출한 사례로 십장생 문양과 아자문과 만자문으로 전체적으로 연출한 아름다운 담장이다.

| 화초담, 창덕궁 낙선재 |

사괴석으로 하부를 쌓고, 귀갑문을 패턴화하여 연출한 단아한 느낌의 담장이다.

• 실내 공간에서 문양 •

전통 주거의 실내 공간 마감에서 문양은 건축의 구조에 해당되는 바닥, 벽, 천정 등에는 직접적으로 문양을 새겨넣기 보다는 오히려 재료의 마감에 의한 자연스런 패턴으로 문양을 연출하였다. 그러나 벽지 중에 공간을 화려하게 연출하는 공간에 능화 문양을 새긴 능화지나 길상어문 문양을 날염하거나 목판으로 찍은 연한 색벽지를 이용하는 정도였으며, 창호에서 단순하면서도 아기자기한 기하학 문양이나 문자 문양을 이용하여 과하지 않은 패턴의 문양으로 단아한 공간을 연출하였다. 그러나 창호는 내부는 종이로 마감함으로 내부에서는 창살이 은은하게 한지에 의해 비쳐 연출되고 있다.

| 바닥에서 문양 |

주거 공간의 바닥은 우선 방바닥 경우 장판지 자체에 문양이 있기 보다는 네모난 장판지를 바르는 과정에서 일정한 사각형 장판지를 서로 겹쳐 바르다 보면 일정한 간격으로 띠가 형성되면서 반복되는 간결한 패턴이 나타난다. 그리고 장판지에 풀칠을 하면서 자연스러운 붓 자국이 장판지에 배어나와 문양을 연출하게 된다. 대청이나 툇마루 등 마룻바닥에도 특별한 문양을 사용하지는 않으나 마루를 갈 때 짜 맞추는 과정에서 일정한 패턴이 나타난다. 대부분 상류주택이나 서민주택의 대청마루에서는 우물 정(井)자 모양으로 생긴 우물마루가 이용되었으며, 이층 마루, 누마루, 툇마루 등에서는 장마루가 이용되었는데 이는 장선과 멍에를 만든 후에 좁고 긴 널판을 연결한 직각의 이음선들이 나타나는 패턴을 연출한다.

| 벽에서 문양 |

벽을 마감하는데 이용한 벽지는 대부분 문양이 없으나 조선시대 중기 이후 마름꽃이라 불리는 능화 문양을 새긴 능화지를 벽지로 사용하기 시작하였다. 이후 능화 모양 대신 '백수백복(百壽百福)'이라는 길상어문을 이용하기도 했는데 '수(壽)'와 '복(福)'자 문양에 다양한 변화를 주어 사용하였다. 그리고 여성 공간인 안방에는 문양을 날염하거나 목판으로 찍은 연한색의 벽지를 이용하였으나, 사랑방에는 담백한 흰색, 한지 색을 그대로 사용하였다.

| 천장에서 문양 |

전통공간의 방은 주로 종이반자로 초기에는 벽지와 같이 문양이나 색채가 없이 이용되었으나 차츰 궁궐이나 양반주택에서는 연한 청색과 녹색 또는 황칠한 한지가 이용되었으며 조선 후기에는 분홍색 바탕에 연한 녹색의 문

| 실내 바닥의 문양, 운현궁 |

네모난 장판지가 겹쳐서 생긴 은은한 사각 패턴이 형성된 방바닥을 볼 수 있다.

| 마루 바닥에서의 문양, 한국민속촌 |

우물마루로 마감된 마룻바닥에서 자연스럽게 형성된 패턴을 볼 수 있다.

| 벽과 천장에서 문양, 민속촌 |

한지로 마감된 방내부로 한지가 겹쳐지므로 생기는 자연스런 패턴으로 소박하고 담백한 느낌을 전달한다.

양을 넣거나, 연한 청색에 금분이나 은분으로 문양을 넣은 반자지가 일부 계층에서 이용되었다. 천장에도 능화지가 이용되었는데 보통 벽면에 백능화지를 바른다면 천장은 청능화지로 주로 마감하였다. 문양은 능화 문양이외에 장수와 복을 기원하는 수복문, 편복문, 청색의 구름문, 완자문, 용문, 모란당초문 등이 사용되었다. 천장에서의 문양의 활용은 다양한 염원을 담아 표현하기도 하였지만 단조로운 실내공간에 지루함을 피하고 변화와 분위기 쇄신을 위해 사용된 것으로 본다.

• 창호와 난간에서 문양 •

전통 주거의 실내 마감에서 문양이 많이 이용도지 않았지만 창호나 난간에서는 매우 다양한 문양이 이용되었다. 창호와 난간은 목재 살로 이루어진 여러 가지 문양이 이용됨으로써 정적인 실내 분위기에 변화와 활기를 제공하고 특히 장식적인 효과를 주고 빛과 조화를 이루어 변화 있는 실내 연출 효과를 주었다. 난간에 사용된 문양은 아자, 완자, 빗살 문양이 많이 이용되었다.

전통 주택의 창살은 용자살, 띠살, 아자살, 완자살 같이 단순하면서도 아기자기한 문양이 많이 사용되었다. 이 중 완자살은 살의 한끝이 ㄱ자형으로 돌출되어 아자살 보다 화려하여 안방 내실에 많이 사용되었다. 반면 아자살은 그 모양이 단정하여 매끈한 멋과 함께 단정해 보여 사랑방에 보다 많이 사용되었다. 창살은 종류는 살의 간격에 따라 범살과 세살로 나뉘어진다.

| 범살 |

넓은 간격으로 짜여진 살로 넓은 살은 '田'자나 '用'자 모양으로 드물게 넣은 것으로 대표적으로 용자살과 숫대살이 이에 해당되며, 주로 방과 방사이의 미닫이나 사랑채와 같은 남성공간에 많이 설치된다. 숫대살은 얼핏 보기에는 수숫대를 서로 엇건 느낌이 드는데 민가에서는 아자살 대용으로 사용하였다.

범살 창호는 일반적으로 격식이 낮은 건물에 쓰이지만 간소한 느낌으로 운치가 있으며

| 용자살 |

| 숫대살 |

| 아자살 |

정원의 나뭇가지가 비칠 때 방안에서 보는 실루엣을 보는 감흥을 준다.

| 세살 |

촘촘히 짜여진 살을 세살이라 하는데 띠살, 정자살, 교살, 솟을살, 만살빗살 등에 이에 해당된다. 이중 정자살은 조선시대 와서 많이 이용되었는데 불발기창, 광창, 붙박이창에 많이 이용되었으며, 궁궐에서는 일반 창호에도 이용되었다. 솟을살은 살의 각도가 45도로 이루어진 살로 솟을살에 꽃무늬를 새기고 채색하면 솟을꽃살창, 또는 꽃살문이라 하는데 궁궐이나 사찰에서 많이 이용되었다.

| 띠살 |

| 정자살 |

| 교살 |

| 띠살과 솟을살로 구성된 혼화문 |

• 가구에서 문양 •

한국 전통가구를 전체적으로 놓고 본다면 사실 문양을 이용하여 직접적으로 장식하기보다는 자연스런 나뭇결을 무늬로서 이용하여 내재적 아름다움을 표출하는 경우가 대부분이다. 그러나 다양한 문양을 통해 장식한 가구들을 찾아볼 수가 있는데 이는 대부분 귀족사회와 특수계층이 사용하는 가구에서 신분상의 권위나 종교적인 이유로 사용하거나 정신적인 위안과 염원을 담아 문양을 사용하는 경우가 이에 해당된다. 가구에 표현하는 문양 자체는 그 시대와 사회의 사상을 바탕으로 설화적인 내용을 풍기면서 다듬어지면서 표현되어 교훈적이기도 하고 때로는 사용하는 사람들의 소망을 분명한 물형(物形)을 빌어서 표현하고 있다고 볼 수 있다. 즉, 전통 문양은 개인의 주관적 사상과 정서의 표현이라기보다는 그 나라 민족의식인 민족의 집단적 가치와 감정이 보편적 상징으로 표상화된 예술형식이라 할 수 있다.

시대적으로 전통가구에 사용된 문양의 성향은 통일신라시대가 삼국시대의 기본 양식을 답습하며 발전시켰다면, 고려시대는 삼국시대 사용된 다양한 무늬가 화려하게 사용되면서 그런 문양들이 정리되어 한국적인 고유 장식문양으로 정착하고 있음을 엿볼 수 있다. 조선시대에는 점차 시간이 지나면서 독창적인 한국적 문양으로 발전하였다고 볼 수 있다.

조선시대 전통 가구에 사용된 문양은 조선 초기에는 나전에 사용되었던 연당초문(蓮唐草紋), 보상화문, 쌍봉문(雙鳳紋), 쌍용문 등이 가구에 나타나며 서수문(瑞獸紋)으로는 불사조, 용, 봉황, 서초(瑞草)로는 팔보, 연꽃, 불로초 등이 많이 사용되고, 불교적 문양으로는 여의두문, 안상문(眼象紋), 뇌문(雷紋), 태극문이 연당초의 대문(帶紋)과 더불어 쓰였다. 후기에 이르러서는 전란과 당쟁의 불안, 초조 속에서 재앙을 면하고 장수와 수복강녕을 기원하면서 자연을 사색하게 되는 염원이 봉래산, 선도(仙桃), 십장생(해, 산, 물, 돌, 소나무, 달 또는 구름, 불로초, 거북, 학, 사슴) 등의 문양과 오복을 상징하는 박쥐, 부귀를 나타내는 모란, 다남(多男)을 상징하는 석류 등으로 나타났다. 이밖에 사대부의 청빈한 사상을 표출하는 매, 난, 국, 죽의 4귀신(四貴神), 즉 군자의 네 가지 기질인 용기, 우정, 고아(高雅), 절개를 사랑방가구에 표현하였다. 그리고 17, 18세기에 이르러 새로운 학풍인 실학사상이 대두되자 점차 왕실 등 특권계층에서도 산, 새, 곤충, 악기, 책거리, 쌍희 등과 같이 명랑하고 아름다운 문양을 사용하였다. 조선시대에는 유교적 규범이 가구에 적용되어 안방가구에는 봉황, 학, 구름, 나비, 물고기, 박쥐, 모란, 국화 등이 주로 사용되었으며, 사랑방에는 매란국죽의 사군자, 잉어, 문자 등 선비의 기품과 이상을 반영하는 문양이 이용되었다. 이렇게 전통 가구에 다양하게 사용 된 문양은 크게 보면 곤충 및 동물 문양, 식물문양, 추상적인 관념 문양, 기하문양, 문자문양으로 정리해 볼 수 있다.

| 식물문양 |

전통 가구에 사용된 식물문양은 영초문양(靈草紋樣)이라 하여 부귀, 다남, 수복을 상징하는 뜻에서 널리 애용되었다. 대표적인 식물문은 매(梅)난(蘭)국(鞠)죽(竹)의 문양을 사실적 혹은 추상적으로 표현하여 사용되었으며, 파초는 다년생 식물로 잎이 넓고 선 인(仙人)의 풍취가 있어 사랑을 받았으며, 강한 생명력으로 인해 장구(長久)와 기사회생(起死回生)을 상징하여 많이 시문되어 사용되었다. 그 외에도 포도문은 다남을, 모란문은 부귀를, 복숭아 모양을 본 딴 천도문은 장수를, 넝쿨로 연결, 연속된 문양을 나타내는 당초문은 극락세계를 상징하며, 자손의 번성을 기원하는 뜻으로 석류문을, 부귀와 군자의 기풍을 상징하는 의미로 연화문을, 선비의 절개를 상징하는 뜻으로 소나무문을 사용하였다. 그리고 무엇보다 장수를 뜻하는 대표적인 것으로 십장생문을 즐겨 표현했는데, 전통가구에는 열 가지를 모두 표현한 것도 있지만 주로 두 세 가지를 소재로 하여 표현한 것이 많다.

| 관념문양 |

관념문은 현실을 떠나 사람의 마음속에 나타나는 상념 또는 의식내용을 표상화한 추상적 문양을 의미하며 부처나 진리를 생각하는 불교적 성격에서 유래된 심적 형상에서부터 유교 영향에 의한 목가적인 형상까지 다양하며, 임진왜란 이후 정치적 혼란 속에서 재앙을 면하고 평안과 복을 구하고자 하는 민간의 염원이 가구의 장식문양에 까지 반영되었다. 또한 영지버섯의 형상을 본떠 만든 여의두문은 만사형통을 상징하며, 도교에서는 길상과 장수를 의미하여 많이 사용되었다. 코끼리 눈과

| 나전필통, 숙명여대 박물관 |

자개로 매 · 난 · 국 · 죽 사군자 문으로 시문하고 박쥐형 풍혈로 꾸민 필통이다.

| 화각삼층장, 일본 고려미술관 |

문판마다 민화와 같은 화려한 그림들이 화각장식이 되어 있으며 양쪽 옆면에도 화각 장식이 된 보기 드문 아름답고 화려한 삼층장이다.

| 나선봉황화초 흑칠 빗접, 국립중앙박물 |

문양은 사실적인 민화풍으로 윗 뚜껑인 천판(天板)에는 한쌍의 봉황문을, 앞면에는 한 그루의 모란꽃을, 양측면에는 소나무에 새 한 쌍, 매화와 대나무에 새 한 쌍을 넣었다. 그리고 뒷면에는 수초에 새 한 쌍을 새겼다.

| 편질동식물문 고비, 온양 민속 박물관 |

편절동식물문이 장식된 절충형의 고비로 매우 특이하게 전체가 조각되어 있으며, 넓은 뒤판을 배경으로 두 단으로 구성되었다.

| 화각함, 한양대박물관 |

백송을 써서 제작한 백골 표면에 소뿔을 얇게 펴 갈아낸 후, 석채를 물감으로 여러 그림을 그려 붙여 장식한 함이다. 붉은 바탕에 오채를 사용하여 산수, 풍속, 수금, 신선, 선녀 등 다양한 그림을 그려 넣어 화려하고 고급스러운 함이다.

| 경상, 안동민속박물관 |

다리는 호족형이며 죽절형으로 조각되어 있으며 각 서랍에 안상문과 여의두문으로 시문되어 있다.

| 죽장 2층 책장, 광주민속박물관 |

전면에 운문경첩과 보상화형 앞바당과 함께 대나무를 기하형태로 접하하여 직선의 교차에서 나오는 기하학 문양에 의해 미적 효과를 높인 책장이다.

| 주칠원반, 일본 고려 미술관 |

여의두문 형태로 개창대신 뚫어주고 완(卍)자문으로 투각하여 테두리 주변에 상판과 같은 색으로 주칠을 하여 아름다움을 더해 주고 있다.

같이 생겼다 하여 붙여진 안상문은 불교적 도상으로 높은 위엄과 덕망을 의미하며 여의두문과 같이 혼합되어 많이 사용되고 서안과 경상 등 사랑방 가구에 많이 사용되었다. 이외에도 연화문이 변화하여 실재가 아닌 공상적인 문양으로 부귀영화를 상징하는 보상화문, 음양사상의 표현으로 우주의 섭리, 자연의 조화를 나타내는 태극문, 끝과 시작이 없이 영원히 지속되는 모양으로 계속 연속시켜 그려 나가 우주 삼라만상을 표현하는 회천문 등이 형태상으로 보면 기학문이지만 의미상 관념문에 해당된다고 볼 수 있다.

| 기하문양 |

직선과 곡선이 자유롭게 서로 연속되거나 교체되어 질서 있는 아름다운 구성을 이루는 문양으로 전통가구에서 수직, 수평, 교차문을 기본으로 평행문, 석쇠문, 파상문(波狀汶), 방형문(方形紋), 삼각형문, 능형문(菱形紋), 운기문(雲氣紋), 격자문(格子紋), 정자문(井子紋) 등 다양하게 변형된 문양이 사용되었다. 그리고 둥근형, 네모형, 마름모형, 팔모형 등 완전한 기하학 형태는 들쇠와 고리 등에서 많이 나타나고 있다.

| 문자 문양 |

문자 문양은 문자에서 응용된 문양으로서 가장 추상적인 외형을 갖추고 있음에도 불구하고 가장 구체적 실상으로 사람에게 영향을 끼칠 수 있다. 문자 중 대표적인 것은 완(卍)자문으로 불교에 근원을 둔 문자로 길상의 상징문으로 가구에 투각에 의해 많이 표현되었다. 그 외에도 부(富) · 귀(貴) · 수(壽) · 복(福) · 강(康) · 영(寧) · 희(囍) 등의 문자를 도안해서 가구뿐 아니라 조각, 회화, 자수 등에도 글자 그대로의 뜻을 염원에 담아 표현하였다.

• 생활기물에서 문양 •

각종 의복이나 각종 생활기물에도 문양이 사용되었다. 자수, 매듭 노리개장식, 금은제 장신구들, 옥석공예품, 직물류들은 시대별로 많이 사용된 문양이 사용되었는데 보통 가구와 같은 목칠 공예품과 맥을 같이 한다. 조선 초기 15, 16세기의 나전칠기장에는 연꽃덩굴무늬, 보상덩굴무늬, 봉황무늬, 용무늬 등 고려시대의 문양이 계승 연장되는 경향이 있지만 보다 순박한 멋을 보여준다. 중기인 17, 18세기에는 점차 매화무늬, 대나무무늬, 꽃 · 새무늬 등이 많아진다. 말기에 들어선 19세기에는 나전기법에 끊음질 기법이 성행되고 산수풍경의 점경(點景)을 사실적으로 표현된 것이 많아진다.

| 도자기 |

고려시대 분청사기에서 백자로 전개된 조선시대 도자기에도 다양한 무늬들이 나타난다. 분청사기에는 인화무늬기법[印花文技法], 조화무늬기법[彫花文技法], 박지무늬기법[剝地文技法], 상감무늬기법[象嵌文技法], 철화무늬기법[鐵畫文技法] 등 여러 가지 기법을 사용해서 각각의 기법에 어울리는 무늬들을 시문하였다. 도장 같은 도구로 눌러 무늬를 새기는 인화무늬기법으로는 국화무늬나 빗방울무늬(雨點文) 등을 나타내었으며, 박지나 조화무늬기법으로는 잎이 넓은 모란 같은 식물무늬를 주로 나타내었다. 또 붓과 안료를 이용해 그릇 표면에 무늬를 그려 넣는 철화무늬기법으로는 이름을 알 수 없는 풀꽃무늬나 연꽃무늬, 덩굴무늬, 물고기무늬 등을 자유롭게 표현하였다. 청화백자의 경우에도 구름 · 용문을 비롯하여 꽃 · 새문, 국화문, 대나무문, 산수무늬, 각종 길상무늬 등이 시대의 흐름에 따라 변화하며 나타난다.

| 배겟모 |

베개의 형태를 잡아주거나 장식하는 용도로 양쪽 끝에 대는 꾸밈새로 마구리, 모라고도 한다. 베갯모는 차츰 기원을 표현하는 무대가 되었는데 한층 그 가치가 부각되면서 화각, 목각, 석조, 나전 등 여러 가지 소재를 사용하고 치장과 표현이 강조되면서 화려하면서 다양한 문양을 사용하였다.

베갯모는 원형이나 방형으로 만들어지는데 원형은 여성이 주로 사용하고 네모난 것은 남성이 사용한다. 그리고 형태에 따라 문양의 구도가 달라지나 문양의 성격에는 변화가 없다. 여자용 베갯모에는 주로 모란, 난초, 연꽃, 매화 같은 꽃과 나비 등이, 남자용 베개에는 소나무, 대나무 등 사군자 문양을 사용하였다. 신혼부부용 베갯모에는 부부 동락과 다산에 대한 기원을 담아 일곱 마리 새끼를 거느린 한 쌍의 봉황을 많이 사용하였다. 그리고 학, 사슴, 소나무, 거북, 불로초 등의 장수를 기원하는 십장생과 기쁨과 복을 불러오는 상서로운 글자들도 베갯모 장식에 다양하게 사용하였다. 이와 같이 배갯모에 다양한 문양으로 정성을 들여 만든 것에서 우리 조상들이 베개, 침대 덮개, 의류 등 일상생활에서 사용하는 용품에 얼마나 많은 중요성과 가치를 부여하는지 잘 보여 준다고 볼 수 있으며 이때 사용한 문양은 단순히 미적 효과를 증대시키기 위한 장식기능 외에 건강과 번영을 기원하는 마음도 담고 있어 정신적 웰빙 생활의 일부라 볼 수 있다.

| 다식판과 떡살 |

우리 선조들은 먹는 음식에도 문양을 담아 복을 기원하고, 가정의 화목과 건강, 자손의 번영과 부귀 등을 기원하고, 자연 숭배 사상에 충효 사상까지 생각하였다. 대표적으로 떡살과 다식판이 이에 해당된다. 예로부터 절편에 떡살로 무늬를 찍는 것을 '살 박는다'고 하여 다양한 무늬를 찍어 떡을 만들었다. 이때 사용되는 떡살은 주로 나무를 사용하나 사기나 자기로도 만들며, 형태는 원형, 장방형을 기본으로 다양한 문양을 만들어 사용하였다.

떡살의 문양에는 선, 원, 꽃, 초문, 당초문, 초화문, 물고기, 나비, 칠보문, 귀갑문, 구름문, 연화문, 천도, 석류, 박쥐, 포도, 모란, 국화, 송, 죽, 매, 난, 민화문, 뇌문, 파문, 완자, 거치문, 기하학문, 와문, 십장생, 칠보문, 태극문, 수레차문, 격자문, 창살문, 석쇠문, 길상문양 등을 많이 사용되었다. 단오날은 수레 문양, 물고기눈 문양, 잔치에는 꽃 문양, 길상 문양, 기하학적인 문양 등을 많이 사용하였다. 사돈이나 친지에게 보내는 선물용으로는 길한 문양을 넣어 만들었다. 큰 잔칫날에 여러 사람이 모여 떡을 만들 때나, 남의집 떡살을 빌려다가 사용할 때 바뀌거나 잊어버리는 것을 방지하기 위하여 이름이나 주소를 새겼다. 결혼에는 석류나 포도, 나비, 박쥐, 원앙 등으로 아들 딸 많이 낳고 복 받기를 기원하는 무늬를, 백일에는 파초, 파문, 잉어를 회갑에는 수복문자나 국화, 나비, 박쥐, 국수, 빗살, 십장생, 팔괘 무늬를 새긴 좋은 의미를 지닌 예쁜 떡살을 만들었다.

다식은 차를 마실 때 곁들여 다담상에 올리

| 분청사기상간모란당초문호, 호림박물관 |

윗부분은 연꽃잎, 몸통 부분은 모란가 덩굴, 아래 굽주변은 연꽃, 뚜껑에는 모란잎을 문양을 상감하였다.

| 분청사시조화 박지모란문 장군, 리움미술관 |

둥근 측면 원안에는 꽃잎무늬르, 그 둘레는 연꽃잎, 편평한 측면에는 나뭇잎, 몸통 가운데는 모란잎과 모란꽃 문양으로 장식된 도자기로 구운 장군이다.

| 베갯모, 온양민속박물관 |

둥근 형태의 화각 베갯모로 중앙에 오른편은 한 쌍의 봉황을 왼편은 한 쌍의 원앙을 배치하고 주위에 식물문과 어린원앙등을 배치하고 테두리는 아자문을 배치하여 화려하게 꾸민 여성용 배갯모이다.

| 베갯모, 한양대박물관 |

팔각형의 목재로 만들어진 특수한 형태의 배갯모로 식물문과 반원형 기하문과 조화를 이루고 있으며 아래 배갯모는 팔괘를 새겨 넣었다.

| 떡살, 한양대박물관 |

꽃과 봉황, 국수, 수레 바퀴, 물, 모란 등의 문양이 새겨져 있는 나무 떡살들이다.

| 다식판, 국립민속박물관 |

수복강녕, 완자문, 꽃문양, 박쥐문이 새겨진 다식판이다.

거나 잔칫상에 색을 맞추어 예쁘게 쌓아 올린 채 등장한다. 관, 혼, 상, 제 등의 행사가 있을 때는 다식을 만들었으며 이들 용구는 대를 물리면서 보관, 사용하였는데 다식판을 따로 만들어 사용하기도 하였으나 떡살의 겸용 형태도 있다.

무심한 흰떡에 살을 박아 넣은 것은 단순히 떡으로 배를 채우는 것 보다 먹는 음식에서도 아름다움을 추구하려는 우리조상의 지혜와 미적 감각과 더불어 기능적으로 참기름 바른 절편을 요철의 성형으로 미끄러지지 않게 높이고, 무늬의 분류 선에 따라, 먹기 좋은 분량으로 자를 수 있다. 그렇지만 마음속 깊은 곳 또 다른 절실한 의미가 그 기반에 깔려 있다고 볼 수 있으며 이 또한 정신적인 웰빙을 실천하는 일상 생활의 하나라 볼 수 있다.

현대적으로 응용 웰빙 연출하기

전통문양은 우리 선조들이 일상생활 곳곳에 활용한 것처럼 현대 우리의 생활에도 다른 어떤 전통 요소보다도 다양한 공간과 생활 기물에 적용이 가능하다. 즉 건축이나 실내디자인은 물론 제품이나 의복, 포장, 환경, 커뮤니케이션 디자인에 다 적용이 가능하다. 단, 전통적인 문양을 그대로 적용할 것인가 이를 재해석을 통해 단순화, 표현의 현대화, 분해, 재구성을 통해 새로운 패턴을 창출하여 적용할 것인가에 따라 그 느낌이 달라질 것이다. 단 재해석 과정에서는 각 문양 요소들이 지닌 고유의 시각적 이미지가 전도(顚倒)되지 않은 범위에서 적용해야 문양을 통한 진정한 의미를 전달할 수 있다. 그러면 전통 문양을 우리 주거 공간에 활용하여 우리 선조들이 추구한 미적인 공간과 정신적 웰빙을 추구하는 방법을 찾아보면 다음과 같다.

| 전통 문양과 패턴이 적용된 벽지나 타일로 연출하기 |

전통 문양을 가장 공간에 적용하기 좋은 방법은 벽지나 타일에 전통 문양을 패턴화하여 공간을 마감하는 방식이다. 이에 벽이나 천장면을 마감하거나 타일을 통해 바닥에도 적용이 가능하다. 벽지를 통한 전통 패턴 적용은 공간을 전체적으로 연출하고 문양에 담긴 의미나 느낌을 전달하기에도 가장 적합하다. 벽지에 새겨지는 문양은 벽지의 칼라와 문양의 선명도에 따라 다양하게 연출이 가능하다. 은은한 칼라의 벽지에는 전체적으로 문양도 은은하게 하게 새기거나 문양을 오히려 강조할 수도 있고 포인트 벽지처럼 진한 칼라에 문양을 배치하여 문양의 상징성을 칼라와 함께 더 강조할 수도 있다. 이러한 벽지는 벽면과 천장 마감에 사용 가능하가. 반면 전통 문양이 적용된 타일은 벽지보다 좀 더 다양하게 연출이 가능하다. 낱개로 패턴 연출이 가능하므로 전체적으로 패턴을 연출하거나 교차시켜서 배치하거나 전체적으로 패턴화하여 가로줄, 세로줄로 연출하거나 패턴으로 연출이 가능하다.

| 전통 문양이 적용된 커텐으로 연출하기 |

현대 주거 공간에 커텐은 실내 공간 이미지 연출이 상당한 영향을 준다. 거실공간이나 침실, 다양한 실의 창호에 차양과 연출을 위해 사용되는 커텐에 전통 문양이 새겨진 커텐을 적용하여 공간을 연출할 수 있다. 커텐의 소재 느낌과 문양의 패턴에 따라 다양한 느낌이 전달된다.

| 전통 문양이 적용된 창호로 연출하기 |

전통 문양이 적용된 전통창호는 가장 많이 현대 공간에 적용하기 좋은 요소이다. 특히 용자살, 띠살, 정자살, 교살, 숫대살 등은 기하학 선으로 현대적 디자인 미가 전달되므로 현대 주거공간에도 다양하게 적용이 가능하다. 직접적으로 창호 자체에 적용하거나 공간 칸막이로 이용하거나 붙박이장이나 각종 가구 문짝에 적용하여 연출 할수 있다.

| 붙박이 가구 문이나 기타 가구에 전통 문양 적용하기 |

현대 주거 공간은 붙박이 가구가 많이 있다. 침실을 붙박이장, 현관의 신발장, 부엌의 싱크장, 거실 수납장 등이 있으며 공간에 따라 수납공간을 다양하게 만들 수 있다. 이때 문짝에 전통 문양을 적용해 볼 수 있는데 문을 투각하거나 음각으로 새겨 넣거나, 양각으로 도드라지게 하거나, 인쇄방식으로 프린팅하여 연출할 수 있다. 이에 주거공간의 붙박이 가구의 문짝 뿐만 아니라 일반 가구들에도 문양을 다양하게 적용하여 전통과 현대를 조화시키는 공간을 연출하면서도 우리 조상들이 했던 것처럼 염원이나 바람을 문양을 통해 표현함으로 부적처럼 마음의 위안을 얻을 수 있다.

| 전통 문양의 파티션이나 가벽체로 연출하기 |

전통 창호를 그대로 파티션이나 가벽체롤 연출할 수도 있지만 각종 다양한 문양을 단순화하거나 재해석하여 파티션을 만들어 공간을 연출할 수도 있다. 이때 적용되는 방법은 병풍처럼 판벽을 만들어 페인팅이나 인쇄방식으로 문양을 새겨서 표현하여 완벽한 차폐를 하거나 문양자체를 투각하여 반차폐 방식으로 공간을 분할하는 방법으로 적용해 볼 수 있다. 투각에 의한 방법은 실내에 빛이 들어오면 그림자 연출로 공간을 한층 더 풍부하게 연출 해주는 효과를 볼 수 있다.

| 전통 문양이 적용된 카펫이나 러그카펫으로 연출하기 |

바닥에 전통 문양을 가변성 있게 연출하는 방법으로 카펫이나 러그 카펫에 전통 문양을 적용해 볼 수도 있다. 이때 소재에 따라 느낌이 달라지는데 일반 카펫 소재에 전통 문양 패턴을 전체적으로 적용하거나 일부 적용하기도

| 전통 문양과 패턴이 적용된 벽지와 팬던트 |

장수를 기원하는 국화문이 새겨진 벽지로 문양이 강조된 벽지로 포인트 월을 구성하고, 구름문과 물결문이 새겨진 은은한 베이지톤의 팬던트로 공간을 연출한 예이다.

| 전통 문양이 적용된 커텐 |

극락세계를 상징하는 당초문이 새겨진 커텐으로 창을 연출한 예이다.

| 전통 문양이 적용된 창호 |

숫대살 창호로 공간을 연출한 예로 공간이 전체적으로 전통적인 느낌이 연출된다.

| 전통 문양이 적용된 가벽체 |

완자살이 적용된 창호를 공간 칸막이 겸 문으로 적용한 아이디어를 표현 하였다.

| 전통 문양을 적용한 가구 도어 장식 |

사각형문으로 수납장을 장식하여 전통미와 현대미를 조화시켰다.

| 전통 문양이 적용된 파티션 및 벽장식 |

당초문으로 투각하고 능화문을 새겨 넣은 파티션 월로 연출하고 벽면을 연출한 사례이다.

| 전통 문양이 적용된 직물과 쿠션 |

창조와 번영의 상징인 연꽃문양을 단순화 여 쿠션과 벽면 장식 패브릭에 같은 패턴으로 연출하여 공간의 일체감을 주고 있다.

| 전통 문양이 적용된 패브릭으로 연출된 침실 |

봉화문과 식물 덩굴문을 패브릭에 새겨 쿠션과 발, 벽면 장식으로 연출한 사례로 벽면은 색동 칼라를 조각보와 같이 배치하여 연출하고 있다.

| 전통 문양이 적용된 세면대 |

장수를 상징하는 물결문을 새겨 넣은 세면대이다.

| 전통문양의 도자기로 연출된 공간 |

벽면을 디스플레이 선반식으로 만든 후 전통 문양이 새겨진 전통 도자기로 연출하여 전통미를 강조하고 있다.

하고, 대나무나 왕골 등 전통 자연 소재에 전통 문양을 적용하여 연출할 수 있는데 이는 한층 더 전통미를 더해 준다.

| 전통 문양이 적용된 패브릭 소품으로 연출하기 |

현대 주거공간에는 다양한 패브릭 제품이 사용된다. 거실에 패브릭 소파, 쿠션, 벽면 천 장식, 피아노 덮개 등 식당은 테이블 웨어, 식탁보와 다양한 공간, 특히 전자제품이나 먼지가 타기 쉬운 가구들 위에 연출하는 테이블보 등은 패브릭으로 연출되는 소품들이다. 이러한 패브릭 소품에 전통 문양을 적용하여 전통미와 현대미를 조화시키는 공간을 연출 할 수 있다.

| 전통 문양 패턴을 적용한 액자나 소품으로 연출하기 |

전통 문양이 적용된 다양한 인테리어 소품들을 통해 공간을 연출할 수도 있다. 가장 벽면을 연출하기 좋은 액자를 비롯하여 꽃병이나 볼, 양초, 수납상자, 화분, 컵 등 각종 주방용기들, 문방 소품 등 다양한 인테리어 소품에도 전통 문양을 적용하여 연출할 수 있다. 전통 문양을 각 소품들에 새겨져 각자 위치에서 연출하기도 하지만 공간 일부에 장식수납장이나 디스플레이 선반을 만들어 전통 문양이 강조된 소품들을 전시해 놓거나 실제 전통 소품들을 전시해 놓으면 포인트 월과 같은 역할을 하면서 현대적인 공간에 자연스럽게 조화되는 공간을 연출할 수 있다.

04 • 금구 장식을 통한 웰빙 연출

금구장식이란 기능의 필요성에 의해 주로 가구에 부착하는 쇠붙이 장식물 일체를 말하는데 창호나 대문 등에서도 금구 장식이 사용되어 목재 구조의 기능과 성능을 보완해주고 공간의 장식 포인트로서 사용되었다. 이렇게 사용되는 쇠붙이 일체를 장석이라 하는데 전통 목가구나 목재 구조나 문의 결점인 수축과 팽창을 막고, 짜임새나 이음새의 복합적 기능을 고려하여 고안해 낸 것이다. 이러한 장석은 목가구나 목재문의 구조보강과 기능적인 필요에 의해 있어야 하는 장식이며, 실용성과 견실성을 위주로 하여 불필요한 곡선이나 면을 최대한 단순화시키면서 세련된 기능과 자연미를 형성하여 금구장식이라 불린다.

금구장식은 부착되는 장소와 기능, 목적, 그리고 그 형태에 따라 종류와 명칭이 정해지는데 목가구를 중심으로 살펴보면 용도에 따라 경첩, 돌쩌귀, 들쇠, 고리, 자물쇠, 뻗침대, 앞바탕, 감잡이, 귀잡이, 통귀쌈, 광두정 등이 있다. 그리고 기능에 의해서는 서로 짜 맞춘 부분에는 거멀잡이 장석과 귀싸개장석, 여닫이 부분에는 경첩, 잠그는 부분에는 자물쇠, 앞바탕, 들기 위해서는 들쇠 등이 사용된다.

금구 장식의 종류

• 기능적 금구장식 •

| 경첩 |

경첩은 두 개의 금속판이 겹치면서 문이 열린다 하여 겹첩이라고도 하는데 장, 농, 문갑, 반닫이 등에서 문을 여닫을 수 있도록 가구의 몸체와 문판을 이어 주는데 사용하는 금구장식이다. 경첩은 대칭이 되는 두 개의 쇠조각을 맞물리어서 기둥쇠에 말아 고정시키고, 기둥쇠가 회전함에 따라 문을 여닫게 하는 것이 경첩의 원리이며, 돌쩌귀와 같은 기능을 가진다. 돌쩌귀가 무게를 많이 받는 방문이나, 대문에 주로 쓰인데 비해 경첩은 가벼운 창문이나, 가구류에 사용되었다. 다른 장석보다 그 기능이 강하게 작용하며 형태의 변화가 풍부하고 다양하다.

경첩은 부착된 외형, 즉 형태에 따라 돌쩌귀형, 노출형 경첩과 숨은 경첩으로 분류하고, 크기에 따라 세로 형태의 장경첩과 가로 형태의 단경첩으로 분류된다. 문양의 형태에 따라 동그레경첩, 약과경첩, 저고리경첩, 제비추리경첩, 호리병경첩, 불로초경첩, 나비경첩, 허리띠 경첩, 석류형경첩, 화형경첩 등으로 불리어진다.

돌쩌귀 경첩

돌쩌귀란 암, 수, 두 개의 쇠붙이로 구성되어 서로 끼어 맞추게 된 형식의 금구로 둘로 분리되는 경첩의 형태를 통틀어 돌쩌귀 형태로 분류한다. 경첩의 가장 기본적인 형이며 아주 오래된 가구에서 그 사례를 찾아볼 수 있는 경첩의 원형이라 할 수 있다. 대부분 무쇠로 간결하게 만들었으나 간혹 조선말기 이후의 내사장(內賜欌)에서는 백동으로 만든 돌쩌귀 형태가 있다.

노출형 경첩

날개판이 노출된 경첩의 총칭으로 다양한 형태와 문양을 지니고 있다. 조선시대에는 경첩을 노출시켜 기능과 함께 장식을 동시에 꾀하였다. 이 형의 경첩에는 장, 농, 문갑 등과 같이 세로로 된 문짝에 사용되는 가로 형태의 단경첩과 함, 궤, 반닫이와 같이 상하로 개폐되는 문짝에 사용되는 세로 형태의 장경첩이 있다. 그리고 장식의 기능이 있어 다양한 문양 형태를 갖는다.

숨은 경첩

경첩의 날개를 몸판이나 문판의 안쪽으로 달아 외부로 노출시키지 않고 못 머리통만 보이게 한 형태이다. 현대 가구에 가장 많이 쓰이며 서양가구에도 거의 이 방법이 쓰이고 있다. 조선시대 가구에는 의거리장이나 문갑, 문판이 큰 서장, 장식을 피하는 장에서 기능적 목적으로 사용되었다.

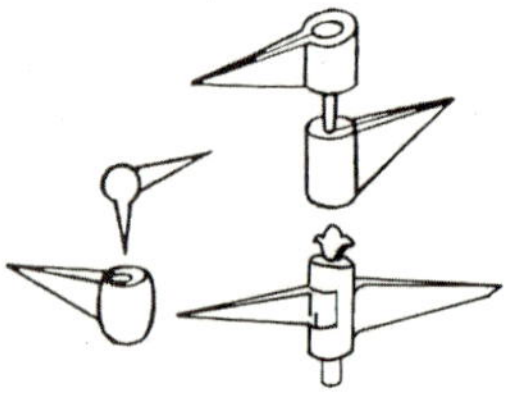

| 돌쩌귀 경첩 |

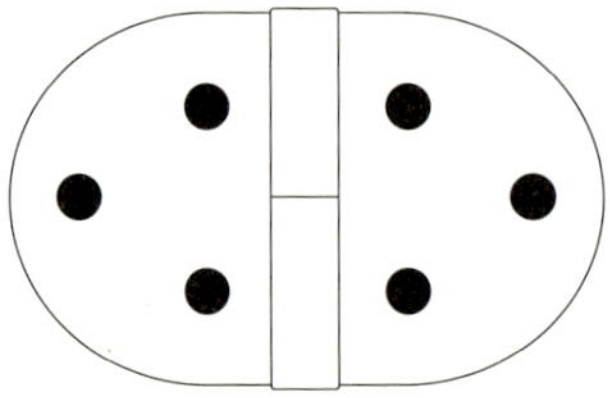

| 동그레경첩 |

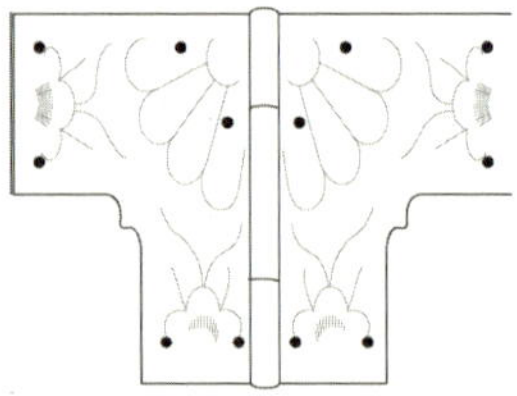

| 저고리경첩 |

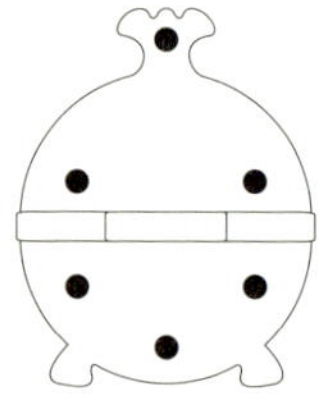

| 호리병경첩 |

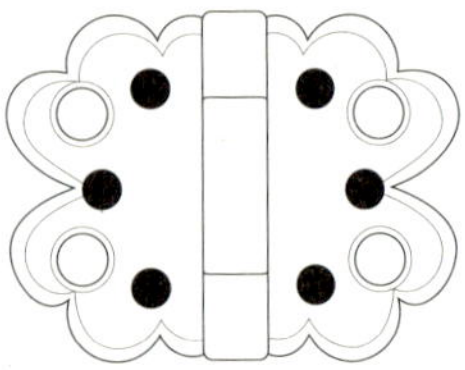

| 화형경첩 |

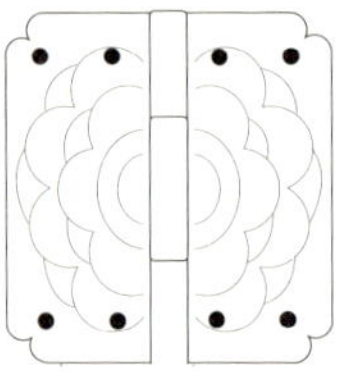

| 약과경첩 |

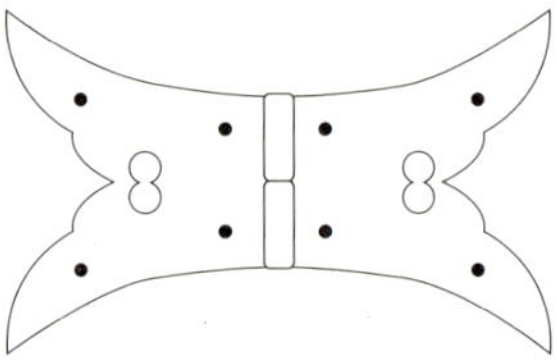

| 제비추리경첩 |

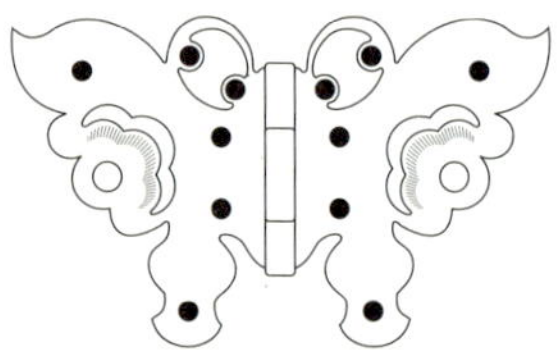

| 나비형경첩 |

| 들쇠 |

들쇠는 가구 자체를 손으로 잡아서 들어 올리거나 혹은 서랍이나 문짝을 열어 잡아당길 수 있도록 부착된 손잡이를 총칭한다. 들쇠는 초기에는 가구 자체를 들어 올린다는 의미에서 들쇠라는 이름으로 사용되었으나 점차 가구에 변화를 주는 장식성을 목적으로 부착하기도 하였다.

일반적으로 배목 두 개를 사용한 손잡이형이며, 손잡이가 목재에 부딪혀 생기는 마모성에 대비하기 위하여 들쇠가 닿는 부분에 광두정을 부착하여 미적 · 기능적 역할을 겸하기도 하였다. 유형은 형태에 따라 배목을 한 개만 사용한 손잡이형과 배목을 두 개 쓴 손잡이형으로 구분한다. 전자는 문갑의 문짝이나 머리장의 문짝, 연상이나 서안의 서랍 등 작은 문짝에 주로 부착되고, 후자는 규모가 큰 장의 문판과 서랍, 화려한 내사장에 주로 사용되었다. 오래된 유물에서는 배목을 하나로 쓴 들쇠가 주로 부착되어 있는 점으로 보아 시대적으로 앞선 것을 알 수 있다.

들쇠는 사용된 문양과 형태에 따라 명칭이 달라지는데 달지개쇠, 환들쇠, 방환들쇠, 맷돌쇠, 봉수선화 들쇠, 칠보 들쇠, 주련경 들쇠, 이화들쇠, 나비들쇠 등은 배목이 한 개 사용된 들쇠이며 활형들쇠, 반달들쇠, ㄷ자 들쇠, 卍

자들쇠, 운문들쇠, 박쥐형들쇠 , 탈고리 들쇠, 붕어들쇠, 봉황들쇠 등은 배복이 두 개 사용된 들쇠로 다양한 형태를 찾아볼 수 있다.

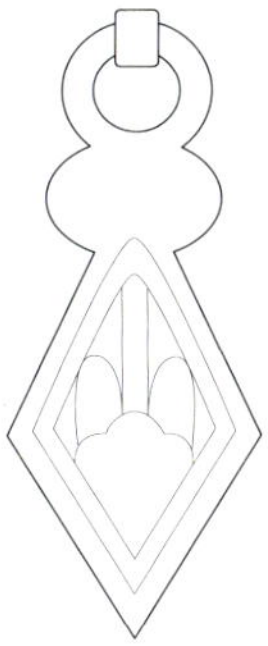

| 배목 한 개의 들쇠 |

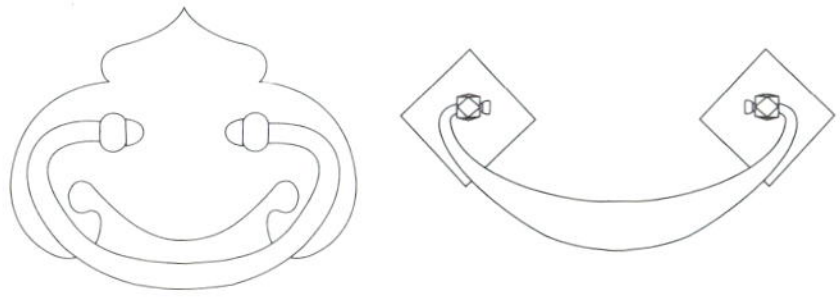

| 활형들쇠 |

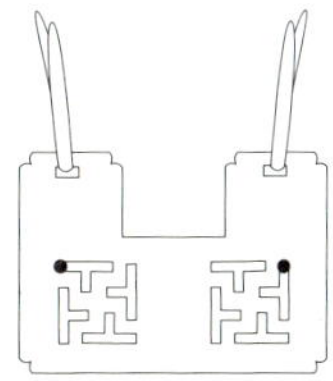

| ㄷ자형들쇠 |

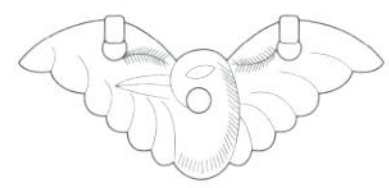

| 학들쇠 |

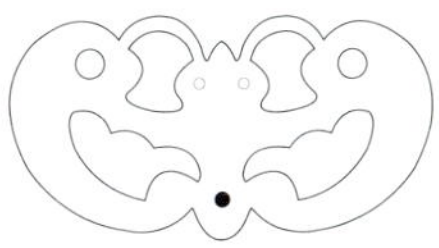

| 박쥐형들쇠 |

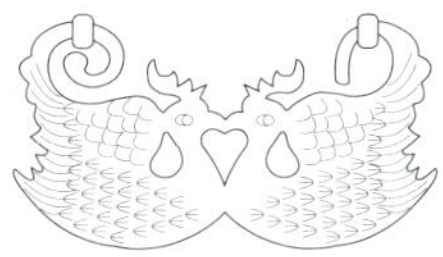

| 봉황들쇠 |

| 탈고리들쇠 |

| 붕어들쇠 |

| 고리 |

고리는 문이나 서랍을 개폐할 때 손잡이로 쓰이거나, 문짝의 배목에 부착되어 문을 걸어 두고 자물쇠를 채울 수 있는 기능의 장식이다. 각종 서랍이나 여닫이문의 자물쇠 앞바탕 위에 매달려지며, 개폐 기능의 자연스러운 형태로 고안되어 사용되었다.

들쇠가 커다란 손잡이로서 상당한 힘을 받아내는데 비하면 고리는 사용을 되도록 배제한 가구의 작은 손잡이로서 장식성을 지닌다. 고리 종류는 환(環)고리, 방환(方環)고리, 칠보고리 등이 있으며, 이 밖에도 네모고리, 편목고리, 방아다리고리 등이 있다.

| 다양한 형태의 고리들 |

| 뻗침대 |

뻗침대는 가구의 문짝, 또는 위판에 주로 쓰이는 긴 막대 모양으로 들쇠의 기능과 자물쇠를 끼울 수 있는 장식용 금구이다. 함, 궤, 반닫이 등 뚜껑을 상면으로 올리거나 상하로 개폐하는 문짝에 붙여서 손잡이와 더불어 고리의 역할을 겸하는 것이 특징이다. 길이에 따라 지루하지 않도록 변화를 주는데 흔히 대나무의 마디 형태를 새긴 것이 많고 끝 부분을 화형(花形), 또는 거북형 등으로 입체적 장식을 한 것도 있다. 형태에 따라서 몽땅 뻗침대, 선 뻗침대, 꺾쇠형 뻗침대, 복숭아 뻗침대 등이 있으며, 용도에 따라서 길이가 달라진다.

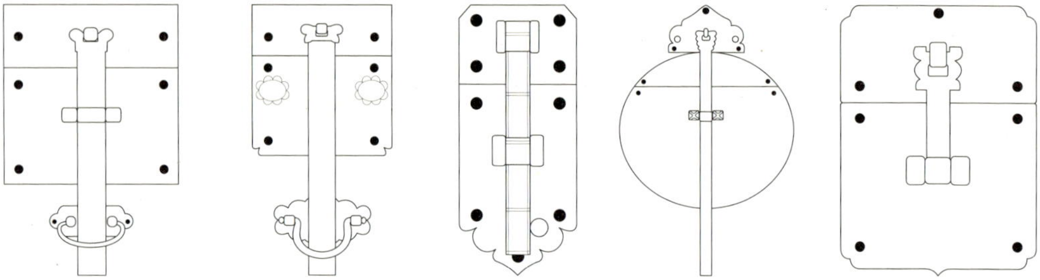

| 다양한 뻗침대들 |

| 자물쇠 |

자물쇠는 문짝이나 서랍을 잠그는 데 사용하는 금구로서 도난 방지의 보안기능과 함께 가구의 미적 효과를 위해 사용되었다. 이는 여닫게 되어 있는 구조 부위에 채워지거나 부착되어 열쇠로 열도록 한 구조이다. 자물쇠들은 주로 가구의 중앙부에 위치하며, 자물쇠 고리 밑바탕에 자물통의 무게를 지탱하도록 다양한 장식을 하고 있으며, 뻗침대 · 고리 · 앞바탕들의 구조와 어울리어 그 기능이 발휘된다.

이불장, 옷장, 책장, 뒤주, 함에서부터 창고문, 대문 등 용도와 기능에 따라 매우 다양하게 제작되었다. 자물쇠의 대표적인 종류로는 선자물쇠, 은혈자물쇠, ㄷ자형 자물쇠, 두껍닫이 자물쇠 등이 있다. ㄷ자형 자물쇠는 가장 많이 사용된 기본 자물쇠 형태로서 자물통에 줏대를 꽂아 잠그고 열대로 열게 된 형식으로 장류와 반닫이에 주로 쓰였으며, 선자물쇠는 좌우로 개폐하는 문짝에만 사용되었다. 은혈자물쇠는 서랍이나 문짝 표면에 부착된 자물통 없이 잠그게 된 형태로 장식미가 강하며 앞바탕의 장식 역할과 함께 자물통의 역할을 한다. 두껍닫이 자물쇠는 자물통 속에 줏대와 자물쇠 등이 모두 감추어져서 외형상 자물통만 보이는 형태의 자물쇠로서, 열쇠는 대개 상부에서 밀면 열리도록 되어 있으며 주로 손잡이를 겸하게 되므로 크지 않은 것이 특징이다.

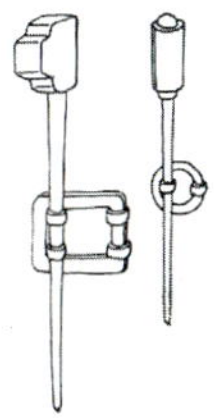

| 선 자물쇠 |

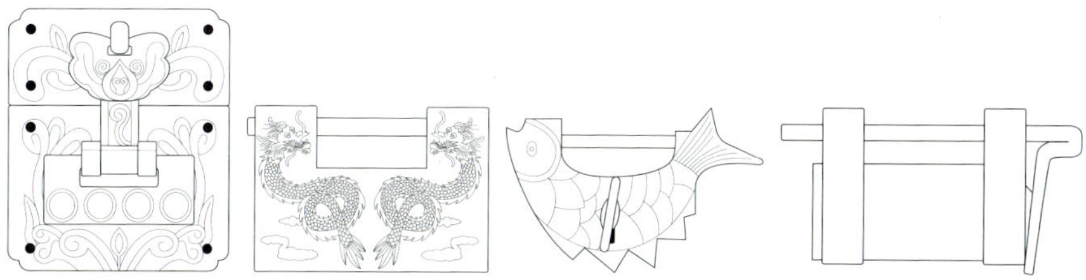

| ㄷ자형 자물쇠 |

| 은혈 자물쇠 |

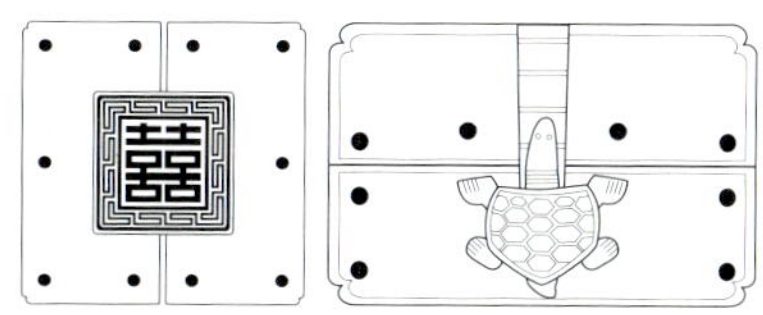

| 두껍닫이 자물쇠 |

• 구조보강 금구장식 •

| 감잡이 |

감잡이는 감아서 잡아준다는 뜻으로, 구조적인 접합부분이나 모서리 부분, 즉 주(柱)와 주, 주와 판(板), 판과 판 등을 잡아 줄 뿐만 아니라, 접촉시 가구의 모서리를 보호해 주는 역할을 하는 금구장식이다.

용도와 장식에 따라 다양하고 풍부한 형태를 부여하여 가구뿐만 아니라 주방용 목기물에도 감잡이 장식이 많이 사용되었다. 감잡이는 쓰이는 부분에 따라 허릿대감잡이, 개판감잡이, 새발감잡이로 분류되며, 문양에 따라 약과감잡이, 석류감잡이, 칠보감잡이, 상두감잡이, 망두감잡이, 여의두감잡이, 당포감잡이 등 명칭이 다양하다.

| 앞바탕 |

앞바탕이란 여닫이문에서 가구의 문을 여닫는 손잡이와 자물쇠, 배목 등을 장식할 때 가구에 견고하게 붙을 수 있도록 가구 판에 부착시키는 얇고 판판한 쇠붙이를 말한다. 앞바탕은 손잡이나 자물쇠가 부착되는 위치 등 손이 많이 닿는 곳에 흠이 생기지 않도록 가구몸판을 보강하는 역할을 하는 금구장식이다. 앞바탕은 가구 전면 중앙에서 가장 눈길을 끄는 위치에 부착되므로 문양과 형태가 화려하고 다양한 것이 특징이다. 경우에 따라 장, 농, 반닫

| 상두감잡이 |

| 약과감잡이 |

| 석류감잡이 |

| 당포감잡이 |

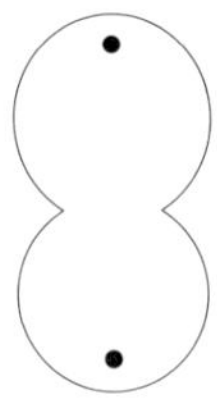

| 둥근감잡이 |

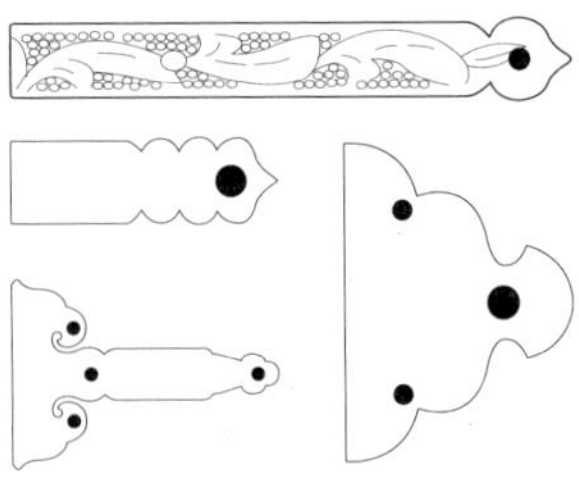

| 망두감잡이 |

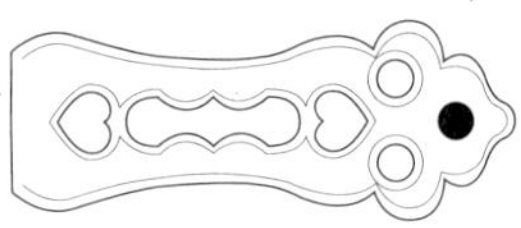

| 여의두감잡이 |

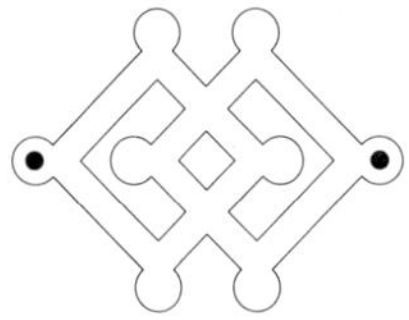

| 칠보감잡이 |

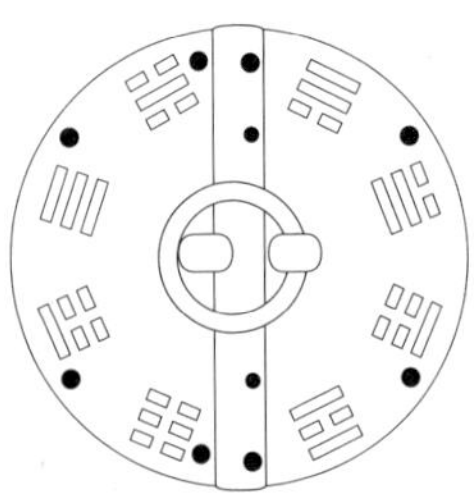

| 둥근앞바탕 |

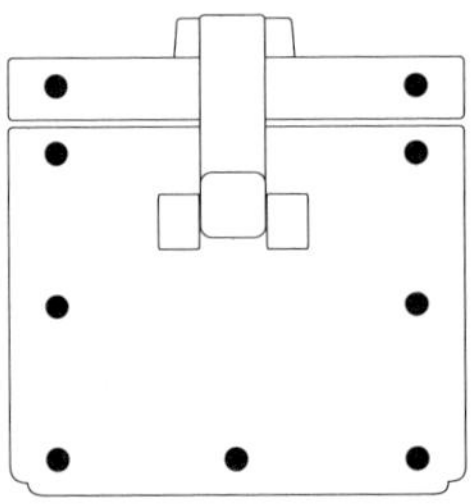

| 약과앞바탕 |

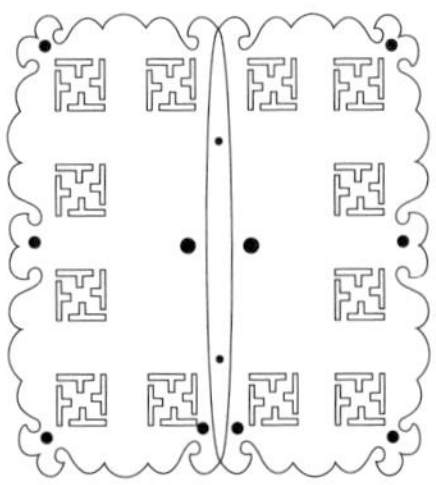

| 초문앞바탕 |

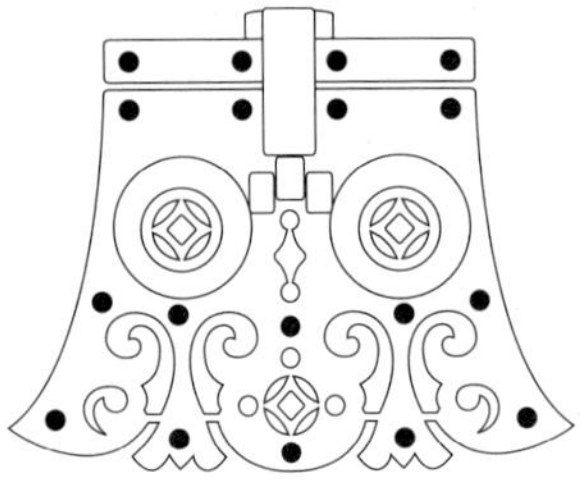

| 불로초앞바탕 |

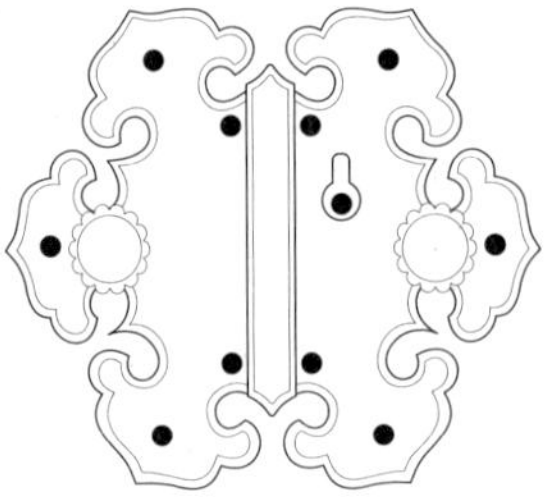

| 보상화앞바탕 |

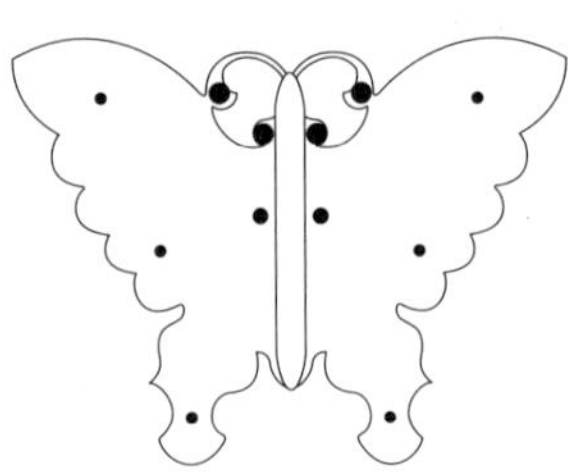

| 나비앞바탕 |

이 등에서 구조적 기능과 전혀 관계없이 장식만을 위한 앞바탕을 부착하는 경우도 있다. 이에 기능과 장식적인 면에서 형태와 무늬가 다양하다. 단순한 기하학적 곡선의 둥근 형태로부터 불로초 문양에 이르기까지 다양하고 화려한 형태를 취하고 있으며, 바탕의 문양과 형태에 따라 그 명칭도 달리 불린다. 기본적인 약과형(藥菓形) 외에 둥근형, 팔각형, 보상화형, 화형(花形), 여의두형, 운문, 완(卍)자형, 수팔련, 초문, 제비추리, 나비, 붕어, 박쥐, 사슴, 봉황, 불로초형 앞바탕이 등이 있다.

| 귀잡이 |

귀잡이는 감잡이와 같이 귀 부분을 잡아 구조적으로 잡아주고 다른 물체가 가구에 직접 닿는 것을 방지하면서 장식도 겸하는 금구장식이다. 감잡이가 입체적으로 양면을 잡아주는데 비해 귀장식은 평면적으로 귀 부분만을 잡아주는 차이점이 있다.

귀잡이는 사용되는 부분에 따라 가구의 이마받이를 장식하는 개판 귀장식, 문판귀장식, 족통 귀장식 등이 있고, 장의 삼면귀모서리를 통째로 감싸 주는 경우에는 귀싸개 장식 등이 있다. 특히 귀싸개 장식은 가구의 모서리를 보호할 뿐만 아니라 가구 전체의 균형을 유지하는 입체적 보강장치의 역할을 한다. 문양 형태에 따라 귀장식은 약과, 국화문, 화형, 여의두, 불로초, 수팔련, 망두형, 쌍두유, 연방, 당초문, 卍자, 운문 귀장식 등이 있다.

반면 목새로 만들어진 문 등에도 귀장식인 귀잡이쇠가 사용되는데 문의 크기, 문울거미의 너비와 두께에 따라 세발, 약과형, 반원형 등으로 나뉜다.

| 약과 귀잡이 |

| 국화문 귀잡이 |

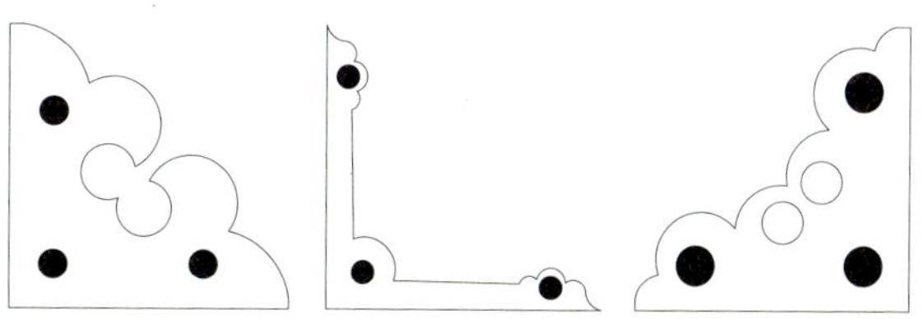

| 화형 귀잡이 |

| 여의두 귀잡이 |

| 투각팔괘문 망두형 귀잡이 |

| 쌍두유 귀잡이 |

| 광두정 |

광두정은 못의 일종으로 머리가 넓적하다 하여 광두정이라고 한다. 건축물과 가구에서 다 사용되는데 건축물에서는 못 자국이나 흠을 감추어주며 전면에 입체적으로 부착되어 평면을 시각으로 풍성히 해주고, 가구에서도 몸체에 나타나 있는 흠집이나 못 자국을 감추어 주고 비어 있는 면에 부착하여 허전한 공간을 조화 있게 메꾸어 미적 기능을 하는 금구장식으로 이용된다. 건축물에 사용되는 광두정은 둥글게 생긴 것을 원두정, 모나게 만든 것을 각두정이라 하는데, 면의 구성을 고려하여 배치한다.

가구에서는 대부분 장식적 요소로 크기와 형태를 고려하여 좌우, 상하로 대칭적으로 부착시킨다. 이러한 장식효과는 마치 다 만든 의복에 단추를 달아 악센트를 주는 효과와 같다고 볼 수 있다. 따라서 가구 몸판에 부착되는 장식 중 입체감을 주는 유일한 금구장식으로 건축에 있어서는 대문의 못자국 부분에 많이 사용되고, 가구에서는 반닫이와 장, 농의 가구 장식에 흔히 사용된다. 그리고 간혹 들쇠의 손잡이부분이 닿는 부분에도 부착시켜 가구 몸판에 이들이 직접 닿지 못하게 하기도 하였다. 광두정도 형태와 문양에 따라 명칭이 불려지는데 약과 광두정, 달 광두정, 이화광두정, 국화 광두정 등 소박한 문양으로부터 불로초 광두정, 붕어, 학 광두정 등 화려한 문양을 비롯하여 박쥐형, 참새형, 팔각형, 나비 등 여러 형태가 있다.

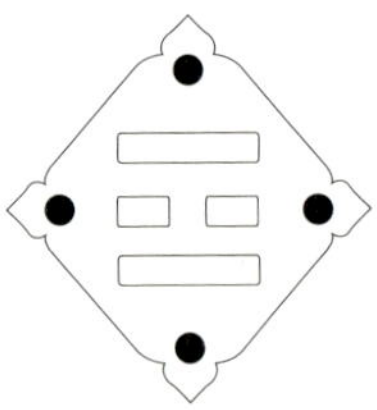

| 약과광두정 |

| 보상화광두정 |

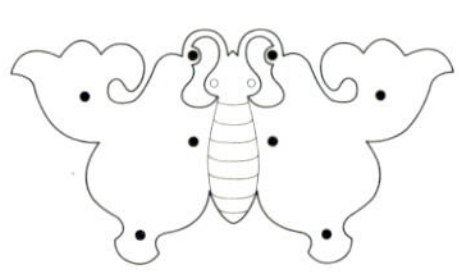

| 나비광두정 |

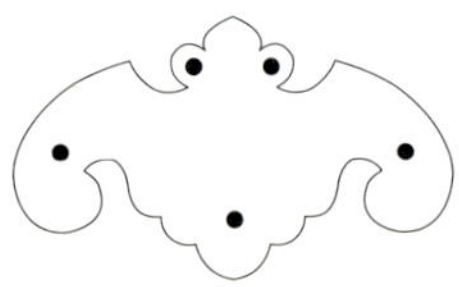

| 박쥐광두정 |

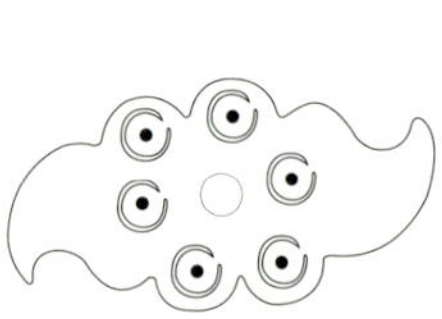

| 구름광두정 |

| 국화광두정 |

| 이화광두정 |

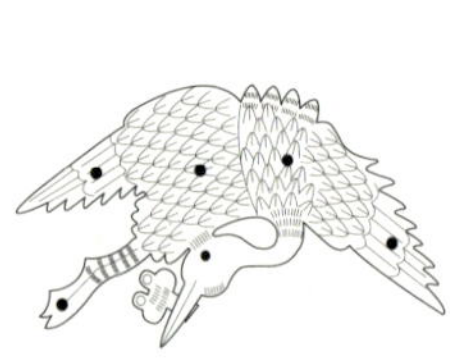

| 학광두정 |

| 새발장식 |

새발장식은 외부와의 접촉 시 가구의 모서리를 보호해 주는 역할을 하는 감잡이의 일종인 금구 장식이다. 감잡이는 용도와 형태, 그리고 쓰이는 부분에 따라 여러 가지로 분류가 되는데, 새발장식은 감잡이의 하나로서 가장 가늘고 선적인 형태로 기둥 부분에 많이 사용되었으며 미적기능을 하는 장식적 요소가 강하다. 많이 사용된 새발장식을 약과, 국화 망두형, 연봉 새발 장식 등이 있다.

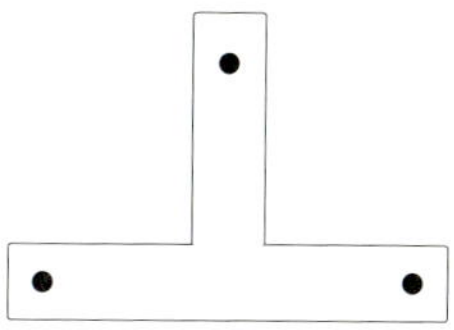

| 약과새발장식 |

| 국화새발장식 |

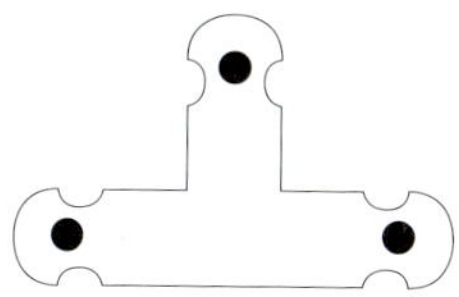

| 망두형새발장식 |

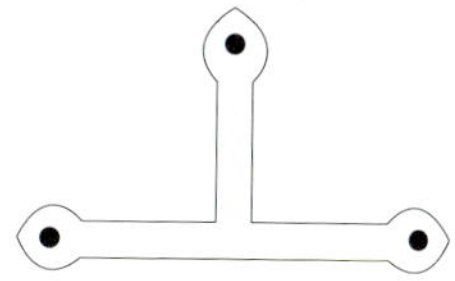

| 연봉새발장식 |

| 통귀쌈 |

통귀쌈은 가구의 세 면이 모이는 귀퉁이 부분을 통째로 감싸주는 금구장식이다. 목가구의 모서리를 보호하는 역할을 하며, 전체의 균형을 유지시키는 입체적인 구조 보강장치이다. 모서리에 고깔을 씌운 것 같다하여 고깔장식 또는 귀싸개장식이라고도 한다. 통귀쌈은 가구의 모서리 부분인 세 면을 통째로 감싸주므로 두 면만을 입체적으로니 평면적으로 잡아 주는 감잡이나 귀잡이와는 구별된다. 통귀쌈의 형태는 약과형, 화형, 보상화형, 석류형, 여의두형 등이 있으며, 장, 농, 빗접이나 서류함 등에 사용되었다.

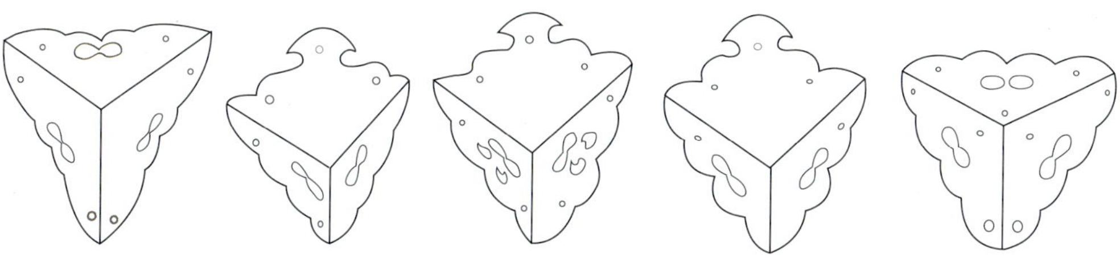

| 화형 통귀쌈 |

| 꾸밈장식 |

꾸밈장석은 장식적 요소로 사용되는 금구장식으로서 가구의 정면을 화려하게 꾸미는 미적 기능을 하며, 특히 상류층 안방가구에 많이 사용되었다. 문자 꾸밈자식과 십장생, 동물, 식물 꾸민 장식 등이 많이 사용되었다.

| 장생꾸밈장식 |

| 식물꾸밈장식 |

전통 공간에서 금구 장식의 활용

금구장식은 전통 목재건축과 목재가구에서 목재의 결점인 수축과 팽창을 막고, 짜임새나 이음새의 복합적 기능을 고려하여 고안해 낸 것으로 건축물보다 가구에서 좀 더 미적이고 다양한 형태가 사용되었다. 그러나 건축에서도 단조로운 목재 입면에 금속 장식을 부착시키므로 포인트 역할을 하고 구조와 기능을 보강해준다는 점에서 곳곳에 사용되고 있다.

• 건축 공간에서 활용 •

건축 공간에 사용된 금속 장식 즉 장석들은 크게 3가지로 분류되는데 첫째, 건축 철물로 건축물에서각 부분의 기능과 성능을 순조롭게 하기 위하여 사용되는 철물, 둘째, 창호철물로 창과 문을 달거나 장식할 때 사용되는 철물, 셋째, 수장철물로 건물을 단장할 때 사용되는 철물이다. 이 중 가장 많이 사용된 장석은 주로 창호와 대문에 사용되었는데, 문짝 자체를 제작할 때와 문틀에 달아 열고 닫기 위해서는 문짝과 문틀에 여러 가지 금속재인 철물인 장석을 부착해야 한다.

창호의 문을 여닫는 기능이 되도록 하는 경첩과 돌쩌귀, 삼배목과 같은 장석들과 구조를 보강하기 위해 감잡이쇠, 원산 등이 사용되고, 고정하고 잠그는 기능을 위해 사용되는 문고리, 자물쇠, 등자쇠 등이 사용되었다.

대문이나 목재로 된 판장문에서 문을 여닫을 수 있도록 하는 선둔테, 돌쩌귀 등이 사용되고 문을 열고 고정하기 위해 배목, 문고리, 자물쇠 등이 사용되고 문을 구성하는 구조재 보강을 위해 감잡이쇠, 귀잡이쇠, 장식못, 광두정, 국화쇠 등이 사용된다.

창호와 대문에 사용되어 공간분위기에 영향을 준 금속 장식인 장석들을 주로 살펴보면 다음과 같다.

| 경첩 |

경첩은 어떤 문이든 여닫는 데는 다 사용되었는데 주로 가벼운 창문이나 가구류에 사용되었다. 창호에서 사용된 경첩은 금속판이 전면에 보이도록 노출되며 장식성을 가미한 노출경첩과 금속판을 안쪽에 부착시켜 전면에서는 -자형의 단순한 기둥만 보이도록 하여 실용성을 살린 것은 숨은 경첩이 있으며, 위 아래로 열리는 여닫이문의 무게를 지탱하기 위해 사용되는 크고 긴 형태의 장석이 부착되는 장경첩이 있다.

| 돌쩌귀 |

돌쩌귀는 무게를 많이 받는 방문이나 대문에 주로 사용했고 현대건축의 정첩과 같으며, 경첩과 같은 기능을 하면서 제작 및 부착방법이 다르다. 문을 여닫을 수 있도록 구멍이 있는 암짝은 문설주에, 뾰족한 돌출부가 있는 수짝은 문짝에 박아 서로 맞추어 꽂는 구조이다. 이때 암짝을 암돌쩌쉬, 수짝은 수톨쩌귀라 하는데 이는 문짝을 떼어내기 쉽도록 되어 있는 구조로 문짝을 들어다 암돌쩌귀의 구멍에 수돌쩌귀의 촉을 끼우면 문을 여닫을 수 있다. 장석이 튼튼하게 박혀 있다면 문이 웬만해선 문선이나 기둥에서 이탈되지 않는다. 전통 주거의 창호는 봄가을에 창호지를 새로 발라주어야 하는데, 이때 떼고 다시 거는 것까지 고려한 장석이라 할 수 있다.

| 경첩 |

| 돌쩌귀 |

| 돌쩌귀를 이용하여 고정한 창호 |

| 문고리 |

문의 개폐기능과 더불어 닫을 때 고정하는 역할도 하고, 문 인방이나 문선에 달린 배목에 문고리를 걸어 잠그기도 하였다. 방의 창호에서 안에 미닫이가 있을 경우는 문고리와 배목의 부피만큼 창호 틀을 파내어 미닫이가 잘 여닫힐 수 있도록 하였는데, 그렇지 않은 경우는 문고리에 사슬을 하나 더 달아 배목까지의 길이를 보충했다. 손잡이에 달린 사슬수에 따라 단환, 쌍환 등으로 불린다.

| 배목 |

목재창호와 대문에서 배목은 문걸이를 걸거나 자물쇠를 채우기 위해 둥그렇게 구부려 만든 고리를 말한다. 이 배목을 세 개로 만든 것을 삼배목이라 하며 이는 들어걸개에 분합문을 거는 장치로 이용된다.

| 비녀장 |

문고리를 잠그기 위해 비녀처럼 생긴 철물을 배목에 꽂는데 이를 비녀장이라고 한다.

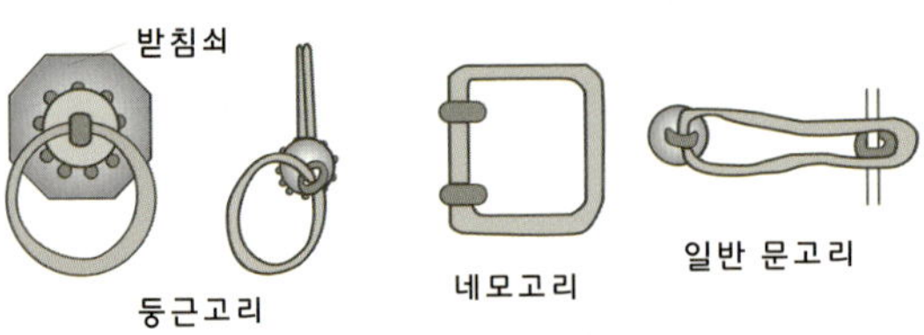

| 다양한 문고리들 |

| 국화정에 배목을 박은 문고리 |

| 사슬로 구성된 문고리 |

| 감잡이쇠 |

창호나 대문 구조재의 접합부나 모서리 부분의 보강을 위하여 부착하고 판과 기둥, 기둥과 기둥, 판과 판 등 짜임이나 접합 부위를 양면으로 튼튼히 잡아 기능을 보강해 준다. 각종 부재가 맞춰지는 기둥의 상부나 나무 홈이 돌아가는 판문의 구석, 둔테목 등에 사용되었다.

| 귀잡이쇠 |

감잡이쇠가 입체적이라면 귀잡이쇠는 평면적인 장석으로 가로재와 세로재가 만나는 부위의 취약함을 보강하며 장식하는 역할이 강하다. 문의 크기, 문울거미의 너비와 두께에 따라 세발, 약과형, 반원형 등으로 나뉜다.

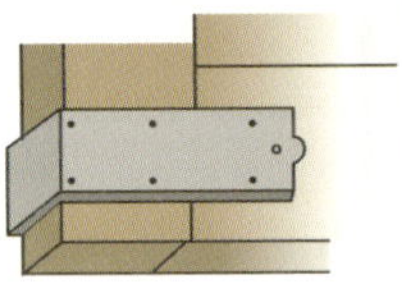

| 감잡이쇠 |

| 대문의 감잡이쇠 |

| 감잡이쇠와 귀잡이쇠로 구성된 대문 하부 |

| 대문에 부착된 귀잡이쇠 |

| 새발장식 |

새발장식은 띠쇠라고도 불리며 연귀맞춤 등 맞춤으로 연결시킨 문짝의 선대와 막이 빠지는 것을 막기 위해 사용된 문양을 넣은 얇은 철물로 말한다.

| 원산 |

원산은 여닫이문의 여는 방향과 반대방향에서 설치하여 문이 뒤로 밀려나는 것을 방지하고자 설치하는 장석으로 현대의 도어 스톱과 같은 개념이라 할 수 있다. 양문이 만나는 문의 하단이나 문지방 가운데에 작은 철물을 박아주는데 주로 형태는 원형, 반원형, 삼각형 등이 사용된다. 대문과 같이 큰문에는 철물대신 돌을 박아 주는데 이를 원산석이라 한다.

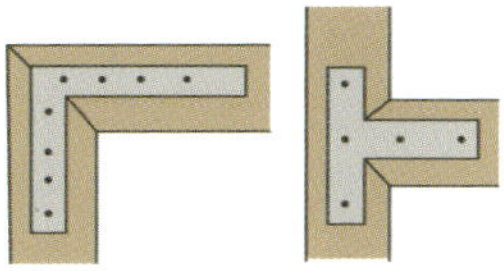

| 새발장식 |

| 문에 사용된 새발장식 |

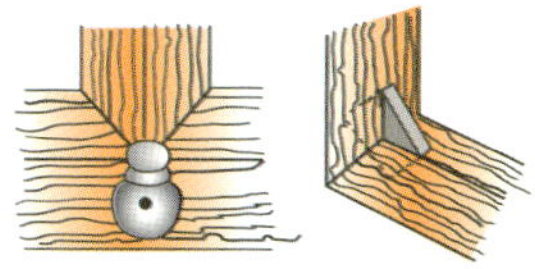

| 원산 |

| 광두정 |

못의 일종으로 머리가 넓적하다 하여 광두정이라고 하는데 못 자국이나 흠을 감추어주면서 전면에 입체적으로 부착되어 평면을 시각으로 풍성하게 해준다. 형태 둥글게 생긴 것을 원두정, 모나게 만든 것을 각두정이라 하는데, 면의 구성을 고려하여 배치한다.

| 국화정 |

문짝에 문고리나 못을 박을 때 못대가리 주변을 국화꽃처럼 생긴 얇은 장식철판으로 장식하는데 이를 국화정 또는 국화쇠라고 한다. 국화정은 못구멍이 있어 못과 같이 사용된다는 점이 못머리 자체가 장식이 되는 광두정과는 다르다. 이 국화정은 창호 외에도 다양하게 사용되었다.

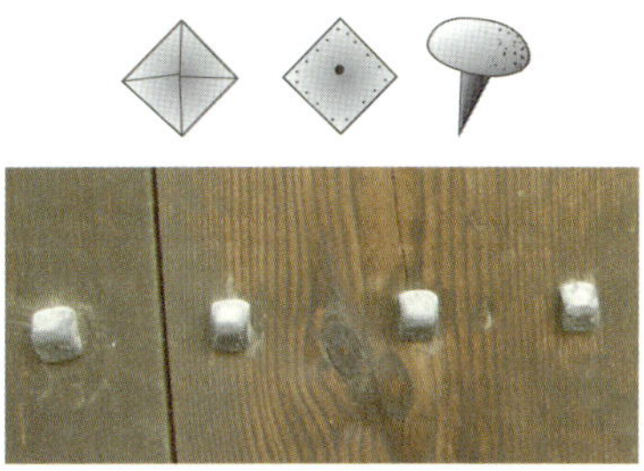

| 광두정 |

| 다양한 국화정들 |

| 국화정을 통한 장식 효과 |

| 자물쇠 |

가구에서 사용하는 자물쇠와 형태상으로 유사하며 크기에서 차이가 날뿐 다양한 모양과 작동법을 가진 자물쇠가 고안되고 배목과 문고리 장석과 더불어 화려함을 더하거나 무게를 잡아주기도 하였다. 가장 일반적으로 사용된 형태는 외형이 ㄷ자형의 장방형으로 옆면은 대롱형, 사각, 삼각, 오각 등 다양하며 분리가 되는 형태를 취하였다. 크기도 다양해 반닫이에서 광문에 이르기까지 광범위하게 사용되었는데 사용상 자물쇠의 크기는 문고리 사이로 빠져 나오지 못 할 크기로 제작되어 사용하

였다. 자물쇠에도 문양이 없는 것도 있지만 다양한 문양을 사용하였는데 붕어와 거북, 박쥐, 용의 문양이 많이 사용되었다. 이 중 붕어는 눈을 감지 않고 자기 때문에 항시 지켜주기를 바라는 뜻으로, 거북은 한번 물면 절대 놓지 않는 습성을 반영한 것이다. 그밖에 복을 가져다주거나 재물을 불러다 주는 것들을 형상화하기 하여 반영하였다.

| 창호에 설치된 ㄷ자형 자물쇠 |

| 판문에 설치된 ㄷ자형 자물쇠 |

| 대문에 설치된 ㄷ자형 자물쇠 |

| 등자쇠 · 들쇠 · 달쇠 · 걸쇠 |

분합문의 두 짝, 혹은 세 짝의 문을 위로 들어 걸 수 있는 문에 고정시켜두는 장석을 등자쇠 또는 들쇠 · 달쇠 · 걸쇠라고도 부른다. 등자쇠 끝부분에 90도로 꺾인 철물에 문짝을 직접 얹는 방식과 끝부분에 고리가 있는 두 등자쇠를 매달고 그 사이에 끼워진 각목위에 얹는 방식이 있다. 등자쇠는 들어 올린 문의 길이나 각도에 맞추어 도리, 서까래 등의 구조재에 여러 개의 고리로 연결하여 고정시킨다.

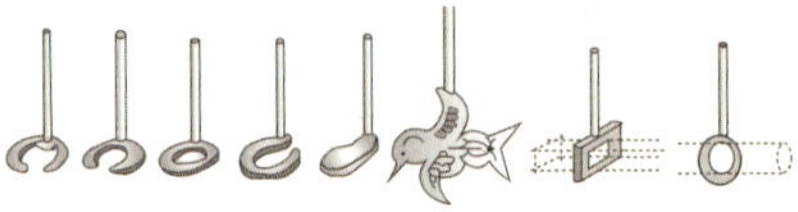

| 등자쇠 유형들 |

| 등자쇠에 각목을 끼워 들어걸개 문을 올린 모습 |

| 등자쇠에 들어걸개 문을 직접 올린 모습 |

• 가구에서 활용 •

가구에 금구장식이 이용된 것은 철기시대 이후로 계속 발전되어 고려시대 이르러 세공 기술이 최대로 발전되어 조선시대 이르렀다. 조선시대에는 가구, 문방구류, 생활용품이 많이 만들어지면서 다양한 장석이 활발히 제작되었는데, 구조적인 기능뿐만 아니라 미적인 기능까지 겸하게 되었다. 조선시대 초기에는 필수적이고 기능적인 역할을 강조하여 단순하고 검소하게 제작되었으며, 주로 사용했던 금속은 무쇠나 시우쇠장식이었다. 하지만 후기로 내려오면서 점차 복잡해지고, 도식적으로 흐르면서 장식성이 상조되고 지빙색이 니디나기 시작했다.

목가구에는 경첩, 돌쩌귀, 들쇠, 고리, 자물쇠, 앞바탕, 감잡이, 귀장식, 광두정, 뻗침대 등이 기능에 따라 골고루 사용되었는데 안방가구는 주로 여성들의 취향에 맞게 다채롭고 화사한 꾸밈과 여러 가지 길상적인 소재를 담은 장식이 쓰였고, 사랑방 가구는 검소하고 단순한 의장이 사용되었다. 여성용 안방가구에는 화사함을 추구하는 취향에 의해 주석과 백동을 이용한 나비, 꽃, 새, 운학, 매죽문의 장석들이 많이 사용되고 이외에도 투각(透刻), 선각(線刻)을 통하여 만자문, 희문, 수복문(壽福紋) 및 호리병, 제비초리, 박쥐, 불로초 모양도 많이 사용되었다.

금구장식은 조선시대 목가구 장식의 대표적 특색이기도 하며, 경첩돌쩌귀, 들쇠고리자물쇠 등 기능적인 것과 국수물림, 새발장식, 감잡이 앞바탕, 귀장식 등 보강구조를 지닌 것 두 계열로 구분되며, 이 두 계열의 장식은 그 의장이 모두 장식성을 강하게 지니고 있다. 이 장식성은 한국 장식의 소박한 맛과 순정적인 맛이 돋보이며, 특히 거멍쇠 장식류의 자연스럽고 조촐한 의장은 그 바탕 재질과 더불어 한국적 취향이 짙게 나타내고 있다. 이러한 금구장식도 문양과 마찬가지로 생에 대한 염원이나 바램을 표현하여 문양이나 문자로 표현되어 정신적인 웰빙을 추구하는 하나의 요소로 작용하였다.

재료는 배동 · 놋쇠 · 구리 등 동석계(銅錫系) 금속과 시우쇠 · 무쇠 등 철계(鐵系) 금속이 사용되었다. 그 중에서도 가장 많이 사용된 금속은 놋쇠와 철이며, 금속판을 여러 모양으로 오려 그 위에 문양을 새기거나 조각하여 목기물에 부착하였다. 무쇠는 힘을 많이 받는 반닫이와 책장, 찬장 등 두껍고 크기가 큰 장석에 쓰였으며, 소나무나 오동나무에 잘 어울려 검소한 사랑방 가구의 질감으로 널리 이용되었다. 주석은 구리, 주석, 백동, 시우쇠를 합하여 만들며, 배합비율에 따라 그 성질과 색이 달라진다. 비교적 연질이어서 자유롭게 오려낼 수 있고 음각, 양각. 투각이 용이하여 여성용 가구에 주로 사용되었다. 백동은 조선 말기부터 널리 사용되었으며, 희고 깨끗하여 단아한 멋을 준다. 기능성보다 장식성에 치우쳤던 20세기 가구에 많이 쓰였으며 음각, 양각, 투각 등의 다양한 형태로 발달되었다.

전통 목가구에는 가구 하나에도 기능과 형태에 따라 다양한 금속 장식이 사용되었는데 장과 반닫이, 경대에 사용된 금구장식들을 살펴보면 다음과 같다.

| 삼층장에 사용된 금구장식들, 광주민속박물관 |

| 반닫이에 사용된 금구장식들, 경희대 박물관 |

| 제비추리 경대에 사용된 금구장식들, 한양대 박물관 |

현대적으로 응용 웰빙 연출하기

전통 금구장식은 전통 문양을 금속의 형태로 만들어 우리의 옛 선조들이 실제로 공간에서 활용한 사례들이라 볼 수 있다. 그 활용에 있어 문양이 지니는 상징성에 의해 집안의 화목과 건강, 복을 기원하는 강한 염원을 지니고 있으며, 무엇보다 금속의 특징상 반영구적으로 지속성을 가지고 있어 오랜 시간 대대로 이어 사용한다는 장점을 지닌다. 이에 우리의 전통 금속장식을 현대 우리의 집에 적용한다면 우리 선조들이 그랬던 것처럼 공간의 포인트가 되면서 집안의 화목을 빌고 오랜 기간 사용이 가능하다. 전통 금속장식을 현대공간에 적용할 때는 금구장식의 형태와 기능을 감안하여 유사하게 적용하거나 크기에 변화를 주거나 일부 요소를 끌어다 새로운 용도에 응용하여 변화를 주어 전통미에 현대적 감각을 살리면서 공간을 연출할 수 있다.

| 전통 금구장식이나 금속 표면장식을 문의 손잡이로 적용하거나 표면장식으로 연출하기 |

전통 금구장식 중 고리나 들쇠, 자물쇠를 응용하여 실내공간에 사용되는 문의 손잡이로 연출하거나 국화정이나 앞바탕을 응용하여 손잡이 주변을 장식한다면 문손잡이 하나로 공간의 포인트가 되면서 전통적인 느낌을 현대적으로 연출이 가능하다. 또한 손잡이의 형태가 현대적인 손잡이라면 손잡이 금속 표면에 전통 금속재에 사용된 문양패턴을 적용하여 전통적인 느낌을 현대적으로 연출한다. 이때 공간별로 공간의 주요 기능이나 사용자가 개성과 성향에 따라 다른 유형이나 문양의 금구장식을 사용하여 공간의 상징성을 나타낼 수 있다.

문을 구성하는 문의 표면장식에도 광두정이나 국화정, 귀잡이, 감잡이, 새발장식, 앞바탕, 꾸밈장식 등을 적용하여 전통적인 느낌을 연출할 수 있다.

| 실내 가구 손잡이나 표면장식에 전통 금구장식 적용하기 |

전통가구를 재현한 전통가구로 직접 공간에 배치하여 자연스럽게 전통 금구장식이 적용될 수도 있지만 전통가구를 현대적으로 재해석하여 가구표면장식에 금구장식을 적용하거나 손잡이 등에 전통 금구장식인 들쇠나 고리, 자물쇠 등을 적용하여 연출할 수도 있다. 그리고 전통적 느낌의 가구가 아니더라도 손잡이를 중심으로 전통 금구장식을 색상에 변화를 주거나 재료를 다르게 하여 연출해도 전통과 현대의 새로운 조화에 의한 공간 연출이 가능하다. 또한 가구의 표면 장식에도 광두정이나 국화정, 귀잡이, 감잡이, 새발장식, 앞바탕, 꾸밈장식 등을 금속으로 적용하거나 가구의 소재와 어울리는 다른 소재로 금구장식의 형태이되 소재는 다르게 적용하여 전통적인 느낌을 연출 할 수 있다.

| 전통 금구장식 패턴을 응용하여 칸막이 금속 파티션이나 난간으로 연출하기 |

전통 금속장식은 다양한 전통 문양을 금속으로 표현한 것이므로 이를 확대하여 크게 프레임화하여 제작한다면 공간의 파티션이나 칸막이벽, 차양월로 연출이 가능하다. 또한 계간의 난간이나 베란다나 테라스의 난간에도 적용하여 전통적 느낌이 연출되는 운치 있는 공간 연출이 가능하다.

| 전통 금속장식을 적용한 옷걸이, 벽면 장식 소품으로 연출하기 |

주로 문이나 가구에 전통 금구 장식이 적용되었으나 벽면 자체에 장식 포인트로 금구장식 크기를 크게 하여 벽면을 장식하거나, 작은 패턴으로 벽면을 채워 장식해도 액자나 다른 장식이 없어도 공간의 포인트 요소가 될 수 있다. 좀 더 실용적인 기능을 추가 하여 벽면에 적용한다면 옷걸이 등으로 응용하여 연출이 가능하다. 국화정이나 앞바탕에 배목을 크고 길게 제작하여 부착시키고, 그 위에 같은 금속 소재로 옷을 걸 수 있는 쇠고리를 부착시키거나, 뻗침대나 고리를 벽면과 수직형으로 부착시키면 벽면 장식도 되면서 옷걸이처럼 기능도 가능한 공간연출이 된다.

| 전통 금구장식을 적용한 조명기구로 연출하기 |

집안 곳곳에 적용되는 조명기구에 전통 금구장식을 응용하여 적용한다. 특히 펜던트나 사이드 테이블, 플로어 램프, 브라켓, 샹들리에 등에 금속장식을 적용하기가 용이하고 다양한 효과를 볼 수 있다.

| 전통 금구장식을 적용한 금속 액자나 거울 등 장식 소품으로 연출하기 |

집안에 장식 요소로 연출하는 다양한 액자에 금구장식을 적용할 수 있는데 이때 두 가지 방식으로 연출이 가능하다. 액자 자체가 금구장식으로 액자를 만들어 걸 수도 있으며, 액자 프레임을 금구 장식을 응용하여 연출할 수도 있다.

다양한 공간에 거는 거울의 프레임이나 소품 가구 프레임에 다양한 금구장식을 적용할 수 있다.

| 전통 금구 표면 장식 적용 |

전통 금구 장식의 표면에 사용된 문양 패턴을 현대적 느낌의 욕실가구 표면과 거울 프레임에 적용하여 고풍적이면서 세련된 전통미가 느껴지게 연출하였다.

| 손잡이에 전통 금구장식 문양 패턴 활용 |

현대적인 금속 도어손잡이에 전통 금구 장식표면 마감에 적용된 손잡이로 공간을 고급스럽게 연출하는 효과가 있다.

| 전통문양의 금속 파티션 |

전통문양을 금속 선재로 표현하여 참문 앞에 설치하여 차양과 공간 연출을 동시에 해결하고 있다.

| 전통금구장식 패턴 칸막이벽과 팬던트 |

부엌과 거실공간의 분리를 전통금구장식을 적용하여 투각시킨 파티션으로 공간의 포인트를 주면서 연출하고 식당 위 팬던트로 공간의 통일감을 주고 있다.

| 전통 금구 장식의 활용한 침실 연출 |

전통 금구장식 중 국화정을 침대 위 목재 마감 벽면에 대문장식처럼 연출하고 가구의 손잡이를 자물쇠 형태로 적용하도 화장대 거울의 프레임을 금속장식 패턴을 적용하고, 금속패턴을 적용한 플로어 스탠드와 브라켓등으로 연출하고 있다.

| 전통금구 장식 액자, 조명, 장식 소품으로 연출 |

전통 금구장식을 적용한 액자와 문패패턴 벽면 연출 소품, 쇼파 프레임, 브라켓등, 데이블 소품 스탠드에 전통 문양의 금속재를 적용하여 모던한 전통미가 느껴지게 연출하였다.

| 전통 금구장식을 적용한 조명과 손잡이 연출 |

탁 위 팬던트와 콘솔 위 놓인 스탠드에 전통 문양을 금속재로 표현하고, 창의 블라인드를 대신하여 교살창 패턴을 금속재로 연출하고, 가구의 손잡이에 고리 장식을 적용하였다.

八 章

전통 주생활을 현대의 웰빙 주생활로 적용하기

01. 전통 주거를 현대로 담아오는 법

전통성의 현대적 표현방법

전통을 담은 웰빙 주거 공간 계획하기

02. 전통을 담은 우리 집 공간별 웰빙 연출하기

현관

거실

침실

욕실

주방 · 식당

어린이방

바쁘고 지친 우리가 과연 정말 웰빙 주생활을 실천 할 수 있을까? 우리 삶에 가장 알맞은 웰빙 주생활! 우리의 참살이는 과연 어떤일까? 전통은 과거만을 이야기하는 것이 아니다. 지금도 우리는 앞으로 미래의 전통을 만들고 있다. 그러나 우리 좀 더 건강하고 행복한 삶을 위해서는 우리 선조들의 지혜와 삶의 방식을 배제하는 것이 아니라 이를 포함하여 새로운 전통을 만든다면 더 좋은 우리만의 가치를 만들수 있다.

그렇다면 우리가 사는 집에서 무엇에 변화를 주어야 웰빙 주생활이 될까? 우리 모두가 한옥을 짓고 살수는 없는 법, 그렇다면 우리가 사는 집의 각 공간별로 약간의 변화를 통해 전통을 담아 낼 수는 없을까? 이러한 공간에서 건강한 주생활을 동시에 만족 시켜 주는 방법은 없을까?

01 • 전통 주거를 현대로 담아오는 법

전통성의 현대적 표현방법

전통 주거를 현대 우리의 주거에 담아 표현하는 법은 단순히 전통 요소를 그대로 모방하여 표현하는 것이 정답은 아니다. 왜냐하면 현대 우리의 주거공간은 과거의 생활방식과 다르고 의식주 전반에서 많은 부분에서 차이가 난다. 이에 주거공간을 계획함에 있어서 생활을 반영한 공간계획이 되어야 하므로 전통 주거의 공간이나 표현요소들을 그대로 재현한다면 현대 우리의 생활습관과 맞지 않아 불편하다고 느낄 것이다. 그렇다고 현대적 공간에 무작정 전통 주생활 공간에 사용하던 가구나 생활소품을 갖다 놓는다면 이 또한 현대적 마감재와 전통요소간의 부조화로 무언가 어색하다고 느낄 것이다. 이에 현대 우리의 생활정서에 공감할 수 있는 새롭게 해석된 전통의 창조화 작업이 필요하다. 지금까지 전통의 계승이나 현대화라는 주제를 풀어가는 방식이 다양하게 논의되어 왔다. 그 중 가장 큰 줄기가 되는 방법으로는 콘텍스츄얼리즘과 도상해상학적 방법이 가장 많이 이용되고 있다.

• 콘텍스츄얼리즘(contextualism) 의한 전통의 현대화 •

콘텍스츄얼리즘은 맥락주의라고 하며, 원래 건축이나 디자인 분야에서 사용된 개념이 아니라 철학, 언어학 및 문학, 심리학 등에서 사용되면서 건축이나 디자인 분야에 유입되어 광범위하게 사용되고 있는 개념이다.

콘텍스츄얼리즘의 개념은 콘텍스트(context)의 어원 con(com, together)의 '같다'라는 뜻과 라틴어에서 온 texture(weave, join)로 천이나 직물 따위를 '짜다'의 합성어로 문맥 · 맥락 · 글의 전후관계 · 경위 · 배경으로 설명되며 일련의 '연속성'을 의미한다. 이러한 콘텍스트의 개념은 언어학이나 미학, 디자인, 건축에서 공통적으로 강조되는 개념은 주변 환경을 이해하고 이와의 연속성을 추구하는 개념이 주가된다. 예를 들면, 언어학에서는 언어의 내면적이고 외부적인 주변을 이해하는 것을 의미하며, 연관된 단어의 앞 뒤 주위에 해당단어의 의미와 기능을 파악하는데 결정적인 역할을 한다. 즉, 보통 한 단어를 보고 금방 의미를 전달할 수 없는 모호한 뜻을 가진 단어라면 전후 문장을 읽어보고 그 단어가 문장 속에서 어떻게 적용하였는가를 알고서야 그 단어 뜻이 파악이 되는 것을 의미한다. 디자인에서는 콘텍스트는 디자인 자체가 그 디자인의 주변 환경에 적합하여야 하고 그것에 반응하여야 하며, 나아가 주변 환경을 조성하다는 의미로 사용된다.

건축에서 콘텍스트는 물적인 환경 조건의 맥락 관계와 건물디자인에 미치는 사회문화적 요인인 주변 환경, 역사적이며 정신적인 내용, 경험, 지식 등의 추상적인 사회문화적 요인에 대해 관련된 사항을 포함하고 있는 포괄적이고 광의적인 개념으로 해석되고 있다. 그러므로 건축에서 콘텍스츄얼리즘은 역사와 환경을 강조하며, 사상철학적, 형태지각적, 도시환경적 측면에서 해석되고 적용되고 있다. 그러므로 콘텍스츄얼리즘에 의해 전통 주거 건축을 현재 우리가 사는 공간에 적용한다는 것은 결국 전통 건축의 콘텍스트를 해석하여 연속성을 추구한다는 것은 의미한다. 이에 전통 주거 건축의 콘텍스트를 구성하는 요소는 건축물을 둘러싼 물리적 환경의 유형적 인자와 문화사회적 요소인 무형적 인자로 구성되므로 이를 고려하여 연속성을 추구하게 된다. 건축에서 유형적 인자는 대지 조건인 지형, 지세와 자연적 경관, 기후 등 자연적 요소와 도시구조, 재료, 스케일과 같은 인공적인 요소를 의미한다. 무형적 요소는 좀 더 포괄적인 의미로 건축이 가지는 상징성, 장소성, 시대정신, 전통성, 사회성 등의 문화적 요소와 기능 · 용도, 법규 조건 등의 사회적 요소를 의미한다. 이때 유형적 인자는 건축에서 은유나 상징, 유추의 방법을 통해 시지각적 연속성으로 나타나며, 무형적 인자는 지역적 특성과 밀접하게 관련되어 토착적 건축과의 유성을 통해 사회문화적 연속성을 구축한다. 그러므로 콘텍스츄얼리즘에 의한 전통 주거의 현대화는 유형적 인자를 통한 형태에 의한 연속성 추구와 무형적 인자를 통한 내용에 의한 연속성 추구에 의한 방법으로 구분된다.

형태에 의한 전통 건축의 현대화 방법

전통성을 형태론적으로 접근한다는 것은 새로운 현대적 건축언어가 기존의 것, 즉 전통의 콘텍스트의 시각적 특성과 동조함을 의미하는 것이므로 시지각적 연속성을 통해 시각적인 조화를 이룸을 뜻한다.

| 전통 건축을 그대로 모방 · 답습하는 방법 |

전통 건축의 외부형태를 여러 가지 방법으로 모방하는 것으로 전통을 그대로 재현하여 나타난 전통적인 기법을 전체적으로 적용한 현대적인 한옥이 대표적인 유형에 해당된다. 전통 한옥은 거의 유사하게 재현하여 현대적 생활에 맞게 공간 일부를 적절하게 개조하여 사용하나 전통 주거 건축이 지닌 형태를 거의 유사하게 모방한 형태라 볼 수 있다. 또 다른 답습 방법은 명시적 상징을 사용하는 것으로 전통 주거 건축이 지닌 특정의 모티브를 참조하여 건축 일부분에서 형태 이미지를 반영하는 직접적인 상징 방법을 적용하는 방법이 있다. 예를 들면 건축 구조나 기둥을 현대적 방법으로 구축하고 지붕의 형태를 전통 형태 그대로 표현하는 방법이 있다. 단, 이러한 방법은 상징 대상과 형태, 전달 내용이 직접적으로 이루어져 현대 건축에서 강조하는 다의성을 상실하는 단점을 지닌다.

| 전통 건축 형태의 분석적 방법을 통해 응용하는 방법 |

전통 주거 건축을 관찰하여 그 중 우수한 처리방법을 분석하여 현대 건축에 적용하는 방법으로 유추적 인식에 의한 암시적 상징에 해당된다. 예를 들면 전통 건축의 건물채의 구성, 공간 구성의 조경적 구성 방법이나 계단의 처리, 기둥의 처리, 건물의 비례 등을 분석하여 현대 건축의 조형적인 면에 있어 과제로 삼던 것을 해결해 나가는 방법이다. 형태를 그대로 반영하는 명시적 상징과는 다르게 내재되어 있는 초월적인 정신적 의미나 역사성 등을 재해석하여 재창조하여 표현하게 된다. 이는 전통 요소가 디자이너의 내적 처리 과정을 거쳐 은유와 상징, 연상에 의한 부호화된 언어로서 재창조되는 과정을 거치게 된다. 이에 전통의 표현들이 추상화되면서 양식의 해체가 이루어져 보는 시각에 따라 다양한 의미와 해석이 가능한 이미지를 형성하게 된다.

| 전통건축의 모방, 전주한옥마을 |

전통 주거 건축의 형태와 재료를 그대로 재현하고 실내공간은 현대적 삶에 적합하게 일부 변경하여 사용하는 사례이다.

| 전통건축의 분석적 방법에 의한 표현, 전주한옥마을 |

현대적 건축에 전통 건축의 기둥과 지붕요소를 적용하여 전통적인 느낌을 강조한 사례이다.

내용에 의한 전통 건축의 현대화 방법

| 전통 건축의 사상 이념을 적용하는 방법 |

우리나라 전통 건축의 주요 사상이 풍수지리 사상, 음양사상, 도교, 유교 사상, 자연관에서 근대적 요소를 발견하여 이를 적용시키는 방법이다. 최근 현대에 들어 많이 적용되는 방법 중 하나가 풍수지리를 적용한 건강 주택, 인테리어 등이 이에 해당된다. 또한 우리 전통 주거건축에 전통 사상들이 내재되어 표현된 건축 이념 중 현대적 표현에 많이 적용되는 것은 결과 시김의 정신, 자연과의 합일, 전체론적 우주관, 담백함 등이 이에 해당된다. 특히 결과 시김은 우리 전통 조형예술에 나타나는 형태의 본질을 이룬다고 할 정도로 깊게 뿌리를 내린 특성으로 오랜 삭힘 과정을 통해 우러나는 깊은 맛으로 본질을 표현하는 것으로 인간의 솜씨가 겉으로 드러나지 않는 기교로 해학과 여유를 지닌 우리의 고유 정서로 두텁고도 깊은 순수한 인간의 품격을 표현하는 것을 의미한다. 이는 우리 전통의 건축의 주요 사상이 뿌리 깊게 박힌 기본적인 자연관과도 일치한다. 무엇보다 자연과의 동화, 자연에 대한 깊은 이해를 통해 표현되는 건축의 표현은 재료의 순수한 사용, 형태적 기교나 장식의 억제, 주변 환경과의 조화, 순수하고 소박한 표현이 주가 되어 나타난다. 이러한 자연의 소박함은 맑고 단순하고 욕심 없는 순수성을 가진 담백한 공간으로 표현되는데 공간을 비우고 간결한 형태를 취하는 것으로 나타나 현대의 미니멀 공간과도 유사하게 비유된다.

| 전통 건축의 공간 기능의 구성 방법을 적용하는 방법 |

전통 주거 건축의 공간을 파악하고 분석하여 공간 기능의 구성을 밝힘으로 이를 다시 현대 주거 건축의 기능과 구성 방법에 응용하는 것으로 공간론적 접근으로 재해석하는 방법이다. 이때 가장 많이 적용되는 개념은 공간의 위계성과 비대칭축, 열리고 닫힌 공간, 유기적인 질서, 과정적 공간 연출 등이 이에 해당된다. 보통 우리 전통 주거는 공간을 구성하는 각 요소가 분리되어 있으나 내재적으로 상호간의 결합에 의해 각 공간은 독립되어 있지 않고 서로가 유기적으로 전체를 이루는 공간 특성 등을 반영된다. 이에 분절과 접합에 의해 공간이 복합적이고 다양한 융통성을 이용하여 연속적이고 입체적이고 유기적인 공간의 다양성으로 표현된다. 이러한 방식은 과학적이고

| 전통 사상을 적용한 공간 |

전통 주거 건축의 장식을 배제하고 순수하고 소박한 담백미와 전통 재료사용에 의한 자연미를 현대적으로 재현한 공간이다.

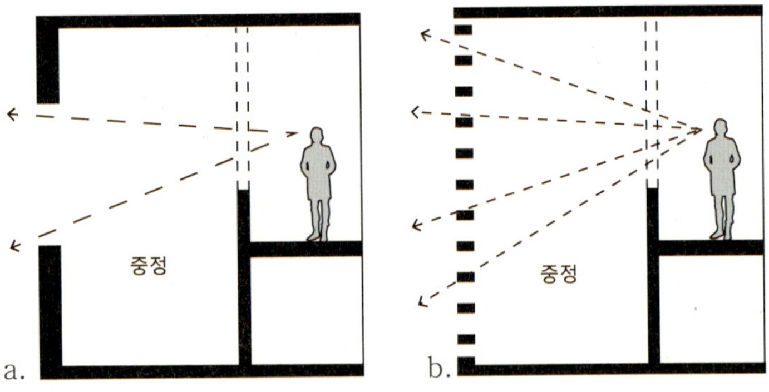

| 전통 주거 건축의 열리고 닫힌 공간 개념을 현대적으로 적용하는 방법 |

전통공간의 열리고 닫힌 공간을 주거공간의 공간 구성에서 적용한 개념도로 a.는 정면의 벽면을 뚫어 시각적 연속성을호가보하여 내외부의 소통을 이룰 수 있고, b.는 외부벽면에서 막힘과 뚫림을 반복하고 주변 환경을 여과하면서 수용하는 구조를 취하고 있다.

합리적인 사고에 의해 공간의 기능적이고 구조적인 특징을 살리고, 전통 건축에서 주로 사용한 자연 소재의 순수한 사용과 색채의 적용으로 전통 느낌을 극대화 한다.

• 도상해석학에 의한 전통의 현대화 •

도상학(Iconography)과 도상해석학(Iconology)은 시각예술 현상을 기호 체계를 파악하고 해석하려는 이론으로 주로 예술작품 분석에 적용되어 온 이론이다.

도상학은 예술작품의 내용적 서술과 해석을 의미한다. 보통 두 가지 개념적 유형으로 나뉘는데 의지적 또는 무의식적으로 함축된 도상학과 해석적 도상학으로 구분한다. 이에 도상학은 시각적 상징과 그림이 지닌 기능이나 의미에 대해 미술가, 주문자 혹은 당시 감상자가 취한 자세를 의미한다. 이들의 자세는 때로 계약서 같은 문서 등의 글에서 관찰된다. 두 번째 개념인 해석적 도상학은 예술을 역사적으로 연구한다. 이 연구 방법은 우선 그림의 확인과 서술을 목표로 하는 것 외에도 작품의 내용에 대한 해석을 추구한다. 오늘날 이와 같이 작품의 내용 해석을 목표로 하는 해석적 도상을 도상해석학으로 부르고 있다.

도상해석학은 도상학과 달리 작품의 개관에 통계적으로 접근하거나 진전된 해석학적 연구를 위한 예비 작업에 머무르지 않고, 통합 기능을 담당하여 분석이 아니라 종합에 근거하는 해석 방법이 주가 된다. 이러한 도상해석학 기본이 된 이론은 파노프스키(Erwin Panofsky)의 이론으로 전통건축과 공간 해석에도 많은 아이디어를 제공하는데 맥락주의와도 어느 정도 유사점을 찾아 볼 수 있어 전통 요소를 현대화 하는 과정에서 일관성을 제공해 준다. 파노프스키는 예술 작품 분석에서 문화사적 의미를 탐구하는 영역을 포함하여 작품의 시각적 표현으로부터 포괄적인 사회역사적 해석을 목적으로 하기 때문에 작품해석에 철학 · 인류학 · 민족학 · 심리학 등을 연계하여 전체적이고 보편적인 발전 과정의 맥락을 조명하는 논리 구조를 제공하고 있다. 이를 전통 공간 해석에 적용하여 전통 공간의 형태의 단순한 모방과 답습이 아니라 공간성의 재해석에 따른 추상적 개념을 현대적으로 재해석하여 적용할 수 있다. 파노프스키의 도상해석학은 작품 분석에서 3단계로 이루진다. 첫 번째 단계는 가장 낮은 단계로 작품을 처음 대할 때 1차적 느낌을 기술하는 과정으로 작품의 일차적 의미 혹은 미술적 모티프의 설명에 해당된다. 실제적 경험으로 이루어진 '현상 의미'의 이해 단계이다. 두 번째 단계는 이차적 혹은 파생적 의미를 설명하는 것으로 작품에서 표현하고자 하는 특정의 '주제 의미'를 다루는 단계이다. 세 번째 단계는 작품의 본질 혹은 내용에 접근하는 단계로 앞의 두 단계를 포괄하는 '본질 의미'의 영역으로 작품의 정신적 의미를 형태에서 해석하고자 하는 최종적인 단계이다. 이 3단계는 시각적 표상-지각적 유형의 표상-심적표상으로 전개하여 표현하기도 하며, 파노프스키는 전도상적 기술 - 도상학적 분석 - 도상학적 해석이라 한다. 이에 우리 전통 주거 공간도 이러한 3단계 분석에 의해 재해석이라는 과정을 통해 현대적으로 표현이 가능해진다. 즉 전통 공간의 요소를 양식적 - 유형적 - 상징적 체계를 확립하여 현실적으로 다양한 차원에서 적용이 용이하게 해준다. 이에 3단계를 중심으로 각 단계를 살펴보면 다음과 같다.

| 전통 건축의 전도상학적 기술 |

전도상학적 기술은 1차적으로 건축공간을 접했을 때 실제적 경험으로 이루어지는 현상을 기술하는 것이다. 이에 건축의 표현적 특성, 양식(style)을 중심으로 기술하게 된다. 즉 전통 건축 공간의 전도상학적 기술은 시대적 · 장소적 양식, 시각적인 조형적 · 물리적 요소에 대한 분석이 주가 되며 이를 통해 현대적으로 적용한다면 시대성과 장소성을 반영한 조형적 · 물리적 형태의 차용을 통해 시각적인 도상성을 부여한다.

| 제주 민가를 외관특징을 적용한 주택, 제주 저지문화예술인마을 |

전도상적 기술로 볼 때 제주 민가의 주택을 시각적으로 적용하여 제주 속의 제주를 표상한 주거 공간 사례이다.

| 전통 한옥의 외관특성을 적용한 주택, 청풍슬로우시티마을 |

전도상적 기술로 볼 때 전통 한옥의 외관 특성중 지붕과 창호, 기둥 등의 형태적 특성과 재료의 차용을 통해 시각적으로 도상성을 부여하고 있다.

| 전통 건축의 도상학적 분석 |

주제 의미를 다루는 도상학적 분석은 전통 건축에서는 언어적 이미지, 즉 유형(type)을 분석하는 것으로 이해된다. 유형이란 집단이 공유하는 구성을 위한 기본적 원리로 형태 자체를 가리키는 것이 아닌 형태를 만들어 내는 특수 형식의 원형, 즉 '집단표상'을 의미한다. 전통 주거건축의 도상학적 분석은 공간적 인자 즉. 공간 구성 작법을 중심으로 유형이 구분되며 풍토성, 민속성, 전통성 3가지 유형으로 범주화되어 분석된다.

풍토성은 대부분의 전통 건축들은 특정 풍토의 공통된 특성, 경향, 느낌이 나타난다. 이에 이를 발견하여 객관화하는 시도로 풍토가 가지는 특성에 가장 적합한 지역적 공간방식들이 나타난다. 이에 이러한 분석 결과를 토대도 현대 공간과의 공존가능성과 적용가능성을 찾아 볼 수 있다. 도상학적으로 풍토성은 그 지역에서만 나타나는 경관적 요소와 재료적 요소, 공간 조직적 요소에서 강하게 나타난다. 이러한 풍토성은 무엇보다도 전통을 현대화 하는 과정에서 전통의 느낌을 반영하면서 특정 지역과의 뚜렷한 차별성을 지니는 독사성을 나타낸다.

민속성은 민족문화 고유성의 회복이라는 면에서 현대 건축이 가지지 못하는 고유의 구조와 방법을 재발견하는 분석이 주가 된다. 민속성은 전통 건축의 공간 전체 설계기법과 공간짜임, 공간 조직적 요소에서 주로 나타난다.

전통성은 민속성 도상과는 구별되는 요소로 반복적 재생의 차원을 넘어 현대성의 연장과 지역성을 초월한 개념이다. 즉 오랜시간 동안 이어져 내려와 현대 공간에도 이어지는 요소들을 말한다. 주로 색채적 요소, 재료적 요소, 문양적 요소, 장식적 요소, 공간적 요소로 이루어진다. 이러한 전통적 요소는 전통을 현대화 하는 요소에서 가장 많이 부분적으로 적용되는 요소들이다.

| 경관적 요소와 풍토성을 적용한 현대 주택 사례, 제주 저지문화예술인마을 |

도상학적 분석에 의하면 전통성 반영에서 나지막한 제주도의 구릉을 형상화 하고 제주 고유의 재료인 현무암을 사용하여 지붕재로 사용하여 풍토성을 적용하여 지역 고유의 텍스처를 형성하고 있다.

| 전통 건축의 도상학적 해석 |

도상학적 해석은 본질의 의미를 찾아 해석하는 과정으로 도상학적 해석에서 이미지 개념은 지적 정서적 복합물로 '심적 이미지'의 개념을 갖는다. 이는 '집단적 무의식'의 관점을 분석하게 되며 1차 의미가 아닌 명시적으로 드러나지 않은 2차 의미의 상징적 체계의 해석을 목표로 한다. 즉, 도상학적 해석은 공간에 내포된 상징적 의미의 정신적 요소에 대한 해석을 의미한다고 할 수 있다. 우리의 전통 공간에서 주로 나타나는 해석학적 사유에 있어 정신적 요소에 대한 대표적인 상징은 우의성, 이위성, 잠재성으로 나타난다.

우의성은 추상적인 개념을 다른 구체적인 대상을 매개로 표현하는 문학형식으로 상징적 해석을 필요로 하는 다원결정의 의미를 지니는 언어적 표현이다. 건축에서는 어떤 대상이 지닌 형태를 그대로 표현하는 것이 아니라 대상이 지닌 속성의 의미를 은유적으로 표현하는 것을 의미한다. 예를 들면 제주도 포도호텔을 도상학적 해석을 해보면 우의성이라는 사유방식이 나타난다. 포도호텔에 사용된 우의성은 바닷바람의 은유로 바닷바람을 전통의 요소인 판소리 리듬의 본질인 연속과 불연속선으로 상징화하여 공간의 에워싸임을 형성함으로 바람이 만들어낸 형태로 은유적으로 표현하였다. 이를 통해 내재적으로 환경과 인간의 상호간의 심리적 연속 체계로 상징화한 하나의 사유이자 시적인 창조적 환상, 자연과의 침묵의 대화 등을 묵시적으로 표현한 것으로 나타나고 있다. 여기서 우의성은 추상적인 개념을 구체적 대상을 빌어 다양한 중층의 의미

| 도상학적 해석 중 이질성을 반영한 주거공간 |

현대적인 건축기법에 금속소재와 대리석이라는 현대적 소재와 더불어 공간구성은 전통적인 공간 구성법을 차용하고 천장을 전통 건축의 처마 밑처럼 전통 느낌의 목재로 구성하여 과거로의 시간여행을 가는 느낌을 부여하고 있다.

| 도상학적 해석 중 복합구성을 반영한 공간, 용수산 |

현대적 공간 구성에 다양한 전통적 요소인 소반, 한지, 삼베천, 목재 소재를 공간에 전체적으로 반영하는데 이들 소재의 반복과 연결에 의해 과거의 쓰임새와는 다르지만 영속성의 초월 효과와 일상적 느낌을 전달하면서도 과거로의 신비로운 장소로 이동해 온 것 같은 느낌을 준다.

를 지니게 된다.

이위성은 하나의 기표를 관통하고 있는 하나 이상의 이질성이나 복합구성을 의미한다. 예를 들면, 현대적 기법과 과거의 이미지, 역사적 건축물과의 관계와 주위 환경과의 조화, 도시의 독특한 문화와 정취를 부여함으로써 이질적인 건축적 특성을 하나로 묶는 융통성과 창조적 상상력이 이에 해당된다.

잠재성은 현실화되어 있지는 않지만 완성된 상태로 내속해 있는 것으로 특수한 시공간적 조건하에서 전개되는 구조적 공간에 내재하는 잠재적 공존을 의미한다. 시공간적 조건은 상징적 요소들의 재구성을 통해 인시되는 계열체적 관계들을 의미한다. 보통 전통의 현대화 실현으로 과거와 현재의 가치를 동시에 표현하고 공간을 기억의 장소로 합리화하고 과거를 잠재시키거나 문화적 관성의 침투와 중첩을 통해 전통의 기억들이 되살아나고 과거와 현재 오래됨과 새로움, 전통과 현대라는 이중성이 합리적으로 병존케하여 현실을 구성하는 구조적 공간 내에서 상징적 요소들이 변별적 관계를 형성한다.

전통을 담은 웰빙 주거 공간 계획하기

지금까지 전통 주거가 형성된 그 기원과 사상적 배경에서부터 주거의 형태와 공간별 구성법, 전통의 색채와 재료, 가구 및 생활소품 전반에 이르기까지 전체적으로 우리 주거에 대한 살펴보았다. 그리고 우리 선조들이 충분히 웰빙적 요소를 반영하고 있음을 알 수 있었다. 그러나 전통 요소를 무조건 우리 집에 적용한다고 웰빙이 되는 것은 아니다. 이는 단순히 시각적인 모방과 답습에 머물 수가 있다. 그러므로 현대 우리의 라이프스타일에 부합되면서도 진정한 웰빙 주거공간이 되기 위해서는 전체적인 계획과정을 거쳐 반영할 때 진정한 웰빙 주거공간이 될 것이다.

우선 전통 주거 공간과 현대 우리의 주거공간은 사뭇 다르다. 이는 과거의 라이프스타일과 현대의 라이프스타일이 바뀌었고 도시환경과 사회 구조, 사상적 체계 등 많은 변화가 있기 때문이다. 그러므로 전통 주거를 변화없이 그대로 사용하기에는 무리가 있다. 그리고 너무나 많은 정보 속에 전통요소와 웰빙 요소를 동시에 반영해야 하므로 양방향 체크가 필요하다. 이에 전통을 담은 웰빙 주거 공간을 우리의 라이프스타일과 개인의 취향에 맞게 반영하려면 주거공간을 계획하기 위한 전체적인 체크리스트에 의해 어떤 요소를 반영하고 뺄 것인가를 결정하고 공간에 반영한다면 보다 합리적인 전통을 담은 웰빙 주거 공간이 만들어 질 것이다.

전통을 담은 주거공간을 계획함에 있어 집을 새로 지을 수도 있지만 현재 우리집을 리모델링하거나 일부 부분적으로 고쳐서 연출 할 수도 있다. 이에 본 서에서는 이러한 모든 부분이 수용이 가능하도록 전체 주거 공간 계획

요소 입지, 배치, 공간형태, 각실 구성, 재료, 건축 구법 항목으로 나누고 여기서 다시 전통적 계획요소를 제시하고 이를 현대적으로 적용하는 방법, 그리고 웰빙적으로 계획하는 방법을 제시하였다. 이에 각 요소들을 체크하여 계획시 적용이 가능하도록 체크리스트 표를 만들었다. 여기서 집을 새로 지을 때는 입지부터 전체적으로 체크를 하고, 전반적으로 재구성하는 리모델링일 때는 공간 형태, 각 실 구성, 재료, 건축구법을 체크하고 부분적인 연출일 때는 각 실 구성과 재료를 중심을 체크하여 세부 계획을 세운다.

| 전통을 담은 웰빙 주거 공간 계획 시 체크하기 |

항목	세부 항목	전통적 계획 요소 →	현대적 적용방법	체크	친환경 · 웰빙 계획요소	체크
입지*	향	남향	남향, 남동향		남쪽이 트인 언덕의 남향	
	배음 임양	배산임수	건물은 뒤로, 도로는 앞으로		전면이 막힘 없는 일조를고려한 배치	
	지형	자연지형 일치	자연지형 이용		유리한 미기후 형성 지형	
		개방적, 자유로운 배치	일조 확보 및 다른 건물에 음영이 안 생기는 위치		인위적으로 미기후 조성이 유리한 지형	
	건물과 도로	중간배치	중간배치		도로, 광장, 정원, 녹지 등과 건물을 최대한 근접	
		후면배치 →	후면배치			
			전면배치- 상점을 낀 주거 해당		도로는 주택 전면 한쪽 끝	
	건물과 마당	주택과 마당이 마주보는 위치	주택과 마당이 마주보는 위치		필요시 건물의 증축이 가능한 배치	
		건물이 마당보다 높음	건물이 마당보다 높음			
		정방형 마당	정방형 마당			
	기타	수맥을 피한 입지	수맥으로부터 거실과 침실 배치 피함		수맥과 단층을 피함	
배치	실배치	방- 동향, 대문- 남남동	침실은 동, 현관은 남남동		일사와 풍향을 고려한 배치	
	지표면	자연 상태 그대로, 초지나 관목에 의한 피복	지표면 피복 최소화		여름 과열 방지, 겨울 동결방지 재료(초지, 관목)	
	기류	완만한 지형 경사도	완만한 지형 경사도		완만한 경사지 활용	
		비워둔 앞마당	식재와 담을 건물과 거리를 둠		주변 기류 활용	
		맞통풍 구조 →	개구부 크기와 위치를 조절을 통한 맞통풍		주변구조물과 수목 활용	
					개구부의 크기와 위치 활용	
		온도차를 이용한 교차통풍	벽면상부와 하부 환기공 설치		실내 · 외의 온도차 자연환기	
	지온	기단부 높여 건축물 배치	지온조절을 위한 바닥 구조		지하공간 활용-지중열 이용	
		건물 앞 밝은 색 토양 마감(마사토 마감)	밝은 색 토양 마당 조성		지온 변화가 적은 바닥재 마감	
		함수량이 큰 토질	함수율이 큰 흙 활용		함수율이 큰 흙 활용	

배치	수목	뒷마당, 후원 방풍목 식재		건물 후면 녹화 온도 조절	수목을 활용한 미세기후 조절
		건물 전면 낮은 식물, 낙엽활엽수 식재를 통한 차양	→	건물 전면 녹화 온도 조절 (캐노피, 지면피복, 벽면피복, 수직형 등)	건물주변 육생 비오톱 조성
공간 형태	건물 형태	직사각형, 정사각형 일반적 정사각형, 둥근 형태, 육각형, 팔각형이 이상적수평 체계에 의한 영역 구분		직사각형, 정사각형, 둥근 형태, 육각형, 팔각형 다양하게 적용 수평과 수직 응용 영역구분	· 에너지효율이 높은 형태 · 동서로 긴 사각형 · 외부로 접한 표면적이 적은 형태
	평면	건물전체는 원형, 타원, 팔각형, 육각형, 정사각형이 이상적		원형, 타원, 팔각형, 육각형, 정사각형 응용	· 일조를 고려한 평면 계획 · 동서로 긴 사각형(남향을 접한 실을 많이 둘 수 있음)
		칸(間)을 기본단위로 하는 열린 개방형 목구조		칸을 기준으로 하는 모듈화에 의한 평면 적용*	
		· 내 · 외부 공간의 상호관입성 · 내 · 외 공존공간, 중간영역 · 겨울과 여름을 수용하는 평면(온돌과 마루)		· 가변적 벽체, 개방적인 벽 사용 · 툇마루, 쪽마루 응용 적용	내 · 외부 공간을 가변성과 융통성 높은 평면 계획
				중간영역, 매개공간인 복도 공간, 중정 도입	내 · 외부 연계성 있는 공간 도입 : ㅁ자, ㄷ자, ㅡ자형 평면
		자연과의 접촉면 최대화((개방되는 개구부 최대화, 완전 개방 들어열개문)	→	실내 · 외 곳곳에 정원 도입	실내 · 외 정원, 마당형 발코니 오픈스페이스 최대화
				각 실에서 외부로 접근이 용이	개방 가능한 유리문, 들어열개분
		위계적 공간 구성 (남녀노소, 신분에 따라)		프라이버시에 따른 위계적 공간 구싱	· 일사, 통풍, 미풍의 흐름이 용이한 일자형 평면 · 자연환기와 통풍을 고려한 평면:맞통풍, 비대칭형 개구부
		내부가 깊은 않은 홑집 (맞통풍 고려)		자유로운 형태의 양방향형 평면 (맞통풍, 들어열개문)	
		열적 성능을 향상 시킨 田자형 겹집, ㅁ자, ㄷ자형 구조, 전 · 후면 툇마루 들 적용		· 열손실 최소화하는 ㅁ자, ㄷ자, ㅡ자형 평면, 폐쇄적 개방적 공간 조성* · 전 · 후면 툇마루 들 적용	단열성과 보온성을 향상 시킨중정을 가진 ㅁ자, ㄷ자, ㅡ자형 평면*
		각각의 방은 가로와 세로비가 1:1.7 이상적		침실은 가로와 세로비가 1:1.7 적용	심리적 안정감을 주는 원형, 사각형(1:1.7) 평면
		바닥의 높낮이 조절		욕실, 마당, 마루 등에 바닥높낮이 적용	방수와 통풍의 고려한 바닥 설계
각실 구성 및 연출	자연 요소 도입	자연요소의 시각적 차경		· 내다보는 뜨락 -개방적인 창호/ 발코니, 테라스 이용 · 다양한 창문의 형태를 도입 -그림 같은 자연경관 / 그림 속의 자연경관	· 차경 도입 · 정신적 웰빙 추구 -자연과 하나되는 공간으로 인간성 회복
		외부와의 친화적 공간구성	→	가동외벽 : 따뜻한 계절에는 개방이 가능한 외벽구조/ 전체를 개방할 수 있는 유리문	· 외부와의 개방성, 접지성 · 각 실에서 접근 가능한 외부 공간 조성
					계절감을 느낄 수 있은 휴식 공간 조성
		내 · 외부를 연결하는 중간영역 조성		빛, 바람을 유입하는 중간영역 / 중정 도입	실내공간으로 빛, 바람 등이 도입되는 공간 조성
		자연요소의 공간화: 정원(庭園) 조성 -정(庭) : 비워진 공간 -원(園) : 식물의 실용적관상적 재배 강조되는 공간		비어진 공간, 관상의 대상 공간, 외부생활 공간 조성으로 활용	생태적 풍부함과 순환성 확보
					육생비오톱 조성
					수생비오톱 조성

각실 구성 및 연출	자연 요소 도입	자연 형태와 자연재 사용	가공 없는 자연소재 사용	가공이 적게 된 자연소재
			구조재, 내장재에서 자연형태의 마감 유도	자연형태 사용
			자연 형태를 유지한 가구 및 소품 사용	자연색 사용
	내부 형태 표현	개방적 공간 -창호에 의한 내적 상호개방성에 의한 열린 구조 -내적 개방적인 연속성	ㅁ자형, ㄷ자형 평면 차용 -중심 공간 투명한 벽체, 시각적 프레임을 통한 열린 시선	· 공간적, 기능적으로 열린 공간
			대지레벨 이용 평면 활용 -하부층은 외부에 대해 폐쇄적, 상부층으로 갈수록 개방적 공간 형성	내외 연속적 개방공간 -외부와 접촉면이 많은 주택 형태, 집합 주택의 다면 채광형, 전면 폭이 넓은 형태
			동선축상 연속적인 개구부 조성	각실 개구부 창 설치 -욕실, 화장실, 부엌공간에도 창 설치
		중성적 공간 -비어진 공간, 다용도 공간 -내부공간적 외부공간(마루), 외부공간적 내부공간(마당)	기능이 정해지지 않은 비어진 공간 적용 -공간 전체적으로 재료 분리가 없는 단일 바닥재로 마감 -가구나 파티션, 가벽으로 공간 분화 · 통합을 통해 다목적으로 활용	개방적 공유 공간 개념적용 공간별 상호 호환성이 높도록 설계
			중정 마당 조성	중정, 광정 조성
		시각적 연속성 -투명성을 기본으로 중첩	낮은 담, 낮은 가벽 활용	시각적 개방감 연출 -낮은 담, 울타리
		→	투시형 벽체 활용 -중간 중간 뚫린 벽체	두꺼운 벽보다 창호나 문을 이용 투명한 공간 구성
			연속된 벽체를 투명한 벽체, 투명한 개구부	개방된 투명 공간, 공간 기능의 통합과 공간배분
		매개공간을 통한 연속성 -연속성 있는 공간 배치 : 외부 -반내외부(대청마우, 누마루, 툇마루) -내부공간	현대적 매개 공간 복도와 계단, 통로 공간 -바닥재 통일로 공간의연속성 표현 -전통적 의장 차용 (전통난간, 서까래, 처마 구조 등)	다양한 반옥외 공간 적용 -유리문이 부착된 테라스, 온실, 선룸
				· 외부 개구부 넓게 조성 · 프라이버시 확보한 편복도 조성
			전통적 누마루, 대청, 툇마루 응용 적용 -마당형 대형 발코니	넓은 테라스, 발코니 적용
				필로티 공간 조성
		전통적 의장 요소(전통 난간, 창살, 서까래,차마 구조 등)	전통적 의장 요소 차용 -대문, 현관문, 방문, 계단난간, 복도 천장 등 적용	정신적 웰빙 추구 -기원이나 염원을 담은 전통 문양 활용 구조
	내부 공간 표현	인간중심 공간 구성 -구심적 중심지향, 상호 개방성에 의한 개방적 공유 공간 -인간적 척도에 의한 아담한 공간	가족 위주 공동체적 삶을 추구하는 공간 조성 -내 · 외부의 연계와 침투가 자연스럽게 이루어지도록 설계 -중용적 공간 구성 (내부 중정 조성)	베리어 프리 (barrier free설계 -자동문, 턱이 없는 공간 -일상재해가 발생하지 않는 설계, 미끄럽지 않은 소재 이용
			· 전통적 인간적 스케일 적용 · 공간 용도 따라 천장과 창호의 높낮이 달리함 -높낮이에 따른 낙차를 이용한 수장 공간 만듦 / 중첩의 미를 살린 아기자기한 공간 구성	· 라이프스타일에 따라 칸막이나 설비의 변경이 용이한 설계 · 라이프스타일 맞는 공간 스케일, 가구 스타일 적용

각실 구성 및 연출	내부 공간 표현	내향적 구조 –안방, 마루, 마당을 중심으로 하는 내향적인 공간 구성	ㅁ자형 평면 응용	다기능을 가진 중심의 공동 영역 설계 –가족실을 중심으로 한 구심적 내향구조, 가족 단위의 내향적 구조
			가족만 즐길 수 있는 마당, 뒤뜰 공간, 사적 휴식 공간 조성	
		융통적 가변형 공간 구조 –다용도적 공간성, 공간의 경제성, 유동적인 공간 구성 –칸에 의한 모듈과 창호에 의한 가변적 구조	들어열개 벽, 들어열개문, 분합문 적용	실 구성 설비 최소화 –코스트의 절감을 꾀하면서 입주 이후 거주자의 필요에 따라 칸막이, 실구성 등 변화가 가능 하게 구성
			각 방 사이에 상호개방과 공간의 확대가 용이하게 module에 따른 계획	공간 구조 모듈화에 의한 부분교체 변경이 자유로운 구조 –라이프스타일에 따라 변경이 용이한 구조
			높이나 크기가 조절 가능한 가구	가변형 가구 적용
		전통적 의장 요소 –전통가구, 문양, 생활기물, 소품들)	전통 가구 이용	정신적 웰빙 추구 –거주자의 개인적 취향 반영과 정신적 위안을 주기 위한 가구, 장식 패턴 사용 –현대 장식적 요소와 전통요소의 조화
			전통 가구를 금구장식, 패턴을 현대 가구에 접목 활용	
			전통 소품 가구, 생활기물 등을 연출요소로 활용 –장독대, 방지, 물확, 병풍, 디딤돌, 도자기, 고비, 상자 등	
			전통 문양 적용 소품 활용	
			전통 문양 벽면, 가구 표면 그래픽 적용	
재료	바닥	· 흙, 장판지, 목재 마루 · 흙콩댐, 은행잎 마감, 솔방울 마감, 솔가루 마감, 마마감 등	다공질 테라코타 바닥 단열재 바닥온돌 판넬	· 자연소재 마감재 –흙, 돌, 목재, 한지 등 · 해당 지역에서 생산되는 재료 –장식의 배재 –기교 없는 순수한 재료 사용 · 무독성 재료(친환경 테스트를 통과 한 마감재) · 단열성능이 향상 된 저 에너지 재료 · 재활용 · 재생 가능 재료 · 자연소재를 합성한 친건강 재료(황토, 쑥, 숯, 맥반석, 녹차 등 자연소재 혼합재) · 건축의 탈재료화 · 재료의 최소화 · 지속가능한 재료(유리, 금속재 등) · 제조와 생산에 에너지를 적게 사용하는 건축자재, 부품
			전통방식 장판지 마감 응용	
			전통소재 응용 제품 : 수맥황토방, 우드륨, 온돌 마루판, 민속장판 등	
		우물마루, 장마루 등 패턴	다양한 전통 패턴 응용 –전통 문양 타일 등	
	벽	· 종이, 천, 회 마감 · 장식의 배재 · 기교 없는 순수한 재료 사용	한지, 회, 천 마감	
			황토페인트, 황토도료, 섬유질 벽지	
			다공질 단열벽돌로 된 벽돌구조, 황토 흙벽돌, 경량 흙벽	
			가공이 적게 된 목재, 돌	
			전통 문양이 새겨진 벽지	
	천정	· 연등천장, 반자, 삿갓 천장 · 종이반자, 평반자, 우물반자	반자천장 벽지 마감	
			우물반자 응용 적용	
			회마감	
			전통 문양 패턴 벽지 마감	
	창호	창호지	한지 창호에 적용 유리창와 창호지문 이중설치	단열 유리, 차양 유리
		다양한 패턴의 전통 목재 창살	다양한 전통 문양의 목재창살 차용	투과율과 확산성이 뛰어난 차양장치
			목재 창살 패턴을 다른 소재 프레임으로 사용	

구분		전통 주생활	적용	현대 기술
재료	창호	목재 덧문	→ 거실문, 북향의 창에 여닫이식 덧문활용	창을 통한 외기차단 단열창, 단열장치
건축구법	지붕 및 천장	좌우 균형이 맞는 지붕	동서향 경사지붕, 남서향 경사지붕에 전통 지붕 경사도 응용	지붕의 경사와 재료 고려
		동서향 경사지붕은 경사도가 크고, 남서향 경사지붕 남향 경사도 30도 정도		충분한 단열이 고려 된 지붕재 -외단열, 이중지붕통기구법, 녹화지붕 등
		기와	→ 기와나 기와의 문양 활용	방수와 내구성을 고려
		실별 높이가 다른 공간 -대청 연등천장과 방의 높이차 -이상적 천정 높이는 가로, 세로의 높이 비율이 일정한 공간	천장 높이의 다양화(실별 다르게 구성)연등 천장 형태 및 요소 적용	실별 높이가 다른 공간 연등천장 응용(실내 기류조성)
		긴 처마 공간 형성 (차양 및 반외부공간 조성)	긴 처마 응용 필로티, 발코니, 테라스 등 반외부 공간 조성에 응용	열적 완충 공간, 매개공간 조성
	벽	열용량이 큰 흙벽 마감 -심벽구조, 토벽구조 -담집 :둑집, 토담집, 돌담집	흙의 단점 보완한 흙벽, 흙벽돌, 점토 마감	· 남향 벽 : 일사 흡수율이 큰 재료 마감 큰 개구부 형성 · 서향벽 : 일사 차단재료와 차단막 설치
		가벽을 이용한 공간의 융통성 (장지문, 분합문)	→ · 내부와 내부 가벽 시스템	융통성 확보를 위한 가벽 시스템, 효율적인 공간구성을 위한 붙박이 시스템
				장래 해체 분해가 용이한 건축구조나 구법
		자연미와 문양을 적용한 낮은 담장	전통 담장 패턴 응용한 낮은 담장	자연소재에 의한 벽 구성
	창호	서향 : 창호를 내지 않음	서향창 차양 장치 설치	서향창 크기를 줄이거나 차양 루버 설치
		이동가능한 다양한 창호(분합문, 들어열개문 등)	창호 크기의 다양화	가변성을 갖춘 창호시스템
		외부와 반차단 창호	목재 전통 창살과 창호지 응용	자연채광 시스템
		한지와 문살 간격과 패턴에 의한 자연채광	→ 유리문과 창호지문 이중창호	개구부 고단열, 고기밀화
			· 다양한 전통 창호 패턴 적용 · 전통 창호형태에 철재프레임과 유리, 목재의 결합 응용	동서측 창, 천장에 충분한 단열- 열산반사유리 등
		이중외피, 삼중외피	이중 · 삼중창	열적 완충 공간 조성 이중외피, 삼중외피
		단열성능 향상을 위한 여닫이 목재 덧문	여닫이 목재 덧문 응용	겨울철 외기차단 덧문 설치
	온도조절	온돌 온도차에 의한 실내 대류환기	→ 전통 온돌효과 재현 1.아랫목과 윗목의 개념을 적용한 분할 난방시스템 2.공간 전체적으로 안방이나 거실은 아랫목, 주방을 윗목으로 조성 3.환기가 가능한 뜬 바닥 온돌시스템	자연형 에너지 공급시스템 -태양열 이용 시스템 -보온 캡슐 시스템 -다공질 벽 시스템
				국부적 설비형 에너지 시스템 -바닥온돌을 통한 간접 복사난방 / 바닥연돌식 온돌을 통한 직접 복사 난방

| 전통을 담은 웰빙 주거를 위한 입지 및 배치에서 고려 사항 |

일반적으로 건물의 입지와 배치에서 고려해야 하는 것은 남향배치, 배산임수 배치, 도로면에 의한 배치, 마당 형태에 의한 배치, 산의 중심에 따른 배치, 방위에 의한 배치, 주변 건물과의 조화에 의한 배치가 있으며 생기를 많이 받도록 하는 것이 이상적 배치이다.

1. 배산임수, 배음임야의 원칙

2. 건물과 도로

도로는 사람과 바람, 차가 지나는데 이들이 지나는 양과 속도에 달라 집 내부의 기운이 바뀐다.

① 전면배치 : 도로 전면에 가장 가깝게 배치하는 방법으로 상점 건축에 적합, 주거 부적합
- 도로에 흐르는 기운이 건물내부의 기운을 빼앗아 내부에 생기가 모이지 못해 발전을 못함

② 중간배치 : 마당중간 건물을 배치하는 방법으로 건물의 전면과 후면에 각각 마당이 분산
- 도로 쪽 마당은 주차장이나 간단한 작업장, 화단을 설치하여 바깥 마당 역할
- 후면은 가족끼리 즐기는 조용한 공간, 뒷마당 조성

③ 후면배치 : 도로에서 멀리 덜어진 후면에 집을 배치하고 도로와 건물사이 마당을 크게 만듦
- 도로로부터 멀리 떨어져 도로에 의해 집안의 기운을 빼앗기지 않아 가장 이상적 배치

④ 도로의 위치
- 막다른 골목에 있는 집, 골목길이가 긴 집은 다 피함
- 도로는 주택 전면 한쪽 끝에 있는 것이 가장 바람직
- 주택 전후면 도로가 있는 것은 좋지 않으나 도로간 거리가 충분할 경우는 상관없음
- 두 개의 도로가 교차하는 각지(角地)는 사업이 잘되는 땅
- 도로 각지에 있는 집은 벽면을 두껍고 넓게 하고 창문을 작게 함

3. 건물과 마당
- 마당은 사람에게 절대적으로 필요한 생기를 공급해주는 공간
- 마당은 하늘, 땅, 물 등 자연에 의해 발생된 기운으로 음(陰)으로 해석 사람의 건강, 재물, 여성의 기운 등으로 해석
- 주택과 마당이 마주보는 위치: 마당의 기운이 주택 내부에 흡수되어 생기를 이룸
- 건물은 마당보다 높게 위치
- 마당의 형태는 정방형이 이성적: 정사각형 공간이 공기 회전이 자유로워 생기를 많이 발생함

| 풍수지리 관점에서 현대 도시에서 건물과 도로 관계에서 흉(凶)에 대한 예 |

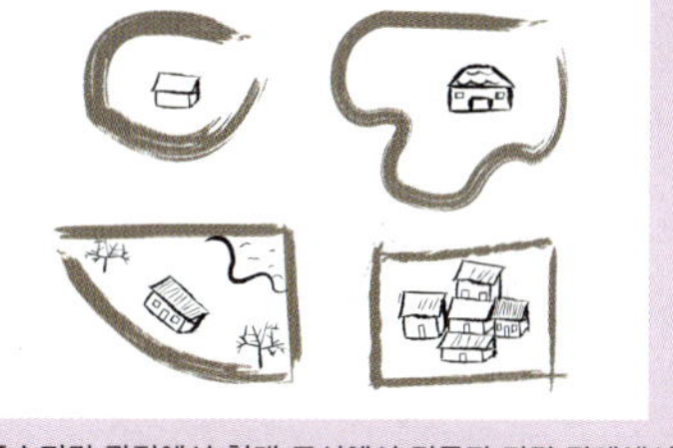

| 풍수지리 관점에서 현대 도시에서 건물과 마당 관계에서 길(吉)에 해당되는 배치 |

| 전통을 담은 현대 주거 건축에서 배치의 기본이 되는 내정형 평면 형태 |

전통 주거의 마당과 채의 개념으로 현대 건축에 적용했을 경우 나타나는 배치형태는 크게 외정형과 내정형으로 구분되며, 외정형이 넓은 마당을 필요로 하는 배치이므로 현대 도심에서 적용하기 좋은 배치는 내정형으로 ㅁ자, ㄷ자형, ㅡ자형 배치를 기본으로 하여 배치를 고려해 볼 필요가 있다.

1. 외정형 : 대지의 한쪽에 건물을 배치하고 다른 편을 마당으로 사용하는 유형으로 주거 건축의 전면에 마당이 위치하여 전통적인 남향배치로 나타나는 형태이다.
2. 내정형 : 마당을 중심으로 외형적으로 건물의 배치가 이루어지는 형태로 마당의 공간 구성이 마당을 둘러싸는 건물의 형태에 따라 결정지어지며, ㅁ자, ㄷ자형, ㅡ자형 배치가 기본이 된다. 이러한 내정형은 3가지 특징을 나타낸다.

첫째, 중정공간을 형성한다. 중정 공간은 각 공간으로 간접 채광이 되어 내부 각 공간에 자연채광이 가능하고, 공간사용에 있어 융통성이 뛰어나다. 특히 내부공간의 기능적 연장이 가능한 내외부의 연계성이 강조된 공간이 된다.

둘째, 폐쇄적 · 개방공간을 형성한다. 외부공간에 대해서 강한 폐쇄성을 가지나 내부공간에서는 개방된 공간을 형성한다.

셋째, 연결공간을 형성한다. 전통적인 툇마루, 누마루, 쪽마루, 복도 등을 조성함으로 건물 내의 외부공간들이 마당과 순화적인 동선체계를 가지면서 매개공간을 구성한다.

<table>
<tr><th>① ㅁ자형</th><th>② ㄷ자형</th><th>③ ㅡ자형</th></tr>
<tr>
<td>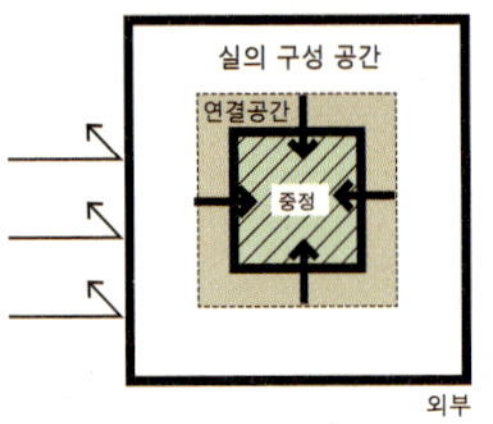
</td>
<td>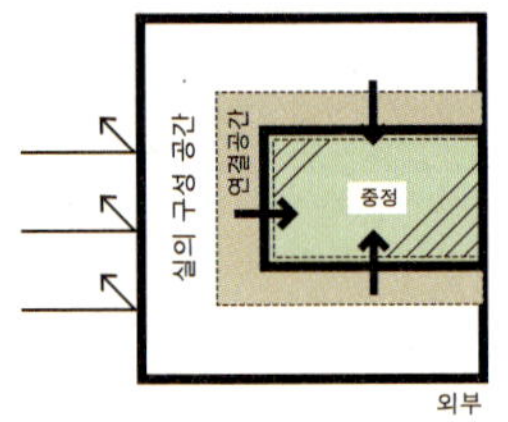
</td>
<td>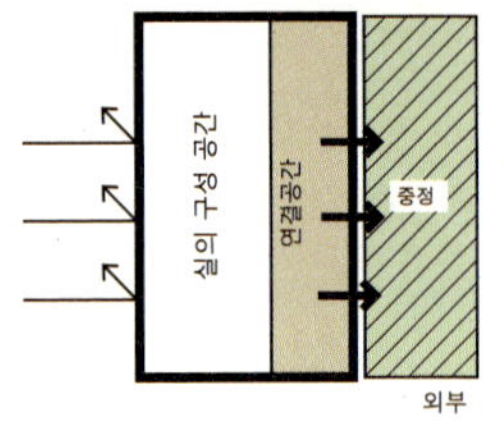
</td>
</tr>
<tr>
<td>외부에 대해 가장 폐쇄적인 공간이면서 내부적으로 프라이버시가 지켜지면서 개방적 구성</td>
<td>· 주거 내의 모든 공간이 조망과 채광, 통풍 측면에서 ㅁ자형 보다 좋음
· 동선이 다소 길어지는 단점이 있으나 내 · 외부 공간의 긴밀한 연계를 적극적으로 표현하는 특성을 보여줌</td>
<td>· 가장 개방적인 형태
· 내부공간에서 외부공간을 따라 통로의 기능을 갖는 공간이 구성되고 수직적인 동선 체계가 다양하게나타남
· 각 실들이 외부에 접하게 됨으로 주거 내 채광, 환기 등 환경 요구를 가장 만족시키는 평면형</td>
</tr>
</table>

| 칸(間)을 기준으로 하는 모듈화에 의한 평면 적용 방법 예시 |

전통 주거의 공간구성과 평면의 개념을 현대적으로 적용하기 적합한 것은 칸을 모듈화시켜 적용하는 방법이다. 그런데 전통주거의 주 칸은 8~8.5尺인데 이는 시대 흐름에 따라 평균 신장이 변하고 사용 가구의 형태가 많이 바뀌었으며 라이프스타일이 바뀌어 이들을 담아내기에는 협소하므로 칸의 크기와 높이를 넓힌 모듈을 설정 할 필요가 있다.

이에 현대의 한옥에서 주 칸이 어느 정도의 크기가 적합지에 대한 다양한 연구를 토대로 단위모듈을 설정하면 10尺 , 퇴칸의 4尺으로 설정하여 기본단위로 모듈을 설정하여 적용하는 방법에 대한 사례를 제시하면 다음과 같다.

<table>
<tr>
<td>기본칸 설정</td>
<td>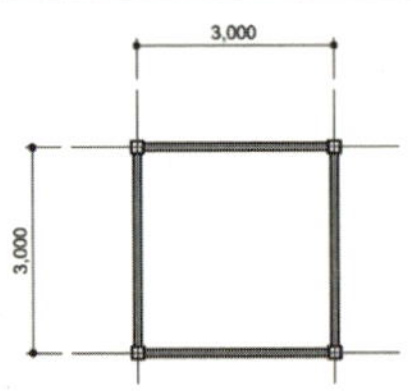
</td>
<td>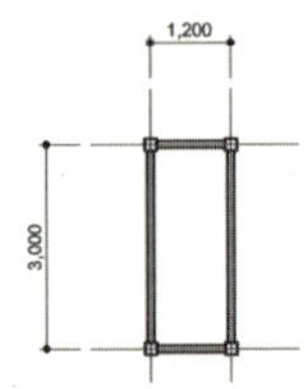
</td>
<td>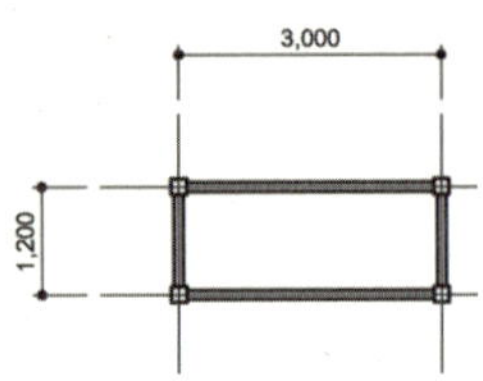
</td>
</tr>
</table>

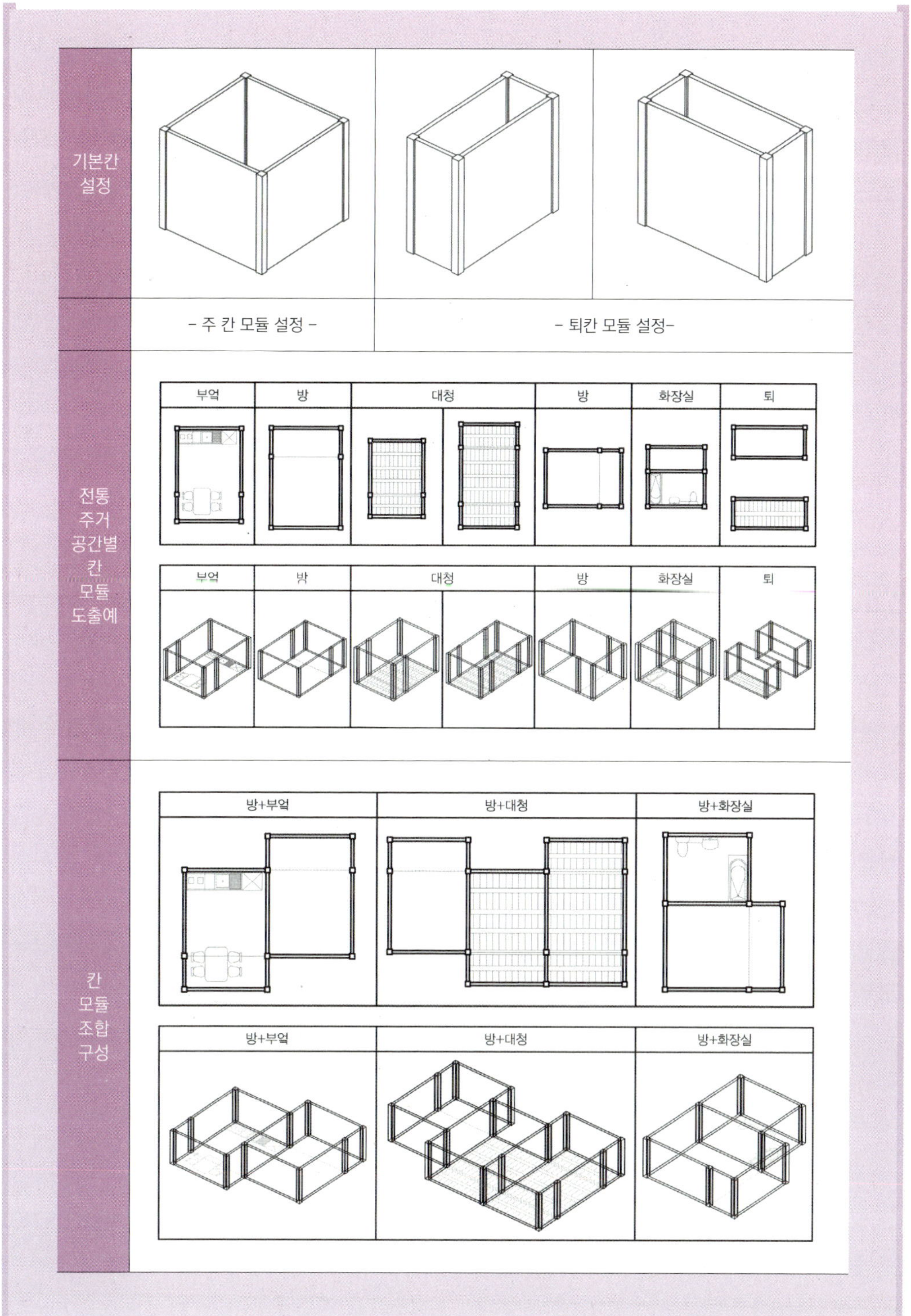
기본칸 설정
- 주 칸 모듈 설정 -
- 퇴칸 모듈 설정-
전통 주거 공간별 칸 모듈 도출예
부엌
방
대청
방
화장실
퇴
부엌
방
대청
방
화장실
퇴
칸 모듈 조합 구성
방+부엌
방+대청
방+화장실
방+부엌
방+대청
방+화장실

모듈 조합에 의한 도출된 최종 평면

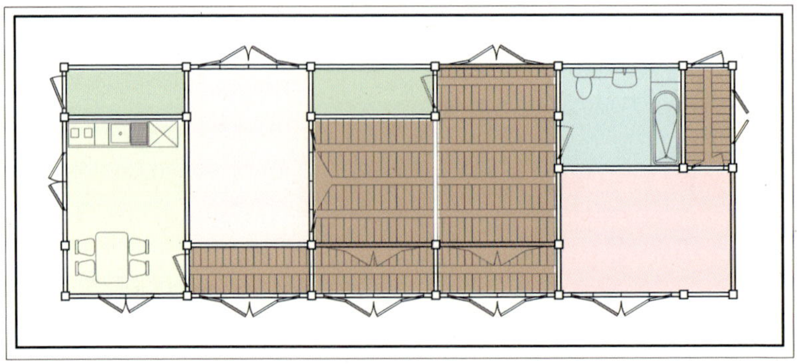

| 현대적 주거공간으로 구성한 5칸 전후 퇴집 |

*이미지 출처: 박성훈, 한국전통주거에 나타난 환경 조절방식의 현대화 적용에 관한 연구, 고려대학교 석사학위논문,2011.6, pp.135-138 재구성 -

02 • 전통을 담은 우리 집 공간별 웰빙 연출하기

이번 장은 앞에서 제시한 전통을 담은 웰빙 주거공간 계획방법에 의한 전체적인 계획을 세우고 전반적인 공간 구성이 된 다음 각 공간별로 전통 주거에서 사용된 다양한 건축적 · 의장적 요소들을 직접적으로 적용하거나, 간접적으로 차용하거나, 응용하여 재구성하거나, 재해석에 의해 느낌을 전달하는 변용적인 방법 등으로 연출하는 방법들을 중심적으로 제시하고자 한다. 그리고 각 공간별로 기본적으로 공간 연출시 웰빙적으로 고려해야 할 점을 체크해 보고, 특히 정신적 웰빙 추구에 가장 영향을 많이 주고 전통 공간 구성에 중심이 된 풍수적 관점에서 공간 연출법 등을 제시해 보고자 한다. 과거에 풍수는 음택풍수와 집의 터를 중시하는 양택풍수가 주를 이루었다. 많은 변화가 있는 최근에는 양택풍수 중에서 현재 사는 집과 일하는 공간의 가구나 소품 배치로 복을 부르는 풍수 인테리어로 접목시켜 실질적으로 활용하고 있다. 풍수 인테리어는 자연과 조화를 이루어 주변 환경을 좀 더 이롭게 활용하려는 조상의 지혜에 인테리어를 접목한 것이므로 전통을 담은 웰빙 공간 연출의 기본적인 틀을 제공한다고 생각된다. 풍수 인테리어를 접목한다 해도 진정한 웰빙 공간 구성을 위해서는 사용되는 소재들은 친환경 · 친건강 소재들을 사용해야함을 기본으로 하며, 전통 주거공간을 그대로 재현하는 법 보다는 현대적으로 연출된 주거공간에서 부분의 변화를 통하여 전통적 느낌을 전달하면서 우리 선조들의 다양한 웰빙적 연출법이 묻어나는 전통스타일의 현대적 웰빙 주거 공간을 위한 연출법을 중심으로 생각해 보고자 한다.

현관

집 안과 밖의 첫 경계이면서 집의 첫 인상을 결정하는 제일 첫 공간이 현관이다. 그러므로 사실 우리 집의 좋은 인상을 주기 위해서는 집 안 연출 계획 시 현관부터 꼼꼼하게 체크하여 좋은 이미지의 집을 만들어 줘야 한다.

옛부터 우리 선조들은 집의 입구인 대문 공간을 '양택삼요(陽宅三要)'라 하여 침실과 부엌과 함께 위치 선정부터 중요하게 여겨온 공간이다. 현대 주거에서는 마당을 가진 단독주택 경우 대문이 위치하지만 공동주택이 다수인 도시공간에서는 현관이 대문의 역할을 하게 된다. 그러므로 현관은 외부와 내부의 기가 맞닿는 공간으로 원활한 기의 흐름을 처음으로 관장하는 곳으로 행복과 행운이 들어오는 입구가 된다. 즉, 현관을 통해 좋은 기운이 들어올 수도 있고, 나쁜 기운이 들어올 수도 있으며, 이 기운이 집 안 구석까지 스며들어 집 안 전체 운을 좋거나 나쁘게 만들 수 있으므로 웰빙적 측면에서 현관 인테리어는 매우 중요하다고 할 수 있다.

풍수차원에서나 웰빙적 측면에서 현관은 밝고 환하게 유지하는 것이 좋고, 내부와 외부 모두 주변을 깨끗이 정리하여 원활한 기의 흐름을 유지하게 하는 것이 웰빙 현관을 위한 첫 걸음이다. 특히 신발을 여러 켤레가 너저분하게 늘어놓으면 좋지 않은 기운을 불러들이므로 신발은 가급적 신발장에 차곡차곡 정리하여 놓고 한 · 두켤레 정도 자주 신는 것만 꺼내 놓는 것이 좋다. 그리고 청소할 때는 비로 쓸어내면 혼탁한 기가 흩어져 안으로 들어올 수 있고 실제 먼지가 흩날려 내부로 들어갈 수도 있으므로 물걸레로 깨끗이 닦아 주는 것이 좋다. 현관이 깨끗하면 스트레스를 덜 받고 활력이 넘치는 생활을 하게 된다고 한다.

현관 인테리어를 하기에 앞서 가장 먼저 해야 할 일은 현관을 어떤 공간으로 만들지에 대한 결정이 이루어져야 하며 공간 구성측면에서 전통을 담은 웰빙 현관 연출법을 체크해 보면 다음과 같다.

| 현관의 위치 및 규모 |

현관은 가급적 주택의 중앙부에 위치하고 남향에 위치하는 것이 좋다. 그리고 무엇보다 통풍이 원활하게 구성하고 수시로 통풍을 하여 기의 흐름을 좋게 하여야 실내 좋은 공기를 담으면서 운을 높일 수 있다. 최소한 요구되는 규모는 폭은 900㎜이나 1,050~1,200㎜로 구성된다. 그러나 이러한 최소한의 사이즈를 가진 공간으로 연출할 것인지 충분히 여유로운 규모를 가진 공간으로 구성할 것인지를 결정해야 한다. 현관은 나쁜 기운을 털어내는 정화의 장소이자 좋은 기운을 상승시키는 공간이 되어야 하므로 가급적 작은 규모의 현관보다는 적당히 넓은 규모의 현관을 구성하는 것이 좋다. 그리고 바로 거실과 접하는 공간으로 구성할 것인지 충분히 여유로운 공간을 확보하여 전실공간을 마련하여 마당을 대신하는 공간으로써 미니정원을 구성하거나 툇마루 등을 적용하여 전통적 웰빙 공간을 연출할 것인가를 결정해야 한다. 어떤 공간 규모를 갖느냐에 따라 연출방법이 달라지는데 규모가 클수록 연출법이 다양하다. 전실공간이 충분할 경우, 전통 디딤돌과 툇마루 등을 조성한다면 가족들이 드나들 때 준비공간으로 활용하거나, 겨울철 부츠와 같이 신고 벗기 어려운 신발을 신을 때 실용적으로 활용이 가능하고, 이웃에서 잠시 방문할 때 걸터 앉아 담화를 나눌 수도 있고, 여름철 문을 열어도 내부가 바로 보이지 않아 시원하게 문을 열어 환기와 통풍이 가능하고, 외부에 오픈해도 되는 반외부 공간이자 개방공간으로 커뮤니티 공간으로도 활용이 가능하다.

| 현관 웰빙 연출 색채와 마감재 |

현관의 마감재는 기본적으로 밝고 깨끗한 느낌의 재료와 칼라가 좋다. 옐로우나 베이지 컬러 등으로 밝고 깨끗하게 꾸미는 것이 좋다. 이에 전통 주거 건축에 많이 이용된 화이트나 베이지톤의 회벽칠를 이용하여 벽과 천장을 마감하거나 옐로우나 베이지 컬러의 벽지나 타일 등으로 마감한다. 벽돌이나 기와 등의 소재로 일부 연출하여 마감하여도 자연적이면 전통적인 느낌을 연출할 수 있다. 바닥은 벽보다 약간 어두운 따뜻한 색계열의 칼라의 타일이나 스톤타일, 콩자갈 등 자연적 느낌이 나는 소재로 마감하거나 벽면이 회벽이라면 마루바닥으로 마감하고 매트를 배치하는 방법으로 연출할 수도 있다.

현관 개구부는 집안 내부로 기가 잘 들어오도록 해야 하는데 이에 벽면에 창을 설치하거나 문을 통해 자연광이 들어오도록 연출하는 것이 좋다. 현대 공간에서는 치안과 방범 때문에 창을 일부 낸 문 설치가 어려울 경우 전통 주거건축의 교창이 살창처럼 문 높게 자연광과 환기가 가능한 창을 설치하는 것도 좋은 대안이 된다. 또한 개방이 용이한 구조의 문을 사용해야 하는데 보통 여닫이문이 사용되나 공간이 여유 있는 현관일 경우 쌍여닫이문을 설치하여 입구를 강조해주는 것도 좋다. 전통 대문을 응용한 판장문에 전통 금구장식으로 연출한 문이나 전통 목재문을 응용하여 전통 주거공간의 대문처럼 연출할 수도 있다.

현관에서 거실로 처음 접하는 바닥면에는 바닥과 높이 차이가 있는 현관 매트를 설치하는 것이 좋은데 노랑이나 빨강, 핑크 등 밝은 색계열의 매트가 운을 좋게 한다고 한다. 현관에서 거실의 높이를 높게 하고 댓돌이나 디딤돌 등으로 연출하는 것도 좋다. 풍수 인테리어에 의하면 남쪽에 있는 현관은 심플한 매트를, 동쪽 현관은 따뜻한 계열의 매트를, 서쪽 현관은 은은한 색의 꽃무늬 매트를, 북쪽 현관은 베이지나 녹색의 계열로 은은하고 부드러운 분위기를 연출하는 것이 지출을 줄이고 사업 운을 좋게 하고 반가운 친구를 많이 부른다고 한다.

| 현관 웰빙 연출 조명 |

현관은 밝고 깨끗하게 연출되는 것이 주 포인트이므로 낮에는 가급적 자연채광이 가능하도록 구성한다. 현관에 창문이 있으면 기의 순환이 원활해지고 밝은 햇살이 현관을 따뜻하게 만들어 운이 좋아진다. 그러므로 벽면 일부를 창으로 내거나 벽면에 창을 내기가 힘들 때는 현관 문 위 공간에 고창을 둔다. 이때 전통적 창호에 이용된 교창이나 살창을 응용하여 설치할 수 있다.

현관의 인공조명은 집주인과 손님이 서로 얼굴을 대할 때 바로 각자의 얼굴에 조명에 의한 그늘이나 그림자가 생기지 않도록, 신발을 신을 때 자신의 신체에 의해서 그늘이 생기지 않도록 고려하는 것이 주요 포인트이다. 주로 간접 조명, 전반 확산 조명을 설치하며 현관마루의 위쪽이나 출입구에서 가까운 곳에 설치한다. 주로 사용되는 광원은 백열등을 사용하는 것이 따뜻한 느낌을 주고 짧은 시간의 점등에도 유리하므로 편리하다. 그리고 백열등의 종류는 현관의 바닥 면적이 7㎡ 이하이면 150w를 설치하고, 그 이상이면 180w를 설치한다. 형광등을 사용할 때는 바닥 면적이 7㎡ 이하이면 26w, 그 이상이면 40w를 설치하는 것이 적절한 조도 유지에 적합하다. 그리고 조명 장식은 이왕이면 전통 조명기구나 이를 현대적으로 재해석하여 디자인 한 제품, 전통 소재와 의장을 활용한 조명기구를 이용하여 연출하면 전통적 느낌을 연출할 수 있다.

| 현관 웰빙 연출 가구 |

현관 연출시 가장 주의해야 할 점은 현관 인테리어가 거실이나 주방을 비롯한 전체적인 집 안 인테리어의 연장선상에 있어야 한다는 점이다. 이에 현관에 설치하는 가구도 전체적인 분위기에 맞추어 연출해야 한다. 보통 현관에 배치되는 주요 가구는 신발장인데 풍수적으로 이상적인 신발장은 약간 낮게 하여 윗면 공간에 키 작은 화분을 올려두면 맑은 기를 받을 수 있다고 한다. 공간이 협소한 현관에서는 전체 붙박이 형식의 신발장을 설치하는데 붙박이장을 위아래 분할 방식으로 구성하고 중간 높이에 선반을 구성하여 화분이나 시계 등의 소품을 배치한다. 이때 가구의 문짝을 전통 창호 패턴이나 문양 패턴을 응용한 도어를 부착한다. 또한 신발장은 수시 환기가 되도록 전통 문양으로 투각된 문짝이나 한지를 활용하거나 교창이나 살창을 응용한 문짝을 설치하여 수시 환기를 통해 신발의 냄새를 없애는 것도 좋다. 신발장을 정리할 때도 어두운 색 신발은 아래 칸에, 밝은 색상의 신발은 위쪽 칸으로 정리하는 것이 좋다고 한다.

신발장 외에 현관에 전통 스타일의 의자 한, 두 개를 놓으면 훨씬 더 스타일리시한 공간을 만들 수 있다. 또한 현관 입구에 콘솔을 배치하여 메모보드와 수납함을 두거나 콘솔과 어울리는 작은 거울과 향수 등을 올려두면 외출 전 상태까지 점검할 수 있어 편리하면서도 운치 있는 현관 공간이 된다.

| 현관 웰빙 연출 소품들 |

집안에서 밖을 나설 때 현관에 있는 거울을 많이 이용하는데, 풍수 인테리어에서는 현관문을 열 때 정면으로 거울이 보이는 것은 피하고, 테두리가 없고 지나치게 큰 것을 설치하면 맑은 기를 집밖으로 내쫓는다고 한다. 그러므로 거울은 오른쪽 벽면이나 왼쪽 벽면에 설치하는데 오른쪽에 설치하면 인간 관계가 좋아지고 왼쪽에 설치하면 금전운이 좋아진다고 한다.

낮은 신발장을 설치했을 경우 화분을 놓거나 선인장도 좋은 웰빙 연출 소품이다. 현관에 작은 화분을 두면 풍수적으로 좋지 않은 기운을 빨아들이기 때문에 좋고 공기정화 측면에서 대

| 풍수를 고려한 현관 웰빙 인테리어 연출 안 |

현대적으로 해석하여 적용되는 풍수인테리어 준한 현관 기본 배치에 전통적 의장요소를 활용한 전통을 담은 웰빙 현관 인테리어를 재현해 보았다. 자연광이 들어오도록 창을 설치하고 교창을 설치하고 전통 문양장식의 현관문과 신발장, 왼편에 산수화 액자와 화분, 추시계 소품을 오른편에 우산꽂이로 연출하였다.

| 전통 대문을 응용하여 현관문으로 연출 |

현관 입구 앞이 여유가 있는 주택일 경우 여닫이 형식의 대문 형태와 형식을 차용한 현관 쌍 입구로 연출할 수 있다.

| 현관 입구 주변 전통 요소로 연출 |

통 요소로 연출-복도식 공동 주택 경우 협관 입구 옆 벽면에 코너 공간을 만들어 전통적인 느낌으로 연출하여 입구부터 거주자의 취향과 주거의 분위기를 알린다.

| 현관 앞 전실 중문 연출 |

현관에서 바로 공간으로 들어가지 않고ㄱ자형으로 꺾여 들어가는 전실을 구성하여 거실로 들어가게 구성한 현관으로 전통 목재 창호와 전등으로 연출하였다.

| 마루를 적용한 전실을 갖춘 현관 |

현관문을 열고 들어온 다음 전실을 갖추고 전통 창호로 구성하여 자연채광이 되도록 하고 전체적으로 자연재로 마감하고, 툇마루를 갖춘 현관이다. 소품으로 댓돌을 배치하고, 석재 물확을 배치하여 먼지 흡수를 꾀하고 수생식물을 띄워 자연적 웰빙 공간으로 연출하고 있다.

| 툇마루와 쪽마루 공간으로 여유 있는 전실을 갖춘 현관 |

전통 창호를 적용한 전실 앞에 수납공간을 배치하고 툇마루와 쪽마루를 배치하여 여유 있게 공간을 확보한 현관으로 가족들의 여유있는 라이프 스타일을 유도하고 이웃 간에 자연스런 커뮤니티가 가능하게 하는 공간이다. 벽면 회벽 마감에 사군자를 응용한 벽화 장식과 화분 배치로 전통적 느낌을 더욱 강조하고 있다.

기오염 물질을 걸러주므로 좋다. 특히 벤자민이나 스파티필룸 같은 공기정화 식물이나 선인장 등을 왼편에 배치하면 좋다. 집안의 기운을 좋아지게 해주는 소품은 풍경이나 종, 모빌을 들 수 있는데, 현관에 소리나는 금속으로 된 소품을 두면 악운을 막을 수 있다고 하므로 현관문에 종이나 풍경을 달거나 천장에 전통 금구장식을 적용한 모빌을 매다는 것도 좋은 연출 소품이 된다. 그리고 어느 정도 규모가 있어 빈 벽면이 생기는 현관의 벽면에 액자로 연출할 수도 있는데 이때 액자는 산 풍경이 그려진 그림이 좋은데, 액자가 아니더라도 회벽 마감일 경우 벽화를 통해 그림액자를 대신할 수도 있다. 이들 소품은 현관을 바랄 볼 때 왼편, 좌청룡 자리에 두는 것이 좋다.

시계도 현관에 연출하면 좋은 소품인데 특히 소리나는 금속과 일맥상통으로 추시계로 연출한다. 이는 소리가 나는 금속으로 된 추시계가 좋지 않은 기를 막는다 하여 웰빙 소품이 된다. 보통 콘솔이나 신발장 위에 배치하는데 화분이나 그림액자와 마찬가지로 집 안에서 현관을 바라볼 때 왼편에 배치하는 것이 좋다.

슬리퍼 걸이나 우산꽂이 등도 현관에 배치되는 기능적인 소품이 된다. 걸이 장식은 전통 금구장식을 응용하고, 전통 항아리나 목재나 석재로 만든 통 등을 우산꽂이로 사용할 수 있다. 이들 소품은 집 안에서 현관문을 바라보고 오른쪽에 둔다.

거실

거실은 각 실을 연결하는 동선의 분기점으로 가족의 단란 · 휴식 · 접객 · 사교 외에 육아 · 가사 · 독서 · 대화 · 음악감상 · TV시청 · 취미 · 식사 등 취침 이외에 전 가족의 생활의 중심이 되는 공간이다. 현관을 통해 들어온 맑은 기가 거실에서 모이고 각 공간으로 퍼져나가므로 거실의 역할이 무엇보다 중요하다. 가족들과 함께하는 시간이 많은 거실은 가족의 화목과 관련이 있는데, 여럿이 함께 쓰는 공간이라 기의 흐름이 수시로 변하는 곳이다. 풍수인테리어에서는 거실 인테리어 하나하나에 각각의 기가 작용하므로 마감재 선정에서부터 소품 하나에 이르기까지 기의 흐름을 고려하여 생기 있는 거실공간을 연출해야 한다. 이러한 거실공간도 항상 깨끗하게 청소하고, 채광과 통풍은 기의 흐름을 좌우하므로 빛이 잘 들고 통풍이 잘 되게 하고, 조명을 켜서 환하게 유지하여 좋은 기운이 잘 들어오도록 하고, 밝은 톤의 가구를 사용하고, 가구와 장식품을 최소화하여 원활한 기의 흐름을 유지하도록 하는 것이 웰빙 거실 인테리어의 기본이 된다.

• 거실 공간 웰빙 기본 연출법 •

| 거실의 위치 및 규모 |

주거공간에서 거실의 위치는 가장 중심 공간인 만큼 남향으로 배치되면 남향이 아닌 주거는 일조나 통풍, 조망이 양호한 곳에 배치한다. 그리고 거실은 단순히 타실로의 통로가 되면 안되고 현관이나 식당, 부엌과 가깝게 배치되어야 한다. 침실과는 대칭되는 위치가 좋으며 주택의 중심부에 배치되어야 하고 테라스로 출입이 용이하여야 한다.

거실은 가족의 라이프스타일에 따라 규모에 변화를 줄 수 있으나 일반적으로 4~6㎡/인, 평균 16.5㎡, 보통 100㎡의 주택은 20㎡ 규모가 적당하다고 한다.

전통을 담은 웰빙 거실을 연출하기 위해서는 서양 거실 양식을 그대로 따라 구성하기 보다는 우리 전통 수거의 마루의 기능과 공간 구조와 구성 형식을 반영하여 거실을 구성한다면 진정한 웰빙 거실공간이 될 것이다. 서양의 거실과 우리의 마루 공간은 공간 중심에 위치하여 얼핏 보면 같은 기능을 하고 있는 것처럼 보이지만 내재된 기능과 역할이 분석해 보면 상당히 다름을 알 수 있다. 서양 거실은 한 공간 안에서 모든 공간을 나누는 분산형으로 프라이버시 보호가 잘 되는데 반해, 전통 주거의마루는 다양한 기능과 가족의 화합적 기능이 강조되고 모든 공간을 연결해 주는 집중형이다. 즉 서양의 거실이 방어적인 측면의 공간 구성을 갖고, 기능성을 강조한다면, 마루는 개방적이고 인체공학적인 측면을 강조했다고 볼 수 있다. 한국의 지형적 조건과 우리의 정서적 측면에서는 현대의 생활공간에서 마루의 기능과 특성을 우리의 거실에 접목시킬 필요가 있다. 현대의 주 생활에서 거실에 마루의 기능과 특성을 적용하기 위해서는 프라이버시 측면을 보완한다면 충분이 현대적 공간에도 마루의 구성과 특성을 적용하여 전통을 담은 건강한 웰빙 거실 공간을 만들 수 있을 것이다. 프라이버시 측면은 마감재와 가변성을 추가한다면 충분히 보완이 가능하다.

이에 거실공간에 전통의 칸 개념을 적용하여 분합문 구조를 만들어 공간의 열림과 닫힘에 의해 공간을 폐쇄적 또는 개방적으로 활용할 수도 있고 다양한 기능을 수용할 수도 있다.

거실 공간과 함께 연결된 베란다를 최근에는 개조해서 거실과 이어주는 확장 공사를 많이 하는데, 이는 풍수적으로 보나 실제 웰빙적인 측면에서 환경적으로도 좋지 않다. 풍수적으로는 베란다에 들어오는 흉한 기운을 차단해주는 문이 없으면 자칫 흉한 기운을 불러들일 수 있으며, 환경적 측면에서 겨울철에는 열 손실율이, 여름철에는 열 차단 효과가 떨어져 냉난방비의 증가를 가져오면 외부로부터 소음, 일사 차단 등의 효과도 떨어지므로 베란다 확장 공사는 충분히 고려한 다음 실시하는 것이 좋다. 혹시 베란다를 확장했다면 어느 한 곳에 관엽 식물을 배치하여 외부로부터 시각적 필터링 효과와 더불어 공기정화 기능을 추가하고 공간을 밝게 만들어주는 것이 좋다.

| 현대 서양식 거실과 전통마루 공간 비교 |

| 서양식 현대 거실 |

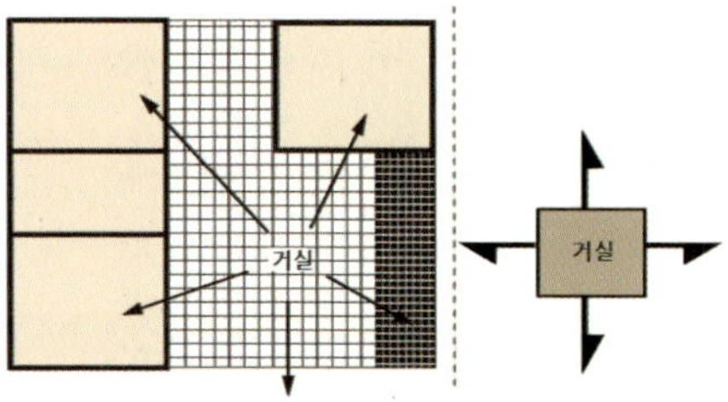

| 전통 마루공간 |

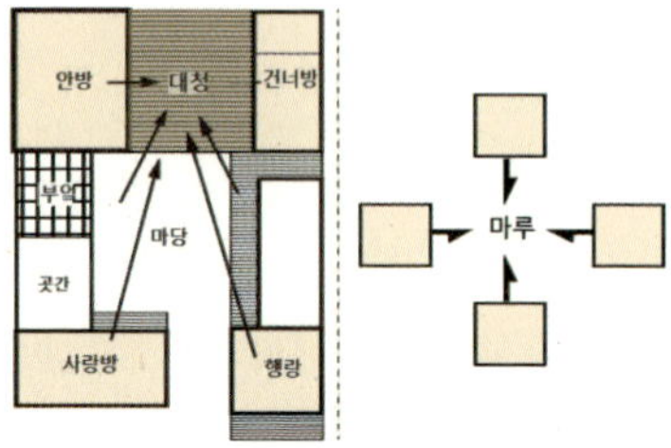

서양식 주거공간에서 거실의 구조로 모든 공간을 나누는 분산형의 형태를 보여 준다. 거실, 식당, 침실 등 기능별로 실내 공간 내에서 분화되어 있으며 중앙 공동 공간에서 이들의 연결통로로서 역할을 하고 있다.

ㅁ자형 전통 주거에서 대청마루로 분산된 공간을 하나의 공간으로 연결해 주는 집중형이다. 전체적으로 조합 평면으로 각 실의 배치가 분산되어 있고 마루를 중심으로 각 공간들이 연결되어 있다.

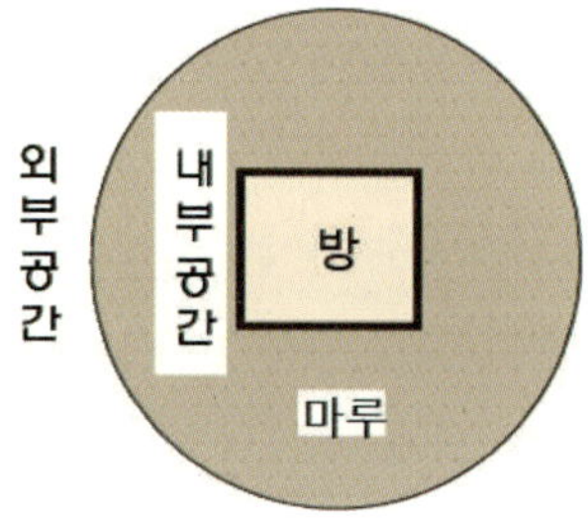

서양식 거실 구조는 생활적 측면에서 계획되어 기능적 측면을 중심으로 계획되고 거실은 공간의 가장 중심에 가장 방어적인 측면에 위치하고 폐쇄적인 형태로 내부 안에서 공간을 구분 짓고 있다.

전통 주택의 마루공간은 내부공간으로 포함시킨 공간속에서 외부공간과의 완충 공간 역학을 주로 한다. 이에 우리의 마루는 기능보다는 인체공학적인 측면을 강조하여 구성되었다.

- 이미지 출처 : 김영한, 주거공간공동구조에 관한 연구, 한양대학교 교육대학원 석사학위논문, 1998.2, 재구성 인용-

| 거실의 웰빙 연출 색채와 마감재 |

가족의 기를 위해서 거실은 전체적으로 밝아야 하며, 어두운 색이나 큰 무늬는 피하고, 마감재로 연한 벽지를 사용하는 것이 좋다. 벽지 컬러는 차분한 색인 화이트나 연한 색 계열인 아이보리, 베이지가 가장 좋다. 현대 들어 공간의 미적인 효과를 극대화하기 위해 포인트 벽지를 쓰는 사례가 많은데, 풍수적으로는 가급적 시야가 머무르는 곳에는 사용하지 않는 것이 좋다. 가족의 화목과 건강운을 높이고 싶다면 밝은 색 벽지와 커튼을 사용하고, 금전적으로 고생하고 있다면 분홍색이나 회색으로 마감하는 게 좋다.

거실 바닥은 색이 지나치게 어두우면 기가

아래로 쳐져 우울하고 무기력해지기 쉬우므로 바닥도 밝은 컬러의 원목마루를 까는 것이 좋다. 그런데 이미 진한 월넛 등 어두운 원목 마루로 마감을 했다면 벽지를 파스텔 톤의 초록색으로 마감하면 주변의 기의 흐름을 원활하게 할 수 있다고 한다. 거실 바닥과 벽, 천장의 컬러는 오행상생 구조를 고려하여 매치시키는 것이 좋은데 바닥이 검은색 계열일 때는 벽은 초록색, 천장은 노랑색으로, 바닥이 초록이나 하늘색이면 벽은 붉은색, 천장은 나무색으로, 바닥이 붉은색일 때는 벽은 황색, 천장의 흰색 계열로 마감하는 것이 좋다.

거실에 마루를 마감할 때도 운기의 흐름을 좋게 하기 위해서는 마룻결의 방향을 현관에서 실내로 향하게 마감하는 것이 좋다. 또한 거실 바닥에 카펫을 까는 경우도 있는데 임산부와 어린이가 있다면 가급적 깔지 않는 것이 좋고 굳이 깔고 싶다면 미니 카펫을 깔거나 자연 소재의 돗자리 정도로 만족하는 것이 좋다. 카펫은 아무리 청소를 한다고 해도 탁한 기가 배어들기 때문이다.

현대 거실공간에서도 전통 주거의 대청마루에 사용된 바닥의 원목 마루와 화이트 색감의 회벽으로 마감하는 것도 소재에서부터 전통적인 느낌을 전달하며 무엇보다 친환경적 재료이므로 친건강적 웰빙 공간이 조성이 가능하다. 회벽으로 마감할 경우 하얀 벽면에 동양화 액자나 그림을 걸수도 있지만 벽면에 벽화로 동양화 한 폭을 그려 넣는 것도 운치 있는 포인트 벽면을 구성하는 하나의 방법이 될 것이다.

천장면은 천장은 평평한 반자천장이 좋고 베이지색이 좋다. 거실의 높이에 따라 다르지만 어느 정도 천장고가 있는 주택이라면 회벽이나 밝은 톤으로 마감하고 대청마루를 상징하는 서까래, 보 구조를 적용한 연등천장이나 우물반자 천장으로 연출하면 전통적공간의 느낌을 충분히 나타낼 수 있다. 천장고가 낮다면 서까래의 느낌으로 목재 기둥을 길게 얇게 부착하여 천장면을 단순하게 연출할 수도 있다.

거실 입면을 차지하는 창문과 각 실의 방문들도 거실의 공간 이미지에 크게 영향을 주므로 선제석인 공간 연출 컨셉과 동일하여 연출해야 한다. 이들 문과 창은 전통 창호의 문살과 패턴을 현대 공간과 어울리게 심플하게 단순화한 문살이나 이를 응용한 패턴이 적용된 목재 창이나 문, 또는 금속재로 표현한 창이나 문으로 연출할 수도 있다.

차양을 조절하는 커튼은 아이보리, 베이지, 옅은 무늬가 있는 흰색 등 밝고 깨끗한 색상의 커튼이나 차분한 꽃무늬 커튼이 좋은데 오행을 적용하면 남쪽창에는 녹색계열, 서쪽 창에는 갈색계열, 북쪽 창에는 흰색계열, 동쪽 창에는 청색계열이 운을 불러와 좋다. 단, 커튼이 너무 두껍거나 무늬가 화려하면 소비가 강해지므로 피한다. 그리고 정남향의 큰 창문은 허약한 사람의 건강과 진로 장애, 지출이 늘어나므로 격자창이나 반투명 소재의 커튼으로 차광하는 것이 좋다.

| 거실의 웰빙 연출 조명 |

거실은 휴식, 가족과의 대화, 손님접대, TV 시청, 취미생활 등 다양한 활동이 이뤄지는 공간으로 기능이 다양하기 때문에 조명기구 역시 복합적으로 사용하는 것이 좋다. 특히 거실의 크기와 기능, 경제적인 여유 등을 고려해 필요한 조명을 조합하는 것이 효율적이다. 일반적으로 거실 중앙 천정 등을 전체 조명으로 하고 분위기를 부드럽게 하는 매입등, 은은한 공간을 연출하는 벽등, 스탠드, 플로어스탠드, 그림이나 조각을 비추는 장식성이 강한 스포트라이트를 설치하는 것이 좋다. 이때 조명기구는 전통 조명기구 형태를 응용한 조명기구나 전통 문양이나 패턴을 적용한 조명기구를 사용하면 공간의 포인트가 되면서 전통적인 느낌을 전달할 수 있다. 거실은 가족의 다양한 활동이 이루어지는 공간인 만큼 밝은 흰색 조명이 적당하며 조도는 300~400lux 정도, 색온도는 3,000~5,000K 정도가 적합하다.

| 거실의 웰빙 연출 가구 |

거실공간에 너무 많은 가구는 기의 흐름을 방해할 수 있기 때문에 가구는 최대한 심플하고 화려하지 않은 것이 좋다. 너무 빼곡하게 배치된 가구와 물건들은 기의 순환을 방해하는 요소이므로 가구 사이의 간격, 벽과 가구의 간격은 10㎝ 정도로 띄어서 배치하여 기의 흐름이 원활하게 하는 것이 좋다.

거실의 분위기를 좌우하는 가장 대표적인 가구는 소파이다. 소파는 창을 바라보거나 측면에 배치한다. 즉, 소파의 비중이 크므로 거실 동선이 분리되지 않도록 하고 창을 바라보게 하거나 측면으로 배치해 빛을 가리지 않도록 하는 것이 중요하다. 이왕이면 소파는 서쪽에 앉아 동쪽을 바라보는 게 가장 좋다. 방향을 맞추기 힘들다면 현관에 들어섰을 때 대각선 위치에 ㄱ자형이나 일자형으로 배치하는 것이 가장 좋으며, 공간의 형태에 따라 마주보게 배치하는 것도 좋다. 서로 얼굴을 마주하게 되는 소파 배치는 분위기를 단란하게 하고 가족의 기를 모아준다. 소파 옆에 출입문이 있거나, 현관을 정면을 바라보는 것은 풍수적으로 상당히 좋지 않다. 또 다른 배치는 소파를 해가 잘 드는 위치나 동쪽으로 배치하여 새롭고 희망찬 기운을 받는 것도 좋다. 단, 소파는 거실 규모에 비해 너무 크거나 지나치게 고급스런 소파는 사람의 기를 누를 수 있으므로 피한다. 특히 젊은 사람이 크고 중후한 소파를 사용하면 출세에 지장이 생긴다고 한다.

소파의 소재는 직물 소재가 좋고, 패브릭이나 천을 이용하면 가족의 단란함을 부른다. 질감은 튀는 것 보다 연한 소재로, 부드러운 게 좋고, 단색 무늬의 소파는 가정의 운을 무미건조하게 만들기 때문에 쿠션이나 부분 포인트를 화려한 무늬로 된 것을 같이 배치한다. 지나치게 낡은 소파는 오히려 운이 나빠지므로 사용하지 않는 것이 좋다. 친환경적 측면에서도 직물 소재의 소파는 자주 세탁이 가능하므로 청결하고 먼지가 날리지 않아 좋다. 그리고 원하는 패턴 패브릭으로 언제든 교체하여 연출이 가능하므로 좋은 연출 아이템이 된다.

거실에는 둥근 형태의 가구와 소품을 배치하는 것이 금전운이 좋아진다고 하므로 소파 프레임이 둥근 것을 쓴다든지, 원 모양 액자를 건다든지 일부 가구와 소품에만 적용하는 것도 좋다. 그리고 소파 옆에는 높이가 있는 가장의 키와 비슷한 플로어 스탠드나, 사이드 테이블 위 스탠드를 놓으면 재물과 건강의 기운이 상승하고 불화를 예방해준다고 하므로 거실 공간 연출 가구로 소파와 플로어 스탠드를 세트로 챙기는 것이 좋다. 또한 고가구가 있다면, 밝은 곳에 두는 것이 좋다. 고가구를 구석지고 어두운 곳에 두면 집안 싸움이 생긴다고 한다.

소파와 함께 배치하는 테이블은 풍수인테리어에서는 나뭇결이 살아있는 목재 테이블 가장 좋다. 유리나 대리석 테이블도 많이 이용되고 있으나 차고 단단해서 기를 반사하므로 좋지 않다고 한다. 이들을 사용하려면 천으로 덮어서 사용한다.

| 풍수에 따른 거실 공간 소파 배치법 |

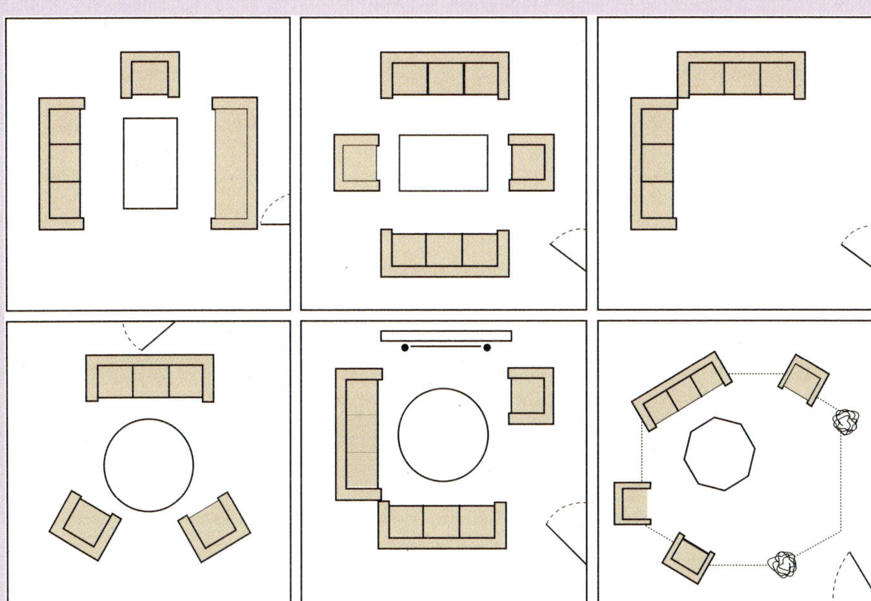

ㄱ자형이나 일자형 배치를 기본으로 공간의 형태에 따라 마주 보게 배치한 다양한 유형들로 서로 얼굴을 마주하게 되는 소파 배치는 분위기를 단란하게 하고 가족의 기를 모아준다.

거실 공간 가구로 가전제품과 함께 배치되는 거실장이 있는데 이는 TV사이즈와 관련이 있는데 넉넉한 사이즈의 거실장을 선택하고 작은 화분 등의 소품으로 연출한다. 그러나 웰빙 거실을 원한다면 가전제품은 전자파를 발생하기 때문에 가급적 놓지 않는 게 좋으나 부득이하게 배치해야 한다면, TV나 오디오 등은 동쪽으로 배치하는 것이 좋다. 그리고 에어컨이 있다면 덮개는 안하는 것이 좋다.

풍수인테리어나 웰빙을 위해서도 무엇보다 중요한 것은 가전제품을 비롯하여 소파 밑이나 가구 모서리 틈 등에 먼지가 끼지 않게 늘 닦아 주어야 한다. 먼지는 건강상도 나쁘지만 풍수에서도 먼지는 액운을 상징하기 때문이다.

| 거실의 웰빙 연출 소품들 |

거실공간을 가장 웰빙적으로 연출해주는 소품은 생화나 관엽 식물을 배치하는 것이다. 거실공간에 미니 정원을 만들거나 키가 작은 화분을 여러 개 놓으면 많은 기가 생성되게 하여 좋고, 남쪽 창 앞에 키가 크고 싱싱한 관엽 식물을 놓아두면 기운이 상승되어 취업이나 승진을 생각하는 사람에게 행운을 전해준다. 단, 사람보다는 작은 식물을 배치해야 한다. 거실에서 주방으로 통하는 길목에 작고 잎이 무성한 화분을 배치하면 주부의 건장 증진에 도움이 된다. 이때 사용되는 화분들은 전통 항아리나 옹기, 도자기, 목기 등을 활용하면 전통적인 느낌을 더해 준다.

싱그러운 자연을 담은 그림과 소품을 배치하면 자연의 맑은 기운이 돌아 행운이 들어오기 좋은 집이 된다고 하는데 특히 산이 그려진 풍경화나 사진을 걸어두면 금전 운과 재산운이 상승한다고 한다. 이는 풍수적으로도 좋지만 자연이 주는 심적 안정과 스트레스 완화라는 측면에서 정신적 웰빙의 한 요소라 볼 수 있다. 이외에 거실에 걸어두는 액자의 소재로 좋은 것은 가족 사진이다. 거실에 들어섰을 때 가장 잘 보이는 위치에 가족 사진을 걸면 가정운이 좋아진다고 한다.

거실의 테이블이나 선반 위에 포푸리나 방향제를 놓아 향기를 더해주면, 집 안의 전체적인 운이 좋아질 뿐 아니라 직업운도 상승하는 효과를 볼 수 있다.

거실에 연출하면 좋지 않은 소품들도 있는데 대표적인 것인 거울이다. 거실벽면 어디든 거울을 설치하지 말고, 뻐꾸기 시계나 돌출이 심한 장식용품은 삼가고, 어항은 남쪽이나 남동쪽에 배치하는 것이 좋다.

위에서 제시한 거실공간에 연출되는 소품들도 이왕이면 전통 문양이나 패턴을 적용한 화분이나 액자, 상자, 용기, 화병 등을 활용하고, 커튼이나 쿠션, 테이블보는 조각보를 응용한 다양한 패브릭 제품을 사용하는 것도 우리 옛 향수를 전달하면서도 그윽한 멋이 나는 웰빙 공간 연출이 될 것이다.

• 라이프스타일에 따른 거실 공간 웰빙 연출법 •

현대 주택은 전통 주거보다는 다양한 유형과 형태가 존재한다. 이에 집합정도에 따라, 주거양식에 다라, 구조 재료에 따라, 소유형태에 따라, 기능 목적 등에 따라 다양하게 구분된다. 그만큼 사회가 다원화되고 복잡해졌다는 것을 의미한다. 이에 집의 유형에 따라 거실공간도 다양하게 연출해 볼 수 있다. 보통 좌식생활을 주로 하느냐 입식을 주로 하느냐에 따라 구분된 주거양식에 따라 한식 주택과 양식주택으로 구분하는데, 실제 주택을 들여다보면 온돌을 기본으로 하는 우리나라 주댁들은 이러한 양식이 혼합되어 나타나는 경향이 강하다. 이에 전통을 담은 웰빙 거실공간 연출에서도 라이프스타일에 따라 좀 더 다양하게 연출이 가능함을 알 수 있다. 이에 입식생활 맞춰 전통적인 느낌으로 연출하는 법과 좌식생활에 맞춰 현대적으로 거실공간을 연출하는 방법을 중심으로 아이디어를 제안하고자 한다.

입식생활 거실 공간 연출법

현대 주거 대부분이 소파를 기준으로 입식생활을 하고 있으나 전통 공간의 공간요소나 가구 등을 적용하여 변화있는 웰빙 거실 연출이 가능하다.

| 평상과 소파를 배치한 거실 |

전통 주거의 대청마루를 현대적 거실과 접목하여 연출하는 방법으로 우선 대청마루에 사용된 바닥과 벽, 천정의 구조와 재료의 느낌을 재현하고 현대적으로 사용되는 소파와 가구를 배치하는 방법, 차경을 도입하는 방법 등이 이에 해당된다.

| 연등 천정 구조와 기둥으로 연출한 거실 |

| 차경을 도입하고 바닥과 벽면 등 자연소재를 사용하고, 전통 창호와 액자로 연출한 거실 |

| 평상을 이용한 거실 |

전통대청마루 구조에 마루바닥과 전통 창호를 적용하고 평상으로 소파를 대신하여 연출한 거실이다.

| 평상을 이용하여 마주보는 배치를 취한 거실 |

회벽마감에 마루바닥, 평천장이지만 서까래 목구조를 연상하게 천장 마감을 하고 평상을 응용한 의자로 소파를 대신하고 병풍으로 공간 연출을 한 거실공간이다. 포인트로 쿠션과 벽화를 이용하고 있다.

| 평상으로 일자형 배치를 취한 거실 |

전통 자연소재로 마감을 하고 전통 창호와 서까래 구조로 전통적 느낌을 내고 평상을 응용한 의자로 연출한 거실공간이다.

| 바닥의 높이차를 준 거실 |

현대 주택의 거실은 주거의 중심에 위치하여 다양한 공간이 연결되어 있다. 거실에서 각 공간의 분할은 보통 폐쇄적인 벽이나 문을 통해 공간을 분할한다. 이에 각 공간들이 같이 공존하면서도 각각의 독립성을 유지하면서 공간이 작아 보이게 한다. 이러한 현대 주거에 전통 주거의 위계의 개념을 적용하여 바닥의 높이차로 공간을 자연스럽게 분할하여 영역성을 주면서 전체적으로 개방적인 공간을 구성할 수 있다. 전통 주거건축에서도 가장 중요한 공간, 개인적인 공간, 사유하는 공간은 높게 구성되는 원리를 이용하여 서재나 공부하는 공간과 거실이 있을 때는 서재 공간을 높게 구성하고, 거실과 주방 공간에서 거실을 높게 구성하는 공간 분할 방법을 적용할 수 있다. 바닥의 높이차를 주게 되면 자연스럽게 전통 주거에서 적용된 툇마루나 쪽마루 구성이 가능하며, 다양한 활동의 가능성을 열어준다. 또한 완전 폐쇄된 공간이 아니므로 전체적으로 주거 공간 내에서 개방성을 주어 공간을 넓어 보이게 하는 효과가 있다.

좌식 생활 거실 공간 연출법

| 기본 좌식공간으로 연출한 거실 |

좌식공간의 거실은 가장 전통적인 공간 구조와 컨셉을 적용한 다양한 연출이 가능하다. 우선 전통 주거공간의 주요 특징인 칸 개념을 거실 공간에 적용하여 공간의 확장과 분할을 자유롭게 하여 상황에 맞게 공간을 사용할 수 있는 시스템을 적용할 수 있다. 대청을 중심으로 사용했던 분합문과 들어열개 문의 개념을 현대의 도어 양식에 적용하여 다양한 이동형

| 전통건축의 위계성 반영하여 가장 정적인 공간인 서재나 공부하는 공간을 위로 배치 |

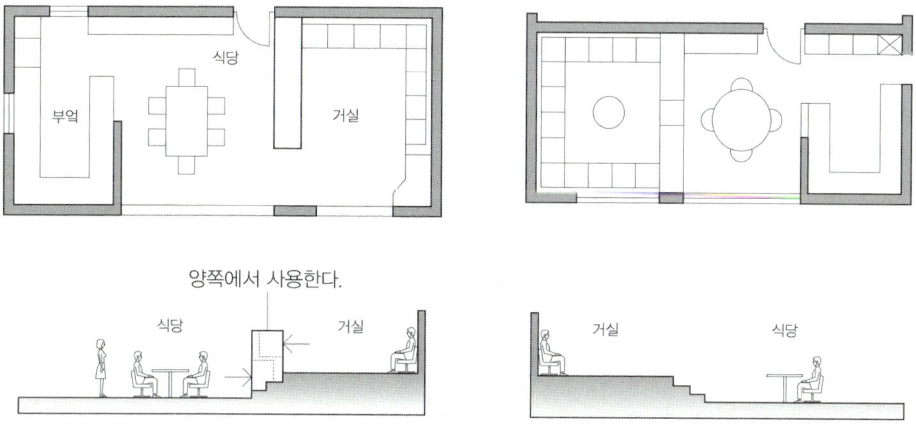

| 전통 건축의 위계성을 반영하여 식당을 전통 부엌 개념으로 낮게 거실을 높게 조성하여 자연스러운 공간의 위계를 주고 툇마루, 마루의 효과를 준 거실 |

| 주방과 거실 사이 높이차를 주어 개방성을 준 거실 |

거실은 높게 식당을 낮게 조성하여 거실에서 식당이 자연스럽게 내려다보는 공간으로 조성하여 마치 마루에 앉아 보는 것처럼 조성한 거실로 실내공간을 넓어 보이게 하고 가족 간의 커뮤니티를 활성화시켜 준다.

도어시스템을 적용하여 거실공간을 다양한 크기와 용도로 이용이 가능한 구성이 가능하다. 이때 도어를 전통 창호를 적용할 수도 있으며 전통 문양과 패턴을 현대적으로 재해석하여 새롭게 디자인된 문을 사용할 수도 있다. 그리고 마감재는 회벽마감이나 밝은 벽지나 천연 페인트 마감, 황토를 이용한 도료 마감으로 밝은 분위기를 만들고 서까래나 대들보, 목재 기둥이 연상되도록 천장이나 기둥을 사용하여 공간을 연출한다.

좌식 거실이므로 거실공간은 낮은 테이블과 방석이나 쿠션, 좌식 의자 등으로 연출을 한다. 이러한 좌식 공간은 많은 가구를 넣기 보다는 가구 수를 최소화하여 자연재료로 마감

| 칸 모듈을 적용한 거실 |

전통 마루의 개방성과 확장성, 융통성, 가변성을 적용하기 좋게 칸 개념을 적용하여 현대적으로 좌식형 거실로 조성한 기본 개념 스케치이다.

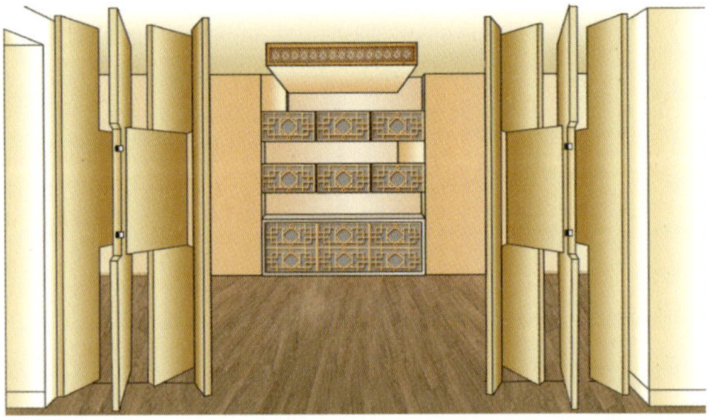

| 분합분을 응용한 가변식 벽 시스템을 적용한 거실 |

전통 분합문을 현대적인 경첩시스템을 적용하여 새롭게 개발한 도어시스템을 적용한 거실 개념을 보여주고 있다.

| 바닥면 수납공간을 둔 마루형식의 거실 |

전통 대청마루를 그대로 적용한 거실로 좁은 수납을 바닥면을 활용하여 해결하고 있다.

| 전통적인 소품을 활용한 좌식 거실 |

화이트 벽면과 목재 바닥, 전통 가구의 비례비를 더한 배치로 안정감을 주는 거실 공간이다.

| 궤와 반닫이를 통해 연출한 아담한 좌식거실 |

화이트벽면과 진한 목재바닥에 돗자리를 갈고 전통 가구와 소품으로 전통미가 물씬 나게 연출한 거실공간이다.

| 전면 창을 통한 차경원리 이용 한 거실 |

가구를 배치하기 전 차경원리를 이용한 거실공간 개념을 보여 주기 위한 공간 스케치로 밖으로 보이는 외부 담장과 조경을 전통적으로 연출하여 내부 마루 바닥과 한지나 모시 천을 이용한 천정 조명으로 기본 거실 공간 조성한다.

| 전통 소재로 연출된 거실 |

거실과 복도를 분활하는 벽을 회벽과 목재로 연출하고 삼배 조각보와 항아리, 괴목으로 거실코너 벽 공간을 연출하였다.

| 괴목과 전통 창호를 이용한 작은 좌식 거실 |

작은 규모의 좌식 거실로 한지로 마감한 벽에 전통창호, 낮은 괴목 테일블로 단아한 좌식공간으로 연출하고 있다.

하고 깔끔하게 연출하여 창을 통한 차경효과를 주는 것이 좋다. 이때 연출되는 가구는 전통 주거공간에서 사용한 낮은 괴목 테이블이나 소반, 반닫이, 경상 등을 그대로 사용하기도 하지만 공간 크기와 규모, 분위기에 맞추어 크기의 변화가 재료의 변화를 주어 재해석한 가구와 소품 등으로 연출하기도 한다. 장식소품은 조각보나 항아리, 댓돌, 산수화, 도자기, 목재 상자, 전통 도기를 활용한 화분 등으로 전통적인 소재들을 적절히 배치하여 전통적인 분위기를 연출한다.

| 바닥의 변화를 준 좌식 공간 거실 |

좌식공간의 거실에서도 바닥의 높이의 변화를 주어 공간에 변화를 주면서 구성할 수 있다. 바닥 높이를 낮추거나 높여서 조성하는 방법이 있는데 둘 다 바닥 높이 변화로 좌식이면서도 반입식 생활이 가능하며 공간의 새로운 영역성을 준다.

우선 바닥을 낮추는 방식은 피트형 거실로 댓돌을 밟고 올라서는 툇마루 개념을 역으로 적용하여 거실 일부 바닥을 낮춤으로 바닥내부에서 활동과 바닥에 걸터앉아서 하는 활동, 바닥 위에서 하는 활동이 가능하므로 공간의 활동을 풍부하게 하는 역할을 한다.

반대로 거실 공간 자체 내에서도 바닥의 높이를 높여 공간을 나눌 수 있는데 이때 높인 공간은 마치 전통 주거의 누마루와 같은 효과를 준다. 높인 공간은 누마루 위에 앉아 다도를 즐기거나 특별한 손님 접대를 하는 공간으로 또는 사색과 여유를 즐기는 거실 속 또 다른 공간을 제공해 준다.

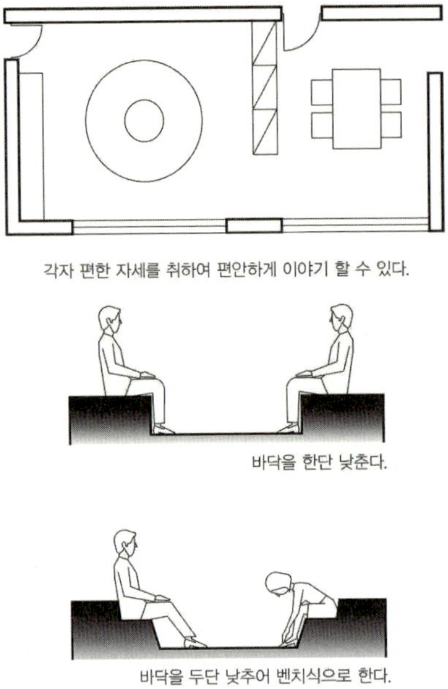

| 바닥을 낮춘 피트형 거실 개념 |

바닥을 다양한 형태로 낮추는데 무릎정도 높이로 낮춰 실내 마루에 걸터 앉은 것 같은 활동이 가능하도록 하는데 좌식공간이면서 반입식 공간으로 활동이 일어난다.

| 피트형 공간 거실공간 연출 개념스케치 |

바닥을 원형모양으로 낮춘 피트형 거실공간으로 내려앉은 바닥에 전통 방석이나 테이블, 소품 등을 배치하면 전통적이며서도 더 편안한 느낌 주는 공간으로 연출이 가능하다.

| 거실 공간 내 높이차를 준 거실 |

거실 중 전망이 좋은 창 앞에 바닥을 높인 공간을 만들어 차경을 통해 외부경관을 즐기는 공간을 만들고, 높인 공간 바닥은 수납공간으로 활용할 수 있다.

| 거실 공간 내 높이차를 준 서재형 거실 |

마루 바닥과 회벽 마감에 창가 앞에 바닥을 올려 새로운 영역성을 주어 조성하고 그 밑 공간을 서재처럼 꾸며 서재와 손님접대, 가족들과의 담화 등 다양한 활동이 가능하도록 조성한 거실공간이다.

침실

하루에 8시간 이상 수면을 취하고 휴식하면서 보내는 곳이 바로 침실이다. 자는 동안 우리의 몸은 신진대사가 자연스럽게 일어나는데 이때 생체에너지를 얻기도 하고 잃기도 하므로 건강한 잠자리가 무척 중요하다. 그러므로 침실은 하루의 컨디션을 결정하는 곳으로 긍정적인 에너지나 기(氣)가 통할 수 있는 인테리어를 해주어야 한다.

웰빙 침실을 위해서는 아침과 낮에는 햇빛이 잘 들고 밤에는 숙면을 취하도록 조용하면서도 어두워야 하고 쾌적한 실내 공기가 유입되고, 사생활 보호가 잘 되어 심리적 안정감을 주어야 한다. 풍수적으로 침실은 생명력의 원천인 자연에너지를 흡수하는 장소로 집안의 흥망성쇠를 결정하는 원동력이 되는데 집안에 좋은 기운을 불러들이고 상승 에너지를 얻는 공간으로 연출해줘야 한다. 이를 위해서는 침실의 구조나 색상 침대의 위치와 방향, 출입구 배치, 소품 연출 등을 전체적으로 고려해야 한다. 그리고 풍수 인테리어에서 가장 강조하는 청결이 무엇보다 중요하다. 침실이 어수선하며 운이 나쁘게 변하므로 항상 단정하게 정리하여 기의 흐름을 높이도록 하는 것이 풍수나 웰빙 차원에서 무척 중요하다. 그리고 풍수에 맞춰 공간을 연출하더라도 마감재나 가구나 소품, 침장류 등을 전통적인 소재를 그대로 사용하거나 공간이 현대적이라며 재해석한 현대적 스타일의 전통적인 패턴이나 소품을 사용한다면 전통을 담은 웰빙 침실이 연출될 것이다.

• 침실 공간 웰빙 기본 연출법 •

| 침실의 위치 및 규모 |

침실은 부부생활의 중심이 되는 주침실, 어린이 침실, 노인침실, 손님을 위한 객용 침실 등이 있다. 이에 침실의 규모는 사용 인원수에 따라 필요한 활동 면적, 가구의 점유 면적 및 수납공간의 면적 등에 따라 결정된다. 현대 풍수 인테리어서 침실은 넓게 꾸밀수록 좋은 기운이 많이 들어온다고 본다. 좁고 답답한 침실보다는 여유 있는 공간에 작은 테이블이나 베드 벤치, 러브 체어를 설치해 부부간 대화의 장소로 이용할 수 있도록 하는 것이 좋다.

침실의 전체적인 형태는 사각형이거나 정사각형이 이상적이다.

침실의 위치는 독립성이 요구되는 정적인 공간으로 거실, 식당, 부엌, 현관 등 사람이 자주 드나드는 동적인 공간과는 분리하여 배치하는 것이 좋으며, 풍수적 관점에서는 아침에 해가 뜰 때 기를 받을 수 있는 동쪽에 배치하는 가장 좋다.

| 침실의 웰빙 연출 색채와 마감재 |

침실은 원목이나 화이트 계열의 단순한 디자인으로 공간을 꾸미는 것이 좋다. 침실은 너무 어두우면 심신이 피곤해질 수 있으므로 주의한다. 침실의 주된 색조는 벽지와 바닥, 그리고 커튼의 순으로 정하는데 옅은 색을 쓰면 방이 넓어 보이고, 짙은 색은 조용하고 아늑한 분위기를 준다. 가장 무난한 색조는 밝고 깨끗한 색을 주요 흐름으로 한 아이보리, 크림, 연한 블루, 연한 갈색이다.

이에 침실의 바닥은 좌식 생활을 위주로 한다면 연한 갈색톤의 장판지, 모노륨 등이 사용되고, 침대가 놓이는 침실이라면 마루 소재를 사용하거나 원목의 색채나 재질을 본뜬 각종 마루나 우드 타일을 바닥재로 사용한다. 벽은 환한 기운은 주는 밝은 색은 좋은데, 핑크 톤이나 연한 아이보리 색상은 사랑과 화합을 가져오는 색이고, 푸른색은 숙면에 도움을 준다. 베이지나 노란색은 아늑한 침실을 조성한다. 하늘색이나 연녹색은 부부간 사랑이 깊어지는 색으로 벽지에 사용하며, 전통적인 느낌을 주려면 화이트나 아이보리, 카키, 옥색, 주황색 등의 한지 벽지나 회벽칠 마감을 사용하고, 자연목재로 마감하기도 한다. 한지 벽지는 다양한 문양으로 은유적인 공간 연출이 가능하고 자연 재료로 순박하고 은은한 공간미를 전달하여 전통미를 전달하는데 좋은 재료이다.

침실의 커튼이나 침장류는 따뜻한 기운을 가져오는 가벼운 소재, 특히 은은하고 부드러운 천연소재가 좋고, 진하고 화려한 색은 기의 흐름을 방해하므로 화이트나 베이지 톤을 사용하는 것이 좋다. 요나 이불 등 침구류의 몸에 닿는 부위는 땀 흡수가 뛰어난 순면이 좋고, 안감은 폴리에스테르나 목화솜보다 위생성 · 통기성 · 보온성 등이 더 좋은 양모를 사용하는 것이 숙면에 도움이 된다.

| 침실의 웰빙 연출 조명 |

침실은 휴식 공간이므로 명시성 보다는 편안하고 분위기 있는 조명으로 계획한다. 그러므로 휴식과 수면을 주로 취하므로 눈에 피로를 주지 않는 부드러운 조명이 좋다. 전체적으로 밝은 기구를 사용하되 눈이 부시지 않고 침착하면서, 부드러운 빛으로 편안하게 하며 실내의 색채가 난색계일 때에는 백열등으로 조절하여 더욱 온화한 느낌이 되도록 한다. 빛이 직접적으로 비춰지는 것보다 반직접광이나 전반 확산광의 조명을 선택하는 것이 좋다.

주조명은 백열전구 또는 할로겐 램프를 사용한 천장 직부등이 좋으나 온전히 휴식 만을 위한 공간이라면 과감히 생략해도 되며, 누웠을 때 눈부심이 없도록 램프가 노출되지 않는 등기구를 사용해야 한다. 부분 조명으로는 상대의 수면을 방해하지 않고 책을 읽을 수 있도록 침대 옆 사이드 테이블에 스탠드나 침대 양옆 벽에 벽등을 설치하는 것이 좋다.

보통 4평 크기의 침실에는 40W의 스탠드 2개와 60W 밝기의 조명 하나면 적당하고, 전반 조명은 조도 100lx정도가 되도록 천장등으로 하며, 간접 조명은 조도 50lx 이내로 하며, 아늑한 침실 분위기 조성이 필요한 곳은 분위기

있는 브라켓을 사용한다. 침실에 사용되는 조명기구만 전통 조명 기구를 응용한 제품을 차용하거나 전통 금구장식을 응용한 스탠드나 브라켓 등을 사용해도 전통적인 느낌을 전달할 수 있다.

| 침실의 웰빙 연출 가구 |

침실의 가구는 한식인 경우 전통가구인 장, 농, 반닫이, 탁자, 문갑 등이 대표적이고, 양식인 경우 침대, 옷장이나 붙박이장, 의자, 테이블, 화장대, 사이드 테이블 등이 있으며 침실의 규모와 기능에 따라 달라진다. 웰빙 침실을 위한 가구는 가급적 천연 재료를 사용하고 날카로운 모서리가 없는 둥근 가구가 좋다.

현대 주거는 대부분 양식 주거가 대부분이므로 이를 중심으로 가구를 체크하면 침실 인테리어의 핵심이면서 가장 중요한 가구는 침대이다. 침대는 따뜻한 기운을 담은 목재 소재가 가장 좋고, 부드러운 곡선을 지닌 형태에 헤드는 심플한 것이 좋다. 헤드가 요란하면 수면상태에서 복잡한 기운이 그대로 전달되어 고민이 많아진다고 한다. 또한 침대는 놓이는 방향이 매우 중요하다. 머리를 어느 쪽에 두고 잘 것인가가 침대 배치에서 정해지기 때문이다. 동쪽에 머리를 두고 자면 부귀영화를 누리고, 남쪽에 머리를 두고 자면 장수를 하고, 서쪽에 머리를 두면 가난해지고, 북쪽에 두면 수명이 짧아진다고 예부터 구전으로 전해지고 있다. 실제로 출입문쪽, 주방쪽, 화장실쪽, 북쪽으로는 침대 머리를 두면 좋지 않다. 잠잘 때 머리 방향은 체질과 연령, 남녀 생체 리듬에 따라 조금씩 다르나 건강과 회복을 이끄는 무난한 방위가 동쪽과 남쪽임을 알 수 있다. 이에 따라 침대는 헤드를 동쪽이나 남쪽으로 하여 방의 중앙에 설치하는 것이 가장 좋으나, 정 가운데 배치하기 어려우므로 방의 수맥이나 사사로운 기운이 흐르는 곳은 피하고, 창문과 나란히 놓거나 방 길이가 긴 쪽으로 놓는 것이 좋다. 특히 문을 열었을 때 침대가 보이지 않게 해야 하며, 대각선이 되는 벽면에 두는 것이 좋다. 헤드는 창문을 향하고 동남쪽이 가장 좋다. 침대는 벽에 붙여놓는 것은 좋지 않다. 이는 시멘트 벽 위로 얇은 공기가 흐르기 때문에 찬 기운이 전달되고, 각종 먼지와 이물질이 침대 밑 벽에 다닥다닥 붙어 있어 나쁜 기운이 벽으로 몰려, 건강상으로도 좋지 않기 때문에 침대를 배치할 때 벽에서 20~30㎝ 떨어지게 배치한다. 또한 침대 안쪽에는 남편이, 바깥쪽은 아내의 자리로 정하는 것이 안정감을 준다. 이는 침대 안쪽이 생기가 솟는 지점으로 집안을 이끄는 가장이 온 가족을 책임질 수 있도록 생기를 받도록 하기 위해서이다.

침대는 바닥에서 50㎝ 높이가 적당한데 침대 밑은 비워 청결하게 관리하는데 공간 활용을 위해 박스 등을 넣어 두면 공기가 원활하게 흐를 수 없고 대지의 기운을 받아 들이 수 없어 편안한 잠자리를 방해 한다고 한다.

침실에 침대만 달랑 있으면 운이 저하될 수 있으므로 침실의 기운을 보완하기 위해 침대 옆에는 사이드 테이블을 놓는 것이 좋은데, 사이드 테이블 위는 깔끔하게 정리되어 있어야 한다. 부부가 함께 고른 스탠드를 사이드 테이블에 두면 애정운이 높아진다고 하는데, 너무 큰 스탠드는 쓸데없는 정보가 들어 온다하여 좋지 않다고 한다. 그리고 스탠드 갓은 비즈나 스팽글을 달아 반짝이는 것이면 더욱 좋다.

침실에 드레스 룸이 따로 있지 않다면 옷을 보관하는 장롱이나 붙박이장이 필수인데 이들 가구는 벽지나 바닥재와 통일감을 주어 눈에 잘 드러나지 않는 것이 좋다. 그리고 장롱이나 화장대, 서랍장 등에 물건을 쌓아두지 않도록 한다. 물건을 쌓아 두는 것은 먼지가 많이 쌓이게 되고 기가 순환이 안 되어 가족건강에 해로울 수 있다.

화장대는 되도록 심플한 디자인을 선택한다. 지나치기 요란한 장식 화장대와 지저분한 화장대는 금전 운을 흩어지게 한다.

침실에 절대 배치하면 안 되는 것은 가전제품이다. 가전제품은 전자파를 유발하기도 하고 백색소음을 내 숙면을 방해하여 심리적인 안정감을 취할 수 없게 한다. 또한 침대 머리 위에 TV 등 전자 제품이 있을 경우 호흡기 질환, 두통, 불면증 등의 질병이 걸리기 쉽다.

| 풍수에 따른 침실 공간 침대 배치법 |

침대헤드는 벽에 붙어 있는 것이 좋으며, 창문을 향하고 동남쪽이 가장 좋다. 창문과 나란히 놓거나 방 길이가 긴 쪽으로 놓고, 특히 문을 열었을 때 침대가 보이지 않게 하는 것이 중요하고 침대는 벽에 바짝 붙여놓지 말고 20~30cm 떨어지게 배치한다. 방문을 통해 음기가 들어오면 파티션이나 다른 가구로 침실공간을 나눈다. 침실의 거울 배치는 가급적 안 하는게 좋지만 해야한다면 침대가 반사되지 않도록 배치한다.

| 침실의 웰빙 연출 소품들 |

침실에서 소품을 통한 연출은 한 두 개만 하는 것이 좋다. 가구나 소품이 많으면 기가 공간에 머무르지 않고 그냥 지나가거나 흐름이 불규칙해져 좋지 않다. 전통 요소도 포인트가 되는 반다지나 궤, 문갑, 사방탁자, 조각보에서 모티브를 얻은 패브릭, 횃대나 족자 등을 포인트 소품으로 활용한다.

침실은 유난히 패브릭 소품이 많이 차지하는데 특히 침대 위 침구류가 대표적이다.

침구는 침실의 분위기를 좌우하는데 침대 커버는 무색무취가 가장 좋으며, 핑크빛 침구는 부부의 사랑을 더욱 깊어지게 해준다. 무늬 있는 침대 커버를 사용할 때는 커튼은 단색으로 연출하여 음양의 조화를 맞춰준다. 핑크빛 외에도 아이보리색이나 흰색, 또는 연한 푸른빛 침구가 적합하다. 노란색이나 황금색 침구도 금전운을 좋게 해준다 하여 많이 사용한다. 음의 기운이 강한 철제 침대를 사용했을 때는 녹색이나 노란색 같은 따뜻한 계열 색상의 침구류로 양의 기운을 보충한다.

베개는 흰색 톤의 큰 베개를 사용하면 직업운이 상승한다고 하며, 좋은 인연을 만나지 못한 여성은 따뜻한 계열의 꽃무늬 커버로 된 베개를 사용하고, 금전운을 상승시키고자 할 때는 노란색이나 녹색 계열의 베개가 좋다. 그리고 자주 햇볕에 말리 거나 세탁을 해주면 일이 잘 풀린다. 침대를 원하는 방향으로 놓지 못했을 때는 방향에 어울리는 행운색으로 베개 커버를 하는 것이 좋은데 동쪽에는 붉은색, 서쪽에는 노란색, 남쪽은 녹색, 북쪽은 흰색이 행운색이다.

침실에 거울을 둘 때는 침대에 누웠을 때 보이지 않도록 침대와 나란히 놓는 것이 기를 뺏기지 않는다.

침실 연출 소품 중에 꽃 장식을 할 때 생화는 피해야 한다. 풍수에서 침실에서 물은 손실을 의미하므로 물을 먹는 화분을 놓지 않는 것이 좋다. 생화는 수면시 필요한 산소 공급을 방해하기 때문에 깊은 수면이 힘들기 때문이다. 굳이 장식을 하고 싶다면 조화를 두거나, 밤에 공기 정화 능력을 가진 다육식물이나 산세베리아, 호접란, 선인장 등으로 연출한다.

침실 벽면에 못 자국이 많은 것은 좋지 않으므로 액자나 물건을 많이 걸지 않는다. 부부침실에는 부부사진만 걸어 두는게 좋다. 이때 액자는 황금색의 고급스러운 액자를 사용하면 금전운이 좋아진다고 하는데 전통 금구장식을 활용한 액자를 사용하는 것도 좋다. 그리고 원형이나 팔각형의 시계나 풍경화 한 점 정도만 장식하고 여백의 미를 살리는 것이 좋다. 이때 시계는 짙은 색상을 사용해도 좋다.

장식소품 중 한 쌍을 이루는 장식품은 반드시 한 쌍을 갖춰 장식한다. 어느 한쪽을 잃어버렸다면 나머지 하나도 마저 처분하는 것이 오히려 좋다.

침실에는 물을 연상하는 소품인 어항이나 수족관, 물과 관련된 사진이나 그림 등도 놓지 않는다. 이는 부부관계에 심각한 위기를 만들 수 있다.

장롱 근처에 옷걸이를 걸어 두면 간편하게 옷을 걸어 두곤하는데 풍수상 좋은 소품이 못된다. 옷걸이에 걸어둔 옷은 바깥의 나쁜 기가 묻어 들어오기 때문이다. 이에 외출 시 들어올 때는 현관에서 먼지를 털고, 외출복은 장롱에 넣고 문을 닫아 놓는 것이다.

• 라이프스타일에 따른 침실 공간 웰빙 연출법 •

입식생활 침실 공간 연출법

| 전통적 구조에 침대를 배치한 침실 |

침대가 놓이는 서양식 침실은 전통적 요소와 안 어울릴 수 있지만 전체적인 공간 구조를 전통 주거의 목재를 이용한 우물반자나 연등 천장이나 서까래 구조를 연상케하는 천장 구조로 구성하면 천장을 높아 보이게 하므로 침대를 배치해도 공간이 상대적으로 여유롭게 보여 조화가 된다. 여기에 구조에 사용된 목재의 색채와 목재 침대와 주변에 배치되는 가구의 색채를 통일하거나 유사하게 맞추면 전체적으로 조화를 이루는 공간이 된다. 여기에 전통 재료인 장판지나 마루 바닥 마감, 한지 벽지나 회벽 마감을 하고 전통 소품이나 가구, 전통 창호를 활용하여 공간의 포인트를 주고 침대 위 침구류를 전통적인 색감을 패치워크해서 만든 조각보나 전통 문양을 적용한 침구는 한결 전통적인 느낌을 전달한다.

| 바닥의 높이차를 준 침실 |

어느 정도 여유가 있는 침실이라면 바닥의 높이차를 주어 공간을 구분하여 침실 내에서도 프라이버시 공간과 공유 공간으로 구분하

| 천정 목구조, 전통 창호, 소반, 전통 패브릭 느낌의 침구류로 전통적 느낌의 웰빙 침실을 연출한 예 |

| 전통창호로 연출한 침실 |

용자문과 세 살문으로 구성된 목재 이중창호와 경상, 전통 패턴 패브릭으로 연출한 침실 공간이다.

| 전통 창호를 적용한 침실 붙박이장 시스템 |

침실공간의 장롱이나 수납장을 대신하여 벽면 전체를 수납장으로 활용한 붙박장이 시스템으로 전통 분합분의 원리를 이용하여 열고 닫기 편하게 구성하여 침실과 거실의 기능이 동시에 수용이 되게 구성한 붙박이장 시스템이다. 문을 열면 거실공간처럼 이용하다 잠을 잘 때는 문을 닫는다. 내부 칸막이 시스템에 따라 ,TV 수납장으로 일반 장롱이나 이불장으로 다양하게 구성이 가능하다.

| 바닥을 띄운 침실 |

바닥의 높이차를 주고 마루 바닥으로 마감하고 회벽마감에 산수화 벽화로 구성하고, 띄운 바닥에 매트로만 구성된 침대를 배치하고 전통창호로 창문을 구성하고 반닫이로 포인트를 준 침실로 단아하면서 세련된 느낌을 준다.

| 바닥의 높이차로 기능을 분화한 침실 |

개인 다양한 활동이 가능하도로 바닥의 높이차로 공간을 나눈 침실로 풍경이 좋은 창가 주변을 가장 높게 하여 누마루처럼 사유와 서재, 개인적 작업영역으로 활용하는 침실이다.

거나 정적영역과 동적영역, 또는 작업영역과 침실영역 구분을 주기도 한다. 바닥의 높이차를 주어 공간의 위계를 주어 가장 높은 곳이 가장 개인적이고 가장 안락함을 주는 공간으로 또는 개인적인 사유공간으로 조성한다. 침실 경우 바닥을 높인 공간에 침대가 놓이는데 일반적인 침대를 배치할 경우 공간의 비례가 맞지 않고 천정고와의 조화가 안 될 수 있으므로 이때 침대는 매트만 이용하여 단아하게 구성해준다. 그리고 아래 공간에는 키가 낮은 반닫이나 궤 등을 이용하여 티테이블을 배치하여 담화 공간을 조성하거나 사방탁자나 책장, 약장 등으로 콘솔테이블처럼 장식하여 전통적인 포인트를 준다.

좌식 생활 침실 공간 연출법

| 전통적 구조와 소재로 연출한 침실 |

우리 전통 주거가 좌식생활 위주로 한 공간이므로 이를 중심으로 연출한 침실은 가장 한국적인 느낌을 나타낸다. 침대 대신 보료나 이부자리를 펴서 연출되는 공간이므로 이부자리를 폈을 때와 치웠을 때 모습을 동시에 고려하여 계획한다. 과거의 전통 구조와 동일하게 재현하지 못하더라도 연등천장이나 우물 반자 천장, 종이 반자 천장, 서까래 구조나 목재 기둥이나 문선 등을 적용하고 장판지와 한지 벽지, 회벽 등으로 마감한 침실은 가장 한국적인 방이 될 것이다. 여기에 전통적인 창호와 문양 패턴을 적용한 소품이나 전통 가구와 생활기물 소품 등을 적절히 활용하여 연출한다.

| 자연을 담은 침실 |

전통 주거에서 침실인 방에 자연을 담는 대표적인 방법은 차경이다. 차경은 다양한 창호와 문을 통해 외부 풍경을 내부로 끌어와 유희적 공간을 조성하는 방법으로 이루어진다. 우리의 다양한 전통 창호를 적용하는데 벼락닫이창, 눈꼽재기창, 광창, 긴 띠창 등 특수형태의 창으로 개구부의 모양을 다양하게 연출하여 풍부한 입면을 구성하고 자연광 유입을 통해 다이나믹한 실내공간을 연출한다. 또한 전통 창호의 다양한 창살 패턴을 통해 전통적 분위기를 연출하고 창호 프레임을 통한 외부 경관을 끌어들임과 동시에 자연광과 바람의 유입으로 공간을 더욱 자연적인 공간으로 연출한다. 현대 도심 공간에서는 외부 자연 경관을 확보하기 어려울 때는 실내 중정이나 광정을 통한 실내 정원을 연출하거나 침실을 면한 테라스와 베란다 앞에 조경 공간을 연출하여 자연 경관을 대신하는 공간으로 조성하고 다양한 창호를 정원을 향해 구성하여 침실로 자연을 끌어 온다.

| 전통 붙박이 공간을 현대적으로 활용한 침실 |

우리의 전통 침실의 가장 큰 특징은 비우는 것이다. 그러나 현대 우리 주거는 라이프스타일이 그 만큼 복잡하고 물건도 그만큼 늘어나 비우므로써 단아하게 공간을 연출하기가 쉽지 않다. 이에 전통 주거에 적용되었던 다락방이나 벽장을 적극적으로 침실 공간에 도입하여 공간의 쓰임새를 높이고 그렇게 확보된 공간은 전통적인 소품을 배치함으로 전통미가 풍기는 공간으로 연출하는 방법이다. 벽장 문을 전통 창호의 패턴을 적용하기도 하지만 집안의 기운을 돋아주는 산수화나 자연요소를 그려넣는다면 공간을 더욱 풍부하게 연출할 수 있다.

| 융통성과 가변성을 활용한 침실 |

전통 공간구성의 대표적인 특성인 융통성과 가변성을 적극적으로 반영하여 공간의 분리와 통합이 자유롭게 되는 침실을 구성하는 방법이다. 이는 전통 주거의 안방처럼 장지문을 두어 윗방과 아랫방으로 구성하는 방식으로, 현대적으로 적용하면 침실공간을 장지문에 의해 윗방은 장롱이나 수납가구나 여러 가지 기물을 배치하고 아랫방은 취침 공간으로 최소한의 장식과 물건을 배치하여 단아하게 구성하는 방식을 취한다. 또는 기능적으로 취침공간과 한실로 구분하여 넓은 공간이 필요할 때는 확장해서 사용하고, 평상시에는 분할하여 한실을 다도공간으로, 개인적 작업공간으로 또는 손님 침실로 다양하게 활용한다. 그리고 공간을 분할하는 이동성 있는 장지문은 미서기문으로 구성되기도 하고, 특수하게 디자인된 접이문이나 들어열개 등 다양한 형식의 문으로 구성이 가능하다. 이때 문은 전통 창살이나 패턴을 응용한 문을 적용하면 공간의 포인트 역할을 할 수 있다. 최근 다양한 문과 관련된

| 전통 천장구조를 적용한 좌식형 침실 |

연등천장과 목재 우물 반자 천장을 적용한 침실 공간으로 전통재료도 창호와 전통 가구들을 적용하고 있다.

| 벽장을 통한 침실 공간 연출 |

전통 서까래 구조와 보, 기둥 라인을 살리고 벽장을 구성하여 실내공간에 잡다한 물건을 깔끔하게 수납하는 공간으로 활용하고 문에 수묵채색화를 그려 넣으므로 공간의 장식하는 효과를 동시에 주고 있다.

| 전통 재료와 패턴을 현대적으로 적용한 좌식형 침실 |

반자천장에 전통 조각보 패턴 매입조명과 장판지 마감, 전통 패턴의 아자문 유리창호에 모시천을 이용한 발을 설치해 밝고 세련된 전통적 좌식 침실을 연출하였다.

| 다양한 창호 입면을 통한 차경 도입 침실 |

3면을 다양한 크기와 형태의 창으로 구성하여 다양한 프레임을 갖는 차경의 도입과 맞통풍에 의한 자연환기로 쾌적한 실내 환경이 조성되는 좌식형 침실공간이다.

| 장지문을 통한 분리와 통합, 중정을 통한 자연을 담은 공간 연출 |

중정에 면한 침실을 취침공간과 한실로 구분하여 조성하여 침실로 시각적으로 자연을 최대한 끌어들이고 공간의 분리와 통합을 통해 다양한 활동이 가능하도록 구성한 침실공간이다.

| 융통성과 가변성을 준 좌식 침실 |

장지문으로 공간을 분할하여 윗방과 아랫방으로 구성하여 상황에 따라 분리와 통합을 통해 공간을 다양하게 활용 가능하도록 조성한 좌식형 침실이다.

| 전통 소재와 소품을 통해 연출한 좌식침실 |

마루 바닥과 한지벽지인 전통 재료로 마감하고 전통 패턴의 유리창호, 낮은 매트에 조각보 패턴의 이불과 병풍과 항아리 꽃병, 연상 등을 소품으로 활용하여 전통적 느낌의 현대적인 침실 공간으로 연출하였다.

힌지나 경첩 등의 새로운 부품과 시스템이 나와 더욱 다양한 방식으로 가변성있는 전통적인 공간 구성이 가능하다.

욕실

전통 주거에서 화장실은 가급적 집에서 멀리 떨어져 있던 공간이나 현대에서는 샤워와 목욕 기능이 함께 갖추어진 욕실로 변화되어 주거 공간 안으로 들어와 위치하게 되었다. 욕실은 건강의 근원인 물과 연관 있는 장소로 가족 구성원의 건강과 개인적인 운에 많은 영향을 미치는 곳이다. 또한 과거 욕실의 개념이 신체적 정화와 배출기능이 중심이라면 지금은 휴식공간의 의미가 더해지면서 침실만큼 편안하고 작업실처럼 기능적인 공간으로 변해가고 있다.

욕실은 물을 주로 사용하는 공간으로 다른 곳 보다 습하기 때문에 무거운 기류를 만들어 낸다. 그러므로 풍수 차원이나 실제 건강한 웰빙 공간을 위해서도 건조한 상태를 유지하는 것이 가장 중요하다. 그러므로 습기가 차지 않도록 항상 환기와 통풍을 자주 해주고, 실제 수시 환기가 가능하고 창이 있어 자연채광이 되는 욕실이 이상적이다. 창문이 없거나 통풍이 안 되는 욕실은 인공적으로라도 환기시스템을 설치하여 나쁜 공기를 환기시켜야 한다. 그리고 최대한 심플하고 통풍이 잘 되게 깔끔함을 유지하는 것이 중요하다. 이에 세면대 위나 욕조 위에 화장품이나 세제 등을 가득 놓지 않아야 하며 더러워진 옷을 그대로 쌓아두면 좋은 인연이 생기는 것을 방해하므로 세탁물 바구니를 사용하는 것은 필수이다. 또한 타일이나 변기, 수도꼭지 등을 깨끗하게 닦아 주고, 샤워 후에는 환기를 반드시 하고, 욕조나 세면대 등에 고인물을 반드시 없애 주고 젖은 타월이나 목욕 매트는 방치하지 말고 바로 말려 사용한다. 특히 욕실에 항상 물이 고여 있는 것은 풍수적으로 좋지 않으므로 이러한 점에 주의 하여야 한다.

| 욕실의 위치 및 배치 |

욕실의 가장 이상적인 형태는 큰 사각형 구조가 가장 좋다. 그러나 욕실은 풍수에서 가장 나쁜 장소로 취급된다. 주거 공간 배치 시 중앙의 욕실 배치는 피해야 한다. 중앙의 욕실은 현관이나 창으로 들어온 신선한 공기를 화장실의 불결한 냄새와 탁한 기운과 만나 충돌하면서 안 좋은 기운으로 변질되어 각각의 방으로 흘러 들어가 가족의 건강에 안 좋은 영향을 주게 된다. 이에 현대 주거에서 가장 이상적인 위치는 집안의 변두리에 위치해야 하며 정동향이나 남동향이 가장 좋다. 이 두 방향은 나무에 속하는 방향으로 욕실의 물이 나무의 기와 오행을 왕성하게 하여 나무를 잘 자라게 해주며 남향은 볕이 잘 들어 건조함을 유지하는데 좋기 때문이다. 이외에 다른 방향은 욕실 위치로 그다지 좋지 않다. 그러나 현대 주거에서 원하는 위치에 욕실을 배치하기가 설비 등의 문제로 용이하지 않은 경우가 많다. 이러한 경우에는 각종 물건을 통해 기의 흐름을 보완하는 것을 풍수 인테리어서 제안하고 있다. 특히 북동향이나 남서향은 가장 나쁜 위치로 피하는 것이 좋으나 이 방향에 위치한다면 흰 도자기 접시에 소금을 담아 북동쪽이나 남서쪽에 놓거나, 무게가 나가는 철제 조형물을 배치하는 것도 좋다. 북향이나 남향의 욕실은 큰 식물을 놓아 물의 힘을 약화시키고, 습기를 흡수하도록 하고, 서향이나 북서향은 흰 꽃이 피는 식물을 심어 쇠의 기능을 보강하거나 금속성 조각품이나 흰색 생화를 원형의 은꽃병에 담아 놓아두면 좋다고 한다. 남향집에서 동쪽에 위치한 욕실은 밝은 느낌이 들도록 조명을 설치하고 욕실 용품이나 수건에 컬러감을 줘서 좋지 않은 방위에 기를 상쇄시킨다.

안방이나 곁방 안에 붙은 욕실이라면 침실바닥이 욕실바닥보다 높아야 한다. 욕조는 침실바닥 보다 절대 높게 위치해서는 안 되며, 변기 뚜껑을 늘 닫아 두는 것이 중요하다.

현대 욕실은 대부분 위치를 조정하기기 쉽지 않으므로 그 다음은 화장실과 함께 배치되는 욕실 특성상 변기와 세면대, 욕조 등의 배치를 통해 보완을 하는데 특히 변기의 위치가 가장 중요하다. 풍수에 의하면 변기의 방향과 현관의 방향이 일치해서는 안 되며, 욕실문과 정면으로 향해서도 안 되며 변기와 욕실문은 수직이 되도록 한다. 또한 침대방향을 향하면 안 되고 북쪽을 향하지 않도록 배치하는 것이 중요하다. 그리고 벽에 붙어 있어야 한다. 그리고 물이 가져오는 나쁜 영향을 최소화하기 위해서 변기는 욕실 문에서 되도록 먼 곳에 두어야 하고, 욕실의 동쪽이나 남동쪽에 위치하는 것이 가장 좋다. 공간 구조상 욕실 문을 열

| 풍수에 따른 욕실 배치법 |

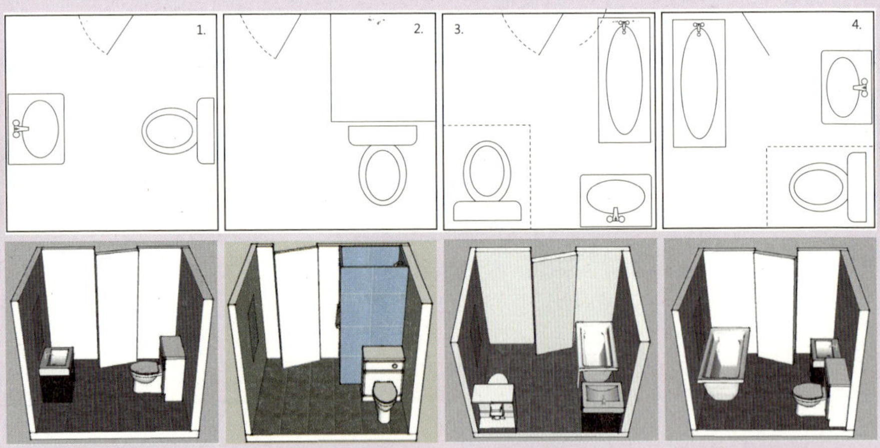

욕실 배치에서 가장 중요한 것은 변기의 위치다. 변기는 가급적 출구와 멀리 배치하고, 문과 정면으로 바라보지 않게 배치하는 것이 중요하다. 현대 주거가 대부분 아파트 구조에서 보면 공간이 그다지 여유가 없으므로 이에 따라 변기와 세면대를 중심으로 배치해 본 배치 사례이다.

었을 때 변기가 곧바로 눈에 들어 올수 밖에 없다면 욕실에 있는 사람의 기를 다치게 하는 요소가 되므로, 키 작은 가리개 등을 활용해 변기가 전면에 드러나지 않게 하는 것이 바람직하다. 반면, 욕실이 여유가 있고 크다면 변기는 출구에서 직접적으로 보이지 않는 곳, 거울이 비치지 않은 곳에 두는 것이 좋다.

| 욕실의 웰빙 연출 색채와 마감재 |

욕실은 전체적으로 탁한 기를 풀어주기 위해 밝게 꾸며주는 것이 좋다. 깨끗한 흰색이나 연한 베이지색, 연겨자색의 밝은 색으로 마감하는 것이 좋다. 특히 바닥 타일을 어두운 색으로 하면 흉한 기운을 불러올 수 있으므로 전반적으로 밝은 느낌으로 연출하는 것이 좋다.

욕실에 사용되는 마감재를 살펴보면 먼저 벽 마감은 과거에는 거의 타일이 주를 이루었으나 최근에는 목재, 대리석, 유리, 금속 외에도 벽지나 페인트 등과 같은 다양한 재료 선택까지도 가능하다. 바닥은 청소하기 쉽고 청결감이 있는 재료로 물이나 습기에 강하고 내구성이 있고, 쉽게 파손되지 않고, 미끄럼 방지 기능이 있어 안정성을 배려해야 한다. 주로 타일, 석재, 대리석 등이 이용되나 이들 바닥재에 넘어지면 상처가 크게 생길 수 있어 최근 들어 물을 직접 사용하지 않은 공간은 카펫을 까는데 순모제품 보다는 습기에 빨리 마르는 폴리에스테르나 나일론 등이 많이 사용되고 있으며, 욕조와 분리된 형으로 바닥에 원목 마루를 시공되기도 한다. 천장은 바닥과 벽보다도 조형적으로 다양한 형태나 패턴의 처리가 가능하고 공간을 활성화하는 요소로 작용된다. 이에 전통 주거 건축에 사용된 연등천장, 우물반자 천장이나 서까래의 적용을 통한 전통적인 느낌으로 연출할 수 있다. 단 이때는 전체적인 색채와 재료의 통일감을 맞춰 연출하고 전통적인 소품을 적절히 활용하여 분위기에 통일감을 준다.

변기와 욕조에 가장 좋은 색은 건강을 지켜주고 부정한 힘을 물리치는 흰색이 가장 좋다. 수건은 흰색이 좋지만 베이지나 흰색 계열, 연한 녹색이나 파란색 등 엷은 색상이 좋고 화려한 색상은 피하는게 좋다. 변기 커버는 그린이나 핑크 계통이 좋다. 이들 수건이나 변기 커버는 가능하면 2가지 이상 색상을 준비해 놓고 2주일에 한번 색상을 교체해주면 욕실 내에 기가 정체하는 것을 막고 기를 순환시키는데 도움이 된다.

전체적으로 밝은 욕실에 욕실 용품은 붉은색 계열로 포인트를 주면 건강한 기가 흐르게 해준다. 욕실 창가 한 귀퉁이에 붉은색 꽃이 핀 작고 화사한 화분, 수전이나 변기 위에 붉은색 시트지나 페인트를 바르거나 욕실 문 앞에 붉은 색채의 그림을 그리거나 걸어 둔다. 반면, 해로운 기운이 가득한 욕실에 건강한 기가 흐르게 하려면 푸른 색채로 건강한 기를 흐르게 한다. 남쪽 욕실엔 형광등과 같은 백색 조명을 설치하고, 서쪽 벽에 거울을 붙이고,

욕실 기구는 파란색 계열로 바꾸거나 파란색 매트와 슬리퍼로 기운을 활기차게 조성한다.

| 욕실의 웰빙 연출 조명 |

보통 욕실 조명을 어둡게 백열등 하나로 처리하는 경우가 많은데 이는 좋지 않다. 욕실은 어디에 위치해도 흉한 작용을 하므로 길한 기운을 높이기 위해서는 밝고 환하게 계획하여 청결하고 넓게 느껴지도록 해야 한다. 이왕이면 창을 설치하여 자연채광을 원칙으로 하고, 욕실 경우 프라이버시 등이 중요하므로 교창이나 광창, 살창 등을 설치하여 벽 높은 곳에서 자연광이 실내 깊이 들어오게 하면서 채광과 환기를 동시에 해결하는 것이 좋다. 욕실의 조도는 필요에 따라 다르나 보통 100lx 이상은 유지해줘야 하며 200lx, 300lx, 500lx 정도가 적당하다.

전반 조명을 위한 조명 기구는 천장의 중앙에 달아주고, 광원은 백열등이나 환형 형광등을 사용한다. 조명기구로는 벽면 부착형 라이너 혹은 거울에 부착되는 일반 전구 형태가 있으며 거울의 측면에 위치하거나 이동이 가능한 램프, 팬던트 조명과 거울 측면에 부착하기도 한다. 단, 이러한 조명 기구에 의한 불빛이 변기에 직접 닿는 것은 가장 안 좋은 경우이므로 이럴 때는 조명기구를 다른 곳으로 옮겨 설치한다.

좋은 욕실 조명이란 그림자가 없는 작업(task) 조명을 의미하며, 욕실, 세면대에 일직선 형태의 스트립 조명(strip)을 설치하여 면도나 화장을 할 때 뛰어난 task 조명을 제공할 수 있게 하는데 가장 일반적인 조명 방식이다. 이때 연출되는 조명기구는 방습형 조명기구여야 하며 형태는 전통 조명기구 형태를 사용하거나 전통 문양이나 패턴, 조각보나 부채, 연 등 전통적 요소를 빌어 온 조명기구를 활용하면 전통적인 느낌을 더 낼 수 있다.

| 욕실의 웰빙 연출 가구 |

욕실가구는 욕실공간의 마감이라는 측면에 있어도 매우 중요한 요소로서, 욕실공간에 대한 사용을 보다 편리하게 충족시켜주므로 단순하게 보기에만 좋은 제품이 아니라, 기능적인 측면과 사용자의 요구에도 충족시킬 수 있어야 된다.

욕실가구의 사용 목적은 기능상 수납기능이 주를 이루며, 유형은 형태에 따라 분류하면 벽 매립형, 상부부착형, 하부부착형, 이동형으로 분류할 수 있다. 벽 매립형은 벽 안으로 수납장을 완전히 매립시키는 형태로 공간 활용도가 가장 좋으며, 상부부착형은 세면대 위 상부에 부착된 형태로 거울과 겸용으로 된 형태와 오픈된 형태가 있다. 하부부착형은 세면대 아래 하부에 부착된 형태이며, 트랩이 지나가는 데드스페이스를 수납 목적으로 활용하는 기능성 욕실가구이다. 이중 최근 사용이 증가하고 있는 하부부착형은 세면기와 일체형으로 디자인된 제품과 세면기를 가구에 삽입한 형태가 있으며, 세면기의 디자인에 따라 형태의 변화가 요구된다. 또한 이동형은 바퀴가 달려 있어 이동이 가능한 형태를 말한다. 주로 소재는 목재나 ABS, PS, 알루미늄 등이 사용되는데 전통적인 느낌을 전달하기 위해서 전통 가구의 의장요소를 빌어 수납장에 적용하거나 금구장식의 크기가 형태를 단순화 하여 적용하거나, 문양 패턴을 가구에 반영하여 가구 표면이나 투각 방식으로 제작하여 전통미를 표현할 수 있다.

욕실 수납가구를 잘 활용하여 세면대 주변에 여분의 물건이 없도록 정리하여 깔끔한 욕실공간을 조성하여 기 흐름을 좋게 한다.

세면대 앞에는 보통 거울이 설치되는데 거울 테두리는 욕실가구 소재와 칼라와 어울리게 톤을 맞추고 거울 테두리에서 전통적인 문양장식을 활용하여 전통미를 연출할 수도 있다. 그리고 욕실의 거울은 항상 깨끗하게 청결을 유지한다. 거울은 위에서 아래로 닦아 청소해주면 거울에 비치는 물건이 없는 것이 좋다.

| 욕실의 웰빙 연출 소품들 |

욕실에 주로 배치되는 욕실 소품들을 중심으로 풍수적 관점을 중심으로 연출할 때 체크할 점을 살펴보면 다음과 같다.

- 욕실매트 : 행운색이나 무늬에 행운색이 들어간 매트를 사용하고 진한 색상이나 꽃무늬 또는 강렬한 무늬의 매트는 사용하지 않는 것이 좋다.
- 타월 : 타월은 화려한 색상은 좋지 않고 핸드타월, 목욕타월은 하얀색이 가장 좋고, 베이지나 연한 녹색, 연한 청색 등 옅은 색상이 무난하고 가지런히 정리하여 수납하는 것은 좋은 효과를 준다.
- 목욕용품 : 대야나 목욕 의자 등이 이에 해당되는데 몸에 직접 닿는 것이므로 사용자에게 맞는 행운색을 골라 사용한다.
- 화분과 화병 : 욕실 문 옆에 난화분을 두면 나쁜 기운을 차단시킬 수 있고, 욕실 안에는 화병에 꽃을 꽂아 두면 좋다. 창이 없는 욕실에서는 좋은 운을 불러들이기 위해 붉은 계열의 꽃 화분을 두는 것이 좋다.
- 꽃그림 장식 : 욕실 장식으로 가장 좋은 것은 꽃그림 장식이다. 욕실에 꽃그림 장식을 걸거나, 화장실 변기 덮개는 꽃그림이 그려진 것을 사용하는 것이 좋다. 전통 사군자의 매화나 국화, 기타 꽃문양을 활용해도 좋다.
- 비누 : 고급스런 비누를 사용할수록 인망이 두터워지고 교제운이 좋아진다고 한다. 웰빙 생활을 위해서는 천연 비누를 사용하는 것이 좋다.
- 소금 : 작은 접시에 소금을 두고 정기적으로 갈아 주면 소금 결정이 좋은 에너지를 발산한다고 한다.
- 기타 소품 : 문에 밝은 색채의 소품이나 소리 나는 풍경을 걸어두면 나쁜 기운을 차단시킬 수 있다.

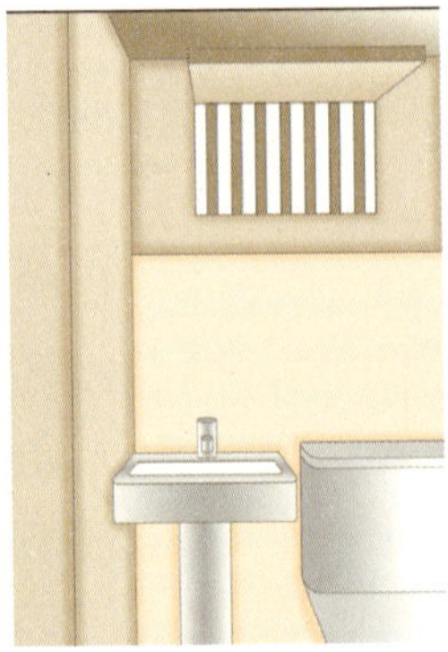

| 화분과 전통 창호로 연출한 욕실 입구 |

욕실입구에 화분과 전통형 한지 스탠드로 밝고 환하게 연출하여 나쁜 기운을 차단시키고 전통 창호 미서기문과 연등천장, 전돌 바닥으로 전통적 느낌으로 연출한 욕실이다.

| 살창을 설치한 욕실 |

상시 환기가 필요한 욕실에 전통 살창을 적용하여 전통적 느낌과 함께 환기와 채광을 해결한다.

| 교창과 목재, 전통 금구장식, 패턴으로 연출한 욕실 |

넓은 교창으로 충분한 자연채광이 가능하도록 하고, 목욕 영역과 화장실 영역을 구분한 욕실이다. 바닥재를 전돌 마감을 하고 벽면 목재마감으로 부드러움을 주고 욕조에 전통 문양을 새겨 넣고, 수납가구에 전통 금구장식으로 현대적인 전통미를 연출하였다.

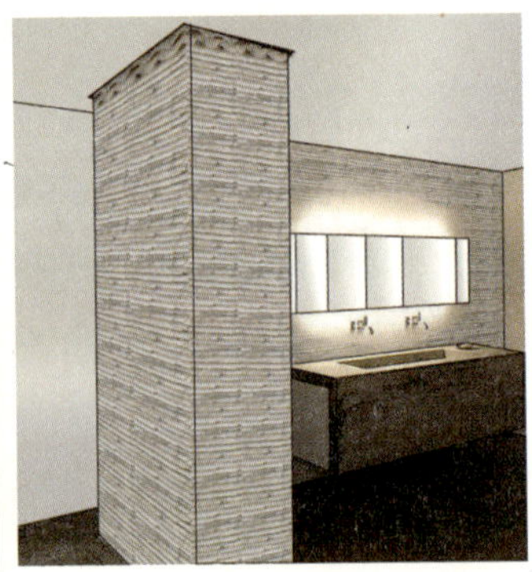

| 목재와 석재타일로 연출한 욕실 |

하부부착형 목재 욕실가구에 전통 금구장식과 전통 문양 거울로 부드럽고 따뜻한 분위기의 욕실을 열출하였다.

| 화장실과 목욕공간을 구분한 욕실 |

자연 석재 칸막이 벽으로 공간을 구분하여 변기로부터 나오는 나쁜 기운을 차단하고 자연석에 의한 자연미가 연출되는 욕실 공간이다.

| 전통 장식 문양 거울 활용 욕실 |

전체적으로 밝은 베이지톤 대리석으로 마감하고 화이트 하부부착형 수납장에 전통문양장식 거울로 포인트로 준 욕실공간이다.

| 하부 매입 욕조와 목재와 전통창호로 연출된 욕실 |

풍수상 욕조는 침실 바닥보다 높게 위치하는 것보다 아래 위치하는 것이 좋다. 이러한 욕실은 단순히 신체적 정화만을 위한 공간이 아니라 편안한 휴식과 정서적 정신활동을 위한 웰빙 공간을 의미한다.

| 화장실과 세면 공간을 분리한 욕실 |

하나의 공간에서 자연채광이 되는 공간은 세면공간으로 뒷면은 화장실로 구성하고 전통 유리창호와 금구장식 패턴은 욕실 수납가구 표면과 거울에 적용하여 통일감을 주고 깔끔하게 연출하여 기 흐름을 좋게 한 욕실이다.

주방 · 식당

주택에서의 주방은 가족의 건강을 책임지는 먹거리를 만드는 곳이며, 식당은 만든 음식을 거실처럼 모든 가족이 모여 공동으로 식사를 하면서 담소를 나누는 공간이다. 현대 풍수 전문가들의 말에 의하면 '주부가 즐거운 마음으로 요리를 하는 주방에서는 활기 넘치는 에너지가 음식에 들어가는 반면, 주방에서 자주 음식을 만들지 않는 집에 사는 사람은 생기가 줄어들 뿐 아니라 재물운도 잃어버리기 쉽다' 라고 한다. 그만큼 가족들의 건강과 생기를 위해서 주방과 식당의 공간 계획과 더불어 관리가 중요함을 알 수 있다.

전통 주거공간에서 주방에 해당되는 부엌 공간은 구들과 부뚜막대신 새로운 온돌 시스템이 도입되면서 현대적 기능을 담을 수 있는 입식부엌으로 바뀌면서 요리를 하는 주방 공간과과 식사를 하는 식당공간으로 구성되는 형식을 갖게 되었다. 주방과 식당은 집의 규모에 따라 같은 주방과 식당을 완전히 분리하여 연출하는 독립형 부엌, 주방과 식당을 겸하는데 칸막이나 커튼으로 살짝 구획해주는 반독립형 부엌, 구획하는 시설물 없이 주방과 식당이 완전 오픈된 오픈 부엌, 취사용 작업대가 하나의 섬처럼 구성되고 식사 공간이 연결되는 형식인 아일랜드 키친, 작업대가 2m 내외의 간이 부엌과 식탁을 컴팩트하게 구성하는 키친 네트형으로 구성된다. 어떠한 유형으로 구성이 되는 간에 요리하는 사람의 동선을 최대한 고려하여 편안하고 위생적인 공간으로 만드는 것이 중요한다. 풍수적 차원이나 건강을 고려한 웰빙 차원에서도 주방과 식당의 연출 첫 번째, 포인트는 청결이다. 어지럽고 무질서 한 주방은 기의 흐름을 막아 가족들의 건강을 나쁘게 만든다. 그러므로 주방 바닥은 항상 깨끗하게 하고, 기름때가 끼지 않도록 자주 닦아 주고, 슬리퍼가 더러워지면 버리고 새것으로 바꾸고, 싱크대는 물때가 끼거나 더러운 그릇이 없게 한다. 환풍기나 후드는 돈이 들어오는 입구이므로 자주 청소해 줘야하고, 가스레인지는 하루에 한번은 꼭 닦아 음식물이 달라붙지 않도록 하고, 각종 그릇과 조리 도구, 식료품과 다양한 물건을 제대로 정리하여 깔끔하게 수납하고, 한번 사용한 식기는 바로 씻고, 수세미도 자주 교환하여 청결한 주방을 유지하는 것이 웰빙 인테리어의 출발이라 할 수 있다. 두 번째 포인트는 환기와 통풍이 원활이 이루어져야 한다. 이를 위해 반드시 창문을 크게 내주어 맑고 신선한 공기가 들어와 생기 있는 기운을 전달해 주고 기의 흐름을 원활히 해줘야 한다. 그리고 창을 통해 주방에 햇살이 들게 하여 자연의 기운이 감도는 따뜻한 공간이 되도록 한다.

• 주방 · 식당 공간 웰빙 기본 연출법 •

| 주방 · 식당의 위치 및 규모 |

주방의 기운은 곧 집안 살림을 책임지는 주부의 운기이다. 주방, 즉 부엌이 위치하는 방위에 따라 주부의 건강과 운세에 영향을 미치는데 풍수나 웰빙 차원에서 가장 좋은 위치는 동쪽과 동남쪽에 면한 일렬 배치나 인접 배치가 가장 이상적이다. 풍수에서 동쪽 주방을 가진 주부는 또래보다 동안이며 활기가 넘치고, 동남쪽은 주부의 운세를 강하게 해주는 가장 좋은 방위라고 한다. 반면 남쪽은 사치와 낭비벽을 불러올 수 있는 위치로, 직장인 가정에는 좋지 않지만 예술 계통이나 창조적인 일을 하는 주부는 괜찮다고 한다. 서쪽에 부엌을 만들면 가족들이 개인주의적인 성향이 강해져 가족 간 화목을 기대하기 어렵다고 한다. 현대 주택에서 주방은 주택의 중심에서 거실과 같은 라인에 계획하는 것이 보편적이나 풍수적인 관점에서는 후면부에 두는 것이 안정적이어서 좋다고 본다.

현관 출입시 주방이 직접적으로 보이거나 가스레인지나 조리기구 등이 보이는 실내 배치 계획은 피한다. 주변 전체가 보이는 경우 화분을 이용해 시선을 분산시킨다. 주방의 작업 동선은 낭비가 없어야 하며, 짧고 간단 명료하도록 작업 동선의 최소화 · 극소화가 기본이다. 주방은 가사 작업 구역의 중심에 위치하여야 하고, 식사 공간인 식당과 가까이하고 다용도실, 가사실 등과는 직접 연결되도록 구성하는 것이 좋다. 그리고 원활한 기의 흐름을 위해서 거실과 주방 사이에 칸막이나 가벽은 설치하지 않는 것이 좋다.

주방의 규모는 우선 주택 전체의 규모, 가족의 수와 구성, 손님의 수와 접객 빈도 등에 따른 식생활 패턴을 고려하여 그 규모를 결정한다. 그리고 작업대가 차지하는 면적, 수납장 및 주방에서의 작업 여유 공간 등에 따라 세부 크기가 결정된다.

| 풍수에 따른 주방 공간 배치법 |

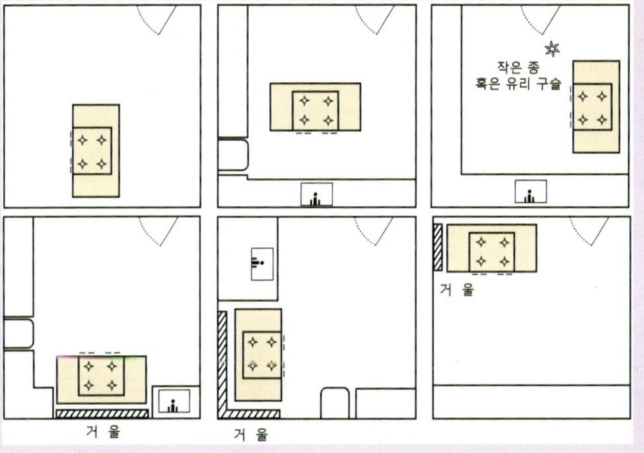

주방 배치에서 가장 중요한 가스레인지나 조리기구가 직접적으로 보이는 것을 피하는 것이다.

| 주방 · 식당의 웰빙 연출 색채와 마감재 |

부엌은 작업 공간이므로 작업시 피로감을 줄일 수 있고, 음식을 만드는 조리 공간이므로 밝고 청결한 분위기를 형성하는 색채가 요구된다. 풍수적으로 음의 기운이 강한 곳이므로 양의 기운을 불러 음양의 조화를 추구하기 위해 무조건 밝고 따뜻한 색이 좋다. 이에 벽, 바닥, 천장은 밝고 연한 색으로 계획하여 능률적인 작업과 공간의 확대감을 갖도록 한다. 단, 바닥이나 천장은 안정감이 있도록 벽보다 약간 어두운 색으로 처리하는 것이 좋다. 풍수적으로 주방의 위치에 따라 색으로 부족한 기운을 돋아주거나 나쁜 기운을 약하게 해주는 색채가 있는데 동쪽 방위 주방은 와인 계열의 색을 중심으로 채색하면 좋은 기운을 불러들일 수 있고, 동남쪽은 오렌지나 갈색 계열로 정리하면 더욱 좋다. 남쪽 주방은 낭비와 허영을 막기 위해 빨간색이나 갈색으로 꾸미면 효과를 볼 수 있으며, 주방의 배치 중 가장 나쁜 서쪽은 금색 계열의 제품을 배치해 운을 높이면 어느 정도 운기를 살릴 수 있다.

부엌의 마감 재료는 내구성 · 내부패성 · 내화성 · 내열성 · 내수성 · 내유성 등 재료의 물리적 특성을 고려하여 청소나 유지 관리가 용이한 재료를 선택한다.

바닥재는 타일, 비닐타일, 코르크 타일, 목

재 플로링 등 내수성, 내마모성이 강하고 탄력성이 있고 보온성 있는 재료를 선택한다. 벽 마감재는 내수성이 강한 타일류나 비닐 벽지가 일반적으로 사용된다. 천장 마감재는 내화성, 내습성이 강한 석면판이나 알루미늄, 금속판과 같은 재료가 적당하나 일반적으로 비닐 벽지가 많이 사용된다.

물을 사용하는 주방에 나무 기운을 채우면 가족의 건강과 화목에 도움이 되므로 주방의 대부분을 차지하는 연출 마감재나 소재는 가능한 따뜻하고 자연적인 느낌을 주는 소재를 사용한다. 이에 가장 큰 면적으로 차지하는 싱크대로 가장 좋은 소재는 자연스러운 원목 톤이며, 나뭇결 무늬를 이용하는 것도 좋다. 주방 벽면이 원목일 경우에는 싱크대는 같은 원목을 사용하거나 흰색으로 해도 운이 상승한다.

| 주방 · 식당의 웰빙 연출 조명 |

조리를 하는 주방은 집안의 기운을 나타내므로 가장 밝고 편안한 빛으로 연출한다. 부엌은 전체 조명과 작업용 부분 조명을 함께 사용하는데 전체 조명은 백열등을 사용하고 국부 조명은 형광등을 사용한다. 주방은 주부의 작업과 청결한 분위기를 위해 충분한 조도가 필요한데 작업대, 조리대는 약700lx 정도가 좋으며, 기본 전체 조명은 약 300lx 이상이 필요하다.

작업대를 밝히는 국부 조명은 그림자가 생기지 않도록 작업 조명을 해 주며, 머리 위 수납장이나 선반 밑에 설치한다. 작업 면이 길다면 형광등을 설치하는 것이 가장 좋고, 할로겐 매입등을 설치하면 장식 효과를 낼 수 있다.

| 주방 · 식당의 웰빙 연출 가구 |

주방 가구는 주로 싱크대, 식탁과 식탁의자 등이 주를 이루고 가전 제품으로 냉장고와 가스레인지, 전자레인지, 밥솥 등이 주를 이룬다.

주방공간에 사용되는 싱크대는 내습, 내수성이 강하고 견고하며 내화성이 강해야 한다. 싱크대의 조리대 부분은 스테인레스 스틸, 대리석 소재가 주로 사용된다. 싱크대 주변은 항상 깔끔하게 정리해야 하는데, 수납장과 싱크대 위에 너무 많은 음식이 쌓이지 않도록 한다. 그리고 싱크대 밑에 조미료나 식품을 두면 물의 음기가 침범해 좋지 않으므로 보관할 곳이 없다면 가급적 가스레인지 밑에 두는 게 낫다. 또한 싱크대 수납장에 정리하는 그릇도 종류에 따라 수납하는 법이 다른데 도자기는 유리 그릇보다 낮은 칸에 수납하고 유리 제품은 눈높이보다 위쪽에 정리한다고 한다.

싱크대 중 문이 없는 선반이 설치되기도 하는데, 여기에 컵을 둘 땐 엎어 놓는 것이 좋으며 바로 세우고 싶다면 사탕이나 유리구슬 등 둥근 것을 넣어 두면 좋다. 단, 장식장에 들어있는 컵은 바로 세워 놓아도 괜찮다. 냄비는 눈높이보다 낮은 곳에 둬야 돈으로 인한 스트레스를 줄일 수 있다.

식당 공간에 사용되는 식탁은 원형이나 모서리가 둥글게 마감된 사각형에 다리가 넷 달린 것이 좋으며 벽에 고정시키지 않는다. 벽에 식탁을 고정시키면 기의 흐름을 가로막게 된다. 공간이 너무 좁아서 벽에 붙여야만 식탁을 놓을 수 있다면 오히려 상을 사용하는 것이 낫다. 식탁 의자는 식탁과 같은 소재, 색상으로 맞추고 단순한 모양이 좋은데 아이는 팔걸이 없는 의자를, 어른은 팔걸이 있는 의자를 사용하는 것이 좋다. 풍수에서는 식탁에 부모와 자녀가 앉는 위치도 중요한데, 부모는 북쪽이나 서쪽에, 자녀는 남쪽이나 동쪽에 앉는 게 좋다. 식탁 의자가 가족 수보다 적으면 식구들이 잘 모이지 못하는 경향이 있으니 꼭 가족 수만큼 의자를 갖추도록 한다. 또한 식탁 위에 약을 두게 되면 약 먹을 일이 많이 생기므로 주의한다.

주방에서 큰 위치를 차지하는 냉장고는 정남향에 두지 말고 동쪽에 배치하는 것이 좋다. 냉장고 안의 수납은 생선은 냉장고 오른쪽, 고기는 왼쪽에 보관한다. 그리고 냉장고에 메모지를 많이 붙이지 않는다. 작은 냉장고 위에 전자레인지를 올려놓는 것은 음양의 균형이 깨지므로 절대 금물이다. 공간이 좁아 어쩔 수 없다면 냉장고와 전자레인지 사이에 원목 판자를 끼우거나 관엽식물을 근처에 두면 흉한 기운을 막을 수 있다.

가스레인지, 오븐 등 열을 상징하는 물건을 북쪽에 배치하는데 앞에 유리나 창이 없도록 한다. 창이 있으면 낭비하기 쉽고, 가스불이 밖에서 보이면 타인과 갈등이 생길 수 있다. 또한 모서리나 귀퉁이에 놓지 않는다. 불의 기운이 흐르지 못하고 막혀 음식의 질을 떨어뜨릴 수 있기 때문이며, 가스레인지 손잡이가 부엌 입구나 정면을 향하지 않도록 한다.

쌀통은 가능한 목재나 도자기로 만들어진 통을 이용한다. 쌀을 비닐이나 종이 봉투에 두면 쌀의 기운이 떨어져 건강에 좋지 않다. 이때 전통 목재통이나 도자기를 사용하면 주방을 연출하는 하나의 장식 소품이 될 수 있으며, 주방의 동쪽에 두어 동쪽의 생기가 음식에 충분히 스며들 수 있게 한다.

| 주방 · 식당의 웰빙 연출 소품들 |

풍수적 관점에서 주방이나 식당에 주로 배치하여 생기를 북돋아 주는 연출 소품들을 살펴보면 다음과 같다.

- 꽃 : 주방의 창가에는 선인장이나 바이올렛 등 작은 화분을 한두 개 놓아두면 재물운을 불러오며, 빨간 꽃은 주방의 기를 높인다.
- 거울 : 여덟모로 이루어진 8괘경은 주방에 두어야 할 필수품으로 나쁜 작용을 퇴치한다.
- 흰색 도자기 : 예상 외의 지출을 막으려면 조미료통 등은 흰색 도자기로 한다.
- 그림엽서 : 냉장고 위에는 자석 장식보다는 화려한 색감으로 시선을 잡는 붉은색, 주황색 등이 어우러진 명화엽서를 붙이면 적절

한 컬러감이 생기를 줘 건강 운을 높인다.

- 밥그릇 · 국그릇 : 음식을 담는 그릇은 성공을 의미하므로 너무 싼 느낌이 나거나 이가 나간 그릇을 사용하지 말고, 무늬가 없이 깔끔한 흰색이나 고급스러운 것을 사용한다.
- 주방 식기 : 노출되는 식기 선반 위 주방 식기도 주방 공간을 연출하는 하나의 소품이 된다. 식기들도 전체 공간 컨셉에 맞춘 식기를 사용하면 공간 연출이 되는데 세척한 식기들은 엎어 두지 말고 물기를 말린 다음 포개어 수납한다. 그릇을 엎어 두는 것은 오는 복을 막는다고 하여 들어오는 운을 담을 수 있도록 바로 놓아두는 것이다.
- 나무 소재 주방용품 : 도마, 쟁반 등 주방용품은 따뜻한 느낌의 나무로 된 제품을 사용한다. 스틸 주방 용품은 가족 관계를 소원하게 만들며 나무 소재는 인간 관계가 좋아지고 가족 간의 건강과 화목에도 좋다.
- 바닥매트 : 바닥에 붉은 색상의 큰 매트를 깔면 단기간에 주방의 기운을 상승시키는데 도움이 되고, 싱크대 앞에 초록색 계열이나 황토색 매트를 깔면 좋은 기를 받을 수 있다.
- 앞치마 : 빨간색이나 노란색이 많이 들어간 앞치마를 사용한다. 이는 요리의 색도 살려 주고 사람의 기도 높여준다.
- 식탁보 : 식탁 위에 유리를 얹어서 청소가 간편하도록 하는데 가급적 유리는 사용하지 않는 것이 좋은데, 유리를 얹어 놓으면 가족 관계가 차가와진다고 한다. 이때 유리를 치우기 힘들다면 노란색이나 초록색 식탁보를 사용하여 기운을 보완하고, 공간 연출 포인트로 사용한다.
- 그릇 매트 : 식기들은 세워서 보관하나 유리 제품은 따로 모아서 찬장 안에 보관하는데 모두 엎어서 보관한다. 이때 초록색 매트를 깔면 돈이 들어온다고 한다.
- 시계 : 주방에 시계를 두면 금전운이 상승한다.

• 라이프스타일에 따른 주방 · 식당 공간 웰빙 연출법 •

입식생활 주방 · 식당 공간 연출법

| 차경 원리를 도입한 식당 공간 연출 |

식당 공간은 가족들이 모여 담화하며 즐거움을 나누는 중요한 공간이다. 이곳에 생기를 북돋아 주기 위해 외부의 풍경을 내부로 끌어오는 차경 원리를 적용한 식사 공간을 만드는 것이다. 주방과 분리할 필요 없이 식탁을 창호 앞에 배치하여 외부 마당이나 풍경이 식탁 안으로 들어오도록 연출할 수 있다. 이때 주변에 전통 가구나 창호, 문양 패턴을 활용한 소품들을 적극 활용한다.

| 전통 주거 건축의 구조와 재료, 문양을 활용하여 연출하기 |

입식 생활공간에서는 전통 주거 건축의 목구조의 느낌을 기본적으로 연출된 공간이 가장 전통적인 느낌이 나면서도 웰빙 공간이라 할 수 있다. 서까래와 기둥과 연등천장, 우물천장 등에 전통 창호와 전통 가구, 소품, 전통 문양과 패브릭 등을 이용한 공간 연출을 통해 더욱더 전통적인 느낌이 나게 한다.

| 중정 마당 개념을 도입하여 공간 연출하기 |

아파트가 아닌 단독 주택에서는 실제 주방과 식당 공간을 같은 선상에 배치하여 개폐와 폐쇄가 동시에 되는 중정 마당을 조성하여 마치 마당에서 식사를 하는 공간으로 적극적으로 조성이 가능하다. 그러나 아파트와 같은 공간에서 마루 공간을 주방과 높이차를 주어 거실공간을 높이고 주방과 식당공간을 낮춘 다음 마감재와 조경을 통해 마당처럼 연출을 하거 식탁을 배치하면 마당에서 식사를 하는 것과 같은 효과를 볼 수 있다.

좌식생활 주방 · 식당 공간 연출법

| 대청마루 개념을 적용한 식당 공간 만들기 |

식사를 하는 식당 공간은 가족의 단란 장소로 중요도가 높아지고 있는데 전통 주거공간에서는 방과 대청마루에서 이루어졌다면 현대 주거에서 주방과 연결된 식탁 공간에서 이루어진다. 이에 현대 주거에 전통 주거의 대청 미루와 같이 거실과 인접거리에 식사실을 두고 바닥을 높여 마치 마루에 앉아서 밥을 먹는 것 같이 조성한다. 공간의 규모가 허락되면 식당 공간을 넓게 조성할 수 있지만 규모에 맞추어 조성한다. 이렇게 높여진 마루에는 고정된 식탁이 아닌 비워둔 공간으로 조성하여 상황

| 창 앞 차경을 도입한 식당 공간 |

풍경이 좋거나 마당정원이 보이는 면에 창호 앞에 식탁을 배치하여 연출하고 전통적 소품을 이용하여 연출한 공간 스케치이다.

| 전통 금구장식을 적용한 싱크대 |

물의 기운이 많은 주방에 가장 좋은 목재로 싱크대와 수납장 만들고 손잡이나 기타 주변 장식을 전통 금구장식으로 세련된 전통미를 연출한 주방이다.

| 전통 주거 건축 구조와 소품을 이용한 입식 식당 |

전통주거의 서가래와 기둥과 보 구조를 적용하고 회벽과 마루 바닥으로 마감하고 전통 창호와 조명기구로 연출한 식당 공간이다.

| 내부 중정개념을 도입한 식당 공간 |

실내 내부에 마당 개념을 도입하여 마당에서 식사를 하는 느낌 연출한 개념도이다.

에 따라 밥을 먹거나, 음식을 다듬거나, 조리를 하거나, 이웃과 담화장소로 이용하는 등 다양하게 이용한다.

| 별도의 식당 공간을 방으로 만들어 연출하기 |

입식 스타일의 주방 공간과 완전히 색다른 느낌으로 식사를 하고 싶다면 별도의 식당 공간을 조성해준다. 이때 입식 스타일로도 가능하지만 전통 접객실처럼 공간을 연출할 수 있다. 공간 분할에 이용되는 문은 분합문 방식을 적용하여 공간의 분리와 통합이 자유롭게 하여 공간의 활용성을 높인다. 앉아서 식사하는 공간인 만큼 천정고가 너무 높지 않게 아늑하게 조성하고 외부 경관이 보이도록 창을 설치해 주고 자연 햇살이 은은하게 들어오는 공간이면 더욱 좋다. 그리고 식욕을 돋구기 위한 붉은 소재의 그림이나 화병 등으로 연출하는 것이 좋다.

| 코너에 작은 창을 두고 차경을 도입한 식당 공간으로 연출하기 |

넓지 않은 주방을 가졌다면 주방 코너에 작은 창을 중심으로 좌식 식사 공간을 만들어 준다. 이때 주방과는 작은 파티션이 낮은 가구 등으로 공간을 살짝 분리하여 영역성을 만들어 주면 더욱 좋다. 작은 창은 식사하는 사람의 눈높이에 맞게 창이 나 있어 외부 경관이 하나의 액자처럼 보이게 연출하면 좋다.

| 칸막이나 가구를 통한 주방과 식당 공간 분리하여 연출하기 |

전통 창호나 패턴을 가진 칸막이나 가구를 통해 주방 공간과 분리하여 아늑한 좌식 식사 공간을 만들 수도 있다. 별도의 방을 만든 것은 아니지만 방을 만든 것과 같은 효과를 볼 수 있다.

| 유니트에 의한 가변형 좌식 식사 공간으로 연출하기 |

우리의 전통 식사공간을 살펴보면 참으로 다양한 소반이 등장한다. 현대 공간에도 이러한 특성을 차용하여 1인 기본 모듈을 갖는 소반과 같은 테이블을 유니트로 구성하여 식사 인원에 따라 자유자재로 구성되는 식사 공간을 연출해 볼 수 있다. 이때 주변 공간을 전통적인 마감재로 마감을하고 전통가구나 소품, 문양을 적용하고, 전통 모티브에서 현대적으로 재해석한 유니트 모듈테이블을 적용하면 더욱 전통적인 느낌을 전달하는 공간이 조성된다.

어린이방

• 어린이방 웰빙 기본 연출법 •

모든 부모들의 바람에는 내 아이가 건강하고 공부 잘하는 아이가 되었으면 하는 마음이 있다. 공부 잘하는 아이를 만들려면 아이들 보고 공부를 강요하기 보다는 공부하는 환경을 만들어 주는 것이 중요하다. 사실 공부방과 침실을 구분하여 조성해 주는 것이 좋다. 공부방과 침실을 겸하여 침대와 책상, 책장, 옷장을 다 들여놓게 되면 사실상 가구 배치의 정답을

| 대청 마루 개념을 적용한 주방 식당 |

주방의 일부를 단을 높여 가변적인 식당 공간으로 활용하고, 눈높이에 창호를 설치하여 밖을 내다 볼 수도 있고 주방 입구문 위는 살창을 적용하여 수시 환기를 도모하고 있다.

| 별도의 식당공간을 방으로 만들 예 |

주방과 별도 실을 만들어 좌식 식당 공간을 만들어 연출한 예로 벽면은 식욕을 돋구는 붉은 색계열을 매화 벽화를 연출하고 차경이 가능하도록 외부 창을 조성하고 주방과는 여닫이문으로 분리하여 공간을 언제든 통합 분할이 가능하도록 하였다.

| 코너에 작은 창으로 차경 개념을 도입한 좌식 식당 공간 |

앉은 높이에서 밖이 잘 보이도록 창호를 만들어 식사하면서 외부 풍경을 감상하면서 식사가 가능하도록 조성한 것으로 생기있는 식사가 가능하고 마치 전통 주거의 마루에서 식사를 하는 효과를 볼수 있다.

| 주방공간과 식당 공간 영역적 분리를 통한 좌식 식당 공간 |

전통 장식의 수납장으로 주방과 식당을 분리하여 아늑한 느낌의 좌식 식당공간 조성한 아이디어로 이때 영역분리 전통적인 창호나 소품을 활용한다.

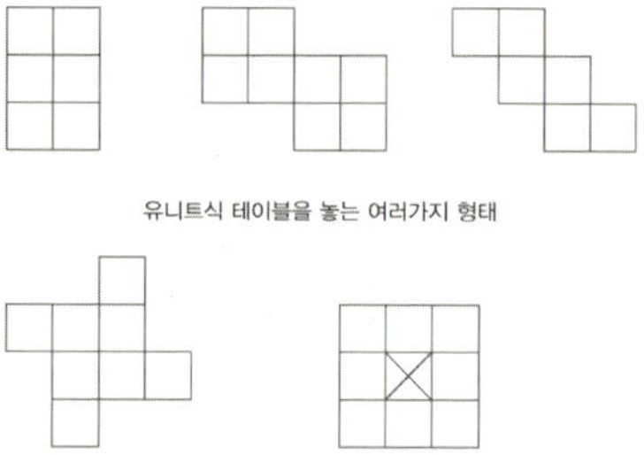

| 유니트에 의한 다양한 식사 공간 연출 |

작은 소반 개념을 응용한 유니트 테이블 다양하게 연출하여 식사공간으로 조성하고, 자연을 소재로 마감하여 전통적이면서 차분한 자연적 분위기를 연출한다.

찾기가 어렵고 가구의 모서리에서 발생하는 기(氣)의 화살을 피하기가 어렵게 된다. 거기에 풍수에 근거하여 방위에 따라 무조건 책상이나 침대를 배치하다보면 오히려 불편하고 산만한 배치가 될 가능성도 높아진다. 그러므로 공부방과 침실은 따로 조성하는 것이 좋다. 그러나 여건이 안 되는 경우가 대부분이므로 그때는 칸막이나 공간의 분할을 통해 영역을 구분해 주는 배치를 고려한다.

어린이방은 어린이 생활의 종합적인 기능

즉 침실의 기능과 학습, 공작, 놀이 공작 등의 기능이 복합적으로 이루어져야 한다. 어린이방도 다른 실과 마찬가지로 풍수에서는 정리정돈과 청결을 기본으로 강조한다. 이에 책장이나 책꽂이는 한 군데에 일렬로 배치하고 어린이방이라고 알록달록한 소품이 복잡하게 여기 저기 널려 있는 것은 기의 흐름을 산만하게 하므로 쓸모 없는 물건을 바로 치우고, 수납이 합리적으로 되도록 구성해 줘야 한다.

| 어린이방의 위치 및 규모 |

현관에서 실내를 봤을 때는 왼쪽에 있는 방이 아이 방으로 적합하다. 현관에서 가장 가까운 왼쪽은 침착하고 세심한 기운이 흐르는 반면 오른쪽은 강하고 돌발적인 기운이 작용해 자칫 아이가 산만하고 사치스러워질 수 있다.

성실한 아이로 자라기 바란다면 동쪽에, 사고력이 발달하고 의지가 강한 아이를 원한다면 북쪽에, 사회성이 뛰어나 아이를 바란다면 남동쪽이 좋다.

취학 후 공부하는 아이를 위한 공부방이 중심이 되는 어린이방은 북쪽이나 동북쪽이 좋다. 보통 남향의 밝은 방이 아이 방으로 좋다고 생각하지만 햇빛이 방으로 들어오면 밖으로 나가고 싶은 마음이 생겨 집중하는데 방해가 된다. 마음이 차분해지려면 직사광선이 들지 않는 북쪽이나 동북쪽에 공부방을 위치시키는 것이 좋다. 지혜로운 아이를 원한다면 책상 근처에 장난감을 늘어놓으면 안 되며 공부와 놀이 영역을 확실히 구분해 주는 것이 좋다.

| 어린이방의 웰빙 연출 색채 및 마감재 |

어린이방은 밝은 느낌의 색과 모양으로 균형을 맞춘다. 이상적인 벽과 천장의 색은 흰색이나 녹색계열이며, 건강이 좋지 않은 아이의 방은 밝고 화려한 핑크색이나 주황색, 베이지색을 주로 사용하여 연출한다. 그리고 커튼은 벽과 같은 계열로 하여 통일감을 준다. 그리고 다른 실과는 달리 다양한 원색을 포인트로 사용하여 뇌기능을 자극하여, 지각 기능을 향상 시켜준다. 그러나 정서적 불안감이 있는 아이는 흰색비탕에 어두운 녹색이나 갈색, 회색, 검정색 등의 포인트를 주는 것이 좋다.

어린이방의 마감 재료는 위생적이며 안정성, 내구성, 유지 관리성이 좋으며 청소하기 쉬워야 한다. 벽은 벽지나 천연 친환경 페인트를 사용하는데 사실적인 무늬벽지를 사용한다. 천장은 흡음성 있는 재료를 사용한다. 바닥재는 탄력 있고 흠이나 때가 덜 타는 재료를 사용해야 한다. 어린이방은 아무리 작은 창문이라도 반드시 커튼을 달아줘야 한다. 자연 채광이 중요하지만 빛이 너무 많이 들어오면 아이가 지나치게 활동적이고 산만해지므로 빛을 적당히 가려줘야 한다. 이때 커튼은 밝은 느낌의 커튼을 사용한다. 커튼은 방의 벽면 중에서 가장 넓은 면적을 차지하는데 밤 시간에 어린이의 의식에 영향을 준다. 북쪽 창은 녹색, 서쪽은 황록색, 동쪽은 보라색이 좋으며, 전체적으로는 노란색이나 파란색 등이 무난하다. 사춘기 여자 아이들 경우 연애 감정이 싹틀 수 있으므로 감정을 돋우는 핑크색은 자제하고 공부하는 어린이를 원한다면 빛을 통과시키지 못하는 차광 커튼은 피하는 것이 좋다. 수험생을 위한 방의 커튼은 세로 스트라이프 무늬나 벽과 같은 꽃무늬 커튼을 사용한다. 단, 기하학 무늬가 사선인 커튼은 피한다. 책상과 의자는 같은 소재를 사용하는 것이 좋으며 의자에서 화려한 등받이로 포인트를 주는 것은 피하도록 하며, 색을 사용하려면 청색이나 녹색, 검정색을 사용하는 것이 좋다.

| 어린이방의 웰빙 연출 조명 |

어린이방의 조명은 전체적으로 밝은 분위기를 위해 고연색성의 형광등으로 전체 조명을 하고 학습이나 취침을 위해서는 형광등이나 백열등으로 국부 조명을 한다. 그리고 학습 능률을 올리기 위해서는 책상을 기준으로 왼쪽 위에서 빛이 조사되는게 공부하는 능률을 올리는데 효과적이다.

| 어린이방의 웰빙 연출 가구 |

어린이실의 가구는 성장을 고려하여 충분한 크기이어야 하며 튼튼하고 위험성이 없어야 하며, 유지 관리가 쉬워야 한다. 성장에 따라 해체 · 조립이 가능한 유니트 가구나 시스템 가구로 하여 신체 사이즈에 맞춰 조절되도록 하는 것이 경제적이다. 주로 배치되는 가구는 침대, 책상, 의자, 책장, 수납장 등이 있다.

어린이방에서 가장 중요한 가구는 침대와 책상일 것이다. 책상과 침대는 구분이 되게 하고 책상 또는 컴퓨터 책상 배치시 책상에 앉아 있는 사람이 침대를 마주보는 배치는 피한다. 규모상 피할 수 없다면 스크린이나 파티션 등을 활용하는 것도 좋다.

침대는 방의 동쪽이나 남쪽으로 놓고 헤드도 동쪽이나 남쪽을 향하게 배치하고 출입문에서 가장 먼 쪽에 머리를 두고 잘 수 있게 배치한다. 북쪽 방은 음기가 강하므로 음기의 균형을 맞추기 위해 양기를 띠는 침구류를 사용한다. 벽에서 20~30㎝ 떨어뜨려 배치한다. 공간 활용을 위해 침대를 벽에 바짝 붙이면 계속해서 탁한 기운에 노출되고 수면 중에 크게 영향을 받게 된다.

책상은 목재로 만들어지고 내구성이 좋은 친환경 제품을 사용한다. 이에 천연목으로 만들어져 나뭇결이 살아 있는 짙은 갈색의 책상이 가장 좋다. 책상의 배치는 출입문 가까운 쪽에 배치하거나, 방문의 대각선 방향에 있는 벽면에 배치하는 것이 좋고, 방문을 바라보거나 방문을 등지고 배치하는 것은 좋지 않다. 방에 따라 구석 쪽으로 코너 책상을 배치하여야 한다면, 책상의 구석 안쪽으로 대각선 맞은편 방안에 녹색 식물들을 함께 배치하면 좋다. 별도의 가구나 선반을 달아 녹색 식물을 키우는 것이 좋다. 책상 위 작은 문구들도 정리 정돈을 잘하도록 한다.

책장이나 책꽂이는 한 군데에 일렬로 놓고 문을 열고 닫을 때 방해가 되지 않도록 하고, 책상 앞에 2단 이상의 책꽂이는 두지 않는다. 그리고 책꽂이의 책은 빼서 읽기 쉽게 가지런히 세워서 정리하고 책상 위도 항상 정리 정돈하는 습관을 들인다.

컴퓨터를 놓을 때는 창가에 놓는 것이 좋다. 이는 컴퓨터에서 나오는 전자파가 심신에 악영향을 미치는 것을 방지할 수 있고 자체 열기도 쉽게 배출된다. 공부방이 따로 없는 경우라면 책상에 앉았을 때 정면이 되는 위치에 놓지 말고, 침대 발치에 두어 수면에 방해가 되지 않도록 하며 관엽 식물을 두는 것도 좋다.

| 어린이방의 웰빙 연출 소품들 |

풍수적 관점에서 어린이 방에 주로 배치하여 생기를 북돋아 주는 연출 소품들을 살펴보면 다음과 같다.

- 화분 : 컴퓨터나 TV 옆에는 항상 싱그러운 화분을 올려둔다. 집에서 다양한 활동을 하면서 자연스럽게 식물이 눈에 들어오고 아이의 발전 운을 올릴 수 있다. 옆으로 자라는 식물 보다 키가 큰 식물이 더 효과적이다.
- 크리스털 : 행운을 불러오는 크리스털을 창에 단다. 크리스털은 집중력을 높이는 빛을 내뿜고 방 안의 에너지를 순환시킨다고 한다. 시험을 앞둔 아이가 있는 집은 꽈배기 모양의 크리스털, 문과 쪽으로 똑똑한 아이를 원한다면 소용돌이 모양을, 자연계 쪽으로 똑똑한 아이를 원할 때는 뱀 모양의 크리스털을 빛이 들어오는 곳에 걸어 둔다.
- 카펫 : 의자 아래에 부분에는 부드러운 소재의 카펫을 깐다. 색채는 파랑과 녹색 등이 아이의 마음을 차분하고 안정적으로 만들어 주는 무난한 색이다. 부분 카펫은 의자 위치를 안정시킬 뿐만 아니라 부드럽게 촉감을 자극한다.
- 풍경화 : 아침 햇살을 받는 동쪽 방이 아니라면 침대 옆에 싱그러운 느낌의 숲 그림 같은 풍경화를 걸어두면 기 흐름이 좋아진다.
- 아이 사진 : 내성적이 어린아이는 책상주변을 환하게 해주고 밝은 표정의 아이 사진을 놓아 연출한다.

• 성장에 따른 어린이방 웰빙 연출법 •

| 유아방 |

침대는 어린 아이일 경우는 방 중앙에 둔다. 문에서 방을 들여다보았을 때 아이와 눈이 마주치는 위치에 침대를 두면 좋다 침대가 가운데 있으면 밤에 부모가 문만 열면 잠든 아이의 얼굴을 볼 수 있어 좋고 아이 또한 안심할 수 있기 때문에 은연중에 아이에게도 자신감을 심어줄 수 있다.

갓난아기와 어린아이들은 스스로 체온조절

이 어려우므로 오랜 시간 바람을 직접 쐬지 않도록 창 형태와 아기가 자는 위치를 잘 고려해야 한다. 그리고 밤중에 수시로 아이의 상태를 체크할 수 있도록 수유등을 배치하거나 낮은 위치 은은한 밤전등을 설치하여 아기의 밤중의 안전을 체크할 수 있도록 배려한다.

| 코너 벽에 밤전등을 부착하여 아기의 상태를 수시 체크 할 수 있도록 구성한 좌식 유아방 |

| 아이의 안전과 채광과 환기를 고려한 입식 유아방 |

| 취학전후 아동방 |

어린이 성장에 빼놓을 수 없는 것은 태양에너지이다. 나이가 어릴수록 더욱 필요하므로 유아나 취학 전 어린이는 햇빛이 잘 드는 곳에 어린이방을 배치하면 아이가 건 강하고 명랑한 아이로 자란다. 즉 아동방은 채광이 좋고, 테라스나 데크(deck) 등의 옥외 생활공간과 연결 되는 곳에 위치하여 실내와 실외를 왔다 갔다 하면서 다양한 신체 활동과 놀이 활동이 가능하게 하는 것이 이상적이다. 그리고 화장실이 가까이 있어야 하며 부모의 시선이 자연스럽게 미치는 곳에 위치하여야 한다.

| 공부방 |

따로 공부방을 만들 수 있다면 북쪽에 만들면 좋다. 공부가 잘되게 하는 가장 좋은 방향은 북쪽이다. 북쪽방은 아이나 어른이 잠자기에는 적당하지 않지만 공부방으로서는 최고다. 그리고 창문을 너무 크지 않게 하고 벽과 같은 커튼으로 정서적 안정을 취하게 한다. 공부에 집중할 수 있기 때문에 큼직한 책상을 놓아주면 수험 공부에는 안성맞춤이다. 또는 현관과 가장 가까운 좌측에 아이 공부방을 배치한다. 이곳은 침착하고 주도 면밀한 기가 작용하는 곳으로 아이가 온순하고 침착한 성격을 갖게 될 뿐만 아니라, 학습 능력도 배가된다.

| 어린이방과 연계된 테라스 활용 놀이 공간 |

베란라와 테라스를 썬룸으로 조성하여 실내외 자유롭게 활동이 가능하도록 아이방과 연결하여 조성한 썬룸 놀이 공간이다.

| 방과 욕실과 연결된 놀이 공간 조성 |

아이들의 적극적인 신체활동을 위해 가변성을 적용하여 방과 욕실, 놀이 공간, 정원 공간을 연결하여 조성하고 친환경 자연소재 마감재와 도어와 파티션에 전통 창호를 응용하여 적용한 공간 개념도이다.

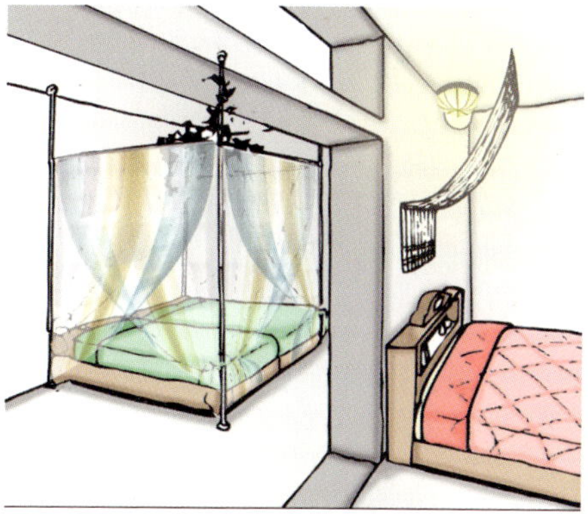

| 침실을 분할하여 만들 어린이방 |

침실 공간을 뚫린 벽으로 분할하여 수시로 아이의 상태로 살필 수 있도록 구성한 방으로 부모의 관찰과 관심이 많이 필요한 유아나 취학전 어린이방으로 활용이 가능하다.

| 2형제나 남매가 사용하는 어린이방 |

아이들이 산만해짐을 방지하거 집중력을 높이기 위핸 차분한 푸른색 계열로 포인트를 주고 전통 요소를 활용한 목재 가구로 연출한 어린이 방이다.

책상이나 책꽂이 등은 한곳에 가지런히 모아서 배치하면 아이가 산만해지지 않는다. 자연스러운 분위기의 학습 공간이 되기 위해서 자극적인 컬러보다는 파스텔 톤이나 화이트 등의 안정감 있는 책꽂이를 사용한다.

공부방의 책상도 문에서 대각선 방향에 놓되 창문을 등지게 하거나 벽에 딱 붙이지 않는다. 책상이 방문을 등지고 앉는 배치는 좋지 않고, 방문을 바라보거나 옆면이 되게 배치한다. 또한 책상을 벽 쪽으로 바짝 붙이면 좁은 공간에 틀어박힌 느낌이 들어 공부에 집중이 되지 않는다. 칼이나 장난감 같은 소품 대신 대나무 분재를 두면 마음의 안정을 준다.

공부방 책상 위에는 아이들의 주체적인 내용이 담긴 것들을 비치하면 좋은데 본인이 가장 자랑스러워하는 상장이나 작품, 기타 물건들을 책상 위 왼편에 두고, 자신의 희망 사항이나 존경하는 인물 또는 가고 싶은 대학의 사진 등을 책상 위 오른편에 두는 것이 좋다.

| 풍수에 따른 공부장 책상 배치법 |

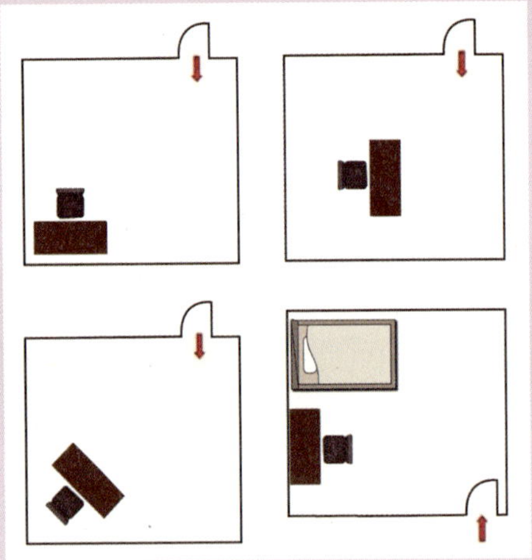

공부방 책상 배치는 책상에서 방문을 바라볼 수 있는 위치하여 기의 흐름이 좋아 마음이 안정되게 배치하는 것이 중요하다. 침실과 공부방을 겸용하는 경우는 방문의 대각선 방향 귀퉁이에 벽 쪽으로 침대머리가 향하도록 침대를 놓고, 책상은 침대 옆에 나란히 배치하되 책상에 앉았을 때 벽을 바라볼 수 있도록 놓는다. 이 때 책상의 모서리가 침대에 누운 자녀의 신체부위를 공격하지 않도록 책상과 침대의 간격을 적당하게 띄워야한다.

| 바닥의 높이차로 학습 공간과 수납 공간을 구분한 공부방 |

공부하는 공간의 집중력을 높여주기 위해 바닥높이차를 두어 공간을 구분하고 윗 부분은 옷이나 기타 잡동사니 물품을 보관하고 아래는 공부공간으로 활용하는 공간으로 구성하고 분합문을 설치하여 공부할 때는 분합문을 닫아 깔끔한 공간으로 사용하고 다른 활동을 할 때는 문을 열어 공간을 확장하여 사용한다.

| 옷장, 침대, 책상으로 배치한 기본적인 공부방 |

침대와 책상을 함께 배치한 공부방으로 가장 일반적인 규모의 방으로 전통 창호 문장 장과 전통자수형 서랍장으로 은은하게 연출하였다.

| 침실 영역과 학습 공간을 파티션으로 구분해 준 공부방 |

침실 영역과 학습공간을 전통 문양 파티션으로 분할해주고 한지 이중 창호로 은은한 빛이 들어오게 하고 목재 가구로 안정감을 준 공부방을 연출하였다.

| 차분하게 집중이 되도록 구성한 공부방 |

은은한 자연소재로 마감하고 집중력이 좋아지는 블루 계열로 포인트로 줘 차분한 공간을 구성해 주고 산수화 벽화로 생기를 불어 넣어 주는 공부방이다.

| 공간 분할을 통해 집중력을 높이는 학습공간을 구성한 여유 있는 공부방 |

자연소재로 마감하고 전통적인 창호와 패턴으로 구성된 가구 배치와 더불어 잡다한 물건들을 문 옆 공간으로 배치하고 파티션 벽을 통해 출입문을 가리고 학습 영역을 독립적으로 구성하여 집중력을 높인 공부방이다.

참고문헌

〈도서〉

1. 강인숙, 송화순, 유효선, 이정숙, 정혜원, 염색의 이해. 교문사. 2001

2. 김명자, 되는 집안은 장맛도 달다 -전통의 멋과 슬기, 도서출판 열린문화, 1994

3. 김자경, 자연을 담은 집 : 웰빙라이프를 위한 건강한 집 만들기, 시공문화사, 2007.6

4. 김창수, 인류의 마지막 과제 웰빙트랜드, 도시출판 청람,2005.9

5. 김한태, 웰빙주거, 문운당 , 2010.2

6. 김현남 저, 잘 풀리는 우리 집 풍수 인테리어, 아카데미북, 2009.5

7. 남경숙 · 김자경 · 박경애 · 이한나, 한국전통가구, 한양대출판부, 2008. 12

8. 문화재청, 한국의 전통가옥. 32, 경주양동마을 1, 문화재청, 2009

9. 박명숙 외 8인, 한국인의 생활문화-과거 현재 그리고 미래, 교문사, 2003.10

10. 박영순 외, 우리 옛집이야기 : 한국 전통주택의 실내공간, 열화당, 1998

11. 배만실, 이조목공 가구의 미, 이화여대판부, 1997

12. 백영흠 외1인, 한국주거역사와문화, 기문당, 2003

13. 신광철, 한옥의 멋, 한문화사, 2012. 1

14. 안명수, 한국음식의 조리과학성, 신광, 2000

15. 유정숙 유숙순 박선희 김선중 박경옥, 한국주거와 삶, 교문사, 2007. 2

16. 윤서석, 우리 나라 식생활 문화의 역사, 신광출판사, 1999

17. 윤원태, 전통민가의 주거 생활사 연구, 민속원, 1990

18. 이덕환, 웰빙과 행복, 서강대학교 출판부, 2008.

19. 이복규, 한국 전통 문화의 이해, 민속원, 2003

20. 이왕기, 대덕의 전통 건축, 대덕문화원, 1999.11.18.

21. 이이화, 우리 겨레의 전통 생활, 여강출판사, 1990

22. 이재만, 한국의 전통색 : 한국문화와 색의 비밀, 일진사, 2011

23. 임석재, 한국 전통 건축과 동양사상, 북하우스, 2005

24. 임재해, (민속학총서1) 한국민속과 전통의 세계, 지식산업사, 2001

25. 전항수 외1인, 참살이(웰빙)를 위한 실용풍수, 교학사, 2006

26. 정회성 외, 전통의 삶에서 찾는 환경의 지혜, 서울대학교출판문화원, 2009

27. 주남철, 한국의 전통민가, 아르케, 2000.2

28. 제해성, 한옥 고치는 책1, 건축도시공간연구소 국가한옥센터, 2013

29. 차용준, 전통문화의 이해(2권), 전주대학교 출판부, 2000. 8

30. 최동호, 한국전통 주거공간의 마당 구성 원리, 建築士 1997, 90-95

31. 최상헌, 조선 상류 주택의 내부 공간과 가구, 이화여자대학교출판부, 2006

32. 하용두, 한국의 전통 색과 색채심리, 명지출판사, 1999

33. 한경수, 슬로우 푸드(Slow Food) 가치를 활용한 한국음식 이야기 책 개발, 태평양장학문화재단

34. 한옥공간연구회, 한옥의 공간문화, 교문사, 2004

35. 현대건축관련 용어 편찬 위원회, 건축용어사전, 성안당, 2011.1.5

36. 홍일식, 21세기와 한국전통 문화, 현대문학, 2004

〈 논문 및 간행물 〉

1. 강연진, 전통민가를 중심으로 살펴본 제주도 건축의 지역성과 그 현대적 적용에 관한 연구, 이화여대 석사학위논문, 2001. 2

2. 강영환, 한국전통건축의 보첨과 차양에 관한 연구,대한건축학회논문집 계획계, v.25 n.12 (2009-12)

3. 강영환, 한국전통주거에 나타난 음양관, 민속학연구4호

4. 경남건축가협회, 경남의 전통건축, 선인, 2011

5. 공미연, 한국전통공간에 나타난 생태학적 특성과 공간디자인에의 적용에 관한연구, 이화여대 디자인대학원 석사학위논문, 1998. 6

6. 구남옥, 한복치마의 가변성을 이용한 디자인 연구, 한복문화. 7권 3호, 2004

7. 김경숙, 한국 전통건축에 나타난 공간의 연속성과 공간디자인에의 적용에 관 한 연구, 이화여자대학교 디자인대학원 석사학위논문, 1996. 5

8. 김도형, 전통마을의 친환경건축 계획요소 분류체계 설정 및 적용 실태에 관한연구 - 보성 강골마을을 중심으로 - , 호남대학교 석사학위논문, 2008. 2

9. 김문영, 해외시장 진출을 위한 한구전통색 활용, 인하대학교 석사학위논문, 2005.2

10. 김민경, 한국전통주거건축에 나타나는 생태학적 특성에 관한 연구, 경상대 석사학위논문, 2001.2

11. 김민정, 한국 전통성 표현의 현대적 접근방법과 공간디자인에의 적용에 관한연구, 이화대학교 산업미술대학원 석사학위논문, 1993. 5

12. 김병선, 생태 건축 관점에서 바라본 한옥의 특징, 설비, 한국실내기술협회지 v197.2, 2002. 2

13. 김병선, 웰빙과 주거, 대한건축학회, 2005. 05

14. 김삼농 · 강병근, 생태적 접근방법에 의한 한국전통 주거 분석과 그 현대적 수용 (I), 대한건축학회 학술발표 논문집 제11권 제2호, 1991. 10. 26

15. 김삼승, 생태적 접근 방법에 의한 전통주거 분석과 응용에 관한 연구, 건국대학교대학원 석사학위논문, 1991. 12

16. 김상협 · 최경란, 조선시대 정자건축의 유식공간 연구, 대한건축학회논문집 계획계, v.25 n.09, 2009.09

17. 김시예 · 천득염 · 유우상, 낙안읍성민속마을전통민가의평면유형및평면구성방식, 건축역사연구(한국건축역사학회지) v.20 n.6 통권79호, 2011.12

18. 김영환, 주거공동공간구조에 관한 연구 - 전통마루 구조와 현대적 의미의 거실공간 구조 -, 한양대학교 교육대학원 석사학위논문, 1998. 2

19. 김용수 · 이현택 · 손태주, 정자에 관한 연구 -경상북도의 사례를 중심으로, 조경연구(한국조경학회지), v.11 n.2, 1983.12

20. 김은희, 생태학적 접근에 따른 건축 공간 구성에 관한 연구, 홍익대학교 석사학위논문, 2001.6

21. 김자경 · 한경희, 자연성에 근거한 전통주거건축의 생태학적특성과 적용에 관한 연구, 한국실내디자인학회논문집 No.25, 2000.12

22. 김정구, 한국 전통 주택의 형태에 관한 연구 - 자연환경 조절 측면에서의고찰, 인하대학교대학원 건축공학과 석사학위논문, 1989. 2

23. 김종헌 · 주남철, 한국 전통주거에 있어서 안채와 사랑채의 분화과정에 대한연구, 대한건축학회 논문집, v.12 n.2, 1996. 02

24. 김지민, 전남지방민가의 안채 평면형연구, 건축역사연구 한국건축역사학회지 v.14 n.4(통권 44호), 2005.12

25. 김진균 · 김우영 · 이경훈 · 이용석, 일상과 비일상적 주생활에 따른 전통주거 건축의 공간적 특성에 관한 연구, 대한건축학회논문집 계획계 v.18 n.12, 2002.12

26. 김찬영, 울릉도 민가에 관한 연구, 한국주거학회논문집 v.15 n.5, 2004.10

27. 김태연 · 윤재웅, 한국전통주택 난간의 의장성에 관한 연구한국주거학회지, v.10 n.4 (1999-11)

28. 김해영, 전통성개념을 표출한 현대주택의 내 · 외부공간 경계 요소에 관한 연구, 홍익대학교석사학위논문, 2009

29. 김혜은, 현대 실내 공간에서의 한국 전통 가구 활용 실태에 관한 연구, 이대산업미술대학원 석사학위논문, 1987. 2

30. 김홍식, 실학건축사상연구, 건축(대한건축학회지) v.16 n.44, 1972.01

31. 남해경, 전북 농어촌 민가의 특성 / 전라북도 민가건축의 평면유형에 관한 연구, 한국주거학회 학술발표대회 논문집, 2005 v.2(추계), 2005. 11

32. 노전태, 한국현대주거건축의 전통공간요소적용에 관한연구 - 1990년대 이후의 단독주택을 중심으로, 한양대학교 석사학위논문, 2001.2

33. 류인혜, 도시형 한옥의 지속가능한 보전을 위한 현대적 활용방안 연구 - 내부공간의 변화를 중심으로 -, 국민대학교 테크노디자인전문대학원 스페이스 건축학과 실내디자인 전공, 2012. 2

34. 박경애, 한국 전통공간디자인의 도상해석학적 접근에 관한 연구, 한국실내디자인학회 논문집 제17권 6호 통권71호, 2008. 12

35. 박광희, 웰빙라이프 스타일, 웰빙태도, 삶의 만족도 및 인구통계학적 특성간의 관계, 대한가정학회지 제49권 7호, 2011

36. 박성훈, 한국 전통 주거에 나타난 환경 조절방식의 현대화 적용에 관한 연구, 고려대학교 석사학위논문, 2011. 6

37. 박지영, 한국, 중국, 일본의 전통 창살 비교 분석 연구, 연세대학교 석사학위논문 1999

38. 박진호 · 이영수, 콘텍스츄얼리즘적 접근을 통한 현대박물관의 공공적 가치 해석, 한국문화공간건축학회 논문집, 통권 제39호, 2012.09.
39. 변숙현 · 김일진, 전통 주거건축의 대문에 관한 연구 / 경상북도 지방의 조선시대 상류주택을 중심으로 , 대한건축학회 춘계학술발표대회 논문집(계획계), v.9, n.1, 1989.04
40. 서나영, 한국적 이미지에 의한 장식 직물 디자인 개발과 적용에 관한 연구, 이화여대 디자인대학원, 1993. 2
41. 서병택, 우리나라 화장실 문명사 ,대한설비공학회, 대한설비공학회 학술발표대회논문집, 2012.6, 293-296
42. 서주환, 자연경관지 내에서 정자의 시각적 영향에 관한 연구, 조경연구(한국조경학회지) , v.23 n.2, 1995.07
43. 서한올, 한옥의 친자연성을 중심으로 인간에게 이로운 요소를 적용한 공동 주택의 연구, 상명대학교 디자인대학원 석사학위논문, 2011. 2
44. 소현수, 전통주택과 조경공간의 생태학적 해석, 한국조경학회지 37(1):120~130, 2009. 4.
45. 신제문 · 조현신, 뒷간에 나타난 한국 조형성의 현대적 활용에 관한 연구, 한국디자인학회, 한국디자인학회 학술발표대회 논문집 , 2006.5, 222-223
46. 신진희, 풍수 색채를 적용한 주거 공간 디자인에 관한 연구, 홍익대학교 석사학위논문, 2006. 8
47. 심재열, 풍수사상의 입지선정 영향에 관한 연구 : 전통적 풍수지리와 현대적 입지요건의 비교, 인천대학교 일반대학원 박사학위논문 2010. 8
48. 심호규 외4인, 식물자원 이용과 웰빙 인식 및 웰빙 행동에 관한 연구, 한국식물 · 인간 · 환경학회지 11(1); 51 57, 2008
49. 서윤정 외 3인, 전통 특화 산업인 한산모시 육성 및 발전 방안 보고서, 산업자원부, 2004.9
50. 안경은, 전통 주거공간 분석을 통한 한국형 아파트 개발에 관한 연구, 동덕여대 석사학위논문, 1998. 6

51. 양문이 · 윤재신, 한국전통 반가의 지역적 평면특성에 따른 개방 공간의 형태와 건축적 특성에 대한 고찰 (누마루와 대청을 중심으로), 대한건축학회 학술발표논문집 제23권 제1호, 2003. 4. 26

52. 양은지 · 김개천, 생태미학적 관점에서 본 한국전통공간의 특성에 관한 연구, 한국실내디자인학회논문집 제19권 3호 통권 80호, 2010. 6

53.양은지 · 김개천, 한국 전통 건축 공간에 나타난 건축 재료의 특성에 관한 연구, 한국실내디자인학회 논문집 제21권 제6호, 2012.12

54. 오세옥, 전통성을 표출한 주거건축의 공간 및 재료 특성에 관한 연구, 홍익대학교 석사학위논문, 2007. 12

55. 유병철 손태진, 한국 전통주거건축의 문을 통해 나타나는 생태적 특성에 관한연구, 대한건축학회 창립60주년기념 학술발표대회논문집 제25권 제1호(통권제49집), 2005. 10. 24~25

56. 유승용 · 박경립, 강원도 민가에 관한 연구 - 평면형태를 중심으로 -, 대한건축학회지 v.28 n.117, 1984. 3

57. 유승용, 강원도 영서지방 민가에 관한 연구(평면형태를 중심으로), 산업 기술연구, 강원대학교 산업기술 연구소 논문집 제17집, 1997

58. 윤일이 · 조성기, 한국전통주거에 있어서 부엌의 배연구조에 관한 연구,대한건축학회, 대한건축학회 학술발표대회 논문집 - 계획계 14(2), 1994.10, 177-353

59. 이대원, 한국전통건축에 있어서 마루구조의 특성에 관한 연구, 경기대학교 석사학위논문, 1997

60. 이민경 · 정진주 · 최효승, 친환경 건강주거의 개념과 사례에 대한 기초 연구, 한국농촌건축학회 논문집 v.7 n.3, 2005. 10

61. 이상화, 풍수(風水, Feng-Shui)사상의 현대 주거디자인 적용에 관한 연구, 경북대학교 산업대학원, 2005. 8

62. 이석현, 전통주거 양식의 대문과 담장의 색채 비교 분석- 한국 하회마을과 일본마카베마치의 전통 주택을 중심으로-한국디자인학회, 디자인학연구 24(2), 2011.5, 299-308 (10 pages)

63. 이선민 허범팔, 한국 전통 주거건축에 나타난 환경조절 방식에 관한 연구, 한국 실내 디자인학회논문집 제19권 3호 통권80호, 2010. 6

64. 이승복, 한국전통 민가의 환경조절 기법, 공조 냉동 위생 (한국설비 기술 협회지), v.19 n.2, 2002.02

65. 이승철, 한국의 색 재현연구 , 아모레퍼시픽재단 2013학술연구지원 (여성과 문화), 2012

66. 이영미 · 천득염, 한국전통부엌 공간과 인간의 생태학적 관계에 대한 연구, 한국 주거학회논문집 제17권 제1호, 2006. 2

67. 이용대, 韓國 傳統 담장의 空間感 및 借景效果에 關한 硏究, 경원대학교 대학원 석사 학위논문, 1994

68. 이원식 · 이연숙, 가족제도 관점에서 본 한 · 중 · 일 전통주거공간의 비교연구, 대한 건축학회 추계학술발표대회 논문집(계획계) v.22 n.2, 2002. 10

69. 이은량, 한국 전통 담장 조형요소의 모티브를 통한 현대 건축디자인 활용방안연구, 한양대학교 이노베이션대학원 석사학위논문,2012

70. 이종수, 한국과 베트남의 음식문화 비교 연구, 사회과학 담론과 정책 (제4권 2호), 2011. 10

71. 이종원 · 임정명, 한지(韓紙)가 실내습도조절에 미치는 영향에 관한 실험적 연구, 설비공학논문집, v.16 n.6, 2004.06

72. 이지영, 한국인의 웰빙 행동에 관한 연구 - 웰빙인식과 라이프스타일을 중심으로 -, 성신여대 석사학위논문, 2005. 2

73. 이화영, 우리나라 전통건축의 화장실에 관한 연구, 한양대 공학대학원 석사학위논문, 2009.8

74. 임도열, 조선후기 전통가옥 담장의 특성에 관한 고찰, 전남대학교 산업대학원 석사 학위논문, 2013

75.임종훈, 주거생활을 향상시키는 욕실가구디자인에 관한 연구,한국공간디자인학회 논문집 제5권 4호 통권14, 2011.2

76. 장임정, 한옥을 상징하는 전통의장의 친자연적 요소에 관한 연구, 동국대학교 문화예술대학원 석사학위논문, 2011. 12

77. 전경희, 한국 현대 실내 공간의 전통성 표현경향에 관한연구 - 전통의장 요소 적용을 중심으로-, 한양대학교석사학위논문, 2005.8

78. 전영옥, 웰빙 문화의 등장과 향후 전망, 삼성경제연구소. 이슈 페이퍼, 2005. 5

79. 전영옥 · 이상문, 한국전통도시의 생태적 계획 원리에 관한 연구, 대한국토도시계획학회지 국토계획 제39권 제2호, 2004. 4

80. 조원석, 우리나라 전통민가 평면 유형분류의 변천에 대한 고찰, 한국농촌 건축학회 논문집 제1권 3호, 1999. 10

81. 조원용, 한국 전통건축의 생태적 특징의 고찰을 통한 현대 주거건축의 수용방안 연구, 고려대학교 공학대학원 석사학위논문, 2004. 7

82. 조정식, 남부지방의 남동 해안형 주거에 관한 연구, 대한건축학회 논문집 v.12, n.12, 1996. 12

83. 조정식, 한국남부지방 전통 주거의 공간구조에 관한 비교 연구, 대한건축 학회 논문집 11권 1호 통권 75호, 1995. 1

84. 지우진 · 임충신, 영남지방 정자에서의 경관 연출에 관한 연구-낙동강 수계에 인접한 정자를 중심으로, 대한건축학회 춘계학술발표대회 논문집(계획계), v.24, n.1 , 2004. 04

85. 진용팔, 생태주거의 개념과 설계 적용에 관한 연구, 홍익대학교 산업대학원 석사학위논문, 2002. 6

86. 차병건, 양택풍수를 적용한 아파트 실내 계획에 관한 연구, 홍익대학교 산업미술대학원 석사논문, 2013. 8

87. 최선희, 한국 전통 건축의 생태학적 특성에 의한 환경디자인 연구, 이대디자인대학원 석사학위논문, 2001. 2

88. 최재문, 韓國 傳統上流住宅의 담장 特性에 관한 硏究 , 충남대학교 석사학위논문, 1999

89. 한경희 · 김자경, 생태학적 관점에 의한 전통 주거의 실내디자인 특성과 적용에 관한 연구, 한국 실내디자인학회논문집, 2001. 12

90. 홍진경, 한국 전통 주택의 실내마감재에 관한 연구, 이대대학원 석사학위논문, 1996.

〈 Internet Site〉

1. 국가지식포털 북한지역정보넷, http://cybernk.net

2. 국토지리정보원, http://www.land.go.kr

3. 농식품 종합 정보시스템, http://koreanfood.rda.go.kr

4. 두리샘의 테마여행, 살아있는 한옥여행, 북촌한옥마을 http://www.vivasam.com

5.디자인 DB http://www.designdb.com

6. 박시익 교수의 풍수지리 강좌, http://www.feng-shui.pe.kr/frame.htm

7. 송광호 칼럼 〈33〉 조선시대 전통 복장 3, http://www.culppy.org

8. 식생활 정보센터, http://www.dietnet.or.kr

9. 신영대, 힐링풍수④ 명당 주택의 풍수적 위치,제주경제신문,
http://www.jejuenews.com

10. 안동음식문화, http://andong-food.co.kr

11. 우드케어,http://woodcare.co.kr

12. 우리문화, http://uriculture.com

13. 임석재, 한옥미학, 〈한국 옛집의 단아하고 담백한 멋을 읽는다.〉 비움의미학
http://navercast.naver.com/home/koreanstyle/3047

14. 전북음식문화 플라자, http://jbfood.go.kr

15. 전통 문화 종합정보 http://www.kculture.or.kr

16. 조선족 여성커뮤니티 청도조선족여성협회, http://www.cwomen.net

17. 한국의 문양, 그 무한의 가치를 디자인 소재로 활용,
http://www.designlog.org/2512490

18.한국의 장석 http://119.206.205.200:20000/m1/m1.asp

19. 한국전통 식품포털, http://www.한맛한얼.net

20. 한옥 http://www.pinterest.com

찾아보기

전통 주거에서 배우는 웰빙 주생활

Well-being Housing life-style using the environment-friendly characteristics of Korean traditional residences

초판 1쇄 2015년 12월 5일

지 은 이 김자경
발 행 인 김기현
발 행 처 시공문화사
등 록 1993년 3월 12일
주 소 서울시 서대문구 독립문 공원길 13 (현저동 200) 극동프라자 5층
전 화 02) 3147-1212, 2323
전 송 02) 3147-2626

http://www.spacetime.co.kr
spacetime@korea.com

편 집 디자인·현 심현일 / 02) 322-9941
인 쇄 예림인쇄
제 본 (주)서정바인텍
용 지 (주)대림지업사

*파본은 교환해 드립니다.

ISBN 978-89-5592-335-3

정가 35,000원